AutoCAD 2016 从入门到精通视频教程（双色版）

李 波 著

電子工業出版社
Publishing House of Electronics Industry
北京 • BEIJING

内 容 提 要

本书重点介绍了AutoCAD 2016中文版在辅助设计方面的实战与应用的方法与技巧。全书分为15章，分别介绍了AutoCAD 2016基础入门，简单二维图形的绘制，辅助绘图的设置，二维图形的编辑命令，复杂图形的绘制与编辑，图形的显示控制，文字与表格编辑，图形的尺寸标注，图块、外部参照与图像，三维绘图基础，绘制、编辑三维图形，工程图生成及打印，机械工程图绘制案例，建筑工程图绘制案例，装修施工图绘制案例。本书由浅入深，从易到难进行讲解。

本书内容丰富，结构清晰，语言简练，实例丰富，叙述深入浅出，具有很强的实用性，可作为各类院校学生和相关行业工程技术人员的教材，也可作为广大初级、中级AutoCAD用户的自学参考书。光盘中包含全书讲解实例和练习实例的源文件素材，并制作了全程实例动画同步讲解avi文件；另外开通QQ高级群，以开放更多的共享资料，以便读者们能够互动交流和学习。

图书在版编目（CIP）数据

AutoCAD 2016从入门到精通视频教程 / 李波著 .—北京：电子工业出版社，2018.4

ISBN 978-7-121-32978-4

Ⅰ. ① A… Ⅱ. ①李… Ⅲ. ① AUTOCAD软件－教材Ⅳ. ① TP391.72

中国版本图书馆CIP数据核字（2017）第264035号

策划编辑：郑志宁
责任编辑：郑志宁
特约编辑：马寒梅
印　　刷：三河市良远印务有限公司
装　　订：三河市良远印务有限公司
出版发行：电子工业出版社
　　　　　北京市海淀区万寿路173信箱　　邮编：100036
开　　本：787×1092　1/16　　印张：30.5　　字数：781千字
版　　次：2018年4月第1版
印　　次：2018年4月第1次印刷
定　　价：108.00元（含DVD光盘1张）

凡所购买电子工业出版社图书有缺损问题，请向购买书店调换。若书店售缺，请与本社发行部联系，联系及邮购电话：（010）88254888，88258888。

质量投诉请发邮件至zlts@phei.com.cn，盗版侵权举报请发邮件至dbqq@phei.com.cn。
本书咨询联系方式：（010）88254210，influence@phei.com.cn，微信号：yingxianglibook。

目录

前言

AutoCAD（Auto Computer Aided Design）是 Autodesk（欧特克）公司首次于 1982 年开发的自动计算机辅助设计软件，用于二维绘图、详细绘制、设计文档和基本三维设计。AutoCAD 具有良好的用户界面，通过交互菜单、面板按钮或命令行方式便可以进行各种操作。AutoCAD 具有广泛的适应性，它可以在各种操作系统支持的微型计算机和工作站上运行，包括在航空航天、造船、建筑、机械、电子、化工、美工、轻纺等领域得到了广泛应用，并取得了丰硕的成果和巨大的经济效益。

2015 年 4 月，其计算机辅助设计软件 AutoCAD 2016 是迄今为止最先进的版本，能使用户以更快的速度、更高的准确性制作出具有丰富视觉精准度的设计详图和文档。

本书共分为五个部分，15 个章节内容，是一本全面学习 AutoCAD 2016 辅助设计的工具图书。

第 1 章 AutoCAD 基础入门	首先讲解了 AutoCAD 的应用领域、新增功能、启动与退出方法及工作界面；其次讲解了 AutoCAD 图形文件的操作方法；再次讲解了绘图环境的设计；最后讲解了 AutoCAD 命令的使用方法及系统变量的设置与控制
第 2~5 章 AutoCAD 二维图形的绘制与编辑	首先讲解了坐标的认识、表示方法与数据的输入方法等，基本二维图形的绘制，包括点、直线、矩形和多边形、圆和圆弧、椭圆等；其次讲解了基本辅助绘图的设置，包括图层的设置、精确定位工具、对象捕捉与对象追踪、对象约束等；再次讲解了二维图形的各种编辑命令，包括选择对象、复制类命令、删除及恢复类命令、改变位置类命令、改变几何特性类命令等；最后讲解了复杂图形的绘制与编辑，包括多段线的绘制与编辑、样条曲线的绘制与编辑、多线的绘制与设置、对象编辑命令、面域与图案填充等

第 6~9 章 AutoCAD 辅助功能	首先讲解了图形的显示控制方法，包括对象的缩放与平移、视图与空间的创建与布局等；其次讲解了文字与表格编辑，包括文字样式的设置、单行文字与多行文字的标注和编辑、表格的创建与数据输入等；再次讲解了图形的尺寸标注，包括 AutoCAD 尺寸标注的类型与组成、尺寸样式的创建及设置、图形的各种尺寸标注命令、尺寸标注对象的编辑、多重引线的创建与编辑等；最后讲解了图块、外部参照与图像的操作，包括图形的分类、特点、创建、保存与插入等，属性图形的创建、插入与编辑，外部参照与图像的插入与编辑等
第 10~12 章 AutoCAD 三维图形的绘制与图形输出	首先讲解了三维图形的绘制基础，包括三维建模空间的介绍、不同视觉样式的比较、三维视图的分类与切换、三维空间中简单对象的绘制；其次讲解了三维图形的绘制与编辑，包括基本三维网络面的绘制、三维实体对象的绘制、通过二维图形生成三维实体、布尔运算、三维实体的编辑；最后讲解了 AutoCAD 中工程图的生成及打印输出，包括布局的创建、二维图剖面图和局部放大图的创建、打印页面的设置、图形的打印输出、打印样式列表的编辑等
第 13~15 章 AutoCAD 综合实例	首先实战演练绘制成套的机械工程图，包括机械样板文件的创建，绘制机械图框，绘制壳体的主视图、俯视图、左视图、辅助视图，并对图形进行调整，以及进行尺寸和公差的标注；其次实战演练成套的建筑工程图，包括建筑样板文件的创建、总平面图的绘制、平面图的绘制、立面图的绘制，以及进行尺寸、文字注释等的标注等；最后演练了成套室内装修工程图，包括样板文件的调用、原始结构图、墙体改造图、家装平面布置图、地面材质图、天花布置图、主要立面图、插座布置图、电照布置图、弱电布置图、给排水布置图等的绘制方法

本书由李波著，黄妍、徐作华、郝德全、荆月鹏、王利、汪琴、刘冰、牛姜、王洪令、李友、冯燕、李松林、雷芳等参与了本书的整理与编写工作。

本书内容全面，结构明确，专家讲解，案例丰富。适合初、中级读者学习，可作为相关大中专或高职高专院校的师生使用，也可作为培训机构及在职工作人员学习使用。配套多媒体 DVD 光盘中，包含相关素材案例、视频讲解等；另外开通 QQ 高级群（15310023），以开放更多的共享资料，以便读者们能够互动交流和学习。

由于编者水平有限，书中难免有疏漏与不足之处，敬请专家与读者批评指正。

2017 年 9 月

第 01 章 AutoCAD 2016 基础入门

老师，AutoCAD 是一款什么软件？一般应用于哪些领域？

AutoCAD 是由美国 AutoCAD 公司开发的，全称是 Auto Computer Aided Design，即计算机辅助设计，该软件是诸多 CAD 应用软件中的优秀代表，是目前国内外最受欢迎的 CAD 软件包。一般来说可以做工程图，比如机械设计、建筑设计等，平面效果比较好。AutoCAD 不仅在机械、建筑、电子、石油、化工、冶金等部门得到了大规模应用，还可用于地理、气象、航海、拓扑等特殊图形，甚至乐谱、灯光、幻灯、广告等极其广泛的领域。

效果预览

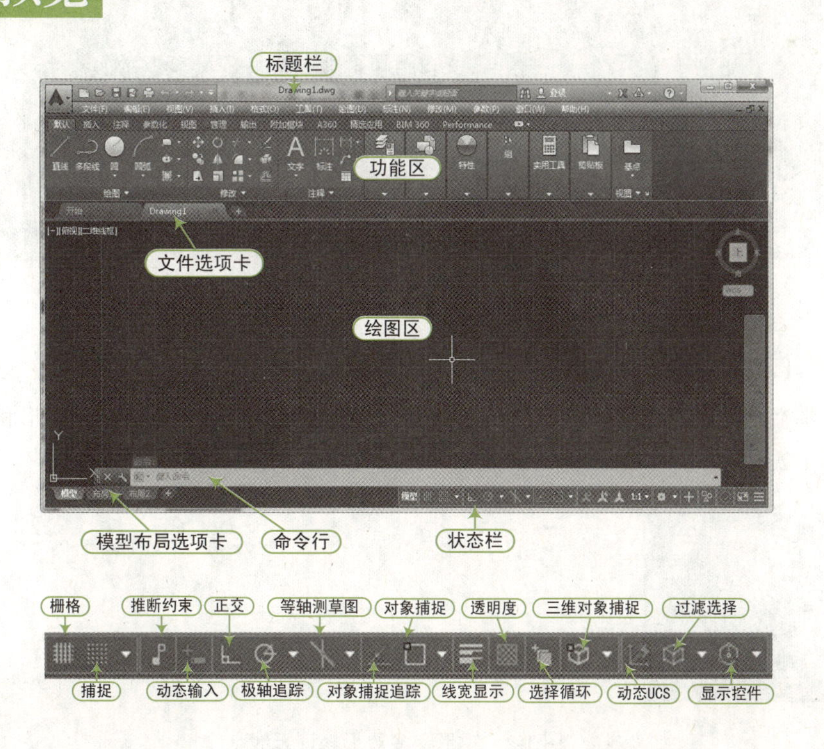

1.1 初步认识 AutoCAD 2016

AutoCAD 是由美国 Autodesk 公司于 20 世纪 80 年代初为微机上应用 CAD 技术而开发的绘图程序软件包，经过不断完善，现已经成为国际上广为流行的绘图工具。它已经在航空航天、造船、建筑、机械、电子、化工、美工、轻纺等领域得到广泛应用，取得了丰硕成果，并创造了巨大的经济效益。

1.1.1 AutoCAD 2016 的新增功能

AutoCAD 2016 版本与上一版本（AutoCAD 2015）相比，在修订云线、标注、PDF 输出、使用点云和渲染等功能上进行了增强。下面针对某些新增功能进行介绍。

1. 全新的暗黑色调界面

AutoCAD 2016 新增暗黑色调界面，使界面协调利于工作，如图 1-1 所示。

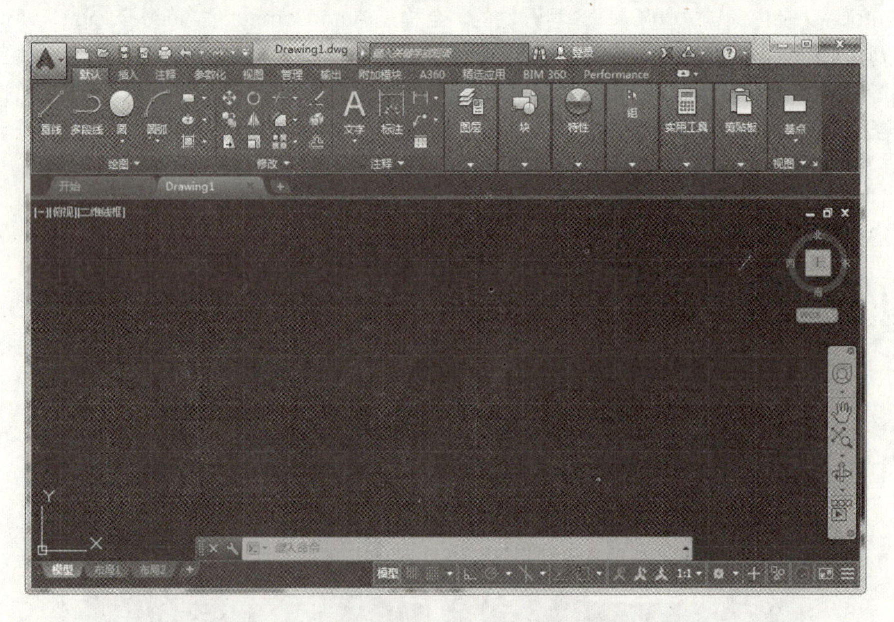

图 1-1　AutoCAD 2016 的暗黑色调界面

2. 修订云线

新版本在功能区新增了“矩形”和“多边形”云线功能，可以直接绘制矩形和多边形云线，如图 1-2 所示。

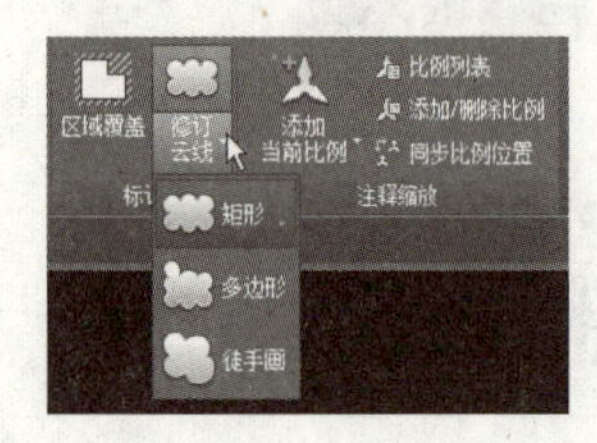

图 1-2　矩形、多边形修订云线

选择修订云线，将显示其相应的夹点，以方便编辑，如图 1-3 所示。

图 1-3　云线显示夹点

3. 多行文字

多行文字对象具有新的文字加框特性，可在“特性”选项板中，启用或关闭，如图 1-4 所示。

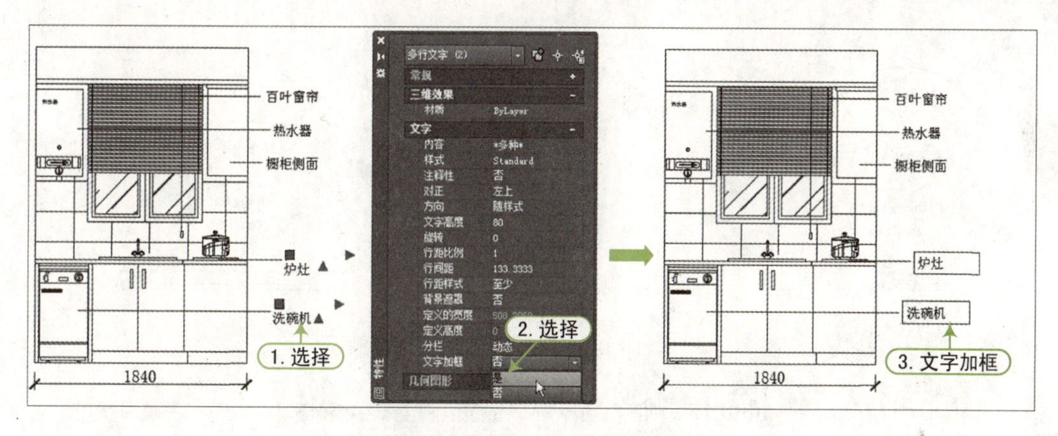

图 1-4　多行文字自动加框功能

4. 对象捕捉

新增“几何中心”捕捉，可以捕捉到封闭多边形的几何中心，方便绘图，如图 1-5 所示。

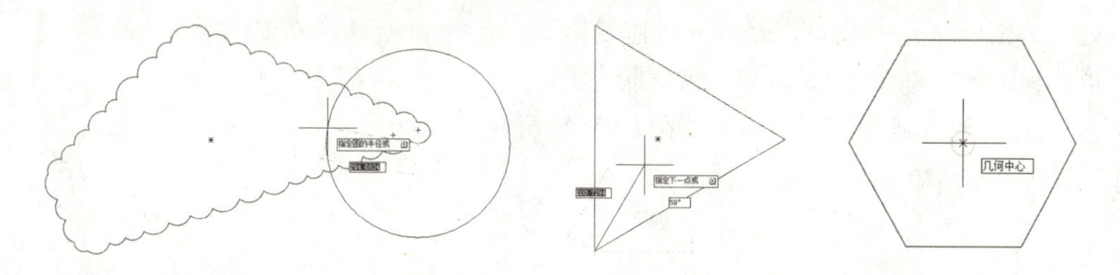

图 1-5　几何中心捕捉功能

5. 标注

全新革命性的 dim 标注命令，可以理解为智能标注，几乎一个命令解决日常的标注，非常实用。

使用智能标注命令，将鼠标悬停在某个对象上，会显示标注的预览，如图 1-6 所示。选择标注后，可移动鼠标放置标注，如图 1-7 所示。

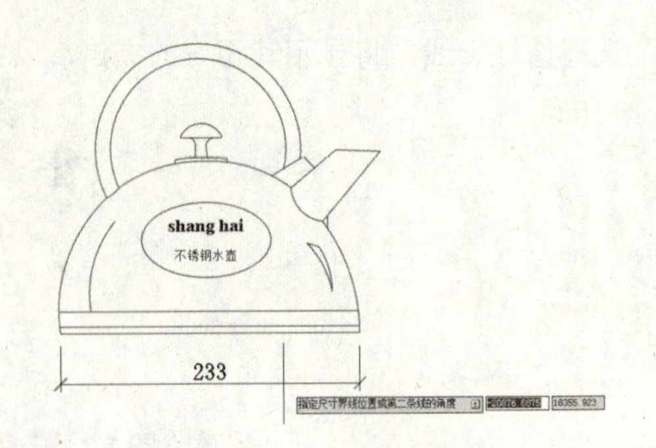

图 1-6　标注的预览

图 1-7　智能标注

使用智能标注命令，可根据选择的对象创建不同的标注。例如，选择直线会标注出长度；选择圆或圆弧会标注出直径、半径、圆弧长度、角度等；连续选择两条相交的直线，可标注出角度等，如图 1-8 所示。

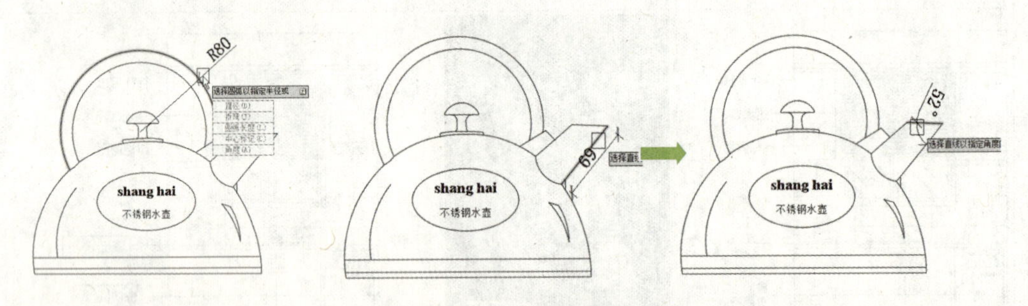

图 1-8　选择对象标注

在未退出命令之前，dim 标注命令可以继续创建其他的标注。

6. 系统变量监视器

增加了系统变量监视器（SYSVARMONITOR 命令），比如修改了 filedia 和 pickadd 这些变量，系统变量监视器可以监测这些变量的变化，并可以恢复默认状态。“启用气泡式通知”选项还可以在系统变量改变时显示通知，如图 1-9 所示。

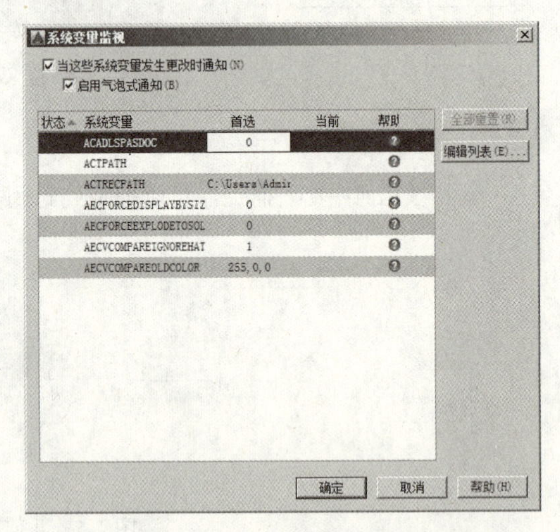

图 1-9　系统变量监视器

1.1.2　AutoCAD 2016 的启动与退出

与大多数应用软件一样，用户在计算机上应用 AutoCAD 2016 软件之前，必须先在计算机上安装 AutoCAD 2016，然后才能启动并运行该软件。

1. AutoCAD 2016 的启动

当用户的计算机上安装 AutoCAD 2016 软件后，即可开始启用并运行该软件。与大多数应用软件一样，用户通过以下任意一种方法启动 AutoCAD 2016 软件：

- 双击桌面上的“AutoCAD 2016”快捷方式图标。
- 单击“开始”按钮，选择“程序 |AutoCAD 2016”选项。
- 在桌面上的“AutoCAD 2016”快捷方式图标上右击，在弹出的快捷菜单中选择“打开”命令。

启动 AutoCAD 2016 软件后，弹出一个“新选项卡”，在“新选项卡”界面中单击“开始绘图”，即可进入 AutoCAD 2016 的工作界面，如图 1-10 所示。

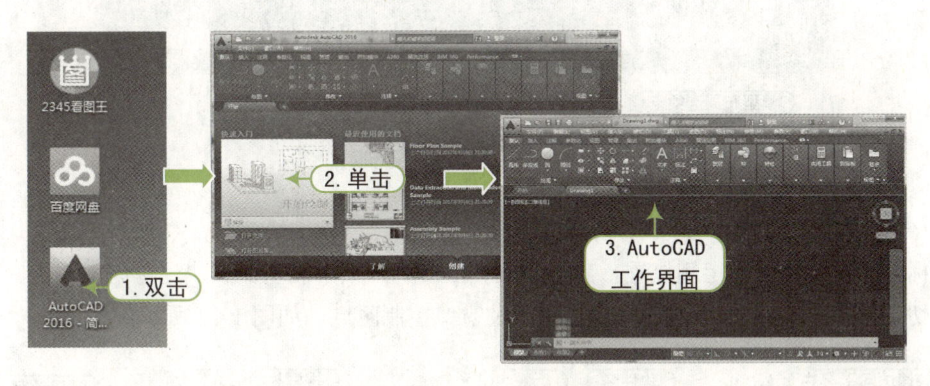

图 1-10　启动 AutoCAD 软件

QA 问题

学生问： 老师，我的计算机上安装了 AutoCAD 2016 软件，为什么桌面上没有显示快捷图标？

老师答： 有些安装软件不是完整安装版，所以安装后不在桌面显示快捷方式，你可以在安装的目录下找到“acad.exe”应用程序文件（如你的安装位置是 C 盘，其路径为“Program Files|Autodesk|AutoCAD 2016”），然后右击该文件的启动图标，在快捷菜单中选择“发送到 | 桌面快捷方式”命令，这样桌面上就显示启动 AutoCAD 2016 软件的快捷图标了（图标的扩展名为“.exe”，后面的属性是应用程序四个字）。

2. AutoCAD 2016 的退出

当用户需要退出 AutoCAD 2016 软件时，可采用以下 4 种方法。

- 菜单栏：选择“文件 | 关闭”命令。
- 菜单浏览器：双击标题栏上的“菜单浏览器”按钮。
- 窗口控制区：单击工作界面右上角的“关闭”按钮。
- 命令行：输入“QUIT”（或“EXIT”）命令。

1.1.3 AutoCAD 2016 的工作界面

“工作界面”是 AutoCAD 显示、绘制和编辑图形的区域。要使用 AutoCAD 2016 进行绘图，首先要熟悉 AutoCAD 2016 的工作界面。默认状态下，系统启动的是“草图与设置”工作空间绘图界面，如图 1-11 所示。

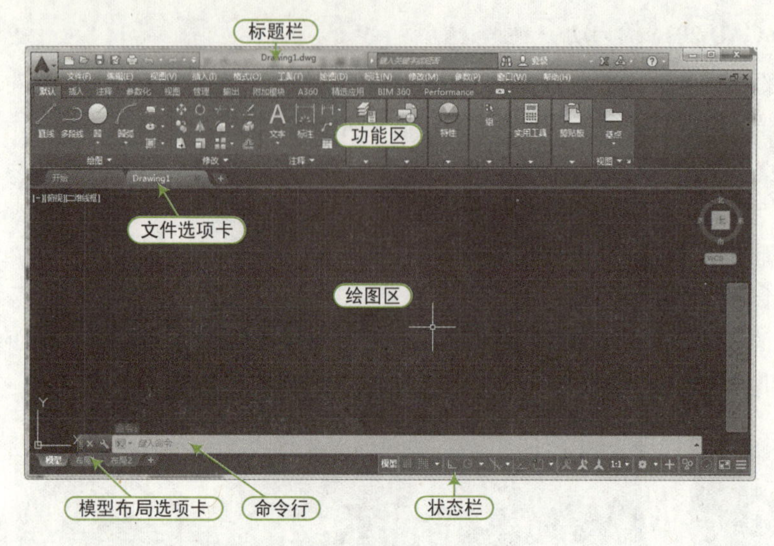

图 1-11　默认工作界面

1. 标题栏

标题栏在窗口的最上侧位置，其从左至右依次为：菜单浏览器、快速访问工具栏、工作空间切换栏、AutoCAD 标题栏、信息中心及窗口控制区域，如图 1-12 所示。

图 1-12　标题栏

- “菜单浏览器”：在窗口的左上角的标志按钮为菜单浏览器，单击该按钮将会出现一个下拉列表，其中包含文件操作命令，如“新建”、“打开”、“保存”、“打印”、“输出”、“发布”、“另存为”、“图形实用工具”等常用命令，还包含“命令搜索栏”和“最近使用的文档”区域，如图 1-13 所示。
- “快速访问工具栏”：为了方便用户更快找到并使用这些工具，在 AutoCAD 2016 中，单击“快速访问工具栏”中的相应命令按钮即可执行相应的命令操作。
- “工作空间切换栏”：单击右侧的下拉按钮，在弹出的组合列表框中，选择不同的工作空间来进行切换，如图 1-14 所示。
- “文件名”：当窗口最大化显示时，将显示 AutoCAD 2016 标题名称和图形文件的名称。
- “搜索栏”：根据需要在搜索框内输入相关命令的关键词，并单击按钮，对相关命令进行搜索。
- “窗口控制区域”：通过窗口控制区域的三个按钮，对当前窗口进行最小化、最大化和关闭的操作，如图 1-15 所示。

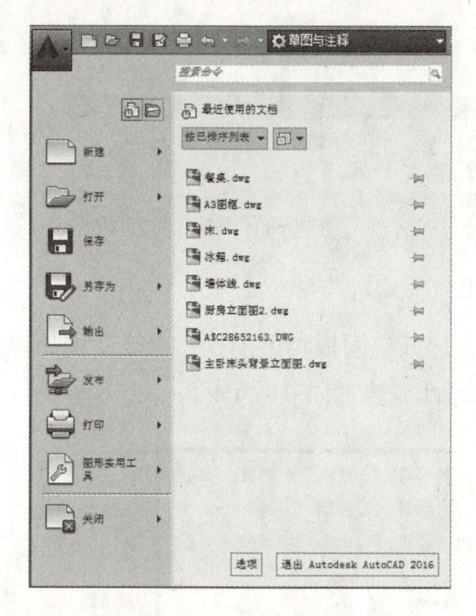

图 1-13　菜单浏览器

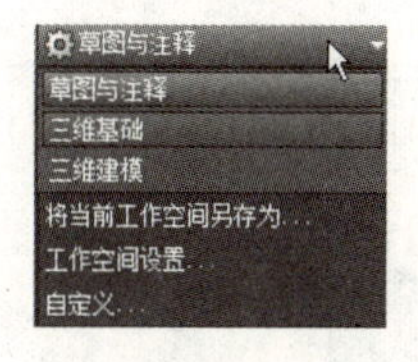

图 1-14　切换工作空间

图 1-15　窗口控制区

技巧：调出常规菜单栏

在“快速访问工具栏”中，单击▾按钮，在弹出的下拉菜单中可控制对应工具的显示与隐藏，如选择“特性匹配”选项，则在“快速访问工具栏”中出现“特性匹配”的快捷按钮。若单击“显示菜单栏”按钮，则在标题栏下方显示出“菜单栏”，如图 1-16 所示。

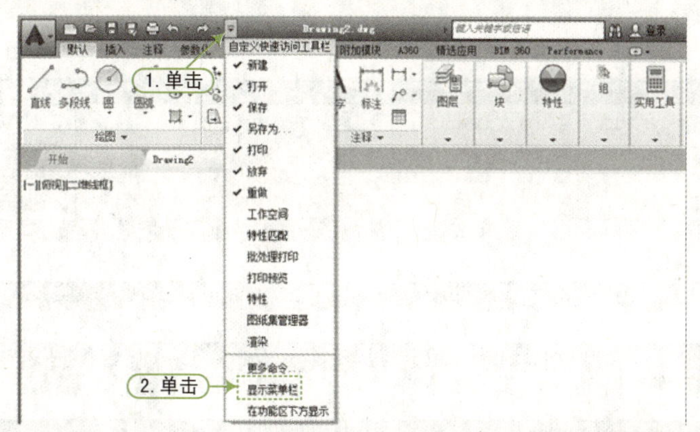

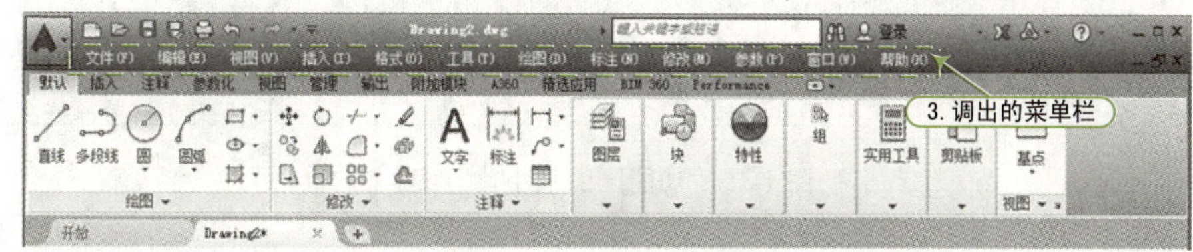

图 1-16　调出菜单栏

2. 功能区

AutoCAD 的“功能区”以面板的形式将各工具按钮分门别类地集合在选项卡中，而每个选项卡中都包含多个工具面板，每个面板又包含多个“工具”按钮，如图 1-17 所示。

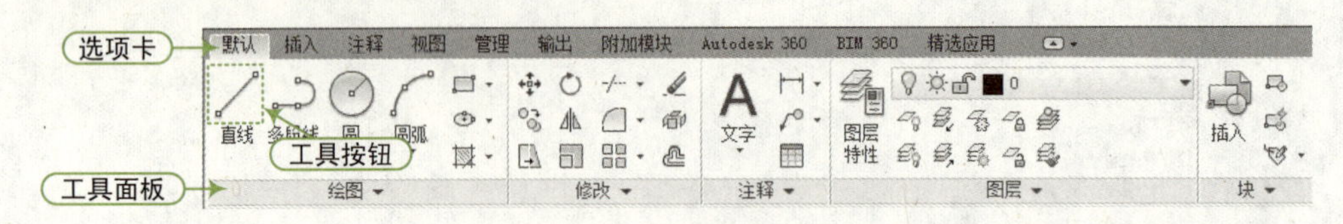

图 1-17　功能区

在一些面板上有一个倒三角按钮▾，单击该按钮会展开该面板相关的操作命令。例如，单击“修改”面板上的倒三角按钮▾，会展开其相关的命令，如图 1-18 所示。

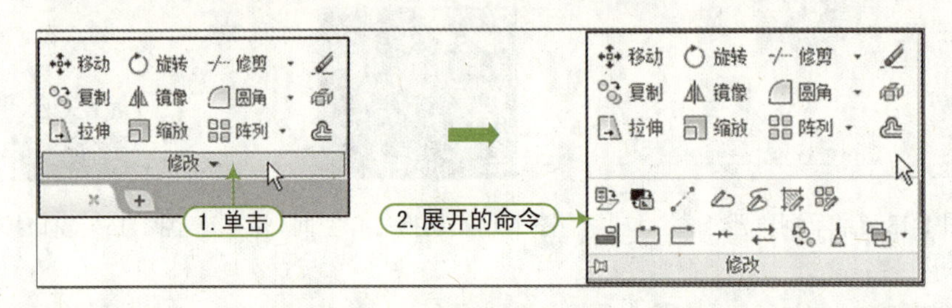

图 1-18　面板隐含命令

技巧：最大化显示绘图区

在选项卡右侧显示了一个倒三角按钮，用户单击▭▾按钮，将弹出一个快捷菜单，可以对功能区进行不同方案的最小化显示，以扩大绘图区范围，如图 1-19 所示。

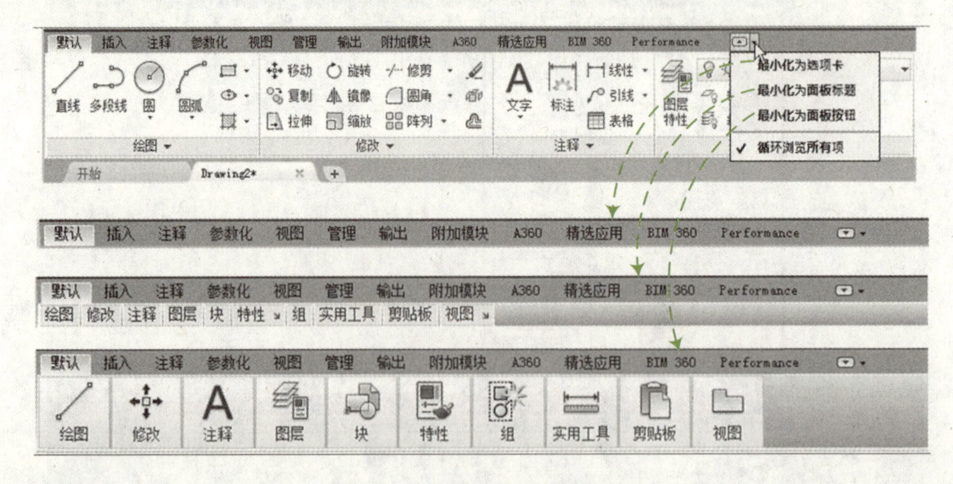

图 1-19　功能区的最小化方案

技巧：自定义功能选项卡和面板

在面板上右击，在弹出的快捷菜单中选择“显示选项卡”和“显示面板”命令，然后在下级菜单中选择所需要的子菜单，即可显示或隐藏相应的选项卡或面板，如图 1-20 所示。

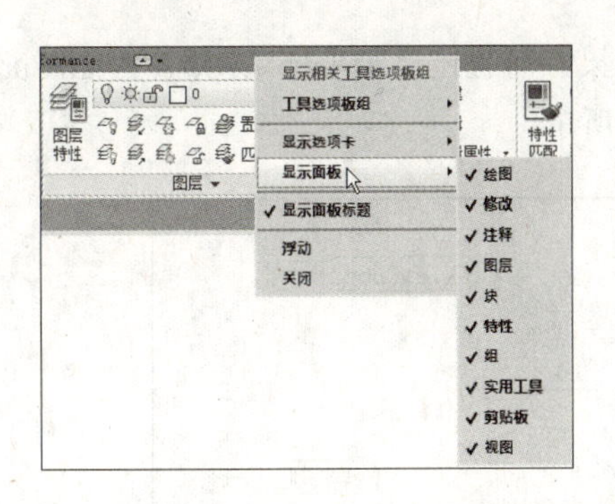

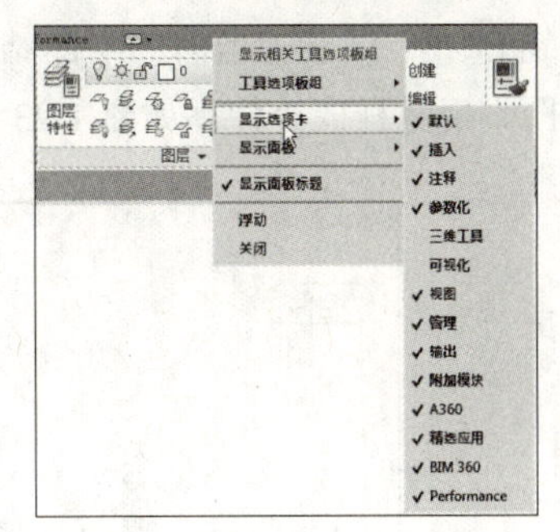

图 1-20　功能区选项卡与面板的调用

3. 图形文件选项卡

当鼠标悬停在某个图形文件选项卡上，将会显示出该图形的模型与图纸空间的预览图像，如图 1-21 所示。

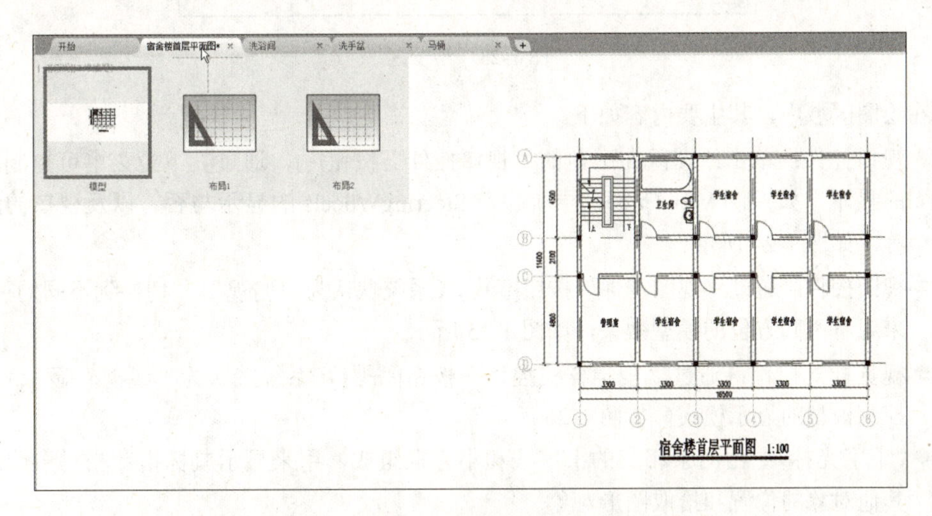

图 1-21　在图形文件选项卡上预览图像

在任意一个文件选项卡上右击，可通过其快捷菜单进行图形文件管理，如新建、打开、保存、关闭等操作，并新增“复制完整的文件路径”与“打开文件的位置”选项，如图 1-22 所示。单击文件选项卡上的 + 按钮，可直接新建一个空白图形。

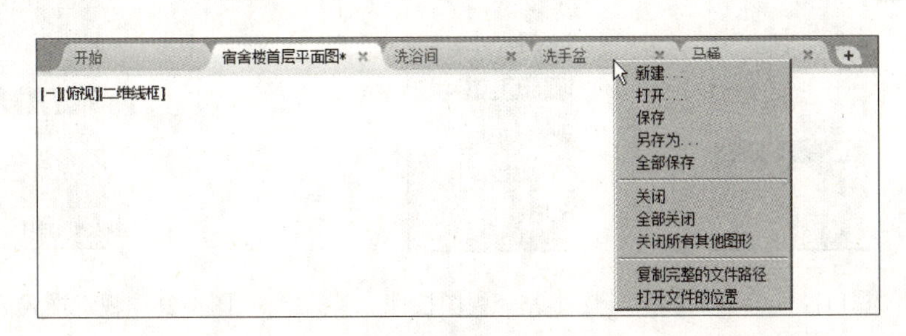

图 1-22　图形文件管理

4. 绘图区

绘图区域是创建和修改对象，以展示设计的地方，所有的绘图结果都反映在这个窗口中。在绘图窗口中不仅显示当前的绘图结果，而且还显示坐标系图标、ViewCube、导航栏及视口、视图、视觉样式控件，如图 1-23 所示。

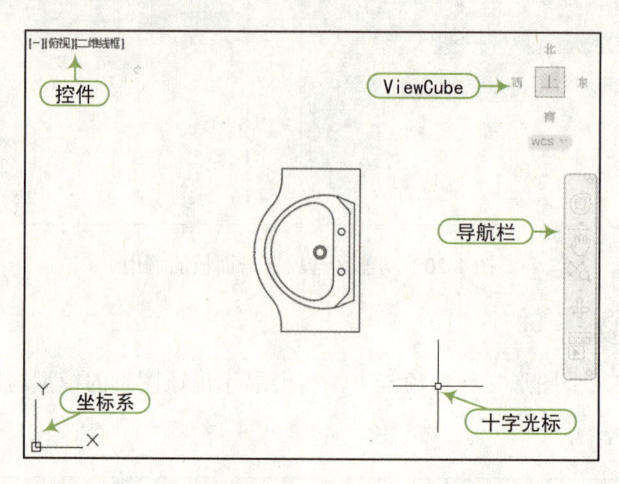

图 1-23　绘图区

在绘图区域中，其主要内容如下。

- 视口控件：单击绘图区左上角的“视口控件”按钮[–]，通过其下拉菜单可控制视图的显示，如控制 ViewCube、导航栏及 SteeringWheels 的显示与否，以及视口的配置等，如图 1-24 所示。
- 视图控件：通过“视图控件”按钮[俯视]（系统默认为“俯视”），切换到不同的视图，来观看不同方位的模型效果，如图 1-25 所示。
- 视觉样式控件：通过“视觉样式控件”按钮[线框]（系统默认为“线框”显示），来控制模型的显示模式，如图 1-26 所示。
- “十字光标”：由两条相交的十字线和小方框组成，用来显示鼠标指针相对于图形中其他对象的位置和拾取图形对象。

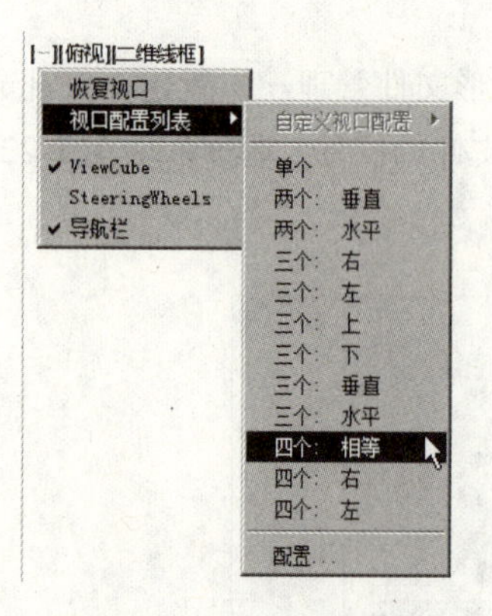

图 1-24　视口控件

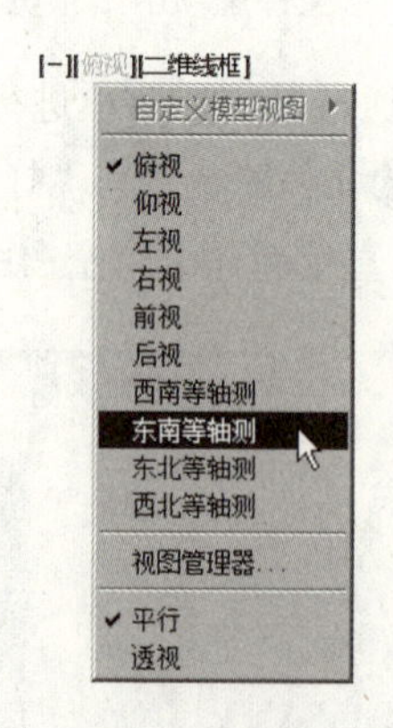

图 1-25　视图控件

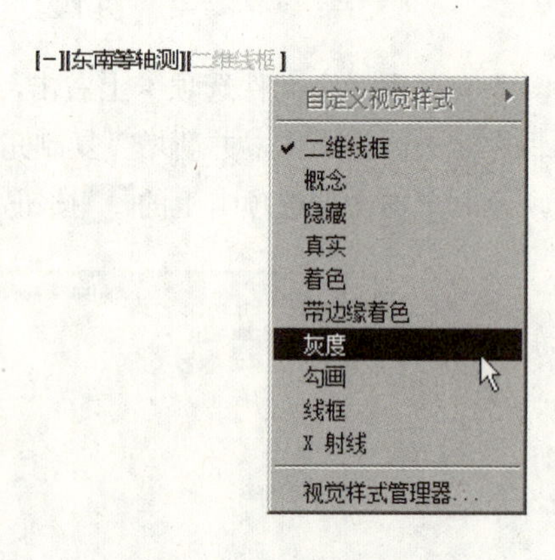

图 1-26　视觉样式控件

- “ViewCube”：在模型的标准视图和等轴测视图之间进行切换的工具。
- “导航栏”：在“导航栏”中，可以在不同的导航工具之间切换，并可以更改模型的视图。

5. 命令窗口

使用命令行启动命令，并提供当前命令的输入。如在命令行输入命令“L”时，会自动完成提供当前输入命令的建议列表，如图 1-27 所示。还可以从命令行中访问其他的内容，如图层、块、图案填充等，如图 1-28 所示。

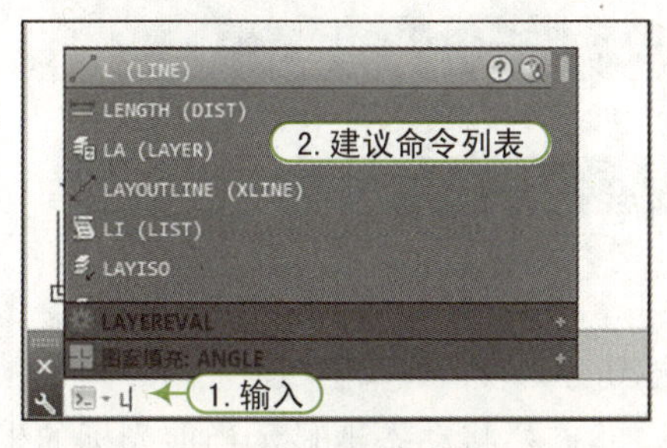

图 1-27　命令的输入

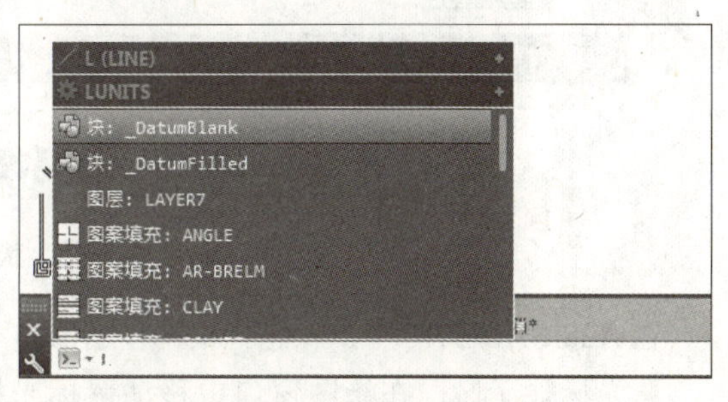

图 1-28　在命令行中访问内容

输入命令后，按“Enter”键，即启动该命令，并显示系统反馈的相应命令信息，如图 1-29 所示。

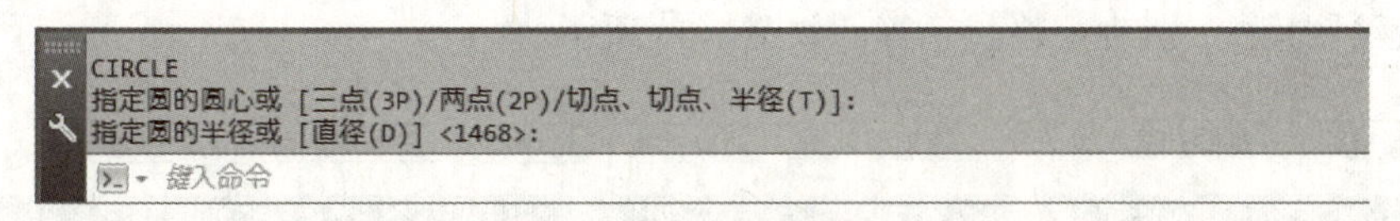

图 1-29　命令窗口

提示：命令行内容解析

在 AutoCAD 中，命令行中的 [ ] 内容表示各种可选项，各选项之间用 / 隔开，< >符号中的值为程序默认值，如单击选项或输入相应的字符来进行下一步操作。输入的字符不区分大小写。

6. “模型”和“布局”选项卡

通过“模型”和“布局”选项卡上的相应控件，可在图纸和模型空间中切换，如图 1-30 所示。

图 1-30　“模型”和“布局”选项卡

模型空间是进行绘图工作的地方，而图纸空间包含一系列的布局选项卡，可以控制要发布的图形区域及要使用的比例。可通过单击 + ，添加更多布局。图 1-31 所示为模型和图纸空间下的对比。

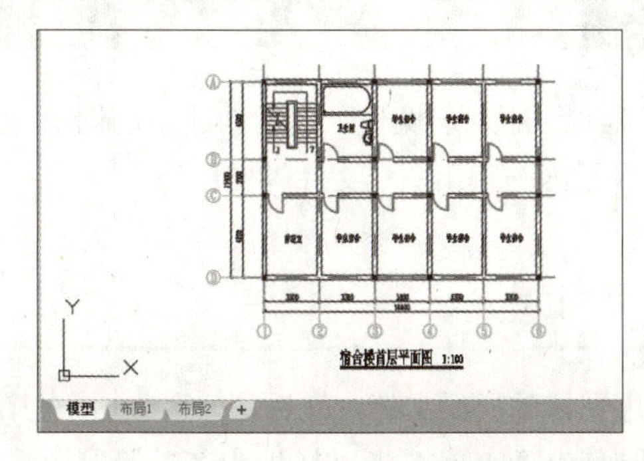

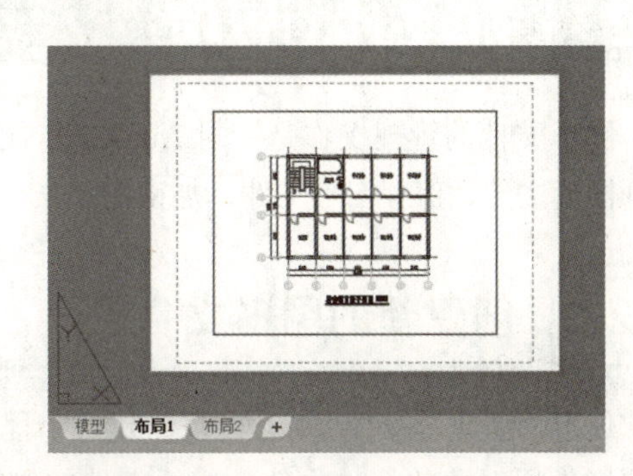

图 1-31　模型与图纸空间对比

7. 状态栏

状态栏位于 AutoCAD 2016 窗口的最下方，用于显示 AutoCAD 当前的状态，如当前的光标状态、工作空间、命令和功能按钮等，如图 1-32 所示。

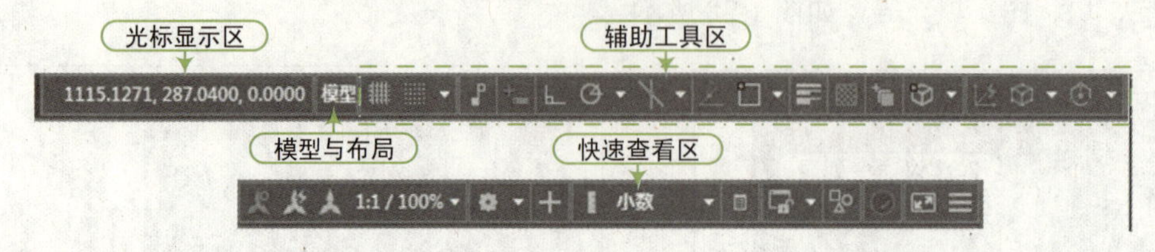

图 1-32 状态栏

在 AutoCAD 2016 中，状态栏根据显示内容不同被划分为以下几个区域。

- 光标显示区：在绘图窗口中移动鼠标光标时，状态栏将动态地显示当前光标的坐标值。
- 模型与布局：单击该按钮，可在模型和图纸空间中进行切换。
- “辅助工具区”：主要用于设置一些辅助绘图功能，比如设置点的捕捉方式、设置正交绘图模式、控制栅格显示等，如图 1-33 所示。

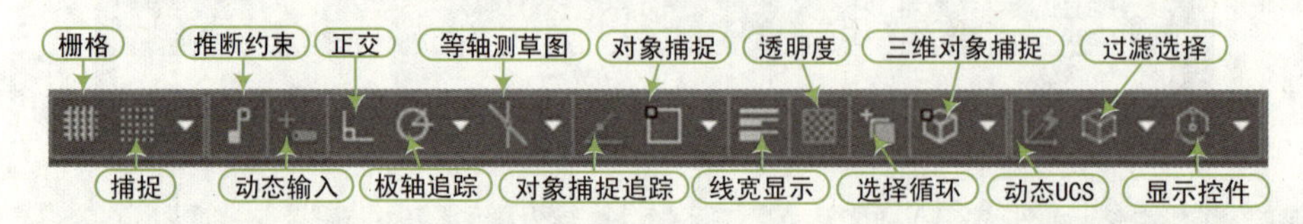

图 1-33 辅助工具区

- “快速查看区”：包含显示注释对象及比例、切换工作空间、当前图形单位、全屏显示等按钮，如图 1-34 所示。

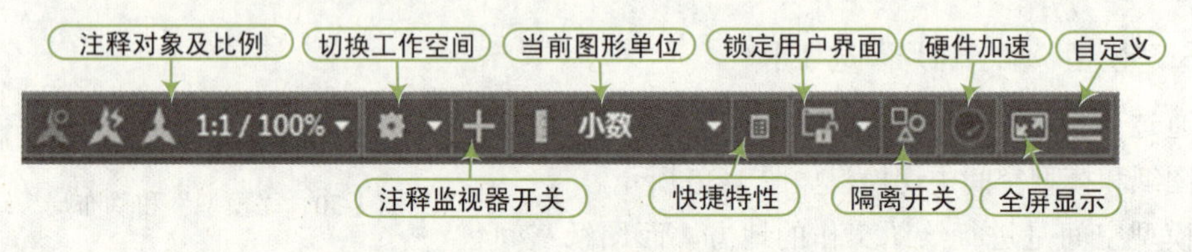

图 1-34 快速查看区

1.2 图形文件的管理

图形文件的管理操作是针对 AutoCAD 图形文件的管理操作，包括创建新的图形文件、打开图形文件、保存图形文件、加密图形文件及输入与输出图形文件等操作。

1.2.1 创建新的图形文件

使用“新建”命令（N）可以新建一个程序默认的样板文件，样板是一个包括一些图形设置和常用对象的特殊文件，样板文件的扩展名为“.dwt”。当以样板为基础绘制图形时，这个新图形就会自动套用样板中所包含的设置和对象。这样一来，就可以通过使用样板省去每次绘制新图形时都要进行烦琐设置和基本对象的绘制工作。

执行“新建”命令（N）的方法主要有以下 4 种。

- 菜单栏：选择“文件 | 新建”菜单命令。
- 工具栏：在“快速访问工具栏”中，单击“新建”按钮。
- 快捷键：按“Ctrl+N”组合键。
- 命令行：输入“NEW”命令，其快捷键为“N”。

执行上述命令后，弹出“选择样板”对话框，如图 1-35 所示。在该对话框中可根据绘图需要选择相应的样板文件，然后单击“打开”按钮，系统将以此样板创建一个新的图形文件。

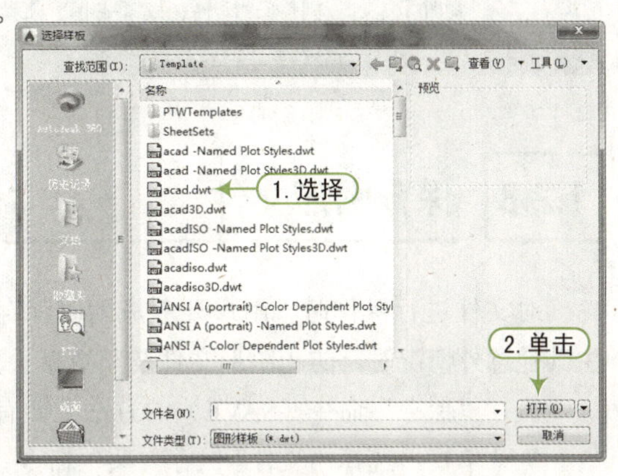

图 1-35　“选择样板”对话框

QA 问题

学生问： 老师，是否可以在启动 AutoCAD 2016 软件时，自动新建一个图形文件呢？

老师答： 可以，但是默认情况下需要手动新建图形文件。如果启动软件时要自动新建图形文件，我们需要设置一下参数，只需在命令行中输入系统变量“STARTUP”，然后按“Enter”键，再根据命令行提示，输入数字 0，按“Enter”键确认。这时可以退出软件，然后重新打开 AutoCAD 2016 软件，可以看到系统自动创建了一个图形文件。

1.2.2 打开图形文件

通常为了完成某个图形的绘制或对图形文件进行修改，这时就需要打开已有的图形文件。使用“打开”命令（OPEN）可以打开当前计算机已存在的图形文件。

执行“打开”命令（OPEN）的方法主要有以下 4 种。

- 菜单栏：选择“文件 | 打开”菜单命令。
- 工具栏：在“快速访问工具栏”中，单击“打开”按钮。
- 快捷键：按“Ctrl+O”组合键。
- 命令行：输入“OPEN”命令并按“Enter”键。

执行上述命令后，弹出“选择文件”对话框，如图 1-36 所示。在“文件类型”下拉列表框中，有“.dwt”、“.dwg”、“.dws”和“.dxf”多种图形文件格式可供用户选择；在“查找范围”下拉列表中，可选择文件路径和要打开的文件名称，最后单击“打开”按钮，即可打开选中的图形文件。

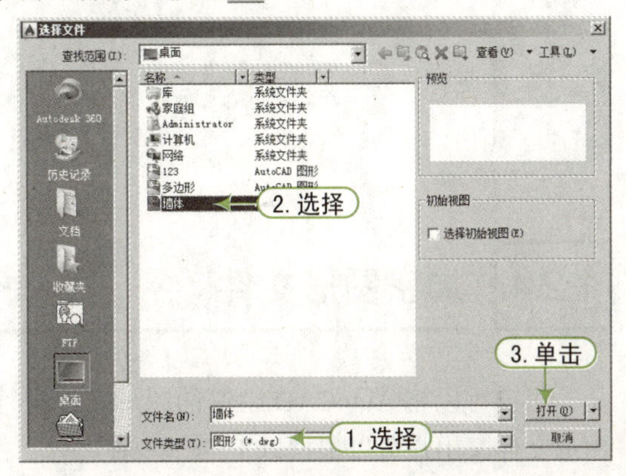

图 1-36　“选择文件”对话框

QA 问题

学生问：老师，Word 软件直接双击 Word 文档图标就可以打开该文件，AutoCAD 是否可以通过双击文件图标打开文件呢？

老师答：可以，AutoCAD 与其他软件打开文件的方法类似，通过双击 AutoCAD 文件的图标打开该文件，或者在图标上右击，在弹出的快捷菜单中选择“打开”命令，都可以打开该文件。

1.2.3 保存图形文件

对文件进行操作时，用户要养成随时保存文件的好习惯，以便在出现电源故障或者发生其他意外情况时，防止图形文件及其数据丢失。

执行“保存”命令（SAVE）的方法主要有以下 4 种。

- 菜单栏：选择“文件 | 保存”菜单命令。
- 工具栏：在“快速访问工具栏”中，单击“保存”按钮。
- 快捷键：按“Ctrl+S”组合键。
- 命令行：在命令行中输入“SAVE”命令并按“Enter”键。

执行上述命令后，若文件已命名，则系统自动保存；若文件未命名（为默认名 drawing1.dwg），则弹出“图形另存为”对话框，在该对话框中进行文件命名保存。在“保存于”下拉列表框中选择保存文件的路径，然后在“文件类型”下拉列表框中选择保存文件的类型，在“文件名”列表框中输入文件名称，最后单击“保存”按钮即可，如图 1-37 所示。

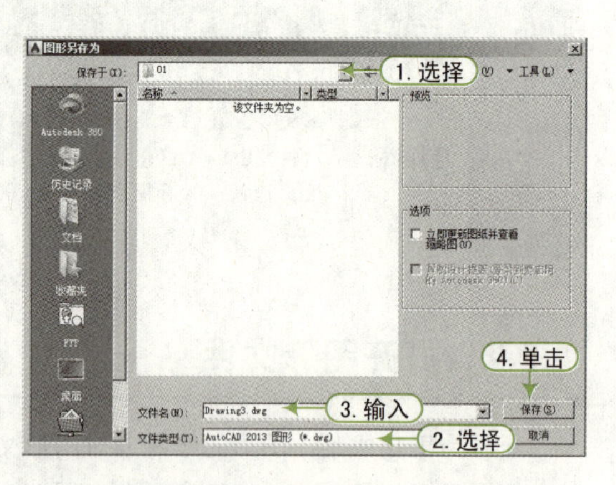

图 1-37 “图形另存为”对话框

QA 问题

学生问：老师，为什么我单击“保存”按钮，不能打开“图形另存为”对话框呢？

老师答：因为你已经将图形进行保存，如果再次进行保存，系统会在原来你命名保存的文件基础上进行保存，所以不会弹出“图形另存为”对话框；如果你想修改或者将图形命名为其他文件，那么你可以单击“另存为”按钮，重新对文件进行命名保存，这时就会出现“图形另存为”对话框。

1.2.4 加密图形文件

用户可以将 AutoCAD 绘制的图形文件进行加密保存，使不知道密码的用户不能打开该图形文件。用户可以根据以下操作步骤进行文件的加密：

STEP 01 单击“快速工具栏”中的“另存为”按钮，弹出“图形另存为”对话框。

STEP 02 单击“图形另存为”对话框右上角的“工具”按钮，然后选择“安全选项”命令，弹出“安全选项”对话框。

STEP 03 在“密码”选项卡中输入用户密码，然后单击“确定”按钮。

STEP 04 在打开的“确认密码”对话框中再次输入上次的密码，然后单击“确定”按钮，即可完成文件密码的设置，如图 1-38 所示。

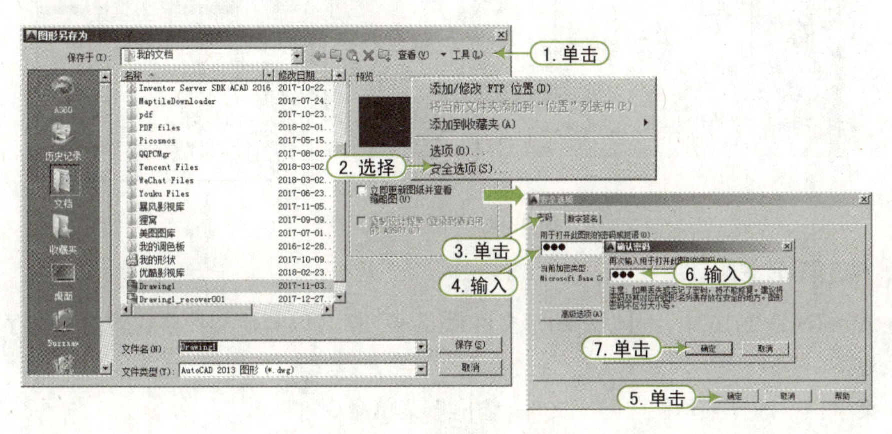

图 1-38　加密图形文件

QA 问题

学生问： 老师，如果我想将 CAD 加密文件取消加密，该怎么操作呢？

老师答： 这个问题很简单，你可以先打开该文件，然后按照图形加密的操作步骤，清空密码框里的密码“*******”，然后单击“确定”按钮即可。这样以后再打开该文件时就不需要再输入密码了。

1.2.5 输入与输出图形文件

在 AutoCAD 中绘制的图形对象，除了可以保存为“.dwg”格式的文件外，还可以将其输出为其他格式的文档，以便其他软件调用；同时，用户也可以在 AutoCAD 中调用其他软件绘制的文件。

1. 输入图形文件

在 AutoCAD 2016 中，可以将其他格式的文件输入其中。执行“输入”命令（IMP）主要有以下几种方法。

- 菜单栏：选择“文件 | 输入”菜单命令。
- 面板：在“插入”选项卡的“输入”面板中，单击“输入”按钮。
- 命令行：输入“IMPORT”命令，其快捷键为“IMP”，并按“Enter”键。

执行“输入”命令（IMP）后，弹出“输入文件”对话框，在“文件类型”下拉列表中，系统提供了多种文件格式，选择其中的一种文件格式，然后选择需要输入的该格式文件，单击“打开”按钮，即可将该文件输入 AutoCAD 软件中，如图 1-39 所示。

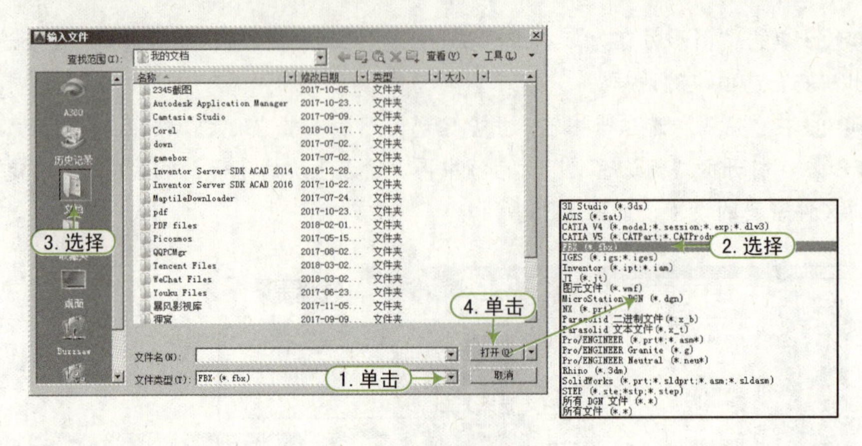

图 1-39　输入图形文件

2. 输出图形文件

在 AutoCAD 2016 中，可以将图形文件“.dwg”格式以其他文件格式输出并保存。其执行方法如下。

- 菜单栏：选择菜单栏中的“文件 | 输出”菜单命令。
- 面板：在“输出”选项卡的“输出为 DWF/PDF”面板中，单击“输出”按钮。
- 命令行：输入“EXPORT”命令，其快捷键为“EXP”，并按“Enter”键。

执行“输出”命令（EXP）后，弹出“输出数据”对话框，在“文件类型”下拉列表中，系统提供了多种文件格式。选择其中的一种文件格式，然后单击“保存”按钮，即可将该文件输出为其他格式的文件，如图 1-40 所示。

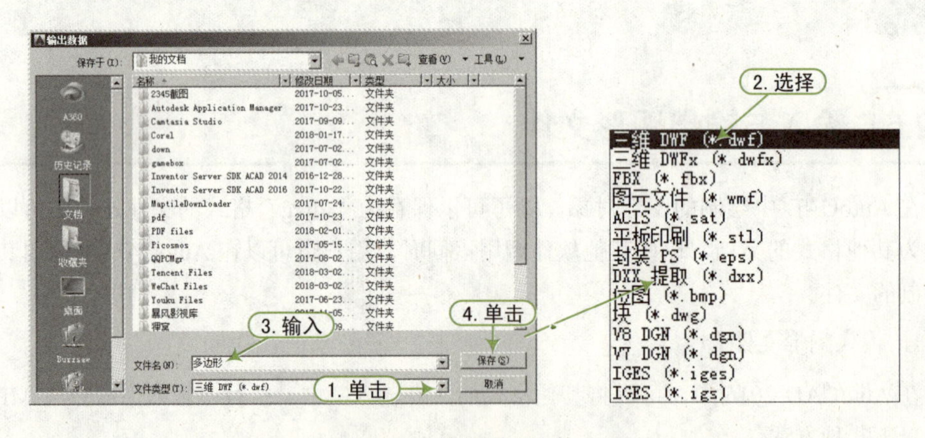

图 1-40　输出图形文件

1.3　设置绘图环境

在绘制图形之前，用户要对系统环境进行设置，包括系统文件的配置、显示性能配置、系统草图的配置、选择集的配置等。同时要对图形的绘图环境进行设置，包括绘图范围及绘图单位的设置。

1.3.1 设置选项参数

配置绘图系统选项参数是通过“选项”对话框来实现的。用户可通过以下 3 种方法打开“选项”对话框。

- 菜单栏：选择“工具|选项”菜单命令。
- 快捷菜单：在绘图区域右击，在弹出的快捷菜单中选择“选项”命令。
- 命令行：输入“OPTIONS”命令，其快捷键为“OP”。

执行“选项”命令（OP）后，弹出“选项”对话框，其中包含“文件”、“显示”、“打开和保存”、“绘图”、“选择集”等多个选项卡，如图 1-41 所示，用户可通过单击相应标签在显示的选项卡中进行选项参数的设置。

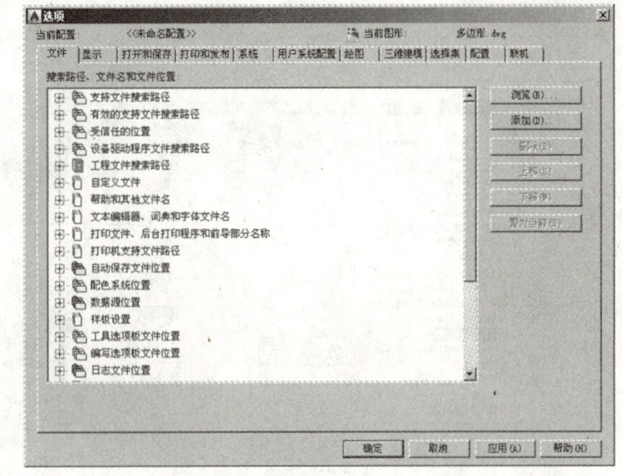

图 1-41　“选项”对话框

1.3.2 系统文件的配置

在“选项”对话框的“文件”选项卡中，用户可以进行文件的相应设置，“文件”选项卡主要用于确定系统搜索支持文件，驱动程序文件、菜单文件和文件的自动保存设置。

在“搜索路径、文件名和文件位置”列表区中，用户可以根据需要来设置不同文件的位置。单击“+”按钮即可展开该选项，从而查看当前选项所在的文件路径，如图 1-42 所示。

若双击该文件路径，或单击右侧的“浏览”按钮，即可打开“选择文件”对话框，从而重新设置新的路径和文件，然后单击“打开”按钮，如图 1-43 所示。

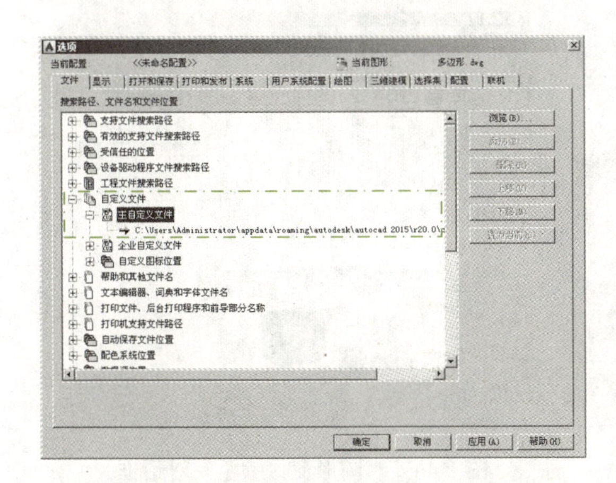

图 1-42　列表项的操作

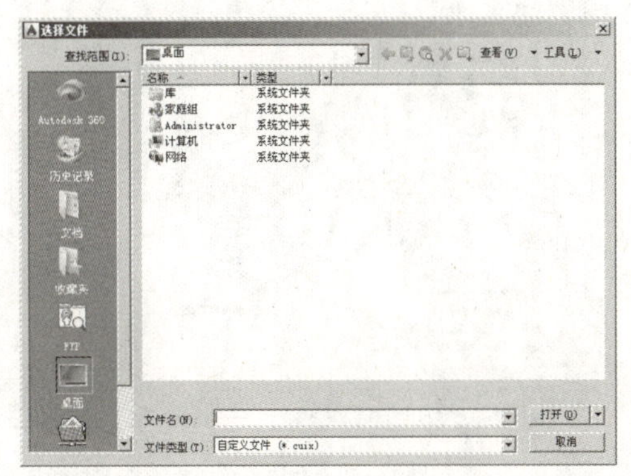

图 1-43　“选择文件”对话框

QA问题

学生问：老师，我在保存文件时，每次都需要指定文件的路径，那么 AutoCAD 2016 是否可以设置一个固定的文件保存位置呢？

老师答：当然可以，指定 AutoCAD 文件的保存路径是在“选项”对话框的“文件”选项卡中进行的，你可以在“搜索路径、文件名和文件位置”列表框中，按照如图 1-44 所示的方法重新设置你需要的保存位置，这样下次保存文件时，就不用再选择保存路径了。

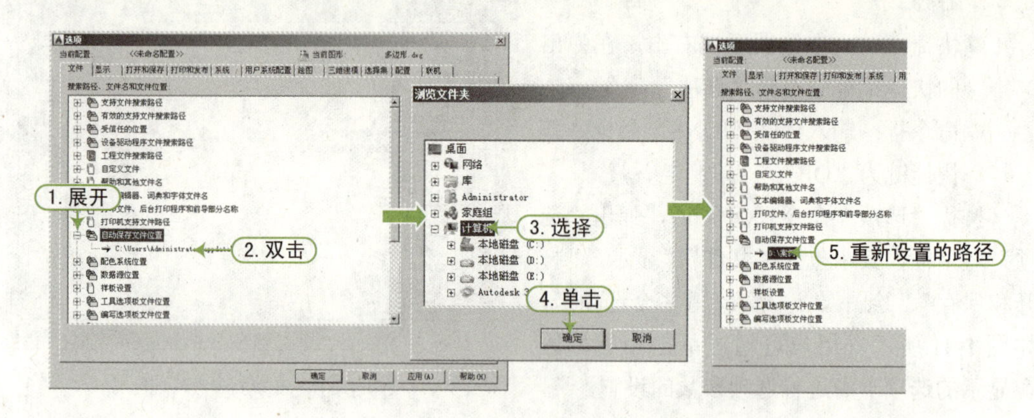

图 1-44　设置自动保存文件路径

1.3.3 显示性能的配置

在“选项”对话框中的“显示”选项卡中，用户可以进行绘图工作界面的显示格式、图形显示精度等显示性能方面的设置，“显示”选项卡，如图 1-45 所示。

在“显示”选项卡中，各主要选项的含义如下。

- “窗口元素”选项组：可以对 AutoCAD 当前窗口的各个窗口元素进行设置，如单击窗口元素的配色方案可对图形窗口颜色进行设置，如图 1-46 所示。

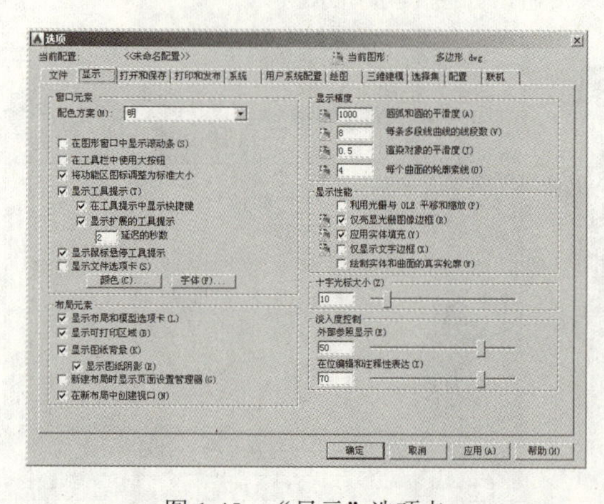

图 1-45　“显示”选项卡

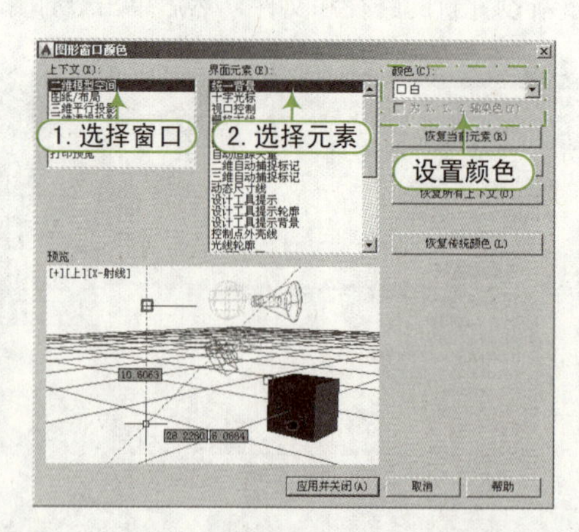

图 1-46　“图形窗口颜色”对话框

- 布局元素：用于控制当前绘图窗口的显示元素。
- 显示精度：用于设置圆弧和圆的平滑度，以及每条多段线曲线的线段数量等。

- 十字光标大小：用于控制当前绘图过程中鼠标指针的大小。

QA 问题

学生问： 老师，我的十字光标为什么显示很小，怎样将其放大呢？

老师答： AutoCAD 中是可以调节十字光标大小的。在“选项”对话框中单击“显示”选项卡，然后在“十字光标大小”选项组的文本框中输入十字光标的大小值，该值在 0 ~ 100 之间，当然你也可以用鼠标拖动右侧的滑块来调节十字光标的大小。

1.3.4 系统草图的配置

在“选项”对话框中，“绘图”选项卡用于设置对象草图的相关参数，如自动捕捉、自动追踪和靶框大小等，如图 1-47 所示。

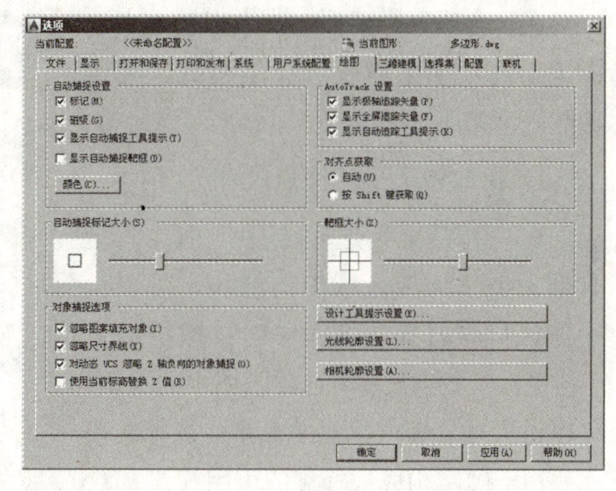

图 1-47　“绘图”选项卡

在“绘图”选项卡中，各主要选项的含义如下。

- 自动捕捉设置：控制与对象捕捉的相关设置。通过对象捕捉，用户可以精确定位点和平面，包含端点、中点、圆心、节点、象限点、交点、插入点、垂足和切点平面等。
  - 标记：控制捕捉点标记的显示。
  - 磁吸：打开或关闭自动捕捉磁吸。捕捉磁吸帮助靶框锁定在捕捉点上，就像打开栅格捕捉后，光标只能在栅格点上移动一样。
  - 显示自动捕捉工具提示：控制自动捕捉工具栏提示的显示。工具栏提示是一个文字标志，用来描述捕捉到的对象部分。
  - 显示自动捕捉靶框：控制自动捕捉靶框的显示。当选择一个对象捕捉时，在十字光标中将出现一个方框，这就是靶框。
  - 颜色：指定自动捕捉标记的颜色。
- 自动捕捉标记大小：设置自动追踪标记的显示尺寸。
- 靶框大小：靶框的大小控制捕捉的范围，靶框越大其锁定的距离越长，也就是说较远的距离就能够捕捉到点；如果靶框比较小，那么靶框距离目标点很近才能捕捉到点。
- 对象捕捉选项：
  - 忽略图案填充对象：指定是否可以捕捉到图案填充对象。
  - 忽略尺寸界线：指定是否可以捕捉到尺寸界线。
  - 使用当前标高替换 Z 值：指定对象捕捉忽略对象捕捉位置的 Z 值，并使用为当前 UCS 设置的标高的 Z 值，在二维绘图中不可用。
  - 对动态 UCS 忽略 Z 轴负向的对象捕捉：指定使用动态 UCS 期间对象捕捉忽略具有负 Z 值的几何体，在二维绘图中不可用。

QA 问题

学生问： 老师，我在使用对象捕捉时，当光标移动到相应的捕捉点时，为什么不能捕捉到点？

老师答： 出现这种情况时，首先看一下是否在“选项 | 绘图选项卡”的“自动捕捉设置”中勾选了“标记”复选框，如果未勾选，那么将不显示捕捉点；其次，检查是否开启了“对象捕捉”的相应功能，如果未开启“对象捕捉”是捕捉不到相应点的。以上设置完成后，即可捕捉点。

1.3.5 系统选择集的配置

在“选项”对话框中，可以使用“选择集”选项卡来设置选择集模式、夹点功能等，如图 1-48 所示。

1. 拾取框大小和夹点尺寸

在“选择集”选项卡中，拖动“拾取框大小”选项区域中的滑块，可以设置默认拾取方式选择对象时拾取框的大小；拖动“夹点尺寸”选项区域中的滑块，可以设置对象夹点标记的大小。选择集模式：用于确定构成选择集的可用模式。

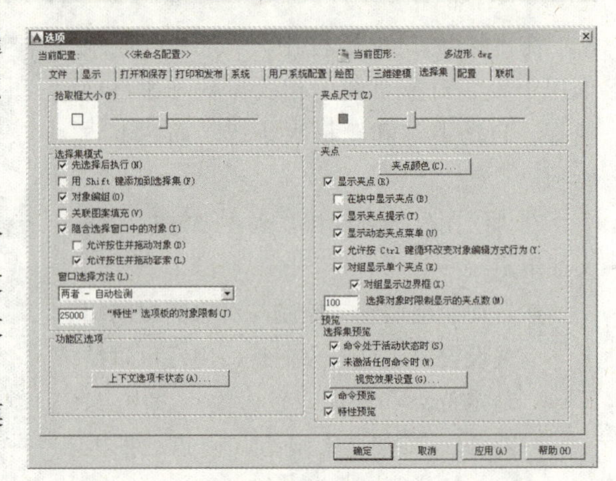

图 1-48 “选择集”选项卡

2. 选择模式

在“选择集”选项卡的“选择集模式”选项组中，可以设置构成选择集的模式，其功能如下。

- “先选择后执行”复选框：只有勾选该复选框后，才能先选择图形，再执行命令。此选项默认为勾选状态。
- “用 Shift 键添加到选择集”复选框：在没有勾选该复选框时，连续单击多个图形可以将对象都选中，“Shift”键用于减选；而勾选该复选框后，无论如何单击，都只能选中最后单击的那个图形，要添加对象则需在按住“Shift”键不放的同时进行选择。
- “对象编组”复选框：打开或关闭自动组选择。
- “关联图案填充”复选框：该选项用于与封闭图形及其内部的填充图案，勾选该复选框时，在封闭图形和填充图案中选择其一即可都选中；而关闭该选项后，则只能选择其中的一种。
- “隐含选择窗口中的对象”复选框：在对象外选择一点时，初始化选择窗口中的图形。从左向右绘制选择窗口将选择完全处于窗口边界内的对象。从右向左绘制选择窗口将选择处于窗口边界内和与边界相交的对象。
- 窗口选择方法：该参数有一个下拉列表，可以更改通过窗口选择对象的方法，其中“两次单击”表示通过单击两次来定义矩形窗口的选择范围；“按住并拖动”表示按住鼠标左键不放并拖动，释放鼠标左键即确定范围；而“两者—自动检测”表示使用该两种方法之一。

3. 夹点

在“选择”选项卡的“夹点”选项区域中，可以设置是否使用夹点编辑功能，是否在块中使用夹点编辑功能及夹点颜色等。

QA 问题

学生问： 老师，我在打开 AutoCAD 画图过程中出现了不能连续选择的情况，如果先选择一个对象，再选择其他对象时上一个选择就会丢失，这是怎么回事呢？

老师答： 出现这种情况很可能是软件遭到恶意破坏而导致系统变量发生变化，这时要根据情况来重新设置系统变量。可以使用以下几种方法：在“选项”对话框的“选择集”选项卡中，取消勾选“选择集模式”选项组中的“用 Shift 键添加到选择集”复选框；也可以在命令行中输入系统变量 pickadd，将其系统变量设置为 1，如果设置为 0 时，就只能有一个选择。

1.3.6 设置图形单位

在绘图窗口中创建的所有对象都是根据图形单位进行测量绘制的。由于 AutoCAD 可以完成不同类型的工作，这就要求我们在绘图时使用不同的度量单位绘制图形以确保图形的精确度。例如毫米（mm）、厘米（cm）、分米（dm）、米（m）、千米（km）等，在工程制图中最常用的是毫米（mm）。

用户可以通过以下两种方法来设置图形单位。

- 菜单栏：选择“格式 | 单位”菜单命令。
- 命令行：在命令行中输入“UNITS”命令，其快捷键为“UN”。

执行上述操作后，弹出“图形单位”对话框，如图 1-49 所示。在该对话框中，可以进行以下参数设置。

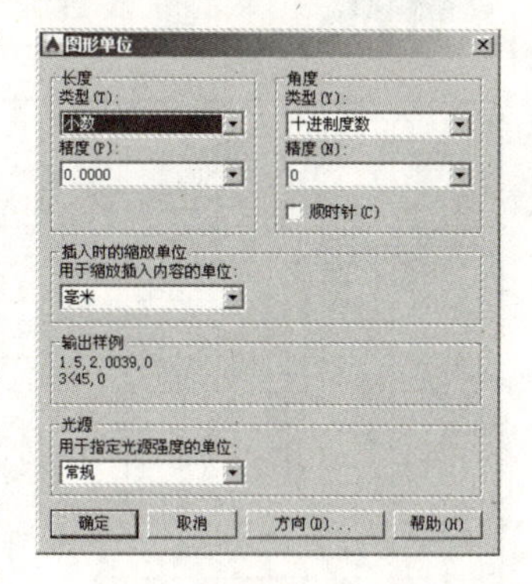

图 1-49 “图形单位”对话框

- “长度”选项组：展开“类型”和“精度”下拉列表框，可以分别设置长度的类型（如小数）和单位的精度值。默认情况下，长度的类型为小数，精度单位为 0.0000。
- “角度”选项组：展开“类型”和“精度”下拉列表框，可以分别设置角度的类型（如十进制度数）和角度的精度值。默认情况下，角度的类型为十进制度数，精度单位为 0。还可以勾选“顺时针”复选框设置角度的方向。
- “插入时的缩放单位”选项组：用于确定拖放内容的单位，通常设置为“毫米”。
- “输出样例”选项组：显示当前输出的样例值。
- “光源”选项组：用于指定光源强度的单位。
- “方向”按钮：单击该按钮，在弹出的“方向控制”对话框中可通过相应设置控制方向，如图 1-50 所示。

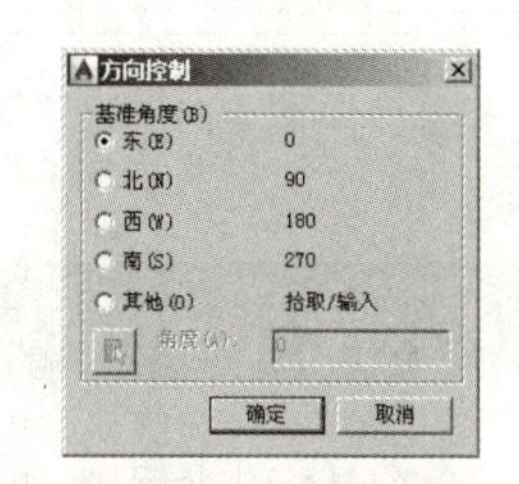

图 1-50 “方向控制”对话框

1.3.7 设置图形界限

所谓“图形界限”，是指绘图区域，它相当于手工绘图时事先准备的图纸。设置“图形界限”最实用的一个目的，就是为了满足不同范围的图形在有限绘图区窗口中能够恰当显示，以方便视窗的调整及用户的观察编辑等。

用户可以通过以下两种方法来设置图形界限。

- 菜单栏：选择“格式 | 图形界限”菜单命令。
- 命令行：在命令行中输入“LIMITS”命令，其快捷键为“LIM”。

执行上述命令后，以设置 A3 纸张大小的图形界限为例，根据命令行提示，指定图形界限的左下角点和右上角点，命令行提示与操作如下，设置好的图形界限，如图 1-51 所示。

```
命令 : LIMITS                                           \\ 输入命令
重新设置模型空间界限 :
指定左下角点或 [ 开 (ON)/ 关 (OFF)] <0.00,0.00>:0,0      \\ 输入图形边界左下角的坐标值
指定右上角点 <420.00,297.00>:420,297                    \\ 输入图形边界右下角的坐标值
```

QA 问题

学生问： 老师，我所设置的图形界限区域，怎么显示的要么全是网格，要么根本没有网格呢？

老师答： 在设置图形界限区域后，可以按“F7”键启动栅格显示，这样才能显示出栅格效果。另外，你还应该输入“草图设置”命令（SE），在打开“草图设置”对话框的“捕捉和栅格”选项卡中，应按照如图 1-52 所示来进行设置，才能显示出一个区域的网格效果。

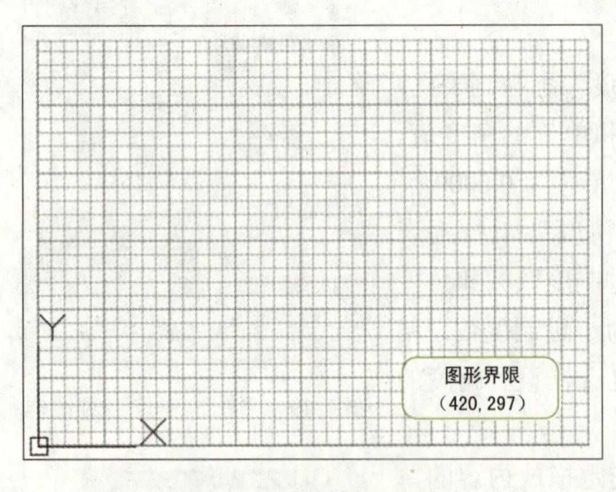

图 1-51　设置图形界限

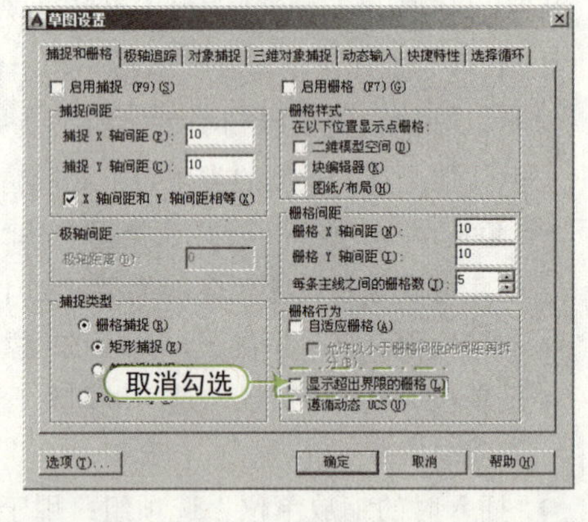

图 1-52　取消勾选“显示超出界限的栅格”复选框

1.4 使用命令与系统变量

命令是指告诉程序如何操作的指令。在 AutoCAD 中，菜单命令、工具按钮、命令行和系统变量是相互对应的。用户可选择某一菜单命令，或单击某个工具按钮，或在命令行中输入命令和系统变量来执行相应的命令。

1.4.1 使用鼠标操作执行命令

在绘图窗口中，光标通常显示为“+”字形式。当光标移至菜单选项、工具或对话框内时，会变成一个箭头，如图 1-53 所示。无论光标是“+”字线形式或是箭头形式，当单击或者按动鼠标键时，都会执行相应的命令或动作。在 AutoCAD 中，鼠标是按以下规则定义的。

- 鼠标左键：通常用于单击命令按钮、指定点、选择对象等。
- 鼠标右键：在绘图区内单击鼠标右键，将弹出一个快捷菜单。选择菜单里的选项，可以执行相应的命令，如确认、取消、放弃、重复上一步操作等。
- 鼠标中键（滚轮）：向上滚动滚轮可以放大视图；向下滚动滚轮可以缩小视图；按住鼠标滚轮，拖动鼠标可以平移视图。

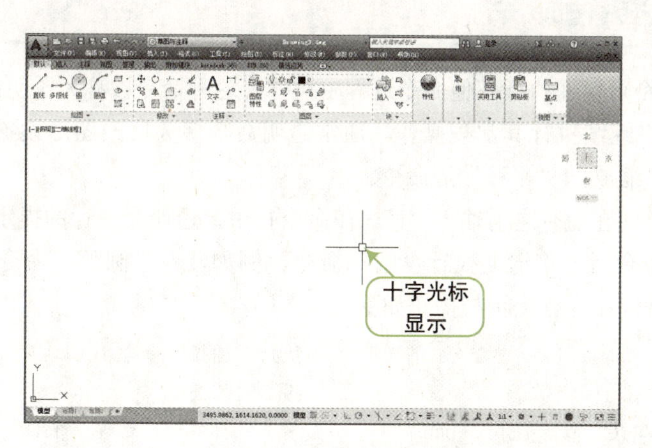

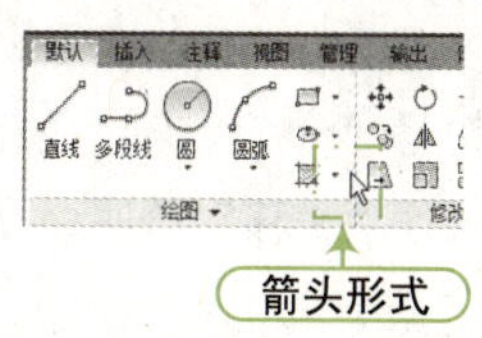

图 1-53　鼠标显示形式

1.4.2 使用“命令行”执行命令

使用“命令行”执行命令是通过键盘输入绘图命令，用户在命令提示行的“命令：”提示符后输入相关命令或快捷键，此时命令行上方会出现一个“命令索引列表”供用户选择所需命令，然后按“Enter”键或空格键执行命令。每确认一次提示操作都要按“Enter”键或空格键，如图 1-54 所示。

在命令行窗口中右击，AutoCAD 将显示一个快捷菜单，通过快捷菜单可以选择最近使用过的 6 个命令、复制选择的文字或全部命令历史记录、粘贴文字，以及打开“选项”对话框，还可以使用“BackSpace”键或“Delete”键删除命令行的文字；也可以选中命令行历史，并选择“粘贴到命令行”命令，将其粘贴到命令行中重新执行该命令，如图 1-55 所示。

QA 问题

学生问： 老师，AutoCAD 可以查看更多的历史命令记录吗？

老师答： 通常情况下，可以在命令行的命令历史区查看到最近使用的命令，但是具有局限性。这时可以按“F2”键，打开“AutoCAD 文本窗口”来查找历史记录，同时也可以通过“AutoCAD 文本窗口”来执行相应操作，如图 1-56 所示。

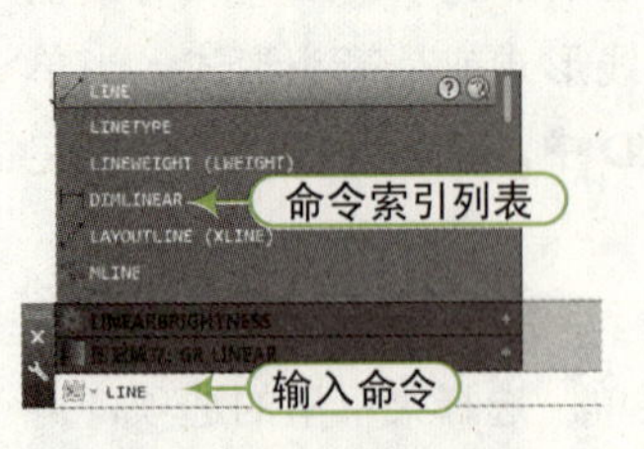

图 1-54　命令提示

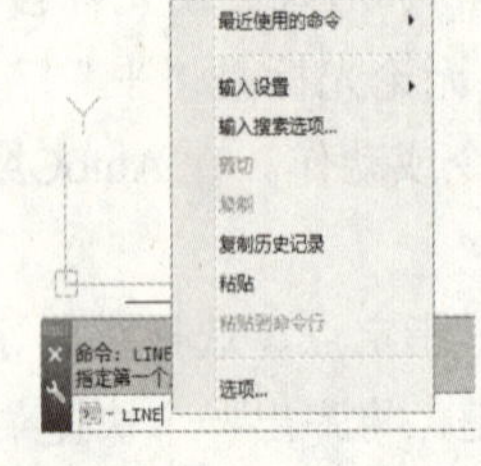

图 1-55　命令行快捷菜单

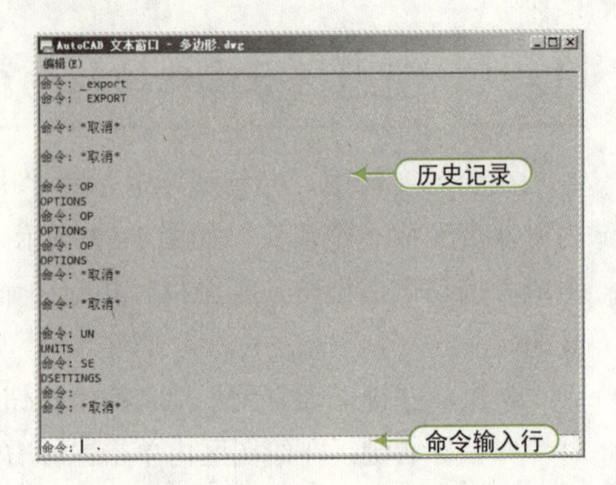

图 1-56　AutoCAD 文本窗口

1.4.3　使用透明命令执行命令

在 AutoCAD 中，一些命令可以在执行其他命令过程中执行，这种命令被称为透明命令。当透明命令完成后，原命令将继续执行其常规操作。通常透明命令多为修改图形设置的命令及绘图附加工具命令，如“缩放”、“平移”等命令。

要以透明方式使用命令，应在命令之前输入“'”。在命令行中，透明命令行的提示为一个双折符号“>>”，当完成命令后，将继续执行“圆”命令。例如，在“圆弧”命令（A）过程中执行“平移”透明命令，命令行提示与操作如下：

```
圆弧 : ARC                                          \\ 执行“圆弧”命令（A）
指定圆弧的起点或 [ 圆心 (C)]:                        \\ 指定圆弧圆心
指定圆弧的第二个点或 [ 圆心 (C)/ 端点 (E)]: '_pan    \\ 单击鼠标右键，选择“平移”命令
>> 按 Esc 或 Enter 键退出，或单击鼠标右键显示快捷菜单。\\ 按“Esc”键退出“平移”命令
正在恢复执行 ARC 命令。
指定圆弧的第二个点或 [ 圆心 (C)/ 端点 (E)]:          \\ 返回“圆弧”命令，指定点
指定圆弧的端点 :                                     \\ 指定圆弧端点，圆弧绘制完成
```

1.4.4　使用系统变量

系统变量是控制某些命令工作方式的设置。命令通常用于启动活动或打开对话框，而系统变量则用于控制命令的行为、操作的默认值或用户界面的外观。系统变量打开或关闭模式，如“捕捉”、“栅格”或“正交”。系统变量设置填充图案的默认比例。系统变量存储有关当前图形或程序配置的信息。可以使用系统变量来更改设置或显示当前状态，也可以在对话框中或功能区中修改许多系统变量设置。

例如，要使用“ISOLINES”系统变量修改曲面的线框密度，在命令行提示下输入该系统变量名称，并按“Enter”键，然后输入新的系统变量值按“Enter”键即可。操作过程中命令行提示如下：

```
命令 : ISOLINES                      \\ 输入系统变量名称
输入 ISOLINES 的新值 <4>: 30         \\ 输入系统修改变量的新值
```

1.4.5 命令的终止、撤销与重做

为了使绘图更加方便快捷，AutoCAD 提供了“重复”、“撤销”、“重做”命令。这样用户在绘图过程中如果出现失误就可以使用“重做”和“撤销”命令返回某一操作步骤中，继续重新绘制图形。

1. 命令的终止

在执行命令过程中，如果用户不想执行正在进行的命令，可以随时按“Esc”键终止执行的任何命令；或者右击，在弹出的快捷菜单中选择“取消”命令来终止执行命令，如图 1-57 所示。

2. 命令的撤销

在绘图过程中，如果执行了错误的操作，此时就需要撤销刚才的操作。撤销操作在 AutoCAD 中称为放弃操作，由“放弃”命令实现。执行“放弃”命令（UNDO）有以下几种执行方法。

- 工具栏：在“快速工具栏”中单击“撤销”按钮。
- 菜单栏：选择“编辑 | 放弃”菜单命令。
- 命令行：输入“UNDO”命令，快捷键为“U”。
- 组合键：按“Ctrl+Z”组合键。

执行一次“撤销”命令只能撤销一个操作步骤，若想一次撤销多个步骤，用户可以单击“快速工具栏”中“撤销”右侧的下拉按钮，选择需要撤销的命令，执行多步撤销操作，如图 1-58 所示。

3. 命令的重做

如果错误地撤销了正确的操作，可以通过“重做”命令进行还原。可以使用“放弃”操作后立即使用一个“重做”命令，取消单个放弃操作的效果。执行“重做”命令（REDO）有以下几种方法。

- 工具栏：在“快速工具栏”中单击“重做”按钮。
- 菜单栏：选择“编辑 | 重做”菜单命令。
- 命令行：输入“REDO”命令。
- 组合键：按“Ctrl+Y”组合键。

如果想要一次性重做多个步骤，用户可单击“快速工具栏”中“重做”右侧的下拉按钮，选择步骤进行多步骤重做，如图 1-59 所示。

图 1-57　命令的终止提示

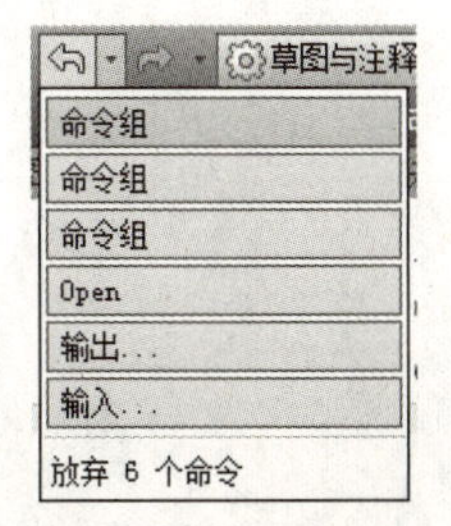

图 1-58　命令的撤销提示

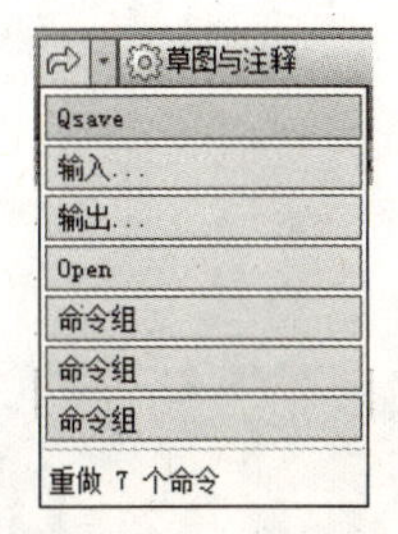

图 1-59　命令的重做提示

QA 问题

学生问： 老师，执行 AutoCAD 命令需要注意什么？

老师答： 首先要确定在执行命令之前，系统是否处于命令等待状态，如果当前处于上一个命令或是其他操作命令状态下，那么就无法正确执行所需要的命令；其次在执行该命令的过程中，一定要注意系统的命令提示，只有根据系统的提示进行操作，才能进行正确的绘图操作。AutoCAD 软件有别于其他常用的绘图软件，使用 AutoCAD 进行绘图操作，一定要适应 AutoCAD 的特点。

第 02 章 简单二维图形的绘制

老师，什么是二维图形？二维图形包括哪些图形？

二维图形是基于 XY 平面创建的图形，所谓“维”，是指“维度”。二维，是指图像由长和宽构成，如长方形。而三维图形，是由长、宽和厚度（或者叫作高）构成，如长方体。

二维图形是 AutoCAD 绘图的基础，很多较为复杂的图形的绘制都是从简单的二维图形开始的，简单的二维图形包括点、直线、圆、圆弧、椭圆、矩形、多边形等。本章将针对这些图形的绘制方法和应用技巧进行讲解，希望同学们能够认真掌握。

效果预览

2.1 认识 AutoCAD 的坐标系统

任意物体在空间中的位置都是通过一个坐标系来定位的。在 AutoCAD 的图形绘制中，也是通过坐标系来确定相应图形对象的位置，坐标系是确定对象位置的基本手段。理解各种坐标系的概念，掌握坐标系的创建及正确的坐标数据输入方法，是学习 AutoCAD 制图的基础。在 AutoCAD 2016 中，坐标系可分为世界坐标系（WCS）和用户坐标系（UCS）；按坐标值参考点的不同，可以分为绝对坐标系和相对坐标系；按照坐标轴的不同还可以分为直角坐标系、极坐标系。

系统默认的坐标系为世界坐标系。根据笛卡儿坐标系的习惯，沿 X 轴正方向（向右）为水平距离增加的方向；沿 Y 轴正方向（向上）为竖直距离增加的方向，垂直于 XY 平面；沿 Z 轴正方向从所视方向向外为距离增加的方向（二维绘图环境中，忽略 Z 轴）。这一套坐标轴按右手规则确定了世界坐标系，简称 WCS。世界坐标系的重要之处在于：它总是存在于每一个设计的图形中，并且不可改变。当用户新建一幅图形时，系统自动将坐标系设置为世界坐标系。在坐标轴的交汇处显示一个“□”形标记，如图 2-1 所示，原点位于图形窗口的左下角位置处。

为了能够更好地辅助绘图，用户经常需要修改坐标系的原点和方向，这时世界坐标系将变为用户坐标系。在用户坐标系中，原点可以是任意数值，也可以是任意角度，由绘图者根据需要确定。默认情况下的用户坐标系，其坐标系“交点”没有“□”标记，如图 2-2 所示，这也是便于与世界坐标系相区分。

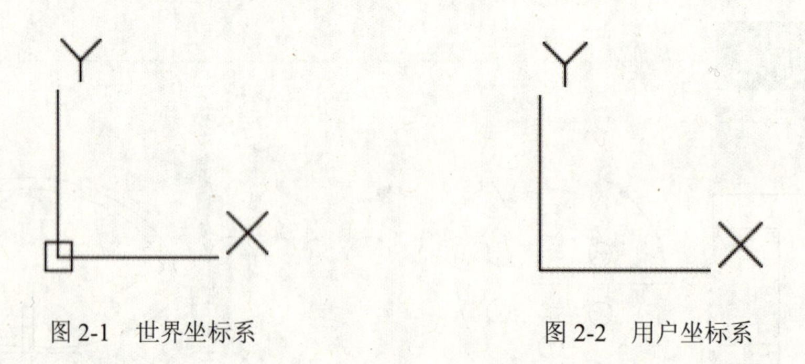

图 2-1　世界坐标系　　　图 2-2　用户坐标系

2.1.1 新建坐标系

用户可以设置 UCS 原点及其 X、Y 和 Z 轴，以满足需求。设置用户坐标系的方法有以下几种。

- 菜单栏：选择“工具 | 新建 UCS”菜单命令，如图 2-3 所示。
- 工具栏：选择菜单栏中的“工具 | 工具栏 |AutoCAD|UCS”菜单命令，打开“UCS 工具栏”，如图 2-4 所示。
- 命令行：输入“UCS”命令。

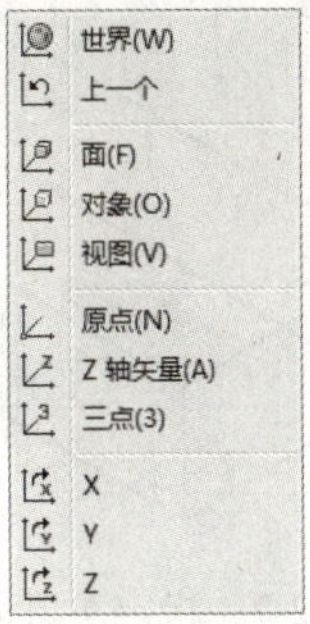

世界(W)
上一个
面(F)
对象(O)
视图(V)
原点(N)
Z 轴矢量(A)
三点(3)
X
Y
Z

图 2-3　新建 UCS 菜单

图 2-4　UCS 工具栏

执行上述操作后，命令行提示与操作如下：

```
命令：UCS
当前 UCS 名称：世界坐标系
指定 UCS 的原点或 [ 面 (F)/ 命名 (NA)/ 对象 (OB)/ 上一个 (P)/ 视图 (V)/ 世界 (W)/X/Y/Z/Z 轴 (ZA)] <世界>:
                                                   \\ 指定 UCS 的原点位置
指定 X 轴上的点或 <接受>:                           \\ 确定 X 轴
指定 XY 平面上的点或 <接受>:                        \\ 确定 XY 平面
```

命令行各选项含义如下。

- 指定 UCS 的原点：使用一点、两点或三点定义一个新的 UCS。如果指定单个点，当前 UCS 的原点将会移动，而不会更改 X、Y 和 Z 轴的方向。如果指定第二个点，则 UCS 将旋转以使正 X 轴通过该点。如果指定第三个点，则 UCS 将围绕新 X 轴旋转来定义正 Y 轴。这三点可以指定原点、正 X 轴上的点及正 XY 平面上的点，如图 2-5 所示。
- 面 (F)：将 UCS 动态对齐到三维对象的面。将光标移到某个面上以预览 UCS 的对齐方式。选择该选项后，根据命令行提示，指定实体面、曲面或网格，然后按“Enter”键确定选择面；也可以选择“下一个 (N)”、“X 轴反向 (X)”、“Y 轴反向 (Y)”指定下一个面，如图 2-6 所示。命令行提示如下：

```
命令 : UCS
当前 UCS 名称 : * 世界 *
指定 UCS 的原点或 [ 面 (F)/ 命名 (NA)/ 对象 (OB)/ 上一个 (P)/ 视图 (V)/ 世界 (W)/X/Y/Z/Z 轴 (ZA)] < 世界 >:f
选择实体面、曲面或网格 :        \\ 选择长方体上表面
输入选项 [ 下一个 (N)/X 轴反向 (X)/Y 轴反向 (Y)] < 接受 >: \\ 输入选项或按“Enter”键结束命令
```

命令行各选项含义如下。

- 命名 (NA)：保存或恢复命名 UCS 定义。
- 对象 (OB)：表示根据选择的三维对象来定义新的坐标系，新 UCS 的拉伸方向为选择对象的方向（X）轴，如图 2-7 所示。
- 上一个 (P)：恢复上一个 UCS。可以在当前任务中逐步返回最后 10 个 UCS 设置。对于模型空间和图纸空间，UCS 设置单独存储。
- 视图 (V)：将 UCS 的 XY 平面与垂直于观察方向的平面对齐。原点保持不变，但 X 轴和 Y 轴分别变为水平和垂直，如图 2-8 所示。
- 世界 (W)：将 UCS 与世界坐标系 (WCS) 对齐。

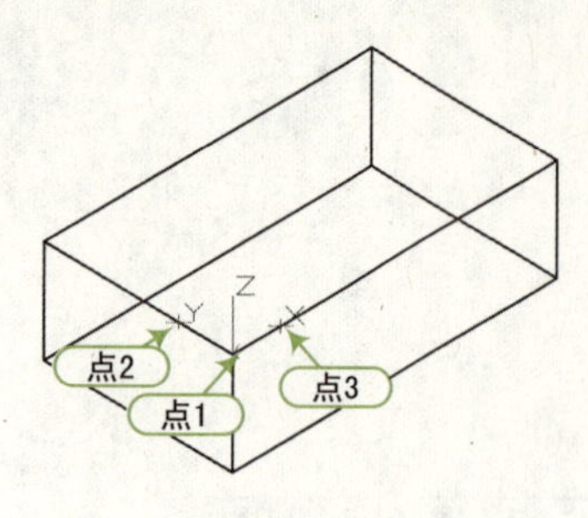

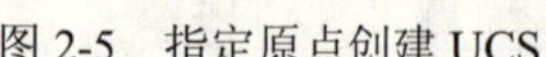

图 2-5　指定原点创建 UCS

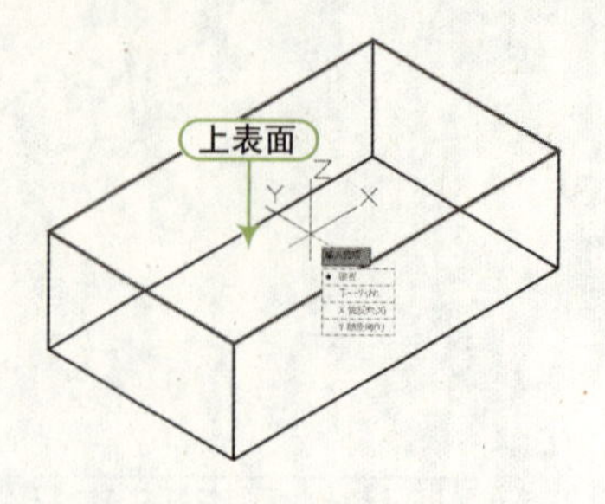

图 2-6　指定面创建 UCS

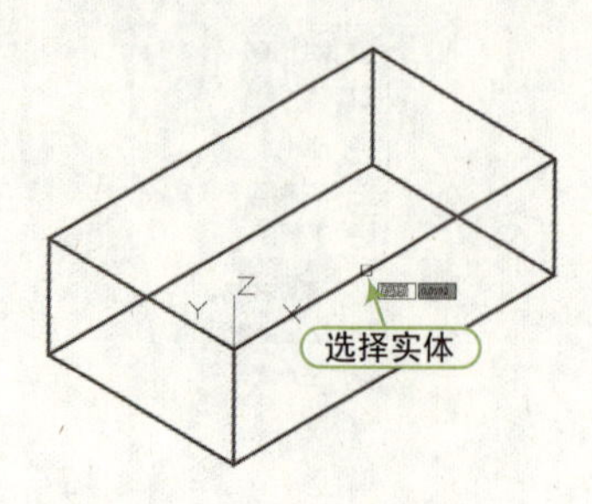

图 2-7　指定对象创建 UCS

- Z 轴：将 UCS 与指定的正 Z 轴对齐。UCS 原点移动到第一个点，其正 Z 轴通过第二个点，如图 2-9 所示。

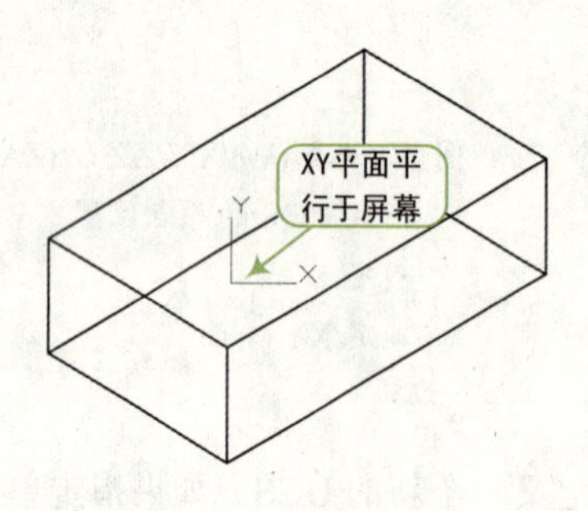

图 2-8　建立视图 UCS

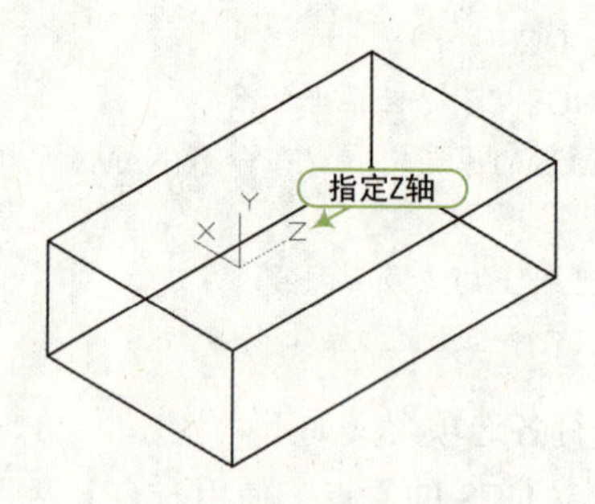

图 2-9　创建 Z 轴 UCS

- X/Y/Z：将右手拇指指向 X、Y 或 Z 轴的正向，卷曲其余四指。其余四指所指的方向即绕轴的正旋转方向，如图 2-10 所示。

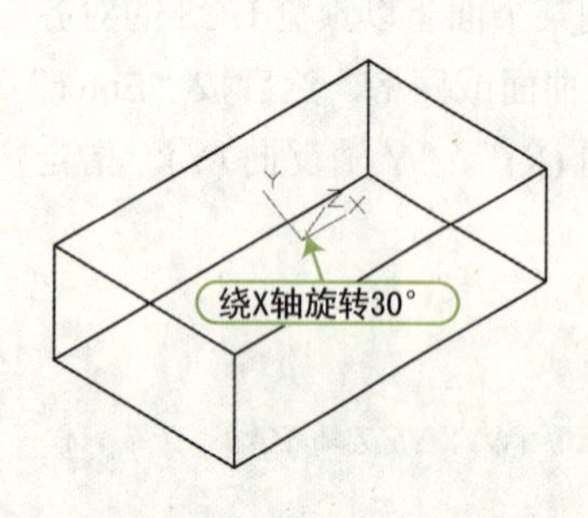

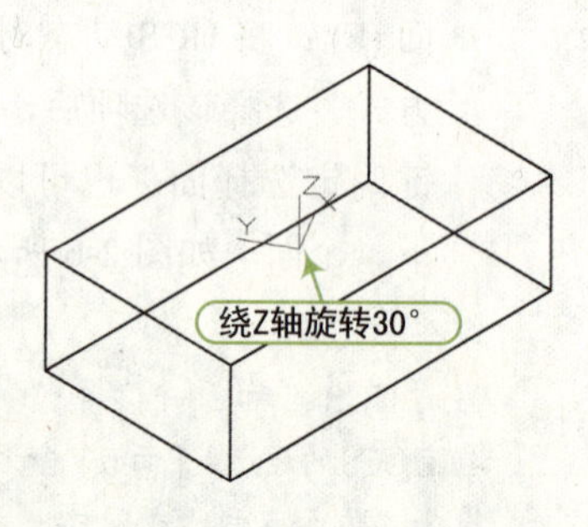

图 2-10　X/Y/Z 轴方式创建 UCS

QA 问题

学生问： 老师，我想用抓图软件捕捉 AutoCAD 的图形界面，但是不想捕捉窗口左下角的坐标，是否可以将坐标系隐藏呢？

老师答： 可以，在 AutoCAD 中坐标系是能够隐藏的，只需在命令行中输入系统修改变量："UCSICON"将其调置为 OFF 即可关闭坐标系的显示；反之，如果你截完图后，想显示坐标系，这时将其变量修改为 ON 即可。

2.1.2 坐标的输入

在 AutoCAD 中，用鼠标可以直接定位坐标点，但不是很精确：采用键盘输入坐标值的方式可以更精确地定位坐标点。在绘图过中可以通过直角坐标系的绝对坐标、相对坐标、绝对极坐标和相对极坐标等方法来确定点的位置。

1. 绝对坐标

绝对坐标是以原点为基点定位所有的点。输入点的（X,Y,Z）坐标，在二维图形中，Z=0 可省略。例如，可以在命令行中输入“10,20”（中间用英文逗号隔开）来定义点在 XY 平面上的位置。

2. 相对坐标

相对坐标是某点（A）相对于另一特定点（B）的位置。相对坐标是把以前一个输入点作为输入坐标值的参考点，输入点的坐标值是以前一点为基准而确定的，它们的位移增量为 X、Y、Z。其格式为：(@ X,Y,Z)，“@”字符表示输入一个相对坐标值，如“@10,20”是指该点相对于当前点沿 X 方向移动 10，沿 Y 方向移动 20。

3. 绝对极坐标

绝对极坐标是通过相对于极点的距离和角度来定义的，其格式为：距离＜角度。角度以 X 轴正向为度量基准，逆时针为正，顺时针为负。绝对极坐标以原点为极点，如输入“10<20，表示距原点 10、方向 20 度的点。

4. 相对极坐标

相对极坐标是以上一个操作点为极点，其格式为：@距离＜角度，如输入“@10<20”，表示该点距上一点的距离为 10，和上一点的连线与 X 轴成 20 度。

另外，在 AutoCAD 中，采用数据输入坐标值有静态输入和动态输入两种方式。在“静态输入”方式下，可直接输入绝对坐标（X,Y）、绝对极坐标（X<α），而输入相对坐标，则需在坐标值前加 @ 前缀；在“动态输入”方式下，可直接输入相对坐标值（X,Y）、相对极坐标值（Y<α），而要输入绝对坐标，则需在坐标前加 # 前缀。

QA 问题

学生问： 老师，什么是“动态输入”和“静态输入”？

老师答： 通常情况下，我们将在命令行中输入坐标的方式称为“静态输入”；而将光标提示输入称为“动态输入”，在绘图时可以单击“状态栏”中的“动态输入”按钮，在“动态输入”和“静态输入”方式之间进行切换。

2.1.3 控制坐标的显示

在绘图窗口中移动光标的十字指针时，状态栏上将动态显示当前指针的坐标。坐标显示取决于选择的模式和程序中运行的命令，共有以下 3 种方式。

- MODE0，OFF（关）：显示上一个拾取点的绝对坐标。此时，指针坐标不能动态更新，只有在拾取一个新点时，显示才会更新。但是输入新点坐标时，不会改变该显示方式。
- MODE1（绝对）：显示光标的绝对坐标。该值是动态更新的，默认情况下，该显示方式是打开的。

- MODE2（相对）：显示一个相对坐标。当选择该方式时，如果当前处在拾取点状态，系统将显示光标所在位置相对于上一个点的距离和已知角度。当离开拾取点状态时，系统将恢复到 MODE1。

控制坐标显示方式的方法如下。

- 功能键：按“F6”键。
- 组合键：按“Ctrl+D”组合键。
- 状态栏：单击状态栏中的“动态 UCS”按钮。

QA 问题

学生问：老师，AutoCAD 中绘图区左下方显示坐标的框有时变为灰色，当鼠标在绘图区移动时，显示的坐标没有变化怎么办呢？

老师答：这时需按“F6”键，或者将“COORDS”的系统变量修改为 1 或者 2。系统变量为 0 时，是指用定点设备指定点时更新坐标显示；系统变量为 1 时，是指不断更新坐标显示；系统变量为 2 时，是指不断更新坐标显示，当需要距离和角度时，显示到上一点的距离和角度。

2.2 直线类命令

直线类命令包括“直线”和“构造线”命令。这两个命令是 AutoCAD 中最简单的绘图命令。

2.2.1 直线

直线是各种绘图中最常用、最简单的一类图形对象，只要指定起点和终点即可绘制一条直线。在 AutoCAD 中，可以用二维坐标（x,y）或三维坐标（x,y,z）来指定端点，也可以混合使用二维坐标和三维坐标。如果输入二维坐标，AutoCAD 将用当前的高度作为 Z 轴坐标值。

用户可以通过以下 3 种方法执行“直线”命令（L）。

- 菜单栏：选择“绘图 | 直线”菜单命令。
- 面板：在“默认”选项卡的“绘图”面板中，单击“直线”按钮。
- 命令行：输入“LINE”命令，其快捷键为 L。

执行“直线”命令（L）后，命令行提示与操作如下：

```
命令：LINE
指定第一个点：                        \\ 用鼠标指定起点或给定起点的坐标
指定下一点或 [ 放弃 (U)]:             \\ 用鼠标指定端点或给定端点的坐标
指定下一点或 [ 闭合 (C)]:             \\ 输入下一直线端点或输入“C”使图形闭合，结束命令
```

命令行各主要选项含义如下。

- 指定第一个点：在屏幕上指定一点作为直线的起点。
- 指定下一点：指定直线的第二点（端点）。
- 闭合 (C)：以第一条线段的起始点作为最后一条线段的端点，形成一个闭合的图形。在绘制一系列线段（两条或两条以上）之后，可以使用“闭合”选项。

- 放弃 (U)：删除直线序列中最近绘制的线段。多次输入 U 将按绘制次序的逆序逐个删除线段。

> **QA 问题**
>
> **学生问：** 老师，我在画水平直线时为什么总是画不直？
>
> **老师答：** 直线是绘图命令中最简单的命令，在绘制直线时可以配合使用 AutoCAD 提供的一些辅助工具，例如在状态栏中单击“正交模式”按钮。这时，你在绘制直线时，直线被限制与 X 轴或 Y 轴平行，这样画的直线就是一条直线。除此之外，AutoCAD 还提供了其他一些辅助工具，我们将在下一章节中进行具体讲解。

2.2.2 实例——工字钢的绘制

视频：2.2.2——工字钢的绘制 .avi
案例：工字钢 .dwg

本案例以绘制直线的方式来绘制如图 2-11 所示的工字钢平面图。首先新建一个图形文件，然后执行“直线”命令，利用“坐标输入法”分别输入点坐标绘制图形。具体绘图步骤如下：

STEP 01 新建文件。正常启动 AutoCAD 2016 软件，执行“文件 | 打开”命令，打开“案例 \02\ 机械样板 .dwt”文件；然后，执行“文件 | 保存”命令，将文件保存为“案例 \02\ 工字钢 .dwg”文件。

STEP 02 设置当前图层。在“默认”选项卡的“图层”面板中，单击“图层特性管理器”按钮，在弹出的“图层特性管理器”对话框中，将“粗实线”图层设置为当前图层，如图 2-12 所示。

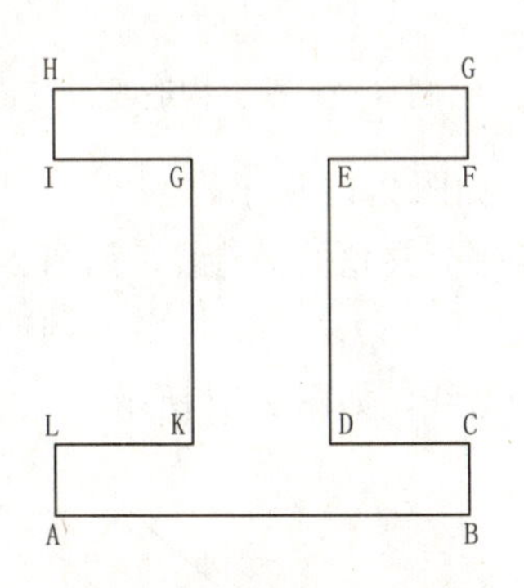

图 2-11　工字钢平面图

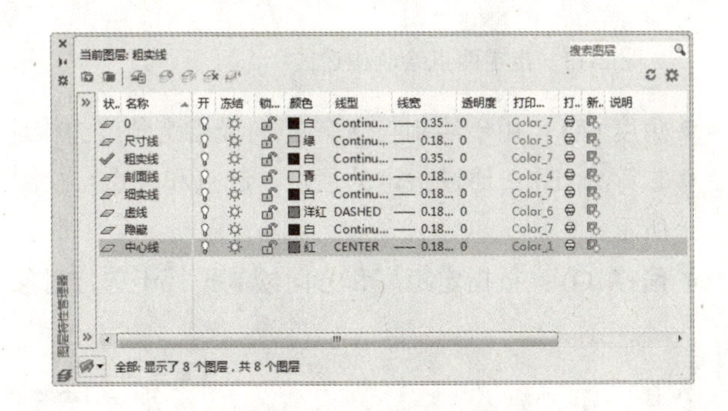

图 2-12　设置当前图层

STEP 03 绘制直线。执行“直线“命令（L），根据命令行提示输入 A 点坐标（200,200）。

STEP 04 根据命令行提示，输入 B 点坐标（500,200）。

STEP 05 依次输入其他点坐标：C（500,250）、D（400,250）、E（400,450）、E（400,450）、

F（500,450）、G（500,500）、H（200,500）、I（200,450）、J（300,450）、K（300,250）、L（200,250）。

STEP 06 闭合图形。根据命令行提示，输入字母 C，然后按“Enter”键封闭图形。

STEP 07 保存图形。图形绘制完成，按“Ctrl+S”组合键，将文件进行保存。

2.2.3 构造线

构造线就是两端无限延长的直线，没有起点和终点。它不像直线、圆、圆弧、正多边形等作为图形的构成元素，而是仅仅作为绘图过程中的辅助参考线。在绘制机械三视图时，常用构造线作为长对正、宽相等和高平齐的辅助作图线。

在 AutoCAD 中，执行“构造线”命令主要有以下 3 种方法。

- 菜单栏：选择“绘图 | 构造线”菜单命令。
- 面板：在“默认”选项卡的“绘图”面板中，单击“构造线”按钮。
- 命令行：输入“XLINE”命令，快捷键为 XL。

执行“构造线”命令（XLINE）后，命令行提示如下：

```
命令 : XLINE
指定点或 [ 水平 (H)/ 垂直 (V)/ 角度 (A)/ 二等分 (B)/ 偏移 (O)]:        \\ 指定点
指定通过点 :                          \\ 指定点 2，绘制一条构造线
指定通过点 :                          \\ 继续指定点，绘制构造线，按“Enter”键结束命令
```

命令行各主要选项含义如下。

- 指定点：指定构造线上的两个点，确定构造线的位置，如图 2-13 所示。
- 水平 (H)/ 垂直 (V)：绘制与 X 轴或 Y 轴平行的构造线，如图 2-14 所示。

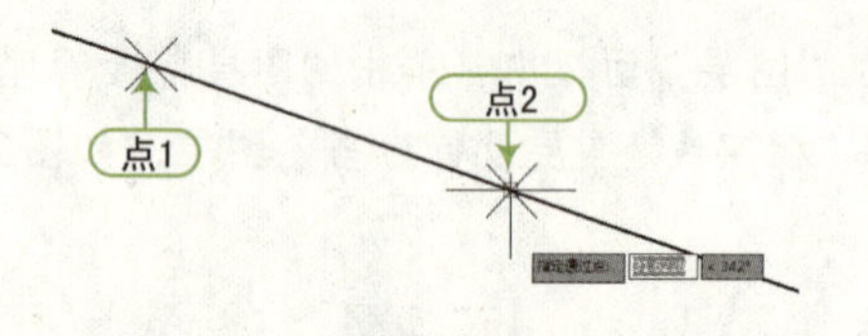

图 2-13　指定两点绘制构造线

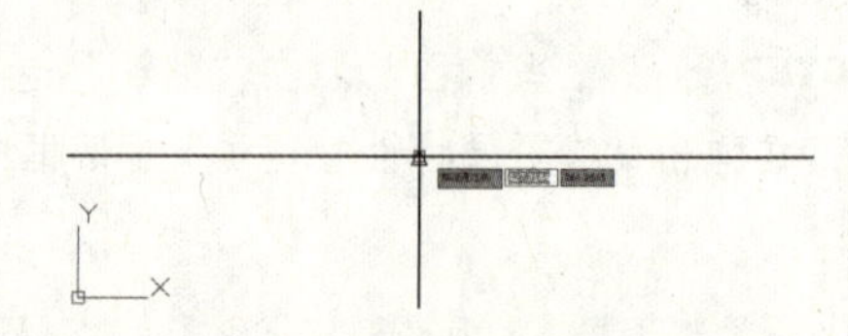

图 2-14　绘制水平和垂直构造线

- 角度 (A)：用于绘制与 X 轴正向成指定角度的构造线，如图 2-15 所示。
- 二等分 (B)：通过指定的顶点、起点和端点，绘制一条平分夹角的构造线，如图 2-16 所示。
- 偏移 (O)：按指定距离和方向绘制平行于选定对象的构造线，如图 2-17 所示。

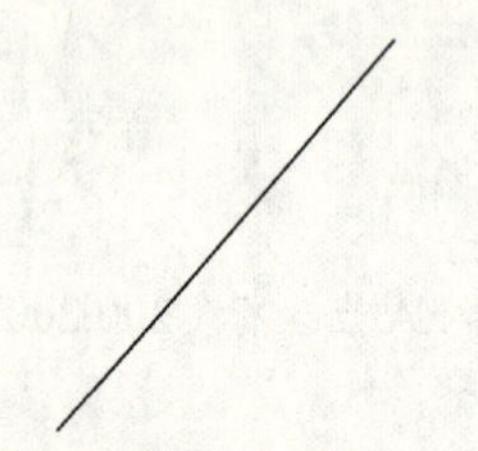

图 2-15　绘制角度构造线

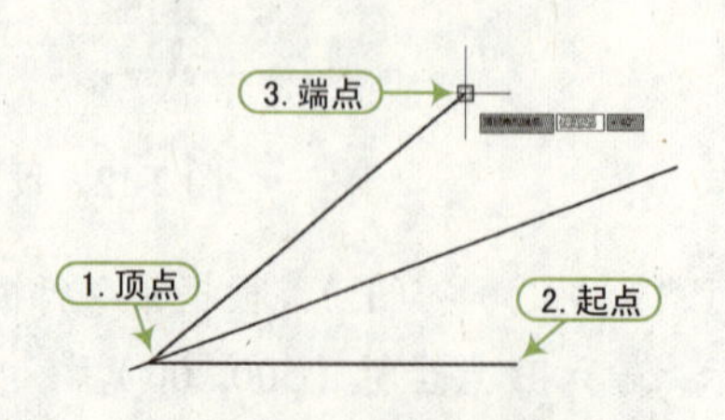

图 2-16　绘制角等分线

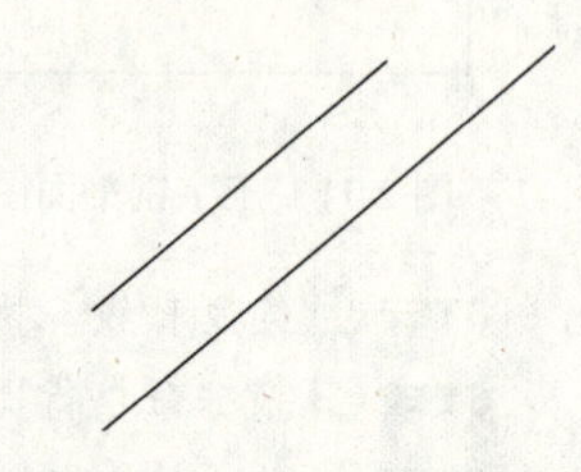

图 2-17　绘制偏移构造线

2.3 圆类命令

圆类命令主要包括“圆”、“圆弧”、“椭圆”、“椭圆弧”及“圆环”等命令。

2.3.1 圆

圆是在平面内到定点的距离等于定长的点的集合，是最常用及最基本的图形元素之一。利用“圆”命令可以绘制任意半径的圆。要创建圆，可以指定圆心、半径、直径、圆周上或其他对象上的点的不同组合。

用户可以通过以下几种方法来执行“圆”命令。

- 菜单栏：执行“绘图 | 圆”子菜单命令，如图 2-18 所示。
- 面板：在“默认”选项卡的“绘图”面板中单击“圆”按钮，或单击其下拉按钮，执行子菜单命令，如图 2-19 所示。

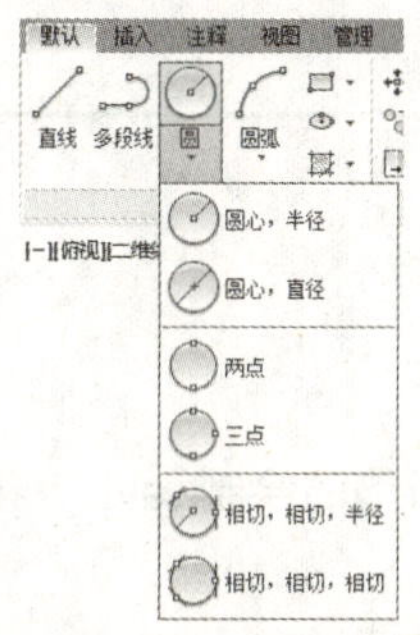
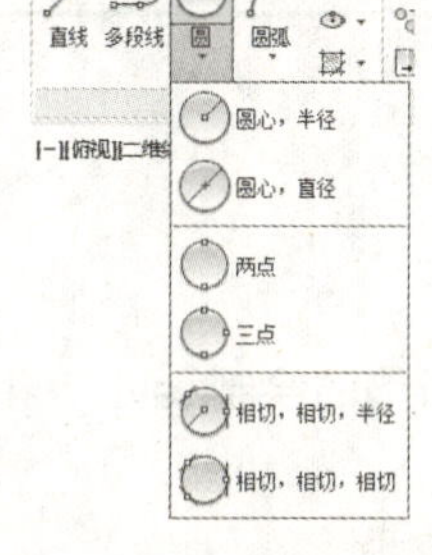

图 2-18 在“绘图”面板执行“圆”命令

图 2-19 “圆”命令子菜单

- 命令行：输入“CIRCLE”命令，快捷键为 C。

执行上述命令后，命令行提示与操作如下：

命令 : _circle
指定圆的圆心或 [三点 (3P)/ 两点 (2P)/ 切点、切点、半径 (T)]: \\ 指定圆心位置
指定圆的半径或 [直径 (D)]: \\ 输入半径值或指定半径长度

命令行各主要选项含义如下：

- 圆心：基于圆心和半径或直径值创建圆。
- 半径：输入值，或指定点，如图 2-20 所示。
- 直径：输入值，或指定第二个点，如图 2-21 所示。
- 两点 (2P) ：基于直径上的两个端点创建圆，如图 2-22 所示。

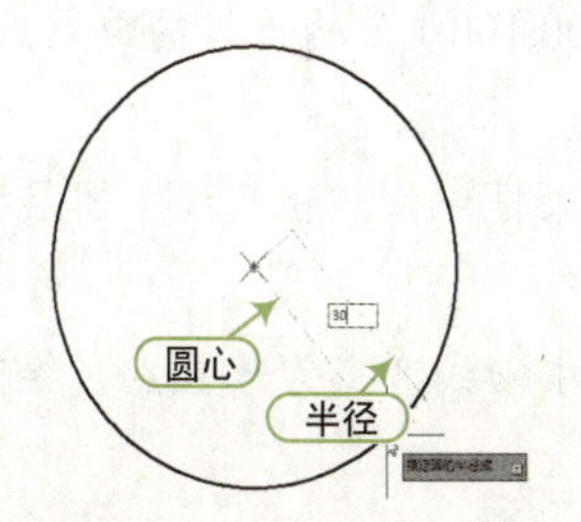

图 2-20 圆心和半径绘制圆

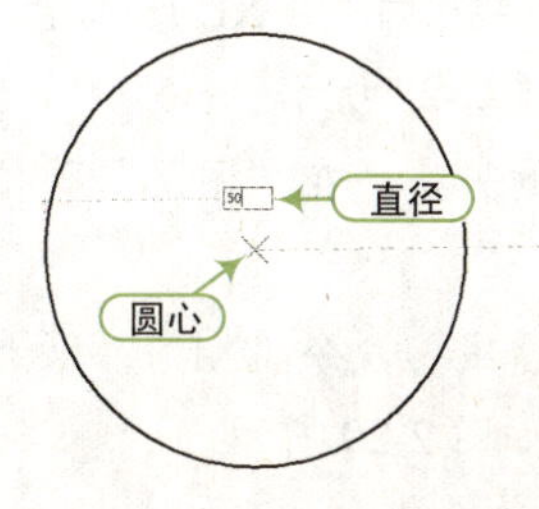

图 2-21 圆心和直径绘制圆

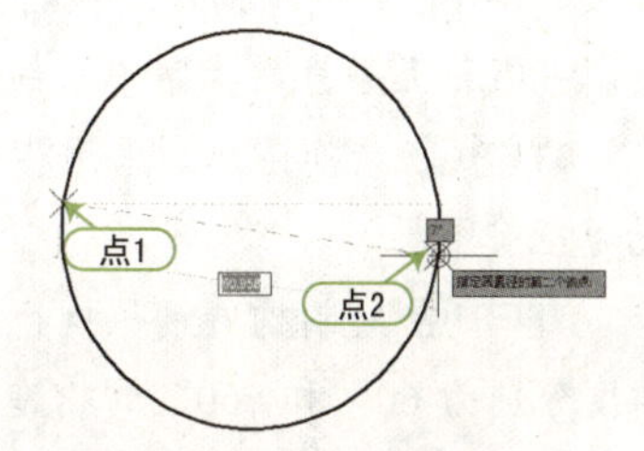

图 2-22 两点绘制圆

- 三点 (3P)：基于圆周上的三点创建圆，如图 2-23 所示。
- 切点、切点、半径 (T)：基于指定半径和两个相切对象创建圆，如图 2-24 所示。
- 切点、切点、切点：创建相切于三个对象的圆，如图 2-25 所示。

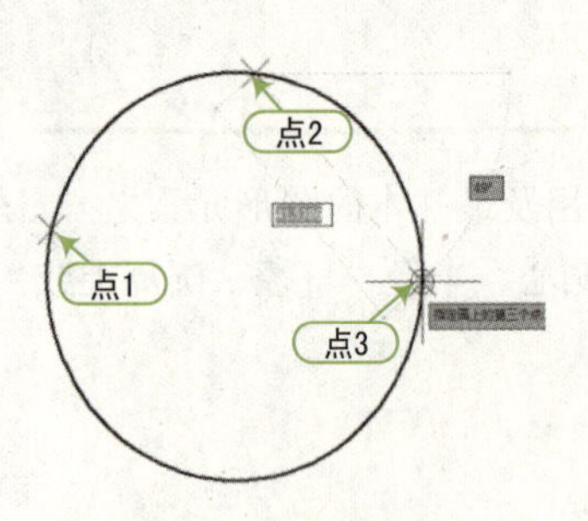

图 2-23 三点绘制圆

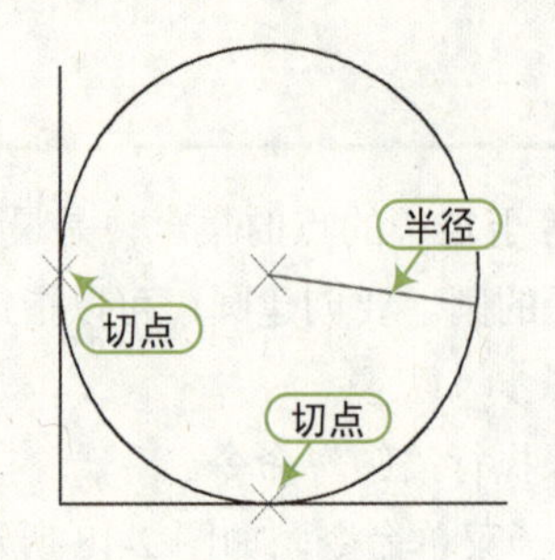

图 2-24 切点、切点、半径绘制圆

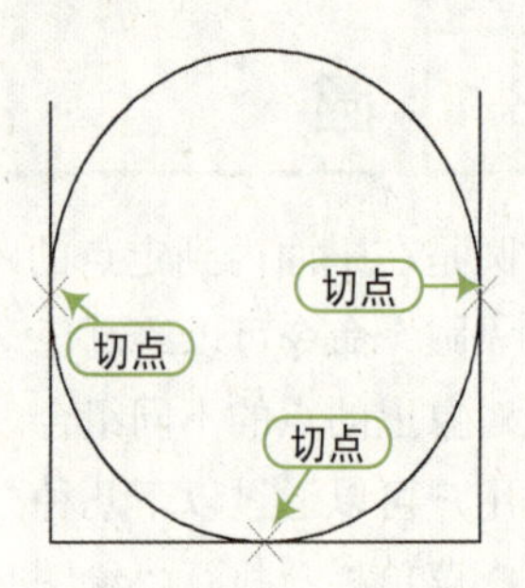

图 2-25 切点、切点、切点绘制圆

2.3.2 实例——密封垫的绘制

视频：2.3.2——密封垫的绘制 .avi
案例：密封垫 .dwg

本案例以绘制“圆”、“构造线”等命令来绘制如图 2-26 所示的密封垫图形。首先绘制辅助线，然后利用“圆”命令和“构造线”命令绘制图形外轮廓，再定位出内部小圆的位置，绘制内部圆孔。其操作步骤如下：

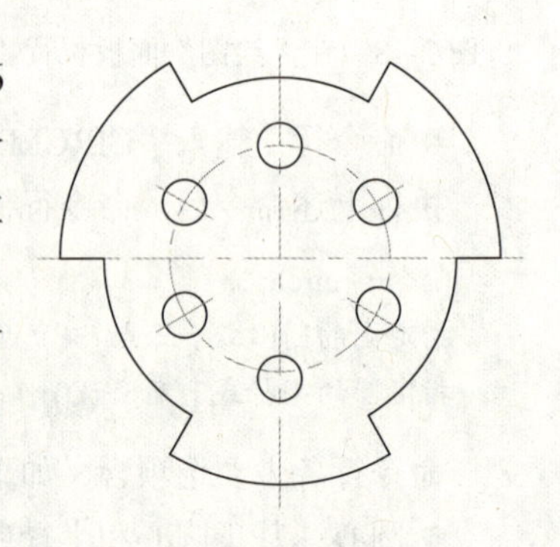
图 2-26 密封垫

STEP 01 新建文件。正常启动 AutoCAD 2016 软件，执行“文件 | 打开”命令，打开“案例 \02\ 机械样板 .dwt”文件；然后，执行“文件 | 保存”命令，将文件保存为“案例 \02\ 密封垫 .dwg”文件。

STEP 02 设置当前图层。在“默认”选项卡的“图层”面板中，单击“图层”下拉列表框右侧的倒三角按钮，在弹出的下拉列表框中，将“中心线”图层设置为当前图层，如图 2-27 所示。

STEP 03 绘制辅助线。执行“构造线”命令（XL），以点（100,100）为构造线的放置点，绘制一组相互垂直的十字中心线，如图 2-28 所示。

STEP 04 切换图层。采用步骤 2 的方法，在“图层”下拉列表框中将“粗实线”图层设置为当前图层。

STEP 05 绘制构造线。执行“构造线”命令（XL），以十字中心线交点为放置点，绘制角度分别为 60° 和 -60° 的构造线，如图 2-29 所示。

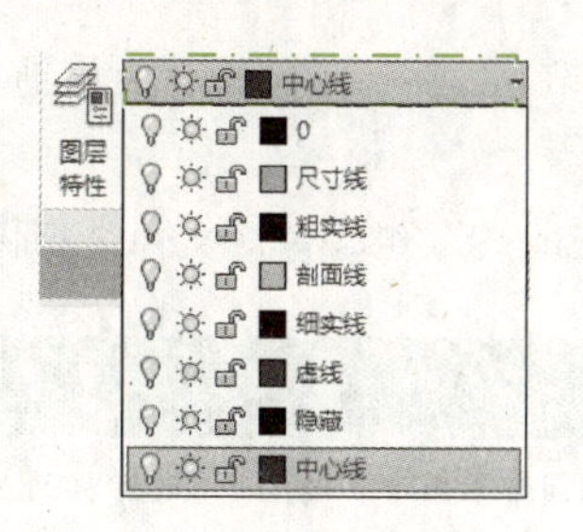

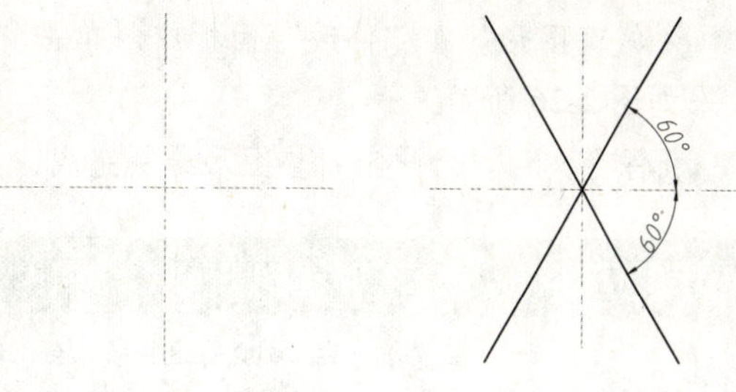

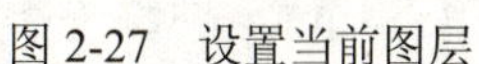

图 2-27　设置当前图层　　图 2-28　绘制中心线　　图 2-29　绘制构造线

STEP 06 绘制同心圆。执行“圆”命令（C），以十字中心线交点为圆心，绘制半径分别为 40mm 和 50mm 的同心圆，如图 2-30 所示。

STEP 07 修剪图形。在“修改”面板中，单击“修剪”按钮 -/-，选择半径分别为 40mm 和 50mm 的圆作为修剪边，然后分别单击构成有同心圆组成的圆环外侧及内侧的构造线进行修剪，效果如图 2-31 所示。

STEP 08 绘制直线。执行“直线”命令（L），绘制如图 2-32 所示的两条直线。

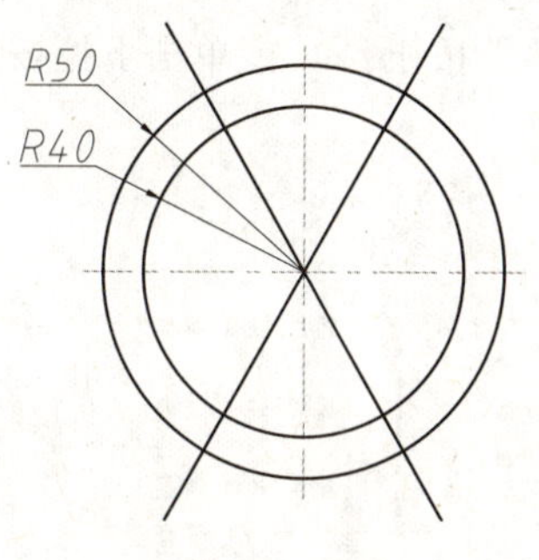

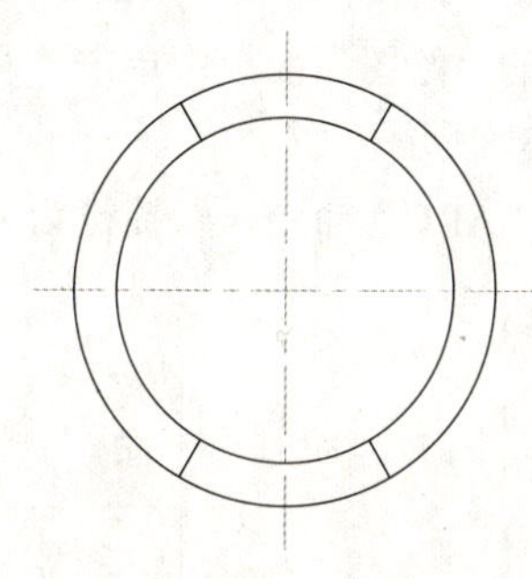

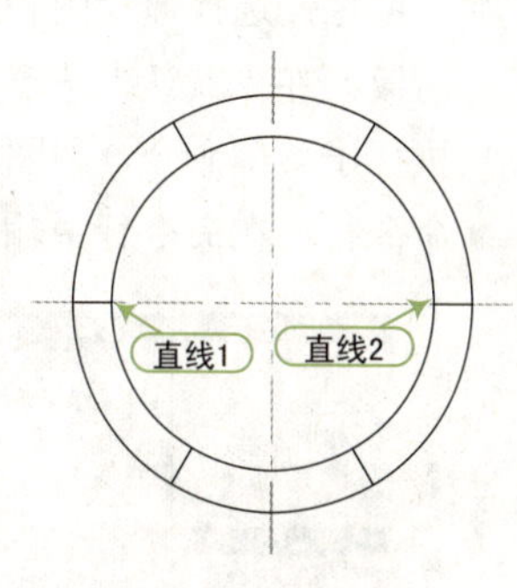

图 2-30　绘制圆　　图 2-31　修剪图形　　图 2-32　绘制直线

STEP 09 修剪图形。在“修改”面板中，单击“修剪”按钮 -/-，选择直线作为修剪边，对圆进行修剪，效果如图 2-33 所示。

STEP 10 绘制辅助圆和构造线。执行“圆”命令（C），以十字中心线角点为圆心绘制半径为 25mm 的圆；参照步骤 5，绘制角度为 30° 和 -30° 的构造线。并将绘制的圆和构造线切换至“中心线”图层，效果如图 2-34 所示。

STEP 11 绘制小圆。执行“圆”命令（C），以半径为 25mm 的辅助圆，与垂直中心线和角度为 30° 和 -30° 的构造线的交点为圆心绘制 6 个半径为 5mm 的小圆，效果如图 2-35 所示。

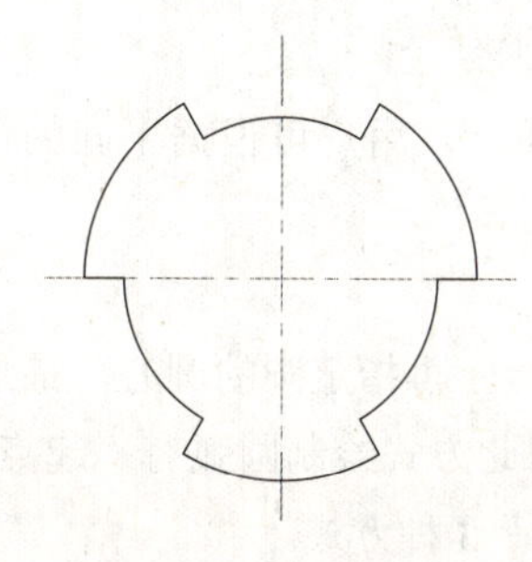

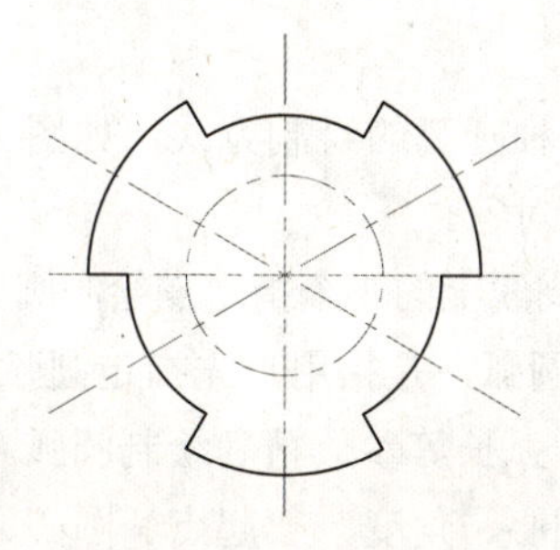

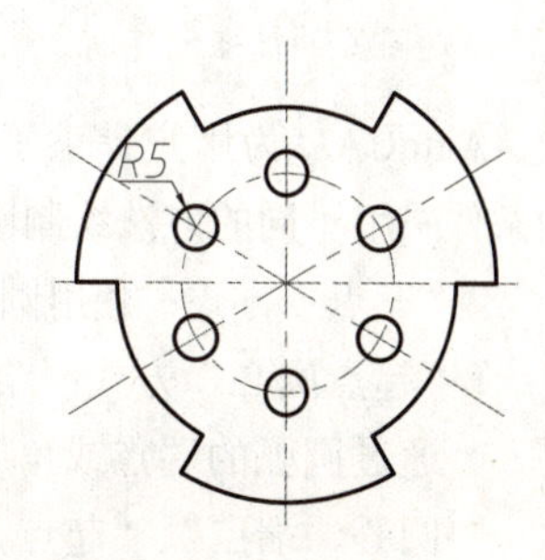

图 2-33　修剪圆　　图 2-34　绘制辅助线　　图 2-35　绘制小圆

STEP 12 修剪图形。在“修改”面板中，单击“修剪”按钮 ，对圆中的辅助线进行修剪，效果如图 2-26 所示。

STEP 13 保存文件。至此密封垫图形绘制完成，按“Ctrl+S”组合键对文件进行保存。

QA 问题

学生问： 老师，图形里的圆不圆了怎么办呢？

老师答： 经常作图的人都会有这样的体会，所画的圆都不圆了。当然，学过素描的人都知道，圆是由很多折线组合而成的，在此不再赘述。这里，我们可以通过一个命令将其解决，在命令行中输入“RE”，图形将重新生成圆。

2.3.3 绘制圆弧对象

圆弧是圆的一部分，在工程造型中，圆弧的使用比圆更普遍。用户可以通过以下几种方法来执行“圆弧”命令。

- 菜单栏：选择“绘图 | 圆弧”子菜单命令，如图 2-36 所示。
- 面板：在“默认”选项卡的“绘图”面板中单击“圆弧”按钮 ，或单击下拉按钮，执行子菜单命令，如图 2-37 所示。
- 命令行：在命令行中输入“ARC”命令，快捷键为 A。

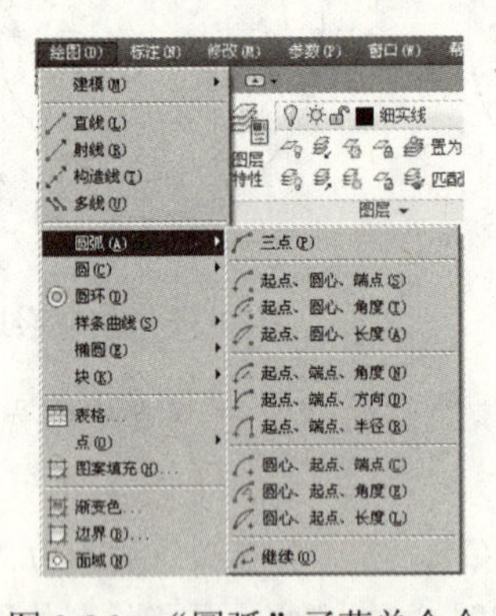

图 2-36 “圆弧”子菜单命令

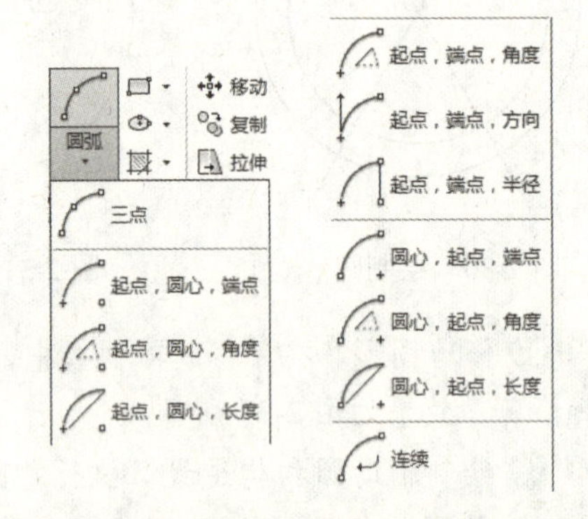

图 2-37 在“绘图”面板执行“圆弧”命令

执行上述操作后，命令行提示与操作如下：

命令：ARC	\\ 执行“圆弧”命令
指定圆弧的起点或 [圆心 (C)]:	\\ 指定一点作为圆弧起点
指定圆弧的第二个点或 [圆心 (C)/ 端点 (E)]:	\\ 指定圆弧上一点
指定圆弧的端点：	\\ 指定圆弧的端点

AutoCAD 为用户提供了 11 种圆弧的绘制方式，如图 2-38 所示，用户可根据不同的已知条件采用不同的方法绘制圆弧对象。

- “三点”方式：使用圆弧周线上的 3 个指定点绘制圆弧。
- “起点圆心”方式：绘制圆弧，是指用户先指定圆弧的起点，再指定圆的圆心，最后通过圆弧的端点或角度、弧长等参数精确绘制圆弧。利用此方式绘制圆弧有“起点、圆心、端点”、“起点、圆心、角度”、“起点、圆心、弦长”3 种方式。

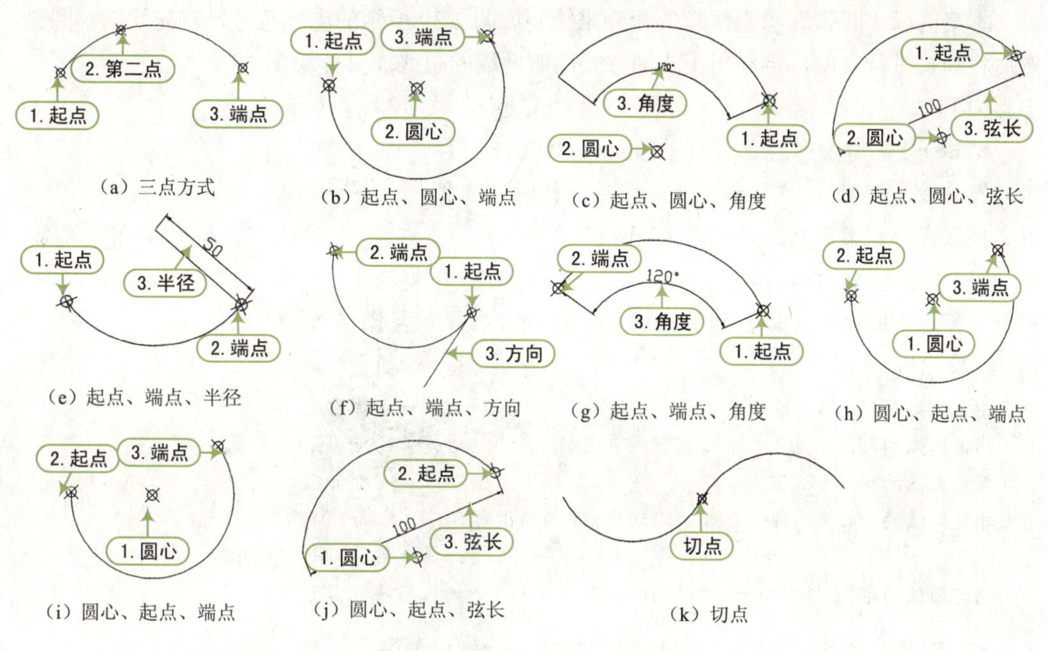

图 2-38　圆弧的 11 种画法

- “起点端点”方式：绘制圆弧，是指用户先指定圆弧的起点，再指定端点，最后确定圆弧的角度、半径或方向精确绘制圆弧。利用此方式绘制圆弧有“起点、端点、半径”、“起点、端点、方向”、“起点、端点、角度”3 种方式。
- “圆心起点”方式：绘制圆弧，与“起点圆心”绘制圆弧类似，不同的是“圆心起点”方式先指定圆弧的圆心，再指定圆弧的起点。同样，利用此方式绘制圆弧有“圆心、起点、端点”、“圆心、起点、角度”、“ 圆心、起点、弦长”3 种方式。
- “连续”方式：执行“绘图 | 圆弧 | 连续”命令，将进入连续绘制圆弧状态，此方式所绘制的圆弧，将自动以前一圆弧或直线的终点作为圆弧的起点，并与上一圆弧或直线相切。

QA 问题

学生问：老师，为什么我用三点方式绘制圆弧，这次绘制的圆弧和上一次的不同呢？

老师答：绘制圆弧时，需要注意的是，系统默认的圆弧方向为逆时针方向，这就需要我们在选取点时要指定点的先后顺序，如果先后顺序不一样，绘制的圆也就不同。

2.3.4　实例——电感符号的绘制

视频：2.3.4——电感符号的绘制 .avi
案例：电感符号 .dwg

本案例以“圆弧”、“直线”等命令来绘制如图 2-39 所示的电感符号，首先绘制半圆弧，然后将圆弧进行复制，再利用正交的方式绘制两端的引线。具体绘图步骤如下：

图 2-39　电感符号

STEP 01 新建文件。正常启动 AutoCAD 2016 软件，执行“文件 | 新建”命令，新建一个图形文件；然后，执行“文件 | 保存”命令，将文件保存为“案例 \02\ 电感符号 .dwg”文件。

STEP 02 绘制圆弧。执行“圆弧”命令（A），选择“起点、端点、半径”模式，绘制一个半径为 10mm 的圆弧，如图 2-40 所示。命令行提示与操作如下：

```
命令 : ARC                                              \\ 执行“圆弧”命令
指定圆弧的起点或 [ 圆心 (C)]:                              \\ 指定一点作为圆弧的起点
指定圆弧的第二个点或 [ 圆心 (C)/ 端点 (E)]: e               \\ 选择“端点（E）”选项
指定圆弧的端点 : @-20,0                                   \\ 输入端点坐标值
指定圆弧的中心点 ( 按住 Ctrl 键以切换方向 ) 或 [ 角度 (A)/ 方向 (D)/ 半径 (R)]: r
                                                        \\ 选择“半径（R）”选项
指定圆弧的半径 ( 按住 Ctrl 键以切换方向 ): 10               \\ 输入半径值 10
```

STEP 03 绘制其他圆弧。采用步骤 2 的方法分别绘制其他圆弧，如图 2-41 所示。

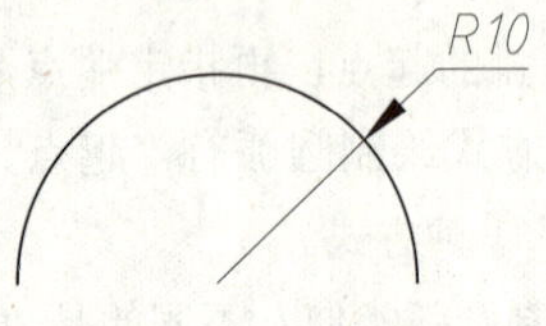

图 2-40　绘制圆弧

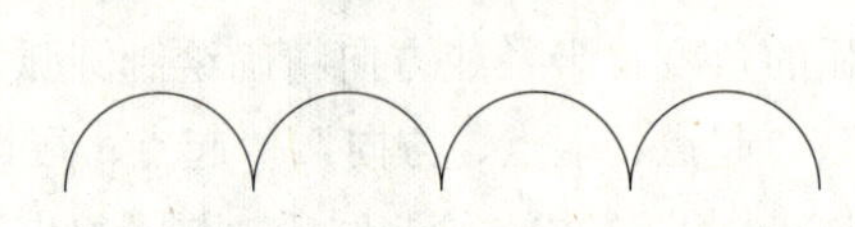
图 2-41　绘制其他圆弧

STEP 04 绘制直线。执行“直线”命令（L），分别以绘制的第一个圆弧的左端点和最后一个圆弧的端点为直线起点，绘制向下的引线，引线长度为 20mm。绘制效果如图 2-39 所示。

STEP 05 保存文件。至此，电感符号绘制完成，按“Ctrl+S”组合键对文件进行保存。

2.3.5　圆环

圆环由两条圆弧多段线组成，这两条圆弧多段线首尾相接而形成圆环。多段线的宽度由指定的内直径和外直径决定。如果将内径指定为 0，则圆环将填充为圆。

在 AutoCAD 中，用户可以通过以下几种方法来执行“圆环”命令。

- 菜单栏：选择“绘图 | 圆环”菜单命令。
- 面板：在“默认”选项卡的“绘图”面板中，单击“圆环”按钮◎，如图 2-42 所示。
- 命令行：输入“DONUT”命令，其快捷键为“DO”。

执行“圆环”命令（DO）后，根据如下提示进行操作，绘制圆环，如图 2-43 所示。

```
命令 : DONUT                                  \\ 执行“圆环”命令
指定圆环的内径 <10.0000>:20                     \\ 输入圆环内径值
指定圆环的外径 <40.0000>:40                     \\ 输入圆环外径值
指定圆环的中心点或 < 退出 >:                      \\ 拾取一点作为圆环的中心
指定圆环的中心点或 < 退出 >:                      \\ 按空格键退出命令
```

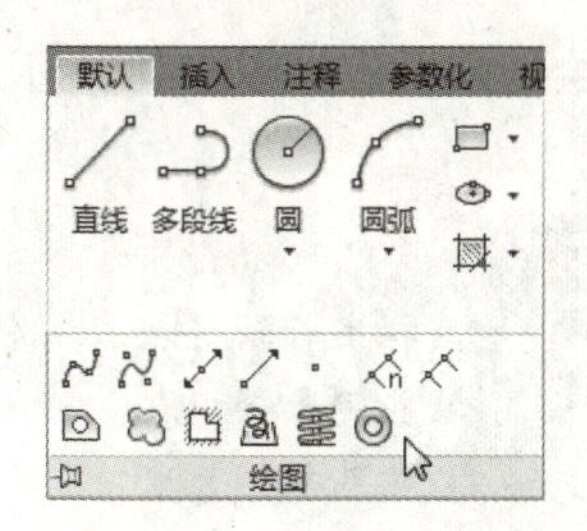

图 2-42　通过面板执行“圆环”命令

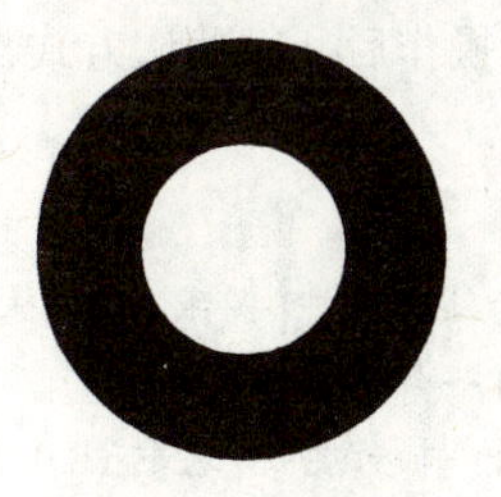

图 2-43　圆环

QA 问题

学生问： 老师，为什么我绘制的圆环中间是由直线构成的呢？

老师答： 这是因为圆环的填充是由系统变量“FILL”决定的。如果圆环为填充，则其系统变量为“ON”；如果圆环未填充，则其变量为“OFF”，效果如图 2-44 所示。另外，如果圆环的内径为 0，那么可以利用“圆环”命令绘制实心圆环，如图 2-45 所示。

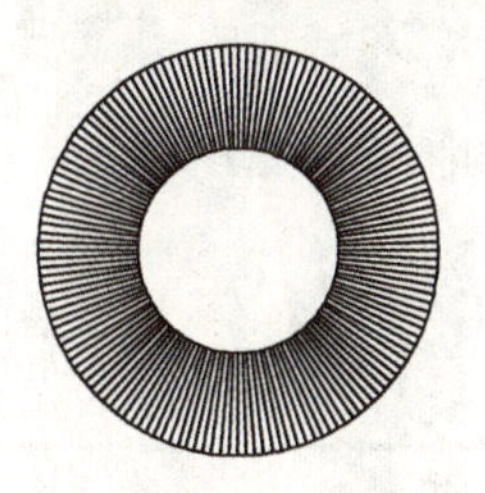

图 2-44　未填充圆环

图 2-45　实心圆环

2.3.6　椭圆与椭圆弧

椭圆是一种特殊的圆，它与圆的差别就是其圆周上的点到中心距离是变化的。在 AutoCAD 2016 中，椭圆主要由中心、长轴和端轴这三个参数来控制。

用户可以通过以下几种方法来执行“椭圆”命令。

- 菜单栏：选择“绘图 | 椭圆”菜单命令，在子菜单中选择不同的绘制方式，如图 2-46 所示。
- 面板：在“默认”选项卡的“绘图”面板中，单击“椭圆”按钮 及相关按钮，如图 2-47 所示。
- 命令行：输入“ELLIPSE”命令，其快捷键为“EL”。

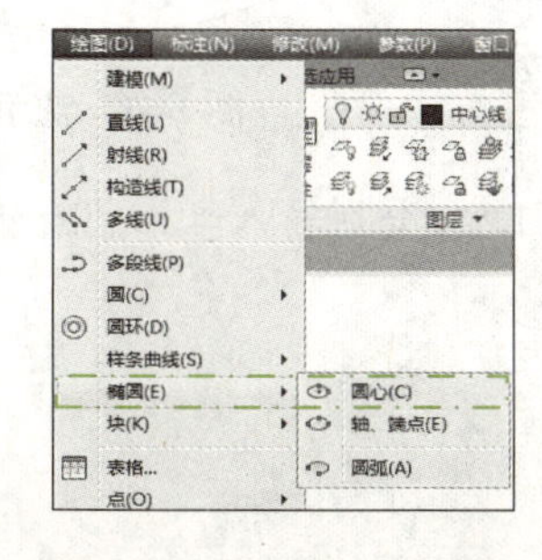

图 2-46　“椭圆”菜单命令

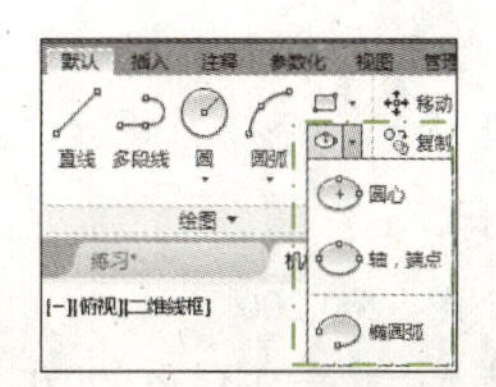

图 2-47　通过“面板”执行“椭圆”命令

执行上述操作后，以默认方式“指定轴端点”绘制圆弧，如图 2-48 所示，命令行提示与操作如下：

```
命令 : EL
指定椭圆的轴端点或 [ 圆弧 (A)/ 中心点 (C)]:          \\ 指定长轴起点
指定轴的另一个端点 : 100                              \\ 指定长轴端点
指定另一条半轴长度或 [ 旋转 (R)]: 25                  \\ 输入短轴长度
```

除了采用“指定轴端点”绘制圆弧外，用户还可以通过命令行中的“中心点 (C)”和“圆弧 (A)”选项绘制椭圆和圆弧，如图 2-49 和图 2-50 所示。

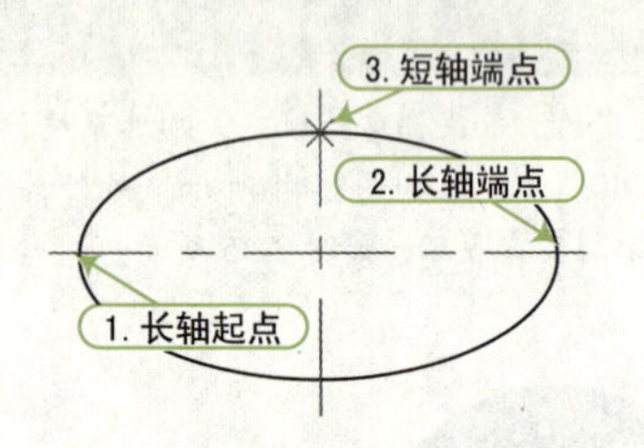

图 2-48　指定轴端点绘制椭圆

3. 短轴端点
2. 长轴端点
1. 中心点

图 2-49　指定中心点绘制椭圆

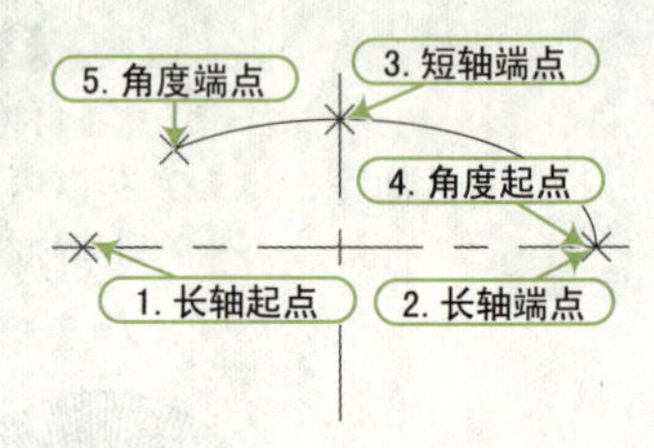

图 2-50　绘制椭圆弧

2.3.7 实例——洗手盆的绘制

视频：2.3.7——洗手盆的绘制 .avi

案例：洗手盆 .dwg

本案例主要介绍“椭圆”和“椭圆弧”的绘制方法，利用“椭圆”和“椭圆弧”命令绘制如图 2-51 所示的洗手盆图形。首先利用所学知识绘制水龙头和旋钮，然后利用“椭圆”和“椭圆弧”命令绘制洗手盆的内沿和外沿。具体绘图步骤如下：

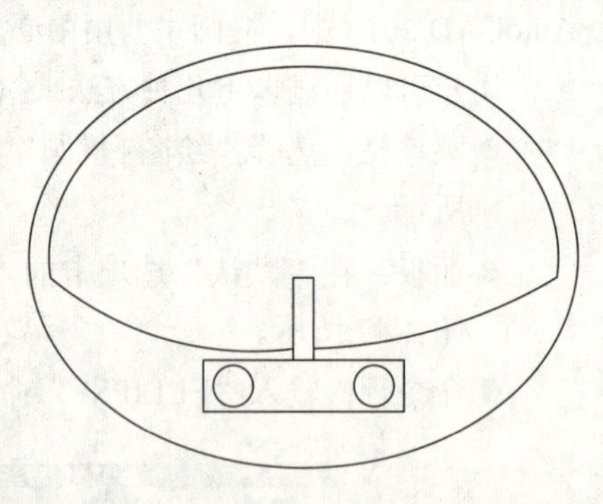

图 2-51　洗手盆

STEP 01 新建文件。正常启动 AutoCAD 2016 软件，执行“文件 | 新建”命令，新建一个图形文件；然后，执行“文件 | 保存”命令，将文件保存为“案例 \02\ 洗手盆 .dwg”文件。

STEP 02 绘制水龙头图形。执行“直线”命令（L），分别输入坐标点绘制直线，绘制效果如图 2-52 所示。命令行提示与操作如下：

```
命令 : LINE
指定第一个点 : 200,200
指定下一点或 [ 放弃 (U)]: @200,0
指定下一点或 [ 放弃 (U)]: @0,50
```

```
指定下一点或 [ 闭合 (C)/ 放弃 (U)]: @-200,0
指定下一点或 [ 闭合 (C)/ 放弃 (U)]: c
命令 : L
指定第一个点 : 250,290
指定下一点或 [ 放弃 (U)]: @0,80
指定下一点或 [ 放弃 (U)]: @20,0
指定下一点或 [ 闭合 (C)/ 放弃 (U)]: @0,-80
指定下一点或 [ 闭合 (C)/ 放弃 (U)]:
```

STEP 03 绘制旋钮。执行“圆”命令（C），分别以坐标点（230,225）、（370,225）为圆心绘制半径为 20mm 的圆，如图 2-53 所示。

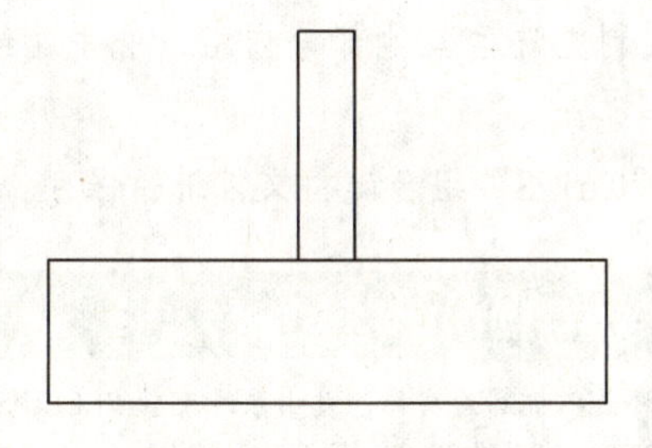

图 2-52　绘制水龙头

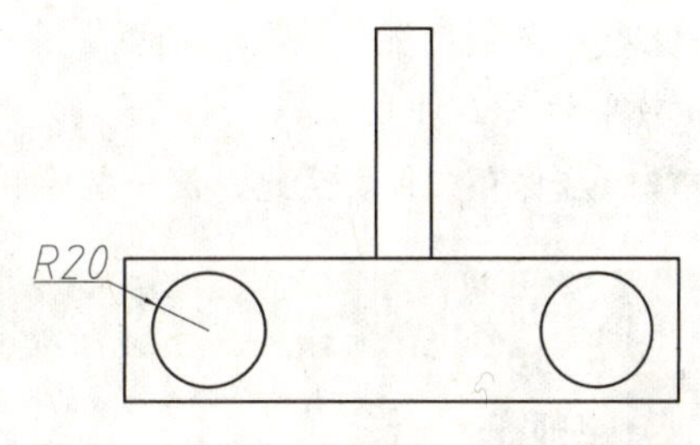

图 2-53　绘制旋钮

STEP 04 绘制洗手盆外沿。执行“椭圆”命令（EL），选择“中心点（C）”选项，以坐标点（300,350）为中心点，绘制长半轴为 275mm，短半轴为 205mm 的椭圆，如图 2-54 所示。命令行提示与操作如下：

```
命令 : EL                                        \\ 执行“椭圆”命令
指定椭圆的轴端点或 [ 圆弧 (A)/ 中心点 (C)]: c      \\ 选择“中心点 (C)”选项
指定椭圆的中心点 :300,350                          \\ 输入中心点坐标
指定轴的端点 :275                                  \\ 输入长半轴的长度
指定另一条半轴长度或 [ 旋转 (R)]:205               \\ 输入短半轴的长度
```

STEP 05 绘制洗手盆内沿。执行“构造线”命令（XL），绘制一条与水龙头的上方水平线重合的水平构造线，如图 2-55 所示；再执行“椭圆”命令（EL），选择“圆弧（A）选项”，然后选择“中心点（C）”选项，以坐标点（300,350）为中心点，以与构造线的两个交点为角度的起始点，绘制长半轴为 255mm，短半轴为 185mm 的椭圆弧，效果如图 2-56 所示。命令行提示与操作如下：

```
命令 : EL                                        \\ 执行“构造线”命令
指定椭圆的轴端点或 [ 圆弧 (A)/ 中心点 (C)]: A      \\ 选择“圆弧 (A)”选项
指定椭圆弧的轴端点或 [ 中心点 (C)]: C              \\ 选择“中心点 (C)”选项
指定椭圆弧的中心点 : 300,350                       \\ 输入中心点坐标
指定轴的端点 :255                                  \\ 输入长半轴的长度
指定另一条半轴长度或 [ 旋转 (R)]:185               \\ 输入短半轴的长度
指定起点角度或 [ 参数 (P)]:                        \\ 指定椭圆与构造线右交点为起点角度
指定端点角度或 [ 参数 (P)/ 夹角 (I)]:              \\ 指定椭圆与构造线左交点为端点角度
```

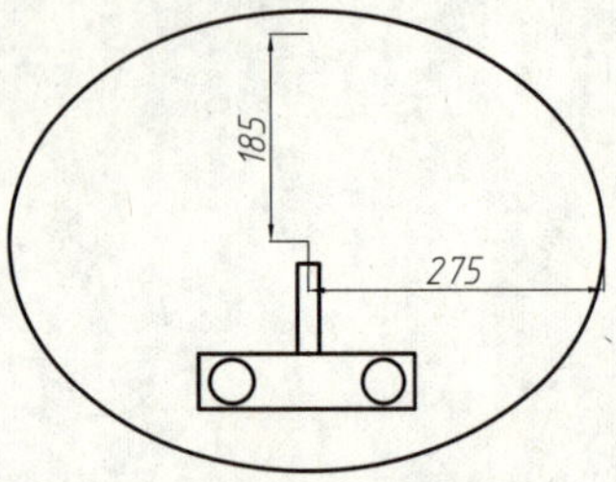

图 2-54　绘制洗手盆外沿 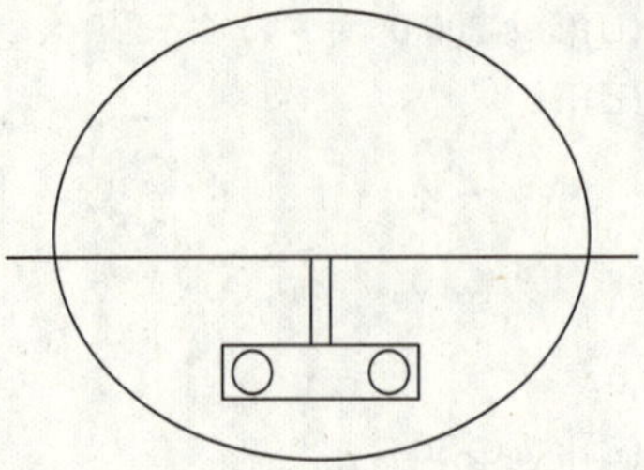　　图 2-55　绘制辅助线 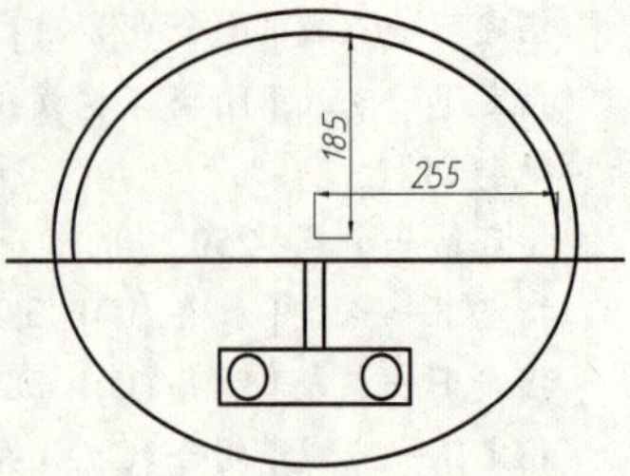　　图 2-56　绘制洗手盆内沿

STEP 06 删除辅助线。在“默认”选项卡的“修改”面板中，单击“删除”按钮，删除辅助线。

STEP 07 绘制圆弧。执行“圆弧”命令（A），绘制盥洗盆其他部分内沿，洗手盆绘制完成，效果如图 2-51 所示。

STEP 08 保存文件。至此，洗手盆绘制完成，按“Ctrl+S”组合键将文件进行保存。

QA 问题

学生问： 老师，画完椭圆后，选中椭圆是以多义线显示的，应该怎么办呢？

老师答： “椭圆”命令生成的椭圆是以多义线还是以椭圆为实体，是由系统变量 PELLIPSE 决定的，当其为 1 时，生成的椭圆是 PLINE；当其为 0 时，显示的是实体。

2.4　平面图形

在 AutoCAD 中，简单的平面图形命令包括“矩形”命令和“正多边形”命令。

2.4.1　矩形

“矩形”命令是最简单的封闭直线图形，在机械制图中常用来表达平行投影平面的面，在建筑制图中常用来表达墙体平面。

在 AutoCAD 中，用户可以通过以下几种方法来执行“矩形”命令。

- 菜单栏：选择“绘图 | 矩形”菜单命令。
- 面板：在“默认”选项卡的“绘图”面板中，单击“矩形”按钮。
- 命令行：输入“RECTANG”命令，其快捷键为“REC”。

执行“矩形”命令（REC）后，命令行提示如下：

```
命令 : RECTANG
指定第一个角点或 [ 倒角 (C)/ 标高 (E)/ 圆角 (F)/ 厚度 (T)/ 宽度 (W)]:
```

其中各选项含义如下：

- 第一个角点：通过指定两个点绘制矩形，如图 2-57（a）所示。
- 倒角 (C)：指定倒角距离可以绘制一个带有倒角的矩形，如图 2-57（b）所示。
- 标高 (E)：可以指定矩形距离 XY 平面的高度，该选项一般用于三维绘图，如图 2-57（c）所示。

- 圆角 (F)：指定圆角半径，可以绘制一个带有圆角的矩形，如图 2-57（c）所示。
- 厚度 (T)：可以设置具有一定厚度的矩形，相当于绘制一个立方体，该选项用于三维绘图，如图 2-57（d）所示。
- 宽度 (W)：可以绘制具有一定宽度的矩形，如图 2-57（e）所示。

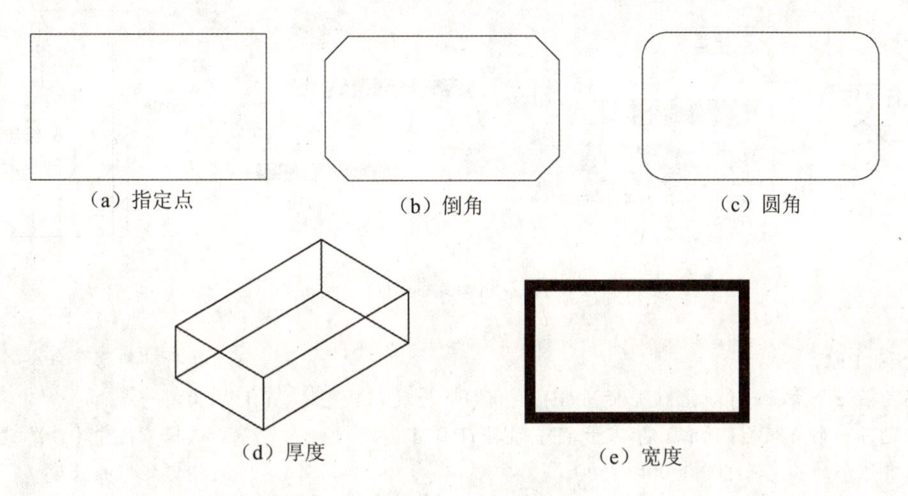

（a）指定点　（b）倒角　（c）圆角

（d）厚度　（e）宽度

图 2-57　绘制矩形

QA 问题

学生问： 老师，为什么我绘制的矩形总是圆角矩形呢？

老师答： 你上一次是使用“矩形”命令绘制的圆角矩形吗？如果是的话，那么需要再次执行一次“矩形”命令，然后选择“圆角”选项，将圆角半径设置为 0。这样在执行“矩形”命令时绘制的就是常规的矩形。同样，如果出现绘制的矩形是倒角矩形或是具有厚度和宽度的矩形，那么同样将其参数修改为 0。

2.4.2　实例——绘制双人床

视频：2.4.2——双人床的绘制 .avi

案例：双人床 .dwg

本案例介绍利用“矩形”命令绘制双人床图例。首先，利用“矩形”、“圆角”命令绘制床；其次，利用矩形的圆角矩形功能绘制枕头图形，再对枕头进行镜像操作；再次，利用“矩形”、“直线”、“圆”、“镜像”命令绘制床头柜；最后，利用“直线”命令绘制出被子效果。具体绘图步骤如下：

STEP 01 新建文件。正常启动 AutoCAD 2016 软件，执行“文件 | 新建”命令，新建一个图形文件；然后，执行“文件 | 保存”命令，将文件保存为“案例 \02\ 双人床 .dwg”文件。

STEP 02 绘制矩形。在命令行中输入“矩形”命令（REC），在绘图区域单击一点作为矩形的起点，然后选择命令行中的“距离”选项，输入矩形的长度为1500mm，宽度为2000mm，如图2-58所示。命令行提示与操作如下：

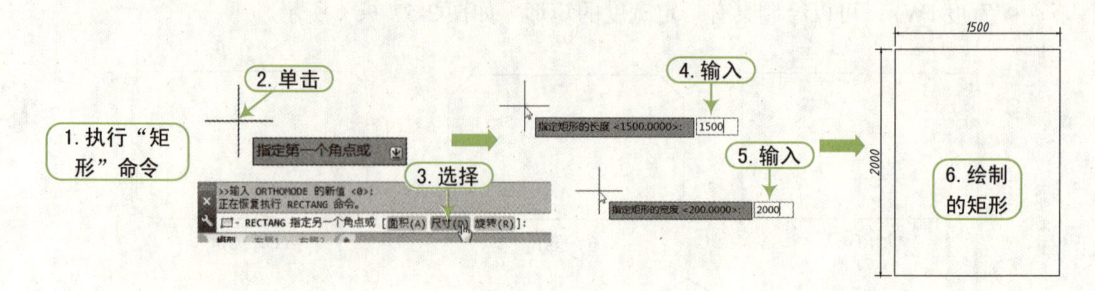

图2-58　绘制矩形

命令 : REC　\\ 执行“矩形”命令
指定第一个角点或 [倒角 (C)/ 标高 (E)/ 圆角 (F)/ 厚度 (T)/ 宽度 (W)]:　\\ 指定一点
指定另一个角点或 [面积 (A)/ 尺寸 (D)/ 旋转 (R)]: d　\\ 选择“尺寸（D）”选项
指定矩形的长度 <1500.0000>: 1500　\\ 指定矩形的长度
指定矩形的宽度 <2000.0000>: 2000　\\ 指定矩形的宽度

STEP 03 圆角处理。在命令行中输入“圆角”命令（F），选择“半径”选项，然后输入半径值为100，按“Enter”键确定，选择矩形下侧的两个角进行圆角，如图2-59所示。命令行提示与操作如下：

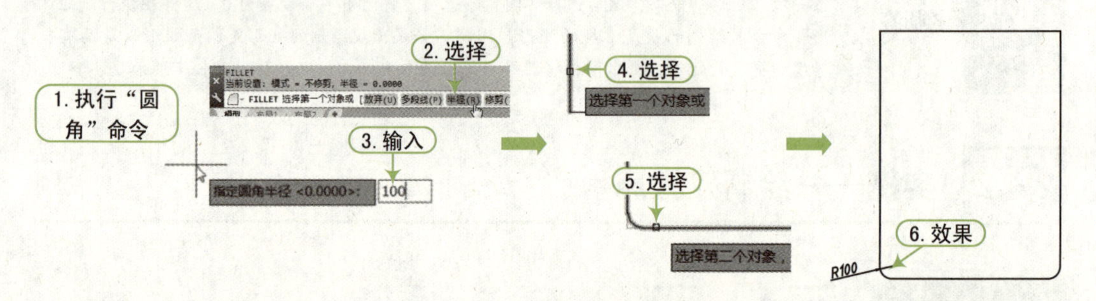

图2-59　对矩形进行圆角处理

命令 : FILLET　\\ 执行“圆角”命令
当前设置 : 模式 = 修剪，半径 = 100.0000　\\ 设置模式和圆角半径
选择第一个对象或 [放弃 (U)/ 多段线 (P)/ 半径 (R)/ 修剪 (T)/ 多个 (M)]: \\ 指定第一条圆角边
选择第二个对象，或按住 Shift 键选择对象以应用角点或 [半径 (R)]:　\\ 指定第二条圆角边

STEP 04 偏移矩形。执行“偏移”命令（O），输入偏移距离为20mm，按“Enter”键确定，选择矩形对象，然后将鼠标向矩形内拖动并单击指定偏移方向，如图2-60所示。命令行提示与操作如下：

命令 : OFFSET　\\ 执行“偏移”命令
当前设置 : 删除源 = 否　图层 = 源　OFFSETGAPTYPE=0

指定偏移距离或 [通过 (T)/ 删除 (E)/ 图层 (L)] <20.0000>: 20　　\\ 输入偏移距离
选择要偏移的对象，或 [退出 (E)/ 放弃 (U)] < 退出 >:　　\\ 选择矩形
指定要偏移的那一侧上的点，或 [退出 (E)/ 多个 (M)/ 放弃 (U)] < 退出 >: \\ 在矩形内单击一点

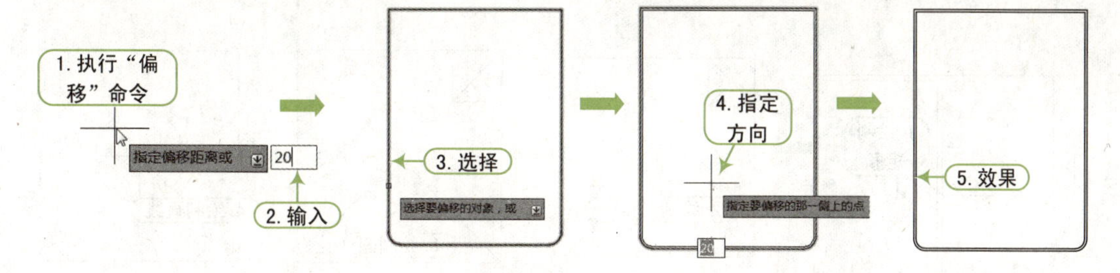

图 2-60　偏移矩形

STEP 05 绘制枕头。执行"矩形"命令（REC），选择"圆角"选项，输入圆角半径为 50mm，然后在矩形左上方相应位置指定一点，在指定圆角矩形的长度值为 540mm，高度值为 270mm，如图 2-61 所示。

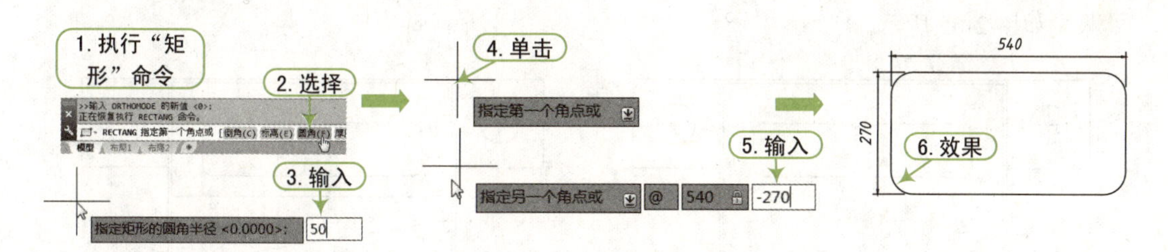

图 2-61　绘制枕头

STEP 06 镜像圆角矩形。执行"镜像"命令（MI），对上一步的圆角矩形进行镜像操作，如图 2-62 所示。命令行提示与操作如下：

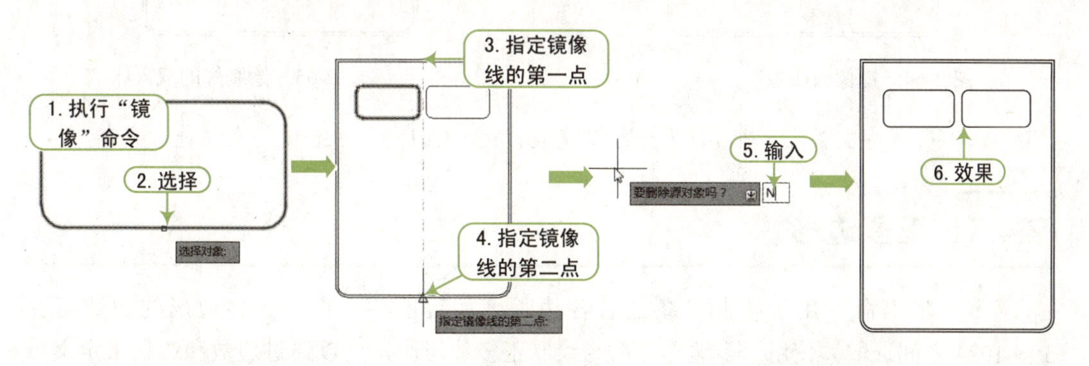

图 2-62　镜像枕头

命令 : MIRROR　　\\ 执行"镜像"命令
选择对象 : 找到 1 个　　\\ 选择枕头对象
选择对象 : 指定镜像线的第一点 : 指定镜像线的第二点 :　　\\ 执行镜像
要删除源对象吗？ [是 (Y)/ 否 (N)] <N>: N　　\\ 选择否

STEP 07 绘制床头柜。执行“矩形”命令（REC），以床的左上交点为起点，绘制一个 450mm×450mm 的矩形；然后，执行“直线”命令（L），连接矩形对角点绘制对角线；并以对角线交点为圆心绘制半径为 100mm 的圆，删除对角线，并连接圆的 4 个象限点绘制直线，如图 2-63 所示。

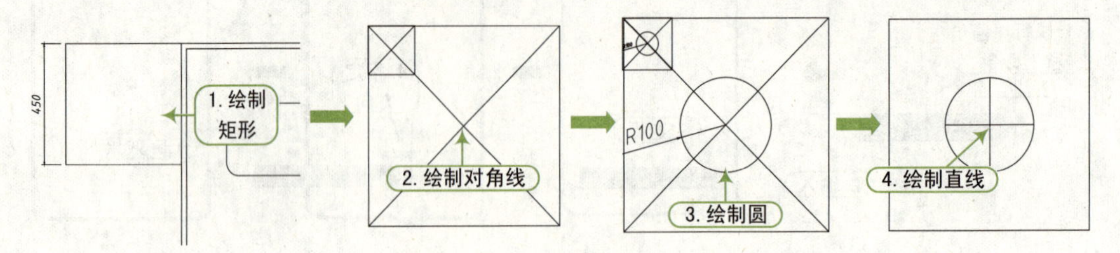

图 2-63　绘制床头柜

STEP 08 镜像床头柜。执行“镜像”命令（MI），选择上一步绘制的床头柜，以床的上下水平线中点连线为镜像线，对床头柜进行镜像，如图 2-64 所示。

STEP 09 绘制被子形状。执行“直线”命令（L），在床的适当位置绘制直线，表示被子效果，如图 2-65 所示。

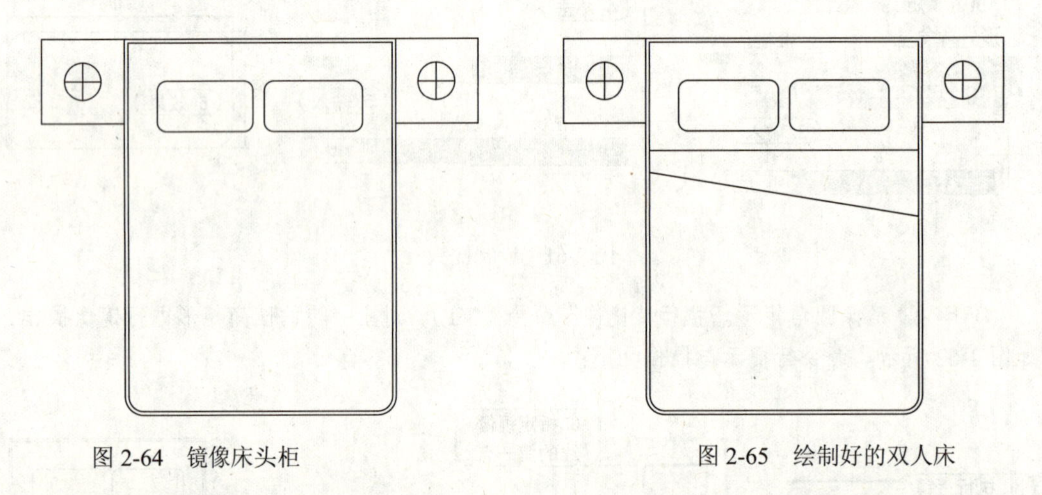

图 2-64　镜像床头柜　　　　图 2-65　绘制好的双人床

STEP 10 保存文件。至此，双人床绘制完成，按“Ctrl+S”组合键将文件进行保存。

2.4.3 正多边形

“多边形”命令用于绘制多条边且各边长度相等的闭合图形，多边形的边数可在 3～1024 之间选取。使用“多边形”命令绘制正多边形时，可以通过边数和边长来定义一个多边形，也可以指定圆和边数来定义一个多边形。

在 AutoCAD 中，用户可以通过以下几种方法来执行“正多边形”命令。

- 菜单栏：选择“绘图 | 多边形”菜单命令。
- 面板：在“默认”选项卡的“绘图”面板中，单击“矩形”按钮 右侧的下拉按钮，在弹出的列表中单击“多边形”按钮。
- 命令行：输入“POLYGON”命令，其快捷键为“POL”。

执行“多边形”（POL）命令之后，命令行提示如下：

```
命令 : POLYGON                                  \\ 执行“多边形”命令
POLYGON 输入侧面数 <4>:                          \\ 输入侧面数
指定正多边形的中心点或 [ 边 (E)]:                 \\ 指定中心点
输入选项 [ 内接于圆 (I)/ 外切于圆 (C)] <I>:        \\ 选择选项
指定圆的半径 :                                   \\ 输入内接圆或外接圆的半径
```

命令行各选项的含义如下。

- 边：通过指定第一条边的端点来定义正多边形，如图 2-66 所示。
- 内接于圆 (I)：指定外接圆的半径，正多边形的所有顶点都在此圆周上。用定点设备指定半径，决定正多边形的旋转角度和尺寸。指定半径值将以当前捕捉旋转角度绘制正多边形的底边，如图 2-67 所示。
- 外切于圆 (C)：指定从正多边形圆心到各边中点的距离。用定点设备指定半径，决定正多边形的旋转角度和尺寸。指定半径值将以当前捕捉旋转角度绘制正多边形的底边，如图 2-68 所示。

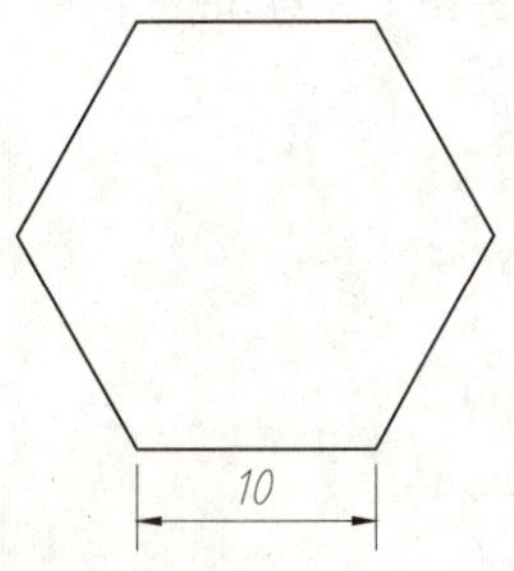

图 2-66　边指定多边形

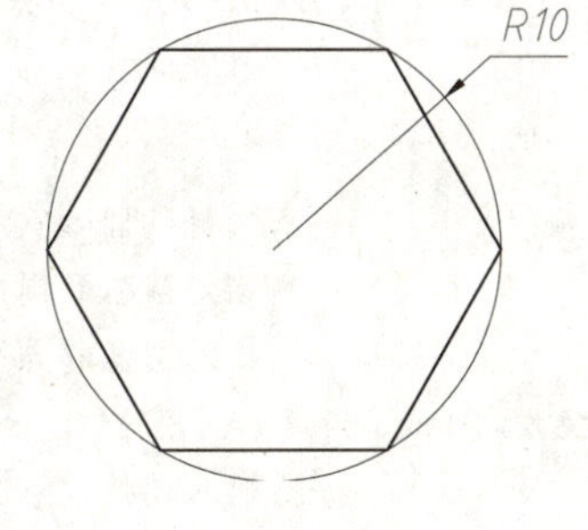

图 2-67　内接于圆

图 2-68　外切于圆

2.4.4　实例——六角螺母的绘制

视频：2.4.4——六角螺母的绘制 .avi

案例：六角螺母 .dwg

本案例利用“圆”、“多边形”等命令来绘制如图 2-69 所示的六角螺母。首先绘制六角螺母的外轮廓，然后利用“圆弧”命令绘制螺纹图形。其具体操作步骤如下：

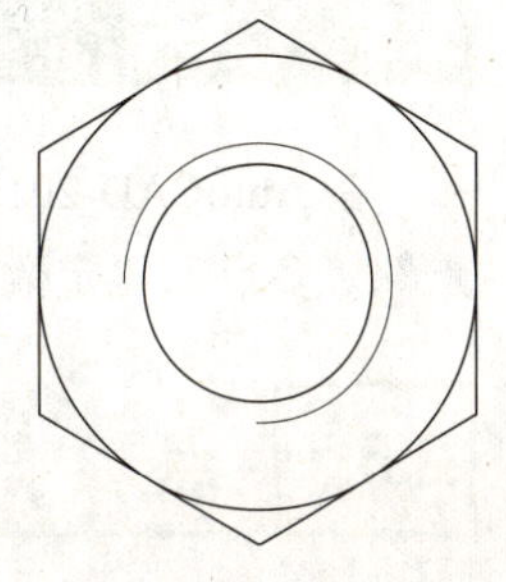

图 2-69　六角螺母

STEP 01 新建文件。正常启动 AutoCAD 2016 软件，执行“文件 | 打开”命令，打开“案例 \02\ 机械样板 .dwt”文件；然后，执行“文件 | 保存”命令，将文件保存为“案例 \02\ 六角螺母 .dwg”文件。

STEP 02 设置当前图层。在“默认”选项卡的“图层”面板中，单击“图层”下拉列表框右侧的倒三角按钮，在弹出的列表框中，将“粗实线”图层设置为当前图层。

STEP 03 绘制同心圆。执行“圆”（C）命令，在绘图区域绘制一组半径为 3.4mm、6.5mm 的同心圆，如图 2-70 所示。

STEP 04 绘制正六边形。执行“多边形”（POL）命令，以圆心为中心点，选择“外切于圆（C）”选项，外切圆半径为 6.5mm，绘制一个正六边形，如图 2-71 所示。命令行提示与操作如下：

```
命令 : POLYGON                                    \\ 执行“多边形”命令
输入侧面数 <6>: 6                                 \\ 输入侧面数 6
指定正多边形的中心点或 [ 边 (E)]:                  \\ 指定圆心为中心点
输入选项 [ 内接于圆 (I)/ 外切于圆 (C)] <C>: c      \\ 选择“外切于圆 (C)”选项
指定圆的半径 :                                    \\ 指定圆的右象限点为外切圆的半径
```

STEP 05 切换图层。单击“图层”下拉列表框右侧的倒三角按钮，在弹出的列表框中，将“细实线”图层设置为当前图层。

STEP 06 绘制螺纹。执行“圆弧”（A）命令，以圆心为中心点，绘制半径为 4mm 的圆弧，如图 2-72 所示。命令行提示与操作如下：

```
命令 : _arc
指定圆弧的起点或 [ 圆心 (C)]: _c                   \\ 选择“圆心 (C)”选项
指定圆弧的圆心 :                                   \\ 指定圆弧的圆心
指定圆弧的起点 :（@0,-4）                          \\ 输入圆弧起点坐标值
指定圆弧的端点 ( 按住 Ctrl 键以切换方向 ) 或 [ 角度 (A)/ 弦长 (L)]:（@-4,0）
                                                  \\ 输入圆弧端点坐标值
```

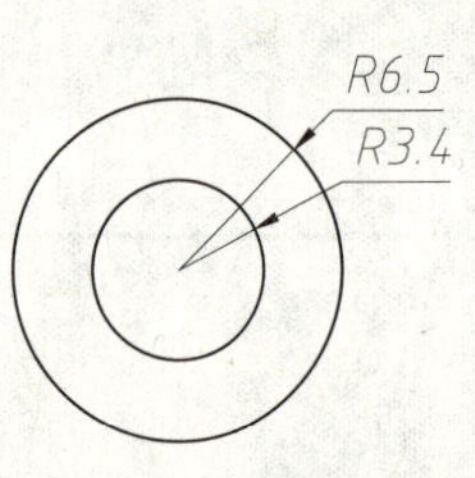

图 2-70　绘制同心圆

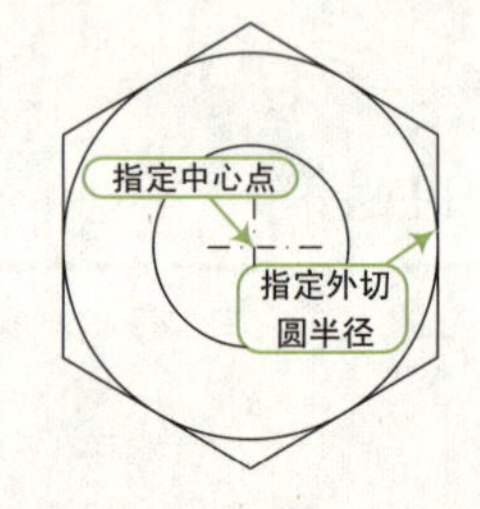

图 2-71　绘制正六边形

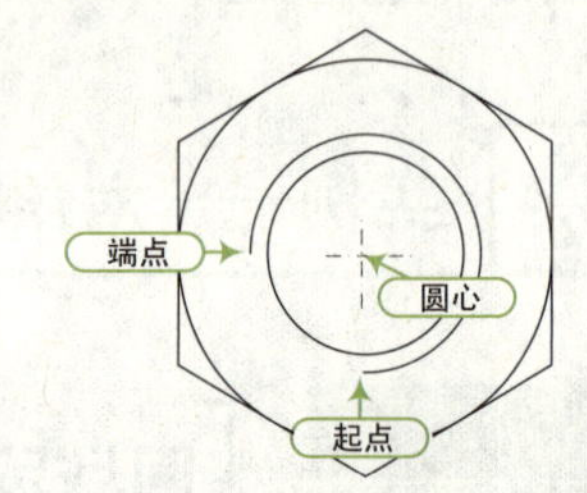

图 2-72　绘制圆弧

STEP 07 保存图形。六角螺母绘制完成，按“Ctrl+S”组合键，将文件进行保存。

2.5　点

在 AutoCAD 2016 中，点对象可用作捕捉和偏移对象的节点或参考点。可以通过“单点”、“多点”、“定数等分”和“定距等分”4 种方法创建点对象。

2.5.1　点

点对象可以作为捕捉对象的节点。通过“点”命令可以指定某一点的二维和三维位置。

还可以通过“点样式”对当前点的样式和大小进行设置。

在 AutoCAD 中，用户可以通过以下几种方法来执行“点”命令。

- 菜单栏：选择“绘图 | 点”子菜单的相关命令，如图 2-73 所示。
- 面板：在“默认”选项卡的“绘图”面板中，单击“点”按钮（绘制多点），如图 2-74 所示。
- 命令行：输入“POINT”命令，其快捷键为“PO”。

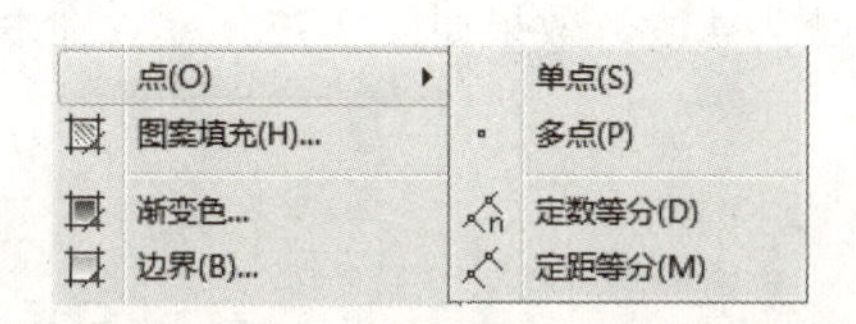

图 2-73　“点”命令子菜单

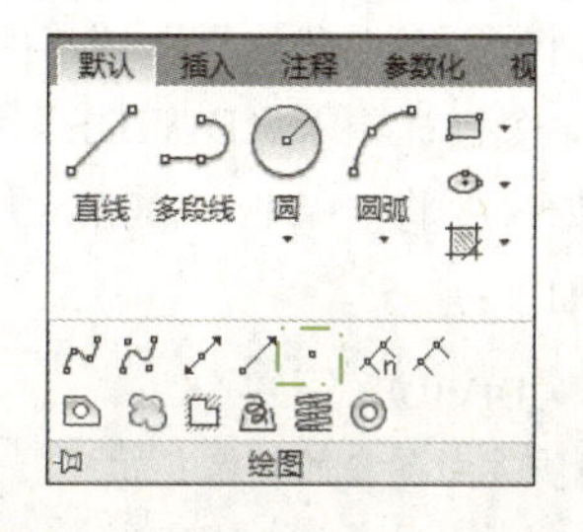

图 2-74　通过“面板”绘制多点

执行“点”命令（PO）后，命令行提示如下：

```
命令 : POINT                              \\ 执行“点”命令
当前点模式 : PDMODE=0  PDSIZE=0.0000       \\ 显示当前点样式和大小
指定点 :                                   \\ 在屏幕上指定点的位置
```

默认绘制的点对象为小圆点“ · ”。用户可以执行“格式 | 点样式”菜单命令，如图 2-75 所示；或在命令行中输入“DDPTYPE”，即可打开“点样式”对话框，如图 2-76 所示。在“点样式”对话框中可以对点的样式及大小进行设置。

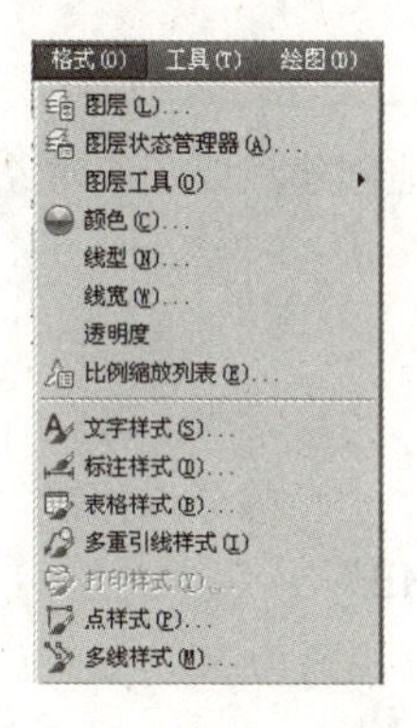

图 2-75　“点样式”命令子菜单

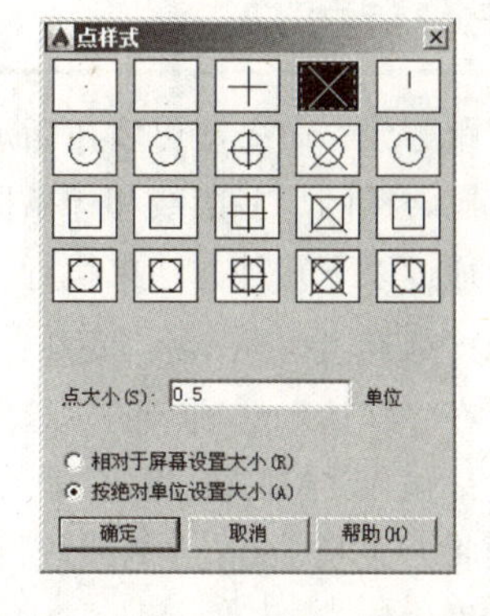

图 2-76　“点样式”对话框

QA 问题

学生问： 老师，为什么我用“点”命令只能一次绘制一个点？

老师答： 执行“点”命令（PO），可以通过在屏幕上拾取一点或者以输入坐标值的方式来指定点的位置。默认情况下，执行一次命令只能一次绘制一个点。若想要一次绘制多个点，可以选择“绘图 | 点 | 多点”菜单命令，这样就可以连续绘制多个点。如果想结束点的绘制，直接按“Esc”键即可。

2.5.2 定数等分点

使用“定数等分”命令能够在某一图形上以等分数目创建点或插入块，被等分的对象可以是直线、圆、圆弧和多段线等。

用户可以通过以下几种方法来执行“定数等分”命令。

- 菜单栏：选择“绘图 | 点 | 定数等分”菜单命令。
- 面板：在“默认”选项卡的“绘图”面板中，单击“定数等分”按钮。
- 命令行：输入“DIVIDE”命令，其快捷键为“DIV”。

例如，要将一条长 1600mm 的线段定数等分为 4 段，效果如图 2-77 所示，命令行提示与操作如下：

```
命令 : DIVIDE
选择要定数等分的对象 :                    \\ 选择圆对象
输入线段数目或 [ 块 (B)]: 8               \\ 输入等分数量
```

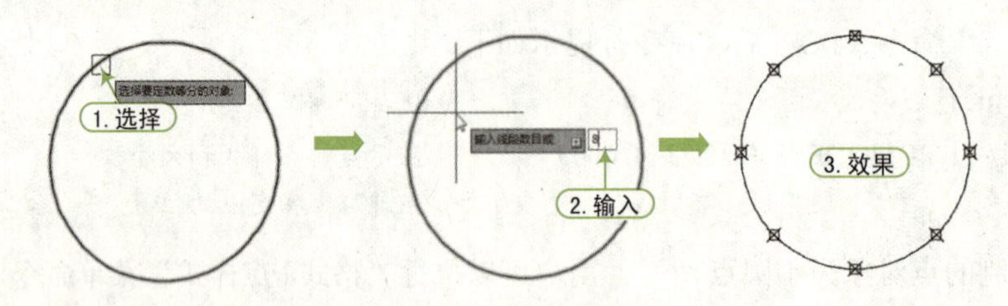

图 2-77　定数等分圆

2.5.3 定距等分点

执行“定距等分”命令，可以在指定的对象上等距离地创建点或图块对象，可以定距等分包括圆弧、圆、椭圆、多段线和样条曲线等对象。

用户可以通过以下几种方法来执行“定距等分”命令。

- 菜单栏：选择“绘图 | 点 | 定距等分”菜单命令。
- 面板：在“默认”选项卡的“绘图”面板中，单击“定距等分”按钮。
- 命令行：输入“MEASURE”命令，其快捷键为“ME”。

例如，要将一条长 160mm 的线段进行定距等分，等分距离为 30，效果如图 2-78 所示，命令行提示与操作如下：


```
命令 : MEASURE
选择要定距等分的对象 :
指定线段长度或 [ 块 (B)]: 500
```

QA 问题

学生问： 老师，为什么将对象定距等分后，线段无法显示等分点？

老师答： 因为等分点与直线重合，所以看不出来。这时你要设置点样式。执行“格式 | 点样式”命令，在弹出的“点样式”对话框中，设置点样式和大小，注意不要设置成前面两种，你就很容易看到等分点了。图形绘制完成后再把点样式改成原来的，这样就看不出来了。

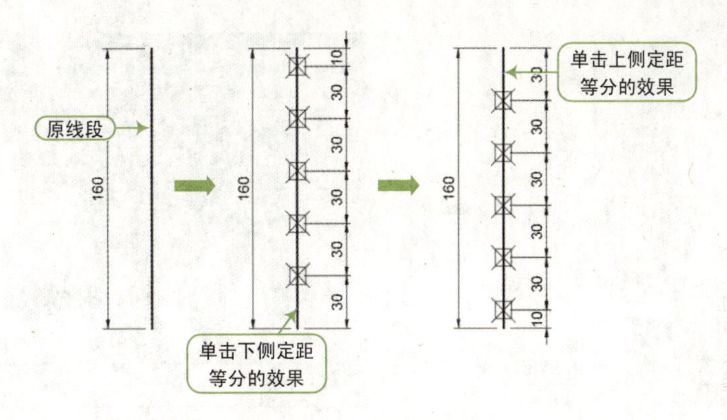

图 2-78　定距等分直线

2.6　综合演练——扳手轮廓图的绘制

视频：2.6——扳手轮廓图的绘制 .avi

案例：扳手 .dwg

本案例通过绘制如图 2-79 所示的扳手轮廓图，掌握本章所学的平面图形及圆类图形的绘制方法。其绘制步骤如下：

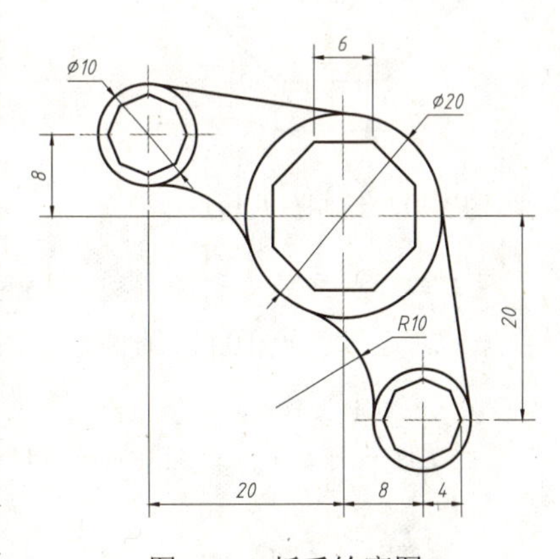

图 2-79　扳手轮廓图

STEP 01 新建文件。正常启动 AutoCAD 2016 软件，执行"文件 | 打开"命令，打开"案例 \02\ 机械样板 .dwt"文件；然后，执行"文件 | 保存"命令，将文件保存为"案例 \02\ 扳手轮廓图 .dwg"文件。

STEP 02 设置当前图层。在"默认"选项卡的"图层"面板中，单击"图层"下拉列表框右侧的倒三角按钮，在弹出的列表框中，将"粗实线"图层设置为当前图层。

STEP 03 启用"对象捕捉"和"对象捕捉追踪"功能。在状态栏中，单击"对象捕捉"按钮和"对象捕捉追踪"按钮，启用"对象捕捉"和"对象捕捉追踪"功能。并右击"对象捕捉"按钮，在弹出的快捷菜单中选择"对象捕捉设置"命令，在弹出的"草图设置"对话框的"对象捕捉"选项卡中设置捕捉模式，如图 2-80 所示。

STEP 04 绘制正八边形。执行"多边形"命令（POL），绘制边长为 6mm 的正八边形，如图 2-81 所示。命令行提示与操作如下：

```
命令 : POL                        \\ 执行"多边形"命令
输入侧面数 <4>: 8                 \\ 输入侧面数为 8
```

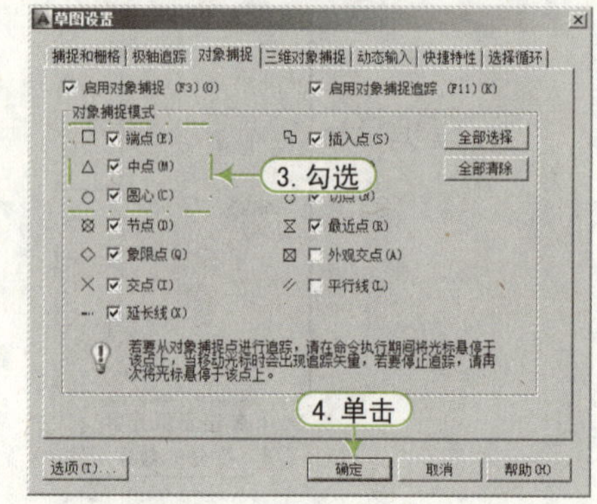

图 2-80　设置捕捉模式

指定正多边形的中心点或 [边 (E)]: E	\\ 选择“边（E）”选项
指定边的第一个端点 : 指定边的第二个端点 : 6	\\ 指定多边形边的长度为 6

STEP 05 绘制圆。执行“圆”命令（C），以正八边形的中心点为圆心绘制一个直径为 20mm 的圆。如图 2-82 所示。

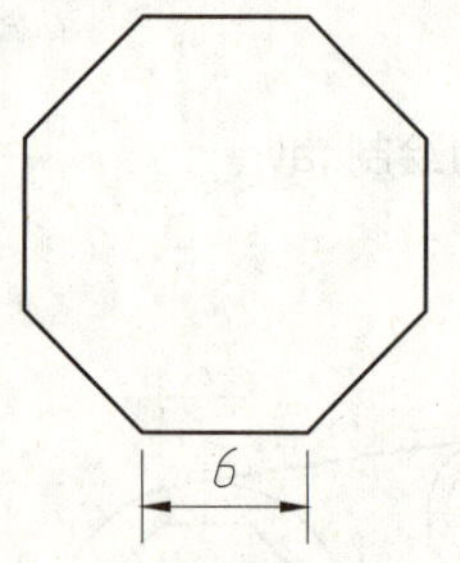

图 2-81　绘制正八边形

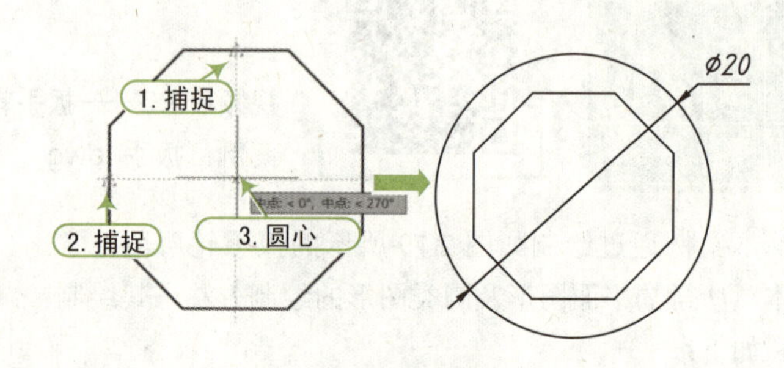

图 2-82　绘制圆

STEP 06 重复绘制圆。按“Enter”键，重复执行“圆”命令（C），配合“捕捉自”功能绘制两个直径为 10mm 的圆，如图 2-83 所示。命令行提示与操作如下：

```
命令 : CIRCLE                                          \\ 执行“圆”命令
指定圆的圆心或 [ 三点 (3P)/ 两点 (2P)/ 切点、切点、半径 (T)]: _from 基点 : < 偏移 >:
                                                       \\ 执行“捕捉自”命令
< 偏移 >: @8,-20                                       \\ 输入圆心的坐标
指定圆的半径或 [ 直径 (D)] <5.0000>: d                 \\ 选择“直径 (D)”选项
指定圆的直径 <10.0000>: 10                             \\ 指定圆的直径
命令 : CIRCLE                                          \\ 执行“圆”命令
指定圆的圆心或 [ 三点 (3P)/ 两点 (2P)/ 切点、切点、半径 (T)]: _from 基点 : < 偏移 >:
                                                       \\ 选择“捕捉自”命令
< 偏移 >: @-20,8                                       \\ 输入圆心的坐标
指定圆的半径或 [ 直径 (D)] <5.0000>: d                 \\ 选择“直径 (D)”选项
指定圆的直径 <10.0000>: 10                             \\ 指定圆的直径
```

STEP 07 绘制相切圆。执行“绘图 | 圆 | 切点、切点、半径”命令，绘制大圆与小圆的相切圆，如图 2-84 所示。命令行提示与操作如下：

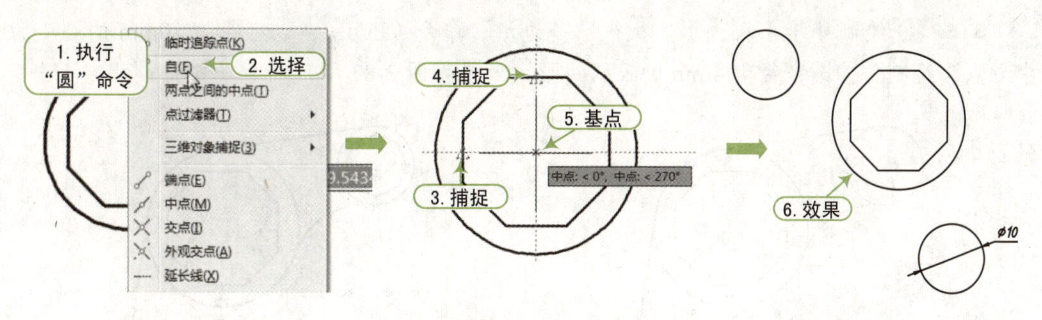

图 2-83　绘制圆

```
命令 : _circle                                              \\ 执行“圆”命令
指定圆的圆心或 [ 三点 (3P)/ 两点 (2P)/ 切点、切点、半径 (T)]: _ttr
                                                            \\ 选择“切点、切点、半径 (T)”模式
指定对象与圆的第一个切点 :                                   \\ 捕捉第一个切点
指定对象与圆的第二个切点 :                                   \\ 捕捉第二个切点
指定圆的半径 <10.0000>: 10                                  \\ 输入半径
重复上述操作绘制另一个相切圆
```

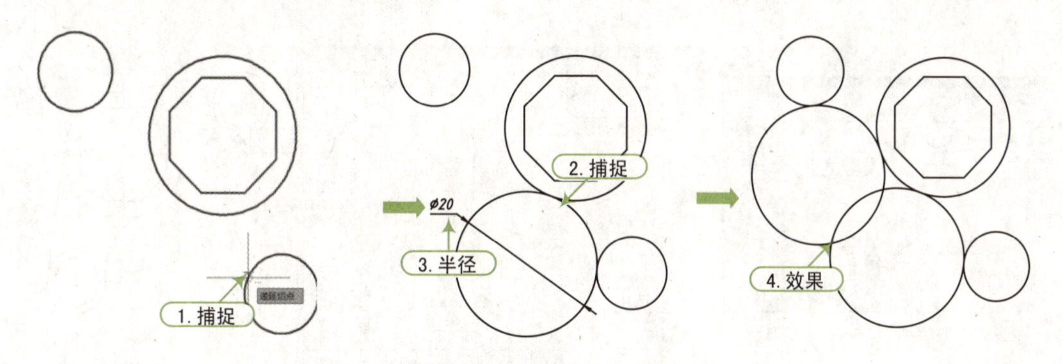

图 2-84　绘制相切圆

STEP 08 修剪图形。选择“修改 | 修剪”命令，以直径为 20mm 和 10mm 的两个圆作为修剪边界，对相切圆进行修剪，如图 2-85 所示。

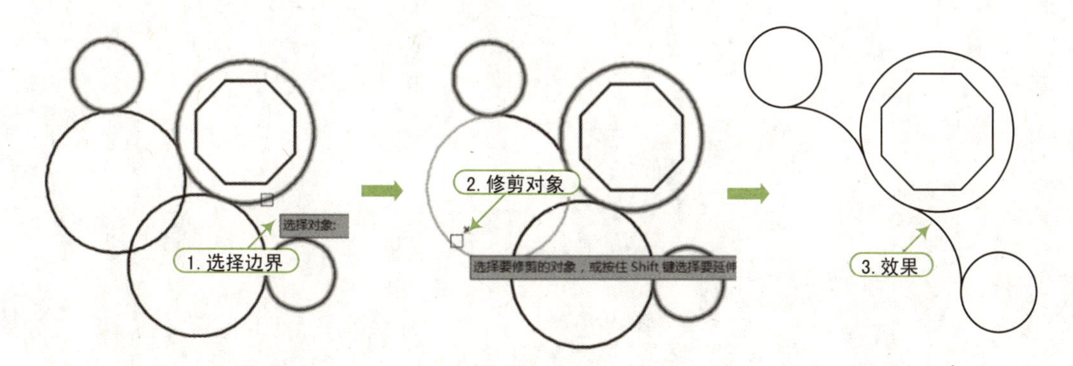

图 2-85　修剪图形

STEP 09 绘制公切线。执行“直线”命令（L），捕捉相应位置的切点，绘制如图 2-86 所示的两条公切线。

STEP 10 绘制外接正八边形。执行“多边形”命令（POL），以直径为 10mm 的圆心为中心点，绘制外接圆半径为 4mm 的正八边形，效果如图 2-87 所示。

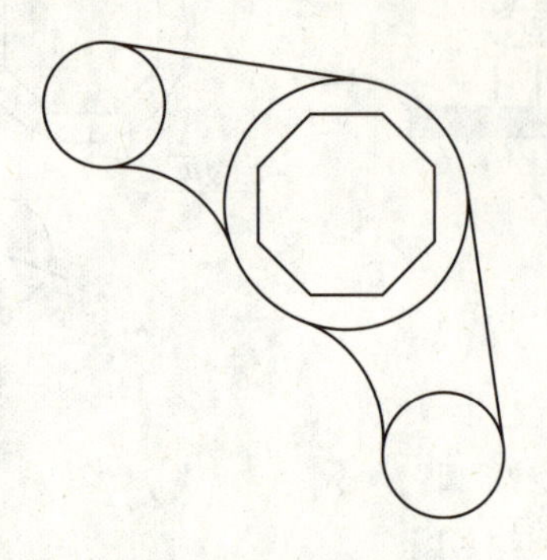

图 2-86　绘制公切线

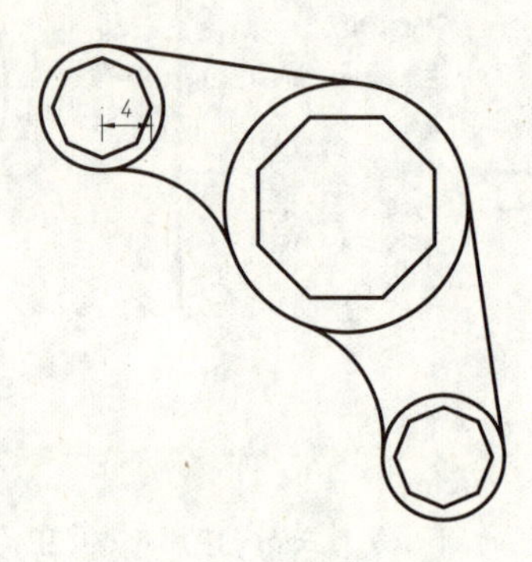

图 2-87　绘制正八边形

STEP 11 绘制中心线。在“图层”面板的“图层”列表中，将当前图层设置为“中心线”图层，执行“标注 | 标注样式”命令，在打开的“标注样式管理器”对话框中，单击“修改”按钮；在打开的“修改标注样式: ISO-25”对话框中修改“圆心标记”选项；然后执行“标注 | 圆心”命令，对图形中的圆进行圆心标记，如图 2-88 所示。

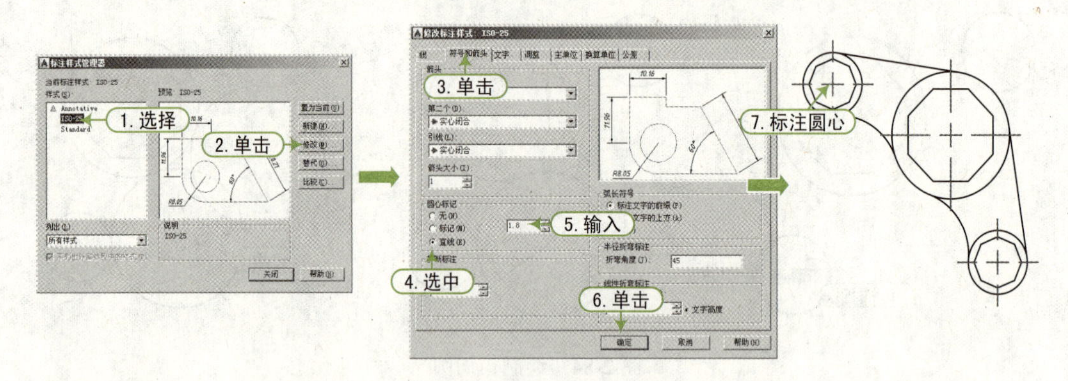

图 2-88　标注圆心

STEP 12 保存图形。扳手轮廓图绘制完成，按“Ctrl+S”组合键，将文件进行保存。

第 03 章 辅助绘图的设置

老师，AutoCAD 的辅助功能有哪些，具体有什么作用？

AutoCAD 中的辅助功能包括图层、辅助工具等。其中，辅助工具包括正交、捕捉、极轴追踪、栅格、栅格捕捉等。利用这些辅助功能，可以在绘图之前设置相关的辅助功能，也可以在绘图过程中根据需要设置。尤其在绘制精度要求较高的建筑图时，对象捕捉是精确定位的最佳工具。而利用图层，可以对图形属性进行分类，把相同属性的图形用一定的线形、线宽及颜色与其他对象进行区分，便于用户对 AutoCAD 图形的管理。

效果预览

3.1 图层的设置

图层（layer）主要用来组织和管理不同的图形对象。图层相当于透明的图纸，每一图层上存放类型相似的图形对象，图层重叠一起即构成图形对象的全部，如图 3-1 所示。一个图层具有其自身的属性和状态。所谓图层属性，通常是指该图层所特有的线型、颜色、线宽等。而图层的状态则是指其开 / 关、冻结 / 解冻、锁定 / 解锁状态等。同一图层上的图形元素具有相同的图层属性和状态。

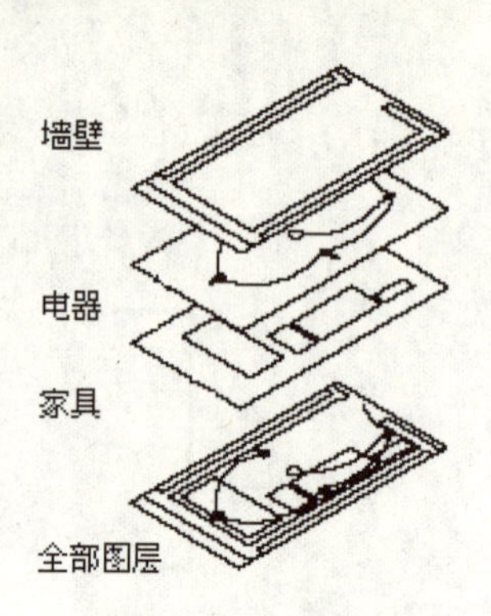

图 3-1　图层示意图

3.1.1 图层的特性

创建和设置图层主要是设置图层的属性和状态，以便更好地组织不同的图形信息。例如，将工程图样中各种不同的线型设置在不同的图层中，赋予不同的颜色，以增加图形的清晰性。将图形绘制与尺寸标注及文字注释分层进行，并利用图层状态控制各种图形信息是否显示、修改与输出等，给图形的编辑带来很大的方便。

通过“图层特性管理器”对话框可以对图层的属性和状态进行设置。用户可以通过以下几种方法打开“图层特性管理器”对话框。

- 菜单栏：选择“格式 | 图层”命令。
- 面板：在“默认”选项卡的“图层”面板中，单击“图层特性管理器”按钮。
- 命令行：输入“LAYER”命令，其快捷键为“LA”。

执行上述操作后，打开“图层特性管理器”对话框，如图 3-2 所示。默认情况下，AutoCAD 自动创建一个图层名为“0”的图层。要新建图层，单击“新建”按钮，这时在图层列表中将出现一个名称为“图层 1”的新图层。用户也可以输入新的图层名（如中心线层），以表示将要绘制的图形元素的特征。

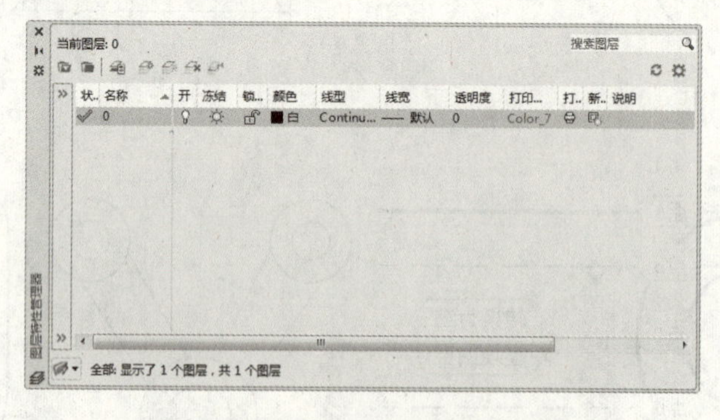

图 3-2　“图层特性管理器”对话框

“图层特性管理器”对话框中的每个图层都包含名称、打开 / 关闭、冻结 / 解冻、线型、颜色和打印样式等特性。

- “状态”列：显示图层状态。当前图层将显示 标记，其他图层将显示 标记。
- “名称”列：显示或修改图层的名称。
- “打开 / 关闭”列：打开或关闭图层的可见性。打开时此符号将 显示，此时图层中包含的对象在绘图区域内显示，并且可以被打印；关闭时此符号将 显示，此时图层中包含的对象在绘图区域内隐藏，并且无法被打印。
- “冻结 / 解冻”列：用于在所有视口中冻结或解冻图层。冻结时按钮显示 ，此时图层中包含的对象无法显示、打印、消音、渲染或重生成；解冻时按钮显示 。
- “锁定 / 解除”列：用于锁定或解除图层。锁定图层后，对象将无法进行修改，锁定时按钮呈 显示；解锁后呈 显示。
- “颜色”、“线型”、“线宽”和“透明度”列：单击各项对应的图标，都会弹出各自的选择对话框，在各个对话框中可以设置所需要的特性。
- “打印”和“打印样式”列：可以确定图层的打印样式及控制是否打印图层中的对象，允许打印时呈 显示；禁止打印时呈 显示。

3.1.2 图层的颜色设置

颜色在图形中具有非常重要的作用，可用来表示不同的组件、功能和区域。图层的颜色实际上是图层中图形对象的颜色。每一个图层都具有一定的颜色，对不同的图层可以设置相同的颜色，也可以设置不同的颜色，绘制复杂的图形时就可以很容易区分图形的每一个部分。

默认情况下，新创建的图层颜色被指定使用 7 号颜色（白色或黑色，由背景色决定）。要改变图层的颜色，可在“图形特性管理器”对话框中，单击某一图层“颜色”图标，将弹出“选择颜色”对话框以设置图层颜色，如图 3-3 所示。这是一个标准的颜色设置对话框，其中包括“索引颜色”、“真彩色”、“配色系统”3 个选项卡。选择不同选项卡，即可针对颜色而进行相应的设置。

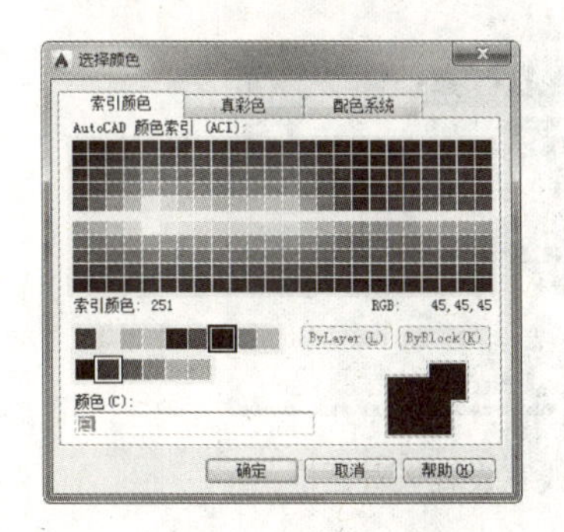
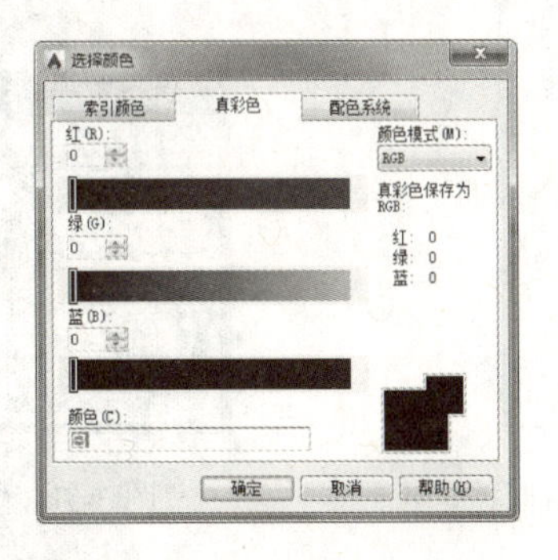
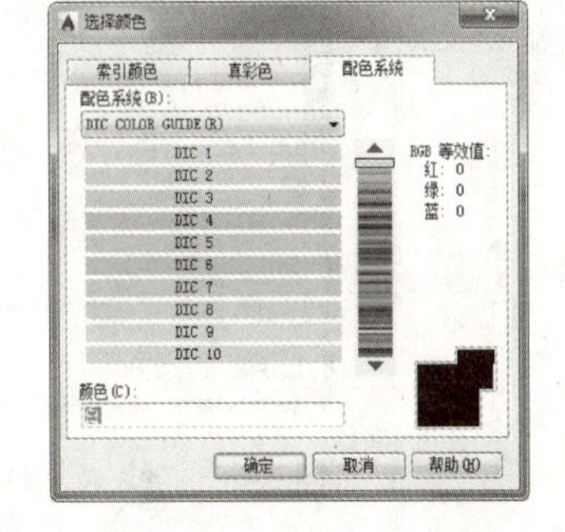

图 3-3　“选择颜色”对话框

3.1.3 图层的线型设置

线型是指作为图形基本元素的线条的组成和显示方式，如虚线和实线等。在 AutoCAD 2016 中既有简单线型，也有一些由特殊符号组成的复杂线型，可以满足不同行业标准的要求。

单击图层各对应的线型图标，弹出“选择线型”对话框，如图 3-4 所示。默认情况下，在“已加载的线型”列表框中，系统只列出“Continuous”线型。单击“加载”按钮，打开如图 3-5 所示的“加载或重载线型”对话框，可以看到 AutoCAD 提供了许多其他的线型。选择所需的线型，然后单击“确定”按钮，即可把该线型加载到“选择线型”对话框的“已加载的线型”列表框中。

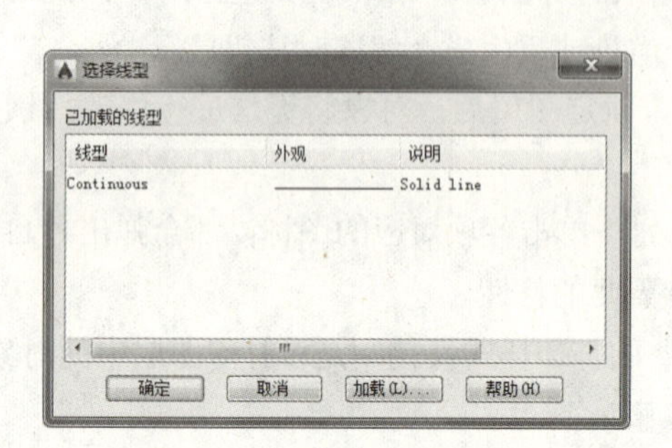

图 3-4 “选择线型”对话框

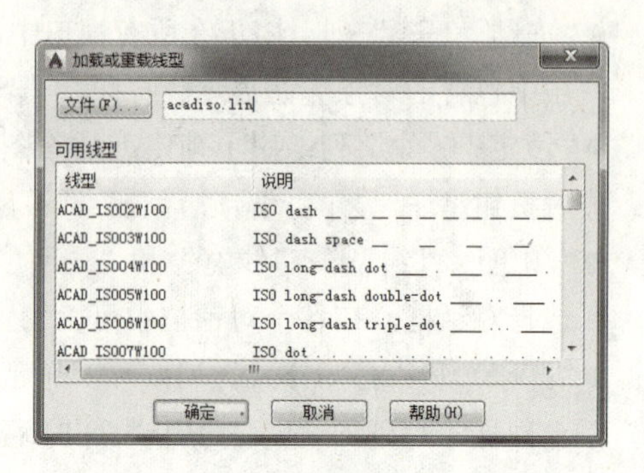

图 3-5 “加载或重载线型”对话框

3.1.4 图层的线宽设置

线宽设置就是改变线条的宽度，使用不同的线条表现图形对象的类型，可以提高图形的表达能力和可读性。例如，绘制外螺纹时大径使用粗实线，小径使用细实线。

单击图层所对应的线宽图标，弹出“线宽”对话框，如图 3-6 所示。选择一种线宽，单击“确定”按钮，即可完成线宽的设置。

用户也可以选择“格式 | 线宽”命令，打开“线宽设置”对话框，通过调整线宽比例，视图中的线宽显示得更宽或更窄，如图 3-7 所示 .

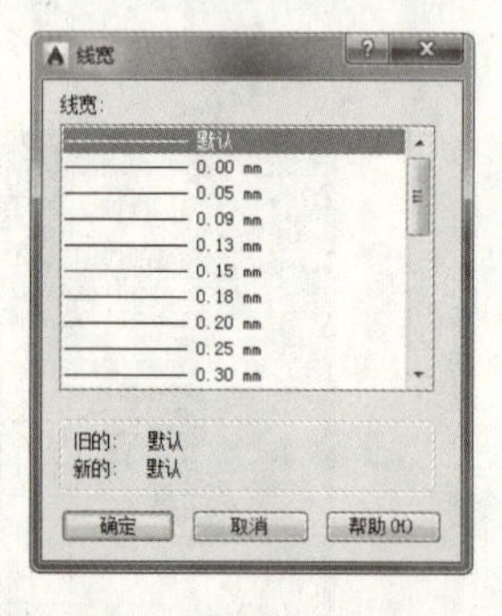

图 3-6 “线宽”对话框

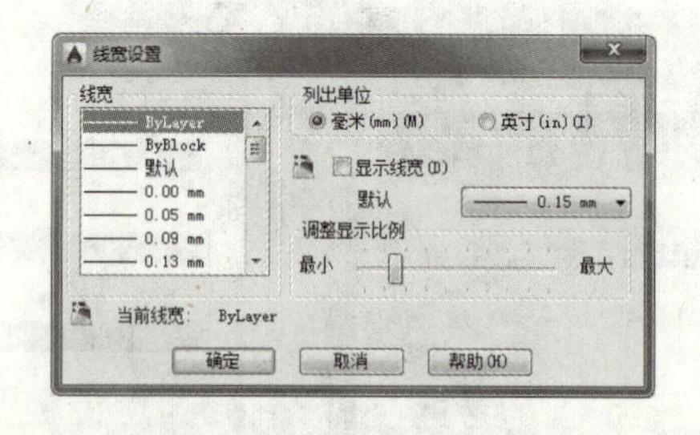

图 3-7 “线宽设置”对话框

QA 问题

学生问： 老师，我明明设置了线宽，怎么画出来的仍然是细线？线宽设置成 0.09mm 和 0.25mm 的线怎么看上去一样细啊？

老师答： 因为没有打开“线宽”显示。只需在 AutoCAD 底部状态单击“线宽”按钮（高版本使用了图形按钮），即可显示线宽。

需要注意的是，默认情况下，AutoCAD 中设置的线宽在 0.3mm 以下一般均显示为细线。0.3mm 以上显示为粗线。

3.1.5 实例——平垫圈的绘制

视频：3.1.5——平垫圈的绘制.avi
案例：平垫圈.dwg

本案例以绘制如图 3-8 所示的平垫圈为例，掌握图层的创建及图层特性的设置方法。在绘制图形之前，首先新建一个图形文件，利用本节所学知识创建图层，并设置图层属性；然后进行图形的绘制。具体绘图步骤如下：

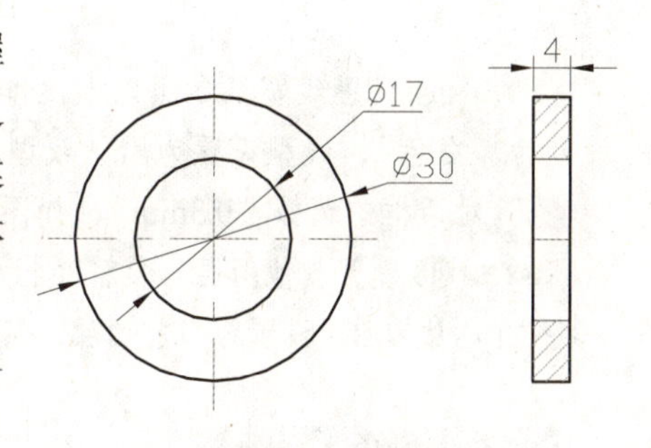

图 3-8　平垫圈

STEP 01 新建文件。正常启动 AutoCAD 2016 软件，执行“文件 | 新建”命令，新建一个图形文件；然后，执行“文件 | 保存”命令，将文件保存为“案例 \03\ 平垫圈 .dwg”文件。

STEP 02 创建图层。在“默认”选项卡的“图层”面板中，单击“图层特性管理器”按钮，在弹出的“图层特性管理器”对话框中，单击“新建”按钮，新建一个“中心线”图层，如图 3-9 所示。

STEP 03 设置图层颜色。单击“中心线”图层所在行的颜色按钮，打开“选择颜色”对话框，选择“红色”选项，将中心线图层的颜色设置为红色，如图 3-10 所示。

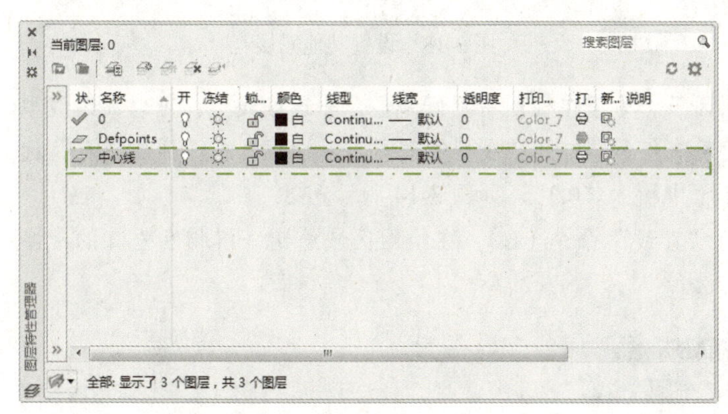

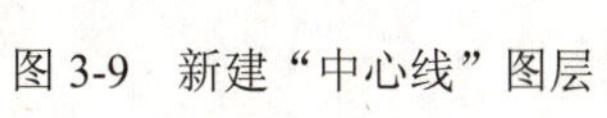

图 3-9　新建“中心线”图层

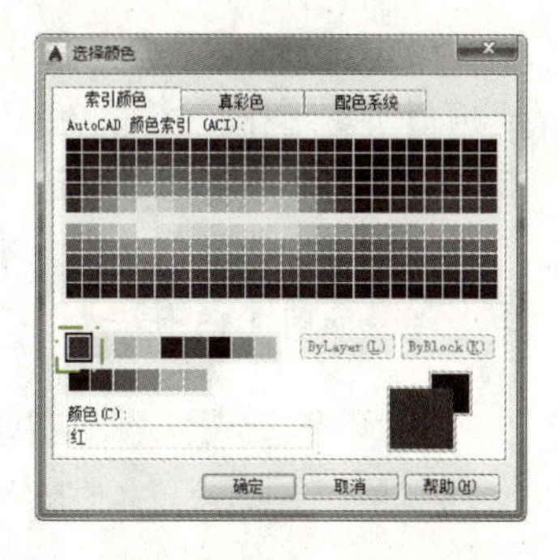

图 3-10　设置图层颜色

STEP 04 设置线型。单击“定位线”图层所在行的“线型”按钮，打开“选择线型”对话框。单击“加载”按钮，打开“加载或重载线型”对话框，选择“CENTER”线型，如图 3-11 所示，单击“确定”按钮，返回“选择线型”对话框中。选择 CENTER 线型，单击“确定”按钮，返回“图层特性管理器”对话框。

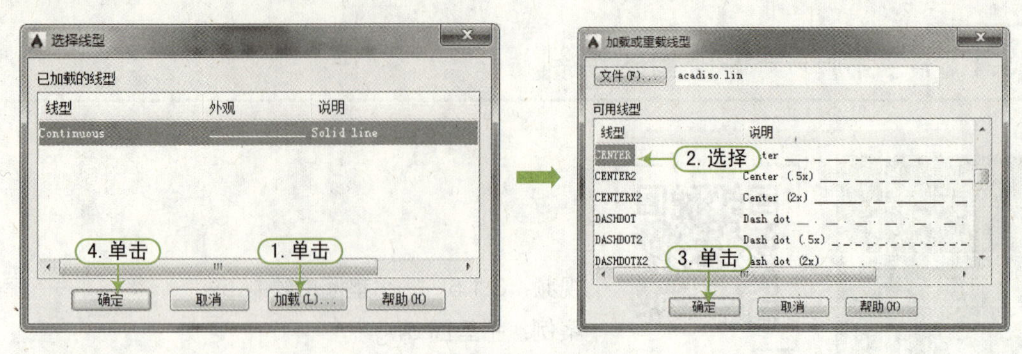

图 3-11　加载线型

STEP 05 设置线宽。参照以上操作步骤创建“粗实线”图层，将“粗实线”图层的颜色设置为“白色”，线型设置为默认线型，然后单击“粗实线”图层的“线宽”列，在打开的“线宽”对话框中选择“0.3mm”，如图 3-12 所示。

STEP 06 设置其他图层。参照以上方法，分别创建“细虚线”、“剖面线”、“尺寸线”图层，并将“中心线”图层设置为当前图层，然后关闭“图层特性管理器”。设置的图层如图 3-13 所示。

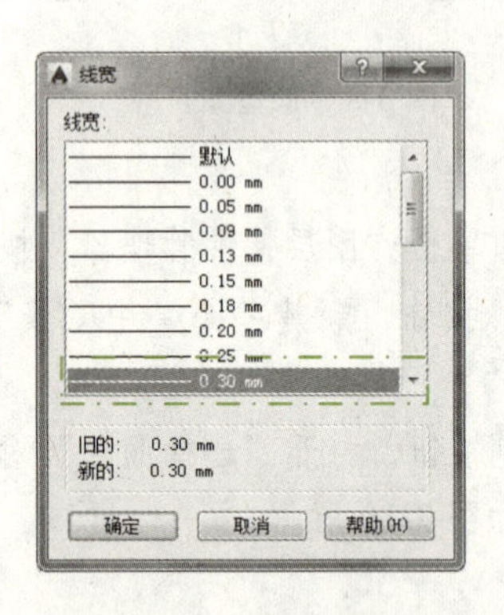

图 3-12　设置线宽

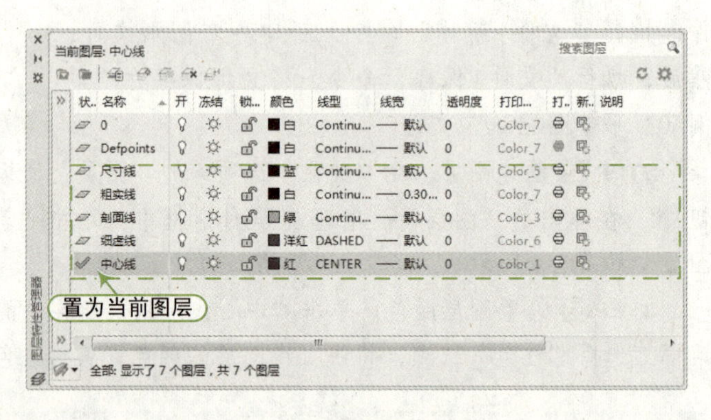

图 3-13　设置其他图层

STEP 07 设置线型全局比例因子。为了在视图中更好地显示非连续线型，可以更改线型比例因子。选择“格式 | 线型”菜单命令，打开“线型管理器”对话框，在“详细信息”选项组的“全局比例因子”的文本框中输入“0.3”，如图 3-14 所示。

STEP 08 绘制中心线。执行“直线”命令（L），在绘图区域绘制一组相互垂直的十字中心线，如图 3-15 所示。

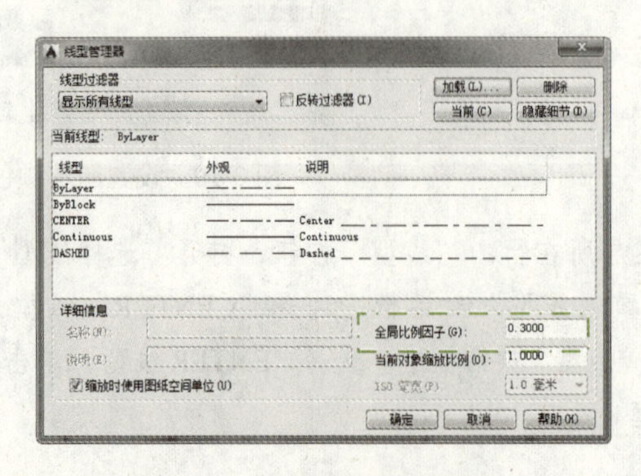

图 3-14　设置全局比例因子

图 3-15　绘制中心线

STEP 09 切换图层。在“图层”面板的“图层”下拉列表框中，将“粗实线”图层设置为当前图层，如图 3-16 所示。

QA 问题

学生问： 老师，通过“图层特性管理器”和“图层”面板切换图层很麻烦，怎样能够快速地变换图层？

老师答： 快速变换图层的方法很简单，点取想要变换到的图层中的任意元素，如选择中心线，然后单击图层工具栏中的“置为当前”按钮，即可将选中对象的图层设置为当前图层。但是，这个方法必须是当前图形中存在需要切换为当前图层的元素，如切换为“剖面线”就不能使用该方法。

STEP 10 绘制垫片轮廓。执行“圆”命令（C），绘制直径分别为 17mm 和 30mm 的同心圆，如图 3-17 所示。

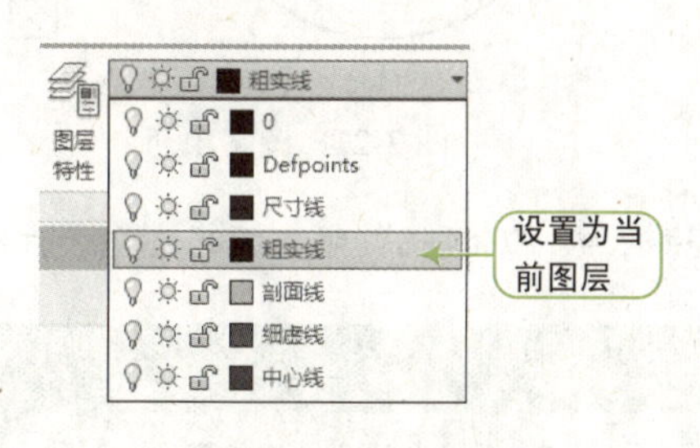

图 3-16 切换图层

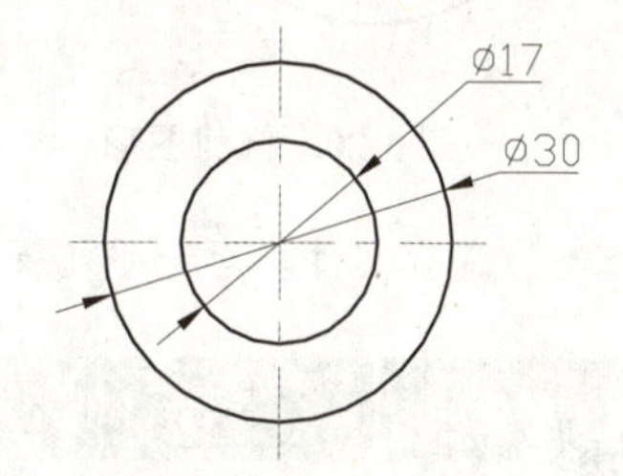

图 3-17 绘制垫片轮廓

STEP 11 绘制剖视图。将绘图区域移至图形的右侧，执行“构造线”命令（XL），捕捉相应的点绘制水平投影构造线，并将中间的水平构造线转换为“中心线”图层，如图 3-18 所示。

STEP 12 绘制垂直构造线。执行“构造线”命令（XL），在相应位置绘制一条垂直构造线，再执行“偏移”命令（O），将其向右偏移 4mm，如图 3-19 所示。执行“偏移”命令（O）过程中，命令行提示与操作如下：

```
命令: OFFSET
当前设置：删除源 = 否  图层 = 源  OFFSETGAPTYPE=0
指定偏移距离或 [ 通过 (T)/ 删除 (E)/ 图层 (L)] <4.0000>: 4           \\ 输入偏移距离
指定要偏移的那一侧上的点，或 [ 退出 (E)/ 多个 (M)/ 放弃 (U)] < 退出 >:
                                                                      \\ 在垂直构造线右侧单击
选择要偏移的对象，或 [ 退出 (E)/ 放弃 (U)] < 退出 >: * 取消 *        \\ 选择垂直构造线
```

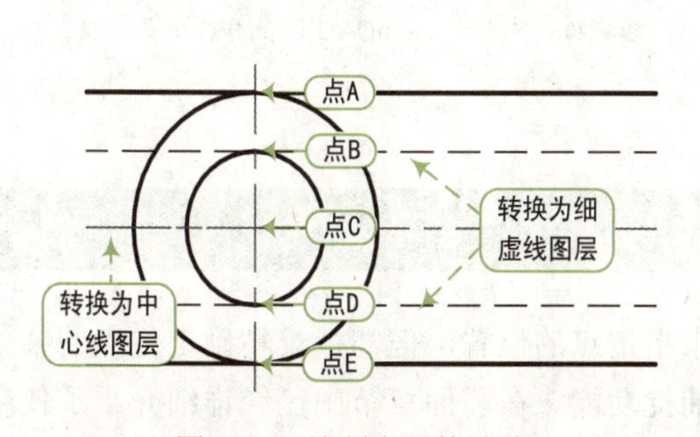

图 3-18 绘制水平构造线

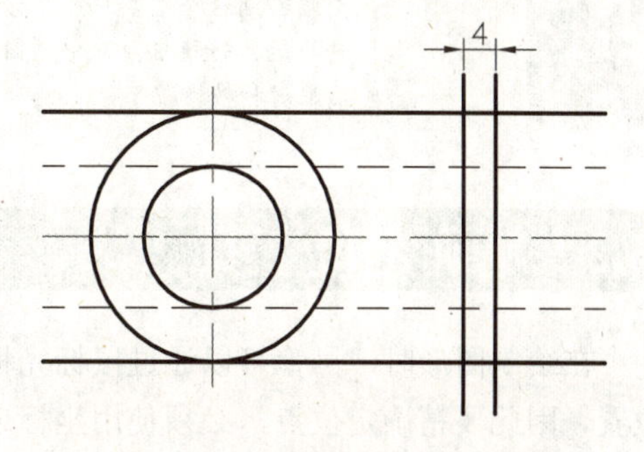

图 3-19 绘制和偏移垂直构造线

STEP 13 修剪图形。执行“修剪”命令（TR）和“删除”命令（E），对图形进行修剪操作（具体操作方法参见 4.3.1 节和 4.5.1 节），修剪效果如图 3-20 所示。

STEP 14 填充图形。首先将当前图层切换至“剖面线”图层，执行“填充”命令（H），选择样例“ANI31”作为填充图案，填充比例设置为 0.4，对图形剖面图进行填充（具体操作方法参见 5.5.3 节），填充效果如图 3-21 所示。

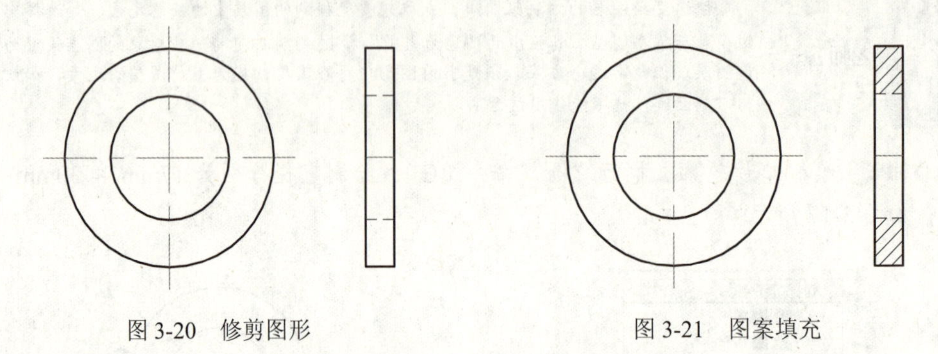

图 3-20 修剪图形　　　　图 3-21 图案填充

STEP 15 保存文件。至此平垫圈图形绘制完成，按“Ctrl+S”组合键将文件进行保存。

QA 问题

学生问： 老师，如何将不需要的图层删除？

老师答：

图层问题比较复杂，不只是“0”和“定义点”两个层不能删除，其他一些依赖外部参照的图层也不能删除。所以，首先采用 PURGE 命令，清理所有不需要的块和外部参照，才可以把一些表面上看来不包含对象（但实际上依赖外部参照）的图层删除。

方法 1：将无用的图层关闭，全选复制粘贴至一个新文件中，那些无用的图层就不会粘贴过来。如果曾经在这个不要的图层中定义过块，又在另一图层中插入这个块，那么这个不要的图层是不能用这种方法删除的。

方法 2：选择需要保留的图形，然后选择文件菜单 -> 输出 -> 块文件，这样的块文件就是选中部分的图形了。如果这些图形中没有指定的层，那么这些层也不会被保存在新的图块图形中。

方法 3：打开一个 AutoCAD 文件，把要删除的层先关闭，在图面上只留下你需要的可见图形。单击“文件→另存为”菜单命令，确定文件名；在“文件类型”下拉列表框中选择 *.DXF 格式，在弹出的对话框中选择“工具→选项→DXF”选项，在选择对象处勾选，单击“确定”按钮；接着单击“保存”按钮，即可选择保存对象，把可见或要用的图形选上即可确定保存。完成后退出这个刚保存的文件。

方法 4：用 laytrans 命令，将需删除的图层影射为 0 层即可。这个方法可以删除具有实体对象或被其他块嵌套定义的图层。

方法 5：对于顽固图层，还有一个办法。可以新建一个备用层，把那些不需要的图层移到这个图层中。具体怎样做呢？只要在工具中选择 AutoCAD 标准，选择图层转换器，转换自：选中顽固图层，转换为：先加载 AutoCAD 图，再选中备用层，然后映射和转换即可。

3.2 精确定位工具

在绘制图形时，尽管可以通过鼠标光标来指定点的位置，但却很难精确定位点的某一位置。因此要精确定位点，必须使用坐标或捕捉功能。在前面章节中已经详细介绍了使用坐标来精确定位点的方法，本节主要介绍如何使用系统提供的正交模式及捕捉和栅格模式来精确定位点。

3.2.1 正交模式

“正交”用于控制是否以正交方式绘图。在正交模式下，可以方便地绘出与当前 X 轴或 Y 轴平行的线段。

打开或关闭正交模式有以下两种方法。

- 状态栏：在状态栏中，单击“正交”按钮。
- 功能键：按“F8”键。

打开“正交模式”后，输入的第 1 点是任意的；但当移动光标准备指定第 2 点时，光标被约束在水平方向或垂直方向移动，如图 3-22 所示。

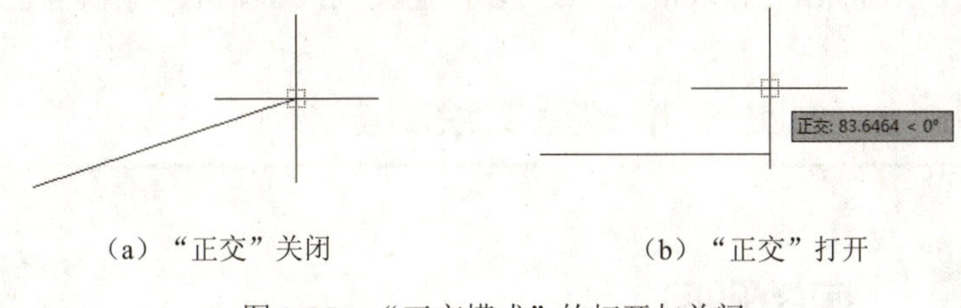

（a）“正交”关闭　　（b）“正交”打开

图 3-22　“正交模式”的打开与关闭

3.2.2 捕捉与栅格

“捕捉”用于设置鼠标光标移动的间距。“栅格”是一些标定位置的小点，主要起坐标纸的作用，可以提供直观的距离和位置参照，如图 3-23 所示。使用“捕捉”和“栅格”功能可以提高绘图效率。

打开或关闭“捕捉”和“栅格”功能有以下 3 种方法。

- 状态栏：在状态栏中，单击“捕捉”按钮和“栅格”按钮。
- 功能键：按“F7”键打开或关闭栅格，按“F9”键打开或关闭捕捉。
- 对话框：选择“工具 | 草图设置”命令，打开“草图设置”对话框，如图 3-24 所示。在“捕捉和栅格”选项卡中勾选或取消勾选“启用捕捉”和“启用栅格”复选框。

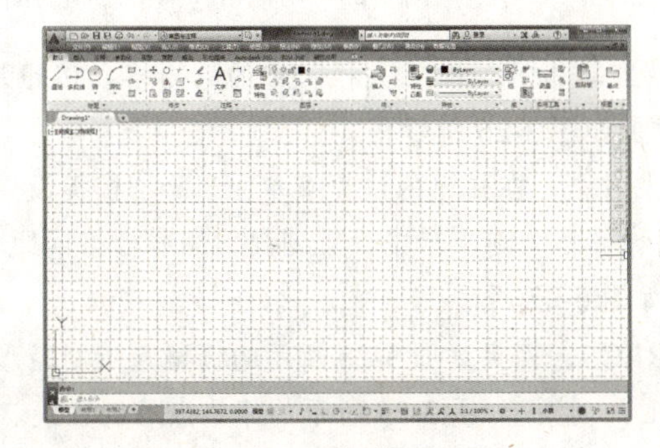

图 3-23　“栅格”显示

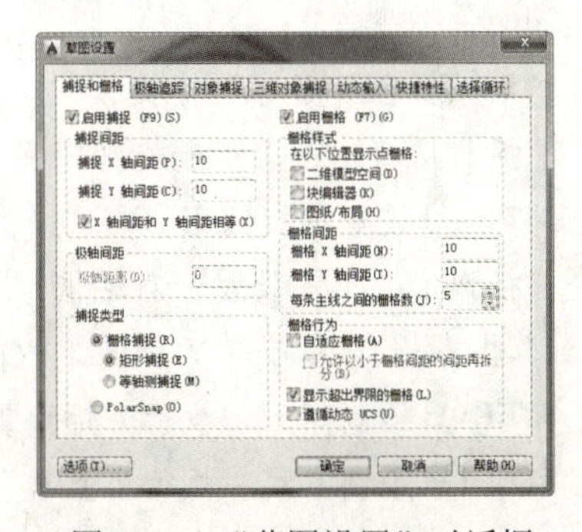

图 3-24　“草图设置”对话框

利用“草图设置”对话框中的“捕捉和栅格”选项卡，可以设置捕捉和栅格的相关参数。各选项的功能如下。

- “启用捕捉”复选框：用于打开或关闭捕捉模式。
- “捕捉间距”选项组：用于控制捕捉位置处不可见矩形栅格，以限制光标仅在指定的 X 轴和 Y 轴间隔内移动。
- “捕捉类型”选项组：用于确定捕捉类型。系统提供了两种捕捉栅格的方式，“矩形捕捉”和“等轴测捕捉”。“矩形捕捉”下捕捉栅格是标准矩形；“等轴测捕捉”仅用于绘制等轴测图。
- 极轴间距：此选项只能在“极轴捕捉”时才可用。
- “启用栅格”复选框：用于控制是否显示栅格。勾选该复选框，将显示栅格效果。
- “栅格样式”选项组：用于控制显示栅格点。“启用栅格”后，勾选相应位置的复选框即可在相应位置显示点栅格效果。
- “栅格间距”选项组：输入相关参数可以设置 X 轴或 Y 轴上每条栅格显示的间距。

3.2.3 实例——利用栅格和捕捉绘制图形

视频：3.2.3——利用栅格和捕捉绘制图形 .avi
案例：栅格和捕捉 .dwg

下面利用栅格和捕捉绘制如图 3-25 所示的图形。绘制图形前，需要根据图形的尺寸计算出各端点 X 轴与 Y 轴间距的倍数，然后设置栅格间距。并启用栅格显示，启用栅格和捕捉模式，利用“直线”命令捕捉各栅格点绘制图形。其操作步骤如下：

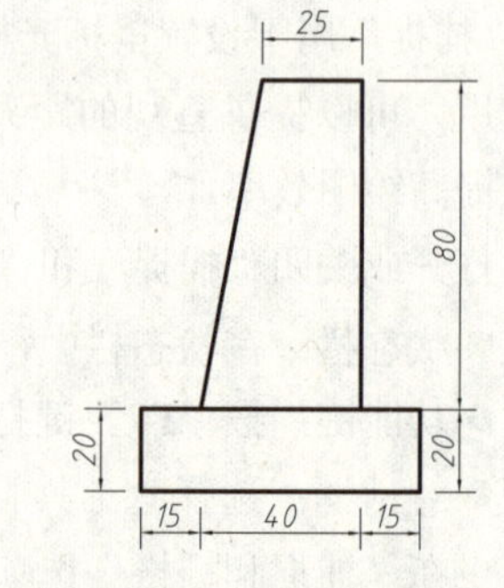

图 3-25　用栅格和捕捉绘制的图形

STEP 01 新建文件。正常启动 AutoCAD 2016 软件，在“快速工具栏”中单击“新建”按钮，新建一个图形文件，再单击“保存”按钮将其保存为“案例 \03\ 栅格和捕捉 .dwg”文件。

STEP 02 启用栅格和捕捉模式。在状态栏上单击“辅助工具栏”中的“栅格”按钮和“捕捉”按钮，启用栅格和捕捉模式，效果如图 3-26 所示。

STEP 03 设置捕捉间距。在“捕捉”按钮上右击，在弹出的快捷菜单中选择“捕捉设置”命令，将弹出“草图设置”对话框，在“捕捉和栅格”选项卡中设置捕捉间距和栅格间距为 5（计算出各端点 X 轴与 Y 轴间距的倍数），如图 3-27 所示。

STEP 04 绘制矩形。执行“矩形”命令（REC），捕捉如图 3-28 所示的栅格点绘制矩形。

STEP 05 绘制直线。执行“直线”命令（L），捕捉如图 3-29 所示的栅格点绘制直线。

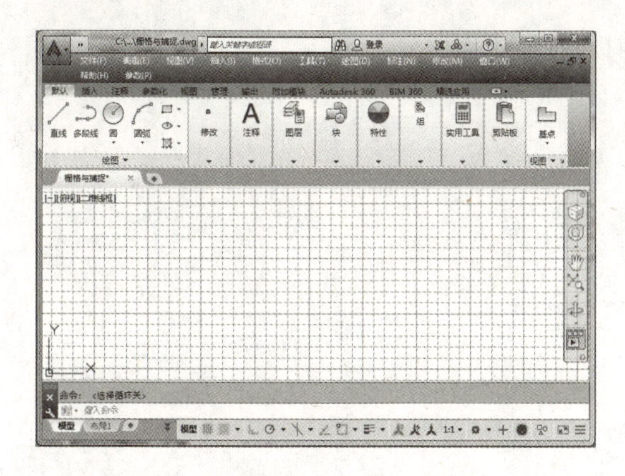

图 3-26　启用栅格和捕捉模式

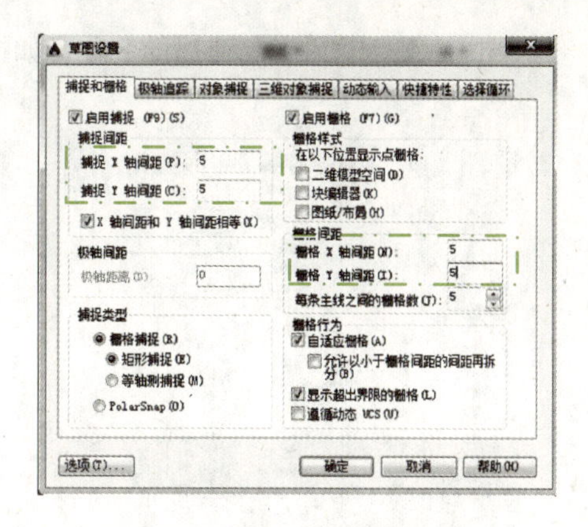

图 3-27　设置捕捉和栅格间距

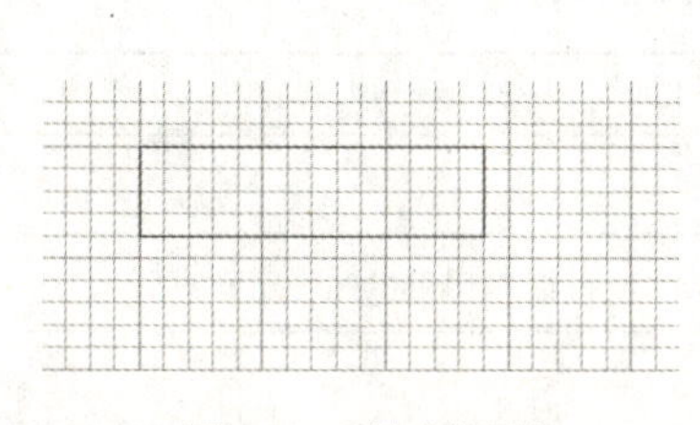

图 3-28　绘制矩形

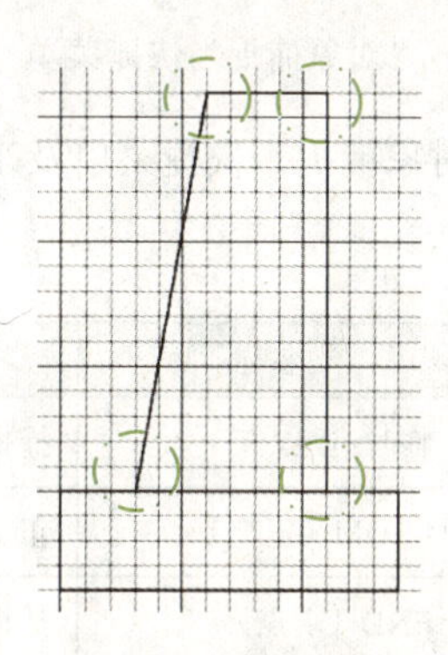

图 3-29　绘制直线

STEP 06 保存图形。至此，图形绘制完成，按“Ctrl+S”组合键，将文件进行保存。

3.3　对象捕捉

在绘图过程中，经常要指定一些已有对象上的点，例如端点、圆心和两个对象的交点等。如果只凭观察来拾取不可能非常准确地找到这些点。为此，AutoCAD 提供了对象捕捉功能，可以迅速、准确地捕捉到某些特殊点，从而精确地绘制图形。

3.3.1　对象捕捉设置

“对象捕捉”功能与前面介绍的捕捉功能不同。利用对象捕捉功能，在绘图过程中可以快速、准确地确定一些特殊点，如端点、中点、切点、角点和垂足等。

启用对象捕捉功能的方法如下。

- 快捷菜单：在“对象捕捉”按钮上右击，在弹出的快捷菜单中选择相应的命令；或执行命令时按住“Shift”键的同时右击，在弹出的快捷菜单中选择相应的捕捉模式，如图 3-30 所示。
- 工具栏：选择“工具 |AutoCAD| 对象捕捉”菜单命令，在打开的“对象捕捉”工具栏上单击相应的对象捕捉按钮，如图 3-31 所示。

● 快捷键：输入对象捕捉的名称，如捕捉切点，则输入“TAN”。

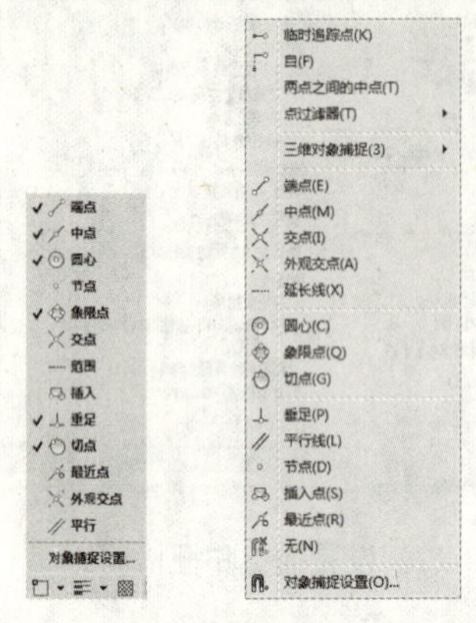

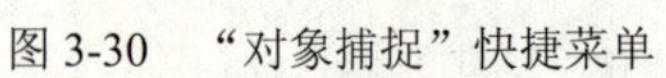

图 3-30 “对象捕捉”快捷菜单

图 3-31 “对象捕捉”工具栏

在“对象捕捉”快捷菜单及工具栏中，其各捕捉模式的名称和功能如表 3-1 所示。

表 3-1 对象捕捉模式

图标	名称	功能
	临时追踪点	捕捉临时追踪点
	FROM（正交）	正交偏移捕捉。先指定基点，再输入相对坐标确定新点
	END（端点）	捕捉端点
	MID（中点）	捕捉中点
	INT（交点）	捕捉交点
	APP（外观交点）	捕捉外交延伸点
	EXT（延伸）	捕捉延伸点。从线段端点开始沿线段方向捕捉一点
	CEN（圆心）	捕捉圆、圆弧、椭圆的中心点
	QUA（象限点）	捕捉圆、椭圆的 0°、90°、180° 或 270° 处的点
	TAN（切点）	捕捉切点
	PER（垂足）	捕捉垂足
	PAR（平行）	平行捕捉。先指定线段起点，再利用平行捕捉绘制平行线
	INS（插入点）	捕捉插入点
	NOD（节点）	捕捉节点
	NEA（最近点）	捕捉最近点
	无捕捉	清除所有对象捕捉
	对象捕捉设置	打开“草图设置”对话框，进行对象捕捉设置

选择相应的捕捉模式后，不论何时提示输入点，都可以指定对象捕捉。默认情况下，当光标移到对象的对象捕捉位置时，将显示标记和工具提示。

用户还可以通过设置，使系统在开启“对象捕捉”功能的情况下自动捕捉设置的几何点。在状态栏的“对象捕捉”按钮上右击，在弹出的快捷菜单中选择“设置”命令，打开“草图设置”对话框，如图 3-32 所示。在“对象捕捉”选项卡中可以选择需要自动捕捉的几何特征点。

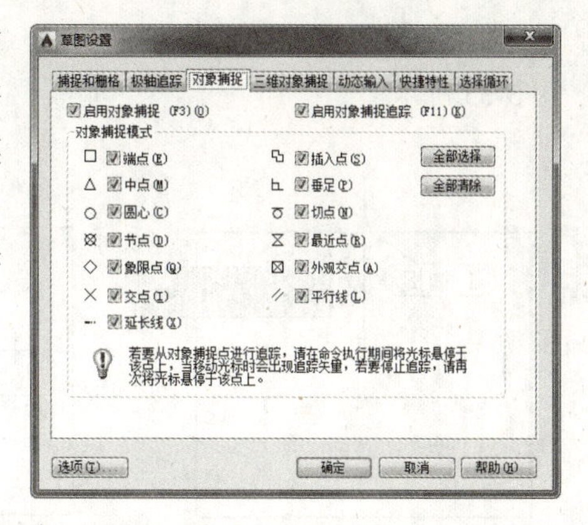

图 3-32　“对象捕捉”选项卡

QA 问题

学生问： 老师，对象捕捉有哪些用处？

老师答： 对象捕捉用处很大。尤其绘制精度要求较高的机械图样时，对象捕捉是精确定点的最佳工具。AutoCAD 对此也是非常重视，每次版本升级，对象捕捉的功能都有很大的提高。切忌用光标线直接定点，这样的点不可能很准确。

3.3.2　实例——窗户图形的绘制

视频：3.3.2——窗户图形的绘制 .avi

案例：窗户 .dwg

本案例以“矩形”命令和“圆弧”命令绘制如图 3-33 所示的窗户图形。在绘制圆弧时，需要通过捕捉矩形的角点和中点来绘制。具体绘图步骤如下：

STEP 01 新建文件。正常启动 AutoCAD 2016 软件，执行“文件 | 新建”命令，新建一个图形文件；然后，执行“文件 | 保存”命令，将文件保存为“案例 \03\ 窗户图形 .dwg”文件。

STEP 02 绘制矩形。执行“矩形”命令（REC），绘制一个 1100mm×900mm 的矩形，如图 3-34 所示。

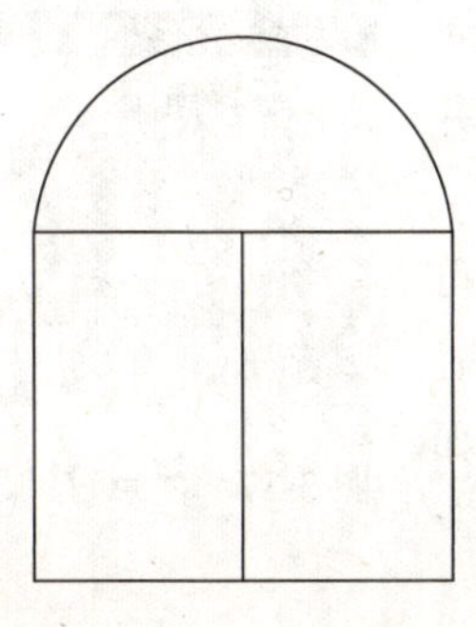

图 3-33　窗户图形

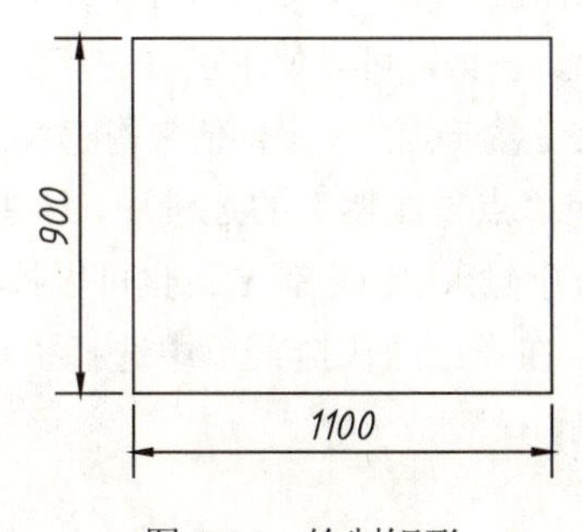

图 3-34　绘制矩形

STEP 03 绘制直线。执行“直线”命令（L），捕捉矩形的上下两条边中点绘制直线，如图 3-35 所示。

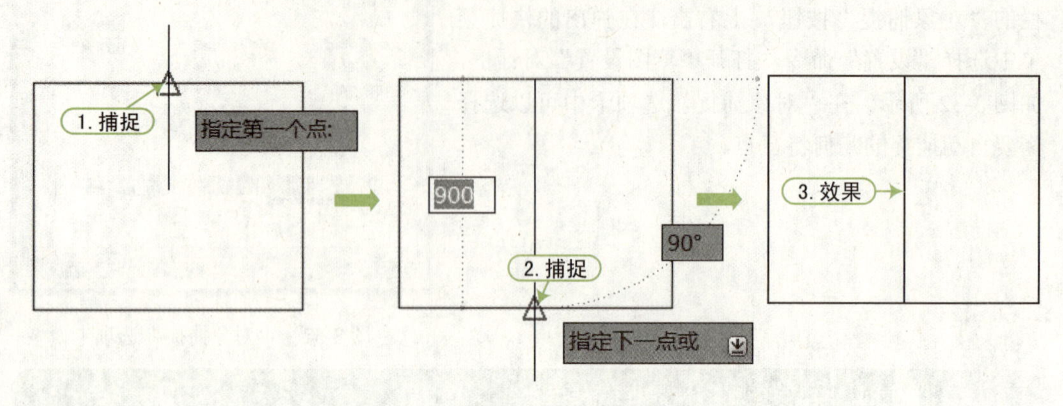

图 3-35　捕捉中点绘制直线

STEP 04 绘制圆弧。执行“圆弧”命令（A），捕捉矩形的左角点作为圆弧的起点，然后执行“捕捉自”命令捕捉矩形中点，再指定偏移点（@0,800）作为圆弧的第二点，再制定矩形右上角点为圆弧的端点，绘制的圆弧如图 3-36 所示。

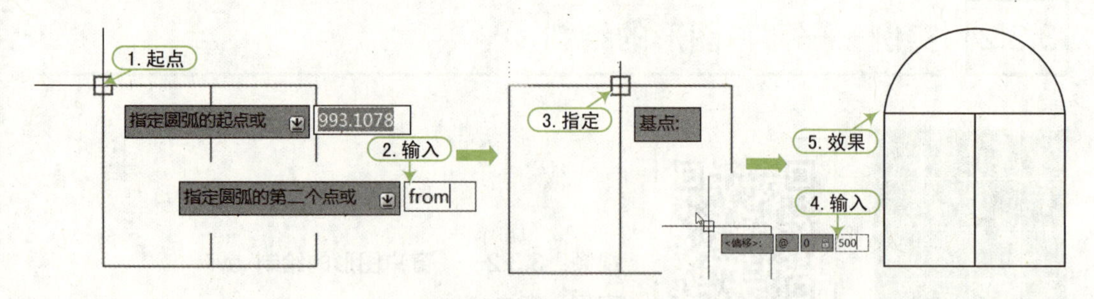

图 3-36　捕捉三点绘制圆弧

STEP 05 保存图形。窗户图形绘制完成，按“Ctrl+S”组合键，将图形文件进行保存。

3.3.3 点过滤器

点过滤器允许使用一个已有对象点的 X 坐标值和另一个对象捕捉点的 Y 坐标值来指定坐标值。根据已有对象的坐标值构建 X、Y 坐标值，并不需要坐标值的 X 和 Y 部分都是用已有对象的坐标值。例如，可以使用已有的一条直线的 Y 坐标值，并选取屏幕上任意一点的 X 坐标值来构建 X、Y 坐标值。

在使用“点过滤器”的过程中，要指定一个坐标时，可以在命令行中输入 .X 或者 .Y；也可以按住“Shift”键的同时右击，然后在弹出的快捷菜单中选择“点过滤器”命令，如图 3-37 所示。

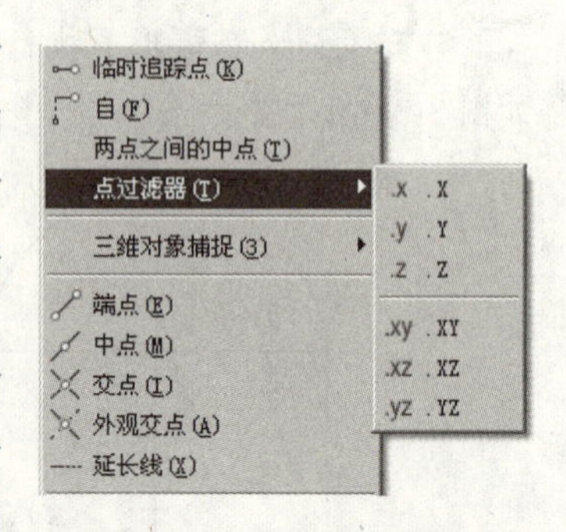

图 3-37　“点过滤器”子菜单

3.3.4 实例——矩形中心圆的绘制

视频：3.3.4——矩形中心圆的绘制 .avi

案例：矩形中心圆 .dwg

本案例利用“点过滤器”命令捕捉矩形的中心点，绘制如图 3-38 所示的矩形中心圆。掌握和练习上一小节所学内容。具体绘图步骤如下：

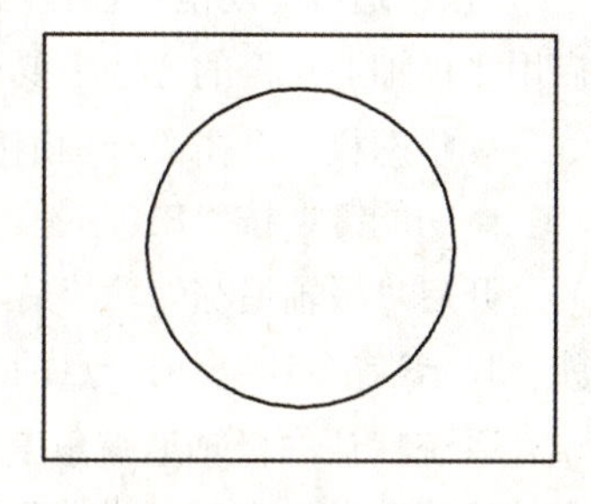

图 3-38　矩形中心圆

STEP 01 新建文件。正常启动 AutoCAD 2016 软件，执行“文件 | 新建”命令，新建一个图形文件；然后，执行“文件 | 保存”命令，将文件保存为“案例 \03\ 矩形中心圆 .dwg”文件。

STEP 02 绘制矩形。执行“矩形”命令（REC），绘制一个 100mm×80mm 的矩形，如图 3-39 所示。

STEP 03 指定圆心。执行“圆”命令（C），然后在命令行中输入“.X”，捕捉 AB 的中点。此时命令行提示：“需要 YZ”，再捕捉 AD 的中点，圆心就自动到了矩形中心位置（实际是捕捉圆心的坐标，AB 中点是圆心的 X 坐标值，AD 中点是圆心的 Y 坐标值），如图 3-40 所示。

STEP 04 绘制圆。捕捉到圆心后，将鼠标向左拖动，同时输入半径值 30，矩形中心圆绘制完成。绘制过程中，命令行提示与操作如下：

```
命令 : CIRCLE
指定圆的圆心或 [ 三点 (3P)/ 两点 (2P)/ 切点、切点、半径 (T)]: .x
                                              \\ 捕捉 AB 中点
于 ( 需要 YZ):                                 \\ 捕捉 AD 中点
指定圆的半径或 [ 直径 (D)] <30.0000>: 30        \\ 输入半径值
```

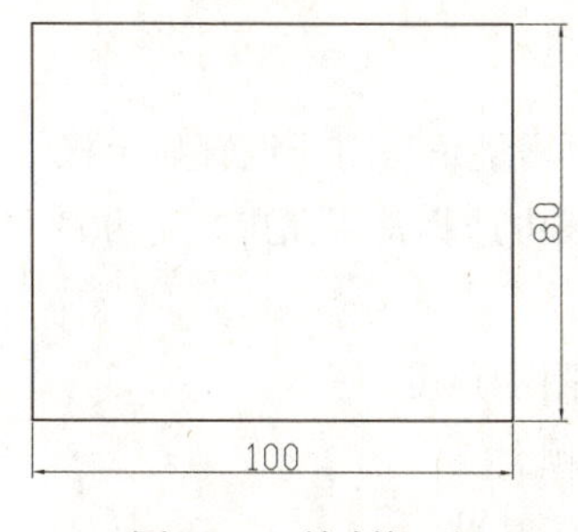

图 3-39　绘制矩形

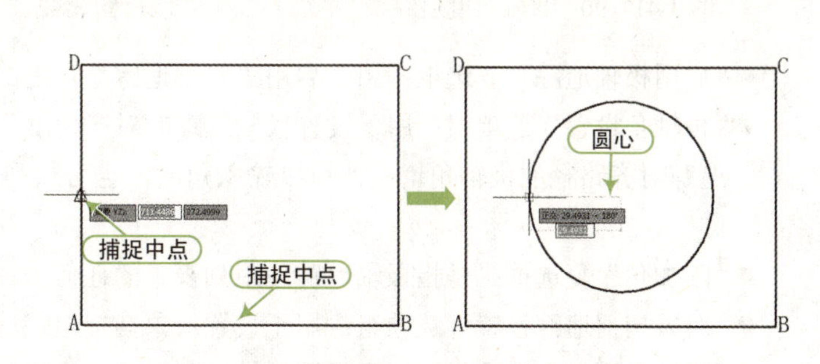

图 3-40　利用“点过滤器”捕捉圆心

STEP 05 保存图形。按“Ctrl+S”组合键，将图形文件进行保存。

3.4 对象追踪

在 AutoCAD 中，自动追踪功能可按指定角度绘制对象，或者绘制与其他对象有特定关系的对象。自动追踪功能分为极轴追踪和对象捕捉追踪两种，是非常重要的辅助绘图工具。

3.4.1 极轴追踪

“极轴追踪”功能可以在绘图区域中根据用户指定的极轴角度绘制具有一定角度的直线。启用“极轴追踪”的方法主要有以下两种。

- 状态栏：单击“极轴追踪”按钮。
- 功能键：按“F10”键。

开启“极轴追踪”功能后，当十字光标靠近用户指定的极轴角度时，在十字光标的一侧就会显示当前点距离前一点的长度、角度及极轴追踪的轨迹，如图 3-41 所示。

系统默认的极轴追踪角度为 90°，可以在状态栏的“极轴追踪”按钮上右击，在弹出的快捷菜单中选择“设置”命令，打开“草图设置”对话框，在“极轴追踪”选项卡中，对极轴角度的大小进行设置，如图 3-42 所示。其各选项的含义如下。

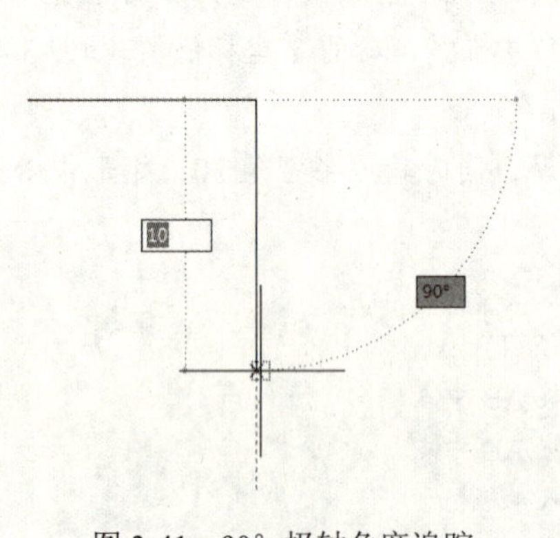

图 3-41　90°极轴角度追踪

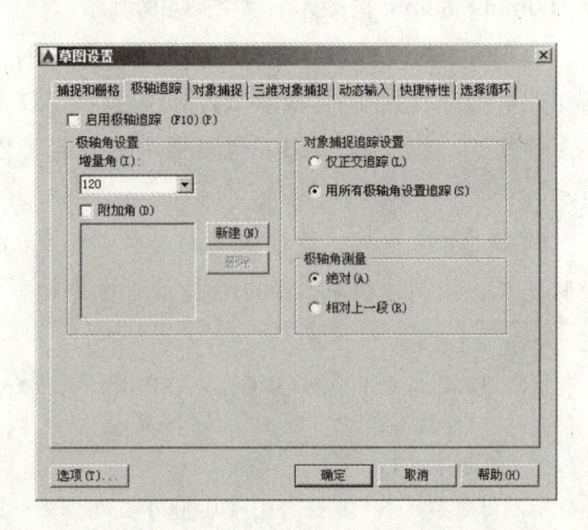

图 3-42　“极轴追踪”选项卡

- “启用极轴追踪”复选框：用于启用“极轴追踪”功能。
- “极轴角设置”选项组：用于设置极轴追踪的对齐角度。“增量角”用于设置显示极轴追踪对齐路径的极轴角增量，可以输入角度，也可从列表中选择常用角度，如 90°、45°、30°等。
- “附加角”复选框：是指极轴追踪使用列表中的任何一种附加角度。
- “对象捕捉追踪设置”选项组：用于设置对象捕捉追踪选项。
- “极轴角测量”选项组：用于设置极轴追踪对齐角度的测量基准。

3.4.2 实例——正六边形的绘制

视频：3.4.2——正六边形的绘制 .avi

案例：正六边形 .dwg

本案例利用“直线”命令配合“极轴追踪”功能绘制一个六边形，在绘制前首先设置极轴角度。具体绘图步骤如下：

STEP 01 新建文件。正常启动 AutoCAD 2016 软件，执行“文件 | 新建”命令，新建一个图形文件；然后，执行“文件 | 保存”命令，将文件保存为“案例\03\正六边形.dwg”文件。

STEP 02 设置极轴角度。在状态栏中右击“极轴追踪”按钮，在弹出的快捷菜单中设置极轴角度，如图 3-43 所示。

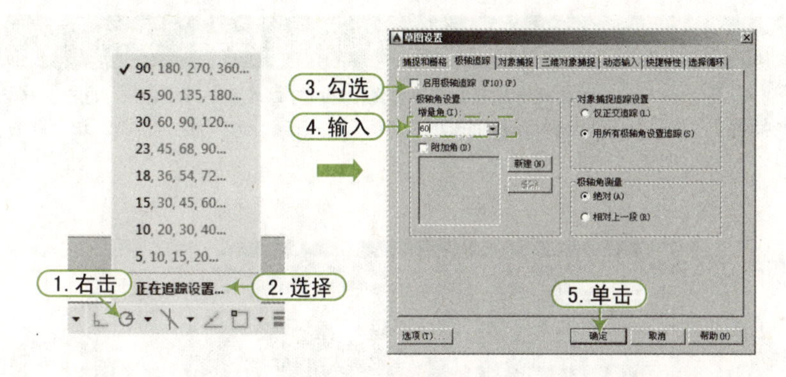

图 3-43　设置极轴角度

STEP 03 绘制正六边形。执行“直线”命令（L），单击一点，将鼠标向右拖动，输入长度为 20mm。

STEP 04 将鼠标向右上方拖动捕捉 60° 角，待出现绿色捕捉虚线时，输入长度值为 20mm。

STEP 05 将鼠标向左上方拖动捕捉 120° 角，待出现绿色捕捉虚线时，输入长度值为 20mm。

STEP 06 将鼠标向左侧拖动捕捉 180° 角，待出现绿色捕捉虚线时，输入长度值为 20mm。

STEP 07 将鼠标向左下方拖动捕捉 60° 角，待出现绿色捕捉虚线时，输入长度值为 20mm。

STEP 08 单击直线起点，正六边形绘制完成，如图 3-44 所示。

STEP 09 保存图形。至此，正六边形绘制完成，按“Ctrl+S”组合键，将文件进行保存。

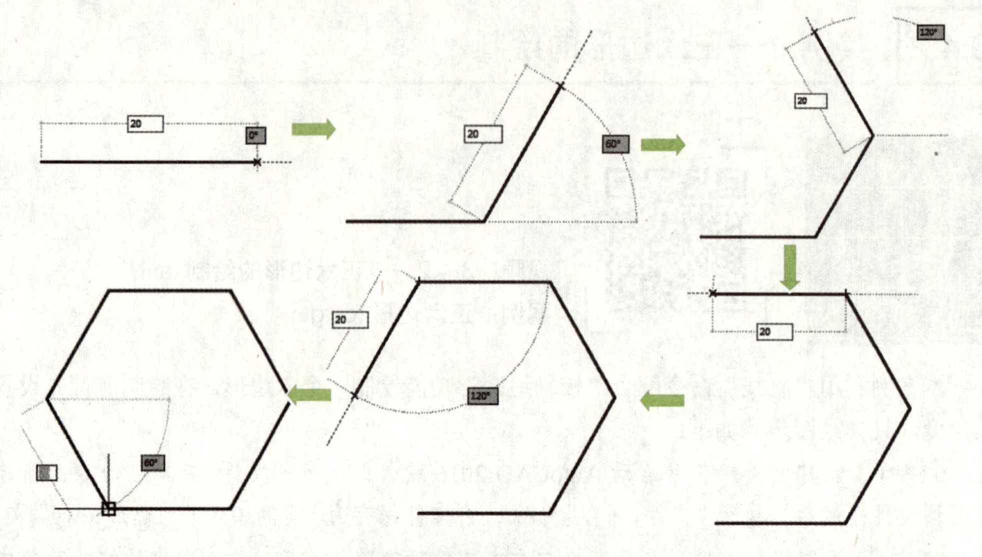

图 3-44　绘制正六边形

QA 问题

学生问： 老师，为什么我用极轴追踪捕捉角度时不显示虚线？

老师答： 如果在捕捉角度时不显示虚线，这时可以在命令行中输入“OP”，然后按“Enter”键；在打开的对话框中选择“草图”选项卡，然后勾选“显示极轴追踪矢量”复选框即可，如图 3-45 所示。

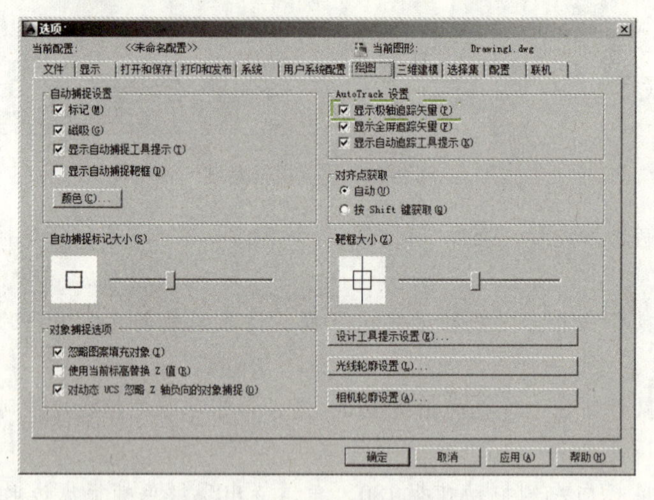

图 3-45　设置极轴追踪矢量

3.4.3　对象捕捉追踪

“对象捕捉追踪”是对象捕捉与极轴追踪的综合，用于捕捉一些特殊点。“对象捕捉追踪”功能是指当捕捉到图形中的某个特征点时，系统将自动以这个点为基准点沿正交或某个极坐标方向寻找另一个特征点，同时在追踪方向上显示一条辅助线，如图 3-46 所示。

启用“对象捕捉追踪”功能的方法主要有以下几种。

- 状态栏：单击“对象捕捉追踪”按钮。
- 功能键：按“F11”键。

对象捕捉追踪应与对象捕捉配合使用。使用对象捕捉追踪时必须打开一种或多种特殊点的捕捉，同时启用“对象捕捉”功能。但极轴追踪的状态不影响对象捕捉追踪的使用，即使极轴追踪处于关闭状态，用户仍可以在对象捕捉追踪中使用极轴追踪。

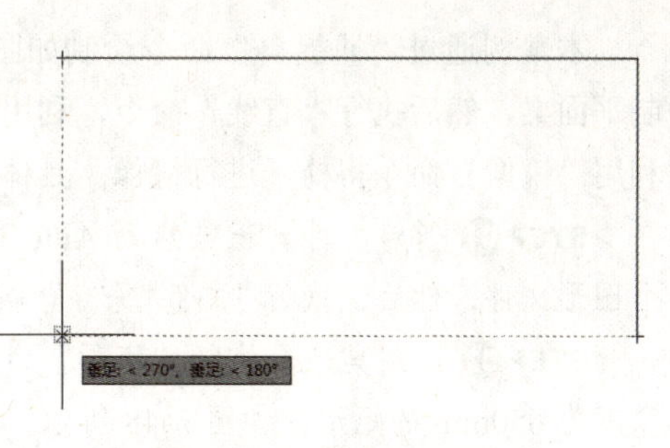

图 3-46　对象捕捉追踪

3.4.4　临时追踪点

“临时追踪”功能与“对象捕捉追踪”功能相似。不同的是，前者需要事先精确定位点出临时追踪点，然后才能通过此追踪点引出向两端无线延伸的临时追踪共线，以追踪定位目标点。

执行“临时追踪点”功能主要有以下几种方法。

- 菜单栏：按住“Shift”键的同时右击，选择“临时追踪点”命令。
- 工具栏：在“对象捕捉”工具栏中，单击“临时追踪点”按钮。
- 命令行：输入 _tt。

在执行命令的过程中，在输入点的提示下，输入“tt”，然后指定一个临时追踪点。该点上将出现一个小的加号（+）。移动光标时，将相对于这个临时点显示自动追踪对齐路径。

3.4.5　捕捉自

“捕捉自”功能是借助捕捉和相对坐标来定义窗口中相对于某一捕捉点到另外一点。使用“捕捉自”功能时需要高特征点作为目标点的偏移基点，然后输入目标点的坐标值。“捕捉自”功能的启动主要有以下几种方法。

- 快捷菜单：按住“Shift”键的同时右击，选择“捕捉自”命令。
- 工具栏：在“对象捕捉”工具栏中，单击“捕捉自”按钮。
- 命令行：输入“FROM”命令后按“Enter”键。

3.4.6　实例——绘制平面桌椅

视频：3.4.6——平面桌椅的绘制 .avi
案例：平面桌椅的绘制 .dwg

本案例通过“捕捉自”命令绘制如图 3-47 所示的平面桌椅。首先执行“矩形”命令绘制平面桌，然后执行“直线”命令，利用“捕捉自”命令捕捉椅子的位置，绘制椅子，最后利用“镜像”命令将椅子进行镜像。具体绘图步骤如下：

STEP 01 新建文件。正常启动 AutoCAD 2016 软件，执行“文件 | 新建”命令，新建一个图形文件；然后，执行“文件 | 保存”命令，将文件保存为“案例\03\平面桌椅 .dwg”文件。

STEP 02 绘制桌子。执行“矩形”命令（REC），在绘图区域绘制一个长度为 1200mm，宽度为 650mm 的矩形，如图 3-48 所示。

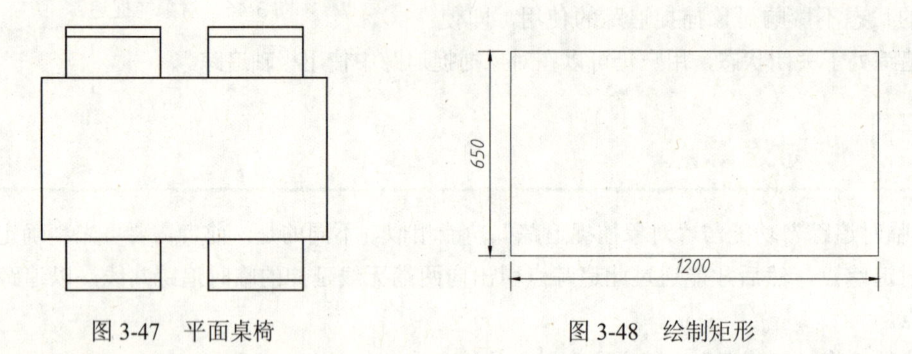

图 3-47　平面桌椅　　　　图 3-48　绘制矩形

STEP 03 绘制椅子轮廓。执行“直线”命令（L），按“Shift”键的同时右击，在弹出的快捷菜单中，选择“捕捉自”命令，然后捕捉矩形的左下角点作为基点，指定偏移点为（@100,0），依次绘制直线，如图 3-49 所示。

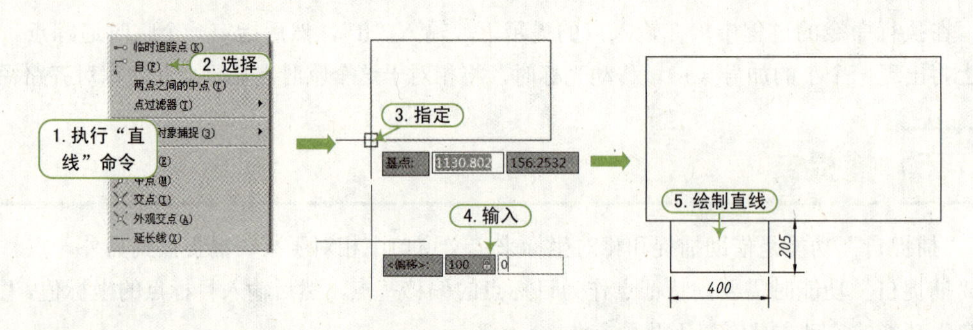

图 3-49　绘制椅子轮廓

STEP 04 绘制椅背效果。执行“直线”命令（L），再次执行“捕捉自”命令，捕捉椅子左下角点作为基点，指定偏移点为（@0,40）为直线起点绘制直线，如图 3-50 所示。

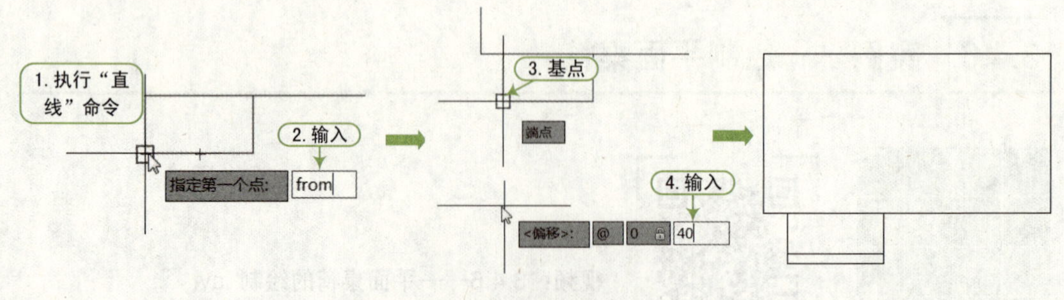

图 3-50　绘制椅背效果

STEP 05 镜像椅子。执行“镜像”命令（MI），选择椅子图形，然后指定桌子左右两侧的垂直线的中点连线为镜像线，对椅子图形进行镜像，如图 3-51 所示。

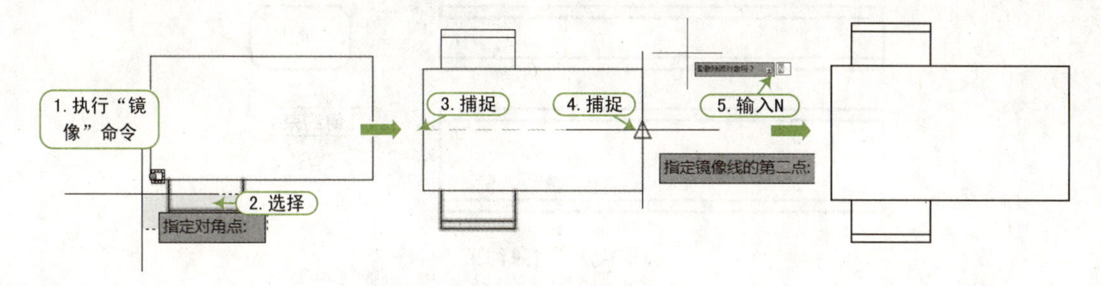

图 3-51　镜像椅子

STEP 06 水平镜像椅子。重复执行“镜像”命令（MI），采用与步骤 5 相同的方法，选择两个椅子图形，然后指定桌子上下两侧垂直线段中点连线作为镜像线，对椅子图形进行镜像，镜像效果如图 3-51 所示。

STEP 07 保存图形。平面桌椅绘制完成，按“Ctrl+S”组合键，将图形文件进行保存。

3.5　对象约束

由于传统的 AutoCAD 系统是面向具体的几何形状，属于交互式绘图，要想改变图形大小的尺寸，可能需要对原有的整个图形进行修改或重建。这就增加了设计人员的工作负担，大大降低了工作效率。

而使用参数化的图形，要绘制与该图结构相同，但是尺寸大小不同的图形时，只需根据需要更改对象的尺寸，整个图形将自动随尺寸参数而变化，但形状不变。参数化技术适用于绘制结构相似的图形。

要绘制参数化图形，“约束”是不可少的要素。约束是应用于二维几何图形的一种关联和限制方法。

在 AutoCAD 2016 中，约束分为几何约束和标注约束。这些约束的图标都在功能区“参数化”选项卡中，如图 3-52 所示。

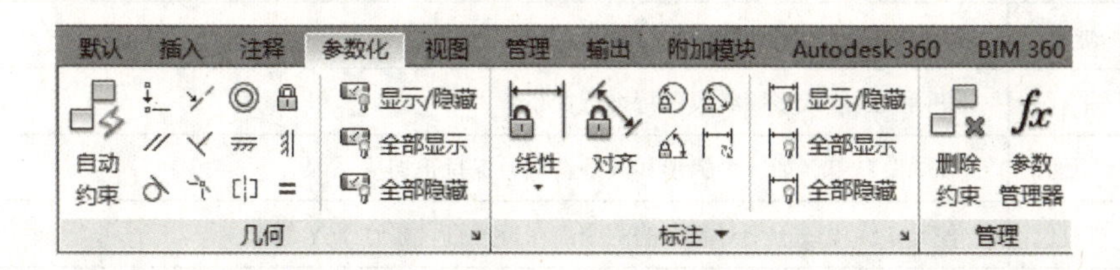

图 3-52　“参数化”选项卡

几何约束用于控制对象彼此之间的关系，比如相切、平行、垂直、共线等；而标注约束控制对象的具体尺寸，比如距离、长度、半径值等，如图 3-53 所示。

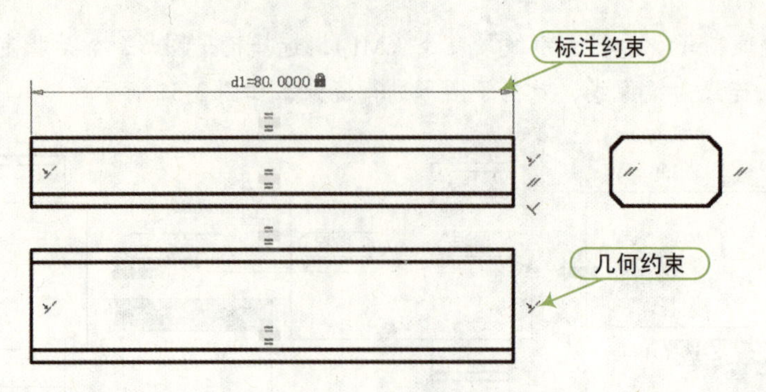

图 3-53　对象约束

3.5.1 建立几何约束

“几何约束”用于建立维持对象间、对象间的关键点、对象相对于坐标系的几何关系，包括重合、垂直、平行、相切、水平、数值、共线、同心、对称、相等及固定等多种几何关系。

建立“几何约束”主要有以下几种方法。

- 工具栏：选择“工具 | 工具栏 |AutoCAD| 几何约束”菜单命令，打开“几何约束”工具栏，如图 3-54 所示。

图 3-54　“几何约束”工具栏

- 菜单栏：选择“参数化 | 几何约束”菜单命令。
- 功能区：在“参数”选项卡的“几何约束”面板中，单击相应的按钮。

执行上述命令后，即可根据需要选择要建立的几何关系，然后选择两个希望保持平行关系的对象。所选的第一个对象非常重要，因为第二个对象将根据第一个对象的位置进行平行调整。所有的几何约束都遵循上述规则。

AutoCAD 2016 提供了 10 种几何约束关系，各几何关系的名称及功能如表 3-2 所示。

表 3-2　几何约束关系名称及功能

图标	名称	功　　能
	重合	确保两个对象在一个特定点上重合。此特定点也可以位于经过延长的对象之上
	垂直	使两条线段或多段线段保持垂直关系
	平行	使两条线段或多段线段保持平行关系
	相切	使两个对象（如一个弧形和一条直线）保持正切关系
	竖直	使一条线段或一个对象上的两个点保持竖直（平行于 Y 轴）
	共线	使第二个对象和第一个对象位于同一条直线上
	同心	使两个弧形、圆形或椭圆形（或三者中的任意两个）保持同心关系
	对称	相当于一个“镜像”命令，若干对象在此项操作后始终保持对称关系
	相等	一种实时的保存工具，因为能够使任意两条直线始终保持等长，或使两个圆形具有相等的半径。修改其中一个对象后，另一个对象将自动更新，此处还包含一个强大的多功能选项
	固定	将对象上的一点固定在世界坐标系的某一坐标上

3.5.2 设置几何约束

对象上的几何图标表示所附加的约束。可以将这些约束栏拖动到屏幕的任意位置，也可以通过选择“几何约束”面板中的“隐藏全部”或“显示全部”功能将其隐藏或恢复。“显示”选项能够选择希望显示约束栏的对象。可以利用“约束设置”对话框对多个约束栏选项进行管理。

打开“约束设置”对话框的方法如下。

- 工具栏：选择“工具 | 工具栏 |AutoCAD| 几何约束”菜单命令，打开“参数化”工具栏，单击“约束设置”按钮，如图 3-55 所示。
- 菜单栏：选择“参数化 | 约束设置”菜单命令。
- 面板：在“参数选项卡”中，单击“几何约束”面板右下角的按钮。

执行上述操作后，将打开“约束设置”对话框，如图 3-56 所示。单击“几何”选项卡，可以控制约束栏上约束类型的显示。其中各主要选项含义如下。

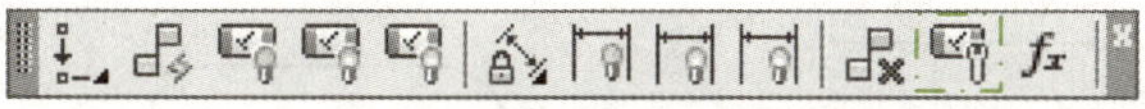

图 3-55　“参数化”工具栏

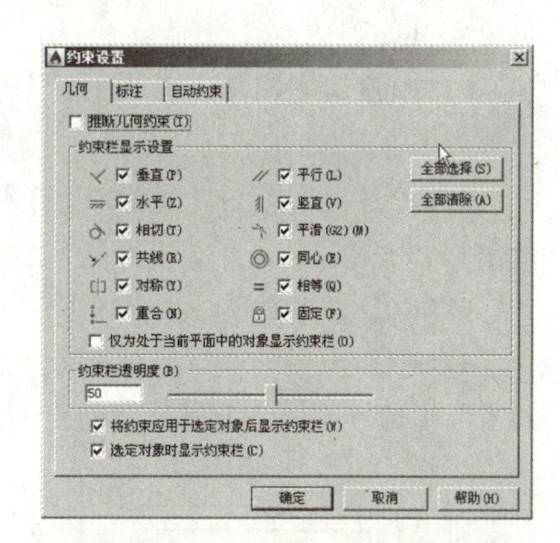

图 3-56　“约束设置”对话框

- “推断几何约束”复选框：创建和编辑几何图形时推断几何约束。
- “约束栏显示设置”选项组：控制图形编辑器中是否为对象显示约束栏或约束点标记。例如，可以为水平约束和竖直约束隐藏约束栏的显示。
- “全部选择”按钮：选择全部几何约束类型。
- “全部清除”按钮：清除选定的几何约束类型。
- “仅为处于当前平面中的对象显示约束栏”复选框：仅为当前平面上受几何约束的对象显示约束栏。
- “约束栏透明度”选项组：设定图形中约束栏的透明度。
- “将约束应用于选定对象后显示约束栏”复选框：手动应用约束后或使用“AUTOCONSTRAIN”命令时可显示相关约束栏。
- “选定对象时显示约束栏”复选框：显示选定对象的约束栏。

3.5.3 实例——为垫片添加几何约束

视频：3.5.3——为垫片添加几何约束 .avi
案例：几何约束 .dwg

下面利用上一小节所讲的几何约束来绘制一个垫片图形。首先，利用“直线”、“圆”命令等绘制草图，然后利用“自动约束”命令建立自动约束，最后建立几何约束和标注约束。其操作步骤如下：

STEP 01 新建文件。正常启动 AutoCAD 2016 软件，在“快速工具栏”中单击“打开”按钮，打开“机械样板 .dwt”图形文件，再单击“保存”按钮，将其保存为“案例 \03\ 几何约束 .dwg”文件。

STEP 02 设置图层。在“图层”面板的“图层”下拉列表中选择“中心线”图层，将其设置为当前图层。

STEP 03 绘制草图。利用“矩形”命令（REC）、“圆”命令（C）绘制草图，如图 3-57 所示。

STEP 04 修剪草图。执行“修剪”命令（TR），修剪上一步绘制的草图，如图 3-58 所示。

STEP 05 为图形添加相切约束。在“参数化”选项卡中，单击“几何约束”中的“相切约束”按钮，对图形建立相切约束，如图 3-59 所示。

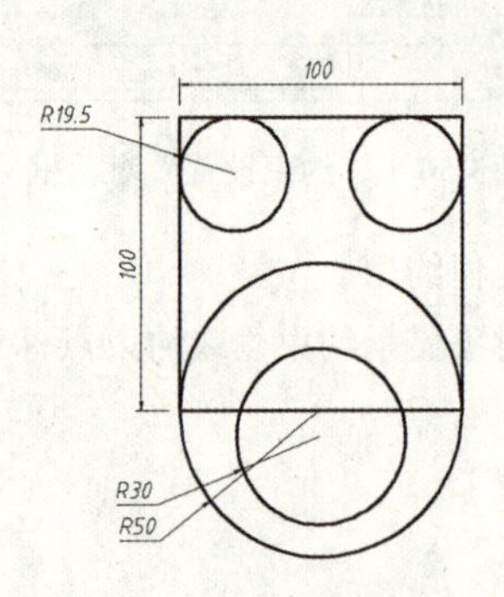

图 3-57　绘制草图

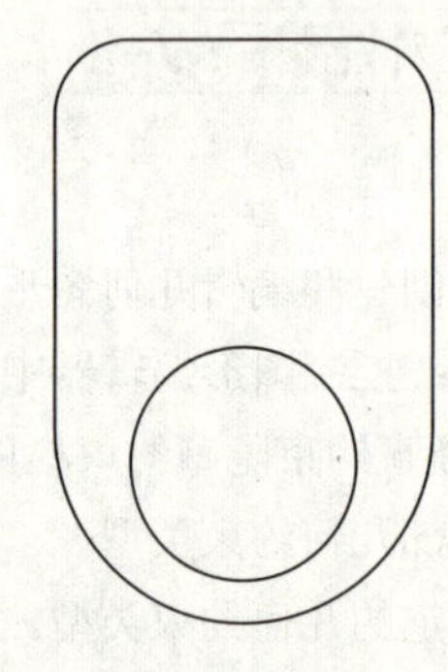

图 3-58　修剪草图

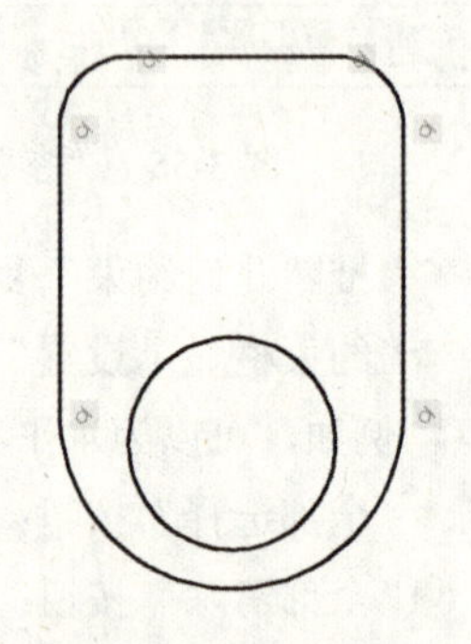

图 3-59　建立约束

STEP 06 为图形添加同心约束。在“参数化”选项卡中，单击“几何约束”中的“同心”按钮◎，对图形建立同心约束，如图 5-60 所示。

STEP 07 绘制圆并添加同心约束。执行“圆”命令（C），在相应位置绘制两个半径为 12mm 的圆，如图 3-61 所示；然后，在“参数化”选项卡中，单击“几何约束”中的“同心”按钮◎，对图形建立同心约束，如图 3-62 所示。

STEP 08 绘制平面图形并添加几何约束。利用“多段线”命令（PL）绘制尺寸为如图 3-63 所示的图形。然后，在“参数化”选项卡中，单击“几何约束”中的“自动约束”按钮，对图形建立几何约束，如图 3-64 所示。

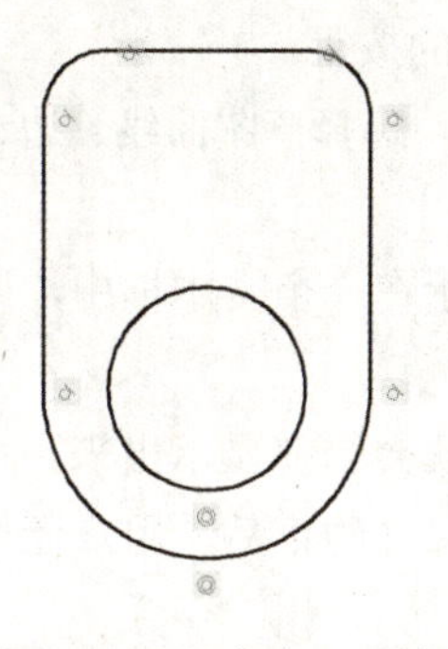

图 3-60 添加相切约束

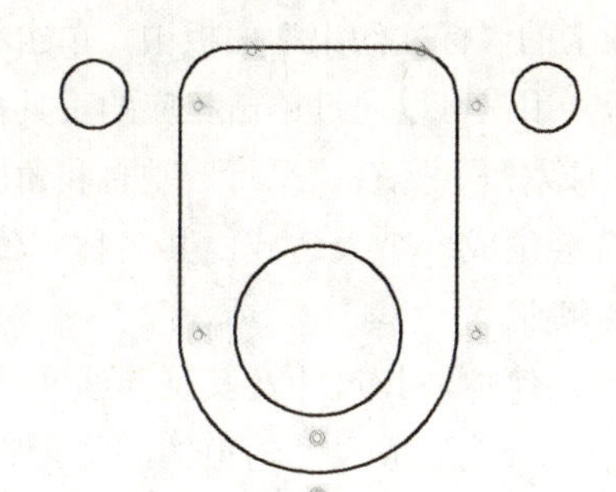

图 3-61 绘制圆

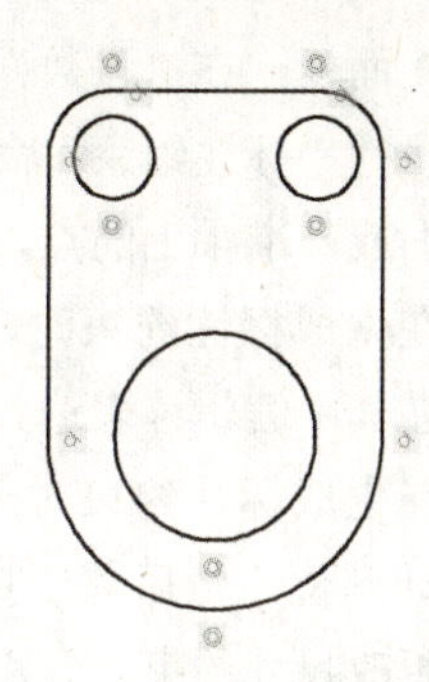

图 3-62 添加同心约束

STEP 09 创建水平约束。单击“几何约束”中的“水平”按钮⫽，对图形建立水平约束，如图 3-65 所示。

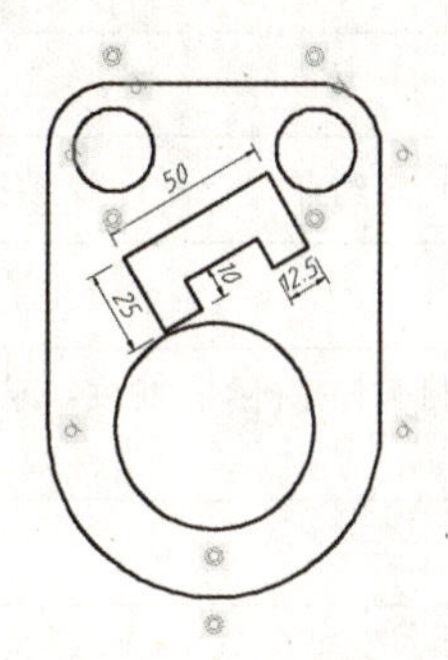

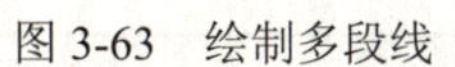

图 3-63 绘制多段线

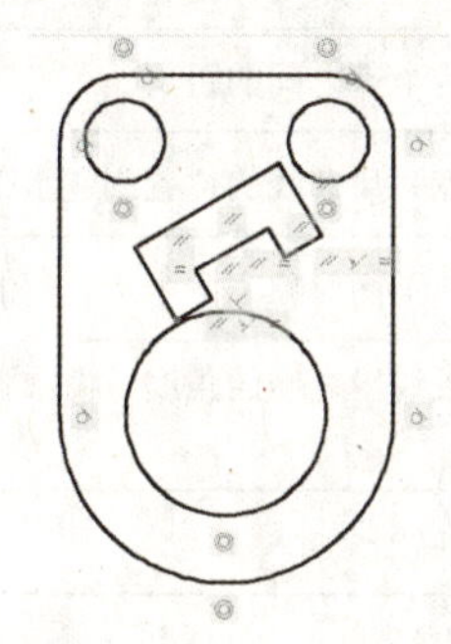

图 3-64 添加几何约束

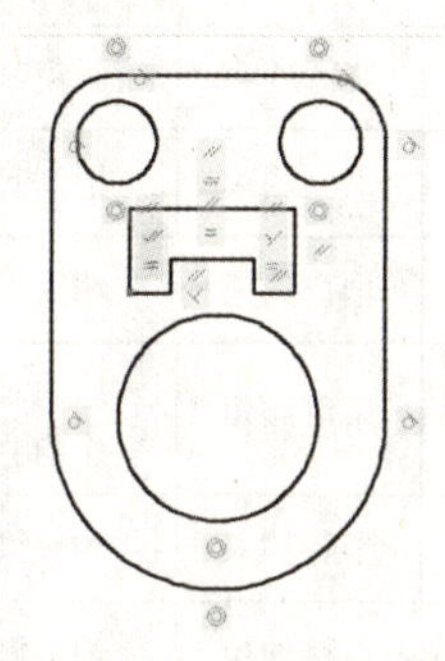

图 3-65 添加水平约束

QA 问题		
	学生问：	老师，我添加了几何约束，为什么不显示相应的图标呢？
	老师答：	不显示几何约束图标，是因为几何约束设置为隐藏。你可以在“参数”选项卡的“几何约束”面板中单击“全部显示”按钮，这样几何约束就显示出来了，如图 3-66 所示。

STEP 10 保存图形。至此，垫片图形绘制完成，按“Ctrl+S”组合键，将文件进行保存。

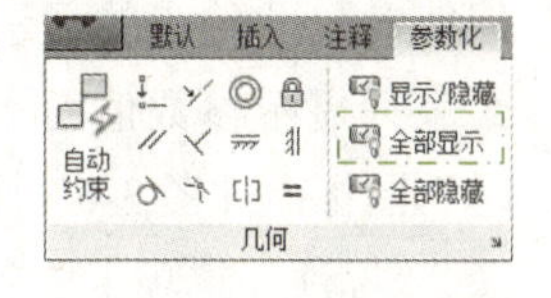

图 3-66 显示几何约束

3.5.4 建立标注约束

标注约束用于设置几何体的标注约束值会迫使几何体改变。标注约束包括“线性、水平、竖直、对其、角度、半径及直径高等多种约束标注。

建立“标注约束”主要有以下几种方法。

- 工具栏：选择“工具 | 工具栏 |AutoCAD| 标注约束”菜单命令，打开“标注约束”工具栏，如图 3-67 所示。
- 菜单栏：选择“参数化 | 标注约束”菜单命令。

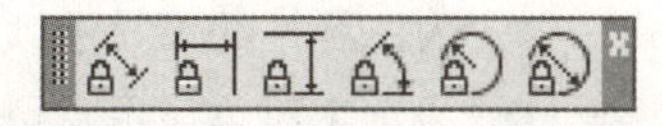

图 3-67 “标注约束”工具栏

● 面板：在“参数”选项卡的“标注约束”面板中，单击相应的按钮。

执行“标注约束”命令后，用户可以通过单击相应的工具按钮，选择草图曲线、边、基准平面或基准轴上的点，以生成水平、竖直、平行、垂直和角度尺寸。

在生成标注约束时，系统会生成一个表达式，其名称和值显示在一个文本框中，用户可以在其中编辑该表达式的名和值。

在生成标注约束时，选中几何体，其尺寸及其延伸线和箭头就会全部显示出来。将尺寸拖动到位，然后单击指定一点，就完成尺寸约束的添加。完成尺寸约束后，用户还可以随时更改尺寸约束，只需选中文本框，即可编辑其名称和值。

AutoCAD 2016 提供了 6 种标注约束关系，其名称及功能如表 3-3 所示。

表 3-3 标注约束关系名称及功能

图标	名称	功能
	对齐约束	约束不同对象上两个点之间的距离
	水平约束	根据尺寸界线原点和尺寸线的位置创建水平、垂直或旋转约束
	垂直约束	约束对象上的点或不同对象上两个点之间的 Y 距离
	角度约束	约束直线段或多段线段之间的角度、由圆弧或多段线圆弧扫掠得到的角度，或对象上三个点之间的角度
	半径约束	约束圆或圆弧的半径
	直径约束	约束圆或圆弧的直径

3.5.5 设置尺寸约束

在使用 AutoCAD 绘图时，可以在“约束设置”对话框的“标注”选项卡中设置相关参数，进行标注约束时的系统配置。在“标注”选项卡中，能够对尺寸约束的显示进行控制；还可以使尺寸约束只显示参数值而不显示表达式，或关闭“锁定”图标，如图 3-68 所示。

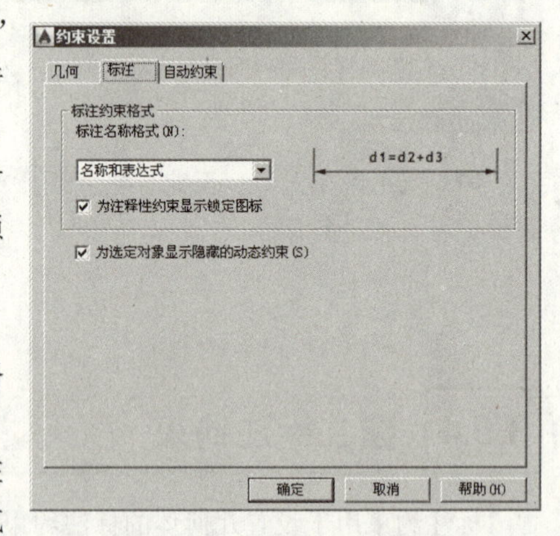

图 3-68 “标注”选项卡

“标注”选项卡中各选项含义如下。

● “标注约束格式”选项组：设置标注名称格式和锁定图标的显示。

● “标注名称格式”下拉列表框：为应用标注约束时显示的文字指定格式。将名称格式设置为显示名称、值或名称和表达式。例如，宽度 = 长度 /2。

● “为注释性约束显示锁定图标”复选框：针对已应用注释性约束的对象显示锁定图标。

● “为选定对象显示隐藏的动态约束”复选框：显示选定时已设置为隐藏的动态约束。

3.5.6 自动约束

在“约束设置”对话框的“自动约束”选项卡中，可在指定的公差集内将几何约束应用至几何图形的选择集，以及使用几何约束时约束的应用顺序。

“自动约束”选项卡，如图 3-69 所示，在此选项卡中，可以更改应用的约束类型、应用约束的顺序及适用的公差。

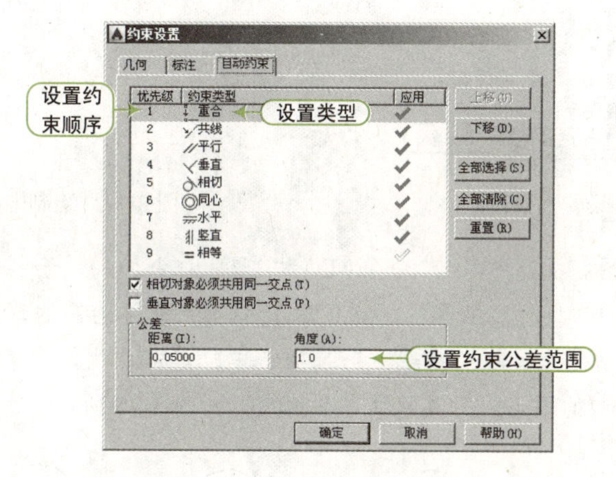

图 3-69　“自动约束”选项卡

3.5.7 实例——使用尺寸约束绘制图形

视频：3.5.7——用尺寸约束绘制图形 .avi

案例：尺寸约束 .dwg

下面利用本节所讲的内容绘制如图 3-70 所示的图形。首先，利用“直线”、“圆”命令等绘制草图，然后利用“自动约束”命令建立自动约束、约束和标注约束。其操作步骤如下：

图 3-70　绘制图形

STEP 01 新建文件。正常启动 AutoCAD 2016 软件，在“快速工具栏”中单击“打开”按钮，打开“机械样板 .dwt”图形文件，再单击“保存”按钮，将其保存为“案例 \03\ 尺寸约束 .dwg”文件。

STEP 02 设置图层。在“图层”面板的“图层”下拉列表中选择“中心线”图层，将其设置为当前图层，如图 3-71 所示。

STEP 03 绘制十字中心线。执行“直线”命令(L)，在绘图区域绘制一组十字中心线，如图 3-72 所示。

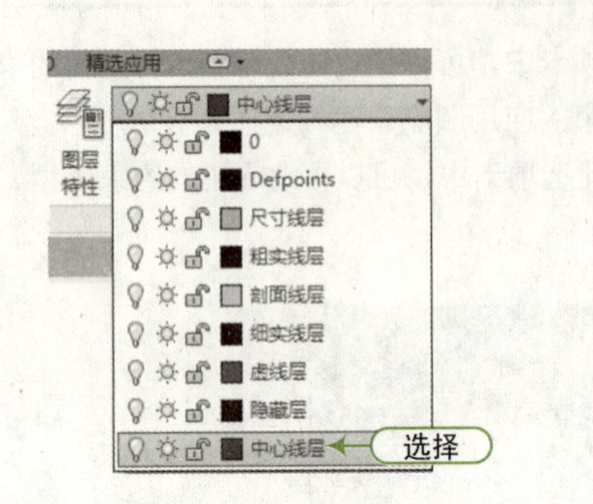

图 3-71　设置当前图层

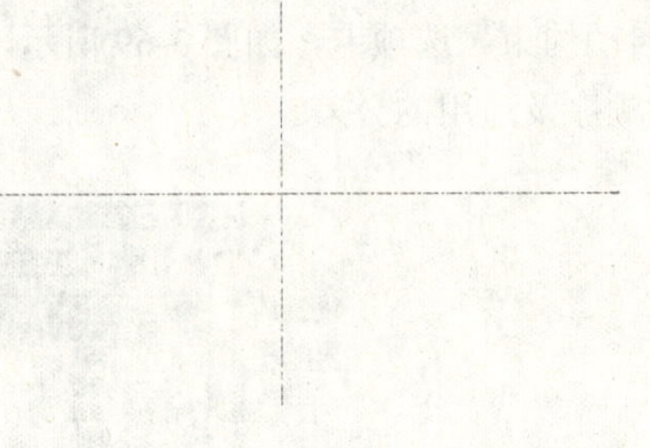

图 3-72　绘制中心线

STEP 04 绘制草图。执行“直线”命令（L）和“圆”命令（C），绘制草图如图 3-73 所示。

STEP 05 修剪草图。执行“修剪”命令（TR），修剪步骤 4 绘制的草图，如图 3-74 所示。

STEP 06 创建自动约束。在“参数化”选项卡中，单击“几何约束”中的“自动约束”按钮，选择图形绘制的图形，对其建立自动约束，如图 3-75 所示。

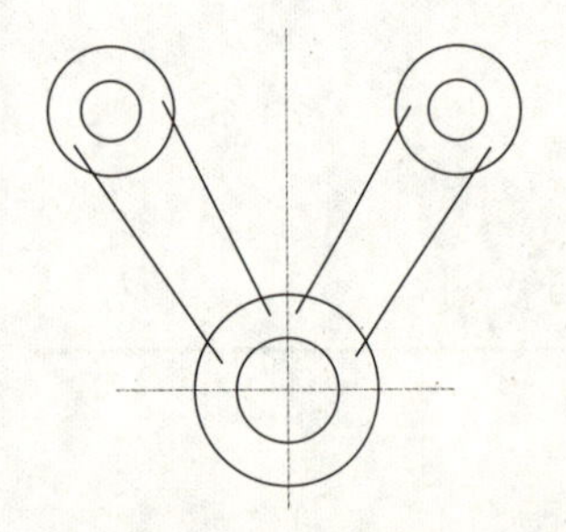

图 3-73　绘制草图

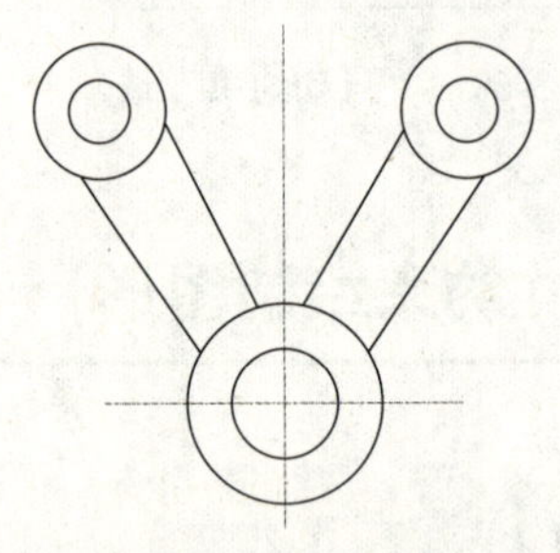

图 3-74　修剪草图

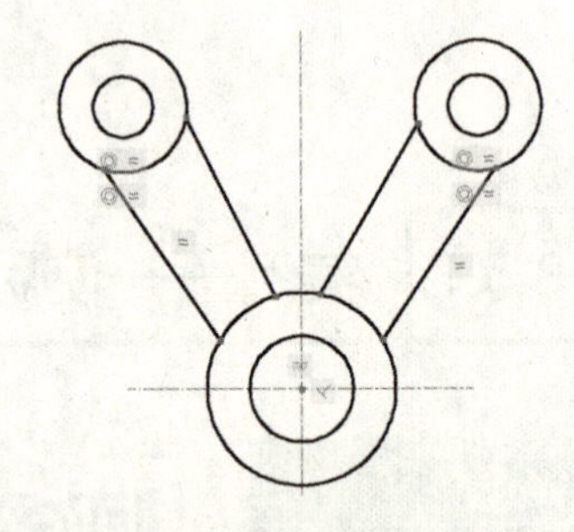

图 3-75　建立自动约束

STEP 07 创建相切约束。在“参数化”选项卡中，单击“几何约束”中的“相切约束”按钮，对图形建立相切约束，如图 3-76 所示。

STEP 08 建立对称约束。在“参数化”选项卡中，单击“几何约束”中的“对称约束”按钮，对图形建立对称约束，如图 3-77 所示。

STEP 09 创建标注约束。利用“标注约束”命令为图形创建“直径标注”和“角度标注”，如图 3-78 所示。

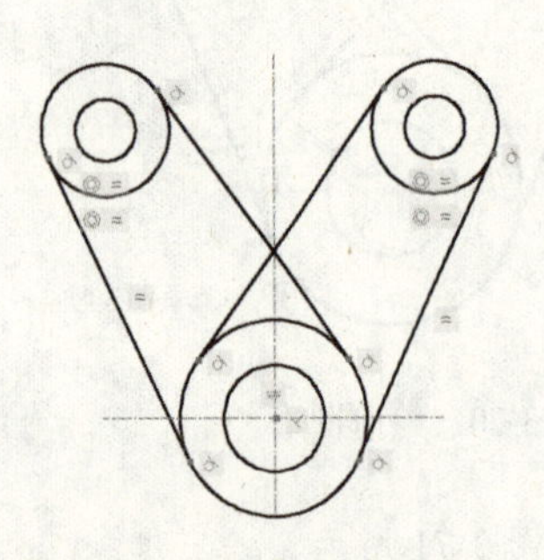

图 3-76　建立相切约束

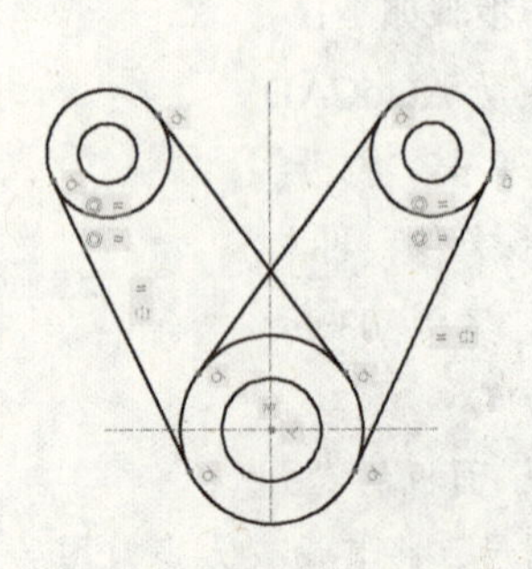

图 3-77　建立对称约束

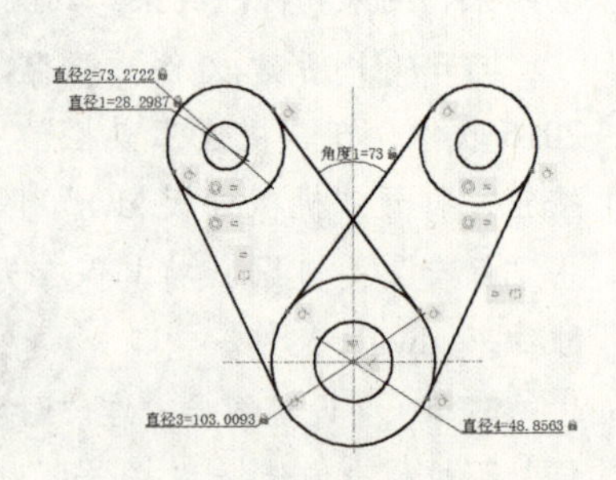

图 3-78　建立标注约束

STEP 10 修改标注约束。双击标注中的公式，修改图形的角度值和相应的直径值。

STEP 11 保存图形。至此，利用尺寸约束绘制的图形绘制完成，按“Ctrl+S”组合键，将文件进行保存。

3.6 综合演练——手柄轮廓图的绘制

视频：3.6——手柄轮廓图的绘制 .avi
案例：手柄轮廓图 .dwg

下面利用本章所学的内容绘制如图 3-79 所示的手柄轮廓图。在绘制之前，首先要注意分析轮廓图的图形结构。此零件结构为上下对称结构，在具体绘制过程中，可以只绘制出轮廓图的一般结构，再利用“镜像”命令绘制出另一半结构。其操作步骤如下：

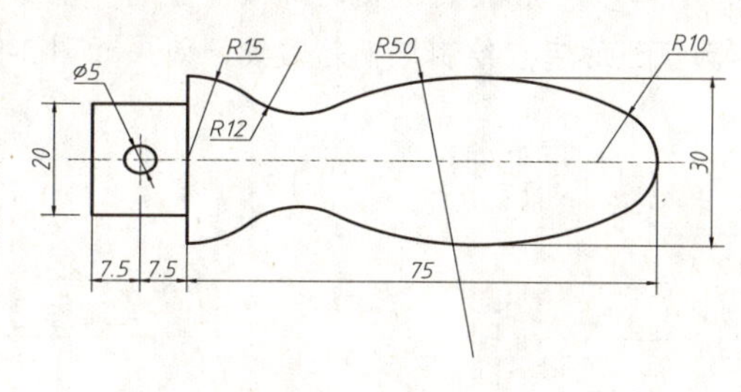

图 3-79　手柄轮廓图

STEP 01 新建文件。正常启动 AutoCAD 2016 软件，在“快速工具栏”中单击“打开”按钮，打开“机械样板”图形文件，再单击“保存”按钮，将其保存为“案例 \03\ 手柄轮廓图 .dwg”文件。

STEP 02 设置图层。在“图层”面板的“图层”下拉列表中选择“中心线”图层，将其设置为当前图层，如图 3-80 所示。

STEP 03 绘制十字中心线。执行“构造线”命令（XL），绘制水平和垂直的构造线作为图形的辅助线，效果如图 3-81 所示。

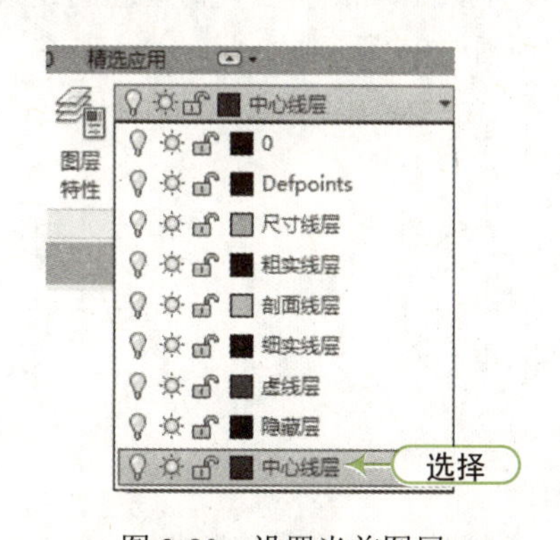

图 3-80　设置当前图层

图 3-81　绘制中心线

STEP 04 偏移构造线。在默认选项卡中，单击“修改”面板中的“偏移”按钮，将垂直构造线向右依次偏移 7.5mm、7.5mm、75mm，如图 3-82 所示。命令行提示与操作如下：

```
命令 : OFFSET
当前设置 : 删除源 = 否　图层 = 源　OFFSETGAPTYPE=0
```

```
指定偏移距离或 [ 通过 (T)/ 删除 (E)/ 图层 (L)] <15.0000>: 7.5
选择要偏移的对象，或 [ 退出 (E)/ 放弃 (U)] < 退出 >:
指定要偏移的那一侧上的点，或 [ 退出 (E)/ 多个 (M)/ 放弃 (U)] < 退出 >:
选择要偏移的对象，或 [ 退出 (E)/ 放弃 (U)] < 退出 >:
选择要偏移的对象，或 [ 退出 (E)/ 放弃 (U)] < 退出 >:
指定要偏移的那一侧上的点，或 [ 退出 (E)/ 多个 (M)/ 放弃 (U)] < 退出 >:
选择要偏移的对象，或 [ 退出 (E)/ 放弃 (U)] < 退出 >:
命令：OFFSET
当前设置：删除源 = 否  图层 = 源  OFFSETGAPTYPE=0
指定偏移距离或 [ 通过 (T)/ 删除 (E)/ 图层 (L)] <7.5000>: 75
```

STEP 05 切换图层。在“图层”面板的“图层”下拉列表中，将“粗实线”图层设置为当前图层。

STEP 06 绘制把柄轮廓线。执行“直线”命令（L），捕捉左侧垂直线与水平线交点作为直线的起点绘制把柄轮廓线，效果如图 3-83 所示。

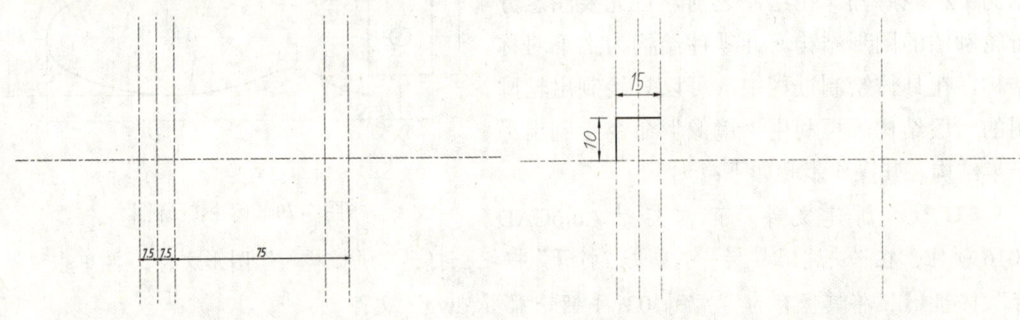

图 3-82　偏移构造线　　　　图 3-83　绘制把柄轮廓线

STEP 07 绘制圆。执行“圆”命令（C），绘制半径为 2.5mm 和 15mm 的圆，如图 3-84 所示。

STEP 08 偏移构造线。单击“修改”面板中的“偏移”按钮，将右侧的垂直构造线向左偏移 10mm，将上侧的水平构造线向上偏移 15mm，如图 3-85 所示。

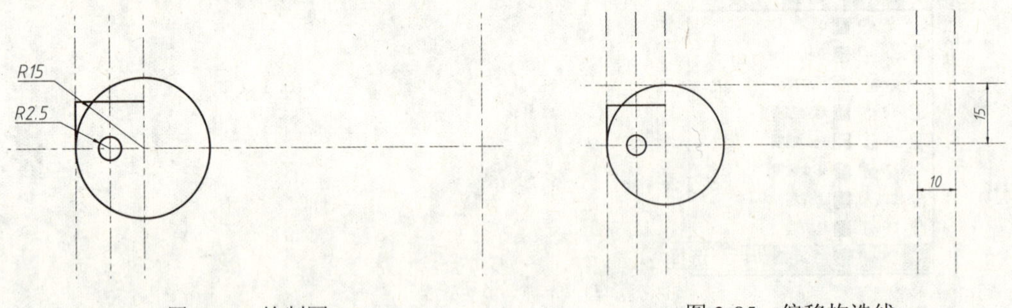

图 3-84　绘制圆　　　　图 3-85　偏移构造线

STEP 09 绘制圆。再次执行“圆”命令（C），绘制半径为 10mm 和 50mm 的相切圆，如图 3-86 所示。

STEP 10 绘制相切圆。按空格键，重复执行“圆”命令（C），绘制半径为 15mm 和 50mm 的圆的相切圆，相切圆半径为 12mm，如图 3-87 所示。

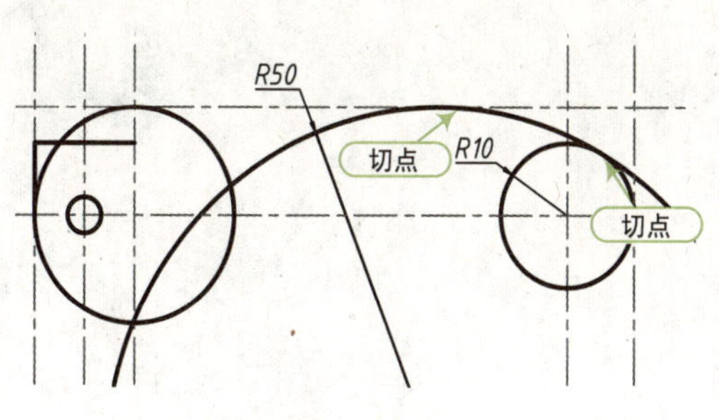

图 3-86　绘制圆

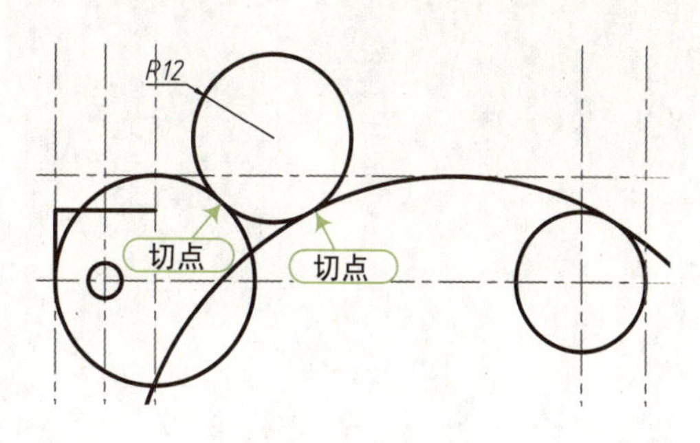

图 3-87　绘制相切圆

STEP 11 删除辅助线。执行“删除”命令（E），删除多余的辅助线，如图 3-88 所示。

STEP 12 绘制垂直线段。执行“直线”命令（L），捕捉半径为 15mm 的圆的上象限点，向下绘制与水平中心线相交的垂直线，如图 3-89 所示。

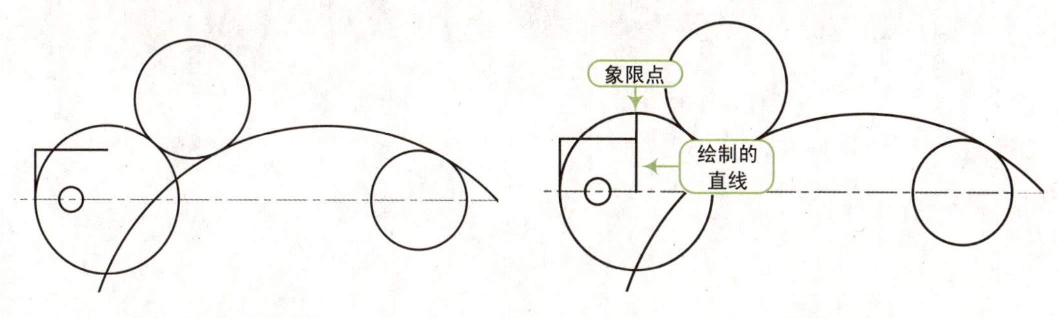

图 3-88　删除辅助线　　　　图 3-89　绘制垂直直线

STEP 13 修剪图形。执行“修剪”命令（TR），对图形进行修剪，如图 3-90 所示。

STEP 14 镜像图形。执行“镜像”命令（MI），对手柄轮廓进行镜像，效果如图 3-91 所示。

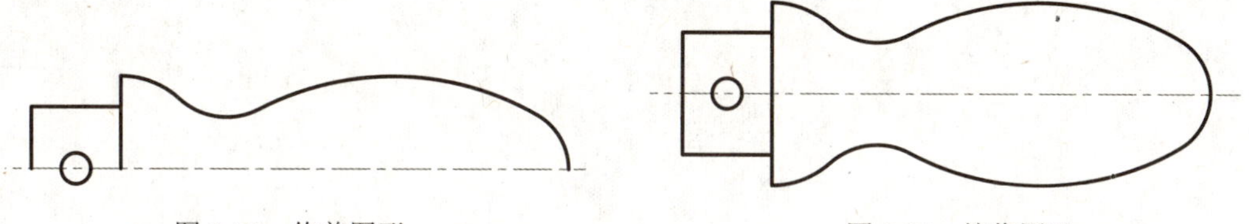

图 3-90　修剪图形　　　　图 3-91　镜像图形

STEP 15 绘制中心线。执行“直线”命令（L），在左侧圆心的适当位置绘制一条垂直线段作为圆的中心线，并将中心线切换至“中心线”图层，效果如图 3-79 所示。

STEP 16 保存图形。手柄轮廓图绘制完成，按“Ctrl+S”组合键，将图形文件进行保存。

第04章
二维图形的编辑命令

老师，在本章中要学到哪些内容？学完以后，可以完成建筑平面图的绘制吗？

本章是整本书的重中之重，只有认真学习好本章内容，令对今后的绘图过程起到更大的帮助。

在本章中，首先讲解 AutoCAD 中对象的各种选择方法，并掌握相同对象的复制方法，即复制、镜像、偏移、阵列等；然后讲解对象的删除、恢复与撤销方法，从而可以针对不需要的对象进行删除，或者误操作所删除的对象进行恢复；最后讲解几何对象特性的修改方法，包括对象的修剪、拉伸、拉长、延伸、打断、合并、倒角、分解等。

效果预览

4.1 选择对象

对图形进行编辑操作之前，首先需要选择要编辑的对象。因此，正确快速地选择对象是进行图形编辑的基础。AutoCAD 提供了多种选择对象的方式，用户可以根据需要一次选择单个对象，也可以选择多个对象，还可以将选择的对象进行编组。

4.1.1 选择集的设置

在 AutoCAD 中，选择“工具 | 选项”菜单命令，打开“选项”对话框，在“选择”选项卡中，可以设置选择集模式、拾取框大小及夹点功能等，具体内容见 1.3.5 节。

4.1.2 选择的模式

AutoCAD 中提供了多种选择对象的方式，下面分别进行讲解。

- 窗口 (W)：通过对角线的两个端点来定义矩形区域（窗口），凡是完全落在矩形窗口内的图形都会被选中。
- 上一个 (L)：选择所有可见对象中最后一个创建的图形对象。
- 窗交 (C)：通过对象的两个端点来定义矩形区域（窗口），凡是完全落在矩形窗口内及与矩形窗口相交的图形都会被选中。
- 框 (BOX)：通过对角线的两个端点定义一个矩形窗口，选择完全落在该窗口内及与窗口相交的图形。需要注意的是，指定对角线的两个端点的顺序不同将会对图形的选择有所影响。如果对角线的两个端点是从左向右指定的，则该方法等价于窗口选择法；如果对角线的两个端点是从右向左指定的，则该方法等价于交叉选择法。
- 全部 (ALL)：在命令行中输入“ALL”命令，当前图中选择所有图形。
- 栏选 (F)：选择所有与栏选相交的对象。
- 圈围 (WP)：该选项与窗口选择方法相似，但可构造任意形状的多边形区域，包含在多边形窗口内的图形均被选中。
- 圈交 (CP)：该选项与窗交选择方法类似，但可构造任意形状的多边形区域，包含在多边形窗口内的图形或与该多边形窗口相交的任意图形均被选中。
- 编组 (G)：输入已定义的选择集，系统将提示输入编组名称。
- 添加 (A)：当用户完成目标选择后，还有少数没有选中时，可以通过此方法把目标添加到选择集。
- 多个 (M)：当命令中出现选择对象时，鼠标变为一个矩形小方框，逐一点选要选中的目标即可。
- 前一个 (P)：此方法用于选中前一次操作所选择的对象。
- 自动 (AU)：若拾取框正好有一个图形，则选中该图形；反之，则指定另一个角点以选中对象。
- 单个 (SI)：点选要选中的目标对象。

QA 问题

学生问： 老师，为什么我在选择图形对象时不能进行连续选择？

老师答： 正确的设置应该可以连续选择多个物体。但有的时候，连续选择物体会失效，只能选择最后一次所选中的物体，这时可以通过“选项”对话框解决该问题。在“选项”对话框的“选择”选项卡中，取消勾选“Shift 键添加到选择集”复选框，单击“确定”按钮，返回绘图区域选择对象时就可以连续选择了。

4.1.3 快速选择

为了便于用户快速选择对象，AutoCAD 还提供了一种快速选择对象的方法。例如，可以选择位于某一图层中的全部对象，或者使用某种颜色、线型的对象等。

用户可以通过以下 3 种方法来启动“快速选择”命令。

- 快捷菜单：当命令行处于等待状态时右击，在弹出的快捷菜单中选择“快速选择”命令，如图 4-1 所示。
- 菜单栏：选择“工具 | 快速选择”菜单命令。
- 命令行：在命令行中输入“QSELECT”命令。

执行“快速选择”命令后，弹出“快速选择”对话框，如图 4-2 所示。

图 4-1　快捷菜单

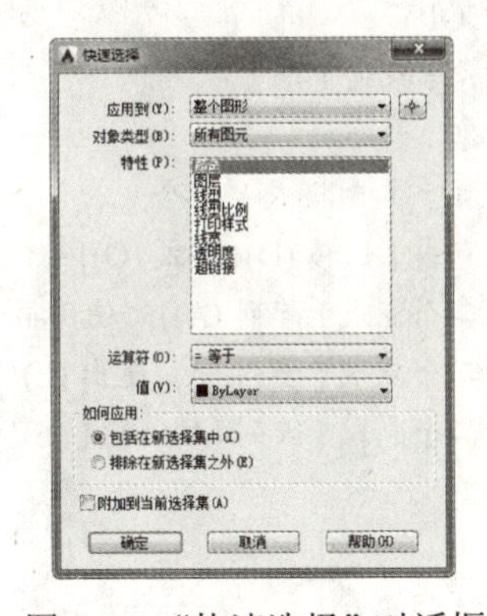

图 4-2　“快速选择”对话框

如果希望选择位于“标注”图层中的全部对象，可在“特性”列表区选择“图层”，在“运算符”下拉列表中选择“= 等于”，在“值”下拉列表中选择“尺寸”。最后，单击“确定”按钮，则图形中位于“尺寸”图层中的全部图形对象均被选中，如图 4-3 所示。

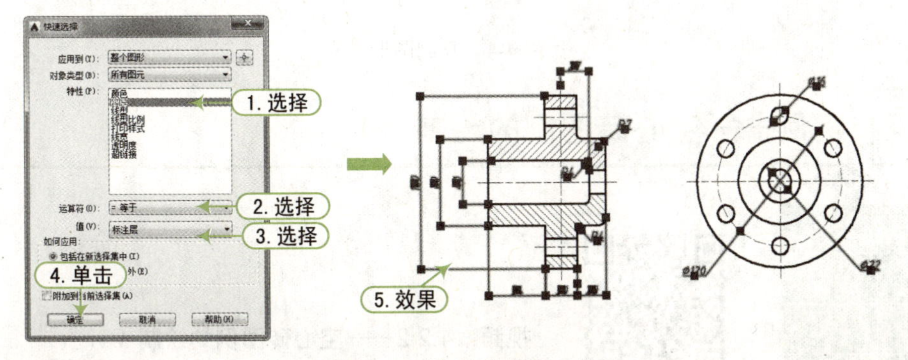

图 4-3　“快速选择”对象

4.2 复制类命令

当需绘制的图形对象与已有的对象相同或相似时，可以通过复制的方法快速生成相同的图形，然后对其进行细微修改或调整位置即可，从而提高绘图效率。复制图形对象的方法有多种，在实际操作时可以根据实际情况采用不同的方法。

4.2.1 复制对象

“复制”是指保留原对象的同时按照指定方向上的指定距离创建副本对象。使用“复制”命令可以快速将一个或多个图形对象复制到指定的位置。

复制图形对象的方法主要有以下几种。

- 菜单栏：选择“修改 | 复制”命令。
- 功能区：在功能区的“默认”选项卡中，单击“修改”面板中的“复制”按钮。
- 命令行：在命令行中输入“COPY”命令，其快捷键为“CO”。

执行上述任意一种操作后，可以连续多次复制目标对象，如图 4-4 所示，其命令提示如下：

```
命令：COPY
选择对象：找到 1 个                                        \\ 选择复制对象
选择对象：                                                 \\ 按“Enter”键确认选择
当前设置：复制模式 = 多个
指定基点或 [ 位移 (D)/ 模式 (O)] < 位移 >:                  \\ 指定复制对象的基点
指定第二个点或 [ 阵列 (A)] < 使用第一个点作为位移 >:        \\ 指定新对象的位置
指定第二个点或 [ 阵列 (A)/ 退出 (E)/ 放弃 (U)] < 退出 >:    \\ 连续复制
指定第二个点或 [ 阵列 (A)/ 退出 (E)/ 放弃 (U)] < 退出 >:    \\ 按“Enter”键结束复制
```

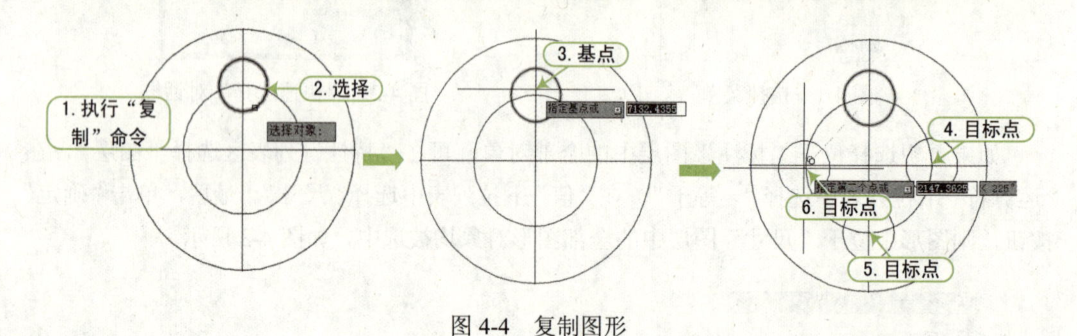

图 4-4　复制图形

4.2.2 实例——空心砖图例的绘制

视频：4.2.2——空心砖图例的绘制 .avi

案例：空心砖图例 .dwg

本案例利用上一节所学的“复制”命令，绘制如图 4-5 所示的空心砖图例，使用户进一步掌握和巩固“复制”命令的执行方法和操作技巧知识。具体绘图步骤如下：

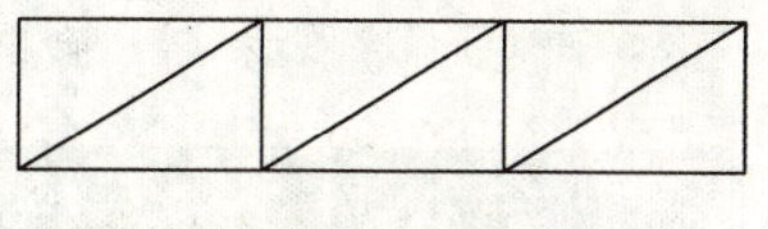

图 4-5　空心砖图例

STEP 01 新建文件。正常启动 AutoCAD 2016 软件，执行“文件 | 新建”命令，新建一个图形文件；然后，执行“文件 | 保存”命令，将文件保存为“案例 \04\ 空心砖 .dwg”文件。

STEP 02 绘制矩形。执行“矩形”命令（REC），在绘图区域中心位置绘制一个长 30mm×6mm 的矩形，如图 4-6 所示。

STEP 03 绘制直线。执行“直线”命令（L），绘制两条如图 4-7 所示的直线段。命令行提示与操作如下：

```
命令 : LINE
指定第一个点 : _from 基点 : < 偏移 >:          \\ 执行“捕捉自”命令
< 偏移 >: @10,6                               \\ 输入偏移值确定点 A
指定下一点或 [ 放弃 (U)]: @0,-6                \\ 输入相对坐标值确定点 B
指定下一点或 [ 放弃 (U)]:                      \\ 按“Enter”键
命令 : LINE                                   \\ 按“Enter”键重复命令
指定第一个点 :                                 \\ 拾取 A 点
指定下一点或 [ 放弃 (U)]:                      \\ 拾取 C 点
指定下一点或 [ 放弃 (U)]:                      \\ 按“Enter”键结束命令
```

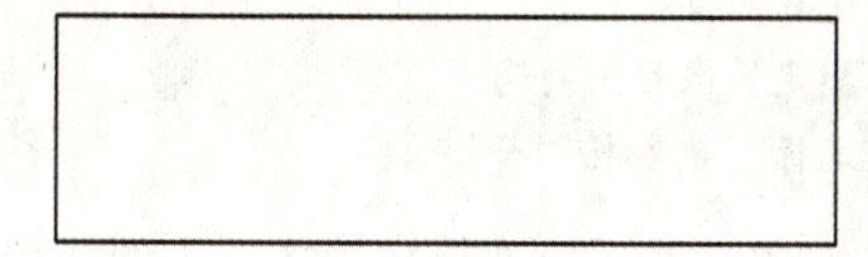

图 4-6　绘制矩形

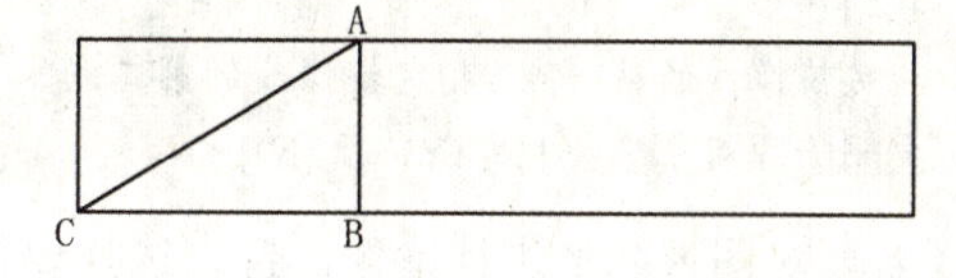

图 4-7　绘制直线

STEP 04 复制直线。执行“复制”命令（CO），选择直线 AB 和直线 AC，进行复制操作。复制效果如图 4-8 所示。命令行提示与操作如下：

```
命令 : COPY
选择对象 : 找到 2 个，总计 2 个                                  \\ 选择直线 AB 和 AC
选择对象 :                                                     \\ 按“Enter”键确认选择
当前设置 : 复制模式 = 多个
指定基点或 [ 位移 (D)/ 模式 (O)] < 位移 >:                        \\ 拾取 C 点
指定第二个点或 [ 阵列 (A)] < 使用第一个点作为位移 >:               \\ 拾取 B 点
指定第二个点或 [ 阵列 (A)/ 退出 (E)/ 放弃 (U)] < 退出 >:          \\ 拾取 D 点
指定第二个点或 [ 阵列 (A)/ 退出 (E)/ 放弃 (U)] < 退出 >:          \\ 按“Enter”键结束命令
```

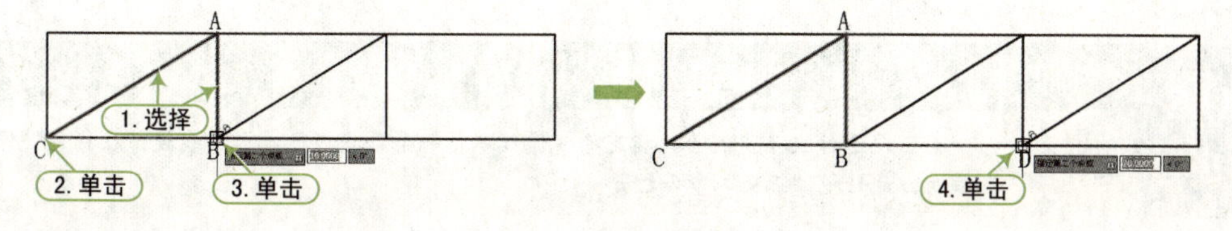

图 4-8　复制直线

STEP 05 保存图形。空心砖图例绘制完成，按“Ctrl+S”组合键，将文件进行保存。

> **QA 问题**
>
> **学生问：** 老师，“Ctrl+C”组合键也可以进行复制操作，它与“复制”命令（CO）有什么区别吗？
>
> **老师答：** 这个问题问得很好。有些同学习惯于用“Ctrl+C”组合键来进行复制操作，但是使用“Ctrl+C”组合键只能对图形进行普通复制，不能进行基点复制，适合复制整体图形。而“复制”命令（CO）既可以对图形进行普通复制，也可以对图形进行基点复制。使用基点复制能够准确定位复制的原点和目标点，从而使绘图更加精确。

4.2.3 镜像对象

镜像是指对选定的图形进行对称变换，以便在对称的方向上生成一个反向的图形。形象地说，这个功能的原理跟照镜子一样。

在 AutoCAD 中，使用“镜像”命令可以复制图形，执行该命令的方法有以下 3 种。

- 菜单栏：选择“修改 | 镜像”命令。
- 面板：在功能区的“常用”选项卡中，单击“修改”面板中的“镜像”按钮。
- 命令行：在命令行中输入“MIRROR”命令，其快捷键为“MI”。

执行“镜像”命令（MI）后，命令行提示如下：

```
命令 : MIRROR
找到 3 个                                        \\ 选择对象
指定镜像线的第一点 : 指定镜像线的第二点 :          \\ 指定镜像线上的两点
要删除源对象吗？ [ 是 (Y)/ 否 (N)] <N>:            \\ 选择“是”或“否”选项
```

若要对图形队形进行镜像，首先选择要镜像的对象，然后依次指定镜像线上的两个端点，命令行将提示“要删除源对象吗？ [是 (Y)/ 否 (N)]<N>:”提示信息。如果按“Enter”键，则镜像复制对象并保留源对象；如果选择输入 Y，则在镜像复制对象的同时删除源对象。

镜像线由用户确定的两点决定，该线不一定要真实存在，且镜像线可以为任意角度的直线。另外，当对文字对象进行镜像时，其镜像结果由系统变量 MIRRTEXT 控制，当 MIRRTEXT=0 时，文字只是位置发生了镜像，但不产生颠倒，仍为可读；当 MIRRTEXT=1 时，文字不但位置发生镜像，而且产生颠倒，变为不可读，如图 4-9 所示。

CAD　　　　CAD

镜像前　　　　MIRRTEXT=0　　　　MIRRTEXT=1

图 4-9　镜像文字

> **QA 问题**
>
> **学生问：** 老师，我镜像的图形对象怎么是斜的？
>
> **老师答：** 出现这种状况是因为你指定的镜像线不是一条垂直线段或水平线段，在指定镜像线时，最好把“正交”命令打开。

4.2.4 实例——办公桌的绘制

视频：4.2.4——办公桌的绘制 .avi

案例：办公桌 .dwg

下面利用“矩形”绘图命令及上一小节所讲的“镜像”命令，绘制如图 4-10 所示的办公桌图形。首先利用“矩形”命令绘制出桌子的左侧轮廓；然后利用“镜像”命令完成桌子的绘制。其操作步骤如下：

图 4-10　办公桌的绘制

STEP 01 新建文件。正常启动 AutoCAD 2016 软件，在“快速工具栏”中单击“新建”按钮，新建一个图形文件，再单击“保存”按钮，将其保存为“案例 \04\ 办公桌 .dwg”文件。

STEP 02 绘制书桌柜。执行“矩形”命令（REC），在绘图区域绘制出一个 600mm×1000mm 的矩形并设置为当前图层，如图 4-11 所示。

STEP 03 绘制抽屉。执行“偏移”命令（O），将矩形向内偏移 50mm，然后执行“分解”命令（X），将矩形进行分解；再次执行“偏移”命令（O），将水平直线依次向下偏移 150mm、30mm、150mm、30mm、150mm、30mm，如图 4-12 所示。

STEP 04 修剪图形。执行“修剪”命令（TR），将多余的线段进行修剪，如图 4-13 所示。

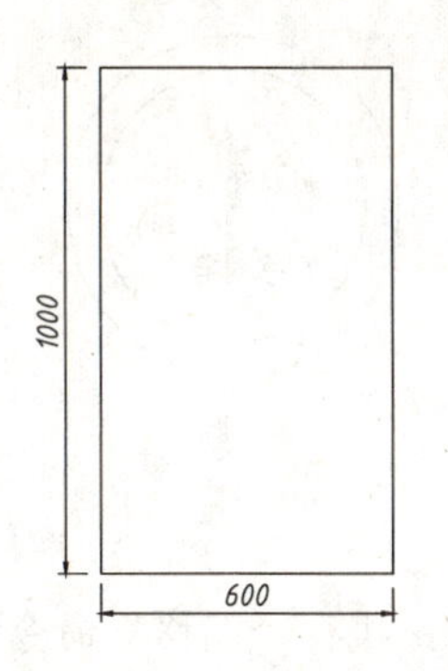

图 4-11　绘制矩形

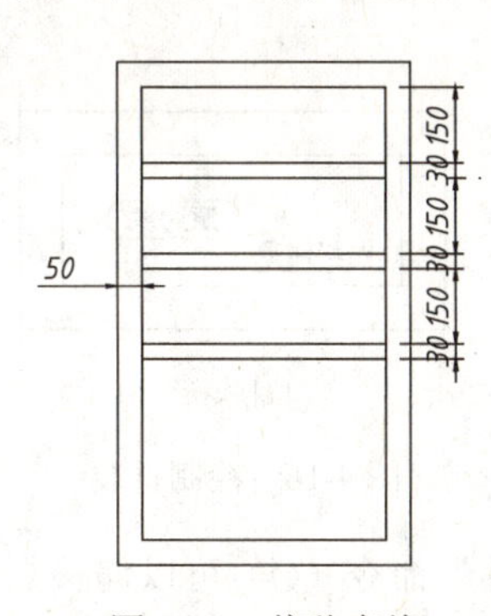

图 4-12　偏移直线

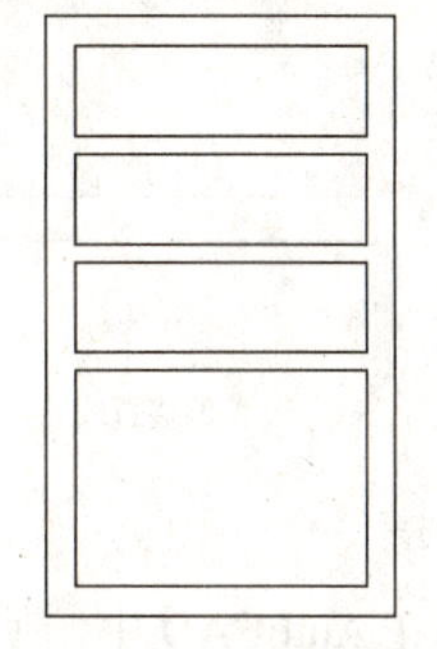

图 4-13　修剪直线

STEP 05 绘制手柄。执行“矩形”命令（REC），在第一个抽屉的相应位置绘制一个 200mm×30mm 的小矩形，并利用“复制”命令（CD）和“旋转”命令（RO）将其复制到图形的相应位置，如图 4-14 所示。

STEP 06 绘制桌面。执行“矩形”命令（REC），执行“捕捉自”命令，捕捉大矩形的左上角作为基点，以偏移（@100,0）的点作为矩形的起点，以点（@2000,100）作为矩形的另一个角点，绘制矩形，如图 4-15 所示。

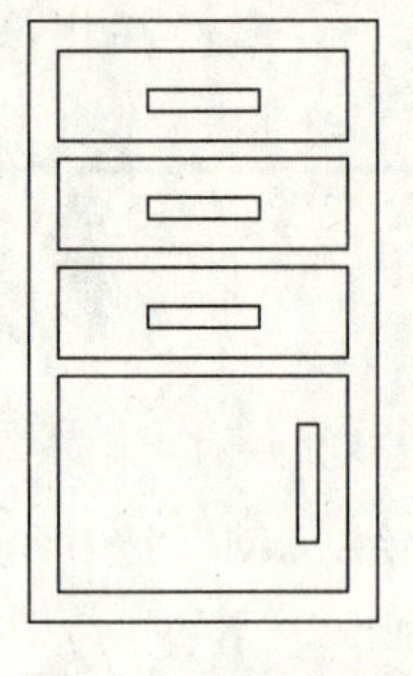
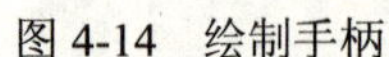

图 4-14　绘制手柄

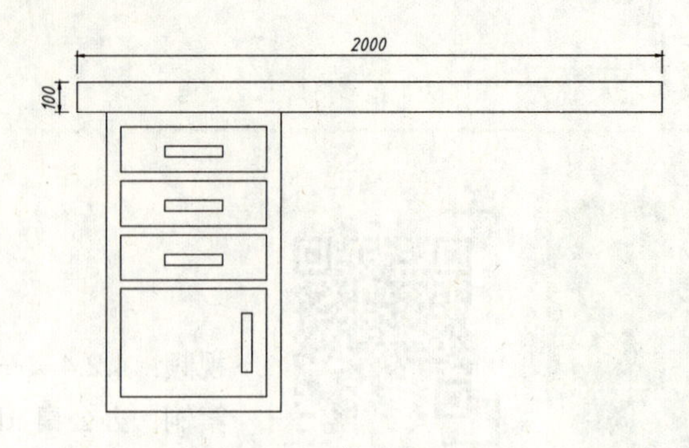

图 4-15　绘制桌面

STEP 07 镜像图形。执行“镜像”命令（MI），将左侧的桌柜进行镜像，效果如图 4-10 所示。命令行提示与操作如下：

```
命令：MIRROR
选择对象：找到 21 个
指定镜像线的第一点：指定镜像线的第二点：
要删除源对象吗？ [是(Y)/否(N)] <N>: n
```

STEP 08 保存图形。至此，办公桌图形绘制完成，按“Ctrl+S”组合键，将文件进行保存。

4.2.5　偏移对象

“偏移”是指通过指定距离或指定点在选择对象一侧生成新的对象。如果偏移的对象是线段，则偏移后的线段长度不变；如果偏移的对象是圆或矩形等，则偏移后的对象将被放大或缩小，如图 4-16 所示。

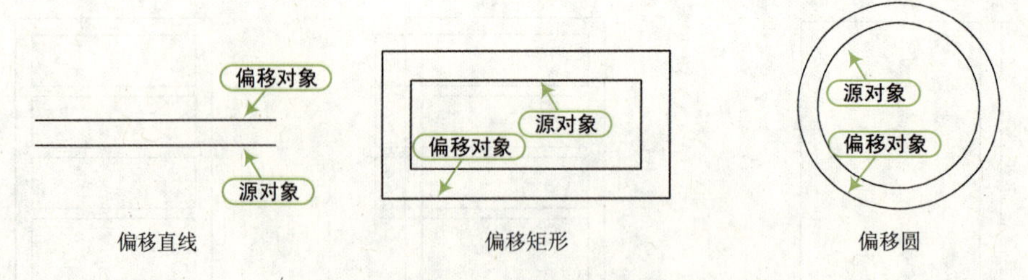

图 4-16　绘制直线

在 AutoCAD 中，使用“偏移”命令（O）可以偏移复制图形。执行“偏移”命令（O）的方法主要有以下几种。

- 菜单栏：选择“修改 | 偏移”命令。
- 面板：在功能区的“默认”选项卡中，单击“修改”面板中的“偏移”按钮。
- 命令行：在命令行中输入“OFFSET”命令，其快捷键为“O”。

执行上述任意一种操作后，命令行提示如下：

```
命令：OFFSET
当前设置：删除源 = 否  图层 = 源  OFFSETGAPTYPE=0
```

```
指定偏移距离或 [ 通过 (T)/ 删除 (E)/ 图层 (L)] <10.0000>: 10                 \\ 指定偏移距离
选择要偏移的对象，或 [ 退出 (E)/ 放弃 (U)] < 退出 >:                        \\ 选择偏移对象
指定要偏移的那一侧上的点，或 [ 退出 (E)/ 多个 (M)/ 放弃 (U)] < 退出 >:      \\ 指定偏移方向
```

在执行命令的过程中，部分选项的含义如下。

- 通过 (T)：选择该选项后，可以指定一个已知点，作为偏移对象将通过的点。
- 删除 (E)：表示偏移对象后将删除源对象。
- 图层 (L)：用于设置在源对象所在的图层执行偏移操作，还是在当前图层执行偏移操作。选择该选项后，命令窗口出现“输入就偏移后的图层选项 [当前 (C)/ 源 (S)]< 源 >：”提示，其中“当前 (C)”表示当前图层，“源 (S)”表示源图层。

QA 问题

学生问： 老师，为什么我的“偏移”命令用不了呢？输入“O”，然后选择偏移目标，输入距离，到指定偏移点这一步我指定完了可没偏移出来，就又显示“要选择偏移对象”，重复做还是这样。

老师答： 出现这种情况并不是“偏移”命令用不了，而是偏移时你没有看见复制出来的那条线。原因可能有两种：一是你所画的图形太大而偏移的量又太小，导致你无法看见偏移后的线；二是你画的图形太小，偏移量太大，复制的对象在你的显示器外，导致无法看见。

解决这个问题的方法很简单，可以在命令行中输入“Z”按空格键确定，然后再输入“A”选项，按空格键确定。这样你所偏移的线就全部显示在你的显示器上。这个命令非常重要，而且你说的这种现象经常会出现。

4.2.6 实例——支架的绘制

视频：4.2.6——支架的绘制 .avi

案例：支架 .dwg

本案例利用二维绘图命令和上一节所学的“偏移”命令，绘制出支架的外轮廓，然后利用“多段线”命令合并其轮廓，在执行“偏移”命令将轮廓进行偏移，最后对图形进行镜像，效果如图 4-17 所示。具体绘图步骤如下：

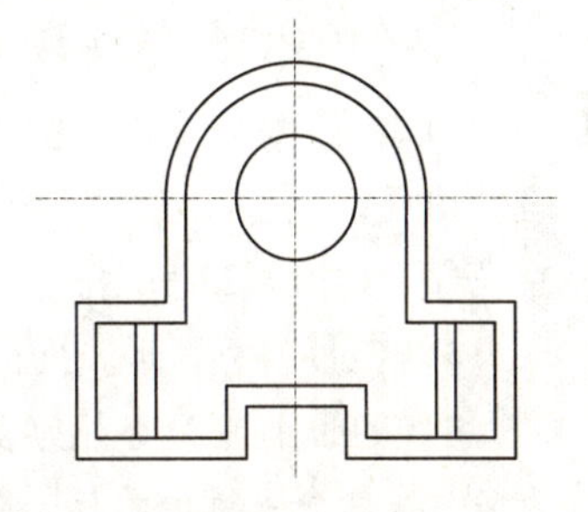

图 4-17　支架图形

STEP 01 新建文件。正常启动 AutoCAD 2016 软件，执行“文件 | 打开”命令，打开“机械样板 .dwt”文件；然后，执行“文件 | 保存”命令，将文件保存为“案例 \04\ 支架 .dwg”文件。

STEP 02 设置当前图层。在“图层”面板的“图层”下拉列表中，将“中心线”图层切换至当前图层，如图 4-18 所示。

STEP 03 绘制辅助线。执行“直线”命令（L），绘制一组相互垂直的中心线，如图 4-19 所示。

STEP 04 设置当前图层。在“图层”面板的“图层”下拉列表中将“中心线”图层切换至当前图层。

STEP 05 绘制圆。执行“圆”命令（C），捕捉中心线交点绘制一组同心圆，同心圆的半径分别为 12mm 和 22mm，如图 4-20 所示。

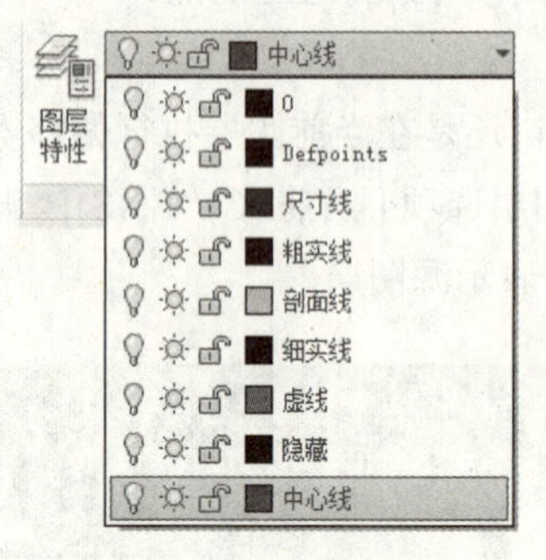

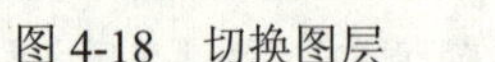

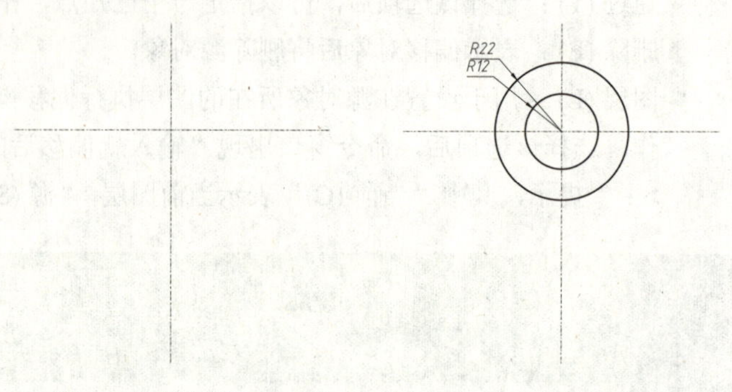

图 4-18　切换图层　　图 4-19　绘制中心线　　图 4-20　绘制同心圆

STEP 06 偏移垂直线段。执行“偏移”命令（O），将垂直线段分别向左右依次偏移 14mm、14mm、12mm，命令行提示与操作如下；然后将水平线段分别向下依次偏移 24mm、12mm、10mm，并将偏移后的线段转换为粗实线，如图 4-21 所示。

```
命令 : OFFSET                                                        \\ 执行“偏移”命令
当前设置 : 删除源 = 否  图层 = 源  OFFSETGAPTYPE=0
指定偏移距离或 [ 通过 (T)/ 删除 (E)/ 图层 (L)] <10.0000>: 14          \\ 指定偏移距离
选择要偏移的对象，或 [ 退出 (E)/ 放弃 (U)] < 退出 >:                    \\ 选择垂直中心线
指定要偏移的那一侧上的点，或 [ 退出 (E)/ 多个 (M)/ 放弃 (U)] < 退出 >:    \\ 指定偏移点
选择要偏移的对象，或 [ 退出 (E)/ 放弃 (U)] < 退出 >:                    \\ 选择偏移后的线段
指定要偏移的那一侧上的点，或 [ 退出 (E)/ 多个 (M)/ 放弃 (U)] < 退出 >:    \\ 指定偏移点
选择要偏移的对象，或 [ 退出 (E)/ 放弃 (U)] < 退出 >:
命令 : OFFSET                                                        \\ 重复“偏移”命令
当前设置 : 删除源 = 否  图层 = 源  OFFSETGAPTYPE=0
指定偏移距离或 [ 通过 (T)/ 删除 (E)/ 图层 (L)] <14.0000>: 12          \\ 指定偏移距离
选择要偏移的对象，或 [ 退出 (E)/ 放弃 (U)] < 退出 >:                    \\ 选择最后偏移为 14 的线
指定要偏移的那一侧上的点，或 [ 退出 (E)/ 多个 (M)/ 放弃 (U)] < 退出 >:    \\ 指定偏移点
```

STEP 07 绘制直线。在“图层”面板的“图层”下拉列表中，将“中心线”图层切换至当前图层；执行“直线”命令（L），分别捕捉半径为 22mm 的圆的左右象限点绘制两条垂直线段，如图 4-22 所示。

STEP 08 修剪图形。执行“修剪”命令（TR），对图形进行修剪，效果如图 4-23 所示。

STEP 09 将直线合并为多段线。执行“多段线编辑”命令（PE），选择轮廓线将其转换为多段线。命令行提示与操作如下：

```
命令 : PEDIT                                  \\ 执行“多段线编辑”命令
选择多段线或 [ 多条 (M)]:                      \\ 选择一条直线
选定的对象不是多段线
是否将其转换为多段线 ? <Y>                      \\ 选择“是”
```

输入选项 [闭合 (C)/ 合并 (J)/ 宽度 (W)/ 编辑顶点 (E)/ 拟合 (F)/ 样条曲线 (S)/ 非曲线化 (D)/ 线型生成 (L)/ 反转 (R)/ 放弃 (U)]: J　　\\ 选择合并
选择对象 : 找到 1 个，总计 12 个　　\\ 依次选择要合并的对象
多段线已增加 11 条线段

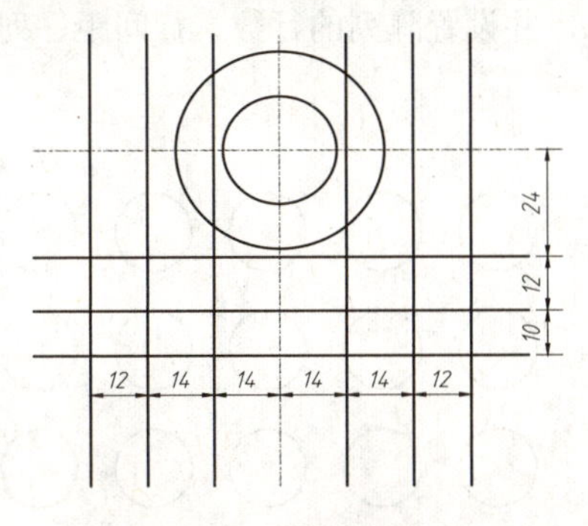

图 4-21　偏移直线

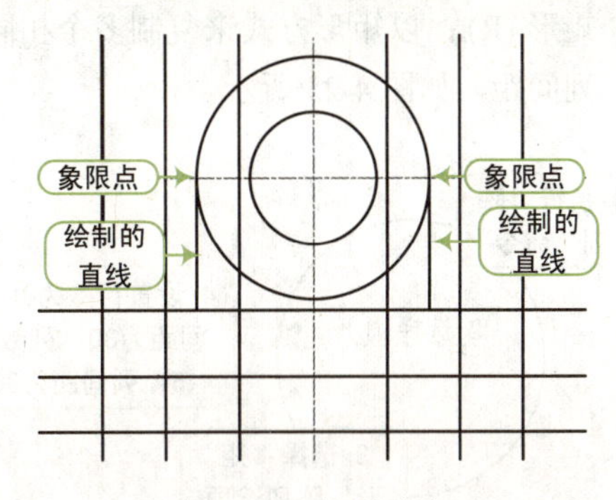

图 4-22　绘制垂线

STEP 10 偏移多段线和直线。执行“偏移”命令（O），选择轮廓线及两条直线，将其向内偏移，偏移距离为 4mm，如图 4-24 所示。

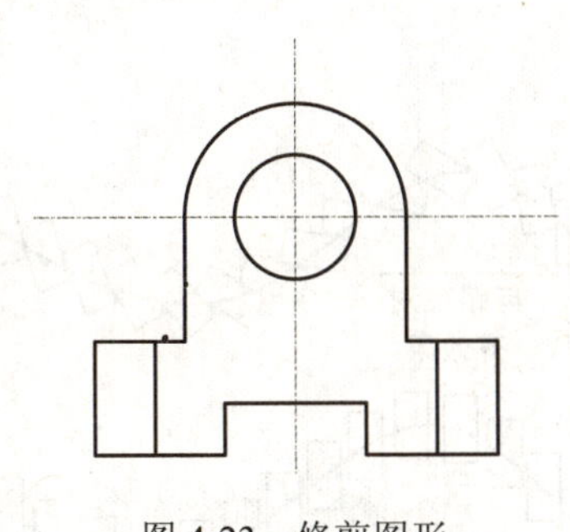

图 4-23　修剪图形

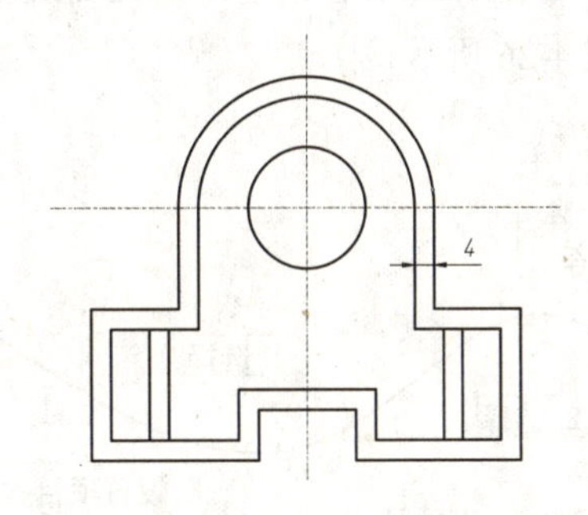

图 4-24　偏移多段线

STEP 11 保存图形。支架图形绘制完成，按“Ctrl+S”组合键，将文件进行保存。

4.2.7 阵列对象

阵列就是对选定的图形做有规律的多重复制，从而可以建立一个“矩形”、“路径”或者“环形”阵列。矩形阵列是指按行与列整齐排列的多个相同对象副本组成的纵横对称图案；路径阵列是指按路径分布对象副本；环形阵列是指围绕中心点的多个相同对象副本组成的径向对称图案。

执行“阵列”命令（AR）的方法主要有以下几种。

- 菜单栏：选择“修改 | 阵列”子菜单下的“矩形阵列”、“环形阵列”、“路径阵列”命令。
- 面板：在功能区的“默认”选项卡中，单击“修改”面板中的“阵列”按钮。
- 命令行：在命令行中输入“ARRAY”命令，其快捷键为“AR”。

执行上述任意一种操作后，命令行提示如下：

命令 : ARRAY　　\\ 执行“阵列”命令

```
选择对象：找到 1 个                                              \\ 选择阵列对象
选择对象：
输入阵列类型 [ 矩形 (R)/ 路径 (PA)/ 极轴 (PO)] < 极轴 >: PA       \\ 选择阵列方式
```

在执行“阵列”命令（AR）后，其命令行提示中各选项的含义如下。

- 矩形 (R)：以矩形方式来复制多个相同的对象，并设置阵列的行数、行间距、列数及列间距，如图 4-25 所示。

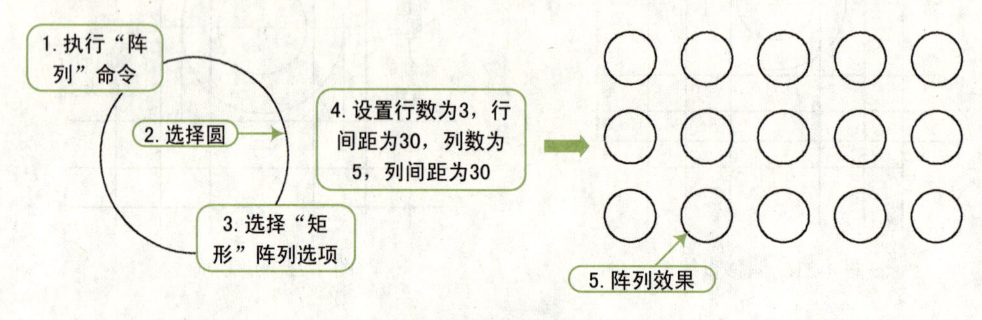

图 4-25　矩形阵列

- 路径 (PA)：沿着指定的路径曲线创建阵列，并设置阵列数量（表达式）或方向，如图 4-26 所示。

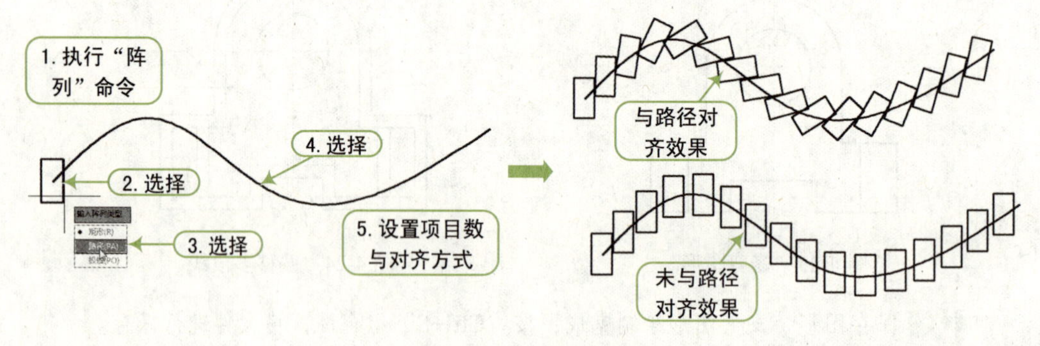

图 4-26　路径阵列

- 极轴 (PO)：以指定的中心点为基准来进行环形阵列，并设置环形阵列的数量及填充角度，如图 4-27 所示。

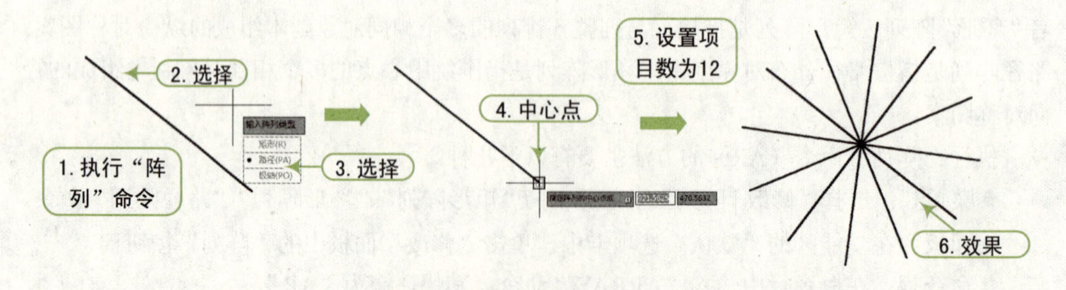

图 4-27　极轴阵列

4.2.8 实例——荷花的绘制

视频：4.2.8——荷花的绘制 .avi

案例：荷花 .dwg

本案例以绘制展开的荷花为例，如图 4-28 所示，掌握“阵列”命令的绘图方法与技巧。首先利用“圆”、“修剪”、“直线”、“镜像”等命令绘制花瓣，然后利用“阵列”命令中的“环形阵列”选项，将花瓣阵列出荷花的效果。具体绘图步骤如下：

STEP 01 新建文件。正常启动 AutoCAD 2016 软件，执行“文件 | 新建”命令，新建一个图形文件；然后，执行“文件 | 保存”命令，将文件保存为“案例 \04\ 荷花 .dwg”文件。

STEP 02 绘制圆。执行“圆”命令（C），在绘图区域拾取一点，绘制半径为 50mm 的圆。

STEP 03 复制圆。执行“复制”命令（CO），将半径为 50mm 的圆以圆心为基点向右复制 80mm，如图 4-29 所示。

STEP 04 修剪出花瓣轮廓。执行“修剪”命令（TR），修剪图形，使之形成花瓣轮廓，如图 4-30 所示。

图 4-28　荷花图例

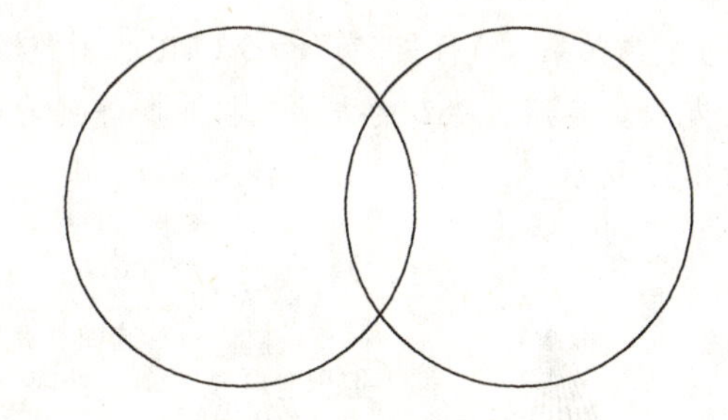

图 4-29　复制圆

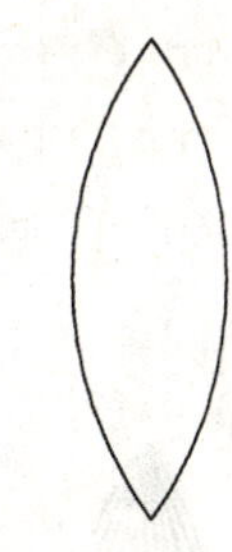

图 4-30　修剪图形

STEP 05 绘制直线。执行“直线”命令（L），捕捉如图 4-31 所示的 A 点和 B 点，绘制直线 AB。

STEP 06 阵列直线。执行“阵列”命令（AR），选择“极轴（PO）”选项，捕捉点 A 作为极轴阵列的中心点，选择直线 AB 作为阵列对象，进行极轴阵列操作，效果如图 4-32 所示。命令行提示与操作如下：

```
命令 : ARRAY
选择对象 : 找到 1 个                                    \\ 选择直线 AB
选择对象 : 输入阵列类型 [ 矩形 (R)/ 路径 (PA)/ 极轴 (PO)] < 极轴 >: PO
类型 = 极轴  关联 = 否
指定阵列的中心点或 [ 基点 (B)/ 旋转轴 (A)]:              \\ 捕捉点 A
选择夹点以编辑阵列或 [ 关联 (AS)/ 基点 (B)/ 项目 (I)/ 项目间角度 (A)/ 填充角度 (F)/ 行 (ROW)/ 层 (L)/ 旋转项目 (ROT)/ 退出 (X)] < 退出 >: AS
```

选择夹点以编辑阵列或 [关联 (AS)/ 基点 (B)/ 项目 (I)/ 项目间角度 (A)/ 填充角度 (F)/ 行 (ROW)/ 层 (L)/ 旋转项目 (ROT)/ 退出 (X)] < 退出 >: A　　\\ 选择选项 A

指定项目间的角度或 [表达式 (EX)] <60>: 24　　\\ 输入角度值 24

选择夹点以编辑阵列或 [关联 (AS)/ 基点 (B)/ 项目 (I)/ 项目间角度 (A)/ 填充角度 (F)/ 行 (ROW)/ 层 (L)/ 旋转项目 (ROT)/ 退出 (X)] < 退出 >: I　　\\ 选择“项目（I）”选项

输入阵列中的项目数或 [表达式 (E)] <6>: 5　　\\ 输入阵列数目

选择夹点以编辑阵列或 [关联 (AS)/ 基点 (B)/ 项目 (I)/ 项目间角度 (A)/ 填充角度 (F)/ 行 (ROW)/ 层 (L)/ 旋转项目 (ROT)/ 退出 (X)] < 退出 >:　　\\ 按“Enter”键结束命令

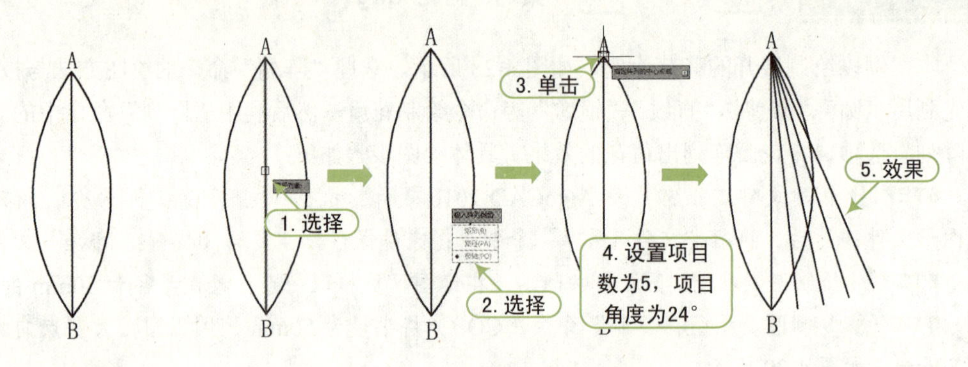

图 4-31　绘制直线　　　图 4-32　环形阵列

STEP 07 阵列直线。执行“镜像”命令（MI），将阵列后的直线以直线 AB 为镜像线进行镜像操作，效果如图 4-33 所示。

STEP 08 修剪出花瓣效果。执行“修剪”命令（TR），对花瓣进行修剪，效果如图 4-34 所示。

STEP 09 阵列花瓣。参照步骤 6 的方法，将花瓣阵列为荷花形状，阵列数量为 16，角度为 360°，如图 4-35 所示。

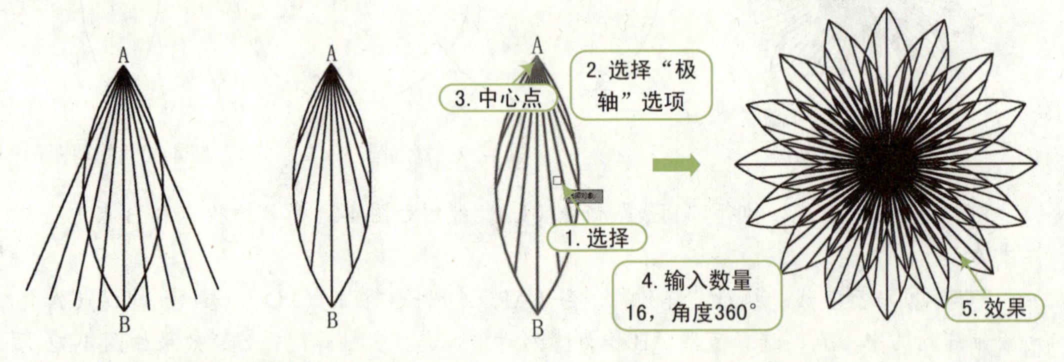

图 4-33　镜像操作　图 4-34　修剪操作　　　图 4-35　环形阵列

STEP 10 保存图形。至此，荷花图形绘制完成，按“Ctrl+S”组合键，将文件进行保存。

QA 问题

学生问： 老师，阵列后的图形，选择时为什么是一个整体，我想对其单个对象进行编辑，怎样才能让阵列的图形为单独对象？

老师答： 在阵列时，默认情况下，AutoCAD 将阵列的图形自动进行关联，所以阵列后的图形是一个整体，如果不想使之成为一个对象，那么，在阵列时单击“关联“按钮，取消关联，这样绘制出的阵列图形就分别为单独的个体。

4.3　删除及恢复类命令

删除及恢复类命令主要用于删除图形的某部分或对已被删除的部分进行恢复，其中包括“删除”、“恢复”、“删除重复对象”命令。

4.3.1　删除对象

在绘图过程中常常需要绘制辅助对象来帮助定位，而在绘制完成后，往往又需要将这些辅助对象删除。执行“删除”命令的方法主要有以下几种。

- 菜单栏：选择“修改 | 删除”菜单命令。
- 面板：在功能区选项中切换到“常用”选项卡，然后单击“修改”面板中的“删除”按钮。
- 命令行：在命令行中输入“ERASE”命令，其快捷键为“E”。

执行上述任意一种操作后，命令行提示如下：

```
命令：ERASE                          \\执行“删除”命令
选择对象：找到 1 个                  \\选择需要删除的对象
选择对象：找到 1 个，总计 2 个
选择对象：                           \\按“Enter”键删除对象
```

在删除对象时，可以先选择对象再执行“删除”命令，也可以先执行“删除”命令再提示选择要删除的对象。另外，选择需要删除的对象后，按“Delete”键也可以删除对象。

4.3.2　恢复对象

在绘制图形时，若不小心误删了图形，可以用“恢复”命令恢复误删的对象。执行“恢复”命令主要有以下 3 种方法。

- “快速工具栏”：单击“恢复”按钮。
- 命令行：输入“OOPS”或“U”命令。
- 组合键：按“Ctrl+Z”组合键。

执行“恢复”命令后，系统将自动恢复到上一步操作。

4.3.3　删除重复对象

“删除重复对象”命令与“删除”命令功能类似。执行“删除重复对象”命令主要有以下两种方法。

- 菜单栏：选择“修改 | 删除重复对象”菜单命令。
- 命令行：输入“OVERKILL”命令。

执行上述操作后，命令行提示“选择对象：”，直接选择要删除的重复对象即可。

4.4 改变位置类命令

改变位置类编辑命令的功能是按照指定要求改变当前图形或图形某部分的位置，主要包括“移动”、“旋转”和“缩放”类命令。

4.4.1 移动对象

“移动”是将一个图形从现在的位置挪动到一个指定的新位置，在此过程中，图形大小和方向不会发生改变。

在 AutoCAD 中，执行“移动”命令的方法有以下 3 种。

- 菜单栏：选择“修改 | 移动”菜单命令。
- 面板：在“默认”选项卡中，单击“修改”面板中的“移动”按钮✥。
- 命令行：输入“MOVE”命令，其快捷键为“M”。

在移动对象时需要选择移动对象然后指定图形的位移，如图 4-36 所示。执行“移动”命令后，命令行提示如下：

```
命令 : MOVE                                    \\ 执行“移动”命令
找到 1 个                                      \\ 选择移动对象
选择对象 :                                     \\ 按“Enter”键确认选择
指定基点或 [ 位移 (D)] < 位移 >:               \\ 指定移动基点
指定第二个点或 < 使用第一个点作为位移 >:       \\ 指定移动目标点
```

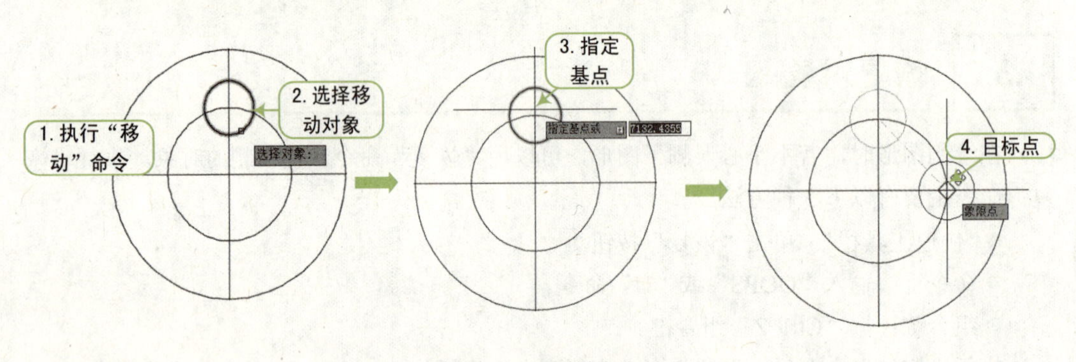

图 4-36　移动图形

4.4.2 旋转对象

“旋转”是将选定的图形围绕一个指定的基点改变其角度，正的角度按逆时针旋转，负的角度按顺时针方向旋转。

在 AutoCAD 中，执行“旋转”命令的方法有以下 3 种。

- 菜单栏：选择“修改 | 旋转”菜单命令。
- 面板：在“默认”选项卡中，单击“修改”面板中的“旋转”按钮○。
- 命令行：输入“ROTATE”命令，其快捷键为“RO”。

执行“旋转”命令（RO）后，需要选择旋转对象，然后指定旋转基点和旋转角度，如图 4-37 所示。命令行提示如下：

```
命令 : ROTATE                                          \\ 执行“旋转”命令
UCS 当前的正角方向 : ANGDIR= 逆时针 ANGBASE=0
选择对象 : 找到 1 个                                    \\ 选择旋转对象
选择对象 :                                             \\ 按“Enter”键确认选择
指定基点 :                                             \\ 指定旋转基点
指定旋转角度，或 [ 复制 (C)/ 参照 (R)] <0>: 60          \\ 指定旋转角度
```

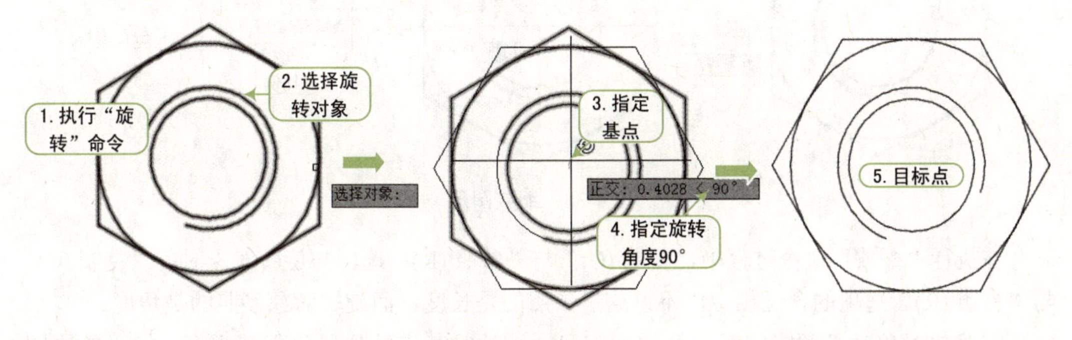

图 4-37　旋转图形

在执行“旋转”命令（RO）的过程中，各选项的含义如下。

- 复制 (C)：可将选择的对象进行复制旋转操作。
- 参照 (R)：可以指定某一方向作为起始参照角度，然后选择一个对象以指定源对象将要旋转到的位置，或输入新角度值来指定要旋转到的位置。

QA 问题

学生问： 老师，在执行“旋转”命令时，怎样确定旋转的方向？

老师答： 一般情况下，系统的默认方向为逆时针方向，在旋转时如果角度值为整数，那么图形将以逆时针旋转；如果角度为负值，那么图形将以顺时针进行旋转。我们还可以更改系统变量“ANGDIR”的值来修改系统默认的方向。其中，0 代表逆时针，1 代表顺时针。

4.4.3 缩放对象

“缩放”是将图形对象沿坐标轴方向等比例地放大或者缩小，通过指定比例因子来改变相对于给定基点的现有对象的尺寸。

在 AutoCAD 中，执行“缩放”命令的方法有以下 3 种。

- 菜单栏：选择“修改 | 缩放”菜单命令。
- 面板：在“默认”选项卡中，单击“修改”面板中的“缩放”按钮。
- 命令行：输入“SCALE”命令，其快捷键为“SC”。

执行上述任意一种操作后，可以对图形进行缩放操作，如图 4-38 所示。命令行提示如下：

```
命令 : SCALE                                      \\ 执行“缩放”命令
选择对象 :                                        \\ 选择被缩放的对象
选择对象 :                                        \\ 按“Enter”键确认选择
指定基点 :                                        \\ 指定缩放基点
指定比例因子或 [ 复制 (C)/ 参照 (R)]: 0.5          \\ 指定比例或选择其他对象
```

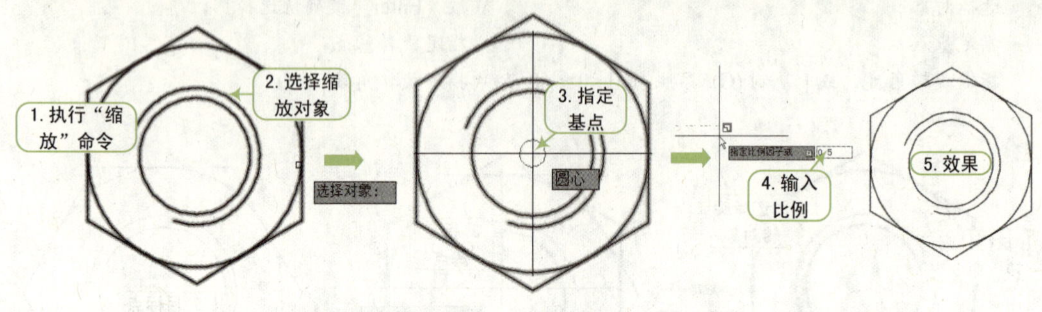

图 4-38　缩放图形

在执行“缩放”命令过程中,“复制 (C)”与“参照 (R)”选项与旋转对象时的“复制 (C)”与“参照 (R)”选项的含义相似，不过这里参照的是长度，而旋转对象参照的是角度。

在缩放对象时必须指定基点和比例因子。缩放时基点的位置将保持不变，输入的比例因子大于 1，则放大对象；小于 1，则缩小对象，但比例因子不允许为负值或 0。

4.5　改变几何特性类命令

改变几何特性类编辑命令包括修剪、拉伸、拉长、延伸、打断、合并、倒角、圆角等，在对指定对象进行编辑后，将使对象的几何特性发生改变。

4.5.1　“修剪”命令

“修剪”命令用于修剪对象，该命令要求首先定义修剪边界，然后选择希望修剪的对象。

在 AutoCAD 中执行“修剪”命令主要有以下 3 种方法。

- 菜单栏：在菜单栏中，选择“修改 | 修剪”菜单命令。
- 面板：在“默认”选项卡的“修改”面板中，单击“修剪”按钮 -/-- 。
- 命令行：在命令行中输入“TRIM”命令，快捷键为“TR”。

执行“修剪（TR）”命令后，根据提示选择对象，然后依次选择要修剪的对象即可，如图 4-39 所示。命令行提示如下：

```
命令 : TRIM                                                  // 执行“修剪”命令
当前设置 : 投影 =UCS，边 = 无                                  // 显示当前修剪模式
选择剪切边 ...
选择对象或 < 全部选择 >:                                        // 选择剪切边或边界
选择要修剪的对象，或按住 Shift 键选择要延伸的对象，或
[ 栏选 (F)/ 窗交 (C)/ 投影 (P)/ 边 (E)/ 删除 (R)/ 放弃 (U)]:    // 选择修剪模式
```

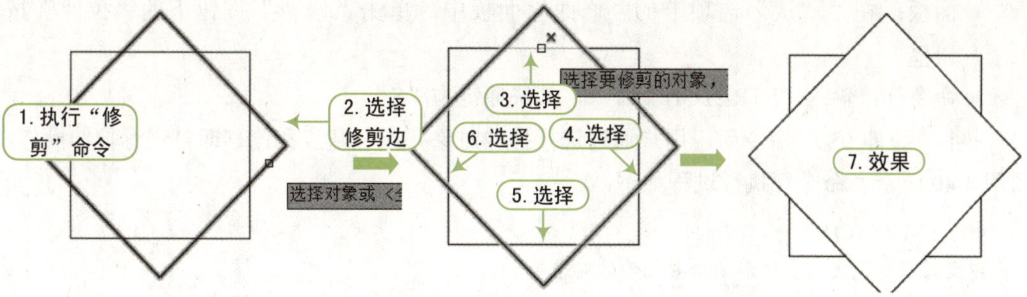

图 4-39　修剪图形

其中，命令行各主要选项含义如下。

- 选择剪切边：指定一个或多个对象以用作修剪边界。可以分别指定对象，也可以全部选择指定图形中的所有对象用作修剪边界。
- 选择要修剪的对象：指定修剪对象。如果有多个可能的修剪结果，那么第一个选择点的位置将决定结果。
- 栏选 (F)：选择与选择栏相交的所有对象。选择栏是一系列临时线段，它们是用两个或多个栏选点指定的。选择栏不构成闭合环。
- 窗交 (C)：选择矩形区域（由两点确定）内部或与之相交的对象。
- 投影 (P)：指定修剪对象时使用的投影方式。
- 边 (E)：确定对象是在另一对象的延长边处进行修剪，还是仅在三维空间中与该对象相交的对象处进行修剪。
- 删除 (R)：删除选定的对象。此选项提供了一种用于删除不需要的对象的简便方式，而无须退出“修剪”（TR）命令。

QA 问题

学生问： 老师，我在修剪图形时，有的图形无法进行修剪，这是为什么？

老师答： 在修剪图形时，需要注意修剪的对象是否位于你选择的边界之间，如果不是，那么你无法对这个对象进行修剪。下面告诉你一个简单的方法，执行“修剪”命令后，命令行提示“选择前切边，选择修剪对象”时，直接按“Enter”键选择全部选项。这样不仅可以节省选择修剪边的时间，还可以避免不知道选择哪条修剪边的情况。如果还是不能修剪，那么先退出“修剪”命令，然后选择要修剪的对象，看看其是否是一个独立的对象，不与其他对象相交，如果是独立对象那么直接删除该对象即可。

4.5.2　“拉伸”命令

使用“拉伸”命令可以拉伸、缩短和移动对象，在拉伸对象时，首先要为拉伸对象指定一个基点，然后再指定一个位移点。

使用该命令的关键是：必须使用交叉窗口选择要拉伸的对象。其中，完全包含在交叉窗口中的对象将被移动，而与交叉窗口相交的对象将被拉伸或缩短。

在 AutoCAD 中，执行“拉伸”命令的方法有以下 3 种。

- 菜单栏：选择“修改 | 拉伸”菜单命令。

- 面板：在“默认”选项卡的“修改”面板中，单击“修剪”按钮下的“拉伸”按钮。
- 命令行：输入“STRETCH”命令，其快捷键为“S”。

执行“拉伸（S）”命令后，用户通过选择拉伸对象并指定基点和位移即可进行拉伸操作，如图 4-40 所示。命令行执行过程如下：

```
命令 : STRETCH                                    // 执行“拉伸“命令
以交叉窗口或交叉多边形选择要拉伸的对象 ...
选择对象 :                                        // 选择拉伸对象
选择对象 :
指定基点或 [ 位移 (D)] < 位移 >:                    // 拾取拉伸基点
指定第二个点或 < 使用第一个点作为位移 >:              // 指定位移
```

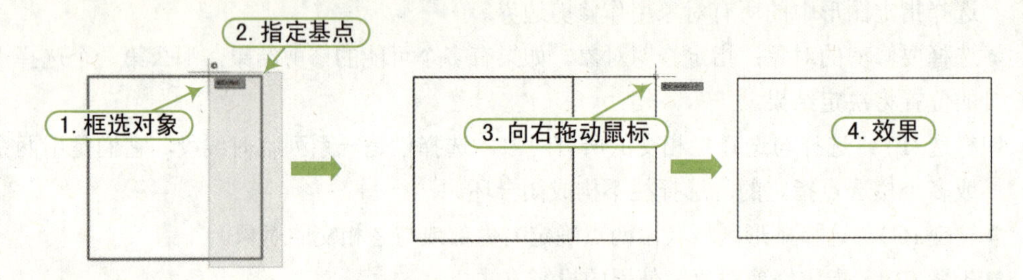

图 4-40　拉伸图形

4.5.3 “拉长”命令

“拉长”命令用于改变非封闭对象的长度，包括直线或弧线。但对于封闭的对象，则该命令无效。

在 AutoCAD 中，执行“拉长”命令的方法有以下 3 种。

- 菜单栏：选择“修改 | 拉长”菜单命令。
- 面板：在“默认”选项卡的“修改”面板中，单击“拉长”按钮。
- 命令行：输入“LENGTHEN”命令，快捷键为“LEN”。

执行“拉长（LEN）”命令后，根据命令行提示可以将直线或圆弧进行拉长，如图 4-41 所示。命令行提示如下：

```
命令 : LENGTHEN                                   \\ 执行“拉长”命令
选择要测量的对象或 [ 增量 (DE)/ 百分比 (P)/ 总计 (T)/ 动态 (DY)] < 总计 (T)>: \\ 设置拉伸参数
```


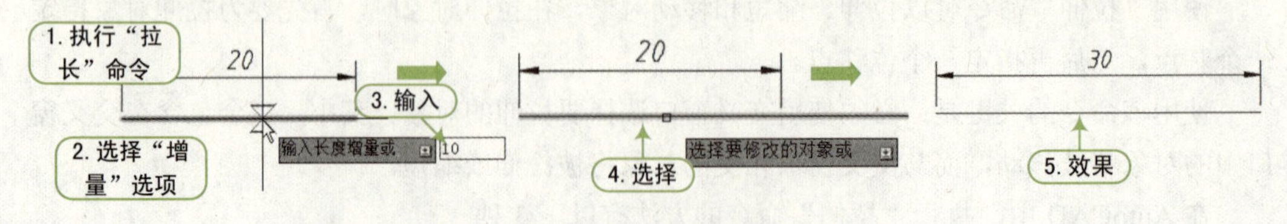

图 4-41　拉长直线

此时，应首先利用各选项设置拉长参数，然后选择希望拉长的对象。这些选项的含义如下。

- 增量 (DE)：通过设定长度增量或角度增量改变对象的长度。
- 百分比 (P)：使直线或圆弧按百分数改变长度。
- 总计 (T)：根据直线或圆弧的新长度或圆弧的新包含角改变长度。
- 动态 (DY)：以动态方式改变圆弧或直线的长度。

4.5.4 “延伸”命令

使用“延伸”命令可以将直线、圆弧、椭圆弧、非闭合多段线和射线延伸到一个边界对象，使其与边界对象相交。其与“修剪”命令类似，但不同的是，“修剪”命令（TR）会将对象修剪到剪切边，而“延伸”命令则相反，它会延伸对象至边界。

在 AutoCAD 中，执行“延伸”命令的方法主要有以下 3 种。

- 菜单栏：选择“修改 | 延伸”菜单命令。
- 面板：在“默认”选项卡的“修改”面板中，单击“修剪”按钮下的“延伸”按钮。
- 命令行：输入“EXTEND”命令，其快捷键为“EX”。

执行“延伸（EX）”命令后，根据提示选择对象，然后再依次选择要延伸的对象即可，如图 4-42 所示。操作过程中命令行提示如下：

```
命令 : EXTEND                                          // 执行“延伸”命令
当前设置 : 投影 =UCS，边 = 无                           // 显示当前延伸模式
选择边界的边 ...
选择对象或 < 全部选择 >:                                // 选择延伸边或边界
选择要延伸的对象，或按住 Shift 键选择要修剪的对象，或
[ 栏选 (F)/ 窗交 (C)/ 投影 (P)/ 边 (E)/ 放弃 (U)]:      // 选择延伸模式
```

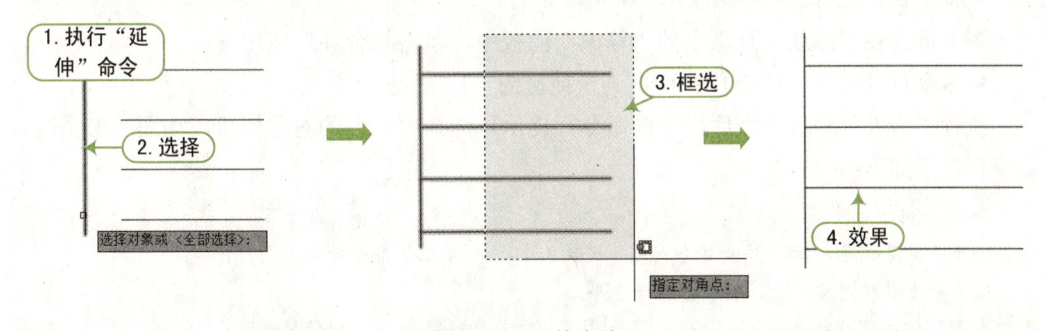

图 4-42　延伸直线

QA 问题

学生问： 老师，在执行“延伸”命令过程中，如果不小心延伸错了，该怎么办呢？

老师答： 在延伸过程中，如果我们不小心延伸错误，这时可以按住“Shift”键的同时选取延伸多余的部分，这样就可以将延伸多的部分进行修剪。AutoCAD 中的“修剪”命令和“延伸”命令是可以相互转换的，只需在执行命令时按住“Shift”键即可。

4.5.5 “打断”命令

使用“打断”命令可以将对象指定的两点间的部分删掉，或将一个对象打断成两个具有同一端点的对象。

在 AutoCAD 中，执行“打断”命令的方法有以下 3 种。

- 菜单栏：选择“修改 | 打断”菜单命令。
- 面板：在“默认”选项卡的“修改”面板中，单击“打断于点”按钮或“打断于两点”按钮。
- 命令行：输入“BREAK”命令，其快捷键为“BR”。

执行“打断”命令（BR）后，命令行提示如下：

```
命令 : BREAK                              \\ 执行“打断”命令
选择对象 :                                \\ 选择直线并确定第一点
指定第二个打断点 或 [ 第一点 (F)]:        \\ 指定第二点
```

使用“打断（BR）”命令时应注意以下两点。

- 如果要删除对象的一端，可在选择被打断的对象后，将第二个打断点指定在要删除端的端点。
- 在“指定第二个打断点”命令提示下，若输入“@”，表示第二个打断点与第一个打断点重合，这时可以将对象分成两部分，而不删除，即打断于点。

4.5.6 “合并”命令

使用“合并”命令可以将多个同类对象的线段合并成单个对象。其中，合并的对象可以是直线、多段线、圆弧、椭圆弧和样条曲线等。

在 AutoCAD 中，执行“合并”命令的方法有以下 3 种。

- 菜单栏：选择“修改 | 合并”菜单命令。
- 面板：在“默认”选项卡的“修改”面板中，单击“合并”按钮。
- 命令行：输入“JOIN”命令，其快捷键为“J”。

执行“合并（J）”命令后，根据命令行提示，选择要合并的对象即可，如图 4-43 所示。命令行提示如下：

```
命令 : JOIN                                        \\ 执行“合并”命令
选择源对象或要一次合并的多个对象 : 找到 1 个       \\ 选择合并源对象
选择要合并的对象 : 找到 1 个，总计 2 个
选择要合并的对象 :                                 \\ 选择要合并到的对象
2 条圆弧已合并为 1                                 \\ 系统自动进行合并操作
```


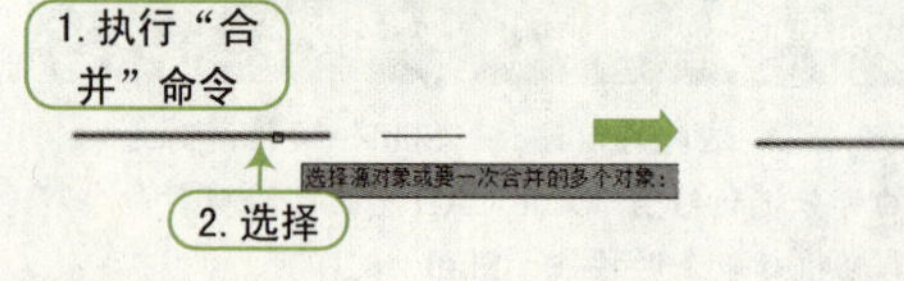

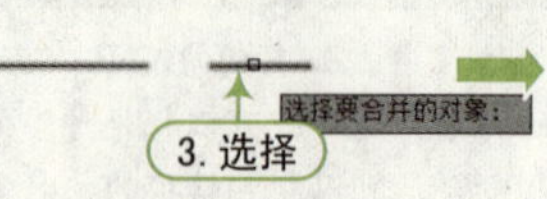

图 4-43　合并直线

QA 问题

学生问： 老师，为什么我用“合并”命令不能将两条平行的直线进行合并呢？

老师答： 在使用“合并”命令时需要注意：合并直线时要求要合并的直线必须共线（位于同一无限长的直线上），它们之间可以有间隙；如果要合并圆弧，那么待合并的圆弧必须位于同一假想的圆上，否则不能进行合并操作。所以平行的直线是不能进行和并操作的。

4.5.7　“倒角”命令

“倒角”命令用于在两条不平行的直线间通过指定距离绘制一个斜角。倒角距离是每个对象与倒角线相接或与其他对象相交而进行修剪或延伸的长度。

在 AutoCAD 中，执行“倒角”命令的方法有以下 3 种。

- 菜单栏：选择“修改 | 倒角”菜单命令。
- 面板：在“默认”选项卡的“修改”面板中，单击“倒角”按钮。
- 命令行：输入“CHAMFER”命令，其快捷键为“CHA”。

执行“倒角”命令（CHA）后，根据命令行提示指定倒角距离，然后选择两条倒角边即可进行倒角操作，如图 4-44 所示。命令行提示如下：

```
命令 :CHAMFER                                          \\ 执行“倒角”命令
(“修剪”模式 ) 当前倒角距离 1 = 0.0000，距离 2 = 0.0000
选择第一条直线或 [ 放弃 (U)/ 多段线 (P)/ 距离 (D)/ 角度 (A)/ 修剪 (T)/ 方式 (E)/ 多个 (M)]: D
                                                       \\ 选择“距离 (D)”选项
指定 第一个 倒角距离 <0.0000>: 5                        \\ 指定倒角距离
指定 第二个 倒角距离 <5.0000>:                          \\ 按“Enter”键
选择第一条直线或                                        \\ 选择第一条直线
[ 放弃 (U)/ 多段线 (P)/ 距离 (D)/ 角度 (A)/ 修剪 (T)/ 方式 (E)/ 多个 (M)]:
选择第二条直线，                                        \\ 选择第二条直线
或按住 Shift 键选择直线以应用角点或 [ 距离 (D)/ 角度 (A)/ 方法 (M)]:
```

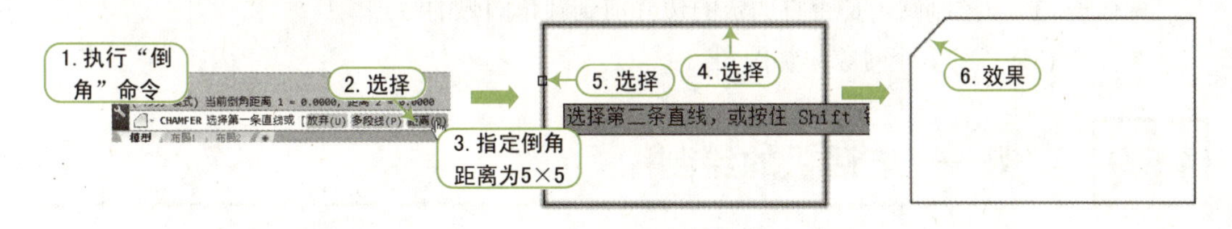

图 4-44　倒角操作

执行“倒角”命令（CHA）过程中，各选项的含义如下。

- 选择第一条直线：指定定义二维倒角所需的两条边中的第一条边。
- 放弃 (U)：恢复在命令中执行的上一个操作。
- 多段线 (P)：对整个二维多段线倒角。
- 距离 (D)：设定倒角至选定边端点的距离。
- 角度 (A)：用第一条线的倒角距离和第二条线的角度设定倒角距离。

● 修剪 (T)：控制倒角是否将选定的边修剪到倒角直线的端点。

● 方式 (E)：控制倒角是使用两个距离还是一个距离和一个角度来创建倒角。

● 多个 (M)：为多组对象的边倒角。

4.5.8 "圆角"命令

"圆角"命令主要用于将两个图形对象用指定半径的圆弧光滑连接起来。其中，可以圆角的对象包括直线、多段线、样条曲线、构造线等。执行"圆角"命令的主要方法有以下3种。

● 菜单栏：选择"修改 | 圆角"菜单命令。

● 面板：在"默认"选项卡的"修改"面板中，单击"圆角"按钮 。

● 命令行：输入"FILLET"命令，其快捷键为"F"。

"圆角"命令与"倒角"命令类似，不同的是，"倒角"命令指定的是距离，而圆角命令指定的是半径。执行"圆角"命令后，命令行提示如下：

```
命令 : FILLET                                                    \\ 执行"圆角"命令
当前设置 : 模式 = 修剪，半径 = 10.0000
选择第一个对象或 [ 放弃 (U)/ 多段线 (P)/ 半径 (R)/ 修剪 (T)/ 多个 (M)]: r    \\ 选择"半径 (R)"选项
指定圆角半径 <10.0000>: 5                                         \\ 输入半径值
选择第一个对象或 [ 放弃 (U)/ 多段线 (P)/ 半径 (R)/ 修剪 (T)/ 多个 (M)]:\\ 选择第一个对象
选择第二个对象，或按住 Shift 键选择对象以应用角点或 [ 半径 (R)]:  \\ 选择第二个对象
```

命令行提示中，各主要选项含义如下。

● 选择第一个对象：选择定义二维圆角所需的两个对象中的第一个对象。

● 放弃 (U)：恢复在命令中执行的上一个操作。

● 多段线 (P)：在二维多段线中两条直线段相交的每个顶点处插入圆角圆弧。

● 半径 (R)：定义圆角圆弧的半径。输入的值将成为后续"圆角"命令的当前半径。修改此值并不影响现有的圆角圆弧。

● 修剪 (T)：控制圆角是否将选定的边修剪到圆角圆弧的端点。

● 多个 (M)：给多个对象集加圆角。

4.5.9 实例——电话机的绘制

视频：4.5.9——电话机的绘制

案例：电话机 .dwg

本案例以"矩形"、"偏移"、"阵列"、"移动"、"圆角"等命令绘制如图 4-45 所示的电话机为例，掌握本节所学内容。首先利用"矩形"命令绘制电话机轮廓；然后绘制电话机的

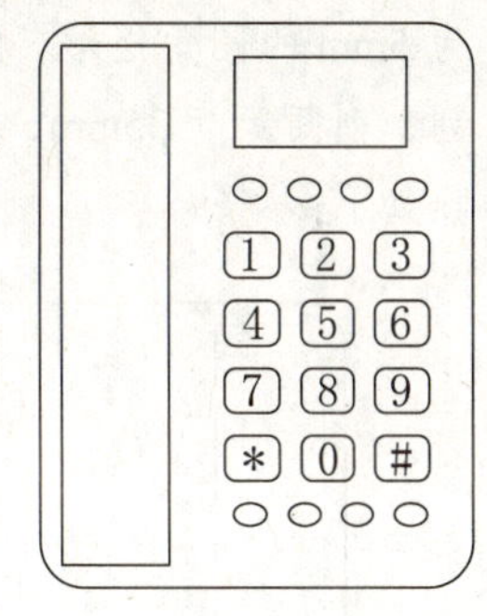

图 4-45　电话机

键盘和屏幕。具体绘图步骤如下：

STEP 01 新建文件。正常启动 AutoCAD 2016 软件，执行“文件 | 新建”命令，新建一个图形文件；然后在“快速访问”工具栏中，单击“保存”按钮，将其保存为“案例 \04\ 电话机 .dwg”文件。

STEP 02 绘制矩形。执行“矩形”命令（REC），在绘图区域空白位置绘制一个 200mm×250mm 的矩形，如图 4-46 所示。

STEP 03 圆角操作。执行“圆角”命令（F），设置圆角半径为 20mm，将矩形的 4 个角进行半圆角操作，效果如图 4-47 所示。其命令执行过程如下：

```
命令 : FILLET                                              \\ 执行“圆角”命令
当前设置 : 模式 = 修剪，半径 = 10.0000
选择第一个对象或 [ 放弃 (U)/ 多段线 (P)/ 半径 (R)/ 修剪 (T)/ 多个 (M)]: r\\ 选择“半径 (R)”选项
指定圆角半径 :20                                           \\ 输入圆角半径 20
选择第一个对象或 [ 放弃 (U)/ 多段线 (P)/ 半径 (R)/ 修剪 (T)/ 多个 (M)]: p\\ 选择矩形的一条边
选择二维多段线或 [ 半径 (R)]:                               \\ 选择矩形相临边
4 条直线已被圆角
```

STEP 04 分解矩形。执行“分解”命令（X），选择上一步圆角后的矩形，将其进行分解。

STEP 05 偏移直线。执行“偏移”命令（O），将左侧的垂直线段及上下两条水平线向内偏移 10mm，如图 4-48 所示。

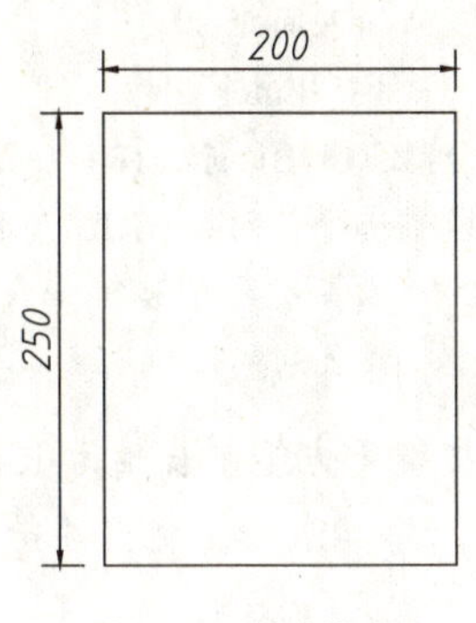

图 4-46　绘制矩形

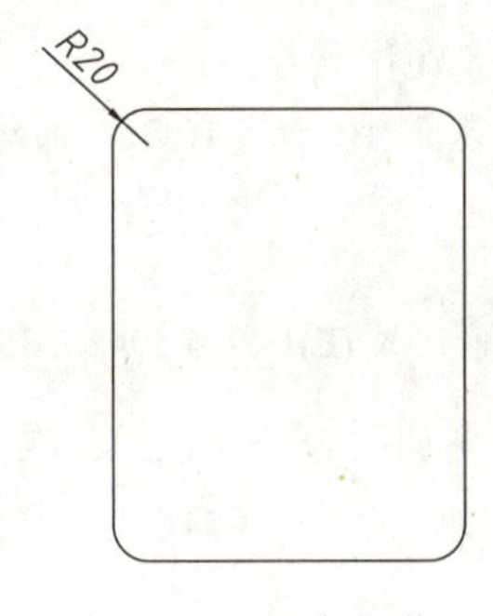

图 4-47　圆角操作

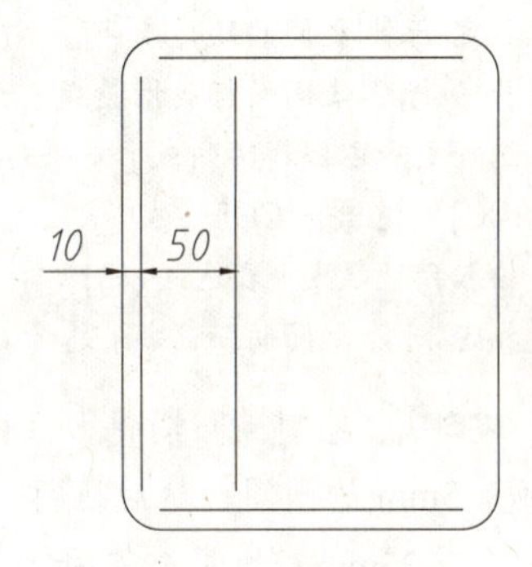

图 4-48　偏移直线

STEP 06 连接直线。再次执行“圆角”命令（F），设置圆角半径为 0，对步骤 5 偏移好的直线进行连接，效果如图 4-49 所示。其命令执行过程如下：

```
命令 : FILLET                                                      \\ 执行“圆角”命令
当前设置 : 模式 = 修剪，半径 = 10.0000
选择第一个对象或 [ 放弃 (U)/ 多段线 (P)/ 半径 (R)/ 修剪 (T)/ 多个 (M)]: r
指定圆角半径 :0                                                    \\ 设置圆角半径 0
选择第一个对象或 [ 放弃 (U)/ 多段线 (P)/ 半径 (R)/ 修剪 (T)/ 多个 (M)]: p \\ 选择垂直边
选择第二个对象，或按住 Shift 键选择对象以应用角点或 [ 半径 (R)]: \\ 选择水平边
```

STEP 07 绘制电话机屏幕。执行“矩形”命令（REC），绘制一个 80mm×40mm 的矩形，并将其移动到相应位置，如图 4-50 所示。

STEP 08 绘制按键。执行“矩形”命令（REC），绘制一个 25mm×20mm 圆角、半径

为 5mm 的圆角矩形。执行“阵列”命令（AR），选择圆角矩形，将其阵列复制成 4 行、3 列，列间距为 35mm，行间距为 30mm 的矩形阵列效果，如图 4-51 所示。命令行提示与操作如下：

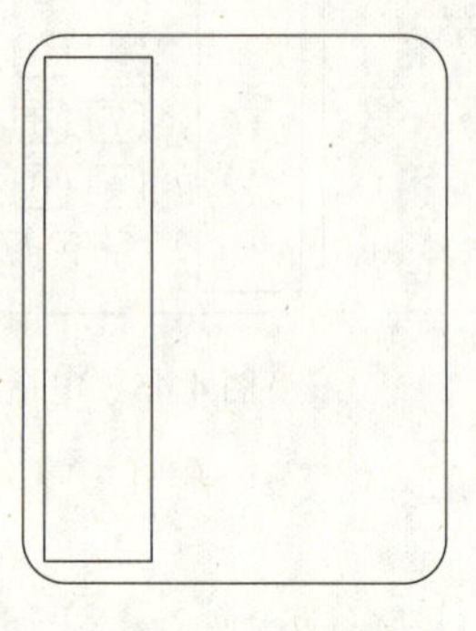

图 4-49　圆角操作

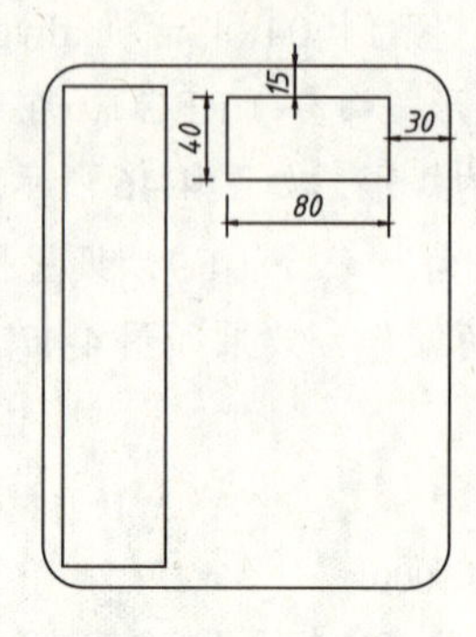

图 4-50　偏移、圆角

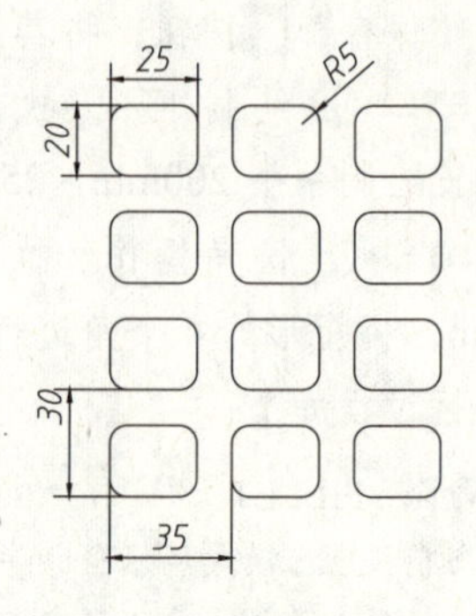

图 4-51　绘制矩形阵列

```
命令：ARRAYRECT                                              \\执行“矩形阵列”命令
选择对象：找到 1 个                                           \\选择圆角矩形对象
选择对象：
类型 = 矩形  关联 = 是
选择夹点以编辑阵列或 [ 关联 (AS)/ 基点 (B)/ 计数 (COU)/ 间距 (S)/ 列数 (COL)/ 行数 (R)/ 层数 (L)/
退出 (X)] < 退出 >: r                                        \\选择“行数（R）”选项
输入行数数或 [ 表达式 (E)] <0>: 4                             \\设置行数为 4
指定 行数 之间的距离或 [ 总计 (T)/ 表达式 (E)] <0>: 30         \\输入间距 30
指定 行数 之间的标高增量或 [ 表达式 (E)] <0>:                  \\按“Enter”键
选择夹点以编辑阵列或 [ 关联 (AS)/ 基点 (B)/ 计数 (COU)/ 间距 (S)/ 列数 (COL)/ 行数 (R)/ 层数 (L)/
退出 (X)] < 退出 >: COL                                      \\选择“列数 (COL)”选项
输入列数数或 [ 表达式 (E)] <4>: 1                             \\设置列数为 3
指定 列数 之间的距离或 [ 总计 (T)/ 表达式 (E)] <954.5942>: 35  \\设置列间距为 35
```

STEP 09 绘制椭圆按键。执行“椭圆”命令（EL），在矩形按键下方绘制长轴为 15mm，半轴为 5mm 的椭圆。然后执行“复制”命令（CO），选择椭圆，将其水平复制出 4 份，其间距均为 25mm，如图 4-52 所示。

STEP 10 复制椭圆按键。再次执行“复制”命令（CO），将步骤 9 绘制的按键向上复制一份，效果如图 4-53 所示。

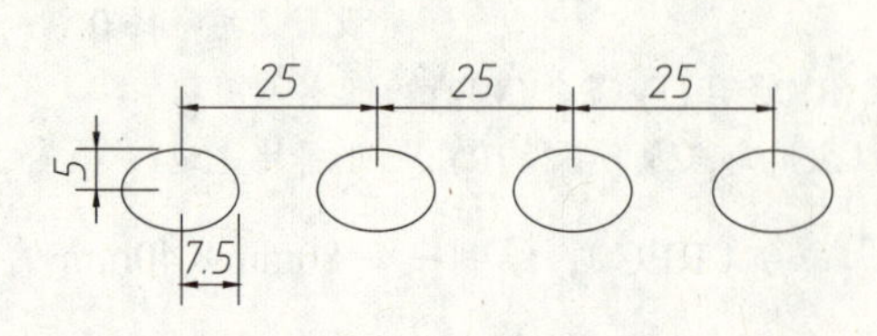

图 4-52　绘制并复制椭圆

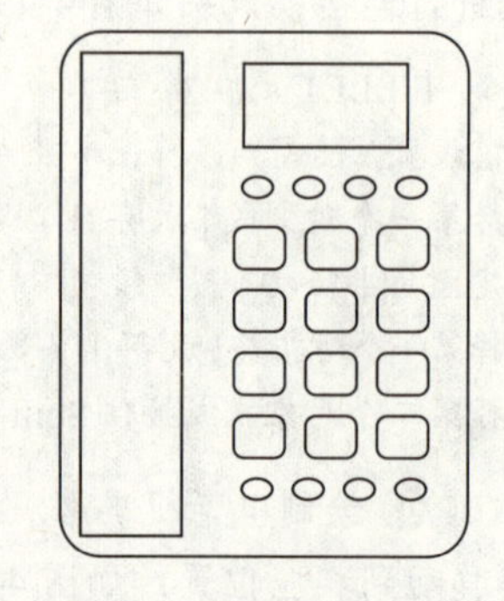

图 4-53　复制椭圆按键

STEP 11 输入文字。执行“文字”命令（DT），在按键上输入相应的数字和字母，效果如图 4-45 所示。

STEP 12 保存图形。至此，电话机绘制完成，按“Ctrl+S”组合键，将文件进行保存。

4.5.10 “分解”命令

“分解”命令用于分解一个复杂的图形对象。例如，它可以使块、阵列对象、填充图案和关联的尺寸标注从原来的整体化为分离的对象；它也能使多线段、多线和草图线等分解成独立的、简单的直线段和圆弧对象，如图 4-54 所示。

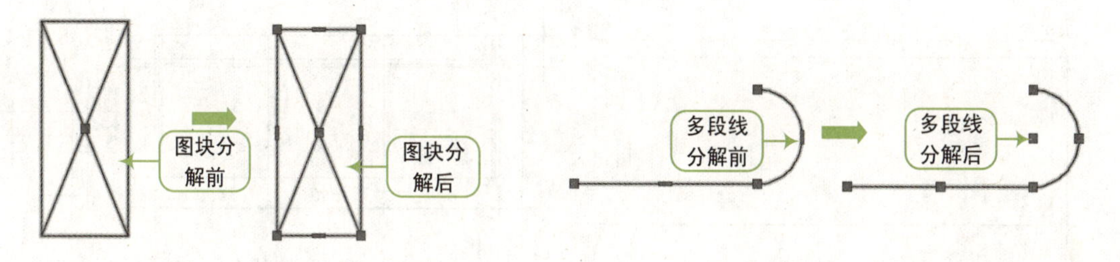

图 4-54 分解图形

执行“分解”命令的主要方法有以下 3 种。

- 菜单栏：选择“修改 | 分解”菜单命令。
- 面板：在“默认”选项卡的“修改”面板中，单击“分解”按钮 。
- 命令行：输入“EXPLODE”命令，其快捷键为“X”。

执行“分解”命令（X）后，命令行提示如下：

```
命令 : EXPLODE                    \\ 执行“分解”命令
选择对象 : 找到 1 个               \\ 选择要分解的对象
```

使用“分解”命令（X）时，应注意以下 3 点：

- 使用“分解”命令（X）可以分解图块、剖面线、多线、尺寸标注线、多段线、矩形、多边形、三维曲面和三维实体。
- 具有宽度值的多段线分解后，其宽度值为 0。
- 带有属性的图块分解后，其属性值将被还原为属性定义的标记。

4.6 综合演练——组合沙发的绘制

视频：4.6——组合沙发的绘制 .avi

案例：组合沙发 .dwg

本案例利用二维绘图命令和本章所学的“偏移”、“修剪”、“圆角”、“镜像”等编辑命令，绘制出一套组合沙发图形。具体绘图步骤如下：

STEP 01 新建文件。正常启动 AutoCAD 2016 软件，执行“文件 | 新建”命令，新建一个图形文件；然后，执行“文件 | 保存”命令，将文件保存为“案例\04\组合沙发.dwg”文件。

STEP 02 绘制矩形。执行“矩形”命令（REC），绘制一条长度为 2040mm，宽度为 720mm 的矩形，如图 4-55 所示。

STEP 03 分解矩形。执行“分解”命令（X），将步骤 2 绘制的矩形进行“分解”操作。

STEP 04 偏移直线。执行“偏移”命令（O），将上一步偏移后的矩形进行偏移操作，如图 4-56 所示。

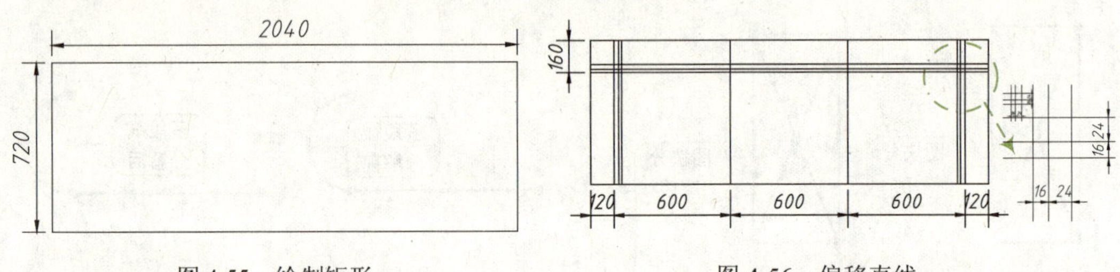

图 4-55　绘制矩形　　　图 4-56　偏移直线

STEP 05 圆角操作。执行“圆角”命令（F），设置圆角半径为 40mm，对图形进行圆角操作，采用同样的方法分别设置圆角半径为 56mm、80mm、200mm，对图形进行圆角操作，如图 4-57 所示。

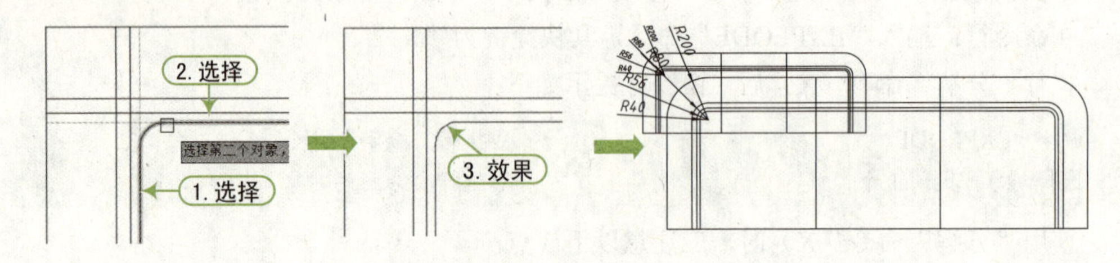

图 4-57　圆角操作

STEP 06 修剪图形。执行“修剪”命令（TR），选择第二条水平直线作为修剪边界，对中间的两条垂直线段进行修剪，如图 4-58 所示。

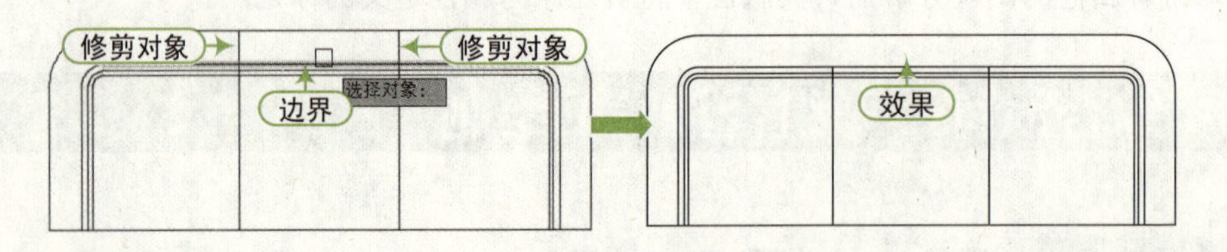

图 4-58　修剪直线

STEP 07 圆角操作。再次执行“圆角”命令（F），设置圆角半径为 40mm，设置修剪模式为“不修剪”，对图形进行圆角，如图 4-59 所示。

STEP 08 修剪图形。再次执行“修剪”命令（TR），修剪掉多余的线段，如图 4-60 所示。

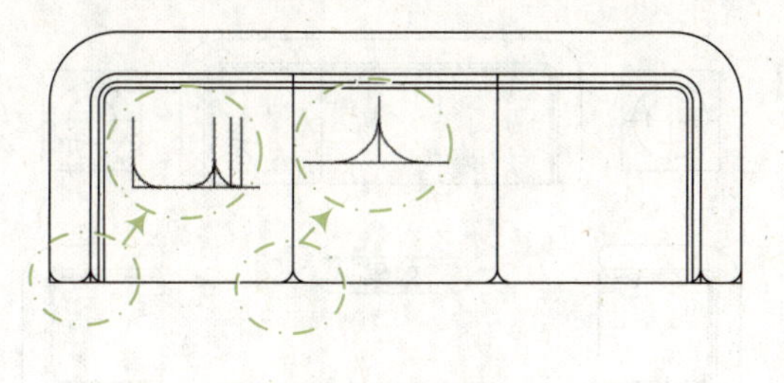

图 4-59　圆角操作

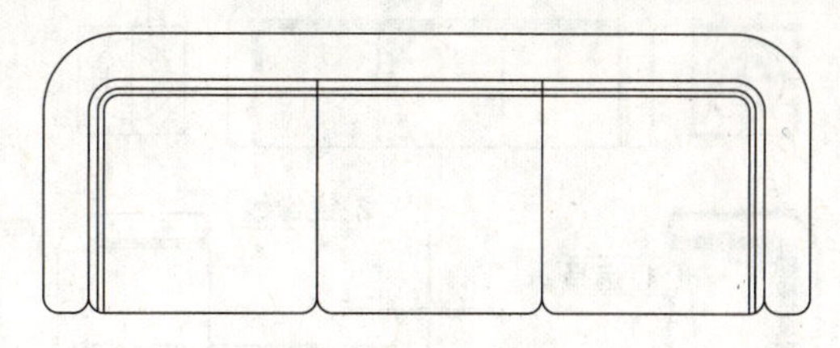

图 4-60　修剪图形

STEP 09 绘制单人沙发。执行“复制”命令（CO），将三人沙发复制一份；执行“删除”命令（E），删除多余的线段；然后执行“拉伸”命令（S），将图形缩短为单人沙发，如图 4-61 所示。

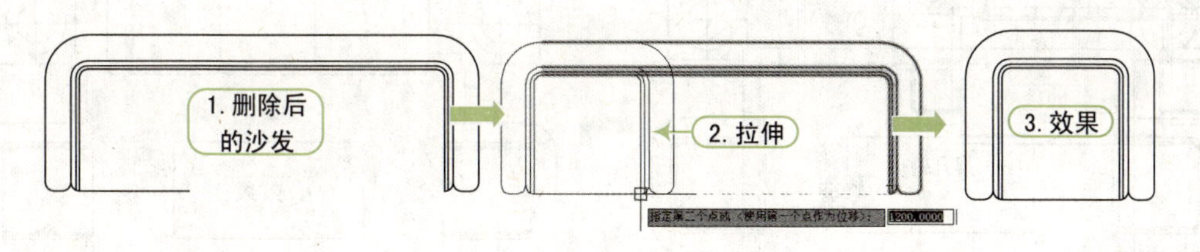

图 4-61　绘制单人沙发

STEP 10 移动单人沙发。执行“移动”命令（M）和“旋转”命令（RO），将单人沙发移动至三人沙发的相应位置，如图 4-62 所示。

STEP 11 绘制茶几和灯具。执行“矩形”命令（REC），绘制一个 500mm×500mm 的矩形，然后捕捉矩形中心点，绘制两个半径分别为 120mm、190mm 的同心圆，如图 4-63 所示。

STEP 12 绘制直线。执行“直线”命令（L），捕捉圆的象限点绘制直线，并利用“拉长”命令（LEN）将直线向圆外拉长 50mm，如图 4-64 所示。

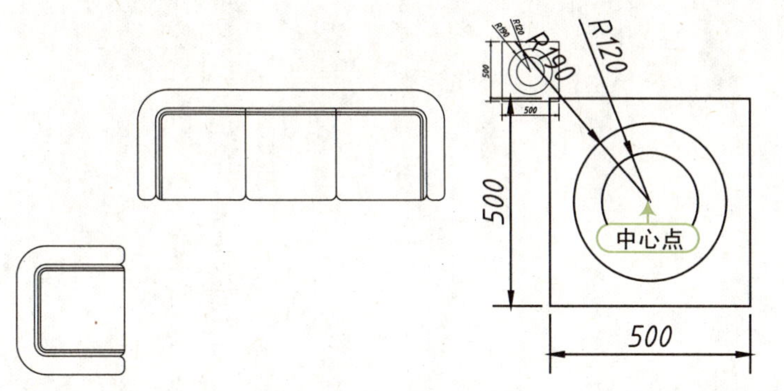

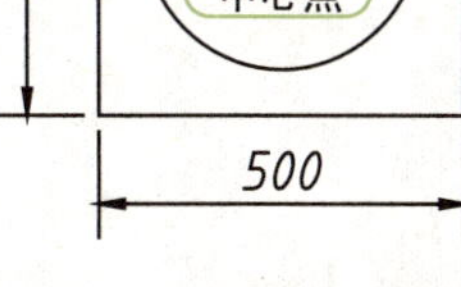

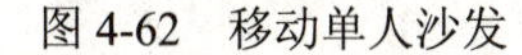

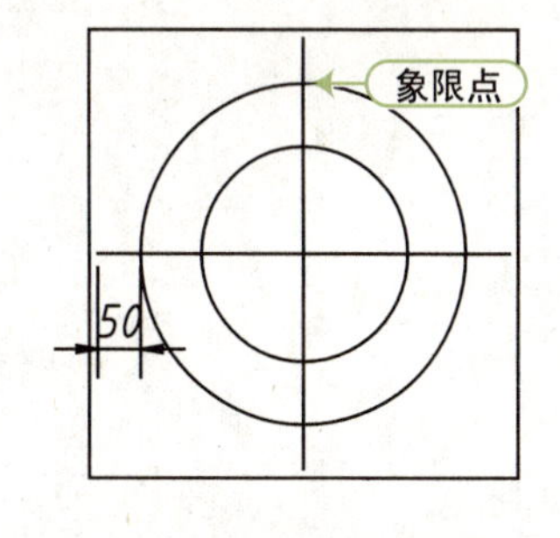

图 4-62　移动单人沙发　　图 4-63　绘制矩形和圆　　图 4-64　绘制直线

STEP 13 镜像图形。执行“镜像”命令（MI），选择左侧的单人沙发图形和茶几组合，以三人沙发的中点作为镜像线，对图形进行镜像操作，如图 4-65 所示。

STEP 14 绘制地毯和茶几。执行“矩形”命令（REC），绘制 3 个矩形作为茶几和地毯图形，并对其进行修剪，对图形进行镜像操作，如图 4-66 所示。

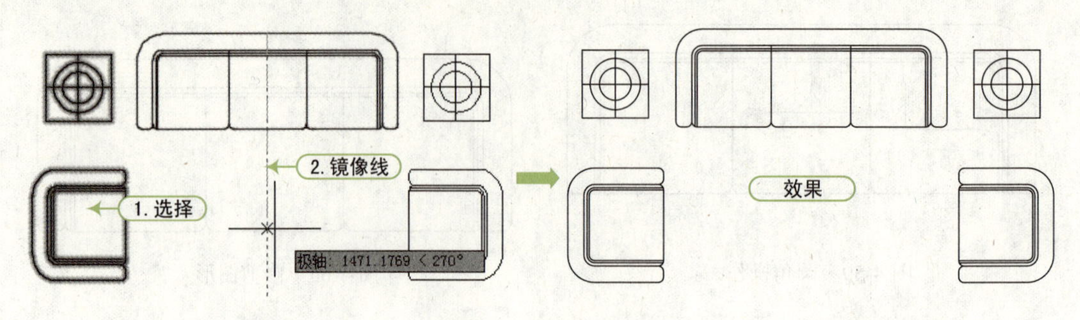

图 4-65　镜像图形

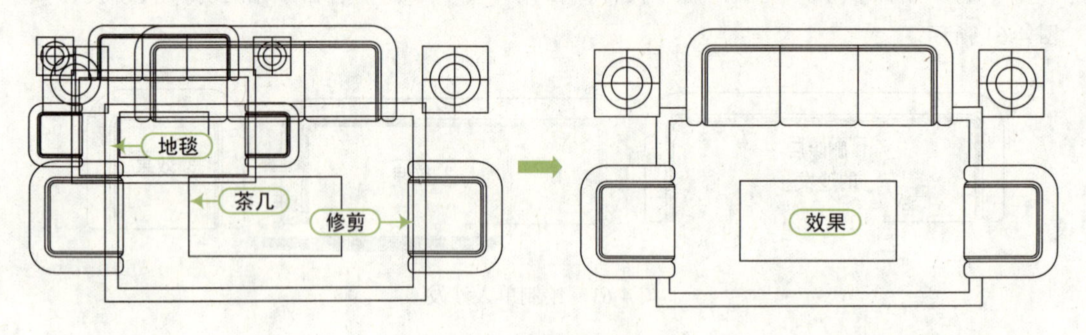

图 4-66　绘制地毯和茶几

STEP 15 保存图形。组合沙发图形绘制完成，按“Ctrl+S”组合键，将文件进行保存。

第 05 章 复杂图形的绘制与编辑

老师，在前面已经学了那么多的绘图及编辑命令，本章还要学习哪些内容呢？

本章主要讲解“多段线”、“样条曲线”、“多线”绘图命令及高级对象编辑功能。利用“多段线”命令可以绘制连续的直线和圆弧，通常用其绘制箭头符号等；而样条曲线主要用于绘制图形的断面剖切图及大样图，其包括控制点样条曲线和拟合样条曲线；多线可以由两条或两条以上的线段组成，“多线”命令主要用于在建筑图中绘制墙体。这些绘图命令较之前讲解的一些绘图命令，绘制起来较为复杂，所以本章将其作为重点进行讲解。

另外，本章还将对 AutoCAD 的钳夹（夹点编辑）、面域及图案填充编辑功能进行讲解，这些编辑功能也是我们在绘图中经常会用到的，希望大家能够重点掌握。

效果预览

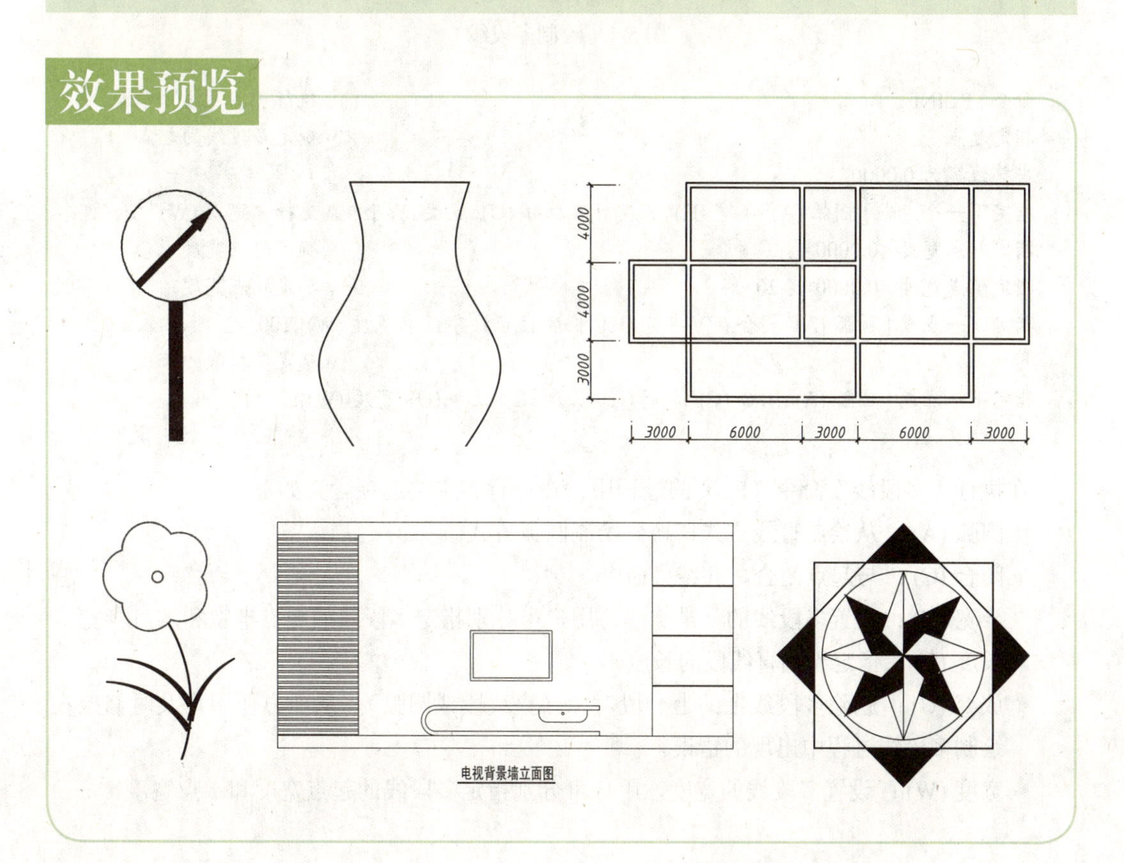

5.1 多段线的绘制与编辑

多段线是一种线段和圆弧组合而成的可以有不同线宽的多线，这种线由于其组合形式的多样和线宽的不同，弥补了直线和圆弧功能的不足，适合绘制各种复杂的图形轮廓，因而得到了广泛应用。

5.1.1 多段线的绘制

在 AutoCAD 2016 中，用户可以通过以下几种方法绘制多段线。

- 菜单栏：选择“绘图 | 多段线”菜单命令。
- 面板：在“默认”选项卡的“绘图”面板中，单击“多段线”按钮。
- 命令行：输入“PLINE”命令，其快捷键为“PL”。

执行“多段线”命令（PL）后，根据如下提示，即可绘制多段线，如图 5-1 所示。

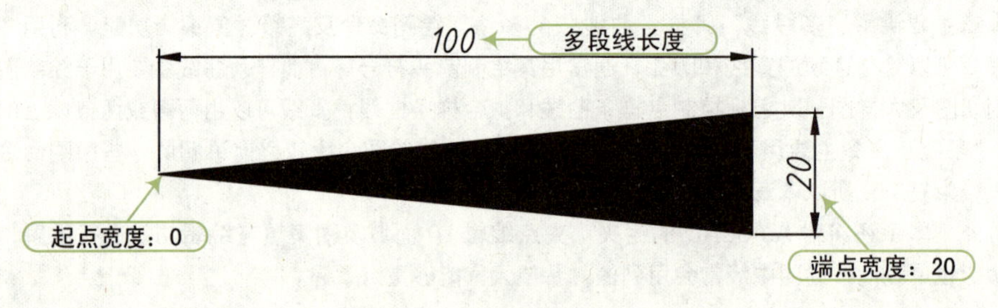

图 5-1　绘制多段线

```
命令 : PLINE                                                    \\ 执行“多段线”命令
指定起点 :                                                      \\ 确定多段线的起点
当前线宽为 0.0000
指定下一个点或 [ 圆弧 (A)/ 半宽 (H)/ 长度 (L)/ 放弃 (U)/ 宽度 (W)]:  \\ 选择“宽度 (W)”选项
指定起点宽度 <0.0000> : 0                                       \\ 确定起点宽度
指定端点宽度 <0.0000> : 20                                      \\ 确定端点宽度
指定下一点或 [ 圆弧 (A)/ 闭合 (C)/ 半宽 (H)/ 长度 (L)/ 放弃 (U)/ 宽度 (W)]:100
                                                                \\ 确定多段线的长度
指定下一点或 [ 圆弧 (A)/ 闭合 (C)/ 半宽 (H)/ 长度 (L)/ 放弃 (U)/ 宽度 (W)]:
                                                                \\ 按“Enter”键确定
```

在执行“多段线”命令（PL）的过程中，命令行各主要选项含义如下。

- 圆弧 (A)：从绘制直线方式切换到绘制圆弧方式。
- 闭合 (C)：与起点闭合，并结束命令。
- 半宽 (H)：设置多段线的一半宽度，用户可分别指定多段线的起点半宽和端点半宽。
- 长度 (L)：指定绘制直线段的长度。
- 放弃 (U)：删除多段线上的上一段对象（直线段或圆弧），从而方便用户及时修改在绘制多段线过程中出现的错误。
- 宽度 (W)：设置多段线的宽度，用户可分别指定多段线的起点宽度和端点宽度。

5.1.2 多段线的编辑

通过“多段线编辑”命令可以对多段线进行编辑，以满足用户的不同需求。在 AutoCAD 2016 中，用户可以通过以下 3 种方法来编辑多段线。

- 菜单栏：选择“修改 | 对象 | 多段线”菜单命令。
- 快捷菜单：选择要编辑的多段线对象并右击，在弹出的快捷菜单上选择“多段线 | 编辑多段线”命令。
- 命令行：输入“PEDIT”命令，其快捷键为“PE”。

执行“多段线编辑”命令（PE）后，命令行提示如下：

```
命令 : PEDIT                                    \\ 执行“多段线编辑”命令
选择多段线或 [ 多条 (M)]:                        \\ 选择要编辑的多段线
选择多段线或 [ 多条 (M)]:
输入选项 [ 闭合 (C)/ 合并 (J)/ 宽度 (W)/ 编辑顶点 (E)/ 拟合 (F)/ 样条曲线 (S)/ 非曲线化 (D)/ 线型生
成 (L)/ 反转 (R)/ 放弃 (U)]: W                   \\ 根据需要选择各选项
```

在执行“多段线编辑”命令（PE）的过程中，其各主要选项含义如下。

- 闭合 (C)：用于闭合开放的多段线，使其首尾连接。
- 合并 (J)：用于将多段线或曲线合并为一条线段，可以合并首尾相连的线段或曲线。
- 宽度 (W)：为整个多段线指定新的宽度。
- 编辑顶点 (E)：用于编辑多段线的顶点，当前处于编辑状态的点以 X 标记。
- 拟合 (F)：将多段线的拐角进行光滑的圆弧曲线连接。
- 样条曲线 (S)：用于将多段线转换为拟合曲线。
- 非曲线化 (D)：删除由拟合曲线或样条曲线插入的多余顶点，拉直多段线的所有线段。
- 线型生成 (L)：生成经过多段线顶点的连续图案线型。
- 反转 (R)：反转多段线顶点的顺序。使用此选项可反转使用包含文字线型的对象的方向。例如，根据多段线的创建方向，线型中的文字可能会倒置显示。
- 放弃 (U)：还原操作，可一直返回任务开始时的状态。

QA 问题

学生问： 老师，可以将连续绘制的多条直线变成多段线吗？

老师答： 可以，利用“多段线编辑”命令（PE）中的“合并”选项，可以将连续绘制的直线或圆弧进行合并，使之称为多段线。

5.1.3 实例——压力表的绘制

视频：5.1.3——压力表的绘制 .avi

案例：压力表 .dwg

本案例利用“多段线”及“圆”、“旋转”命令绘制一个如图 5-2 所示的压力表图例。首先利用“圆”命令绘制压力表轮廓，然后执行“多段线”命令绘制一段宽线和指针。具体操作步骤如下：

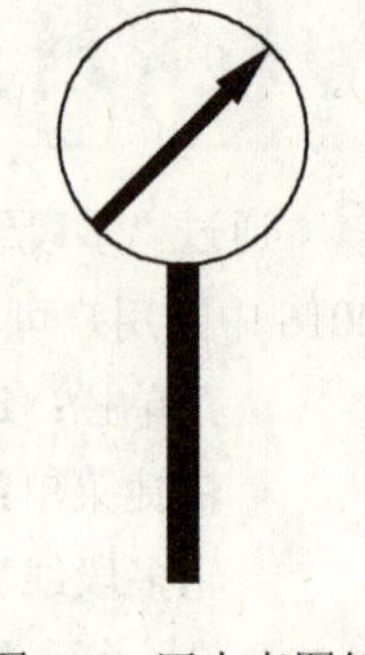

图 5-2　压力表图例

STEP 01 新建文件。正常启动 AutoCAD 2016 软件，执行“文件 | 新建”命令，新建一个图形文件；然后，执行“文件 | 保存”命令，将文件保存为“案例 \05\ 压力表 .dwg”文件。

STEP 02 绘制圆。执行“圆”命令（C），在绘图区域中心位置绘制一个半径为 8mm 的圆，如图 5-3 所示。

STEP 03 绘制宽线。执行“多段线”命令（PL），捕捉步骤 2 绘制的圆的下象限点，绘制一个起点和端点宽度均为 2mm，长度为 20mm 的宽线，如图 5-4 所示。

STEP 04 绘制箭头。按“Enter”键重复“多段线”命令（PL），分别捕捉圆的左右象限点，绘制如图 5-5 所示的箭头。命令行提示与操作如下：

```
命令: PLINE                                                          \\ 执行“多段线”命令
指定起点 :                                                           \\ 捕捉圆的左象限点
当前线宽为 0.0000
指定下一个点或 [ 圆弧 (A)/ 半宽 (H)/ 长度 (L)/ 放弃 (U)/ 宽度 (W)]: w \\ 选择“宽度 (W)”选项
指定起点宽度 <0.0000>: 1                                             \\ 输入直线起点宽度
指定端点宽度 <1.0000>: 1                                             \\ 输入直线端点宽度
指定下一个点或 [ 圆弧 (A)/ 半宽 (H)/ 长度 (L)/ 放弃 (U)/ 宽度 (W)]: 12  \\ 输入直线长度
指定下一点或 [ 圆弧 (A)/ 闭合 (C)/ 半宽 (H)/ 长度 (L)/ 放弃 (U)/ 宽度 (W)]: w \\ 选择“宽度 (W)”选项
指定起点宽度 <1.0000>: 2                                             \\ 输入箭头起点宽度
指定端点宽度 <2.0000>: 0                                             \\ 输入箭头端点宽度
指定下一点或 [ 圆弧 (A)/ 闭合 (C)/ 半宽 (H)/ 长度 (L)/ 放弃 (U)/ 宽度 (W)]: \\ 捕捉圆的右象限点
指定下一点或 [ 圆弧 (A)/ 闭合 (C)/ 半宽 (H)/ 长度 (L)/ 放弃 (U)/ 宽度 (W)]: * 取消 * \\ 按“Enter”键
```

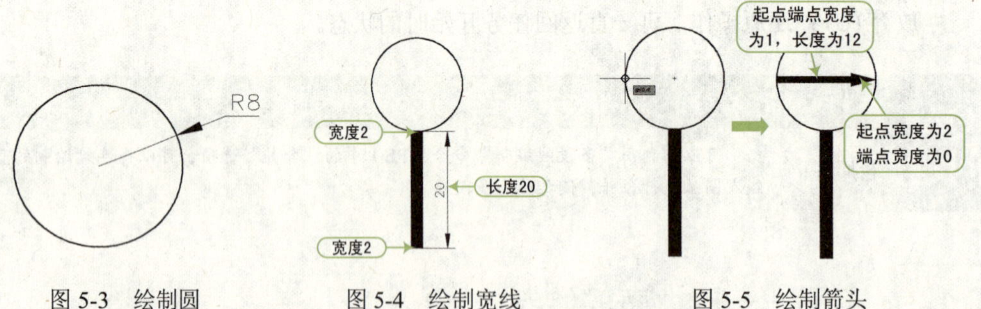

图 5-3　绘制圆　　图 5-4　绘制宽线　　图 5-5　绘制箭头

STEP 05 旋转箭头。执行“旋转”命令（RO），将箭头符号以圆心为旋转基点，将其旋转 45°，旋转效果如图 5-2 所示。

STEP 06 保存图形。至此，压力表图例绘制完成，按“Ctrl+S”组合键，将文件进行保存。

QA 问题

学生问： 老师，可以将多线段分解为直线吗？

老师答： 可以，利用“分解”命令（X），可以将绘制的多段线转换为单独的直线或圆弧。但是需要注意的是，如果原来的多段线具有一定的宽度，那么分解后的直线将不具备宽度，而是为系统默认的直线宽度，如图 5-6 所示。

图 5-6　绘制多段线

5.2　样条曲线的绘制与编辑

AutoCAD 2016 使用一种称为非一致有理 B 样条（NURBS）曲线的特殊样条曲线类型。NURBS 曲线在控制点之间产生一条光滑的样条曲线，样条曲线可用于创建形状不规则的曲线，例如，为地理信息系统（GIS）应用绘制轮廓线，如图 5-7 所示。

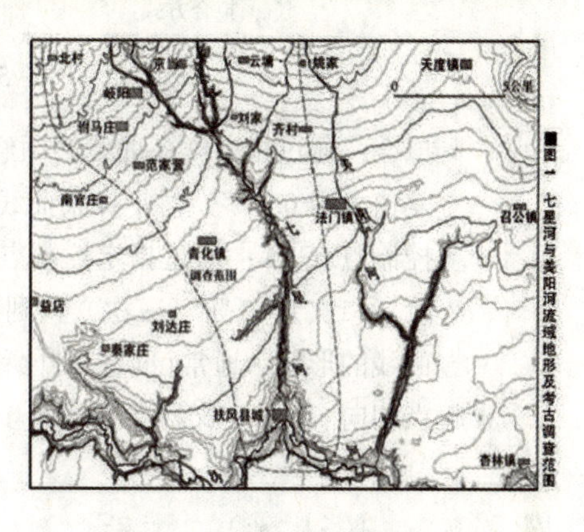

图 5-7　地理信息系统（GIS）

5.2.1　样条曲线的绘制

在室内制图中常用样条曲线绘制纹理图案，如窗户木纹、地面纹路等，样条曲线还可以作为其他三维命令旋转或延伸的对象。使用“样条曲线”命令可以绘制各类光滑的曲线图元，这种曲线是由起点、终点、控制点及偏差来控制的。

在 AutoCAD 2016 中，用户可以通过以下几种方法绘制样条曲线。

- 菜单栏：选择“绘图 | 样条曲线”菜单命令。
- 面板：在“默认”选项卡中，单击“绘图”面板中的“样条曲线控制点”按钮和“样条曲线拟合”按钮。
- 命令行：输入“SPLINE”命令，其快捷键为“SPL”。

执行“样条曲线”命令（SPL）后，根据命令行提示，即可绘制多段线。

```
命令：SPLINE                          \\ 执行“样条曲线”命令
当前设置：方式 = 拟合  节点 = 弦
```

```
指定第一个点或 [ 方式 (M)/ 节点 (K)/ 对象 (O)]:          \\ 指定一点或选择选项
输入下一个点或 [ 起点切向 (T)/ 公差 (L)]:                 \\ 指定第二点
```

其中，各选项的具体含义如下。

- 对象 (O)：可以将已存在的由多段线生成的拟合曲线转换为等价样条曲线。选定此选项后，AutoCAD 提示用户选取一个拟合曲线。
- 闭合 (C)：使样条曲线起始点、结束点重合，并使它在连接处相切。
- 方式 (M)：样条曲线的绘制方式分为拟合方式和控制点方式，这两种方式绘制样条曲线的效果如图 5-8 所示。

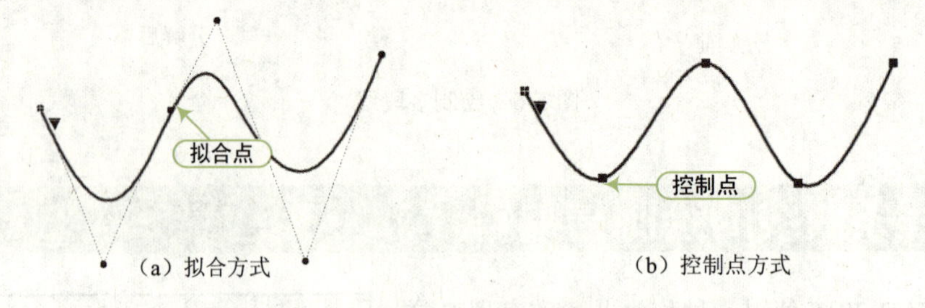

图 5-8　绘制多段线

  - 拟合：通过指定样条曲线必须经过的拟合点来创建 3 阶（三次）B 样条曲线。在公差值大于 0（零）时，样条曲线必须在各个点的指定公差距离内。
  - 控制点 (CV)：通过指定控制点来创建样条曲线。使用此方法创建 1 阶（线性）、2 阶（二次）、3 阶（三次）直到最高为 10 阶的样条曲线。通过移动控制点调整样条曲线的形状，通常可以提供比移动拟合点更好的效果。
- 起点切向 (T)：定义样条曲线第一点和最后一点的切向。

5.2.2 样条曲线的编辑

“编辑样条曲线”命令用于修改样条曲线的参数或将样条拟合多段线转换为样条曲线。修改定义样条曲线的数据，例如，控制点的编号和权值、拟合公差及起点和终点的切线。

在 AutoCAD 2016 中，用户可以通过以下 3 种方法编辑样条曲线。

- 菜单栏：选择“修改 | 对象 | 样条曲线”菜单命令。
- 快捷菜单：选择要编辑的多段线对象并右击，在弹出的快捷菜单上选择“样条曲线”命令。
- 命令行：输入“SPLINEDIT”命令，其快捷键为“SPE”。

执行“编辑样条曲线”命令（SPE）后，命令行提示如下：

```
命令 : SPLINEDIT                                  \\ 执行“编辑样条曲线”命令
选择样条曲线 :                                     \\ 选择需要编辑的样条曲线
输入选项 [ 闭合 (C)/ 合并 (J)/ 拟合数据 (F)/ 编辑顶点 (E)/ 转换为多段线 (P)/ 反转 (R)/ 放弃 (U)/ 退出 (X)] < 退出 >:   \\ 选择“编辑顶点 (E)”选项
```

其中，各选项的主要含义如下。

- 拟合数据 (F)：编辑近似数据。选择该选项后，创建该样条曲线时指定的各点将以小方格的形式显示出来。
- 编辑顶点 (E)：可以对样条曲线进行以下编辑操作，在位于两个现有的控制点之间的指定点处添加一个新控制点；删除选定的控制点；增大样条曲线的多项式阶数（阶数加 1），即控制点数量；移动并重新定位选定的控制点；更改指定控制点的权值，根据指定控制点的新权值重新计算样条曲线（权值越大，样条曲线越接近控制点）。
- 转换为多段线 (P)：将样条曲线转换为多段线。精度值决定生成的多段线与样条曲线的接近程度。有效值为介于 0 ～ 99 之间的任意整数。
- 反转 (R)：反转样条曲线的方向。此选项主要适用于第三方应用程序。

QA 问题

学生问： 老师，在“多段线编辑”命令中有一个“样条曲线”选项，我们是否可以将样条曲线和多段线互相转换呢？

老师答： 可以，利用“多段线编辑”命令可以将多段线转换为“样条曲线”，同样利用“样条曲线”的编辑功能也可以将样条曲线转换为多段线。

5.2.3 实例——装饰花瓶的绘制

视频：5.2.3——装饰花瓶的绘制 .avi

案例：装饰花瓶 .dwg

本案例利用“样条曲线”绘图命令和“镜像”编辑命令绘制一个装饰花瓶，绘制步骤如下：

STEP 01 新建文件。正常启动 AutoCAD 2016 软件，执行“文件 | 新建”命令，新建一个图形文件；然后，执行“文件 | 保存”命令，将文件保存为“案例 \05\ 装饰花瓶 .dwg”文件。

STEP 02 绘制样条曲线。执行“样条曲线”命令（SPL），在绘图区域中心位置绘制一条样条曲线。

STEP 03 绘制直线。执行“直线”命令（L），以样条曲线起点为端点绘制一条水平直线。

STEP 04 镜像样条曲线。在“修改”面板中单击“镜像”按钮，按“F8”键打开正交模式，选择绘制的样条曲线及水平直线，以直线端点作为镜像线的第一点，将鼠标向下拖动确定镜像线的第二点，对称复制图形。

STEP 05 连接花瓶底端。执行“直线”命令（L），连接两条样条曲线的下端点，绘制水平直线，如图 5-9 所示。

STEP 06 保存图形。至此，装饰花瓶绘制完成，按“Ctrl+S”组合键，将文件进行保存。

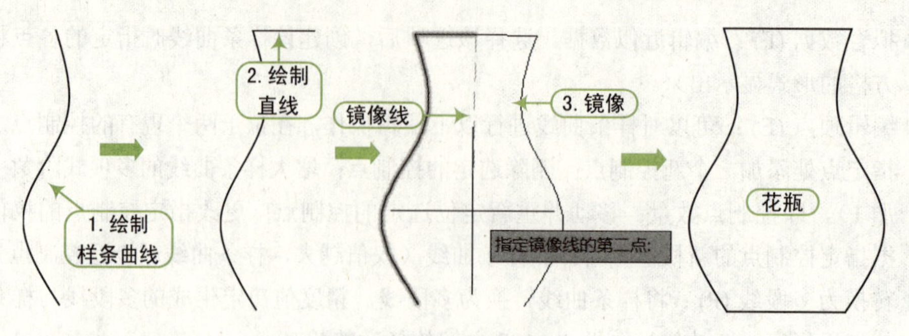

图 5-9 绘制装饰花瓶

5.3 多线的绘制与设置

多线是一种由多条平行线组成的组合对象，平行线之间的间距和数量是可以调整的，多线常用于绘制建筑图中的墙体、电子线路图等平行线对象。

5.3.1 多线的绘制

多线是一种复合线，由连续的直线段复合组成。多线的一个突出优点是能够提高绘图效率，保证图线之间的统一性。

在 AutoCAD 2016 中，用户可以通过以下两种方法绘制多线。

- 菜单栏：选择“绘图 | 多线”菜单命令。
- 命令行：输入“MLINE”命令，其快捷键为“ML”。

执行上述命令后，命令行提示与操作如下：

```
命令 : MLINE                                    \\ 执行“多线”命令
当前设置 : 对正 = 上，比例 = 20.00，样式 = STANDARD
指定起点或 [ 对正 (J)/ 比例 (S)/ 样式 (ST)]:     \\ 指定起点
指定下一点 :                                     \\ 指定下一点
指定下一点或 [ 放弃 (U)]:                        \\ 继续指定下一点或放弃
指定下一点或 [ 闭合 (C)/ 放弃 (U)]:              \\ 结束命令
```

其中，命令行各主要选项的含义如下。

- 对正 (J)：该选项用于设置多线的基准，共有三种对正类型：“上”、“无”、“下”，如图 5-10 所示。

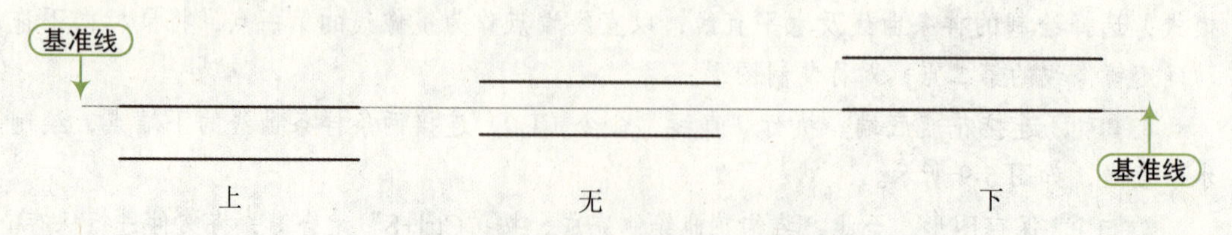

图 5-10 对正类型

- 比例 (S)：设置多线之间的间距。输入 0 时，平行线重合；输入负值时，多线的排列倒置。
- 样式 (ST)：用于设置当前使用的多线样式。

QA 问题

学生问： 老师，为什么要设置多线的比例呢？

老师答： 设置多线的比例是为了在不改变多线图元偏移量的基础上，以合适的比例绘制多线，例如，默认情况下多线的间距为 1（其图元偏移量为 ±0.5）。如果要绘制 120 的墙体，可以不修改多线的样式，而是修改其比例为 120，这样就可以绘制出宽度为 120 的墙体。

5.3.2 多线样式的设置

在 AutoCAD 中，用户可根据需要创建多线的命名样式，以控制元素的数量和每个元素的特性。多线的特性包括：

- 元素的总数和每个元素的位置。
- 每个元素与多线中间的偏移距离。
- 每个元素的颜色和线型。
- 每个顶点出现的称为封口的直线的可见性。
- 使用的端点封口类型。
- 多线的背景填充颜色。

用户可以通过以下两种方法绘制多线。

- 菜单栏：选择“格式 | 多线样式”菜单命令。
- 命令行：输入“MLSTYLE”命令。

执行上述命令后，将打开“多线样式”对话框，单击“新建”按钮，打开“创建新的多线样式”对话框，在该对话框中输入样式名并设置“基础样式”后，单击“继续”按钮，即可打开“新建多线样式：墙体”对话框，在此对话框中用户可以根据需要设置多线的特性，如图 5-11 所示。

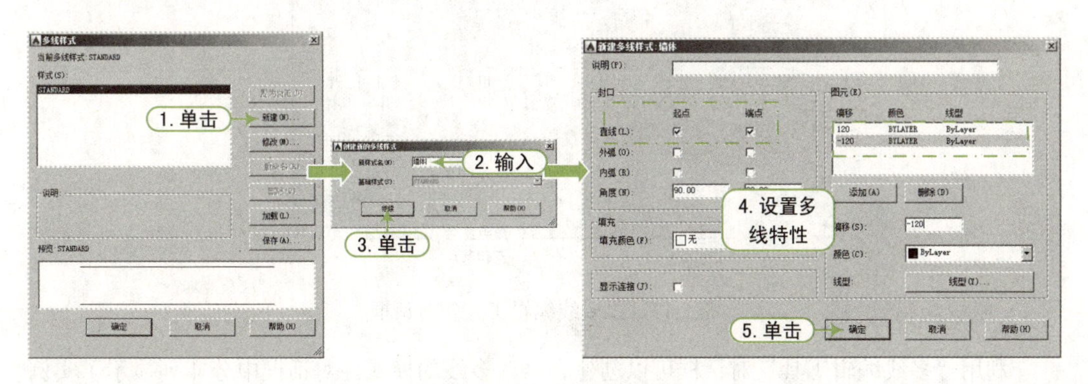

图 5-11　新建多线样式

QA 问题

学生问： 老师，在“新建多线样式”对话框中，“封口”选项是什么意思？

老师答： “封口”选项用于控制多线起点和端点封口。其中，包括直线、外弧、内弧和角度选项。勾选“直线”复选框，多线的两端将以直线封闭多线；同样，勾选“外弧”或“内弧”复选框，多线的封口将为外弧和内弧形式封口，而在角度选项中输入相应的角度值，则图元将以相应的角度错开，如图 5-12 所示。

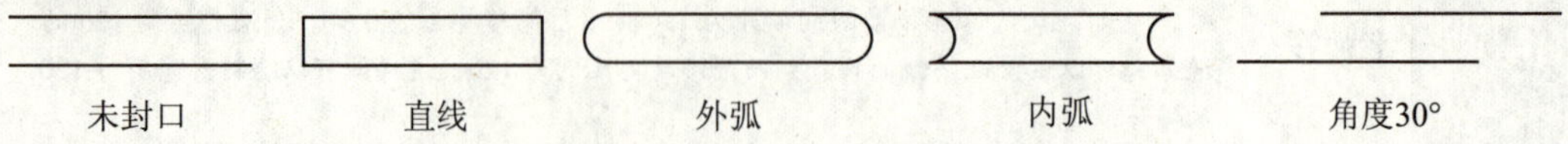

未封口　　直线　　外弧　　内弧　　角度30°

图 5-12　“封口”选项

5.3.3 多线样式的编辑

多线绘制完成后，用户可以通过“多线编辑工具”对多线样式进行编辑交点、打断点和顶点操作。

用户可以通过以下两种方法编辑多线。

- 菜单栏：选择“修改 | 对象 | 多线”菜单命令。
- 命令行：输入“MLEDIT”命令。

执行上述命令后，将打开如图 5-13 所示的“多线编辑工具”对话框。通过该对话框可以创建和修改多线的模式。

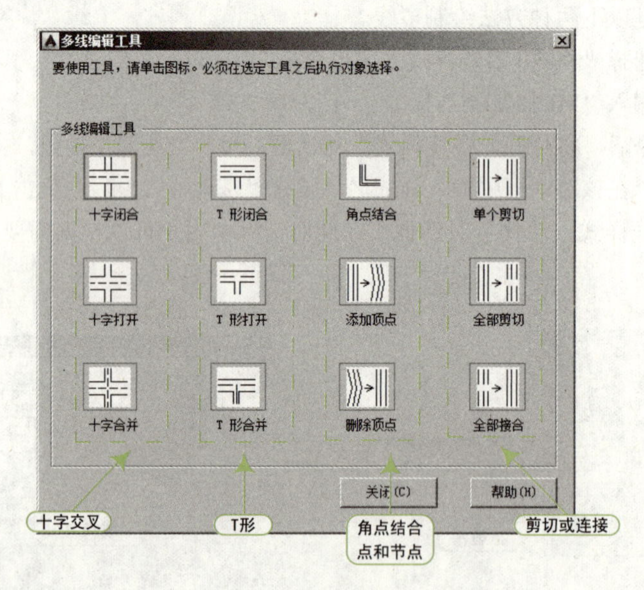

图 5-13　“多线编辑工具”对话框

利用“多线编辑工具”对话框可以创建和修改多线的模式。对话框中分 4 列显示了实例图形。其中，第 1 列管理十字交叉形式的多线；第 2 列管理 T 形多线；第 3 列管理拐角结合点和节点形式的多线；第 4 列管理多线被剪切或连接的形式。选择某个示例图形，即可调用该项编辑功能。

5.3.4 实例——墙体的绘制

视频：5.3.4——墙体的绘制 .avi
案例：墙体 .dwg

本案例首先利用“构造线”与“偏移”命令绘制辅助线，然后利用“多线”命令绘制墙体，最后利用编辑多线得到如图 5-14 所示的房屋平面图的墙体。具体绘图步骤如下：

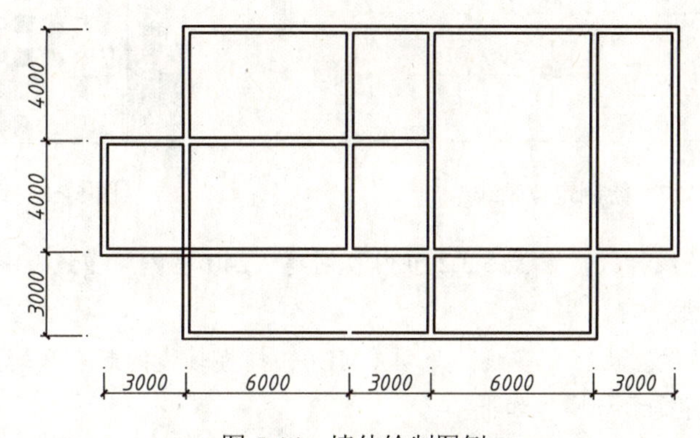

图 5-14　墙体绘制图例

STEP 01 新建文件。正常启动 AutoCAD 2016 软件，执行“文件 | 新建”命令，新建一个图形文件；然后，执行“文件 | 保存”命令，将文件保存为“案例\05\房屋墙体 .dwg”文件。

STEP 02 设置绘图环境。参照 1.3.6 节和 1.3.7 节内容设置图形单位和图形界限，设置图形长度单位类型为小数，精度为 0.0000；图形界限大小为 29700mm×21000mm，如图 5-15 所示。

STEP 03 新建图层。参照 3.1 节内容创建如图 5-16 所示的图层，并将“定位轴线”图层设置为当前图层。

STEP 04 设置线型比例。执行“线型比例”命令（LTS），设置全局比例为 50。

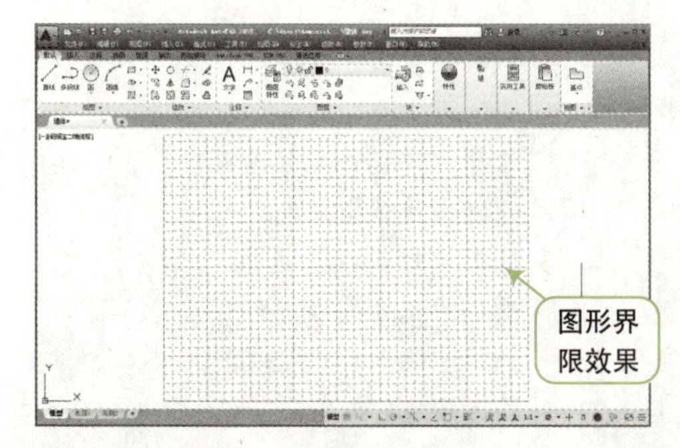

图 5-15　设置的图形界限

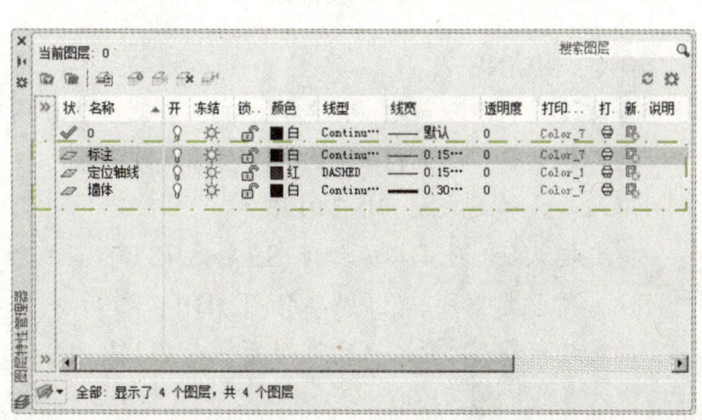

图 5-16　设置图层

STEP 05 绘制构造线。执行“构造线”命令（XL），在图形区域绘制互相垂直的构造线；然后执行“偏移”命令（O），将垂直构造线依次偏移3000mm、6000mm、3000mm、6000mm、2000mm；将水平构造线向上依次偏移3000mm、4000mm、4000mm，如图5-17所示。

STEP 06 设置当前图层。单击“图层”面板的“图层控制”下拉按钮，选择“墙体”图层，设置为当前图层，如图5-18所示。

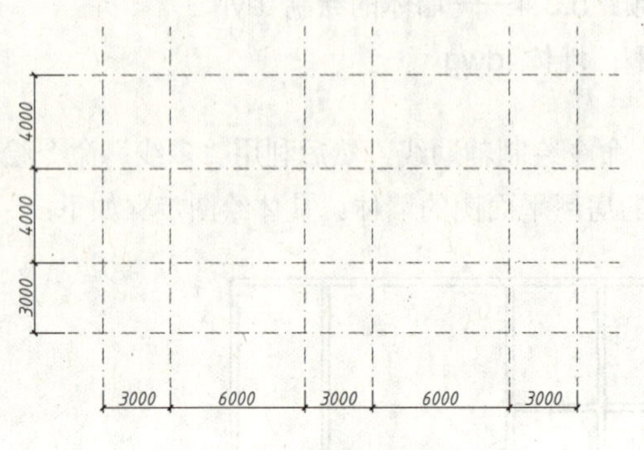

图 5-17　绘制定位轴线

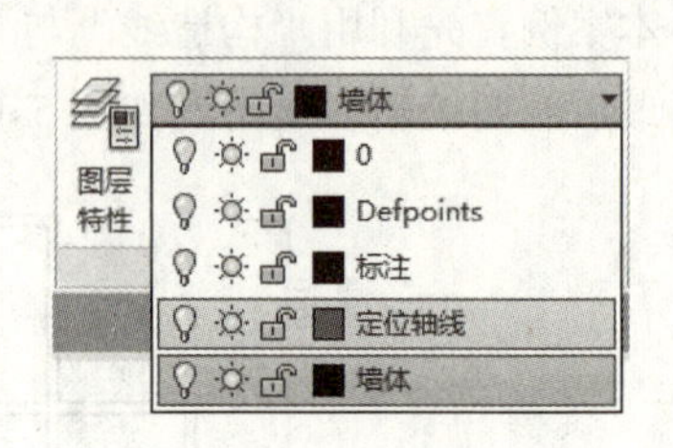

图 5-18　设置图层

STEP 07 创建多线样式。参照5.3.2节内容创建“240墙体”多线，并设置“多线样式”特性，如图5-19所示。

STEP 08 绘制多线。执行“多线”命令（ML），捕捉轴线的起点和端点，绘制如图5-20所示的墙体。命令行提示与操作如下：

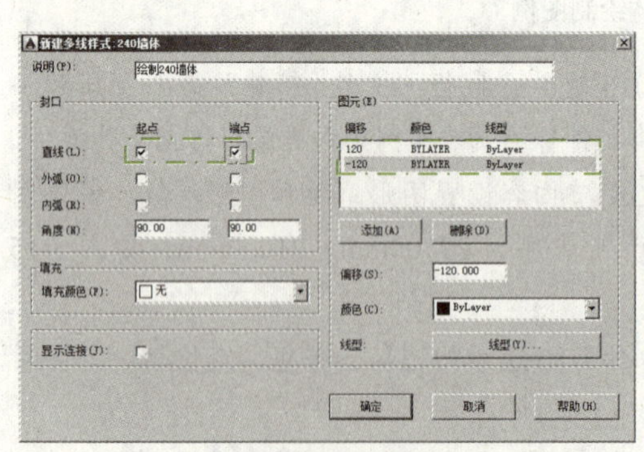

图 5-19　设置“多线样式”特性

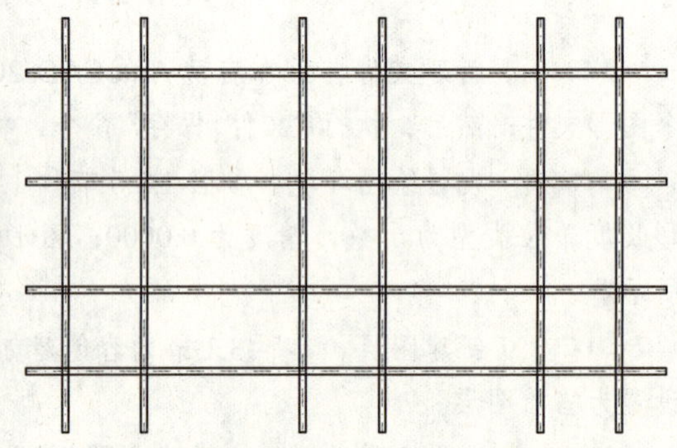

图 5-20　绘制多线

```
命令 : MLINE                                          \\ 执行“多线”命令
当前设置 : 对正 = 无，比例 = 1.00，样式 = 240 墙体
指定起点或 [ 对正 (J)/ 比例 (S)/ 样式 (ST)]: st          \\ 选择“样式 (ST)”选项
输入多线样式名或 [?]: 240 墙体                          \\ 设置当前多线样式
指定起点或 [ 对正 (J)/ 比例 (S)/ 样式 (ST)]: j           \\ 选择“对正 (J)”选项
输入对正类型 [ 上 (T)/ 无 (Z)/ 下 (B)] < 无 >: z         \\ 选择对正方式为“无”
指定起点或 [ 对正 (J)/ 比例 (S)/ 样式 (ST)]: s           \\ 选择“比例 (S)”选项
输入多线比例 <1.00>: 1                                 \\ 输入多线比例为 1
当前设置 : 对正 = 无，比例 = 1.00，样式 = 240 墙体
指定起点或 [ 对正 (J)/ 比例 (S)/ 样式 (ST)]:             \\ 绘制多线
```

STEP 09 编辑多线。执行“多线编辑”命令（MLEDIT），单击“角点结合”工具，对多线进行编辑，效果如图 5-21 所示。

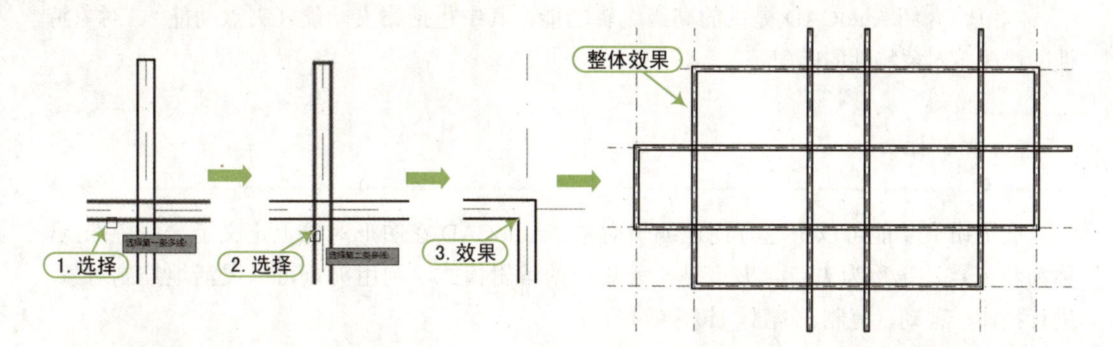

图 5-21　角点结合

STEP 10 编辑多线。执行“多线编辑”命令（MLEDIT），单击“T 形打开”工具，对多线进行编辑，如图 5-22 所示。

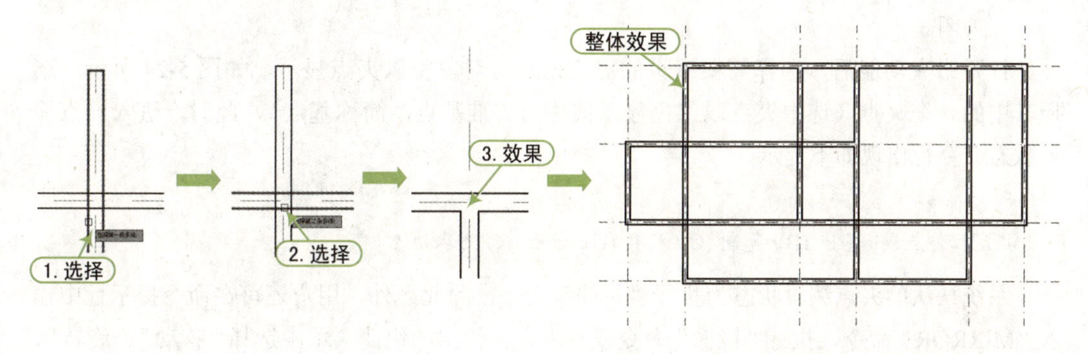

图 5-22　T 形打开

STEP 11 编辑多线。执行“多线编辑”命令（MLEDIT），单击“十字合并”工具，对多线进行编辑，如图 5-23 所示。

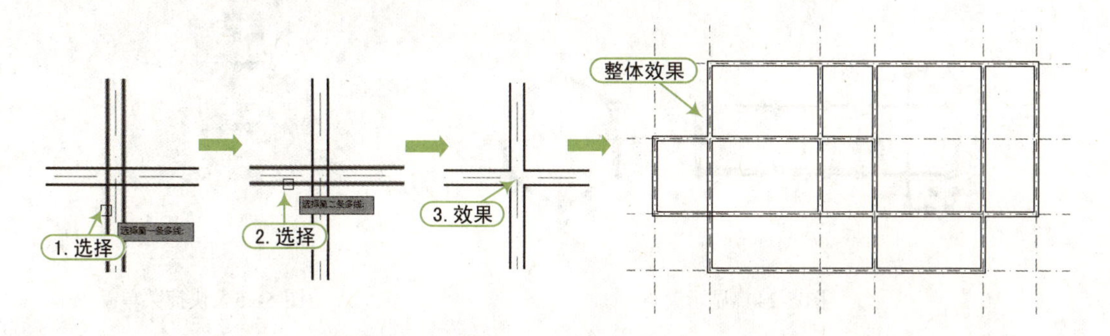

图 5-23 十字形闭合

STEP 12 隐藏轴线。在“图层特性管理器”中，单击“定位轴线”图层中的“图层关闭”按钮，将轴线隐藏，效果如图 5-14 所示。

STEP 13 保存图形。至此，房屋平面图的墙体绘制完成，按“Ctrl+S”组合键，将文件进行保存。

5.4 对象编辑命令

本节将介绍 AutoCAD 提供的高级编辑功能，其中包括钳夹功能（夹点功能）、对象特性的修改、对象特性的匹配等。

5.4.1 钳夹

选用钳夹功能可以快速方便地编辑对象。AutoCAD 在图形对象上定义了一些特殊点，称为特征点，也称为夹点。夹点是一种集成的编辑模式，利用夹点可以灵活地控制对象，进行拉伸、移动、复制、缩放、镜像等操作。

要使用钳夹功能编辑对象，首先必须打开钳夹功能，其方法如下。

- “选项”对话框：通过“工具|选项”命令打开“选项”对话框，在“选择集”选项卡中勾选“显示夹点”复选框。
- 系统变量：输入系统变量“GRIPS”控制夹点显示，其中变量 1 代表打开，0 代表关闭。

打开钳夹功能后，选择需要编辑的对象，这时对象将以夹点显示，如图 5-24 所示。选择其中的一个夹点（选中夹点以红色显示被称为夹准基点，简称基点），此时，进入夹点编辑状态命令行出现如下提示：

```
** 拉伸 **
指定拉伸点或 [ 基点 (B)/ 复制 (C)/ 放弃 (U)/ 退出 (X)]:* 取消 *
```

系统默认的夹点编辑状态为执行“拉伸”命令，除此之外，用户还可在命令提示行中输入“MIRROR”命令，执行“镜像”命令或右击，在弹出的快捷菜单中选择“移动”、“旋转”、“缩放”等命令，如图 5-25 所示。

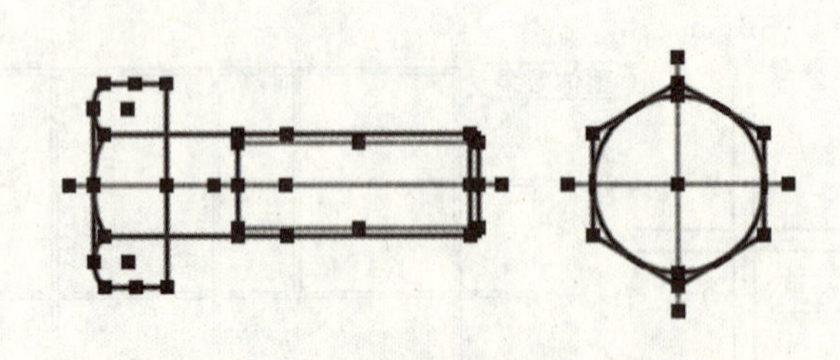

图 5-24　显示夹点

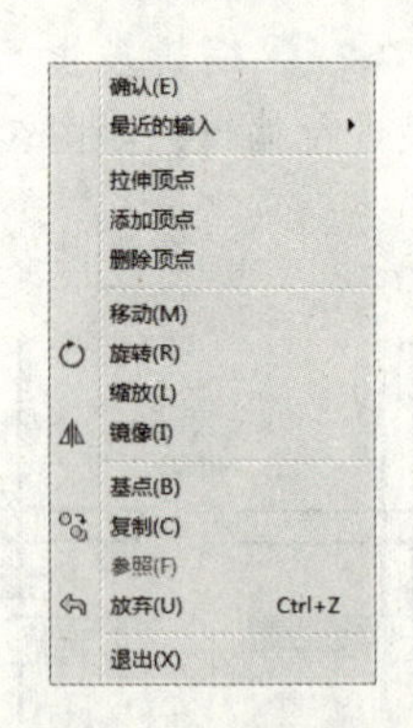

图 5-25　快捷菜单

QA 问题

学生问： 老师，为什么我选择图形后，图形没有显示夹点呢？

老师答： 可能是你的夹点显示功能未打开，即“钳夹功能”未打开，你可以通过“工具|选项”命令打开“选项”对话框，在“选择集”选项卡中看看是否勾选了“显示夹点”复选框，如果没有勾选，则选择图形对象时，是不能显示夹点的。勾选以后，你再试试看是不是可以显示了呢？

5.4.2 对象特性的修改

对象特性包含一般特性和几何特性，一般特性包括对对象的颜色、线型、图层及线宽等，几何特性包括对象的尺寸和位置。在 AutoCAD 中，用户可以直接在“特性”选项板中设置和修改对象的特性。

打开“特性”选项板，修改对象特性的方法如下。

- 菜单栏：选择“修改 | 特性”菜单命令。
- 面板：在“视图”选项卡的“选项卡”面板中，单击“特性”按钮。
- 命令行：输入“DDMODIFY”或“PROPERTIES”命令。
- 组合键：按“Ctrl+1”组合键。

执行上述操作后，将打开如图 5-26 所示的“特性”选项板。在“特性”选项板中，显示了当前选择集中的所有特性和特性值，选择的对象不同，打开的“特性”选项板中的选项也不同。选择多个对象后，单击选择的对象也可以打开“特性”选项板，此时可以在顶部的下拉列表中选择多个对象中要修改的对象，如图 5-27 所示。

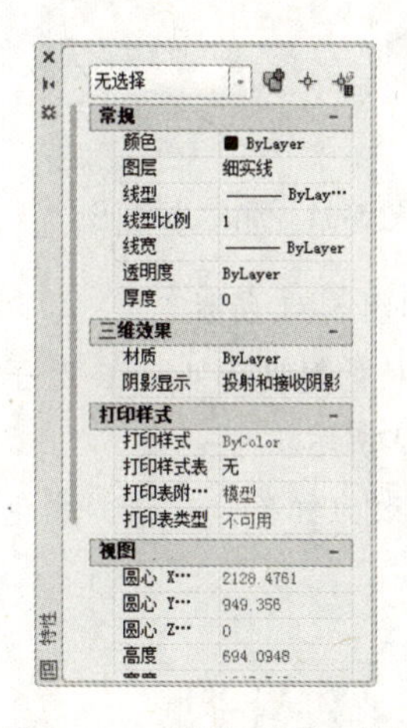

图 5-26　“特性”选项板

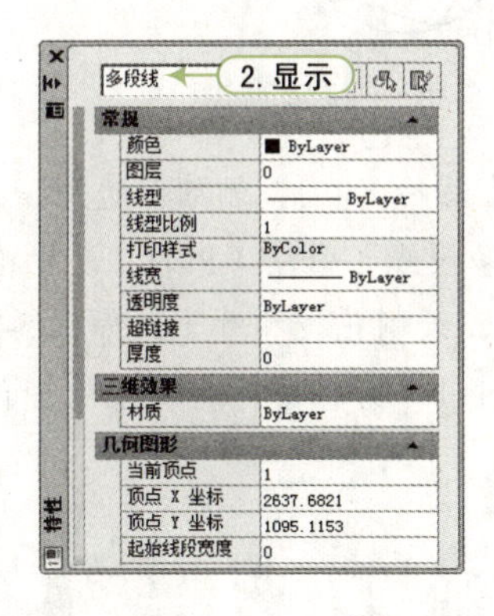

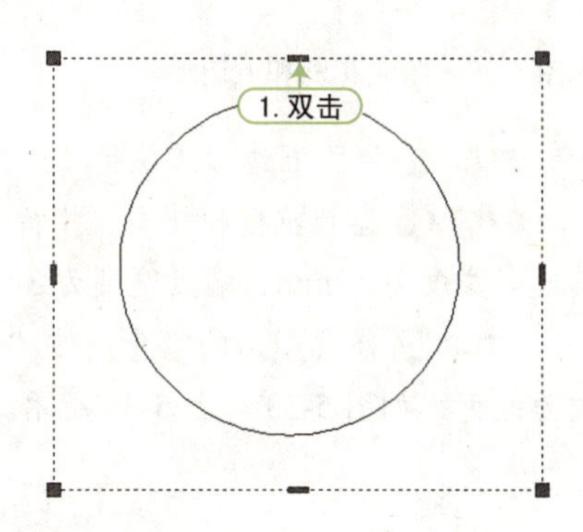

图 5-27　选择要修改的对象

5.4.3 实例——花朵的绘制

视频：5.4.3——花朵的绘制 .avi
案例：花朵 .dwg

本案例利用“圆”命令绘制花蕊，再利用“多边形”及“圆弧”命令绘制花瓣，最后利用“多段线”命令绘制花径与叶子，并通过特性面板修改颜色，效果如图 5-28 所示。具体绘图步骤如下：

图 5-28　花朵的绘制

STEP 01 新建文件。正常启动 AutoCAD 2016 软件，执行“文件 | 新建”命令，新建一个图形文件；然后，执行“文件 | 保存”命令，将文件保存为“案例 \05\ 花朵 .dwg”文件。

STEP 02 绘制圆。执行“圆”命令（C），绘制花蕊。

STEP 03 绘制正多边形。执行“多边形”命令（POL），以圆心为中心点绘制一个正五边形，如图 5-29 所示。

STEP 04 绘制圆弧。执行“圆弧”命令（A），捕捉正五边形的斜边中点作为圆弧的起点，然后捕捉相应的角点作为圆弧的第二点，最后捕捉相邻的另一条边中点作为圆弧端点绘制花瓣，采用同样的方法绘制另外 4 个花瓣，如图 5-30 所示。

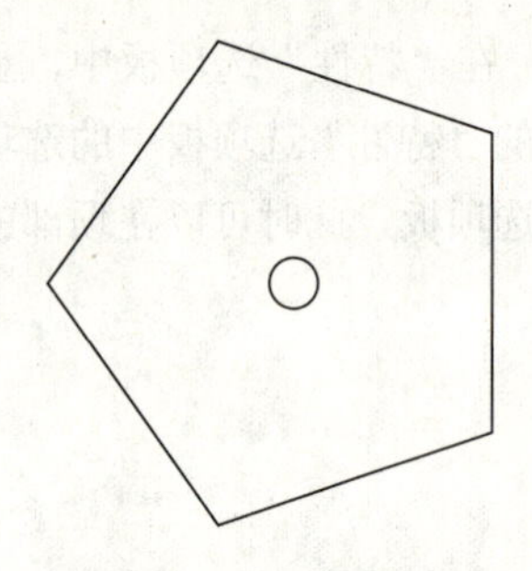

图 5-29　绘制花蕊和五边形

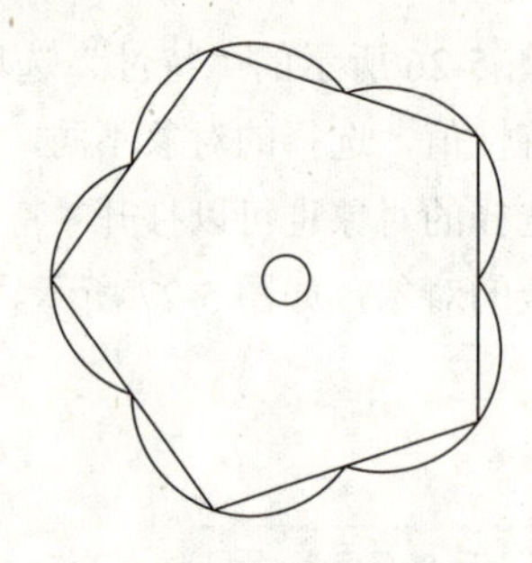

图 5-30　绘制花瓣

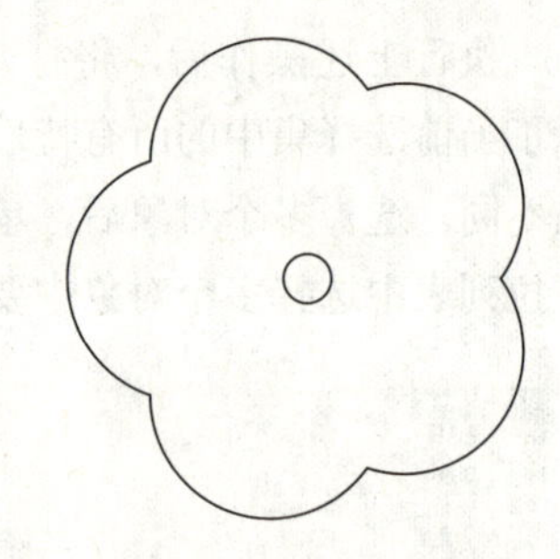

图 5-31　删除五边形

STEP 05 删除五边形。执行“删除”命令（E），删除五边形，如图 5-31 所示。

STEP 06 绘制花枝和叶子。执行“多段线”命令（PL），设置花枝的宽度为 4mm，叶子的起点宽度为 12mm，端点宽度为 3mm，绘制花枝和叶子，如图 5-32 所示。

STEP 07 修改图形的颜色。按“Ctrl+1”组合键，将花朵的颜色改为红色，叶子的颜色改为绿色，如图 5-33 和图 5-34 所示。

图 5-32　绘制花枝和叶子

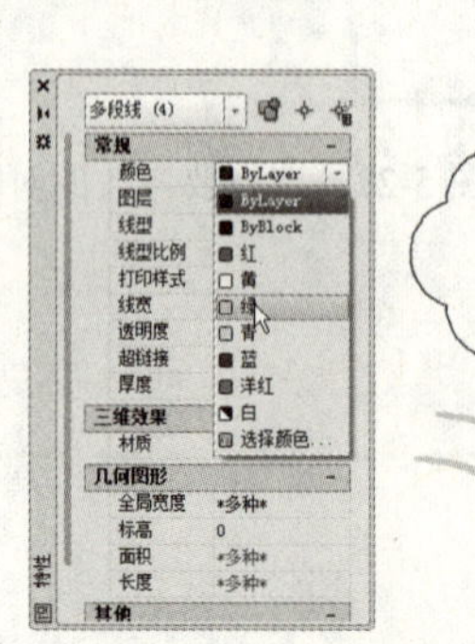

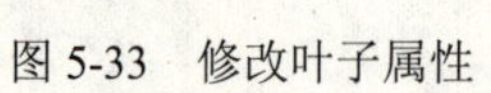

图 5-33　修改叶子属性

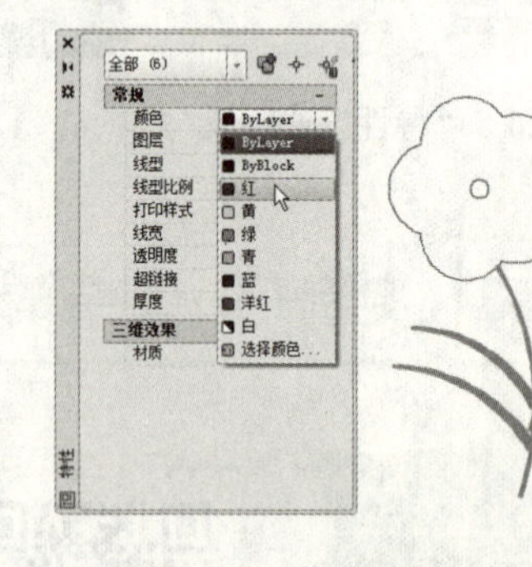

图 5-34　修改花瓣属性

STEP 08 保存图形。至此，花朵绘制完成，按“Ctrl+S”组合键，将文件进行保存。

5.4.4　对象特性的匹配

AutoCAD 的特性匹配功能非常实用，使用该功能可以将选定图形的属性应用到其他图形，包括对象的颜色、线宽和线型等特性及所在的图层等，如将已设置好特性的对象中的特性快速复制到其他对象上，利用特性匹配功能可以大大提高工作效率。进行特性匹配的方法主要有以下 3 种。

- 菜单栏：选择“修改 | 特性匹配”菜单命令。
- 面板：在“默认”选项卡的“特性”面板中，单击“特性匹配”按钮。
- 命令行：输入“MATCHPROP”命令，其快捷键为“MA”。

执行上述任意一种操作后，命令行提示如下：

```
命令 : MATCHPROP                                    \\ 执行“特性匹配”命令
选择源对象 :                                        \\ 选择要复制的对象
当前活动设置 : 颜色 图层 线型 线型比例 线宽 透明度 厚度 打印样式 标注 文字 图案填充 多段线
视口 表格 材质 阴影显示 多重引线
选择目标对象或 [ 设置 (S)]:                         \\ 选择要应用特性的对象
选择目标对象或 [ 设置 (S)]:                         \\ 按“Enter”键结束命令
```

在执行命令的过程中，用户可根据需要通过“设置（S）”选项，打开“特性设置”对话框，如图 5-35 所示。在“特性设置”对话框中可以设置要复制部分的特性，完成设置后，单击“确定”按钮返回命令窗口，然后选择应用特性的对象。

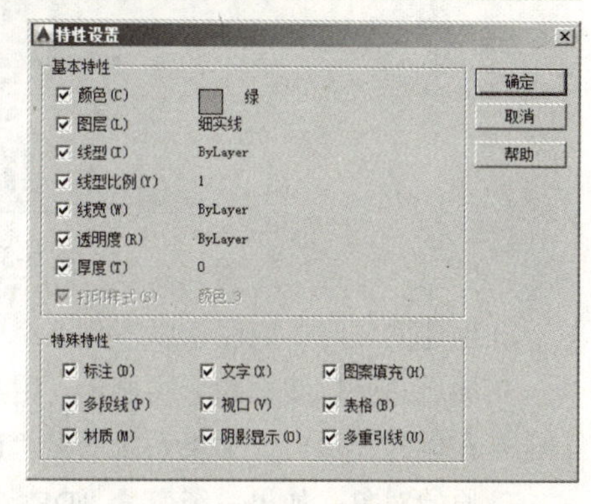

图 5-35　“特性设置”对话框

5.5　面域与图案填充

在 AutoCAD 中，面域是指具有边界的平面区域，它是一个面对象，内部可以包含孔。从外观来看，面域和一般的封闭线框没有区别，但实际上面域就像是一张没有厚度的纸，除了包括边界外，还包括边界内的平面。图案填充则是一种使用指定线条图案来充满指定区域的图形对象，常用于表达剖切面和不同类型物体对象的外观纹理等，被广泛应用在绘制机械图、建筑图及地质构造图等各类图形中。

5.5.1　创建面域

在 AutoCAD 中，不能直接创建面域，而是通过其他闭合图形进行转化。用户可以通过以下 3 种方法创建面域。

- 菜单栏：选择“绘图 | 面域”菜单命令。
- 面板：在“默认”选项卡的“绘图”面板中，单击“面域”命令按钮。
- 命令行：输入“REGION”命令，其快捷键为“REG”。

执行“面域”命令后，命令行提示如下：

```
命令: REGION                                \\ 执行“面域”命令
```

```
选择对象：找到 1 个                \\ 选择面域对象
选择对象：                         \\ 按“Enter”键确定选择
已提取 1 个环。                    \\ 系统自动提取面域图形
已创建 1 个面域。                  \\ 系统自动创建面域
```

在选择要将其转换为面域的对象后，按下“Enter”键，系统将自动将图形转换为面域。此外，还可以选择“绘图 | 边界”菜单命令，打开如图 5-36 所示的“边界创建”对话框来定义面域。利用边界定义面域时，应首先在该对话框的“对象类型”下拉列表框中选择“面域”选项，然后单击“拾取点”按钮，此时，窗口将切换至绘图区域，在选定位置单击，即可生成面域。

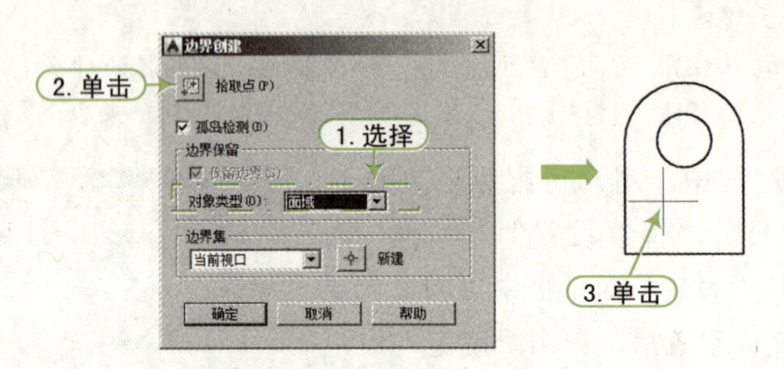

图 5-36　用边界创建面域

在创建面域时，应注意以下几点：

- 面域总是以线框的形式显示，用户可以对面域进行复制、移动等编辑操作。
- 在创建面域时，如果系统变量“DELOBJ”的值为 1，AutoCAD 在定义面域后将删除原始对象；如果系统变量“DELOBJ”的值为 0，则在定义面域后不删除原始对象。
- 如果要分解面域，可以选择“修改 | 分解”菜单命令，将面域的各个环转换成相应的线、圆等对象。

QA 问题

学生问： AutoCAD 中创建面域出现“已创建 0 个面域”是什么问题？

老师答： 你选择的线条没有形成封闭的区域，所以不能产生面域。另外是你选的曲线太复杂，不好产生面域，解决办法就是用线条分割，产生很多面域后，再将面域组合即可。

5.5.2 面域的布尔运算

布尔运算是数学上的一种逻辑运算。在 AutoCAD 中绘图时使用布尔运算，可以大大提高绘图效率，尤其是绘制比较复杂的图形时。布尔运算的对象只包括实体和共面的面域，对于普通的线条图形对象，则无法使用布尔运算。

在 AutoCAD 2016 中，用户可以对面域执行“并集”、“差集”及“交集”3 种布尔运算，其执行方法主要有以下 3 种。

- 菜单栏：选择“修改 | 实体编辑 | 并集（差集或交集）”菜单命令。
- 面板：“三维基础”空间模式下，在“默认”选项卡的“编辑”面板中单击“并集”按钮（“差集”按钮或“交集”按钮）。

- 命令行：输入并集“UNION”命令，其快捷键为“UNI”；输入交集“INTERSECT”命令，其快捷键为“IN”；输入差集“SUBTRACT 命令”，其快捷键为“SU”。

执行上述命令后，根据命令行提示，选择要合并或相交的面域或实体，即可进行并集、差集和交集运算，如图 5-37 所示。执行“并集”和“交集”命令后，命令行提示如下：

```
命令 : UNION/INTERSECT                    \\ 执行“并集”或“交集”命令
选择对象 : 指定对角点 : 找到 2 个           \\ 选择并集或交集对象
```

若执行“差集”命令后，选择要从中减去的对象，并按“Enter”键，再选择要减去的对象，并按“Enter”键，即可对图形进行差集运算。

```
命令 : SUBTRACT                            \\ 执行“差集”命令
选择要从中减去的实体、曲面和面域 ...          \\ 选择从中减去对象
选择对象 : 找到 1 个                        \\ 按“Enter”键
选择对象 : 选择要减去的实体、曲面和面域 ...    \\ 选择减去对象
选择对象 : 找到 1 个                        \\ 按“Enter”键
选择对象 :                                 \\ 继续选择
```

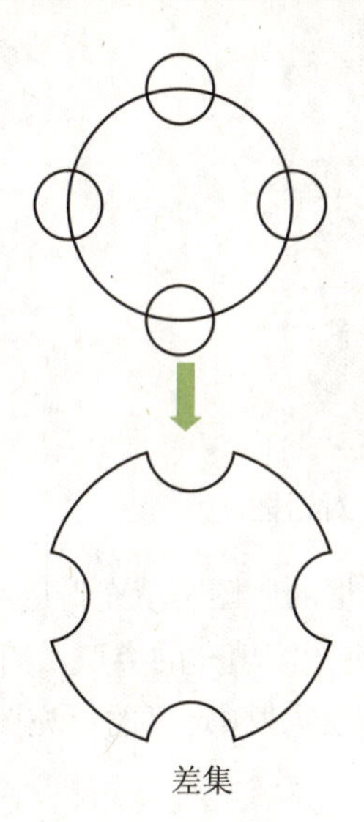

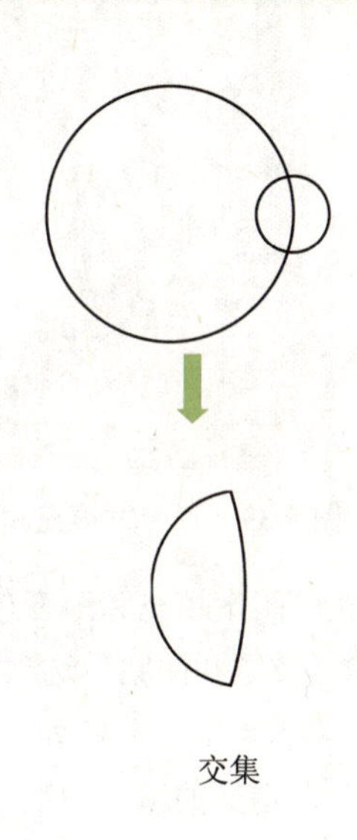

图 5-37　布尔运算

5.5.3 图案的填充

要重复绘制某些图案或填充图形中的一个区域，来表达该区域的特征，这种操作称为图案填充。图案填充的应用非常广泛，如在机械工程图中，可以用图案填充表达一些剖切的区域，也可以使用不同的图案来表达不同的零部件或者材料。

用户可以通过以下 3 种方法进行图案填充操作。

- 菜单栏：选择“绘图 | 图案填充（或渐变色）”菜单命令。
- 面板：在“默认”选项卡的“绘图”面板中，单击“图案填充”按钮▦。
- 命令行：输入“BHATCH”命令，快捷键为“H”。

执行上述操作后，如果功能区处于活动状态，将显示“图案填充创建”选项卡，如图 5-38 所示。

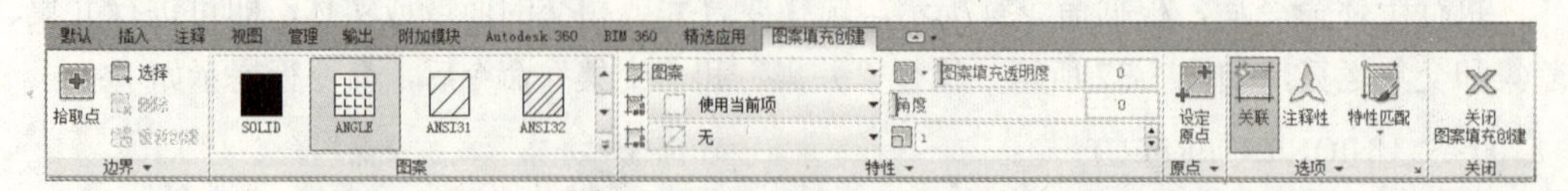

图 5-38　“图案填充创建”选项卡

如果功能区处于关闭状态，将显示“图案填充和渐变色”对话框，如图 5-39 所示。如果希望使用“图案填充和渐变色”对话框，可在命令行中输入“HPDLGMODE”命令，将其系统变量设置为 1，即可利用“图案填充和渐变色”对话框进行图案填充操作；单击“渐变色”选项卡，还可进行颜色填充，如图 5-40 所示。

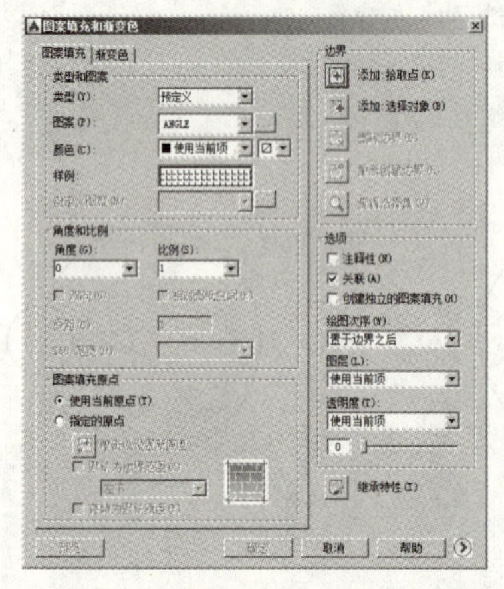

图 5-39　“图案填充和渐变色”对话框

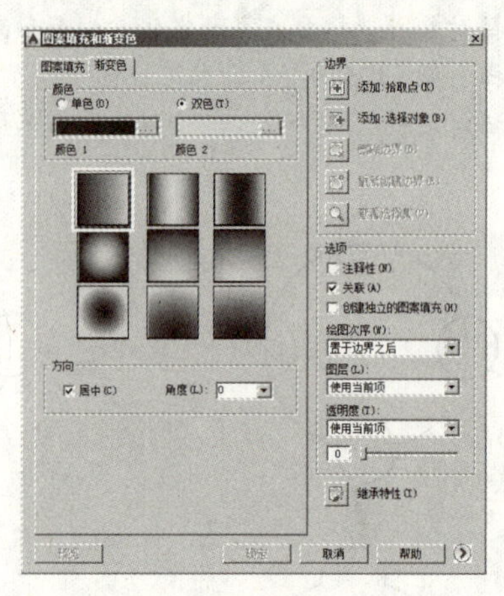

图 5-40　“渐变色”选项卡

在“图案填充和渐变色”对话框的“图案填充”选项卡中，各主要选项的含义如下。

- “类型和图案”选项组：指定图案填充的类型、图案、颜色和背景色。
  - “类型”下拉列表：指定是创建预定义的填充图案、用户定义的填充图案，还是自定义的填充图案。
  - “图案”下拉列表：显示选择的 ANSI、ISO 和其他行业标准填充图案。
  - “[...]”按钮：显示“填充图案选项板”对话框，在该对话框中可以预览所有预定义图案的图像，如图 5-41 所示。

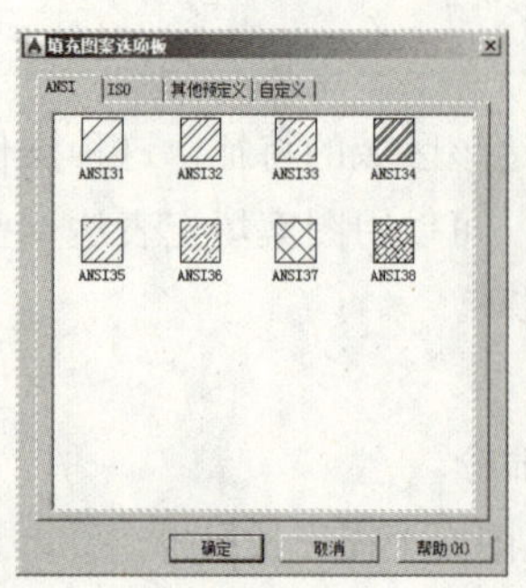

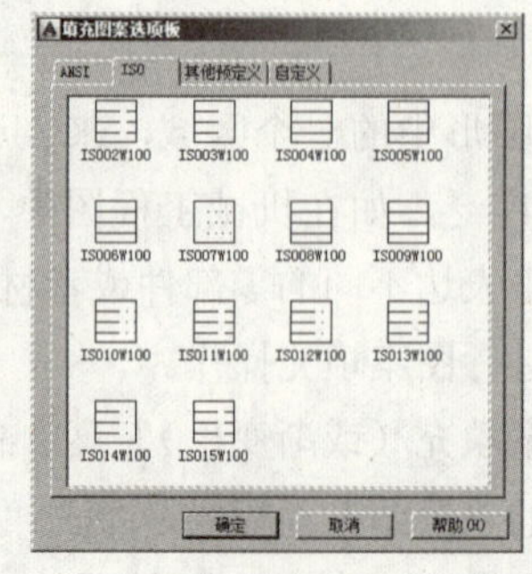

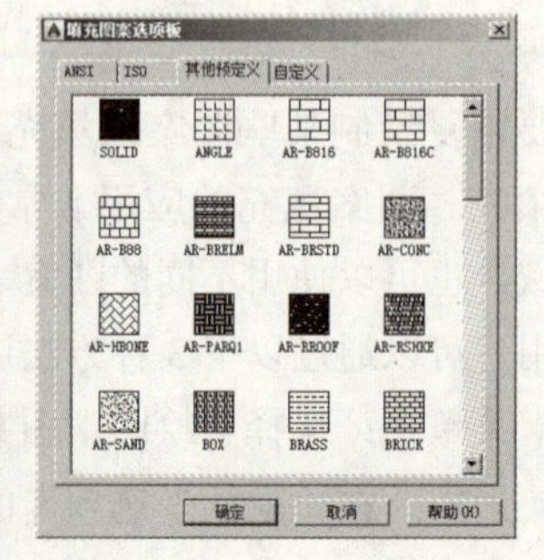

图 5-41　“填充图案选项板”对话框

- "颜色"下拉列表：使用填充图案和实体填充的指定颜色替代当前颜色。
- "样例"下拉列表：显示选定图案的预览图像。单击样例可显示"填充图案选项板"对话框。
- "自定义图案"：列出可用的自定义图案。最近使用的自定义图案将出现在列表顶部。只有将"类型"设置为"自定义"，"自定义图案"选项才可用。

● "角度和比例"选项组：指定填充图案的角度和比例。

- "角度"下拉列表：指定填充图案的角度（相对当前 UCS 坐标系的 X 轴）。图 5-42 所示为样例"ANSI31"填充角度 0° 和 45° 时的填充效果。

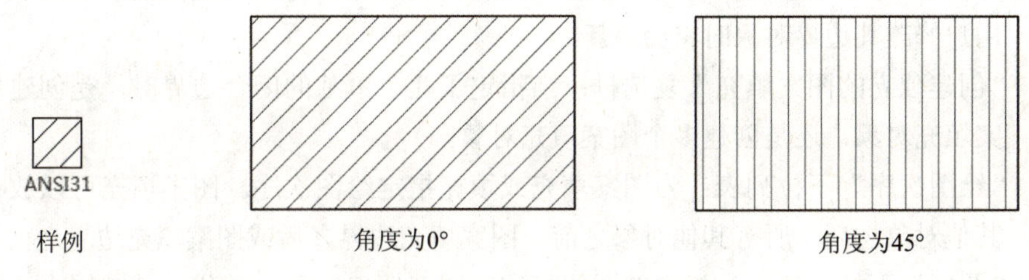

图 5-42　填充角度设置

- "比例"下拉列表：放大或缩小预定义或自定义图案。只有将"类型"设置为"预定义"或"自定义"，此选项才可用。图 5-43 所示为样例"ANGLE"填充比例为 1 和 0.5 时的填充效果。

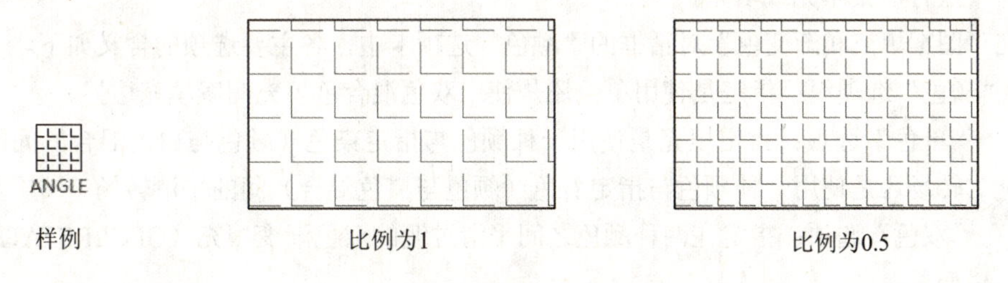

图 5-43　填充比例设置

- "双向"复选框：对于用户定义的图案，绘制与原始直线成 90° 的另一组直线，从而构成交叉线。只有将"类型"设置为"用户定义"，此选项才可用。
- "间距"文本框：指定用户定义图案中的直线间距。只有将"类型"设置为"用户定义"，此选项才可用。

● "图案填充原点"选项组：控制填充图案生成的起始位置。某些图案填充（如砖块图案）需要与图案填充边界上的一点对齐。默认情况下，所有图案填充原点都对应于当前的 UCS 原点。

● "边界"选项组：用于选择添加拾取点或添加填充对象。

- 添加：拾取点：用于根据图中现有的对象自动确定填充区域的边界，该方式要求这些对象必须构成一个闭合区域。单击该按钮，在闭合区域内拾取一点，系统将自动确定该点的封闭边界，并将边界加粗加亮显示。

- 添加：选择对象：以选择对象的方式确定填充区域的边界，用户可以根据需要选择构成填充区域的边界。
- 删除边界：用于从边界定义中删除以前添加的任何对象。
- 重新创建：围绕选定的图形边界或填充对象创建多段线或面域，并使其与图案填充对象相关联（可选）。如果未定义图案填充，则此选项不可选用。

● “选项”选项组：控制几个常用的图案填充或填充选项。
- “注释性”复选框：指定图案填充为注释性。此特性会自动完成缩放注释过程，从而使注释能够以正确的大小在图纸上打印或显示。
- “关联”复选框：指定图案填充或填充为关联图案填充。关联的图案填充或填充在用户修改其边界对象时将会更新。
- “创建独立的图案填充”复选框：当指定了几个单独的闭合边界时，是创建单个图案填充对象，还是创建多个图案填充对象。
- “绘图次序”下拉列表：为图案填充或填充指定绘图次序。图案填充可以放在所有其他对象之后、所有其他对象之前、图案填充边界之后或图案填充边界之前。
- “图层”下拉列表：为指定的图层指定新图案填充对象，替代当前图层。选择“使用当前值”可使用当前图层。
- “透明度”下拉列表：设置新图案填充或填充的透明度，替代当前对象的透明度。选择“使用当前值”可使用当前对象的透明度设置。
- “继承特性”复选框：使用选定图案填充对象的图案填充或填充特性对指定的边界进行图案填充或填充。

在“图案填充和渐变色”对话框的“颜色”选项卡中，各主要选项的含义如下。

● “颜色”选项组：指定是使用单色还是使用双色混合色填充图案填充边界。
- “单色”选项：指定填充是使用一种颜色与指定染色（颜色与白色混合）间的平滑转场还是使用一种颜色与指定着色（颜色与黑色混合）间的平滑转场。
- “双色”选项：指定在两种颜色之间平滑过渡的双色渐变填充（GFCLRSTATE 系统变量）。
- “颜色”样例：指定渐变填充的颜色（可以是一种颜色，也可以是两种颜色）。单击浏览按钮“…”以显示“选择颜色”对话框，从中可以选择 AutoCAD 颜色索引（ACI）颜色、真彩色或配色系统颜色。

● “渐变图案”选项组：显示用于渐变填充的固定图案。这些图案包括线性扫掠状、球状和抛物面状图案。

● “方向”选项组：指定渐变色的角度及其是否对称。
- “居中”复选框：指定对称渐变色配置。如果没有选择此选项，渐变填充将朝左上方变化，创建光源在对象左边的图案。
- “角度”下拉列表框：指定渐变填充的角度。相对当前 UCS 指定角度。此选项与指定给图案填充的角度互不影响。

5.5.4 实例——电视背景墙的填充

视频：5.5.4——电视背景墙的填充 .avi
案例：电视背景墙 .dwg

本案例利用上一小节所学习的内容对电视背景墙进行图案填充，效果如图 5-44 所示。绘图操作步骤如下：

STEP 01 打开文件。正常启动 AutoCAD 2016 软件，执行“文件 | 新建”命令，打开“案例 /05/ 电视背景墙 .dwg”文件，如图 5-45 所示。

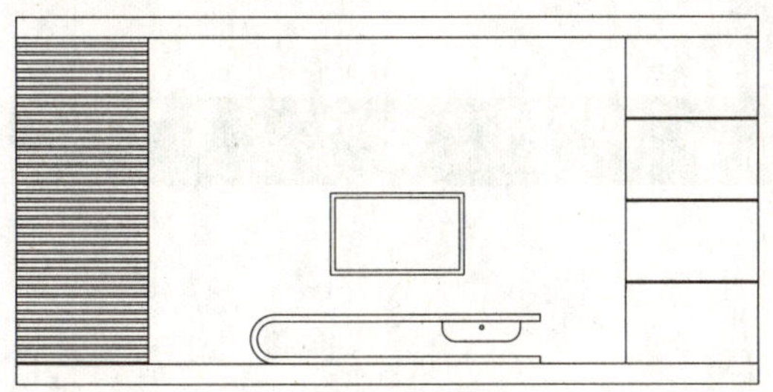

图 5-44　电视背景墙

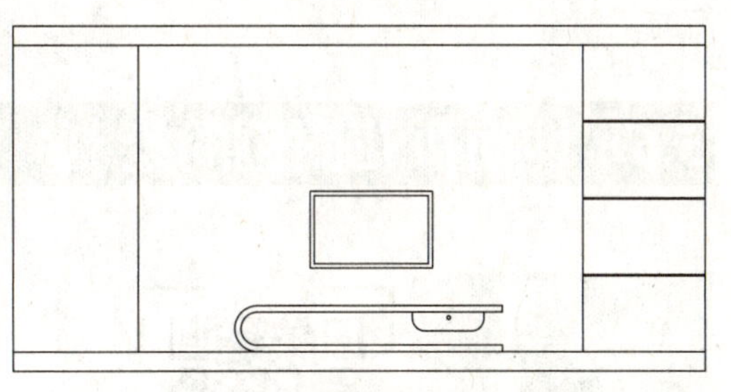

图 5-45　电视背景墙

STEP 02 执行“图案填充”命令（H），打开“图案填充和渐变色”对话框，设置类型为“预定义”，填充样例图案为“DOTS”，设置填充比例为 100, 选择如图 5-46 所示的墙体进行图案填充。填充效果如图 5-47 所示。

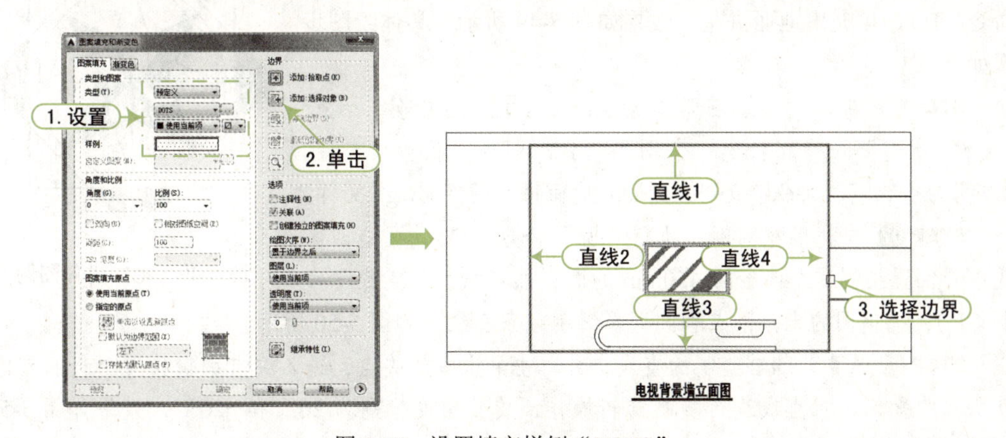

图 5-46　设置填充样例“DOTS”

STEP 03 重复执行“图案填充”命令（H），采用同样的方法，设置类型为“预定义”，填充样例图案为“STEEL”，设置填充比例为 20，角度为 135°，选择电视背景墙左侧墙体进行图案填充。填充效果如图 5-48 所示。

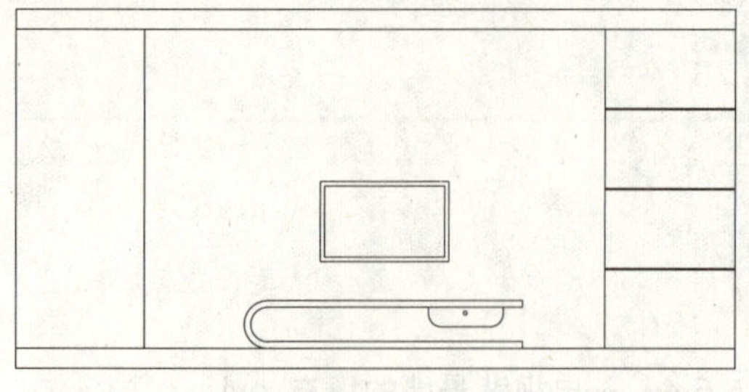

图 5-47　样例“DOTS”填充效果

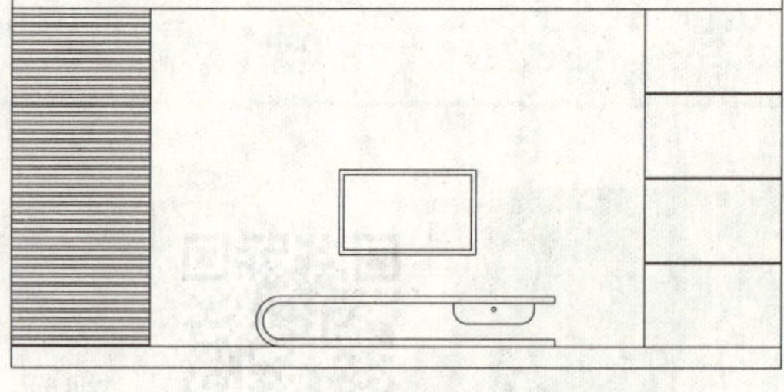

图 5-48　样例“STEEL”填充效果

STEP 04 继续执行“图案填充”命令（H），设置类型为“预定义”，填充样例图案为“ARSAND”，设置填充比例为 2，在电视背景墙右侧墙体的相应位置进行图案填充。填充效果如图 5-44 所示。

STEP 05 保存图形。至此，电视背景墙绘制完成，按“Ctrl+S”组合键，将文件进行保存。

5.6　地面拼花图例的绘制

视频：5.6——地面拼花的绘制 .avi
案例：地面拼花 .dwg

本案例利用“圆”、“直线”“多边形”命令，以及本章所学的“对象编辑”命令，绘制地面拼花形状，再利用“图案填充”命令（H），填充出地面拼花，效果如图 5-49 所示。具体绘图步骤如下：

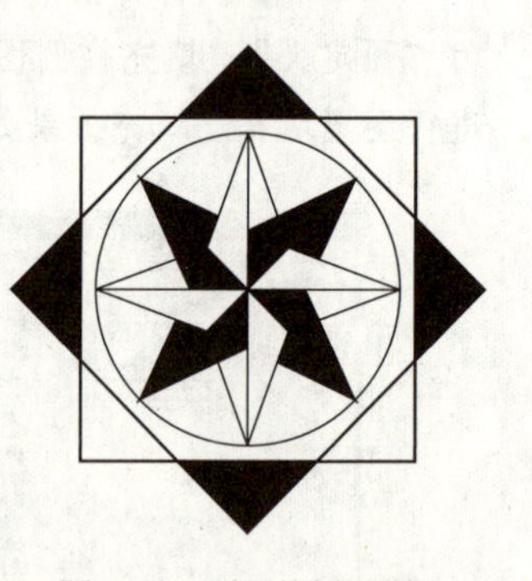
图 5-49　地面拼花图例

STEP 01 新建文件。正常启动 AutoCAD 2016 软件，执行“文件 | 新建”命令，新建一个图形文件；然后，执行“文件 | 保存”命令，将文件保存为“案例 \05\ 地面拼花图例 .dwg”文件。

STEP 02 绘制拼花图例。执行“圆”命令（C），在绘图区域中心位置绘制一个半径为 450mm 的圆；然后执行“直线”命令（L），捕捉圆的上象限点和圆心，绘制一条直线，如图 5-50 所示。

STEP 03 选中步骤 2 绘制的直线，并单击最上方的夹点，进入夹点编辑状态，利用 5.4.1 节所学的知识，对直线进行复制旋转操作，旋转角度分别为 20° 和 −20°，效果如图 5-51 所示。命令行提示与操作如下：

```
命令：
** 拉伸 **                                                    \\ 进入夹点编辑状态
指定拉伸点或 [ 基点 (B)/ 复制 (C)/ 放弃 (U)/ 退出 (X)]:ro        \\ 执行“旋转”命令（RO）
```

```
** 旋转 **
指定旋转角度或 [ 基点 (B)/ 复制 (C)/ 放弃 (U)/ 参照 (R)/ 退出 (X)]: c \\ 选择“复制（C）”选项
** 旋转 ( 多重 ) **
指定旋转角度或 [ 基点 (B)/ 复制 (C)/ 放弃 (U)/ 参照 (R)/ 退出 (X)]: 20 \\ 输入角度值
** 旋转 ( 多重 ) **
指定旋转角度或 [ 基点 (B)/ 复制 (C)/ 放弃 (U)/ 参照 (R)/ 退出 (X)]: -20  \\ 输入另一条直线的角度值
** 旋转 ( 多重 ) **
指定旋转角度或 [ 基点 (B)/ 复制 (C)/ 放弃 (U)/ 参照 (R)/ 退出 (X)]: * 取消 * \\ 按“Esc”键取消夹点编辑
```

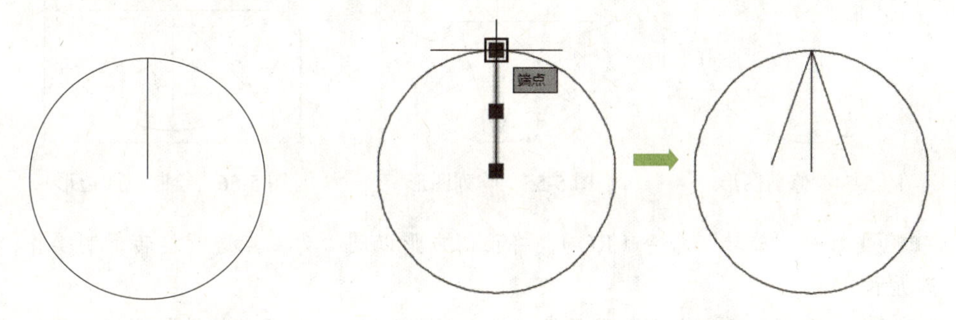

图 5-50　绘制圆和直线　　　　图 5-51　夹点编辑

STEP 04 利用夹点功能，继续对半径进行夹点编辑操作，效果如图 5-52 所示。命令行提示与操作如下：

```
命令 :
** 拉伸 **                                                  \\ 进入夹点编辑状态
指定拉伸点或 [ 基点 (B)/ 复制 (C)/ 放弃 (U)/ 退出 (X)]:ro       \\ 执行“旋转”命令（RO）
** 旋转 **
指定旋转角度或 [ 基点 (B)/ 复制 (C)/ 放弃 (U)/ 参照 (R)/ 退出 (X)]: c  \\ 选择“复制 (C)”选项
** 旋转 ( 多重 ) **
指定旋转角度或 [ 基点 (B)/ 复制 (C)/ 放弃 (U)/ 参照 (R)/ 退出 (X)]: 20 \\ 输入旋转角度值
** 旋转 ( 多重 ) **
指定旋转角度或 [ 基点 (B)/ 复制 (C)/ 放弃 (U)/ 参照 (R)/ 退出 (X)]: * 取消 *
                                                            \\ 按“Esc”键取消夹点编辑
```

STEP 05 执行“旋转”命令（RO），选中如图 5-53 所示的直线，以圆心为基点，将其旋转 -45°。

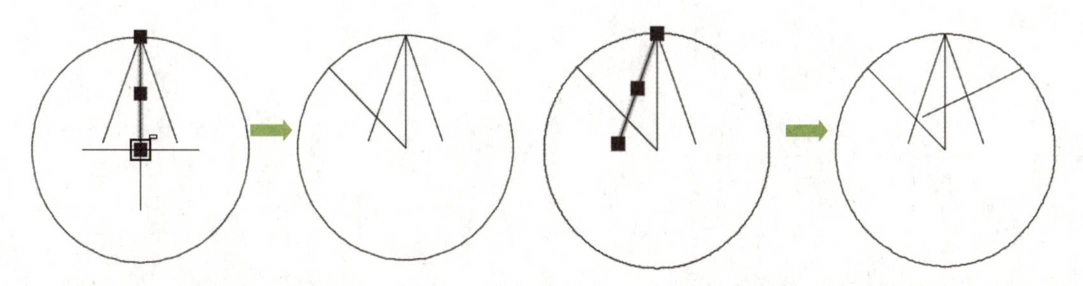

图 5-52　夹点编辑　　　　图 5-53　旋转操作

STEP 06 执行“修剪”命令（TR），对图形进行修剪操作，如图 5-54 所示。

STEP 07 执行“阵列”命令（ARRAY），以圆心为中心点，将修剪后保留的三条直线进行极轴阵列，阵列项目数为 8，效果如图 5-55 所示。

STEP 08 执行“多边形”命令（POL），以圆心为中心点，绘制内接圆半径为 700mm 的正四边形，如图 5-56 所示。

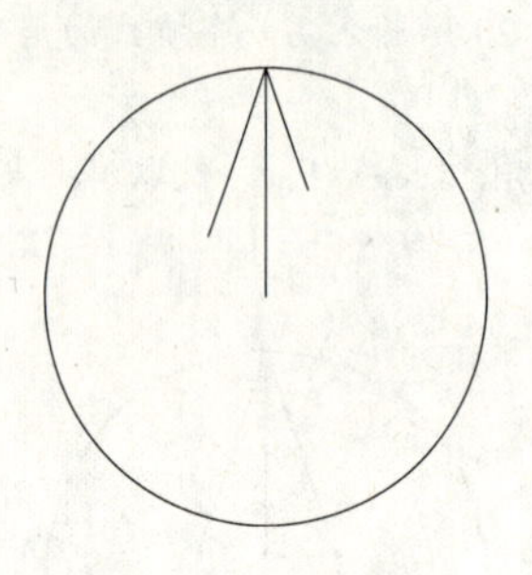

图 5-54　修剪图形

图 5-55　阵列图形

图 5-56　绘制正四边形

STEP 09 执行“旋转”命令（RO），将正四方形以圆心为基点进行旋转复制操作，如图 5-57 所示。

STEP 10 选中两个正四方形，然后按“Ctrl+1”组合键，打开“特性”面板，修改“几何图形”特性“全局宽度”为 8，如图 5-58 所示。

图 5-57　旋转多边形

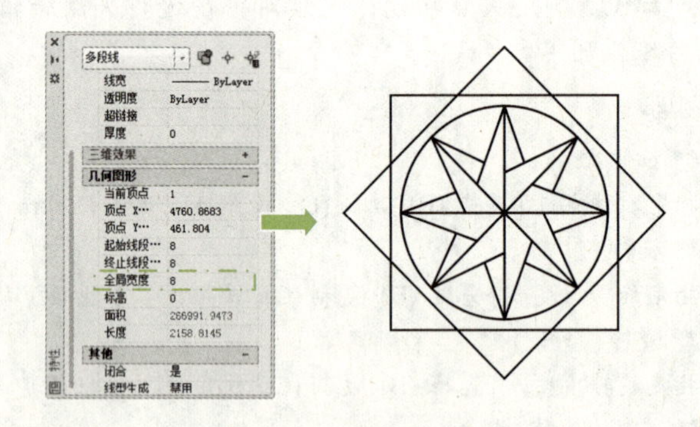

图 5-58　改变图形特性

STEP 11 填充拼花图案。执行“填充”命令（H），选择样例“SOLID”作为填充图案，对图形相应位置进行填充，填充效果如图 5-49 所示。

STEP 12 保存图形。至此，地面拼花图例绘制完成，按“Ctrl+S”组合键，将文件进行保存。

第 06 章 图形的显示控制

老师，AutoCAD 中图形的显示控制功能是什么？主要有哪些功能？

在 AutoCAD 绘图过程中，图形都是在视图窗口中进行的，只有灵活地对图形进行显示与控制，才能更加精确地绘制所需的图形。视图的显示和控制包括“缩放”和“平移”命令。除此之外，视口还可以分割成多个视口显示图形，可以从不同的角度、不同的部位来显示观察图形。

效果预览

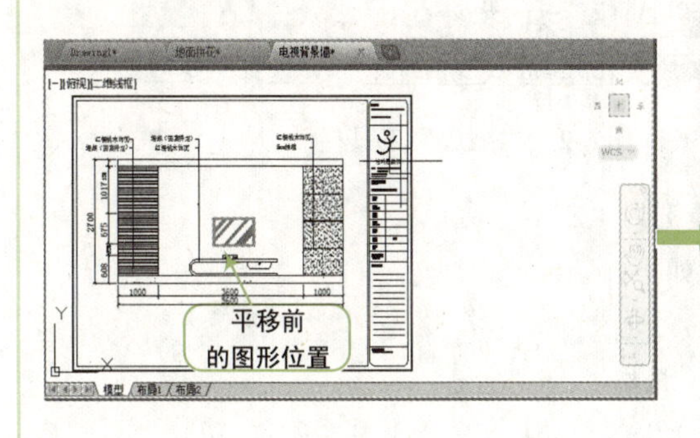

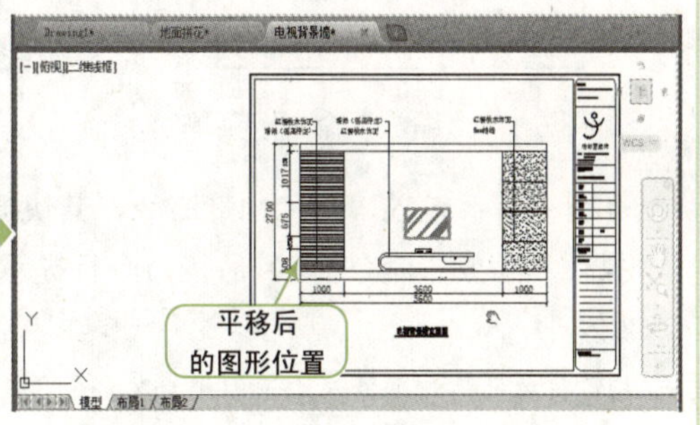

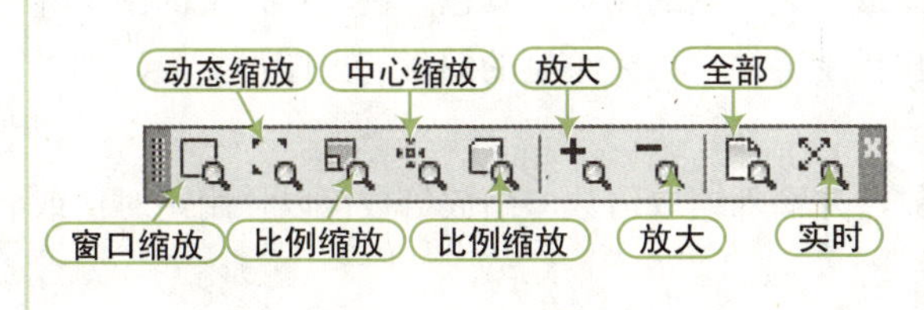

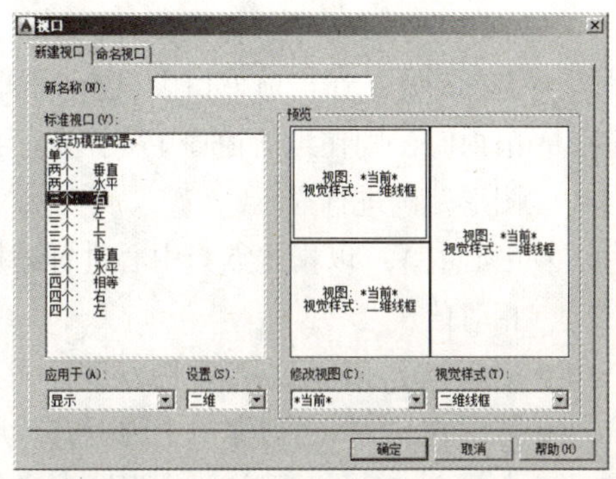

6.1 缩放

按一定比例、观察位置和角度显示的图形称为视图。在 AutoCAD 中，可以通过缩放视图来观察图形。缩放视图可以增加或减少图形对象的屏幕显示尺寸，但对象的真实尺寸保持不变。通过改变显示区域和图形的大小可以更准确、更详细地绘图。

6.1.1 缩放命令及选项

在绘制较大的图形时，有时需要放大视图以便绘制其细节，绘制完毕后又需缩小视图查看图形的整体效果。这时就要用到提供的“缩放视图”命令对视图进行放大或缩小。

AutoCAD 中，“缩放视图”命令的执行方法主要有以下 3 种。

- 菜单栏：选择“视图 | 缩放”菜单命令中的子命令，如图 6-1 所示。
- 工具栏：选择“工具 |AutoCAD| 缩放”菜单命令，在弹出的工具栏中单击相应的按钮，如图 6-2 所示。

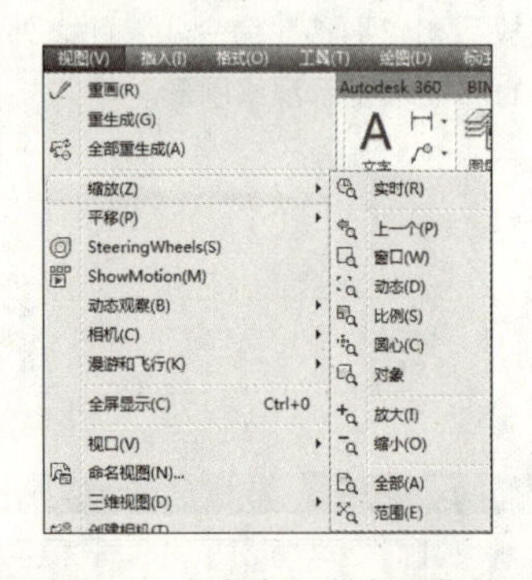

图 6-1 “缩放”命令子菜单

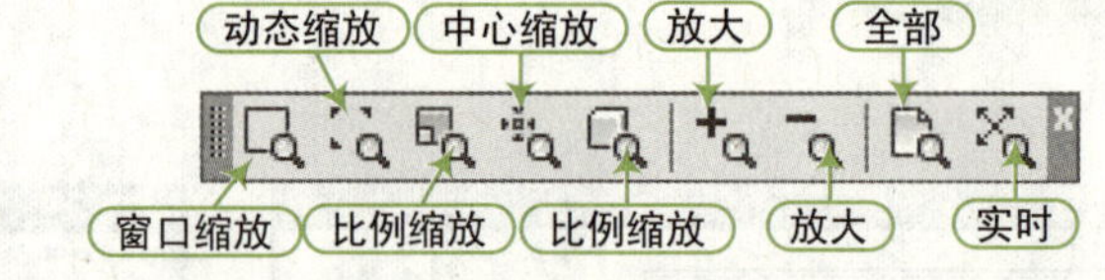

图 6-2 “缩放”工具栏

- 命令行：输入“ZOOM”命令，其快捷键为“Z”。

执行“缩放”命令（Z）后，命令行提示如下：

命令 : ZOOM
指定窗口的角点，输入比例因子 (nX 或 nXP)，或者
[全部 (A)/ 中心 (C)/ 动态 (D)/ 范围 (E)/ 上一个 (P)/ 比例 (S)/ 窗口 (W)/ 对象 (O)] < 实时 >:

其中，各主要选项的含义如下。

- 全部 (A)：在当前窗口中显示全部图形。当绘制的图形工具包含在用户定义的图形界限内时，则在当前窗口中完全显示出图形界限；如果绘制的图形超出图形界限，则以图形范围进行显示。
- 中心 (C)：以指定点为中心进行缩放，并输入缩放倍数，缩放倍数可以使用绝对值或相对值。
- 动态 (D)：使用矩形视图框进行平移和缩放。
- 范围 (E)：将当前窗口中的所有图形尽可能大地显示在屏幕上。
- 上一个 (P)：返回前一个视图。当使用其他选项对视图进行缩放以后，需要使用前一个视图时，可选择此选项。

- 比例 (S)：根据输入的比例值缩放图形。有 3 种输入比例值的方式，即直接输入数值相对于图形界限进行缩放；在输入的比例值后面加 X，表示相对于当前视图进行缩放；在输入的比例值后面加上 XP，表示相对于图纸空间单位进行缩放。
- 窗口 (W)：选择该选项后可以用鼠标拖动出一个矩形区域，释放鼠标键后该范围内的图形便被放大显示。
- 对象 (O)：选择该选项后再选择一个图形对象，会将该对象及其内部的所有内容放大显示。
- 实时：该项为默认选项，执行“缩放”命令后，直接按“Enter”键即调用该选项。

QA 问题

学生问： 老师，AutoCAD 中的视图缩放命令和比例缩放命令有什么区别？

老师答： 视图缩放命令和比例缩放命令都是缩放命令，但是其缩放的对象不同，前者缩放的是整个视图；而后者缩放的是视图中的图形对象。

比如，假如你的铅笔长 20cm，利用视图缩放把它放大和缩小，但是实际上它还是 20cm。而如果利用比例缩放，缩放比例输入 2，就是将其扩大 2 倍，即铅笔的实际长度变成了 40cm。

6.1.2 实时缩放

实时缩放是指随着鼠标的上下移动，图形动态地改变显示大小。在进行实时缩放时，按住鼠标左键，系统将会显示一个放大镜图标，如图 6-3 所示，利用此放大镜图标即可实现即时动态缩放。向下移动，图形缩小显示；向上移动，图形放大显示；水平左右移动，图形无变化。按“Esc”键将退出“缩放视图”命令。

实时缩放操作方便，视图实时更新，便于用户观察绘图效果。在缩放过程中如果右击，还可以激活“实时缩放”快捷菜单，便于切换为其他视图操作，如图 6-4 所示。

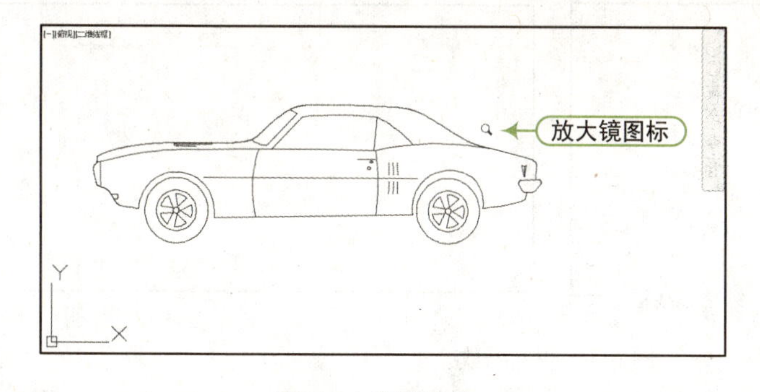

图 6-3　实时缩放

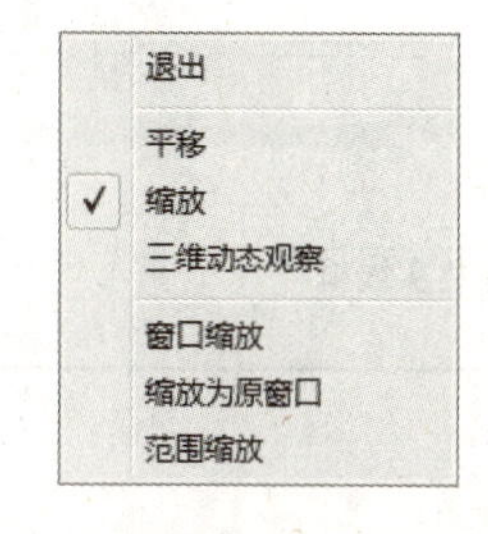

图 6-4　“实时缩放”快捷菜单

通过滚动鼠标中键（滑轮），即可实现缩放图形。除此之外，鼠标中键还有其他功能，如表 6-1 所示。

表 6-1　鼠标中键功能

鼠标中键（滑轮）操作	功能表述
滚动滑轮	放大（向上）或缩小（向下）

续表

鼠标中键（滑轮）操作	功能表述
双击滑轮按钮	缩放到图形范围
按住滑轮按钮并拖动鼠标	实时平移（等同于“平移”命令）

QA 问题

学生问： 老师，实时缩放时，为什么图形缩放到一定程度，就不能再缩放了呢？

老师答： 你提的这个问题也是很多同学在绘图中经常遇到的问题。出现这个问题有两种解决方法：第一种方法是重新设定图形界限，首先确定你所绘图形的大体边界，然后用“LIMITS”命令重新设置你的图形界限，只要设置的图形界限比所画图形稍微大一点即可；

第二种方法是双击滚轮键，或者执行“RE”（重生成）命令缩小即可，也可以执行“缩放”命令（Z），然后输入“E”进行图纸范围缩放。

6.1.3 动态缩放

动态缩放是通过视图框来选定显示区域，移动视图框或调整它的大小，将其中的图像平移或缩放，可以很方便地改变显示区域，减少重生成次数。

执行“动态缩放”命令时，绘图区出现两个虚线框和一个实线框。绿色虚线框表示图形界限或全图范围两者中范围大的；蓝色虚线框表示当前视图的最大范围；实线框是“新视图框”，类似于照相机的取景框。它有两种状态：当方框内是“×”符号时，则移动鼠标可实现“平移”。“×”符号处是下一个视图的中心点位置；当方框内符号变为指向该框右边线的箭头时，移动光标可调整图框位置，使其框住需要缩放的图形区域，然后按“Enter”键即可完成图形的缩放，如图 6-5 所示。

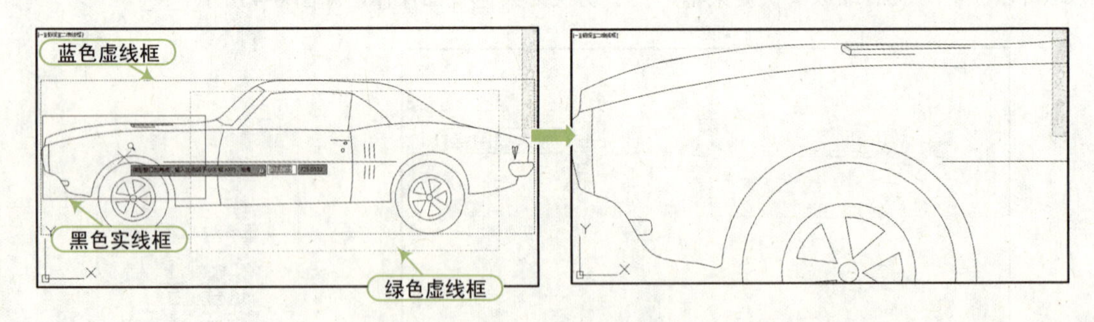

图 6-5　动态缩放

6.2 平移

平移图形是在不改变图形当前显示比例的情况下，移动显示区域中的图形到合适位置，以按照需要更好地观察图形，如图 6-6 所示。

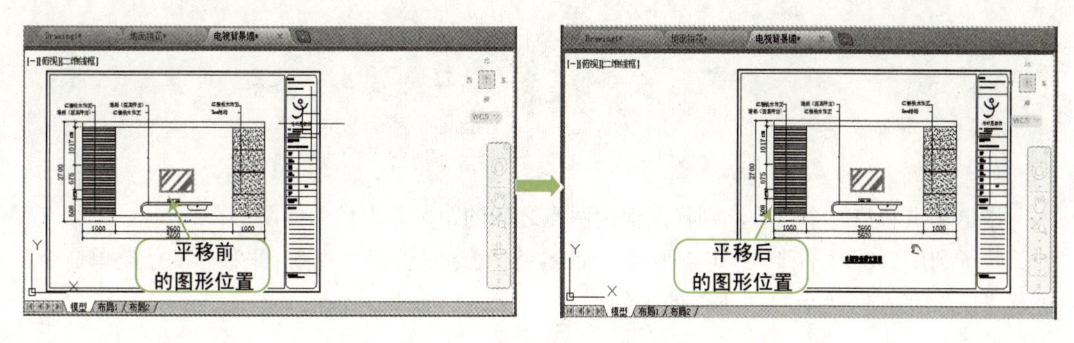

图 6-6　平移图形

6.2.1 实时平移

“实时平移”是直接控制鼠标移动来平移图像。用户可以采用以下 3 种方法来执行“平移”命令。

- 菜单栏：选择菜单栏中的“视图 | 平移”命令，在子菜单中选择“实时平移”命令，如图 6-7 所示。
- 工具栏：选择“工具 |AutoCAD| 标准”菜单命令，在弹出的“标准”工具栏中单击“平移”按钮，如图 6-8 所示。
- 命令行：输入“PAN”命令，其快捷键为“P”。

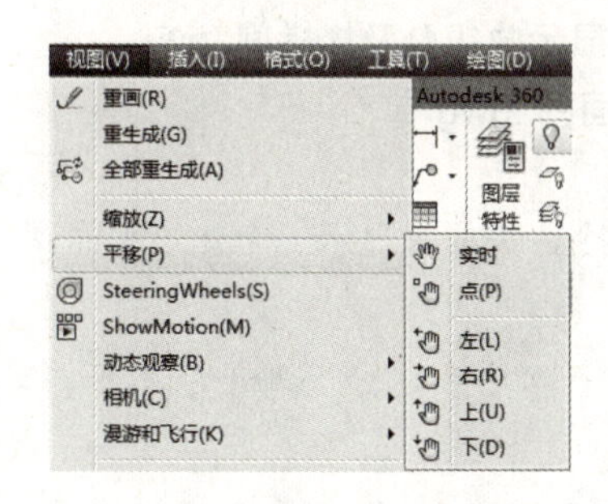

图 6-7　“平移”命令子菜单

图 6-8　“标准”工具栏

当执行“平移”命令（P）后，绘图窗口的光标将变为手形，可以在绘图窗口中任意移动，以示当前正处于平移模式。单击并按住鼠标左键，将光标锁定在当前位置，此时小手变为形状，即小手已经抓住图形，然后拖动图形使其移动到所需位置上。释放鼠标左键后，将停止平移图形。可以反复按下鼠标左键、拖动、释放对图形进行平移操作，同时还可滑动鼠标滚轮对图形进行缩放操作。

6.2.2 定点平移

定点平移是指按指定的距离平移图形。其执行方法如下。

- 菜单栏：选择菜单栏中的“视图 | 平移”命令，在子菜单中选择“定点平移”命令。
- 命令行：输入“-PAN”命令。

执行“定点平移”命令（-PAN）后，命令行提示如下：

```
命令：-PAN                                  \\ 执行“定点平移”命令
指定基点或位移：                             \\ 指定平移的基点
指定第二点：                                 \\ 指定第二点，或位移
```

指定基点和第二个点后，则视图根据两点之间的距离和方向移动图形。

除了利用“实时平移”、“定点平移”命令，还可通过选择“视图 | 平移”的子菜单命令，进行“左”、“右”、“上”、“下”的平移。

QA 问题

学生问：老师，AutoCAD 操作中“平移”和“移动”命令有什么区别？

老师答：平移只是改变视图的位置，不会改变它的坐标，如同你站在公交车上车子在走而你没有离开原地，而移动既改变了视图位置又改变了坐标，如同你在公交车上从车头走到车尾一样。

6.2.3 实例——放大显示收银台及楼梯间

视频：6.2.3—放大显示收银台及楼梯间 .avi
案例：酒店大堂平面图 .dwg

本案例利用本节及上一节所讲的“缩放”和“平移”命令，来放大显示一个建筑平面图。绘制操作步骤如下：

STEP 01 打开文件。正常启动 AutoCAD 2016 软件，执行“文件 | 打开”命令，打开“案例 \06\ 酒店大堂首层平面图 .dwg”，如图 6-9 所示。

STEP 02 缩放图形。执行“缩放”命令（Z），然后按两次“Enter”键，当鼠标指针显示为🔍时，将鼠标中间向上滚动，放大图形，如图 6-10 所示。

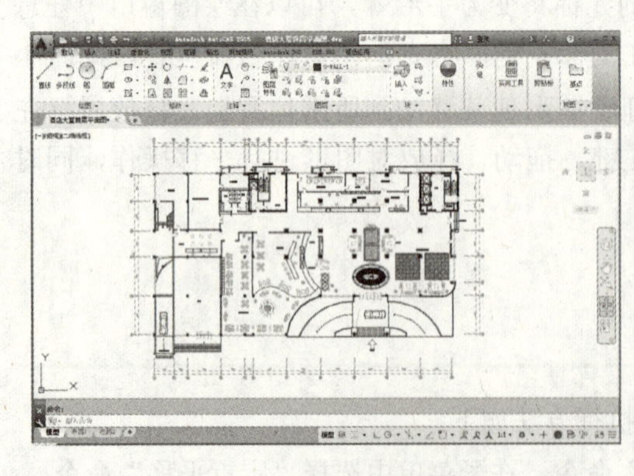

图 6-9　酒店大堂平面图

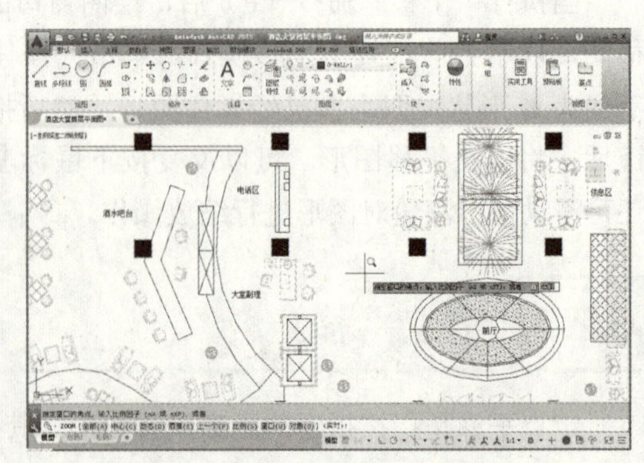

图 6-10　放大图形

STEP 03 平移显示收银台。按“Esc”键退出“缩放”命令，然后执行“平移”命令（P），此时鼠标将显示手的形状，按住鼠标左键并拖动鼠标，使绘图区域显示收银台，如图 6-11 所示。

STEP 04 平移显示楼梯间。继续拖动鼠标，使绘图区域显示楼梯间，如图 6-12 所示。

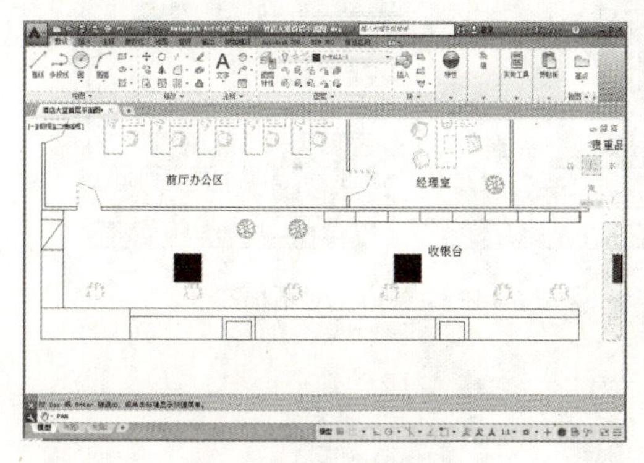

图 6-11　显示收银台

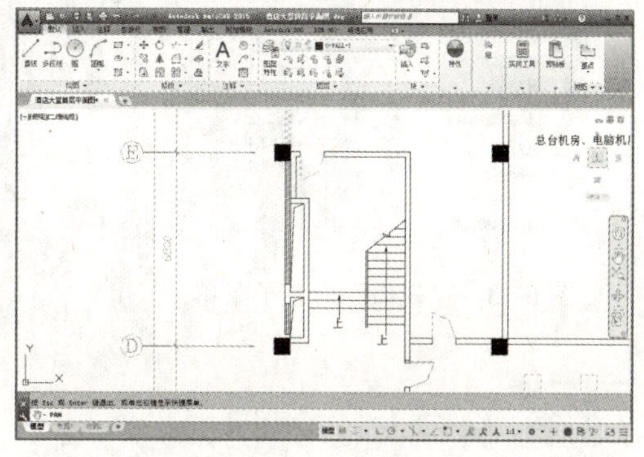

图 6-12　显示楼梯间

6.3　视口与空间

在“模型空间”中，可将绘图区域拆分成一个或多个相邻的矩形视图，这些视图被称为模型空间视口。可以显示用户模型的不同视图的区域。在大型或复杂的图形中，显示不同的视图可以缩短在“图纸空间”中缩放或平移的时间。

6.3.1　平铺视口的创建

在绘图时，为了方便编辑，经常需要将图形的局部进行放大，以显示细节。当需要观察图形的整体效果时，仅使用单一的绘图视口已无法满足需要。此时，可使用 AutoCAD 的平铺视口功能，将绘图窗口划分为若干视口。

平铺视口是指把绘图窗口分成多个矩形区域，从而创建多个不同的绘图区域，其中每一个区域都可用来查看图形的不同部分。在 AutoCAD 中，可以在模型空间创建和管理平铺视口。

设置平铺视口的方法如下。

- 菜单栏：选择“视图 | 视口 | 新建视口”菜单命令，如图 6-13 所示。
- 面板：在“模型”选项卡中单击“视口”面板中的相应按钮。
- 命令行：输入“VPORTS”命令。

在命令行中输入“VPORTS”命令后，将打开“视口”对话框，如图 6-14 所示。在“新建视口”选项卡中选择需要的视口数，如“三个：右”，在此对话框右侧的“预览”窗口显示平铺效果。单击“确定”按钮，即可完成视口的设置。

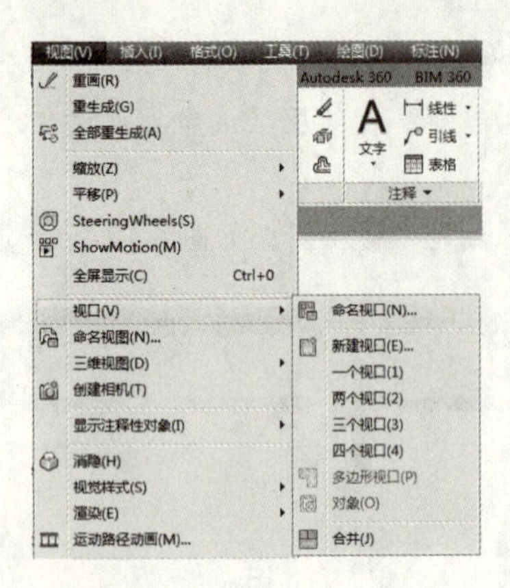

图 6-13 “视口”命令子菜单

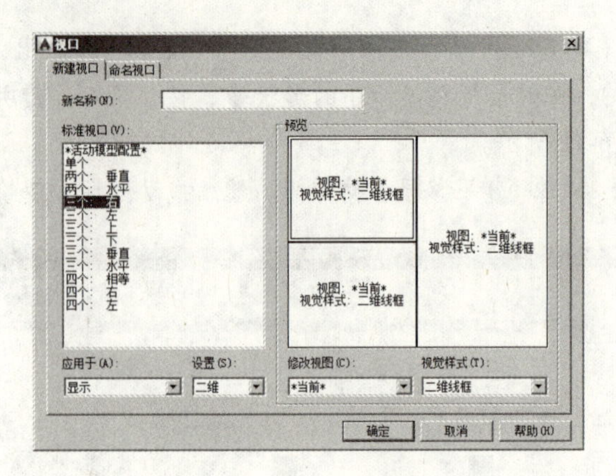

图 6-14 “视口”对话框

6.3.2 分割与合并视口

在 AutoCAD 2016 中，选择“视图 | 视口”子菜单中的命令，可以在不改变视口显示的情况下，分割或合并当前视口。例如，选择“视图 | 视口 | 单个”命令，可以将当前视口扩大到充满整个绘图窗口；选择“视图 | 视口 | 两个视口”、“三个视口”或“四个视口”命令，可以将当前视口分割为 2 个、3 个或 4 个视口。图 6-15 所示为将绘图窗口分割为 3 个视口。

图 6-15 “分割”视口

选择“视图 | 视口 | 合并”命令，系统要求选择一个视口作为主视口，然后选择一个相邻视口，并将该视口与主视口合并，如图 6-16 所示。

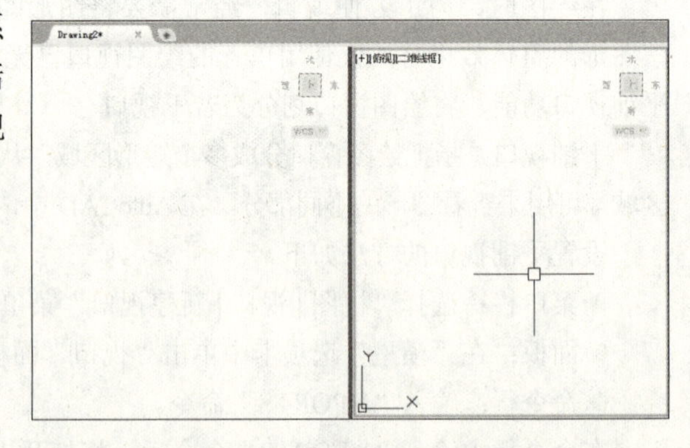

图 6-16 “合并”视口

QA 问题

学生问： 老师，视口分割后，是否可以调整视口的大小呢？

老师答： 可以，当鼠标光标移至视口的边界处时，鼠标将以箭头符号显示，此时拖动鼠标即可调整视口的大小，如图 6-17 所示。

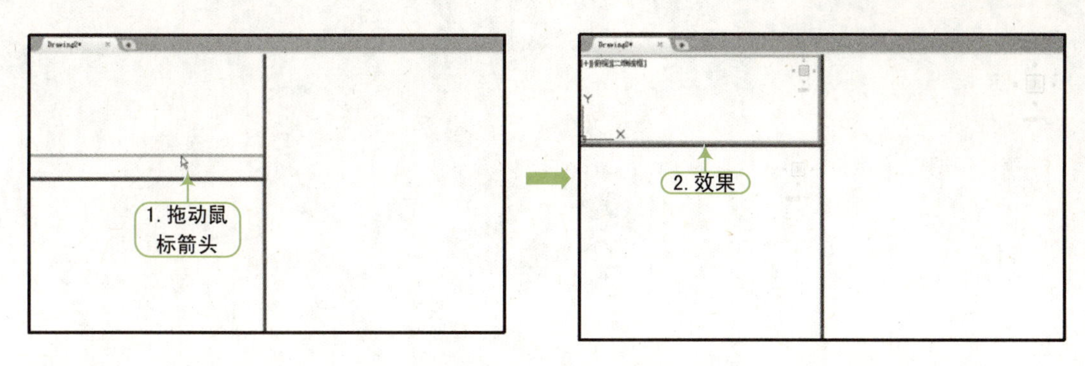

图 6-17　调整视口大小

6.3.3 模型与布局空间

AutoCAD 中有两种不同的工作环境，即模型空间和图纸空间。

模型空间是完成绘图和设计工作的工作空间，使用模型空间中建立的模型可以完成二维物体和三维物体的造型，并且根据需要用多个二维视图或三维视图来表示物体，同时配有必要的尺寸标注和注释等完成所需的全部绘图工作，如图 6-18 所示；而图纸空间是模拟手工绘图的空间，它是为绘制平面图而准备的一张虚拟图纸，是一个二维空间的工作环境。从某种意义来说，图纸空间就是为布局图面、打印出图而设计的，我们还可以在图纸空间内添加边框、注释、标题和尺寸标注等内容，如图 6-19 所示。

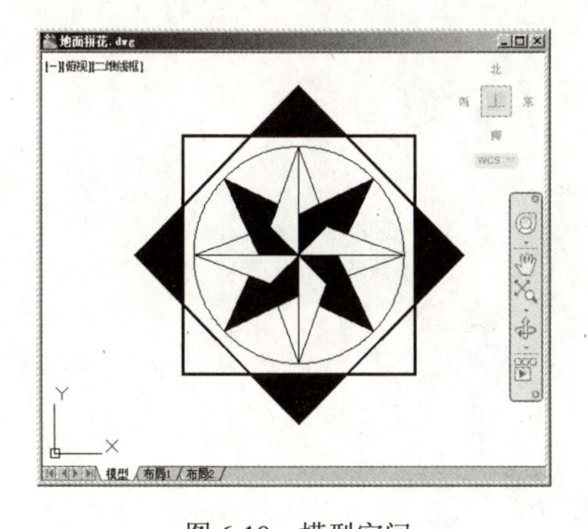

图 6-18　模型空间

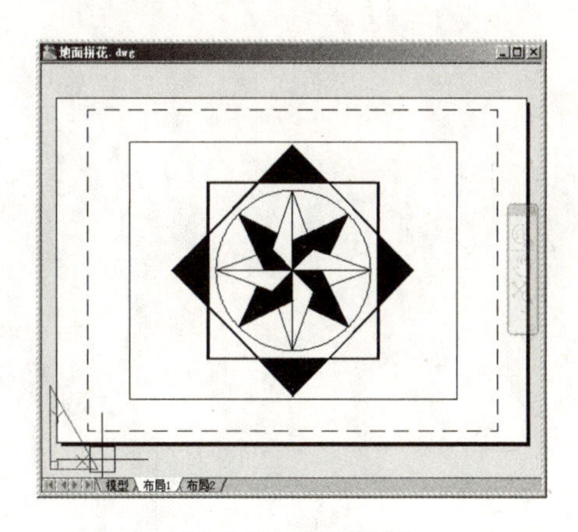

图 6-19　图纸空间

从根本上来说，两者的区别是：能否进行三维对象创建和处理，直接与绘图输出相关。粗略地说，模型空间属于设计环境，而布局空间属于成图环境。

无论在模型空间还是图纸空间，用户均可以进行打印输出设置。在绘图区域底部，有一个模型空间选项卡，可以在模型空间与布局空间之间进行切换。

第 07 章
文字与表格编辑

老师，文字和表格在图形中主要起什么作用？

在图形设计中，仅有图形不能交代清楚图形的设计意图和具体含义，必要的文字注释在图形设计中具有不可替代的重要作用。因此，在图形绘制完成后，还必须进行文字注释。为此 AutoCAD 提供了多种在图形中绘制和编辑文字的功能。

另外，AutoCAD 图形中通常会以表格的形式绘制标题栏、材料表等，以更清楚地表达图形所绘制的内容。

效果预览

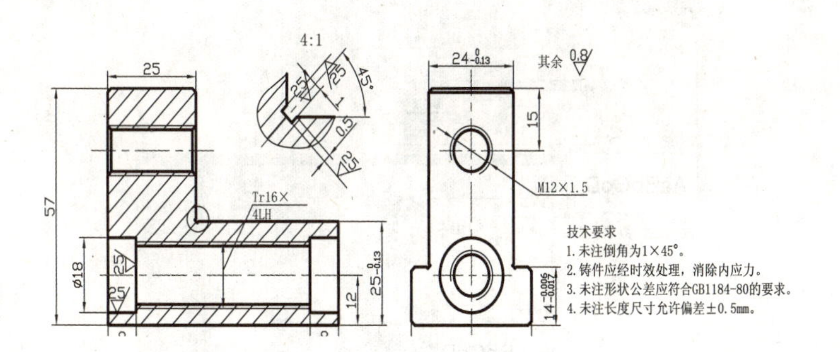

劳动力计划表						
专业工种	按工程施工阶段投入劳动力情况					小计
	基础工程	主体工程	装饰工程	安装工程	屋面工程	
木工	20	40	20	10	15	105
钢筋工	16	40	5	10	5	76
砼工	30	60	20	10	10	130
砖工	10	60	10	10	10	100
抹灰工	10	30	60	20	15	135
普通	20	10	15	30	15	90

门窗统计表							
类别	设计编号	洞口尺寸（mm）		数量	标准图集及编号		备注
		宽	高		图集代号	编号	镶板门
门	M-1	900	2000	1	西南J601		镶板门
	M-2	800	2000	6	西南J601		镶板门
	M-3	700	2000	1			门联窗
	M-4	2000	2000	1			铝合金推拉门
窗	C-1	1800	1500	2			铝合金推拉门
	C-2	1500	1500	2			铝合金推拉门
	C-3	800	800	1			铝合金推拉门
	C-4	800	1500	1			铝合金推拉门

7.1 文字样式

在同一张图纸中，对于不同的对象或不同位置的标注应该使用不同的文字样式。在为图纸书写说明书及工程预算计划书时可以使用不同的文字输入方式，有的情况下还需要对一些文字进行特效处理。

7.1.1 新建文字样式

要在 AutoCAD 中标注文本，首先应设置文字的字形或字体。AutoCAD 中的文字具有相应的文字样式，文字样式是用来控制文字基本形状的一组设置。当输入文字对象时，AutoCAD 将使用默认的文字样式。用户可以利用 AutoCAD 默认的设置，也可以修改已有样式或定义自己需要的文字样式。用户可以通过“文字样式”对话框中创建新的文字样式，打开“文字样式”对话框的方法如下。

- 菜单栏：选择“格式 | 文字样式”命令。
- 面板：在“注释”选项卡的“文字”面板中，单击“文字样式”按钮 ↘。
- 命令行：输入“DDSTYLE”命令。

执行“文字样式”命令（DDSTYLE）后，打开“文字样式”对话框。在对话框的左上角列出了文字样式类型，用户可以在其中选择当前图形中已经定义好的文字样式。单击对话框右侧的“新建”按钮，将打开“新建文字样式”对话框，在“样式名”文本框中输入新样式的名称，然后单击“确定”按钮，即可创建新的文字样式。新的文字样式将显示在“文字样式”对话框的“样式”列表框中，如图 7-1 所示。

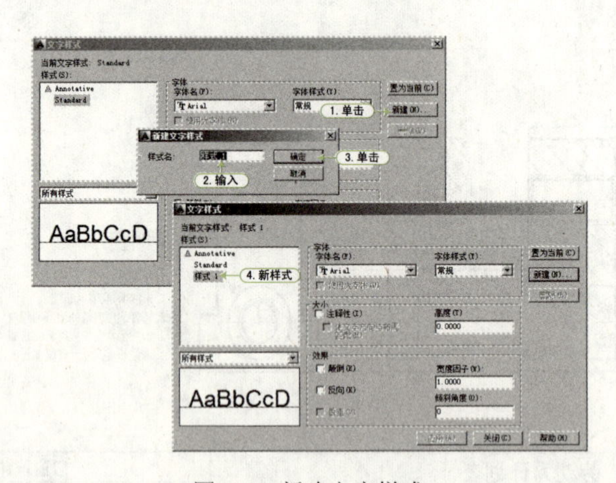

图 7-1　新建文字样式

在“文字样式”对话框中，可以根据需要设置文字的字体、大小及文字效果等。其中，各主要选项含义如下。

- “字体”选项组：更改样式的字体。
  - “字体名”下拉列表框：列出所有注册中的中文字体和其他语言的字体名。从下拉列表中选择名称后，该程序将读取指定字体的文件。
  - “字体样式”下拉列表框：指定字体格式，比如斜体、粗体或者常规字体。

- ➢“使用大字体”复选框：勾选该复选框后，该选项变为“大字体”，用于选择大字体文件，只有 SHX 文件可以创建“大字体”。
- ●“大小”选项组：更改文字的大小。
  - ➢“注释性”复选框：指定文字为注释性。
  - ➢“高度或图纸文字高度”文本框：根据输入的值设置文字高度。
- ●“效果”选项组：修改字体的特性。
  - ➢“颠倒”复选框：勾选该复选框，在用该文字样式标注文字时，文字将被垂直颠倒，如图 7-2 所示。
  - ➢“宽度因子”文本框：在该文本框中，可以输入作为文字宽度与高度的比例值。系统在标注文字时，会将该文字样式的高度值与宽度因子相乘来确定文字的高度。当宽度因子为 1 时，文字的高度与宽度相等；当宽度因子小于 1 时，文字变得细长；当宽度因子大于 1 时，文字变得粗短。
  - ➢“反向”复选框：勾选该复选框，可以将文字水平翻转，使其镜像显示，如图 7-3 所示。
  - ➢“垂直”复选框：勾选该复选框，标注文字将沿数值方向显示，如图 7-4 所示。
  - ➢“倾斜角度”文本框：在该文本框中输入的数值将作为文本旋转的角度，如图 7-5 所示。设置此数值为 0 时，文字将处于水平方向。文字的旋转方向为顺时针方向，也就是说，当输入一个正值时，文字将会向右倾斜。

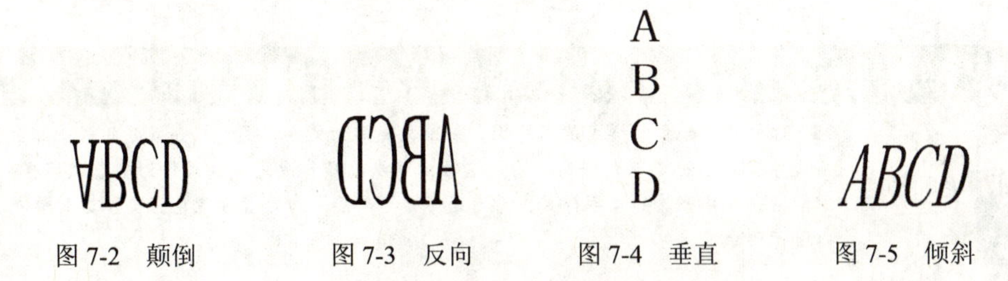

图 7-2　颠倒　　图 7-3　反向　　图 7-4　垂直　　图 7-5　倾斜

设置好文本的样式后，可在“文字样式”对话框的左下角预览设置后的文字效果，单击“应用”按钮，设置的文字样式即可生效。

7.1.2 修改文字样式

新建文字样式后，如果觉得设置不满意或文字样式的名称有误，还可以对其进行修改，对文字样式名称进行重命名。

重命名“文字样式”的方法如下。

- ●“文字样式”对话框：打开“文字样式“对话框”，在“样式”列表框中选择需要重命名的文字样式，单击或右击，在弹出的快捷菜单中选择“重命名”命令，当“文字样式”名称处于编辑状态时，输入新名称即可，如图 7-6 所示。
- ●菜单栏：执行“格式 | 重命名”命令。打开“重命名”对话框，在“命名对象”列表框中选择“文字样式”选项，在“项目”列表框中选择需要修改的“文字样式”，然后在空白文本框中输入新名称，并单击“确定”按钮即可，如图 7-7 所示。

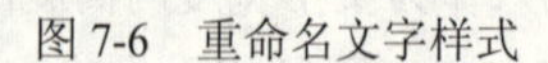

图 7-6　重命名文字样式

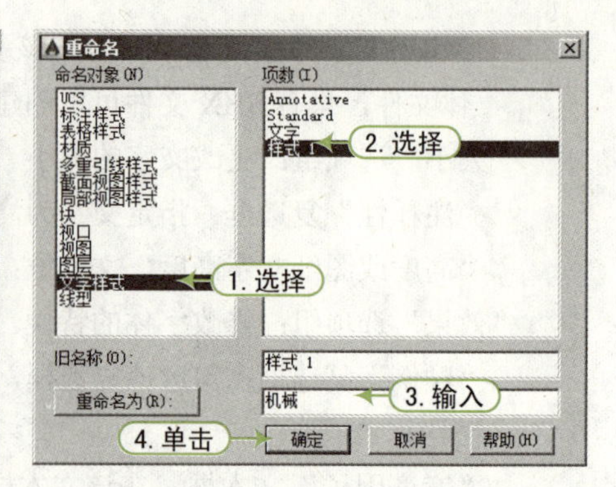

图 7-7　“重命名”对话框

7.1.3　删除文字样式

当不需要某个文字样式时，可以将其进行删除，打开“文字样式“对话框”，在“样式列表中选择需要删除的文字样式，然后单击“删除”按钮，将弹出“acad 警告”对话框，如图 7-8 所示。单击“确定”按钮即可删除选中的文字样式。

图 7-8　警告对话框

QA 问题

学生问： 老师，为什么我删除文字样式时，右击文字样式“删除”命令显示的是灰色？

老师答： 你要删除的文字样式是不是你当前正在使用的文字样式呢？如果是的话，那么当前文字样式系统是不允许删除的。这时，可以选择其他文字样式作为当前文字样式，然后右击你要删除的文字样式，看看是不是“删除”命令显示黑色了呢？这时你就可以进行删除了。

7.2　文字标注

创建并设置好文字样式后即可在绘图区域中创建文字。在 AutoCAD 中，用户可以标注单行文字也可以标注多行文字。其中，单行文字主要用于标注一些不需要使用多种字体的简短内容，如标签、规格说明等。多行文字主要用于标注比较复杂的说明。用户还可以设置不同的字体、尺寸等，同时用户还可以在这些文字中间插一些特殊符号。

7.2.1　单行文字标注

如果需要输入的文字较少，可以用创建单行文字的方法输入。创建单行文字的方法主要有以下几种。

- 菜单栏：选择“绘图 | 文字 | 单行文字”命令。
- 面板：在“注释”选项卡的“文字”面板中，单击“单行文字”按钮A。

● 命令行：输入“TEXT/DTEXT”命令，其快捷键为“DT”。

使用“单行文字”命令创建的是单独的对象，可以单独对其进行编辑。执行“单行文字”命令（DT）后，命令行提示如下：

```
命令 : TEXT                                              \\ 执行“单行文字”命令
当前文字样式 :“Standard”文字高度 : 2.5000 注释性 : 否 对正 : 左
指定文字的起点 或 [ 对正 (J)/ 样式 (S)]:                  \\ 指定文字的起点
指定高度 <2.5000>:                                       \\ 指定文字的高度
指定文字的旋转角度 <0>:                                   \\ 指定文字的旋转角度
```

执行“单行文字”命令（DT）的过程中，命令行各选项含义如下。

● 对正 (J)：控制文字的对正。文字的对正方式是基于参考线而言的。文字对正方式有 15 种，分别为：左 (L)、居中 (C)、右 (R)、对齐 (A)、中间 (M)、布满 (F)、左上 (TL)、中上 (TC)、右上 (TR)、左中 (ML)、正中 (MC)、右中 (MR)、左下 (BL)、中下 (BC)、右下 (BR), 如图 7-9 所示。

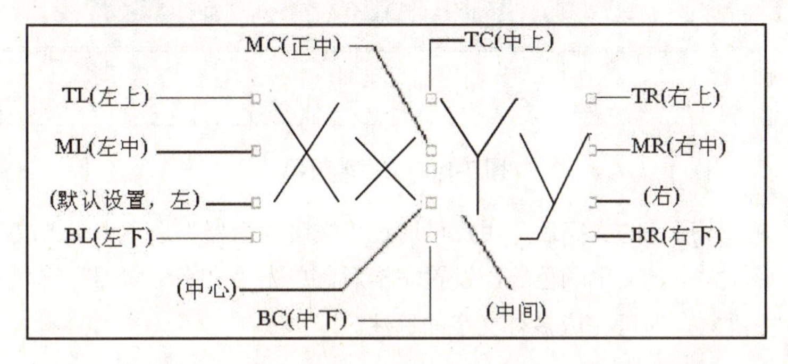

图 7-9　文字对正方式

● 样式 (S)：指定文字样式，文字样式决定文字字符的外观。创建的文字使用当前文字样式。输入“?”将列出当前文字样式、关联的字体文件、字体高度及其他参数。

● 指定文字的旋转角度：指定单行文字的旋转角度，该选项后面括号中为当前的旋转角度，默认的旋转角度为 0。

QA 问题

学生问： 老师，为什么我不能改变单行文字的字体呢？

老师答： 在设置文字样式的高度值时，如果高度不为 0，那么用“单行文字”命令书写文本时都不提示输入高度，这样写出来的文本高度是不变的，包括使用该文字样式进行的尺寸标注。如果要改变单行文字高度，可以将文字样式设置为 0，这样即可设置单行文字的高度值。

7.2.2 多行文字标注

与单行文字相比，多行文字包括的多个段落是一个整体，可以对其进行整体编辑。创建多行文字的方法主要有以下几种。

● 菜单栏：选择“绘图 | 文字 | 多行文字”命令。

● 面板：在“注释”选项卡的“文字”面板中，单击“多行文字”按钮A。

● 命令行：输入“MTEXT”命令，其快捷键为“MT”。

执行“多行文字”命令（MT）后，命令行提示如下：

```
命令 : MTEXT                                          \\ 执行“多行文字”命令
当前文字样式 :“Standard” 文字高度 : 2.5 注释性 : 否
指定第一角点 :                                        \\ 指定矩形框第一点
指定对角点或 [ 高度 (H)/ 对正 (J)/ 行距 (L)/ 旋转 (R)/ 样式 (S)/ 宽度 (W)/ 栏 (C)]:
                                                      \\ 指定矩形框另一角点
```

根据命令行提示确定矩形文本框后，将弹出如图 7-10 所示的“文字编辑器”选项卡和文本框。

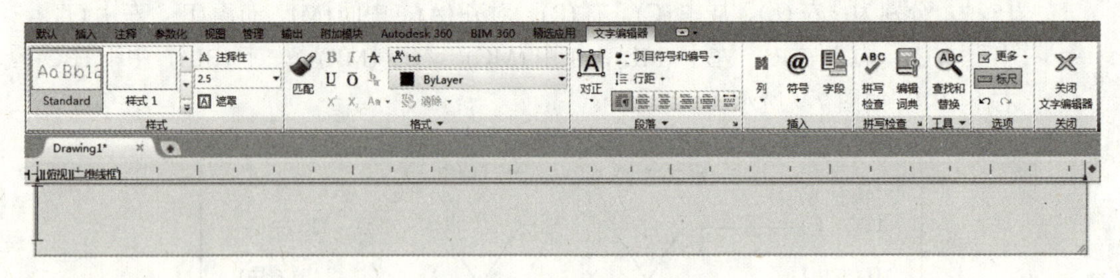

图 7-10　文字编辑器

在文本框中输入所需的文字后，用户可通过“文字编辑器”选项卡更改文字的样式，如设置字体、字形、大小、文字颜色等，设置完毕后，单击“文字编辑器”选项卡中的“关闭文字编辑器”按钮✕，即可完成多行文字的标注。

7.2.3 实例——为机械零件图添加技术要求

视频：7.2.3——添加技术要求文字 .avi

案例：机械零件图 .dwg

下面通过为机械图添加如图 7-11 所示的文字标注为例，进一步讲解文字标注的方法及在文本中添加特殊符号的方法。其操作步骤如下：

STEP 01 正常启动 AutoCAD 2016 软件，在“快速工具栏”中单击“打开”按钮，打开“案例 \07\ 机械零件图 .dwg”文件，如图 7-12 所示。

STEP 02 执行“文字”命令，单击“绘图”面板中的“多行文字”按钮A，在图形的相应位置指定对角点拖出一个文本框，激活“文字”命令，如图 7-13 所示。

STEP 03 设置字体。激活“文字”命令的同时在“功能区”将显示“文字编辑器”，在编辑器的“格式”面板中设置字体为“宋体”，在“样式”列表中设置文字高度为 8，如图 7-14 所示。

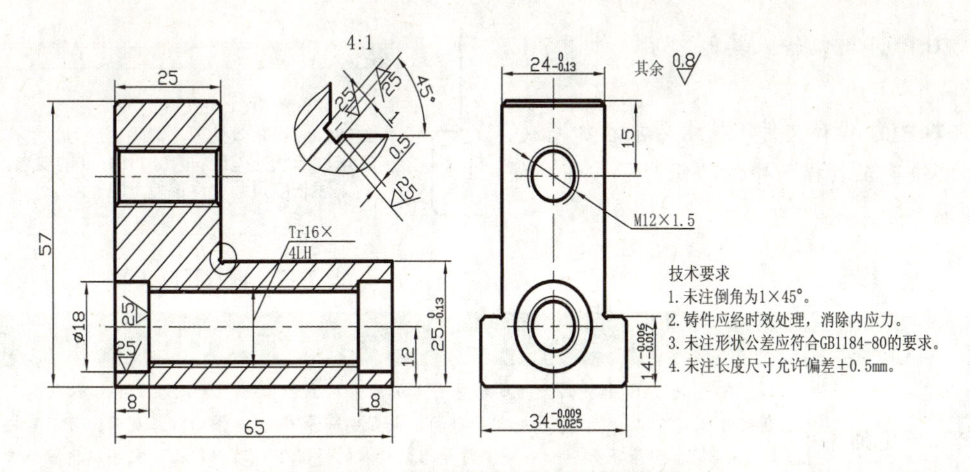

图 7-11　添加技术要求的机械零件图

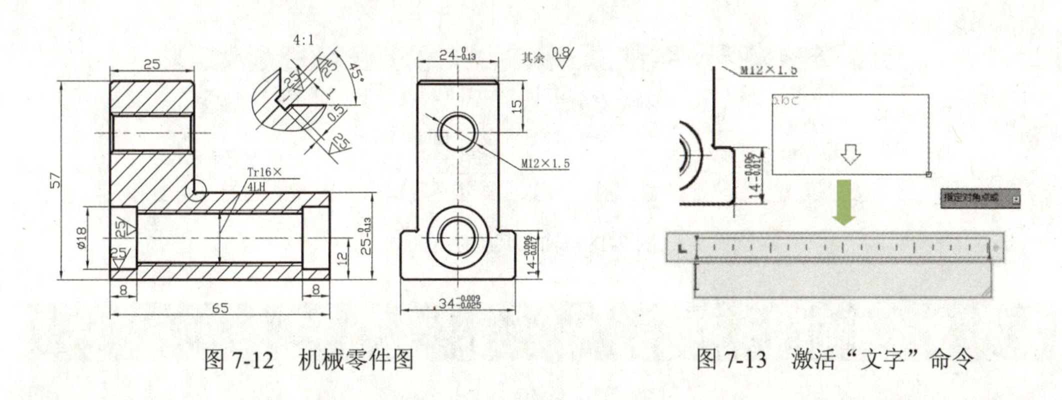

图 7-12　机械零件图　　　图 7-13　激活“文字”命令

图 7-14　设置字体和文字高度

STEP 04 输入文字。在文本框中输入如图 7-15 所示的文字。

STEP 05 输入度数符号。输入文字后，输入“%%C”，此时，系统将字符转换为读书符号，如图 7-16 所示。

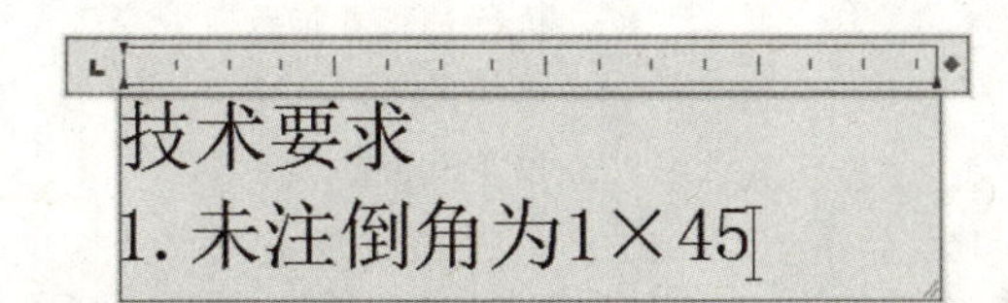

图 7-15　输入文字

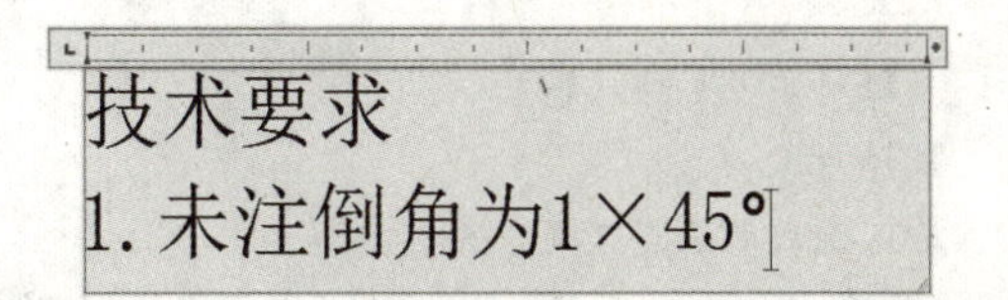

图 7-16　输入度数符号

STEP 06 继续输入其他文字，如图 7-17 所示。

STEP 07 保存文件。技术要求添加完成。单击“快速工具栏”中的“保存”按钮，保存图形文件。

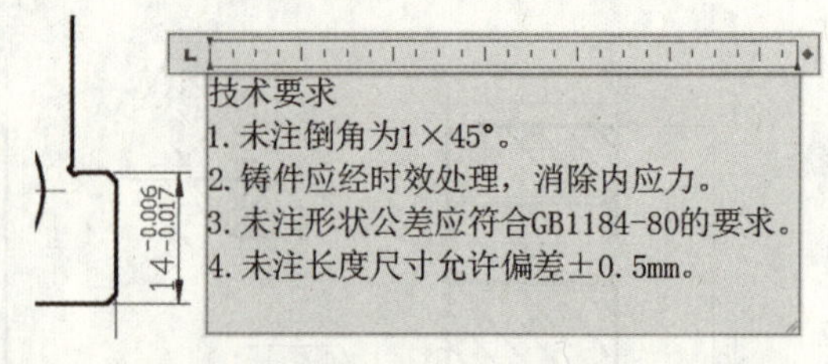

图 7-17　输入其他文字

QA 问题

学生问： 老师，怎样在多行文字中添加一些特殊符号（如正负号）？

老师答： 在 AutoCAD 中提供了一些特殊符号的输入方式，例如，可以在文字编辑状态下直接输入“%%C”，此时系统就会自动生成直径符号 Φ；如果输入正负号，可以直接输入 %%P。如果不知道一些特殊符号怎么输入的情况下，可以单击“文字编辑器”选项卡“插入”面板中的“符号”按钮，如图 7-18 所示。

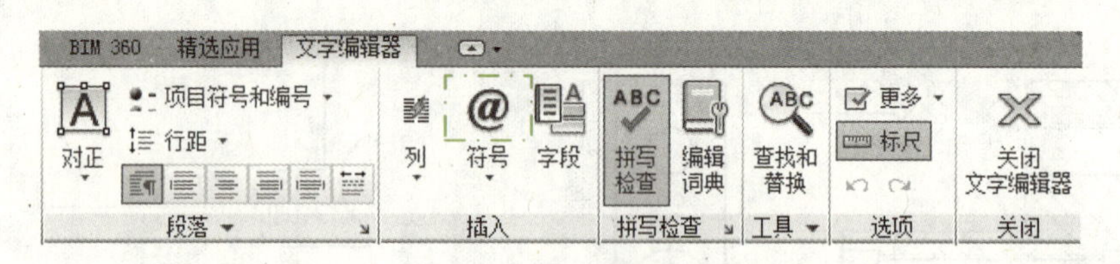

图 7-18　输入其他字符

7.3　文本编辑

如果标注的文本不符合绘图的要求，就需要在原有的基础上进行修改。下面将着重讲解修改文本的比例、对正方式和拼写检查的方法。

7.3.1　比例

一个图形可能包含成百上千个需要设置比例的文字对象，如果对这些比例单独进行设置会很浪费时间。使用“文本缩放”命令（SCALETEXT）可以修改一个或多个文字对象（如文字、多行文字和属性）的比例。可以指定相对比例因子或绝对文字高度，或者调整选定文字的比例以匹配现有文字高度。每个文字对象使用同一个比例因子设置比例，并且保持当前的位置。

执行“文本缩放”命令（SCALETEXT）后，根据命令行提示，进行文本比例缩放操作，如图 7-19 所示。

```
命令：SCALETEXT                                          \\执行“文本缩放”命令
选择对象：找到 1 个                                       \\选择文本对象
选择对象：                                                \\按“Enter”键确认
输入缩放的基点选项
[现有(E)/左对齐(L)/居中(C)/中间(M)/右对齐(R)/左上(TL)/中上(TC)/右上(TR)/左中(ML)/
正中(MC)/右中(MR)/左下(BL)/中下(BC)/右下(BR)]<居中>:     \\选择缩放基点
指定新模型高度或[图纸高度(P)/匹配对象(M)/比例因子(S)]<1>:  \\输入文字新的高度值
```

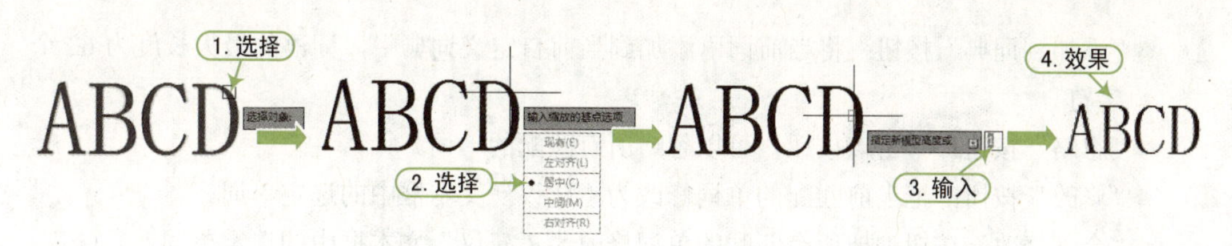

图 7-19　文本比例缩放

7.3.2 对正

使用“对正”命令可以改变选定文字对象的对齐点而不改变其位置。执行“对正”命令的方法如下。

- 面板：在“注释”选项卡的“文字”面板中，单击“对正”按钮。
- 命令行：输入“JUSTIFYTEXT”命令，其快捷键为“JU”。

执行“对正”命令（JU）后，命令行提示如下：

```
命令 : JUSTIFYTEXT                                   \\ 执行“对正”命令
选择对象 : 找到 1 个                                  \\ 选择文字对象
选择对象 :                                           \\ 按“Enter”键确认
输入对正选项
[ 左对齐 (L)/ 对齐 (A)/ 布满 (F)/ 居中 (C)/ 中间 (M)/ 右对齐 (R)/ 左上 (TL)/ 中上 (TC)/ 右上 (TR)/
左中 (ML)/ 正中 (MC)/ 右中 (MR)/ 左下 (BL)/ 中下 (BC)/ 右下 (BR)] < 对齐 >: C        \\ 选择对正方式
```

在命令提示中，其“对正”选项与单行文字的“对正”选项相同。利用该命令可以对单行文字、多行文字、引线文字和属性对象等进行文字对正操作。

7.3.3 拼音检查

在 AutoCAD 中，利用拼写检查功能可以检查并修改标注文本的拼写错误。其执行方法如下。

- 菜单栏：选择“工具 | 拼写检查”命令。
- 命令行：输入“SPELL”命令，其快捷键为“SP”。

执行“拼写检查”命令（SP）后，将打开“拼写检查”对话框，如图 7-20 所示。在“拼写检查”对话框中，各选项含义如下。

- “要进行检查的位置”选项组：显示要检查拼写的区域，有 3 个可选项：整个图形、当前空间 / 布局和选定的对象。
- “不在词典中”文本框：显示标识为拼错的词语。
- “建议”选项组：显示当前词典中建议的替换词列表，两个“建议”区域的列表框中的第一条建议均亮显。可以从列表中选择其他替换词语，或者在“建议”文本框中编辑或输入替换词语。
- “主词典”：列出主词典选项。默认词典将取决于语言设置。
- “开始”按钮：开始检查文字的拼写错误。

- “添加到词典”按钮：将当前词语添加到当前自定义词典中，词语的最大长度为 63 个字符。
- “忽略”按钮：单击该按钮，可以忽略所有匹配的单词。
- “修改”按钮：把当前匹配的单词修改为“建议”文本框中的选定单词。
- “全部修改”按钮：把所有匹配的单词修改为“建议”文本框中的选定单词。
- “词典”按钮：单击该按钮，将打开如图 7-21 所示的“词典”对话框。在该对话框中可以选取另一字库或用户字库。

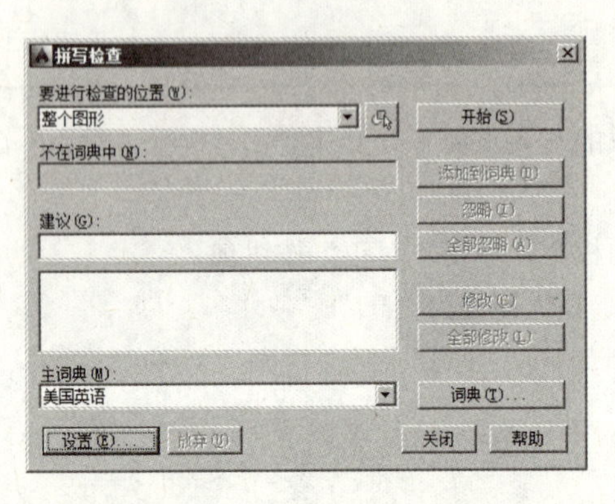

图 7-20 “拼写检查”对话框

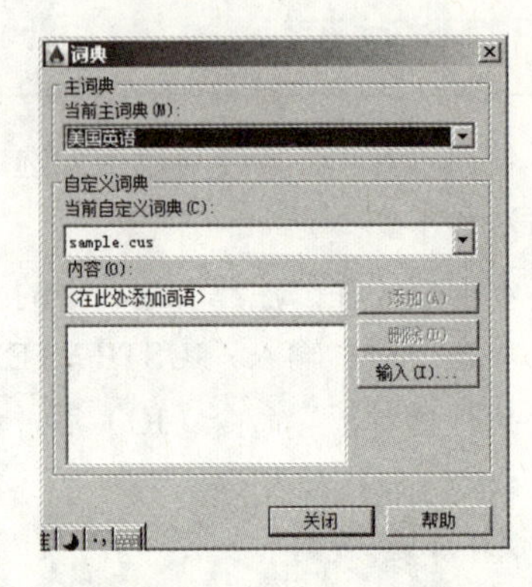

图 7-21 “词典”对话框

7.3.4 实例——编辑技术要求文字

视频：7.3.4——编辑技术要求文字 .avi
案例：机械零件工程图 .dwg

通过修改 7.2.3 节创建的机械零件图的技术要求文字，掌握文字编辑技巧。编辑效果如图 7-22 所示。其操作步骤如下：

技术要求
A. 未注倒角为1×45°。
B. 铸件应经时效处理，消除内应力。
C. 未注形状公差应符合GB1184-80的要求。
D. 未注长度尺寸允许偏差±0.5mm。

图 7-22 添加技术要求的机械零件图

STEP 01 打开文件。正常启动 AutoCAD 2016 软件，在“快速工具栏”中单击“打开”按钮，打开“案例 \07\ 机械零件工程图 .dwg”文件。

STEP 02 进入文字编辑状态。双击技术要求文字，使其进入文字编辑状态。

STEP 03 文字居中。选择“技术要求”四个字，然后单击“段落”按钮，在弹出的下拉列表中选择“居中”，如图 7-23 所示。

STEP 04 设置序列号。删除文字前的数字，然后选择标题下方的 4 行文字，如图 7-24 所示。

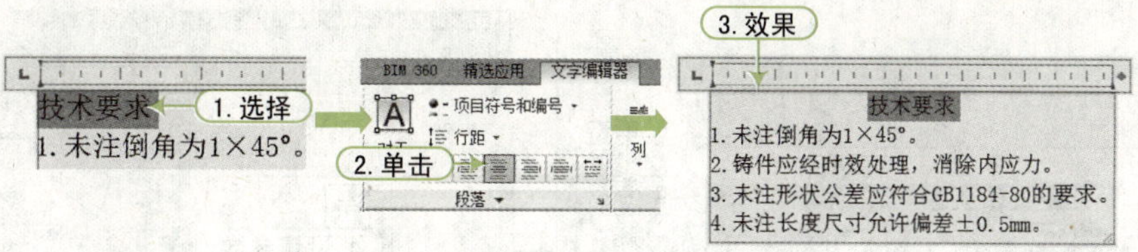

图 7-23　设置文字对齐方式

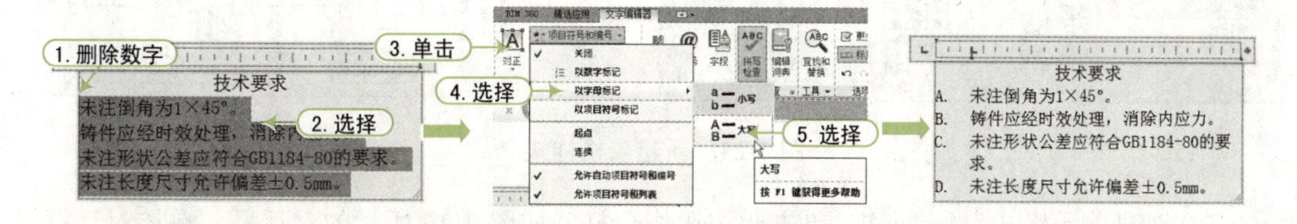

图 7-24　修改序列号

STEP 05 保存文件。技术要求添加完成。单击“快速工具栏”中的“保存”按钮，保存图形文件。

7.4 表格

表格是绘图设计中常用的对象，在创建设计说明的过程中，设计师通常需要创建各类表格，从而使设计说明更清楚、更完善。

7.4.1 新建表格样式

与文本标注前需要创建“文本样式”一样，在绘制表格之前，同样需要对“表格样式”进行设置，在完成“表格样式”的设置后，即可根据表格样式绘制表格并输入相应的表格内容。创建表格样式的方法主要有以下几种。

- 菜单栏：选择“格式 | 表格样式”菜单命令。
- 面板：在“默认”选项卡的“注释”面板中，单击“表格样式”按钮。
- 命令行：输入“TABLESTYLE”命令，其快捷键为“TS”。

执行“表格样式”命令（TS）后，将打开“表格样式”对话框。在“表格样式”对话框中，单击“新建”按钮，打开“创建新的表格样式”对话框。在“新样式名”文本框中输入新表格样式的名称，单击“继续”按钮，将弹出“新建表格样式：Standard 副本”对话框。在此对话框中用户可根据需要设置相应的表格样式，然后单击“确定”按钮，即可创建新的表格样式，如图 7-25 所示。

在“新建表格样式：Standard 副本”对话框中，各选项含义如下。

- “选择起始表格”按钮：可在图形文件中选择一个已有的表格作为起始表格。
- “常规“选项组：用于设置表格的方向。
- “单元样式”选项组：单击下拉按钮可选择标题、表头、数据等选项，也可以选择创建或管理新的单元样式。

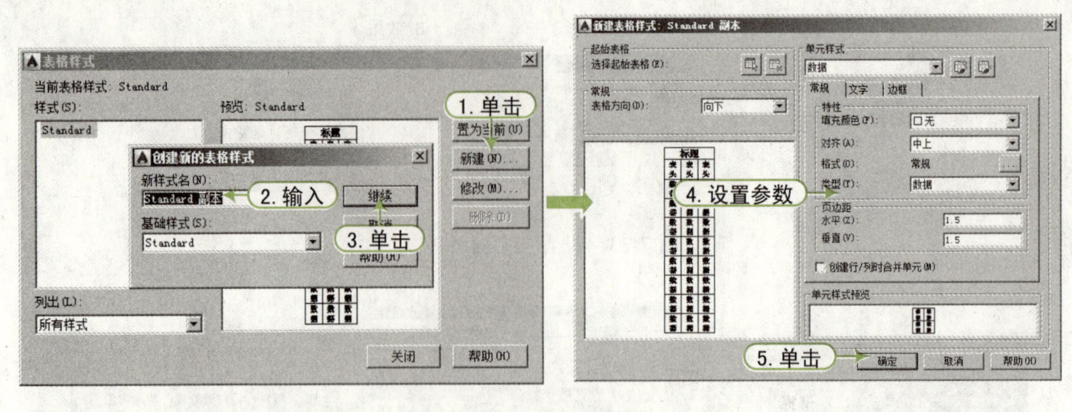

图 7-25　新建表格样式

●“创建单元格式”按钮：单击此按钮将会打开如图 7-26 所示的对话框。在该对话框中输入新样式名称，可根据已有的样式创建副本，单击“继续”按钮，将返回“新建表格样式”对话框。

●“管理单元格式”按钮：单击此按钮将会打开如图 7-27 所示的对话框。在该对话框中用户可选用系统提供的“标题”、“表头”、“数据”单元样式，也可单击“新建”按钮创建新单元样式，单击“确定”按钮，将返回“新建表格样式”对话框。

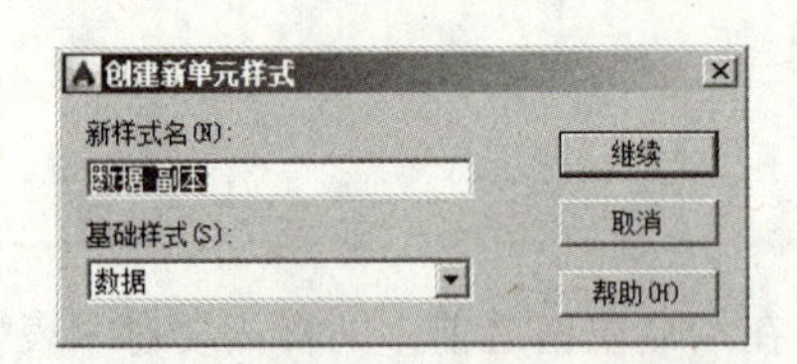

图 7-26　“创建新单元样式”对话框

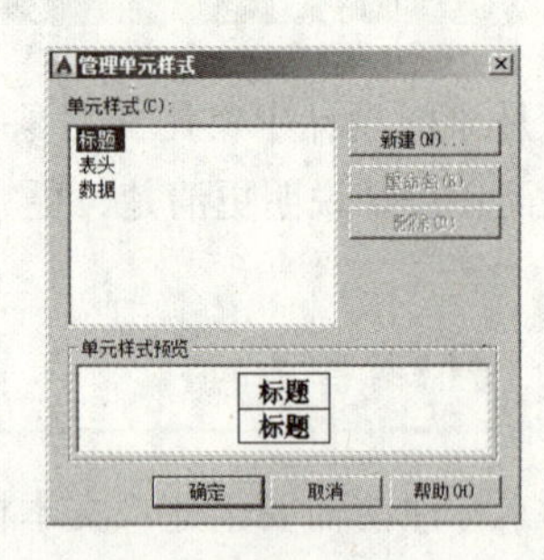

图 7-27　“管理单元样式”对话框

●“常规”选项卡：可以对填充颜色、对齐方式、格式、类型和页边距进行设置。单击“格式”右侧的按钮，将弹出“表格单元样式”对话框。

●“文字”选项卡：可以对文字样式、文字高度、文字颜色和文字角度进行设置，如图 7-28 所示。

●“边框”选项卡：可以控制当前单元样式的表格网格线的外观，如图 7-29 所示。

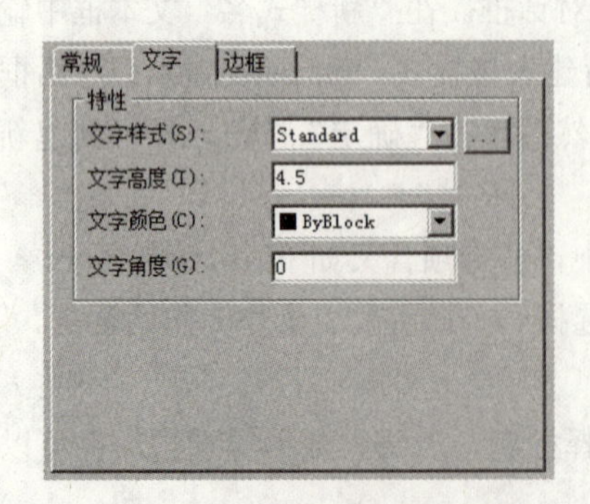

图 7-28　“文字”选项卡

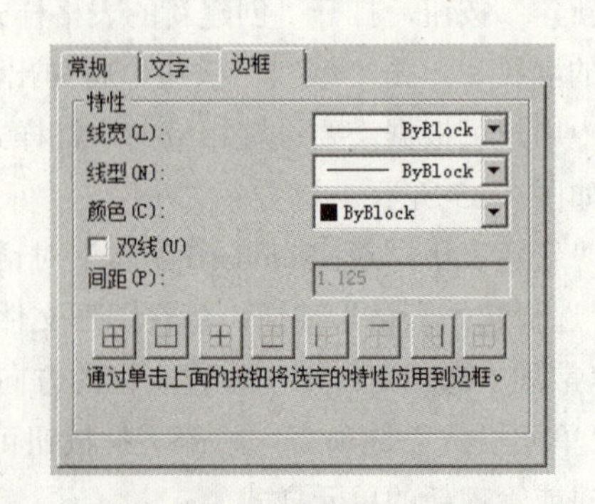

图 7-29　“边框”选项卡

7.4.2 创建表格

设置好表格样式后，用户即可根据设置的表格样式来创建表格并输入相应的内容。创建表格的方法主要有以下 3 种。

- 菜单栏：选择“绘图 | 表格”菜单命令。
- 面板：在“默认”选项卡的“注释”面板中，单击“表格”按钮▦。
- 命令行：输入“TABLE”，其快捷键为“TB”。

执行“表格”命令（TB）后，将打开“插入表格”对话框，在该对话框中用户可以根据需求设置插入方式、表格的行数和列数、单元格样式。设置完成后，单击“确定”按钮，然后在绘图区中指定插入点即可创建表格，如图 7-30 所示。其中各选项的含义如下。

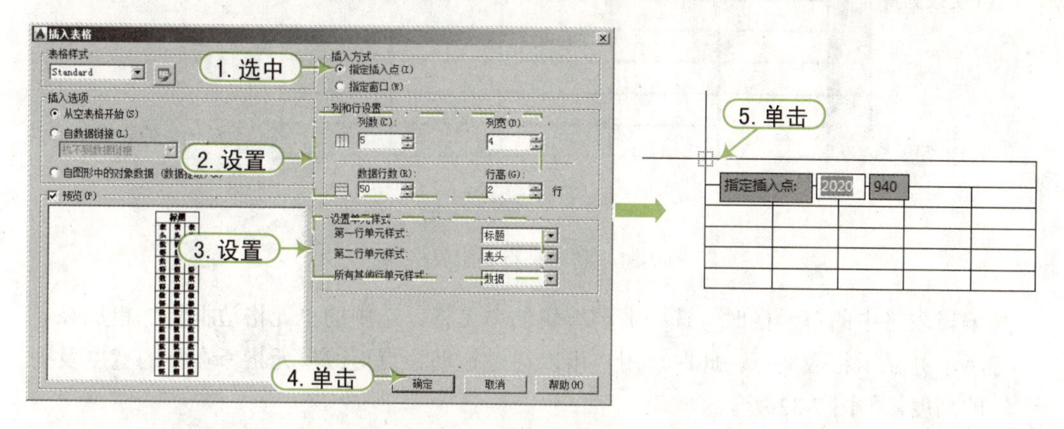

图 7-30　“插入表格”对话框

- “表格样式”下拉列表框：在该下拉列表框中可选择要使用的表格样式，单击右侧的按钮可创建新的表格样式。
- “从空表格开始”单选按钮：该单选按钮默认为选中状态，表示创建无任何数据的空表格。
- “自数据链接”单选按钮：选中该单选按钮后，可以从外部电子表格中导入数据来创建表格。
- “插入方式”选项组：用于选择表格的插入方式。选中“指定插入点”单选按钮，则在绘图区域中以指定插入点的方式插入表格；如果选中“指定窗口”单选按钮，则插入表格时需在绘图区域中用十字光标拖动出一个窗口，在其中绘制出表格。
- “列和行设置”选项组：在该选项组中可分别设置表格中数据单元格的列数和列宽、行数和行高值。
- “设置单元样式”选项组：在该选项组中可设置表格的结构，在 3 个下拉列表框中可选择要使用的单元样式，通常将第 1 行设置为标题样式，第 2 行设置为表头行样式，其他行设置为数据单元样式。
- “预览”区域：在该区域中显示当前设置的表格样式的样例。

7.4.3 表格的修改与编辑

直接创建的表格通常不能满足实际需求，此时，可以对表格进行修改与编辑，使其符合图纸的要求。

用户可以通过以下几种方式来编辑表格：

- 单击表格上的任意网格线以选中该表格，然后以夹点修改表格的行宽度和列宽度，如图 7-31 所示。

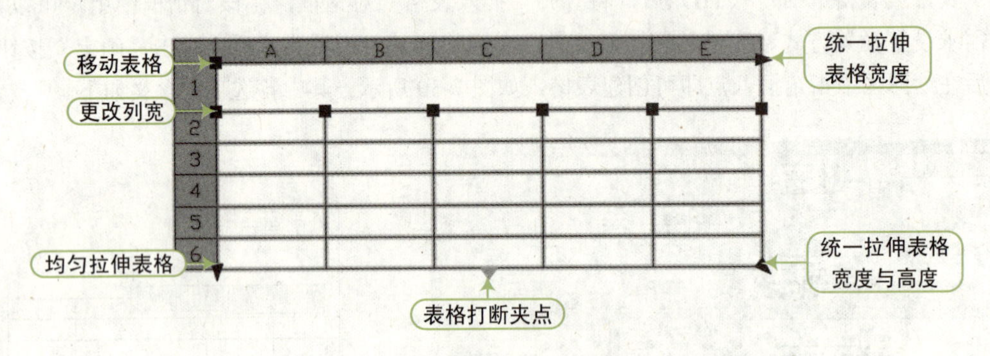

图 7-31　利用夹点编辑表格

- 编辑表格中的单元格时，选中需要编辑的单元格，选中的单元格边框将加粗加亮显示，并显示相应夹点。此时，用户可以通过拖动夹点更改单元格所在行的宽度及列的高度，如图 7-32 所示。

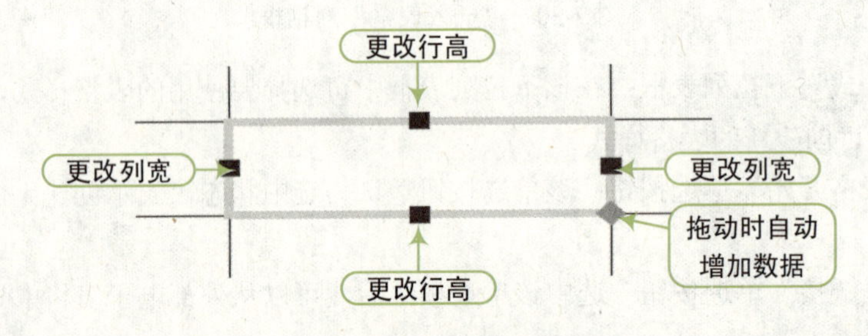

图 7-32　编辑单元格

- 在表格内部单击时，在功能区将弹出“表格单元”选项卡，如图 7-33 所示。

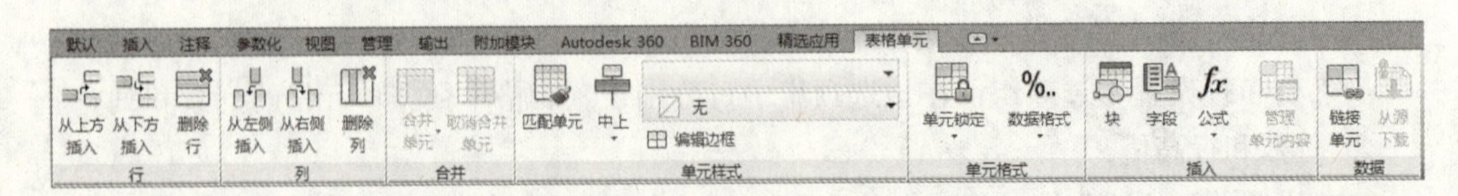

图 7-33　“表格单元”选项卡

在该选项卡中，包含“行”、“列”、“合并”、“单元样式”、“单元格式”、“插入”、“数据”7 个工具面板。通过这些工具面板上的相应工具按钮，用户可以对表格进行行与列的编辑，合并和取消合并单元格，改变单元格样式（边框、对正方式等），锁定和解锁单元格，插入块、字段和公式，创建编辑单元格样式及将表格链接至外部数据等操作。

QA 问题

学生问：老师，在单元格中输入文字后，怎样能快速切换到下一个单元格呢？

老师答：在单元格中输入文字后，如果要切换到下一个单元格，用鼠标切换非常麻烦，这时我们可以利用鼠标键盘上的上、下、左、右键进行单元格的切换。

7.4.4 将表格链接至外部数据

在 AutoCAD 中，可以将表格链接至 Microsoft Excel（XLS、.XLSX 或 CSV）文件中的数据。用户可以将其链接至 Excel 中的整个电子表格、各行、列、单元或单元范围。

利用 AutoCAD 进行表格数据链接时，首先必须在计算机上安装 Microsoft Excel 软件才能使用此功能。如要链接至“.XLSX”文件类型，必须安装 Microsoft Excel 2007 软件。

用户可以通过以下 3 种方式将数据从 Microsoft Excel 引入表格：

- 通过附着了支持的数据格式的公式。
- 通过在 Excel 中计算公式得出的数据（未附着支持的数据格式）。
- 通过在 Excel（附着了数据格式）中计算公式得出的数据。

包含数据链接的表格将在链接的单元周围显示标识符。如果将光标悬停在数据链接上，将显示有关数据链接的信息。

如果链接的电子表格已更改（如添加了行或列），则可以使用 DATALINKUPDATE 命令相应地更新图形中的表格。同样，如果对图形中的表格进行了更改，则也可以使用此命令更新链接的电子表格。

默认情况下，数据链接将会锁定而无法编辑，从而防止对链接的电子表格进行不必要的更改。可以锁定单元从而防止更改数据、更改格式，或两者都更改。要解锁数据链接，则单击“表格”功能区“上下文”选项卡中的“锁定”按钮。

7.4.5 在表格中套用公式

AutoCAD 中的表格单元可以包含使用其他单元中的值进行计算的公式。用户在选定表格单元后，可以插入公式，也可以在表格单元中手动输入公式。

在表格中插入公式的方法如下。

- 功能区：选定需要插入公式的表格单元后，通过在“表格单元”选项卡的插入面板中，单击“插入公式”按钮 *fx* 。
- 快捷菜单：选定需要插入公式的表格单元后，右击，在弹出的快捷菜单中选择“插入点”命令，如图 7-34 所示。
- 对话框：选定需要插入公式的表格单元后，在“文字编辑器”选项卡中，单击“字段”按钮，在弹出的“字段”对话框的“字段类别“下拉列表框中选择“对象”选项，在字段名称中选择“公式”选项，如图 7-35 所示。

在公式中，可以通过单元的列字母和行号引用单元。例如，表格中左上角的单元为 A1。合并的单元使用左上角单元的编号。单元的范围由第一个单元和最后一个单元定义，并在它们之间加一个冒号。例如，范围 A5:C10 包括第 5 行到第 10 行 A、B 和 C 列中的单元。

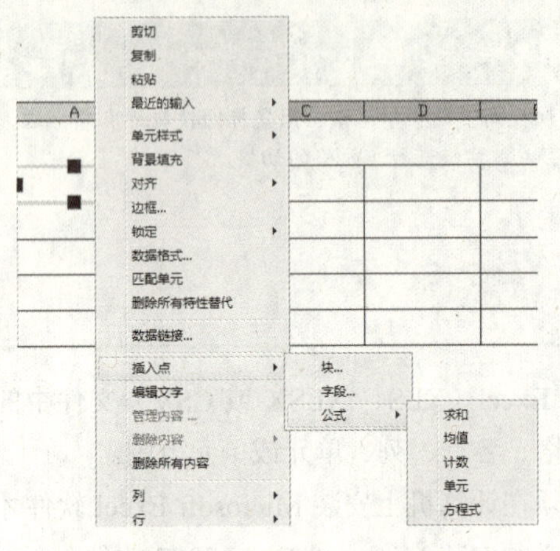

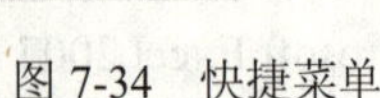

图 7-34　快捷菜单

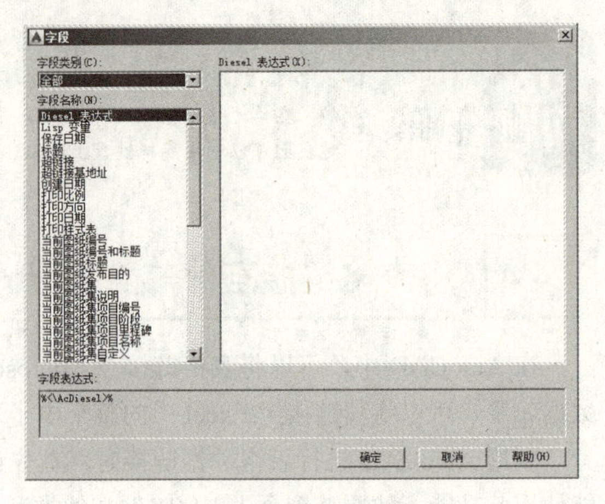

图 7-35　“字段”对话框

公式必须以等号（=）开始。用于求和、求平均值和计数的公式将忽略空单元及未解析为数值的单元。如果在算术表达式中的任何单元为空，或者包含非数字数据，则其他公式将显示错误（#）。

使用“单元”选项可选择同一图形中其他表格中的单元。选择单元后，将打开在位文字编辑器，以便输入公式的其余部分。

7.4.6　实例——链接并计算劳动力计划表

视频：7.4.6——链接并计算劳动力计划表 .avi

案例：劳动力计划表 .dwg

本案例主要讲解在 AutoCAD 中插入、编辑表格命令，以及链接数据域公式计算等。通过链接并计算劳动力计划表，让大家熟练掌握 AutoCAD 2016 中表格数据的链接操作，其绘制效果如图 7-36 所示。

劳动力计划表						
专业工种	按工程施工阶段投入劳动力情况					小计
	基础工程	主体工程	装饰工程	安装工程	屋面工程	
木工	20	40	20	10	15	105
钢筋工	16	40	5	10	5	76
砼工	30	60	20	10	10	130
砖工	10	60	10	10	10	100
抹灰工	10	30	60	20	15	135
普通	20	10	15	30	15	90

图 7-36　劳动力计划表

STEP 01 新建文件。正常启动 AutoCAD 2016 软件，执行“文件 | 新建”命令，新建一个图形文件；然后执行“文件 | 保存”按钮，将文件保存为“案例 \07\ 劳动力计划表 .dwg”文件。

STEP 02 插入表格。执行“绘图 | 表格”命令，将弹出“插入表格”对话框，在该对话框中设置表格的参数，然后单击“确定”按钮，在绘图区域单击一点作为表格的插入点，创建表格，如图 7-37 所示。

STEP 03 合并单元格。选择相应的单元格，对其进行合并操作，效果如图 7-38 所示。

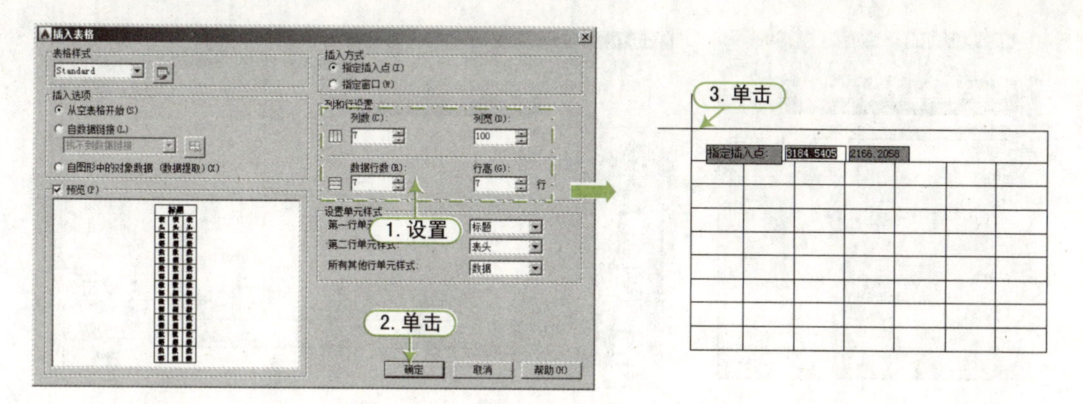

图 7-37　插入表格

STEP 04 输入文字。双击相应的单元格，在表格中输入相应的文字内容，效果如图 7-39 所示。

图 7-38　合并单元格

劳动力计划表						
专业 工种	按工程施工阶段投入劳动力情况					小计
	基础工程	主体工程	装饰工程	安装工程	屋面工程	
木工						
钢筋工						
砼工						
砖工						
抹灰工						
普通						

图 7-39　输入文字

STEP 05 数据链接。在插入的表格中选择 B4 单元格，将弹出“表格单元”选项卡，在该选项卡中单击“链接单元”按钮，将弹出“选择数据链接”对话框，在该对话框中选择“创建新的 Excel 数据链接”选项，在弹出的“输入数据链接名称”对话框中输入数据链接名称，然后单击“确定”按钮，如图 7-40 所示。

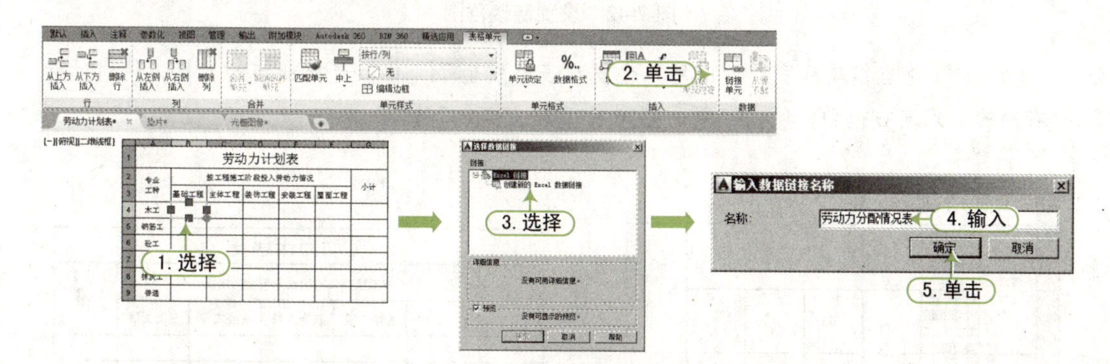

图 7-40　输入链接名称

STEP 06 选择链接文件。在弹出的“新建 Excel 数据链接：劳动力分配情况”对话框中单击“浏览”按钮 ，将弹出“另存为”对话框，选择“案例 \07\ 劳动力计划表 xls”文件，然后单击“打开”按钮，如图 7-41 所示。

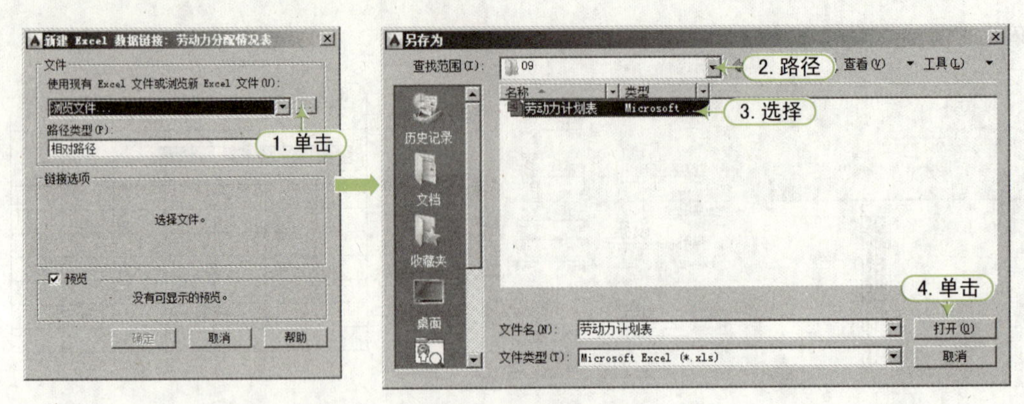

图 7-41　输入链接名称

STEP 07 选择链接范围。此时将返回“新建 Excel 数据链接：劳动力分配情况”对话框中，在该对话框中输入链接范围，然后选中“保留数据格式和公式”单选按钮，单击“确定”按钮；返回“选择链接数据”对话框，在该对话框中选择“劳动力分配情况”选项，然后单击“确定“按钮，此时 Excel 表格数据添加到 AutoCAD 表格文件中，如图 7-42 所示。

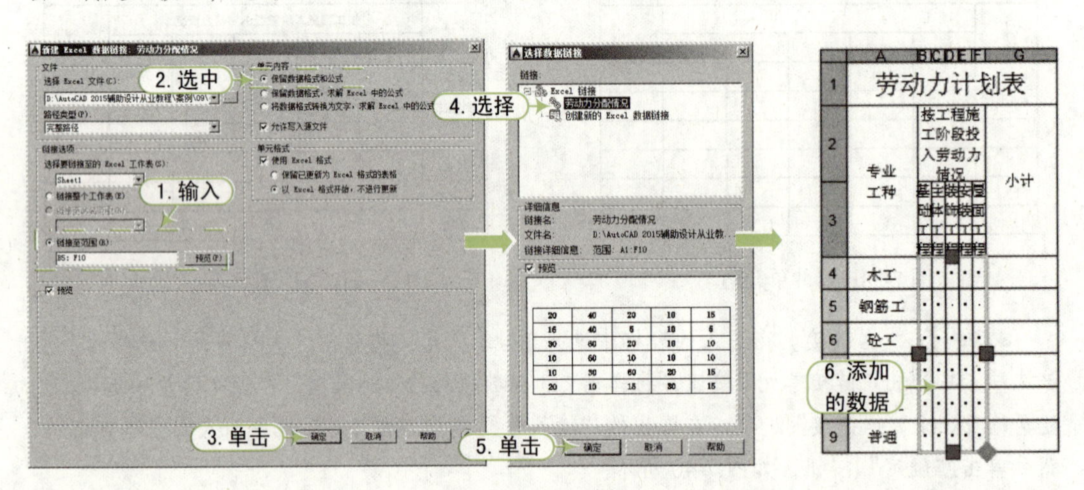

图 7-42　设置链接范围

STEP 08 夹点编辑列宽。此时用户会发现表格发生了变化，选择链接的表格，使用鼠标将右侧的加点向右拖动，使之与第一列列宽相同，如图 7-43 所示。

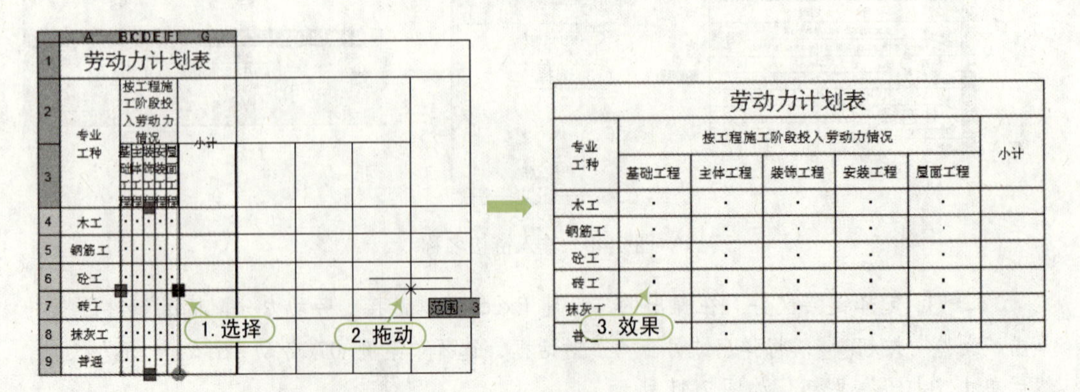

图 7-43　调整列宽

STEP 09 取消单元格锁定。选择链接区域的单元格，然后选择“表格单元”选项卡中的“解锁”命令，所选取与将取消锁定，如图 7-44 所示。

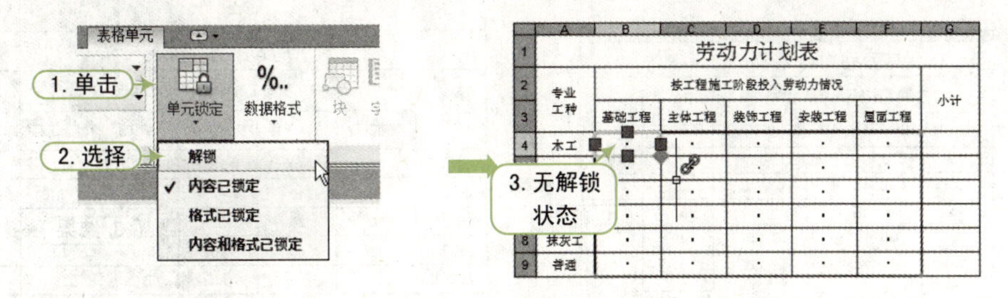

图 7-44　解锁单元格

STEP 10 设置链接区域字体。选择链接区域的单元格，按“Ctrl+1”组合键打开特性面板，将文字高度设置为 15，如图 7-45 所示。

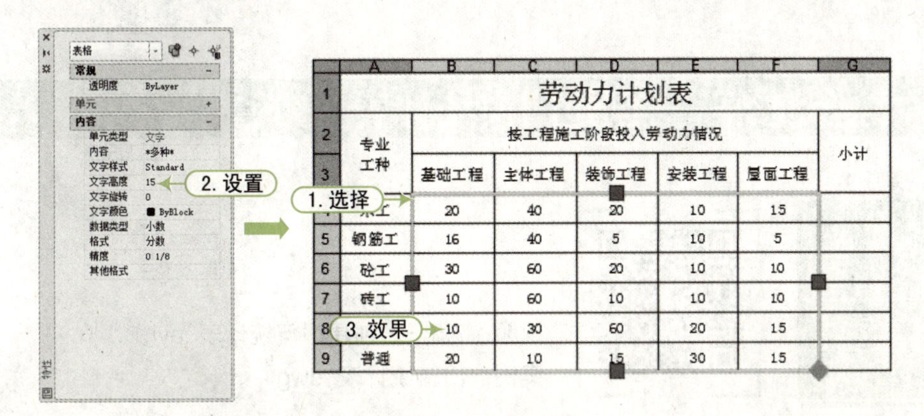

图 7-45　设置文字大小

QA 问题

学生问： 老师，我更改单元格字体大小时，只能逐个单元格更改，有没有什么方法可以快速更改表格中字体的大小？

老师答： 当然有，AutoCAD 中有很多应用技巧，需要在绘图时掌握，这样可以提高绘图效率。你可以更改一个单元格的字体大小，然后单击“表格单元”中的“匹配单元”按钮，再选择需要匹配的对象，这样就可以快速改变字体大小。

STEP 11 设置公式。选择 G4 单元格，单击“公式”按钮，在下拉列表中选择“求和”命令，然后选择单元格 B4 ~ F4，此时 G4 单元格将显示求和公式，按“Ctrl+Enter”组合键，此时 G4 单元格将显示计算结果，如图 7-46 所示。

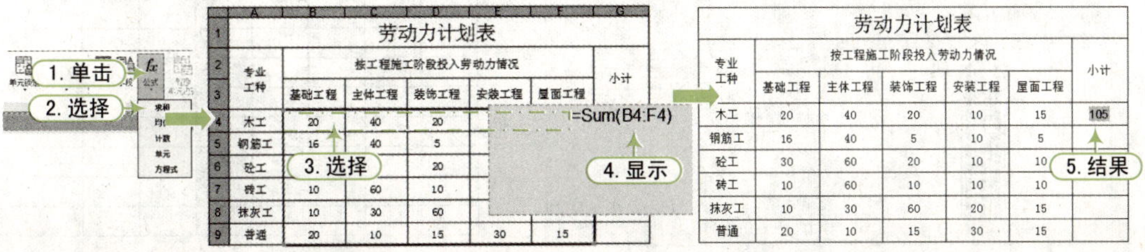

图 7-46　计算和

STEP 12 计算其他结果。选择 G4 单元格，并拖动右下角加点，快速计算出其他单元格的和，如图 7-47 所示。

	A	B	C	D	E	F	G
1	劳动力计划表						
2	专业工种	按工程施工阶段投入劳动力情况					小计
3		基础工程	主体工程	装饰工程	安装工程	屋面工程	
4	木工	20	40	20	10	15	105
5	钢筋工	16	40	5	10	5	
6	砼工	30	60	20	10	10	
7	砖工	10	60	10	10	10	
8	抹灰工	10	30	60	20	15	
9	普通	20	10	15	30	15	

劳动力计划表						
专业工种	按工程施工阶段投入劳动力情况					小计
	基础工程	主体工程	装饰工程	安装工程	屋面工程	
木工	20	40	20	10	15	105
钢筋工	16	40	5	10	5	76
砼工	30	60	20	10	10	130
砖工	10	60	10	10	10	100
抹灰工	10	30	60	20	15	135
普通	20	10	15	30	15	90

图 7-47　求其他单元格的和

STEP 13 保存文件。至此，表格绘制完成。单击“快速工具栏”中的“保存”按钮，保存图形文件。

7.5　综合演练——创建门窗统计表

视频：7.5——创建门窗统计表 .avi
案例：门窗统计表 .dwg

本案例主要讲解在 AutoCAD 中插入、编辑表格命令，并通过门窗统计表的绘制让大家掌握如何插入表格、编辑表格、输入文字等。

STEP 01 新建文件。正常启动 AutoCAD 2016 软件，执行“文件 | 新建”命令，新建一个图形文件；然后单击“文件 | 保存”按钮，将文件保存为“案例 \07\ 门窗统计表 .dwg”文件。

STEP 02 插入表格。执行“绘图 | 表格”命令，将弹出“插入表格”对话框，在该对话框中设置表格的参数，然后单击“确定”按钮，在绘图区域单击一点作为表格的插入点，创建表格，如图 7-48 所示。

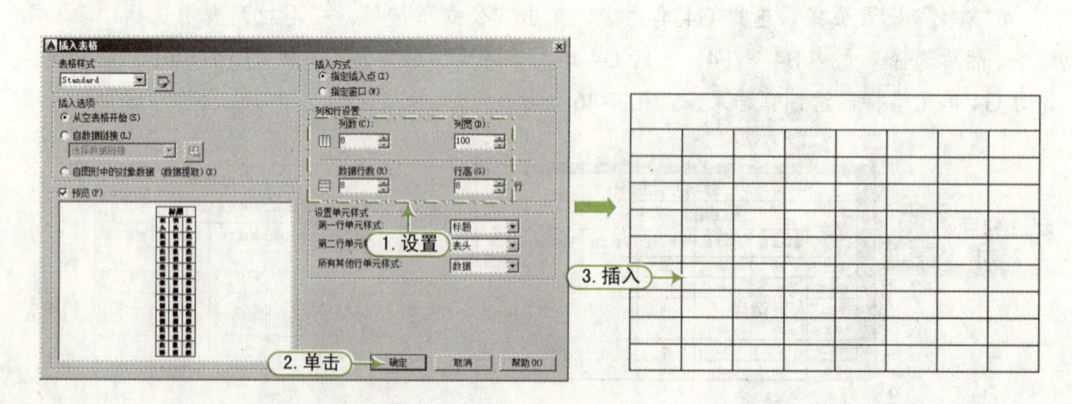

图 7-48　插入表格

STEP 03 调整列宽。选择表格并移动列加点，对其列宽进行调整，如图 7-49 所示。

STEP 04 合并单元格。选择相应的单元格，对其进行合并操作，效果如图 7-50 所示。

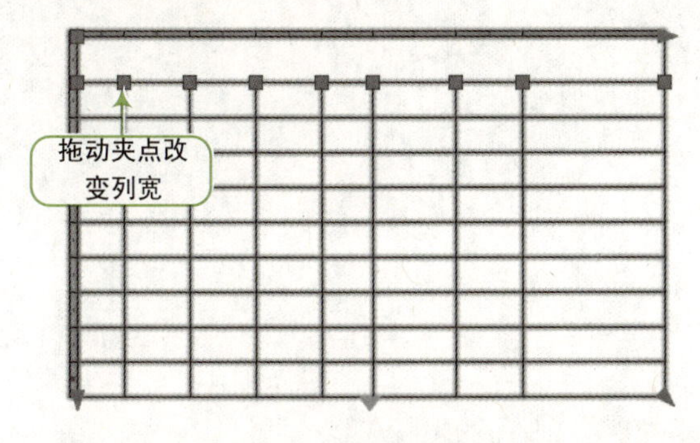

图 7-49　调整列宽

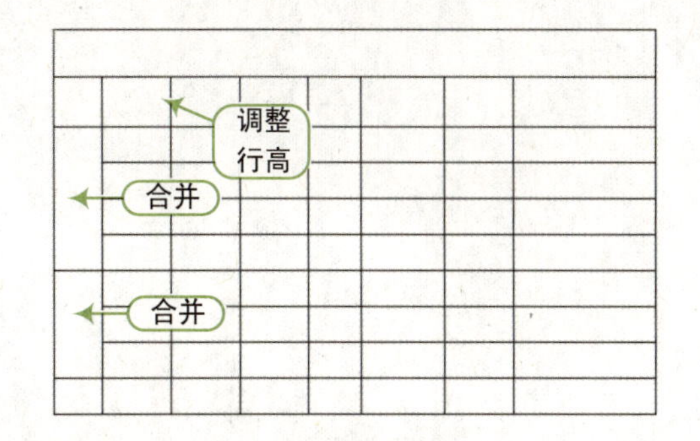

图 7-50　合并单元格

QA 问题

学生问： 老师，为什么我将表格的列宽增大时，相邻的列宽度会缩小呢？

老师答： 在改变表格列宽度时，相邻的列宽也将被调整，如果在移动夹点时，同时按住“Ctrl”键，这时相邻表格的列宽就会保持不变。

STEP 05 插入行。在表格的第二行中单击，然后在单元格中单击“从上方插入”按钮 ，效果如图 7-51 所示。

STEP 06 再次合并单元格。选择相应单元格，对其进行合并，效果如图 7-52 所示。

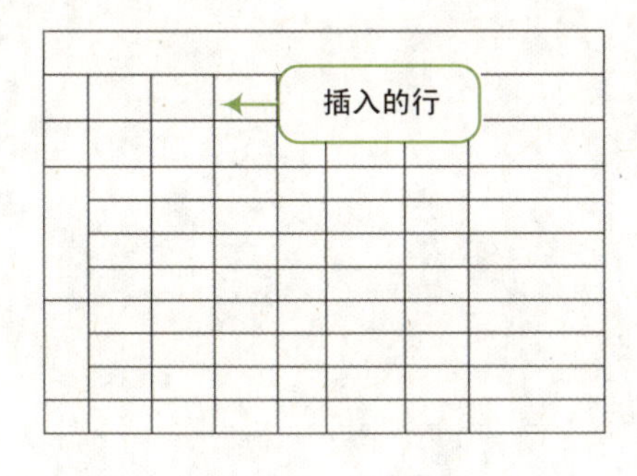

图 7-51　插入行

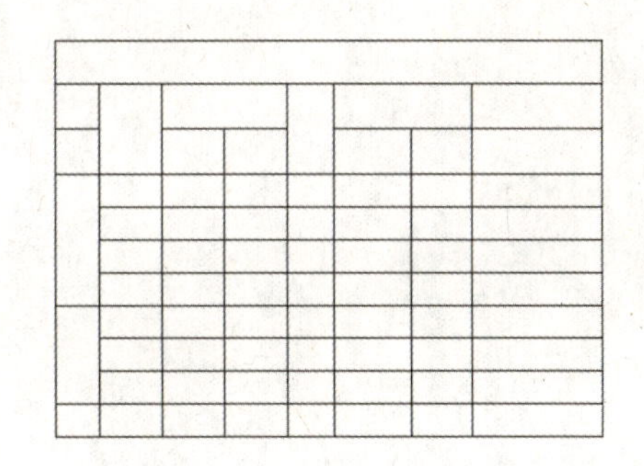

图 7-52　合并单元格

STEP 07 输入文字。在表格中输入相应的文字内容，并设置文字大小为 20，标题文字为 30，将其对正方式设置为“居中”或“左中”，效果如图 7-53 所示。

STEP 08 保存文件。至此，表格绘制完成。单击“快速工具栏”中的“保存”按钮，将图形文件进行保存。

门窗统计表							
类别	设计编号	洞口尺寸（mm）		数量	标准图集及编号		备注
		宽	高		图集代号	编号	镶板门
门	M-1	900	2000	1	西南J601		镶板门
	M-2	800	2000	6	西南J601		镶板门
	M-3	700	2000	1			门联窗
	M-4	2000	2000	1			铝合金推拉门
窗	C-1	1800	1500	2			铝合金推拉门
	C-2	1500	1500	2			铝合金推拉门
	C-3	800	800	1			铝合金推拉门
	C-4	800	1500	1			铝合金推拉门

图 7-53　输入文字

第 08 章 图形的尺寸标注

老师，图纸中的尺寸标注有什么作用?

在工程制图中，尺寸标注是非常重要的一个环节。通过尺寸标注，能准确地反映物体的形状、大小和相互关系，它是识别图形和现场施工的主要依据。熟练地使用“尺寸标注”命令，可以有效地提高绘图质量和绘图效率。

效果预览

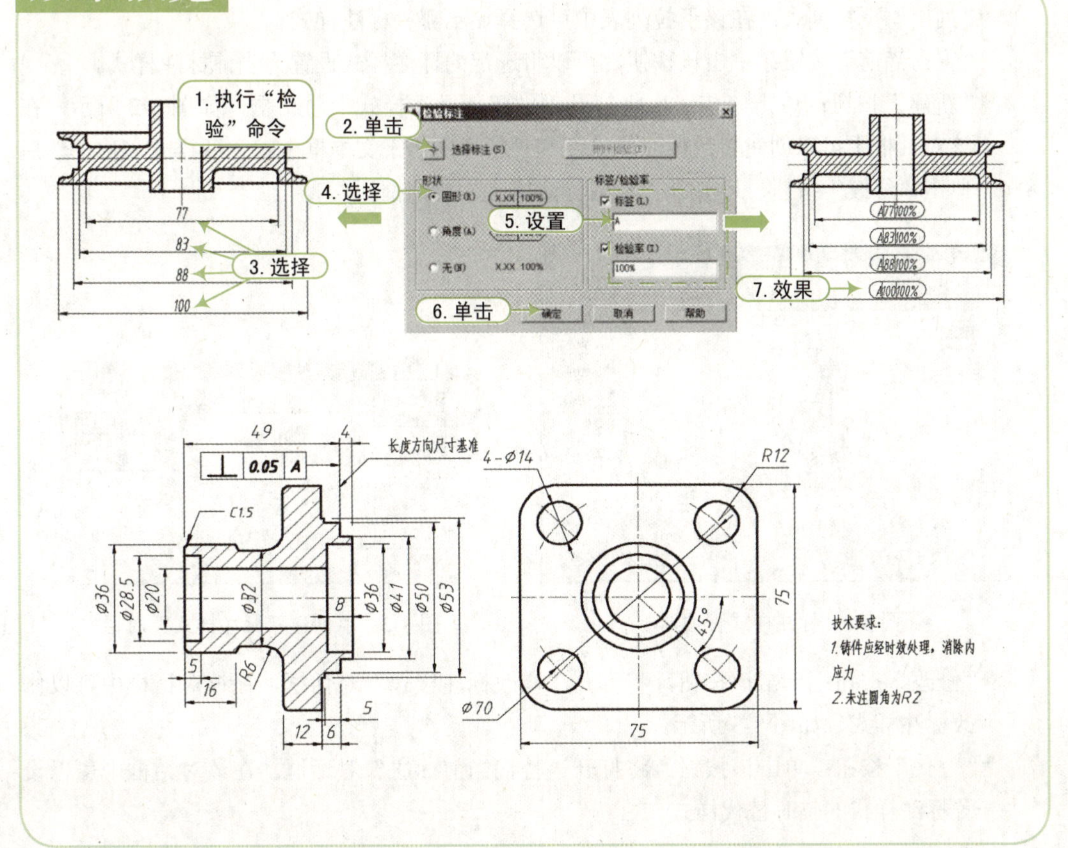

8.1 尺寸样式的创建及设置

尺寸标注样式决定着尺寸各组成部分的外观形式。在没有改变尺寸标注样式时，当前尺寸标注样式将作为预设的标注样式，除了利用预设的标注样式外，用户还可根据实际情况重新建立尺寸标注样式。

8.1.1 创建或修改标注样式

创建标注样式的方法有以下 3 种。

- 菜单栏：选择“格式 | 标注样式”或“标注 | 标注样式”菜单命令。
- 面板：在“默认”选项卡的“注释”面板中单击下拉按钮，在弹出的下拉菜单中单击“标注样式”按钮。
- 命令行：输入“DIMSTYLE”命令，其快捷键为“D”。

执行“标注样式”命令后，将打开如图 8-1 所示的“标注样式管理器”对话框。通过该对话框，用户可以新建一种标注样式，也可以对原有的标注样式进行修改。其中各选项含义如下。

- 当前标注样式：显示当前标注样式的名称。
- “样式”列表框：在该列表框中显示图形中的所有标注样式。
- “预览”框：在此可以预览到所选标注的样式。
- “列出”下拉列表：在该下拉列表中可选择显示哪种标注样式。
- “置为当前”按钮：单击该按钮，可以将选定的标注样式设置为当前标注样式。
- “新建”按钮：单击该按钮，将打开“创建新标注样式”对话框，如图 8-2 所示，在该对话框中可以创建新的标注样式。在“新样式名”文本框中输入新样式名称，然后单击“继续”按钮，可打开“新建标注样式”对话框。

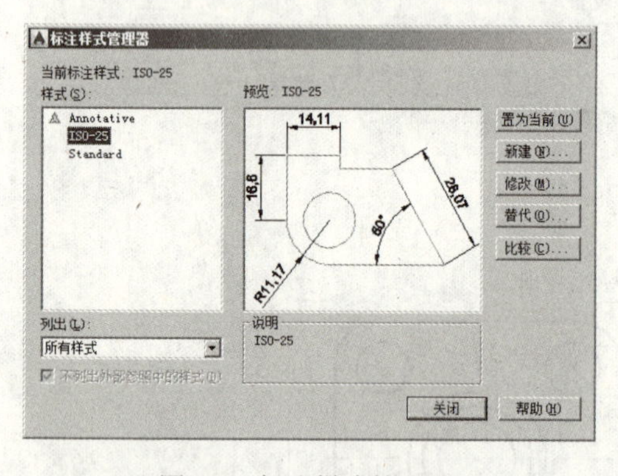

图 8-1　标注样式管理器

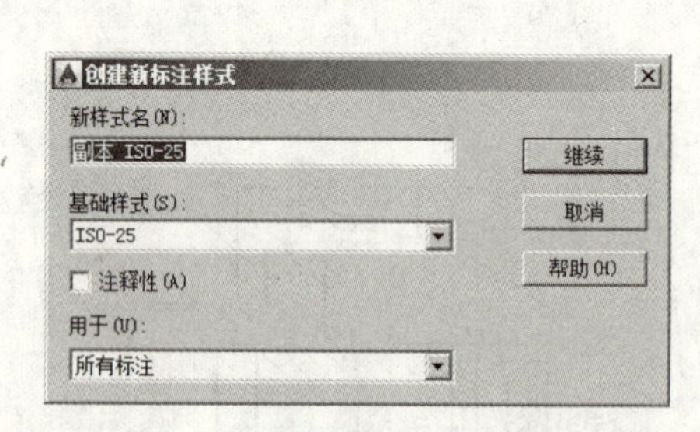

图 8-2　“创建新标注样式”对话框

- “修改”按钮：单击该按钮，将打开“修改标注样式”对话框，在该对话框中可以修改标注样式，如图 8-3 所示。
- “替代”按钮：单击该按钮，将打开“替代当前标注”对话框。在该对话框中可以设置标注样式的临时替代样式。

- “比较”按钮：单击该按钮，将打开“比较标注样式”对话框，在该对话框中可以比较两种标注样式的特性，如图 8-4 所示。
- “不列出外部参照中的样式”复选框：勾选该复选框，将不显示外部参照中的标注样式。

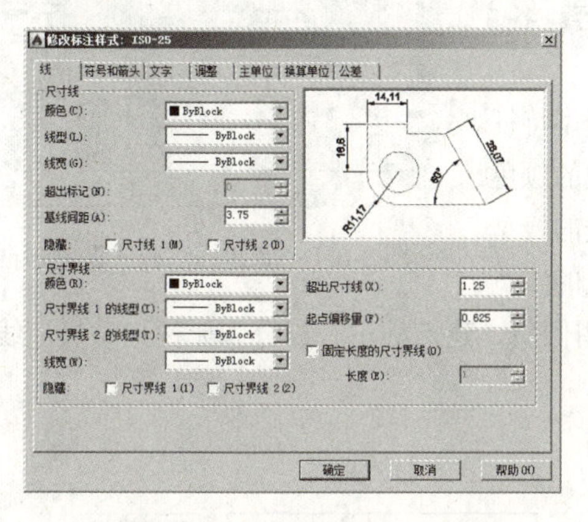

图 8-3　“修改标注样式”对话框

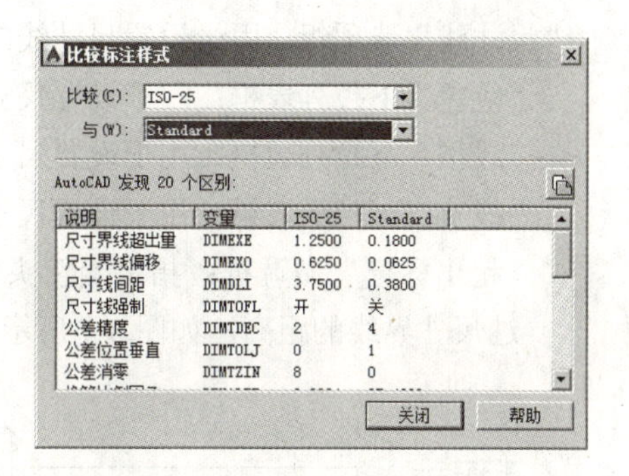

图 8-4　“比较标注样式”对话框

QA 问题

学生问： 老师，如果我新建了一个标注样式，我想修改样式名或删除这个标注样式需要怎样操作呢？

老师答： 如果你新建了一个标注样式，只是对标注样式名称进行修改，可以在“标注样式管理器”左侧的样式列表中选择要修改的样式名，然后单击，此时样式名处于编辑状态，这样就可以对样式名称进行修改了；如果你要删除此标注样式，同样需要选择要删除的标注样式，然后右击，在弹出的快捷菜单中选择“删除”命令即可，如图 8-5 所示。

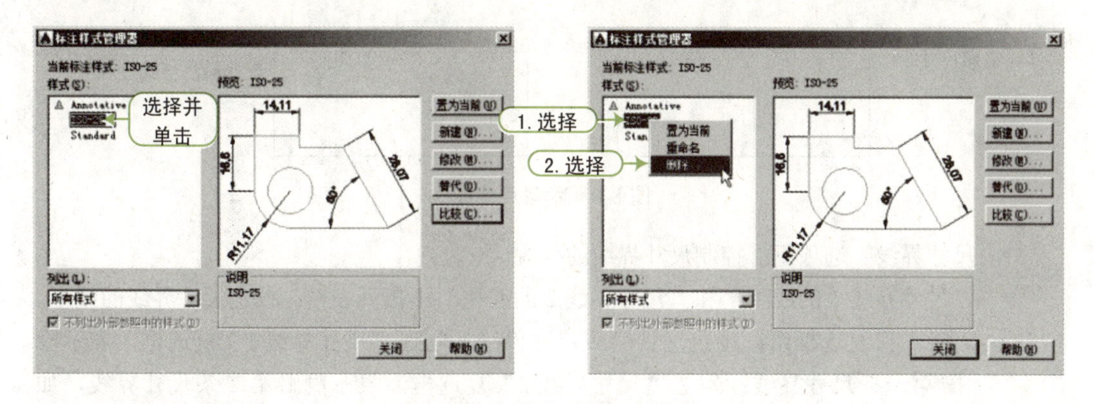

图 8-5　修改或删除标注样式

8.1.2　线

创建新标注样式时，在“创建新标注样式”对话框中单击“继续”按钮，将打开如图 8-6 所示的“新建标注样式”对话框。

在“新建标注样式”对话框中包括“线”、“符号和箭头”、“文字”、“调整”、“主单位”、“换算单位”和“公差”7 个选项卡。其中，“线”选项卡主要用于设置尺寸线和尺寸界线的颜色、线型、线宽，以及超出尺寸线的距离、起点偏移连过的距离等内容。各主要选项含义如下。

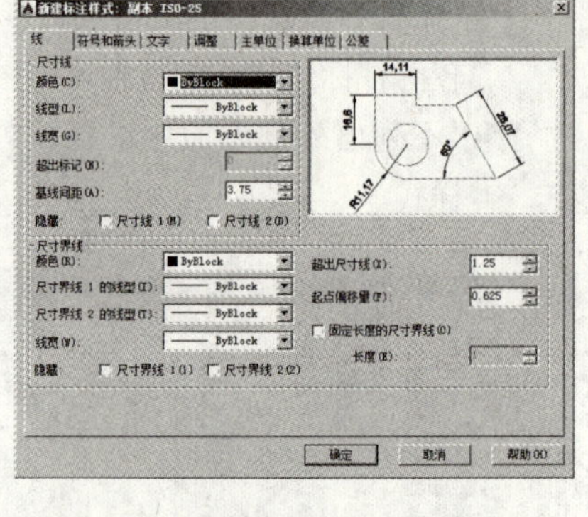

图 8-6 “新建标注样式”对话框

- “尺寸线”选项组：用于设置尺寸线的线型特征。
  - “颜色”下拉列表框：用于设置尺寸线的颜色。
  - “线型”下拉列表框：用于设置尺寸线的线型。
  - “线宽”下拉列表框：用于设置尺寸线的线宽。
  - “超出标记”微调框：指定当箭头使用倾斜、建筑标记、积分和无标记时尺寸线超过尺寸界线的距离，如图 8-7 所示。

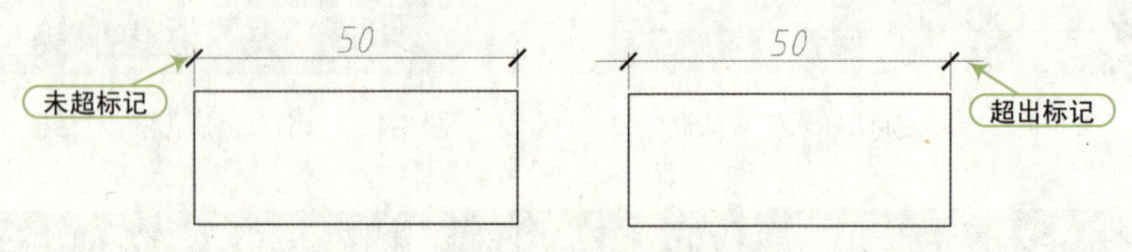

图 8-7 超出标记

  - “基线间距”微调框：设置基线标注时尺寸线之间的距离。
  - “隐藏”复选框组：确定是否隐藏尺寸线及相应的箭头。勾选“尺寸线 1”复选框，表示不显示第一条尺寸线；勾选“尺寸线 2”复选框，表示不显示第二条尺寸线，如图 8-8 所示。

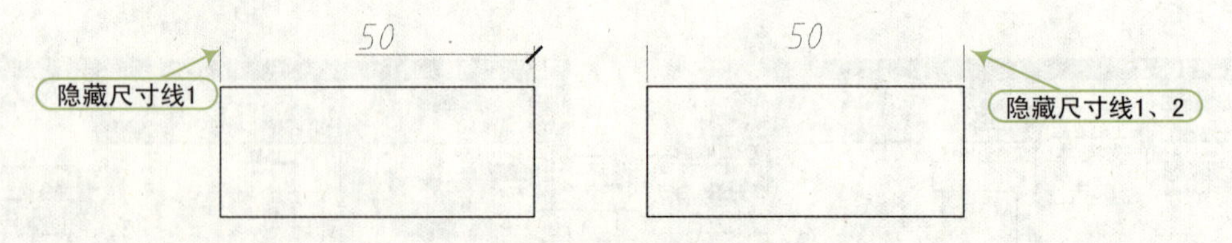

图 8-8 隐藏尺寸线

- “尺寸界线”选项组：控制尺寸界线的外观。
  - “尺寸界线 1 的线型”和“尺寸界线 2 的线型”下拉列表框：设定尺寸界线的线型。
  - “隐藏”复选框组：确定是否隐藏尺寸界线。勾选“尺寸界线 1”复选框，表示隐藏第一条尺寸界线；勾选“尺寸界线 2”复选框，表示隐藏第二条尺寸界线，如图 8-9 所示。

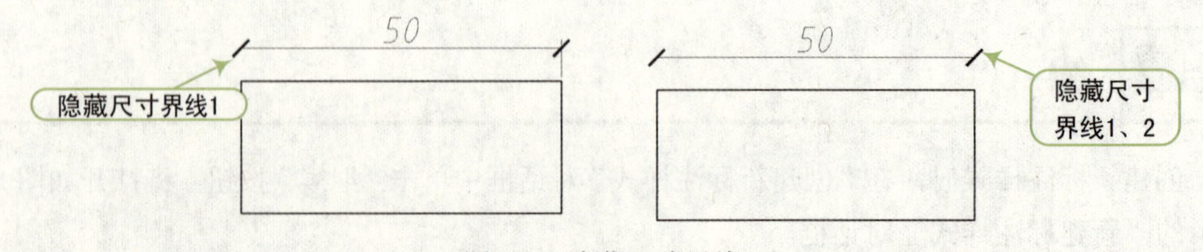

图 8-9 隐藏尺寸界线

➢“超出尺寸线”微调框：指定尺寸界线超出尺寸线的距离，如图 8-10 所示。

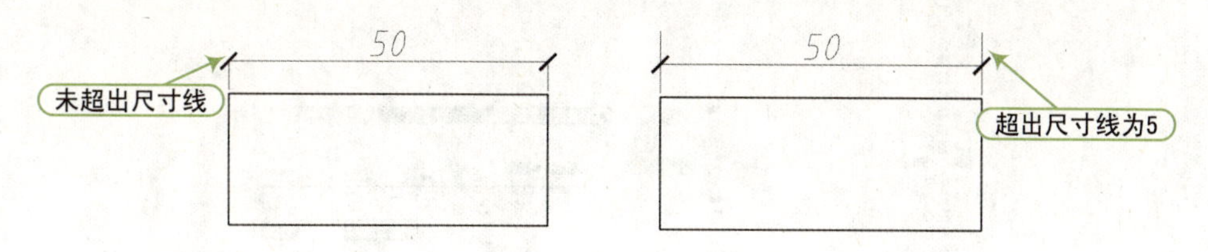

图 8-10　超出尺寸线

➢“起点偏移量”微调框：设置自图形中定义标注的点到尺寸界线的偏移距离，如图 8-11 所示。

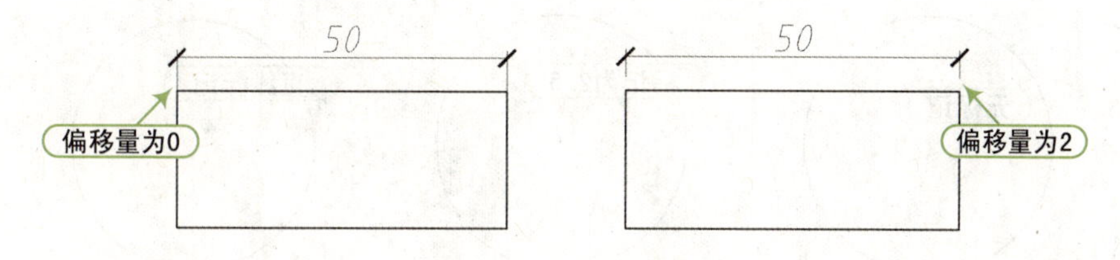

图 8-11　起点偏移量

➢“固定长度的尺寸界线”复选框：勾选此复选框，启用固定长度的尺寸界线。

➢“长度”微调框：设置尺寸界线的总长度，起始于尺寸线，直到标注原点。

●“预览”框：显示样例标注图像，它可显示对标注样式设置所做更改的效果。

8.1.3 符号和箭头

在“新建标注样式”对话框的“符号和箭头”选项卡中，用户可以设置符号和箭头的样式与大小，以及圆心标记的大小、弧长符号、半径折弯标注和线性折弯标注，如图 8-12 所示。其中各选项含义如下：

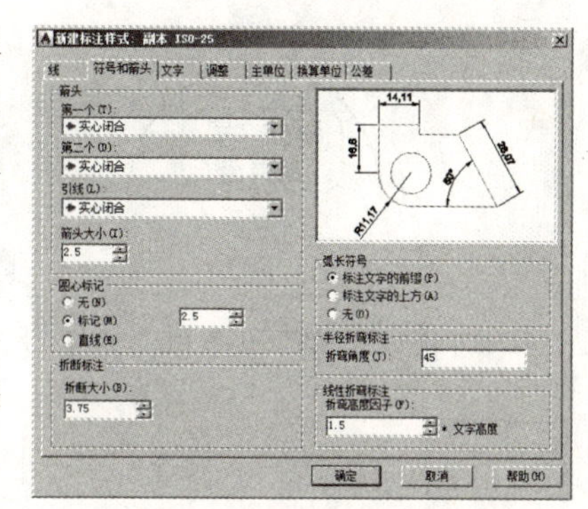

图 8-12　“符号和箭头”选项卡

●“箭头”选项组：用于设置箭头符号样式和箭头大小。

●“第一个”和“第二个”下拉列表框：用于选择尺寸线两端的箭头样式，在改变第一个箭头时，第二个箭头将自动改变成与第一个箭头相匹配。如果要指定用户定义的箭头块，可在该下拉列表中选择“用户箭头”选项，然后在打开的“选择自定义箭头块”对话框中选择箭头块，如图 8-13 所示。

●“引线”下拉列表框：用于选择引线标注的箭头样式。

●“箭头大小”数值框：用于设置箭头的大小。

●“圆心标记”选项组：用于设置圆心标记的类型和大小，通常选中“标记”单选按钮，如图 8-14 所示。

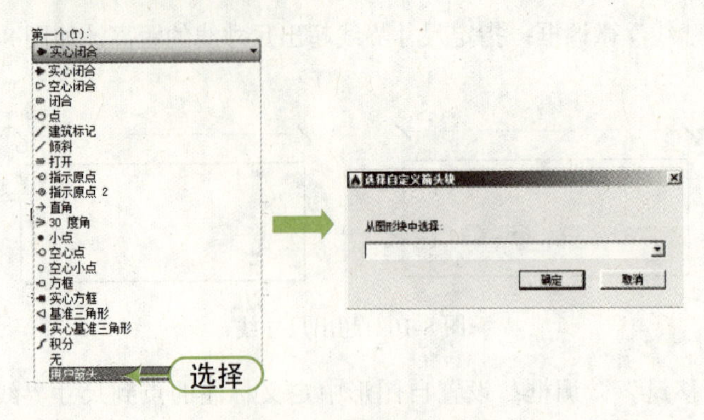

图 8-13　自定义箭头符号

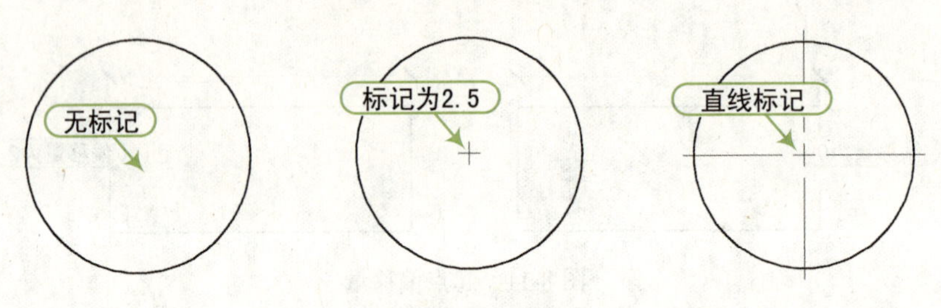

图 8-14　圆心标记

●“折断标注”选项组：用于设置“打断标注”命令“DIMBREAK”时打断尺寸线的打断大小。

●“弧长符号”选项组：用于设置标注弧长时出厂弧长符号的位置，以及需要标注弧长的符号，如图 8-15 所示。

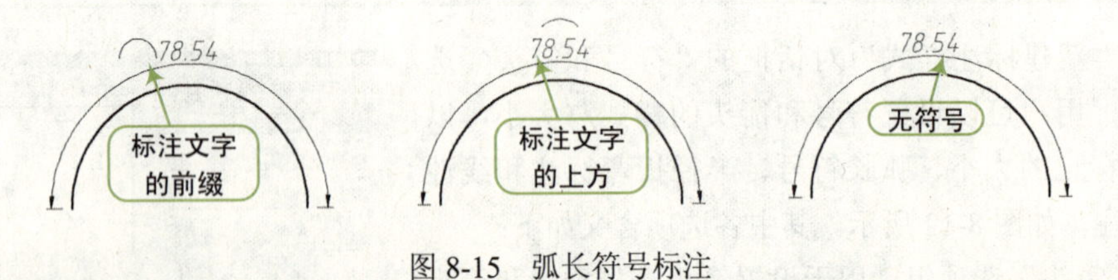

图 8-15　弧长符号标注

●“折弯角度”文本框：用于设置折弯半径标注圆和圆弧半径时，折弯的角度。

8.1.4 文字

在“新建标注样式”对话框的“文字”选项卡中，可以设置标注文字的外观、位置和对齐方式等，如图 8-16 所示。

●“文字外观”选项组：用于设置文字样式、文字颜色、文字高度等。

➢“文字样式”下拉列表框：在该下拉列表框中选择需要使用的文字样式，如果还没有创建文字样式，可单击右侧的...按钮，在弹出的“文字样式”对话框中创建。

➢“文字颜色”下拉列表框：用于选择标注文字的颜色。

➢“填充颜色”下拉列表框：用于选择标注文字的背景颜色。

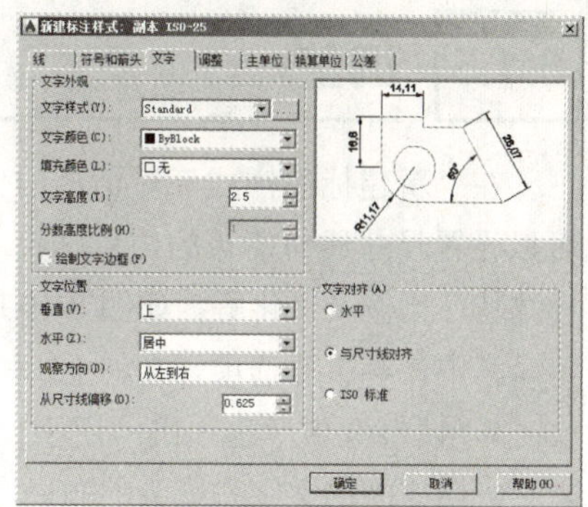

图 8-16　“文字”选项卡

- “文字高度”数值框：用于设置标注文字的高度。如果所选的文字样式设置了文字高度，则将自动采用该文字高度。
- “分数高度比例”微调框：用于设置分数形式的字符与其他字符的比例。只有在“主单位”选项卡中设置单位格式为分数时，此选项才可用。

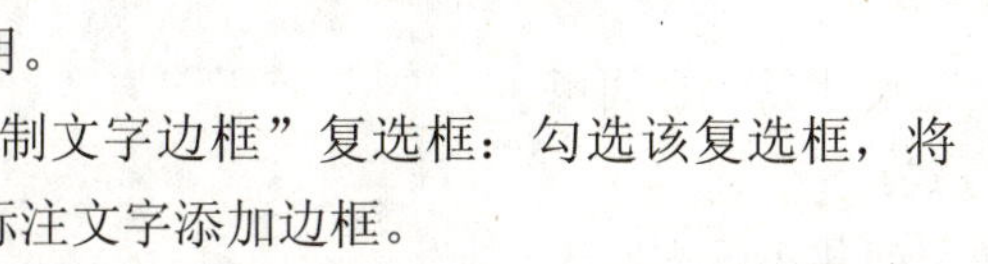

- “绘制文字边框”复选框：勾选该复选框，将为标注文字添加边框。

● “文字位置”选项组：设置文字的放置位置。

- “垂直”或“水平”下拉列表框：用于设置文字在垂直和水平方向的尺寸线上的位置，一般垂直方向设置为“上”，水平方向设置为“居中”。
- “观察方向”下拉列表框：控制标注文字的观察方向。“观察方向”包括以下选项：从左到右、从右到左。
- “从尺寸线偏移”微调框：用于设置标注中文字与尺寸线之间的距离，如图 8-17 所示。

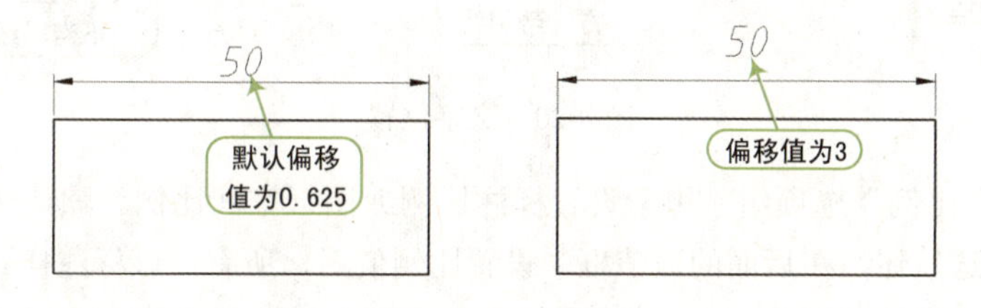

图 8-17　文字偏移量

● “文字对齐”选项组：设置文字与尺寸线的对齐方式。

QA 问题

学生问： 老师，在“新建标注样式”对话框的“文字”选项卡中，文字对齐方式有“水平”、“与尺寸线对齐”和“ISO”三种选项，这些选项是什么意思呢？

老师答： 为了满足不同行业绘图中对于标注的需求，AutoCAD 提供了三种文字对齐，即你提到的选择“水平”、“与尺寸线对齐”和“ISO”三种选项。其中“水平”表示标注文字与坐标的 X 轴平行；“与尺寸线对齐”表示将标注文字与尺寸线平行放置；而“ISO 标准”则表示当标注文本位于尺寸界线内部时，文字与尺寸线对齐，当标注文字位于尺寸线外部时，以水平方式对齐文本，如图 8-18 所示。

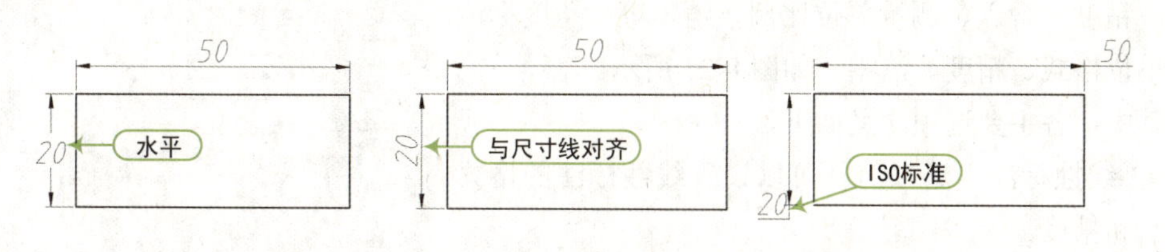

图 8-18　文字对齐方式

8.1.5 调整

在“新建标注样式”对话框的“调整”选项卡中，可以设置尺寸线与箭头的位置、尺寸线与文字的位置、标注特征比例及优化等，如图 8-19 所示。

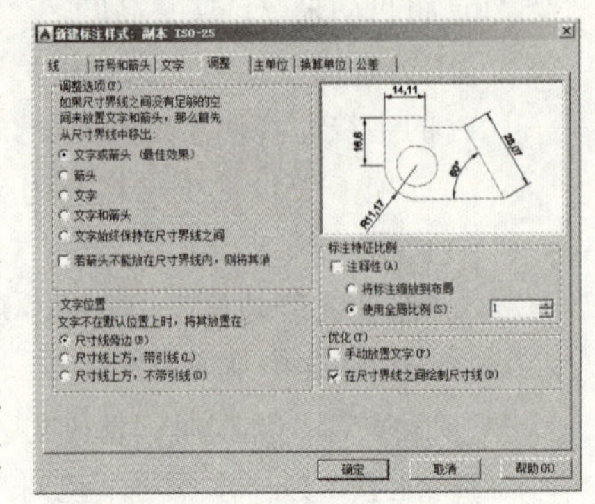

图 8-19 “调整”选项卡

其中，各主要选项含义如下。

- “调整选项”选项组：用于设置尺寸界线之间可用空间的文字和箭头的布局方式。
- “文字位置”选项组：在标注空间狭小、文字无法放在默认位置时，在该选项组中设置标注文字的放置位置，有文字放在“尺寸线旁边”“尺寸线上方，带引线”和“尺寸线上方，不带引线”三种方式，如图 8-20 所示。

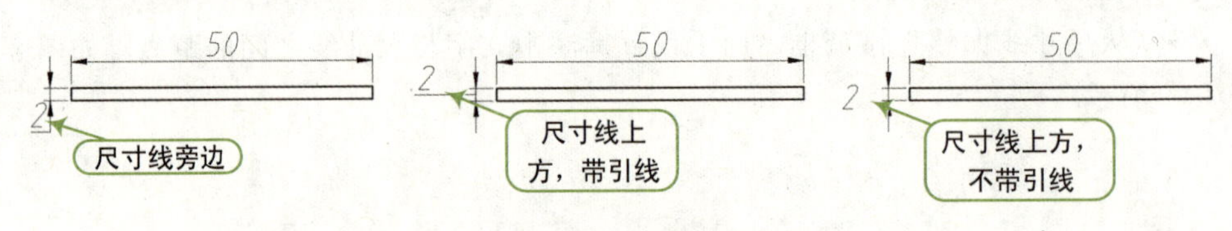

图 8-20 文字位置

- “标注特征比例”选项组：用于设置标注比例或图纸空间比例。默认选中“使用全局比例”单选按钮，在后面的数值框中设置比例值后，所有以该标注样式为基础的尺寸标注都将按该比例缩放相应的倍数。若选中“将标注缩放到布局”单选按钮，则可以根据模型空间视口和图纸空间的比例设置标注比例，通常不使用。
- “优化”选项组：用户设置优化选项。勾选“手动放置文字”复选框将忽略所有水平对正设置，并将文字放置在标注命令中“尺寸线位置”提示时指定的位置处；若勾选“在尺寸界线之间绘制尺寸线”复选框，则将始终在尺寸界线之间绘制尺寸线。

8.1.6 主单位

在“新建标注样式”对话框的“主单位”选项卡中，可以设置线性标注与角度标注。线性标注包括单位格式、精度、舍入、测量单位比例、消零等；角度标注包括单位格式、精度、消零，如图 8-21 所示。

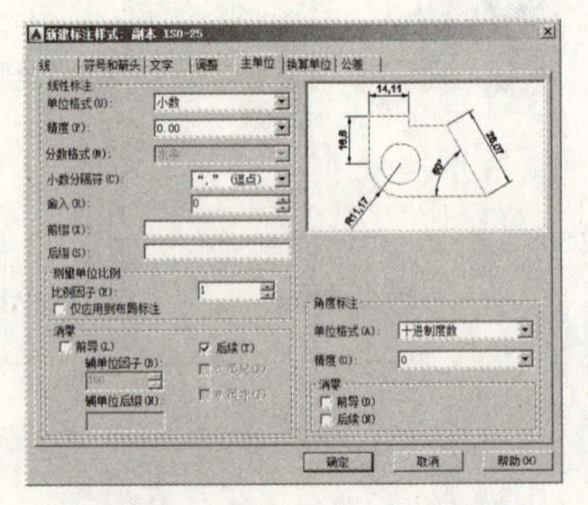

图 8-21 “主单位”选项卡

其中，各主要选项含义如下。

- “线性标注”选项组：可以设置线性标注的格式和精度。
  - “单位格式”下拉列表：可以选择标注的单位格式。其中，包括科学、小数、工程、建筑、分数等。

➢“精度”下拉列表：可以选择文字中的小数位数。

➢“分数格式”下拉列表：可以选择分数标注的格式，包括水平、对角和非堆叠选项。

➢“小数分隔符”下拉列表：可以选择小数格式的分隔符。

➢“舍入”数值框：用于设置标注测量值的舍入规则。

➢“前缀”：为标注文字设置前缀。

➢“后缀”：为标注文字设置后缀。

●“测量单位比例”选项组：用于设置线性标注测量值的比例因子。

➢“比例因子”数值框：用于设置线性标注测量值的比例因子。AutoCAD 将按照输入的数值放大标注测量值。

➢“仅应用到布局标注”复选框：仅对在布局中创建的标注应用线性比例值。

●“消零”选项组：用于控制线性尺寸前面或后面的零是否可见。

➢“前导”复选框：用于控制尺寸小数点前面的零是否显示。

➢“后续”复选框：用于控制尺寸小数点后面的零是否显示。

➢“0 英尺”复选框：当距离小于一英尺时，不输出英尺 - 英寸性标注中的英尺部分。

➢“0 英寸”复选框：当距离小于一英寸时，不输出英尺 - 英寸性标注中的英寸部分。

●“角度标注”选项组：用于设置角度标注的格式和精度。

➢“单位格式”下拉列表框：用于设置角度单位格式。其中，包括十进制度数、度 / 分 / 秒、百分度和弧度。

➢“精度”下拉列表框：设置角度标注的小数位数。

QA 问题

学生问： 老师，“消零”选项中的“前导”和“后续”是什么意思？

老师答： 前导，是指不输出所有十进制标注中前面的零，如标注为 0.5000，如果勾选“前导”复选框，那么标注将显示 .5000；而后续标注与其相反，是不输出所有十进制标注中后面的零，如果勾选“后导”复选框，那么标注将显示为 0.5，后面的 0 将不显示。

8.1.7 换算单位

在“新建标注样式”对话框的“单位换算”选项卡中，可以设置将原单位换成另一种单位格式，如图 8-22 所示。

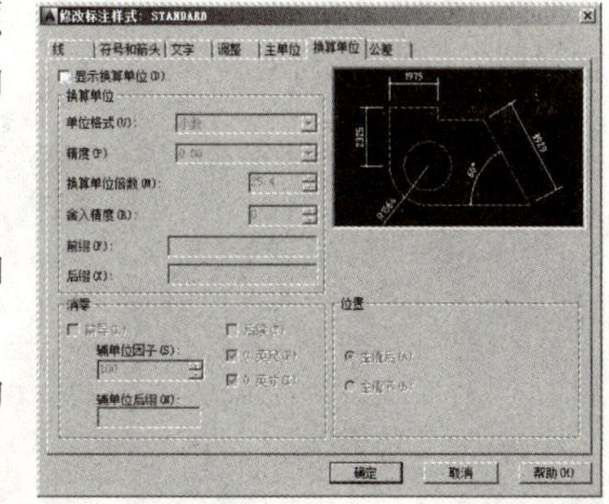

图 8-22　“换算单位”选项卡

其中，各主要选项含义如下。

●“显示换算单位”复选框：用于向标注文字添加换算测量单位。

●“换算单位”选项组：用于设置所有标注类型的格式。

➢“换算单位倍数”数值框：选择两种单位的换算比例。

➢“舍入精度”数值框：用于设置标注样式换算单位的舍入规则。

- “消零”选项组：用于控制换算单位中零的可见性。
- “位置”选项组：用于控制标注文字中换算单位的位置。
  - “主值后”：将换算单位放在标注文字中的主单位之后。
  - “主值下”：将换算单位放在标注文字中的主单位下面。

8.1.8 公差

在“新建标注样式”对话框的“公差”选项卡中，可以设置公差格式、换算单位公差的特性，如图 8-23 所示。

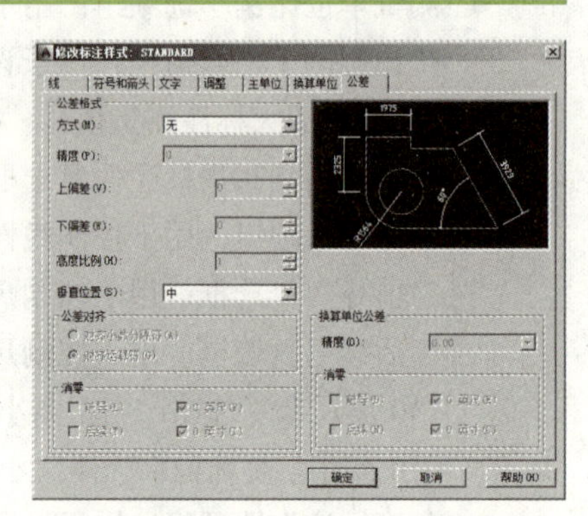

图 8-23 “公差”选项卡

其中，各主要选项含义如下。

- “公差格式”选项组：用于设置公差标注样式。
  - “方式”下拉列表框：用于设置尺寸公差标注样式，包括无、对称、极限偏差、极限尺寸和基本尺寸 5 种类型。
  - “精度”下拉列表框：用于设置尺寸公差的小数位数。
  - “上偏差”数值框：设置最大偏差或上偏差。如果“方式”下拉列表中选择“对称”选项，则此值将用于公差。
  - “下偏差”数值框：用于设置最小公差或下偏差值。
  - “高度比例”用于设置公差文字的当前高度。
  - “垂直位置”用于控制尺寸公差的摆放位置。
- “公差对齐”选项组：用于在堆叠时，控制上偏差值和下偏差值的对齐。其中，包括对齐小数分隔符、和对齐运算符。
- “换算单位公差”选项组：用于设置单位中尺寸公差的精度和消零规则。

当用户设置完成“新建标注样式”对话框中各选项卡中的特性参数后，单击“确定”按钮，将返回“标注样式管理器”对话框。此时，在“标注样式管理器”对话框左侧的“样式”列表框中将显示已创建的标注样式，单击该标注样式并将其设置为当前标注样式，单击“关闭按钮”，结束尺寸标注样式的设置。这样，用户便可以建立一个新的标注样式。

QA 问题

学生问： 老师，尺寸标注公差样式中对称公差、极限偏差、极限尺寸和基本尺寸有什么区别？

老师答： 公差标注对于初学者来说，稍有一些难度。其主要应用于机械制图中一般要求精度比较高的图形。在 AutoCAD 中，尺寸标注公差样式有对称公差、极限偏差、极限尺寸和基本尺寸 4 种，其主要区别在于表示的形式不同，如图 8-24 所示。

对称公差的上下偏差值相同，只是在值的前面有“±”符号；极限偏差的上下偏差值不同，其上下偏差值分别位于加减号后面；而极限尺寸是显示使用所提供的正值和负值计算包含实际测量中的最大值和最小尺寸；基本尺寸可以通过理论上精确的测量值指定为准确值。

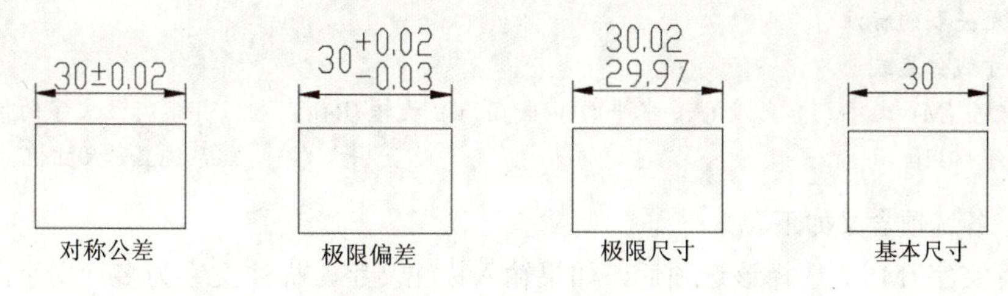

图 8-24　公差标注的方式

8.2　图形对象的尺寸标注

AutoCAD 针对不同类型的对象提供了不同的标注命令，如长度、半径、直径和坐标等。下面就对常用的尺寸标注进行相应的讲解。

8.2.1　创建线性标注

使用“线性标注”命令可以标注长度类型的尺寸，用于标注水平、垂直和旋转的线性尺寸，线性标注可以水平、垂直或对齐放置。创建线性标注时，可以修改文字内容、文字角度或尺寸线的角度。

执行“线性标注”命令的方法主要有以下 3 种。

- 菜单栏：选择“标注 | 线性”菜单命令。
- 面板：在“注释”选项卡的“标注”面板中，单击“线性”按钮⊢⊣。
- 命令行：输入“DIMLINEAR”命令，其快捷键为“DLI”。

使用“线性标注”命令（DLI）可对线性对象进行尺寸标注，具体操作步骤如下：

STEP 01 绘制一个矩形，然后单击“标注”面板中的“线性”按钮，在需要标注的对象上选择第一个原点。

STEP 02 移动鼠标至对象上的指定第二点。

STEP 03 移动鼠标光标至相应位置，单击确定尺寸线位置，如图 8-25 所示。

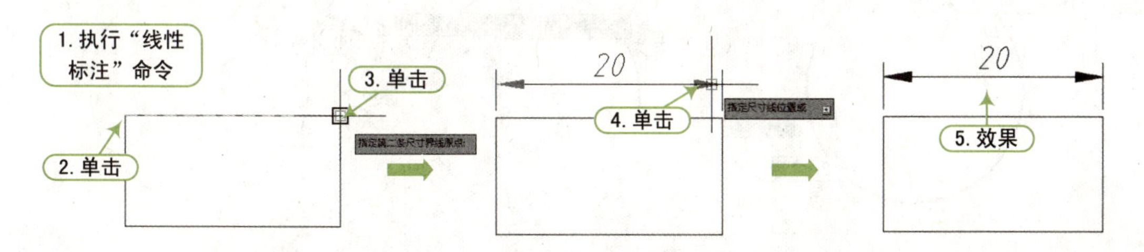

图 8-25　线性标注

在执行“半径标注”命令（DLI）过程中，命令行提示与操作如下：

```
命令 : DIMLINEAR                              \\ 执行“线性标注”命令
指定第一个尺寸界线原点或 < 选择对象 >:         \\ 捕捉第一条尺寸界线点
指定第二条尺寸界线原点 :                       \\ 捕捉第二条尺寸界线点
```

```
创建了无关联的标注。
指定尺寸线位置或
[ 多行文字 (M)/ 文字 (T)/ 角度 (A)/ 水平 (H)/ 垂直 (V)/ 旋转 (R)]:    \\ 指定标注文字的位置
标注文字 = 110                                                    \\ 系统显示尺寸值，完成标注
```

其中，各选项含义如下。

- 多行文字 (M)：选择该选项后，如果输入标注文字，标注文字为多行文字，并将弹出“文字编辑”选项卡，通过该选项卡可以修改标注文字的格式。
- 文字 (T)：选择该选项后，以单行文字的形式输入标注文字。
- 角度 (A)：用于设置标注文字的倾斜角度。
- 水平 (H)：强制进行水平线性标注。
- 垂直 (V)：强制进行垂直线性标注。
- 旋转 (R)：创建旋转线性标注。

8.2.2 创建半径标注

“半径标注”用于标注圆或圆弧的半径尺寸。执行“半径标注”命令的方法主要有以下3种。

- 菜单栏：选择“标注 | 半径”菜单命令。
- 面板：在“注释”选项卡的“标注”面板中，单击“半径”按钮。
- 命令行：输入“DIMRADIUS”命令，其快捷键为“DRA”。

使用“半径标注”命令（DRA）可对圆或圆弧对象进行半径标注，具体操作步骤如下：

STEP 01 绘制一个圆形，然后单击“标注”面板中的“半径”按钮，选择需要标注的圆或圆弧对象。

STEP 02 移动鼠标至相应的位置处，单击指定一点确定尺寸标注线的位置。

STEP 03 此时，系统将根据测量值自动标注圆或圆弧的半径，如图 8-26 所示。

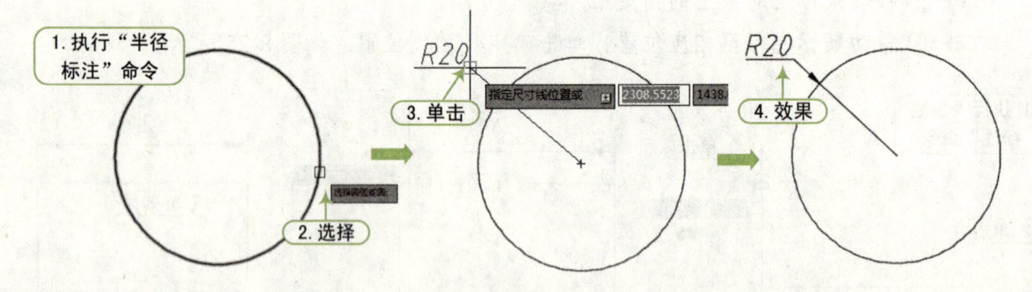

图 8-26　半径标注

在执行“半径标注”命令（DRA）的过程中，命令行提示与操作如下：

```
命令 : _dimradius                                 \\ 执行“半径标注”命令
选择圆弧或圆 :                                     \\ 选择圆或圆弧对象
标注文字 = 20                                      \\ 系统自动显示标注尺寸
指定尺寸线位置或 [ 多行文字 (M)/ 文字 (T)/ 角度 (A)]:   \\ 指定尺寸线位置
```

8.2.3 创建直径标注

“直径标注”用于标注圆或圆弧的直径。直径标注是由一条具有指向圆或圆弧的箭头的直径尺寸线组成。执行“直径标注”命令的方法主要有以下 3 种。

- 菜单栏：选择“标注 | 直径”菜单命令。
- 面板：在“注释”选项卡的“标注”面板中，单击“直径”按钮⃠。
- 命令行：输入“DIMDIAMETER”命令，其快捷键为“DDI”。

直径标注的步骤与半径标注的步骤相同。当选择需要标注直径的圆或圆弧后，直接确定尺寸线的位置，系统将按实际测量值标注出圆与圆弧的直径，如图 8-27 所示。

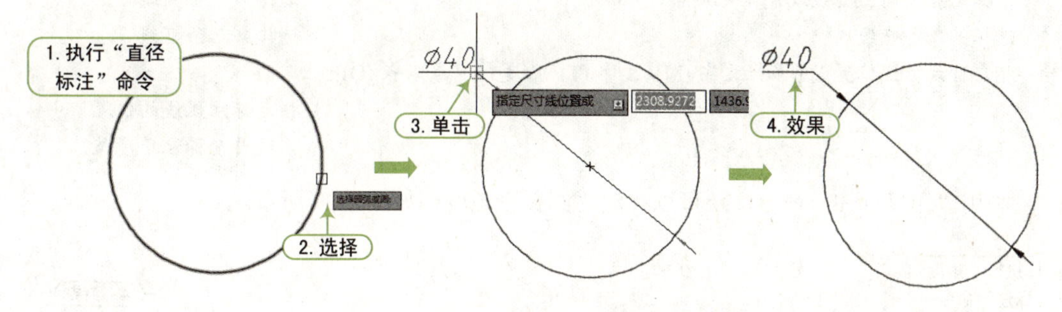

图 8-27　直径标注

在执行“直径标注”命令（DDI）的过程中，命令行提示与操作如下：

```
命令 : _dimdiameter                                  \\ 执行“直径标注”命令
选择圆弧或圆 :                                        \\ 选择圆或圆弧对象
标注文字 = 40                                        \\ 系统自动显示标注尺寸
指定尺寸线位置或 [ 多行文字 (M)/ 文字 (T)/ 角度 (A)]:    \\ 指定尺寸线位置
```

QA 问题

学生问： 老师，直径标注完成后，为什么没有直径符号？

老师答： 是的，与半径标注不同，直径标注是不显示直径符号的，如果添加直径符号，需要手动进行添加。你可以双击标注文字，然后在文字前输入“%%C”符号，这时将在标注尺寸数字前出现直径符号 Φ。

8.2.4 创建角度标注

“角度标注”命令用于标注对象之间的夹角或圆弧的夹角。执行“角度标注”命令的方法主要有以下 3 种。

- 菜单栏：选择“标注 | 角度”菜单命令。
- 面板：在“注释”选项卡的“标注”面板中，单击“角度”按钮△。
- 命令行：输入“DIMANGULAR”命令，其快捷键为“DAN”。

使用“角度标注”命令（DAN）可以标注对象之间夹角的角度，具体操作步骤如下：

STEP 01 单击“标注”面板中的“角度”按钮，选择标注角度图形的第一条边。

STEP 02 选择标注角度的第二条边。

STEP 03 移动鼠标至相应的位置处，单击指定标注弧线的位置，如图 8-28 所示。

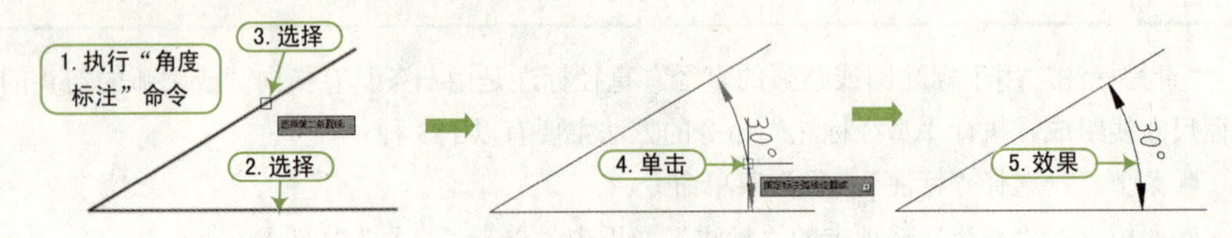

图 8-28　角度标注

在执行“角度标注”命令（DAN）的过程中，命令行提示与操作如下：

```
命令：_dimangular                                          \\ 执行“角度标注”命令
选择圆弧、圆、直线或 < 指定顶点 >:                           \\ 选择第一条直线
选择第二条直线：                                            \\ 选择第二条直线
指定标注弧线位置或 [ 多行文字 (M)/ 文字 (T)/ 角度 (A)/ 象限点 (Q)]:
                                                           \\ 指定标注弧线的位置
标注文字 = 30                                               \\ 系统自动标注角度值
```

利用“角度标注”命令，还可以标注“圆弧”角度，如图 8-29 所示。

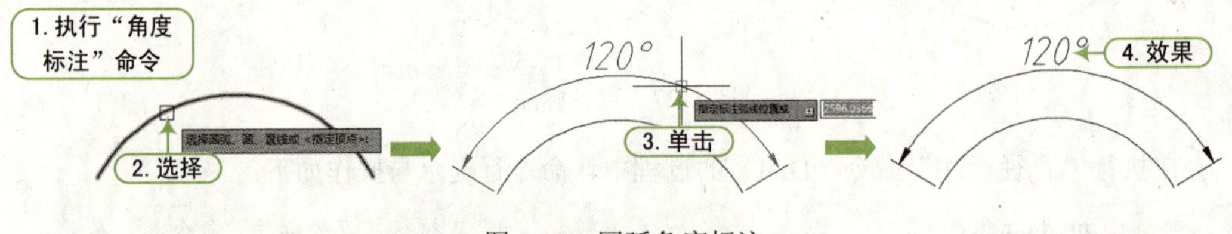

图 8-29　圆弧角度标注

8.2.5　创建弧长标注

“弧长标注”用于标注圆弧线段或多线段圆弧线段部分的弧长。执行“圆弧标注”命令的方法主要有以下 3 种。

- 菜单栏：选择“标注 | 弧长”菜单命令。
- 面板：在“注释”选项卡的“标注”面板中，单击“弧长”按钮。
- 命令行：输入“DIMARC”命令。

使用“弧长标注”命令（DIMARC）可以标注圆弧的长度，具体操作步骤如下：

STEP 01 绘制一个圆弧。单击“标注”面板中的“圆弧”按钮，选择需要标注的圆弧对象。

STEP 02 移动鼠标至相应的位置处，单击指定标注弧线的位置。

STEP 03 系统自动标注出圆弧长度，如图 8-30 所示。

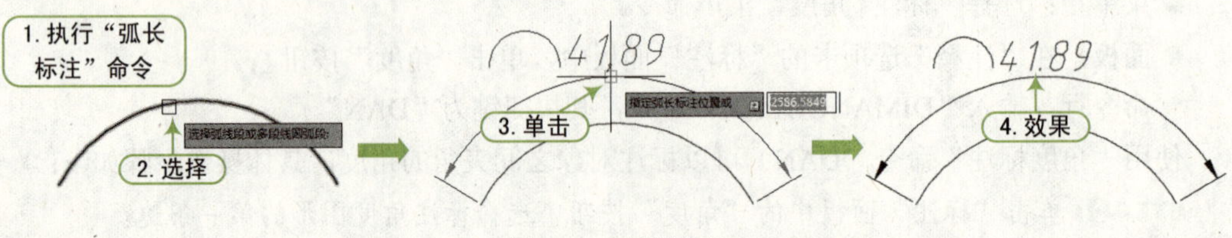

图 8-30　弧长标注

在执行“弧长标注”命令（DIMARC）的过程中，命令行提示与操作如下：

```
命令：_dimarc                                   \\ 执行“弧长标注”命令
选择弧线段或多段线圆弧段：                      \\ 选择圆弧对象
指定弧长标注位置或 [ 多行文字 (M)/ 文字 (T)/ 角度 (A)/ 部分 (P)/ 引线 (L)]:
                                                \\ 指定弧长标注的位置
标注文字 = 41.89                                \\ 系统自动标注角度值
```

其中，各主要选项含义如下。

- 部分 (P)：选择该选项后，用户可对圆弧的部分弧长进行标注，如图 8-31 所示。
- 引线 (L)：选择该选项后，在标注圆弧弧长时将出现如图 8-32 所示的引线符号。

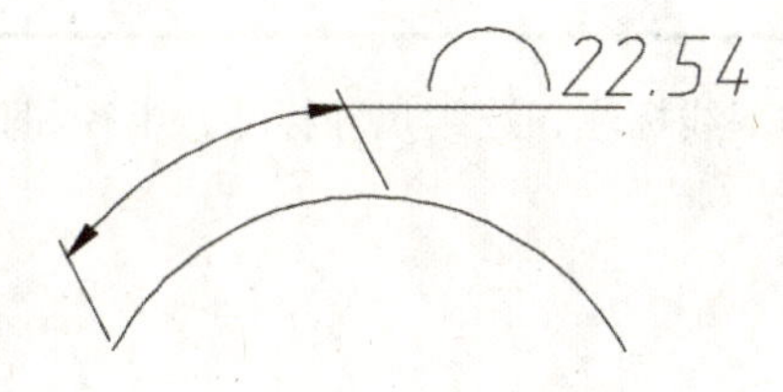

图 8-31　部分弧长标注

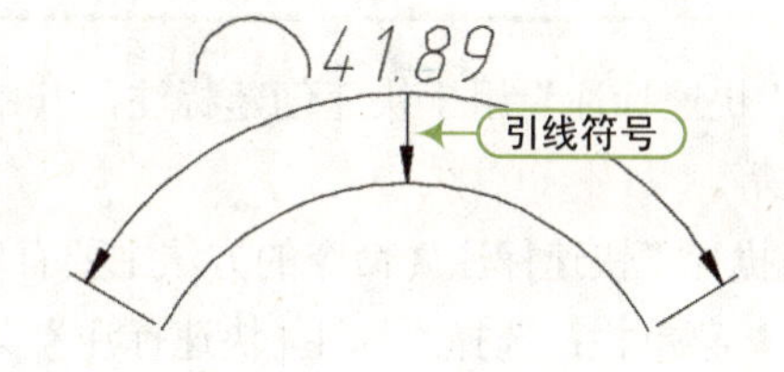

图 8-32　带引线弧长标注

8.2.6 创建坐标标注

坐标标注沿一条简单的引线显示部件的 X 或 Y 坐标，也称基准标注。坐标标注主要用于标注指定点的坐标值。

执行“坐标标注”命令的方法主要有以下 3 种。

- 菜单栏：选择“标注 | 坐标”菜单命令。
- 面板：在“注释”选项卡的“标注”面板中，单击“坐标”按钮。
- 命令行：输入“DIMORDINTE”命令，其快捷键为“DOR”。

使用“坐标标注”命令（DOR）可以标注指定点的坐标值，具体操作步骤如下：

STEP 01 单击“标注”面板中的“坐标”按钮，捕捉相应点。

STEP 02 输入 X 并按“Enter”键，标注 X 坐标。

STEP 03 输入 Y 并按“Enter”键，标注 X 坐标，如图 8-33 所示。

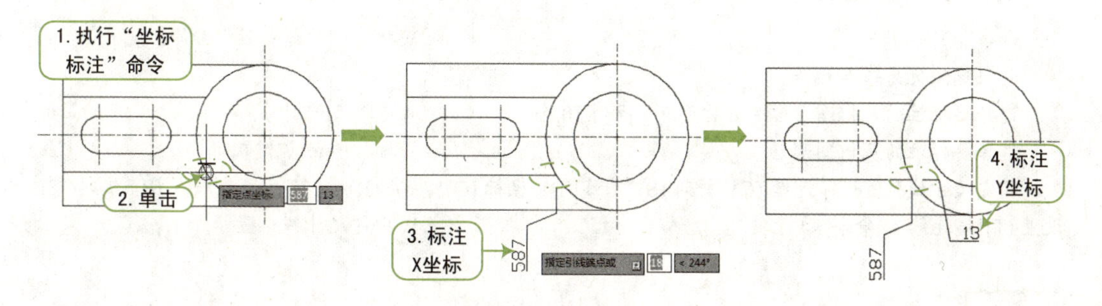

图 8-33　坐标标注

在执行“坐标标注”命令（DOR）的过程中，命令行提示与操作如下：

```
命令 : _dimordinate                                         \\ 执行“坐标标注”命令
指定点坐标 :                                                \\ 捕捉点 A
指定引线端点或 [X 基准 (X)/Y 基准 (Y)/ 多行文字 (M)/ 文字 (T)/ 角度 (A)]:    \\ 输入 X
标注文字 = 587                                              \\ 系统自动标注 X 坐标值
命令 : DIMORDINATE
指定点坐标 :                                                \\ 捕捉点 A
指定引线端点或 [X 基准 (X)/Y 基准 (Y)/ 多行文字 (M)/ 文字 (T)/ 角度 (A)]:    \\ 输入 Y
标注文字 = 13                                               \\ 系统标注 Y 坐标值
```

8.2.7 创建快速标注

“快速标注”用于快速创建标注，其中包含创建基线标注、连续尺寸标注、半径和直径标注等。

执行“快速标注”命令的方法主要有以下 3 种。

- 菜单栏：选择“标注 | 快速标注”菜单命令。
- 面板：在“注释”选项卡的“标注”面板中，单击“快速标注”按钮。
- 命令行：输入“QDIM”命令。

使用“快速标注”命令（QDIM）可快速对图形进行尺寸标注。具体操作步骤如下：

STEP 01 单击“标注”面板中的“快速标注”按钮，选择标注的几何图形。

STEP 02 按“Enter”键结束对象选取。

STEP 03 移动鼠标至相应的位置处，单击指定尺寸线的位置，如图 8-34 所示。

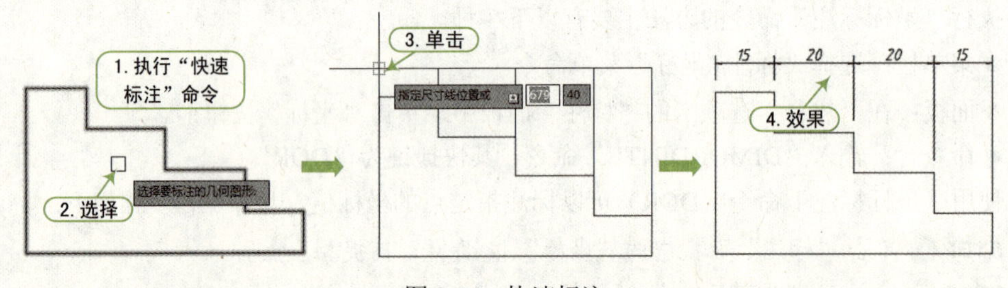

图 8-34 快速标注

在执行“快速标注”命令（QDIM）的过程中，命令行提示与操作如下：

```
命令 : QDIM                                                 \\ 执行“快速标注”命令
关联标注优先级 = 端点
选择要标注的几何图形 : 指定对角点 : 找到 10 个               \\ 选择几何对象
选择要标注的几何图形 :                                      \\ 按“Enter”键确定
指定尺寸线位置或 [ 连续 (C)/ 并列 (S)/ 基线 (B)/ 坐标 (O)/ 半径 (R)/ 直径 (D)/ 基准点 (P)/ 编辑 (E)/
设置 (T)] < 连续 >: 命令 :                                  \\ 指定尺寸线位置
```


8.2.8 创建等距标注

“调整间距”可以自动调整平行的线性标注和角度标注之间的间距，或根据指定的间距值进行调整。除了调整尺寸线间距，还可以通过输入间距值 0 使尺寸线相互对齐。由于能够调整尺寸线的间距或对齐尺寸线，因而无须重新创建标注或使用夹点逐条对齐并重新定位尺寸线。

执行“调整间距”命令的方法主要有以下 3 种。

- 菜单栏：选择“标注 | 标注间距”菜单命令。
- 面板：在“注释”选项卡的“标注”面板中，单击“调整间距”按钮。
- 命令行：输入“DIMSPACE”命令。

利用“调整间距”命令（DIMSPACE）可以自动调整线性标注间的间距，具体操作步骤如下：

STEP 01 单击“注释”选项卡的“标注”面板中的“调整间距”按钮。

STEP 02 选择要产生间距的标注，按“Enter”键结束对象选取。

STEP 03 按“Enter”键，选择“自动”(默认选项)，如图 8-35 所示。

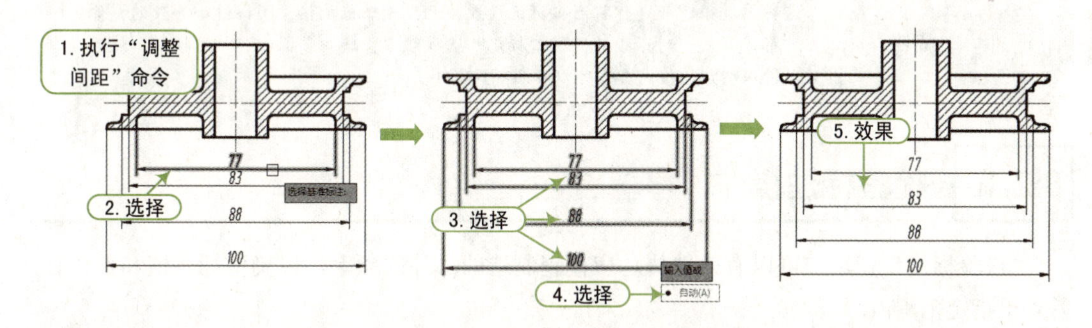

图 8-35 调整间距

在执行“调整间距”命令（DIMSPACE）的过程中，命令行提示与操作如下：

```
命令：_DIMSPACE                          \\ 执行“调整间距”命令
选择基准标注：                           \\ 选择尺寸为 77 的标注
选择要产生间距的标注：找到 1 个          \\ 选择尺寸为 83 的标注
选择要产生间距的标注：找到 1 个，总计 2 个  \\ 选择尺寸为 88 的标注
选择要产生间距的标注：找到 1 个，总计 3 个  \\ 选择尺寸为 100 的标注
选择要产生间距的标注：                   \\ 按“Enter”键结束选择
输入值或 [ 自动 (A)] < 自动 >: A          \\ 按“Enter”键
```

8.2.9 创建圆心标记

“圆心标记”命令用于标注圆或圆弧的圆心。其执行方法主要有以下 3 种。

- 菜单栏：选择“标注 | 圆心标记”菜单命令。
- 面板：在“注释”选项卡的“标注”面板中，单击“圆心标记”按钮。
- 命令行：输入“DIMCENTER”命令，其快捷键为“DCE”。

执行“圆心标记”命令（DCE），然后选择圆或圆弧对象，即可标注圆或圆弧的圆心位置，如果标注类型为直线，那么圆心标记为圆的中心线，如图 8-36 所示。

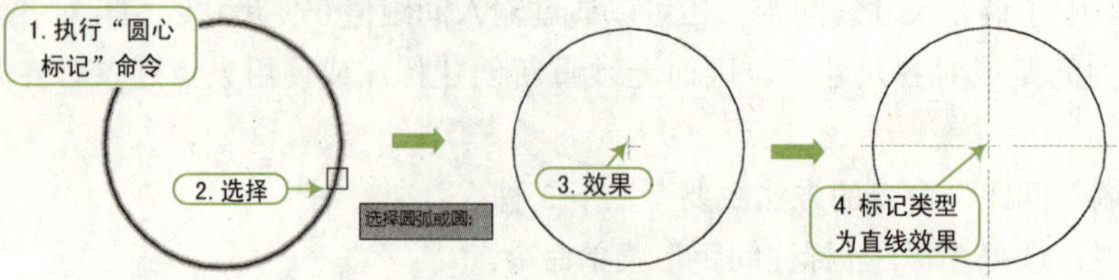

图 8-36　圆心标记

执行“圆心标记”命令（DCE）的过程中，命令行提示与操作如下：

```
命令：DIMCENTER                          \\ 执行“圆心标记”命令
选择圆弧或圆：                            \\ 选择圆对象
```

QA问题

学生问： 老师，为什么我标记了圆心，但是看不到圆心标记呢？

老师答： 这种情况很可能是你将圆心标记设置为无，或者标记值设置得过小导致的，你可以在“标注样式”对话框的“圆心标记”选项组中，选中“圆心”单选按钮，然后在其后面输入相应的值。具体可以参照 8.1 节内容。

8.2.10 检验标注操作

“检验标注”使用户可以有效地传达应检查制造的部件的频率，以确保标注值和部件公差处于指定范围内。

执行“检验标注”命令的方法主要有以下 3 种。

- 菜单栏：选择“标注 | 检验”菜单命令。
- 面板：在“注释”选项卡的“标注”面板中，单击“检验”按钮 。
- 命令行：输入“DIMINSPECT”命令，其快捷键为 DIMI。

执行“检验”命令（DIMI），将弹出如图 8-37 所示的“检验标注”对话框。在该对话框中，各选项含义如下。

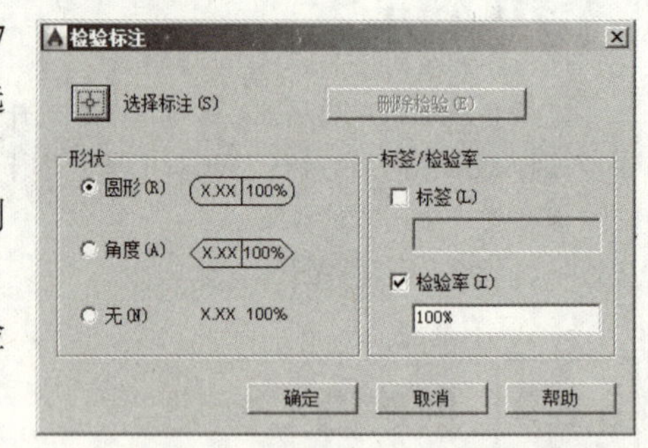

图 8-37　“检验标注”对话框

- “选择标注”按钮：指定应在其中添加或删除检验标注。
- “删除检验”按钮：从选定的标注中删除检验标注。
- “形状”选项组：控制围绕检验标注的标签、标注值和检验率绘制的边框的形状。
  - 圆形单选按钮：使用两端点上的半圆创建边框，并通过垂直线分隔边框内的字段。
  - 角度单选按钮：使用在两端点上形成 90° 角的直线创建边框，并通过垂直线分隔边框内的字段。
  - 无单选按钮：指定不围绕值绘制任何边框，并且不通过垂直线分隔字段。
- “标签 / 检验率”选项组：为检验标注指定标签文字和检验率。
- 标签：打开和关闭标签字段显示。

➢“标签”复选框：指定标签文字。勾选“标签”复选框后，在文本框中输入标签内容，将在检验标注最左侧部分中显示标签。

➢“检验率”复选框：打开和关闭比率字段显示。检验率值，指定检验部件的频率。值以百分比表示，有效范围从 0 到 100。勾选“检验率”复选框后，将在检验标注的最右侧部分中显示检验率。

利用“检验”命令（DIMI）可以将检验标注添加到任何类型的标注对象，其操作步骤如下：

STEP 01 单击“注释”选项卡的“标注”面板中的“检验”按钮。

STEP 02 在“检验标注”对话框中，单击“选择标注”按钮。

STEP 03 将“检验标注”对话框关闭，提示用户选择标注。

STEP 04 选择要使之成为检验的标注。按“Enter”键返回该对话框。

STEP 05 在“检验标注”对话框中设置参数。在“形状”选项组中选中“圆形”单选按钮，并勾选“标签”和“检验率”复选框，在“标签”文本框中输入“A”，在“检验率”文本框中输入“100%”。

STEP 06 单击“确定”按钮，完成检验操作，如图 8-38 所示。

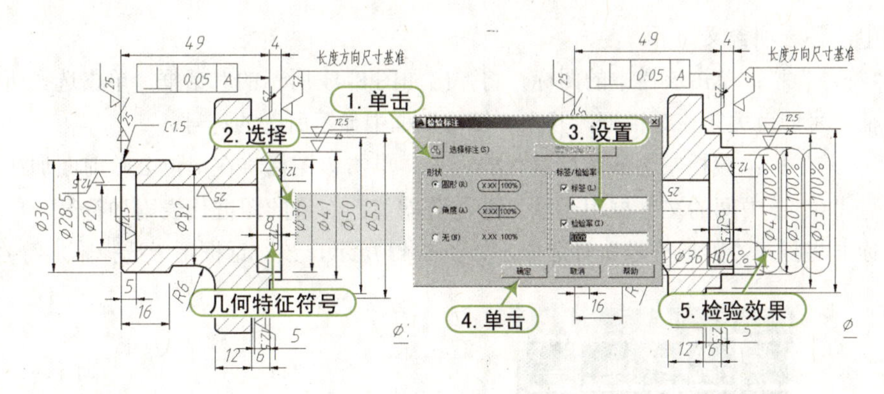

图 8-38　检验标注

8.2.11 创建形位标注

公差标注是机械绘图中特有的标注，主要用于说明机械零件允许的误差范围，是加工生产和装配零件必须具备的标注，也是保证零件具有用行的手段。

形位公差是指机械零件的表面形状和有关部位相对允许变动的范围，是指导生产、检验产品和控制质量的技术依据，形位公差分为形状公差和位置公差，它的组成如图 8-39 所示。

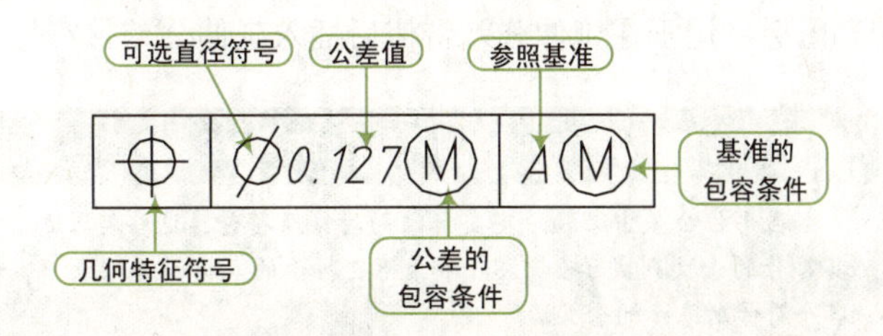

图 8-39　形位公差标注

创建“形位公差”的方法主要有以下 3 种。

- 菜单栏：选择“标注 | 形位公差”菜单命令。
- 面板：在“注释”选项卡的“标注”面板中，单击“形位公差”按钮。
- 命令行：输入“TOLERANCE”命令，其快捷键为“TOL”。

执行“形位公差”命令（TOL）后，将打开“形位公差”对话框。在该对话框中，可以对形位公差进行设置，设置完成后，单击“确定”按钮将返回绘图区域，指定形位公差的标注位置后，即可插入形位公差，如图 8-40 所示。

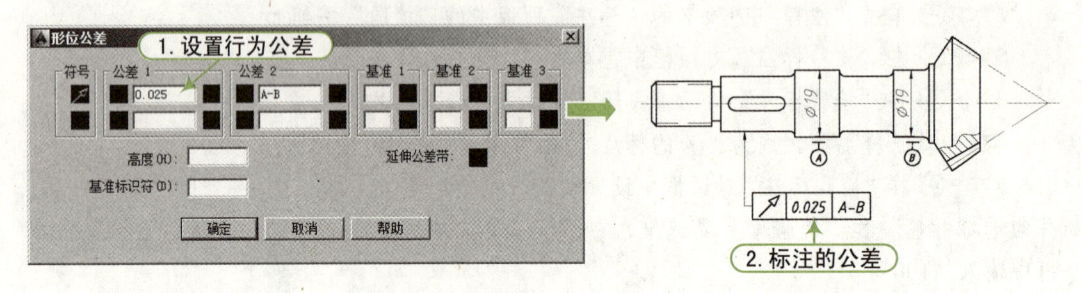

图 8-40　形位公差标注

其中，各选项含义如下。

- “符号”栏：单击该栏中的图标，将弹出如图 8-41 所示的对话框，单击选择所需的特征符号即可关闭该对话框，并在“符号”框中显示所选的符号。
- “公差”栏：该栏左边的图标框代表直径，单击该图标将在形位公差前面加注直径符号“Φ”；中间的文本框用于输入形位公差值；右边的图框代表附加符号，单击该图标框将打开“附加符号”对话框，如图 8-42 所示，该对话框用于选择附加符号。

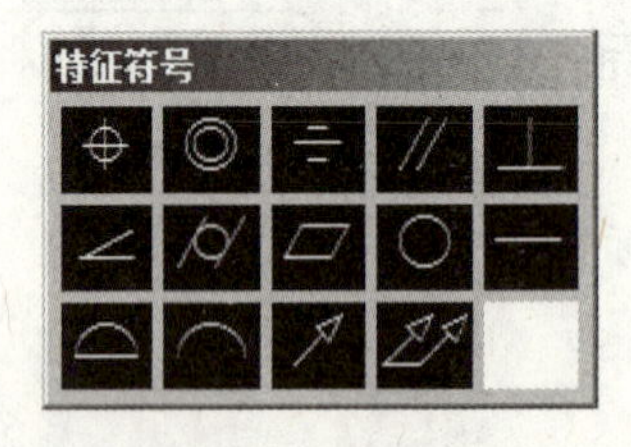

图 8-41　特征符号

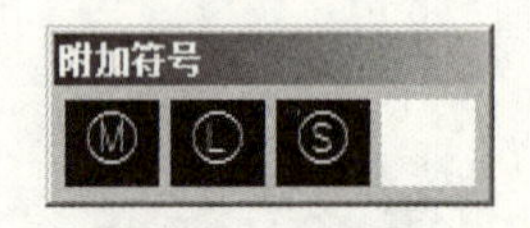

图 8-42　附加符号

- “基准”栏：用于输入设置的参照基准，可分别在“基准 1”、“基准 2”和“基准 3”栏中设置参照基准和包含条件。
- “高度”文本框：用于创建投影公差带的高度值。
- “基准标识符”文本框：创建由参照字母组成的基准标识符号。
- “延伸公差带”图标：用于在延伸公差带值后插入延伸公差带符号Ⓟ。

QA 问题

学生问： 老师，形位公差中的特征符号和附加符号是什么意思？

老师答： 在形位公差中必须给定要标注的对象及符号，这些符号都具有一定的含义，我将其符号的含义列成了如表 8-1 和表 8-2 所示的表格，通过表格，你可以清楚地了解到各个符号所表示的含义。

表 8-1　形位公差特征符号及其含义

符号	含义	符号	含义	符号	含义
⌖	位置度	∠	倾斜度	⌓	面轮廓度
◎	同轴度	⌭	圆柱度	⌒	线轮廓度
⌯	对称度	▱	平面度	↗	圆跳度
//	平行度	○	圆度	⌰	全跳度
⊥	垂直度	—	直线度		

表 8-2　形位公差附加符号及其含义

符号	含义	符号	含义
Ⓜ	材料的一般状况	Ⓢ	材料的最小状况
Ⓛ	材料的最大状况		

8.3　尺寸标注的编辑

在图形中创建尺寸标注后，如果需要对其进行修改，可以使用标注样式对所有标注进行修改，也可以单独修改图形中部分标注对象。使用“标注”工具栏中的相应工具可以对标注进行相应的编辑修改。

8.3.1　编辑尺寸

“编辑标注”命令用于修改一个或多个标注对象上的文字标注内容和尺寸界线倾斜角度等。执行“编辑标注”命令的主要方法有以下几种

- 菜单栏：选择“标注 | 倾斜”菜单命令。
- 工具栏：执行“工具 |AutoCAD| 标注”菜单命令，在打开的“标注”工具栏中单击按钮。
- 命令行：输入“DIMEDIT”命令。

执行“编辑标注”命令（DIMEDIT）后，命令行提示如下：

```
命令 : DIMEDIT
输入标注编辑类型 [ 默认 (H)/ 新建 (N)/ 旋转 (R)/ 倾斜 (O)] < 默认 >:
```

其中，各选项含义如下。

- 默认 (H)：将旋转标注文字移回默认位置。选定的标注文字移回由标注样式指定的默认位置和旋转角。
- 新建 (N)：在用户选中的标注上新建一个文本。
- 旋转 (R)：选择该选项，可以将尺寸文字旋转一定的角度，同样是先设置角度值，然后选择尺寸对象。

- 倾斜 (O)：选择该选项，可以使非角度标注的尺寸界线倾斜一角度。这时需选择对象，然后设置倾斜角度值。

8.3.2 编辑标注的位置

“编辑标注文字”命令用于移动和旋转标注文字。执行“编辑标注文字”命令的主要方法有以下几种。

- 菜单栏：选择“标注 | 文字角度 / 左对正 / 居中 / 右对正”菜单命令。
- 面板：在“注释”选项卡的“标注”面板中，单击“文字角度”按钮、“左对正”按钮、居中按钮和“右对正”按钮。
- 命令行：输入“DIMTEDIT”命令。

执行“编辑标注文字”命令（DIMTEDIT）后，首先选择标注，此时命令行提示如下：

```
命令 : DIMTEDIT
选择标注 :
为标注文字指定新位置或 [ 左对齐 (L)/ 右对齐 (R)/ 居中 (C)/ 默认 (H)/ 角度 (A)]:
```

其中，各主要选项含义如下。

- 左对齐 (L)：选择该选项可以使文字沿尺寸线左对齐，适用于线性、半径和直径标注。
- 右对齐 (R)：选择该选项可以使文字沿尺寸线右对齐，适用于线性、半径和直径标注。
- 居中 (C)：选择该选项可以将标注文字放在尺寸线的中心。
- 默认 (H)：选择该选项可以将标注文字移至默认位置。
- 角度 (A)：选择该选项可以将标注文字旋转至指定角度。

8.3.3 替代标注

在 AutoCAD 中，如果用户要使用某个尺寸标注样式中的部分参数，而又不想创建新的尺寸标注样式时，可以替代标注样式。

“替代标注样式”的操作步骤如下：

STEP 01 在“默认”选项卡的“注释”面板中单击“标注样式”按钮。在“标注样式管理器”的“样式”列表框中，选择要为其创建替代的标注样式。

STEP 02 单击“替代”按钮，打开“替代当前样式”对话框。

STEP 03 在“替代当前样式”对话框中，单击相应的选项卡来更改标注样式。

STEP 04 单击“确定”按钮将返回“标注样式管理器”对话框。

STEP 05 在标注样式名称列表中修改的样式下，列出了标注样式替代，如图 8-43 所示。

用户除了通过“标注样式管理器”对话框进行替代标注外，还可以通过“替代标注”命令在命令提示下更改标注样式替代。

执行“替代标注”命令（DIMOVERRIDE）的方法有以下 3 种。

- 菜单栏：选择“标注 | 替代标注”菜单命令。
- 面板：在“注释”选项卡的“标注”面板中，单击“替代标注”按钮。
- 命令行：输入“DIMOVERRIDE”命令。

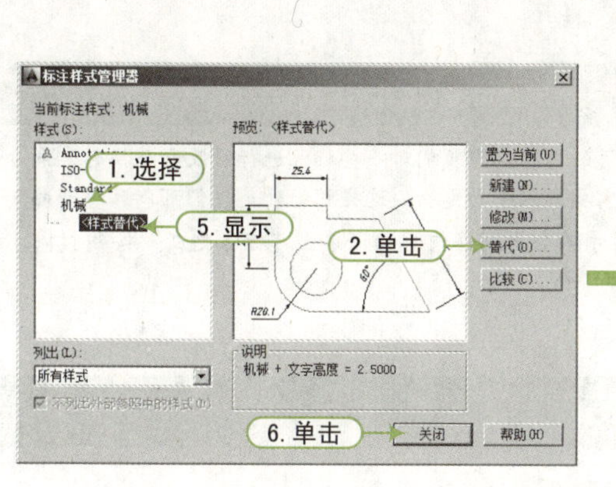

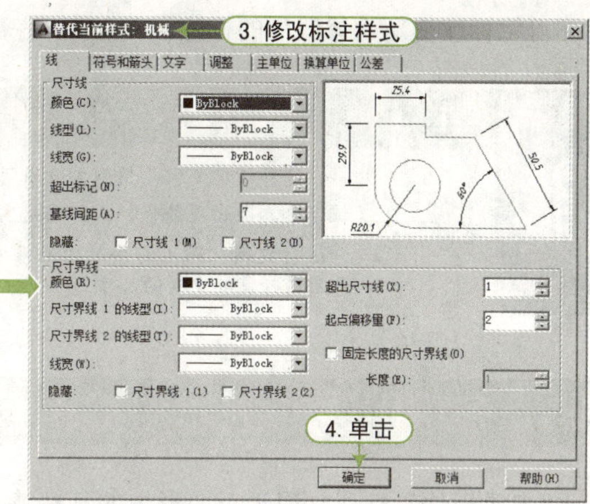

图 8-43 替换标注样式

例如，用户将当前的尺寸线替换为隐藏尺寸线，如图 8-44 所示。命令行提示与操作如下：

```
命令 : _dimoverride                                        \\ 执行“替代标注”命令
输入要替代的标注变量名或 [ 清除替代 (C)]: DIMSD1          \\ 输入尺寸线与文字的间距变量
输入标注变量的新值 <BYBLOCK>: on                           \\ 输入新值
输入要替代的标注变量名或 [ 清除替代 (C)]: DIMSD2          \\ 输入尺寸线与文字的间距变量
输入标注变量的新值 <BYBLOCK>: on                           \\ 输入新值
输入要替代的标注变量名 :                                    \\ 按“Enter”键
选择对象 :                                                  \\ 选择要修改的对象
```

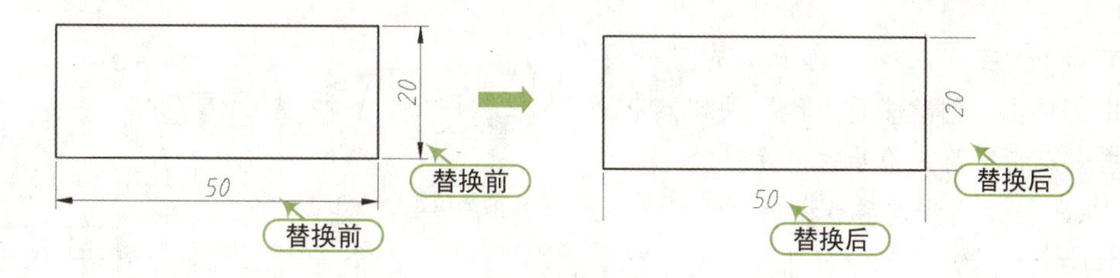

图 8-44 替换标注样式

8.3.4 更新标注

当用某个标注进行标注后，又对该标注进行修改，标注尺寸不一定会即时自动更新。因此需要使用“更新标注”命令对这些标注尺寸进行更新，以应用给修改后的样式。

“更新标注”的方法主要有以下几种。

- 菜单栏：选择“标注 | 更新标注”菜单命令。
- 面板：在“注释”选项卡的“标注”面板中，单击“更新标注”按钮。
- 命令行：输入“DIMSTYLE”命令。

执行“更新标注”命令（DIMSTYLE）后，选择需要更新的尺寸标注后，按“Enter”

键即可将标注更新为修改后的标注。

QA 问题

学生问： 老师，我将当前的标注创建了一个替代标注，为什么标注样式却没有变化呢？

老师答： 这种情况就需要用到本章所讲的内容，当我们对一些标注进行修改和替换时，系统不会立即出现替代样式，而是需要我们手动更新。这样的好处是我们可以只对一部分进行更新，而不需要改变的尺寸不会受到任何影响。单击“标注更新”按钮，然后选择需要更新的尺寸。

8.4 多重引线的创建与编辑

“多重引线”标注常用于对图形中的某些特定对象进行说明，使图形表达的清楚。多重引线标注有其独特的样式，在不同的情况下，可以设置不同的标注样式。

8.4.1 创建多重引线

多重引线对象通常包含箭头、水平基线、引线或曲线和多行文字对象或块。执行“多重引线”命令的主要方法有以下 3 种。

- 菜单栏：选择“标注 | 多重引线”菜单命令。
- 面板：在“注释”选项卡的“引线”面板中，单击“多重引线”按钮。
- 命令行：输入“MLEADER”命令，其快捷键为“MLD”。

使用“多重引线”命令（MLD）可以创建连接注释与几何特征点的引线，其操作步骤如下：

STEP 01 在“注释”选项卡的“引线”面板中，单击“创建多重引线”按钮，然后单击一点指定箭头符号的位置。

STEP 02 单击指定引线极限的位置。

STEP 03 在弹出的文本框中输入文字，并在“文字编辑器”中对文字的样式进行修改。

STEP 04 单击“关闭”按钮，完成引线的创建，如图 8-45 所示。

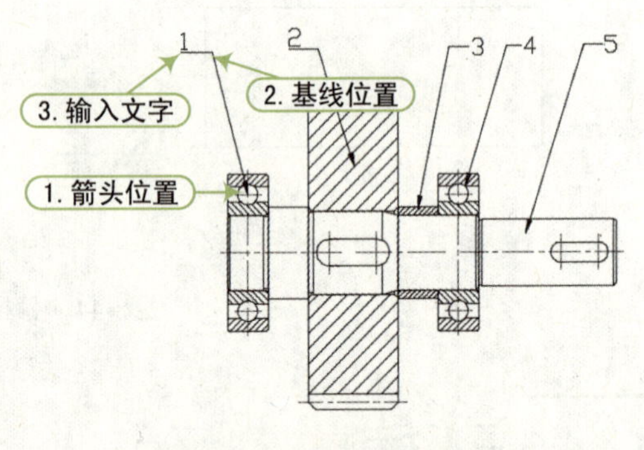

图 8-45　创建多重引线标注

执行“多重引线”命令（MLD）的过程中，命令行提示与操作如下：

```
命令 : _mleader                                        \\ 执行“多重引线”命令
指定引线箭头的位置或 [ 引线基线优先 (L)/ 内容优先 (C)/ 选项 (O)] < 选项 >:
                                                       \\ 指定引线箭头位置
指定引线基线的位置 :                                   \\ 指定引线基线的位置
```

其中，各选项含义如下。

- 引线基线优先 (L)：允许首先指定基线的位置。
- 内容优先 (C)：优先指定与多重引线对象相关联的文字或块的位置。

- 选项 (O)：指定用于放置多重引线对象的选项。
  - 引线类型：指定引线类型为直线、样条曲线或无。
  - 引线基线：指定是否添加水平基线。如果输入“是”，将提示您设置基线长度。
  - 内容类型：指定要用于多重引线的内容类型，可选择多行文字（默认）、块或不选择任何类型。
  - 最大节点数：指定新引线的最大点数或线段数。
  - 第一个角度：约束新引线中的第一个点的角度。
  - 第二个角度：约束新引线中的第二个点的角度。

QA 问题

学生问： 老师，为什么我绘制的引线没有箭头符号？

老师答： 没有箭头符号时，首先需要确定的是引线设置问题，可以打开“多重引线设置”对话框，然后单击“引线结构”选项卡，看一看是不是你的箭头选择的是无，如果选择的是箭头符号，那么可能就是箭头符号设置的大小问题，根据图纸的大小在箭头符号中输入适当的值，然后单击“确定”按钮完成引线的设置。

8.4.2 创建与修改多重引线

使用“多重引线样式”命令可以设置当前多重引线样式，以创建修改和删除多重引线样式。

执行“多重引线样式”命令的主要方法有以下 3 种。

- 菜单栏：选择“格式 | 多重引线样式”菜单命令。
- 面板：在“注释”选项卡的“引线”面板中，单击“多重引线样式”按钮。
- 命令行：输入“MLEADERSTYLE”命令，其快捷键为“MLS”。

执行“多重引线样式”命令后，将打开“多重引线样式管理器”对话框，单击“新建”按钮，打开“创建新多重引线样式”对话框，在“新样式名”文本框中输入样式名称，然后单击“继续”按钮，将打开“修改多重引线样式”对话框，在该对话框中，用户可以设置多重引线的引线、箭头及内容等参数，如图 8-46 所示。

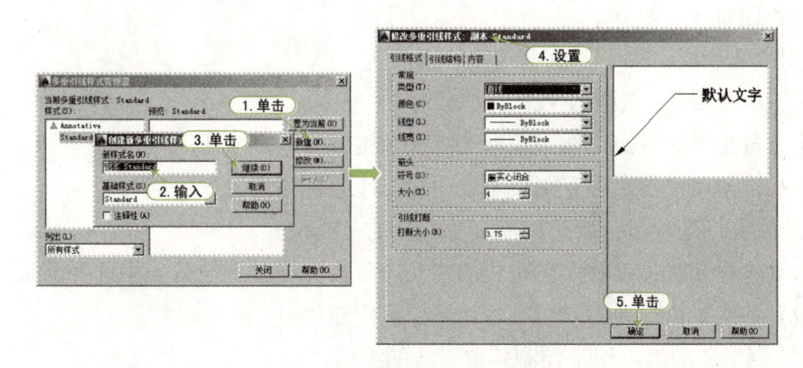

图 8-46　新建多重引线样式

在“修改多重引线样式”对话框中，包含三个选项卡，分别为“引线格式”选项卡、“引线结构”选项卡、“内容”选项卡。

1. “引线格式”选项卡

“引线格式”选项卡用于设置引线和箭头的格式，如图 8-47 所示。

其中，各选项含义如下。

- “常规”选项组：用于控制多重引线的基本外观。
  - 类型：设置引线类型，其中可选“直线”、“样条曲线”或“无”3 种类型。
  - 颜色：设置引线的颜色。
  - 线型：设置引线的线型。
  - 线宽：设置引线的线宽。
- “箭头”选项组：用于控制多重引线箭头的外观，包括箭头符号样式和大小。
  - 符号：设置多重引线的箭头符号，可在其下拉列表中选择箭头类型。
  - 大小：设置箭头大小，或使用向上和向下箭头更改当前大小。
- “引线打断”选项组：用于控制将打断标注添加到多重引线时使用的设置，其中“打断大小”选项显示和设置选择多重引线后用于“标注打断”命令的打断大小。

2. “引线结构”选项卡

“引线结构”选项卡用于设置引线的点数和角度约束、基线及注释比例，如图 8-48 所示。

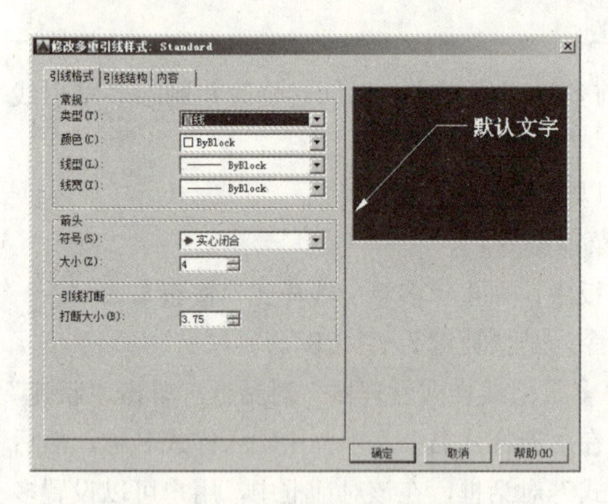

图 8-47 “引线格式”选项卡

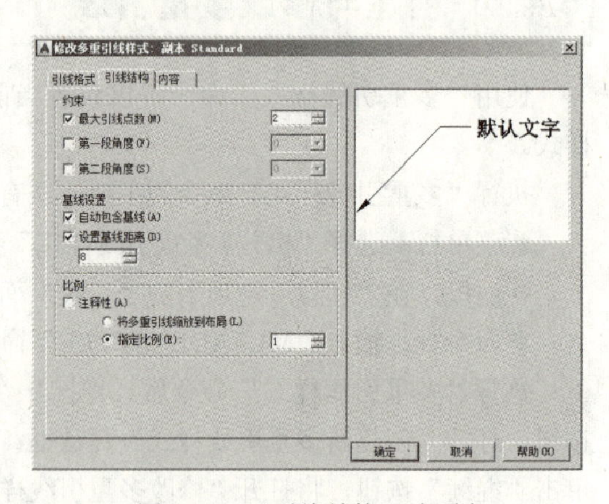

图 8-48 “引线结构”选项卡

其中，各选项含义如下。

- “约束”选项组：用于多重引线的约束控制。
  - 最大引线点数：指定引线的最大点数。
  - 第一段角度：指定引线中第一个点的角度。
  - 第二段角度：指定多重引线基线中第二个点的角度。
- “基线设置”选项组：用于控制多重引线的基线设置。
  - 自动包含基线：设置多重引线的箭头符号，可在其下拉列表中选择箭头类型。
  - 设置基线距离：为多重引线基线确定固定距离。
- “比例”选项组：用于控制多重引线的缩放。
  - 注释性：用于指定多重引线为注释性。单击信息图表，可了解有关注释性对象的详细信息。
  - 将多重引线缩放到布局：根据模型空间视口和图纸空间视口中的缩放比例确定多

重引线的比例因子。

➢ 指定比例：指定多重引线的缩放比例。

3. “内容”选项卡

“内容”选项卡用于设置多重引线的类型为多行文字或块的设置，如图 8-49 所示。

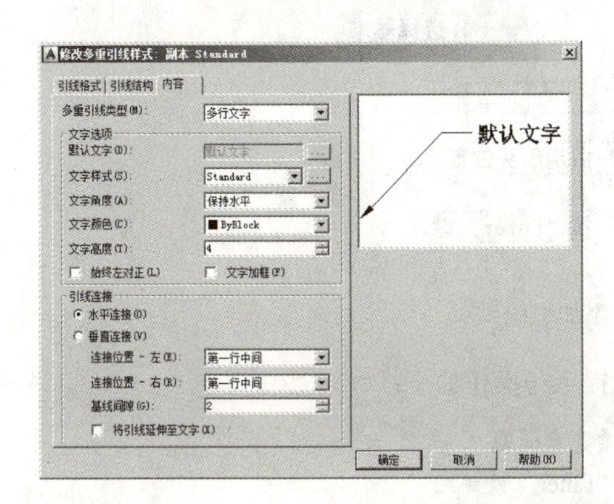

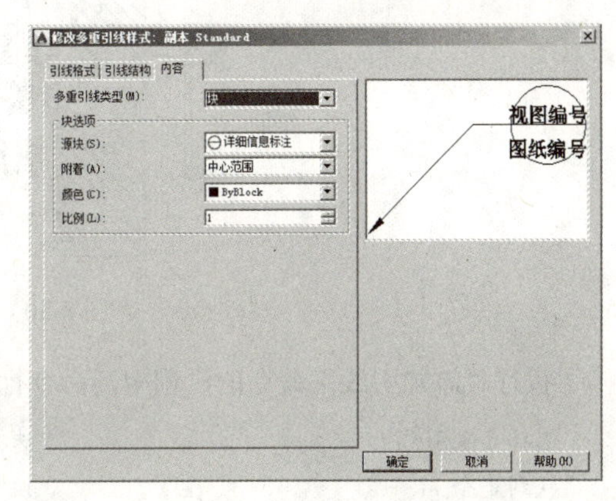

图 8-49　“内容”选项卡

在“内容”选项卡中需要指定“多重引线类型”，它可以是“多行文字”，也可以是“块”，还可以指定为“无”。

如果选择多行文字，则可以指定默认的文字内容、文字样式、文字角度、颜色、文字高度、对正方式等。还可以指定连接线如何与文字关联及基线与文字之间的距离。

如果选择块，则“内容”选项卡显示“块选项”设置，该选项组用于控制多重引线对象中块内容的特性。其中，各选项含义如下。

- “源块”下拉列表框：指定用于多重引线内容的块。
- “附着”下拉列表框：指定附着到多重引线对象的方式。可以通过指定块的范围、块的插入点或块的中心点来附着块。
- “颜色”下拉列表框：指定多重引线块内容的颜色，默认情况下，选择“随块”。

QA 问题

学生问： 老师，为什么我绘制引线时总是提示指定下一点而不提示输入文字呢？

老师答： 出现这种情况是因为在“引线结构”选项卡的“约束”选项中将“最大引线点数”设置得过多，一般情况下，设置为 3 个即可，即起点、节点、终点。

8.4.3 添加多重引线

多重引线对象可包含多条引线，因此一个注释可以指向图形中的多个对象。使用“添加引线”命令可以添加多条引线，其执行方法如下。

- 菜单栏：选择“修改 | 对象 | 多重引线 | 添加引线”菜单命令。
- 面板：在“注释”选项卡的“引线”面板中，单击“添加引线”按钮。

执行“添加引线”命令后，根据命令行提示选择已有的多重引线，然后指定引出线箭头的位置即可，如图 8-50 所示。

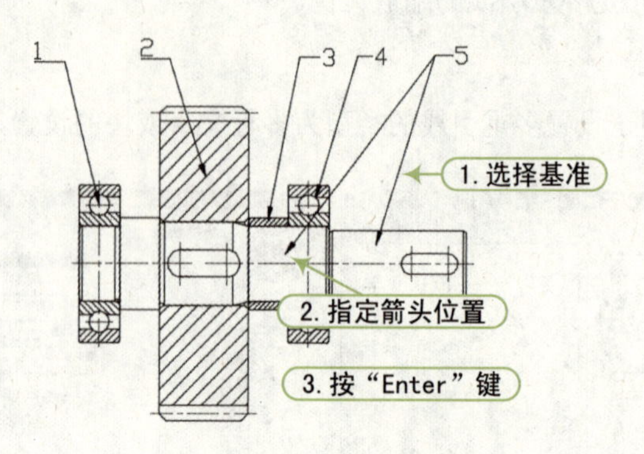

图 8-50　添加引线

执行“添加引线”命令的过程中，命令行提示与操作如下：

```
选择多重引线：                          \\选择多重引线
找到 1 个                               \\按“Enter”键确定
指定引线箭头位置或 [ 删除引线 (R)]:       \\指定箭头位置
指定引线箭头位置或 [ 删除引线 (R)]:       \\按“Enter”键结束命令
```

8.4.4 删除多重引线

如果用户在添加了多重引线后，还可以将多余的多重引线删除。使用“删除引线”命令可以删除引线，其执行方法如下。

- 菜单栏：选择“修改 | 对象 | 多重引线 | 删除引线”菜单命令。
- 面板：在“注释”选项卡的“引线”面板中，单击“删除引线”按钮。

执行“删除引线”命令（MLE）后，根据命令行提示选择已有的多重引线，然后选择要删除的引线，按“Enter”键即可删除多余的引线，如图 8-51 所示。

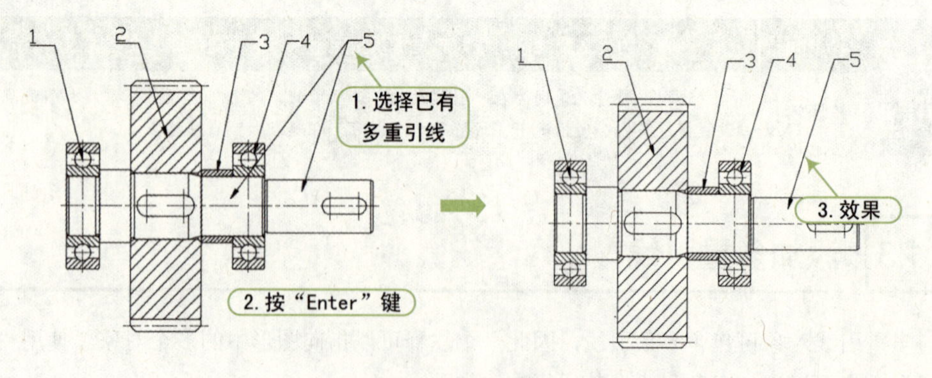

图 8-51　删除引线

执行“删除引线”命令（MLE）的过程中，命令行提示与操作如下：

```
选择多重引线：                          \\选择多重引线
```

```
找到 1 个                                          \\按“Enter”键确定
指定要删除的引线或 [ 添加引线 (A)]:                 \\选择要删除的引线
指定要删除的引线或 [ 添加引线 (A)]:                 \\按“Enter”键结束命令
```

8.4.5 对齐多重引线

当一个图形中有多处引线标注时，如果没有对齐，会使图形显得不规范，也不符合要求，这时可以通过 AutoCAD 提供的多重引线对齐功能来将引线对齐。使用“对齐引线”命令可以对齐引线，其执行方法如下：

- 菜单栏：选择“修改 | 对象 | 多重引线 | 对齐引线”菜单命令。
- 功能区：在“注释”选项卡的“引线”面板中，单击“对齐引线”按钮。

执行“对齐引线”命令后，根据命令行提示选择要对齐的引线，再选择作为对齐引线的基准引线对象及方向即可，如图 8-52 所示。

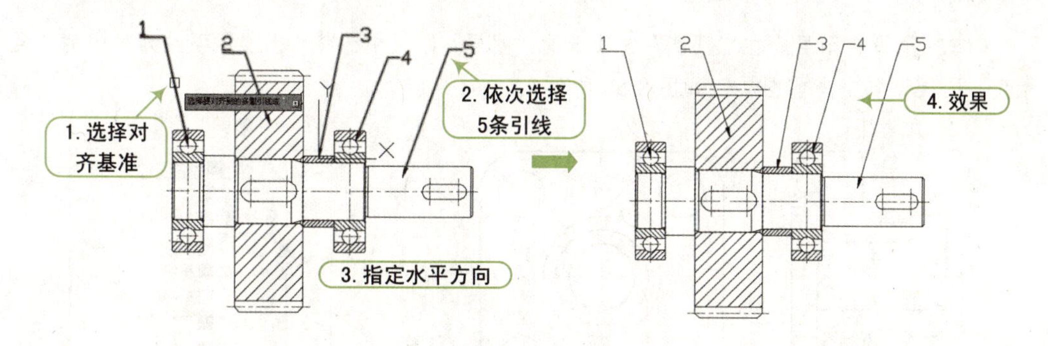

图 8-52　对齐引线

执行“对齐引线”命令的过程中，命令行提示与操作如下：

```
命令 : _mleaderalign                              \\执行“对齐引线”命令
选择多重引线 : 找到 1 个，总计 2 个                 \\选择要对齐的多重引线对象
选择多重引线 :                                     \\按“Enter”键确定
当前模式 : 使用当前间距
选择要对齐到的多重引线或 [ 选项 (O)]:               \\选择要对齐到的多重引线
指定方向 :                                         \\用鼠标指定对齐方向
```

8.5　综合演练——标注阀盖

视频：8.5——标注阀盖零件图 .avi

案例：阀盖零件图 .dwg

本案例通过标注如图 8-53 所示的阀盖零件图，对本章的线型、直径、半径、引线、角度标注、形位公差等重点知识进行综合练习和巩固。

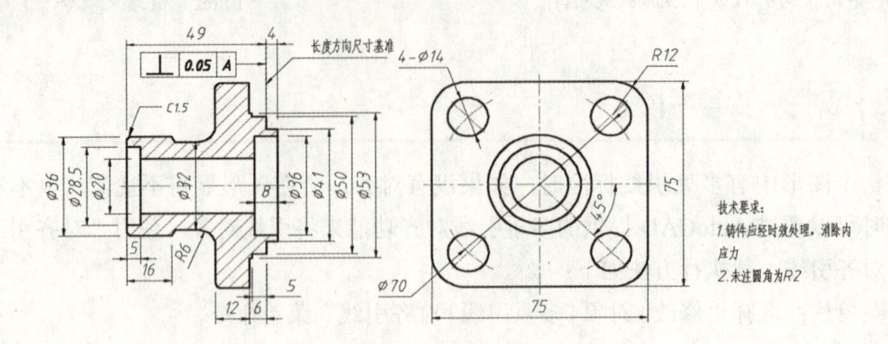

图 8-53　阀盖零件工程图

STEP 01 打开文件。选择“文件 | 打开”命令，打开“案例 /08/ 阀盖零件图 .dwg”，如图 8-54 所示。

STEP 02 设置图层。在“默认”选项卡的“图层”面板中，将“图层”下拉列表中的“尺寸线”图层设置为当前图层，如图 8-55 所示。

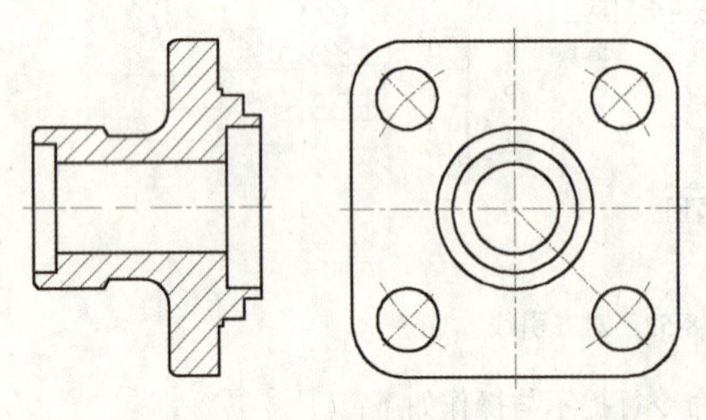

图 8-54　阀盖零件图

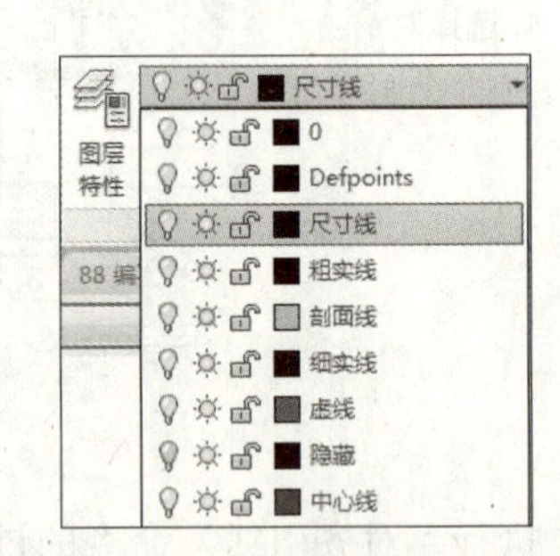

图 8-55　设置当前图层

STEP 03 创建标注样式。执行“标注样式”命令（D），在打开的“标注样式管理器”对话框中，单击“新建”按钮；在打开的“创建新标注样式”对话框中，输入新样式名“机械”，然后选择基础样式，最后单击“继续”按钮，如图 8-56 所示。

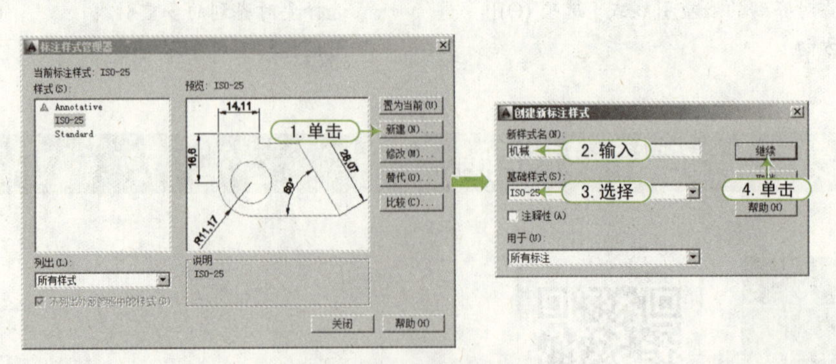

图 8-56　创建标注样式

STEP 04 此时，打开“新建标注样式—机械”对话框，单击“线”选项卡设置参数，如图 8-57 所示。

STEP 05 在“新建标注样式—机械”对话框中，单击“文字”选项卡设置参数，如图 8-58 所示。

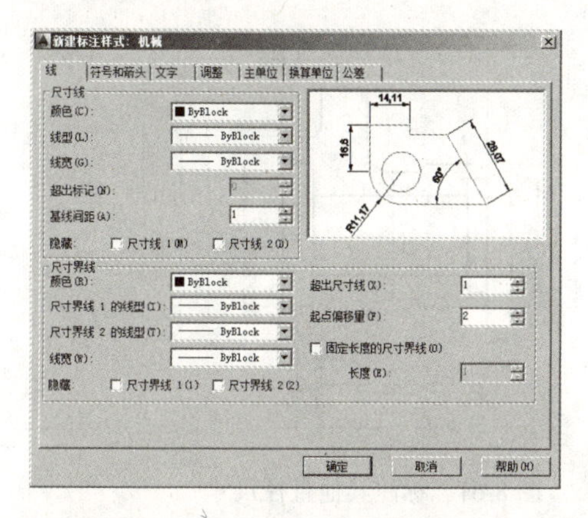

图 8-57　设置“线”参数

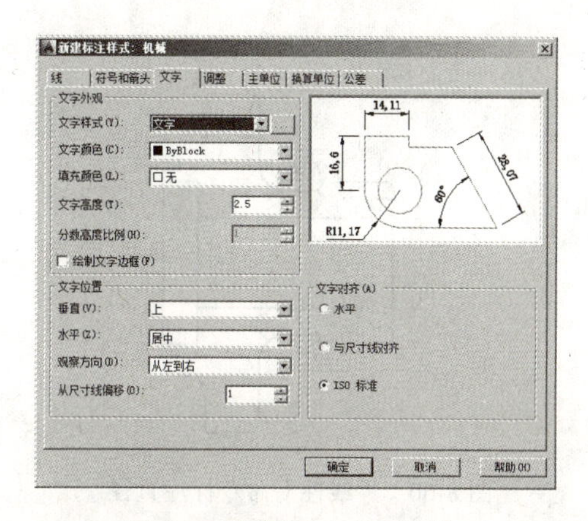

图 8-58　设置“文字”参数

STEP 06 将创建的标注样式置为当前。单击“确定”按钮，返回“标注样式管理器”对话框，选择设置好的“机械”标注，单击“置为当前”按钮，将“机械”标注样式置为当前样式，如图 8-59 所示。

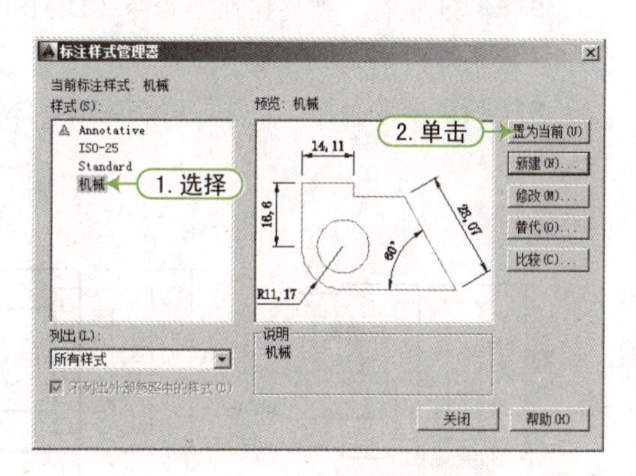

图 8-59　设置当前标注样式

STEP 07 设置捕捉模式。开启“对象捕捉”功能，并设置捕捉模式为端点捕捉和交点捕捉。

STEP 08 标注主视图尺寸。选择“标注 | 线性”命令，捕捉相应端点后，在命令行中输入文字选项 T，再输入标注文字（%%C 为直径符号），最后指定尺寸线位置，效果如图 8-60 所示。命令行提示如下：

```
命令：_dimlinear                                                    \\ 执行“线性标注”命令
指定第一个尺寸界线原点或 <选择对象>:                                 \\ 捕捉点 A
指定第二条尺寸界线原点：                                             \\ 捕捉点 B
指定尺寸线位置或
[ 多行文字 (M)/ 文字 (T)/ 角度 (A)/ 水平 (H)/ 垂直 (V)/ 旋转 (R)]: t   \\ 选择“文字 (T)”选项
输入标注文字 <20>: %%c20                                             \\ 输入直径符号 %%c
指定尺寸线位置或                                                     \\ 指定尺寸线位置
[ 多行文字 (M)/ 文字 (T)/ 角度 (A)/ 水平 (H)/ 垂直 (V)/ 旋转 (R)]:     \\ 按“Enter”键确定
标注文字 = 20
```

QA 问题

学生问： 老师，我标注时的文字特别大，怎么办？

老师答： 标注文字过大，说明你设置的标注样式和当前的图形比例不符合，你可以通过“标注样式”中的“调整”选项卡修改标注的全局比例，将其设置为符合当前图纸尺寸大小的比例即可。

STEP 09 采用同样的方法，选择“标注 | 线性”命令，标注主视图其他线性尺寸，如图 8-61 所示。

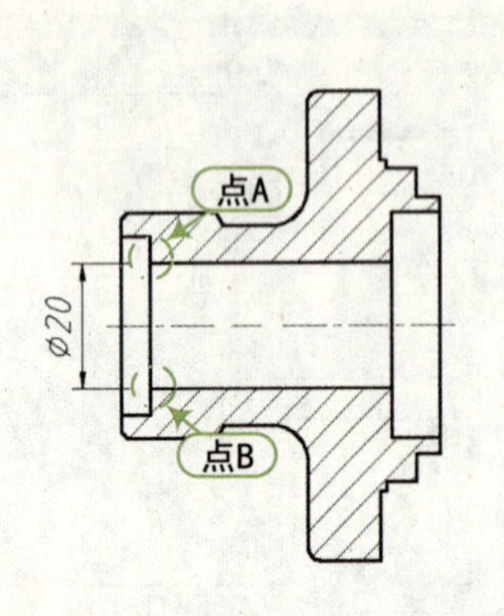

图 8-60 “线性”命令标注直径

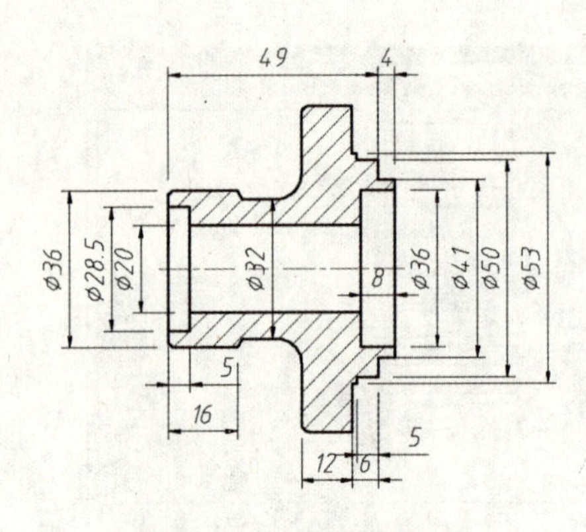

图 8-61 标注其他直径尺寸

STEP 10 执行“调整间距”命令（DIMSPACE），调整主视图中的标注间距，标注间距为 8，效果如图 8-62 所示。

STEP 11 采用同样的方法，调整其他标注间距，效果如图 8-63 所示。

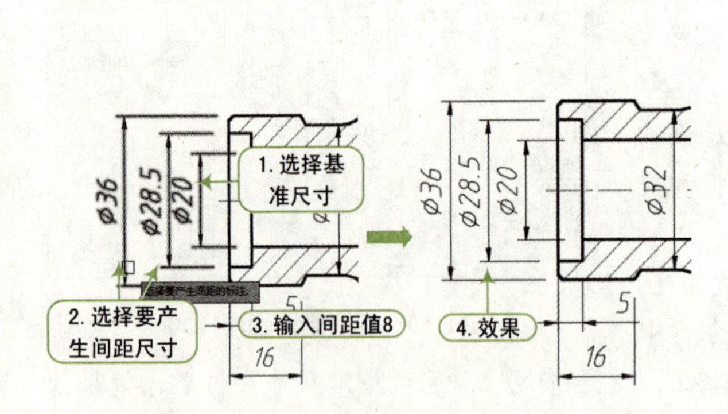

图 8-62 调整尺寸间距

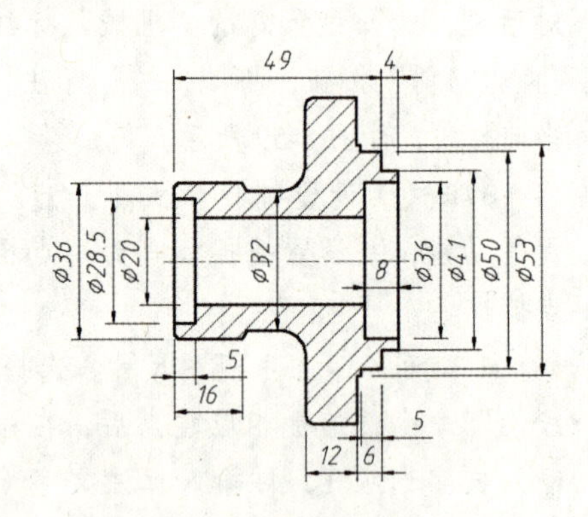

图 8-63 调整其他尺寸间距

STEP 12 选择“标注 | 半径”命令，标注圆角尺寸，效果如图 8-64 所示。

STEP 13 选择“标注 | 多重引线”命令，标注倒角尺寸，效果如图 8-65 所示。

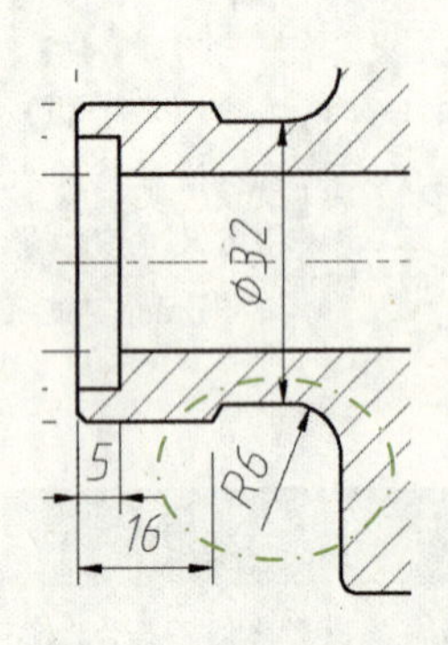

图 8-64 标注圆角尺寸

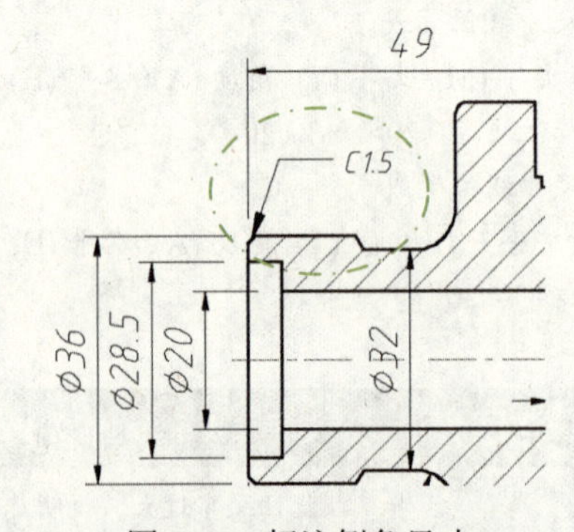

图 8-65 标注倒角尺寸

STEP 14 标注左视图。选择“标注 | 线性标注”命令，标注左视图线性尺寸，效果如

图 8-66 所示。

STEP 15 选择“标注 | 直径”和“标注 | 半径”菜单命令，标注左视图中圆及辅助圆的直径尺寸，效果如图 8-67 所示。

STEP 16 选择“标注 | 角度”菜单命令，标注左视图中辅助线的角度，效果如图 8-68 所示。

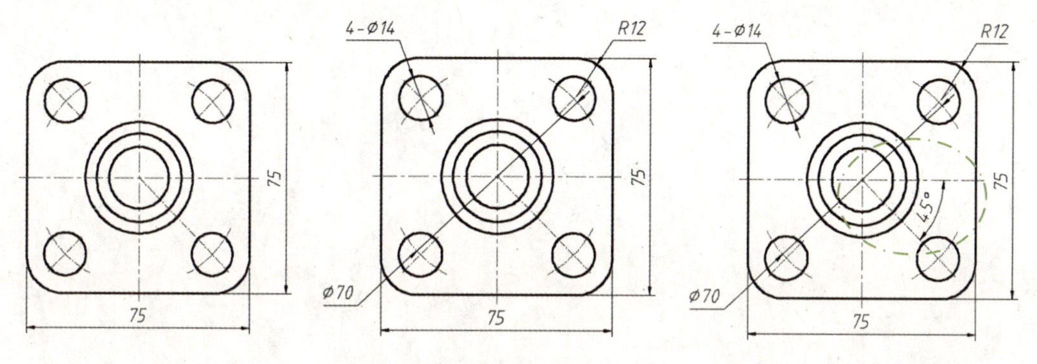

图 8-66　标注线性尺寸　　图 8-67　标注直径和圆角尺寸　　图 8-68　标注辅助线角度

STEP 17 标注形位公差。执行“引线”命令，绘制引线，并执行“形位公差”命令（TOL），设置形位公差，如图 8-69 所示。

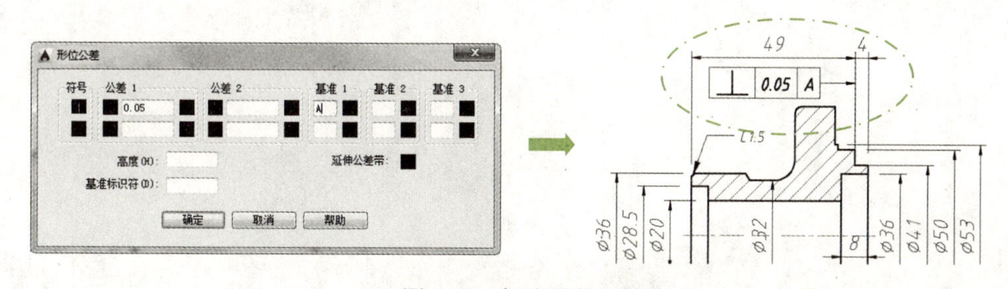

图 8-69　标注形位公差

STEP 18 图形说明。执行“引线”命令，在图形的相应位置绘制引线，并进行文字说明，如图 8-70 所示。

STEP 19 执行“多行文字”命令（MT），对图形进行技术要求说明，如图 8-71 所示。

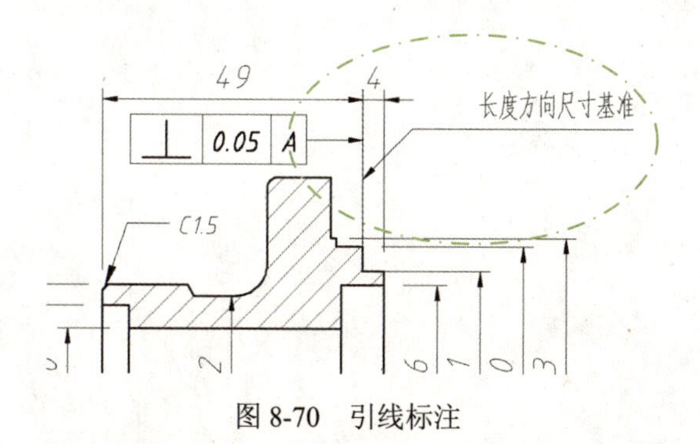

图 8-70　引线标注

技术要求:

1.铸件应经时效处理，消除内应力

2.未注圆角为R2

图 8-71　技术要求说明

STEP 20 至此，阀盖图形标注完成，效果如图 8-53 所示。按“Ctrl+S”组合键，将文件进行保存。

第 09 章
图块、外部参照与图像

老师，AutoCAD 中为什么要创建图块，图块有什么作用?

同学们在设计绘图过程中经常会遇到一些重复出现的图形，如机械设计中的螺钉、螺母，建筑设计中的桌椅、门窗对象等。如果每次都重新绘制这些图形，不仅造成大量的重复工作，而且存储这些图形及信息也要占据很大的磁盘空间。为提高绘图效率，AutoCAD 提供的图块功能将这些图形定义为块，在需要时按一定的比例和角度插入工程图中的指定位置。而且使用图块的数据量要比直接绘制图形小得多，从而节省了计算机存储空间，提高了工作效率。

效果预览

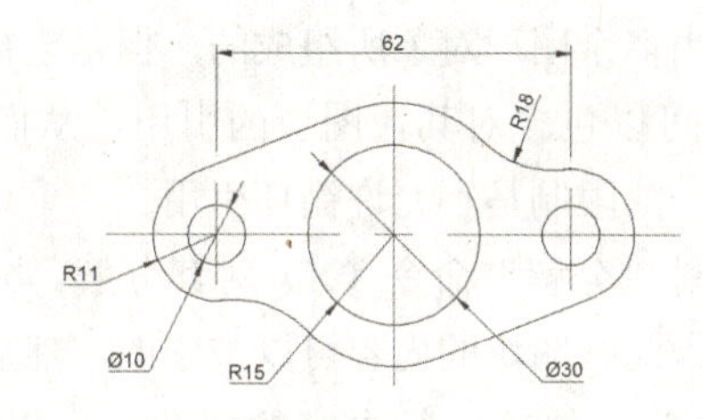

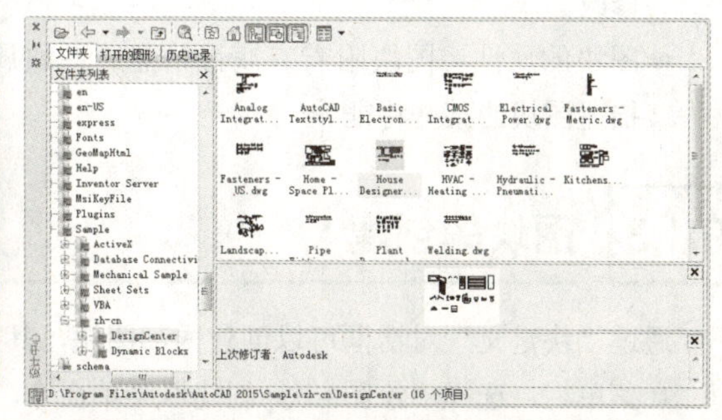

9.1 图块操作

图块是由多个对象组成的集合并具有块名。通过建立图块，用户可以将多个对象作为一个整体来操作，可以随时将图块作为单个对象插入当前图形中的指定位置，而且在插入时可以指定不同的缩放系数和旋转角度。另外，图块在图形中可以移动、删除和复制。

9.1.1 图块的分类

图块是 AutoCAD 操作中比较核心的工作，其分为内部图块和外部图块两类。

- 内部图块。只能在定义它的图形文件中调用，且只存储在图形文件内部，不能被其他图形文件所引用。
- 外部图块。以文件的形式保存于计算机中，可以将其调用到其他图形文件中。

9.1.2 图块的特点

在 AutoCAD 中，图块具有以下特点：

- 积木式绘图。将经常使用的图形部分构造成多种图块。然后根据“堆积木”的思路将各种图块拼合在一起，以形成完整的图形，避免总是重复绘制相同的图形。
- 建立图形符号库。利用图块来建立图形符号库（图库），然后对图库进行分类，以营造一个专业化的绘图环境。例如，在机械制图中，用户可以将螺栓、螺钉、螺母等连接件，滚动轴承、齿轮、皮带轮等传动件，以及其他一些常用、专用零件制作为图块，并分类建立成图库，以供用户在绘图时使用。这样做可以避免许多重复性的工作，提高设计与绘图的效率和质量。
- 图块的处理。虽然图块是由多个图形对象所组成的，但是它被作为单个对象来处理。
- 图块的嵌套。一个图块内可以包含对其他图块的引用，从而构成嵌套的图块。图块的嵌套深度不受限制，唯一的限制是不允许循环引用。
- 图块的分解。图块可以通过“分解”命令（X）对其分解。分解后的图块又变成原来组成图块的多个独立对象，此时图块的内容可以被修改，然后重新定义。
- 图块的编辑。如果不想分解图块就进行内容的修改，可以通过“块编辑器”进行修改。
- 图块的属性。图块附着有属性信息。图块属性是与图块有关的特殊文本信息，用于描述图块的某些特征。

9.1.3 图块的创建

通过“块定义”对话框可以创建内部图块，其执行方法如下。

- 菜单栏：选择“绘图 | 块 | 创建”菜单命令。
- 面板：在“默认”选项卡的“块”面板上，单击“创建块”按钮。
- 命令行：输入“BLOCK”命令，其快捷键为“B”。

执行上述操作后，将打开“块定义”对话框，利用此对话框用户可以将图形创建为内部块，其操作步骤如下：

STEP 01 执行“块定义”命令（B），打开“块定义”对话框。在“名称”文本框中输入块的名称“门”。

STEP 02 在“选择对象”选项组中单击“选择对象”按钮。

STEP 03 在绘图区域框选需要定义为块的对象。

STEP 04 在“基点”选项组中单击“拾取点”按钮

STEP 05 在对象中的相应位置指定插入点。

STEP 06 单击“确定”按钮，完成块的创建，如图 9-1 所示。

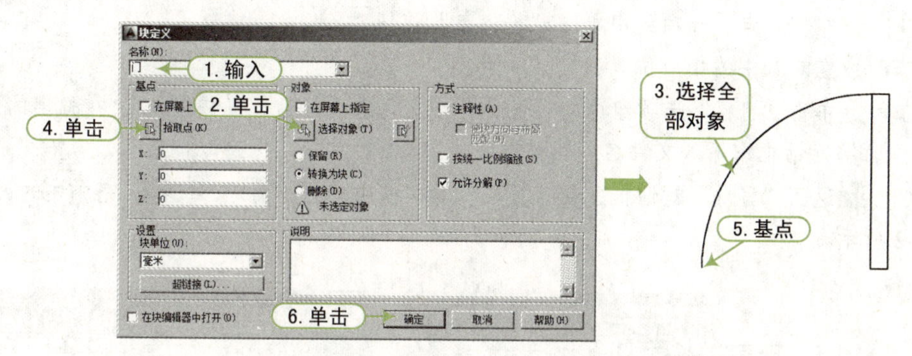

图 9-1　创建块

在“块定义”对话框中，各主要选项含义如下。

- “名称”下拉列表框：用于输入需要创建图块的名称或在下拉列表中选择。块名称及块定义保存在当前图形中。
- “基点”选项组：用于指定块的插入基点。基点可以在屏幕上，也可以通过拾取点的方式指定，单击“拾取点”按钮，在绘图区拾取一点作为基准点，此时 X、Y、Z 的文本框中显示该点的坐标。
- “对象”选项组：用来选择创建块的图形对象。选择对象可以在屏幕上指定，也可以通过拾取方式指定，单击“选择对象”按钮，在绘图区中选择对象。此时还可以选择将选择对象删除、转换为快或保留。选择删除，表示在定义内部图块后，在绘图区中被定义为图块的源对象也被转换成块。选择保留，表示在定义内部图块后，被定义为图块的源对象仍然为原来状态。
- “方式”选项组：用来指定块的一些特定的方式，如注释性、使块方向与布局匹配、按统一比例缩放、允许分解等。
- “设置“选项组：用来指定块的单位。
- “说明”文本框：可以对所定义块进行必要的说明。
- “在块编辑器中打开”复选框：勾选此复选框表示单击“确定”按钮后，在块编辑器中打开当前定义的块。

9.1.4 图块的保存

通过“写块”命令（WBLOCK）可以将当前图形的零件保存到不同的图形文件，或将指定的块定义为以各单独的图形文件。

创建外部块的方法如下：

● 命令行：在命令行中输入“WBLOCK”。

执行上述“写块”命令“WBLOCK”（快捷键为“W”），将打开“写块”对话框，利用此对话框可以创建外部块，其操作步骤如下：

STEP 01 执行“写块”命令（W），打开“写块”对话框。然后，在“源”选项组中，选中“对象”单选按钮。

STEP 02 在“选择对象”选项组中单击“选择对象”按钮。

STEP 03 在绘图区域框选需要创建为外部块的对象。

STEP 04 在“基点”选项组中单击“拾取点”按钮。

STEP 05 在对象中的相应位置指定插入点。

STEP 06 单击“目标”选项组中的“显示标准文件选择对话框”按钮，在弹出的“浏览图形文件”对话框中输入文件名“粗糙度符号”，然后单击“保存”按钮。

STEP 07 返回“写块”对话框，在“写块”对话框中单击“确定”按钮，完成块的创建，如图 9-2 所示。

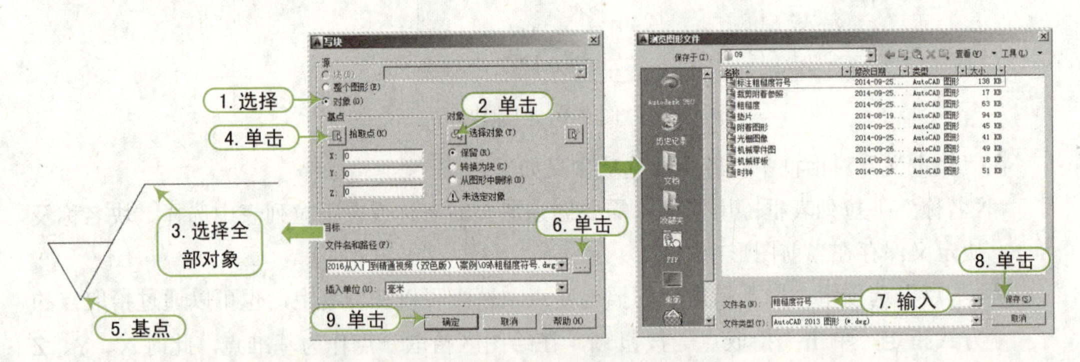

图 9-2　保存块

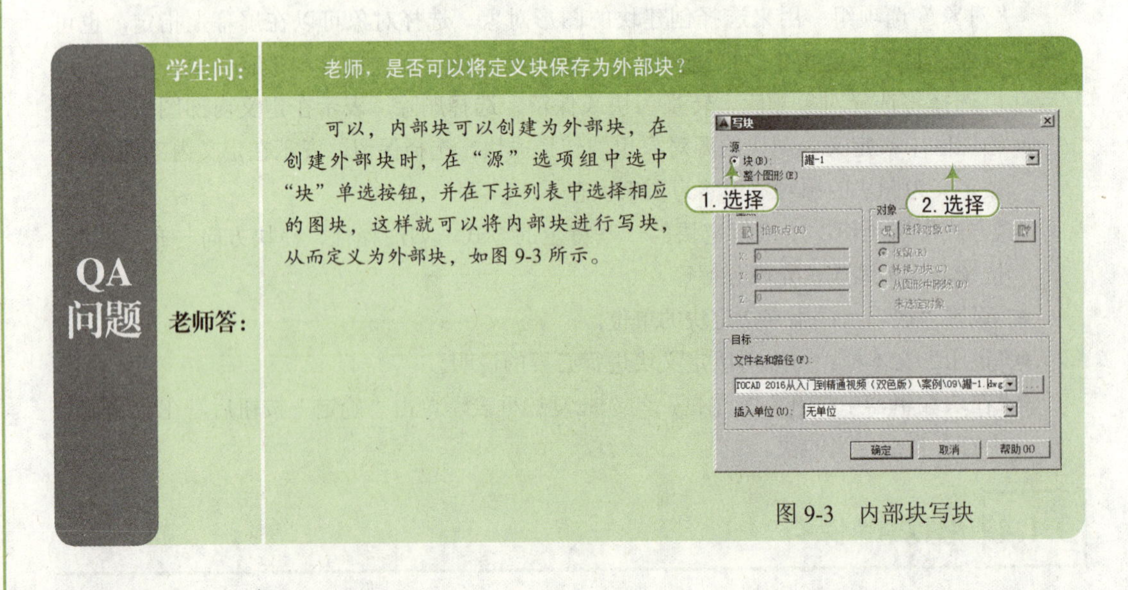

QA 问题

学生问：老师，是否可以将定义块保存为外部块？

老师答：可以，内部块可以创建为外部块，在创建外部块时，在“源”选项组中选中“块”单选按钮，并在下拉列表中选择相应的图块，这样就可以将内部块进行写块，从而定义为外部块，如图 9-3 所示。

图 9-3　内部块写块

9.1.5 图块的插入

插入图形中定义的块的方法与插入单独图形文件相同。选定位置后，仍然可以改变块的大小和旋转角度。此功能对零件库很有用。可以创建大小为一个单位的零件，然后按需要进行缩放或旋转。

执行"插入"命令的方法如下。

- 菜单栏：选择"插入 | 块"菜单命令。
- 面板：在"默认"选项卡的"块"面板上，单击"插入块"按钮。
- 命令行：输入"INSERT"命令，其快捷键为"I"。

执行"插入块"命令（INSERT）后，将打开如图 9-4 所示的"插入"对话框，在该对话框中，用户可以选择需要插入的图块，并指定图块的插入点、比例及旋转角度。

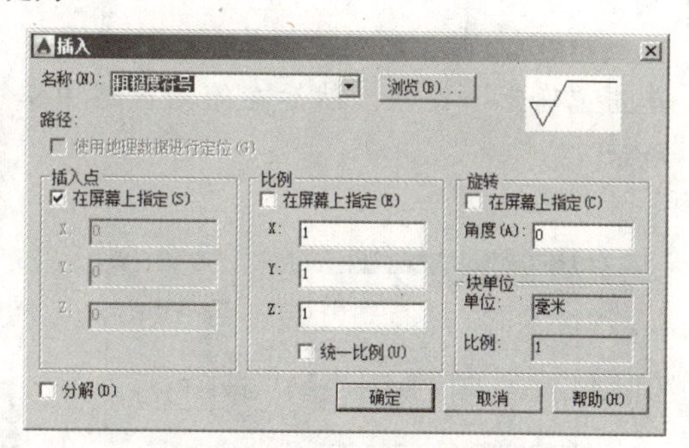

图 9-4　"插入"对话框

在"插入"对话框中，各选项含义如下。

- "插入点"选项组：用于指定一个插入点以便插入块参照定义的一个副本。如果取消勾选"在屏幕上指定"复选框，那么在 X、Y、Z 文本框中可以输入 X、Y、Z 的坐标值来定义插入点的位置。
- "比例"选项组：用来指定插入块的缩放比例。图块被插入当前图形中时，可以任何比例放大或缩小。
- "旋转"选项组：用于块参照插入时的旋转角度。
- "块单位"选项组：显示有关图块单位的信息。
- "分解"复选框：表示在插入图块时分解块并插入该块的各个部分。勾选"分解"复选框时，只可以指定统一比例因子。

9.1.6 实例——插入粗糙度符号

视频：9.1.6——插入粗糙度符号 .avi
案例：标注粗糙度符号 .dwg

本案例通过为机械图块插入粗糙度符号，讲解图块的插入方法，其具体步骤如下：

STEP 01 打开文件。选择"文件 | 打开"菜单命令，打开"案例 \08\ 阀盖零件工程图 .dwg"，如图 9-5 所示；然后执行"文件 | 保存"命令，将文件保存为"案例 \09\ 标注粗糙度符号 .dwg"。

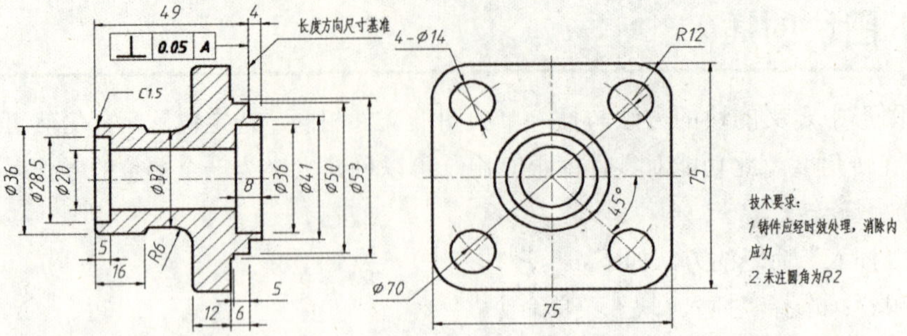

图 9-5　阀盖零件工程图

STEP 02 插入粗糙度符号。执行“插入”命令，选择“案例 \09\ 标注粗糙度符号 .dwg”，单击“确定”按钮，然后在绘图区域中单击一点，将粗糙度符号插入图形中，如图 9-6 所示。

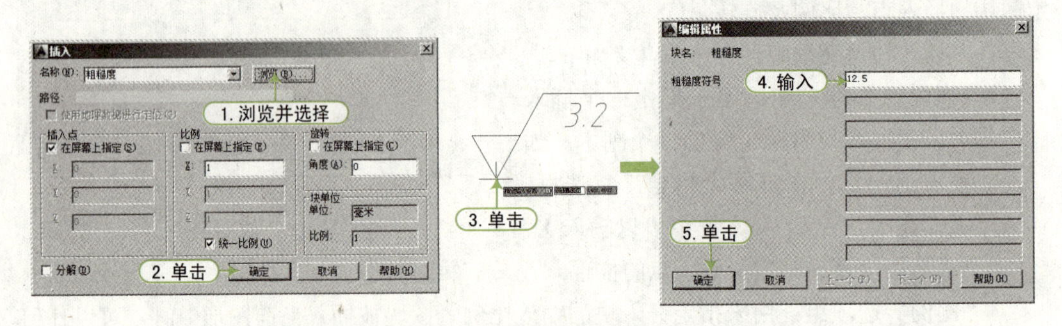

图 9-6　插入粗糙度符号

STEP 03 复制粗糙度符号。执行“复制”命令（CO），将粗糙度符号复制移动到图形的相应位置，如图 9-7 所示。

STEP 04 修改粗糙度值。双击粗糙度符号，在弹出的对话框中修改其参数，如图 9-8 所示。

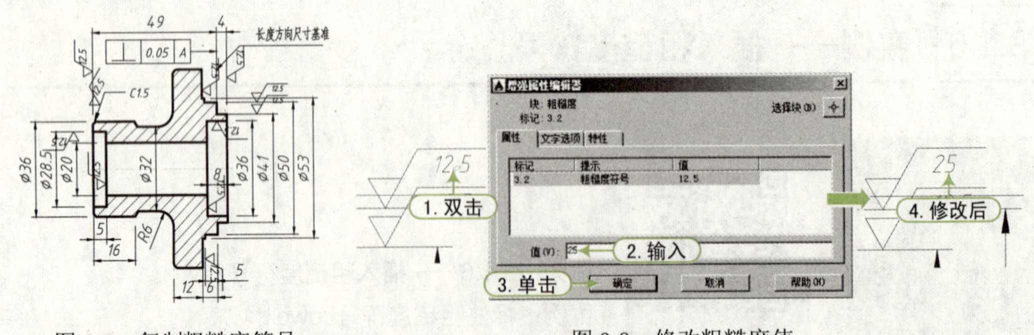

图 9-7　复制粗糙度符号　　　　图 9-8　修改粗糙度值

STEP 05 修改其他粗糙度值。采用同样的方法修改其他粗糙度值，如图 9-9 所示。

STEP 06 保存文件。粗糙度符号添加完毕，按“Ctrl+S”组合键将文件进行保存。

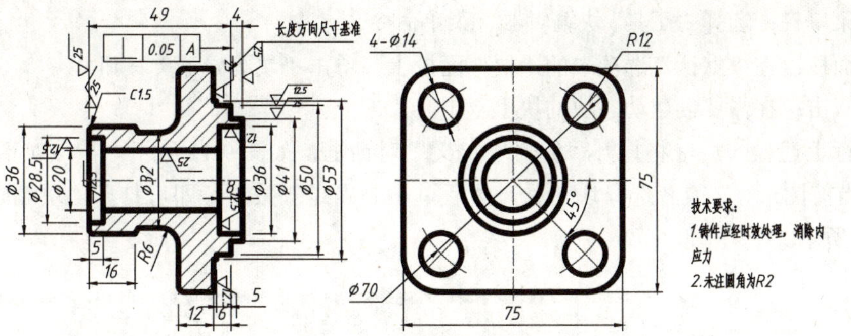

图 9-9　修改其他粗糙度符号

QA 问题

学生问： 老师，插入图块时，想要插入旋转角度为 90° 的图块，怎样进行操作呢？

老师答： 当用户在执行“插入块”命令（I）时，将弹出“插入”命令，在其中有一个“旋转”组中，设置角度为 90 度即可，如图 9- 10 所示。

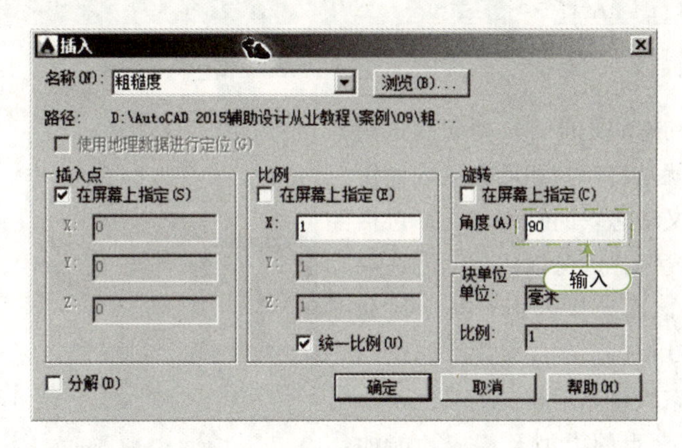

图 9-10　设置插入时图块的旋转角度

9.1.7 动态块

动态块具有灵活性和智能性。用户在操作时可以轻松地更改图形中的动态块参照。可以通过自定义夹点或自定义特性来操作几何图形。这使得用户可以根据需要在位调整块参照，而不用搜索另一个块以插入或重定义现有的块。

例如，如果在图形中插入一个门块参照，则在编辑图形时可能需要更改门的大小。如果该块是动态的，并且定义为可调整大小，那么只需拖动自定义夹点或在“特性”选项板中指定不同的尺寸就可以修改门的大小。用户可能还需要修改门的开角。该门块还可能包含对齐夹点，使用对齐夹点可以轻松地将门块参照与图形中的其他几何图形对齐。

动态块可以让用户指定每个块的类型和各种变化量。可以使用“块编辑器”创建动态块。要使块变为动态，必须包含至少一个参数。而每个参数通常又有相关的动作。

打开“块编辑器”创建动态块的方法如下。

- 菜单栏：选择“工具 | 块编辑器”菜单命令。
- 面板：在“默认”选项卡的“块”面板上，单击“块编辑器”按钮。
- 双击：在需要创建动态块的块上双击。

执行上述操作后，将打开“编辑块定义”对话框，如图 9-11 所示。在该对话框中，选择“< 当前图形 >”或者选择块名称，然后单击“确定”按钮，即可打开“块编辑器”，如图 9-12 所示。

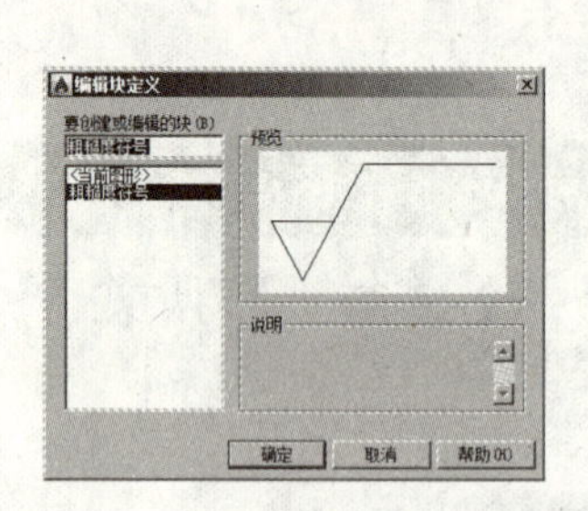

图 9-11　“编辑块定义”对话框

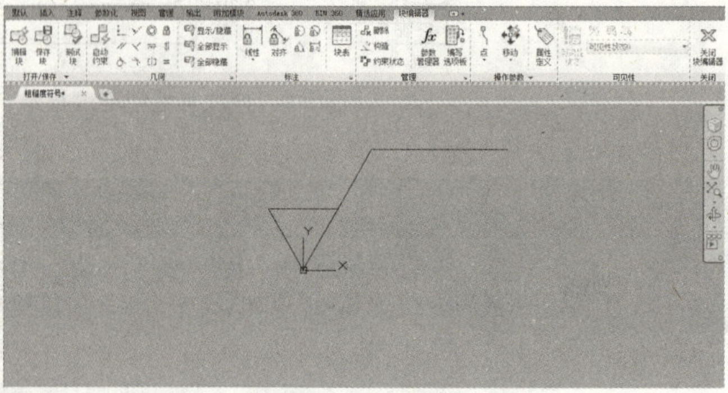

图 9-12　块编辑器

在开始定义动态块之前，需要先确定块的变化类型，也就是将参数和动作集成到块中。参数可以定义动态块的特殊属性，包括位置、距离和角度等。还可以将值强制在参数功能范围之内，而动作则指定某个块如何以某种方式使用其相关的参数。创建动态块后，选中动态块将显示相应的夹点，如图 9-13 所示。各夹点的类型及相应功能如表 9-1 所示。

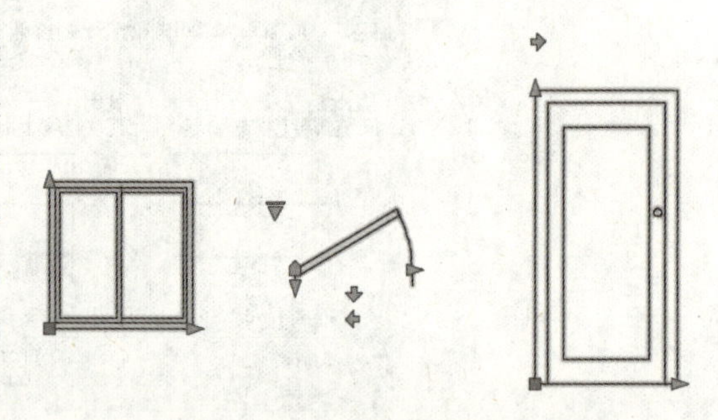

图 9-13　显示相应夹点

表 9-1　动态块中的夹点类型及功能

夹点类型	图例	夹点在图形中的操作方式
标准		平面内的任意方向
线性		按规定方向或沿某一条轴往返移动
旋转		围绕某一条轴旋转
翻转		单击以翻转动态块参照
对齐		如果在某个对象上移动，则使块参照与该对象对齐
查寻		单击以显示项目列表

9.1.8 实例——为时钟添加动态块

视频：9.1.8——为时钟添加动态块 .avi

案例：动态时钟 .dwg

本案例通过为时钟添加动态块，讲解如何为图块添加参数，其具体步骤如下：

STEP 01 打开文件。选择“文件 | 打开”菜单命令，打开“案例 \09\ 时钟 .dwg”，如图 9-14 所示；然后，执行“文件 | 保存”命令，将文件保存为“案例 \09\ 动态时钟 .dwg”。

STEP 02 打开块编辑器。在“插入”选项卡的“块”面板中单击“块编辑器”按钮，如图 9-15 所示。

图 9-14　时钟

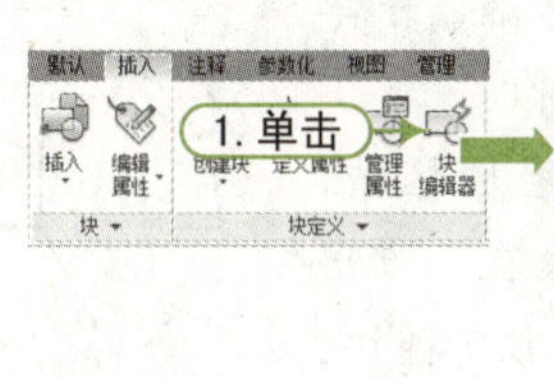

图 9-15　打开块编辑器

STEP 03 打开“编写选项板”。在“块编辑器”中单击“管理”面板中的“编写选项板”按钮，打开“块编写选项板”，如图 9-16 所示。

STEP 04 添加半径参数。在“块编写选项板”中单击“旋转”按钮，然后指定直线的一个端点为旋转基点，指定直线的另一个端点，指定半径参数，如图 9-17 所示。

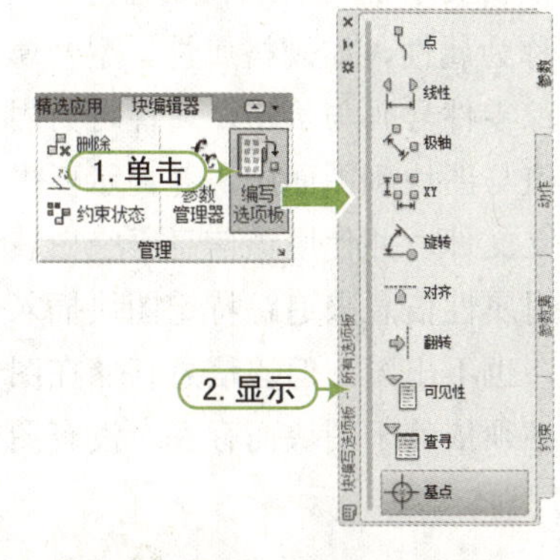

图 9-16　打开“编写选项板”

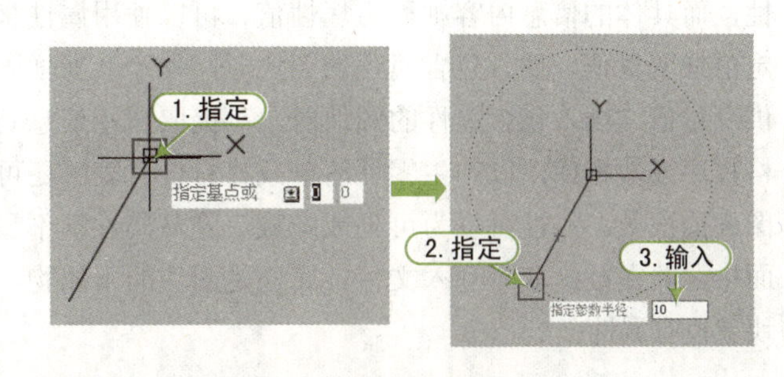

图 9-17　添加半径参数

STEP 05 指定角度。移动鼠标光标，输入旋转角度为 360°，这时即块定义了旋转参数，如图 9-18 所示。

STEP 06 添加动作。在“块编写选项板”中选择“动作”选项，单击“旋转”按钮，选择动作参数，然后选择添加动作对象，如图 9-19 所示。

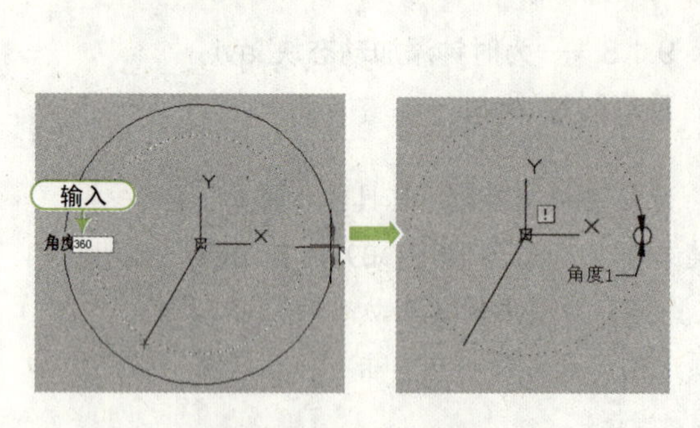

图 9-18　添加角度参数

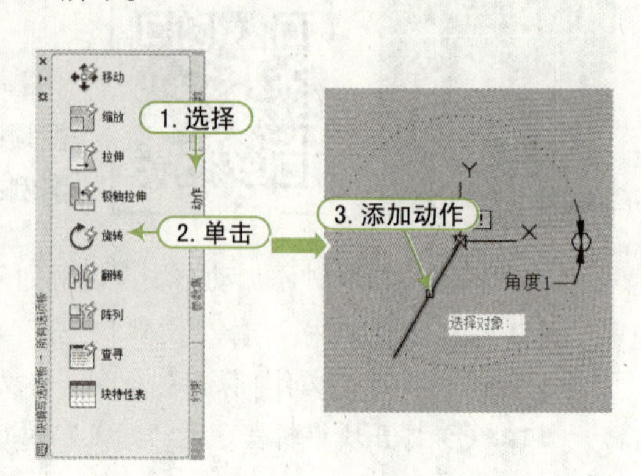

图 9-19　添加动作

STEP 07 保存图块。在“块编辑器”中单击“保存块”按钮，然后关闭块编辑器。

STEP 08 旋转秒针。此时返回绘图区域，单击选中添加动作的秒针图形，将会在上方出现旋转夹点，通过旋转夹点即可旋转秒针图块，如图 9-20 所示。

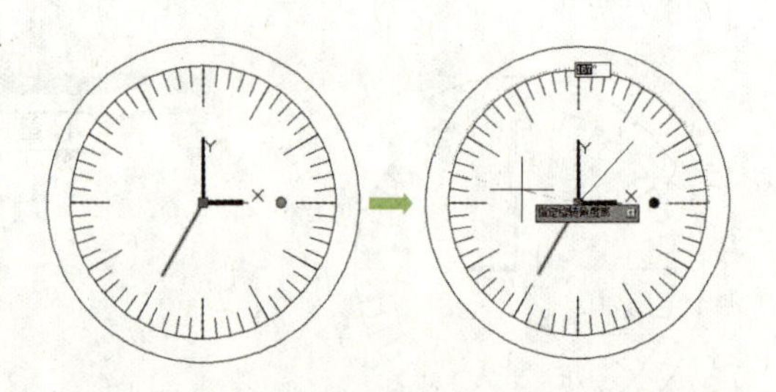

图 9-20　旋转秒针

9.2　属性图块

为了增强图块的通用性，可以为图块添加一些文本信息，这些文本信息被称为属性。属性是包含文本信息的特殊实体，不能独立存在及使用，在插入块时才会出现。要使用具有属性的块，必须首先对属性进行定义。

一个零件、符号除自身的几何形状外，还包含很多参数和文字说明信息（如规格、型号、技术说明等），AtuoCAD 2016 将图块所含的附加信息称为属性，如规格属性、型号属性，而具体的信息内容则称为属性值。可以使用属性来追踪零件号码与价格，属性可为固定值或变量值。插入包含属性的图块时，程序会新增固定值与图块到图面中，并提示要提供变量值。插入包含属性的图块时，可提取属性信息到独立文件，并使用该信息于空白表格程序或数据库，以产生零件清单或材料价目表。还可使用属性信息来追踪特定图块插入图面的次数。属性可以为可见或隐藏，隐藏属性既不显示，也不出图，但该信息存储在图面中，并在被提取时写入文件。属性是图块的附属物，它必须依赖于图块而存在，没有图块就没有属性。

9.2.1 属性图块的特点

块属性具有以下特点：

- 在插入附着有属性信息的对象时，根据属性定义的不同，系统自动显示预先设置的文字字符串，或者提示用户输入字符串，从而为块对象附加各种注释信息。
- 可以从图形中提取属性信息，并保存在单独的文本文件中，供用户进一步使用。
- 属性在被附加到块对象之前，必须先在图形中进行定义。对于附加了属性的块对象，在引用时可以显示或设置属性值。
- 带属性的块在工程设计图中应用非常方便，更为后期的自动统计提供了数据源。

9.2.2 创建带属性的图块

“定义属性块”命令可以为图块定义属性。使用属性时，首先要绘制构成块的单个对象。如果块已存在，首先分解它，再添加属性，然后对其进行定义块。

创建“属性图块”的方法如下。

- 菜单栏：选择“绘图 | 块 | 定义属性”菜单命令。
- 面板：在“默认”选项卡的“块”面板上，单击“定义属性”按钮 。
- 命令行：输入“ATTDEF”命令，其快捷键为“ATT”。

执行上述操作后，将打开“属性定义”对话框，利用此对话框用户可以将图形创建为带属性的图块，其操作步骤如下：

STEP 01 执行“定义属性”命令（ATT），打开“属性定义”对话框。

STEP 02 输入标记内容为 3.2、提示内容为粗糙度符号，然后输入文字高度为 2.5，最后单击“确定”按钮。

STEP 03 在对象中单击指定对象定义的起点，如图 9-21 所示。

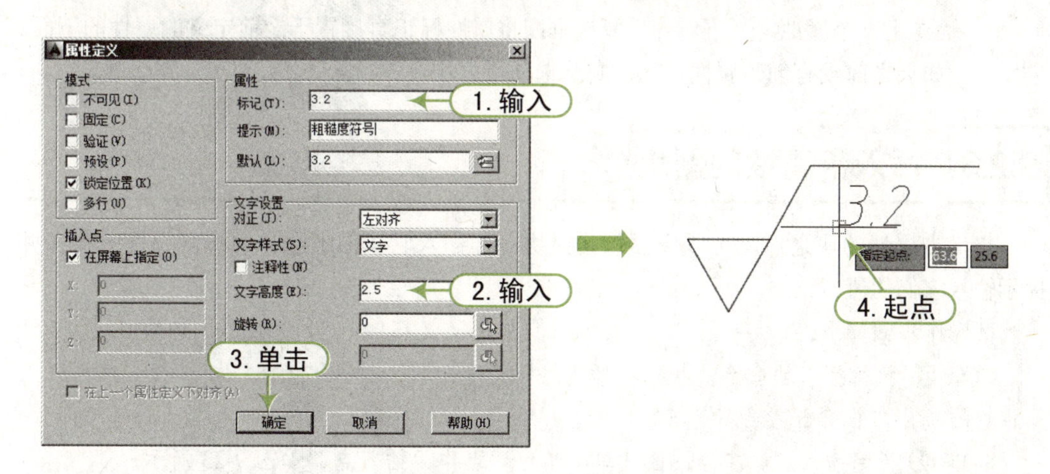

图 9-21　定义属性

STEP 04 选择“绘图 | 块”命令，将定义好的属性及图形创建为图块。

STEP 05 图块创建完成后，将弹出如图 9-22 所示的“编辑属性”对话框，单击“确定”按钮，即可完成带属性块的创建。

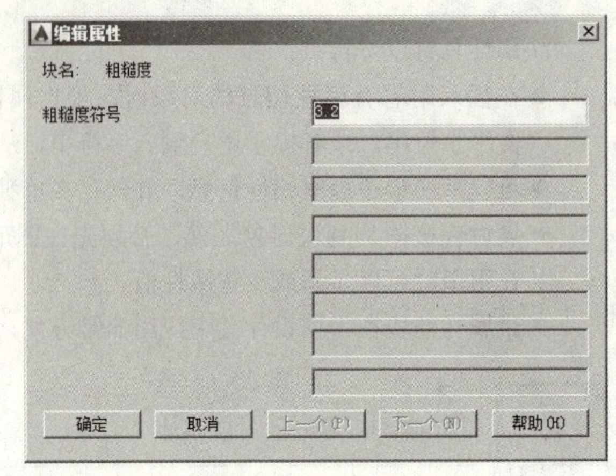

图 9-22 “编辑属性”对话框

在“属性定义”对话框中，各主要选项含义如下。

- “模式”选项组：在图形中插入块时，设定与块关联的属性值选项。
  - “不可见”复选框：指定插入块时不显示或打印属性值。
  - “固定”复选框：在插入块时指定属性的固定属性值。此设置用于永远不会更改的信息。
  - “验证”复选框：插入块时提示验证属性值是否正确。
  - “预设”复选框：插入块时，将属性设置为其默认值而无须显示提示。
  - “锁定位置”复选框：锁定块参照中属性的位置。解锁后，属性可以相对于使用夹点编辑的块的其他部分移动，并且可以调整多行文字属性的大小。
  - “多行”复选框：指定属性值可以包含多行文字，并且允许指定属性的边界宽度。
- “属性”选项组：设定属性数据。
  - “标记”文本框：指定用来标识属性的名称。使用任何字符组合（空格除外）输入属性标记。小写字母会自动转换为大写字母。
  - “提示”文本框：指定在插入包含该属性定义的块时显示的提示。如果不输入提示，属性标记将用作提示。如果在“模式”区域选择“常数”模式，“属性提示”选项将不可用。
  - “默认”文本框：指定默认属性值。
  - “在上一个属性定义下对齐”复选框：将属性标记直接置于之前定义的属性的下面。如果之前没有创建属性定义，则此选项不可用。

9.2.3 插入带属性的图块

定义带属性的块之后，可以像插入其他块一样插入它。图形会自动检测属性的存在并提示输入它们的值。

其操作步骤如下：

STEP 01 执行插入块命令。执行“插入块”命令（I），打开“插入”对话框，然后输入属性块的名称，并单击“确定”按钮，

STEP 02 指定插入点。在绘图区域单击指定一点作为插入点，如图 9-23 所示。

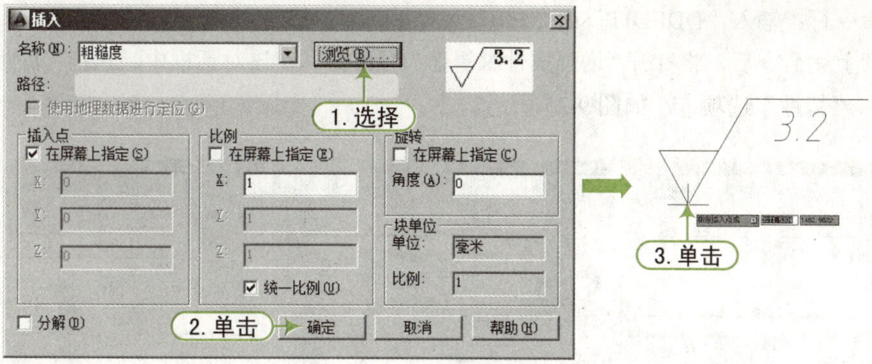

图 9-23　插入带属性的块

9.2.4 修改属性定义

在 AutoCAD 中，可以使用“编辑属性”命令（ATTEDIT）打开“编辑属性”对话框来改变属性值。其操作步骤如下：

STEP 01 执行“编辑属性”命令（ATTEDIT），然后选择块参照。

STEP 02 将弹出“编辑属性”对话框，在该对话框中即可修改相应属性的值。如图 9-24 所示。

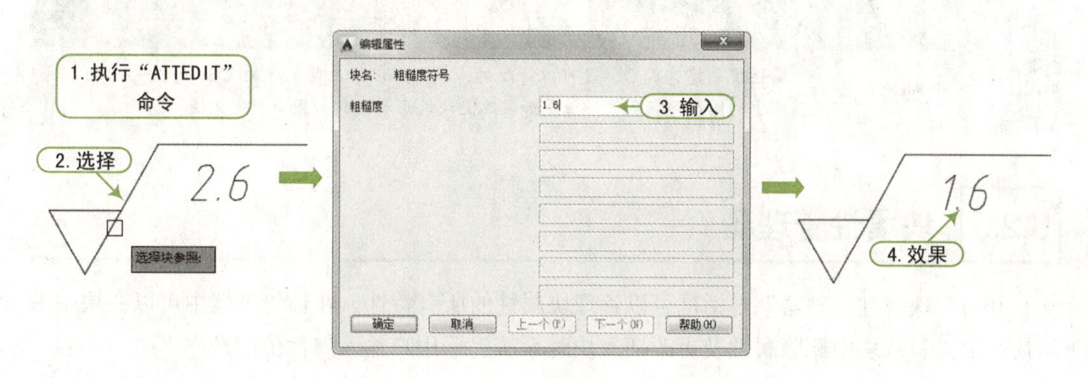

图 9-24　修改属性值

如果某个块有多个属性，而且希望按顺序修改，那么修改完一个属性后，可以通过“Tab”键转到下一个属性。

要在命令行编辑属性，用户也可在命令行输入“-ATTEDIT”命令，然后按“Enter”键，在命令行提示下编辑属性。

9.2.5 编辑块的属性

当用户插入带属性的块后，可对其图块的属性进行修改。用户可以通过以下方法来修改所插入图块的属性。

- 鼠标：双击带属性的图块。

● 命令行：输入“DDEDIT”命令。

执行上述命令后，将打开“增强属性编辑器”对话框。在该对话框中，包括“属性”、“文字选项”、“特性”选项卡，如图 9-25 所示。

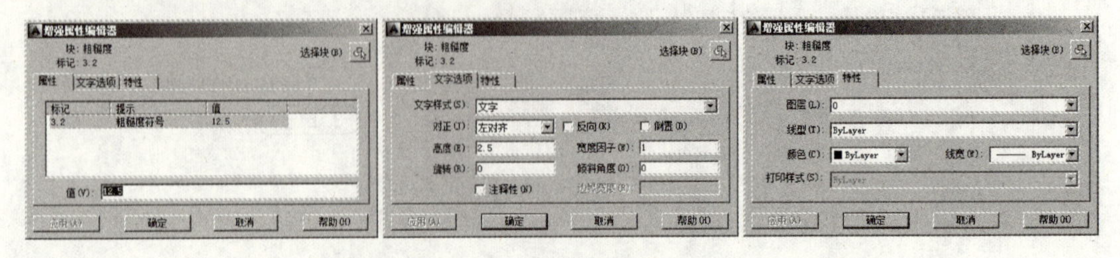

图 9-25 “增强属性编辑器”对话框

其中，各主要选项含义如下。

●“属性”选项卡：其文本框中显示了块中每个属性的表示、提示和值。选择某一属性后，“值”文本框将显示该属性对应的属性值，用户可通过它来修改属性值。

●“文字选项”选项卡：用于修改属性文字的格式，可以设置文字的样式、对正方式、文字高度、旋转角等参数。

●“特性”选项卡：用于修改属性文字的图层、线宽、线型、颜色及打印样式等。

●“应用”按钮：确定已经进行的修改。

学生问：老师，设置创建属性块后还可以修改属性块吗？

老师答：属性块创建完成后，是可以修改的，我们可以修改其文字的大小和对齐方式，以及属性块的图层和颜色等。但是如果改变块的形状，就必须重新定义块。

9.2.6 块属性管理器

利用“块属性管理器”对话框可以管理块属性的所有特性。在该管理器中可以在块中编辑属性定义、从块中删除属性及更改插入块时系统提示用户输入属性值的顺序。

编辑属性定义的方法如下。

● 菜单栏：执行“修改 | 对象 | 属性”菜单命令。

● 面板：在“插入”选项卡的“块”面板中，单击“属性管理”按钮。

● 命令行：在命令行中输入“BATTMAN”命令。

执行上述命令后，在绘图窗口将显示“块属性管理器”，如图 9-26 所示。在“块属性管理器”中，选定块的属性显示在属性列表中。默认情况下，标记、提示、默认值、模式和注释性属性特性显示在属性列表中。其中，各选项含义如下。

●“选择块”按钮：用户可以使用定点设备从绘图区域选择块。如果单击该按钮，对话框将关闭，直到用户从图形中选择块或按“Esc”键取消。

●“块”下拉列表：列出具有属性的当前图形中的所有块定义。选择要修改属性的块。

●“属性列表”框：显示所选块中每个属性的特性。

● 在图形中找到：报告当前图形中选定块的实例总数。

- 在模型空间中找到：报告当前模型空间或布局中选定块的实例数。
- “同步”按钮：单击该按钮，更新已修改的属性特性。此操作不会影响每个块中赋给属性的值。
- “上移”或“下移”：单击该按钮，修改列表框中各定义属性的显示顺序。
- “编辑”按钮：单击该按钮，打开“编辑属性”对话框。
- “删除”按钮：单击该按钮，从块定义中删除选定的属性。
- “设置”按钮：单击该按钮，打开“块属性设置”对话框，如图 9-27 所示。从中可以自定义“块属性管理器”中属性信息的列出方式。

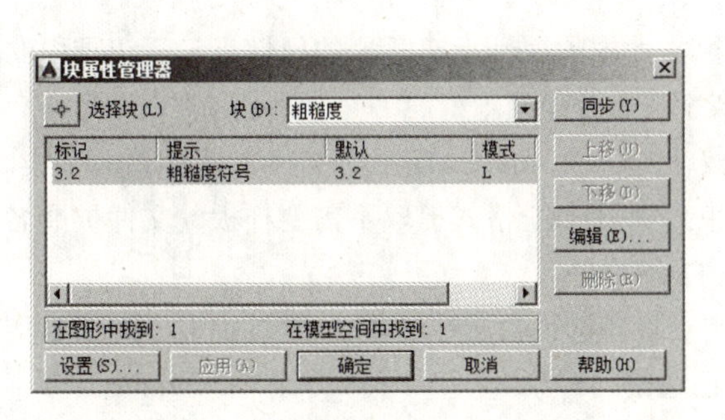

图 9-26　“块属性管理器”对话框

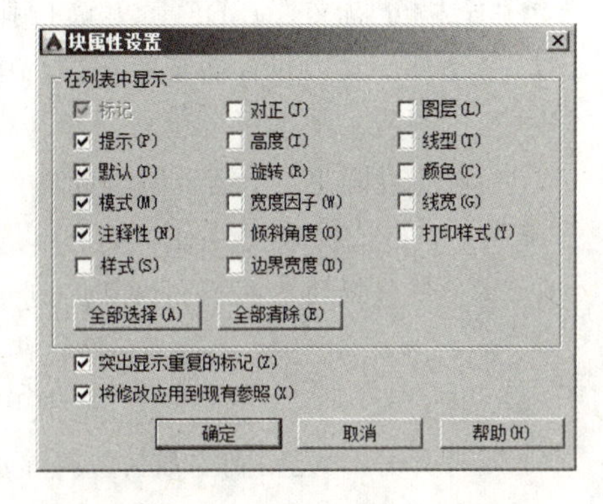

图 9-27　“块属性设置”对话框

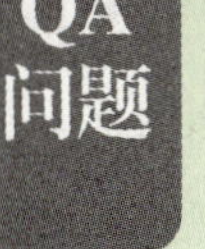

学生问： 老师，我创建了属性块，为什么没有显示属性呢？

老师答： 你是不是将属性设置为不可见了呢？如果设置为不可见，那么属性框中是不显示属性的，你执行“块属性管理器”命令，然后单击“编辑”按钮，在“编辑属性”对话框的“属性”选项卡中取消勾选“不可见”复选框，这样属性就显示出来了，如图 9-28 所示。

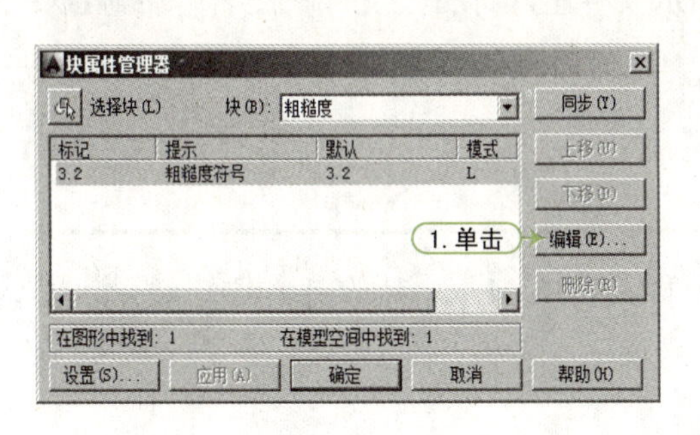

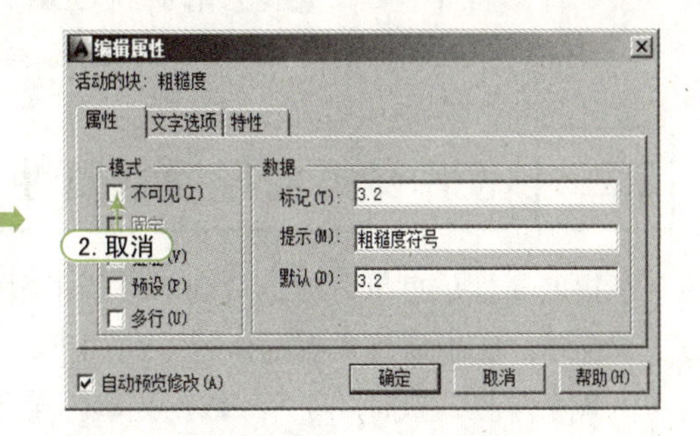

图 9-28　设置属性为可见

9.2.7　使用 ATTEXT 向导提取属性

使用“ATTEXT”命令可以将与块关联的属性数据、文字信息提取到文件中。执行“ATTEXT”命令后，将弹出“属性提取”对话框，如图 9-29 所示。在该对话框中，用户可指定属性信息的文件格式、要从中提取信息的对象、信息样板及其输出文件名。

在该对话框中，各主要选项含义如下。

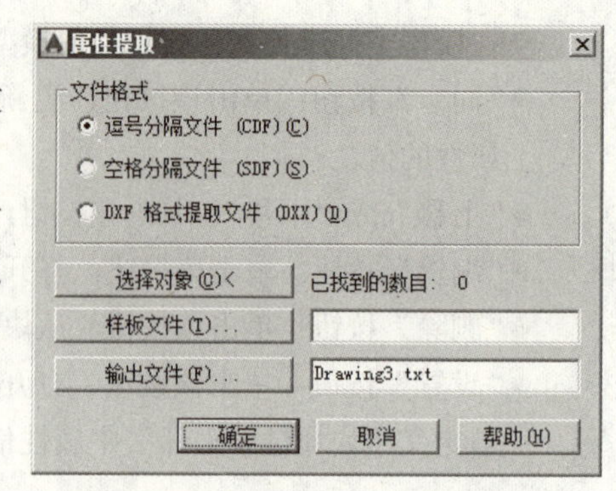

图 9-29 “属性提取”对话框

- “文件格式”选项组：设定存放提取的属性数据的文件格式。
- “逗号分隔文件 (CDF)”单选按钮：生成一个文件，其中包含的记录与图形中的块参照一一对应，图形至少包含一个与样板文件中的属性标记匹配的属性标记。用逗号来分隔每个记录的字段。字符字段置于单引号中。
- “空格分隔文件 (SDF)”单选按钮：生成一个文件，其中包含的记录与图形中的块参照一一对应，图形至少包含一个与样板文件中的属性标记匹配的属性标记。记录中的字段宽度固定，不需要字段分隔符或字符串分隔符。
- “DXF 格式提取文件 (DXX)”单选按钮：生成 AutoCAD 图形交换文件格式的子集，其中只包括块参照、属性和序列结束对象。DXF 格式提取不需要样板。文件扩展名为“.dxx”用于区分输出文件和普通 DXF 文件。
- 选择对象：关闭对话框，以便使用定点设备选择带属性的块。“属性提取”对话框重新打开时，“已找到的数目”将显示已选定的对象。
- 已找到的数目：指明使用“选择对象”选定的对象数目。
- 样板文件：指定 CDF 和 SDF 格式的样板提取文件。可以在文本框中输入文件名，或者选择“样板文件”以使用标准文件选择对话框搜索现有样板文件。默认的文件扩展名为“.txt”。如果在“文件格式”选项组中选中“DXF 格式提取文件”单选按钮，“样板文件”选项将不可用。
- 输出文件：指定要保存提取的属性数据的文件名和位置。输入要保存提取的属性数据的路径和文件名，或者选择“输出文件”以使用标准文件选择对话框搜索现有样板文件。将 .txt 文件扩展名附加到 CDF 或 SDF 文件上，将 .dxx 文件扩展名附加到 DXF 文件上。

9.2.8 使用数据向导提取属性

提取属性信息可方便地从图形数据中生成日程表或 BOM 表。新的向导模式使得此过程更加简单。提取属性数据的执行方法如下。

- 菜单栏：执行“工具 | 数据提取”菜单命令。
- 面板：在“插入”选项卡的“链接和提取”面板中，单击“提取数据”按钮。
- 命令行：在命令行中输入“EATTEXT”命令。

提取属性信息的操作步骤如下：

STEP 01 执行“工具 | 数据提取”菜单命令，打开“数据提取—开始”对话框，如图 9-30 所示。

STEP 02 单击“下一步”按钮，打开“将数据提取另存为”对话框，选择另存为位置，输入文件名，然后单击“保存”按钮，如图 9-31 所示。

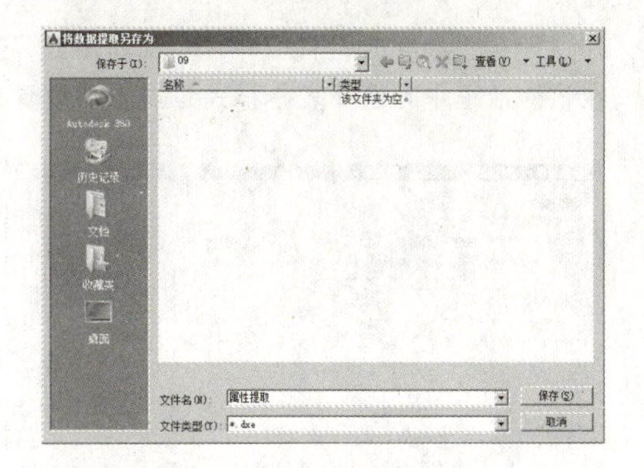

图 9-30　“数据提取—开始”对话框　　图 9-31　“将数据提取另存为”对话框

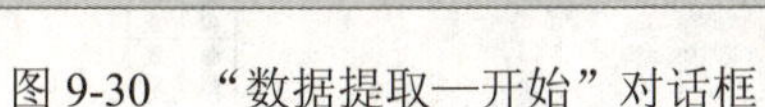

STEP 03 打开“数据提取—定义数据源”对话框，如图 9-32 所示。

STEP 04 单击“下一步”按钮，打开“数据提取—选择对象”对话框，如图 9-33 所示。

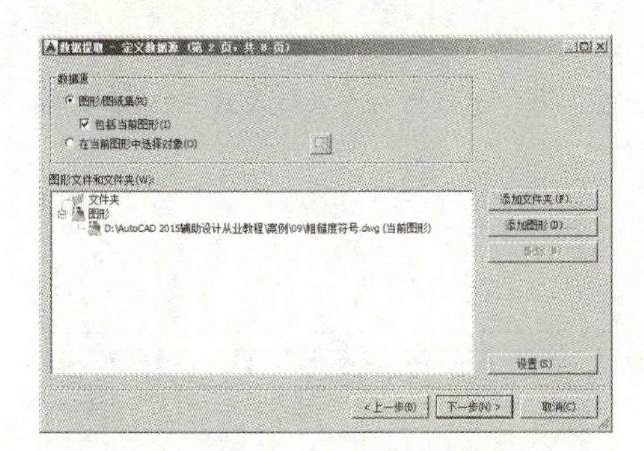

图 9-32　“数据提取—定义数据源”对话框　　图 9-33　“将数据提—选择对象”对话框

STEP 05 单击“下一步”按钮，打开“数据提取—选择特性”对话框，如图 9-34 所示。

STEP 06 在“数据提取—选择特性”对话框中选择需要显示的特性，单击“下一步”按钮，弹出“数据提取—优化数据”对话框，如图 9-35 所示。

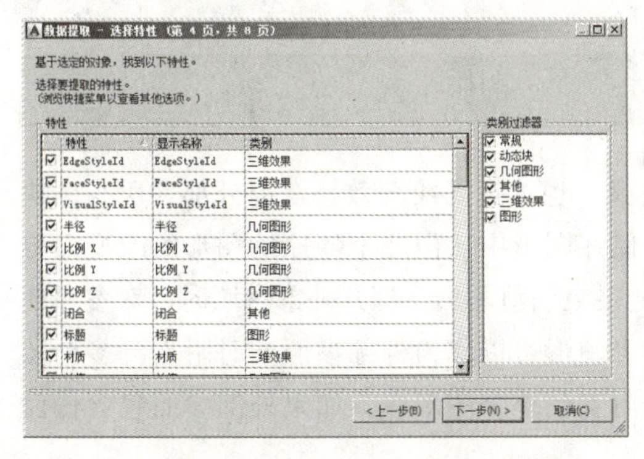

图 9-34　“数据提取—选择特性”对话框　　图 9-35　“数据提取—优化数据”对话框

STEP 07 单击“下一步”按钮，弹出“数据提取—选择输出”对话框，如图 9-36 所示，可以勾选“将数据提取处理插入图形”复选框，也可以勾选“将数据输出至外部文件”复选框。

STEP 08 单击“下一步”按钮，弹出“数据提取—表格样式”对话框，如图 9-37 所示，在该对话框中可选择表格样式，或手动设置表格样式。

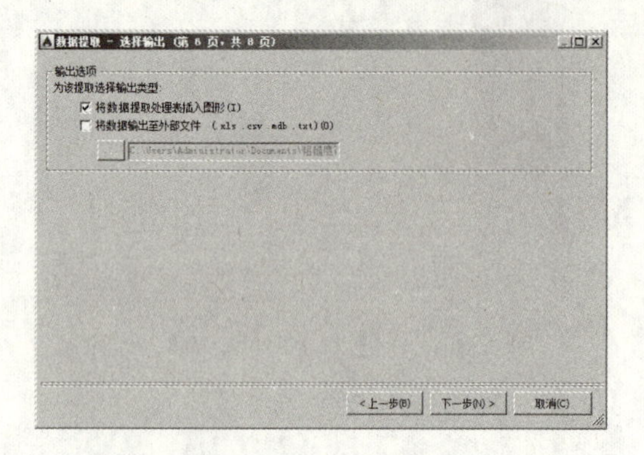

图 9-36 “数据提取—选择输出”对话框

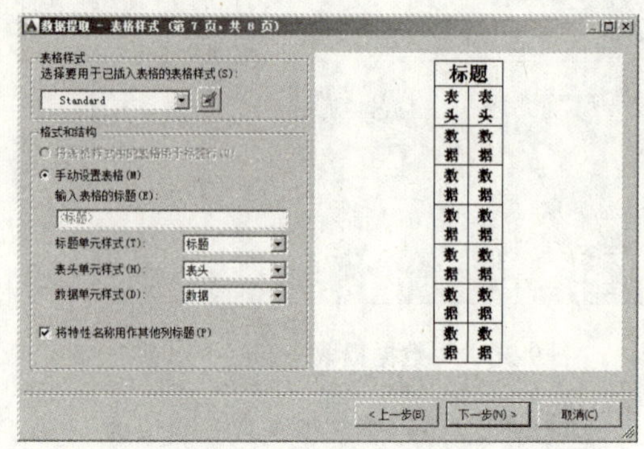

图 9-37 “数据提取—表格样式”对话框

STEP 09 选择和设置完成表格样式后，单击“下一步”按钮，弹出“数据提取—完成”对话框，如图 9-38 所示，单击“完成”按钮，在屏幕中选择插入点以插入 BOM 表，如图 9-39 所示。

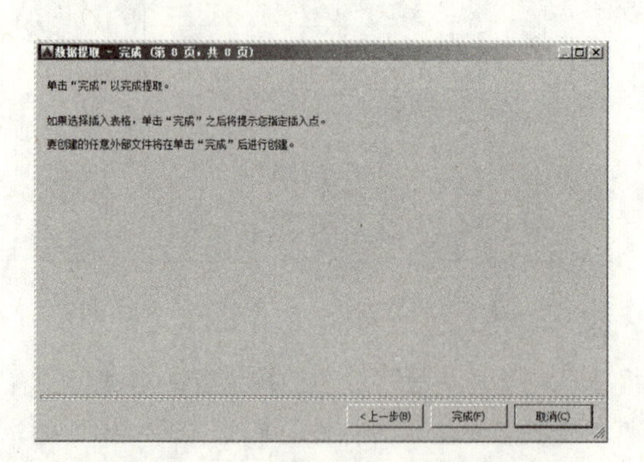

图 9-38 “数据提取—完成”对话框

计数	名称	EdgeStyleId	FaceStyleId	VisualStyleId	闭合	标题	材质	超链接	超链接基地址	打印样式
1	圆	(0)	(0)	(0)			ByLayer			ByLayer
1	直线	(0)	(0)	(0)			ByLayer			ByLayer
1	直线	(0)	(0)	(0)			ByLayer			ByLayer
1	直线	(0)	(0)	(0)			ByLayer			ByLayer
1	直线	(0)	(0)	(0)			ByLayer			ByLayer
1	直线	(0)	(0)	(0)			ByLayer			ByLayer
1	直线	(0)	(0)	(0)			ByLayer			ByLayer
1	直线	(0)	(0)	(0)			ByLayer			ByLayer
1	直线	(0)	(0)	(0)			ByLayer			ByLayer

图 9-39 生成的 BOM 表

9.3 外部参照

AutoCAD 将外部参照作为一种图块类型定义，也可提高绘图效率，但外部参照与图块有一些区别，当将图形作为图块插入时，它存储在图形中，但并不随原始图形的改变而更新；将图形作为外部参照时，会将该参照图形链接至当前图形，打开外部参照时，对参照图形所做的任何修改都会显示在当前图形中。一个图形可以作为外部参照同时附着到多个图形中。同样，也可以将多个图形作为外部参照附着到单个图形中。如果外部参照包含任何可变图块属性，AutoCAD 都将其忽略。

9.3.1 外部参照附着

“附着外部参照”命令用于将外部参照（另一个图形）附着到当前图形。其执行方法如下。

- 菜单栏：选择“插入|DWG 参照”菜单命令。
- 面板：在“插入”选项卡的“参照”面板上，单击“附着”按钮。
- 命令行：输入“XATTACH”命令，其快捷键为“XA”。

执行上述操作后，将打开如图 9-40 所示的“选择参照文件”对话框，在选择要附着的图形文件后，单击“打开”按钮，系将打开如图 9-41 所示的“附着外部参照”对话框。

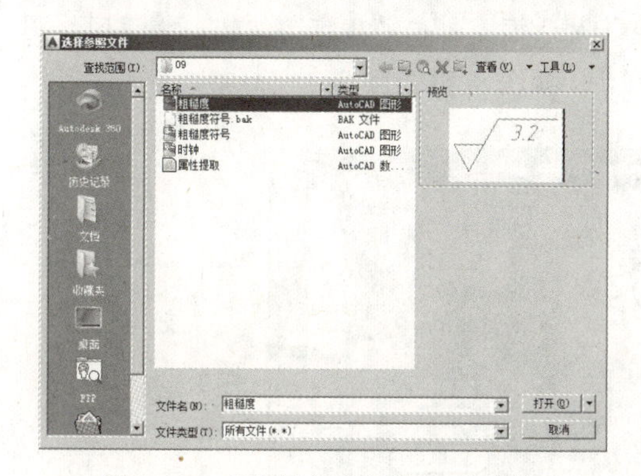

图 9-40　“选择参照文件”对话框

图 9-41　“附着外部参照”对话框

在“附着外部参照”对话框中，各主要选项含义如下。

- “名称”列表框：标识已选定要进行附着的 DWG。
- “浏览”按钮：显示“选择参照文件”对话框（标准文件选择对话框），从中可以为当前图形选择新的外部参照。
- “预览”框：显示已选定要进行附着的 DWG。
- “参照类型”选项组：指定外部参照为附着还是覆盖。与附着型的外部参照不同，当附着覆盖型外部参照的图形作为外部参照附着到另一图形时，将忽略该覆盖型外部参照。
- “使用地理数据进行定位”复选框：将使用地理数据的图形附着为参照。
- “比例”选项组：在屏幕上指定或直接输入所插入的外部参照在 X、Y、Z 三个方向上的缩放比例。
- “插入点”选项组：在屏幕上指定，或直接输入 X、Y、Z 的坐标值。
- “路径类型”选项组：选择完整（绝对）路径、外部参照文件的相对路径或“无路径”、外部参照的名称（外部参照文件必须与当前图形文件位于同一个文件夹中）。
- “旋转”选项组：如果勾选“在屏幕上指定”复选框，则可以在退出该对话框后用定点设备或在命令提示下旋转对象；也可以在“角度”文本框中直接输入角度值。
- “块单位”选项组：可以设置块的单位和比例。

9.3.2 实例——附着并编辑参照文件

视频：9.3.2——附着并编辑外部参照 .avi

案例：附着图形 .dwg

下面通过实例讲解如何附着外部参照，其具体步骤如下：

STEP 01 新建文件。执行“文件 | 新建”菜单命令，新建一个图形文件；然后单击“文件 | 保存”按钮，将文件保存为“案例 \09\ 附着图形 .dwg”。

STEP 02 选择附着参照文件。执行“附着参照”命令（XA），打开“选择参照文件”对话框，选择“案例 \09\ 垫片 .dwg”文件，然后单击“打开”按钮，如图 9-42 所示。

STEP 03 附着图形。将弹出“附着外部参照”对话框，单击“确定”按钮，将返回绘图区域，在绘图区域指定一点作为附着对象的插入点，如图 9-43 所示。

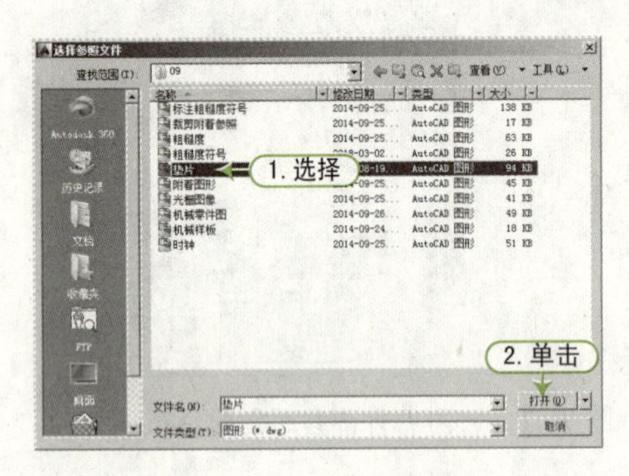

图 9-42　选择参照文件

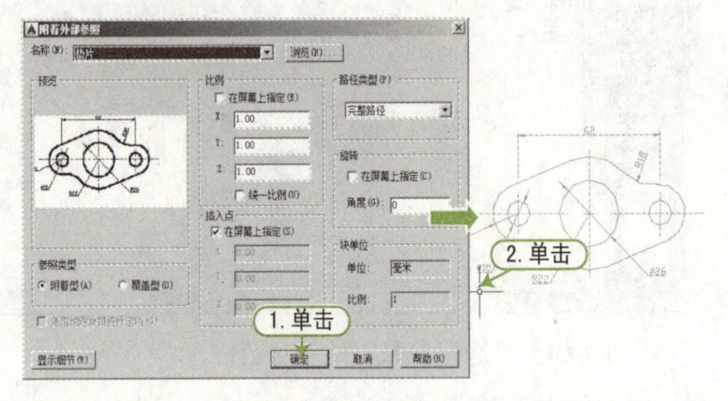

图 9-43　附着参照文件

STEP 04 编辑外部参照。单击垫片图形，此时功能区将显示“外部参照”选项卡，在选项卡中单击“在位编辑参照”按钮，此时垫片图形变为可编辑状态，单击垫片图形中半径为 22mm 的圆，利用夹点编辑功能将其半径修改为 15mm，如图 9-44 所示。

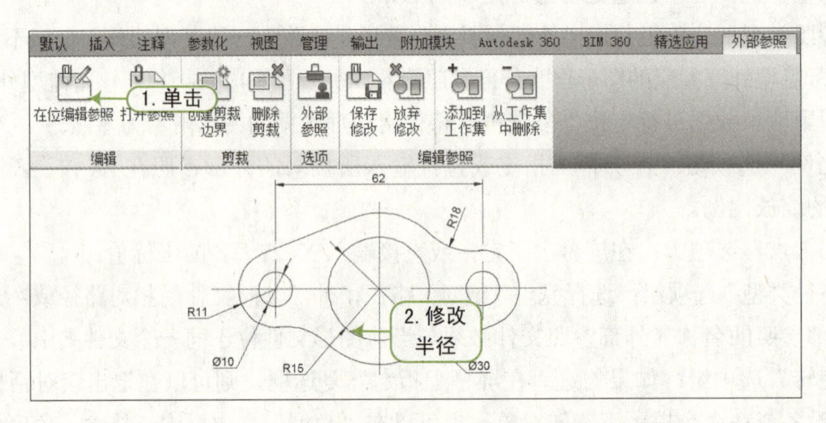

图 9-44　编辑参照文件

STEP 05 保存外部参照。单击“编辑参照”面板中的“保存修改”按钮，将修改的外部参照进行保存。

QA 问题

学生问： 老师，附着的图形修改后，是不是原来的文件也被修改了呢？

老师答： 是的，如果在“在位编辑器”中编辑附着的参照后，再用 AutoCAD 打开源文件（用 AutoCAD 打开附着图形），这时你会发现该图形中的圆半径值同样为 15mm。

9.3.3 外部参照剪裁

有时用户可以指定剪裁边界以显示外部参照和块插入的有限部分，剪裁不能改变外部参照和块中的对象，只能更改它们的显示方式。

外部参照剪裁的方法如下。

- 菜单栏：选择“修改 | 剪裁 | 外部参照”菜单命令。
- 面板：在“插入”选项卡的“参照”面板上，单击“剪裁”按钮。
- 命令行：输入“XCLIP”命令。

执行上述命令后，命令行提示如下：

```
命令 : XCLIP                                        \\ 执行“剪裁”命令
选择要剪裁的对象 :                                  \\ 选择对象
输入剪裁选项                                        \\ 输入 N 或按“Enter”键
[ 开 (ON)/ 关 (OFF)/ 剪裁深度 (C)/ 删除 (D)/ 生成多段线 (P)/ 新建边界 (N)] < 新建边界 >:
指定剪裁边界或选择反向选项 :                        \\ 选择裁剪边界
[ 选择多段线 (S)/ 多边形 (P)/ 矩形 (R)/ 反向剪裁 (I)] < 矩形 >: R
```

其中，各选项具体说明如下。

- 开 (ON)：显示当前图形中外部参照或块的被剪裁部分。
- 关 (OFF)：显示当前图形中外部参照或块的完整几何图形，忽略剪裁边界。
- 剪裁深度 (C)：在外部参照或块上设定前剪裁平面和后剪裁平面，系统将不显示由边界和指定深度所定义的区域外的对象。剪裁深度应用在平行于剪裁边界的方向上，与当前 UCS 无关。
- 删除 (D)：删除前剪裁平面和后剪裁平面。
- 生成多段线 (P)：自动绘制一条与剪裁边界重合的多段线。此多段线采用当前的图层、线型、线宽和颜色设置。当用“编辑多段线”修改当前剪裁边界，然后用新生成的多段线重新定义剪裁边界时，使用此选项。在重定义剪裁边界时查看整个外部参照时，使用“关 (OFF)”选项关闭剪裁边界。
- 新建边界 (N)：定义一个矩形或多边形剪裁边界，或者用多段线生成一个多边形剪裁边界。
- 选择多段线 (S)、多边形 (P)、矩形 (R)：分别表示以什么形状来指定裁剪边界。
- 反向剪裁 (I)：表示反转裁剪边界的模式，隐藏边界外（默认）后边界内的对象。

9.3.4 外部参照管理

一个图形中可能会出现多个外部参照图形，用户必须了解各个外部参照的所有信息，才能对含有外部参照的图形进行有效的管理，这就需要通过“外部参照器”来实现。

“外部参照器”命令执行方法如下。

- 菜单栏：选择“插入 | 外部参照”菜单命令。
- 命令行：输入“XREF”命令。

执行“外部参照”命令后，将打开“外部参照”选项板，如图 9-45 所示。

“外部参照”选项板将组织、显示并管理参照文件，例如 DWG 文件（外部参照）、

DWF、DWFx、PDF 或 DGN 参考底图、光栅图像和点云。只有 DWG、DWF、DWFx、PDF 和光栅图像文件可以从“外部参照”选项板中直接打开。

快捷菜单提供用于处理文件的其他选项。

- “附着”按钮：将文件附着到当前图形。从列表中选择一种格式以显示“选择参照文件”对话框。
- “刷新”按钮：刷新列表显示或重新加载所有参照以显示在参照文件中可能发生的任何更改。
- “更改路径”按钮：修改选定文件的路径。可以将路径设置为绝对或相对。如果参照文件与当前图形存储在相同位置，也可以删除路径。
- “帮助”按钮：打开“帮助”系统。
- “列表视图”和“树状图”按钮：单击该按钮以在列表视图和树状图之间切换。
- “文件参照”列表：在当前图形中显示参照的列表，包括状态、大小和创建日期等信息。双击文件名以对其进行编辑。双击“类型”下方的单元以更改路径类型。在列表中右击，将弹出如图 9-46 所示的快捷菜单，在菜单上选择不同的命令可以对外部参照进行相应操作。

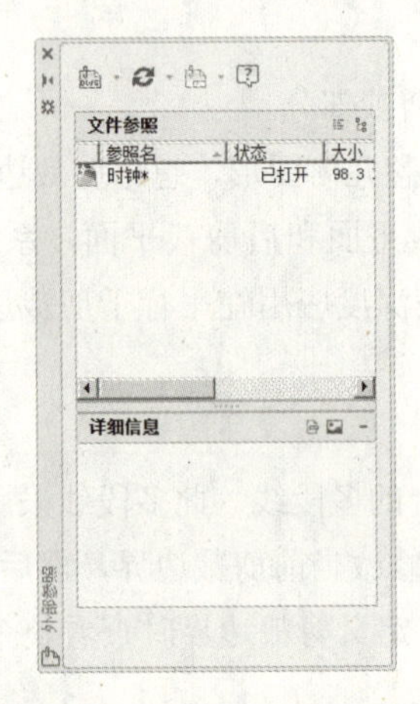

图 9-45 “外部参照”选项板

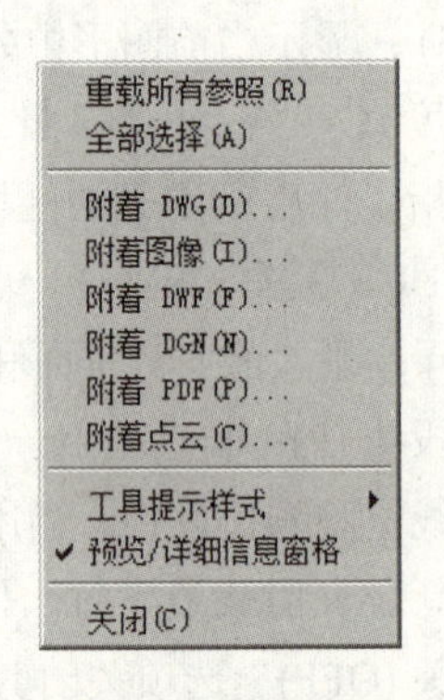

图 9-46 快捷菜单

- “详细信息”列表：显示选定参照的信息或预览图像。
- “详细信息显示”和“缩略图预览”按钮：单击该按钮，可以从详细信息显示切换到缩略图预览。

9.3.5 实例——裁剪外部参照

视频：9.3.5——裁剪外部参照 .avi

案例：裁剪外部参照 .dwg

下面通过实例讲解如何裁剪外部参照，其具体步骤如下：

STEP 01 新建文件。执行“文件 | 新建”菜单命令，新建一个图形文件；然后单击“文件 | 保存”按钮，将文件保存为“案例 \09\ 裁剪外部参照 .dwg”。

STEP 02 附着文件。选择“案例 \09\ 封面 .pdf”文件，对其进行参照，如图 9-47 所示。

STEP 03 绘制多段线。执行“多段线”命令（PL），绘制如图 9-48 所示的多段线。

图 9-47　附着参照

图 9-48　绘制多段线

STEP 04 裁剪参照对象。在“参照”面板中单击“裁剪”按钮，然后选择参照对象，再选择多段线作为裁剪边对图形进行裁剪，如图 9-49 所示。

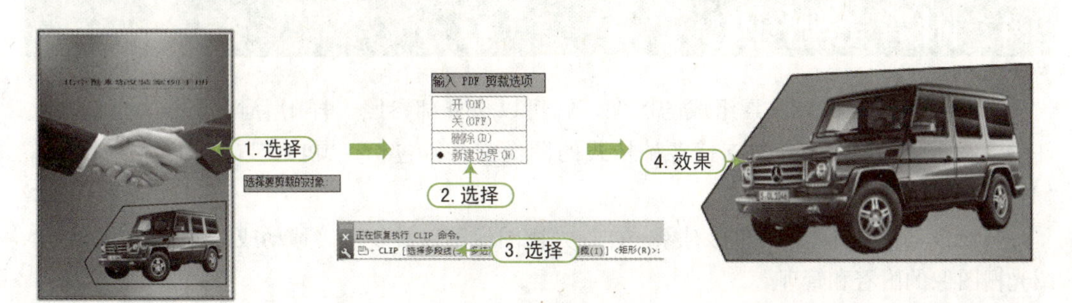

图 9-49　绘制多段线

9.3.6 参照编辑

在处理外部引用图形时，用户可以使用在位参照编辑来修改当前图形中的外部参照，或者重定义当前图形中的块定义。块和外部参照都被视为参照。通过在位编辑参照，可以在当前图形的可视区域中修改参照。其执行方法如下。

- 菜单栏：选择“工具 | 外部参照和块在位编辑”菜单命令。
- 面板：在“插入”选项卡的“参照”面板中，单击“编辑参照”按钮。
- 命令行：输入“REFEDIT”命令。

执行上述命令后，选择编辑对象，将打开“参照编辑”对话框，在该对话框中，包含“标识参照”（见图 9-50）和“设置”选项卡（见图 9-51），其中各选项含义如下。

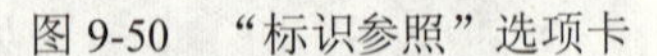

图 9-50　“标识参照”选项卡

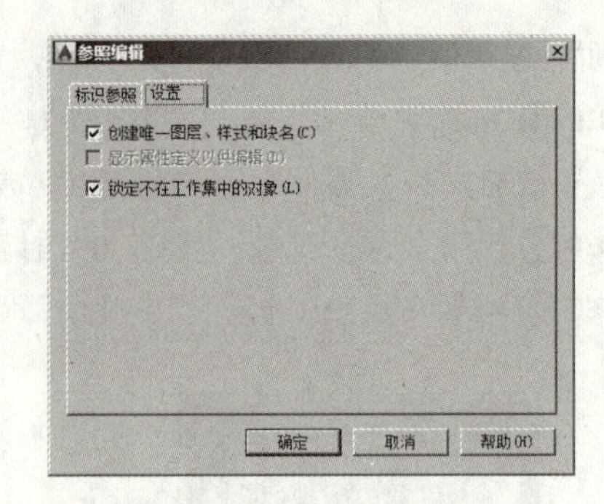

图 9-51　“设置”选项卡

- “标识参照”选项卡：用于为标识要编辑的参照提供视觉帮助和辅助工具，并控制选择参照的方式。
- “参照名”选项组：显示选定参照的文件位置。
- “路径”选项组：显示选定参照的文件路径。如果选定参照是一个块，则不显示路径。如果选中“自动选择所有嵌套的对象”单选按钮，选定参照中的所有对象将自动包括在参照编辑任务中；如果选中“提示选择嵌套的对象”单选按钮，将关闭“参照编辑”对话框，进入参照编辑状态后，系统将提示用户在要编辑的参照中选择特定的对象。
- “设置”选项卡：用于为编辑参照提供选项。

9.4　附着光栅图像

光栅图像即由许多像素组成的图像，它可以像外部参照一样附着到 AutoCAD 图形文件中。在 AutoCAD 2006 中支持多种格式的图像文件，包括“.JPEG”，“.GIF”，“.BMP”，“.PCX”等。

与许多其他 AutoCAD 图形对象一样，光栅图像可以被复制、移动或裁剪。本节详细介绍光栅图像的附着和管理。

9.4.1　图像附着

在 AutoCAD 2016 中，用户可通过以下两种方式来附着光栅图像。

- 菜单栏：选择“插入 | 光栅图像”菜单命令。
- 命令行：输入“IMAGEATTACH”命令。

执行上述操作后，将弹出“选择参照文件”对话框，如图 9-52 所示。在该对话框中选择需要插入的光栅图像后，单击“打开”按钮，弹出“附着图像”对话框，如图 9-53 所示。

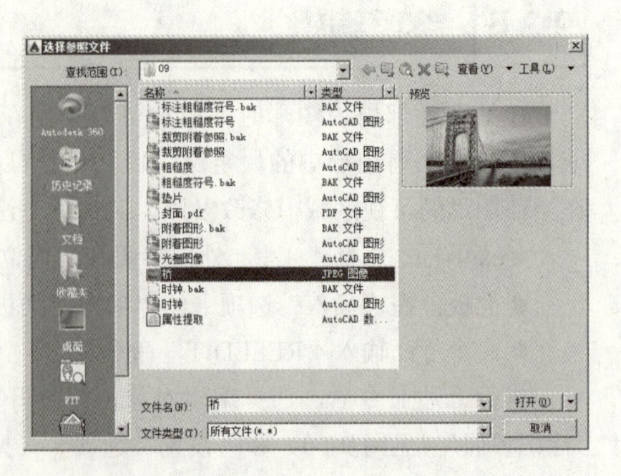

图 9-52　“选择参照文件”对话框

在该对话框中可以指定光栅图像的插入

点、缩放比例和旋转角度等特性。如果取消勾选“在屏幕上指定”复选框，则可以在屏幕上通过鼠标拖动图像的方法来指定。

单击“显示细节”按钮，可以显示图像的详细信息，如图像的分辨率、图像的像素大小和单位大小等。设置完成后，单击“确定”按钮，即可将光栅图像附着到当前图形中。

QA 问题

学生问： 老师，我打开了附着光栅图像的文件，为什么光栅图像成了如图 9-54 所示的文字呢？

老师答： 这是因为你附着的光栅图像路径已经被修改的原因，如果改变了图像的路径，那么将无法显示该图像，如果要显示该图像，那么必须把该图像放置到原来的路径或者重新进行附着。

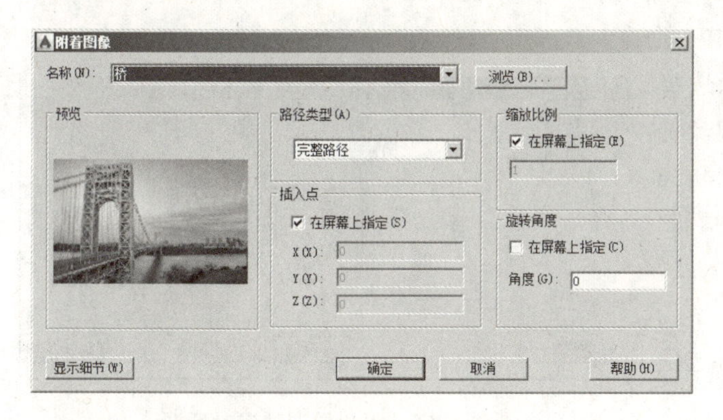

图 9-53　“附着图像”对话框

图 9-54　光栅显示为文字

9.4.2 图像剪裁

在 AutoCAD 2016 中，用户可以通过以下方法来定义图像的一个部分来显示或打印。其执行方法如下。

- 菜单栏：选择“修改 | 裁剪 | 图像”菜单命令。
- 命令行：输入“IMAGECLIP”命令。

执行上述操作后，根据命令行提示，即可对附着的图像进行剪裁操作，如图 9-55 所示。

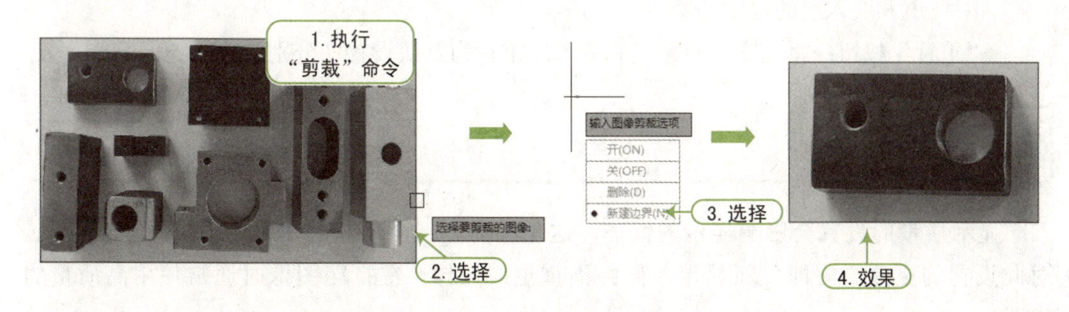

图 9-55　图像剪裁

```
命令：IMAGECLIP                    \\ 执行“剪裁”命令
选择要剪裁的图像：                  \\ 选择对象
```

```
输入图像剪裁选项 [ 开 (ON)/ 关 (OFF)/ 删除 (D)/ 新建边界 (N)] < 新建边界 >: N
外部模式 - 边界外的对象将被隐藏。                    \\ 输入 N 或按“Enter”键
指定剪裁边界或选择反向选项 :                        \\ 指定裁剪边界
[ 选择多段线 (S)/ 多边形 (P)/ 矩形 (R)/ 反向剪裁 (I)] < 矩形 >: 指定对角点 :
```

9.4.3 图像调整

“图像调整”命令可以通过调整选定图像的亮度、对比度和淡入度的设置来控制图像的显示方式。“图像调整”命令的执行方法如下。

- 菜单栏：选择“修改 | 对象 | 图像 | 调整”菜单命令。
- 命令行：输入“IMAGECLIP”命令。

执行上述操作后，系统提示选择图像，选择图像并按“Enter”键，将打开“图像调整”对话框，如图 9-56 所示。在“图像调整”中可以为附着图像更改“亮度”、“对比度”和“淡入度”的默认值。

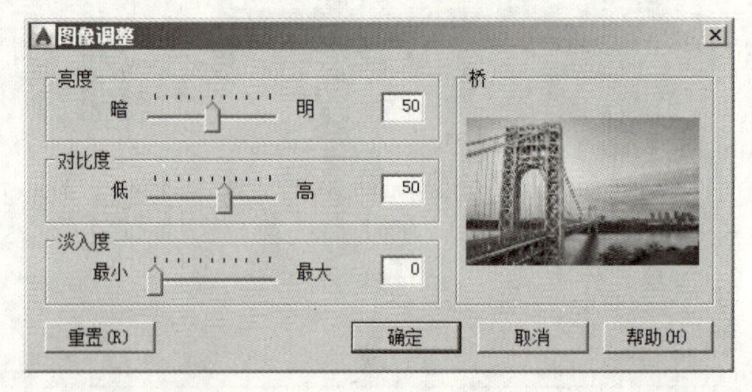

图 9-56 “图像调整”对话框

在“图像调整”对话框中，各选项含义如下。

- “亮度”选项组：控制图像的亮度，从而间接控制图像的对比度。此值越大，图像就越亮，增大对比度时变成白色的像素点也会越多。
- “对比度”选项组：控制图像的对比度，从而间接控制图像的淡入效果。此值越大，每个像素就会在更大程度上被强制使用主要颜色或次要颜色。
- “淡入度”选项组：控制图像的淡入效果。值越大，图像与当前背景色的混合程度就越高。值为 100 时，图像完全溶入背景中。更改屏幕的背景色可以将图像淡入至新的颜色。打印时，淡入的背景色为白色。
- “图像预览”框：显示选定图像的预览图。预览图像将进行动态更新来反映对亮度、对比度和淡入度的设置的修改。
- “重置”按钮：将亮度、对比度和淡入度重置为默认设置（分别为 50、50 和 0）。

9.4.4 图像质量

显示质量的设置会影响显示的性能，这是因为显示高质量的图像需花费较长的时间。对此设置的更改会立即更新显示，但并不重生成图像。在打印图像时通常使用高质量的设置。

“图像质量”的执行方法如下。

- 菜单栏：选择“修改 | 对象 | 图像 | 质量”菜单命令。

- 命令行：输入“IMAGEQUALITY”命令。

执行上述操作后，命令行提示如下：

```
命令 : IMAGEQUALITY                              \\ 执行“图像质量”命令
输入图像质量设置 [ 高 (H)/ 草稿 (D)] < 高 >: H      \\ 输入选项或按“Enter”键
```

9.4.5 图像透明度

“图形透明度”命令用于控制图像的背景像素是否透明。有些图像文件格式允许图像具有透明像素。“透明”对于两值图像和非两值图像（Alpha RGB 或灰度）都可用。默认状态时，在透明设置为关的状态下附着图像。“透明”可针对单个图像进行调整。

网页上的很多 GIF 格式图片都具有透明属性。可运行 Firework、Adobe ImageReady 等软件编辑图像文件，存储为透明格式。

“图像透明度”的执行方法如下。

- 菜单栏：选择“修改 | 对象 | 图像 | 透明度”菜单命令。
- 命令行：输入“TRANSPARENCY”命令。

执行上述操作后，命令行提示如下：

```
命令 : TRANSPARENCY                                    \\ 执行“图像透明度”命令
选择图像 : 找到 1 个                                    \\ 选择图形对象
选择图像 :                                              \\ 按“Enter”键
输入透明模式 [ 开 (ON)/ 关 (OFF)] <OFF>: ON              \\ 选择选项
```

9.4.6 图像边框

“图像边框”命令用于控制图像边框是在屏幕上显示还是隐藏。其执行方法如下。

- 菜单栏：选择“修改 | 对象 | 图像 | 边框”菜单命令。
- 命令行：输入“IMAGEFRAME”命令。

执行上述操作后，命令行提示如下：

```
命令 : _imageframe                               \\ 执行“图像边框”命令
输入 IMAGEFRAME 的新值 <1>: 2                     \\ 输入边框值
正在重生成模型。
```

QA 问题

学生问： 老师，为什么我在选择光栅对象时，选择不到图像呢？

老师答： 这是因为光栅图像的边界设置为隐藏的原因，执行“IMAGEFRAME”命令，设置其光栅的边框参数，输入 0（零），边框隐藏；如果要显示并打印图像边界，则输入 1；如果要显示图像边界但不打印，则输入 2。

9.4.7 实例——附着并调整光栅图像

视频：9.4.7——附着并调整光栅图像 .avi
案例：光栅图像 .dwg

下面通过实例讲解本节所学内容，附着并调整光栅图像，其具体步骤如下：

STEP 01 新建文件。执行“文件 | 新建”菜单命令，新建一个图形文件；然后单击“文件 | 保存”按钮，将文件保存为“案例 \09\ 光栅图像 .dwg”。

STEP 02 附着光栅图像文件。执行“插入 | 光栅图像”菜单命令，在“选择参照文件”对话框中，选择“案例 \09\ 桥 .Jpg”文件，将其作为光栅图像，单击“打开”按钮，弹出“附着图像”对话框，在其中选择相关的参数选项，单击“确定”按钮，如图 9-57 所示。

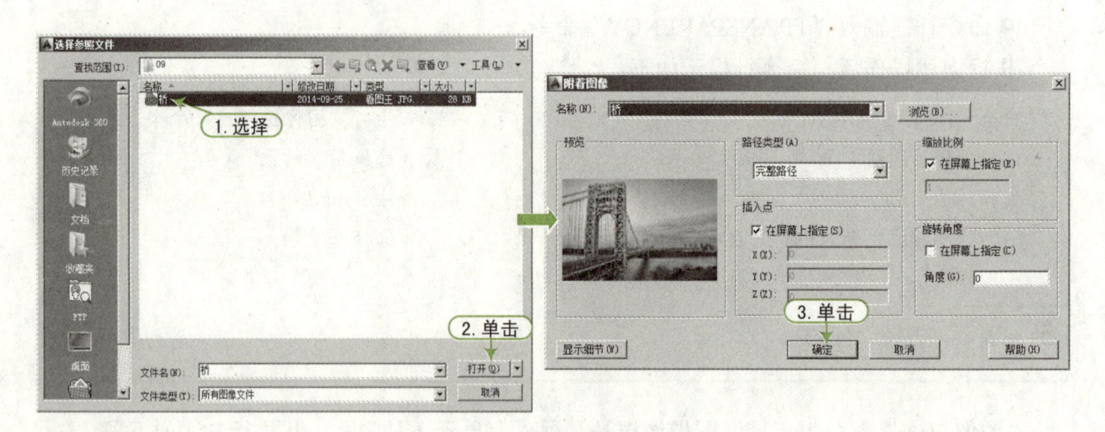

图 9-57　附着光栅图像文件

STEP 03 插入图像。在绘图区域单击一点作为插入点，并调节图像的缩放比例，如图 9-58 所示。

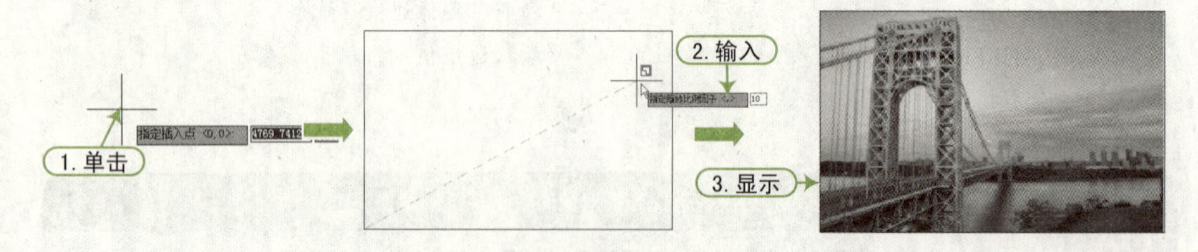

图 9-58　插入图像

STEP 04 调整图像。选择“修改 | 对象 | 图像 | 调整”菜单命令，打开“图像调整”对话框，设置图像参数，如图 9-59 所示。

图 9-59　调整图像

9.5　设计中心的使用

设计中心是一个直观、高效的图形资源管理工具，它与 Windows 的资源管理器类似。使用 AutoCAD 的设计中心不仅可以浏览、查找、打开、预览和管理 AutoCAD 图形、块、外部参照和观赏图像文件，还可以通过拖动操作，将用户计算机上、网络位置或网站上的块、图层和外部参照等插入图形文件中。

如果打开了多个图形文件，则可以通过设计中心在图形之间复制和粘贴其他内容，如图层、布局和文字样式等内容，从而可以利用和共享大量现有资源来简化绘图过程，提高绘图效率。

在 AutoCAD 2016 中，使用设计中心可以实现以下操作：

- 浏览用户计算机、网络驱动器和 Web 页上的图形内容。
- 在定义表中查看图形文件中命名对象（如块和图层）的定义，然后将定义插入、附着、复制和粘贴到当前图形中。
- 更新（重定义）块定义。
- 创建指向常用图形、文件夹和 Internet 网址的快捷方式。
- 向图形中添加内容（如外部参照、块和填充）。
- 在新窗口中打开图形文件。
- 将图形、块和填充拖动到工具栏选项板上以便于访问。
- 可以控制调色板的显示方式，可以选择大图标、小图标、列表和详细资料 4 种 Windows 标准方式中的一种，可以控制是否预览图形，是否显示调色板中图形内容相关的说明内容。

打开“设计中心”面板的方法如下。

- 菜单栏：选择“工具 | 选项板 | 设计中心”菜单命令。
- 面板：在“视图”选项卡的“选项板”面板中，单击“设计中心”按钮。
- 命令行：输入“ADCENTER”命令或按“Ctrl+2”组合键。

执行上述操作后，将打开设计中心面板，该面板主要由 5 部分组成：标题栏、工具栏、选项卡、显示区（树状目录、项目列表、预览窗口、说明窗口）和状态区，如图 9-60 所示。

- 标题栏：用于控制 AutoCAD 设计中心窗口的尺寸、位置、外观形状和开关状态等。
- 工具栏：用于控制树状图和内容区中信息的浏览和显示。其中，各个按钮的功能如下。

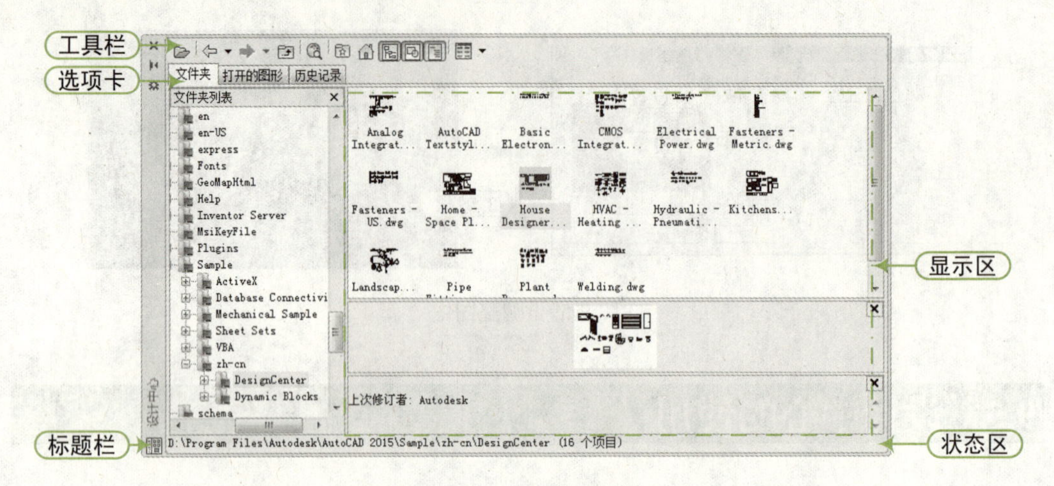

图 9-60　设计中心面板

➢“加载”按钮：显示“加载”对话框（标准文件选择对话框）。使用“加载”浏览本地和网络驱动器或 Web 上的文件，然后选择内容加载到内容区域。

➢“最后”按钮：返回历史记录列表中最近一次的位置。

➢“向前”：返回历史记录列表中下一次的位置。

➢“上级”按钮：显示当前容器的上一级容器的内容。

➢“搜索”按钮：显示“搜索”对话框，从中可以指定搜索条件以便在图形中查找图形、块和非图形对象。

➢“收藏夹”按钮：在内容区域中显示“收藏夹”文件夹的内容。“收藏夹”文件夹包含经常访问项目的快捷方式。要在“收藏夹”中添加项目，可以在内容区域或树状图中的项目上右击，然后选择“添加到收藏夹”命令。如果要删除“收藏夹”中的项目，可以使用快捷菜单中的“组织收藏夹”选项，然后使用快捷菜单中的“刷新”选项。

➢“主页”按钮：将设计中心返回默认文件夹。安装时，默认文件夹被设定为 SampleDesignCenter，可以使用树状图中的快捷菜单更改默认文件夹。

➢“树状图切换”按钮：显示和隐藏树状视图。如果绘图区域需要更多的空间，则隐藏树状图。树状图隐藏后，可以使用内容区域浏览容器并加载内容。在树状图中使用“历史记录”列表时，“树状图切换”按钮不可用。

➢“预览”按钮：显示和隐藏内容区域窗格中选定项目的预览。如果选定项目没有保存的预览图像，“预览”区域将为空。

➢“说明”按钮：显示和隐藏内容区域窗格中选定项目的文字说明。如果同时显示预览图像，文字说明将位于预览图像下面。如果选定项目没有保存的说明，“说明”区域将为空。

● 选项卡：“设计中心”窗口的选项卡包括“文件夹”选项卡、“打开的图形”选项卡、“历史记录”选项卡。

➢“文件夹”选项卡：显示设计中心的资源。该资源与 Windows 资源管理器类似。“文件”选项卡显示导航图标的层次结构，包括网络和计算机、Web 地址 (URL)、计算机驱动器、文件夹、图形和相关的支持文件、外部参照、布局、填充样式和命名对象，包括图形中的块、图层、线型、文字样式、标注样式和打印样式。

- "打开的图形"选项卡：显示在当前环境中打开的所有图形，其中包括最小化的图形，此时选择某个文件，即可在右侧的显示框中显示该图形的有关设置，如标注样式、布局块、图层外部参照等。
- "历史记录"选项卡：显示最近在设计中心打开的文件的列表。显示历史记录后，在一个文件上右击显示此文件信息或从"历史记录"列表中删除此文件。

- 显示区：分为内容显示区、预览显示区和说明显示区。内容显示区显示图形文件的内容；预览显示区显示图形文件的缩略图；说明显示区显示图形文件的文字描述。
- 状态区：显示所有文件的路径。

QA 问题

学生问： 老师，是否可以在启动 AutoCAD 2016 软件时，自动新建一个图形文件呢？

老师答： 利用设计中心查找文件很方便，也很简单，可以在不用退出 AutoCAD 软件的情况下直接打开图形。单击设计中心的"搜索"按钮，将弹出"搜索"对话框，如图 9-61 所示。利用该对话框，即可进行搜索。

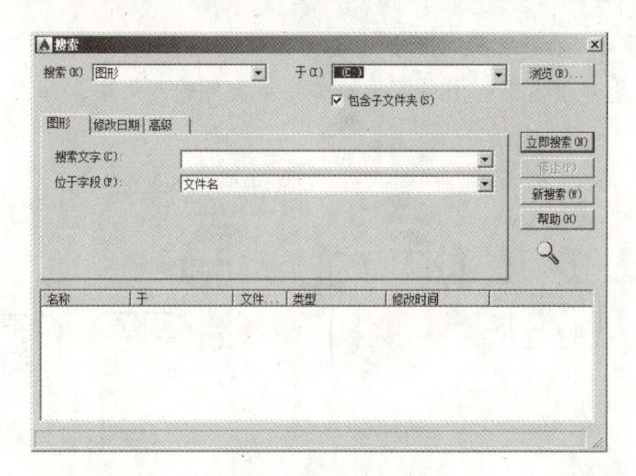

图 9-61　"搜索"对话框

9.6　综合演练——通过设计中心创建样板文件

视频：9.6——创建样板文件 .avi

案例：机械样板 .dwg

下面建立一个新的图形文件，并将其保存为样板文件，通过设计中心找到"案例 \09\ 机械工程图 .dwg"文件，并将该文件下的文字样式、标注样式、图层添加到新文件中。通过本案例学习 AutoCAD 设计中心的使用方法，其操作步骤如下：

STEP 01 新建文件。正常启动 AutoCAD 2016 软件，在"快速工具栏"中单击"新建"按钮，新建一个图形文件，再单击"保存"按钮，将文件保存为"案例 \09\ 机械样板 .dwg"。

STEP 02 打开设计中心。按“Ctrl+2”组合键打开“设计中心”对话框。

STEP 03 找到“案例 \09\ 机械工程图 .dwg”文件。在“设计中心”对话框左侧的文件夹列表中找到“案例 \09\ 机械工程图 .dwg”，如图 9-62 所示。

STEP 04 展开文件。在树状视图中，单击该项目左侧的加号“+”，然后选择“图层”选项，此时在右侧的显示区将显示该文件的图层信息，如图 9-63 所示。

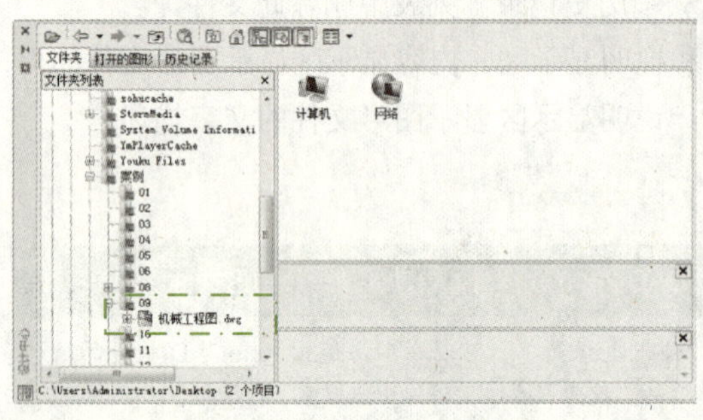

图 9-62　查找文件

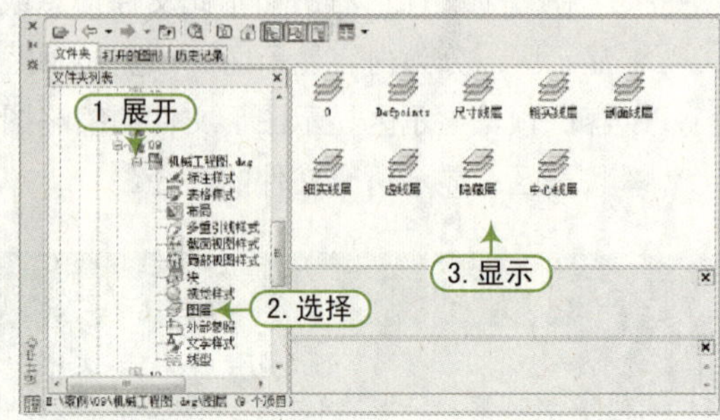

图 9-63　展开文件

STEP 05 添加图层。在显示区中选择需要的图层然后右击，并在弹出的快捷菜单中选择“添加图层”命令，此时被选中的图层便被添加到新文件的图层中，如图 9-64 所示。

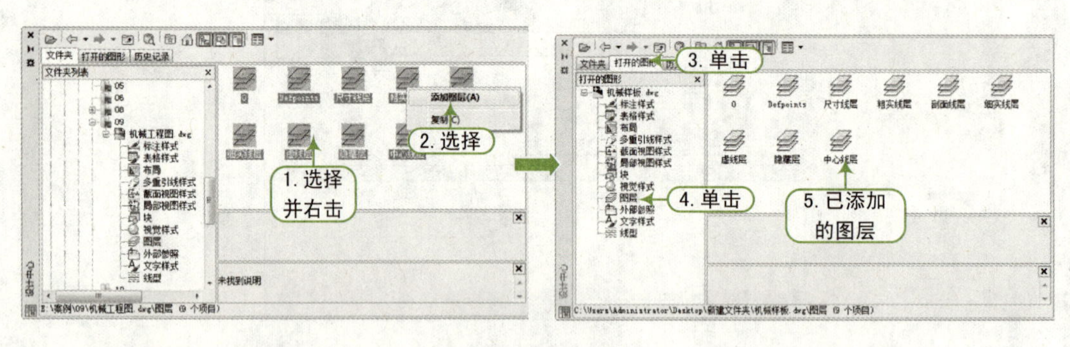

图 9-64　添加图层

STEP 06 添加文字样式、标注样式。采用同样的方法，单击“机械工程图 .dwg”文件中的“标注样式”和“文字样式”选项，添加标注样式和文字样式到新文件中，如图 9-65 所示。

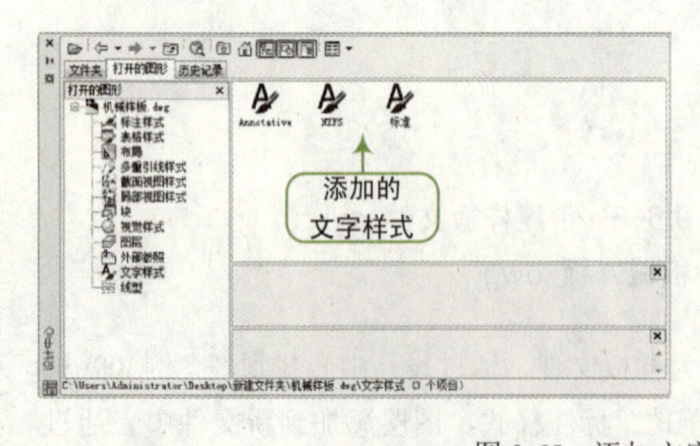

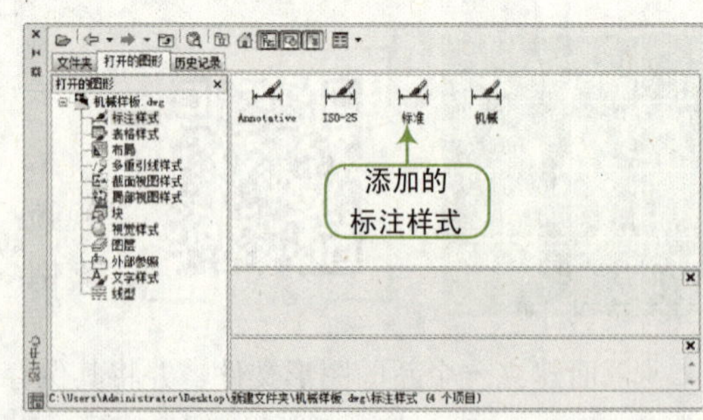

图 9-65　添加文字样式和标注样式

STEP 07 保存文件。至此，通过设计中心创建的样板文件创建完成，按“Ctrl+S”组合键将文件进行保存。

第10章 三维绘图基础

老师，三维绘图与二维绘图有哪些区别？可以利用二维绘图命令绘制三维图形吗？

二维绘图是在平面绘图，而三维绘图是在立体空间绘图，在绘图时需要指定图形的高度，即指定Z坐标的值，因此，二维坐标系统与三维坐标系统有所不同。另外，三维模式下的绘图命令与二维绘图命令也有所区别，当然一些二维绘图命令仍然可以在三维绘图中使用。本章将对三维绘图中的一些基本命令进行具体讲解。

效果预览

10.1 三维建模空间

AutoCAD 中带有三维工作空间和样板，能够自动使用用户在三维空间轻松地工作。要在三维空间中进行工作，首先必须将当前的工作环境切换至三维工作空间。

用户可以通过以下两种方法进行工作空间的切换。

- 工具栏：在“工作空间”下拉列表中选择“三维建模”选项，如图 10-1 所示。
- 菜单栏：选择“工具 | 工作空间 | 三维建模”菜单命令，如图 10-2 所示。

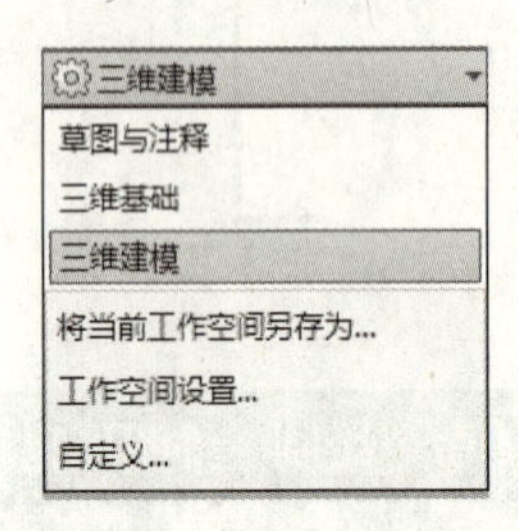

图 10-1　工作空间列表

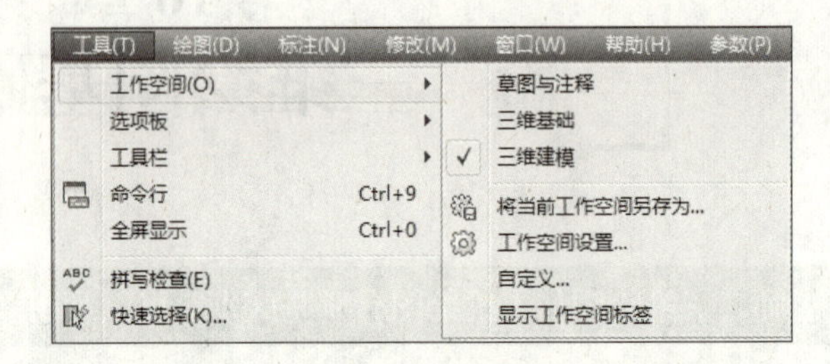

图 10-2　工作空间菜单

执行上述操作后，将打开如图 10-3 所示的“三维建模”工作空间。

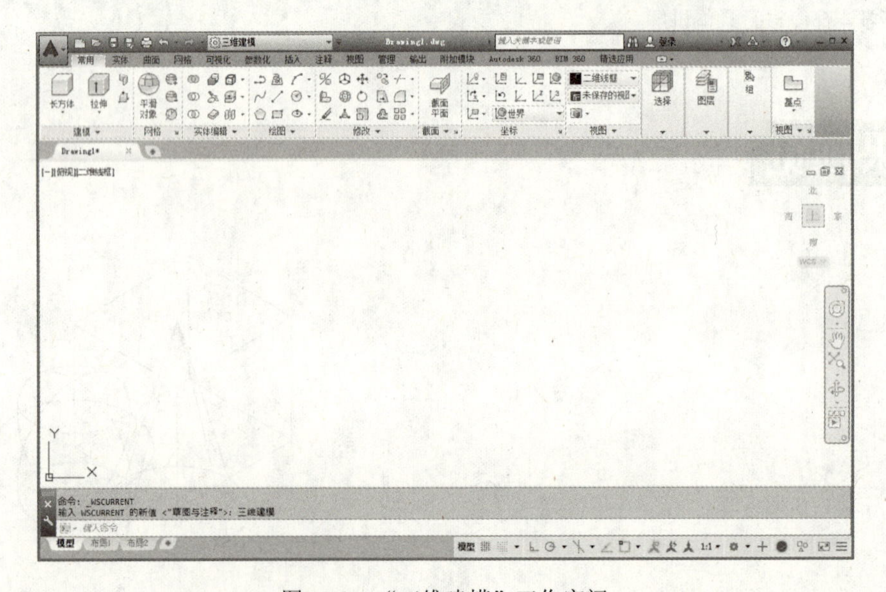

图 10-3　“三维建模”工作空间

10.2 视觉样式

“视觉样式”用于控制边、光源和着色的显示。可通过更改视觉样式的特性控制图形的显示效果。应用视觉样式或更改其设置时，关联的视口会自动更新显示更改效果。

要调整模型的视觉样式，其操作方法如下。

- 菜单栏：选择“视图 | 视觉样式”菜单命令中的相应子命令，如图 10-4 所示。
- 视觉样式控件：单击绘图区域左上角的“视觉样式”控件按钮，如图 10-5 所示。

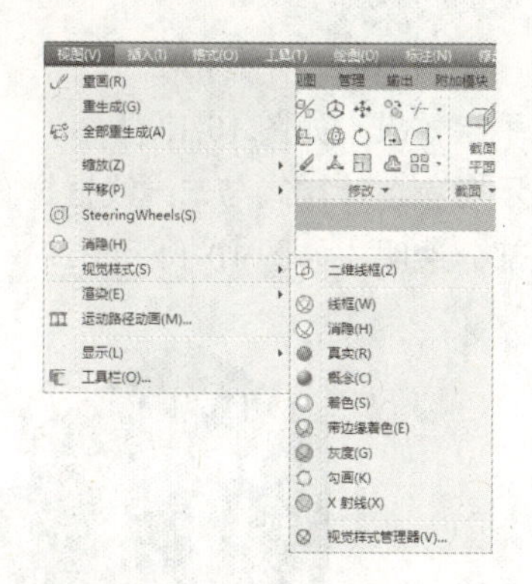

图 10-4　“视觉样式”菜单

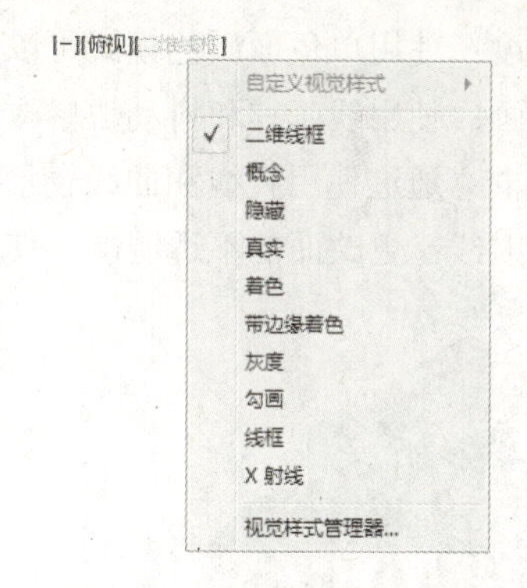

图 10-5　“视觉样式”控件

- 命令行：输入“VSCURRENT”命令。

AutoCAD 为用户提供了 10 种视觉样式，分别为二维线框、概念、消隐、真实、着色、带边缘着色、灰度、勾画、线框和 X 射线。

- 二维线框：通过使用直线和曲线表示边界的方式显示对象，是默认的视觉样式，如图 10-6 所示。
- 概念：着色多边形平面间的对象，并使对象的边平滑化。着色使用冷色和暖色之间的过渡。效果缺乏真实感，但是可以更方便地查看模型的细节，如图 10-7 所示。
- 消隐：使用线框表示法显示对象，并且隐藏表示背面的线，如图 10-8 所示。

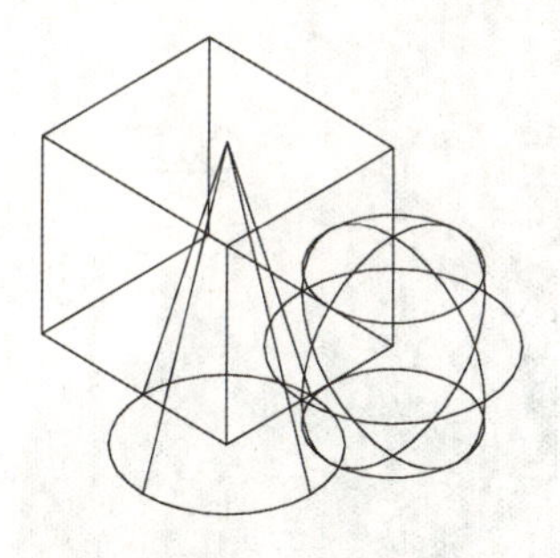

图 10-6　二维线框

图 10-7　概念

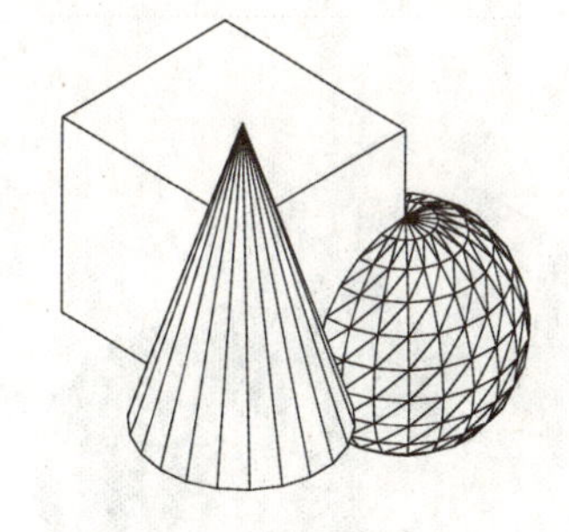

图 10-8　消隐

- 真实：着色多边形平面间的对象，并使对象的边平滑化。将显示已附着到对象的材质，如图 10-9 所示。
- 着色：使用平滑着色显示对象，如图 10-10 所示。
- 带边缘着色：使用平滑着色和可见边显示对象，如图 10-11 所示。

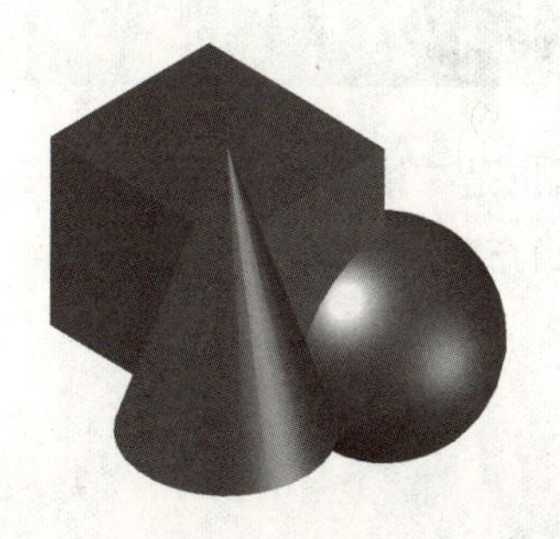

图 10-9　真实

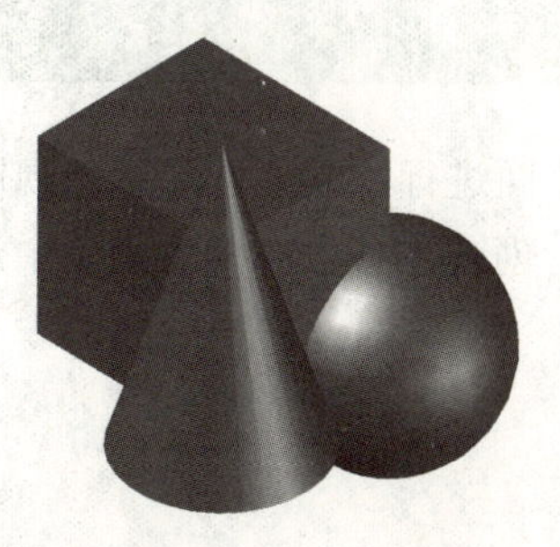

图 10-10　着色

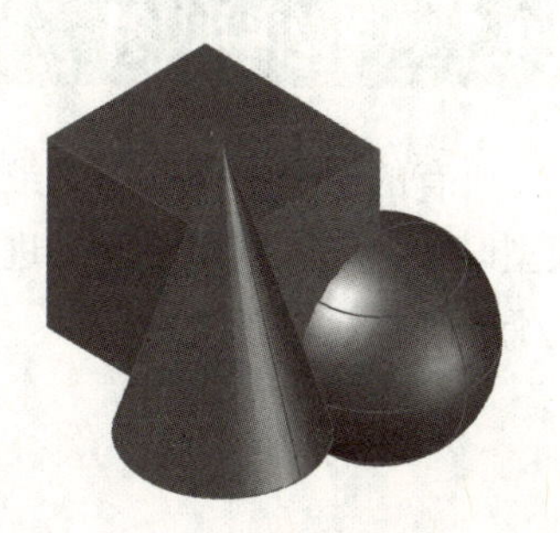

图 10-11　带边缘着色

- 灰度：使用单色面颜色模式可以产生灰色效果，如图 10-12 所示。
- 勾画：使用线延伸和抖动边修改器显示对象的手绘效果，如图 10-13 所示。
- 线框：通过使用直线和曲线表示编辑的方式显示对象，该样式与二维线框样式类似。
- X 射线：更改面的不透明度，使整个场景变成部分透明，如图 10-14 所示。

图 10-12　灰度

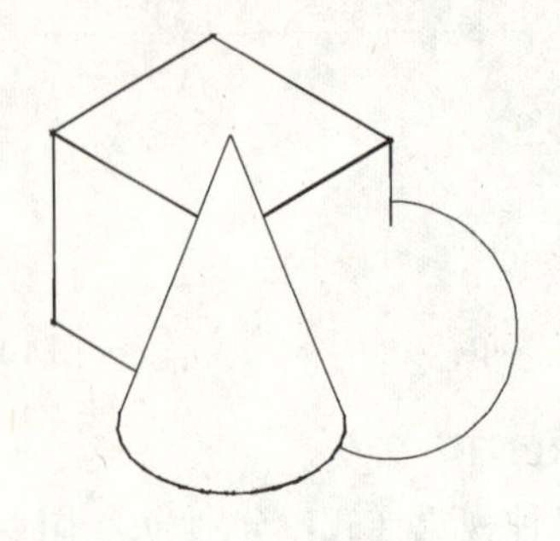

图 10-13　勾画

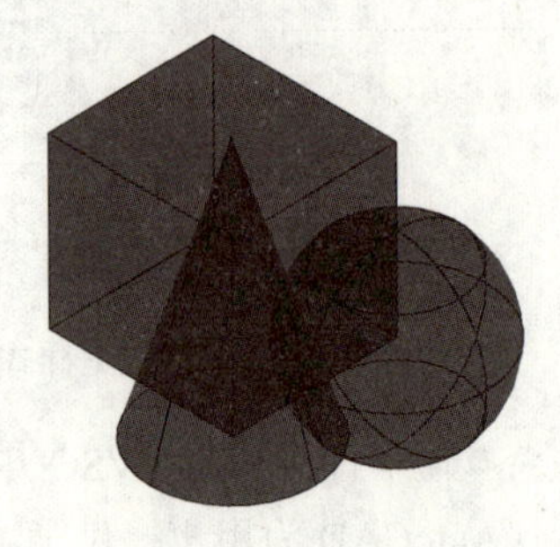

图 10-14　X 射线

QA 问题

学生问： 老师，为什么我画出来的图用概念视觉样式查看，会出现一些线条，怎样才能删掉？

老师答： 使用概念视觉样式时，需要注意的是，是否显示“边”，你可以执行“视图 | 视觉样式管理器 | 概念”命令，在下面的设置中选择“边设置 | 边模式”命令，在“边模式”中选择“无”选项即可，如图 10-15 所示。

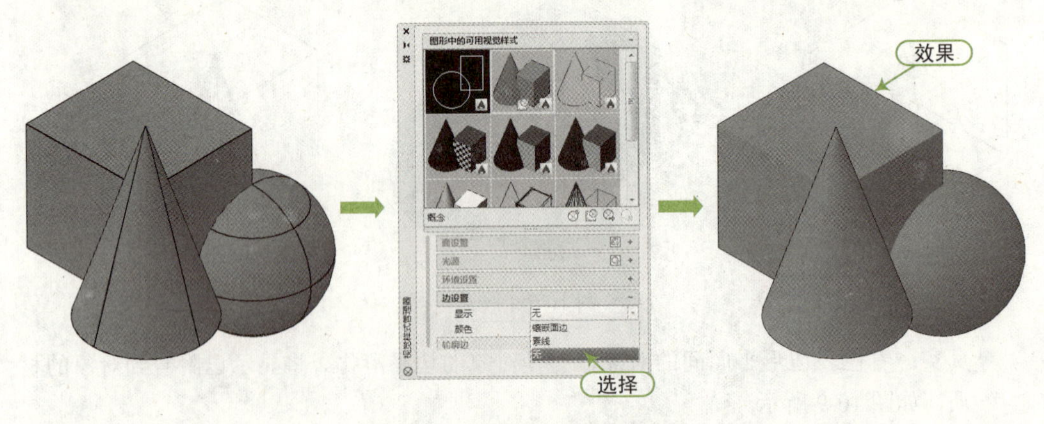

图 10-15　删除概念视图中的素线

10.3　三维视图

所有的图形都是基于二维平面进行绘制的，显示的视图也是二维视图。而在创建三维模型时，在二维视图中无法进行创建，必须在三维视图中进行操作，这样既便于捕捉，也便于随时查看。

10.3.1 三维视图的分类

AutoCAD 为用户默认设置了 10 种标准视图，除了可以通过前视图、俯视图、左视图、右视图、仰视图和后视图来表达一个物体外，还可以通过西南等轴测、西北等轴测、东南等轴测、东北等轴测视图进行查看物体。

- 前视图：与 X 轴的夹角为 270°，与 XY 平面的夹角为 0°。前视图是另一种立面视图，它是从正面观察模型的视图。
- 后视图：与 X 轴的夹角为 90°，与 XY 平面的夹角为 0°。后视图也是一种立面视图，它是从背面观察模型的视图。
- 俯视图：与 X 轴的夹角为 270°，与 XY 平面的夹角为 90°。俯视图就是从顶部往下看的平面图。
- 仰视图：与 X 轴的夹角为 0°，与 XY 平面的夹角为 0°。仰视图就是从底部往上看的平面图。
- 左视图：与 X 轴的夹角为 180°，与 XY 平面的夹角为 0°。左视图显示从模型左侧观察的视图。
- 右视图：与 X 轴的夹角为 0°，与 XY 平面的夹角为 0°。右视图显示从模型右侧观察的视图。
- 西南等轴测视图：与 X 轴的夹角为 225°，与 XY 平面的夹角为 35.5°。西南等轴测视图显示从全部 3 个轴等角的视点观察模型的视图。
- 西北等轴测视图：与 X 轴的夹角为 135°，与 XY 平面的夹角为 35.33°。西北等轴测视图显示从位于左视图和后视图之间的交点观察模型的视图，同样也是半侧半俯视图。
- 东南等轴测视图：与 X 轴的夹角为 315°，与 XY 平面的夹角为 35.3°。东北等轴测视图显示从全部 3 个轴等角的视点观察模型的视图。是从位于右视图和主视图之间，以及侧视图和俯视图半中间的角度来观察图形。
- 东北等轴测视图：与 X 轴的夹角为 45°，与 XY 平面的夹角为 35.3°。东北等轴测视图是从位于右视图和后视图之间的角点观察的视图，同样也是半侧半俯视图。

10.3.2 三维视图的切换

为了便于观察和编辑三维模型，在绘图过程中，用户需要经常切换视图来绘制图形，切换视图的常用方法如下。

- 菜单栏：选择“视图 | 三维视图”菜单命令，如图 10-16 所示。
- “视图”控件：单击绘图区域左上角的“视觉样式”控件按钮，如图 10-17 所示。

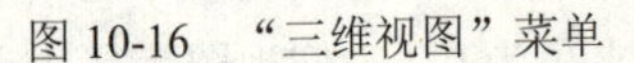

图 10-16 “三维视图”菜单

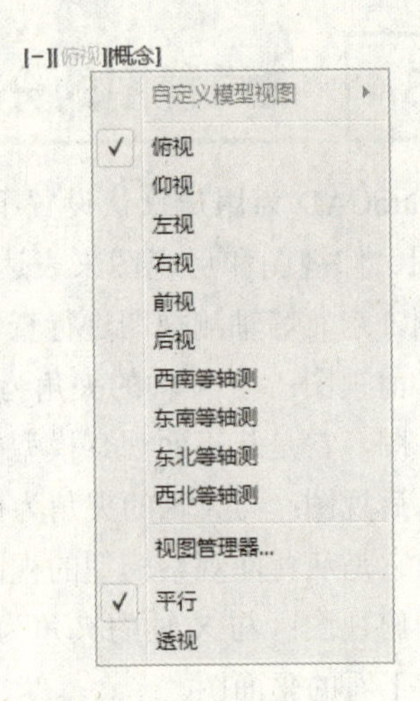

图 10-17 视图控件

10.4 在三维空间绘制简单对象

在 AutoCAD 中，可以使用点、线段、射线、构造线、多段线、样条曲线等命令绘制简单的三维图形。

10.4.1 在三维空间绘制点、线段、射线、构造线

用户可以在三维空间绘制点、线段、射线、构造线等图形对象。绘制命令与绘制二维图形的命令相同，分别是“点”命令（POINT）、“直线”命令（LINE）、“射线”命令（RAY）和“构造线”命令（XLINE），当执行对应的命令后，一般应根据提示输入或捕捉三维空间的点。

由于三维图形对象上的一些特殊点，如交点、中点等不能通过输入坐标的方法来实现，可以采用三维坐标下的目标捕捉来拾取点。

二维方式下的所有目标捕捉方式在三维图形环境中可以继续使用。不同之处在于，在三维环境下只能捕捉三维对象和底面的一些特殊点，而不能捕捉柱体等实体侧面的特殊点，即在柱状体侧面竖线上无法捕捉目标点，因为柱体的侧面上的竖线只是显示模拟曲线。在三维对象的平面视图中也不能捕捉目标点，因为在顶面上的任意一点都对应着底面上的一点，此时的系统无法识别所选的点究竟在哪个面上。

10.4.2 在三维空间绘制其他二维图形

当绘制三维图形时，经常需要在三维空间绘制二维图形，如绘制圆、圆弧等。在三维空间绘制二维图形的常用方法是：建立新 UCS，使该 UCS 的 XY 面与绘制二维图形的绘图面重合，然后执行对应的二维绘图命令绘制二维图形。为方便绘图，还可以建立对应的平面视图，使当前 UCS 的 XY 面与计算机屏幕重合。

10.4.3 在三维空间绘制多段线

在二维坐标系下，使用“多段线”命令（PL）绘制多段线，尽管各线条可以设置宽度和厚度，但它们必须共面。三维多段线的绘制过程和二维多段线基本相同，但其使用的命令不同。另外，在三维多段线中只有直线段，没有圆弧线。

在三维绘图环境下，绘制多段线的方法如下。

- 菜单栏：选择“绘图 | 三维多段线”菜单命令。
- 面板：在“常用”选项卡的“绘图”面板中，单击按钮。
- 命令行：输入“3DPOLY”命令。

经过（40,0,0）、（0,0,0）、（0,60,0）、（0,60,30）绘制三维多段线，如图 10-18 所示。命令行提示如下：

```
命令 : _3dpoly                                  \\ 执行“三维多段线”命令
指定多段线的起点 : 40,0,0                        \\ 指定多段线的起点
指定直线的端点或 [ 放弃 (U)]: 0,0,0              \\ 指定多段线的端点
指定直线的端点或 [ 放弃 (U)]: 0,60,0             \\ 指定多段线的下一端点
指定直线的端点或 [ 放弃 (U)]: 0,60,30            \\ 指定多段线的下一端点
指定直线的端点或 [ 闭合 (C)/ 放弃 (U)]:          \\ 按“Enter”键或闭合多段线
```

绘制三维多段线后，可以使用“多段线编辑”命令（PE）编辑三维多段线，命令行提示如下：

```
命令 : PEDIT
选择多段线或 [ 多条 (M)]:
输入选项 [ 闭合 (C)/ 合并 (J)/ 编辑顶点 (E)/ 样条曲线 (S)/ 非曲线化 (D)/ 反转 (R)/ 放弃 (U)]: J
```

其中，各选项含义与二维多段线编辑时给出的各选项含义相同。

10.4.4 绘制三维样条曲线

三维样条曲线是在三维空间中的任意位置或通过指定的点来绘制样条曲线，此时绘制的样条曲线的点不是共面的点。在三维坐标系下，可以利用“样条曲线”命令绘制样条曲线，其执行方法如下。

- 菜单栏：选择“绘图 | 样条曲线”菜单命令。
- 功能区：在“常用”选项卡的“绘图”面板中，单击“样条曲线”按钮～。
- 命令行：输入“SPLINE”命令。

例如，经过点（0,0,0）、（10,10,10）、（0,0,20）、（-10,-10,30）、（0,0,40）、（10,10,50）和（0,0,60）绘制的样条曲线，如图 10-19 所示。命令行提示如下：

```
命令 : SPLINE                                   \\ 执行“样条曲线”命令
当前设置 : 方式 = 拟合　节点 = 弦
指定第一个点或 [ 方式 (M)/ 节点 (K)/ 对象 (O)]: 0,0,0              \\ 输入坐标点
输入下一个点或 [ 起点切向 (T)/ 公差 (L)]: @10,10,10                \\ 输入坐标点
输入下一个点或 [ 端点相切 (T)/ 公差 (L)/ 放弃 (U)]: @0,0,20        \\ 输入坐标点
```

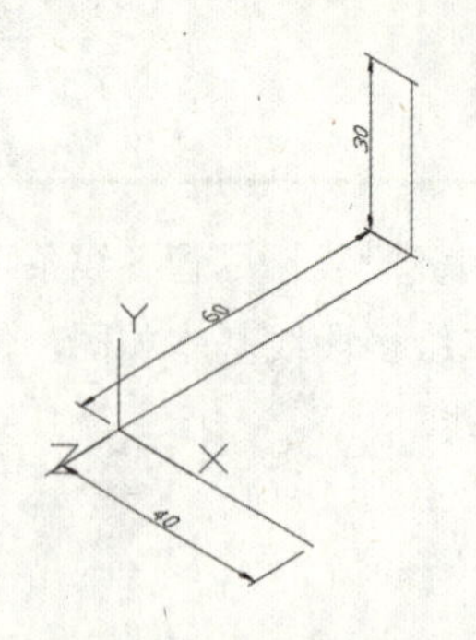

图 10-18　绘制三维多段线

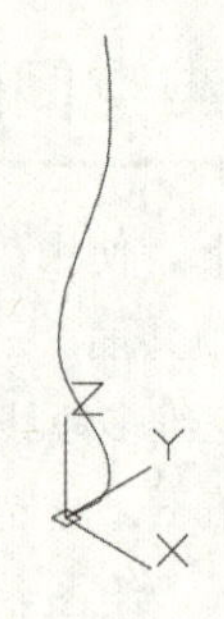

图 10-19　绘制三维样条曲线

```
输入下一个点或 [ 端点相切 (T)/ 公差 (L)/ 放弃 (U)/ 闭合 (C)]: @-10,-10,30    \\ 输入坐标点
输入下一个点或 [ 端点相切 (T)/ 公差 (L)/ 放弃 (U)/ 闭合 (C)]: @0,0,40       \\ 输入坐标点
输入下一个点或 [ 端点相切 (T)/ 公差 (L)/ 放弃 (U)/ 闭合 (C)]: @10,10,50     \\ 输入坐标点
输入下一个点或 [ 端点相切 (T)/ 公差 (L)/ 放弃 (U)/ 闭合 (C)]: @0,0,60       \\ 输入坐标点
输入下一个点或 [ 端点相切 (T)/ 公差 (L)/ 放弃 (U)/ 闭合 (C)]:               \\ 按“Enter”键
```

QA 问题

学生问： 老师，三维曲线和二维曲线有什么区别？

老师答： 我们从前面的学习中可以知道样条曲线是拟合曲线，就是按照你输入的各点按一定的曲率拟合而成的，控制要素为输入点和角度；二维曲线就是平面曲线，规则的是圆弧，不规则的是样条曲线；三维曲线是通过输入三维坐标连接而成的曲线，如果只有二维坐标，那么就是二维曲线。

10.5　综合实例——底座的创建

视频：10.5——底座的创建 .avi
案例：底座 .dwg

本案例通过绘制如图 10-20 所示的底座图形，掌握三维基础命令应用方法。其操作步骤如下：

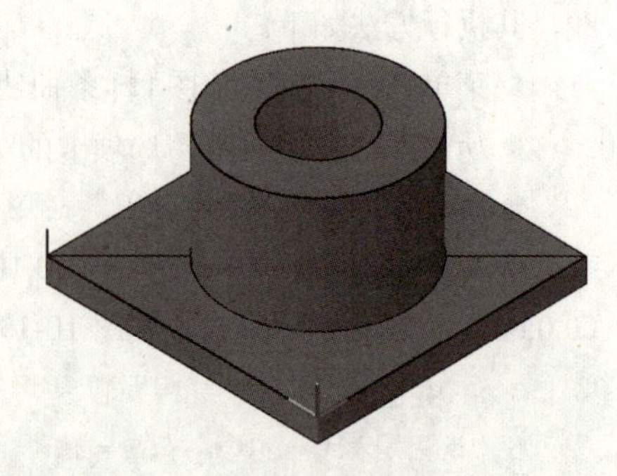

图 10-20　底座

STEP 01 新建文件。正常启动 AutoCAD 2016 软件，执行“文件 | 新建”菜单命令，新建一个图形文件；再执行“文件 | 保存”菜单命令，将其保存为“案例 \10\ 机架底座 .dwg”文件。

STEP 02 新建图层。执行“图层（LA）”命令，打开“图层特性管理器”选项板，单击“新建图层”按钮，新建 4 个图层，并将“底座顶面”设置为当前图层，如图 10-21 所示。

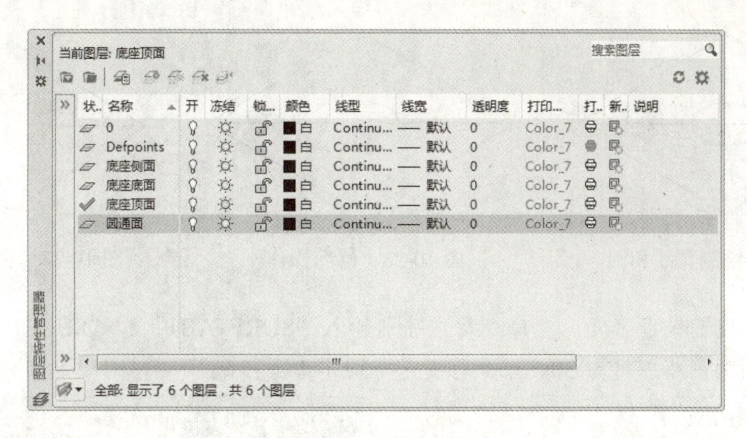

图 10-21　新建图层

STEP 03 绘制矩形。在“视图控件”中将“西南等轴测”视图设置为当前视图。执行“矩形（REC）”命令，绘制 120mm×120mm 的正四边形，如图 10-22 所示。

STEP 04 绘制直线。执行“直线”命令（L），以矩形的一个端点作为起点，绘制长度为 10mm 的线段，如图 10-23 所示。

STEP 05 平移矩形。在“图层”下拉列表中将“底座侧面”设置为当前图层，在“网格”选项卡的“图元”面板中单击“平移曲面”按钮，将矩形作为平移对象，以绘制的垂线段作为方向矢量绘制底座侧面，如图 10-24 所示。

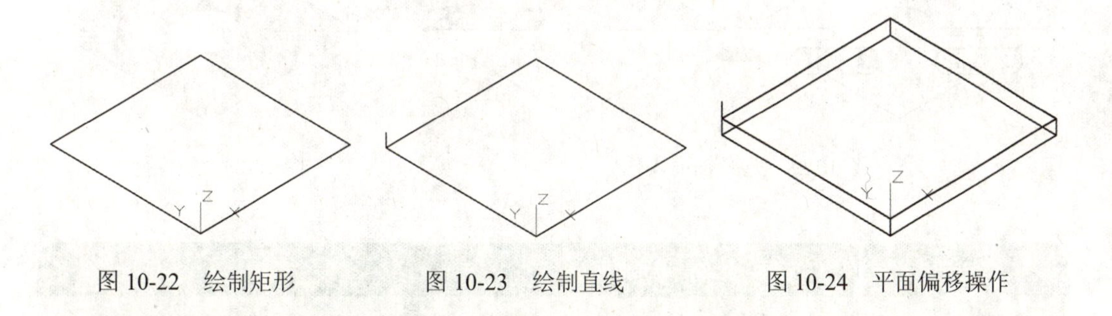

图 10-22　绘制矩形　　图 10-23　绘制直线　　图 10-24　平面偏移操作

QA 问题

学生问： 老师，什么是平移曲面？

老师答： 平移曲面是从沿直线路径扫掠的直线或曲线之间创建网格。选择直线、圆弧、圆、椭圆或多段线，用于以直线路径进行扫掠。然后选择直线或多段线，以确定矢量的第一个点和最后一个点，该矢量指示多边形网格的方向和长度。以本案例为例，绘制的矩形即为进行扫掠的对象，直线即为平移中的方向和长度。

STEP 06 绘制圆。在“图层”下拉列表中将“底座侧面”图层隐藏，将“底座顶面”图层设置为当前图层。然后，执行“直线”（L）命令，绘制一条对角线，并以对角线中点为圆心，绘制半径为 20mm 的圆，如图 10-25 所示。

STEP 07 修剪图形。执行“修剪”（TR）命令，修剪对角线和直线，如图 10-26 所示。

STEP 08 合并多段线。执行“分解（X）”分解矩形，执行“合并”（J）命令，将矩形的两条直线合并为多段线，如图 10-27 所示。

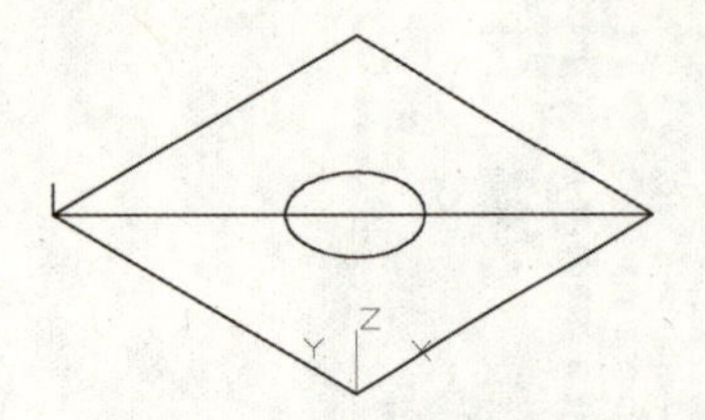

图 10-25　绘制直线和圆

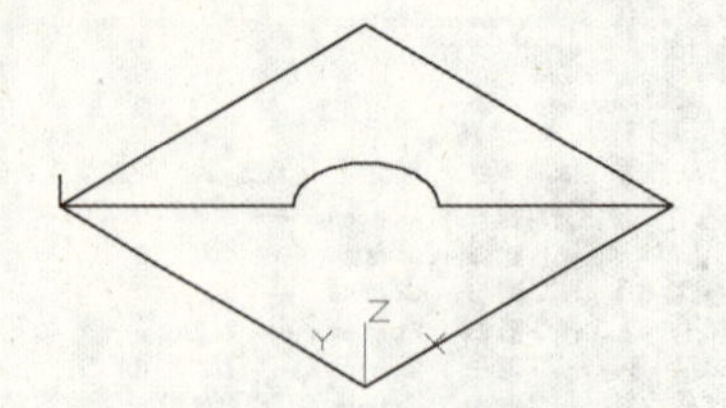

图 10-26　修剪操作

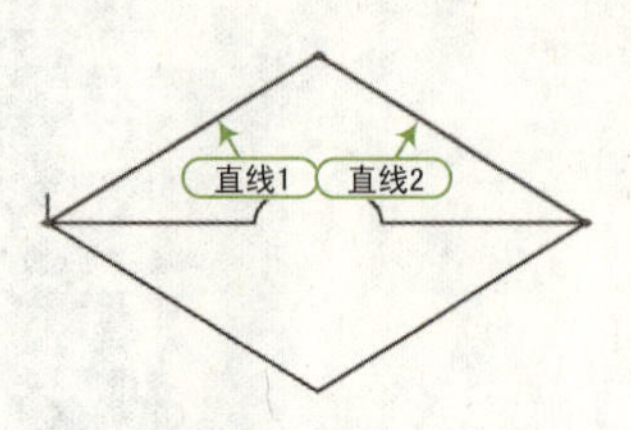

图 10-27　合并多段线

STEP 09 设置线框密度。在命令行中分别输入“SURFTAB1”和“SURFTAB2”系统参数，设置曲面的网格密度为30。命令行提示与操作如下：

```
命令：SURFTAB1
输入 SURFTAB1 的新值 <6>: 30
命令：SURFTAB2
输入 SURFTAB2 的新值 <6>: 30
```

STEP 10 创建边界曲面。在“网格”选项卡的“图元”面板中单击“边界曲面”按钮，创建如图10-28所示的曲面。

STEP 11 镜像曲面。执行“镜像命令(MI)”，镜像上一步创建的曲面，如图10-29所示。

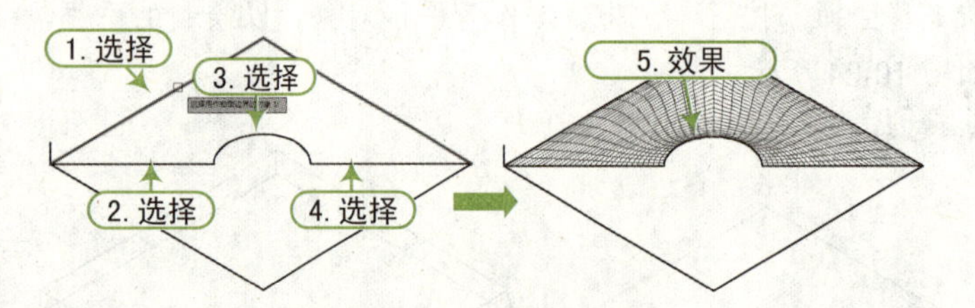

图 10-28　边界曲面操作

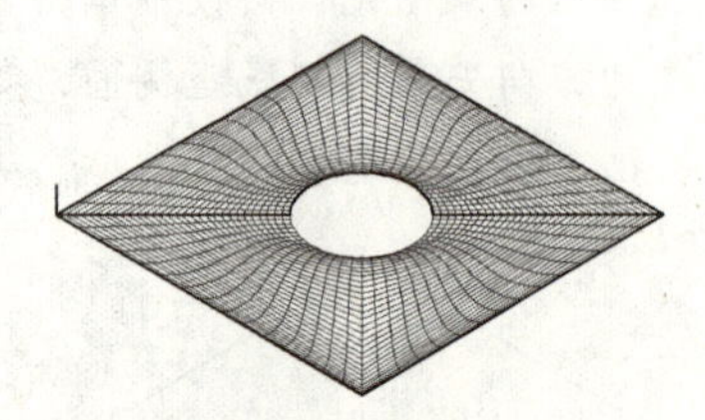

图 10-29　镜像操作

QA问题

学生问： 老师，什么是边界曲面？

老师答： 边界曲面是在四条相邻的边或曲线之间创建网格。选择四条用于定义网格的边。边可以是直线、圆弧、样条曲线或开放的多段线。需要注意的是，这些边必须在端点处相交以形成一个闭合路径。

STEP 12 移动曲面。执行“移动”命令（M），将创建的边界曲面对象垂直向下移动10mm，如图10-30所示。

STEP 13 隐藏图层。将两个曲面移动到底座底面图层，然后隐藏该图层。

STEP 14 缩放圆弧。执行“缩放命令”(SC)，以圆弧的圆心为基点，确定比例因子为2，缩放圆弧，如图10-31所示。

STEP 15 修剪图形。执行“修剪命令”(TR)，修剪多余线段，如图10-32所示。

STEP 16 创建边界曲面。再次执行“边界曲面”命令，创建曲面，如图10-33所示。

STEP 17 镜像曲面。执行“镜像命令”(MI)，镜像曲面，如图10-34所示。

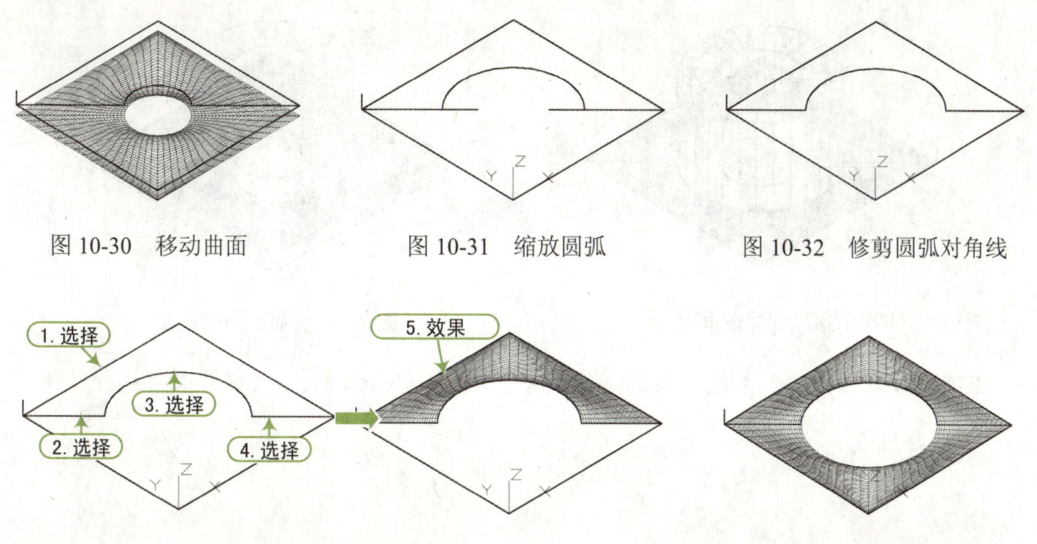

图 10-30　移动曲面　　图 10-31　缩放圆弧　　图 10-32　修剪圆弧对角线

图 10-33　创建边界曲面　　图 10-34　镜像曲面

STEP 18 绘制同心圆。设置“圆筒面”图层切换至当前图层，执行“圆命令”（C），捕捉圆弧圆心，绘制半径分别为 20mm 和 40mm 的同心圆，如图 10-35 所示。

STEP 19 复制同心圆。执行“复制命令”（CO），将同心圆向上复制 50mm，如图 10-36 所示。

STEP 20 创建直纹网格。执行“直线命令”（L），绘制一条直线，并在“网格”选项卡的“图元”面板中，单击“直纹网格”按钮，选择两个上方同心圆创建曲面，如图 10-37 所示。

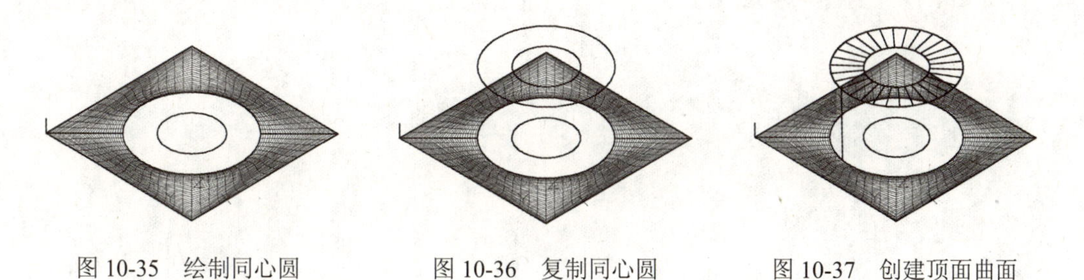

图 10-35　绘制同心圆　　图 10-36　复制同心圆　　图 10-37　创建顶面曲面

STEP 21 创建直纹网格。按空格键重复“直纹网格”命令，选择两个大圆创建圆筒侧面曲面，如图 10-38 所示。

QA 问题

学生问： 老师，什么是直纹网格？

老师答： 直纹网格用于表示两条直线或曲线之间的曲面的网格。选择两条用于定义网格的边。边可以是直线、圆弧、样条曲线、圆或多段线。如果有一条边是闭合的，那么另一条边必须也是闭合的。也可以将点用作开放曲线或闭合曲线的一条边。关于网格的创建，我们将在下一章中进行具体的讲解。

STEP 22 切换视觉样式。在“图层特性管理器”中，将所有关闭的图层打开，如图 10-39 所示。在“视觉”选项卡的“视觉样式”面板中，选择“概念”视图，其最终效果如图 10-20 所示。

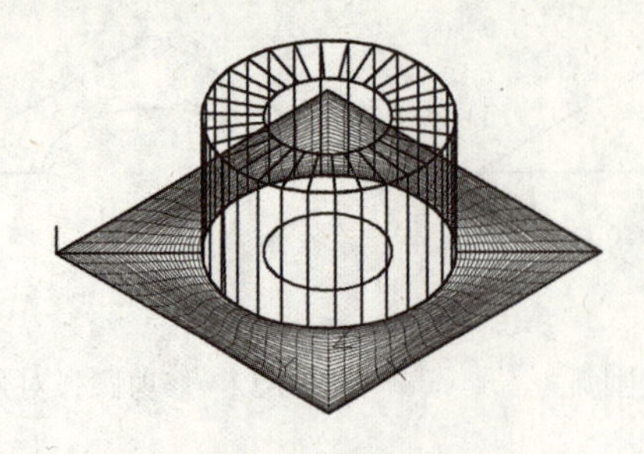

图 10-38　创建侧面曲面

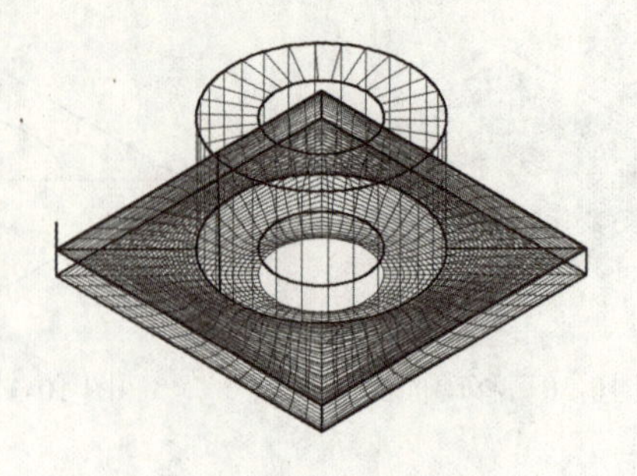

图 10-39　显示所有图层

STEP 23 保存文件。至此，底座图形绘制完成，按“Ctrl+S”组合键将文件进行保存。

第11章 绘制、编辑三维图形

老师，在 AutoCAD 中怎样创建三维模型图?

在 AutoCAD 中，可以通过系统提供的一些绘图命令绘制三维图形，如长方体、圆柱体、球体、圆锥体等。除此之外，还可以通过将二维图形进行拉伸、旋转、移动使其成为三维实体。AutoCAD 还提供了一些三维编辑命令，可以对创建好的三维图形进行编辑美化，从而使简单的三维实体变为更复杂的三维实体。本章将针对这些三维绘图中的绘图命令和编辑命令进行详细讲解，希望大家能够认真学习，并掌握三维图形的绘制方法和技巧。

效果预览

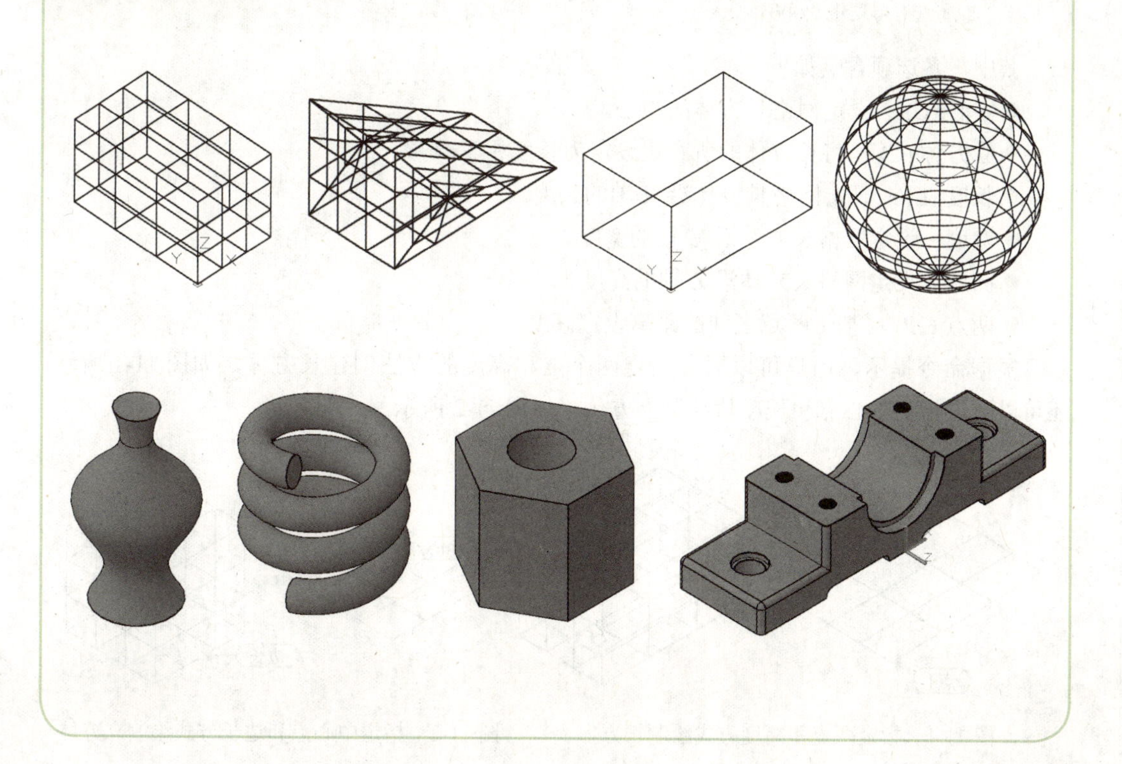

11.1 绘制基本三维网格面

三维网格是 AutoCAD 中比较独特的一种图形，它具有柔性、可弯曲、可拉伸的特点，而且可以形成用户所需要的各种形状。每个三维网格都具有表面方向，其方向与表面阵列的行和列一致，AutoCAD 将其中一个方向标为 M，另一个方向标为 N，绝大部分绘制三维网格的命令都通过系统变量“SURFTAB1”和“SURFTAB2”来确定 M 和 N 方向的曲面密度。

在 AutoCAD 中，用户可利用“MESH”命令创建三维网格图元对象，包括长方体、切体、棱锥体、球体、圆柱体、圆环体表面。同时用户还可以创建旋转、平移、直纹及边界曲面。

11.1.1 绘制长方体表面

利用“网格长方体”命令可以创建网格长方体或立方体，其执行方法如下。

- 菜单栏：选择“绘图 | 建模 | 网格 | 图元 | 长方体”菜单命令。
- 面板：在“网格”选项卡的“图元”面板中，单击“长方体”按钮。
- 命令行：输入“MESH”命令，在命令提示中选择“长方体 (B)”选项。

执行上述操作后，命令行提示如下：

```
命令 : _MESH                                              \\ 执行“网格长方体”命令
当前平滑度设置为 : 0
输入选项 [ 长方体 (B)/ 圆锥体 (C)/ 圆柱体 (CY)/ 棱锥体 (P)/ 球体 (S)/ 楔体 (W)/ 圆环体 (T)/ 设置 (SE)]
< 长方体 >: _BOX                                          \\ 选择“长方体 (B)”选项
指定第一个角点或 [ 中心 (C)]:                              \\ 拾取一点作为长方体的起点
指定角点或 [ 立方体 (C)/ 长度 (L)]:                        \\ 拾取第二点确定底面大小
指定高度或 [ 两点 ]<0.0001>:                               \\ 拾取第三点高度
```

其中，各选项含义如下。

- 中心 (C)：设定网格长方体的中心。
- 立方体 (C)：将长方体的所有边设定为长度相等。
- 长度 (L)：设定网格长方体沿 X 轴的长度。
- 宽度：设定网格长方体沿 Y 轴的宽度。
- 高度：设定网格长方体沿 Z 轴的高度。
- 两点 (2P)：基于两点之间的距离设定高度。

根据命令提示，用户可以通过指定两个点和高度的方法创建长方体，如图 11-1 所示；还可以通过指定中心点和长度值绘制立方体，如图 11-2 所示。

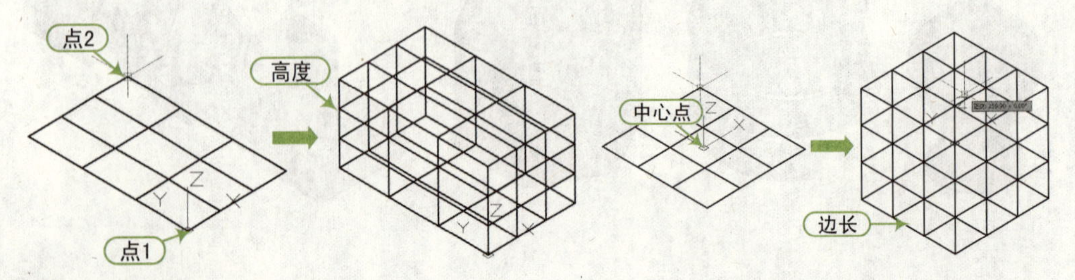

图 11-1　指定两点和高度方式绘制长方体　　图 11-2　指定中心点和边长方式绘制立方体

11.1.2 绘制楔体表面

利用“网格长方体”命令的“楔体”选项可以创建面为矩形正方体的楔形体，其执行方法如下。

- 菜单栏：选择“绘图 | 建模 | 网格 | 图元 | 楔体”菜单命令。
- 面板：在“网格”选项卡的“图元”面板中，单击“楔体”按钮。
- 命令行：输入“MESH”命令，在命令提示中选择“楔体 (W)”选项。

执行上述操作后，命令行提示如下：

```
    命令 : _MESH                                          \\ 执行“网格长方体”命令
    当前平滑度设置为 : 0
    输入选项 [ 长方体 (B)/ 圆锥体 (C)/ 圆柱体 (CY)/ 棱锥体 (P)/ 球体 (S)/ 楔体 (W)/ 圆环体 (T)/ 设置 (SE)]
< 长方体 >: w                                             \\ 选择“楔体 (W)”选项
    指定第一个角点或 [ 中心 (C)]:                          \\ 任意拾取一点
    指定角点或 [ 立方体 (C)/ 长度 (L)]:                    \\ 选择“立方体 (C)”选项
    指定长度 :                                            \\ 指定长方体长度
```

创建楔体表面的方法与创建长方体表面类似，同样可以通过指定两点和高度的方法创建长方体，如图 11-3 所示；还可以通过指定中心点和长度值绘制立方体，如图 11-4 所示。

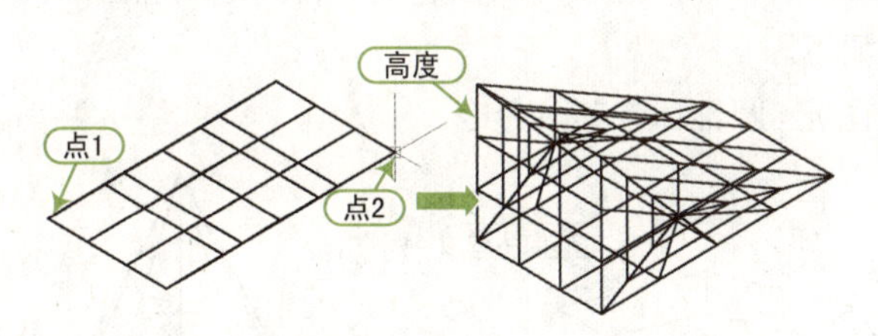

图 11-3　指定两点和高度方式绘制楔体表面

图 11-4　指定中心点和边长方式绘制楔体表面

11.1.3 绘制棱锥体表面

利用“网格长方体”命令的“棱锥体”选项可以创建最多具有 32 个侧面的网格棱锥体，其执行方法如下。

- 菜单栏：选择“绘图 | 建模 | 网格 | 图元 | 棱锥体”菜单命令。
- 面板：在“网格”选项卡的“图元”面板中，单击“棱锥体”按钮。
- 命令行：输入“MESH”命令，在命令提示中选择“棱锥体 (P)”选项。

执行上述操作后，根据命令行提示，即可创建棱锥体，如图 11-5 所示。

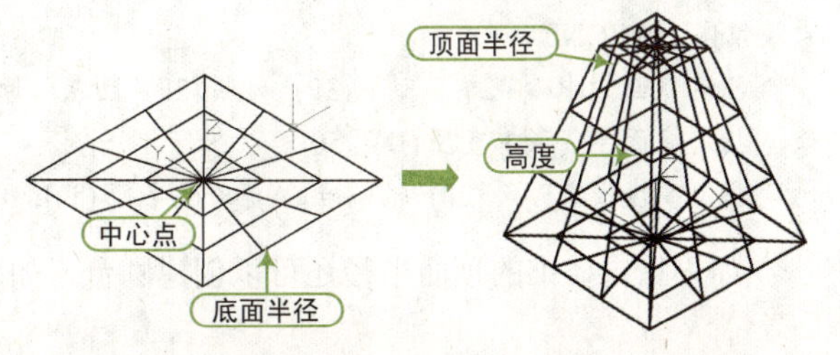

图 11-5　指定中心点和边长绘制棱锥体表面

```
命令：_MESH                                              \\执行“网格长方体”命令
当前平滑度设置为：0
输入选项 [长方体(B)/圆锥体(C)/圆柱体(CY)/棱锥体(P)/球体(S)/楔体(W)/圆环体(T)/设置(SE)]
<棱锥体>: _PYRAMID                                       \\选择“棱锥体(P)”选项
4 个侧面 外切
指定底面的中心点或 [边(E)/侧面(S)]: 0，0,0               \\指定中心点
指定底面半径或 [内接(I)]: 30                              \\输入底面半径
指定高度或 [两点(2P)/轴端点(A)/顶面半径(T)]: t            \\选择“顶面半径(T)”选项
指定顶面半径 <0.00>:10                                    \\输入顶面半径
指定高度或 [两点(2P)/轴端点(A)]: 40                       \\指定棱锥体高度
```

“网格长方体”命令的“棱锥体”选项提供了多种用于创建棱锥体大小和旋转的方法。

- 边 (E)：设定网格棱锥体底面一条边的长度，如指定的两点所指明的长度一样。
- 侧面 (S)：设定网格棱锥体的侧面数。输入 3 ～ 32 之间的正值。
- 内接 (I)：指定网格棱锥体的底面是内接的，还是绘制在底面半径内。
- 顶面半径 (T)：指定创建棱锥体平截面时网格棱锥体的顶面半径。

11.1.4 绘制圆锥体表面

使用“网格长方体”命令（MESH）的“圆锥体”选项可以创建底面为圆形或椭圆形的箭头网格圆锥体或网格圆台，其执行方法如下。

- 菜单栏：选择“绘图 | 建模 | 网格 | 图元 | 圆锥体”菜单命令。
- 面板：在“网格”选项卡的“图元”面板中，单击“圆锥体”按钮。
- 命令行：输入“MESH”命令，在命令提示中选择“圆锥体(C)”选项。

执行上述操作后，根据命令行提示，即可创建圆锥体，如图 11-6 所示。

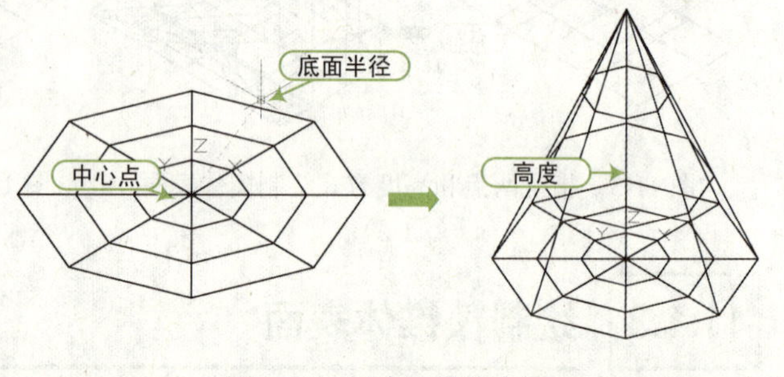

图 11-6 创建圆锥体表面

```
命令：_MESH                                              \\执行“网格长方体”命令
当前平滑度设置为：0
输入选项 [长方体(B)/圆锥体(C)/圆柱体(CY)/棱锥体(P)/球体(S)/楔体(W)/圆环体(T)/设置(SE)]
<棱锥体>: _CONE                                          \\选择“圆锥体(C)”选项
指定底面的中心点或 [三点(3P)/两点(2P)/切点、切点、半径(T)/椭圆(E)]: 0,0,0
指定底面半径或 [直径(D)]: 50                              \\输入底面直径
指定高度或 [两点(2P)/轴端点(A)/顶面半径(T)]: 100          \\输入圆锥体高度
```

如果指定棱锥的顶面半径还可以创建圆台，如图 11-7 所示。

QA 问题

学生问： 老师，为什么创建的圆锥体不是圆滑的呢？

老师答： 默认情况下，我们绘制的圆锥体呈八条棱的形状，类似于棱锥体，这是因为当前系统为默认的系统变量值。如果想让圆锥体变得圆滑，可以通过设置以下变量来设置其特性。

DIVMESHCONEAXIS：设置网格圆锥体底面周长的数目。

DIVMESHCONEBASE：设置网格圆锥体底面周长与圆心之间的细分数目。

DIVMESHCONEHEIGHT：设置网格圆锥体底面与顶点之间的细分数目。

DRAGVS：设置在创建三维实体、网格图元及拉伸实体、曲面和网格显示的视觉样式。

如图 11-8 所示为设置的“DIVMESHCONEAXIS”、“DIVMESHCONEBASE”、“DIVMESHCONEHEIGHT”系统变量均为 15，视觉样式为二维线框和消隐的效果。

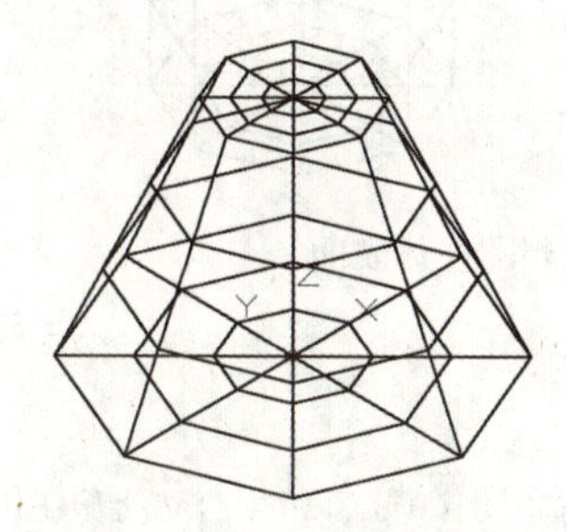

图 11-7　创建圆台椎体表面

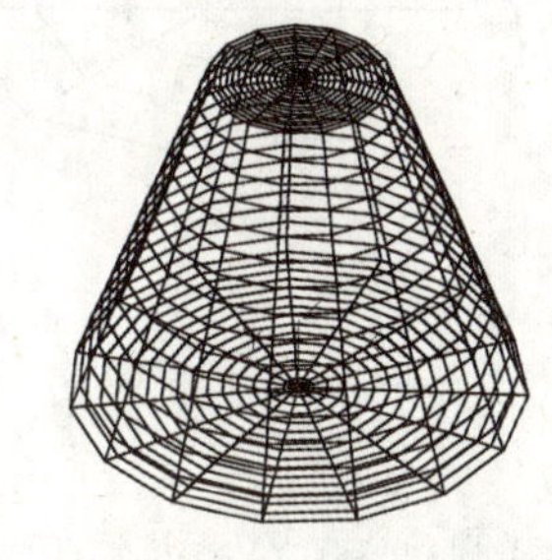

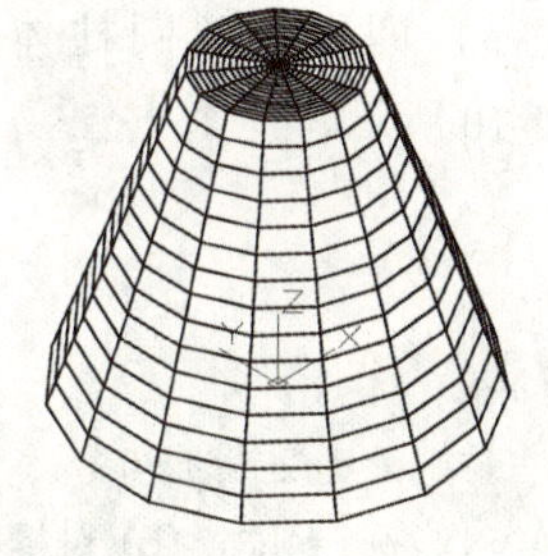

图 11-8　设置圆锥体系统变量

11.1.5 绘制球体表面

使用“网格长方体”命令的“球体”选项可以使用该方法中的其中一种来创建网格球体，其执行方法如下。

- 菜单栏：选择“绘图 | 建模 | 网格 | 图元 | 球体”菜单命令。
- 面板：在“网格”选项卡的“图元”面板中，单击“球体”按钮。
- 命令行：输入“MESH”命令，在命令提示中选择“球体 (S)”选项。

执行上述操作后，根据命令行提示，即可创建球体，如图 11-9 所示。

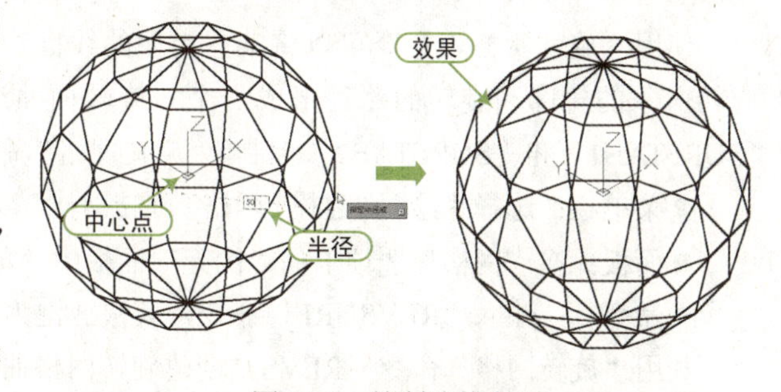

图 11-9　绘制球体表面

```
命令：_MESH                                          \\ 执行“网格长方体”命令
当前平滑度设置为：0
输入选项 [ 长方体 (B)/ 圆锥体 (C)/ 圆柱体 (CY)/ 棱锥体 (P)/ 球体 (S)/ 楔体 (W)/ 圆环体 (T)/ 设置 (SE)]
< 球体 >: _SPHERE                                    \\ 选择“球体 (S)”选项
指定中心点或 [ 三点 (3P)/ 两点 (2P)/ 切点、切点、半径 (T)]: 0,0,0
                                                     \\ 输入中心点
指定半径或 [ 直径 (D)] <50.00>: 50                   \\ 输入球体半径
```

11.1.6 绘制圆柱体表面

使用“网格长方体”命令的“圆柱体”选项可以创建圆或椭圆为底面的网格圆柱体，其执行方法如下。

- 菜单栏：选择“绘图 | 建模 | 网格 | 图元 | 圆柱体”菜单命令。
- 面板：在“网格”选项卡的“图元”面板中，单击“圆柱体”按钮。
- 命令行：输入“MESH”命令，在命令提示中选择“圆柱体 (CY)”选项。

执行上述操作后，根据命令行提示，即可创建圆柱体，如图 11-10 所示。

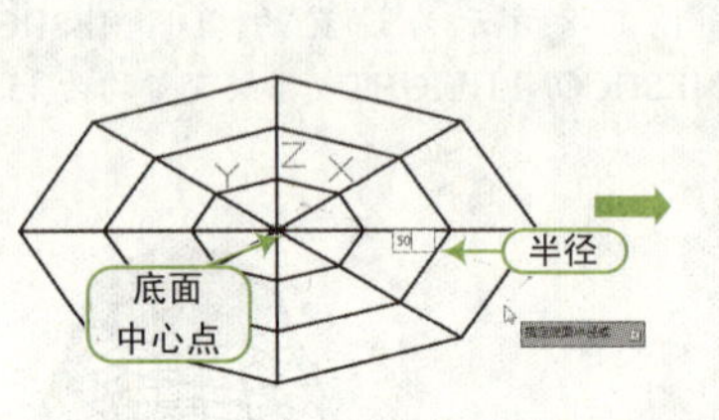

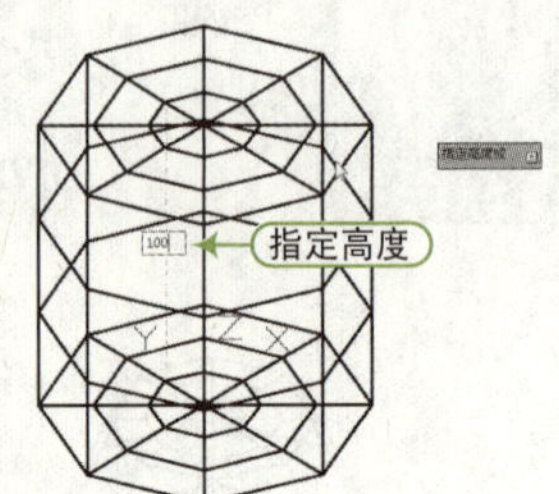

图 11-10　绘制圆柱体表面

```
命令: MESH                                           \\执行“网格长方体”命令
当前平滑度设置为: 0
输入选项 [长方体(B)/圆锥体(C)/圆柱体(CY)/棱锥体(P)/球体(S)/楔体(W)/圆环体(T)/设置(SE)]
<圆柱体>:                                             \\选择“圆柱体(CY)”选项
指定底面的中心点或 [三点(3P)/两点(2P)/切点、切点、半径(T)/椭圆(E)]: 0,0,0
                                                     \\输入中心点
指定底面半径或 [直径(D)] <50.00>: 50                   \\输入底面半径值
指定高度或 [两点(2P)/轴端点(A)] <80.00>: 100           \\输入圆柱体高度
```

11.1.7 创建旋转曲面

使用“旋转网格”命令可以将某些类型的线框对象绕指定的旋转轴进行旋转，根据被旋转对象的轮廓和旋转的路径形成一个与旋转曲面近似的网格，网格的密度由系统变量“SURFTAB1”和“SURFTAB2”控制。“旋转网格”命令的执行方法如下。

- 菜单栏：选择“绘图 | 建模 | 网格 | 旋转网格”菜单命令。
- 面板：在“网格”选项卡的“图元”面板中，单击“旋转网格”按钮。
- 命令行：输入“REVSURF”命令，其快捷键为“REVS”。

利用“旋转网格”命令（REVS）创建旋转网格曲面的操作方法如下。

STEP 01 调整网格密度，使网格看起来更平滑。命令行提示如下：

```
命令: SURFTAB1
输入 SURFTAB1 的新值 <6>: 36
命令: SURFTAB2
输入 SURFTAB2 的新值 <6>: 36
```

STEP 02 执行“绘图 | 建模 | 网格 | 旋转网格”菜单命令，选择需要的轮廓图形。

STEP 03 选择旋转轴对象。

STEP 04 按“Enter”键确定起始角度，如图 11-11 所示。

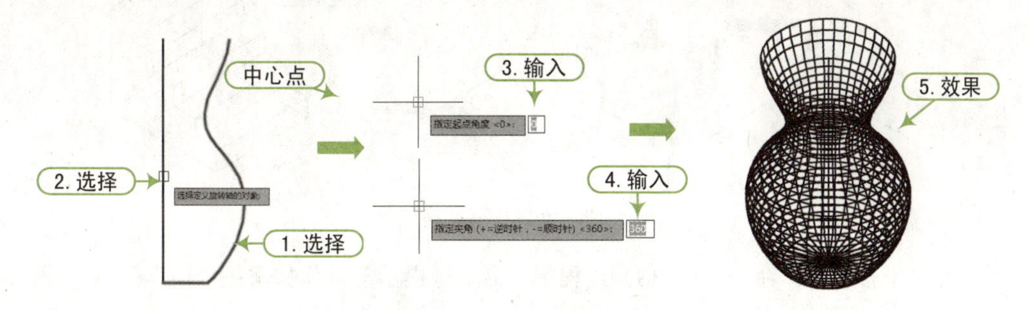

图 11-11　创建旋转网格曲面

执行“旋转网格”命令（REVS）过程中，命令行提示与操作如下：

```
命令 : _revsurf                                  \\ 执行“旋转网格”命令
当前线框密度 : SURFTAB1=36  SURFTAB2=36
选择要旋转的对象 :                               \\ 选择多段线
选择定义旋转轴的对象 :                           \\ 选择直线
指定起点角度 <0>:                                \\ 按“Enter”键确认起点角度
指定夹角 (+= 逆时针，-= 顺时针 ) <360>:          \\ 按“Enter”键认夹角
```

QA 问题

学生问： 老师，“旋转网格”命令（REVS）与“旋转”命令（RO）有什么区别吗？

老师答： “旋转网格”命令（REVS）与“旋转”命令（RO）的用法大致相同，不同的是，“旋转网格”命令只能生成网格模型，而“旋转”命令还可以生成实体模型。

11.1.8 创建平移曲面

使用“平移网格”命令可以创建表示常规展平曲面的网格。曲面是由直线或曲线的延长线（称为路径曲线）按照指定的方向和距离（称为方向矢量或路径）定义的。“平移网格”命令的执行方法如下。

- 菜单栏：选择“绘图 | 建模 | 网格 | 平移网格”菜单命令。
- 面板：在“网格”选项卡的“图元”面板中，单击“平移网格”按钮。
- 命令行：输入“TABSURF”命令，其快捷键为“TABS”。

创建平移曲面之前，首先创建要进行平移的对象和作为方向矢量的对象。如果选择多段线作为方向矢量，则系统将把多段线的第一个顶点到最后一个顶点的矢量作为方向矢量，而中间的任意顶点将被忽略。

利用“平移网格”命令（TABS）创建楼梯台阶，其操作方法如下：

STEP 01 利用“三维多段线”命令（3DPOLY）和“直线”命令（L）绘制轮廓图形和方向矢量。

STEP 02 执行“绘图 | 建模 | 网格 | 平移网格”菜单命令，选择要移动的轮廓图形。

STEP 03 选择直线作为矢量方向，如图 11-12 所示。

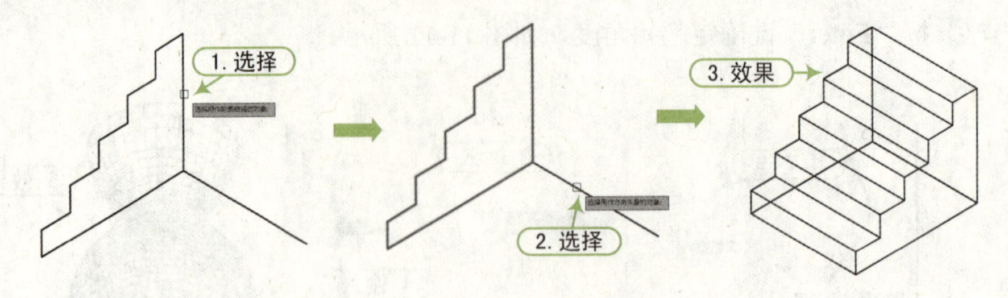

图 11-12　创建平移网格曲面

执行“平移网格”命令（TABS）过程中，命令行提示与操作如下：

```
命令 : _tabsurf                              \\ 执行“平移网格”命令
当前线框密度 : SURFTAB1=36
选择用作轮廓曲线的对象 :                     \\ 选择多段线
选择用作方向矢量的对象 :                     \\ 选择直线
```

11.1.9 创建直纹曲面

使用“直纹网格”命令可以在两条曲线间创建一个直纹曲面的多边形网格，“直纹网格”命令是最常用的创建三维网格的命令。其执行方法如下。

- 菜单栏：选择“绘图 | 建模 | 网格 | 直纹网格”菜单命令。
- 面板：在“网格”选项卡的“图元”面板中，单击“直纹网格”按钮。
- 命令行：输入“RULESURF”命令，其快捷键为“RU”。

直纹网格的定义曲线可以是直线、多段线、样条曲线、圆弧，甚至一个点。例如，将两条直线创建为直纹网格，如图 11-13 所示。命令行提示与操作如下：

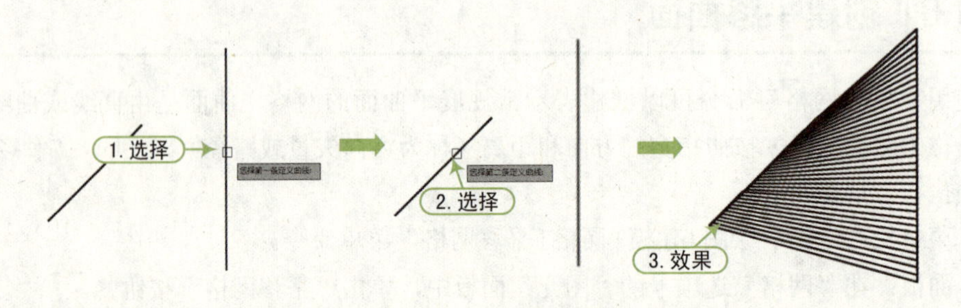

图 11-13　创建直纹网格曲面


```
命令 : RULESURF                              \\ 执行“直纹网格”命令
当前线框密度 : SURFTAB1=36
选择第一条定义曲线 :                         \\ 选择第一条直线
选择第二条定义曲线 :                         \\ 选择第二条直线
```

11.1.10 创建边界曲面

使用“边界网格”命令可以用 4 条边界曲线构建三维多边形网格，编辑曲面可以是直线、圆弧、开放的二维或三维多段线、样条曲线等。

“边界网格”命令的执行方法如下。

- 菜单栏：选择“绘图 | 建模 | 网格 | 边界网格”菜单命令。
- 面板：在“网格”选项卡的“图元”面板中，单击“边界网格”按钮。
- 命令行：输入“EDGESURF”命令，其快捷键为“EDG”。

在创建边界网格曲面之前，需要创建作为曲面边界的 4 个曲面对象。这 4 个边界对象必须在端点处一次相连，形成一个封闭的路径，才能创建边界曲面。

利用 4 条直线创建边界网格，如图 11-14 所示。

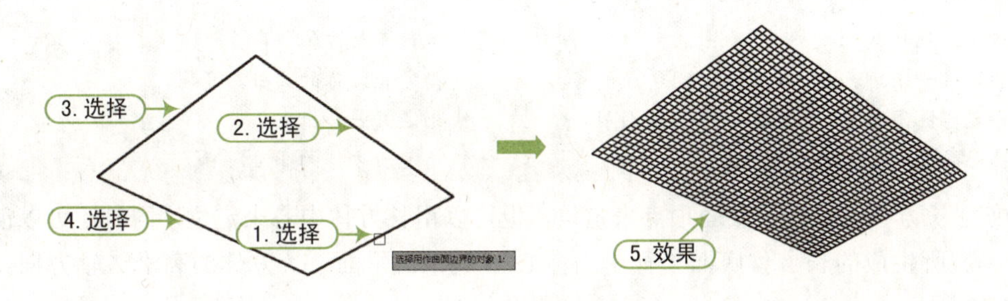

图 11-14　创建边界网格曲面

11.2　绘制三维实体对象

实体对象表示整体对象的体积。在各类三维建模中，实体的信息最完整，歧义最少，复杂实体比线框和网格更容易构造和编辑。

11.2.1　切换工作空间

“二维草图与注释”工作空间不适用于三维模型的创建，需要将其切换为三维建模工作空间，切换工作空间的方法如下。

- 工具栏：在“工作空间”下拉列表中选择“三维建模”选项，如图 11-15 所示。
- 菜单栏：选择“工具 | 工作空间 | 三维建模”菜单命令，如图 11-16 所示。
- 状态栏：单击状态栏右侧的“工作空间”按钮，在弹出的快捷菜单中选择“三维建模”选项，将工作空间切换为三维建模工作空间，如图 11-17 所示。

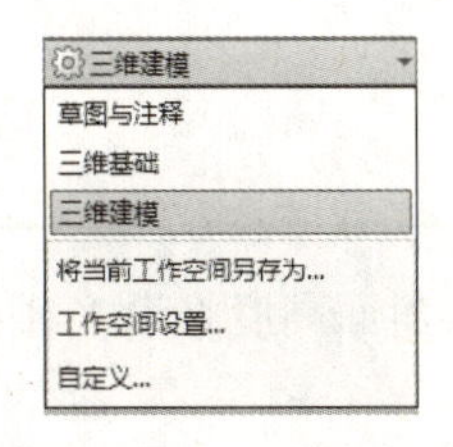

图 11-15　工作空间列表

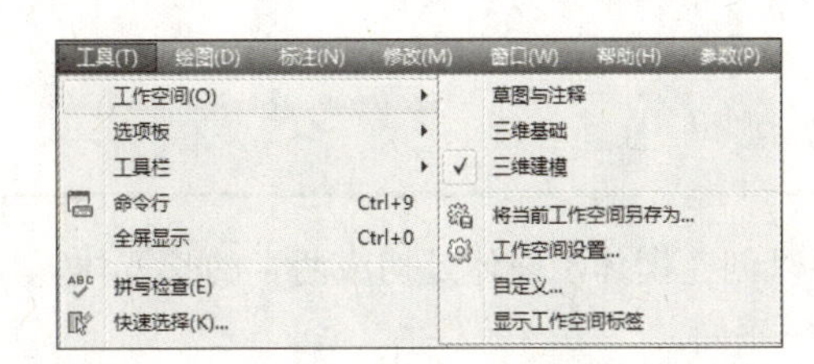

图 11-16　工作空间菜单

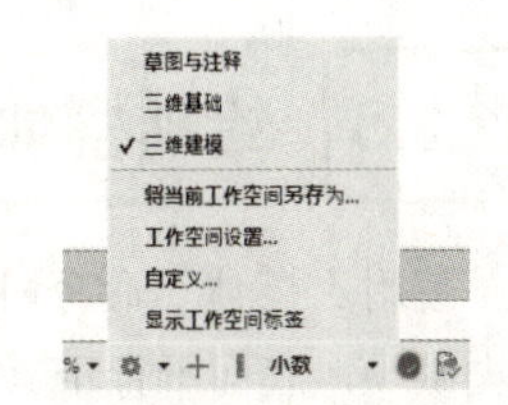

图 11-17　快捷菜单

11.2.2 绘制长方体

长方体是最基本的实体对象，使用“长方体”命令可以创建三维长方体或立方体。执行“长方体”命令的方法有以下 3 种。

- 菜单栏：选择“绘图 | 建模 | 长方体”菜单命令。
- 面板：在“常用”选项卡的“绘图”面板中，单击“长方体”按钮。
- 命令行：输入“BOX”命令。

执行“长方体”命令（BOX）后，命令行提示如下：

```
命令 : _box                              \\ 执行“长方体”命令
指定第一个角点或 [ 中心 (C)]: 0,0,0        \\ 指定长方体的第一个角点
指定其他角点或 [ 立方体 (C)/ 长度 (L)]:    \\ 指定另一个角点
指定高度或 [ 两点 (2P)]:                   \\ 指定长方体的高度
```

创建长方体时可以用底面顶点来定位，也可以用长方体中心来定位，同时还可以创建立方体。所生成的长方体底面平行于当前 UCS 的 XY 平面，长方体的高沿 Z 轴方向，如图 11-18 所示。

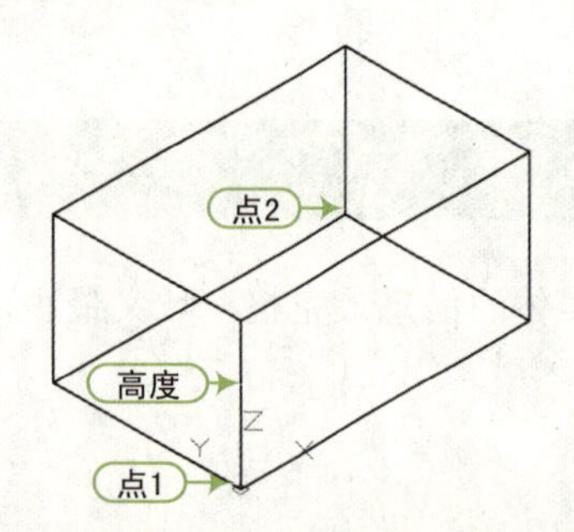

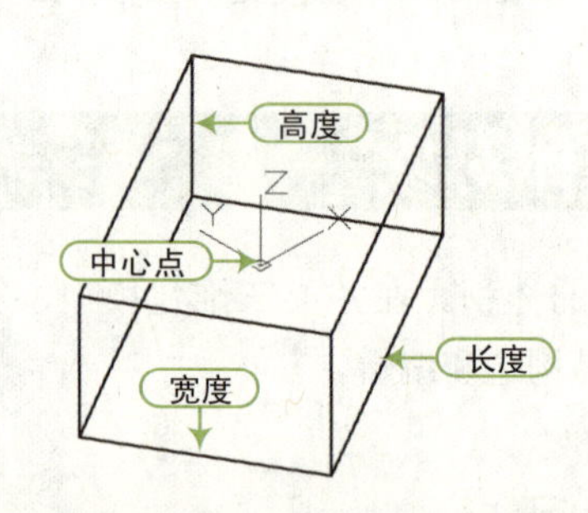

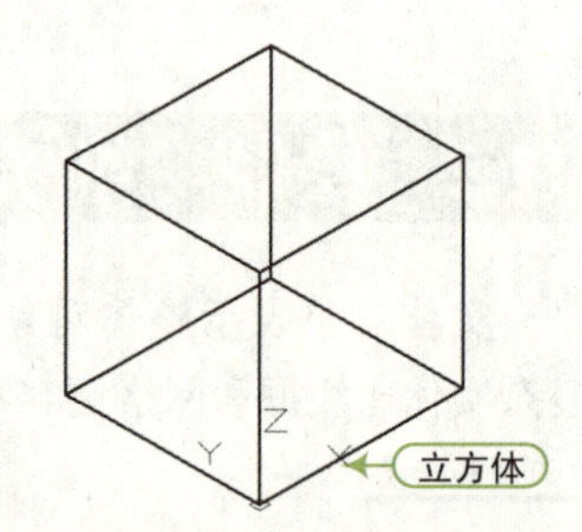

图 11-18　绘制长方体

QA 问题

学生问： 老师，AutoCAD 中三维网格与三维实体有什么区别呢？它们两者的表现好像差不多呀？

老师答： 虽然三维网格和三维实体的一些绘制方法相似，表面看上去也相差无几，但还是有本质的区别的。三维网格是以网格的形式来表达一个面，即用网格来组成一个三维物体的形状（也就是只有外皮，是空心的）；而三维实体是实实在在的实体，是实心的（通过各种操作变成空壳的除外）。

11.2.3 绘制楔体

使用“楔体”命令可以创建楔体，楔体是切成两半的长方体，其斜面高度将沿 X 轴正方向减少，底面平行于 XY 平面。

执行“楔体”命令的方法有如下 3 种。

- 菜单栏：选择“绘图 | 建模 | 楔体”菜单命令。
- 面板：在“常用”选项卡的“绘图”面板中，单击“楔体”按钮。

● 命令行：输入“WEDGE”命令。

执行“楔体”命令（WEDGE）后，命令行提示如下：

```
命令 : _wedge                                       \\执行“楔体”命令
指定第一个角点或 [ 中心 (C)]: 0,0,0                  \\指定一点
指定其他角点或 [ 立方体 (C)/ 长度 (L)]:20             \\另一个角点
指定高度或 [ 两点 (2P)] <5.12>: 10                   \\指定楔体高度
```

楔体的创建方法与长方体类似，一般有两种定位方式，一种是底面顶点定位；另一种是楔体中心定位，如图 11-19 所示。

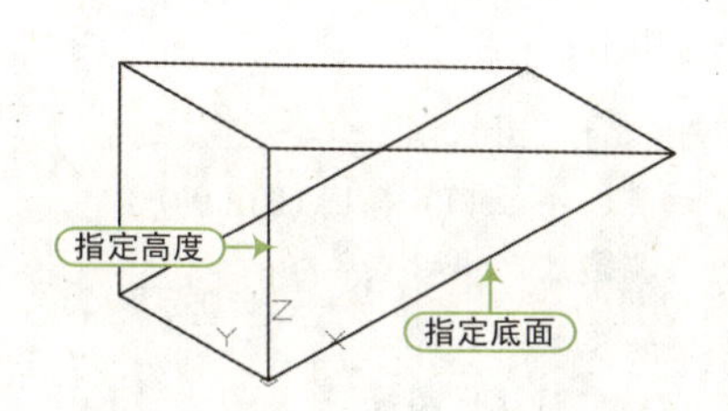

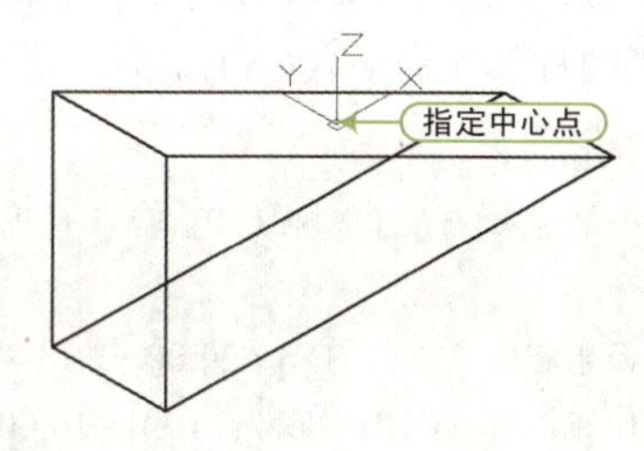

图 11-19　绘制楔体

11.2.4 绘制球体

使用“球体”命令可以创建三维实心球体，其执行方法有如下 3 种。

● 菜单栏：选择“绘图 | 建模 | 球体”菜单命令。

● 面板：在“常用”选项卡的“绘图”面板中，单击“球体”按钮。

● 命令行：输入“SPHERE”命令。

执行“球体”命令（SPHERE）后，命令行提示如下：

```
命令 : _sphere                                              \\执行“球体”命令
指定中心点或 [ 三点 (3P)/ 两点 (2P)/ 切点、切点、半径 (T)]: 0,0,0
                                                            \\指定球心
指定半径或 [ 直径 (D)]: 20                                   \\指定球体半径值
```

球体是通过半径或直径及球心来定义的。所创建的球体的纬线与当前的 UCS 的 XY 平面平行，其轴与 Z 轴平行。

在线框模式线，球体用曲线来表示，表示曲线的网格越密集，数量越多，显示效果越好，越接近实际，用户可以使用系统变量“ISLINES”来设置曲面网格数量，如图 11-20 所示。当“ISLINES”的值为 4（系统默认值）、8、16 时，同一个球体的显示效果明显不同。

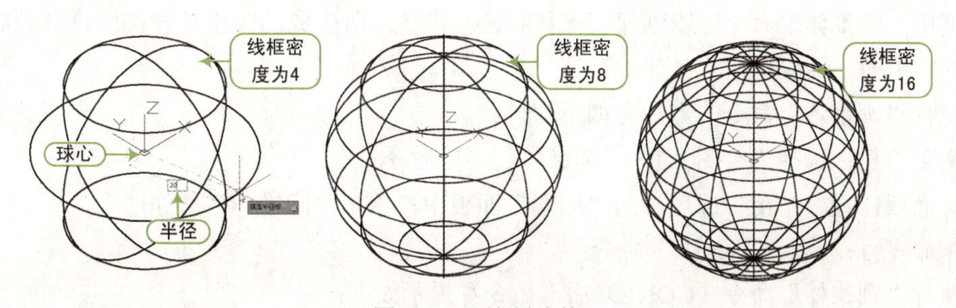

图 11-20　绘制球体

11.2.5 绘制圆柱体

使用“圆柱体“命令可以创建三维实心圆柱体，所生成的圆柱体、椭圆柱体的底面平行于 XY 平面，轴线与 Z 轴相平面。

执行“圆柱体”命令的方法有如下 3 种。

- 菜单栏：选择“绘图 | 建模 | 圆柱体”菜单命令。
- 面板：在“常用”选项卡的“绘图”面板中，单击“圆柱体”按钮。
- 命令行：输入“CYLINDER”命令，其快捷键为“CYL”。

执行“圆柱体”命令（CYL）后，命令行提示如下：

```
命令 : _cylinder                                          \\ 执行“圆柱体”命令
指定底面的中心点或 [ 三点 (3P)/ 两点 (2P)/ 切点、切点、半径 (T)/ 椭圆 (E)]: 0,0,0
                                                          \\ 指定底面中心点
指定底面半径或 [ 直径 (D)] <20.00>:                        \\ 指定底面半径
指定高度或 [ 两点 (2P)/ 轴端点 (A)] <10.00>:                \\ 指定圆柱体高度
```

创建圆柱体时，用户可以通过指定中心点和半径的方法，绘制圆柱体的底面，再指定圆柱体的高度。用户还可以通过指定两点或三点及切点、切点、半径方式来指定圆柱体底面。同时利用“圆柱体”命令也可以创建椭圆柱体，如图 11-21 所示。

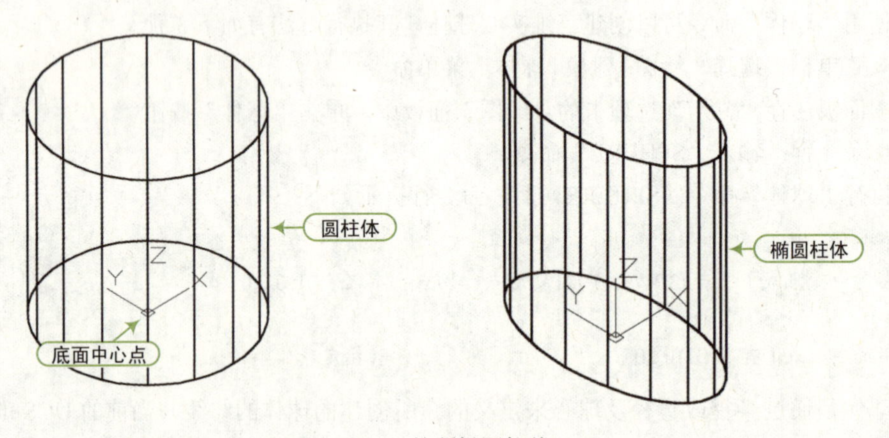

图 11-21　绘制椭圆柱体

11.2.6 绘制圆锥体

使用“圆锥体”命令可以创建圆锥体和椭圆锥体，所生成的圆锥体和椭圆锥体的底面平行于 XY 平面，轴线平行于 Z 轴。

执行“圆锥体”命令的方法有如下 3 种。

- 菜单栏：选择“绘图 | 建模 | 圆锥体”菜单命令。
- 面板：在“常用”选项卡的“绘图”面板中，单击“圆锥体”按钮◎。
- 命令行：输入“CONE”命令。

执行“圆锥体”命令（CONE）后，命令行提示如下：

```
命令：_cone                                              \\ 执行“圆锥体”命令
指定底面的中心点或 [ 三点 (3P)/ 两点 (2P)/ 切点、切点、半径 (T)/ 椭圆 (E)]: 0,0,0
                                                         \\ 指定中心点
指定底面半径或 [ 直径 (D)] <20.00>: 30                    \\ 指定底面半径
指定高度或 [ 两点 (2P)/ 轴端点 (A)/ 顶面半径 (T)]: 50      \\ 指定圆锥体高度
```

创建圆锥体与创建圆柱体的方法类似，都是先指定底面，再指定实体的高度。不同的是，圆柱体的顶面半径与底面半径相同，而圆锥体的顶面半径为 0。当圆锥体底面为椭圆时，可绘制椭圆锥体；当其顶面半径小于底面半径时，可绘制圆台体，如图 11-22 所示。

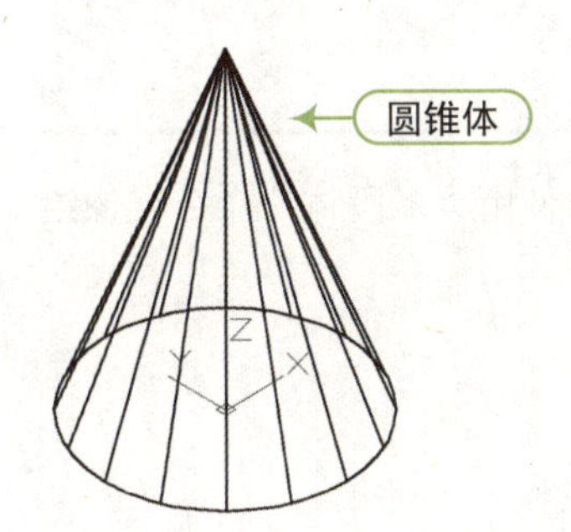

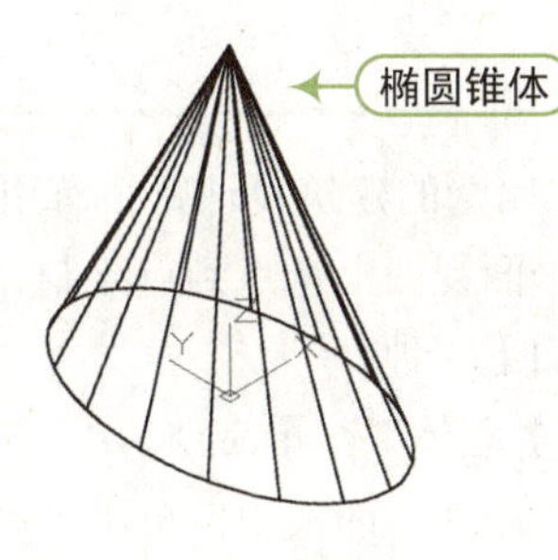

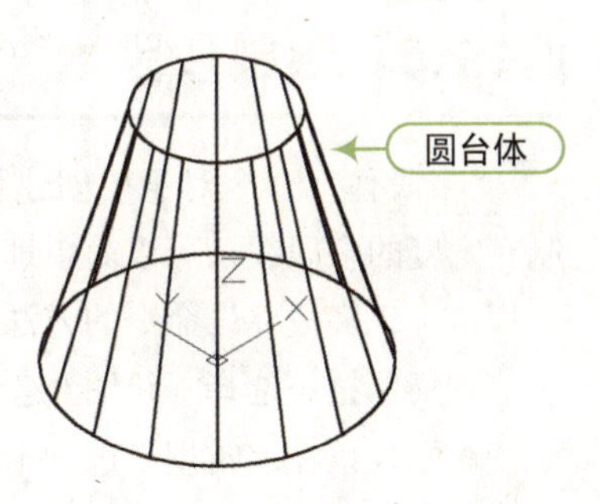

图 11-22　绘制圆锥体

11.2.7 绘制圆环体

使用“圆环体”命令可以创建圆环体。圆环体有两个半径定义，一个是圆环体中心到管道中心的圆环体半径；另一个是管道半径。

执行“圆环体”命令的方法有如下 3 种。

- 菜单栏：选择“绘图 | 建模 | 圆环体”菜单命令。
- 面板：在“常用”选项卡的“绘图”面板中，单击“圆环体”按钮◎。
- 命令行：输入“TORUS”命令。

执行“圆环体”命令（TORUS）后，命令行提示如下：

```
命令：_torus                                             \\ 执行“圆环体”命令
指定中心点或 [ 三点 (3P)/ 两点 (2P)/ 切点、切点、半径 (T)]: 0,0,0
                                                         \\ 指定中心点
指定半径或 [ 直径 (D)] <30.00>: 50                        \\ 指定圆环体半径
指定圆管半径或 [ 两点 (2P)/ 直径 (D)] <10.00>: 10          \\ 指定管道半径
```


QA 问题

学生问： 老师，在绘制圆环体时，如果圆管半径大于圆环体半径会怎么样呢？

老师答： 当创建圆环体时，如果圆管半径和圆环体半径都是正值，且圆管半径大于圆环体半径，那么绘制结果就像一个两极凹陷的球体；如果圆环体半径为负值，圆管半径为正值，且大于圆环体半径的绝对值，则绘制结果就像一个两极尖锐突出的球体，如图 11-23 所示。

圆环体半径50
圆管半径10
圆环体半径20
圆管半径30
圆环体半径-20
圆管半径30

图 11-23　绘制圆环体

11.2.8 绘制多段体

“多段体”命令对于要创建三维墙壁的建筑设计师很有用，使用“多段体”命令就像绘制有宽度的多段线，可以简单地在平面视图上从点到点绘制。

执行“多段体”命令的方法有如下 3 种。

- 菜单栏：选择“绘图 | 建模 | 多段体”菜单命令。
- 面板：在“常用”选项卡的“绘图”面板中，单击“多段体”按钮。
- 命令行：输入“POLYSOLID”命令，其快捷键为“POLYS”。

执行“多段体”命令（POLYS）后，命令行提示如下：

```
命令 : _Polysolid                                              \\ 执行“多段体”命令
高度 = 4.00, 宽度 = 0.25, 对正 = 居中
指定起点或 [ 对象 (O)/ 高度 (H)/ 宽度 (W)/ 对正 (J)] < 对象 >: 0,0,0
                                                               \\ 指定起点
指定下一个点或 [ 圆弧 (A)/ 放弃 (U)]:                            \\ 指定下一点或绘制圆弧多段体
```

在创建多段体时，各选项含义如下。

- 对象 (O)：指定要转换为实体的对象。可以将直线、圆弧、二维多段线、圆等对象转换为多段实体。
- 高度 (H)：指定实体的高度。
- 宽度 (W)：指定实体的宽度。默认宽度设置为当前 PSOLWIDTH 设置。
- 对正 (J)：使用命令定义轮廓时，可以将实体的宽度和高度设置为左对正、右对正或居中。对正方式由轮廓的第一条线段的起始方向决定。
- 圆弧 (A)：将圆弧段添加到实体中。圆弧的默认起始方向与上次绘制的线段相切。

利用“多段体”命令，可以绘制具有一定宽度和高度的多段体，也可以将直线、圆弧、二维多段线、圆等转换为多段体，如图 11-24 所示。

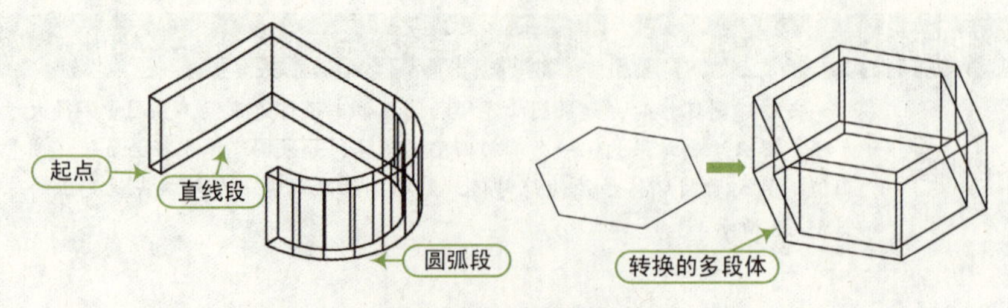

图 11-24　绘制多段体

11.3　通过二维图形生成三维实体

在 AutoCAD 中，使用三维拉伸、三维旋转、放样、平移等方法可以将二维图形创建为三维实体。

11.3.1　拉伸生成实体

使用“拉伸”命令可以沿指定路径拉伸对象或按指定高度值、倾斜角度拉伸对象，从而将二维图形拉伸为三维实体。使用二维图形拉伸为三维实体的方法可以方便地创建外形不规则的实体。使用该方法，需要先用二维绘图命令绘制不规则的界面，然后将其拉伸，即可创建三维实体。

执行“拉伸”命令的方法有如下 3 种。

- 菜单栏：选择“绘图 | 建模 | 拉伸”菜单命令。
- 面板：在“常用”选项卡的“绘图”面板中，单击“拉伸”按钮。
- 命令行：输入“EXTRUDE”命令。

执行“拉伸”命令（EXTRUDE）后，命令行提示如下：

```
命令 : _extrude                                        \\ 执行“拉伸”命令
当前线框密度 : ISOLINES=16，闭合轮廓创建模式 = 实体
找到 1 个                                              \\ 选择二维图形
指定拉伸的高度或 [ 方向 (D)/ 路径 (P)/ 倾斜角 (T)/ 表达式 (E)] <50.00>:
                                                       \\ 指定拉伸高度
```

在使用“拉伸”命令（EXTRUDE）创建三维实体的过程中，命令提示中各选项含义如下。

- 指定拉伸的高度：沿正 Z 轴或负 Z 轴拉伸选定对象。方向基于创建对象时的 UCS，或（对于多个选择）基于最近创建的对象的原始 UCS。
- 方向 (D)：用两个指定点指定拉伸的长度和方向。
- 路径 (P)：指定基于选定对象的拉伸路径。路径将移动到轮廓的质心，然后沿选定路径拉伸选定对象的轮廓以创建实体或曲面。
- 倾斜角 (T)：指定拉伸的倾斜角。正角度表示从基准对象逐渐变细地拉伸，而负角度则表示从基准对象逐渐变粗地拉伸。默认角度 0 表示在与二维对象所在平面垂直的方向上进行拉伸。所有选定的对象和环都将倾斜到相同的角度。指定一个较大的倾斜角或较长的拉伸高度，将导致对象或对象的一部分在到达拉伸高度之前就已经汇聚到一点。面域的各个环始终拉伸到相同高度。
- 表达式 (E)：输入公式或方程式以指定拉伸高度。

利用“拉伸”命令创建三维实体，其操作步骤如下：

STEP 01 使用“多边形”命令（POL）绘制二维图形。

STEP 02 在命令行中输入“系统变量”命令（ISOLINES），设置线框密度为 24。

STEP 03 执行“绘图 | 建模 | 网格 | 拉伸”菜单命令，选择多边形作为拉伸对象。

STEP 04 将鼠标向上移动指定拉伸方向，并指定拉伸高度为 300。

STEP 05 按“Enter”键，完成拉伸操作，如图 11-25 所示。

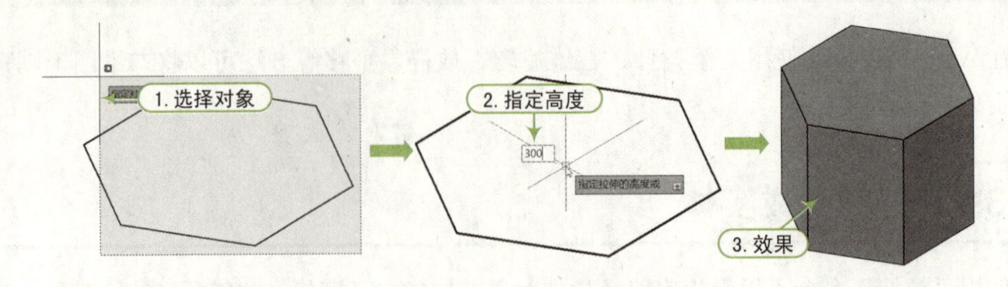

图 11-25　拉伸操作

QA 问题

学生问：老师，在拉伸二维几何图形构建实体时，是否可以保留原来的几何平面？

老师答：可以保留原来的图形对象，我们可以通过改变其系统变量“DELOBJ”确定是否保留原来的对象，其变量值设置为 0 即可。

11.3.2 旋转生成实体

使用“旋转”命令可以旋转一个二维图形来生成一个三维实体，该功能常用于生成具有异形断面的实体。

执行“旋转”命令的方法有如下 3 种。

- 菜单栏：选择“绘图 | 建模 | 旋转”菜单命令。
- 面板：在“常用”选项卡的“绘图”面板中，单击“旋转”按钮。
- 命令行：输入“REVOLVE”命令，其快捷键为“REV”。

执行“旋转”命令（REV）后，命令行提示如下：

```
命令 : REVOLVE                                              \\ 执行“旋转”命令
当前线框密度 : ISOLINES=24，闭合轮廓创建模式 = 实体
选择要旋转的对象或 [ 模式 (MO)]: 找到 1 个                  \\ 选择旋转对象
选择要旋转的对象或 [ 模式 (MO)]:                            \\ 按“Enter”键确认选择
指定轴起点或根据以下选项之一定义轴 [ 对象 (O)/X/Y/Z] < 对象 >:
                                                            \\ 指定轴的起点
指定轴端点 :                                                \\ 指定轴的端点
指定旋转角度或 [ 起点角度 (ST)/ 反转 (R)/ 表达式 (EX)] <360>: \\ 指定旋转角度
```

在使用“旋转”命令（REV）创建三维实体的过程中，命令提示中各选项含义如下。

- 对象 (O)：使用户可以选择现有的对象，此对象定义了旋转选定对象时所绕的轴。轴的正方向从该对象的最近端点指向最远端点。
- X/Y/Z：使当前 UCS 的正向 X 轴、Y 轴或者 Z 轴作为轴的正方向。
- 起点角度 (ST)：旋转对象时将以指定的角度旋转对象，使用正角度将按逆时针方向旋转对象，而使用负角度将按顺时针方向旋转对象。
- 反转 (R)：指定旋转对象给所在平面开始的旋转偏移。

利用“旋转”命令创建三维实体，其操作步骤如下：

STEP 01 使用“多段线”命令（PL）和“直线”命令（L）绘制二维图形。

STEP 02 在命令行中输入“系统变量”命令（ISOLINES），设置线框密度为 24。

STEP 03 执行“绘图 | 建模 | 网格 | 旋转”菜单命令，选择多段线作为旋转对象，并按“Enter”键确认选择。

STEP 04 选择“对象”选项，选择直线作为旋转轴。

STEP 05 指定旋转角度为 360°，然后按“Enter”键，完成旋转操作，如图 11-26 所示。

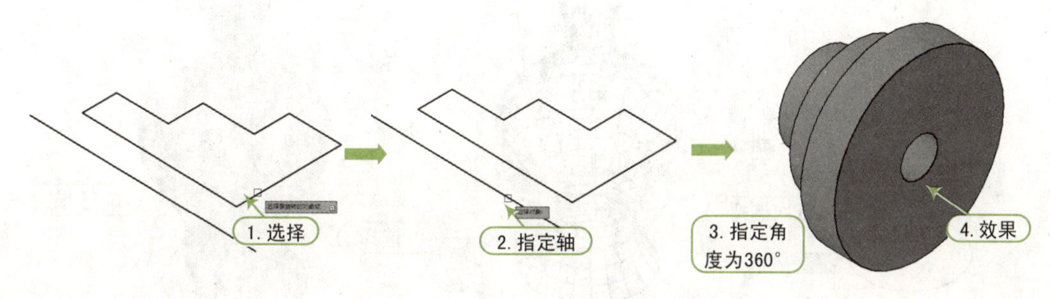

图 11-26　旋转操作

11.3.3 放样生成实体

使用“放样”命令可以通过指定一系列横截面来创建新的实体或曲面，横截面用于定义结果实体或曲面的截面轮廓（形状），横截面可以是开放的直线或曲线，也可以是封闭的圆等。

执行“放样”命令的方法有如下 3 种。

- 菜单栏：选择“绘图 | 建模 | 放样”菜单命令。
- 面板：在“常用”选项卡的“绘图”面板中，单击“放样”按钮。
- 命令行：输入“LOFT”命令。

执行“放样”命令（LOFT）后，命令行提示如下：

```
命令 : _loft                                                    \\ 执行“放样”命令
按放样次序选择横截面或 [ 点 (PO)/ 合并多条边 (J)/ 模式 (MO)]: _MO 闭合轮廓创建模式 [ 实体 (SO)/
曲面 (SU)] < 实体 >: _SO                                        \\ 依次选择横截面
按放样次序选择横截面或 [ 点 (PO)/ 合并多条边 (J)/ 模式 (MO)]: 找到 1 个，共 5 个。
输入选项 [ 导向 (G)/ 路径 (P)/ 仅横截面 (C)/ 设置 (S)] < 仅横截面 >:   \\ 按“Enter”键结束
```

在使用“放样”命令（LOFT）创建三维实体的过程中，命令提示中各选项含义如下。

- 点 (PO)：选择“点”选项必须选择闭合曲线。
- 合并多条边 (J)：将多个端点相交的曲面合并为一个横截面。
- 导向 (G)：指定控制放样实体或曲面形状的导向曲线，可以使用导向曲线来控制点如何匹配相应的横截面，以防止出现不希望看到的效果。
- 仅横截面 (C)：在不适用导线路径的情况下创建放样对象。
- 设置 (S)：选择此选项将打开“放样设置”对话框。

利用“放样”命令（LOFT）可以创建三维实体，其操作步骤如下：

STEP 01 使用“圆”命令（C）绘制二维图形。

STEP 02 在命令行中输入“系统变量”命令（ISOLINES），设置线框密度为 24。

STEP 03 执行“绘图 | 建模 | 网格 | 放样”菜单命令，一次选择圆对象作为放样横截面，按“Enter”键，确认选择。

STEP 04 选择默认的“仅横截面”选项，完成放样操作，如图 11-27 所示。

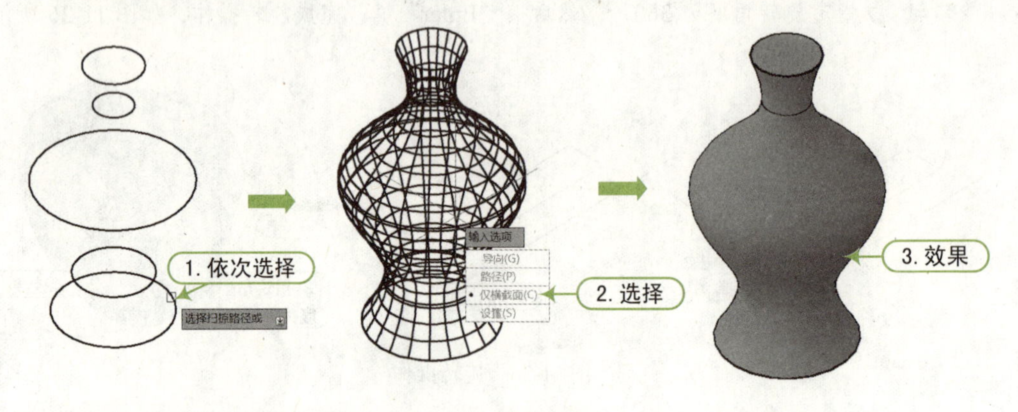

图 11-27　放样操作

11.3.4 扫掠生成实体

使用“扫掠”命令可以沿指定路径以指定轮廓的形状绘制实体或曲线，它可以扫掠多个对象，但是这些对象必须位于同一平面中。

执行“扫掠”命令的方法有如下 3 种。

- 菜单栏：选择“绘图 | 建模 | 扫掠”菜单命令。
- 面板：在“常用”选项卡的“绘图”面板中，单击“扫掠”按钮。
- 命令行：输入“SWEEP”命令，其快捷键为“SW”。

执行“扫掠”命令（SW）后，命令行提示如下：

```
命令 : _sweep                                              \\ 执行“扫掠”命令
当前线框密度 : ISOLINES=24，闭合轮廓创建模式 = 实体
选择要扫掠的对象或 [ 模式 (MO)]: 找到 1 个                 \\ 选择要扫掠的对象
选择要扫掠的对象或 [ 模式 (MO)]:                           \\ 按“Enter”键结束选择
选择扫掠路径或 [ 对齐 (A)/ 基点 (B)/ 比例 (S)/ 扭曲 (T)]:   \\ 选择扫掠路径
```


在使用“扫掠”命令（SW）创建三维实体的过程中，命令提示中各选项含义如下。

- 对齐 (A)：用于扫掠前是否对齐垂直于路径的扫掠对象。
- 基点 (B)：指定要扫掠的对象的基点，以确定沿路径实际位于该对象上的点。
- 比例 (S)：使用该选项可以设置扫掠的前后比例因子，比例因子不同扫掠效果也不同。
- 扭曲 (T)：该选项用于设置扭曲角度是否允许非平面扫掠路径倾斜。

利用“扫掠”命令（SW）可以创建三维实体，其操作步骤如下：

STEP 01 使用“圆”（C）、“螺旋线”命令（CATIA）绘制图形。

STEP 02 执行“绘图 | 建模 | 网格 | 扫掠”菜单命令，选择圆对象作为扫掠对象，按“Enter”键确认选择。

STEP 03 选择螺旋线作为扫掠路径，如图 11-28 所示。

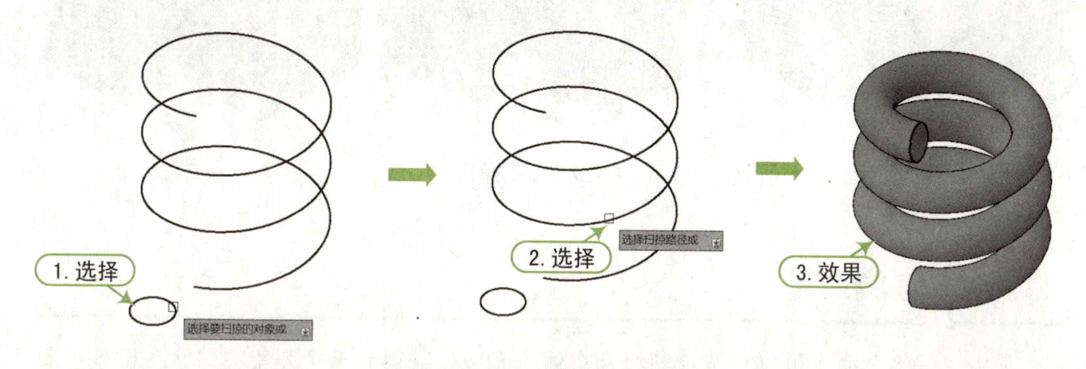

图 11-28　扫掠操作

11.4　布尔运算

布尔运算在数学的集合运算中得到了广泛应用，AutoCAD 也将该运算应用到实体的创建过程中，用户可以对三维实体对象进行并集、交集、差集的运算。三维实体的布尔运算与平面图形类似。

11.4.1　并集运算

使用“并集”命令可以将选定的两个及两个以上的实体或面域对象合并为一个新的整体。并集实体是两个或多个现有实体的全部体积合并起来形成的。

“并集”命令与创建块命令相似，都是将选定的图形对象定义成一个整体，但是“并集”命令的实体不能作为图形对象插入其他图形文档中，只能使用“复制”、“粘贴”命令粘贴到其他图形文件中。

执行“并集”命令的方法有如下 3 种。

- 菜单栏：选择“修改 | 实体编辑 | 并集”菜单命令。
- 面板：在“常用”选项卡的“实体编辑”面板中，单击“并集”按钮。
- 命令行：输入“UNION”命令，其快捷键为“UNI”。

执行“并集”命令（UNI）后，命令行提示如下：

```
命令：_union                                \\ 执行“并集”命令
选择对象：指定对角点：找到 2 个               \\ 选择要并集的对象
```

运用“并集”命令（UNI）编辑实体，其操作步骤如下：

STEP 01 执行“修改 | 实体编辑 | 并集”菜单命令，选择要组合的第一个对象。

STEP 02 选择要合并的第二个对象。

STEP 03 按“Enter”键确认选择，完成并集操作，如图 11-29 所示。

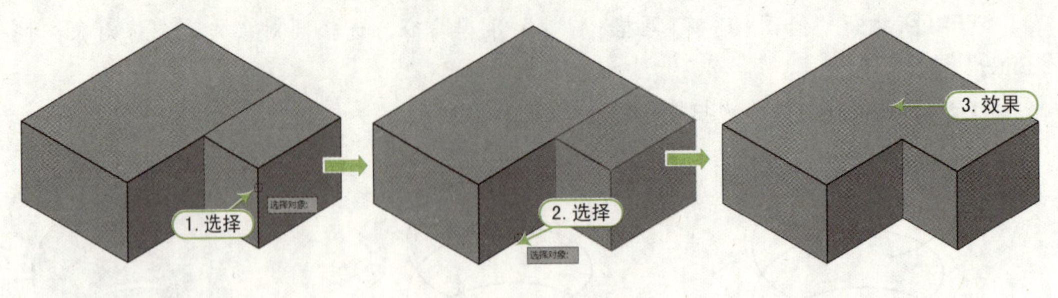

图 11-29　并集操作

11.4.2 差集运算

使用“差集”命令可以将选定的组合实体或面域相减得到一个差集实体。在机械绘图中，常用“差集”命令在实体或面域上进行钻孔、开槽等处理。

执行“差集”命令的方法有如下 3 种。

- 菜单栏：选择“修改 | 实体编辑 | 差集”菜单命令。
- 面板：在“常用”选项卡的“实体编辑”面板中，单击“差集”按钮。
- 命令行：输入“SUBTRACT”命令，其快捷键为“SU”。

执行“差集”命令（SU）后，命令行提示如下：

```
命令：SUBTRACT                                \\ 执行“差集”命令
选择要从中减去的实体、曲面和面域 ...
选择对象：找到 1 个                             \\ 选择被减对象
选择对象：选择要减去的实体、曲面和面域 ...
选择对象：找到 1 个                             \\ 选择要减去的对象
```

运用“差集”命令（SU）编辑实体，其操作步骤如下：

STEP 01 执行“修改 | 实体编辑 | 差集”菜单命令，选择多边形实体。按“Enter”键确认选择。

STEP 02 选择圆柱体作为减去实体。

STEP 03 按“Enter”键确定，完成差集操作，如图 11-30 所示。

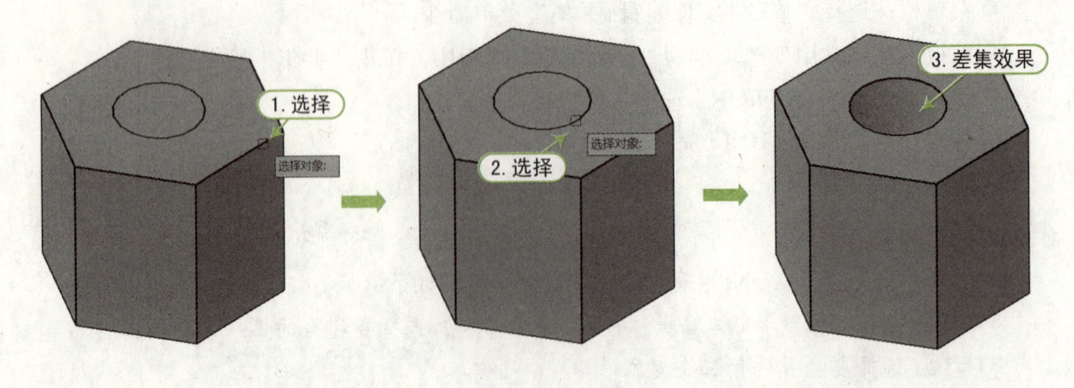

图 11-30　差集操作

11.4.3 交集运算

使用“交集”命令可以提取一组实体的公共部分，并将其创建为新的组合实体对象。该命令主要用于使用面偏移。

执行“交集”命令的方法有如下 3 种。

- 菜单栏：选择“修改 | 实体编辑 | 交集”菜单命令。
- 面板：在“常用”选项卡的“实体编辑”面板中，单击“交集”按钮。
- 命令行：输入“INTERSECT”命令，其快捷键为“INT”。

执行“交集”命令（INT）后，命令行提示如下：

```
命令：_intersect                          \\执行“交集”命令
选择对象：指定对角点：找到 2 个           \\选择实体对象
```

运用“交集”命令（INT）编辑实体，其操作步骤如下：

STEP 01 执行“修改 | 实体编辑 | 交集”菜单命令，单击选择实体对象。

STEP 02 单击选择另一个对象。

STEP 03 按“Enter”键确定，完成交集操作，如图 11-31 所示。

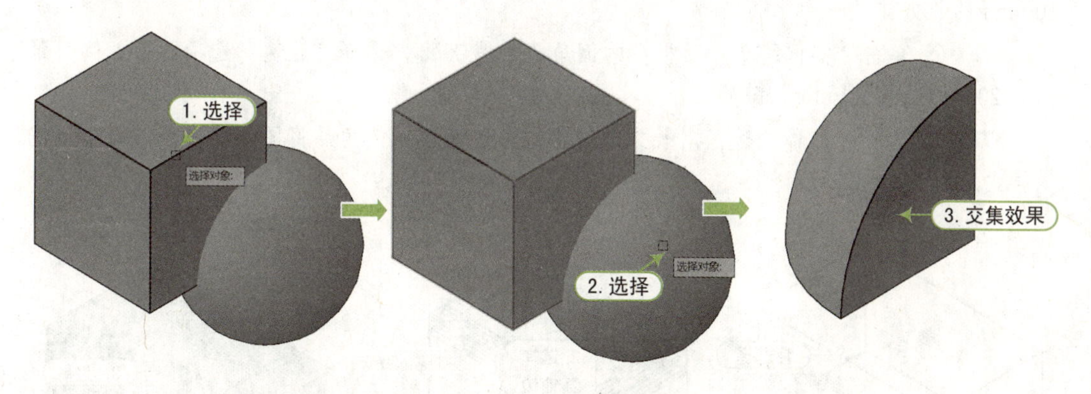

图 11-31　交集操作

QA 问题

学生问： 老师，我将多个实体进行交集运算，为什么选择实体后都不见了呢？

老师答： 这很有可能是你所选择的实体实际上并没有交点，通常 AutoCAD 进行交集后，除交集以外的部分删除，如果没有相交，那么会自动将实体删除。你可以检查一下是不是你需要交集的实体有共同的或两个以上的交点。

11.5 编辑三维实体

本节将介绍一些基本的实体三维操作命令。这些命令有的是二维绘图和三维绘图共有的命令。但在具体应用中有所不同，如“倒角”、“圆角”命令；有的命令是高级实体编辑命令，如“剖切”、“截面”命令。

11.5.1 倒角边

使用“倒角边”命令不仅可以对平面图形进行倒角，还可以对三维实体进行倒角。执行“倒角边”命令的方法有如下 3 种。

- 菜单栏：选择“修改 | 实体编辑 | 倒角边”菜单命令。
- 面板：在“常用”选项卡的“实体编辑”面板中，单击“倒角边”按钮。
- 命令行：输入“CHAMFEREDGE”命令，其快捷键为“CHA”。

执行“倒角边”命令（CHA）后，命令行提示如下：

```
命令：_CHAMFEREDGE                                  \\执行“倒角边”命令
距离 1 = 10.0，距离 2 = 10.0
选择一条边或 [ 环 (L)/ 距离 (D)]:                   \\选择要倒角的边
选择同一个面上的其他边或 [ 环 (L)/ 距离 (D)]:       \\选择其他边
```

运用“倒角边”命令（CHA）对长方体进行倒角，其操作步骤如下：

STEP 01 将当前视图切换至“西南等轴测”视图。

STEP 02 执行“长方体”命令（BOX）创建长、宽、高分别为 200mm、120mm、100mm 的长方体。

STEP 03 单击“实体编辑”面板中的倒角边”按钮，选择“距离”选项，输入倒角距离为 20，然后按“Enter”键确定。

STEP 04 选择长方体的边，对长方体进行倒角边操作。倒角后将图形切换至“概念”视觉样式，如图 11-32 所示。

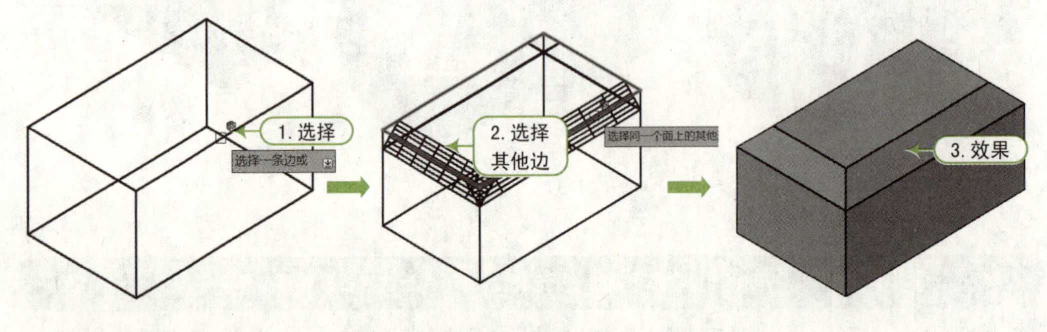

图 11-32　倒角边操作

11.5.2 圆角边

“圆角边”命令与“倒角边”命令类似，不仅可以对平面图形进行圆角，还可以对三维实体进行磨合细化。

执行“圆角边”命令的方法有如下 3 种。

- 菜单栏：选择“修改 | 实体编辑 | 圆角边”菜单命令。
- 功能区：在“常用”选项卡的“实体编辑”面板中，单击“圆角边”按钮。
- 命令行：输入“FILLETEDGE”，其快捷键为“F”。

执行“圆角边”命令（F）后，命令行提示如下：

```
命令：_FILLETEDGE                                   \\ 执行“圆角边”命令
半径 = 1.00
选择边或 [ 链 (C)/ 环 (L)/ 半径 (R)]: R             \\ 选择“半径”选项
输入圆角半径或 [ 表达式 (E)] <1.00>: 20             \\ 输入圆角半径
选择边或 [ 链 (C)/ 环 (L)/ 半径 (R)]:               \\ 选择要圆角的边
```

运用“圆角边”命令（F）对长方体进行圆角操作，如图 11-33 所示。

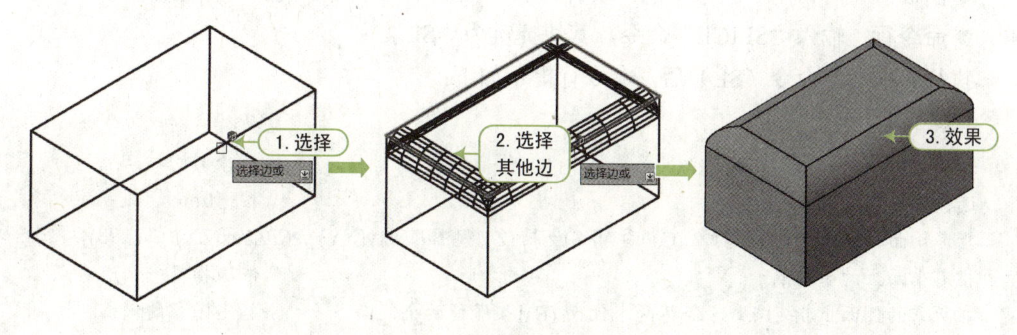

图 11-33　圆角边操作

QA 问题

学生问： 老师，“圆角边”命令选项中的“链”选项是什么意思呢？

老师答： 链是指从单边选择改为连续相切边选择。选中一条边也就选中了一系列相切的边。例如，如果选择某个三维实体长方体顶部的一条边，则执行“圆角边”命令还将选择顶部上其他相切的边。

11.5.3 分解

“分解”命令可以应用于平面图形，也可以应用于三维实体。利用“分解”命令可将实体分解为面域。其操作步骤如下：

STEP 01 执行“分解”命令（X），选择需要分解的实体。

STEP 02 按“Enter”键确定选择，此时实体被分解成单个面域。

STEP 03 选中并移动其中的一个面，效果如图 11-34 所示。

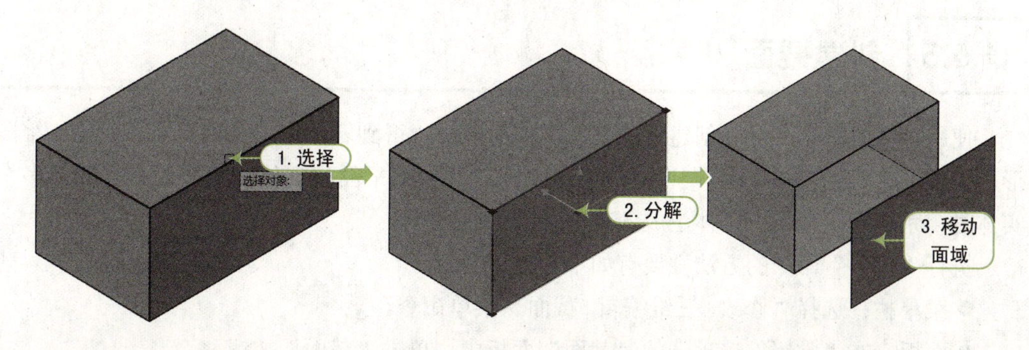

图 11-34　分解实体

11.5.4 剖切实体

使用“剖切”命令可以根据指定的剖切平面将一个实体分割为两个独立的实体，并可以继续剖切，将其任意切割为多个独立的实体。

执行“剖切”命令的方法有如下 3 种。

- 菜单栏：选择“修改 | 三维编辑 | 剖切”菜单命令。
- 面板：在“常用”选项卡的“实体编辑”面板中，单击“剖切”按钮。
- 命令行：输入“SLICE”命令，其快捷键为“SL”。

执行“剖切”命令（SL）后，命令行提示如下：

```
命令 : _slice                                                \\ 执行“剖切”命令
选择要剖切的对象 : 找到 1 个                                  \\ 选择剖切对象
选择要剖切的对象 :                                            \\ 按“Enter”键确定
指定切面的起点或 [ 平面对象 (O)/ 曲面 (S)/z 轴 (Z)/ 视图 (V)/xy(XY)/yz(YZ)/zx(ZX)/ 三点 (3)] < 三点 >:
指定平面上的第二点 :                                          \\ 依次指定平面上两点
在所需的侧面上指定点或 [ 保留两个侧面 (B)] < 保留两个侧面 >:   \\ 指定保留的侧面
```

执行“剖切”命令（SL）后，可以通过两点或三点指定剖切平面，也可以使用某个对象或曲面进行剖切。一个实体只能切成位于切平面两侧的两部分，被切成的两部分可全部保留，也可只保留其中一部分。

其操作步骤如下：

STEP 01 执行“修改 | 三维编辑 | 剖切”菜单命令，单击选择对象并按“Enter”键。

STEP 02 单击指定平面上的第 2 个点。

STEP 03 单击要保留的侧面，完成剖切操作，如图 11-35 所示。

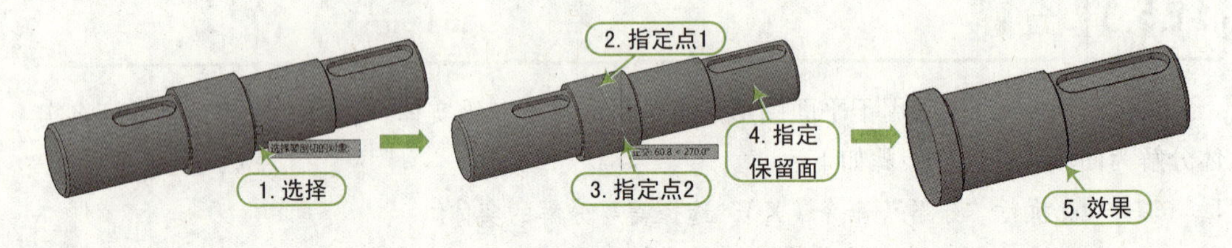

图 11-35　剖切实体

11.5.5 创建截面

使用“截面”命令可以创建穿过三维实体的剖面，得到表示三维实体剖面形状的二维图形。一般而言，AutoCAD 会在当前层生成剖面，并放在平面与实体的相交处。当选择多个实体时，系统可以为每个实体生成各自独立的剖面。

执行“截面”命令的方法主要有如下 3 种。

- 菜单栏：选择“修改 | 三维编辑 | 截面”菜单命令。
- 面板：在“常用”选项卡的“截面”面板中，单击“截面”按钮。
- 命令行：输入“SECTION”命令，其快捷键为“SEC”。

执行“截面”命令（SEC）后，命令行提示如下：

```
命令 : SECTION                                          \\ 执行“截面”命令
选择对象 : 找到 1 个                                    \\ 选择截面对象
选择对象 :                                        \\ 按“Enter”键确定
指定截面上的第一个点，依照 [ 对象 (O)/Z 轴 (Z)/ 视图 (V)/XY(XY)/YZ(YZ)/ZX(ZX)/ 三点 (3)] < 三点 >:
指定平面上的第二个点 :
指定平面上的第三个点 :                            \\ 依次指定平面上三点
```

其操作步骤如下：

STEP 01 执行“修改 | 三维编辑 | 截面”菜单命令，单击选择对象并按“Enter”键。

STEP 02 单击指定平面上的第 1 个点。

STEP 03 单击指定平面上的第 2 个点。

STEP 04 单击指定平面上的第 3 个点。

STEP 05 移动实体，即可看到所创建截面，如图 11-36 所示。

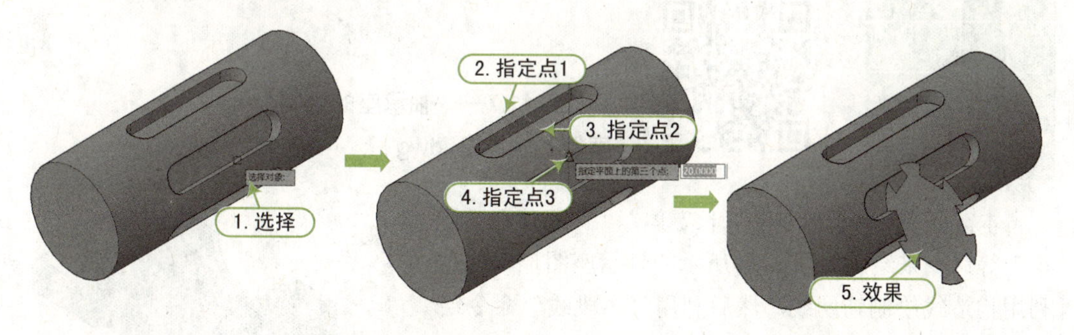

图 11-36　创建截面

11.6　标注三维对象尺寸

在机械制图或建筑制图中，为了能得到一个真实形状和构造的认识，尤其为了使那些不熟悉平面图、剖面图、侧视图的人们能对所设计的对象有一个整体了解，常常使用三维制图。利用 AutoCAD 进行三维制图的设计后，又可利用它来产生二维图形，如此作图比标准的二维作图更节省时间。AutoCAD 中的尺寸标注都是针对二维图形来设计的，它并没有提供三维图形的尺寸标注，那么如何对三维图形及在非正投影下由三维转化为二维的图形进行尺寸标注呢？

由于尺寸标注是针对二维图形设计的，因此对三维图形进行尺寸标注时需要不断地改变用户坐标系 UCS，使被标注的实体相应的尺寸线在 UCS 的坐标平面内。

例如，标注长方体的长、宽、高，其操作步骤如下：

STEP 01 标注长方体长度。执行“线性标注”命令（DLI），标注长方体的底面长度。

STEP 02 标注长方体宽度。重复执行“线性标注”命令（DLI），标注长方体的宽度。

STEP 03 转换 UCS 坐标系。执行“UCS”命令，定义长方体的侧平面为 XY 平面。

STEP 04 标注长方体高度。再次执行“线性标注”命令（DLI），标注长方体的宽度，长方体标注完成，如图 11-37 所示。

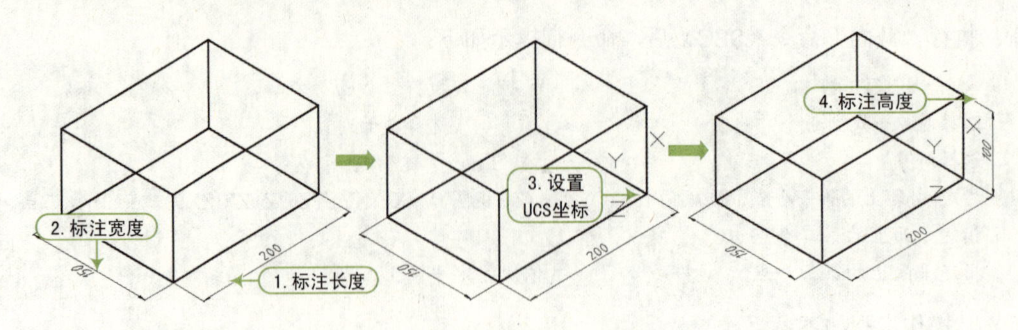

图 11-37　标注长方体

11.7　综合演练——轴承座的绘制

视频：11.7——轴承座的绘制 .avi

案例：轴承座 .dwg

本案例利用本章所学的“长方体”、“圆柱体”、“差集”等命令来绘制如图 2-38 所示的轴承座图形。首先利用构造线绘制辅助线，然后利用“多段线”命令绘制主体结构轮廓，最后再利用“圆弧”命令绘制螺纹图形。其具体操作步骤如下：

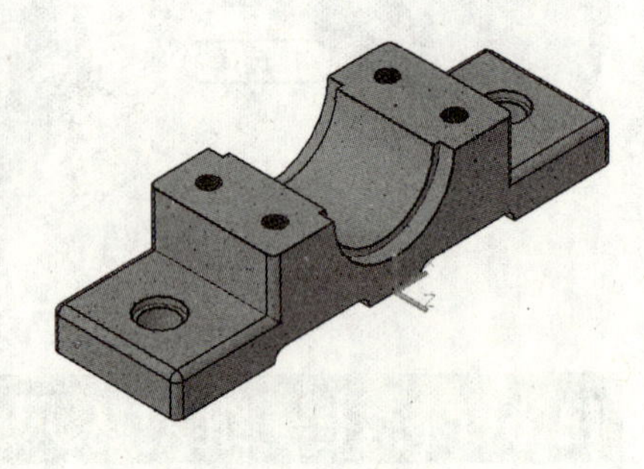

图 11-38　轴承座

STEP 01 新建文件。正常启动 AutoCAD 2016 软件，执行“文件 | 新建”命令，新建一个图形文件；然后，执行“文件 | 保存”命令，将文件保存为“案例 \11\ 轴承座 .dwg” 文件。

STEP 02 设置图层。在“常用”选项卡的“图层”面板中，单击“图层特性管理器”按钮，打开“图层特性管理器”对话框，新建“中心线”、“实线”图层，并将“中心线”图层设置为当前图层，如图 11-39 所示。

STEP 03 绘制辅助线。执行“构造线”命令（XL），绘制一组相互垂直的十字中心线，如图 11-40 所示。

STEP 04 执行“偏移”命令（O），将水平构造线分别向上、下方向依次偏移 16mm、14mm；将垂直构造线分别向左右依次偏移 43mm、40mm、22mm，如图 11-41 所示。

STEP 05 单击“绘图”区域左上角的“视图”控件按钮，将当前视图切换至“西南等轴测”视图，并执行“UCS”命令，重新定位坐标原点，如图 11-42 所示。命令行提示如下：

```
命令 : UCS                                      \\ 执行“UCS”命令
当前 UCS 名称 : * 没有名称 *
指定 UCS 的原点或 [ 面 (F)/ 命名 (NA)/ 对象 (OB)/ 上一个 (P)/ 视图 (V)/ 世界 (W)/X/Y/Z/Z 轴 (ZA)]
< 世界 >:                                       \\ 按“Enter”键
```

指定 X 轴上的点或 <接受>:　　　　　　　　　　\\ 指定 X 轴上的点
指定 XY 平面上的点或 <接受>:　　　　　　　　　\\ 指定 Y 轴上的点

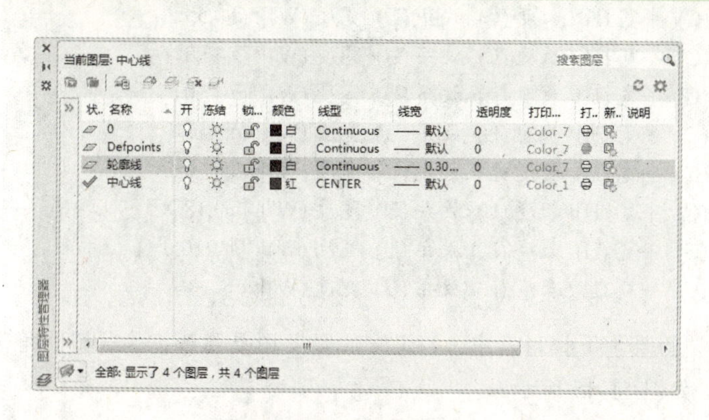

图 11-39　创建图层

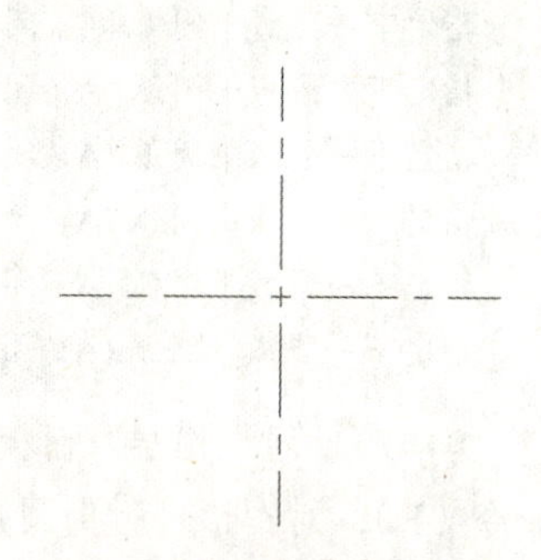

图 11-40　绘制十字中心线

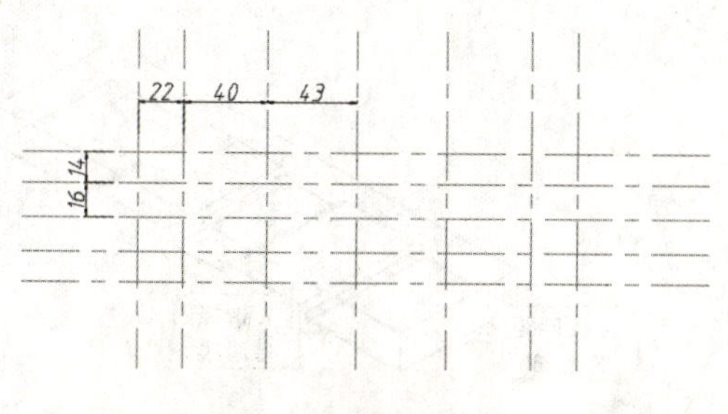

图 11-41　偏移中心线

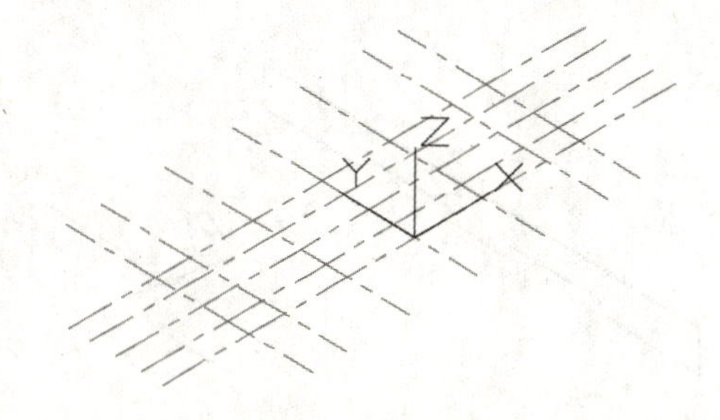

图 11-42　设置 UCS

STEP 06 重复“UCS”命令，选择“X”选项，将坐标沿 X 轴旋转 90°，如图 11-43 所示。

STEP 07 绘制轴承座。在“图层”面板的“图层”下拉列表中，将“轮廓线”图层作为当前图层，执行“多段线”命令（PL）绘制的多段线，如图 11-44 所示。

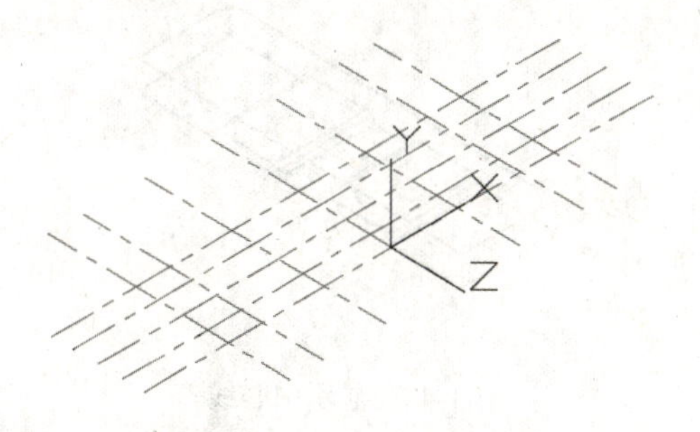

图 11-43　旋转 X 轴坐标

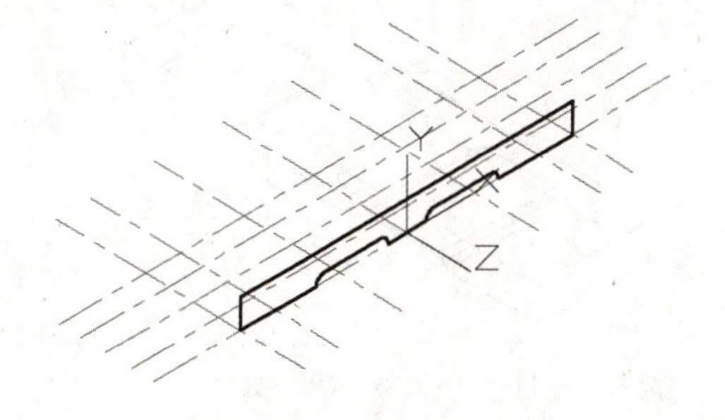

图 11-44　设置多段线

命令行提示如下：

命令: PLINE　　　　　　　　　　　　　　　　\\ 执行“多段线”命令
指定起点 : 当前线宽为 0.0000　　　　　　　　\\ 指定起点
指定下一个点或 [圆弧 (A)/ 半宽 (H)/ 长度 (L)/ 放弃 (U)/ 宽度 (W)]: @47,0
指定下一点或 [圆弧 (A)/ 闭合 (C)/ 半宽 (H)/ 长度 (L)/ 放弃 (U)/ 宽度 (W)]: @0,5
指定下一点或 [圆弧 (A)/ 闭合 (C)/ 半宽 (H)/ 长度 (L)/ 放弃 (U)/ 宽度 (W)]: @46,0

```
指定下一点或 [ 圆弧 (A)/ 闭合 (C)/ 半宽 (H)/ 长度 (L)/ 放弃 (U)/ 宽度 (W)]: @0,-5
指定下一点或 [ 圆弧 (A)/ 闭合 (C)/ 半宽 (H)/ 长度 (L)/ 放弃 (U)/ 宽度 (W)]: @24,0
指定下一点或 [ 圆弧 (A)/ 闭合 (C)/ 半宽 (H)/ 长度 (L)/ 放弃 (U)/ 宽度 (W)]: @0,5
指定下一点或 [ 圆弧 (A)/ 闭合 (C)/ 半宽 (H)/ 长度 (L)/ 放弃 (U)/ 宽度 (W)]: @46,0
指定下一点或 [ 圆弧 (A)/ 闭合 (C)/ 半宽 (H)/ 长度 (L)/ 放弃 (U)/ 宽度 (W)]: @47,0
指定下一点或 [ 圆弧 (A)/ 闭合 (C)/ 半宽 (H)/ 长度 (L)/ 放弃 (U)/ 宽度 (W)]: @0,-5
指定下一点或 [ 圆弧 (A)/ 闭合 (C)/ 半宽 (H)/ 长度 (L)/ 放弃 (U)/ 宽度 (W)]: @47,0
指定下一点或 [ 圆弧 (A)/ 闭合 (C)/ 半宽 (H)/ 长度 (L)/ 放弃 (U)/ 宽度 (W)]: @0,18
指定下一点或 [ 圆弧 (A)/ 闭合 (C)/ 半宽 (H)/ 长度 (L)/ 放弃 (U)/ 宽度 (W)]: @-210,0
指定下一点或 [ 圆弧 (A)/ 闭合 (C)/ 半宽 (H)/ 长度 (L)/ 放弃 (U)/ 宽度 (W)]: c
```

STEP 08 在“图层”面板的“图层”下拉列表中，将“中心线”图层隐藏，执行“圆角”命令（F），对图形进行倒圆角，如图 11-45 所示。

STEP 09 执行“拉伸”命令（EXTRUDE），将闭合的多段线沿 Z 轴方向拉伸 -60mm，如图 2-46 所示。

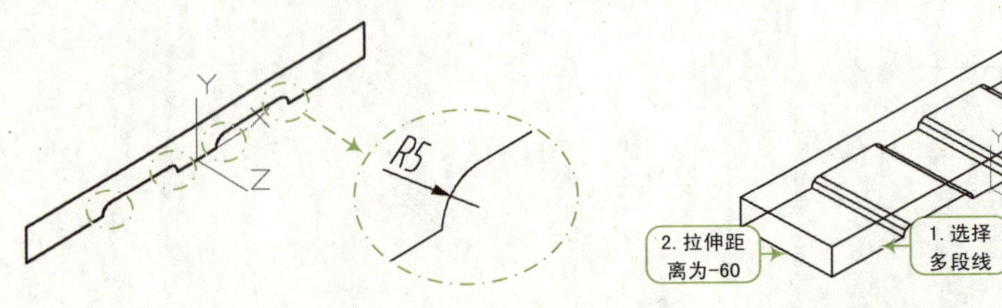

图 11-45　倒圆角　　图 11-46　拉伸图形

STEP 10 执行“UCS”命令，重新定义坐标轴，如图 11-47 所示。

STEP 11 在“图层”面板的“图层”下拉列表中，取消隐藏“中心线”，如图 11-48 所示。

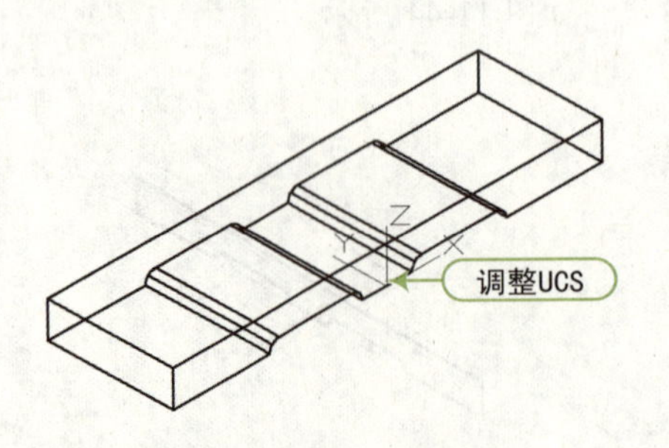

图 11-47　调整 UCS 坐标

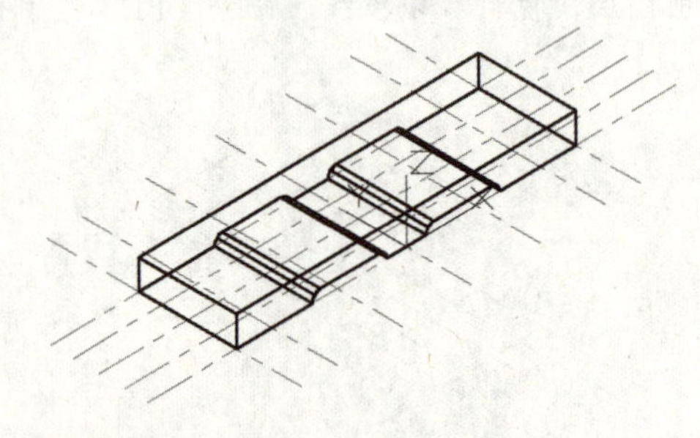

图 11-48　显示中心线

STEP 12 执行“圆柱体”命令（CYL），捕捉辅助线交点绘制底面半径为 8mm，高度为 15mm 的圆柱体；然后，捕捉圆柱体上表面圆心，绘制底面半径为 10mm，高度为 3mm 的圆柱体，如图 11-49 所示。

STEP 13 执行“三维镜像”命令（MIRROR3D），以 YZ 平面为镜像面，将步骤 12 绘制的圆柱体进行镜像操作，如图 11-50 所示。

STEP 14 关闭“中心线”图层，捕捉如图 11-51 所示的点绘制长为 116mm，宽为 60mm，高位 25mm 的长方体。

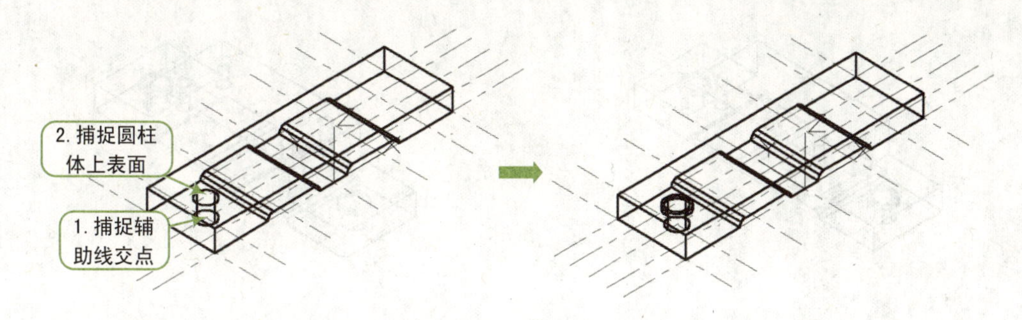

图 11-49　绘制圆柱体

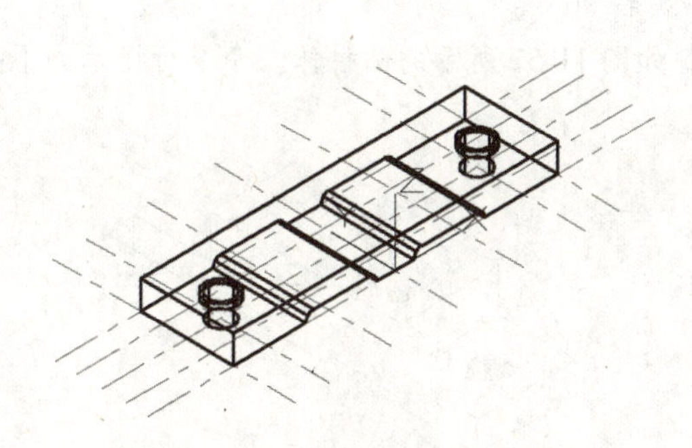

图 11-50　镜像圆柱体

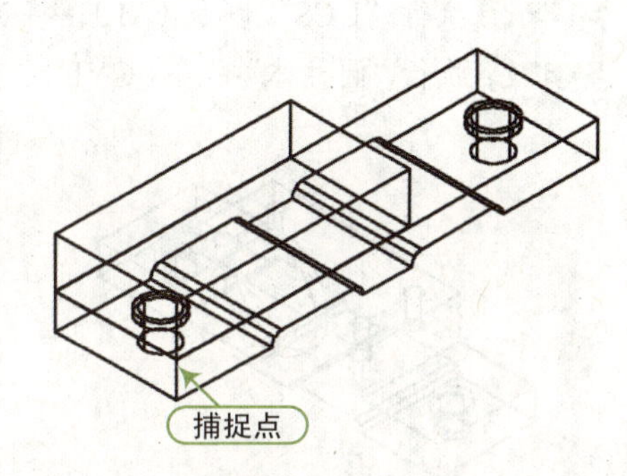

图 11-51　绘制长方体

STEP 15 执行“移动”命令（M），将长方体沿 X 轴正方向移动 47mm，然后执行“并集”命令（UN），将两个长方体进行并集操作，如图 11-52 所示。

STEP 16 关闭“中心线”图层，分别捕捉相应点绘制两个底面半径为 4.5mm，高度为 17mm 的圆柱体，如图 11-53 所示。

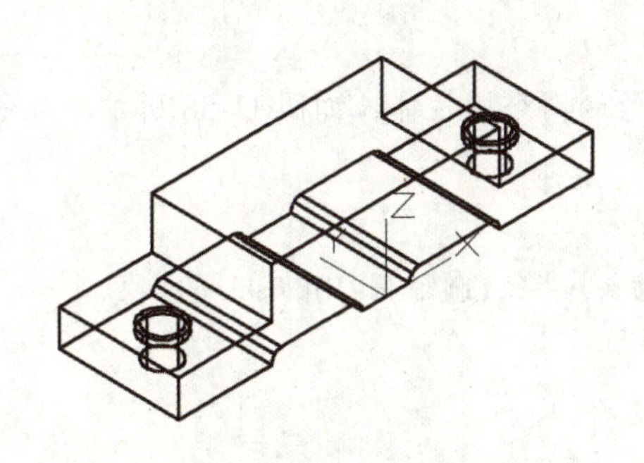

图 11-52　移动和并集实体

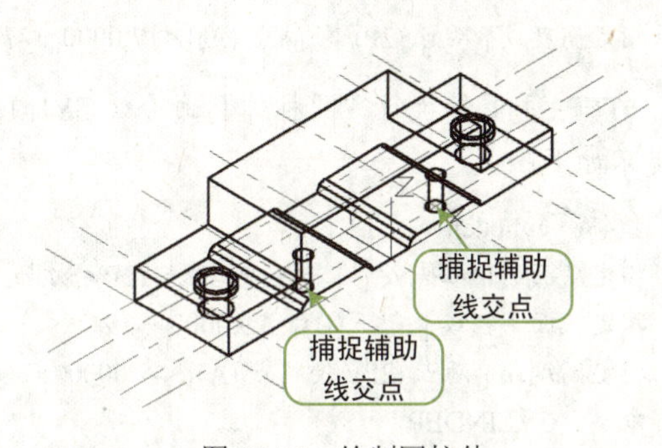

图 11-53　绘制圆柱体

STEP 17 执行“UCS”命令（M），将 X 轴旋转 90°。

STEP 18 执行“移动”命令（M），将绘制的两个圆柱体沿 Y 轴正方向移动 26mm，如图 11-54 所示。

STEP 19 执行“UCS”命令（M），将 X 轴旋转 -90°。

STEP 20 执行“复制”命令（CO），将两个圆柱体沿 Y 轴正方向复制 32mm，如图 11-55 所示。

STEP 21 执行“差集”命令（SU），将大实体与 6 个小圆柱体进行差集操作，效果如图 11-56 所示。

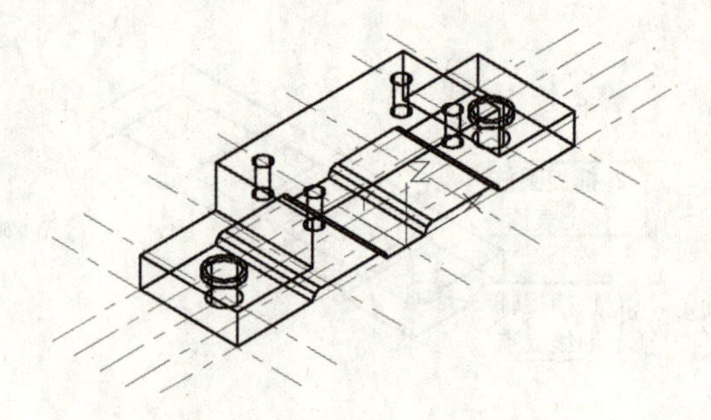

图 11-54　移动圆柱体　　图 11-55　复制圆柱体

STEP 22 执行“UCS”命令（M），将 X 轴旋转 90°。

STEP 23 执行“圆柱体”命令（CYL），绘制如图 11-57 所示的圆柱体。命令行提示如下：

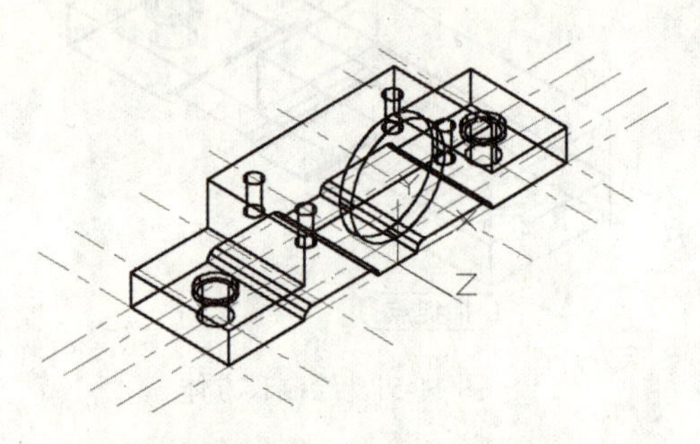

图 11-56　差集运算

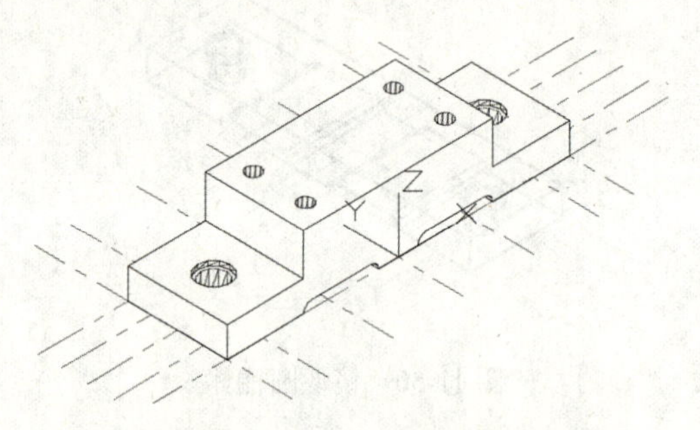

图 11-57　绘制圆柱体

```
命令：_cylinder
指定底面的中心点或 [ 三点 (3P)/ 两点 (2P)/ 切点、切点、半径 (T)/ 椭圆 (E)]: 0,43,0
指定底面半径或 [ 直径 (D)] <4.5000>: 29
指定高度或 [ 两点 (2P)/ 轴端点 (A)] <17.0000>: -7
```

STEP 24 重复执行“圆柱体”命令（CYL），绘制两个圆柱体，如图 11-58 所示。命令行提示如下：

```
命令：_cylinder
指定底面的中心点或 [ 三点 (3P)/ 两点 (2P)/ 切点、切点、半径 (T)/ 椭圆 (E)]: 0,43,-60
指定底面半径或 [ 直径 (D)] <29.0000>: 29
指定高度或 [ 两点 (2P)/ 轴端点 (A)] <-7.0000>: 7
命令：CYLINDER
指定底面的中心点或 [ 三点 (3P)/ 两点 (2P)/ 切点、切点、半径 (T)/ 椭圆 (E)]: 0,43,-7
指定底面半径或 [ 直径 (D)] <29.0000>: 26
指定高度或 [ 两点 (2P)/ 轴端点 (A)] <7.0000>: -46
```


STEP 25 执行“差集”命令（SU），将实体与三个圆柱体进行差集操作，效果如图 11-59 所示。

STEP 26 绘制螺纹。在“绘图”区域左上角单击“视图”控件按钮，将当前视图切换至前视图，执行“矩形”命令（REC）绘制一个 4.5mm×17mm 的矩形。

STEP 27 执行“直线”命令（L）绘制螺纹，命令行提示如下：

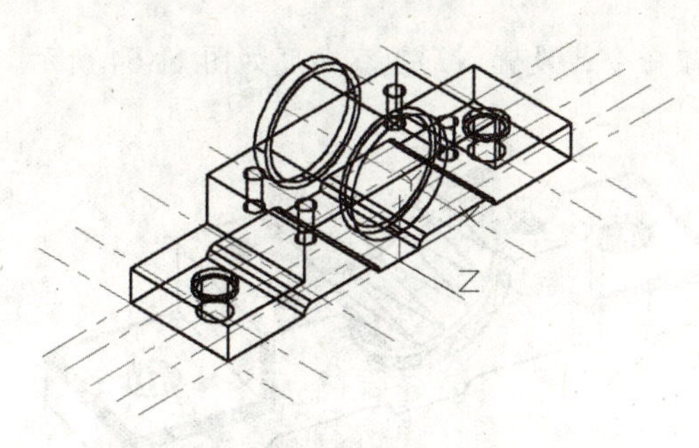

图 11-58　绘制圆柱体　　　　图 11-59　差集运算

```
命令：LINE
指定第一个点：
指定下一点或 [ 放弃 (U)]: @1,-0.5
指定下一点或 [ 放弃 (U)]: @-1,-0.5
```

STEP 28 执行“矩形阵列”命令（AR）将螺纹图形进行阵列，并对其进行修剪，如图 11-60 所示。

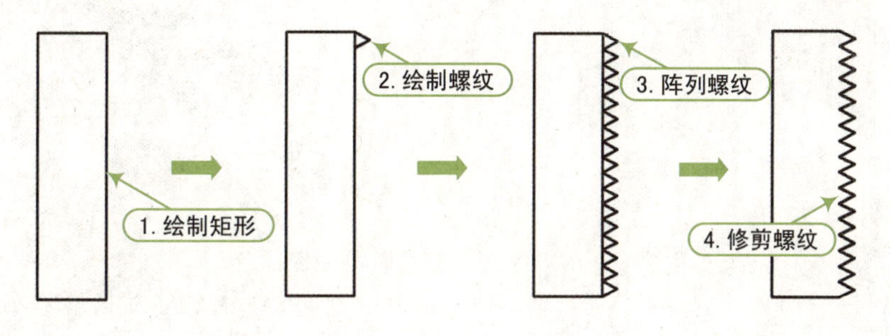

图 11-60　绘制螺纹

STEP 29 执行“多段线”命令（PL），命令将螺纹轮廓转换为封闭多段线。然后，执行“旋转”命令（REV）将多段线旋转为螺纹实体，如图 11-61 所示。

STEP 30 将视图切换至“西南等轴测”视图，将生成的螺纹分别复制到 4 个螺孔处，执行“差集”命令，对螺纹进行差集运算。差集消隐效果如图 11-62 所示。

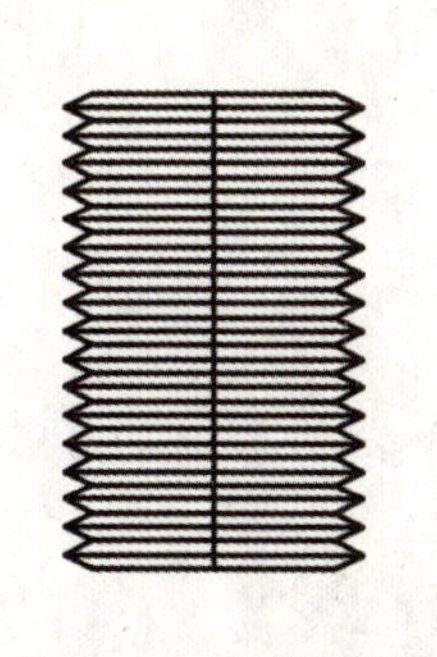

图 11-61　旋转螺纹

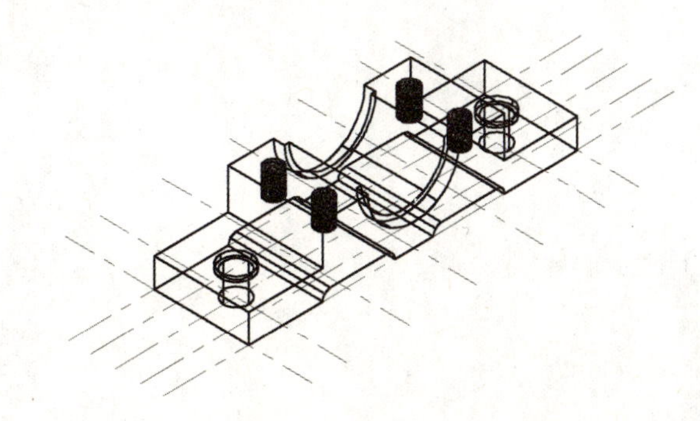

图 11-62　差集运算

STEP 31 关闭“辅助线”图层，执行“圆角”命令（F），对轴承座的个边进行圆角，圆角半径为 3mm，如图 11-63 所示。

STEP 32 执行“视图 | 三维视图 | 视点”菜单命令，设置图形观察角度如图 11-64 所示。

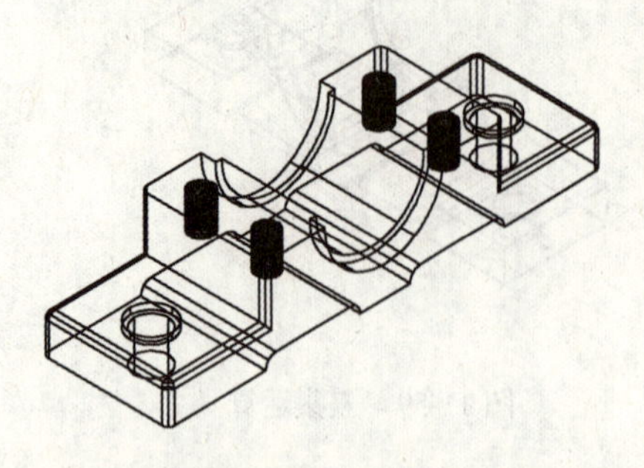

图 11-63　圆角操作

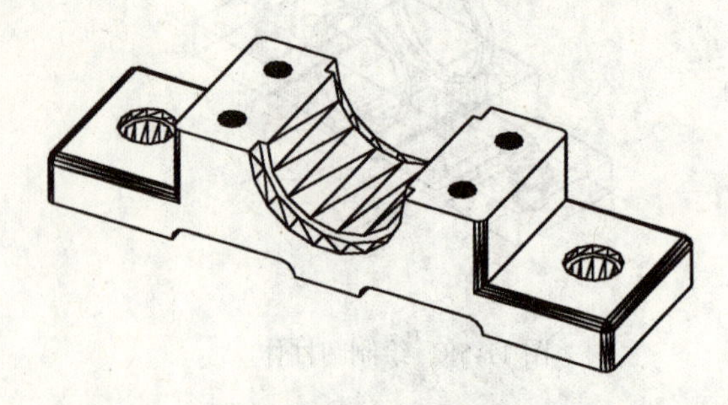

图 11-64　设置视点

第 12 章
工程图生成及打印

老师，什么是工程图，图形绘制完成后怎样将其打印到纸上?

工程图是一种使用二维图形来描述建筑图、结构图、机械制图、电气图纸和管路图纸。通常工程图绘制打印在纸面上，但也可以存储为数码文件。一张完整的工程图，除了具有图形信息外，还应有标准图框，技术要求说明，以及图名、图号、设计人员签名等信息。而将图纸输出到图纸上，则需要添加打印机及相应设备并设置打印的相关参数，本章将针对工程图纸的绘图要求和工程图的打印方法进行详细的讲解，希望同学们能够重点掌握本章内容。

效果预览

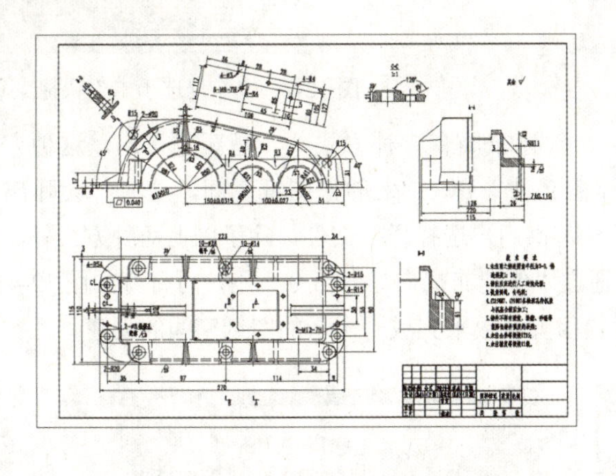

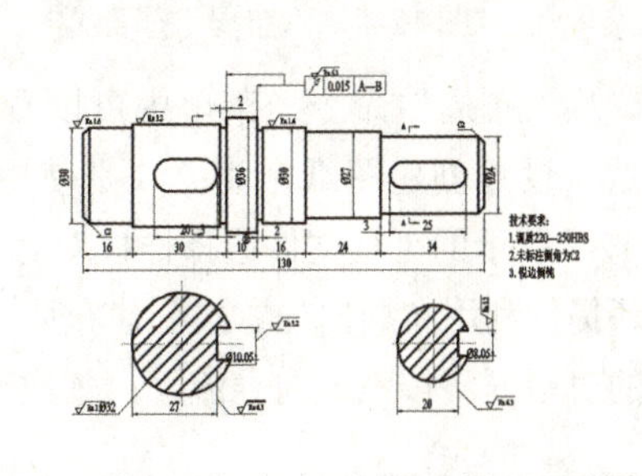

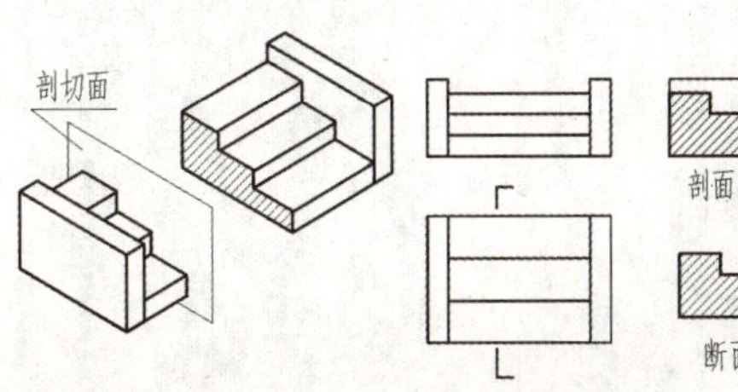

12.1 创建布局

布局是一种图纸空间的环境，它模拟图纸空间，直观地反映打印设置。用户可指定每个布局的页面设置。页面设置实际是保存在相应布局中的打印设置。

12.1.1 创建布局

系统默认了两个布局选项“布局 1”和“布局 2”。用户可创建更多的布局，以显示不同的视图，其中每个布局选项代表一张单独的打印输出图纸。

创建布局的方法如下。

- 菜单栏：选择“插入 | 布局”菜单命令，在弹出的子菜单中选择相应的子命令，如图 12-1 所示。
- 快捷菜单：在“布局选项卡”上右击，在弹出的快捷菜单中选择“新建布局”或“从样板 ...”命令，如图 12-2 所示。
- 命令行：输入“LAYOUTWIZARD”命令。

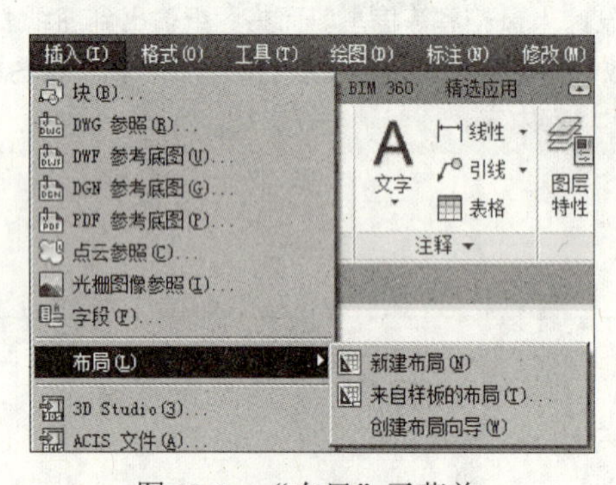

图 12-1 “布局”子菜单

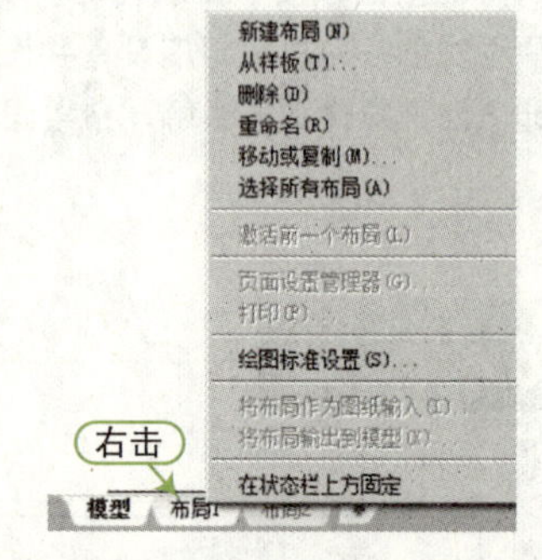

图 12-2 “布局选项卡”快捷菜单

从“布局”命令子菜单中可以看到，创建布局有三种方式：一是新建布局，这种方式按默认设置创建图纸空间；二是使用样板文件（.dwt）来创建图纸空间，这时，会弹出如图 12-3 所示的“从文件选择样板”对话框，供用户选择样板文件。除了以上两种方式外，系统还提供利用布局向导方式创建布局，通过“创建布局向导”命令，用户可打开如图 12-4 所示的对话框。按照该向导流程，依次设置相关参数来完成一个新的图纸空间的创建。

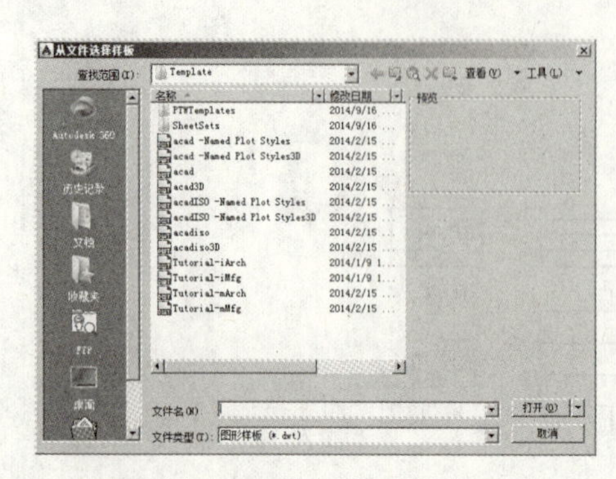

图 12-3 选择布局样板

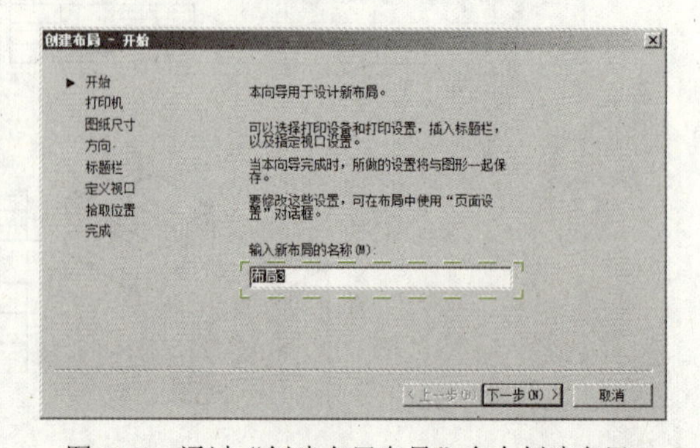

图 12-4 通过“创建布局向导”命令创建布局

12.1.2 实例——机械模型图的布局

视频：12.1.2——机械模型图的布局

案例：支架模型 .dwg

下面以创建如图 12-5 所示的支架模型图的布局为例，巩固和练习本章所讲内容。其操作步骤如下：

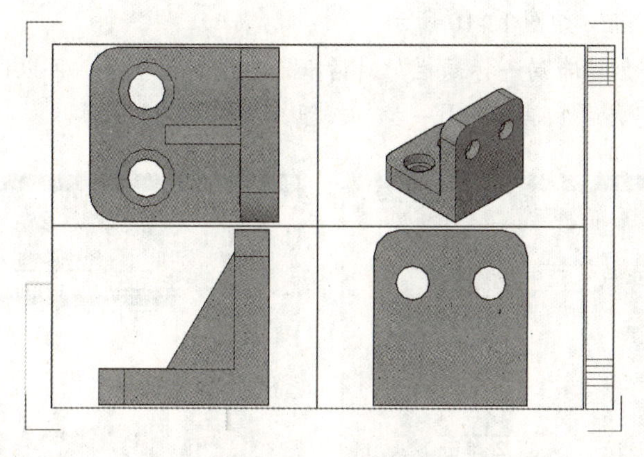

图 12-5　支架模型图布局

STEP 01 打开文件。正常启动 AutoCAD 2015 软件，执行“文件 | 打开”命令，打开“案例 \06\ 支架模型 .dwg”，如图 12-6 所示。

STEP 02 弹出“创建布局—开始”对话框，在该对话框的“输入新布局的名称”文本框中输入“支架模型”，再单击“下一步”按钮，如图 12-7 所示。

图 12-6　支架模型

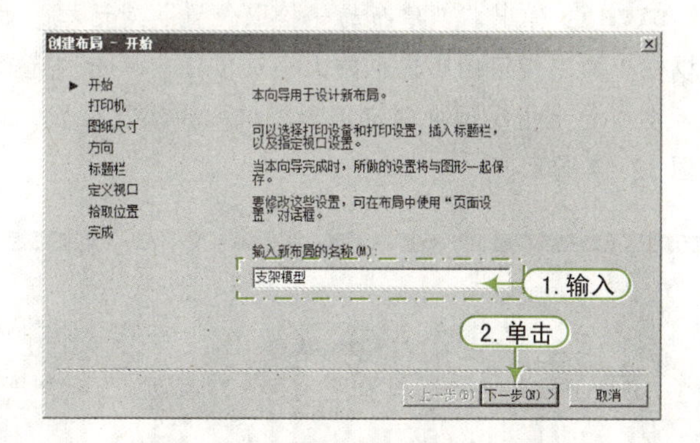

图 12-7　“创建布局—开始”对话框

STEP 03 弹出“创建布局—打印机”对话框，在该对话框的“为新布局选择配置的绘图仪”列表中选择当前配置的打印机，然后单击“下一步”按钮，如图 12-8 所示。

STEP 04 弹出“创建布局—图纸尺寸”对话框，在该对话框的“图纸尺寸”选项中设置图纸的尺寸及图形单位，然后单击“下一步”按钮，如图 12-9 所示。

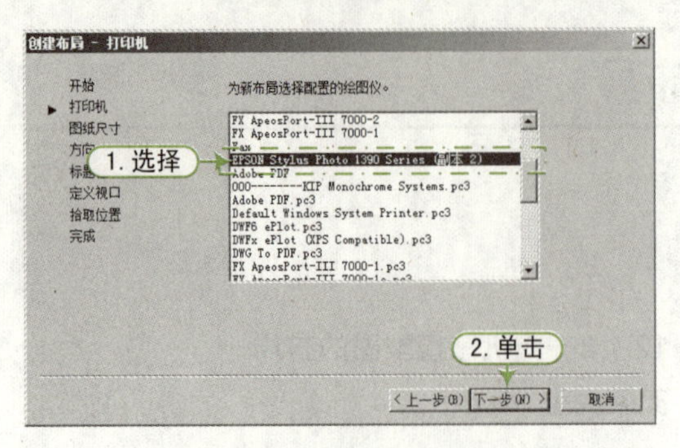

图 12-8　“创建布局—打印机”对话框

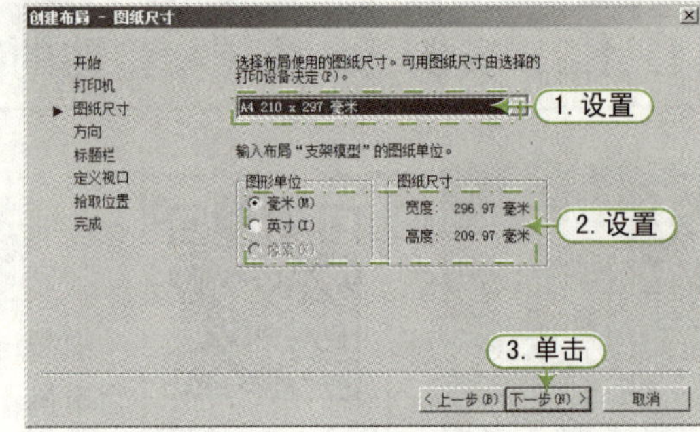

图 12-9　“创建布局—图纸尺寸”对话框

STEP 05 弹出“创建布局—方向”对话框，在该对话框中可以设置图纸的摆放方向。然后单击“下一步”按钮，如图 12-10 所示。

STEP 06 弹出“创建布局—标题栏”对话框，在该对话框中，可以设置图纸的图框和标题栏的样式。设置完成后，单击“下一步”按钮，如图 12-11 所示。

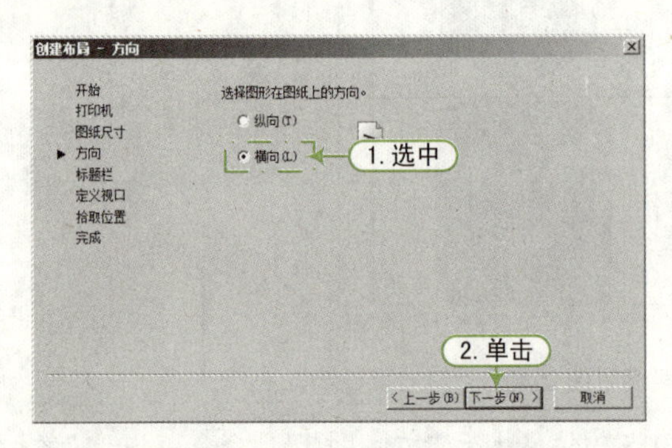

图 12-10　“创建布局—方向”对话框

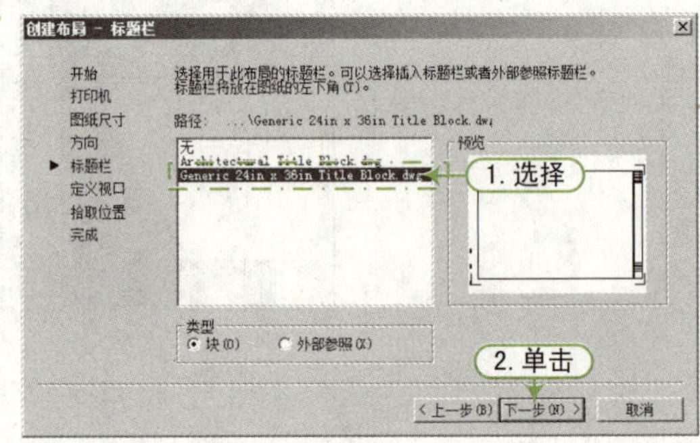

图 12-11　“创建布局—标题栏”对话框

STEP 07 弹出“创建布局—定义视口”对话框，在该对话框中，在“视口比例”下拉列表中选择比例大小，然后单击“下一步”按钮，如图 12-12 所示。

STEP 08 弹出“创建布局—拾取位置”对话框，如图 12-13 所示。在该对话框中，用户可以在布局中指定图形视口的大小及位置。单击“选择位置”按钮，返回布局，用户可以用鼠标在布局上指定两点确定图形视口的大小及位置，返回对话框后，单击“下一步”按钮，如图 12-14 所示。

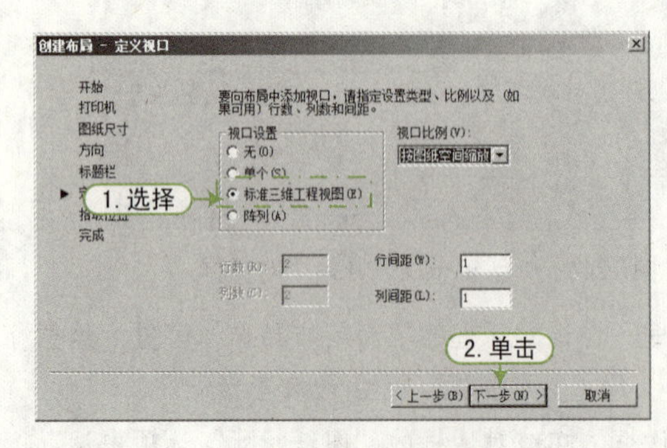

图 12-12　“创建布局—定义视口”对话框

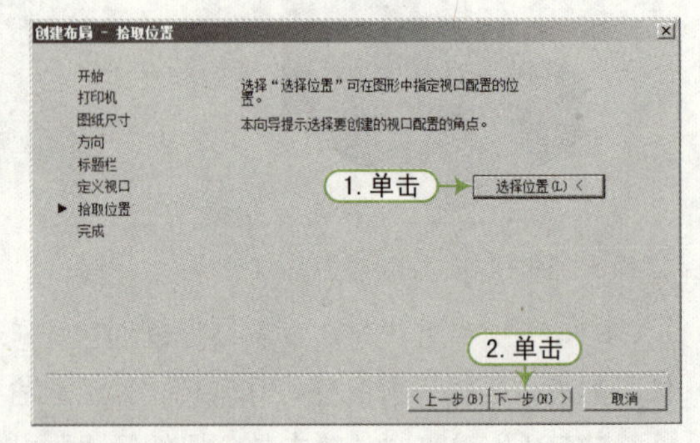

图 12-13　“创建布局—拾取位置”对话框

STEP 09 弹出“创建布局—完成”对话框，在该对话框中，单击“完成”按钮。新布局创建完成，如图 12-15 所示。

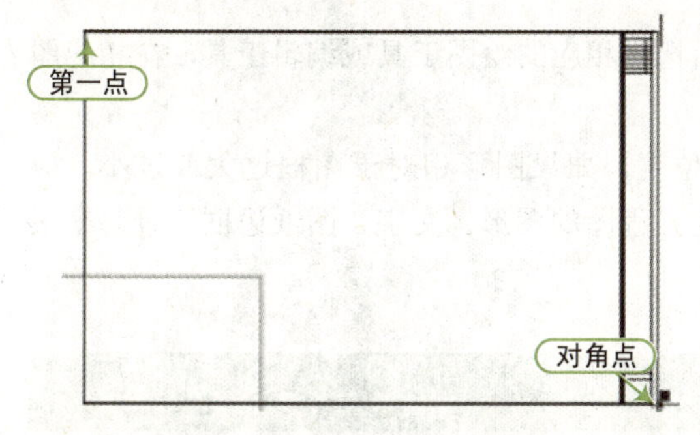

图 12-14　选择图形位置

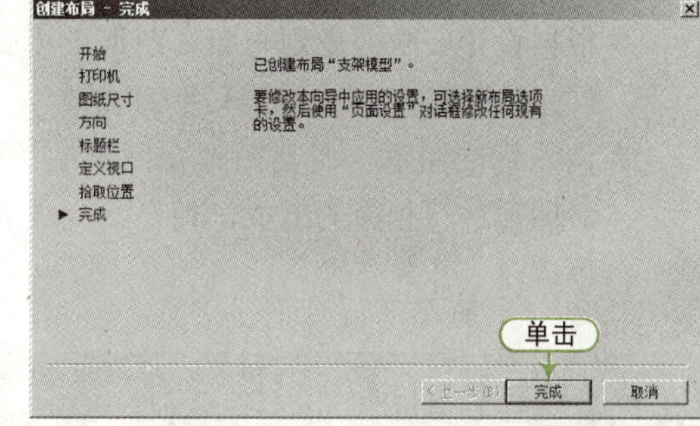

图 12-15　“创建布局—完成”对话框

STEP 10 保存文件。支架模型图创建完成，如图 12-5 所示。按“Ctrl+S”组合键将图形进行保存。

12.2　创建二维工程图

在实际工作中要完成一张完整的工程图，除使用前面所讲的各种绘图工具与编辑工具进行图形绘制外，还应有标准图框、技术要求说明及视图布局等内容。图 12-16 所示为一张完整的机械工程图。

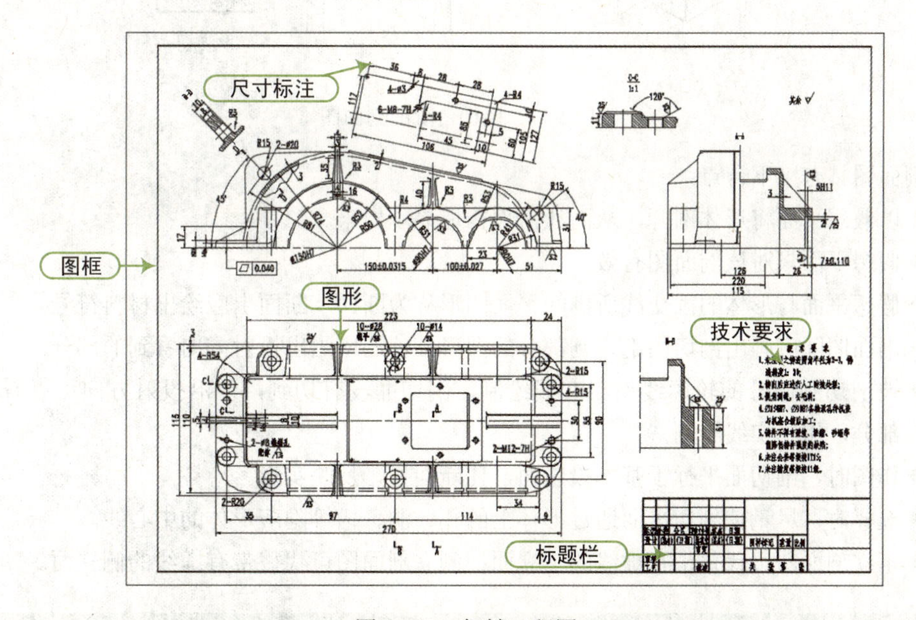

图 12-16　机械工程图

在 AutoCAD 中要完成一张完整的工程图，一般遵循如下步骤：

- 建立和调用标准图框。图框一般应根据国际标准或企业标准确定其大小及其格式，将建立好的图框保存为外部块，以备使用。

- 建立新的图形文件，并根据需要建立若干图层。一般应包括主要轮廓线层、辅助线层、尺寸标注层、文字说明层、图案填充（剖面线）层，并对各层的相关特性进行设定。
- 根据设计要求，规划与布局图形，然后选择相应的绘图工具或编辑工具，在相应图层完成图形绘制、文字标注等内容。
- 调入标准图框。调整图形在图框中的位置，如果图形相对于图框过大或过小，应对图形进行相应的缩放，使最终完成的工程图的图形、文字、图纸边框等看起来很协调。

12.3 创建剖面图

剖面图主要用来表达机件某部分断面的结构形状。假想用剖切面剖开一物体，将处在观察者和剖切面之间的部分移去，而将其余部分向投影面投射所得的图形称为剖面图。图 12-17 所示为楼梯台阶的剖面图效果。

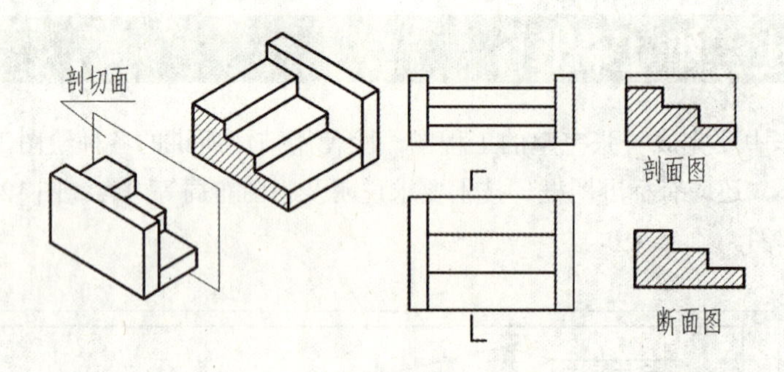

图 12-17 楼梯台阶的剖面图

剖面图具有以下特点：

- 以假想平面将形体剖开，从而让内部构造显示出来。
- 假想平面只对该剖面图有效。
- 假想平面与形体的截交线所围的平面图形称为断面，断面上应绘出材料符号。
- 剖面图除应画出剖切面剖切到部分的图形外，还应画出投射方向看到的部分。
- 被剖切到部分的轮廓线用粗实线绘制，剖切面没有切到，但沿投射方向可以看到的部分，用中实线绘制。
- 作图时，剖切面平行于基本投影面，使断面投影反映实形。
- 选择时，尽量使剖切平面通过形体上的孔、洞、槽等隐蔽形体的中心线。
- 正立剖面图可代替带有虚线的正立面；侧立剖面图可代替带有虚线的侧立面。

QA 问题

学生问： 老师，剖面图和断面图有什么区别？

老师答： 通俗地说，剖面图是把剖切的部分拿掉后看到的样子，断面图是把剖切的部分拿掉后盖章的样子。剖面图除了可以看到断面，还可以看到其他能看到的结构，断面图只能看到断面。可以这样理解，断面图就是剖面图上打剖面线的部分。

12.4　创建局部放大视图

针对机件中一些细小的结构相对于整个视图较小，无法在视图中清晰地表达出来，或无法标注尺寸、添加技术要求的情况，将机件的部分结构用大于原图形比例画出，称为局部放大图，如图 12-18 所示。

局部放大图必须标注，标注方法是：在视图上画一条实线，表明放大的部位，在放大图的上方注明所用的比例，即图形大小与实物大小之比，如果放大图不止一个时，还可用古罗马数字编号以示区别。

QA 问题

学生问： 老师，在标注局部放大时，如何在原有的标注样式上标注图形呢？

老师答： 在标注局部放大视图时，可以在“替代当前样式”对话框的“主单位”选项卡中设置测量的比例，如放大比例为 2，那么就在“测量单位比例”文本框中输入 2，如图 12-19 所示。

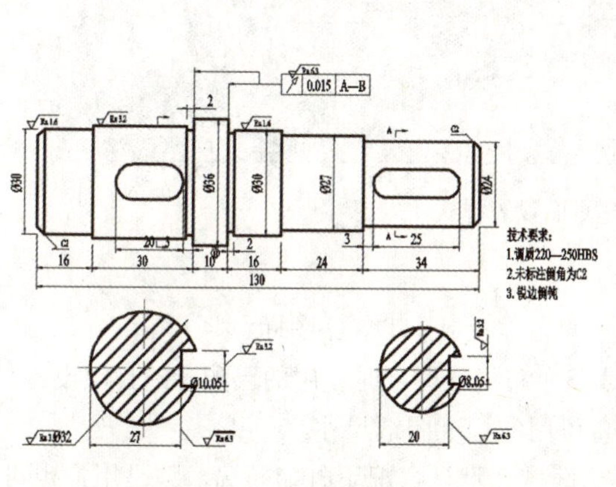

图 12-18　局部放大图

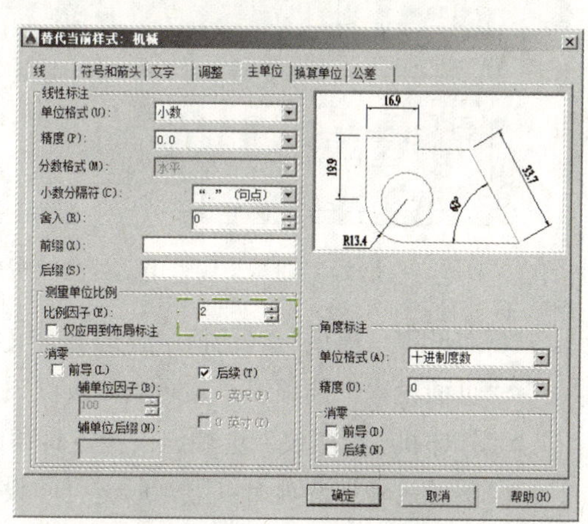

图 12-19　设置测量比例

12.5　打印页面设置

图纸绘制完成后，通常要打印到图纸上，从而用来指导施工。在进行打印前，需要对其打印的页面进行设置。

12.5.1　页面的设置

利用“页面设置”对话框可以对布局的打印设备和打印布局进行详细设置；还可以保存页面设置，使该设置不但可以在当前布局中使用，还可以应用到其他布局中。

页面的设置方法如下。

- 菜单栏：选择“文件 | 页面设置管理器”菜单命令。
- “模型空间”或“布局空间”选项卡：在“模型空间”或“布局空间”选项卡上右击，

在弹出的快捷菜单中选择“页面设置管理器”命令。

- 命令行：输入“PAGESETUP”命令。

执行上述操作后，将弹出“页面设置管理器”对话框，在该对话框中，列出了用户所有的布局和页面设置。也可以新建页面设置，对已有设置进行修改或者将某一设置设置为当前值以激活布局。单击“输入”按钮可以从其他图形中导入页面设置。

要创建新的页面设置，单击“新建”按钮，然后在“新建页面设置”对话框中为页面设置输入一个名字，如图 12-20 所示。单击“确定”按钮后，将弹出“页面设置—模型”对话框。在该对话框中，用户可根据需要设置图纸尺寸、打印区域、打印比例等。

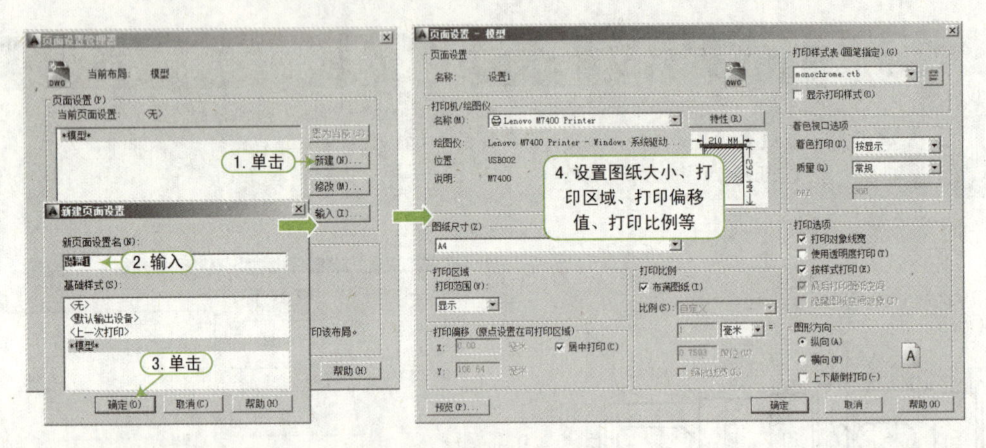

图 12-20　新建页面设置样式

“页面设置—模型”对话框中各选项含义如下。

- “页面设置”选项组：显示当前页面设置的名称及显示 DWG 图标。
- “打印机 / 绘图仪”选项组：指定打印或发布布局或图纸时使用的已配置的打印设备。
- “图纸尺寸”选项组：显示所选打印设备可用的标准图纸尺寸。
- “打印区域”选项组：指定要打印的图形区域。默认情况下打印布局，但是用户也可以设置当前显示、显示范围、一个命名的视图或者一个指定的窗口。
- “打印偏移”选项组：可相对于图纸的左下角偏移打印。通过指定“X 偏移”和“Y 偏移”可以偏移图纸上的几何图形。也可以勾选“居中打印”复选框，使其处于图纸的中间。
- “打印比例”选项组：控制图形单位与打印单位之间的相对尺寸。用户可以在文本框中输入一个比例，也可以勾选“布满图纸”或“缩放线宽”复选框，设置合适的打印比例。
- “打印样式表”下拉列表框：设定、编辑打印样式表，或者创建新的打印样式表。
- “着色视口选项”选项组：指定着色或渲染视口的打印方式，并确定它们的分辨率级别和每英寸点数 (DPI)。
- “打印选项”选项组：指定线宽、透明度、打印样式、着色打印和对象的打印次序等选项。
- “图形方向”选项组：为支持纵向或横向的绘图仪指定图形在图纸上的打印方向。
- 预览框：按执行“预览”命令时在图纸上打印的方式显示图形。

12.5.2 从模型空间输出图形

从“模型”空间输出图形时，需要指定图纸尺寸，即在“打印”对话框中选择图纸的大小，并设置打印的比例。

从“模型”空间输出图形方法如下。

- 菜单栏：选择“文件 | 打印”菜单命令。
- 快速工具栏：单击“打印”按钮。
- 快捷菜单：在“模型空间”选项卡上右击，在弹出的快捷菜单中选择“打印”命令。
- 命令行：输入“PLOT”命令或按“Ctrl+P”组合键。

执行上述操作后，将打开“打印”对话框，用户可以在该对话框的“页面设置”选项组中，为打印作业指定预定义的打印设置，也可以单击右侧的“添加”按钮，添加新的设置。设置完成后，单击“确定”按钮，即可对图形进行打印。在打印之前单击左下角的“预览”按钮，还可预览图形打印效果，如图 12-21 所示。单击预览界面左上角的相应按钮，可以对当前预览图形进行打印、平移、缩放、关闭等操作。

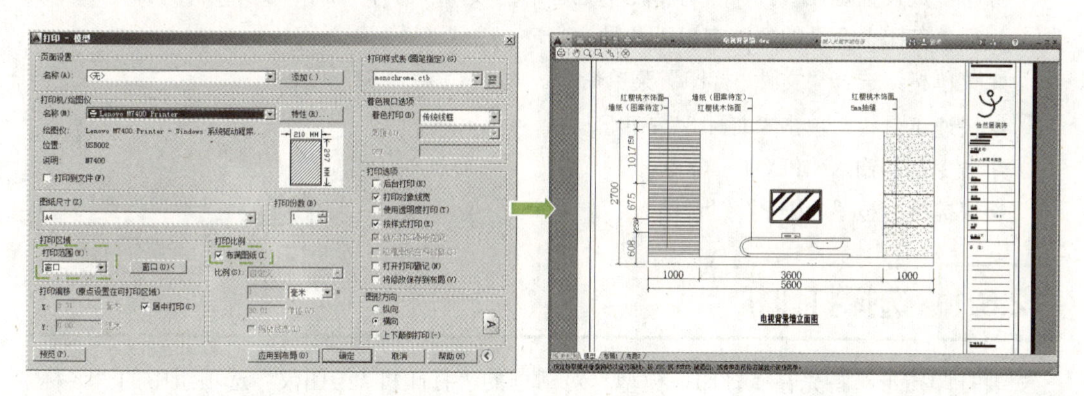

图 12-21　模型空间打印

12.5.3 从图纸空间输出图形

用户虽然可以直接在模型空间选择“打印”命令打印图形，但是在很多情况下，我们可能希望对图形进行适当处理后再输出。例如，在一张图纸中输出图形的多个视图、添加标题块等，此时就要用到从图纸空间输出图形。

在图纸空间打印输出图形的第一步是进行页面设置，其与模型空间的页面设置类似，不同的是在“打印—布局 1”对话框中，需要将打印比例设置为 1 ∶ 1，做好所有的设置后，单击“确定”按钮，按 1 ∶ 1 的比例打印输出图形即可，如图 12-22 所示。

QA问题	
学生问：	老师，我想调整图纸布局的打印比例，可以吗？
老师答：	这是不可以的，如果是用布局打印图纸，其只能用固定 1 ∶ 1 的比例进行打印；如果想要调整打印比例，你可以在模型空间中进行打印。

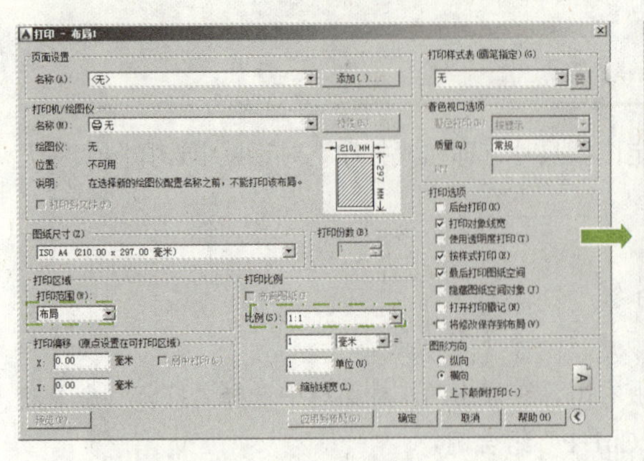

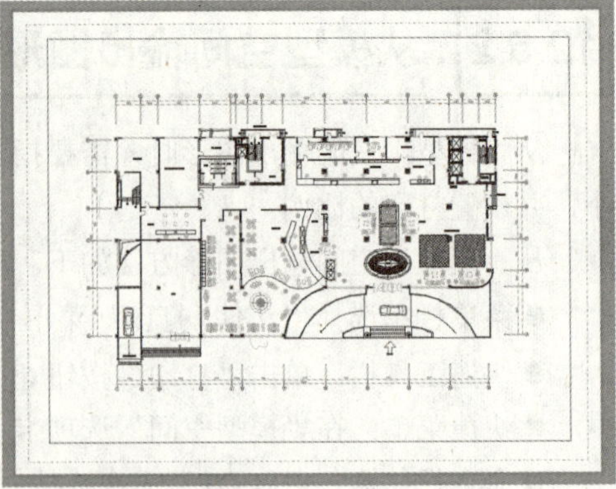

图 12-22　图纸空间输出

12.6　打印图形

打印参数设置是在“打印”对话框中进行的，使用“打印”命令可以打开“打印”对话框，执行“打印”命令的方法有以下几种。

- 菜单栏：选择“文件 | 打印”菜单命令。
- 快速工具栏：单击“打印”按钮 。
- 命令行：输入“PLOT”命令。
- 快捷键：按“Ctrl+P”组合键。

12.6.1　选择打印机

要打印图形，首先在“打印—模型”对话框的“打印机 / 绘图仪”选项组中的“名称”下拉列表中选择一个打印机设备，如图 12-23 所示。

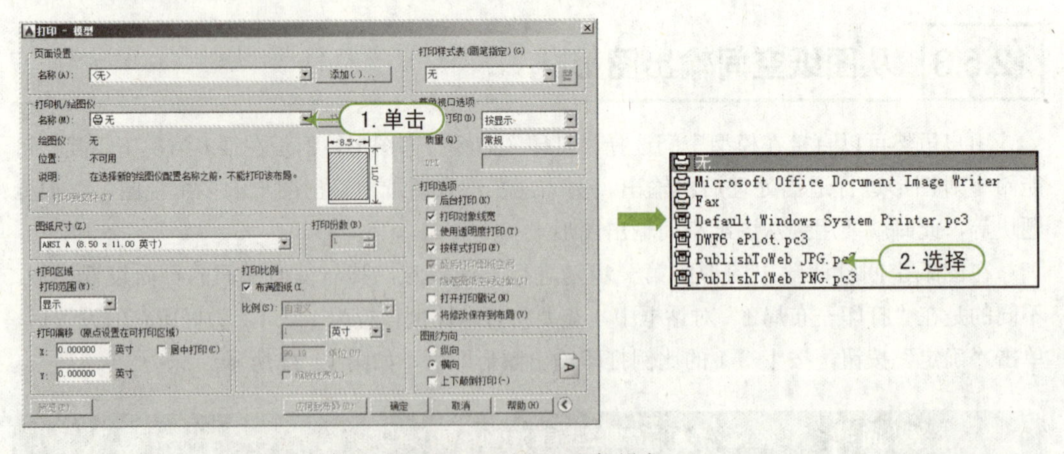

图 12-23　选择打印机设备

除了可以选择列表打印机设备，用户还可以执行“文件 | 绘图仪管理器”命令，在打开的“POTTERS”文件夹中双击“添加绘图仪向导”文件，打开“添加绘图仪—简介”对话框，

根据对话框提示依次设置相应参数，完成打印机设备的添加，如图 12-24 所示。

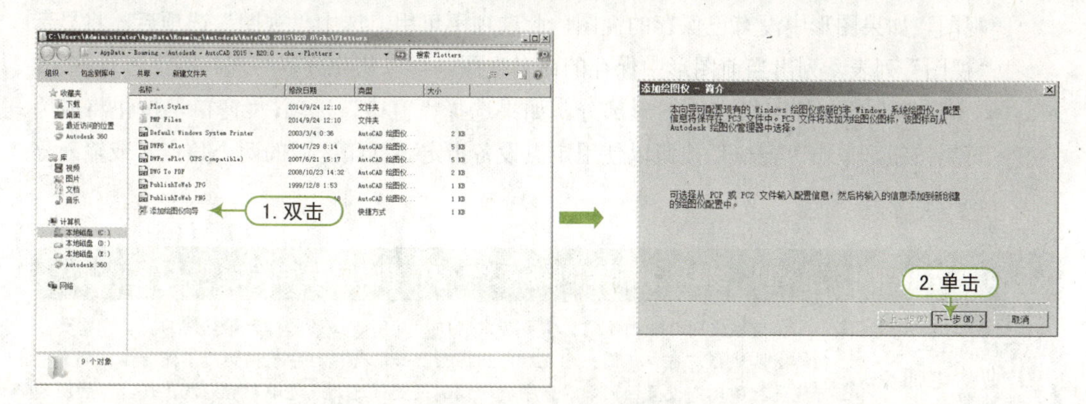

图 12-24　添加打印机设备

12.6.2　设置打印区域

指定打印区域就是指定打印的图形部分。用户可以在“打印—模型”对话框的“打印范围”下拉列表中选择要打印的图形区域，如图 12-25 所示。

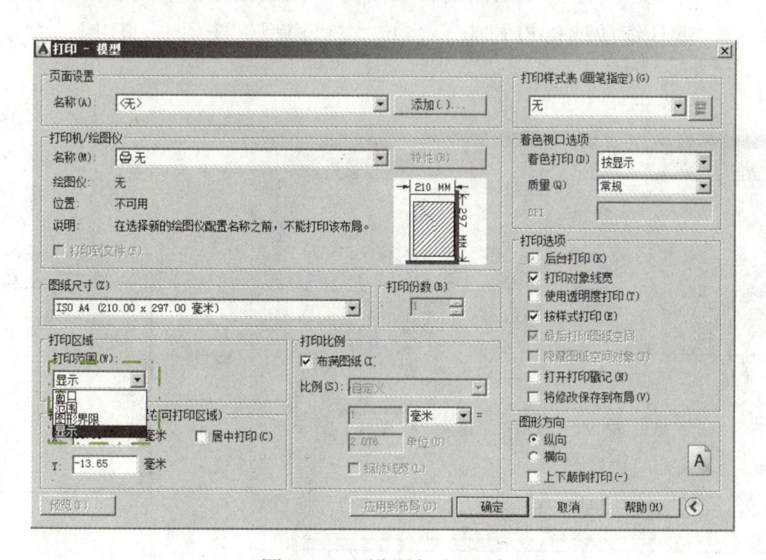

图 12-25　设置打印区域

在“打印范围”下拉列表中包含如下选项。

- “布局 / 图形界限”选项：打印布局时，将打印指定图纸尺寸的可打印区域内的所有内容，其原点从布局中的（0,0）点计算得出。在“模型”选项卡打印时，将打印栅格界限定义的整个绘图区域。如果当前视口不显示平面视图，该选项与“范围”选项效果相同。
- “范围”选项：打印包含对象的图形的部分当前空间。当前空间内的所有几何图形都将被打印。打印之前，可能会重新生成图形以重新计算范围。
- “显示”选项：打印“模型”视图中当前视口的视图，或布局中的当前图纸空间视图。

- “视图”选项：打印以前使用“切换视图”命令保存的视图。可以从列表中选择命名视图。如果图形中没有已保存的视图，此选项不可用。选中“视图”选项后，将显示“视图”列表，列出当前图形中保存的命名视图。可以从此列表中选择视图进行打印。
- “窗口”选项：打印指定的图形部分。如果选择“窗口”选项，“窗口”按钮将成为可用按钮。单击“窗口”按钮以使用定点设备指定要打印区域的两个角点，或输入坐标值。

QA 问题

学生问： 老师，我在模型空间打印图形，为什么打印的图形是空白的呢？

老师答： 在模型空间打印图纸前，需要指定打印的范围。如果选择打印范围为窗口，需要在绘图区域指定窗口范围，才能打印出图形。如果选择打印范围仍然不能打印，那么可能是打印比例设置的问题。如果打印比例设置得过大或过小都有可能出现打印的图纸不符合要求。

12.6.3 设置打印比例

在打印图形时，用户可以在“打印—模型”对话框的“打印比例”选项组中设置打印比例，如图 12-26 所示。设置打印比例的目的是为了控制图形单位与打印单位之间的相对尺寸。打印布局时，默认缩放比例设置为 1 ∶ 1。在“模型”选项卡打印时，默认设置为“布满图纸”。

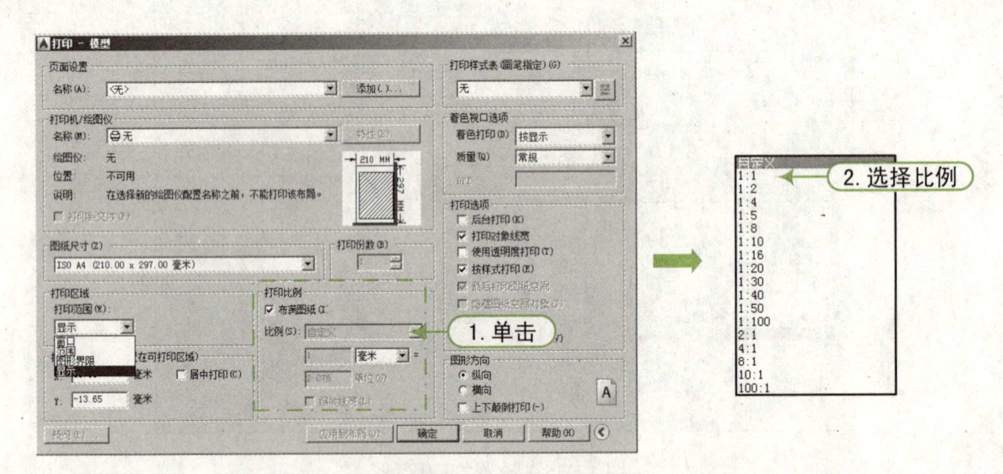

图 12-26　设置打印比例

在“打印比例”选项组中包含如下选项。

- “布满图纸”复选框：勾选该复选框，缩放打印图形以布满所选图纸尺寸，并在“比例”、“英寸 =”和“单位”下拉列表框中显示自定义的缩放比例因子。
- “比例”下拉列表：定义打印的精确比例。“自定义”可定义用户定义的比例。可以通过输入与图形单位数等价的英寸（或毫米）数来创建自定义比例。
- “单位”下拉列表框：指定与指定的英寸数、毫米数或像素数等价的单位数。
- “缩放线宽”复选框：与打印比例成正比缩放线宽。线宽通常指定打印对象的线的宽度并按线宽尺寸打印，而不考虑打印比例。

12.6.4　更改图形方向

用户可以在“打印—模型”对话框的“图纸方向”选项区域中为支持纵向或横向的绘图仪指定图形在图纸上的打印方向。图纸图标代表所选图纸的介质方向，字母图标代表图形在图纸上的方向，如图 12-27 所示。

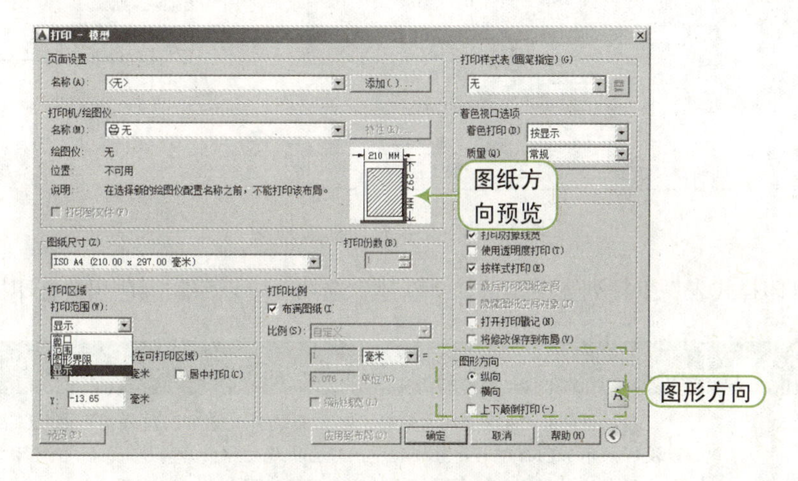

图 12-27　设置图纸方向

在“图纸方向”选项组中包含如下选项。

- “纵向”单选按钮：放置并打印图形，使图纸的短边位于图形页面的顶部。
- “横向”单选按钮：放置并打印图形，使图纸的长边位于图形页面的顶部。
- “上下颠倒打印”复选框：上下颠倒地放置并打印图形。

12.6.5　切换打印样式列表

打印样式用于控制图形打印输出的线型、线宽、颜色等外观。如果打印时为调用打印样式，则有可能在打印输出时出现不可预料的结果，影响图纸美观。

打印样式有两种类型：颜色相关打印样式表和命名打印样式表。

- 颜色相关打印样式表（CTB）：用对象的颜色来确定打印特征（如线宽）。例如，图形中所有红色的对象均以相同方式打印。可以在颜色相关打印样式表中编辑打印样式，但不能添加或删除打印样式。颜色相关打印样式表中有 256 种打印样式，每种样式对应一种颜色。
- 命名打印样式表（STB）：包括用户定义的打印样式。使用命名打印样式表时，具有相同颜色的对象可能会以不同方式打印，这取决于指定给对象的打印样式。命名打印样式表的数量取决于用户的需要量。可以将命名打印样式像所有其他特性一样指定给对象或布局。

系统默认的打印样式为“使用颜色相关打印样式”。用户可以在“打印—模型”对话框中单击“打印样式表”下拉列表中的下拉按钮，在弹出的下拉列表中选择相应的打印样式用于当前图形，如图 12-28 所示。

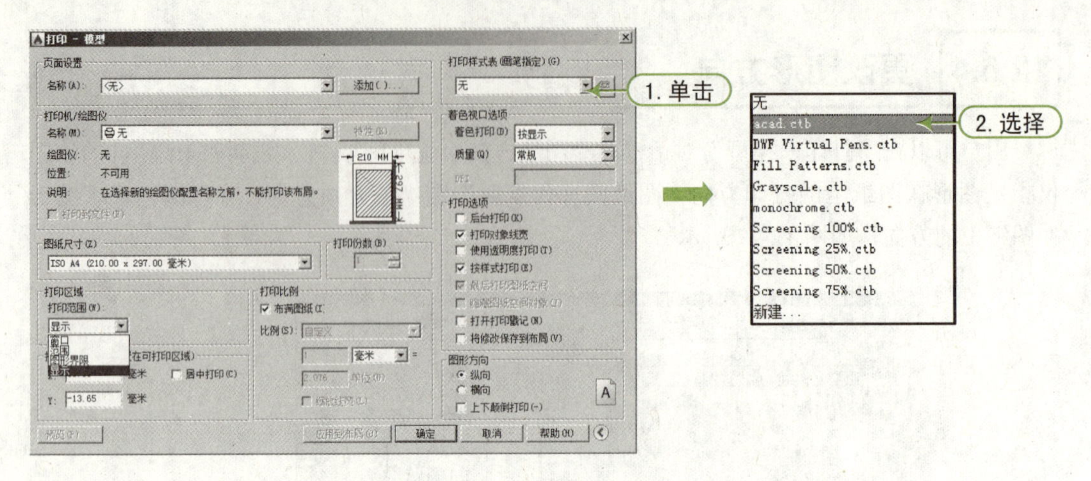

图 12-28　切换打印样式列表

在“打印样式表”下拉列表中，选择“新建”选项，可以添加颜色相关打印样式表。

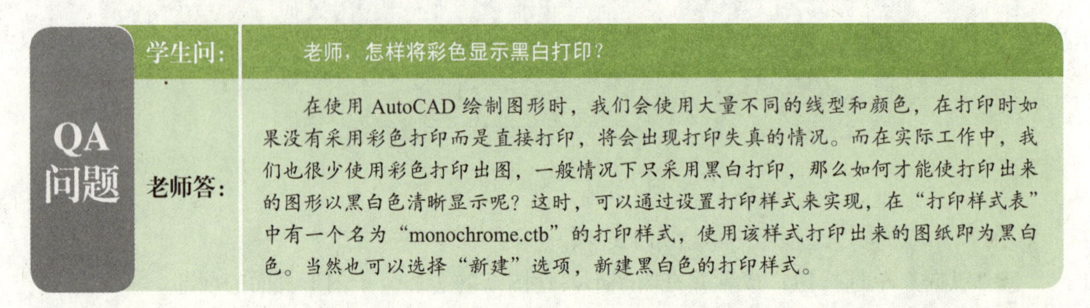

QA 问题

学生问：老师，怎样将彩色显示黑白打印？

老师答：在使用 AutoCAD 绘制图形时，我们会使用大量不同的线型和颜色，在打印时如果没有采用彩色打印而是直接打印，将会出现打印失真的情况。而在实际工作中，我们也很少使用彩色打印出图，一般情况下只采用黑白打印，那么如何才能使打印出来的图形以黑白色清晰显示呢？这时，可以通过设置打印样式来实现，在“打印样式表”中有一个名为“monochrome.ctb”的打印样式，使用该样式打印出来的图纸即为黑白色。当然也可以选择“新建”选项，新建黑白色的打印样式。

12.7　输出为可印刷的光栅图形

AutoCAD 可以为图形中的对象创建与设备无关的光栅图像。可以使用若干命令将对象输出到与设备无关的光栅图像中，光栅图像的格式可以是位图、“JPEG”、“TIFF”和“PNG”。

某些文件格式在创建时即为压缩形式，例如 JPEG 格式。压缩文件占用较少的磁盘空间，但有些应用程序可能无法读取这些文件。

执行“输出”命令，可以将图形输出为通用的图像文件。其执行方法如下。

- 菜单栏：选择“文件 | 输出”菜单命令。
- 命令行：输入“EXPORT”命令。

执行上述操作后，将打开“输出数据”对话框，在“文件类型”下拉列表中选择相应的文件格式，如位图格式“.bmp”。再单击“保存”按钮，然后一次选中或框选要输出的图形后按“Enter”键，则被选图形被输出为“.bmp”格式的图形文件印刷工具，如图 12-29 所示。

除了利用“输出”命令外，用户还可以在命令提示下，输入文件格式加扩展名“OUT”，如“JPGOUT”，将打开“创建光栅文件”对话框，在该对话框中选择一个文件夹并输入文件名，单击“保存”按钮。然后选择要保存的对象即可，如图 12-30 所示。

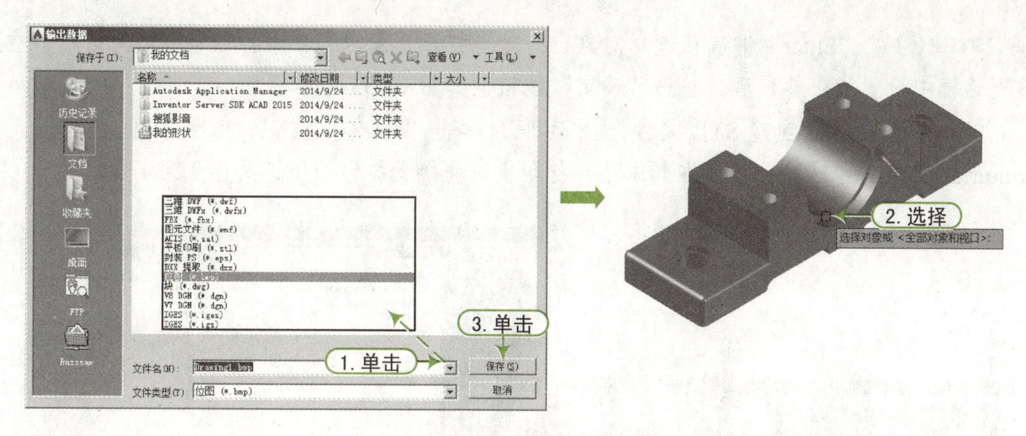

图 12-29　创建光栅图像

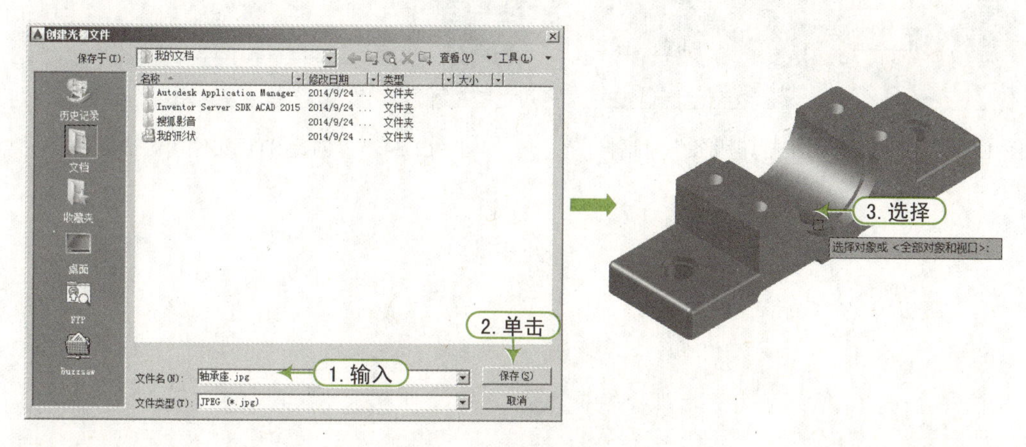

图 12-30　创建光栅图像

12.8　三维打印

“3DPRINT”命令可以将三维模型发送到三维打印服务。其操作步骤如下：

STEP 01 执行“3DPRINT”命令，弹出“三维打印—准备打印模型”对话框，如图 12-31 所示。

STEP 02 单击“继续”按钮，此时系统提示“选择要打印的对象”，单击或框选需要打印的对象，如图 12-32 所示。

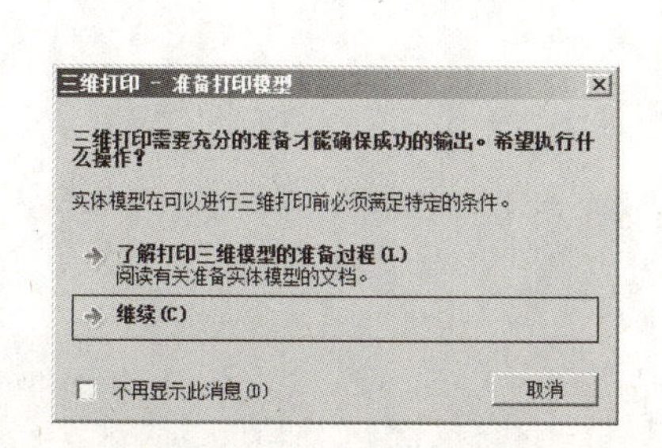

图 12-31　“三维打印—准备打印模型”对话框

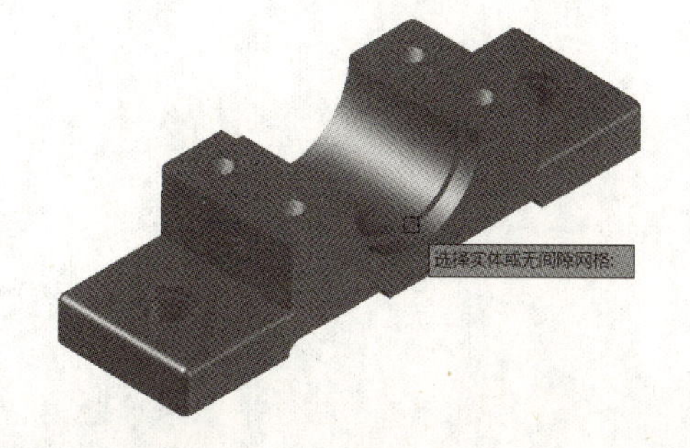

图 12-32　选择要打印的实体

STEP 03 按“Enter”键确认选择对象，此时将打开“发送到三维打印服务”对话框，在该对话框中设置相应参数后，单击“确定”按钮，如图 12-33 所示。

STEP 04 弹出“创建 STL 文件”对话框，单击“保存”按钮，系统将自动连接至 Autodesk 三维打印网站，可以在其中选择打印供应商接受打印服务，如图 12-34 所示。

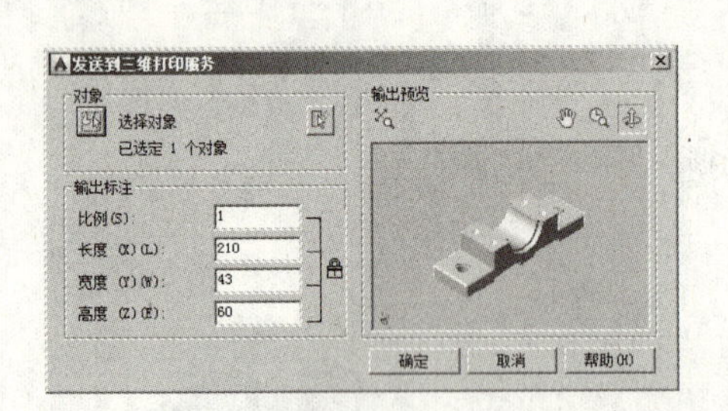

图 12-33 “发送到三维打印服务”对话框

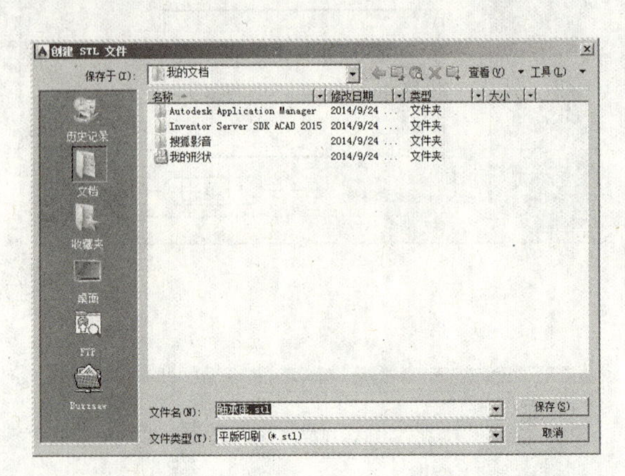

图 12-34 “创建 STL 文件”对话框

第 13 章 机械工程图绘制案例

老师，如何绘制机械工程图，绘制机械工程图前需要做哪些准备呢?

绘制机械工程图之前，首先创建一个机械样板文件，设置机械样板的图形界限、图形单位、文字样式、标注样式、图层、定义图块等。

有了机械样板文件，我们要绘制机械图就容易多了，首先绘制机械二维图形对象，再绘制机械三视图，然后绘制机械工程图，最后创建机械三维模型图。

效果预览

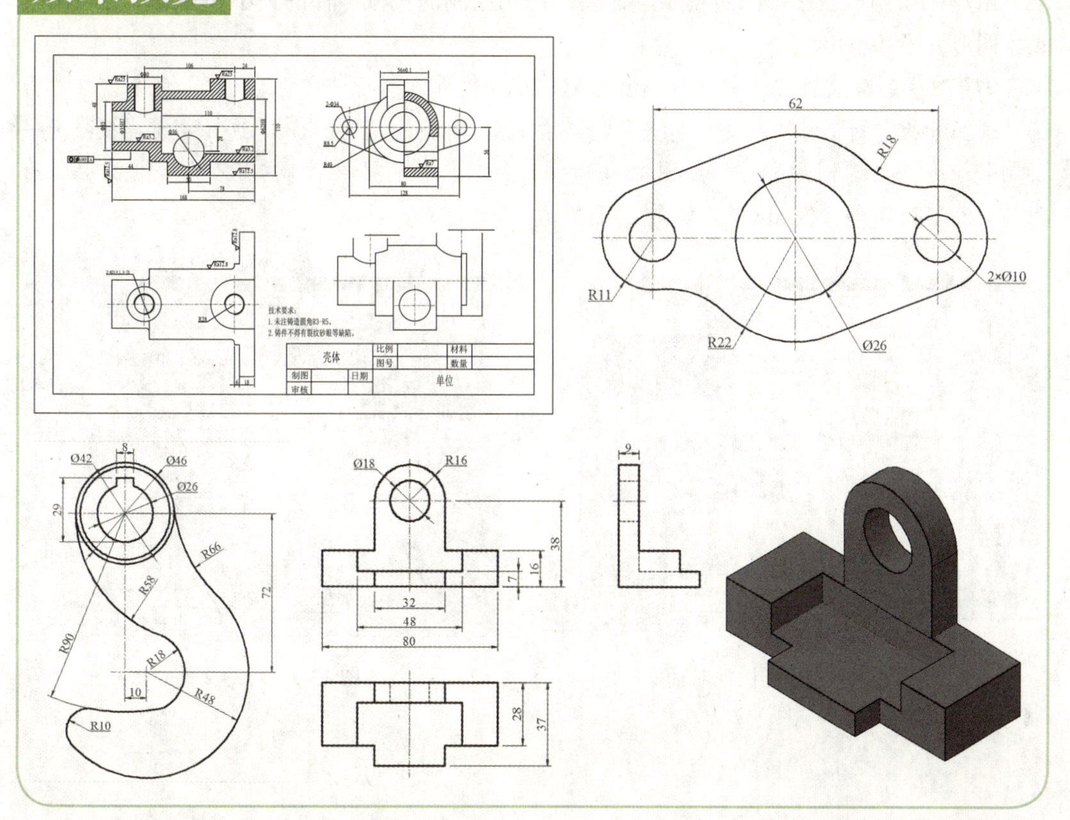

13.1 创建机械样板文件

所谓样板文件，就是一个为某个特定的用途建好格式的空文件，使用这种方法可以不用每次建立一个新文件时都重新设定格式。

在 AutoCAD 中，样板就是一个绘图文件，其默认的样板图都存储在系统的 Template 文件夹中（当然，用户也可以将其样板文件保存在自己所需的位置，以便随时调用），如 ISO、ANSI、DIN、JIS 等绘图格式的样板，用户可根据需要直接使用它们，也可按自己的风格设定样板图。

要创建机械样板文件，主要包括设置图形界限和单位、设置图层对象、设置文字样式、设置标注样式、定义图块、绘制图框等。

13.1.1 设置图形界限和单位

视频：13.1.1——设置图形界限和单位 .avi
案例：机械样板 .dwt

用户在绘制机械图形的过程中，需要考虑到绘制的机械零件的大小和精度，这就需要设置图形界限和单位。

STEP 01 新建文件。正常启动 AutoCAD 2016 软件，执行“文件 | 新建”命令，在打开的“选择样板”对话框中单击“打开”按钮右侧的“倒三角”按钮▼，选择“无样板打开—公制”命令，新建图形文件，如图 13-1 所示；然后，执行“文件 | 保存”命令将文件保存为“案例 \13\ 图形样板 .dwt”，如图 13-2 所示。

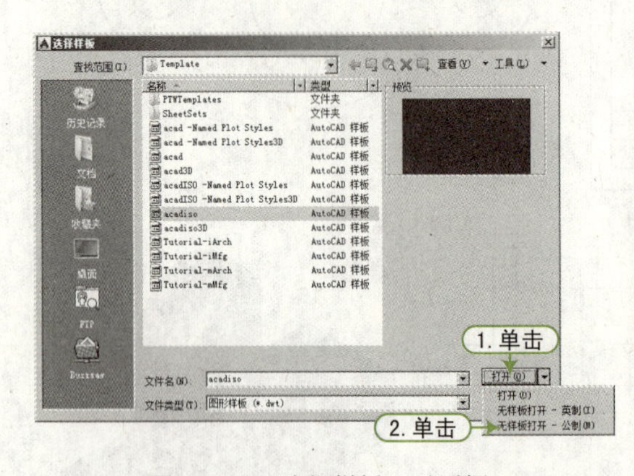

图 13-1 “选择样板”对话框

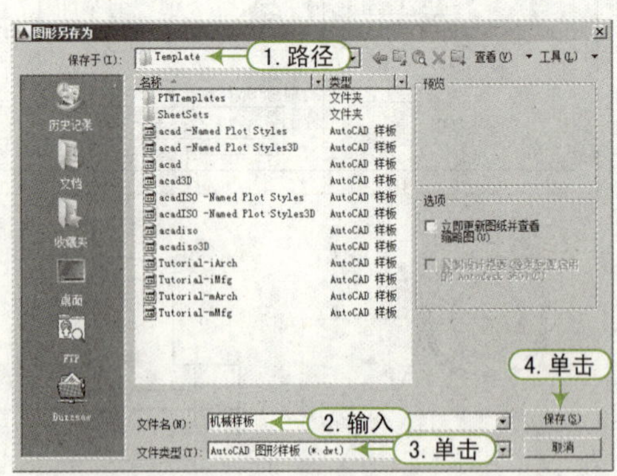

图 13-2 保存文件

QA 问题

学生问：老师，AutoCAD 中“.dwt”、“.dws”和“.dwg”格式有什么区别吗？

老师答：“.dwt”是 AutoCAD 的模板文件，把图层、标注样式等都设置好后另存为 DWT 格式，在 AutoCAD 安装目录下找到 DWT 模板文件放置的文件夹，把刚才创建的 DWT 文件放进去，以后使用时，新建文档时提示选择模板文件直接选择即可，或者把那个文件取名为 acad.dwt（AutoCAD 默认模板），替换默认模板，以后只要打开即可。为了保护自己的文档，可以将 AutoCAD 图形用 DWS 的格式保存。DWS 格式的文档，只能查看，不能修改。而“.dwg”是 AutoCAD 图纸文件的标准文件格式。

STEP 02 设置绘图单位。执行“图形单位”命令（UN），打开“图形单位”对话框；设置“长度”类型为“小数”，精度为“0.000”；“角度”类型为“十进制度数”，“精度”为“0.00”；设置缩放单位为“毫米”；然后单击“确定”按钮，如图 13-3 所示。

STEP 03 设置图形界限。执行“图形界限”命令（LIMITS），设置图形界限的左下角为 (0,0)，右上角为 (420,2970)。命令行提示如下：

```
命令 : LIMITS                                              \\ 执行“图形界限”命令
重新设置模型空间界限 :
指定左下角点或 [ 开 (ON)/ 关 (OFF)] <0.0000,0.0000>:          \\ 按“Enter”键
指定右上角点 <420.0000,297.0000>:（420.000,297.000）          \\ 输入图形界限值
```

STEP 04 显示图形界限区域。在命令行中输入“缩放”命令（Z），再按空格键，根据命令行提示，选择“全部（A）”选项，将所设置的图形界限区域全部显示在当前窗口中，如图 13-4 所示。

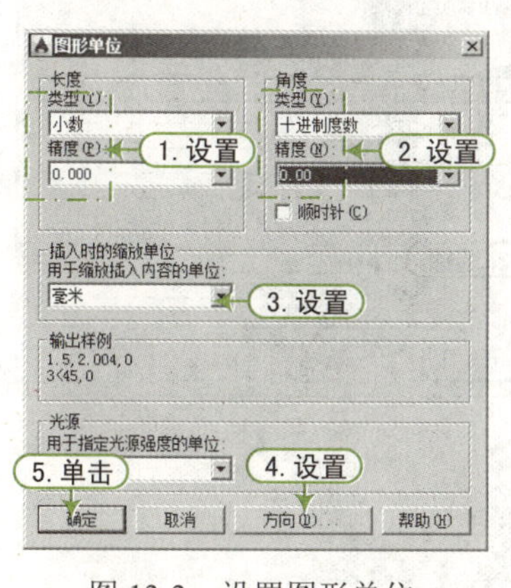

图 13-3　设置图形单位

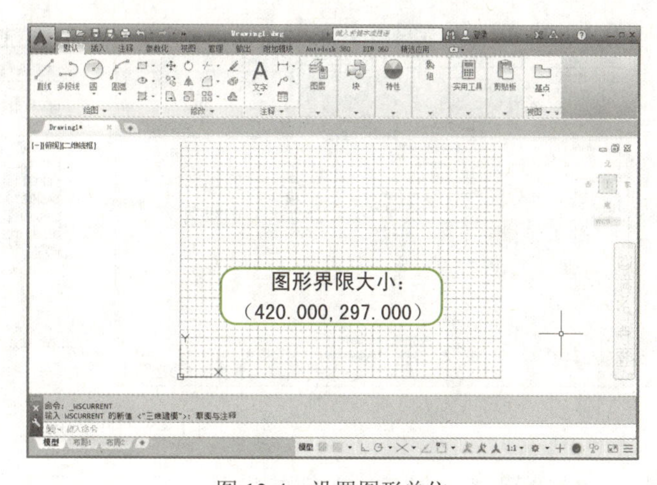

图 13-4　设置图形单位

13.1.2 实例——设置图层

视频：13.1.2——设置图层 .avi

案例：机械样板 .dwt

在绘制机械图形时，根据绘制图形的线型要求，有粗实线、粗虚线、中心线、细实线、细虚线、剖面线和辅助线，另外还有尺寸与公差、文本等标注对象，那么在建立图层对象时就可以按照这些要求来建立图层，如表 13- 1 所示。

表 13-1　图层设置

序号	图层名	线宽	线型	颜色	打印属性
1	粗实线	0.30mm	实线 (CONTINUOUS)	白色	打印
2	粗虚线	0.30mm	虚线 (DASHED)	绿色	打印
3	中心线	默认	虚线 (CENTER)	红色	打印
4	细虚线	默认	虚线 (DASHED)	绿色	打印
5	尺寸与公差	默认	实线 (CONTINUOUS)	蓝色	打印
6	细实线	默认	实线 (CONTINUOUS)	白色	打印
7	文本	默认	实线 (CONTINUOUS)	白色	打印
8	剖面线	默认	实线 (CONTINUOUS)	白色	打印
9	辅助线	默认	实线 (CONTINUOUS)	洋红	打印

STEP 01 加载线型。在“特性”面板中选择“线型”下拉列表中的“其他”命令，在打开的“线型管理器”对话框中单击“加载”按钮，在“加载或重载线型”对话框中加载表 13-1 中的线型，如图 13-5 所示。

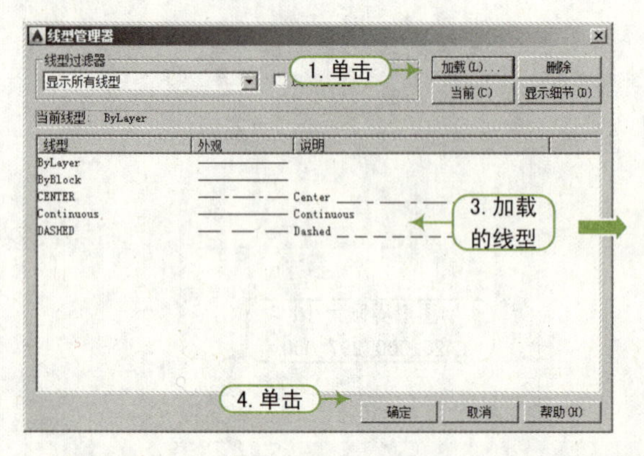

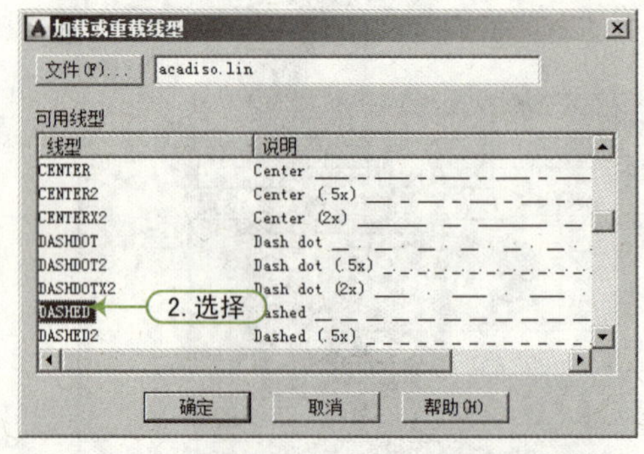

图 13-5　加载线型

STEP 02 新建图层。执行“图层特性管理器”命令（LA），打开“图层特性管理器”对话框，单击“新建图层”按钮，根据表 13-1 新建图层，并设置图层的名称、线宽、线性和颜色等，如图 13-6 所示。

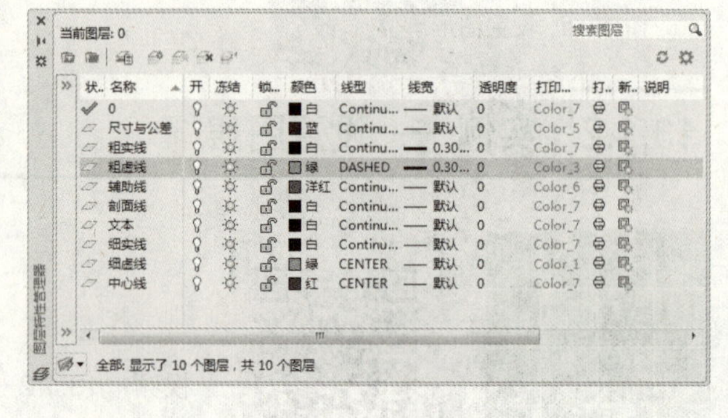

图 13-6　新建图层

QA 问题

学生问：　老师，绘制机械图时，其线型及线宽有什么要求？

老师答：

在进行机械制图时，图线的绘制也应符合《机械制图》的国家标准。

1. 线型

绘制图样时，不同的线型起着不同的作用，表达不同的内容。国家标准规定了绘制图样可采用的 15 种基本线型。表 13-2 给出了机械制图中常用的 8 种线型示例、颜色及主要用途。

表 13-2　机械制图中常用的 8 种线型示例、颜色及主要用途

图线名称	图线型式	图线颜色	主要用途
粗实线		白	可见轮廓线、可见的过渡线
细实线		绿	尺寸线、尺寸界线、剖面线、辅助线、重合断面的轮廓线、引出线
波浪线			断裂处的边界线、视图和剖视的分界线
双折线			断裂处的边界线
虚线		黄	不可见的轮廓线、不可见的过渡线
细点画线		红	轴线、对称中心线、轨迹线、齿轮的分度圆及分度线
粗点画线		棕色	有特殊要求的线呀表面的表示线
双点画线		粉红色	相邻辅助零件的轮廓线、极限位置的轮廓线、假想投影轮廓线

2. 线宽

机械图样中的图线分为粗线和细线两种。图线宽度应根据图形的大小和复杂程度在 0.13 ～ 2mm 之间选择。图线宽度的推荐系列为 0.13、0.18、0.25、0.35、0.5、0.7、1、1.4、2mm。

在机械工程的 AutoCAD 制图中所用图线除按照以上的规定外，还应遵守 GB/T17450 中的规定，如表 13-3 所示。

表 13-3　线宽规格

组别	1	2	3	4	5	一般用途
线宽（mm）	2.0	1.4	1.0	0.7	0.5	粗实线、粗点实线
	1.0	0.7	0.5	0.35	0.25	细实线、波浪线、双折线、虚线、细点实线

QA 问题

学生问：　老师，如何设置图层的打印属性？

老师答：　设置图层的打印属性很简单，在“图层“面板的“打印”列中单击“打印”按钮，如果显示为 时，属性为该图层不打印；显示为 时，属性为打印。

13.1.3　设置文字样式

视频：13.1.3——设置文字样式 .avi

案例：机械样板 .dwt

根据机械制图的要求，可以采用两种文字，即“标注”和“注释文字”。标注“文字”对象是直接进行尺寸标注时所采用的字体，可以采用标准的“Times News Roman”字体，其高度值可以通过标注样式中的字高来进行设置；“注释”文字对象时对图形中的注释说明和技术要求进行标注的，其字高以 3.5 为基准，宽度为 0.75。

STEP 01 新建“标注”文字样式。在“注释”选项卡中单击“文字”面板右下角的按钮 ↘，在打开的“文字样式”对话框中，单击“新建”按钮，新建“标注”样式，然后设置“标注”文字样式，如图 13-7 所示。

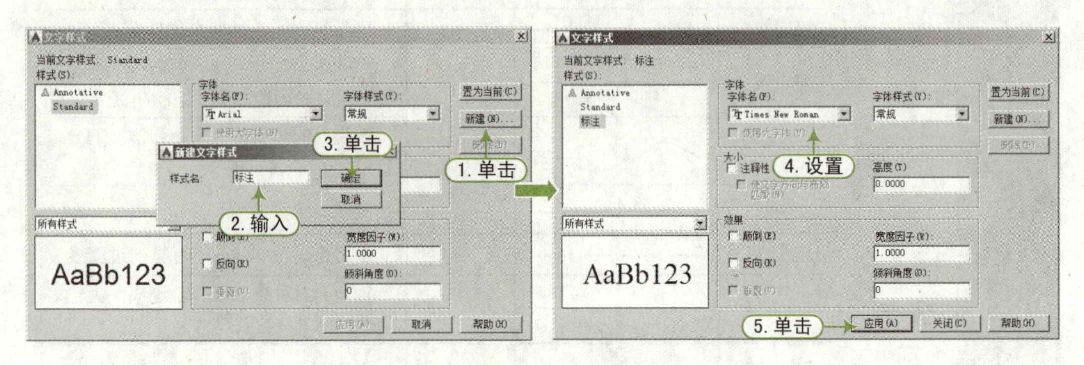

图 13-7　新建“标注”文字样式

STEP 02 新建“注释”文字样式。在“文字样式”对话框中，再次单击“新建”按钮，新建“注释”样式，然后设置“注释”文字样式，如图 13-8 所示。

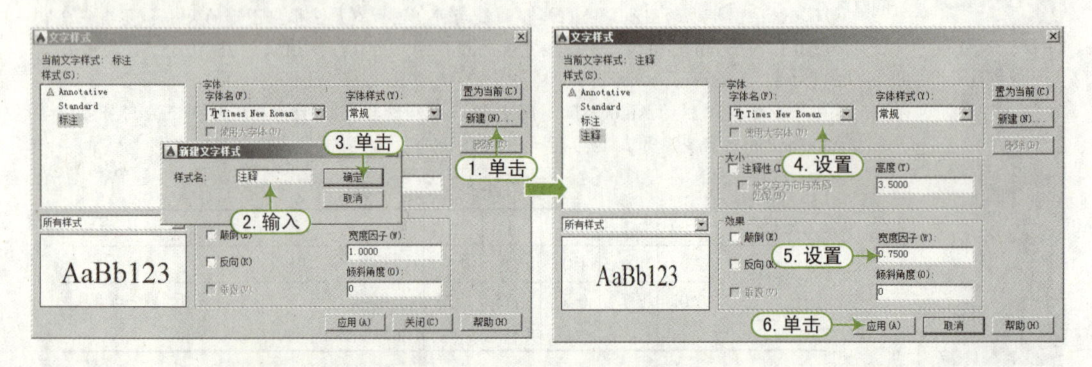

图 13-8　新建“注释”文字样式

QA 问题

学生问： 老师，在制作机械工程图时，其图形中的文字有没有要求？

老师答： 针对不同类型的工程图，其文字是有特定要求的。由于图样上除了图形外，还需要用汉字、符号、数字对机件的大小、技术要求等加以说明。文字是图样的一个重要组成部分，因此，国家标准对图样中文字的书写规范做了一定的规定。

字母和数字：可写成斜体和直体。斜体字头向右倾斜，与水平基准线呈 75° 。

小数点：小数点进行输出时应占一个字位并位于中间靠下处。

汉字：汉字在输出时，一般采用长仿宋体并用国家正式公布和推行的简化字。汉字的高度不应小于 3.5mm，其字宽一般为 $h/\sqrt{2}$。

标点符号：应按其含义正确使用，除省略号和破折号为两个字位外，其余均为一个符号一个字位。

字体与图纸幅面之间的选用关系如表 13-4 和表 13-5 所示。

QA 问题

老师答：

表 13-4　字体大小

mm

字体＼图幅	A0	A1	A2	A3	A4
字母数字	3.5				
汉字	5				

表 13-5　字体间距

字体	最小距离	
汉字	字距	1.5
	行距	2
	间隔线或基准线与汉字的间距	1
镶丁字母、阿拉伯数字、希腊字母、罗马数字	字符	0.5
	词距	1.5
	行距	1
	间隔线或基准线与字母、数字的间距	1

注：当汉字与字母、数字混合使用时，字体的最小字距、行距等应根据汉字的规定使用。

13.1.4　设置标注样式

视频：13.1.4——设置标注样式 .avi
案例：机械样板 .dwg

在机械制图中，尺寸标注样式的设置要求，一般为尺寸界线应超出尺寸线 2 ～ 5mm，尺寸线在相同方法的间隔应大于 5mm，尺寸中段常采用箭头符号等。下面来建立“机械”标注样式。

STEP 01 创建“机械”标注样式。在“注释”选项卡中单击“标注”面板右下角的按钮 ，在打开的“标注样式管理器”对话框中，单击“新建”按钮，在打开的对话框中新建“机械”标注样式，然后单击“继续”按钮，如图 13-9 所示。

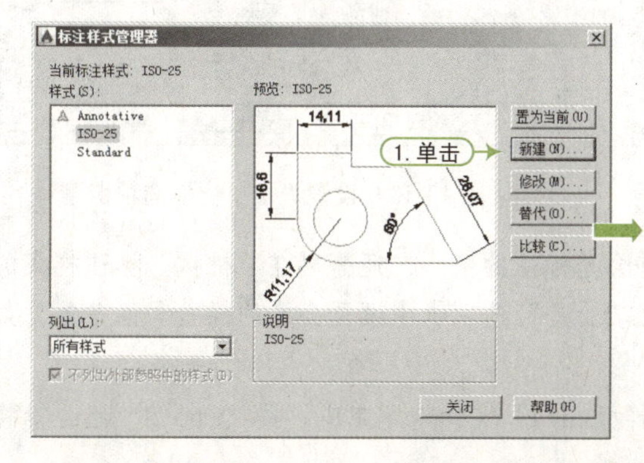

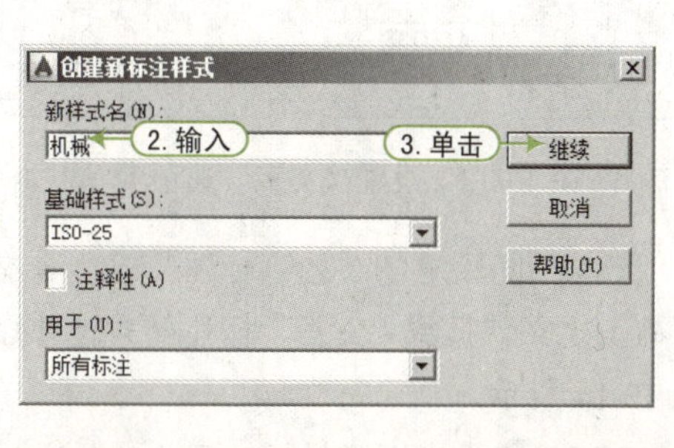

图 13-9　创建“机械”标注样式

STEP 02 设置“线”选项卡参数。打开“新建标注样式：机械”对话框，在该对话框中，设置尺寸线及尺寸界线的参数，如图 13-10 所示。

STEP 03 设置“符号和箭头”选项卡参数。单击“符号和箭头”选项卡，在该选项卡中设置箭头和符号的参数，如图 13-11 所示。

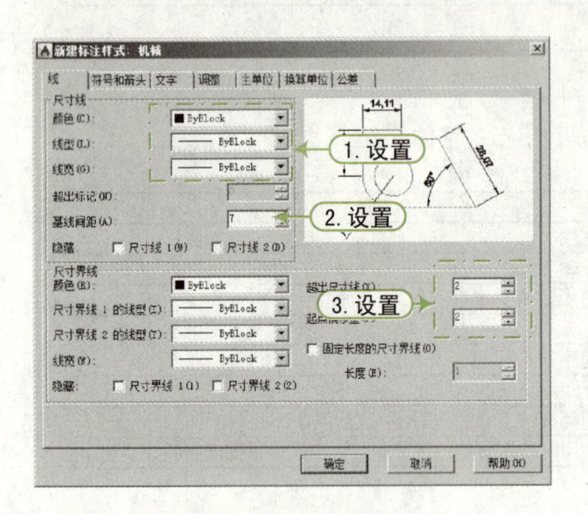

图 13-10　设置“线”选项卡

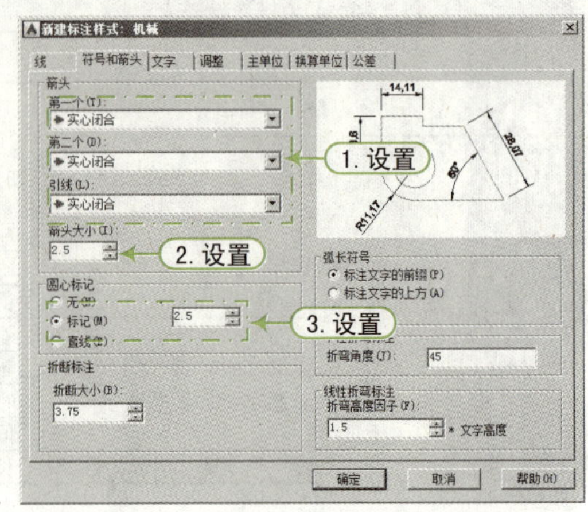

图 13-11　设置“符号和箭头”选项卡

STEP 04 设置“文字”选项卡参数。单击“文字”选项卡，在该选项卡中设置图形的文字参数，如图 13-12 所示。

STEP 05 设置“主单位”选项卡参数。单击“主单位”选项卡，在该选项卡中设置图形的相应参数，单击“确定”按钮关闭对话框，如图 13-13 所示。然后单击“标注样式管理器”对话框中的“关闭”按钮，完成对尺寸标注样式的设置。

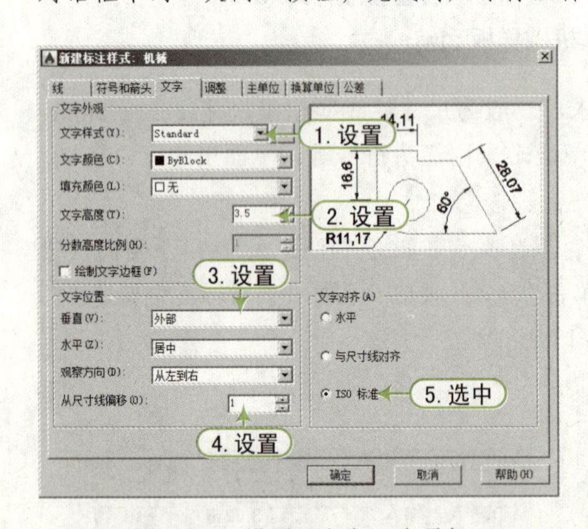

图 13-12　设置“文字”选项卡

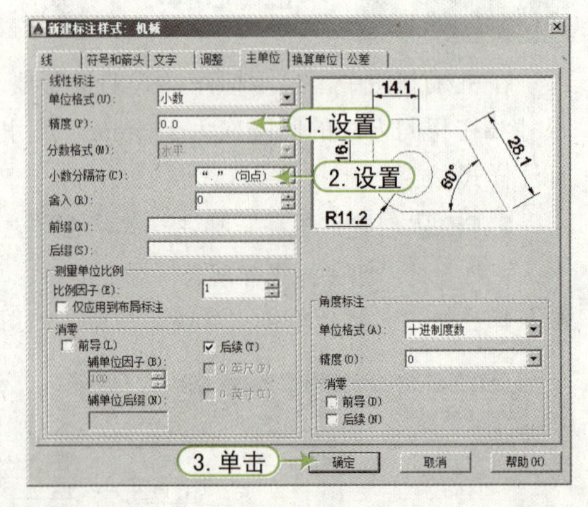

图 13-13　设置“主单位”选项卡

STEP 06 设置“公差”标注。对于含有公差标注的图形，还需要在“机械”标注样式的基础上建立“机械 - 公差”标注样式，并在“公差”选项卡中设置公差的样式和偏差值，如图 13-14 所示。

STEP 07 保存图形样板。至此，“机械样板 .dwt”文件创建完成，按“Ctrl+S”组合键将文件保存。

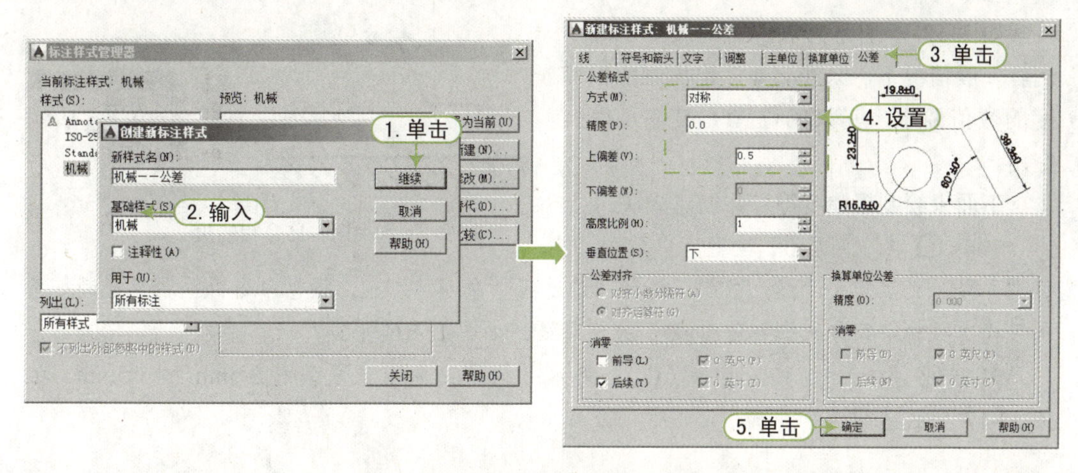

图 13-14　创建并设置“公差”标注

QA 问题

学生问： 老师，在设置圆心标记为“无”时会有什么样的结果呢？

老师答： 在机械图中，经常会对圆或圆弧对象进行圆心的标注，如果设置没有圆心标记时，则无法使用“圆心标注”命令来对圆或圆弧进行圆心标注。

13.1.5　定义图块

视频：13.1.5——定义图块 .avi

案例：机械样板 .dwt

由于在 AutoCAD 中没有表面粗糙度、基准符号、标题栏、图框等，而该项又是机械图样中必不可少的重要内容，因此，可将其设置为一个图块，利用图块的“插入”命令来进行设置。

1. 定义表面粗糙度符号图块

表面粗糙度反映了零件表面的光滑程度，零件各个表面的作用不同，所需的光滑程序也不一样。表面粗糙度是衡量零件质量的标准之一，对零件的配合、耐磨程度、抗疲劳程度、抗腐蚀性及外观等都有影响。

QA 问题

学生问： 老师，表面粗糙度对零件有什么作用？

老师答： 表面粗糙度对零件使用情况有很大影响。一般来说，表面粗糙度数值小，会提高配合质量，减少磨损，延长零件使用寿命，但零件的加工费用会增加。因此，要正确、合理地选用表面粗糙度数值。在设计零件时，表面粗糙度数值的选择，是根据零件在机器中的作用决定的，总的原则是：在保证满足技术要求的前提下，选用较大的表面粗糙度数值。

另外，表面粗糙度对零件的镀涂层、导热性和接触电阻、反射能力和辐射性能、液体和气体流动的阻力、导体表面电流和流通等都会有不同程度的影响。

如图 13-15 所示为表面粗糙度要求的示例。一般情况下，只在 c 处标记出表面粗糙度的数值要求，其余的位置一般都是保持空白。

下面来绘制粗糙度符号并创建成块。

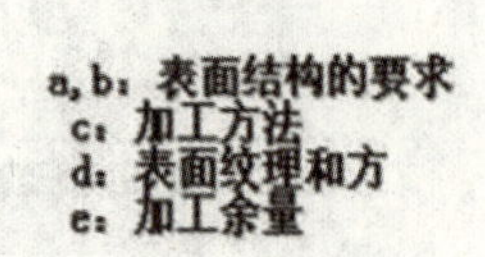

图 13-15　粗糙度

STEP 01 将“图层 0”设置为当前图层，将“注释”文字样式设置为当前；执行“构造线”命令（XL），根据命令行提示，绘制一条水平构造线和一条与水平夹角为 60° 的构造线，如图 13-16 所示。

STEP 02 执行“偏移”命令（O），将水平构造线向上依次偏移 3.5mm 和 7.5mm，如图 13-17 所示。

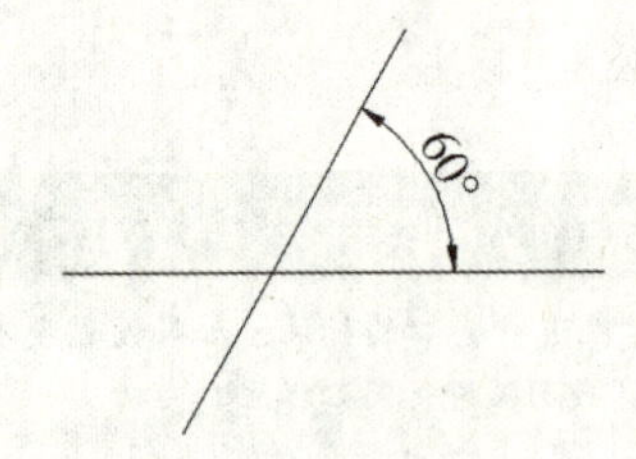

图 13-16　绘制构造线

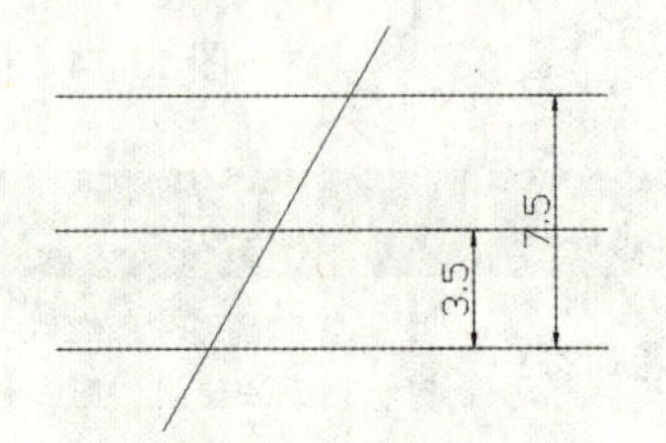

图 13-17　偏移线段

STEP 03 执行“镜像”命令（MI），将夹角为 60° 的构造线以左下侧交点为镜像点，进行水平镜像操作，如图 13-18 所示。

STEP 04 执行“修剪”命令（TR），将多余的对象进行修剪操作，如图 13-19 所示。

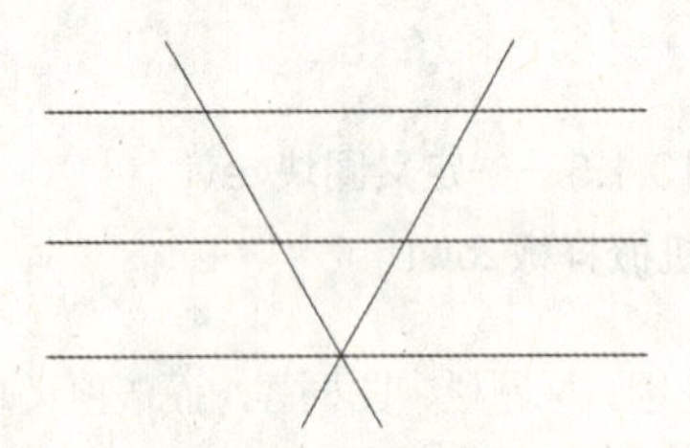

图 13-18　镜像操作

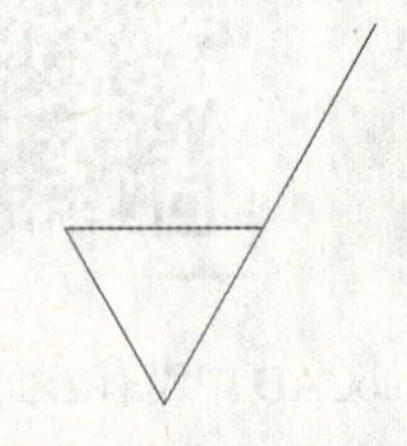

图 13-19　修剪操作

STEP 05 按“F8”键打开“正交”模式；执行“直线”命令（L），捕捉图形的上端点作为直线的起点，向右绘制一条长 11mm 的水平线段，如图 13-20 所示。

STEP 06 执行“单行文字”命令（DT），设置文字高度为 2.5，在图形的相应位置处输入“Ra”，如图 13-21 所示。

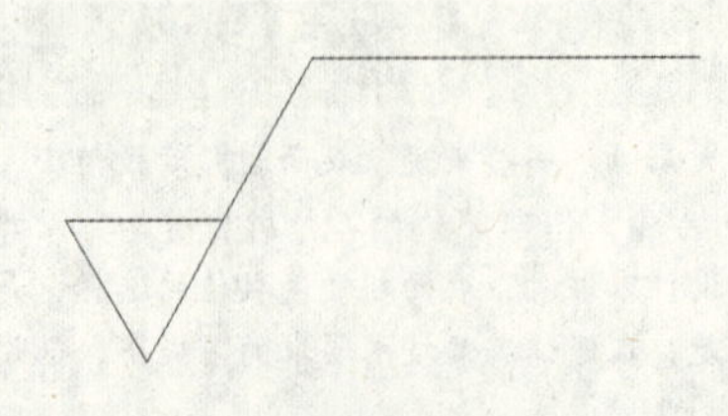

图 13-20　绘制水平线段

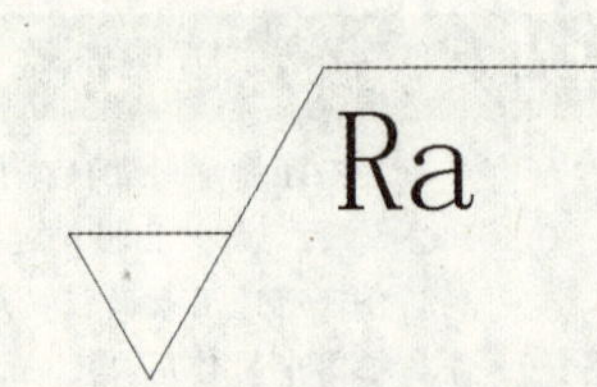

图 13-21　文字标注

QA 问题

学生问：老师，在绘制表面粗糙度符号时，其基本符号的画法有没有一定的规定？

老师答：国家标注最新规定，表面粗糙度符号的画法如图 13-22 所示，图形符号的尺寸如表 13-6 所示。

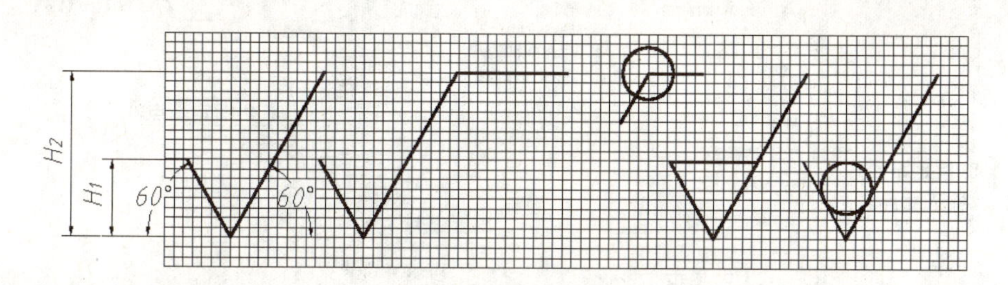

图 13-22 尺寸参考线

表 13-6 表面粗糙度符号的画法

数字与字母的高度 h	2.5	3.5	5	7	10	14	20
高度 H_1	3.5	5	7	10	14	20	28
高度 H_2（最小值）	7.5	10.5	15	21	30	42	60

注：H_2 取决于标注内容

STEP 07 执行“属性定义”命令（ATT），打开“属性定义”对话框，在“属性”区域中设置好相应的标记与提示，再设置“对正”方式为“左对齐”，“文字样式”为“注释”，然后单击“确定”按钮，将定义的属性放置在图形的相应位置处，如图 13-23 所示。

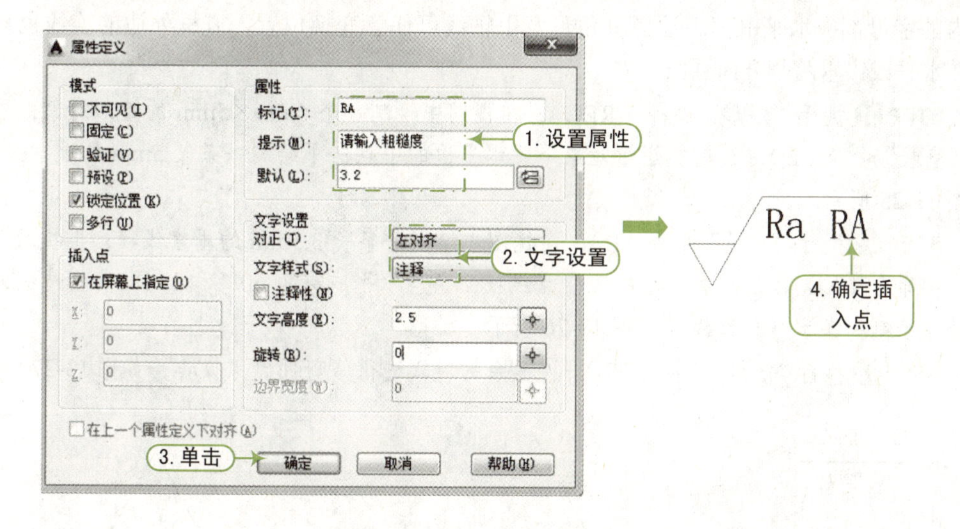

图 13-23 定义属性

STEP 08 执行“写块”命令（W），打开“写块”对话框，在该对话框中创建块对象，如图 13-24 所示。

STEP 09 至此，粗糙度符号图块已创建完成，在后面绘制图形时，可直接执行“插入块”命令（I）即可。

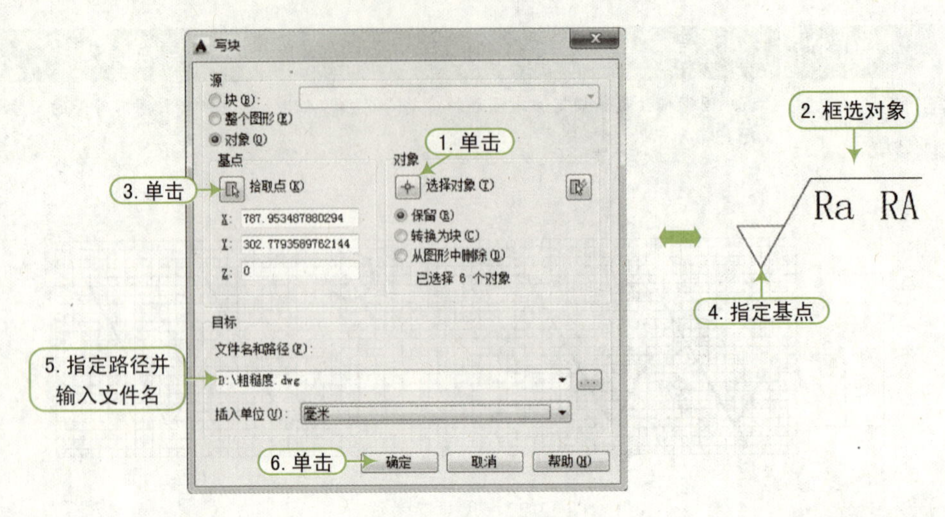

图 13-24 写块操作

QA问题

学生问： 老师，为什么您所创建的图形对象，都是先保存为图块，后插入图块呢？

老师答： 这是经验。如果用户要修改图形对象时，就得一个一个地修改，而如果通过创建图块并插入图块来创建图形对象时，可以通过一次性来修改图块的大小，这样，当前图层中其他相同图块的大小就可以一次性解决了。

2. 定义基准符号图块

基准代号由基准符号（涂黑三角形）、方框、连线和大写字母组成，其方框和连线均用细实线，方框内填写的大写拉丁字母是基准字母，无论基准代号在图样中的方向如何，方框内的字母都应水平书写。涂黑三角形及中轴线可任意变换位置，方框外边的连线也只允许在水平或铅垂两个方向画出。

STEP 01 执行“矩形”命令（REC），在视图中绘制一个 5mm×5mm 的矩形对象；再执行“直线”命令（L），过捕捉矩形对象下侧水平边的中点向下绘制一条长 5mm 的垂直线段，如图 13-25 所示。

STEP 02 执行“直线”命令（L），在视图中绘制一条长 3.5mm 的垂直线段；再执行“构造线”命令（XL），过垂直线段的上端点线段 2 条与水平成夹角 60° 和 -60° 的构造线，过下端点绘制一条水平构造线，如图 13-26 所示。

STEP 03 执行“修剪”命令（TR），将多余的对象进行修剪并删除操作，如图 13-27 所示。

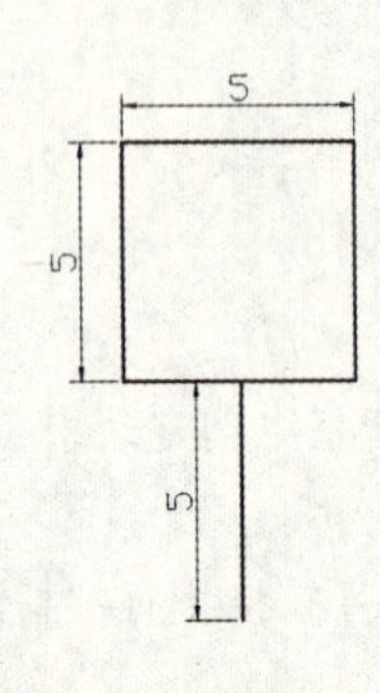

图 13-25 绘制矩形

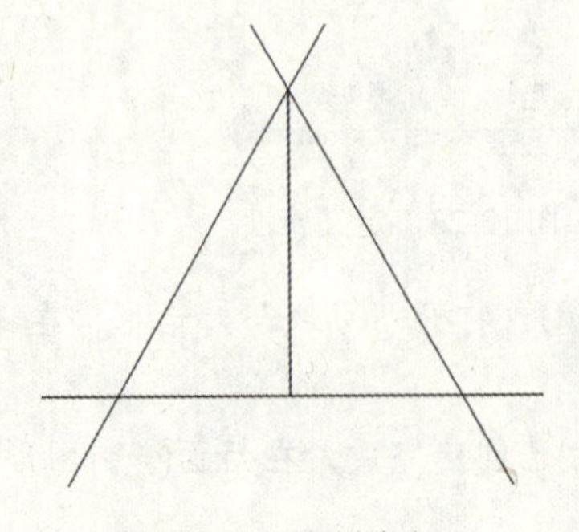

图 13-26 绘制线段

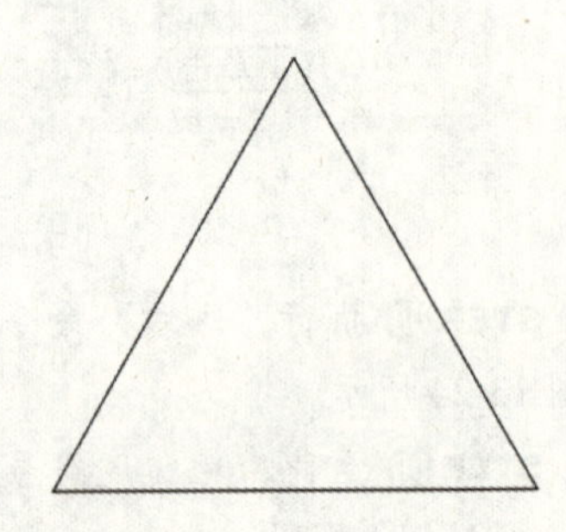

图 13-27 修剪操作

QA 问题

学生问：老师，在这里绘制对象时，为什么要使用“构造线”命令（XL）来进行绘制呢？

老师答：针对机械平面图来讲，你所绘制的对象具体是多长呢？所以大家最开始还无法确定，那么使用“构造线”命令（XL）来绘制水平、垂直和与水平为夹角的构造线，就可以不管它有多长，在偏移并修剪后所形成的对象就是所需要的对象，从而就可以更加快捷地完成三角形的绘制。

STEP 04 执行“移动”命令（M），将步骤 3 所形成的三角形移动到相应的位置处，如图 13-28 所示。

STEP 05 执行“图案填充”命令（H），设置图案为“SOLID”，将下面三角形内部进行图案填充操作，如图 13-29 所示。

图 13-28　移动操作　　　图 13-29　图案填充

STEP 06 执行“属性定义”命令（ATT），打开“属性定义”对话框，在“属性”区域中设置好相应的标记与提示，再设置“对正”方式为“正中”，“文字样式”为“注释”，“文字高度”为 3.5，然后单击“确定”按钮，将定义的属性放置矩形的中侧位置处，如图 13-30 所示。

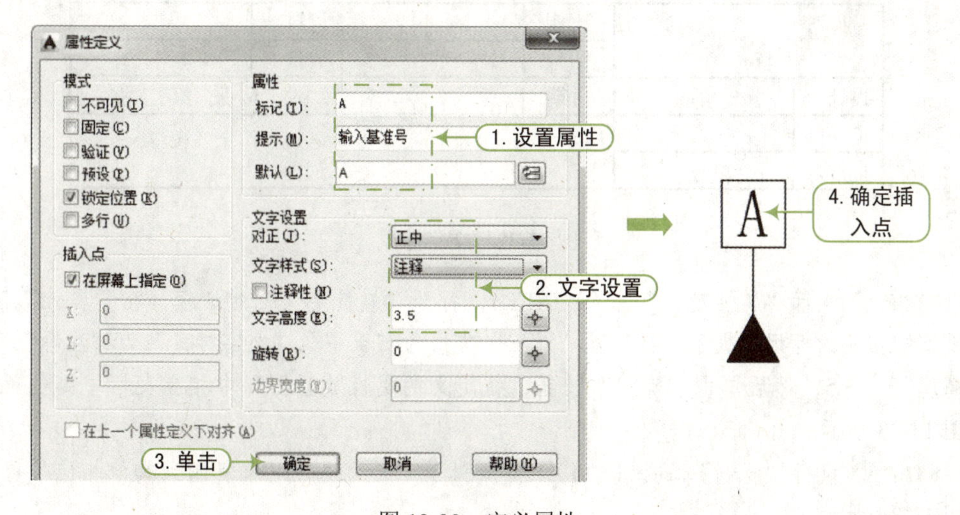

图 13-30　定义属性

STEP 07 执行“写块”命令（W），将绘制好的基准符号以下侧三角形水平边的中点作为插入基点，将其创建成块对象。

QA 问题

学生问： 老师，在定义块时，为什么要指定块的基点位置？

老师答： 在定义块对象时，应指定块的基点位置，在插入该块的过程中，就可以围绕基点旋转；旋转角度为 0 的块，将根据创建时使用的“UCS”定向。如果输入的是一个三维基点，则按照指定标高插入块。

3. 定义标题栏图块

在绘制好机械图形后，还应布置相应的图纸幅面及标题栏，才能使绘制的工程图更加完善。

STEP 01 利用直线（L）、偏移（O）、修剪（TR）等命令，绘制如图 13-31 所示的标题栏对象。

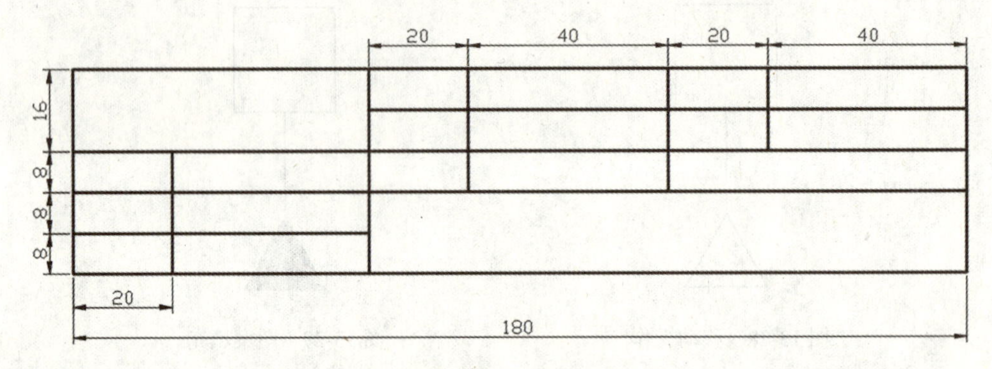

图 13-31　绘制图框

STEP 02 执行“单行文字”命令（DT），在标题栏的相应表格中输入相应的文字对象，其文字的大小为 3.5，如图 13-32 所示。

		比例		材料	
		图号		数量	
设计		日期		共　　张 第　　张	
审核					
批准					

图 13-32　文字标注

STEP 03 执行“属性定义”命令（ATT），打开“属性定义”对话框，在“属性”区域中设置好相应的标记与提示，再设置“对正”方式为“正中”，“文字样式”为“注释”，“文字高度”为 3.5，然后单击“确定”按钮，将定义的属性放置图形中相应表格中侧位置处，如图 13-33 所示。

STEP 04 执行“复制”命令（CO），将步骤 3 定义的属性对象复制到其他相应位置处，如图 13-34 所示。

STEP 05 双击复制后的对象，打开“编辑属性定义”对话框，在该对话框内修改属性定义内容，然后单击“确定”按钮，如图 13-35 所示。

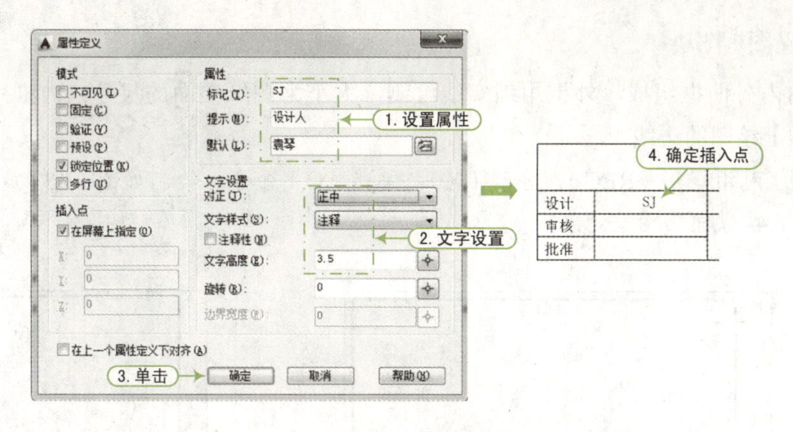

图 13-33　定义属性

		比例	SJ	材料	SJ
		图号	SJ	数量	SJ
设计	SJ	日期	SJ	共 SJ 张　第 SJ 张	
审核	SJ				
批准	SJ				

图 13-34　复制属性

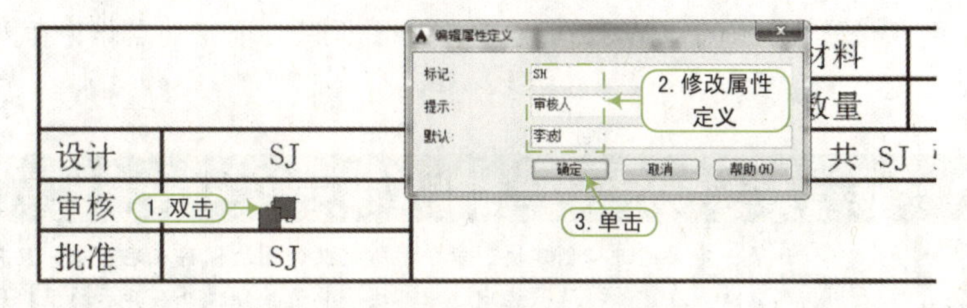

图 13-35　编辑属性

STEP 06 按同样的方法修改其他属性定义内容，如图 13-36 所示。

图名		比例	BL	材料	CL
		图号	TH	数量	SL
设计	SJ	日期	RQ	共 GZ 张　第 DZ 张	
审核	SH	单位			
批准	PZ				

图 13-36　编辑其他属性

STEP 07 执行“写块”命令（W），将绘制好的标题栏以右下侧端点作为插入基点，将其创建成块对象。

QA 问题

学生问： 老师，除了利用“写入块”命令来创建块，还有没有其他的方法？

老师答： 创建块时，必须先绘出要创建块的对象。如果新块的名称与已定义的块名称相同，系统将弹出“警告”对话框，要求重新定义块的名称。另外，使用“创建块”命令创建的块只能由块所在的当前图形文件使用，而不能由其他图形文件使用。如果希望在其他图形文件中也使用此块，则需要使用“写入块”命令来创建块。

4. 定义图框图块

图框由内外两框组成，外框用细实线绘制，大小为图纸幅面的尺寸；内框用粗实线绘制，是图样上绘图的边线。

STEP 01 利用矩形（REC）、分解（X）、偏移（O）命令，绘制如图 13-37 所示的“A4-横向”和“A4- 纵向”图框对象。

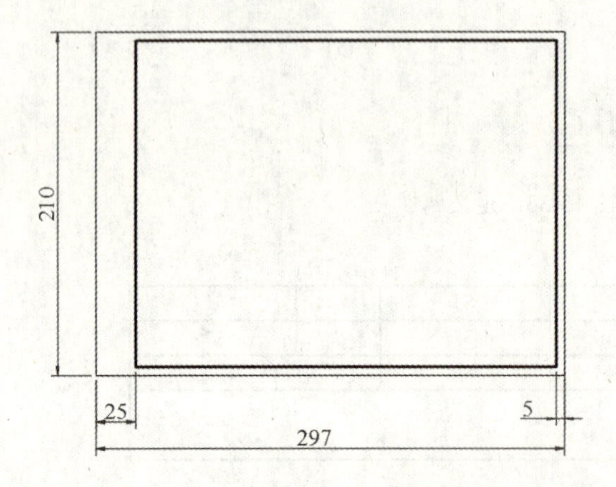

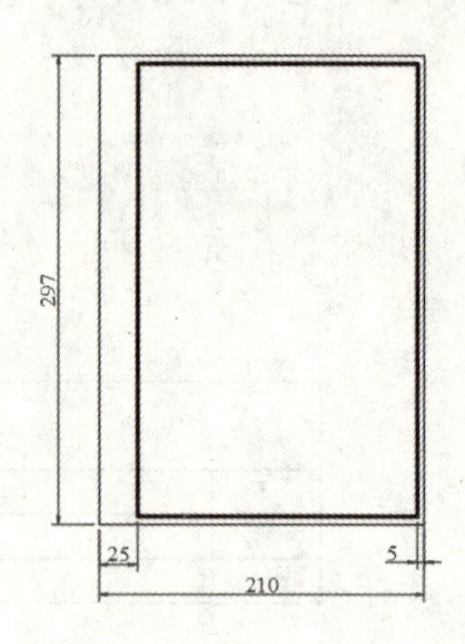

图 13-37 绘制图框

STEP 02 执行“写块”命令（W），将绘制好的图框以右下侧端点作为插入基点，将其创建成块对象。

QA问题	
学生问：	老师，如何将“创建块”命令创建的块运用到其他图形中？
老师答：	如果一定要通过“创建块”命令将所定义的图块保存在磁盘上，且其他图形可使用，那么就应在“源”选项组中选中“块”单选按钮，并在其后的下拉列表框中选择指定的块对象，然后单击“确定”按钮保存路径和名称即可，从而将“虚拟”图块保存为实体图块，如图 13-38 所示。

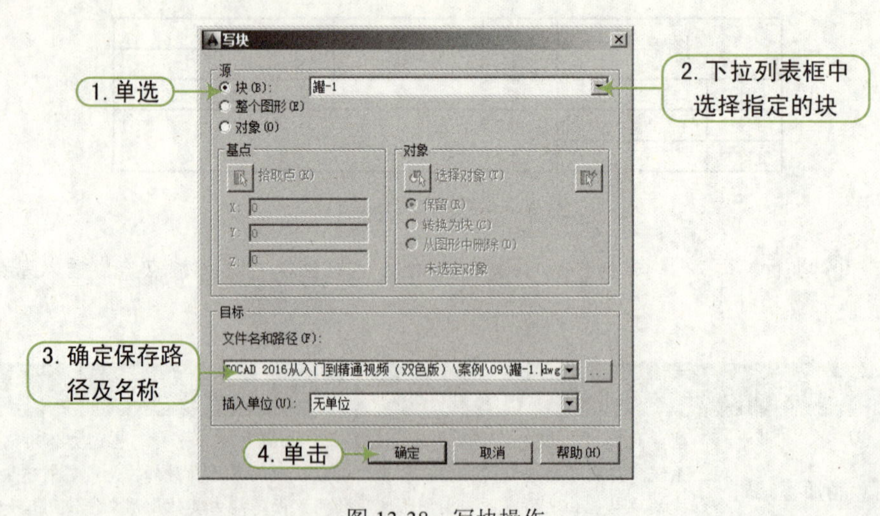

图 13-38 写块操作

13.1.6　绘制图框

视频：13.1.6——绘制图框 .avi

案例：机械样板 .dwt

QA 问题

学生问： 老师，绘制机械图时，其图纸幅面有没有特殊的要求？

老师答： 图纸幅面是指图纸宽度与长度组成的图面。通俗来说就是最终用来画图或打印的那张图纸。绘制图样时，应优先采用如表 13-7 所示中规定的基本幅面及尺寸。必要时，也允许采用加长幅面，其尺寸是由相应基本幅面的短边乘以整数倍增加后得出的，图纸基本幅面及加长幅面尺寸如图 13-39 所示。图中粗实线为基本图幅。

表 13-7　线宽规格

幅面代号	A0	A1	A2	A3	A4
B×L	841×1189	594×841	420×594	297×420	210×297
a	25				
c	10			5	
e	20		10		

下面针对本实例来绘制其图幅及标题栏，其操作步骤如下：

STEP 01 新建文件。正常启动 AutoCAD 软件，在“快速工具栏中”单击“打开”按钮，打开“案例\13\机械样板 .dwt”文件；在“快速工具栏中”单击“保存”按钮，将文件保存为“案例\13\机械图框 .dwg”。

STEP 02 绘制图框。执行“矩形”命令（REC），绘制一个长度 420mm×297mm 的图框，执行“偏移”命令（O），将图框向内偏移 15mm，如图 13-40 所示。

STEP 03 绘制标题栏。执行“矩形”命令（REC），在绘图区域空白处绘制一个长度 200mm×40mm 的矩形，执行“分解”命令（X），将矩形进行分解，将相应的线段进行偏移，如图 13-41 所示。

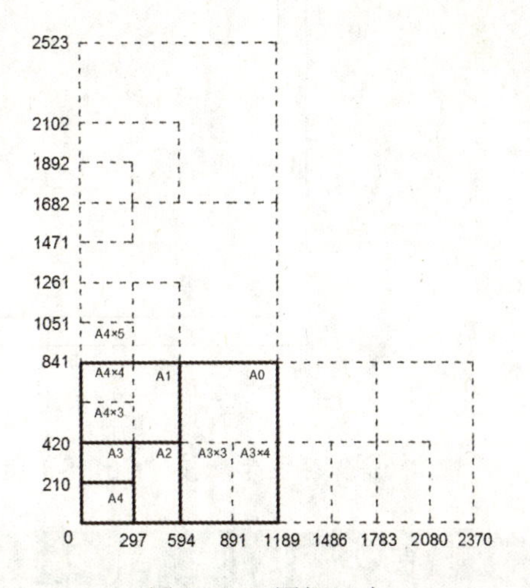

图 13-39　图幅尺寸

STEP 04 修剪标题栏。执行“修剪”命令（TR），对标题栏进行修剪，效果如图 13-42 所示。

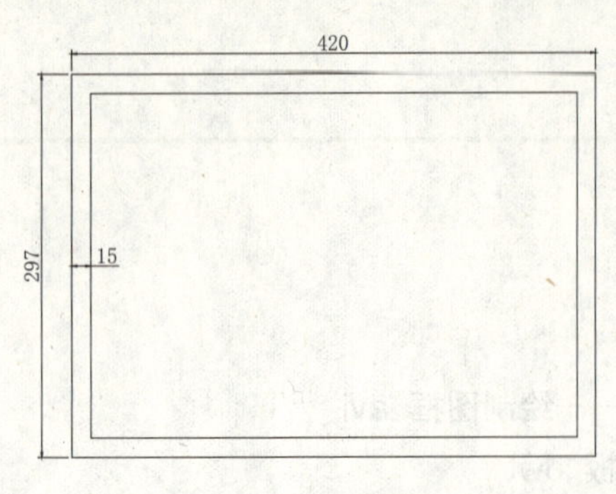

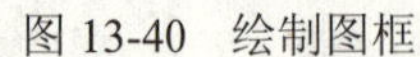
图 13-40　绘制图框

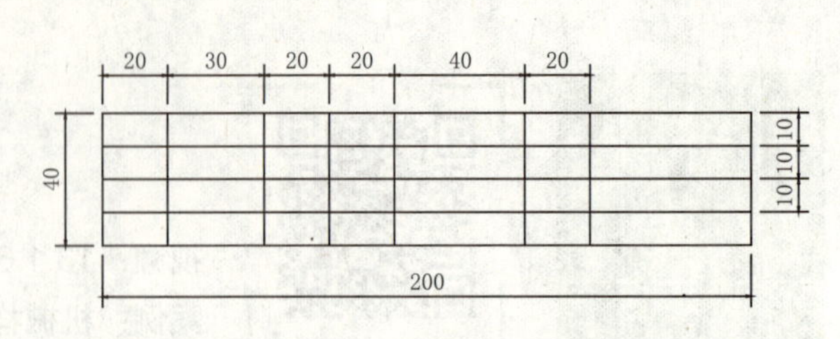

图 13-41　绘制标题栏

STEP 05 添加标题栏内容。执行“多行文字”命令（MT），将标题栏与图框右下角对齐，如图 13-43 所示。

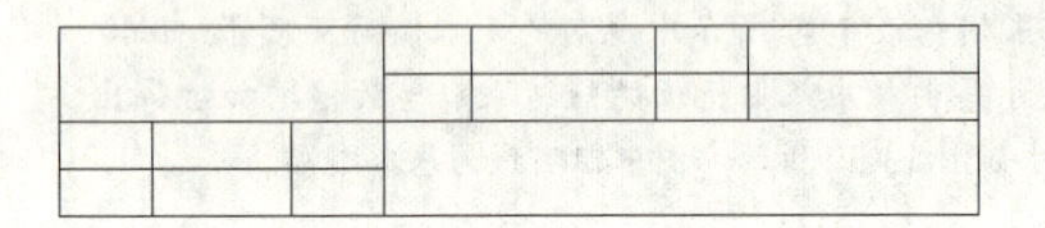

图 13-42　修剪标题栏

壳体			比例		材料	
			图号		数量	
制图		日期	巴山书院			
审核						

图 13-43　添加标题栏内容

STEP 06 移动标题栏至图框。执行“移动”命令（M），将标题栏与图框右下角对齐，如图 13-44 所示。

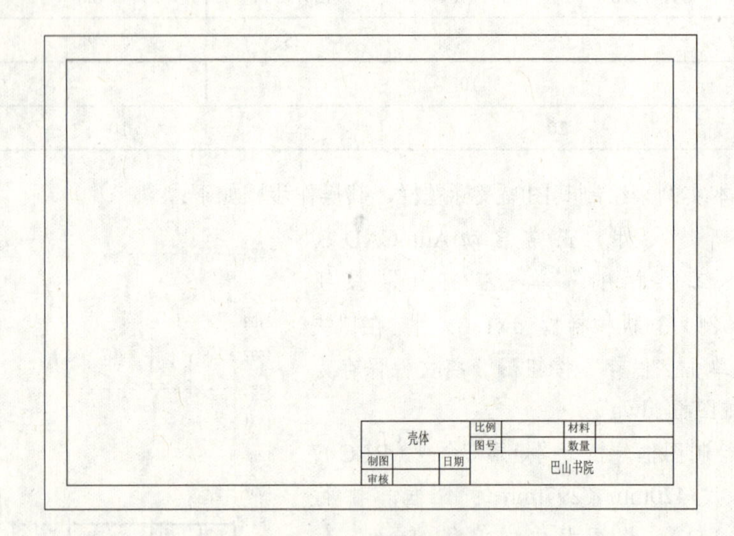

图 13-44　移动标题栏

STEP 07 保存图形。按“Ctrl+S”组合键保存该文件，至此其机械图标题栏的绘制完成。

QA 问题

学生问： 老师，机械图中的标题栏一般包括哪些内容，其作用是什么？

老师答： 标题栏可以给看图纸的人提供很多信息，比如，图纸的设计人姓名、设计时间、设计的实物的材质、质量，以及图号等便于与其他图纸识别，如图 13-45 所示。标题栏一般位于图纸的右下角，并使其底边和右边分别与下图框线和右图框线重合，标题栏中的文字方向通常为看图方向。练习用的标题栏可简化，制图作业的标题栏建议采用如图 13-46 所示的格式。

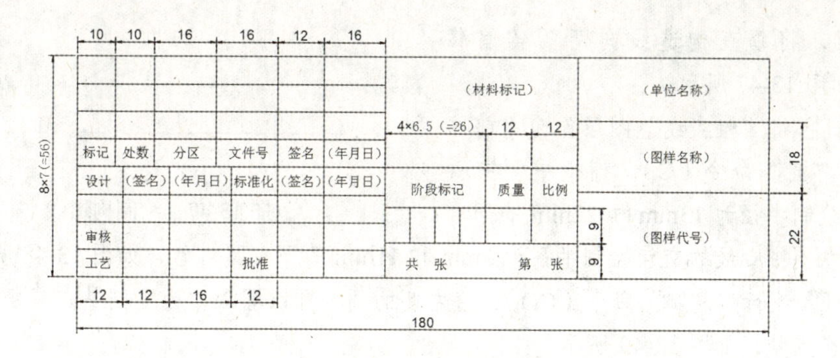

图 13-45　自定义图框

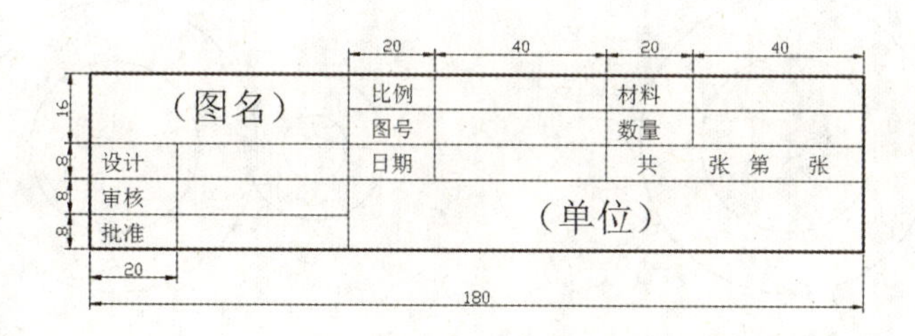

图 13-46　常用图框

13.2　机械二维视图的绘制

要绘制好机械图，必须要绘制好二维平面视图。下面通过几个常规的二维平面图的绘制来进行演练。

13.2.1　转动轮的绘制

视频：13.2.1——转动轮的绘制 .avi

案例：转动轮 .dwg

在绘制转动轮对象时，首先绘制轴线，然后以轴线的交点来绘制多组同心圆对象，再将两圆进行圆角，最后捕捉圆的切点来绘制斜线段，使用 AutoCAD 的“构造线”、“圆”、“直线”、“圆角”、“偏移”、“修剪”和“删除”命令，其操作步骤如下：

STEP 01 启动 AutoCAD 2016 软件，按“Ctrl+O”组合键，打开“机械样板 .dwt”文件。

STEP 02 按“Ctrl+Shift+S”组合键，将该样板文件另存为“转动轮 .dwg”文件。

STEP 03 在“图层”面板的“图层控制”下拉列表框中，选择“中心线”图层作为当前图层。

STEP 04 执行“构造线”命令（XL），绘制一条水平和垂直构造线；再执行“偏移”

命令（O），将垂直构造线向两侧各偏移31mm，如图 13-47 所示。

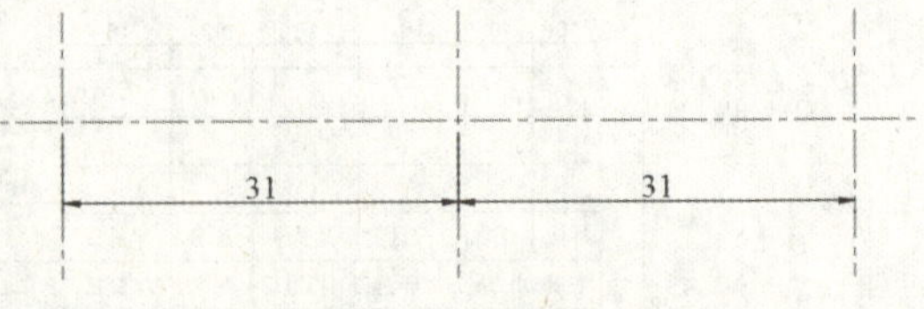

图 13-47　绘制构造线

STEP 05 将“粗实线”图层作为当前图层；执行“圆”命令（C），捕捉中侧中心线的交点绘制半径为 13mm 和 22mm 的同心圆，捕捉左侧中心线的交点绘制半径为 5mm 和 11mm 的同心圆对象，如图 13-48 所示。

STEP 06 执行“复制”命令（CO），将左侧的同心圆以圆心作为复制基点，复制到右侧中心线的交点处，如图 13-49 所示。

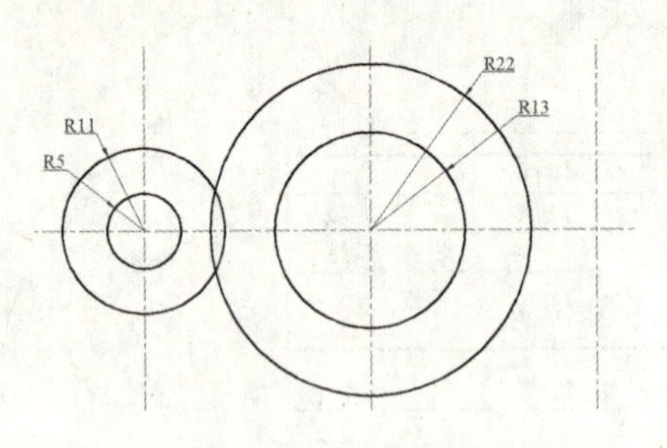

图 13-48　绘制圆

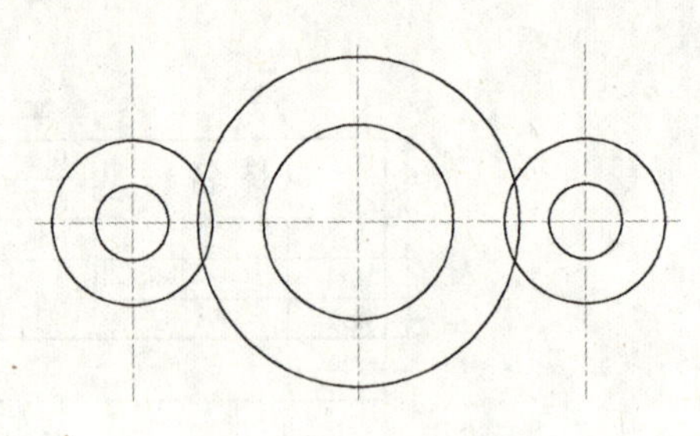

图 13-49　复制圆

STEP 07 执行“圆角”命令（F），设置半径为 18mm，将图形的右上侧和左下侧两圆的相交处进行圆角操作，如图 13-50 所示。

STEP 08 执行“直线”命令（L），捕捉圆的切点进行直线连接；再执行“修剪”命令（TR），将多余的对象进行修剪，如图 13-51 所示。

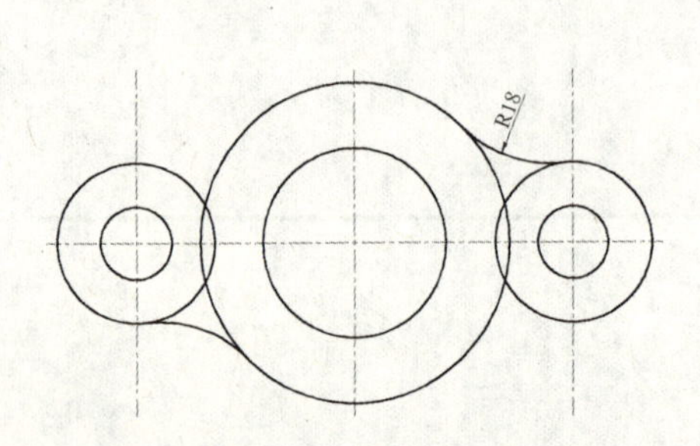

图 13-50　圆角操作

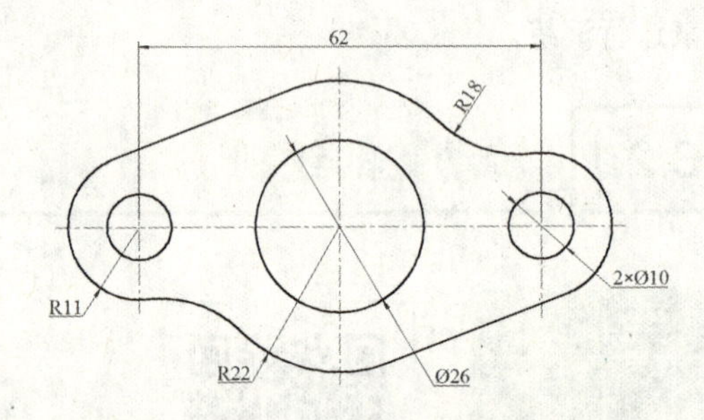

图 13-51　修剪操作

STEP 09 至此，转动轮的绘制已完成，按“Ctrl+S”组合键将该文件保存。

13.2.2　零件座的绘制

视频：13.2.2——零件座的绘制 .avi

案例：机械零件座 .dwg

在绘制机械零件座对象时，首先绘制轴线，然后以轴线的交点来绘圆、正八边形，再利用“偏移”命令绘制右侧轮廓，最后绘制下侧轮廓，利用 AutoCAD 的“构造线”、“圆”、“直线”、“多边形”、“偏移”、“旋转”、“修剪”和“删除”命令，其操作步骤如下：

STEP 01 启动 AutoCAD 软件，按“Ctrl+O”组合键，打开“机械样板 .dwt”文件。

STEP 02 按“Ctrl+Shift+S”组合键，将该样板文件另存为“机械零件座 .dwg”文件。

STEP 03 在“图层”面板的“图层控制”下拉列表框中，选择“中心线”图层作为当前图层。

STEP 04 执行“构造线”命令（XL），绘制一条水平和垂直构造线；然后执行“偏移”命令（O），将水平构造线向下偏移 41mm，如图 13-52 所示。

STEP 05 将“粗实线”图层作为当前图层；执行“圆”命令（C），捕捉中心线相应的交点作为圆心，绘制直径为 14mm 和 31mm 的两个圆对象，如图 13-53 所示。

STEP 06 执行“多边形”命令（POL），根据命令行提示，输入侧边数为 8，捕捉上侧中心线的交点作为多边形的中心点，再选择“内接于圆（I）”选项，绘制正八边形对象，如图 13-54 所示。

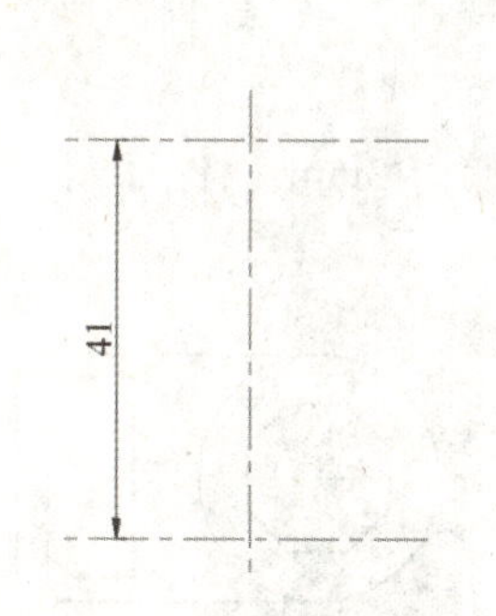

图 13-52　绘制构造线

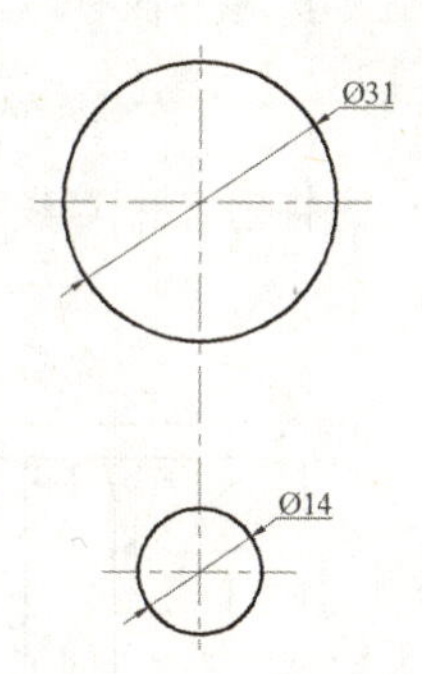

图 13-53　绘制圆

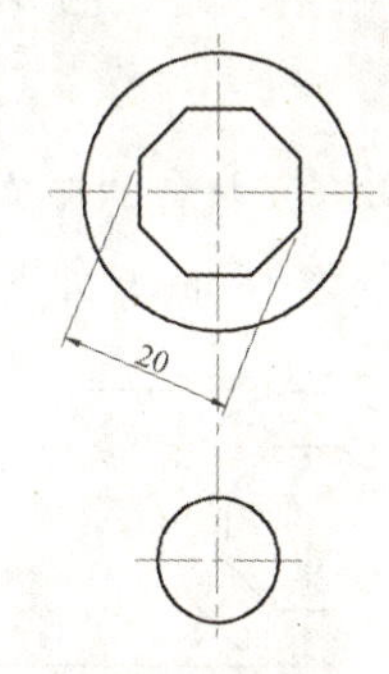

图 13-54　绘制多边形

QA 问题

学生问： 老师，在绘制多边形对象时，命令行中出现 <I> 或 <C> 是什么呀，而且我还是分不清内接于圆和外切于圆，能说明一点吗？

老师答： 在执行某项命令后，命令提示行中，出现尖括号“<?>”内的内容为默认值或选项。

各边相等，各角的角度也相等的多边形叫作正多边形（多边形：边数不小于 3）。正多边形的外接圆的圆心叫作正多边形的中心；中心与正多边形顶点连线的长度叫作半径；中心与边的距离叫作边心距，如图 13-55 所示。

执行“多边形”命令后，命令行提示中各选项的功能与含义如下。

边 (E): 通过指定多边形的边数的方式来绘制正多边形，该方式将通过边的数量和长度确定正多边形。

内接于圆 (I)：指定以正多边形内接圆半径绘制正多边形，如图 13-56 所示。

外切于圆 (I)：指定以多边形外加圆半径绘制正多边形，如图 13-57 所示。

STEP 07 执行“直线”命令（L），捕捉上侧圆的上下象限点作为直线的起点，向右绘制两条长均为 39mm 的水平线段，并将两条线段的右端点进行直线连接，如图 13-58 所示。

STEP 08 执行“偏移”命令（O），将垂直中心线向右各偏移 24mm、11mm，将上侧水平中心线向两侧各偏移 12.5mm，并将偏移后的中心线转换为“粗实线”图层。

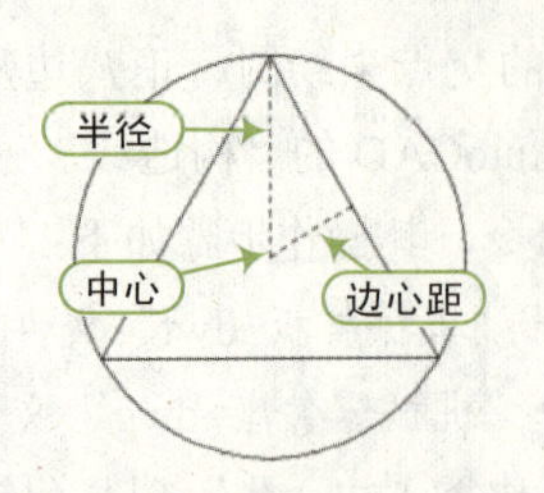

图 13-55　等边三角形

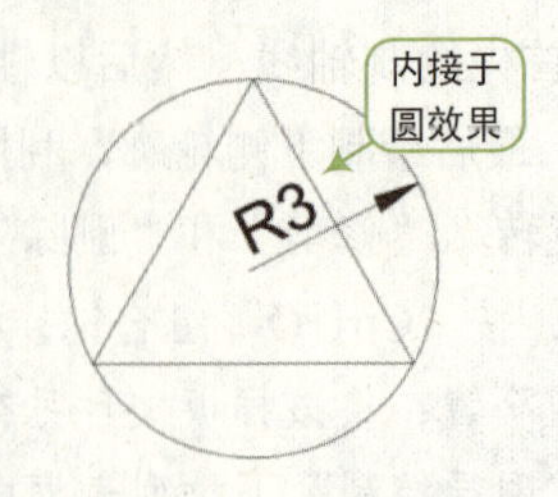

图 13-56　内接于圆

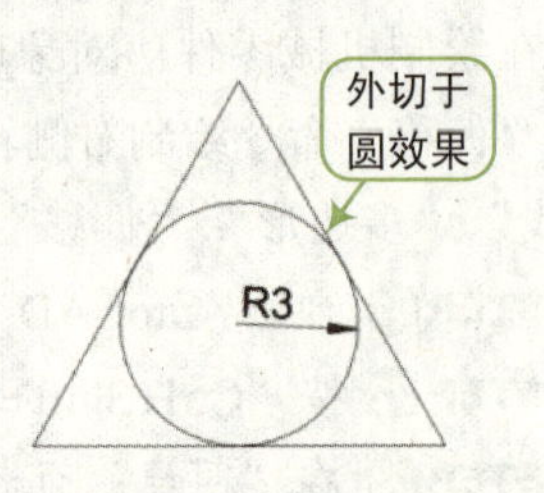

图 13-57　外切于圆

STEP 09 执行“修剪”命令（TR），将多余的对象进行修剪，如图 13-59 所示。

QA 问题

学生问： 老师，在修剪对象时，若某条线段未与修剪边界相交怎么办？

老师答： 修剪对象时，这种情况会时常遇到，“修剪”命令用于以指定的切割边去裁剪所选定的对象，切割边和被裁剪的对象可以是直线、圆弧、圆、多段线、构造线和样条曲线等。

在进行修剪操作时按住“Shift”键，可转换执行“延伸”命令（EXTEND）。当选择要修剪的对象时，若某条线段未与修剪边界相交，则按住“Shift”键后单击该线段，可将其延伸到最近的边界，然后松开“Shift”键后，重新返回修剪操作，在需要修剪的位置单击即可。

STEP 10 执行“偏移”命令（O），将垂直中心线向两侧各偏移 3mm，将下侧水平中心线向上偏移 18mm，如图 13-60 所示。

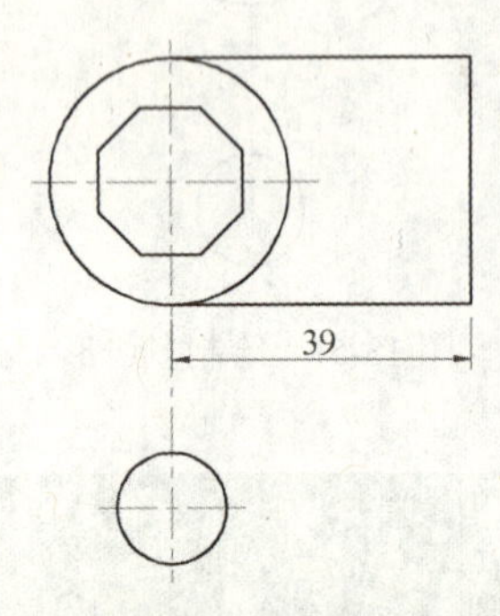

图 13-58　绘制直线

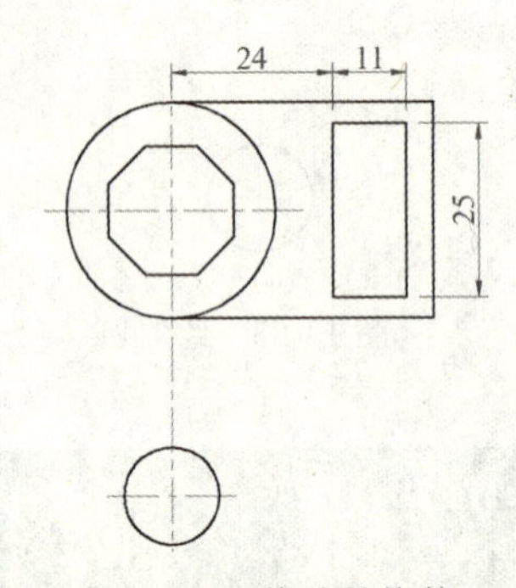

图 13-59　偏移并修剪

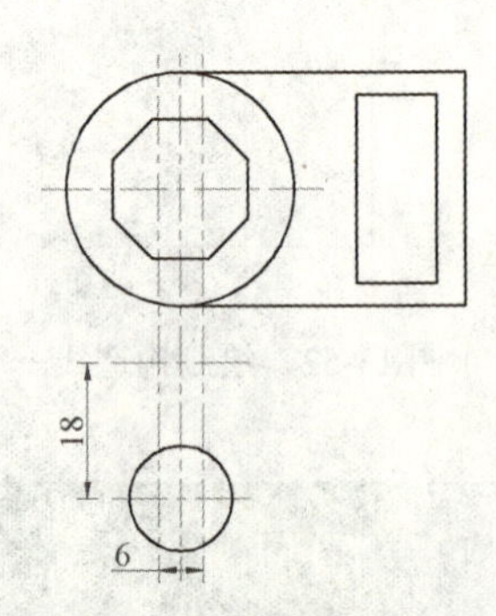

图 13-60　偏移中心线

STEP 11 执行“直线”命令（L），捕捉中心线相应的交点进行直线连接，并将上一步偏移后的对象删除，如图 13-61 所示。

STEP 12 执行“直线”命令（L），捕捉圆的切点来绘制两条斜线段，如图 13-62 所示。

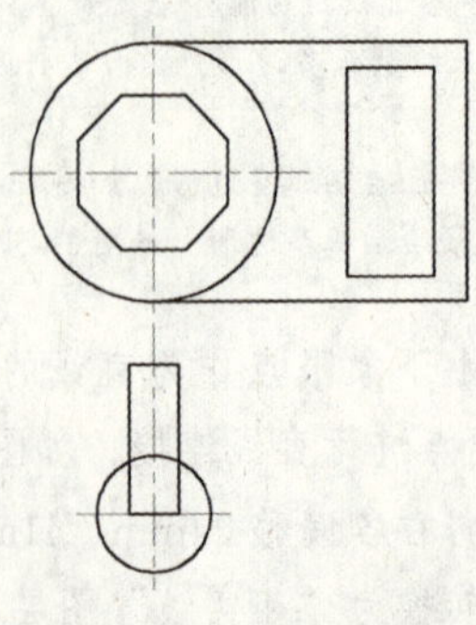
图 13-61　绘制直线

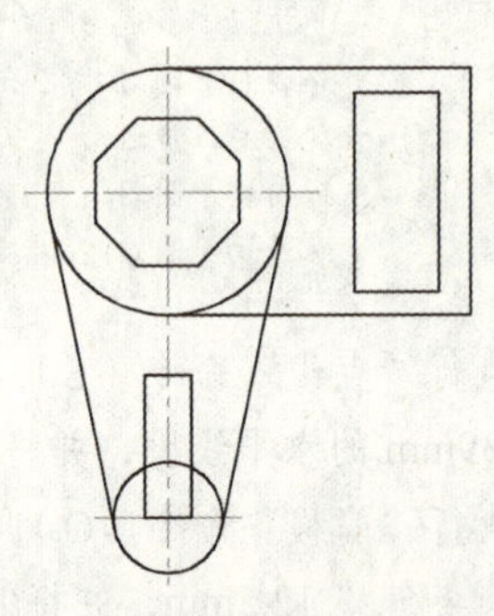
图 13-62　绘制切线

QA问题

学生问：老师，在进行斜线连接时总感觉不好使用是怎么回事呢？

老师答：在进行斜线连接时，可以按“F8”键切换到“非正交”模式，这样捕捉对象，还可以清楚地看到所形成的效果。

STEP 13 执行“修剪”命令（TR），将多余的对象进行修剪，如图 13-63 所示。

STEP 14 执行“旋转”命令（RO），将正八边形对象以上侧中心线的交点作为旋转基点，进行 38° 的旋转操作，如图 13-64 所示。

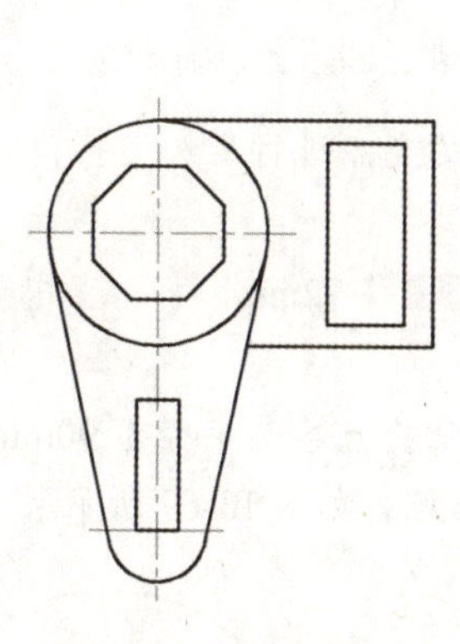

图 13-63　修剪操作

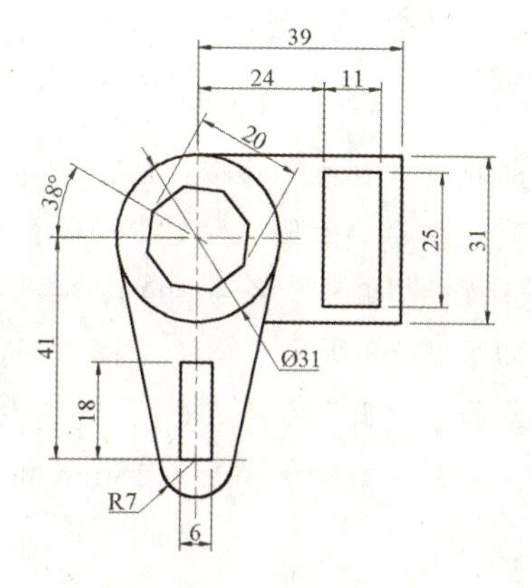

图 13-64　旋转操作

STEP 15 至此，机械零件座的绘制已完成，按“Ctrl+S”组合键将该文件保存。

13.2.3 吊钩的绘制

视频：13.2.3——吊钩的绘制 .avi

案例：吊钩 .dwg

在绘制挂轮架对象时，首先绘制轴线，然后以轴线的交点来绘制同心圆，再利用偏移、修剪来绘制内部轮廓，利用偏移、圆、修剪来绘制吊钩的下部轮廓，利用 AutoCAD 的“构造线”、“直线”、“圆”、“圆角”、“偏移”、“修剪”和“删除”命令，其操作步骤如下：

STEP 01 启动 AutoCAD 软件，按“Ctrl+O”组合键，打开“机械样板 .dwt”文件。

STEP 02 按“Ctrl+Shift+S”组合键，将该样板文件另存为“吊钩 .dwg”文件。

STEP 03 在“图层”面板的“图层控制”下拉列表框中，选择“粗实线”图层作为当前图层。

STEP 04 执行“构造线”命令（XL），绘制一条水平和垂直构造线，并将构造线转为“中心线”图层。

STEP 05 执行“圆”命令（C），捕捉中心线的交点作为圆心，绘制直径为 26mm、42mm、46mm 的同心圆对象，如图 13-65 所示。

STEP 06 执行“偏移”命令（O），将水平中心线向上偏移16mm，将垂直中心线向左右两侧各偏移4mm，如图13-66所示。

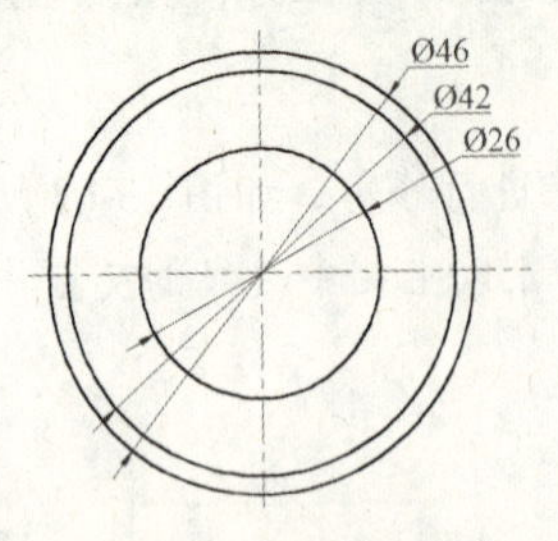

图13-65 绘制同心圆

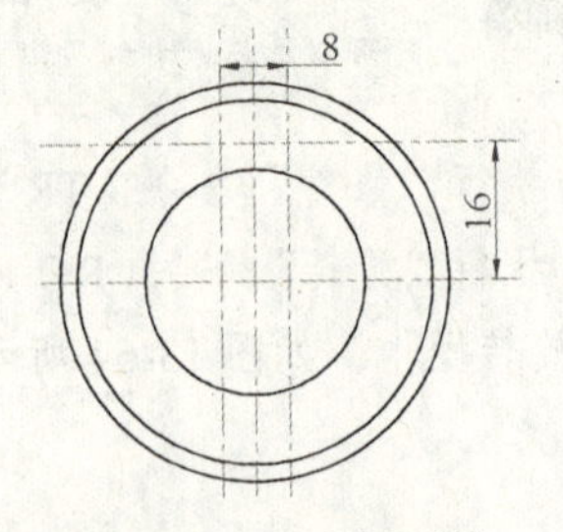

图13-66 绘制辅助线

STEP 07 执行“直线”命令（L），捕捉中心线相应的交点进行直线连接，将并多余的圆弧进行修剪，然后删除偏移后的中心线，如图13-67所示。

STEP 08 执行“偏移”命令（O），将水平中心线向下偏移72mm，将垂直中心线向右偏移10mm，如图13-68所示。

STEP 09 执行“圆”命令（C），捕捉左上侧中心线的交点绘制半径为90mm的圆，捕捉右下侧中心线的交点绘制半径为18mm和48mm的同心圆，如图13-69所示。

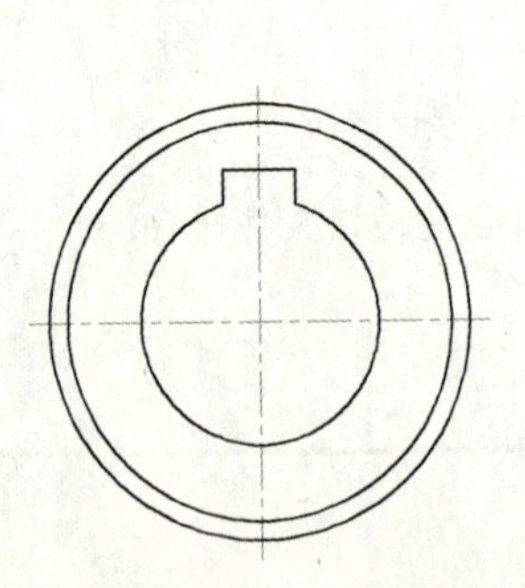
图13-67 绘制并修剪

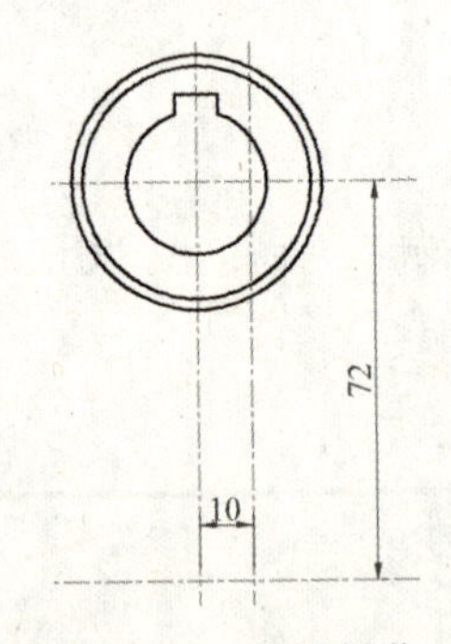

图13-68 偏移操作

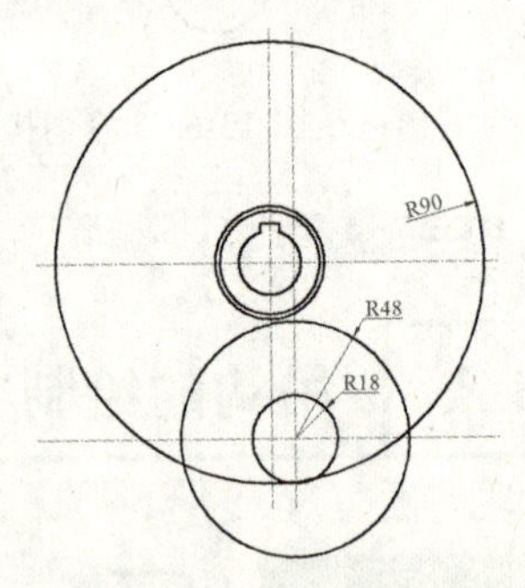

图13-69 绘制圆

STEP 10 执行“圆角”命令（F），设置圆角半径为10mm、58mm、66mm，将相应位置处进行圆角操作，如图13-70所示。

STEP 11 执行“修剪”命令（TR），将多余的对象进行修剪，如图13-71所示。

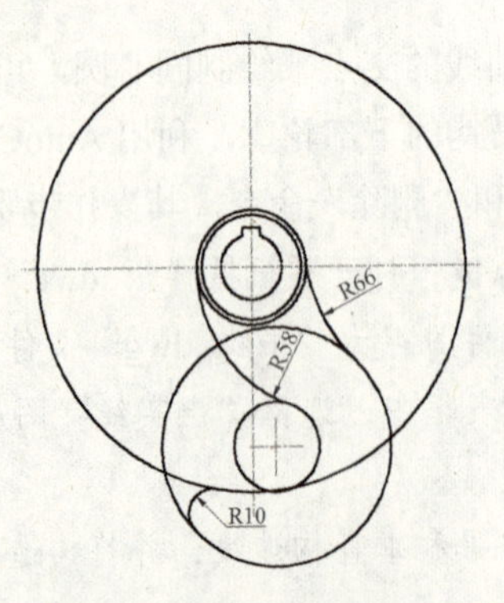

图13-70 绘制圆

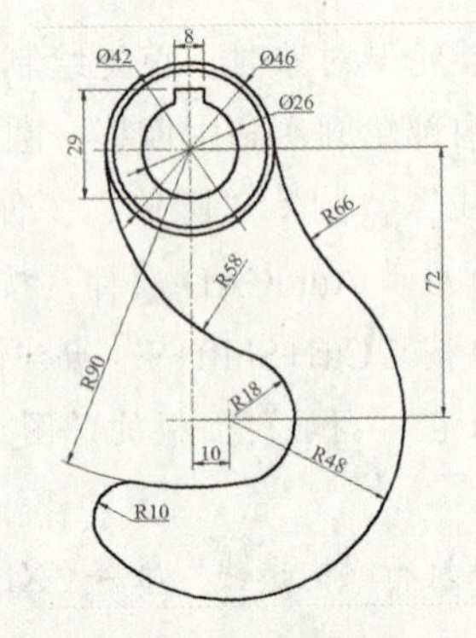

图13-71 完成的效果

STEP 12 至此，吊钩的绘制已完成，按“Ctrl+S”组合键将该文件保存。

13.3　机械零件三视图的绘制

下面以卡座三视图为例来进行绘制，卡座三视图是由前视图、俯视图和左视图三个部分组成，综合三视图的相关尺寸来进行绘制，首先绘制前视图，再以此来绘制俯视图和左视图，利用 AutoCAD 的“构造线”、“矩形”、“偏移”、“修剪”和“删除”命令来绘制。

13.3.1　固定座前视图的绘制

视频：13.3.1——固定座前视图的绘制 .avi
案例：固定座 .dwg

绘制前视图对象时，首先绘制几个矩形对象，再利用“分解”、“圆”、“修剪”命令进行绘制，从而形成前视图。

STEP 01 启动 AutoCAD 软件，按“Ctrl+O”组合键，打开“机械样板 .dwt”文件。

STEP 02 按“Ctrl+Shift+S”组合键，将该样板文件另存为“固定座 .dwg”文件。

STEP 03 在“图层”面板的“图层控制”下拉列表框中，选择“粗实线”图层作为当前图层。

STEP 04 执行“矩形”命令（REC），在视图中绘制 80mm×16mm、48mm×9mm、32mm×7mm 的 3 个矩形对象，使矩形的中点在同一条垂直线上，如图 13-72 所示。

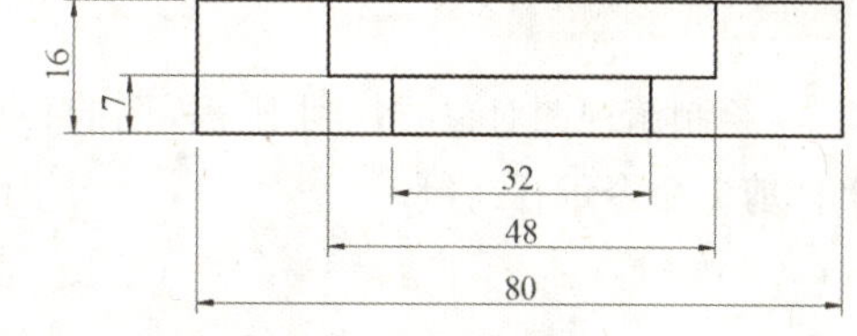

图 13-72　绘制矩形

STEP 05 执行“构造线”命令（XL），过矩形的中点绘制一条垂直构造线，并将绘制的构造线转换为“中心线”图层。

STEP 06 执行“矩形”命令（REC），在视图中绘制 32mm×22mm 的矩形对象，使矩形下侧水平边的中点与外侧矩形上侧水平边的中点重合，如图 13-73 所示。

STEP 07 执行“分解”命令（X），将矩形对象进行分解；再执行“修剪”命令（TR），将多余的对象进行修剪并删除，并将图形中最上侧水平线转换为“中心线”图层，如图 13-74 所示。

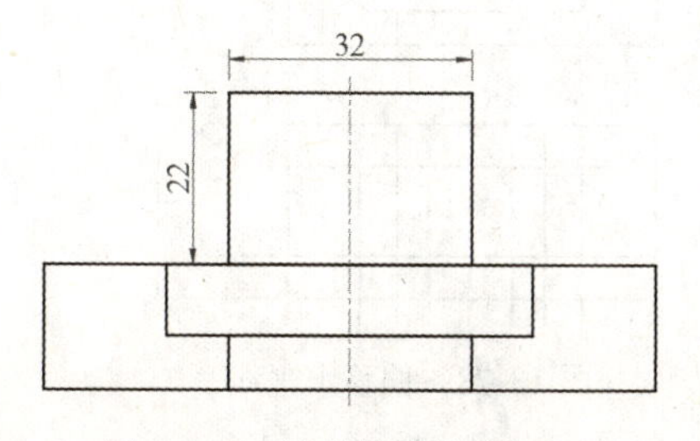

图 13-73　绘制构造线和矩形

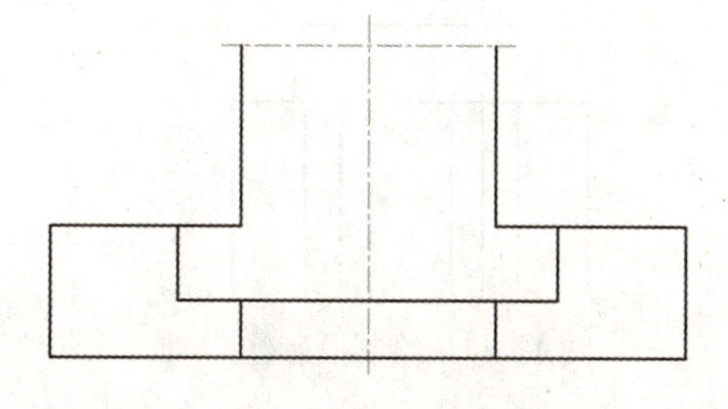

图 13-74　修剪并分解操作

STEP 08 执行“圆”命令（C），捕捉中心线的交点作为圆心，绘制半径为 9mm 和 16mm 的同心圆，如图 13-75 所示。

STEP 09 执行“修剪”命令（TR），将多余的圆弧进行修剪操作，从而完成前视图的效果，如图 13-76 所示。

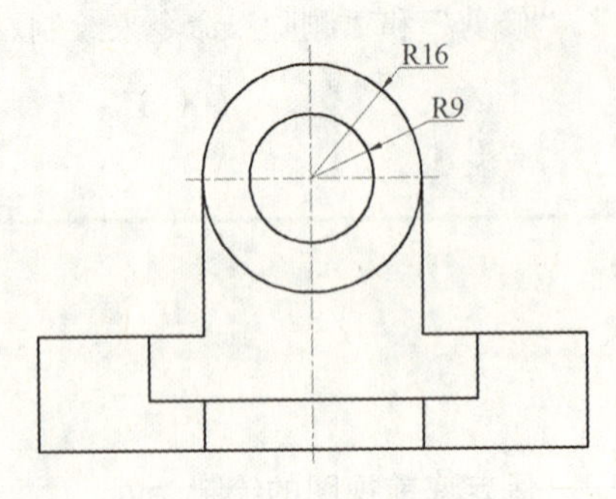

图 13-75　绘制同心圆

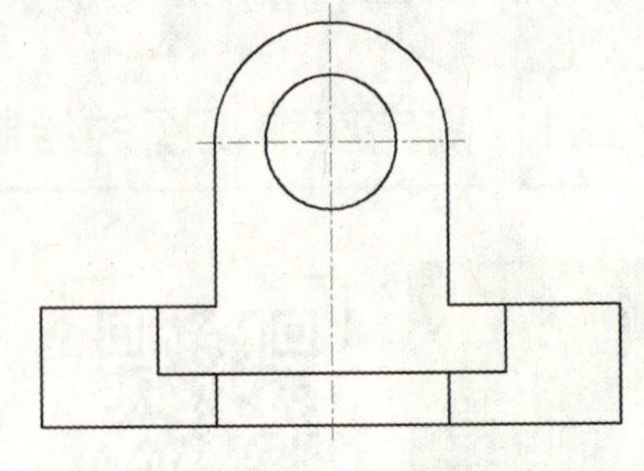

图 13-76　修剪操作

13.3.2 固定座俯视图的绘制

视频：13.3.2——固定座俯视图的绘制 .avi
案例：固定座 .dwg

绘制俯视图对象时，利用三视图的关系，将前视图向下绘制投影线，再利用“偏移”和“修剪”命令进行绘制。

STEP 01 执行“直线”命令（L），沿着前视图的端点向下绘制垂直投影线，长度为 45mm，并在投影线的端点绘制一条水平线段，如图 13-77 所示。

STEP 02 执行“偏移”命令（O），将水平线段向下依次偏移 9mm、28mm、37mm，如图 13-78 所示。

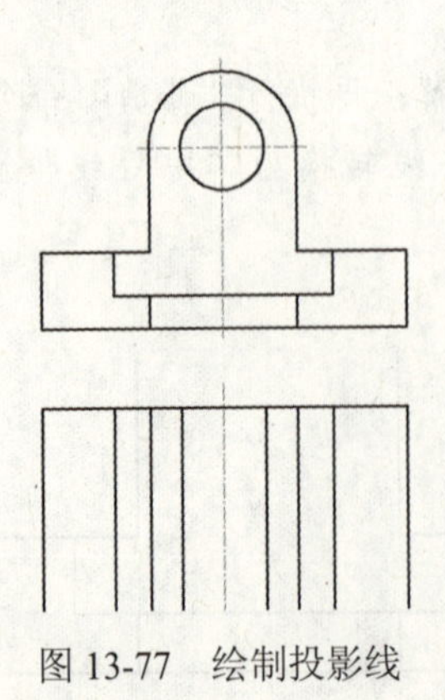

图 13-77　绘制投影线

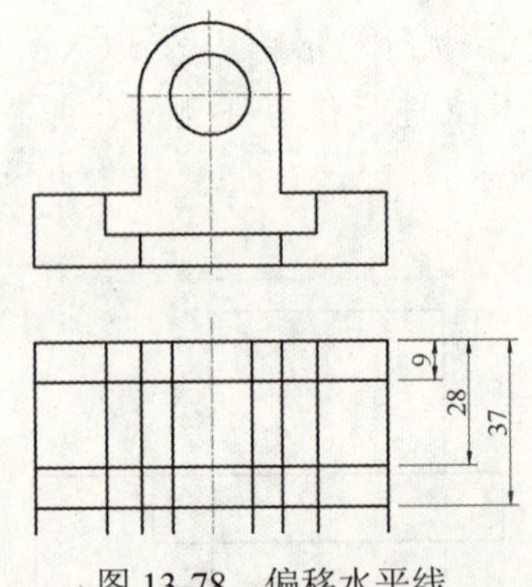

图 13-78　偏移水平线

STEP 03 执行“修剪”命令（TR），将多余的对象进行修剪操作，并将图中相应线段转换为“细虚线”图层，从而完成前视图的效果，如图 13-79 所示。

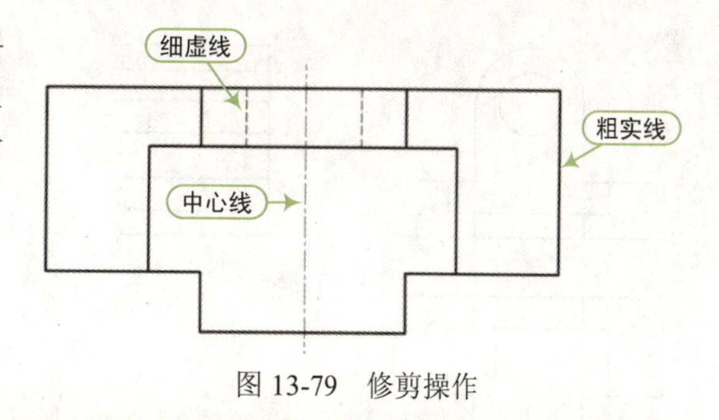

图 13-79　修剪操作

QA 问题

学生问： 老师，为什么我所绘制的线的线宽都是一样的？

老师答： 在机械图样中的线条有明确说明，轮廓线与其他线型的粗细不一致，因此，在绘制中可单击状态栏中的“显示 / 隐藏线宽”按钮，此时，图中的轮廓线将变成明显的粗实线效果，如图 13-80 所示。

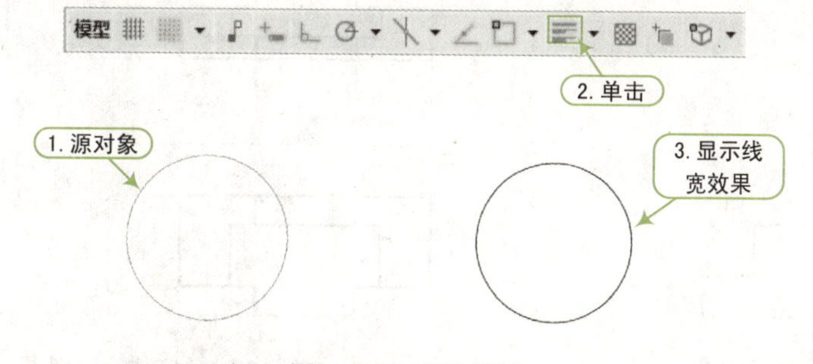

图 13-80　显示线宽

13.3.3 固定座左视图的绘制

视频：13.3.3——固定座左视图的绘制 .avi
案例：固定座 .dwg

绘制左视图对象时，利用三视图的关系，将前视图向右绘制投影线，再利用“偏移”和“修剪”命令进行绘制。

STEP 01 执行“直线”命令（L），沿着前视图的端点向右绘制水平投影线，其长度为 45mm，并在投影线的端点绘制一条垂直线段，如图 13-81 所示。

STEP 02 执行“偏移”命令（O），将垂直线段向右依次偏移 9mm、28mm、37mm 的距离，如图 13-82 所示。

STEP 03 执行“修剪”命令（TR），将多余的对象进行修剪操作，并将图中相应线段转为“细虚线”图层，从而完成左视图的效果，如图 13-83 所示。

STEP 04 将“尺寸与公差”设置为当前图层，将其进行尺寸标注，如图 13-84 所示。

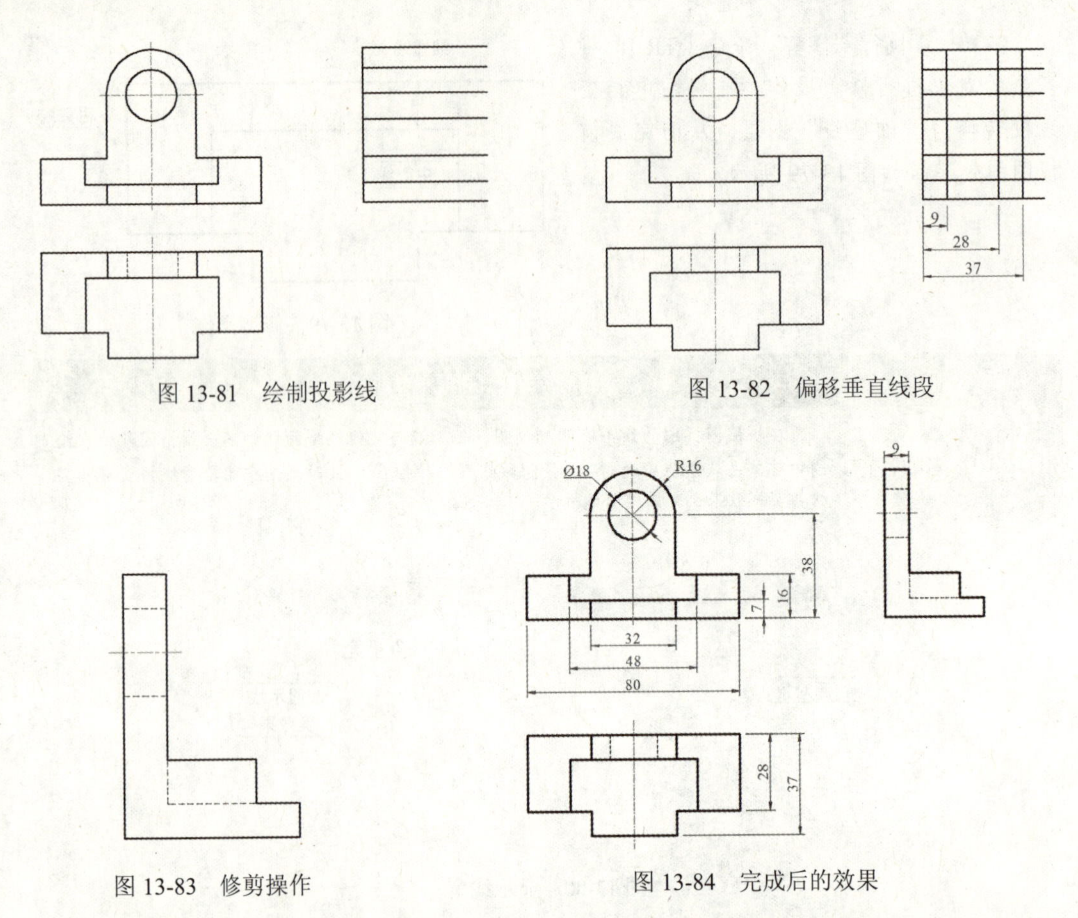

图 13-81　绘制投影线

图 13-82　偏移垂直线段

图 13-83　修剪操作

图 13-84　完成后的效果

STEP 05 至此，固定座的绘制已完成，按“Ctrl+S”组合键将该文件保存。

13.4　机械壳体工程图的绘制

AutoCAD 在机械设计领域应用非常广泛，它可以绘制机械零件工程图、轴测图及模型图等，本章主要讲解 AutoCAD 在机械制图中的应用。

机械制造中，壳体属于箱体零件，虽然壳体需要加工的地方不多，但是其加工的要求比较高，应用也比较广泛，如汽车中变速箱的壳体。

下面以绘制如图 13-85 所示的壳体零件图为例。讲解机械工程图的绘制方法和技巧。在绘制之前，首先新建一个图形文件，并设置好机械制图的绘图环境（包括设置图形界限、绘图单位、设置图层、设置文字样式、设置标注样式等），即需要创建一个机械样板文件。

QA 问题

学生问： 老师，针对机械图，其基本视图是怎么形成的呢？

老师答： 在三投影面体系中，我们得到了主视图、俯视图、左视图三个视图。如果在三投影面的基础上再加三个投影面，也就是在原来三个投影面的对面，再增加三个面，就构成了一个空间六面体；这样加上原来的三视图就得到：主视图、俯视图、左视图、右视图、仰视图、后视图，这六个视图称为基本视图。

为了在二维平面中清晰地表达投影图样，这就需要把空间投影的 6 个基本视图展开到二维平面中（以纸盒为模型）。展开方法为：保持正立面投影不动，其余均按第一角投影法展开，如图 13-86 所示。各个基本视图的名称和配置如图 13-87 所示。

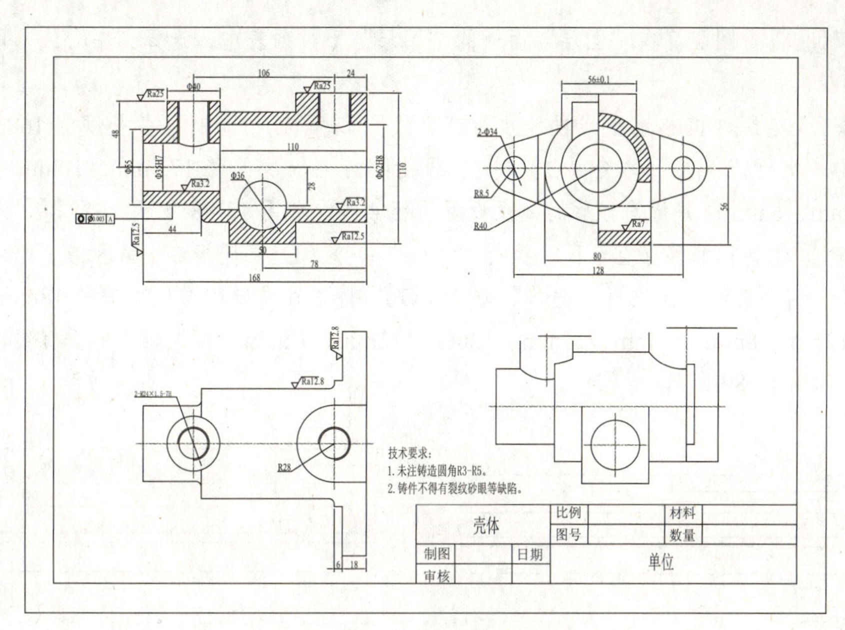

图 13-85　机械壳体工程图效果

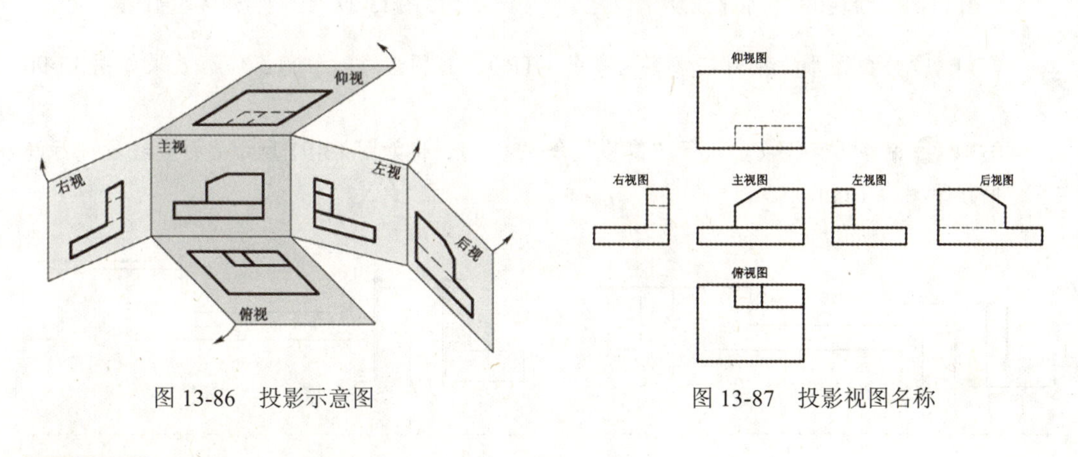

图 13-86　投影示意图

图 13-87　投影视图名称

13.4.1 绘制主视图

视频：13.4.1——绘制主视图 .avi

案例：壳体 .dwg

由于壳体的加工工序比较复杂，所以在绘制时需要用三视图进行绘制，首先绘制其主视图。绘制步骤如下：

STEP 01 新建文件。正常启动 AutoCAD 2016 软件，执行“文件 | 打开”命令，打开上一节创建的图形样板文件；然后，执行“文件 | 保存”命令，将文件保存为“案例\13\壳体 .dwg”。

STEP 02 设置图层。在“图层”面板的“图层”下拉列表中，选择“中心线”图层切换至当前图层。

STEP 03 绘制和偏移水平线段。执行“直线”命令 (L)，绘制一条长度为 168mm 的水平中心线，执行“偏移”命令（O），将水平线段向上依次偏移 17.5mm、10mm、3.5mm、9mm、8mm、6mm；并将偏移后的线段设置为粗实线，如图 13-88 所示。

STEP 04 绘制和偏移垂直线段。执行“直线”命令（L），捕捉最上端和最下端的水平线段左端点绘制垂直线段，执行“偏移”命令（O），将垂直线段向右依次偏移 18mm、8mm、12mm、12mm、8mm、57mm、17mm、12mm、12mm、12mm，并将相应的垂直线段设置为粗实线，如图 13-89 所示。

图 13-88　绘制和偏移水平线段

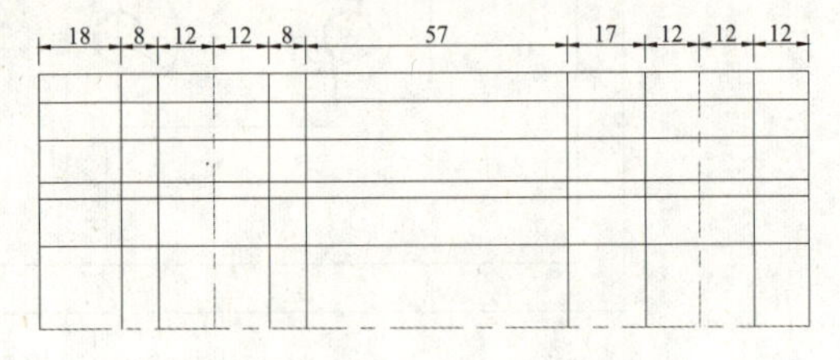

图 13-89　绘制和偏移垂直线段

STEP 05 修剪图形。执行“修剪”命令（TR），对图形进行修剪，修剪效果如图 13-90 所示。

STEP 06 偏移垂直线段。执行“偏移”命令（O），将如图 13-91 所示的垂直线段进行偏移，偏移距离为 1mm。

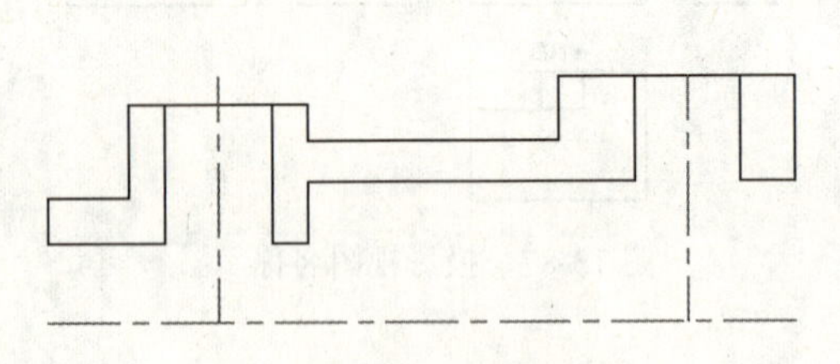
图 13-90　修剪图形

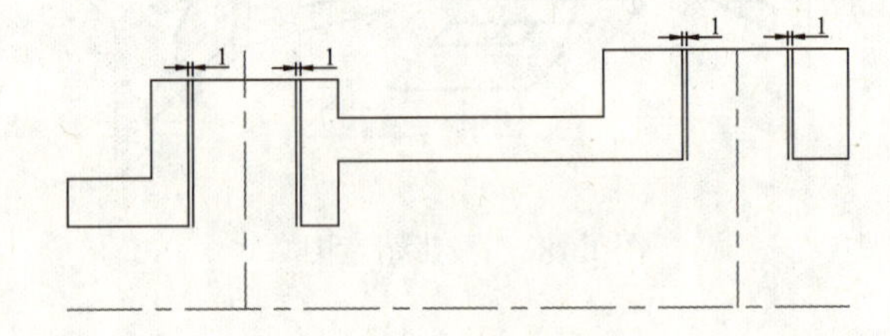

图 13-91　偏移垂直线段

STEP 07 连接直线。利用夹点编辑功能，将偏移后得到的 4 条线段与原来相对应的直线连接起来，如图 13-92 所示。

STEP 08 偏移水平中心线。执行“偏移”命令（O），将水平线段向下依次偏移 17.5mm、10mm、3.5mm、9mm、16mm，并将相应的线段设置为粗实线，如图 13-93 所示。

STEP 09 绘制并偏移垂直线段。执行“直线”命令（L），捕捉水平中心线左端点垂直线段，然后执行“偏移”命令（O），将垂直线段向右依次偏移 44mm、14mm、25mm、25mm、53mm，并将相应的线段设置为粗实线，如图 13-94 所示。

STEP 10 修剪图形。执行“修剪”命令（TR），将水平中心线以下的直线进行修剪，效果如图 13-95 所示。

STEP 11 绘制圆。再次执行“偏移”命令（O），将水平中心线向下偏移 28mm，然后将当前图层切换至“粗实线”图层，执行“圆”命令（C），以偏移后的水平中心线与垂直中心线的交点为圆心绘制半径为 18mm 的圆，如图 13-96 所示。

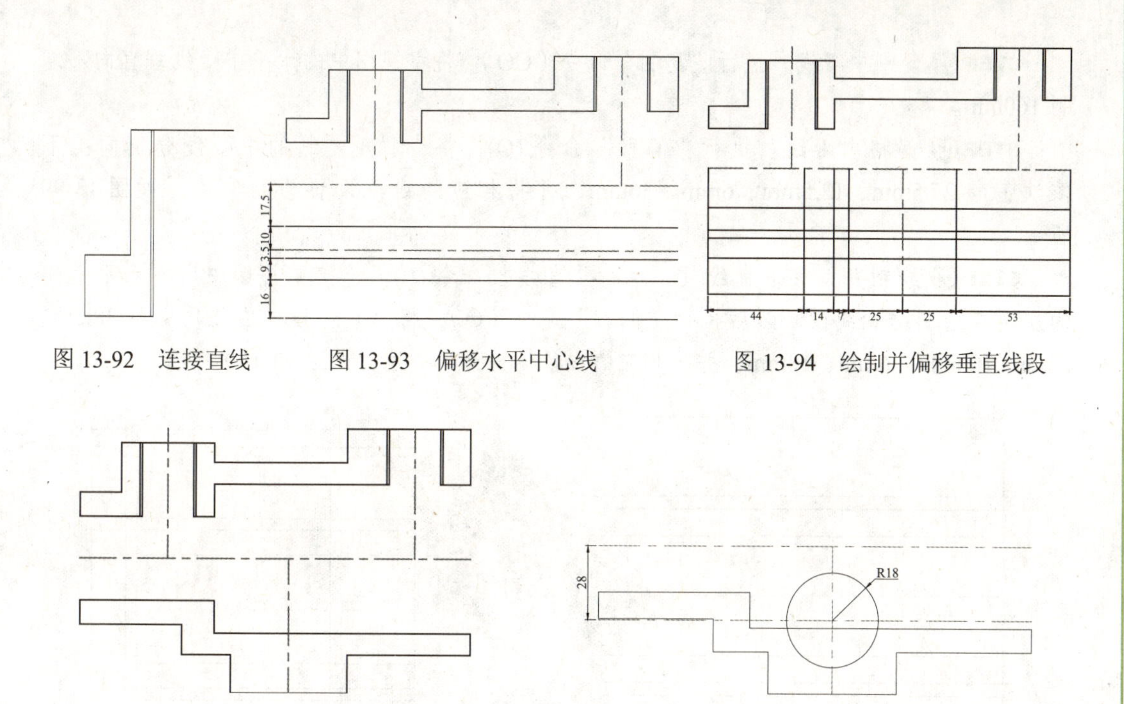

图 13-92 连接直线　　图 13-93 偏移水平中心线　　图 13-94 绘制并偏移垂直线段

图 13-95 修剪图形　　图 13-96 绘制圆

STEP 12 修剪图形。执行“修剪”命令（TR），修剪多余的线段，效果如图 13-97 所示。

STEP 13 绘制直线。执行“直线”命令（L），绘制图形左右闭合的直线，如图 13-98 所示。

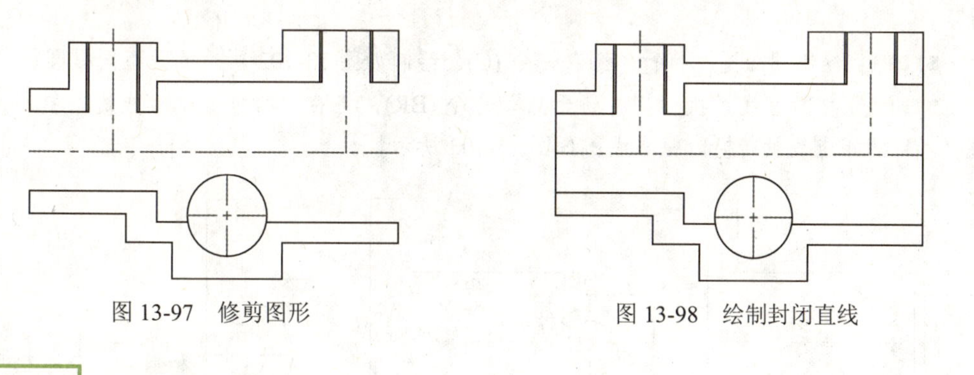

图 13-97 修剪图形　　图 13-98 绘制封闭直线

13.4.2 绘制俯视图

视频：13.4.2——绘制俯视图 .avi
案例：壳体 .dwg

为了在使用图纸或生产过程中，能正确地读图，在图纸上要绘制出壳体的俯视图，其绘制步骤如下：

STEP 01 复制中心线。执行“复制”命令（CO），将主视图中的水平中心线垂直向下复制 160mm。

STEP 02 偏移中心线。执行“偏移”命令 (O)，将步骤 1 复制的中心线分别向上下依次偏移 27.5mm、12.5mm、6mm、36mm，并将相应的线段设置为粗实线，如图 13-99 所示。

STEP 03 绘制并偏移垂直线段。执行“直线”命令 (L)，连接俯视图中所有水平直线的左端点绘制垂直线段；然后执行“偏移”命令（O），将垂直线段向右依次偏移 38mm、6mm、100mm、6mm、18mm，并将相应的线段设置为中心线，如图 13-100 所示。

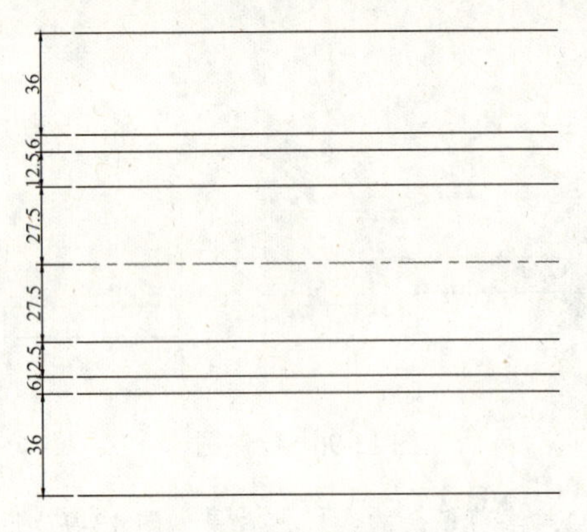

图 13-99 偏移中心线

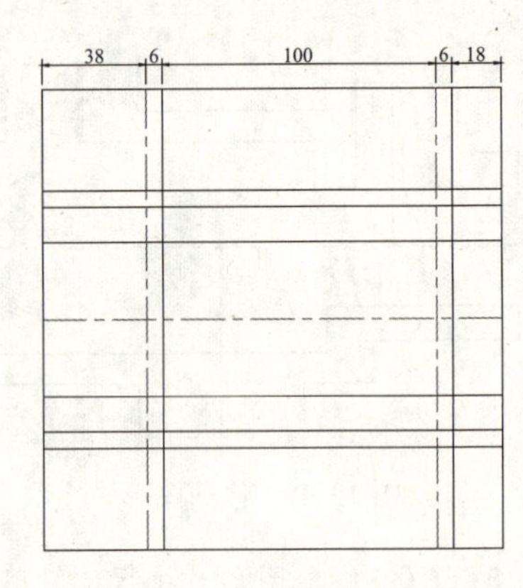

图 13-100 绘制并偏移垂直线

STEP 04 修剪图形。执行“修剪”命令 (TR)，修剪俯视图中的直线，效果如图 13-101 所示。

STEP 05 绘制同心圆。执行“圆”命令 (C)，绘制如图 13-102 所示的两组同心圆。

STEP 06 打断直线。执行“打断于点”命令 (BR)，将右侧的垂直中心线进行打断，并将打断后的相应线段转换为粗实线，如图 13-103 所示。

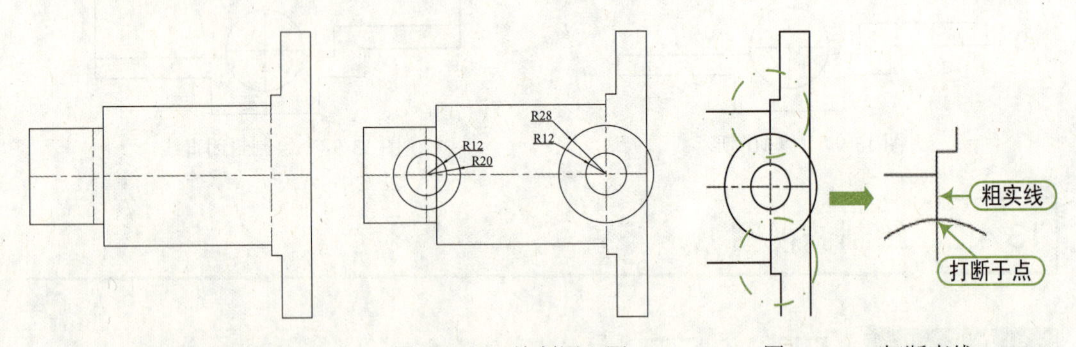

图 13-101 修剪图形　　图 13-102 绘制同心圆　　图 13-103 打断直线

STEP 07 修剪图形。执行“修剪”命令 (TR)，修剪并删除多余的线段，效果如图 13-104 所示。

STEP 08 绘制直线。执行“直线”命令 (L)，绘制连接右边的半圆与垂直线段的水平直线，如图 13-105 所示。

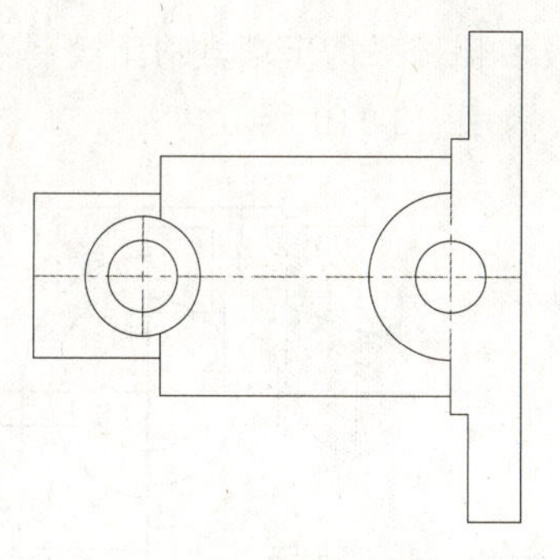
图 13-104　修剪图形

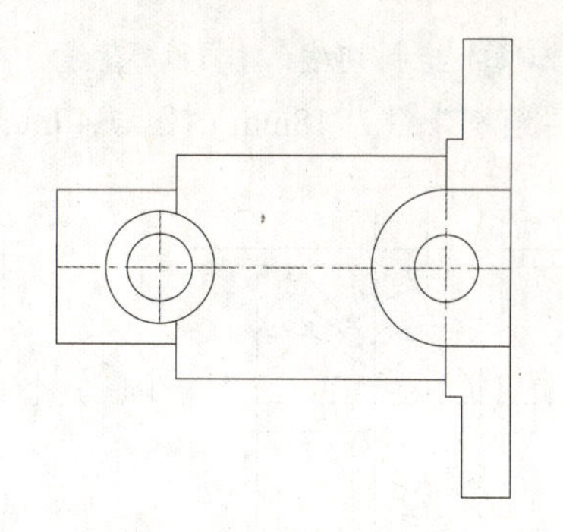
图 13-105　绘制直线

13.4.3　绘制左视图

视频：13.4.3——绘制左视图 .avi
案例：壳体 .dwg

为了在使用图纸或生产过程中，能正确地读图，在图纸上要绘制出壳体的左视图，其绘制步骤如下：

STEP 01 绘制水平投影构造线。执行“构造线”命令（XL），捕捉主视图的相关点引出左视图的水平辅助线，并转换相应线型，如图 13-106 所示。

STEP 02 绘制并偏移垂直线段。将绘图区域移至图形的右侧，执行“直线”命令 (L)，过水平构造线的适当位置绘制一条垂直直线；然后，执行“偏移”命令（O），将垂直线段向两侧依次偏移 20mm、8mm、36mm，并将相应的线段设置为中心线，如图 13-107 所示。

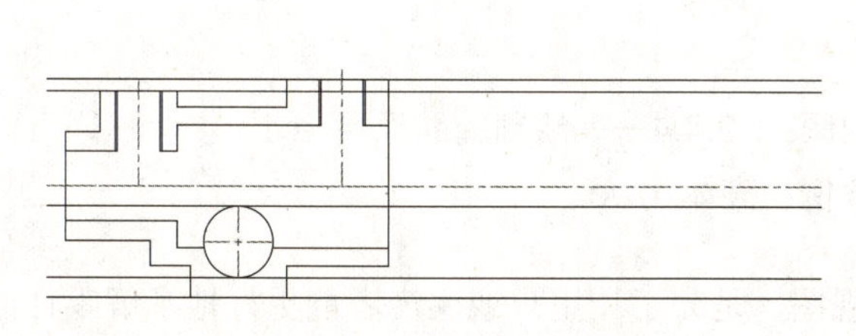
图 13-106　绘制水平构造线

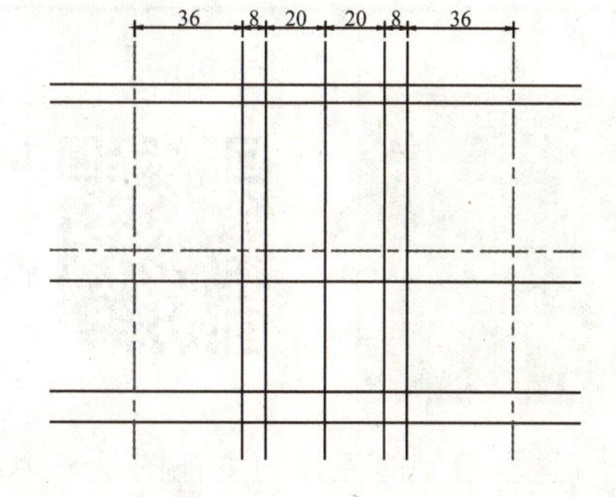

图 13-107　绘制并偏移垂直线段

STEP 03 绘制同心圆。执行“圆”命令 (C)，以左数第四条垂直线段与水平中心线交点为圆心绘制半径分别为 17.5mm、27.5mm、31mm、40mm 的同心圆；然后，以左侧十字中心线交点为圆心分别绘制半径为 8.5mm 和 18mm 的同心圆，如图 13-108 所示。

STEP 04 修剪图形。执行“修剪”命令 (TR)，对图形进行修剪，效果如图 13-109 所示。

STEP 05 绘制切线。执行“直线”命令 (L)，过最右侧圆弧的下端点向下绘制一条垂直直线，再绘制半径为 18mm 的圆与 40mm 的两条切线，如图 13-110 所示。

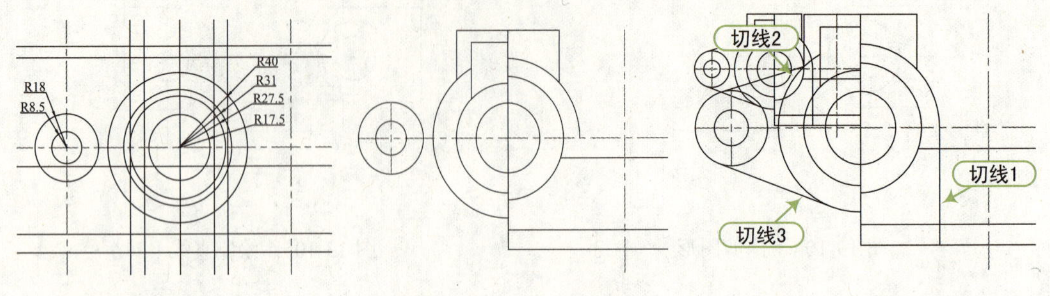

图 13-108　绘制同心圆　　图 13-109　修剪图形　　图 13-110　绘制切线

STEP 06 镜像图形。执行“镜像”命令 (MI)，选择左侧的两个同心圆及切线为镜像对象，选择图形中间的垂直线段为镜像线，对图形进行镜像操作，效果如图 13-111 所示。

STEP 07 修剪图形。执行“修剪”命令 (TR)，修剪多余的线段，效果如图 13-112 所示。

STEP 08 偏移垂直线。执行“偏移”命令 (O)，将中间的垂直线段向两侧偏移 46mm，执行“修剪”命令 (TR)，修剪多余的直线部分，效果如图 13-113 所示。

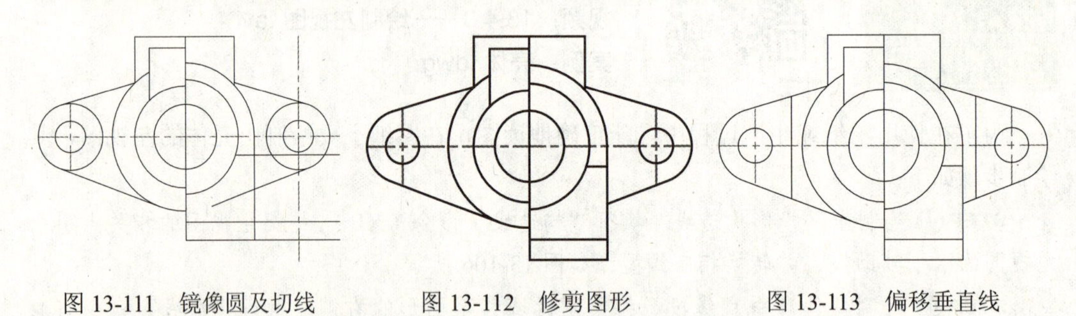

图 13-111　镜像圆及切线　　图 13-112　修剪图形　　图 13-113　偏移垂直线

13.4.4　绘制辅助视图

视频：13.4.4——绘制辅助视图 .avi
案例：壳体 .dwg

这里绘制的壳体的主视图是一个剖视图，是为了让用户或生产者能更好地了解零件的内部情况。但是人们无法从主视图中了解到壳体的正面外形。若要了解壳体的正面外形的样子，就要在图纸上用辅助视图来体现，其绘制步骤如下：

STEP 01 复制主视图。执行“复制”命令（CO），将图形的主视图，复制到左视图的右侧；执行“删除”命令（E），删除图中多余的线段，效果如图 13-114 所示。

STEP 02 编辑图形。利用夹点编辑功能将相应的线段进行拉长，效果如图 13-115 所示。

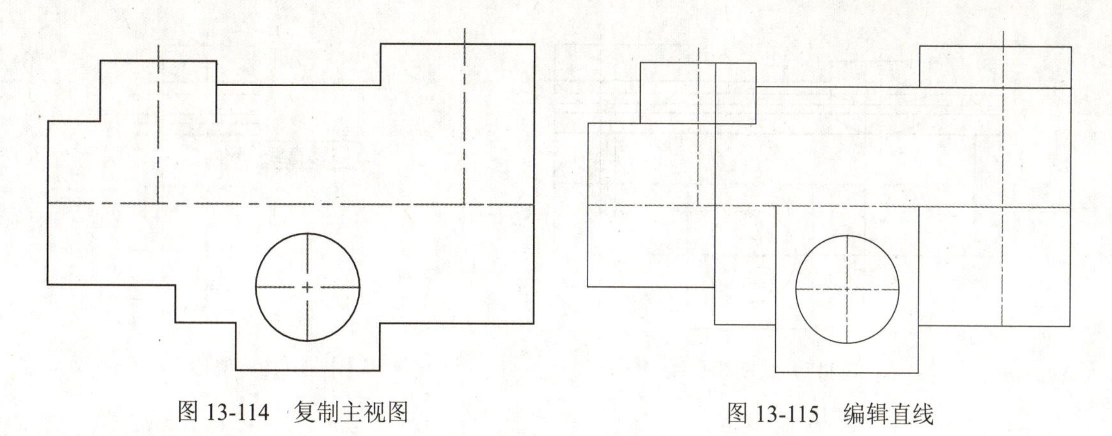

图 13-114　复制主视图　　图 13-115　编辑直线

STEP 03 绘制投影构造线。执行“构造线”命令（XL），捕捉左视图中的相应点绘制投影构造线，效果如图 13-116 所示。

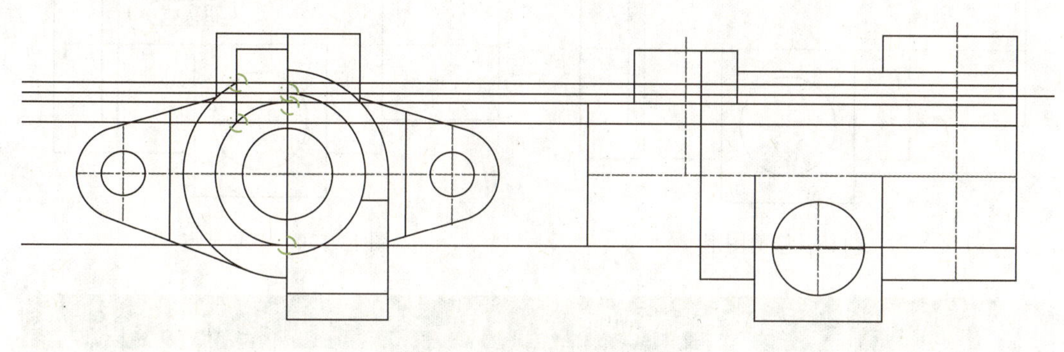

图 13-116　绘制投影构造线

STEP 04 绘制相贯线。执行“圆弧”命令（A），捕捉相应点绘制圆弧，效果如图 13-117 所示。

QA 问题

学生问： 老师，什么是相贯线？

老师答： 在机械形体中常常会遇到由两个或两个以上的基本形体相交（或称为相贯）而成的组合形体，它们的表面交线称为相贯线。相贯线是两相交立体表面的共有线，相贯线上的点是两相交立体表面的共有点。由于基本形体有平面立体与曲面立体之分，所以相交的情况有以下三种：

（1）两平面立体相交；

（2）平面立体与曲面立体相交；

（3）两曲面立体相交。

STEP 05 偏移中心线。执行“偏移”命令（O），将右侧中心线向右偏移 6mm，并将偏移后的线转换成粗实线，效果如图 13-118 所示。

STEP 06 修剪图形。执行“修剪”命令（TR）对图形进行修剪，效果如图 13-119 所示。

STEP 07 打断直线。执行“打断于点”命令（BR），选择如图 13-120 所示的点进行打断，并将打断后的相应线段转换为粗实线。

STEP 08 移动辅助视图。至此，辅助视图绘制完成，执行“移动”命令（M），将辅助视图移动至视图的右下角位置，与俯视图及左视图对齐。

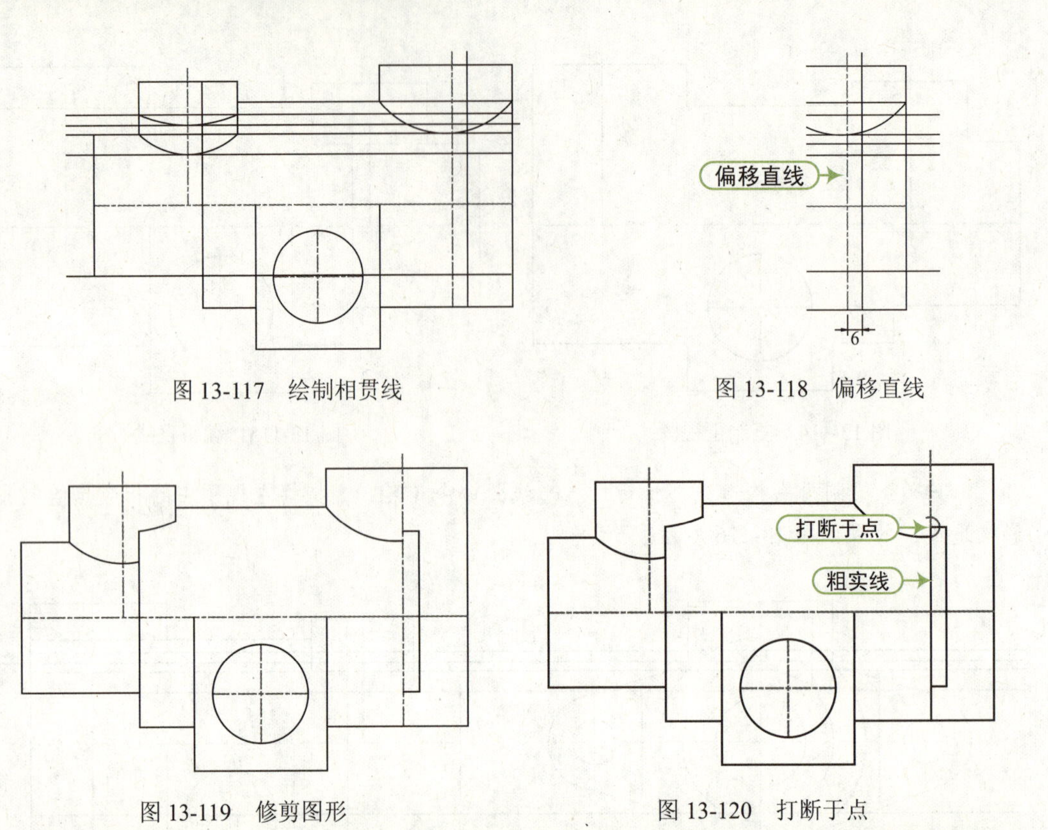

图 13-117　绘制相贯线　　图 13-118　偏移直线

图 13-119　修剪图形　　图 13-120　打断于点

QA 问题

学生问：老师，什么是辅助视图？

老师答：辅助视图有别于基本视图的视图表达方法。主要用于表达基本视图无法表达或不便于表达的形体结构，比如局部视图、旋转视图、镜像视图。

13.4.5 对图形进行整理

视频：13.4.5——对图形进行整理 .avi
案例：壳体 .dwg

辅助视图绘制完成后，下面对前面已经绘制好的几个视图的外形进行整体编辑和整理，其绘制步骤如下：

STEP 01 对图形进行圆角。绘制主视图和俯视图中进行过渡圆角，圆角半径为 4mm，如图 13-121 所示。

STEP 02 绘制相贯线。执行“构造线”命令（XL），在左视图中捕捉 A 点绘制水平投影构造线，然后将绘图区域移至主视图，执行“圆弧”命令 (A)，捕捉右侧圆孔的底部的两个点及中心线与构造线的交点绘制圆弧，并将其复制到左侧的圆孔底部，如图 13-122 所示。

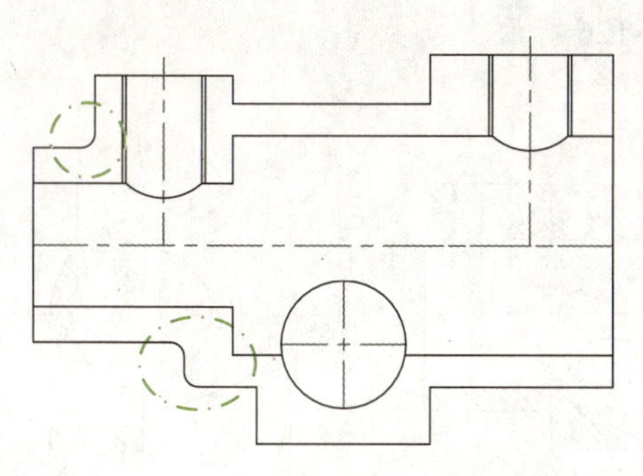
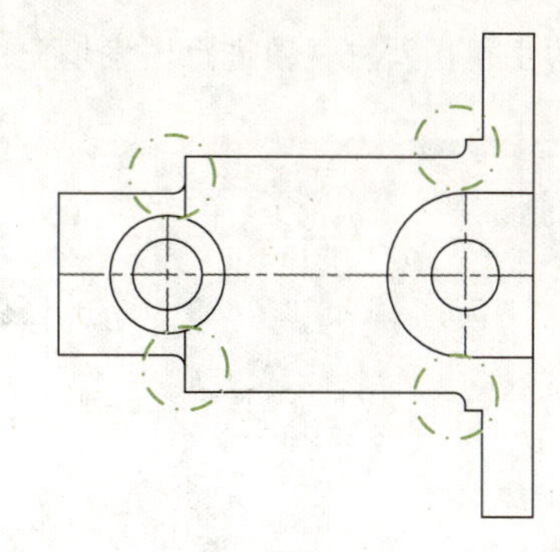

图 13-121　圆角操作

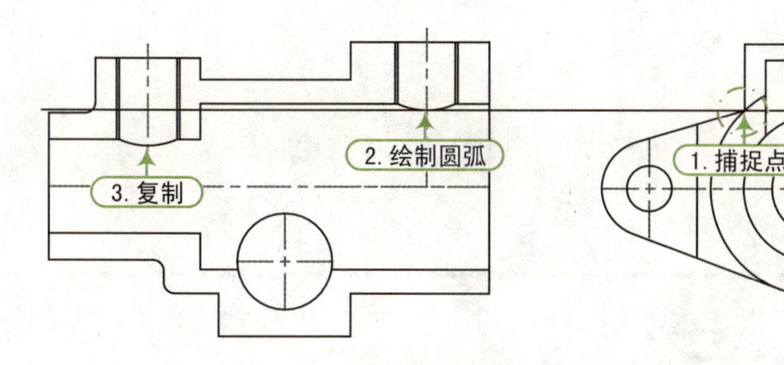

图 13-122　绘制主视图相贯线

STEP 03 绘制螺纹。执行“偏移”命令（O），将俯视图中两个半径为 12mm 的圆分别向内偏移 1mm，然后将原来的圆修剪掉左下角的 1/4，并将绘制的螺纹转换为“细实线”图层，如图 13-123 所示。

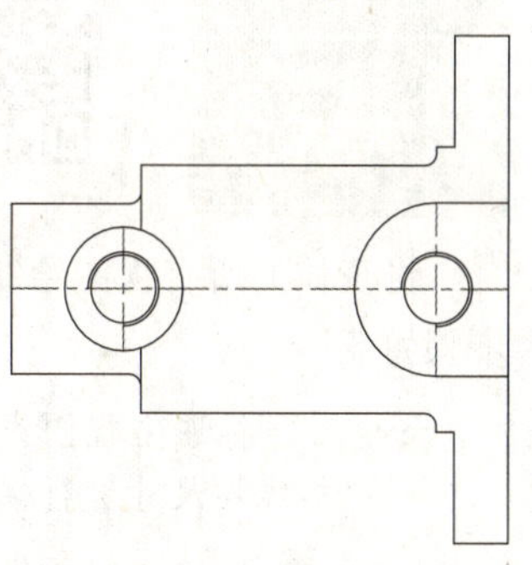
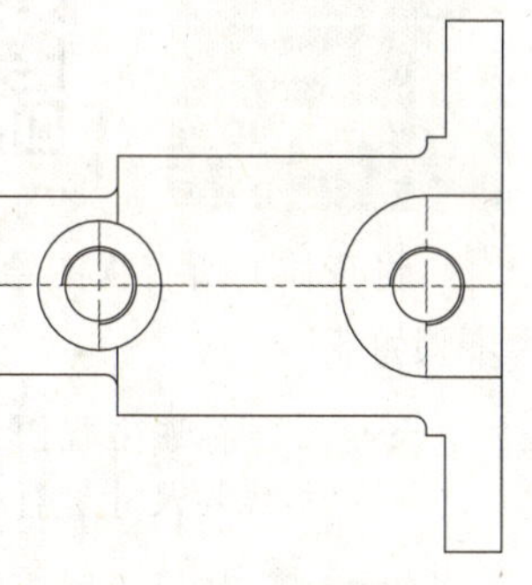

图 13-123　绘制螺纹

STEP 04 绘制直线。执行“直线”命令（L），在主视图中捕捉点 B 和点 C 绘制直线，如图 13-124 所示。

STEP 05 调整中心线。利用夹点编辑功能，将视图中的中心线向两侧拉长 5mm，如图 13-125 所示。

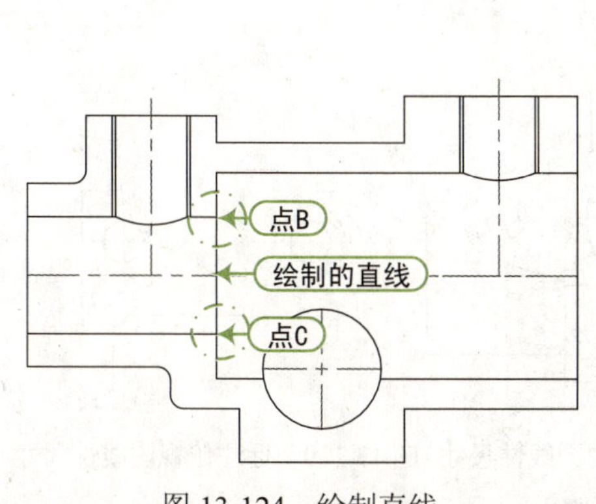

图 13-124　绘制直线

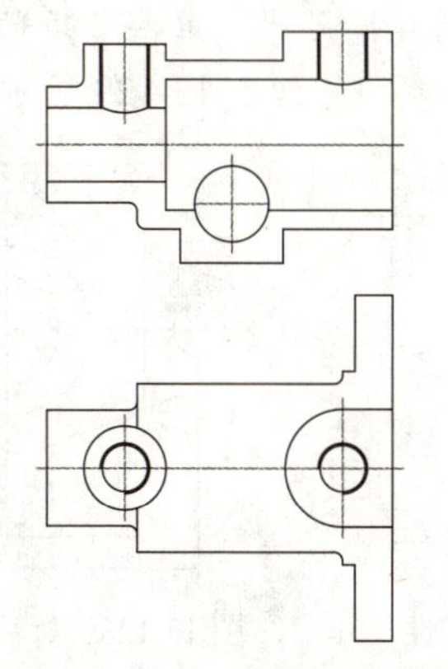

图 13-125　调整中心线

STEP 06 图案填充。执行“图案填充”命令（H），打开“图案填充和渐变色”对话框，在该对话框中选择样例“ANSI31”作为填充图案，设置填充角度为 0，填充比例为 1.5，对图形的主视图及左视图进行图案填充，如图 13-126 所示。

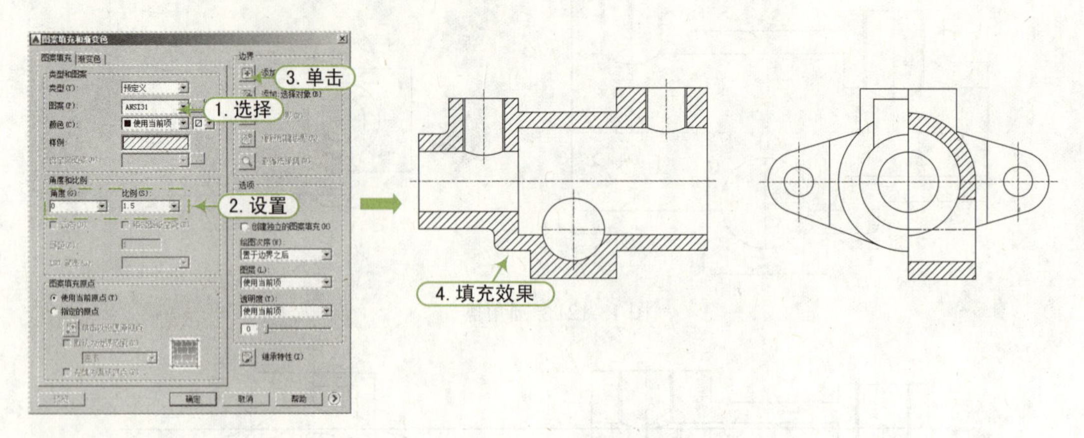

图 13-126　图案填充

13.4.6 标注尺寸和公差

视频：13.4.6——标注尺寸和公差 .avi
案例：壳体 .dwg

将壳体的所有视图绘制完成后，需要对壳体中的外形、螺孔等尺寸进行标注，其绘制步骤如下：

STEP 01 标注主视图线性尺寸。单击“注释”面板中的“线性标注”按钮，对当前主视图中的线性尺寸进行标注，如图 13-127 所示。

STEP 02 标注左视图线性尺寸。单击“注释”面板中的“线性标注”按钮，对当前左视图中的线性尺寸进行标注，如图 13-128 所示。

STEP 03 标注俯视图线性尺寸。单击“注释”面板中的“线性标注”按钮，对当前俯视图中的线性尺寸进行标注，如图 13-129 所示。

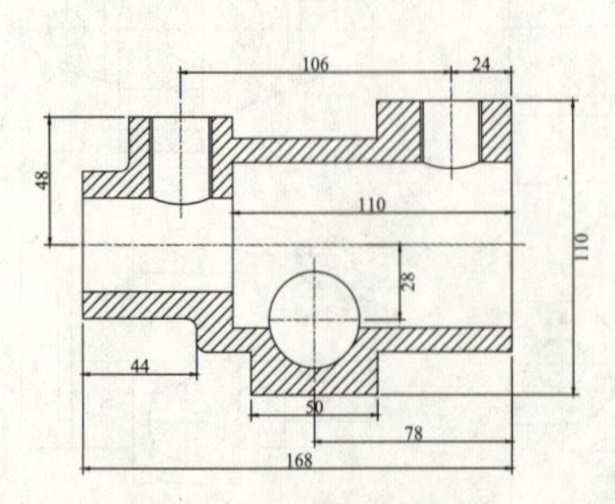

图 13-127　标注主视图线性尺寸

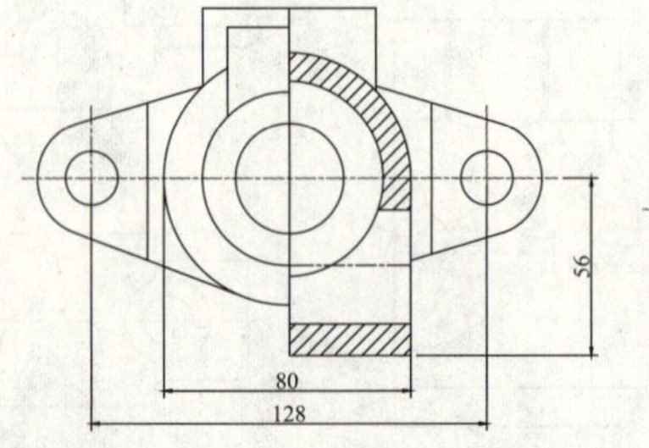

图 13-128　标注左视图线性尺寸

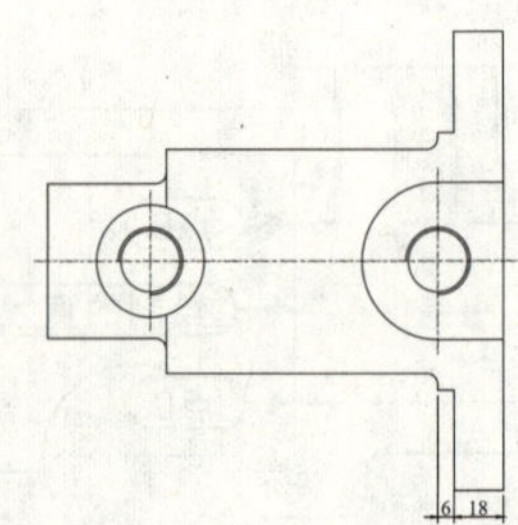

图 13-129　标注俯视图线性尺寸

STEP 04 标注主视图直径尺寸。单击“注释”面板中的“线性标注”按钮，对主视图中的孔位进行直径标注，并执行“ED”命令对已标注好的数字添加相关符号和参数，如图 13-130 所示。

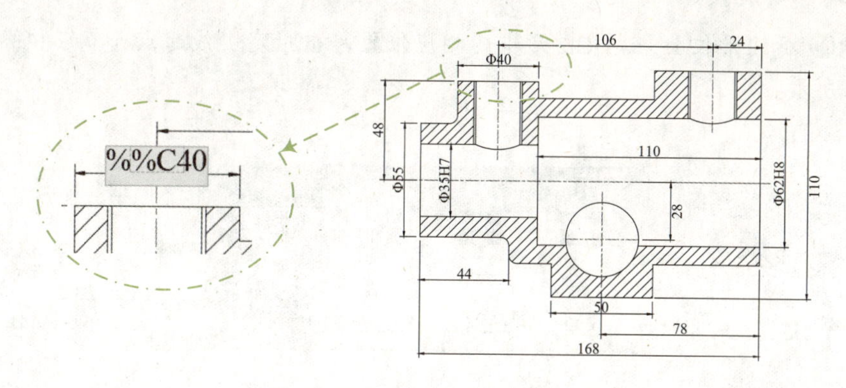

图 13-130　用线性标注直径尺寸

STEP 05 标注圆的直径尺寸。单击“注释”面板中的“直径标注”按钮和半径按钮，对主视图、俯视图及左视图中的圆进行直径和半径标注，并执行“修改”命令（ED）对已标注好的数字添加相关符号和参数，如图 13-131 所示。

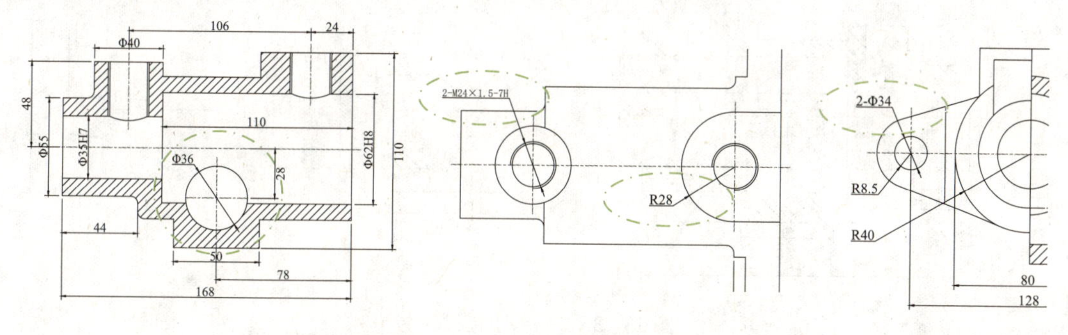

图 13-131　标注直径和半径尺寸

STEP 06 标注公差尺寸。在“默认”选项卡的“注释”面板中，将当前的标注样式切换至“标注—公差”标注样式，执行“线性标注”命令（DLI），对俯视图的相关尺寸进行公差标注，如图 13-132 所示。

STEP 07 设置引线标注类型。在命令行中输入“快速引线”命令（QLE），并选择“设置”选项，在弹出的“引线设置”对话框中单击“注释”选项卡，在“注释类型”中选中“公差”单选按钮，并单击“确定”按钮，如图 13-133 所示。

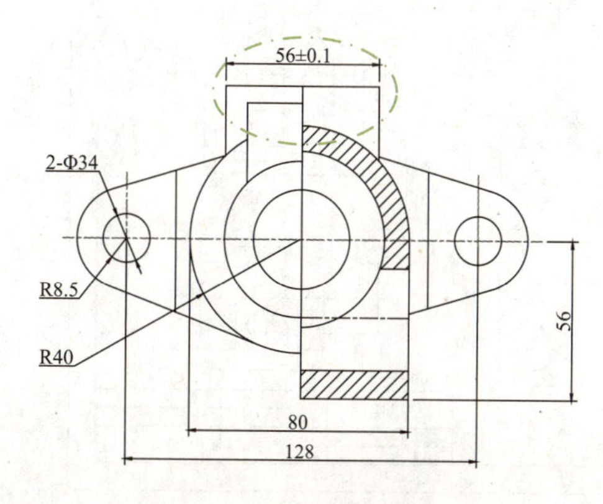

图 13-132　标注公差尺寸

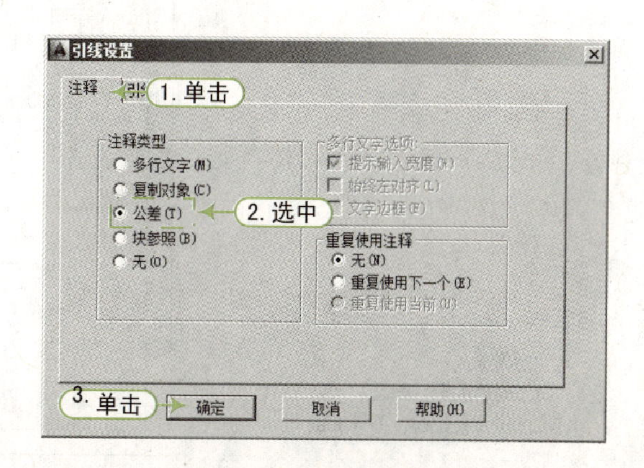

图 13-133　设置引线标注类型

STEP 08 标注形位公差。在图形中的相应位置单击指定引线起点、节点和终点，如图 13-134 所示。

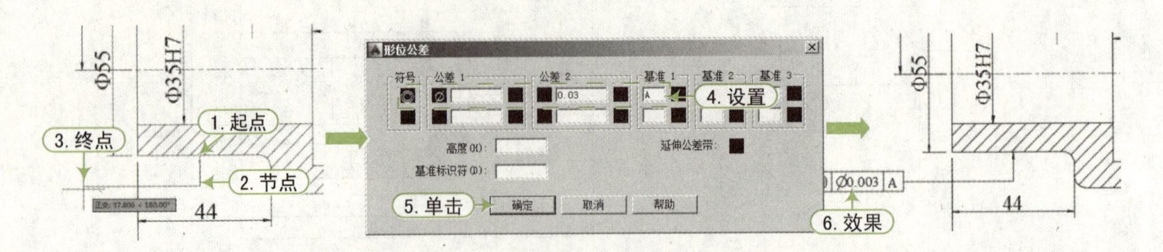

图 13-134　标注形位公差

STEP 09 插入粗糙度符号。执行“插入”命令，在图形的相应位置插入粗糙度符号，如图 13-135 所示。

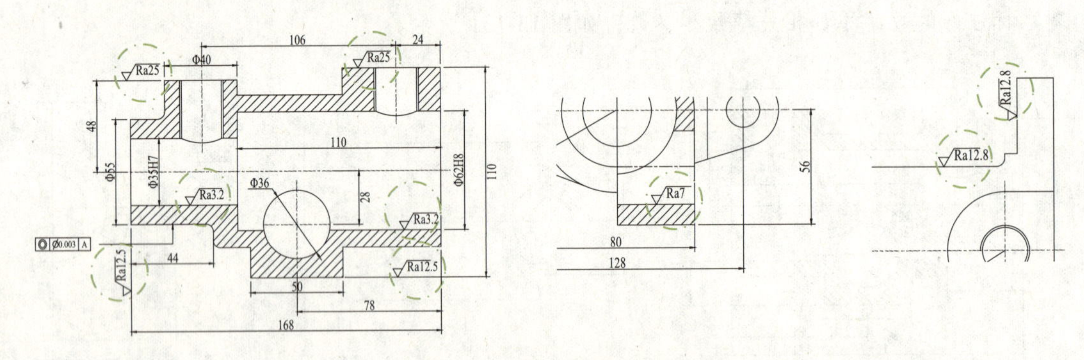

图 13-135　插入粗糙度符号

STEP 10 添加文字注释。在“默认”选项卡的“注释”面板中，将当前的文字样式切换至“注释”文字样式，执行“多行文字”命令（MT），对图形进行技术要求文字注释，如图 13-136 所示。

STEP 11 添加图框。执行“插入”命令（I），将“案例 \13\A3 图框 .dwt”插入图形中，并调整图框比例，使图框框住图形区域，如图 13-137 所示。

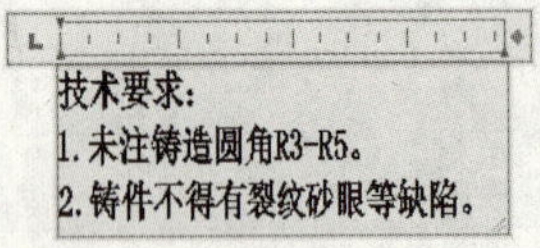

技术要求：
1. 未注铸造圆角R3-R5。
2. 铸件不得有裂纹砂眼等缺陷。

图 13-136　添加技术要求

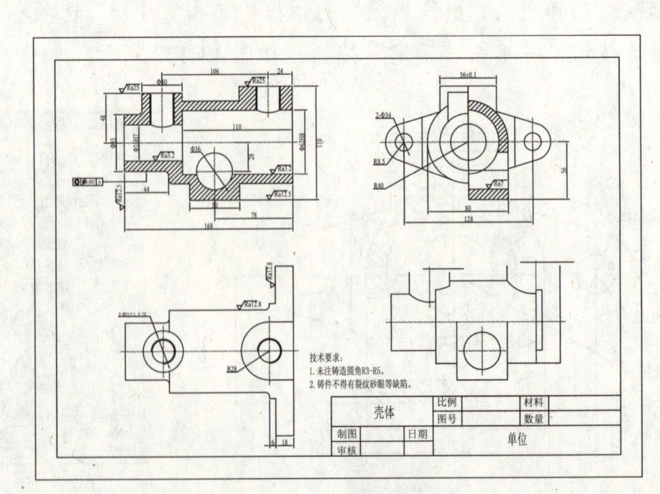

图 13-137　插入图框

QA 问题

学生问：老师，我插入的图框不够大怎么办，怎样进行调整？

老师答：在调用图框时，如果图框过小或过大，可以通过之前学习的“缩放”命令（SC）对其进行缩放，缩放到合适比例后，利用“移动”命令将其框盖住图形即可。缩放时由于图框是作为块插入的，其各线条是不会发生改变的。

13.5　固定座实体的创建

视频：13.5——固定座实体的创建 .avi
案例：固定座实体 .dwg

在创建固定座实体对象时，可以将前面章节所创建好的固定座三视图打开，再删除多余的对象，然后在此基础上进行实体的创建，根据删除后留下的轮廓，可以将其进行拉伸操作，从而完成该实体的创建，其操作步骤如下：

STEP 01 启动 AutoCAD 软件，按“Ctrl+O”组合键，打开“机械样板 .dwt”文件。

STEP 02 按“Ctrl+Shift+S”组合键，将该样板文件另存为“固定座实体 .dwg”文件。

STEP 03 切换到“三维基础”或“三维建模”空间模式；再切换至“实体”选项卡。

STEP 04 在“图层和视图”面板的“三维导航”下拉列表框中，选择“俯视”，在“图层”下拉列表框中，选择“粗实线”图层作为当前图层。

STEP 05 执行“插入块”命令（I），将“固定座 .dwg”文件插入当前视图中，如图 13-138 所示。

STEP 06 执行“分解”命令（X），将插入的图块文件进行分解操作；执行“删除”命令（E），将多余的对象删除，从而形成如图 13-139 所示的外轮廓效果。

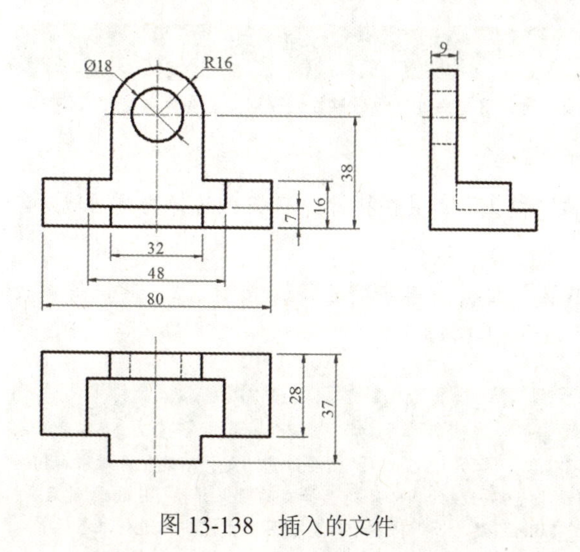

图 13-138　插入的文件

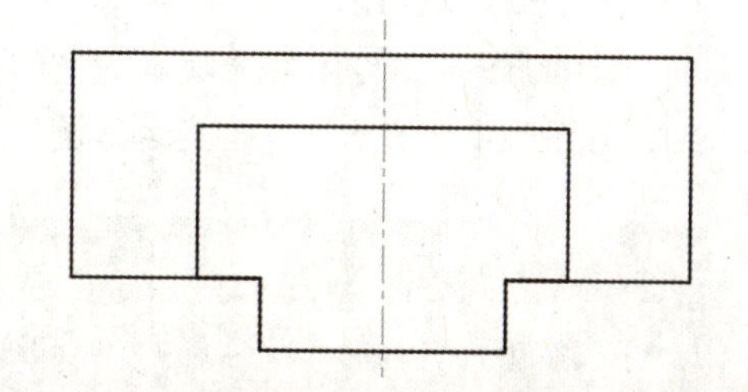

图 13-139　分解并删除

QA 问题

学生问：老师，为什么我插入的图形不能执行拉伸等命令？

老师答：同学，由于插入的文件是一个图块对象，它是一个整体，这时应执行“分解”命令（X），将该图块对象进行打散操作，才能执行下面的操作。

STEP 07 执行“直线”命令（L），捕捉相应的点进行直线连接；执行“合并”命令（J），将上一步所形成的对象合并成两个整体效果，如图 13-140 所示。

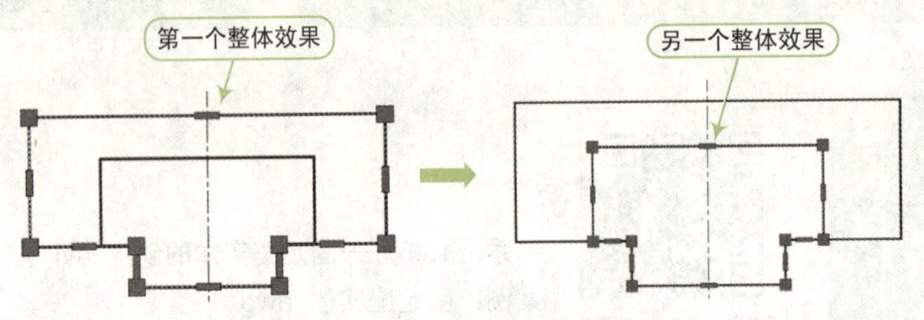

图 13-140　绘制直线并合并操作

STEP 08 关闭“中心线”图层；切换至“东南等轴测”；执行“面域”命令（REG），将图形中的所有轮廓对象进行面域操作，从而创建两个面域对象，如图 13-141 所示。

STEP 09 单击“实体”面板中的“拉伸”按钮，其快捷键为 EXT，选择外侧面域对象向下方向拉伸 16mm，如图 13-142 所示。

图 13-141　面域效果

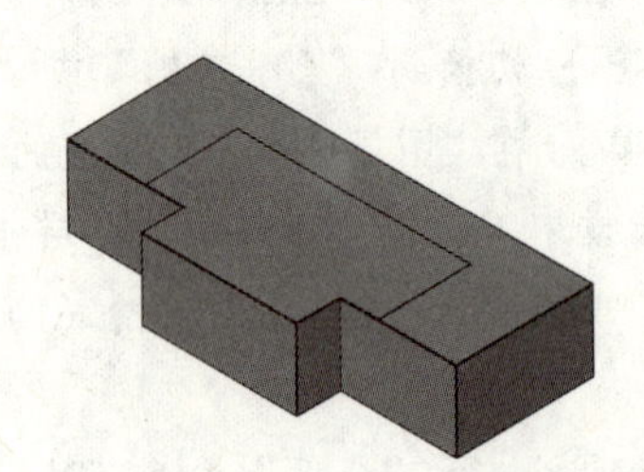

图 13-142　拉伸效果

QA 问题

学生问：老师，为什么我拉伸的实体内部是空的？

老师答：在进行实体拉伸或者旋转时，首先要进行面域操作，否则容易导致创建的实体对象的内部是空心效果。

STEP 10 单击“实体”面板中的“拉伸”按钮，其快捷键为 EXT，选择内侧面域对象向下方向拉伸 9mm，如图 13-143 所示。

STEP 11 在“实体”选项卡的“布尔值”面板中单击“差集”按钮，其快捷键为 SU，对图形中的实体进行差集运算操作，如图 13-144 所示。

QA 问题

学生问：老师，为什么在进行差集运算操作时，修剪不了相应的实体呢？

老师答：在进行布尔运算中的“差集”命令（SU）时，需要注意的是，不能把源对象和相减对象顺序弄反了，否则结果是不一样的。必须先选择减的对象并按“Enter”键后，然后选择被减的对象再按“Enter”键，否则将不予修剪。另外，以实体进行求差运算后，如果所选实体没有相交，那么将删除被减去的视图。

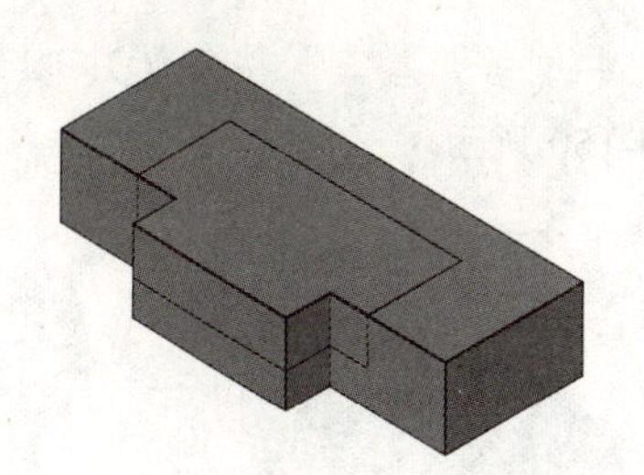

图 13-143　向下拉伸

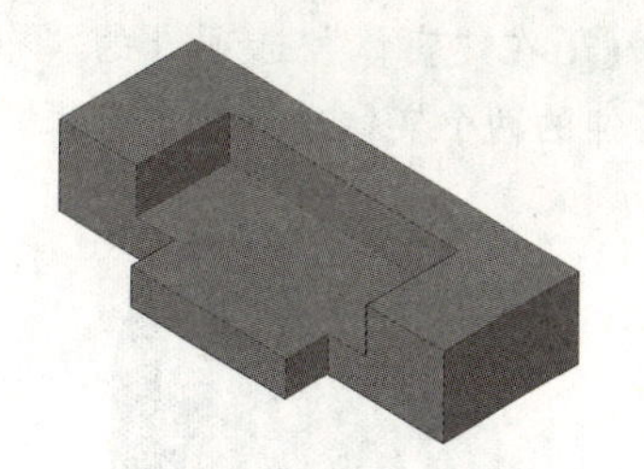

图 13-144　差集效果

STEP 12 切换至“后视”，打开“中心线”图层；执行“构造线”命令（XL），过实体的中点绘制一条水平和垂直构造线，并将水平构造线将上偏移 38mm 的距离，将构造线转换为“中心线”图层，如图 13-145 所示。

STEP 13 执行“圆”命令（C），捕捉上侧中心线的交点做圆心，绘制半径为 9mm 和 16mm 的同心圆，如图 13-146 所示。

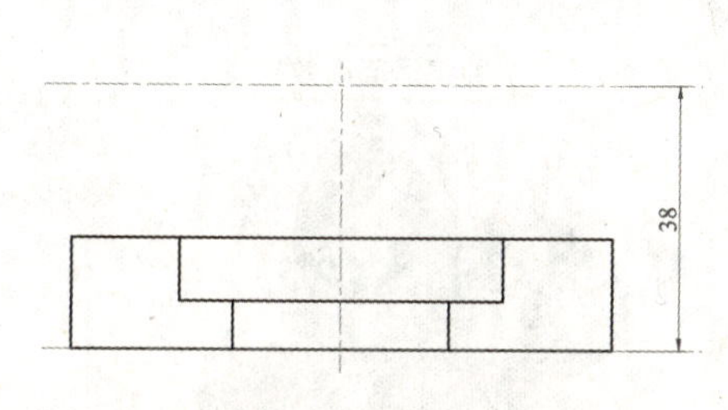

图 13-145　偏移中心线

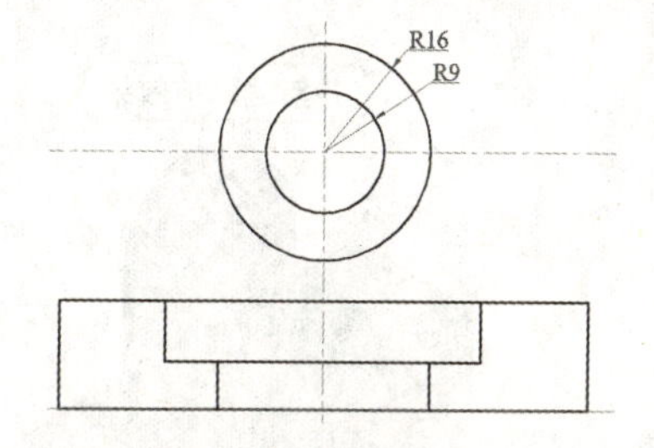

图 13-146　绘制同心圆

QA 问题

学生问： 老师，在三维模型中标注后，怎么看不到效果呢？

老师答： 在三维模型中进行尺寸标注时，应确保 XY 平面与所标注的对象平面一致。另外，就是确保 UCS 的坐标原点在所标注平面上。

STEP 14 执行“直线”命令（L），捕捉相应的交点进行直线连接；再执行“修剪”命令（TR），将多余的圆弧修剪掉，如图 13-147 所示。

STEP 15 关闭“中心线”图层；切换至“东南等轴测”；执行“面域”命令（REG），将上一步所形成的轮廓对象进行面域操作，如图 13-148 所示。

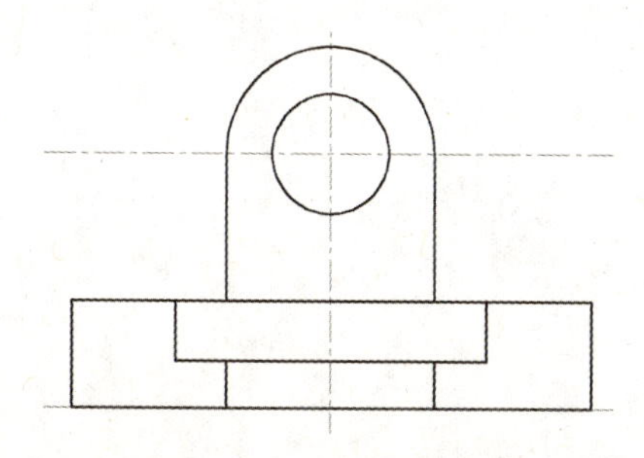

图 13-147　直线并修剪操作

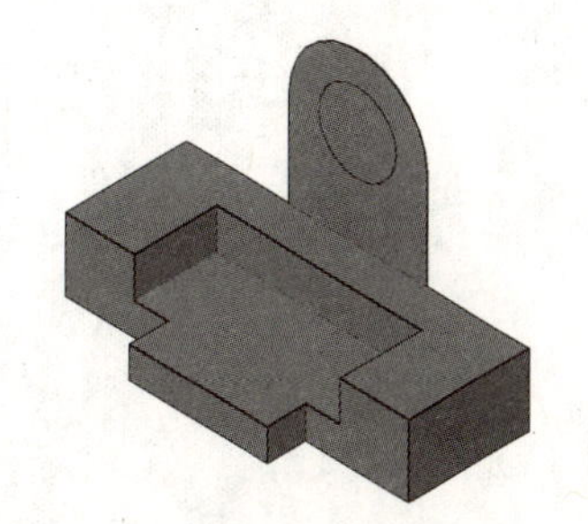

图 13-148　面域效果

STEP 16 单击“实体”面板中的“拉伸”按钮，其快捷键为 EXT，选择上一步面域对象 Z 轴方向拉伸 9mm，如图 13-149 所示。

STEP 17 在“实体”选项卡的“布尔值”面板中单击“差集”按钮，其快捷键为SU，将拉伸的两个实体进行差集运算操作，如图 13-150 所示。

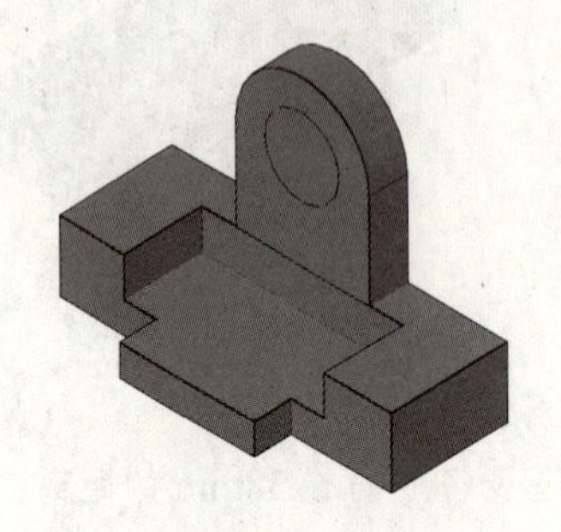

图 13-149　拉伸效果

图 13-150　差集效果

STEP 18 单击“布尔值”面板中的“并集”按钮，其快捷键为 UNI，将图形中的实体进行并集操作，从而形成一个整体，如图 13-151 所示。

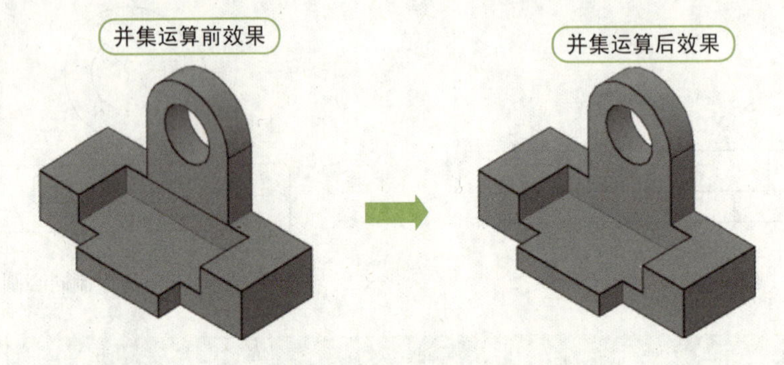

图 13-151　并集合并成整体

STEP 19 至此，固定座实体的创建已完成，按“Ctrl+S”组合键将该文件保存。

第14章 建筑工程图绘制案例

老师，绘制建筑工程图该怎么着手呢？

通过前面的学习，我们已经对AutoCAD有了基本的了解和掌握，并掌握了如何绘制机械工程图。绘制建筑工程图有以下几个思路，下面以某医院工程图为例来详细的讲解其绘制方法。

一是先创建建筑工程图的样板文件，从而达到事半功倍的效果；二是绘制某医院的建筑总平面图，以此确定哪些是新建建筑物，哪些是原来建筑物等；三是绘制医院的建筑平面图（首层平面图），从而让大家学习建筑平面施工图的绘制方法；四是绘制建筑立面图，以此来确定建筑的立面轮廓效果；五是绘制建筑的剖面图，以此来确定建筑物的内部结构效果。

效果预览

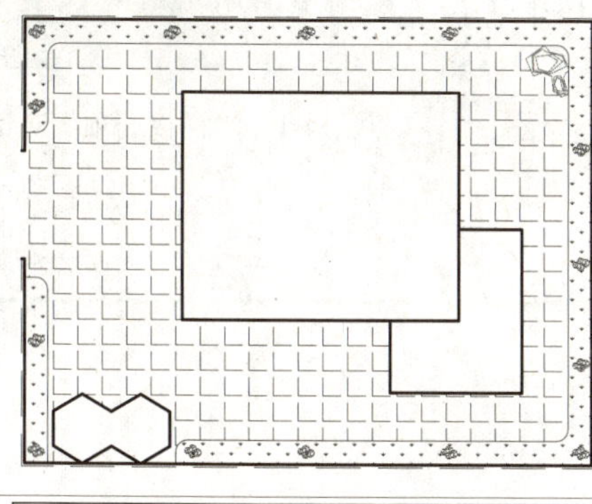

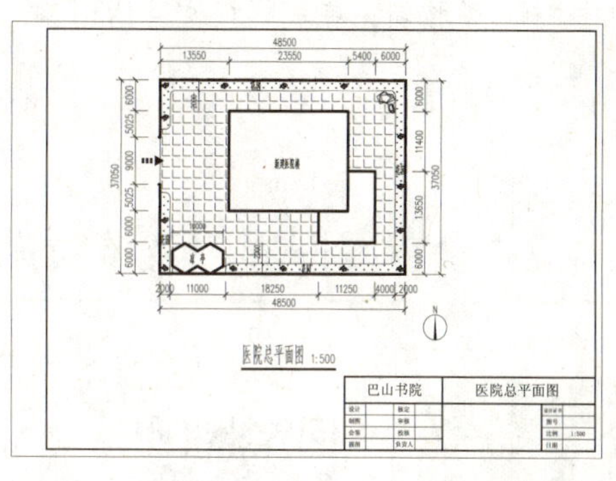

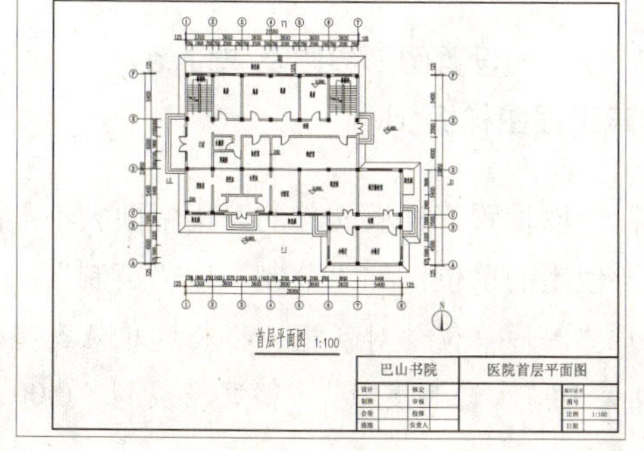

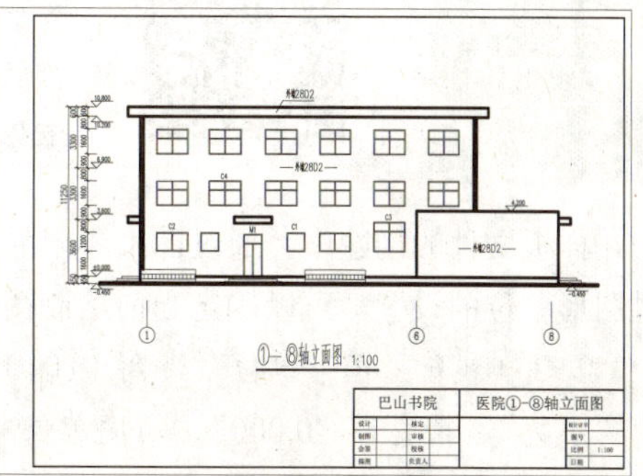

14.1 建筑工程图样板文件的创建

为了更好地让读者掌握工程图的绘制方法，本章中将以某医院的建筑施工图为例，来详细讲解其绘制方法，具体包括医院总平面图、平面图、立面图、剖面图等的绘制方法。

在前面绘制机械工程图时，我们已经建立了与机械相关的样板文件；而在建筑工程图中，也应该建立好相应的建筑工程图样板文件，这样才更加符合建筑工程图的绘制需要。

14.1.1 保存为样板文件

视频：14.1.1——保存为样板文件 .avi

案例：建筑工程图样板 .dwt

STEP 01 启动 AutoCAD 软件，系统自动创建一个空白的 .dwg 文件。

STEP 02 按“Ctrl+Shift+S”组合键，将该样板文件另存为“案例 \14\ 建筑工程图样板 .dwt”。

STEP 03 弹出“样板选项”对话框，采用默认选项，然后单击“确定”按钮，完成样板文件的创建，如图 14-1 所示。

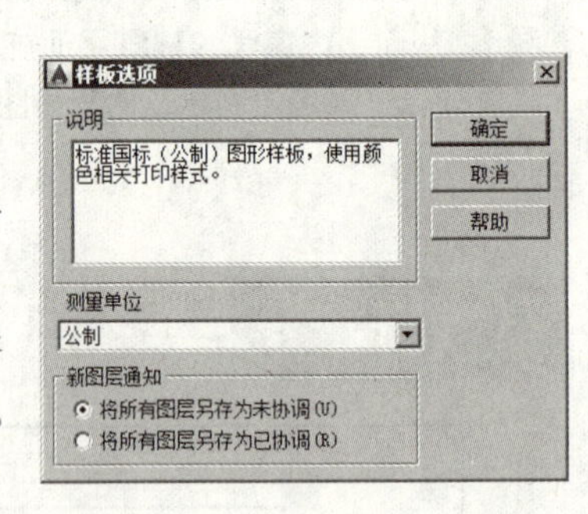

图 14-1 “样板选项”对话框

14.1.2 设置图形界限及单位

视频：14.1.2——设置图形界限及单位 .avi

案例：建筑工程图样板 .dwt

在样板文件的创建中，通过图形界限的设置，可以设置好样板文件的可用幅面大小；而通过图形单位的设置，可以确定当前绘制图形时所使用的单位，如“公制”或“英制”。

STEP 01 执行“图形单位”命令（UN），打开“图形单位”对话框，将长度单位类型设置为“小数”，精度为“0.000”，角度单位类型设置为“十进制度数”，精度精确到“0.00”，如图 14-2 所示。

STEP 02 执行“图形界限”命令（LIM），依照提示，设定图形界限的左下角为 (0,0)，右上角为 (420000,297000)。

STEP 03 执行“缩放”命令（Z），依照提示，选择“全部（A）”项，使设置的图形界限区域全部显示在图形窗口内。

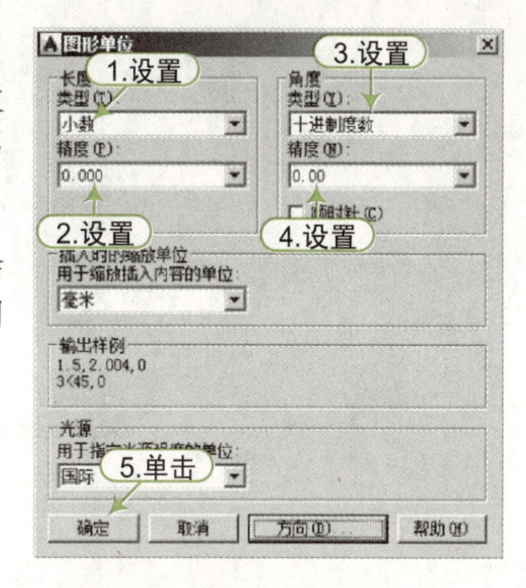

图 14-2　“图形单位”对话框

14.1.3 规划并设置图层

视频：14.1.3——规划并设置图层 .avi
案例：建筑工程图样板 .dwt

图层设置主要考虑图形元素的组成及各元素的特征。由表 14-1 可知，建筑总平面图主要由围墙、绿化、新建建筑、尺寸标注、文字标注、道路及其他等元素组成。

表 14-1　图层设置

序号	图层名	线宽	线型	颜色	打印属性
1	辅助线	默认	实线（CONTINUOUS）	黑色	不打印
2	围墙	0.30mm	实线（CONTINUOUS）	洋红色	打印
3	绿化	默认	实线（CONTINUOUS）	绿色	打印
4	新建建筑	0.30mm	实线（CONTINUOUS）	红色	打印
5	道路	默认	实线（CONTINUOUS）	45 色	打印
6	尺寸标注	默认	实线（CONTINUOUS）	蓝色	打印
7	文字标注	默认	实线（CONTINUOUS）	黑色	打印
8	其他	默认	实线（CONTINUOUS）	8 色	打印

STEP 01 执行“图层”命令（LA），将打开“图层特性管理器”面板，根据表 14-1 来设置图层的名称、线宽、线型和颜色等，如图 14-3 所示。

STEP 02 对于需要设置线型的图层，单击相应图层名称右侧“线型”列对应的按钮，将弹出“选择线型”对话框，在“已加载的线型”列表框中选择需要的线型即可。

STEP 03 如果在“已加载的线型”列表框中没有所需的线型对象，则可以单击“加载”按钮，将弹出“加载或重载线型”对话框，选择需要的线型加载即可，如图 14-4 所示。

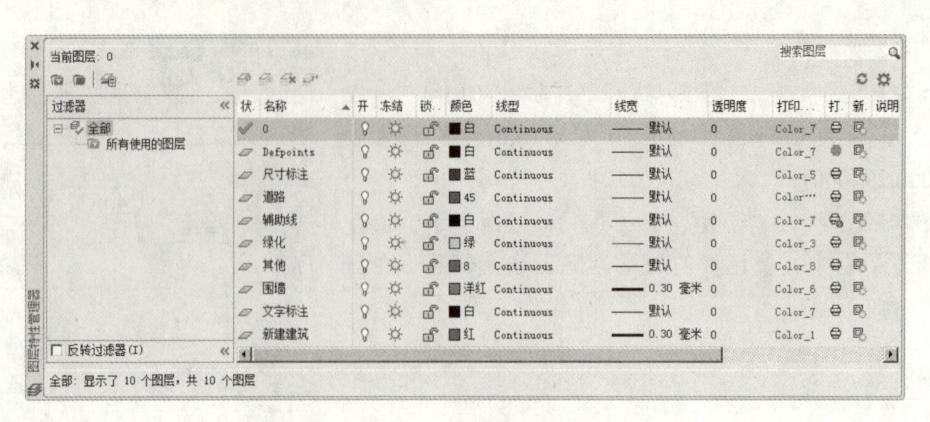

图 14-3　设置图层对象

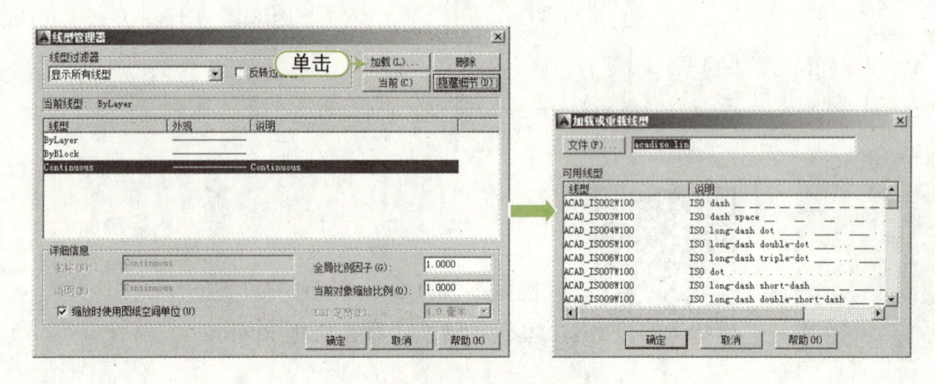

图 14-4　设置线型

STEP 04 同样，对于需要设线宽的图层，单击相应图层名称右侧“线宽”列对应的按钮，将弹出“线宽”对话框，然后选择相应的线宽即可，如图 14-5 所示。

STEP 05 对于设置了虚线、点画线的图层对象，如果线型比例因子过小，则“显示”不出虚线、点画线效果，那么这时应设置线型比例。执行“线型”命令（LT），打开“线型管理器”对话框，单击“显示细节”按钮，输入“全局比例因子”为“500”，然后单击“确定”按钮，如图 14-6 所示。

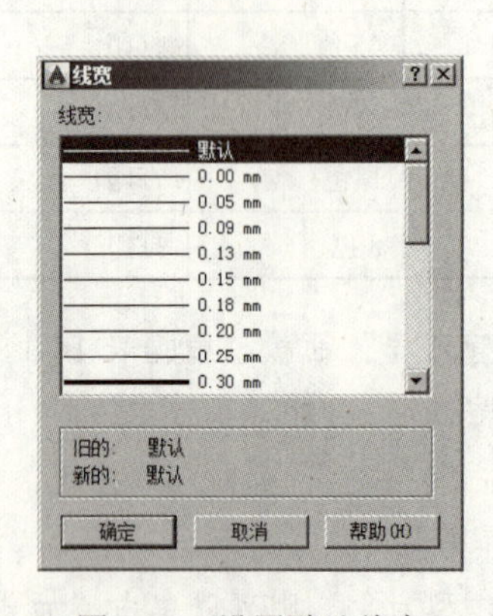

图 14-5　设置默认线宽

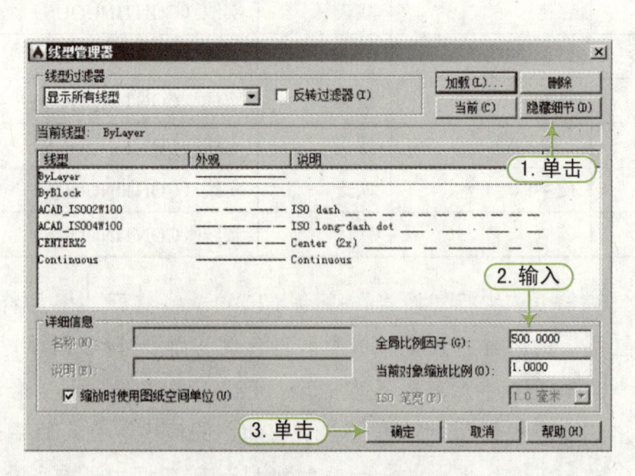

图 14-6　设置全局比例因子

14.1.4　规划并设置文字样式

视频：14.1.4——规划并设置文字样式 .avi

案例：建筑工程图样板 .dwt

建筑总平面图上的文字有尺寸文字、图内说明、图名文字，而打印比例为 1 ∶ 500，文字样式中的高度为打印到图纸上的文字高度与打印比例倒数的乘积。根据建筑制图标准，该总平面图文字样式的规定如表 14-2 所示。

表 14-2　文字样式（比例为 1 ∶ 100）

文字样式名	打印到图纸上的文字高度	图形文字高度（文字样式高度）	宽度因子	字体丨大字体
尺寸文字	3.5	0	0.7	Tssdeng/gbcbig
图内说明	5	2500		
图　　名	7	3500		

STEP 01 执行“文字样式”命令（ST），打开“文字样式”对话框，单击“新建”按钮，打开“新建文字样式”对话框，样式名定义为“图内说明”，单击“确定”按钮，如图 14-7 所示。

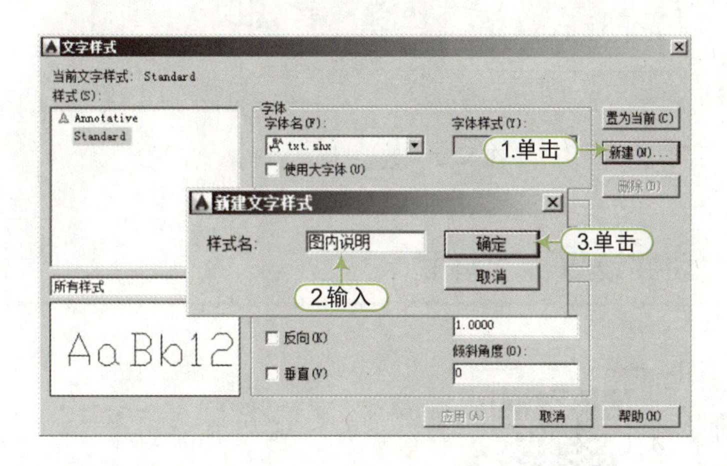

图 14-7　新建文字样式

STEP 02 在“字体”下拉列表框中选择“tssdeng.shx”字体，勾选“使用大字体”复选框，并在“大字体”下拉列表框中选择“gbcib.shx”字体，在“高度”文本框中输入“2500”，在“宽度因子”文本框中输入“0.7”，单击“应用”按钮，完成该文字样式的设置，如图 14-8 所示。

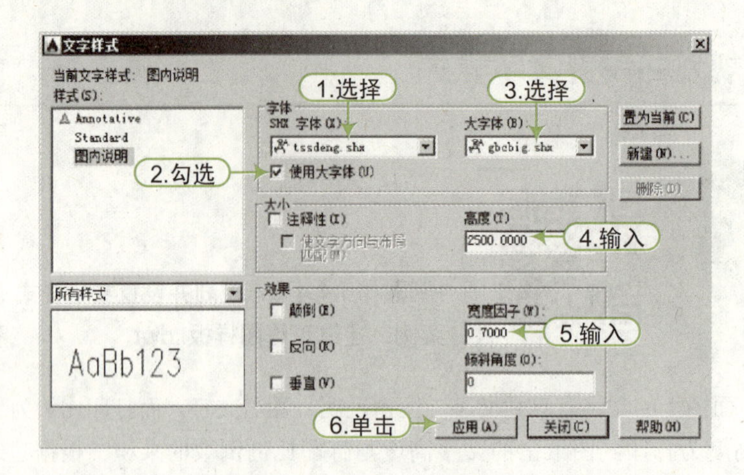

图 14-8　设置文字样式

STEP 03 重复前面的步骤，建立表 4-2 中其他各种文字样式，如图 14-9 所示。

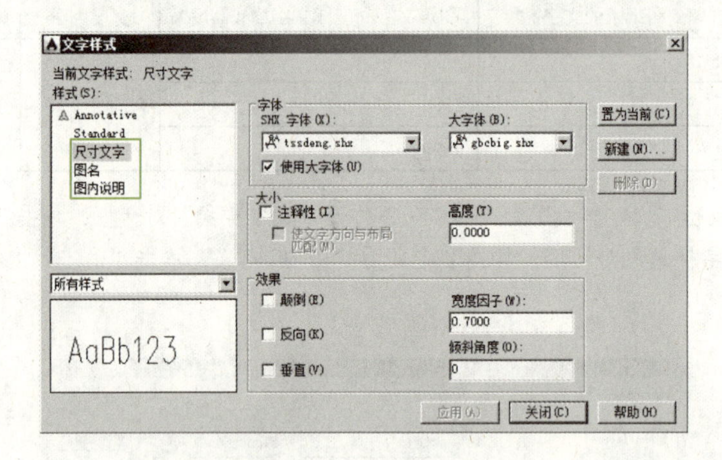

图 14-9　设置其他文字样式

14.1.5 规划并设置标注样式

视频：14.1.5——规划并设置标注样式 .avi

案例：建筑工程图样板 .dwt

尺寸标注样式的设置是依据建筑制图标准的有关规定，对尺寸标注各组成部分的尺寸进行设置，主要包括尺寸线、尺寸界限参数的设定，尺寸文字的设定，全局比例因子、测量单位比例因子的设定。

STEP 01 执行“标注样式”命令（D），将弹出“标注样式管理器”对话框，单击“新建”

按钮，打开“创建新标注样式”对话框，将新样式名定义为“建筑总平面图 -500”，然后单击“继续”按钮，如图 14-10 所示。

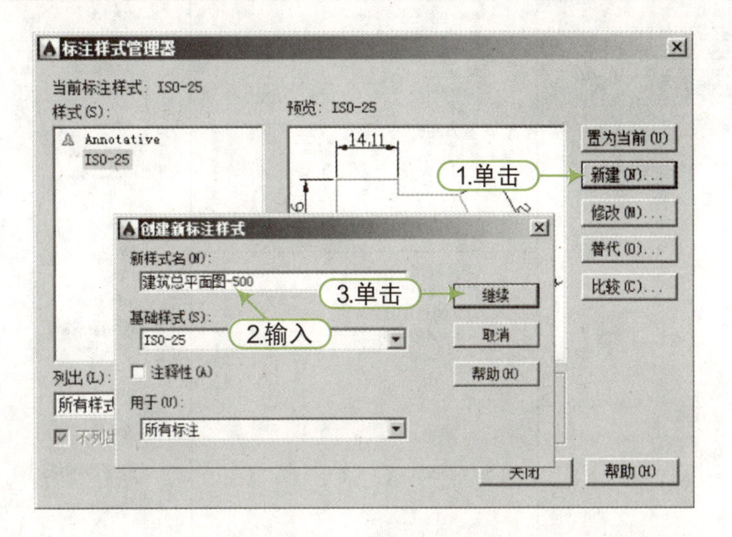

图 14-10　创建标注样式

STEP 02 将打开“新建标注样式：建筑总平面图—500”对话框，分别在各选项卡中设置相应的参数，如图 14-11 所示。

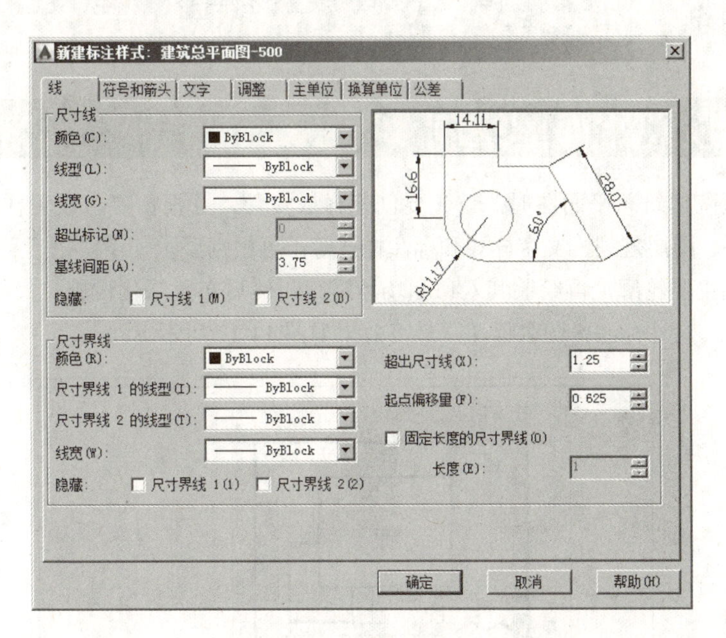

图 14-11　设置“线”

STEP 03 对于每个选项卡的设置，用户可以按照如表 14-3 所示来进行设置。

表 14-3 “建筑总平面图—500”标注样式的参数设置

<table>
<tr><th>“线”选项卡</th><th>“符号和箭头”选项卡</th><th>“文字”选项卡</th></tr>
<tr>
<td rowspan="3">尺寸线
颜色(C)：ByBlock
线型(L)：ByBlock
线宽(G)：ByBlock
超出标记(N)：0
基线间距(A)：3.75
隐藏：□尺寸线 1(M) □尺寸线 2(D)

超出尺寸线(X)：1.25
起点偏移量(F)：2
☑固定长度的尺寸界线(O)
长度(E)：10</td>
<td>箭头
第一个(T)：建筑标记
第二个(D)：建筑标记
引线(L)：实心闭合
箭头大小(I)：2</td>
<td rowspan="3">文字外观
文字样式(Y)：尺寸文字
文字颜色(C)：黑
填充颜色(L)：无
文字高度(T)：3.5
分数高度比例(H)：1
□绘制文字边框(F)

文字位置
垂直(V)：上
水平(Z)：居中
观察方向(D)：从左到右
从尺寸线偏移(O)：1

文字对齐(A)
○水平
◉与尺寸线对齐
○ISO 标准</td>
</tr>
<tr><th>“调整”选项卡</th></tr>
<tr><td>标注特征比例
□注释性(A)
○将标注缩放到布局
◉使用全局比例(S)：500</td></tr>
</table>

QA问题

学生问： 老师，如何设置标注的箭头符号？

老师答： 在建筑制图中，标注图形需要设置箭头符号 建筑标记，设置标注箭头符号后，待图形绘制完毕，则可直接进行尺寸标注。

14.2　医院总平面图绘制

绘制该医院建筑总平面图时，首先要创建样板文件，并根据要求设置样板文件，包括设置图形界限、图层规划、文字样式和标注样式等；再根据要求使用“矩形”、“直线”、“偏移”命令绘制主要轮廓，再绘制其入口和场地道路；然后布置绿化设施；最后绘制指北针；进行文本标注、尺寸标注、图名标注，最终效果如图 14-12 所示。

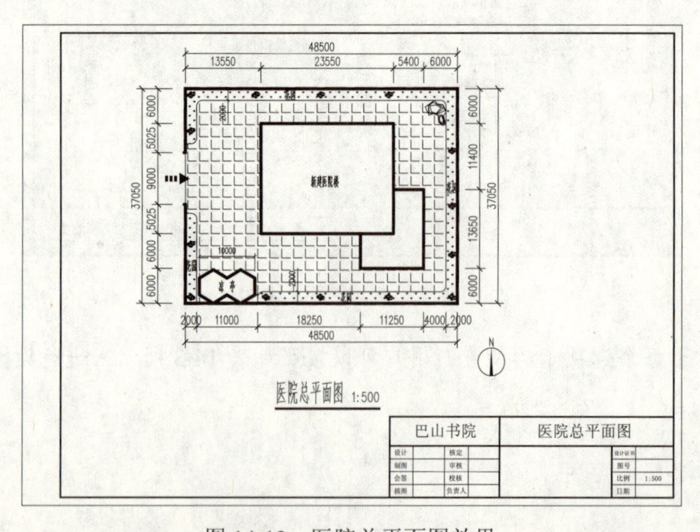

图 14-12　医院总平面图效果

14.2.1　绘制地形轮廓

视频：14.2.1——绘制地形轮廓 .avi

案例：医院总平面图 .dwg

在绘制总平面图地形轮廓时，应首先调用绘图环境，然后绘制总平面图的地形轮廓。

STEP 01 启动 AutoCAD 2016 软件，系统自动创建一个空白的 .dwg 文件。

STEP 02 按"Ctrl+O"组合键，将"案例\14\建筑工程图样板 .dwt"文件打开，然后按"Ctrl+Shift+S"组合键，将弹出"图形另存为"对话框，将该文件保存为"案例\14\医院总平面图 .dwg"文件。

QA 问题	
学生问：	老师，样板文件与图形文件有何区别？
老师答：	将"建筑工程图样板 .dwt"文件另存为案例文件时，格式由原来的"dwt"转换为"dwg"。

STEP 03 单击"图层"面板中的"图层控制"下拉列表框，将"辅助线"图层置为当前图层。

STEP 04 执行"矩形"命令（REC），绘制一个 48500mm×37050mm 的矩形，如图 14-13 所示。

STEP 05 执行"偏移"命令（O），将上一步绘制的矩形向外侧偏移 250mm，如图 14-14 所示。

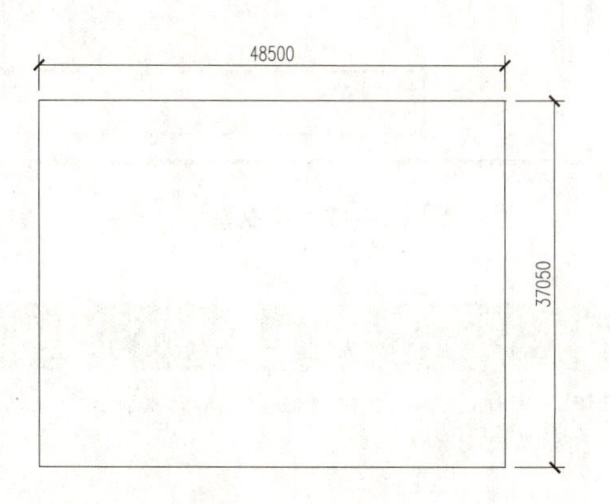

图 14-13　绘制矩形

图 14-14　偏移矩形

QA 问题	
学生问：	老师，什么是偏移？
老师答：	偏移，是指通过指定距离或指定点在选择对象的一侧生成新的对象、偏移可以等距离复制图形。

STEP 06 执行“特性”命令（MO），在打开的“特性”面板中，对外侧的矩形选择“线型”为“DASH”，“线型比例”为“30”，如图 14-15 所示。

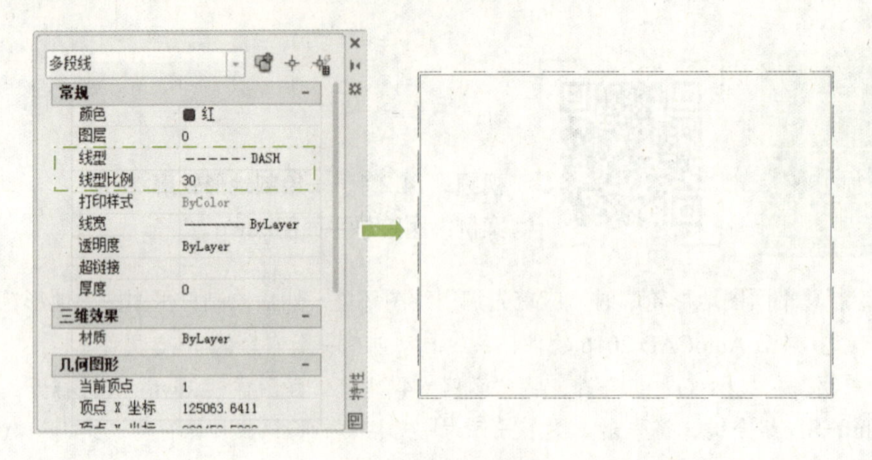

图 14-15　设置线型

STEP 07 将“0”图层置为当前图层，执行“直线”命令（L），绘制出平面图下侧的地形轮廓，如图 14-16 所示。

STEP 08 使用相同的方法，绘制出平面图中所有的地形轮廓，如图 14-17 所示。

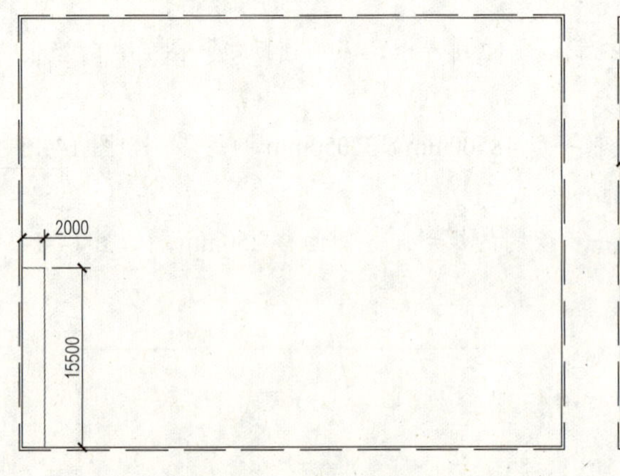

图 14-16　绘制直线

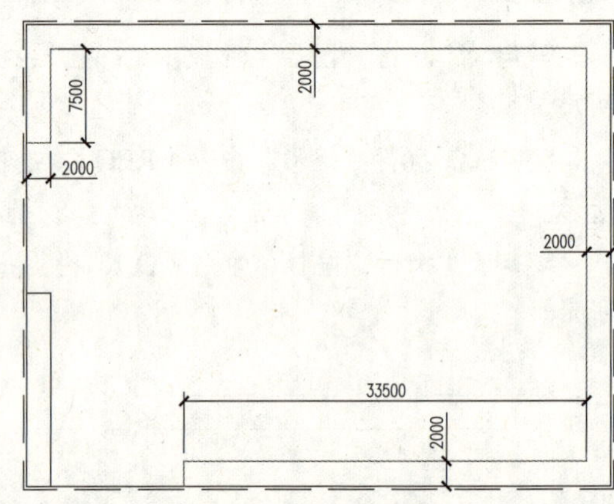

图 14-17　绘制直线

QA 问题

学生问： 老师，如何绘制精确长度的直线？

老师答： 在使用“直线”命令绘制图形时，可通过输入相对坐标或极坐标与捕捉控制点相结合的方式确定直线端点，以快速绘制精确长度的直线。

STEP 09 单击“图层”面板中的“图层控制”下拉列表框，将“围墙”图层置为当前图层。

STEP 10 执行“多段线”命令（PL），借助辅助线绘制医院的围墙轮廓，如图 14-18 所示。

STEP 11 执行“圆角”命令（F），对图形相应位置进行半径为 1000mm 的圆角修剪，如图 14-19 所示。

图 14-18　设置对象图层

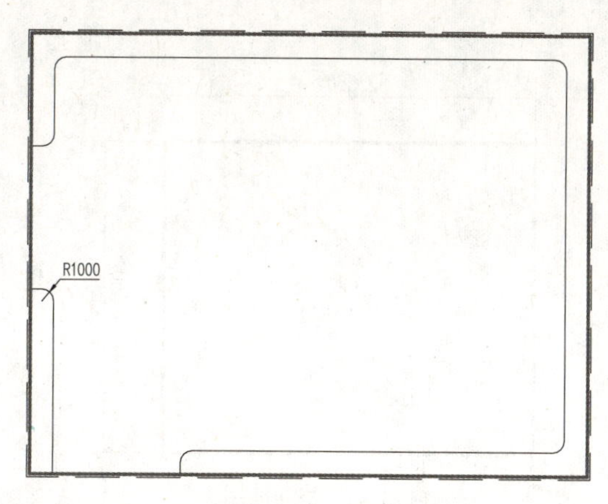

图 14-19　绘制多线及圆角

14.2.2 绘制新建建筑物轮廓

视频：14.2.2——绘制新建建筑物轮廓 .avi

案例：医院总平面图 .dwg

建筑物的绘制过程主要分为两步，首先绘制建筑物的平面形状，然后借助辅助线将其插入建筑总平面图中。

利用“矩形”、“偏移”、“直线”、“图案填充”、“修剪”命令绘制新建建筑物的轮廓，本图中建筑物的平面尺寸如图 14-20 所示。

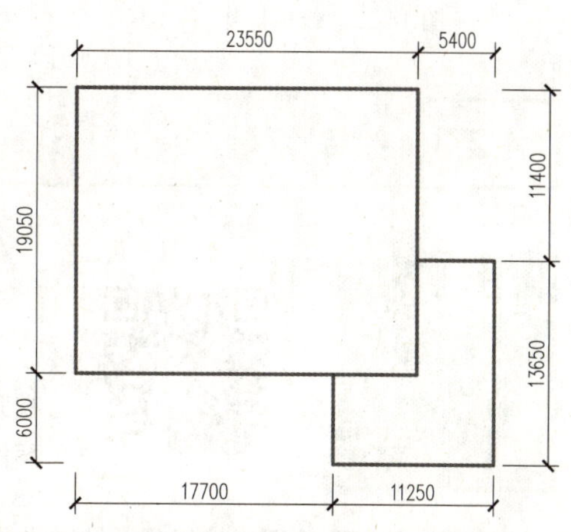

图 14-20　绘制好的建筑物轮廓图

STEP 01 单击“图层”面板中的“图层控制”下拉列表框，将“新建建筑”图层置为当前图层。

STEP 02 执行“矩形”命令（REC），绘制一个 23550mm×19050mm 的矩形，如图 14-21 所示。

STEP 03 执行“矩形”命令（REC），绘制一个 11250mm×13650mm 的矩形，如图 14-22 所示。

STEP 04 执行“修剪”命令（TR），修剪掉多余的线段，其结果如图 14-23 所示。

STEP 05 执行“移动”命令（M），将前面绘制的新建建筑物布置到总平面图中的相应位置，最终效果如图 14-24 所示。

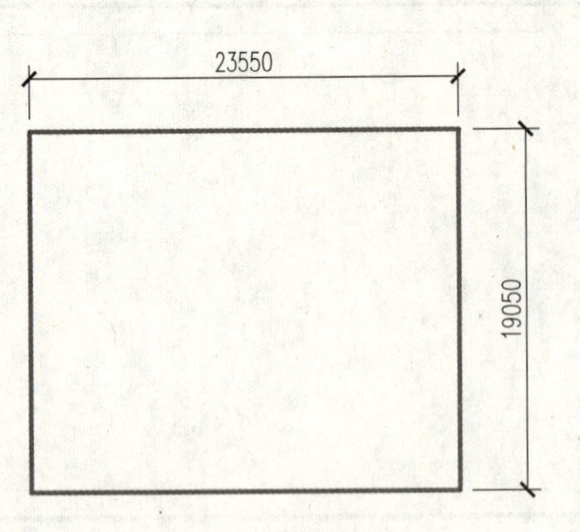

图 14-21　绘制矩形

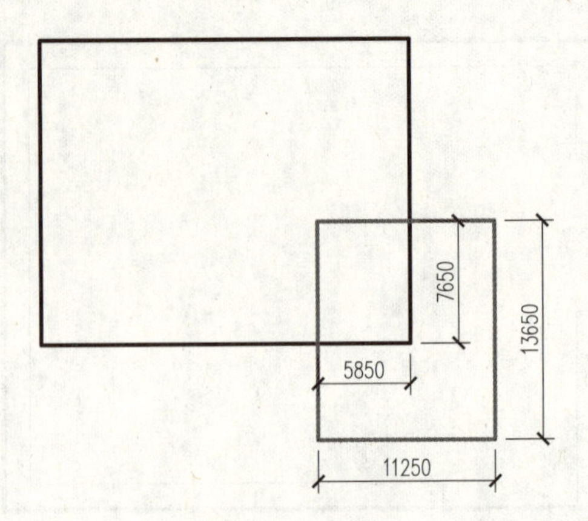

图 14-22　绘制矩形

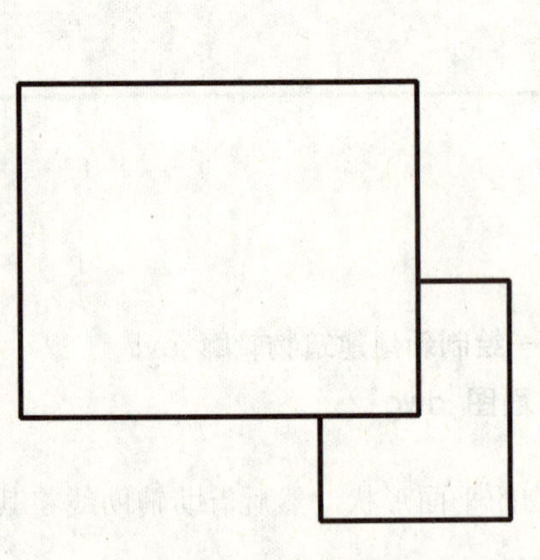

图 14-23　修剪操作

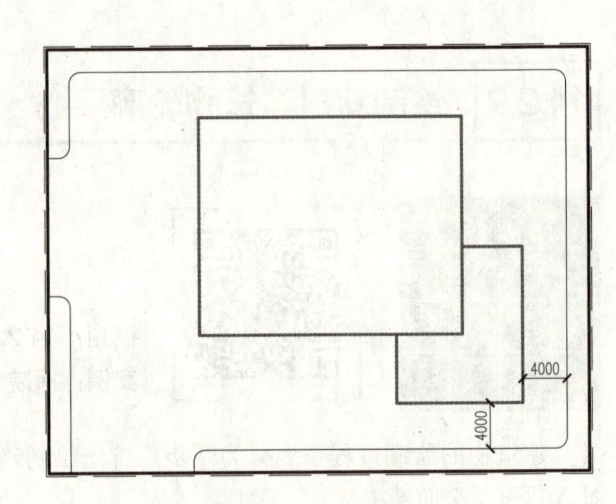

图 14-24　移动操作

14.2.3　绘制凉亭

视频：14.2.3——绘制凉亭 .avi

案例：医院总平面图 .dwg

接下来绘制医院四周的绿化及辅助设施，绘制内容包括凉亭和区内绿化等对象。

STEP 01 单击“图层”面板中的“图层控制”下拉列表框，将“新建建筑”图层设置为当前图层。

STEP 02 执行“多边形”命令（POL），根据命令行提示，绘制一个外切于圆的正六边形对象，其内切圆的半径为 2500mm，如图 14-25 所示。

STEP 03 执行“旋转”命令（RO），以正六边形的左下角点为旋转基点，将其进行旋转操作，其旋转角度为 30°，如图 14-26 所示。

STEP 04 执行“复制”命令（CO），将上一步旋转后的正六边形向右进行复制操作，如图 14-27 所示。

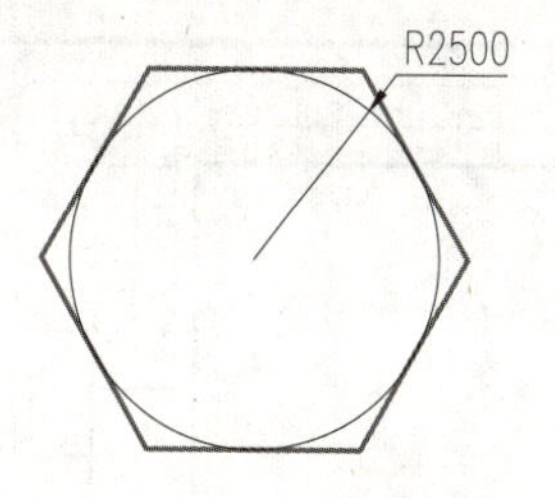

图 14-25　绘制多边形

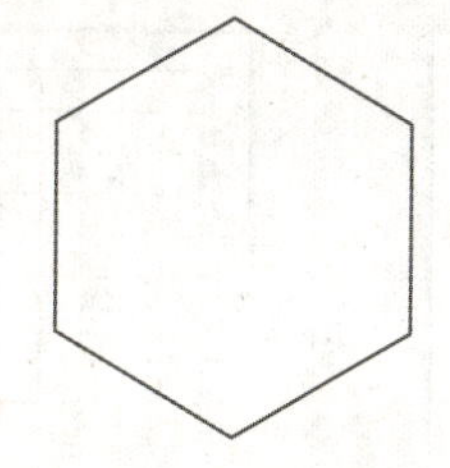

图 14-26　旋转操作

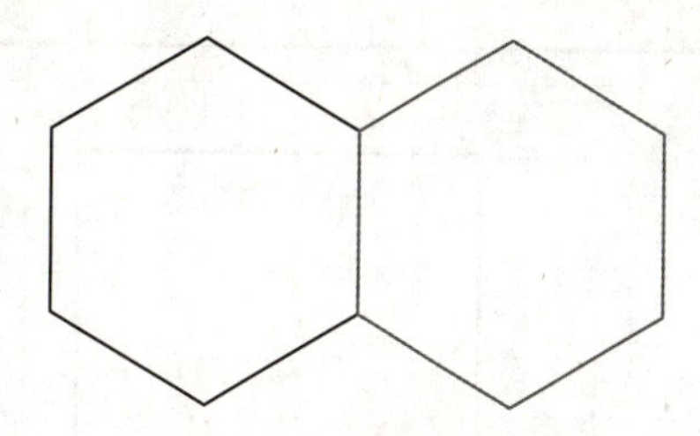

图 14-27　复制操作

STEP 05 执行“修剪”命令（TR），修剪掉多余的线段，从而绘制出凉亭对象，如图 14-28 所示。

STEP 06 执行“移动”命令（M），将绘制的凉亭对象移动到图形中的相应位置，如图 14-29 所示。

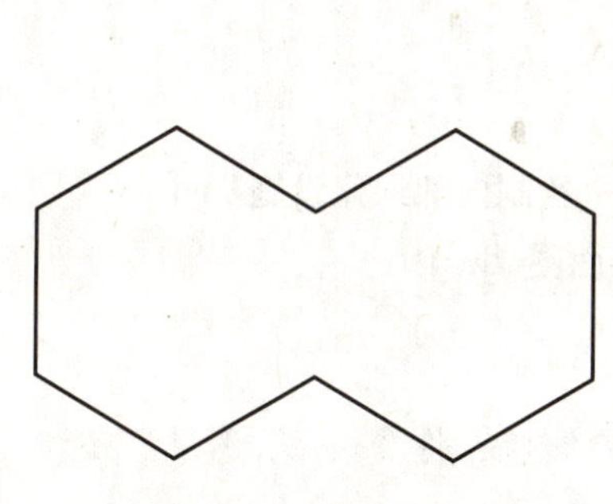

图 14-28　修剪操作

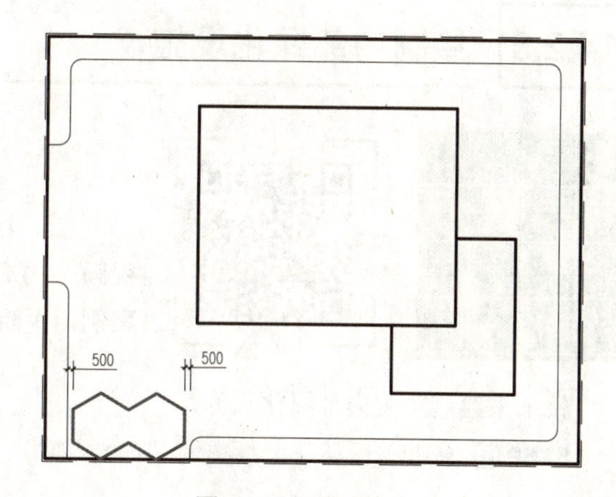

图 14-29　移动操作

14.2.4 绘制内部道路和大门

视频：14.2.4——绘制内部道路和大门 .avi

案例：医院总平面图 .dwg

接下来绘制内部道路和大门对象。

STEP 01 单击“图层”面板中的“图层控制”下拉列表框，将“道路”图层设置为当前图层。

STEP 02 执行“图案填充”命令（H），选择相应的样例为“ANGLE”，比例为 300，对别墅内道路进行图案填充，即完成医院内道路的绘制，如图 14-30 所示。

STEP 03 执行“直线”（L）和“修剪”（TR）命令，绘制出别墅的大门对象，如图 14-31 所示。

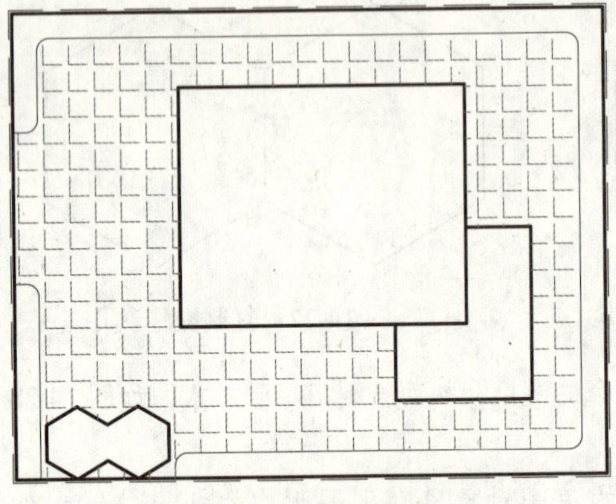

图 14-30　图案填充

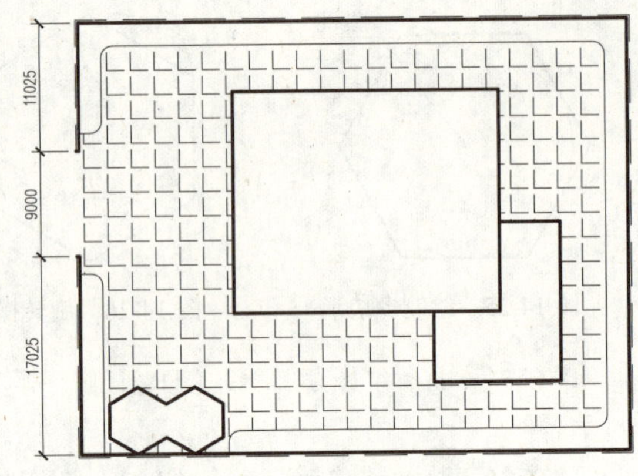

图 14-31　绘制直线并修剪

14.2.5 绘制内部绿化设施

视频：14.2.5——绘制内部绿化设施 .avi
案例：医院总平面图 .dwg

接下来绘制医院内部绿化设施。

STEP 01 单击“图层”面板中的“图层控制”下拉列表框，将“绿化”图层设置为当前图层。

STEP 02 执行“图案填充”命令（H），选择相应的样例为“GRASS”，比例为 45，对医院内部绿化区进行填充，如图 14-32 所示。

STEP 03 将“0”图层置为当前图层，执行“插入”命令（I），打开“插入”对话框，然后选择相应的外部装饰图块，将其插入图中相应的位置，其效果如图 14-33 所示。

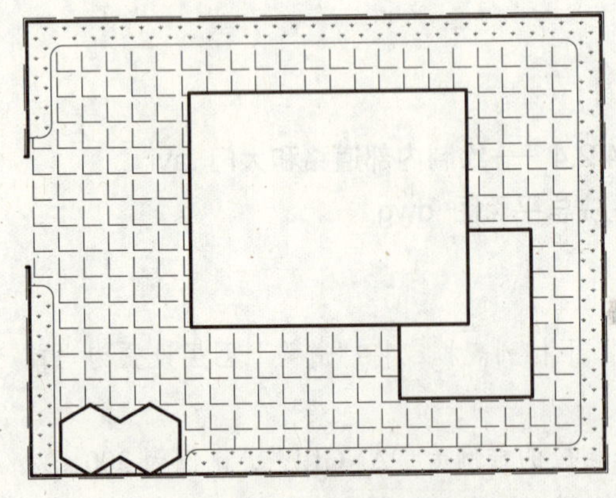

图 14-32　填充图案

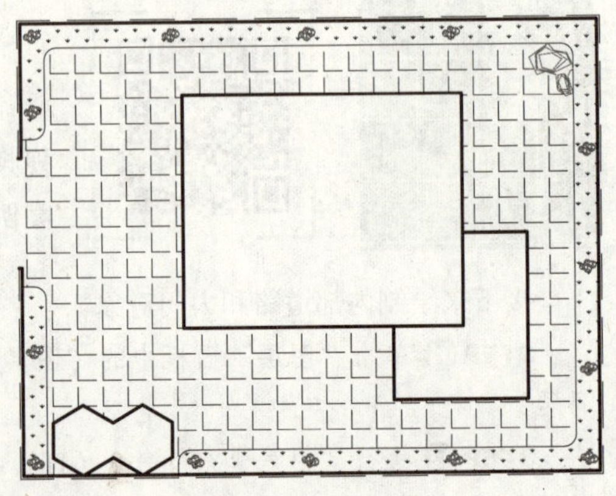

图 14-33　插入图块

STEP 04 执行“多段线”命令（PL），绘制宽度为 1000mm，高度为 500mm 的对象；再执行“复制”命令（CO），将绘制的多段线对象向上复制两个；然后绘制起点宽度为 2000mm、端点宽度为 0，长度为 1800mm 的箭头对象，结果如图 14-34 所示。

STEP 05 执行“编组”命令（G），将多段线对象组合成一个整体。

STEP 06 执行“移动”命令（M），将编组的对象移动到相应的位置，其效果如图 14-35 所示。

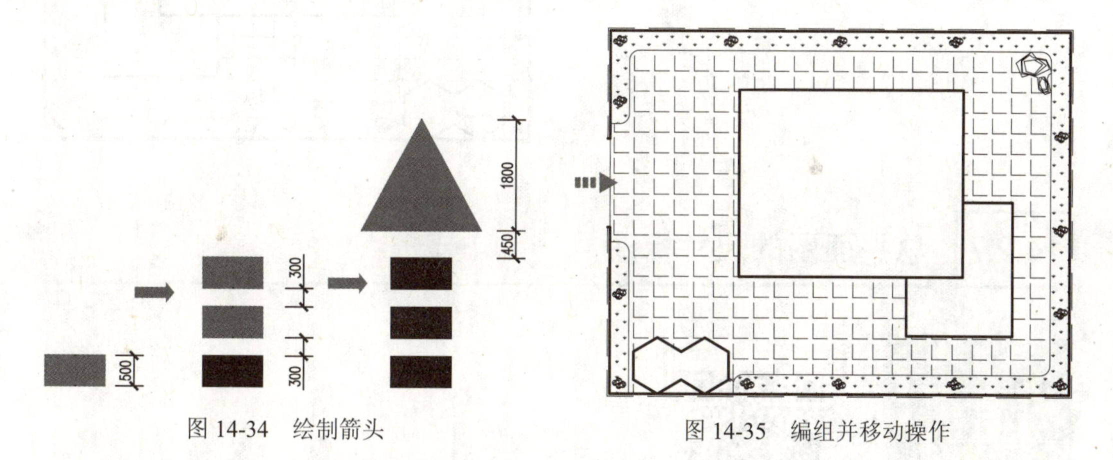

图 14-34　绘制箭头　　图 14-35　编组并移动操作

14.2.6 总平面图的文字注释

视频：14.2.6——总平面图的文字注释 .avi
案例：医院总平面图 .dwg

前面完成了医院总平面图的绘制，接下来进行文字说明、尺寸标注及图名的标注等。

STEP 01 单击“图层”面板中的“图层控制”下拉列表框，将“文字标注”图层设置为当前图层。

STEP 02 单击“注释”选项卡“文字”面板中的“文字样式”下拉按钮，在其下拉列表框中选择“图内说明”文字样式，如图 14-36 所示。

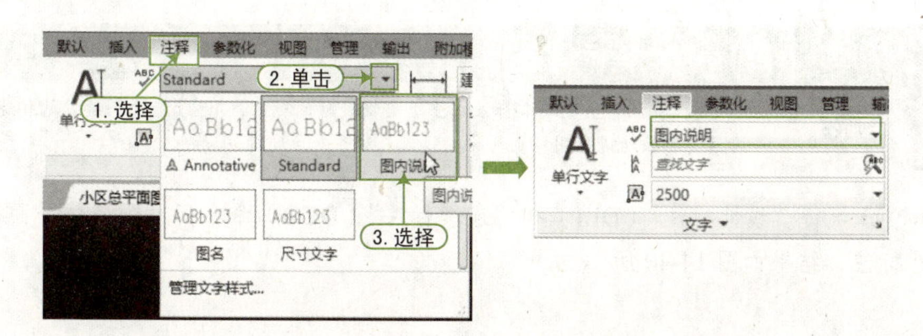

图 14-36　选择文字样式

STEP 03 执行“单行文字”命令（DT），其文字大小为2000，在相应位置分别输入文字内容，完成图形的文字注释说明，如图14-37所示。

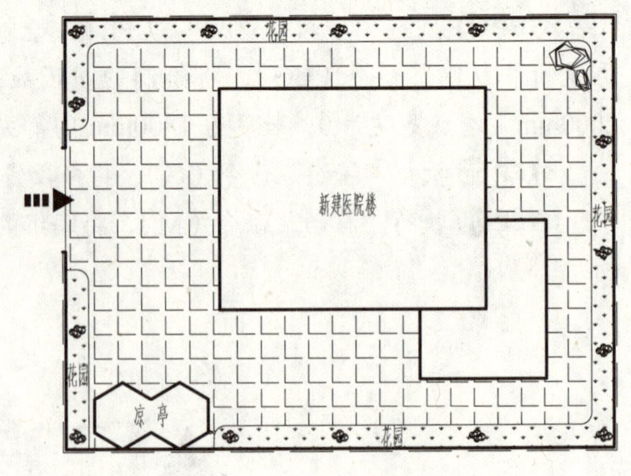

图14-37 输入文字

14.2.7 总平面图的尺寸标注

视频：14.2.7——总平面图的尺寸标注 .avi
案例：医院总平面图 .dwg

STEP 01 单击“图层”面板中的“图层控制”下拉列表框，将“尺寸标注”图层设置为当前图层。

STEP 02 在“注释”选项卡的“标注”面板中，单击“线性标注”按钮，对图形左上角进行线性标注，如图14-38所示。

STEP 03 在“注释”选项卡的“标注”面板中，单击“连续标注”按钮 连续，选择线性标注，再进行连续标注，如图14-39所示。

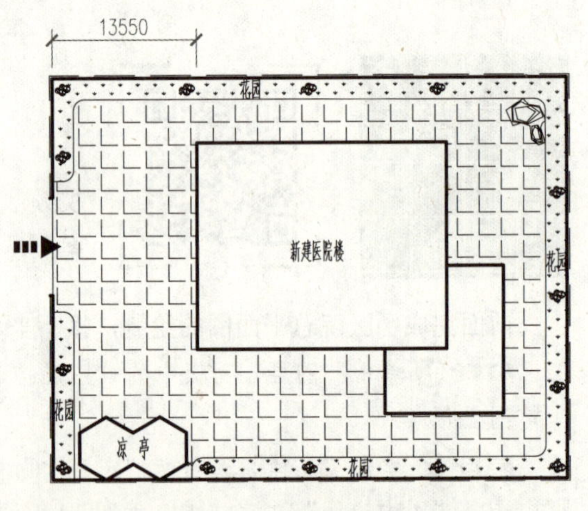

图14-38 线性标注

QA问题

学生问：老师，“线型标注”与“连续标注”的作用是什么？

老师答：“线性标注”主要用来标注水平垂直及旋转的对象，“连续标注”是首尾相连的多个标注，可快速进行同级别对象的线性、对齐或角度标注。

STEP 04 执行“线性标注”（DLI）和“连续标注”（DCO）命令，对医院总平面图进行其他尺寸标注，结果如图14-40所示。

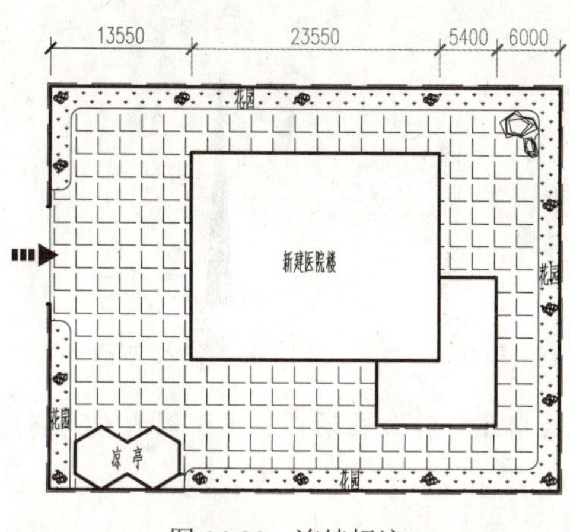

图 14-39　连续标注

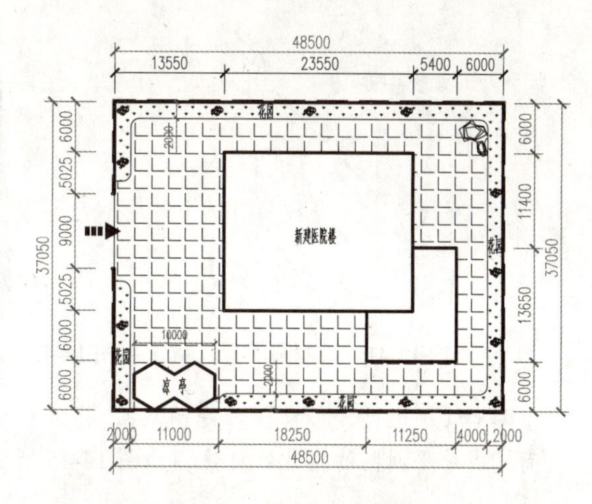

图 14-40　线性及连续标注

14.2.8 指北针标注

视频：14.2.8——指北针标注 .avi

案例：医院总平面图 .dwg

STEP 01 单击“图层”面板中的“图层控制”下拉列表框，将“0”图层设置为当前图层。

QA 问题

学生问： 老师，指北针的绘制有什么标准？

老师答： 在建筑平面图中，应画出指北针，一般圆的直径为“24”，用细实线绘制。指针尾部的宽度宜为“3”，指针头部应注“北”或“N”。如果需要绘制较大直径的指北针，则指针宽度为直径的 1/8。

STEP 02 执行“圆”命令（C），任意捕捉一点，绘制一个半径为 12mm 的圆，如图 14-41 所示。

STEP 03 执行“多段线”命令（PL），根据命令行提示，捕捉圆的上侧象限点为起点，设置起点宽度为 0，端点宽度为 3mm，绘制好箭头符号，如图 14-42 所示。

STEP 04 执行“单行文字”命令（DT），根据提示输入大写的“N”，其文字的大小为 5；然后执行“移动”命令（M），将“N”移动到指北针的顶端，如图 14-43 所示。

STEP 05 执行“缩放”命令（SC），选择已经绘制完成的指北针符号，以其圆的下侧象限点为基点，将其放大 200 倍，如图 14-44 所示。

QA 问题

学生问： 老师，指北针有什么作用？

老师答： 在建筑平面图及底层建筑平面图上，一般都画有指北针，用以指明建筑物的朝向，符号上输入的文字可以是“N”或者“北”。

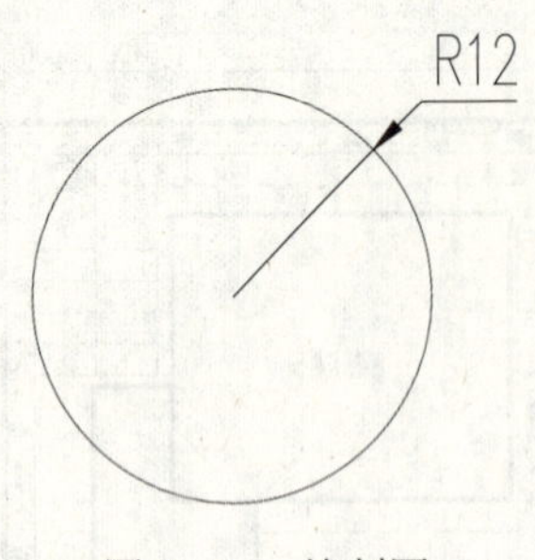

图 14-41 绘制圆

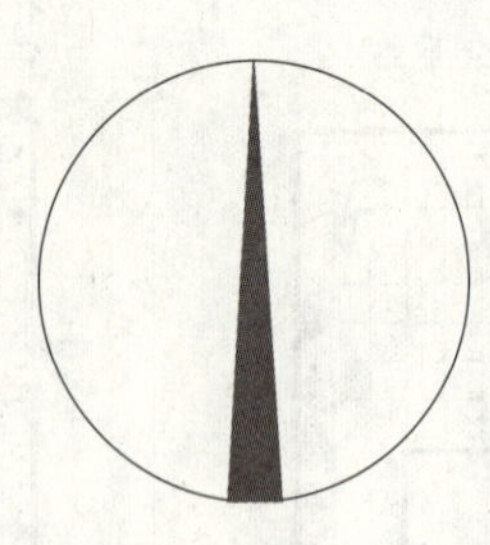

图 14-42 绘制多段线

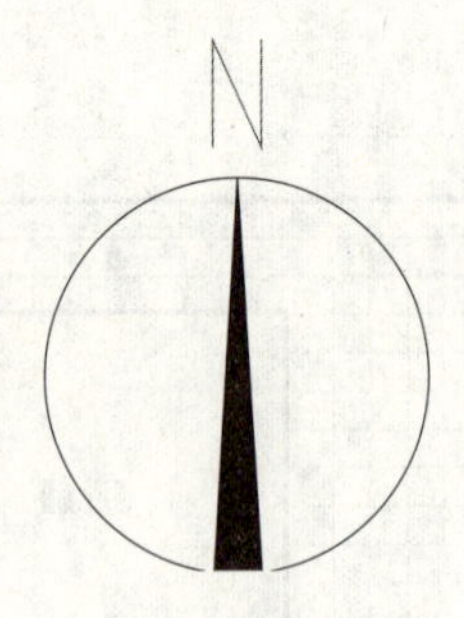

图 14-43 输入文字

STEP 06 执行“移动”命令（M），将绘制好的指北针符号移动到总平面图的右下侧，从而完成总平面图的指北针标注，如图 14-45 所示。

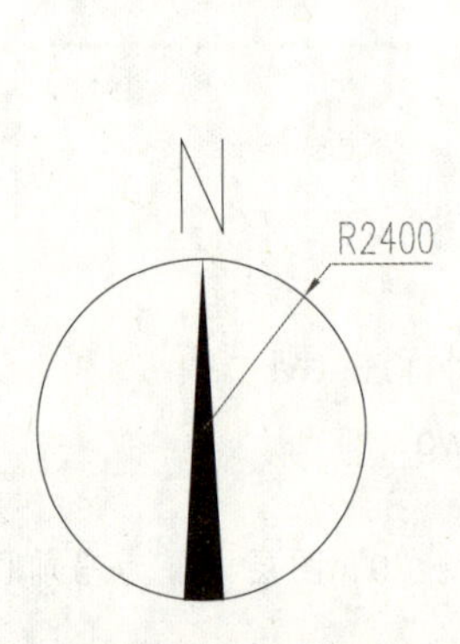

图 14-44 缩放操作

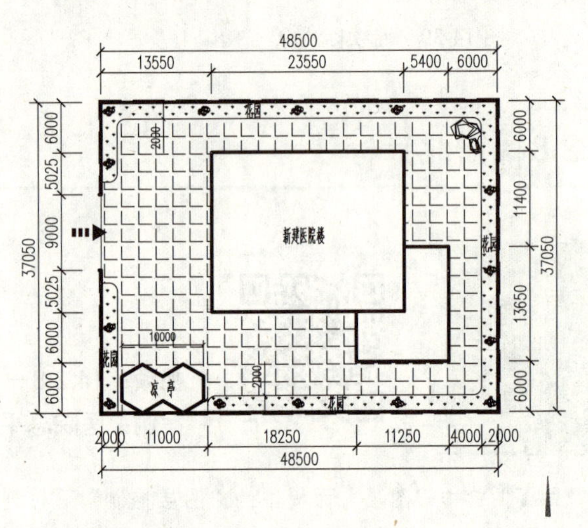

图 14-45 移动操作

14.2.9 图名及比例的注释

视频：14.2.9——图名及比例的注释 .avi

案例：医院总平面图 .dwg

对建筑图形绘制完成后，最后一项是进行图名的标注，选择前面设置的“图名”文字样式，分别输入图名和比例的内容，再设置文字的大小。

STEP 01 单击“图层”面板中的“图层控制”下拉列表框，将“文字标注”图层设置为当前图层。

STEP 02 单击“注释”选项卡的“文字”面板中的“文字样式”下拉按钮，在其下拉列表框中选择“图名”文字样式。

STEP 03 执行“单行文字”命令（DT），在相应的位置输入“医院总平面图”和比例“1 : 500”，然后分别选择相应的文字对象，按“Ctrl+1”键打开“特性”面板，修改文字大小为“4000”和“2000”，如图 14-46 所示。

STEP 04 执行“多段线”命令（PL），在图名的下侧绘制一条宽度为“400”，与文字标注大约等长的水平线段，如图 14-47 所示。

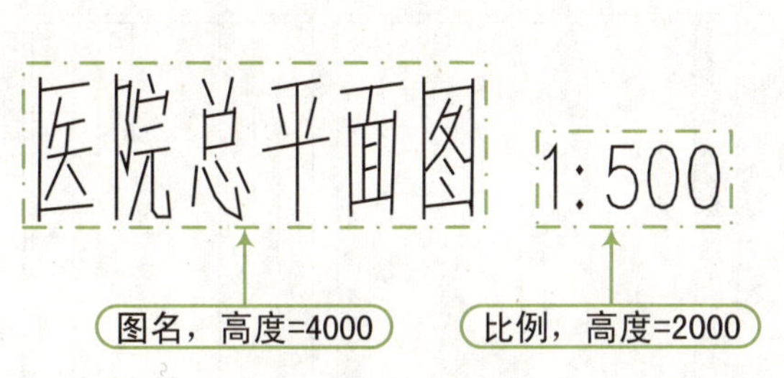

图 14-46　标注图名

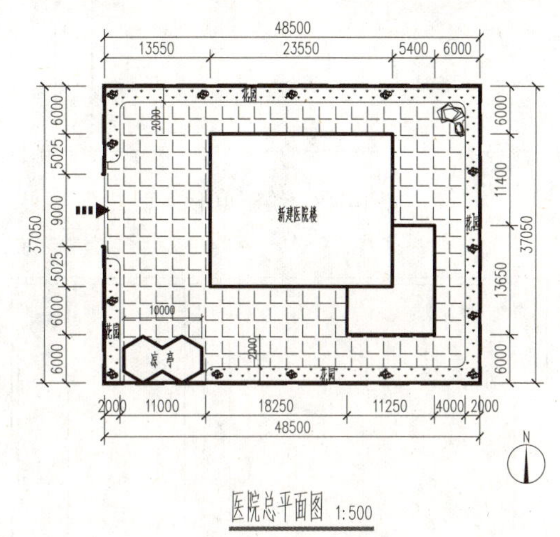

图 14-47　绘制多段线

14.2.10　绘制并插入图框

视频：14.2.10——绘制并插入图框 .avi
案例：医院总平面图 .dwg

图形绘制完成后，接下来绘制并插入图框。

STEP 01 单击“图层”面板中的“图层控制”下拉列表框，将“0”图层设置为当前图层。

STEP 02 执行“矩形”命令（REC），绘制一个 420mm×297mm 的矩形，然后执行“分解”命令（X），将该矩形分解，如图 14-48 所示。

STEP 03 执行“偏移”命令（O），将矩形左侧竖直边向右偏移 25mm，将其他 3 条边分别向矩形内侧偏移 5mm，然后执行“修剪”命令（TR），修剪掉多余的线段，如图 14-49 所示。

STEP 04 执行“偏移”命令（O），将矩形最左侧边向右偏移，偏移距离分别为 235mm、15mm、20mm、15mm、20mm、71mm 和 15mm，如图 14-50 所示。

STEP 05 继续执行“偏移”命令（O），将矩形最底侧水平边向上偏移，偏移距离分别为 13mm、8mm、8mm、8mm 和 18mm，如图 14-51 所示。

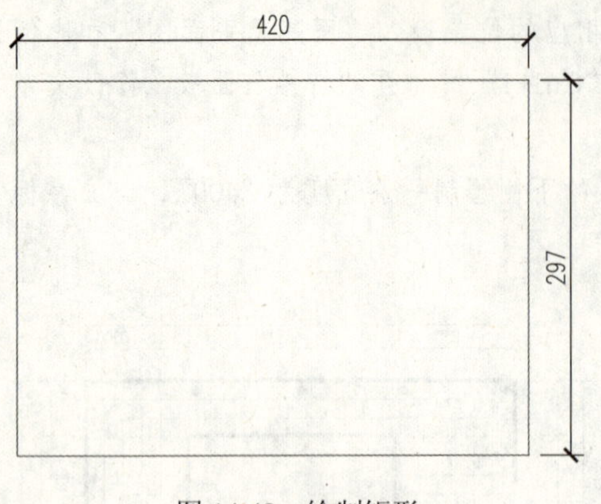

图 14-48　绘制矩形

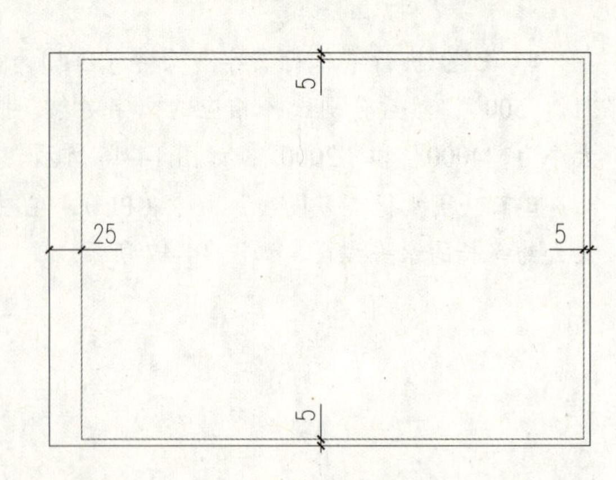

图 14-49　偏移操作

图 14-50　偏移线段

图 14-51　偏移线段

STEP 06 执行“修剪”命令（TR），修剪掉多余的线段，如图 14-52 所示。

STEP 07 执行“多段线”命令（PL），设置起点和终点宽度为 1mm，沿上一步骤修剪的辅助线绘制外围轮廓线，如图 14-53 所示。

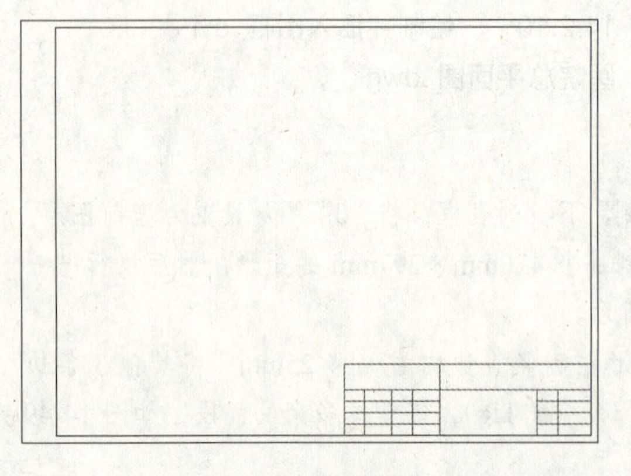

图 14-52　修剪操作

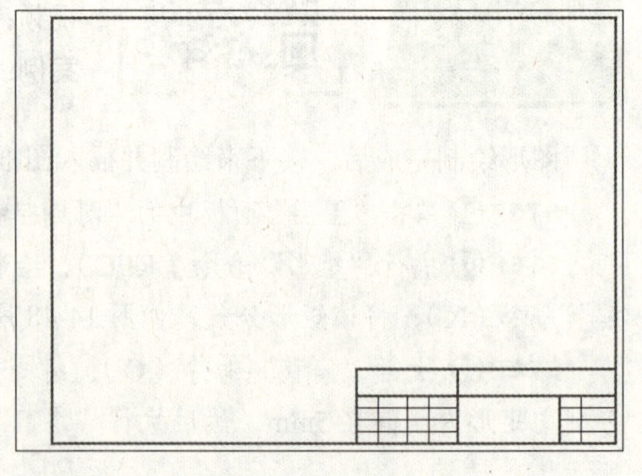

图 14-53　绘制多段线

STEP 08 执行“单行文字”命令（DT），设置文字大小为 5，在图签内输入文字，如图 14-54 所示。

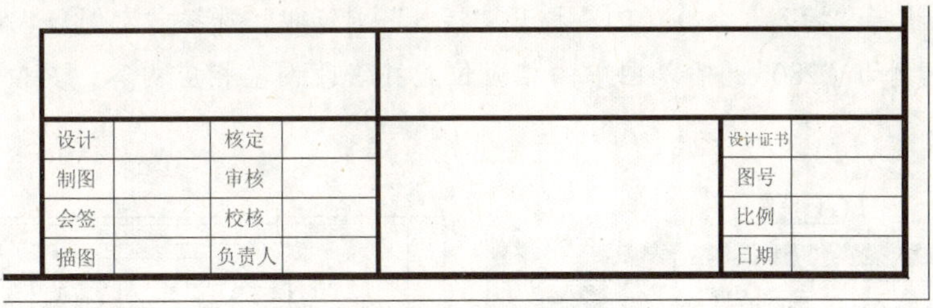

设计		核定			设计证书	
制图		审核			图号	
会签		校核			比例	
描图		负责人			日期	

图 14-54　输入文字

STEP 09 执行“属性定义”命令（ATT），打开“属性定义”对话框，按如图 14-55 所示的对话框对图签内的填写内容进行属性定义。

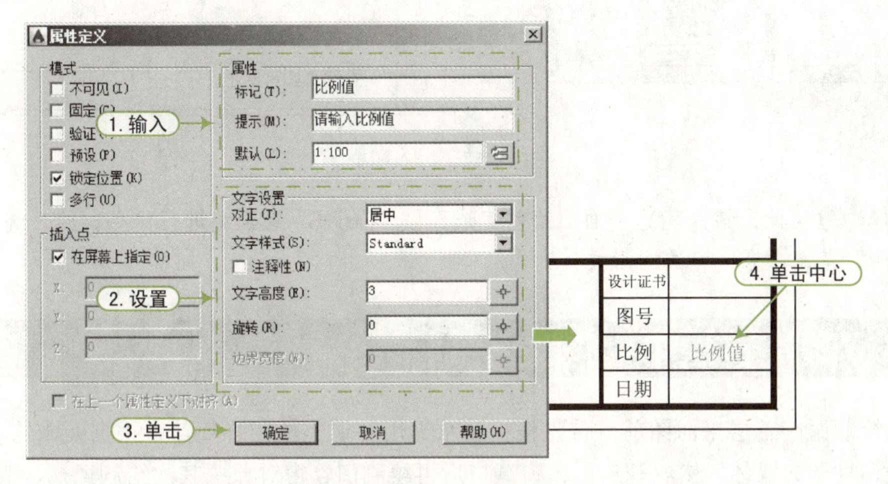

图 14-55　定义属性

STEP 10 使用相同的方法，对图签内的其他填写内容进行属性定义，结果如图 14-56 所示。

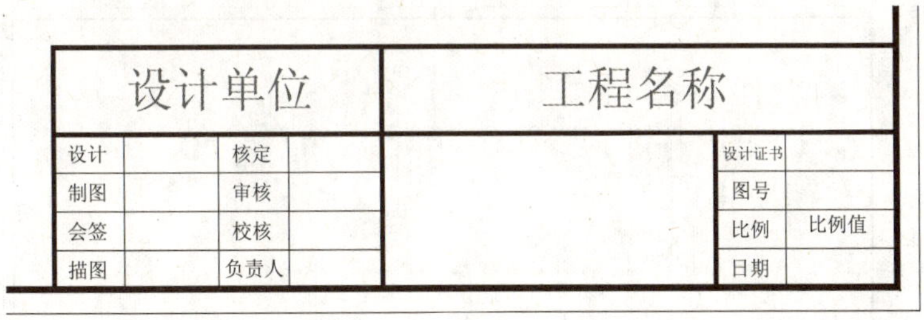

设计单位				工程名称		
设计		核定			设计证书	
制图		审核			图号	
会签		校核			比例	比例值
描图		负责人			日期	

图 14-56　插入属性

STEP 11 执行“写块”命令（W），打开“写块”对话框，将绘制的图框对象保存为“案例 \14\A3 图框 .dwg”图块。

QA 问题

学生问： 老师，写块有什么作用？

老师答： 为了使绘制的“A3 图框”能够重复地使用在其他图形中，可使用“写块”命令将图框保存为外部图块，在以后图形中需要时可“插入”该图框。

STEP 12 执行“插入”命令（I），打开“插入”对话框，选择“案例\14\A3 图框 .dwg”图块，设置比例为“280”，插入图中的相应位置并修改图签相应内容，其效果如图 14-57 所示。

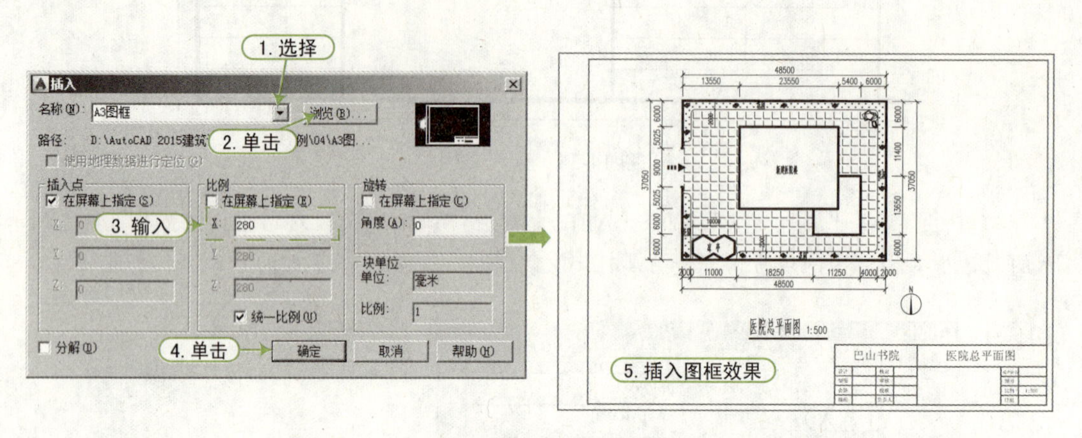

图 14-57　插入图框

STEP 13 至此，该医院总平面图绘制完成，按“Ctrl+S”组合键进行保存，然后选择“文件 | 关闭”菜单命令，将该图形文件退出。

14.3　医院首层平面图的绘制

在绘制医院首层平面图前，首先根据要求调用并调整绘图环境，再根据要求绘制建筑轴网线、柱子、墙体，然后开启门、窗洞口后再绘制门、窗对象；其次绘制楼梯、散水等，然后对平面图布置设施进行绘制；再次进行文字标注、尺寸标注、标高标注、剖切符号标注；最后绘制轴线编号和指北针、图名标注，从而完成医院建筑首层平面图的绘制，最终效果如图 14-58 所示。

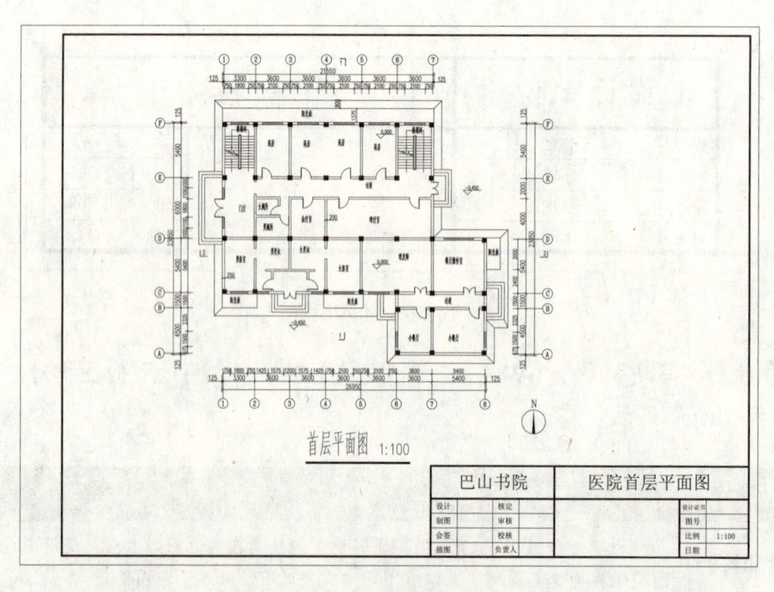

图 14-58　医院首层平面图效果

14.3.1 调用并调整绘图环境

视频：14.3.1——调用并调整绘图环境 .avi

案例：首层平面图 .dwg

前面我们创建过“建筑工程图样板”文件，调用其绘图环境，将其另存为“首层平面图”，然后对绘图环境进行适当调整，便于绘制医院平面图。

STEP 01 启动 AutoCAD 软件，系统自动创建一个空白的 .dwg 文件。

STEP 02 按“Ctrl+O”组合键，将“案例 \14\ 建筑工程图样板 .dwt”文件打开，然后按“Ctrl+Shift+S”组合键，将弹出“图形另存为”对话框，将该文件保存为“案例 \14\ 首层平面图 .dwg”文件。

STEP 03 执行“图形界限”命令（LIM），依照提示，修改图形界限的左下角为 (0,0)，右上角为 (59400,42000)。

STEP 04 执行“缩放”命令（Z），依照提示，选择“全部（A）”选项，使设置的图形界限区域全部显示在图形窗口内。

STEP 05 执行“线型”命令（LT），打开“线型管理器”对话框，单击“显示细节”按钮，修改“全局比例因子”为“100”，然后单击“确定”按钮，如图 14-59 所示。

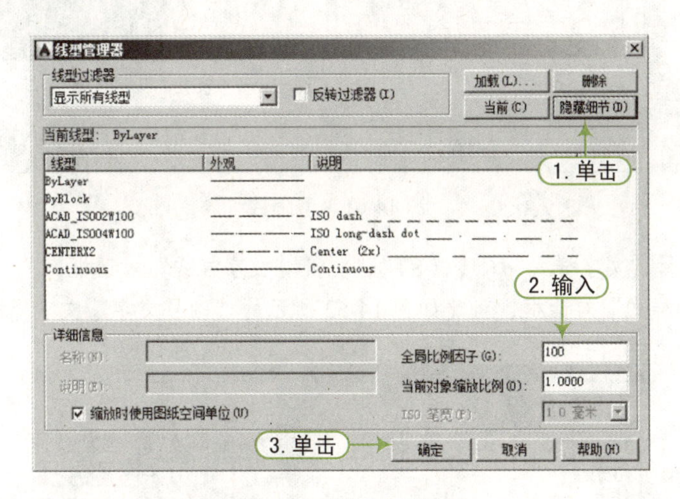

图 14-59　设置全局因子

STEP 06 同样，应设置其尺寸标注样式的全局比例因子为 100。在“注释”选项板的“标注”面板中单击 ↘ 按钮，将弹出“标注样式管理器”对话框，选择“建筑总平面图 –500”标注样式，并单击“修改”按钮，弹出“修改标注样式：建筑总平面图—500”对话框，在“调整”选项卡中修改全局比例为 100，然后单击“确定”按钮，返回“标注样式管理器”对话框，如图 14-60 所示。

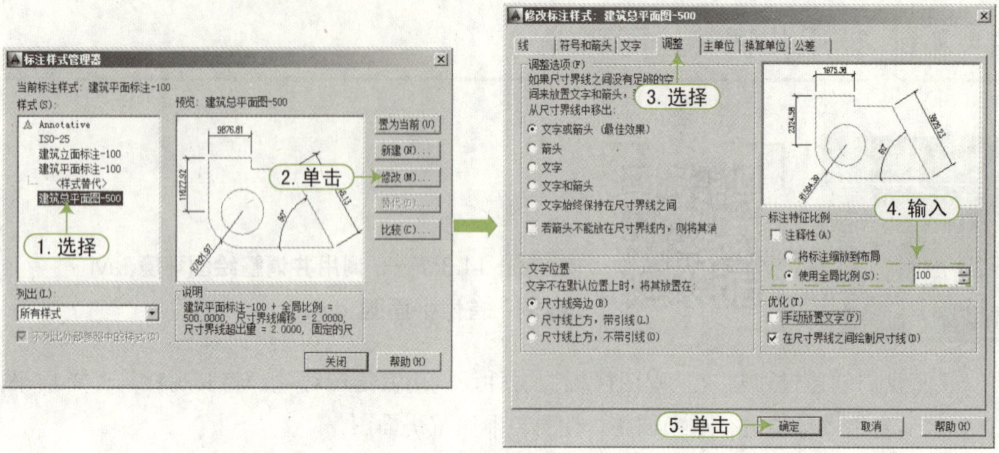

图 14-60　设置全局比例

STEP 07 在“标注样式管理器”对话框的“样式”列表框中选择“建筑总平面图 –500”样式并右击，在弹出的快捷菜单中选择“重命名”命令，将其修改为“建筑平面图 -100”，如图 14-61 所示。

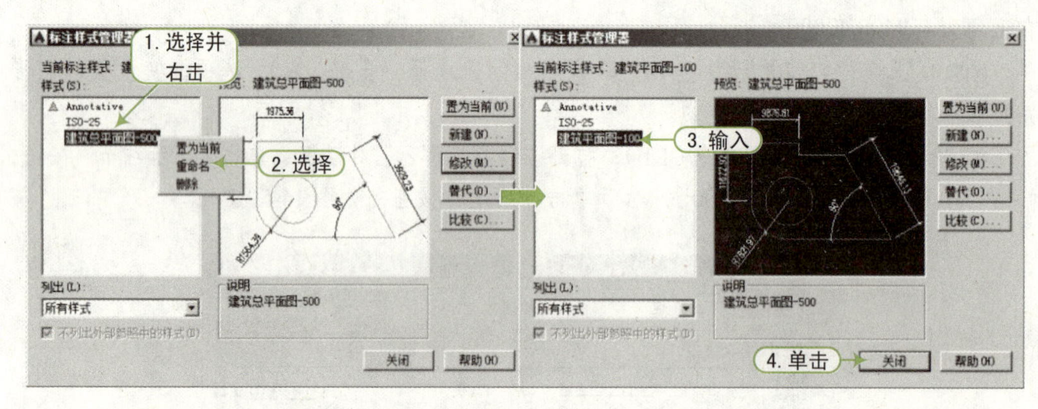

图 14-61　重命名

STEP 08 执行“文字样式”命令（ST），打开“文字样式”对话框，单击“新建”按钮，打开“新建文字样式”对话框，新建如图 14-62 所示的“轴号文字”文字样式。

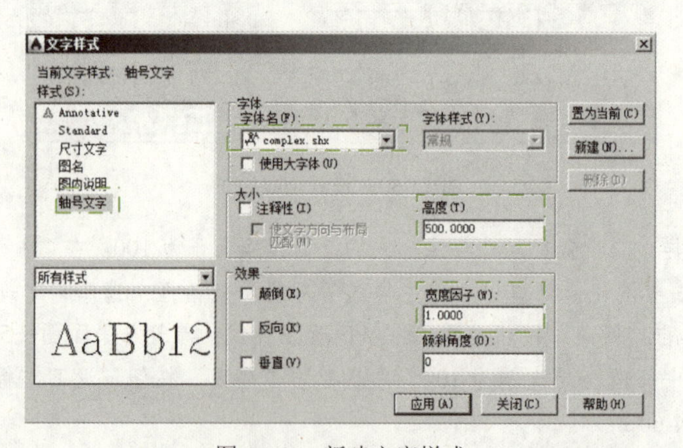

图 14-62　新建文字样式

STEP 09 执行“文字样式”命令（ST），打开“文字样式”对话框，修改“图内说明”文字样式中的字高为“350”，如图 14-63 所示。

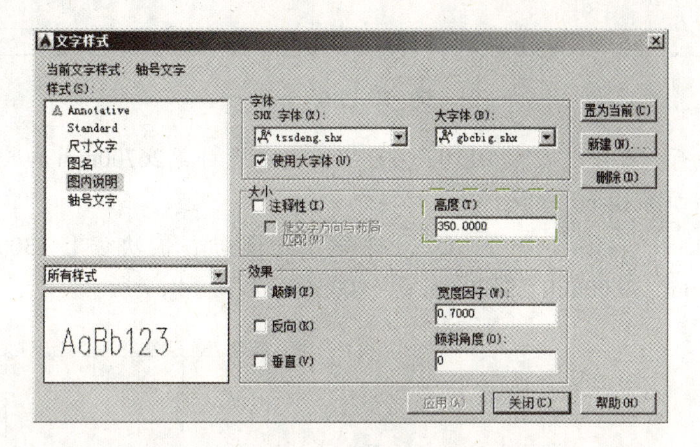

图 14-63　设置文字高度

STEP 10 执行“文字样式”命令（ST），打开“文字样式”对话框，修改“图名”文字样式中的字高为“700”，如图 14-64 所示。

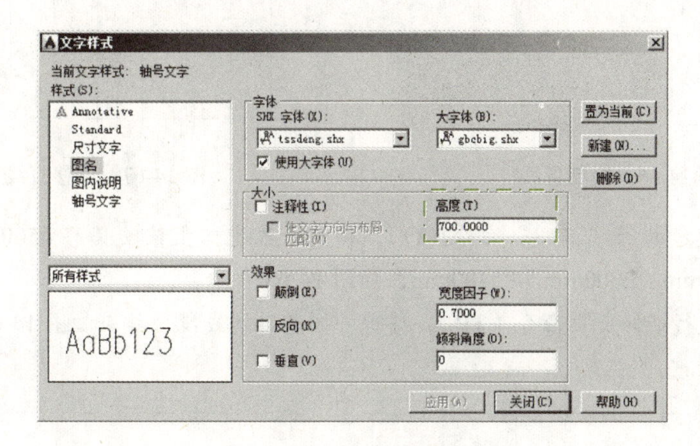

图 14-64　设置文字高度

14.3.2 绘制轴网

视频：14.3.2——绘制轴网 .avi

案例：首层平面图 .dwg

前面已经调用了绘图环境，接下来开始具体的绘图操作，建筑平面图的绘制首先从绘制轴网线开始，然后绘制柱子和墙体。

STEP 01 在命令行中输入“图层特性管理器”命令（LA），在打开的“图层特性管理器”面板中新建“轴线”图层，并将该图层设置为当前图层，如图 14-65 所示。

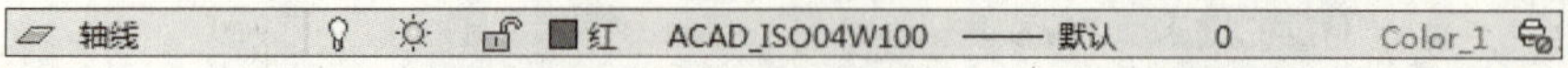

轴线 红 ACAD_ISO04W100 —— 默认 0 Color_1

图 14-65

STEP 02 执行“直线”命令（L），在绘图区域中绘制高 26700mm 和长 29960mm 且互相垂直的线段，如图 14-66 所示。

STEP 03 执行“偏移”命令（O），将垂直线段向右依次偏移 3300mm、3600mm、3600mm、3600mm、3600mm、3600mm 和 5400mm，如图 14-67 所示。

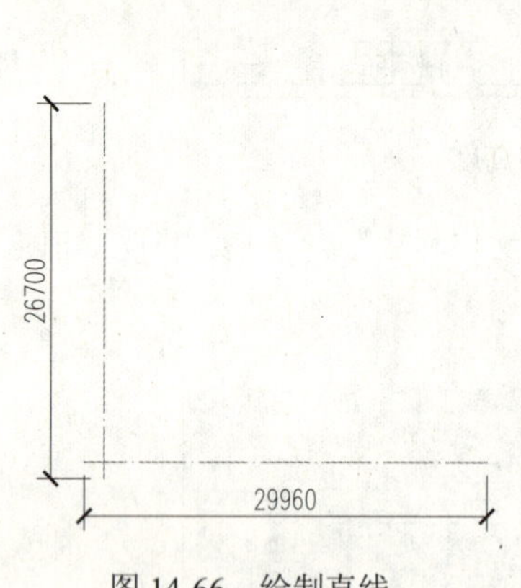

图 14-66 绘制直线

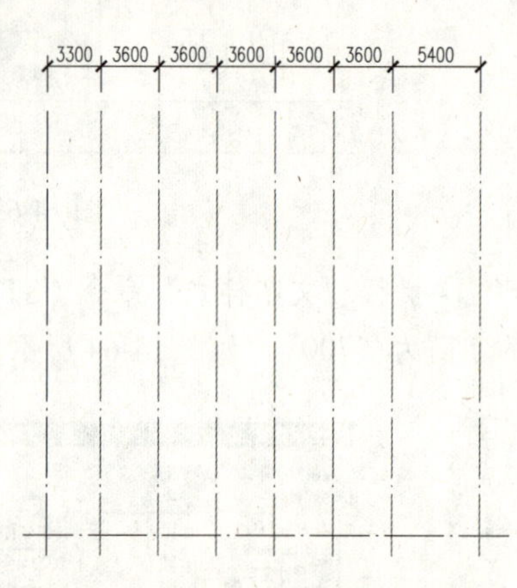

图 14-67 偏移直线

STEP 04 继续执行“偏移”命令（O），将水平线段向上依次偏移 4500mm、1500mm、5400mm、4000mm、2000mm 和 5400mm，如图 14-68 所示。

STEP 05 执行“修剪”命令（TR），修剪并调整轴网线段，结果如图 14-69 所示。

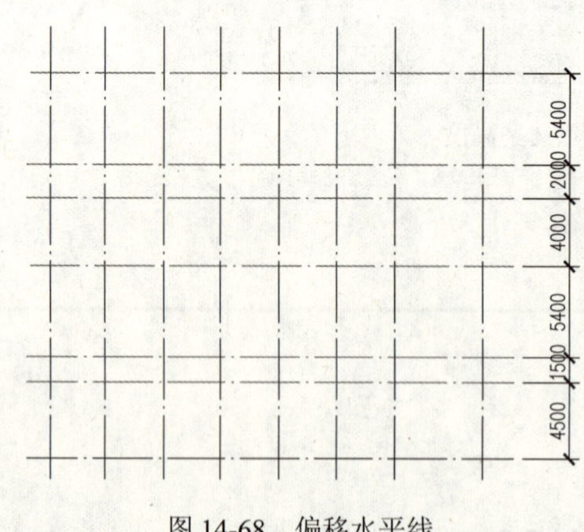

图 14-68 偏移水平线

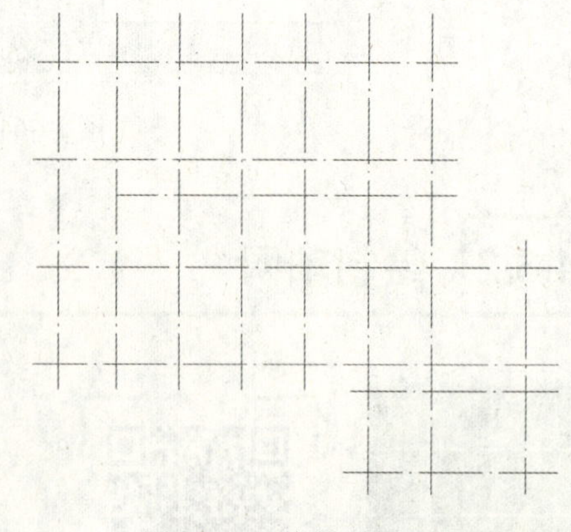

图 14-69 修剪后效果

QA 问题

学生问： 老师，应该如何修剪轴线？

老师答： 在修剪轴网时，应根据平面图的结构，将不需要的轴线进行修剪，从而形成别墅平面图实际的轴网线结构。

14.3.3　绘制柱子

视频：14.3.3——绘制柱子 .avi

案例：首层平面图 .dwg

接下来使用“矩形”“填充”命令，绘制柱子对象；再使用“夹点编辑”方式“复制”选项，分别复制到各个交点上。

STEP 01 在命令行中输入“图层特性管理器”命令（LA），在打开的“图层特性管理器”面板中新建“柱子”图层，并将该图层设置为当前图层，如图 14-70 所示。

柱子				白	Continuous	—— 默认	0

图 14-70　新建图层

STEP 02 执行“矩形”命令（REC），绘制 450mm 的正方形，如图 14-71 所示。

STEP 03 执行“图案填充”命令（H），对正方形填充“SOLID”图案，绘制的柱子如图 14-72 所示。

STEP 04 使用“检点编辑”方式，将绘制的柱子选中（包括矩形和填充图案），移动鼠标至中心位置，待图案的中点呈红色时单击该夹点，根据命令行提示，执行“复制”命令（C），捕捉轴线交点，然后分别复制柱子对象，效果如图 14-73 所示。

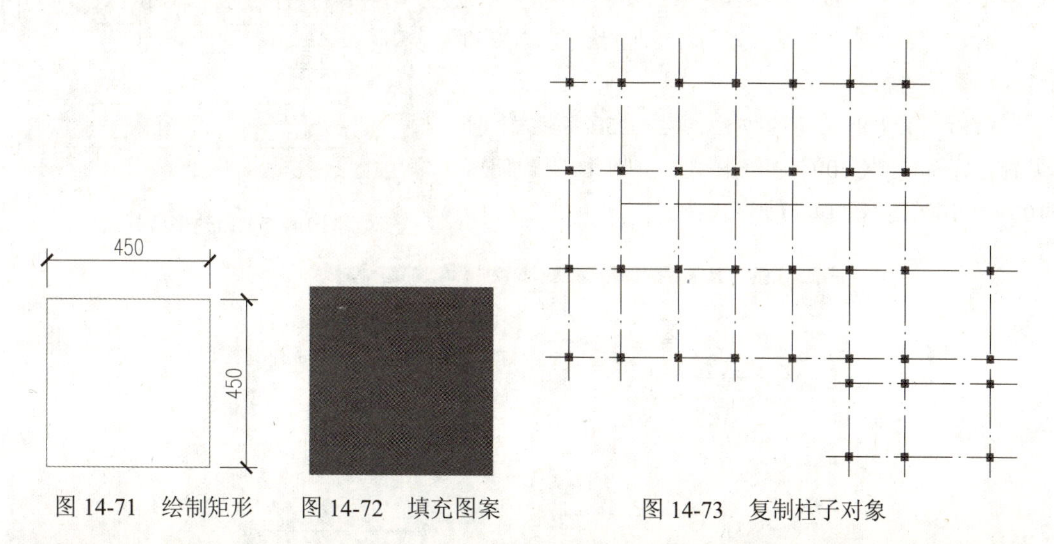

图 14-71　绘制矩形　　图 14-72　填充图案　　图 14-73　复制柱子对象

QA 问题

学生问： 老师，什么是夹点？

老师答： 夹点是一些实体的小方框，当图形被选中时，图形的关键点（如中点、圆心、端点等）上将出现夹点，被选中的夹点称为热夹点，将十字光标置于夹点上单击可以选中相应的夹点，如果需要选中多个夹点，则可按住“Shift”键不放，同时连续单击需要选择的夹点。

14.3.4 绘制墙体

视频：14.3.4——绘制墙体 .avi

案例：首层平面图 .dwg

首先设置多线样式，使用“多线”命令（ML）绘制墙体，再编辑多段线对象。

STEP 01 在命令行中输入“图层特性管理器”命令（LA），在打开的“图层特性管理器”面板中新建“墙体”图层，并将该图层设置为当前图层，如图 14-74 所示。

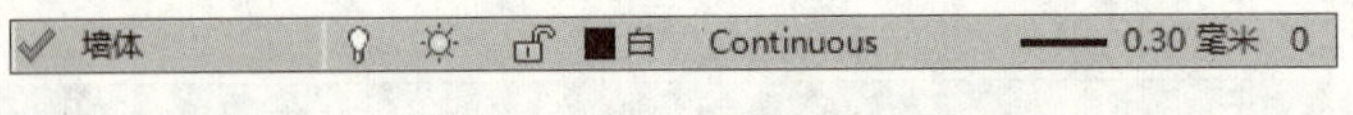

图 14-74 新建图层

STEP 02 执行“多线样式”命令（MLSTYLE），打开“多线样式”对话框，单击“新建”按钮，在打开的对话框中新建名为“Q250”的多线样式，然后单击“继续”按钮，如图 14-75 所示。

STEP 03 打开“新建多线样式: Q250”对话框，设置“图元”的偏移量分别为“125”和“-125”，然后单击“确定”按钮，如图 14-76 所示。

STEP 04 返回“多线样式”对话框时，将“Q250”样式设置为当前。

STEP 05 使用相同的方法，在 Q250 多线样式的基础上，新建“Q200”多线样式，其图元的偏移量为 100 和 -100，如图 14-77 所示。

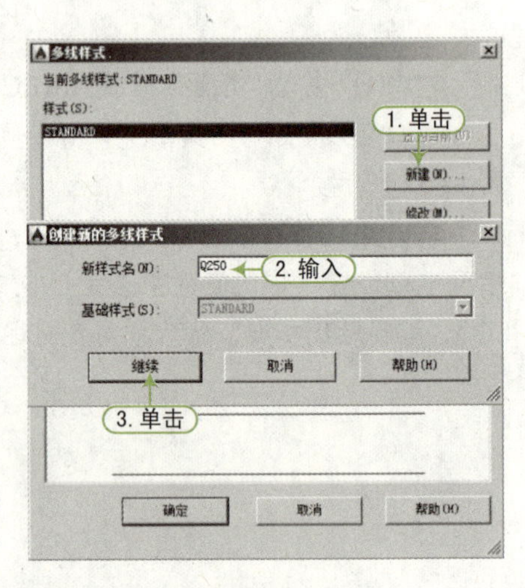

图 14-75 新建多线样式

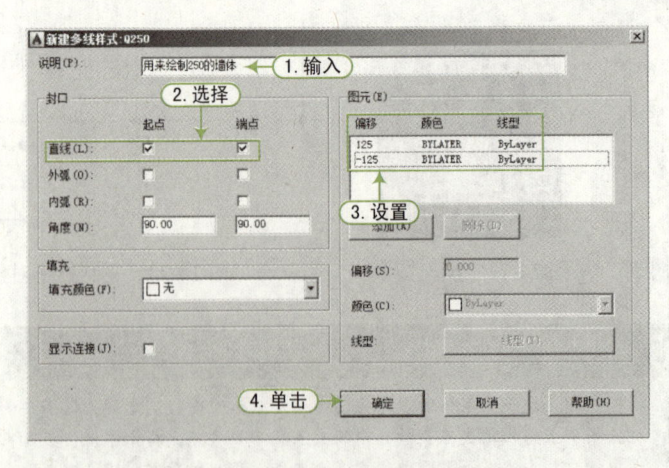

图 14-76 设置多线样式

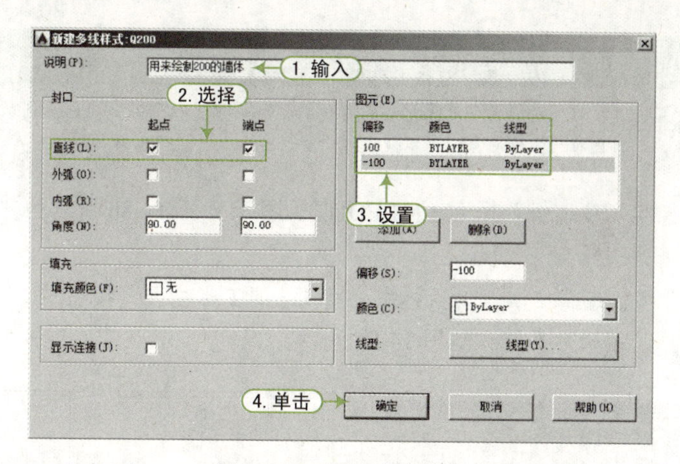

图 14-77　新建多线样式

STEP 06 开启“正交”模式，执行“多线”命令（ML），根据如下命令行提示设置多线的参数，分别捕捉轴线的交点绘制 250mm 的墙体，如图 14-78 所示。

```
命令：_MLINE                                          \\ 执行“多线”命令
当前设置：对正 = 上，比例 = 20.00，样式 = Q250
指定起点或 [ 对正 (J)/ 比例 (S)/ 样式 (ST)]: S          \\ 输入 S，按 Enter 键
输入多线比例 <20.00>: 1                               \\ 输入 1，按 Enter 键
当前设置：对正 = 上，比例 = 1.00，样式 = Q250
指定起点或 [ 对正 (J)/ 比例 (S)/ 样式 (ST)]: J          \\ 输入 J，按 Enter 键
输入对正类型 [ 上 (T)/ 无 (Z)/ 下 (B)] < 上 >: Z        \\ 输入 Z，按 Enter 键
当前设置：对正 = 无，比例 = 1.00，样式 = Q250
指定起点或 [ 对正 (J)/ 比例 (S)/ 样式 (ST)]:            \\ 捕捉轴线交点开始绘制墙体
```

QA 问题

学生问： 老师，多线的比例如何设置？

老师答： 默认状态下，多线的比例为“20”，在这里需要更改设置为“1”，这样绘制出的多线才能符合要求。

STEP 07 使用相同的方法，执行“多线”命令（ML），根据命令行提示，设置多线样式为“Q200”，对正方式为“无”，比例为 1，分别捕捉轴线的交点绘制 200mm 的墙体，如图 14-79 所示。

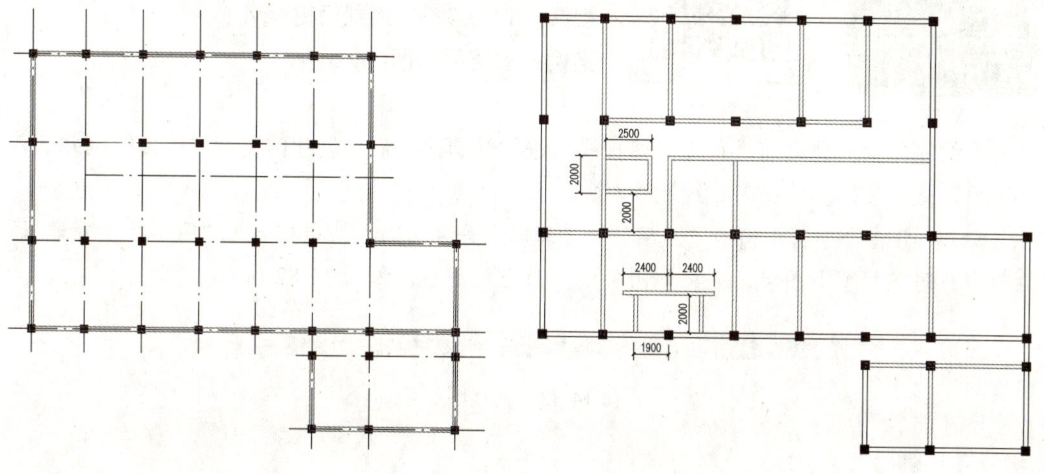

图 14-78　绘制多线　　　　图 14-79　绘制多线

QA问题

学生问： 老师，这里为何要关闭隐藏“轴线”图层？

老师答： 这一步是为了观察墙体对象编辑前的效果，所以将“轴线”图层关闭；若遇到编辑困难的多线对象，可以使用“分解”命令，再进行多线的编辑。

STEP 08 执行“多线编辑”命令（MLEDIT），打开如图 14-80 所示的“多线编辑工具”对话框，对多线进行编辑。

STEP 09 在“多线编辑工具”对话框中分别单击“T 形打开”按钮，分别对其指定的交点进行编辑操作，编辑后的墙体如图 14-81 所示。

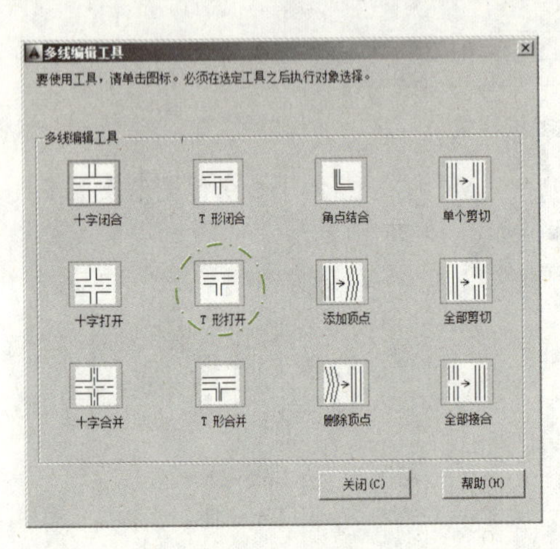

图 14-80　多线编辑

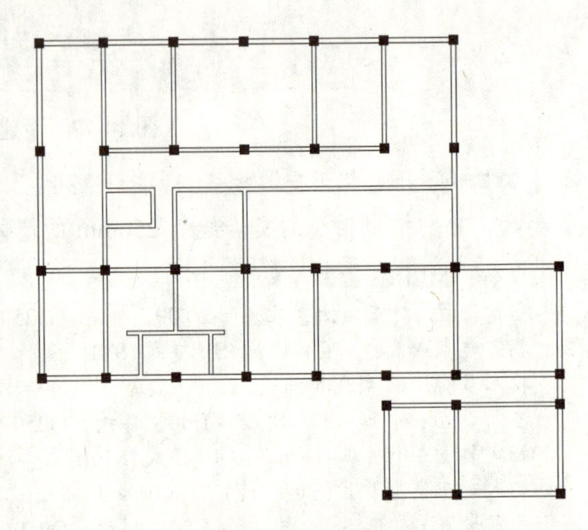

图 14-81　多线编辑操作

14.3.5 绘制门窗

视频：14.3.5——绘制门窗 .avi

案例：首层平面图 .dwg

在绘制门窗对象之前，首先偏移轴线，进行修剪操作后，创建门窗洞口；再绘制并插入门对象，最后使用多线的方式绘制窗对象。

STEP 01 在命令行中输入“图层特性管理器”命令（LA），在打开的“图层特性管理器”面板中新建“门窗”图层，并将该图层设置为当前图层，如图 14-82 所示。

门窗				200	Continuous	—— 默认	0

图 14-82　新建图层

STEP 02 执行“偏移”命令（O），将相应垂直轴线向右各偏移 700mm 和 1000mm，如图 14-83 所示。

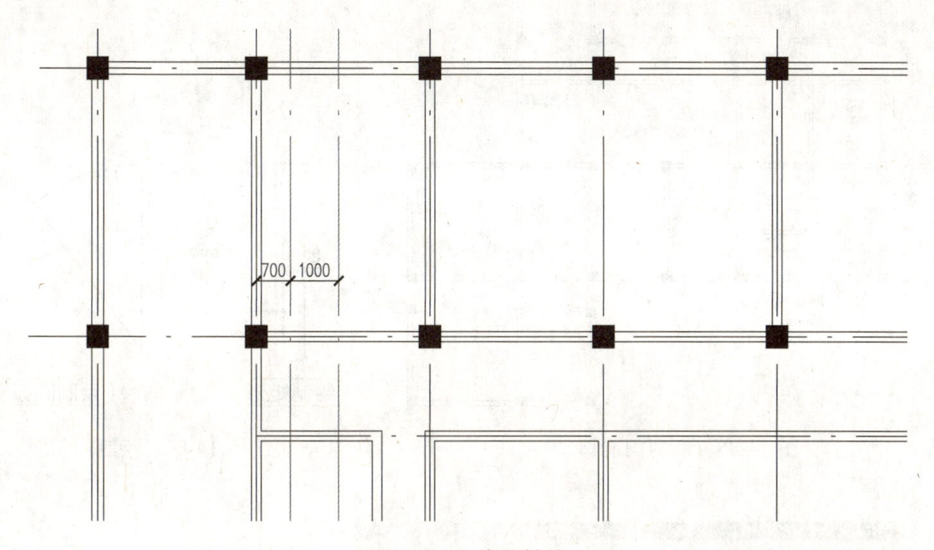

图 14-83　偏移轴线

STEP 03 执行“修剪”（TR）和“删除”（E）命令，修剪轴线之间的墙体对象；再删除偏移的轴线段，创建的门洞口如图 14-84 所示。

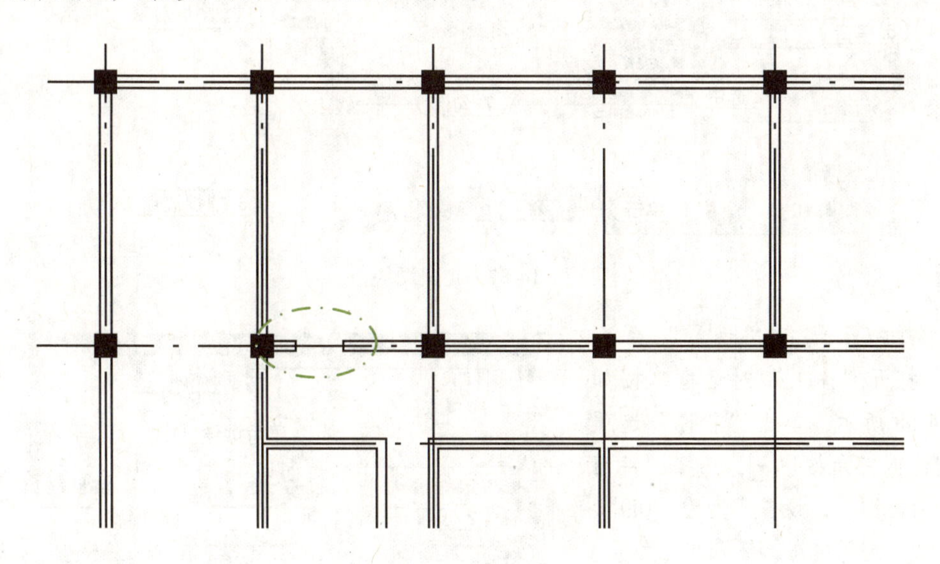

图 14-84　修剪门洞口

STEP 04 继续执行“偏移”（O）、“修剪”（TR）和“删除”（E）等命令，偏移、修剪、删除线段，创建其他的门洞口，如图 14-85 所示。

STEP 05 执行“矩形”（REC）和“圆弧”（A）命令，绘制平面门对象，如图 14-86 所示。

STEP 06 执行“保存块”命令（B），将弹出“块定义”对话框，按照如图 14-87 所示来创建“平面门”内部图块对象。

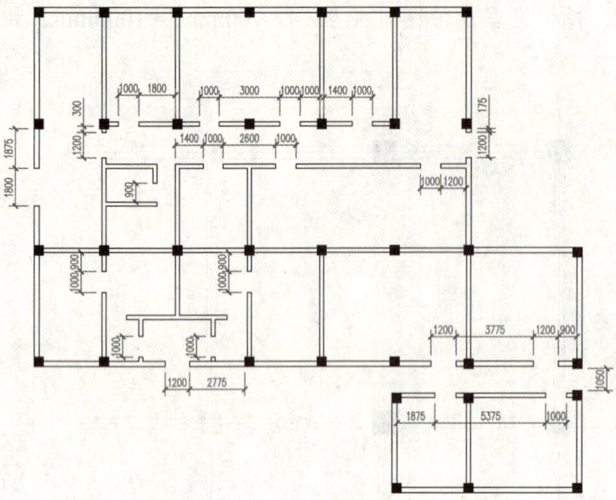

图 14-85　修剪门洞口

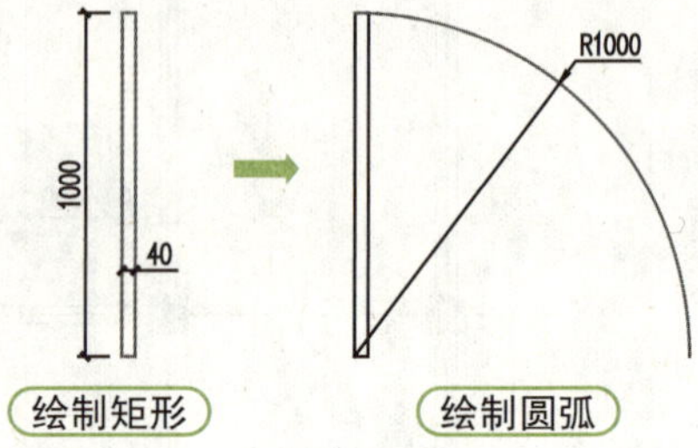

图 14-86　绘制门

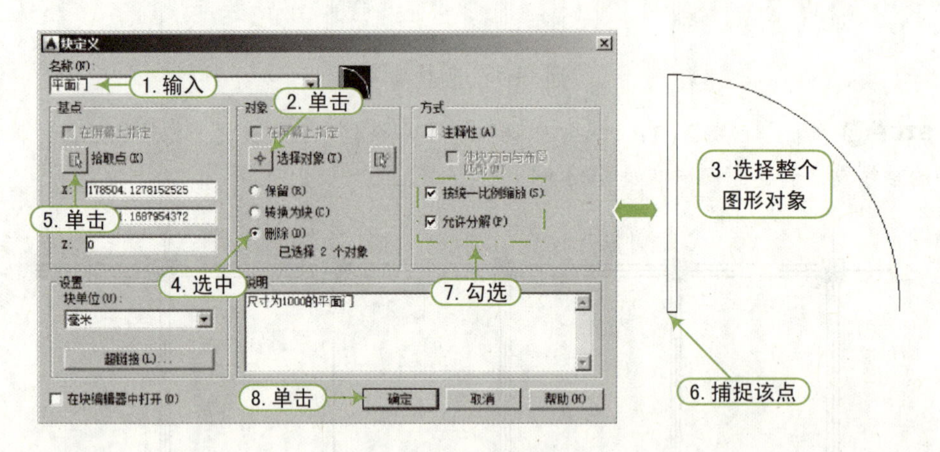

图 14-87　定义图块

STEP 07 执行“插入”命令（I），打开“插入”对话框，按如图 14-88 所示，单击“名称”选项右侧的倒三角按钮▾，选择“平面门”内部图块，设置比例为“0.9”，单击“确定”按钮，插入相应位置。

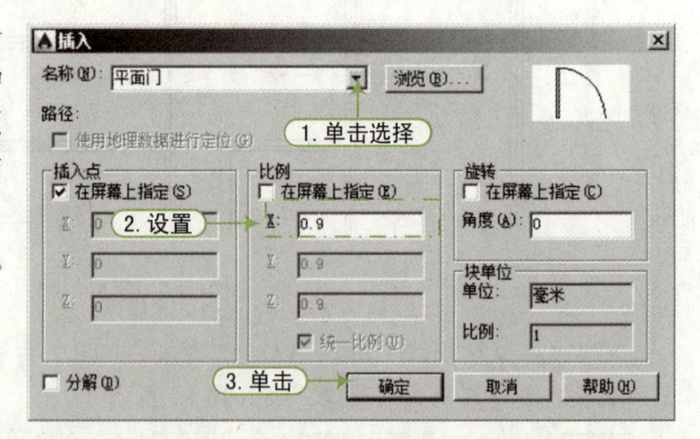

图 14-88　插入图块

QA 问题

学生问： 老师，如何设置插入图块比例？

老师答： 在插入块时，如果实际门宽度为“900”，而之前的“门”图块为“1000”，则应该设置图块的缩放比例为 900÷1000=0.9。

STEP 08 执行“镜像”（MI）和“移动”（M）命令，将上一步插入的图块进行相应的编辑操作，其编辑结果如图 14-89 所示。

STEP 09 使用相同的方法，绘制出图中所有的单开门对象，结果如图 14-90 所示。

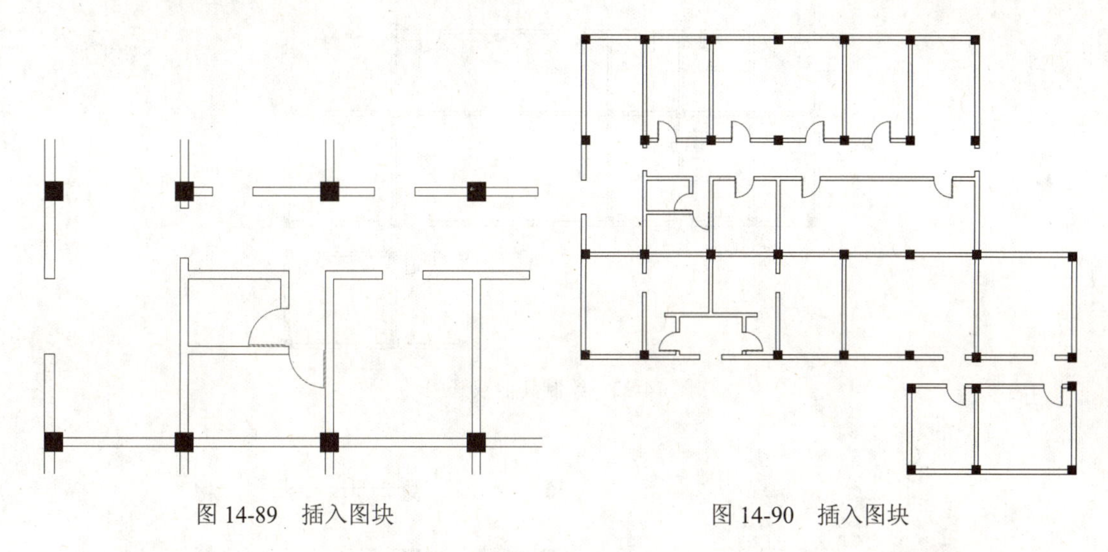

图 14-89　插入图块　　　　图 14-90　插入图块

STEP 10 执行“插入”（I）、“镜像”（MI）和“旋转”（RO）命令，绘制图中双开门对象，如图 14-91 所示。

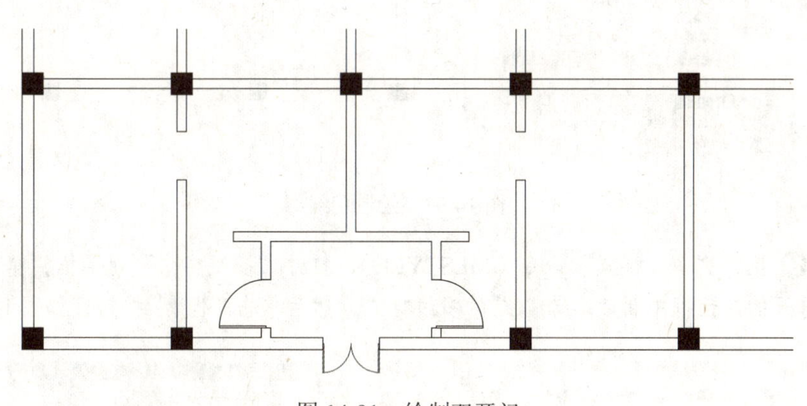

图 14-91　绘制双开门

QA问题	
学生问：	老师，如何绘制双开门对象？
老师答：	在安装宽 1200mm 的双开门对象时，可先插入比例为 0.6 的图块，再进行镜像，从而形成 1200mm 双开门的效果。

STEP 11 使用相同的方法，绘制出图中所有的双开门对象，结果如图 14-92 所示。

STEP 12 执行“直线”命令（L），在图中的相应门洞处绘制门线；然后使用“特性”命令（MO），设置门线的“线型”为“DASH”，线型比例为“10”，绘制的门线如图 14-93 所示。

STEP 13 按照前面修剪门洞的方法，执行“偏移”（O）、“修剪”（TR）和“删除”（E）命令，修剪出平面图中所有的窗口对象，结果如图 14-94 所示。

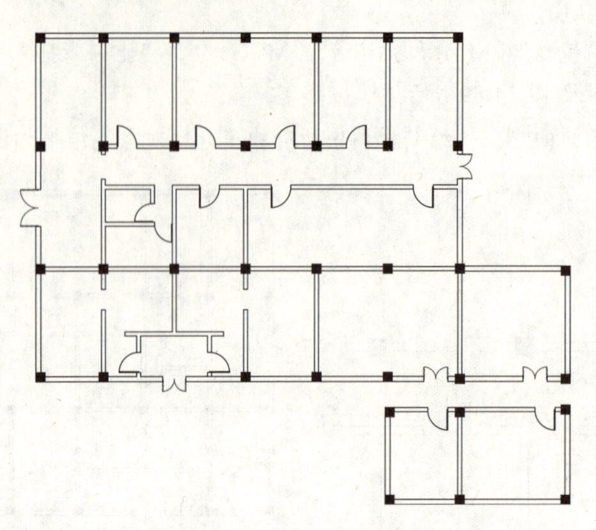

图 14-92　绘制其他双开门

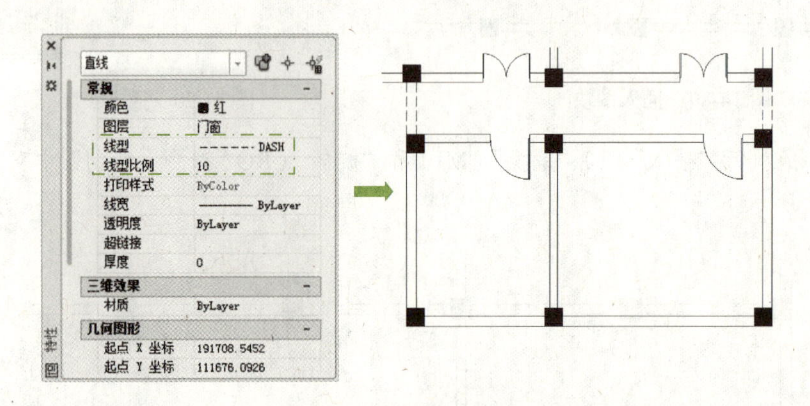

图 14-93　绘制门线

STEP 14 执行“多线样式”命令（MLSTYLE），打开“多线样式”对话框，单击“新建”按钮，在打开的对话框中新建名为“C”的多线样式，然后单击“继续”按钮，如图 14-95 所示。

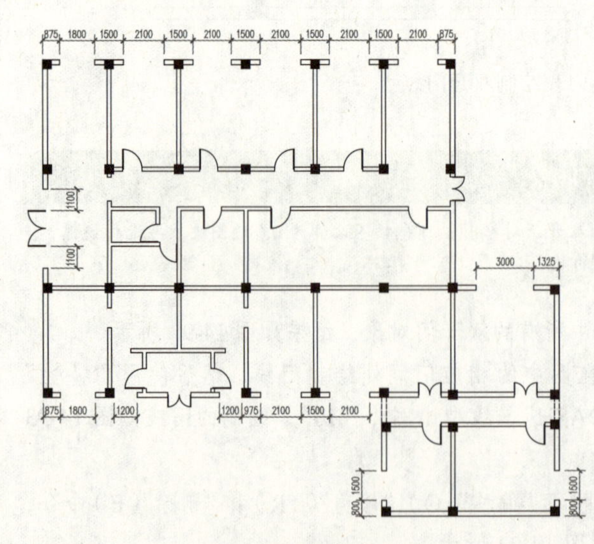

图 14-94　修剪窗洞口

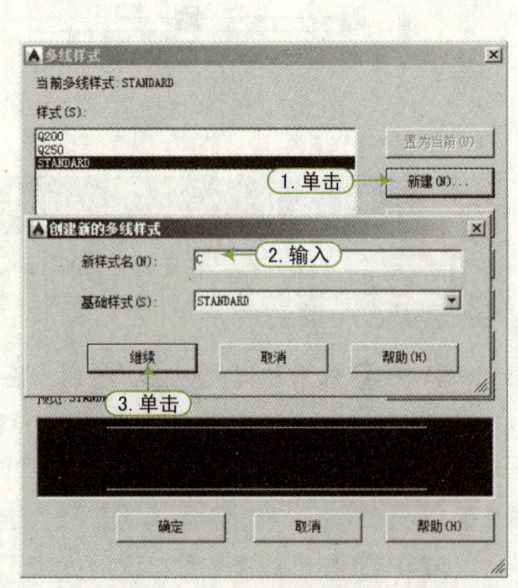

图 14-95　新建多线样式

STEP 15 打开“新建多线样式：C”对话框，设置“图元”的偏移量分别为“125”、“-125”、“45”和“-45”，然后单击“确定”按钮，如图 14-96 所示。

STEP 16 返回“多线样式”对话框时，将“C”样式设置为当前。

STEP 17 开启“正交”模式，执行“多线”命令（ML），分别捕捉相应的轴线交点，从而绘制出平面窗对象，如图 14-97 所示。

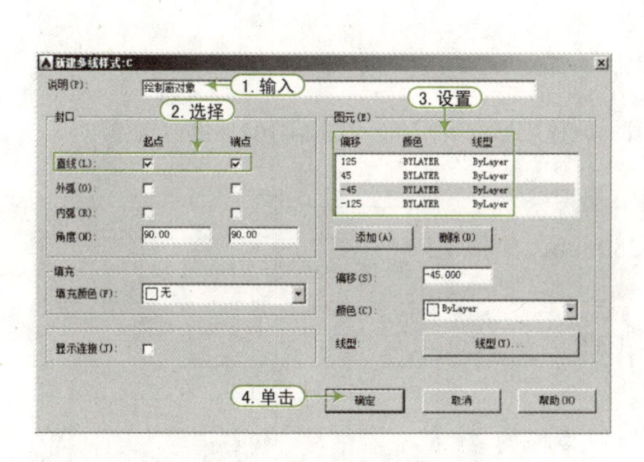

图 14-96　设置多线样式参数

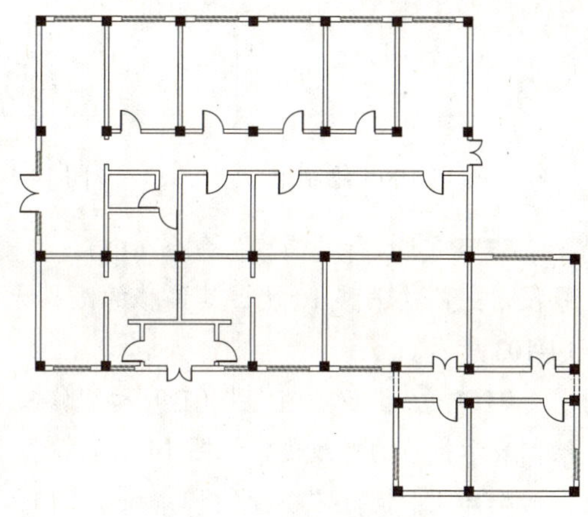

图 14-97　绘制平面窗

14.3.6　绘制楼梯

视频：14.3.6——绘制楼梯 .avi
案例：首层平面图 .dwg

接下来绘制并布置楼梯对象。

STEP 01 在命令行中输入“图层特性管理器”命令（LA），在打开的“图层特性管理器”面板中新建“楼梯”图层，并将该图层设置为当前图层，如图 14-98 所示。

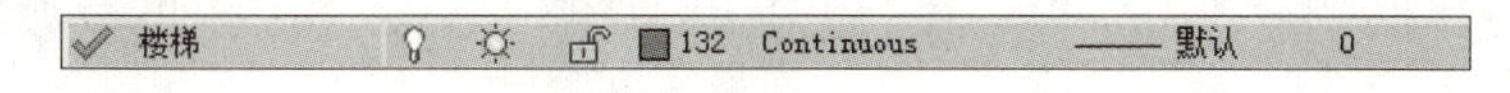

图 14-98　新建图层

STEP 02 执行“矩形”命令（REC），绘制一个 3075mm×3080mm 的矩形对象，然后执行“分解”命令（X），将矩形分解，如图 14-99 所示。

STEP 03 继续执行“矩形”命令（REC），在上一步位置处绘制一个 160mm×3280mm 的矩形对象，如图 14-100 所示。

STEP 04 执行“偏移”命令（O），将上一步绘制的矩形向外偏移 50mm，如图 14-101 所示。

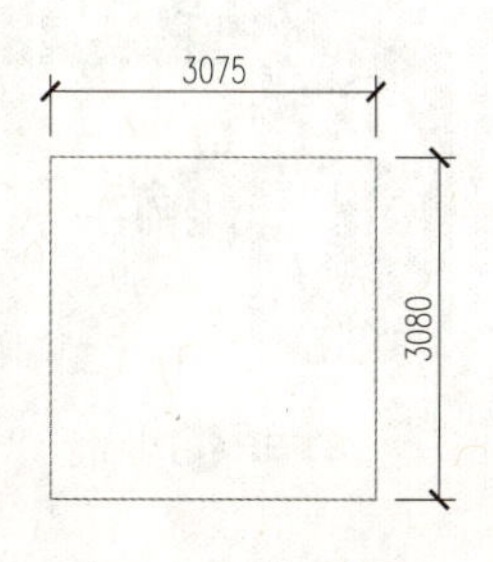

图 14-99　绘制矩形

STEP 05 执行“修剪”命令（TR），修剪掉多余的线段，效果如图 14-102 所示。

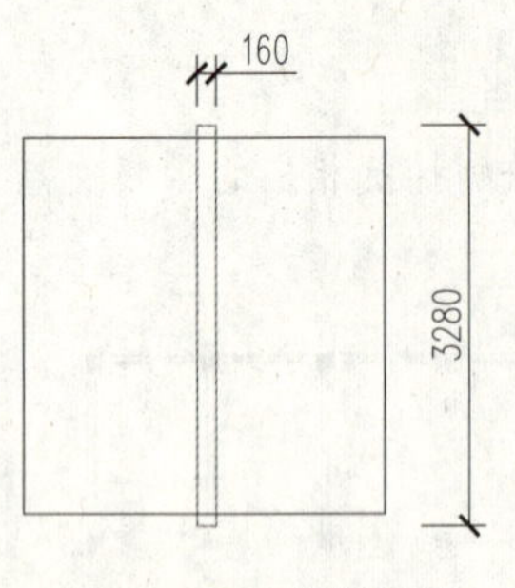

图 14-100　绘制矩形

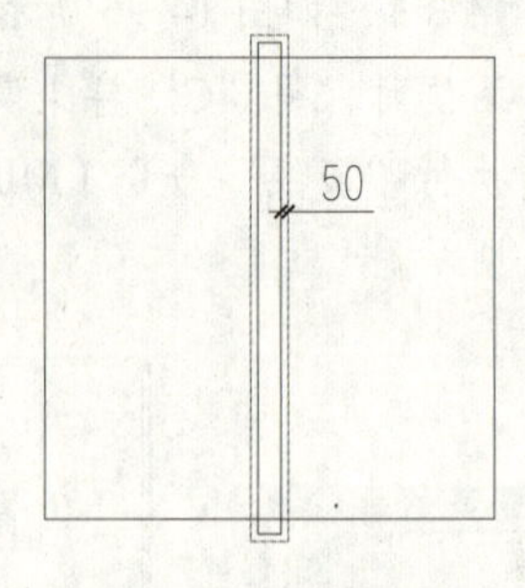

图 14-101　偏移矩形

图 14-102　修剪操作

STEP 06 执行“偏移”命令（O），将最下侧两条水平线段向上依次偏移 10 次，其偏移的距离为 280mm，如图 14-103 所示。

STEP 07 执行“直线”（L）和“修剪”（TR）命令，绘制表示折断的斜线段，如图 14-104 所示。

STEP 08 执行“多段线”命令（PL），绘制楼梯的方向箭头，其箭头的起点宽度为 80mm，末端宽度为 0，从而完成宽度为“3075mm”楼梯对象的绘制，如图 14-105 所示。

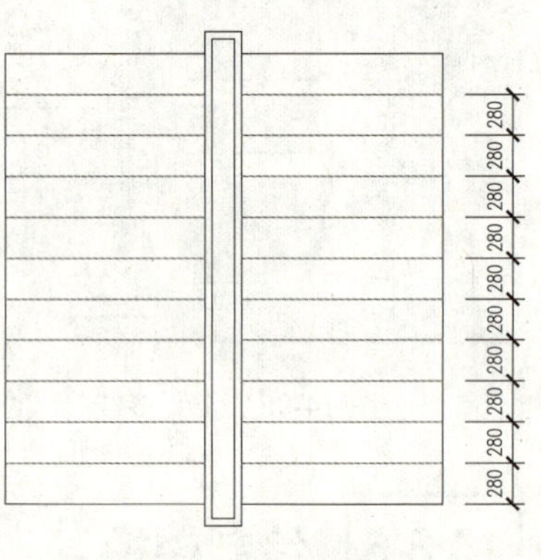

图 14-103　偏移

STEP 09 使用前面相同的方法，绘制出宽度为“3375mm”的楼梯对象，如图 14-106 所示。

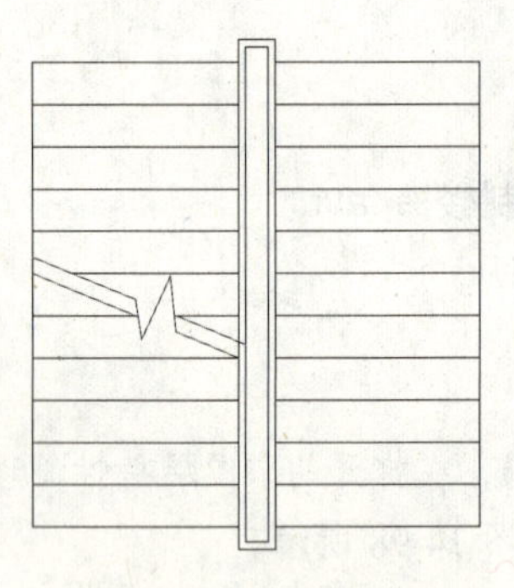

图 14-104　绘制斜线段

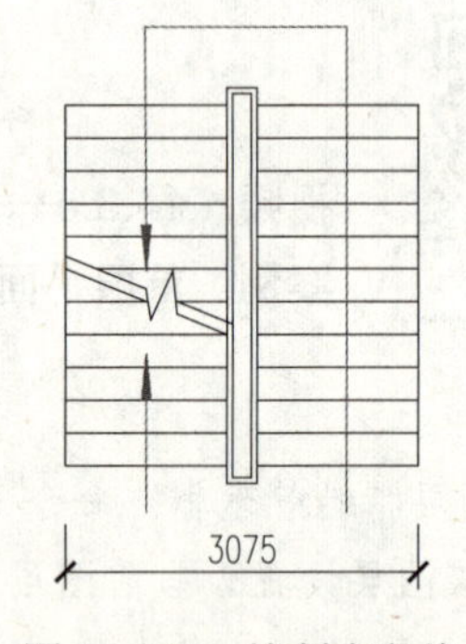

图 14-105　绘制多段线

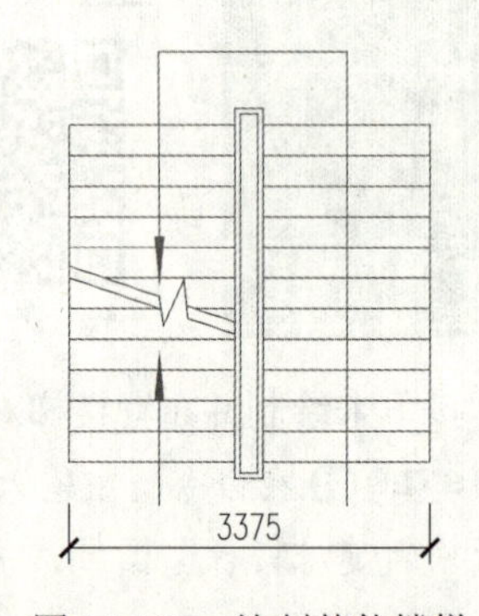

图 14-106　绘制其他楼梯

QA 问题

学生问： 老师，如何绘制箭头符号？

老师答： 绘制箭头对象时，按“F8”键开启“正交”模式；确定好多段线的起点位置，即第一点位置（默认线宽为“0”），绘制水平线段，再输入“线宽（W）”，设置起点宽度为“100”，端点宽度为“0”，再绘制长 400 的三角形箭头，从而完成楼梯方向箭头的绘制。

STEP 10 执行“编组”命令（G），将前面绘制的两个楼梯对象进行编组操作。

STEP 11 执行“移动”命令（M），将前面绘制的楼梯对象移动到图形中的相应位置，如图 14-107 所示。

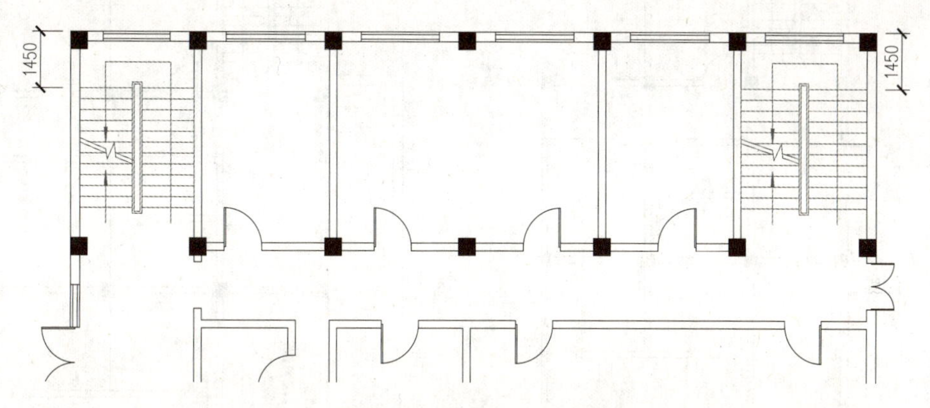

图 14-107　将楼梯移动到指定位置

14.3.7 绘制台阶

视频：14.3.7——绘制台阶 .avi
案例：首层平面图 .dwg

根据图形尺寸的要求，使用“多段线”命令在双开门外侧绘制台阶，其台阶的宽度为 300mm，再绘制相应的阳光板及散水对象。

STEP 01 在命令行中输入“图层特性管理器”命令（LA），在打开的“图层特性管理器”面板中新建“台阶”图层，并将该图层设置为当前图层，如图 14-108 所示。

台阶				黄	Continuous	—— 默认	0

图 14-108　新建图层

STEP 02 执行“多段线”命令（PL），在图形左侧的相应大门处绘制如图 14-109 所示的多段线。

STEP 03 执行“偏移”命令（O），将上一步绘制的多段线向外侧依次偏移 300mm 和 300mm，如图 14-110 所示。

STEP 04 按照同样的方法，在图形的右侧绘制台阶，面宽为 1200mm，如图 14-111 所示。

STEP 05 按照同样的方法，在图形的下侧分别绘制台阶，其面宽均为 1200mm，如图 14-112 所示。

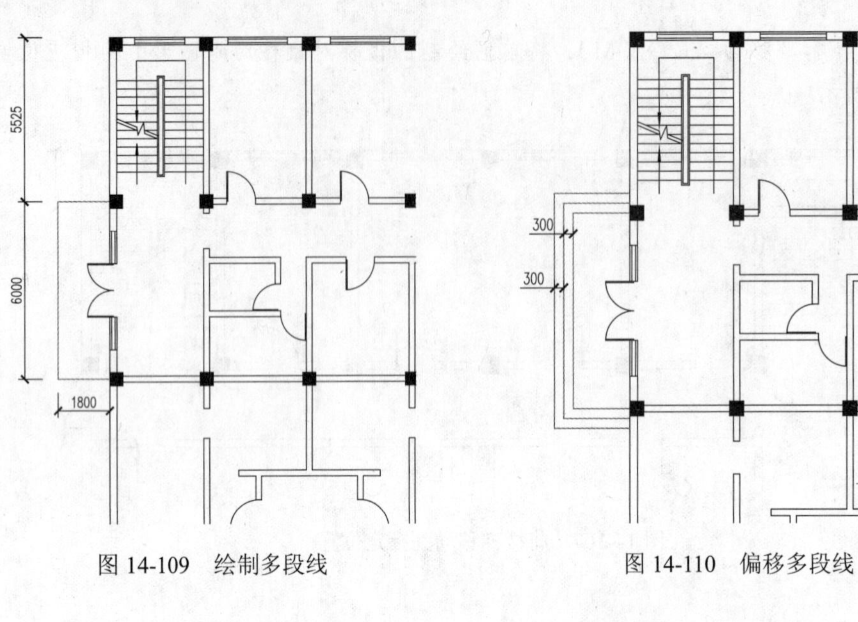

图 14-109　绘制多段线　　　　图 14-110　偏移多段线

图 14-111　绘制台阶

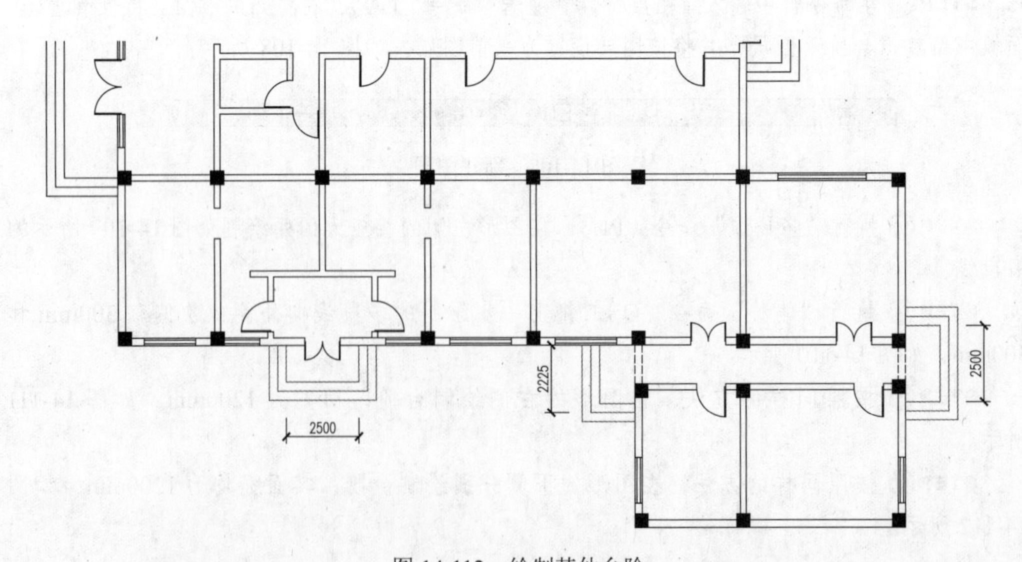

图 14-112　绘制其他台阶

14.3.8 绘制阳光板

视频：14.3.8——绘制阳光板 .avi

案例：首层平面图 .dwg

STEP 01 在命令行中输入“图层特性管理器”命令（LA），在打开的“图层特性管理器”面板中新建“设施”图层，并将该图层设置为当前图层，如图 14-113 所示。

图 14-113　新建图层

STEP 02 执行“多段线”命令（PL），在图形上侧绘制阳光板对象，如图 14-114 所示。

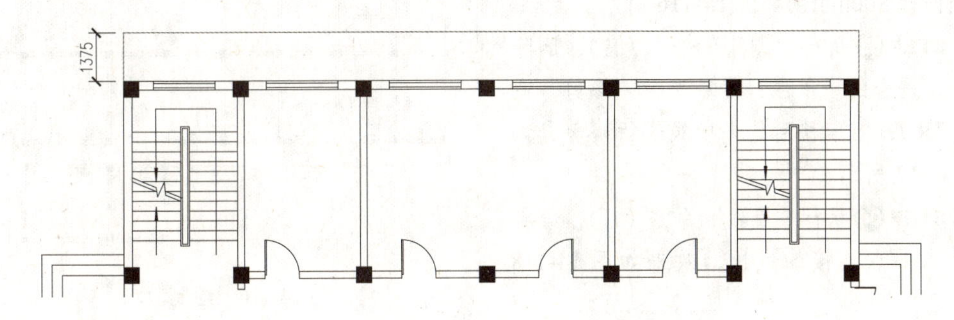

图 14-114　绘制多段线

STEP 03 执行“多段线”命令（PL），在图形的其他位置绘制阳光板对象，如图 14-115 所示。

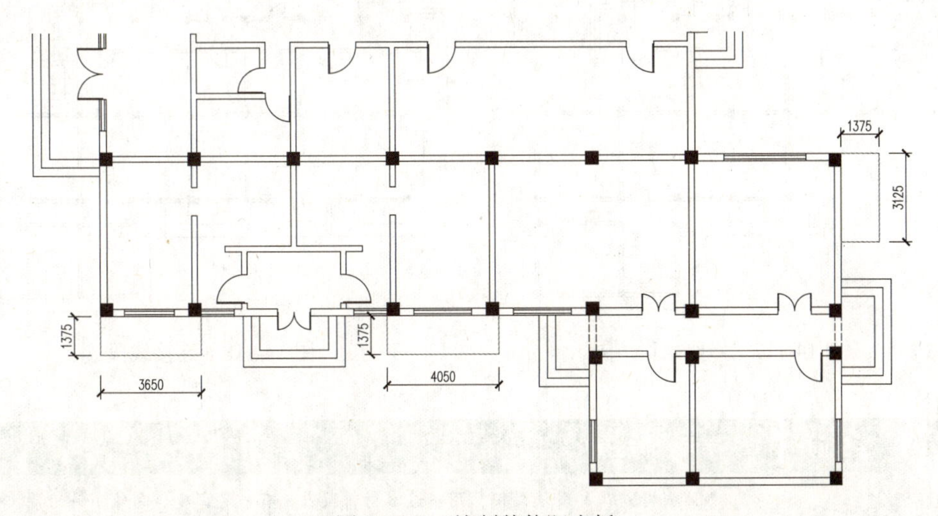

图 14-115　绘制其他阳光板

14.3.9 绘制散水

视频：14.3.9——绘制散水 .avi

案例：首层平面图 .dwg

使用“多段线”、“偏移”、“直线”和“删除”命令绘制医院首层平面图中的散水对象。

STEP 01 单击“图层”面板中的“图层控制”下拉列表框，将“其他”图层设置为当前图层。

STEP 02 执行“多段线”命令（PL），沿着外墙线绘制一封闭的多段线；再使用“偏移”命令（O），将绘制的多段线对象向外侧偏移 800mm，如图 14-116 所示。

STEP 03 执行“删除”命令（E），删除与外墙重合的多段线；然后执行“修剪”命令（TR），对偏移后的多段线进行修剪，如图 14-117 所示。

STEP 04 执行“直线”命令（L），绘制与散水端点连接的线段，效果如图 14-118 所示。

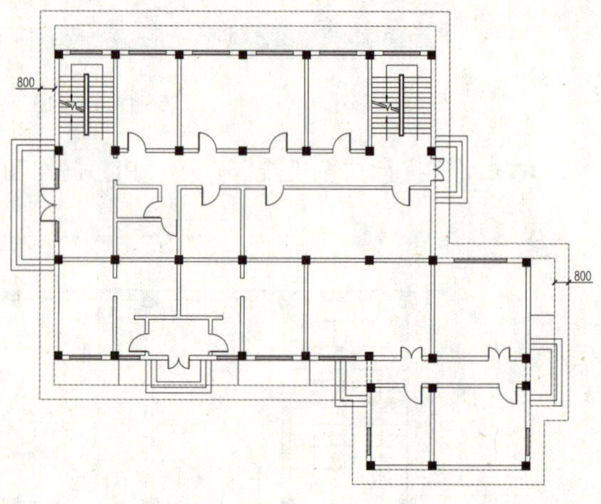

图 14-116 绘制散水

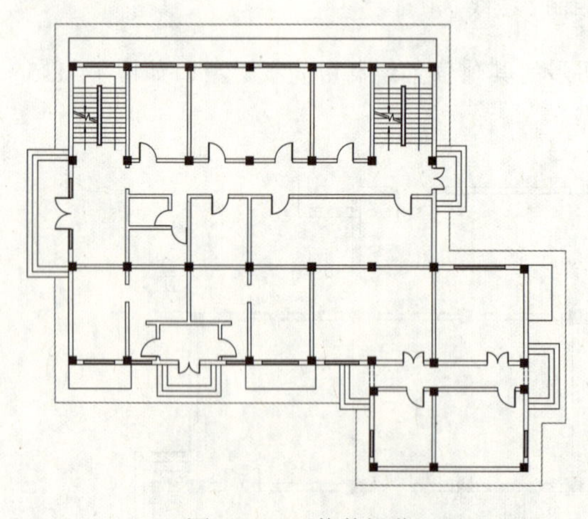

图 14-117 修剪操作

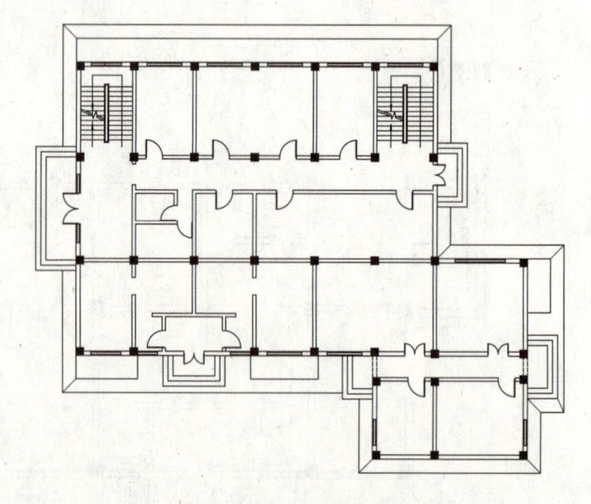

图 14-118 连接线段

QA问题

学生问： 老师，散水有什么作用？

老师答： 散水是指房屋的外墙外侧，用不透水材料做出具有一定宽度、向外倾斜的带状保护带，其外沿必须高于建筑外地坪，其作用是不让墙根处积水，故称为“散水”。

14.3.10 文字注释

视频：14.3.10——文字注释 .avi

案例：首层平面图 .dwg

前面完成了医院首层平面图的绘制，接下来进行文字说明、尺寸标注及图名的标注等。

STEP 01 单击“图层”面板中的“图层控制”下拉列表框，将“文字标注”图层设置为当前图层。

STEP 02 单击“注释”选项卡“文字”面板中的“文字样式”下拉按钮，在其下拉列表框中选择“图内说明”文字样式，如图 14-119 所示。

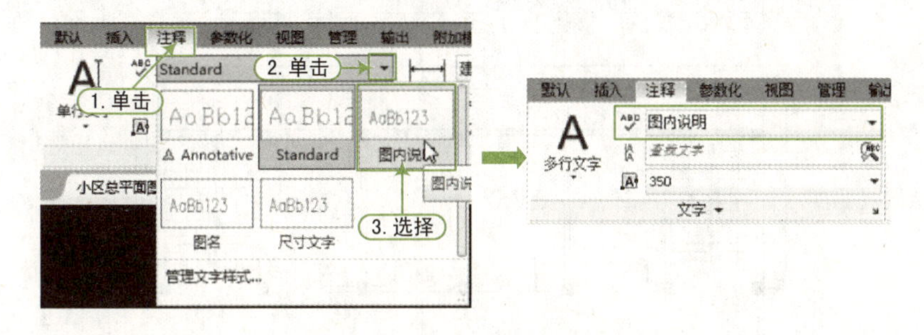

图 14-119　文字样式

STEP 03 执行“单行文字”命令（DT），在图中的相应位置分别输入文字内容，完成图形的文字注释说明，如图 14-120 所示。

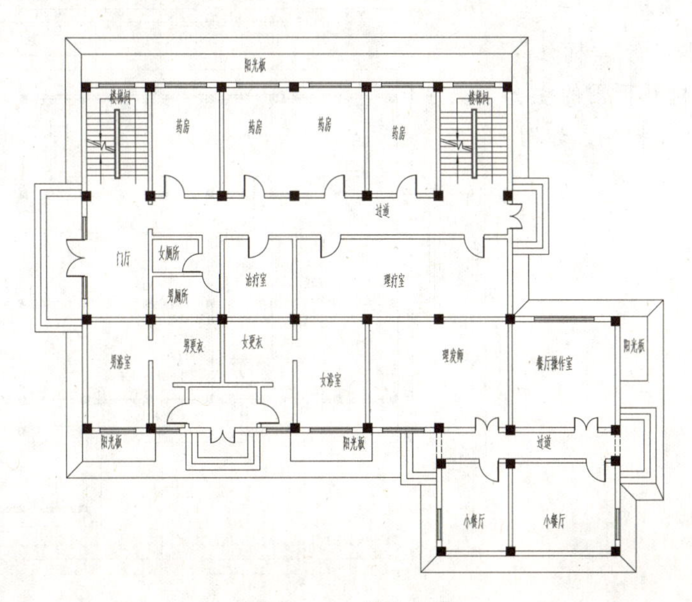

图 14-120　输入文字

14.3.11 尺寸标注

视频：14.3.11——尺寸标注 .avi
案例：首层平面图 .dwg

STEP 01 单击“图层”面板中的“图层控制”下拉列表框，将“尺寸标注”图层设置为当前图层。

STEP 02 执行“线性标注”（DLI）和“连续标注”（DCO）命令，对平面图上侧进行一、二、三道的尺寸标注，如图 14-121 所示。

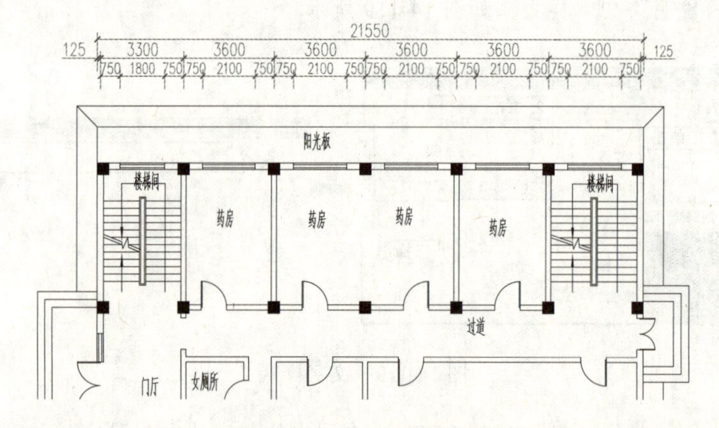

图 14-121　标注上侧尺寸

STEP 03 继续执行“线性标注”（DLI）和“连续标注”（DCO）命令，对平面图的左、右、下侧进行尺寸标注，如图 14-122 所示。

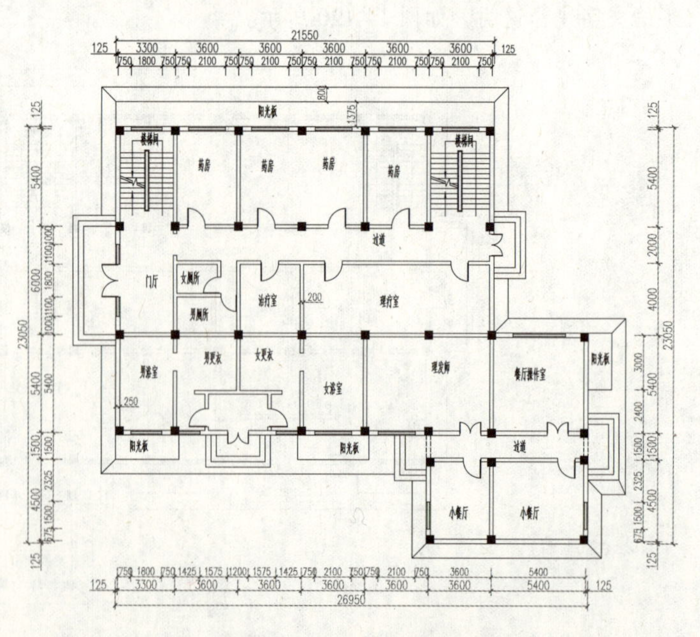

图 14-122　标注其他尺寸

14.3.12 标高和剖切符号标注

视频：14.3.12——标高和剖切符号标注 .avi

案例：首层平面图 .dwg

STEP 01 单击“图层”面板中的“图层控制”下拉列表框，将“0”图层设置为当前图层。

STEP 02 执行“直线”命令（L），绘制如图 14-123 所示的标高符号。

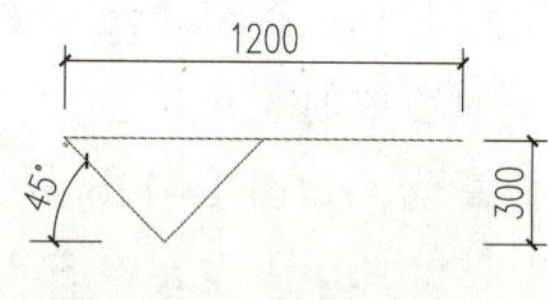

图 14-123　绘制多线

QA 问题

学生问：老师，标高符号有什么作用？

老师答：标高表示建筑物某一部位相对于基准面（标高的零点）的垂直高度，是纵向定位的依据。标高按基准面选取的不同分为绝对标高和相对标高，标高符号是高为 3mm 的等腰直角三角形，一般采用细实线绘制。因本案例别墅一层平面图的全局比例为 1 ：100，所以标高的高度也应放大 100 倍，即高为 300mm。

STEP 03 执行“属性定义”命令（ATT），弹出“属性定义”对话框，“文字样式”选择“尺寸文字”，进行属性及文字设置，如图 14-124 所示。

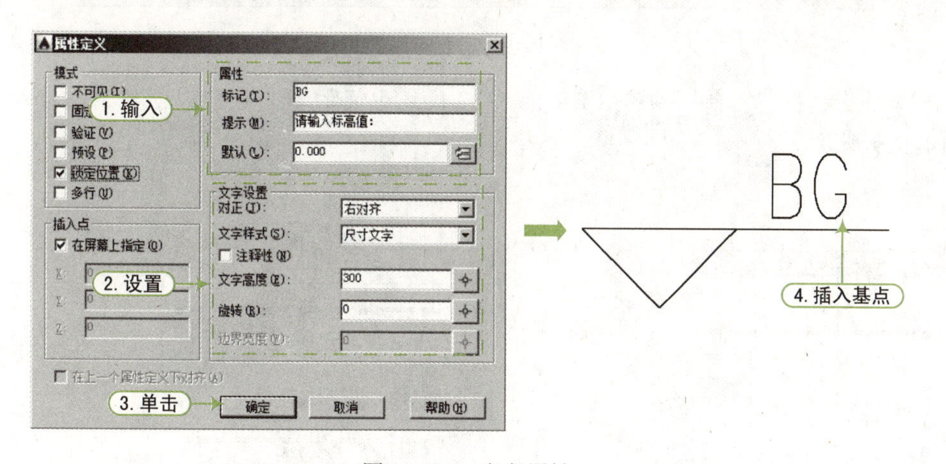

图 14-124　定义属性

STEP 04 执行“写块”命令（W），将绘制的标高符号和属性定义保存为“案例 \14\ 标高 .dwg”图块文件。

QA 问题

学生问：老师，写块有什么作用？

老师答：“写块”命令（W）是将图形对象以图形文件的方式，保存为外部图块，不仅可以在当前图形中调用，而且还可以在不同的文件之间相互调用。

STEP 05 在命令行中输入“图层特性管理器”命令（LA），在打开的“图层特性管理器”面板中新建“标高”图层，并将该图层设置为当前图层，如图 14-125 所示。

标高　12　Continuous　——默认　0

图 14-125　新建图层

STEP 06 执行“插入”命令（I），打开“插入”对话框，然后单击“浏览”按钮 浏览(B)... ，选择“案例\14\标高.dwg”图块，插入平面图中的相应位置，并分别修改标高值，如图 14-126 所示。

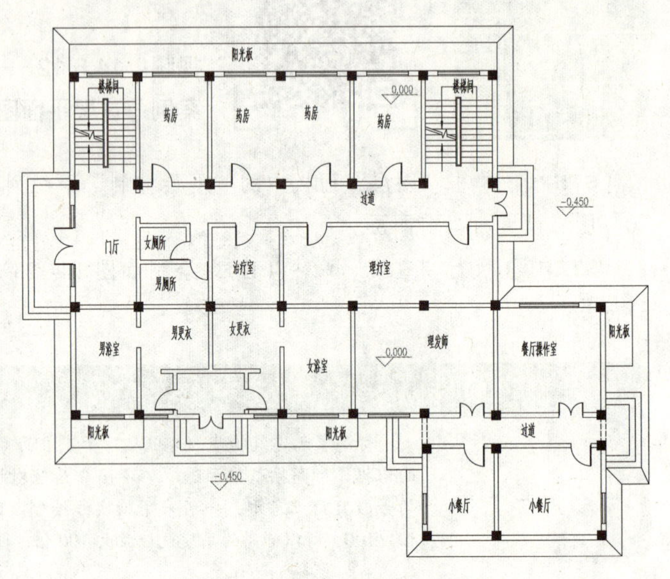

图 14-126　插入标高

STEP 07 在命令行中输入“图层特性管理器”命令（LA），在打开的“图层特性管理器”面板中新建“剖切符号”图层，并将该图层设置为当前图层，如图 14-127 所示。

STEP 08 执行“多段线”命令（PL），绘制宽度为“50”的多段线，如图 14-128 所示。

剖切符号　白　Continuous　——默认　0

图 14-127　新建图层

STEP 09 执行“打断”命令（BR），将多段线中间的部分打断，创建剖切符号，如图 14-129 所示。

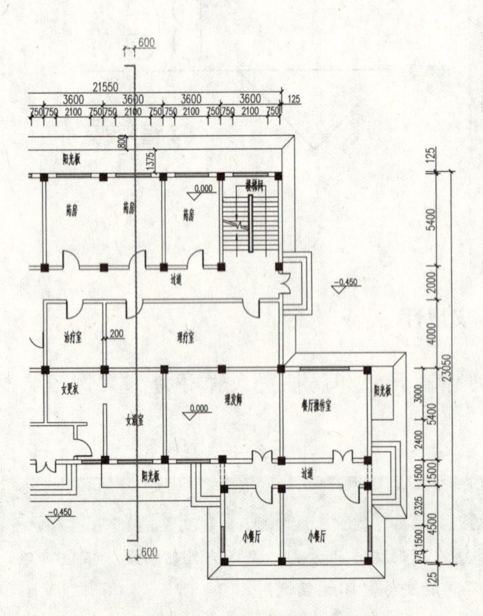

图 14-128　绘制多段线

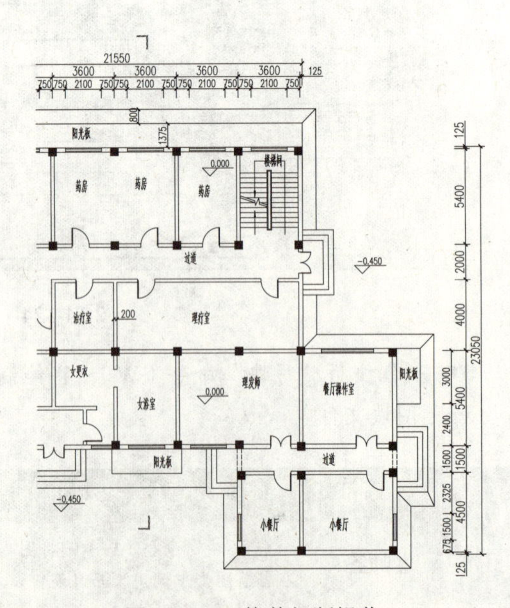

图 14-129　修剪打断操作

STEP 10 执行“单行文字”命令（DT），输入剖切符号文字，文字大小为“500”，如图 14-130 所示。

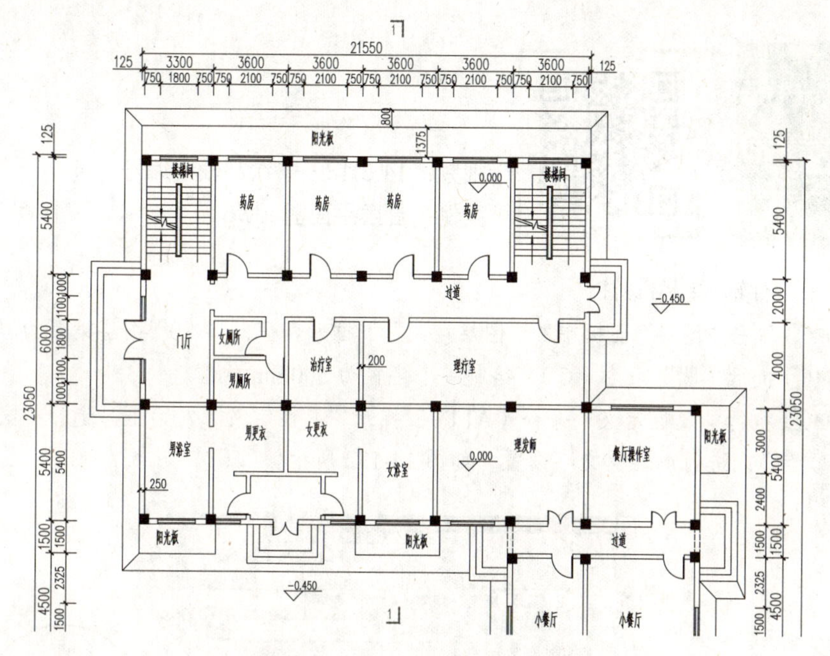

图 14-130　剖切符号标注

QA 问题	
学生问：	老师，如何观看剖切符号的方向？
老师答：	两个折角线段所指的方向就是剖切方向，折角是指路径，不是指方向，应朝数字标注的一侧观看。

STEP 11 使用相同的方法，绘制出其他的剖切符号，如图 14-131 所示。

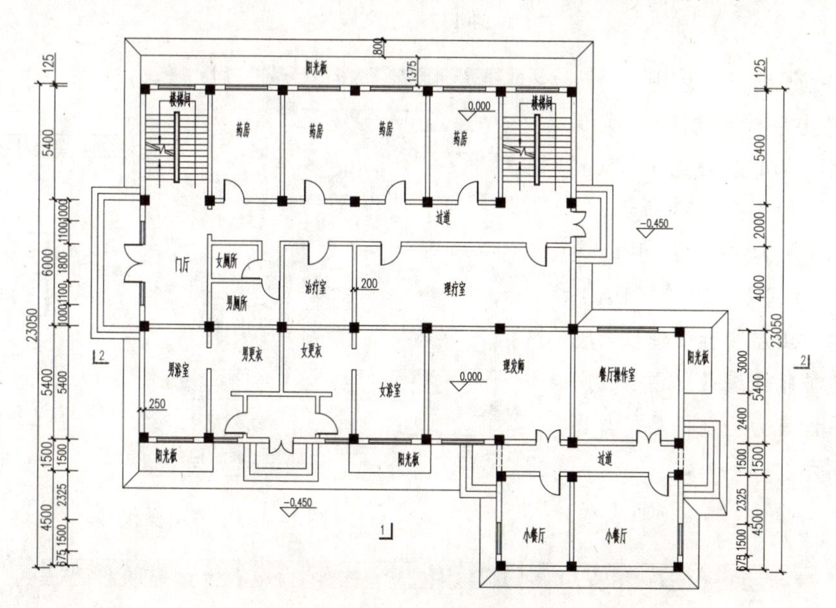

图 14-131　其他剖切符号

14.3.13 绘制轴线编号

视频：14.3.13——绘制轴线编号 .avi

案例：首层平面图 .dwg

接下来进行轴线编号标注。

STEP 01 单击“图层”面板中的“图层控制”下拉列表框，将“0”图层设置为当前图层。

STEP 02 执行“圆”命令（C），绘制一个半径为 500mm 的圆。

STEP 03 执行“属性定义”命令（ATT），打开“属性定义”对话框，选择“文字样式”为“轴号文字”，进行属性及文字设置，如图 14-132 所示。

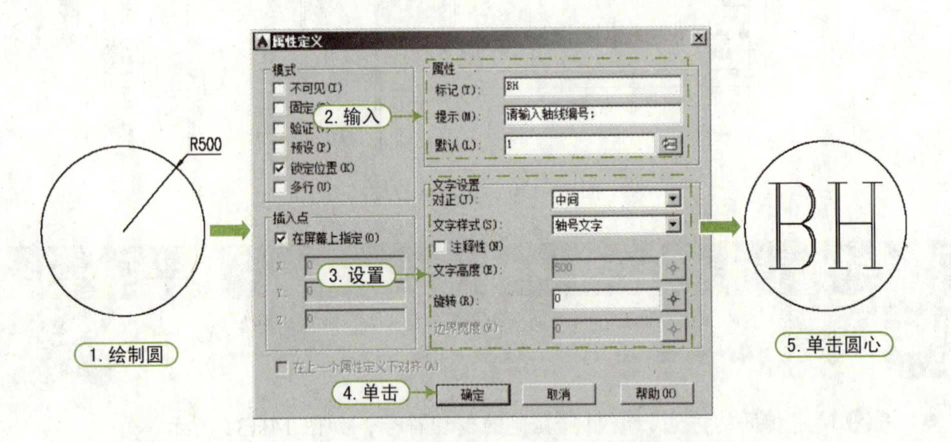

图 14-132　定义属性

STEP 04 执行“写块”命令（W），将上一步绘制的对象保存为“案例\14\轴线编号 .dwg”图块文件，如图 14-133 所示。

STEP 05 在命令行中输入“图层特性管理器”命令（LA），在打开的“图层特性管理器”面板中新建“轴线编号”图层，并将该图层设置为当前图层，如图 14-134 所示。

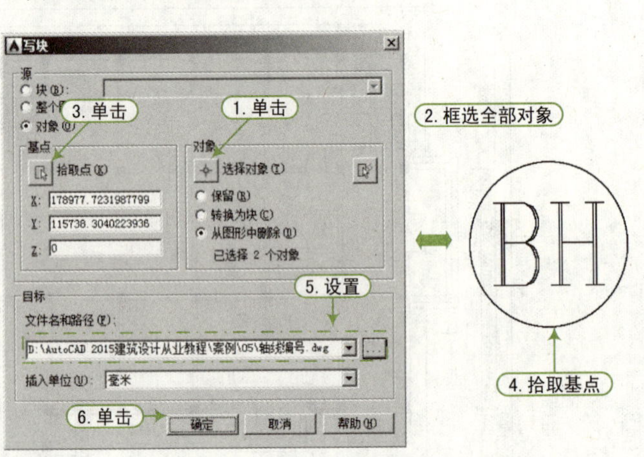

图 14-133　写块操作

图 14-134　新建图层

STEP 06 执行"插入"（I）和"直线"（L）命令，将"案例 \14\ 轴线编号 .dwg"插入图形底侧位置，并分别修改属性值，如图 14-135 所示。

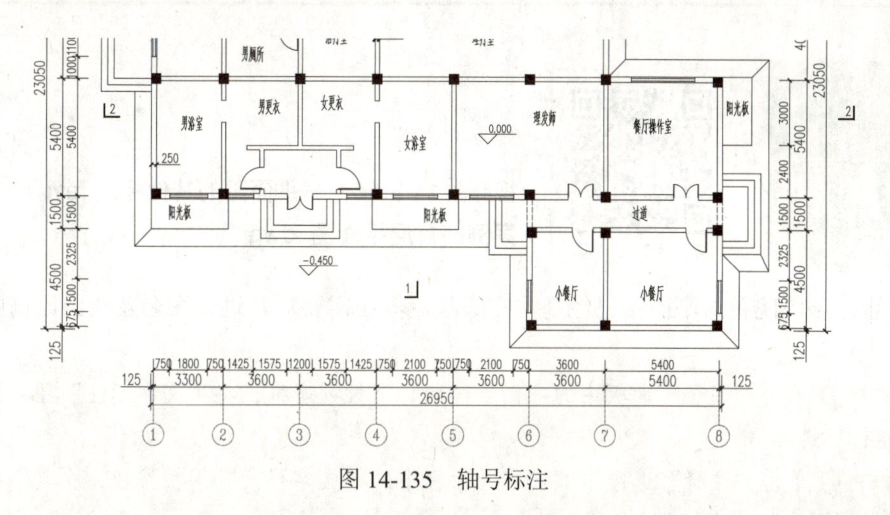

图 14-135　轴号标注

QA 问题	
学生问：	老师，如何修改轴线编号属性值？
老师答：	需要修改某轴线编号的属性值时，双击或输入"块属性"命令（ATE）修改其属性值。

STEP 07 使用上面相同的方法，执行"插入"（I）、"镜像"（MI）、"复制"（CO）、"编辑属性"（ATE）命令，对平面图的左、右、顶三侧进行轴线编号标注，最终效果如图 14-136 所示。

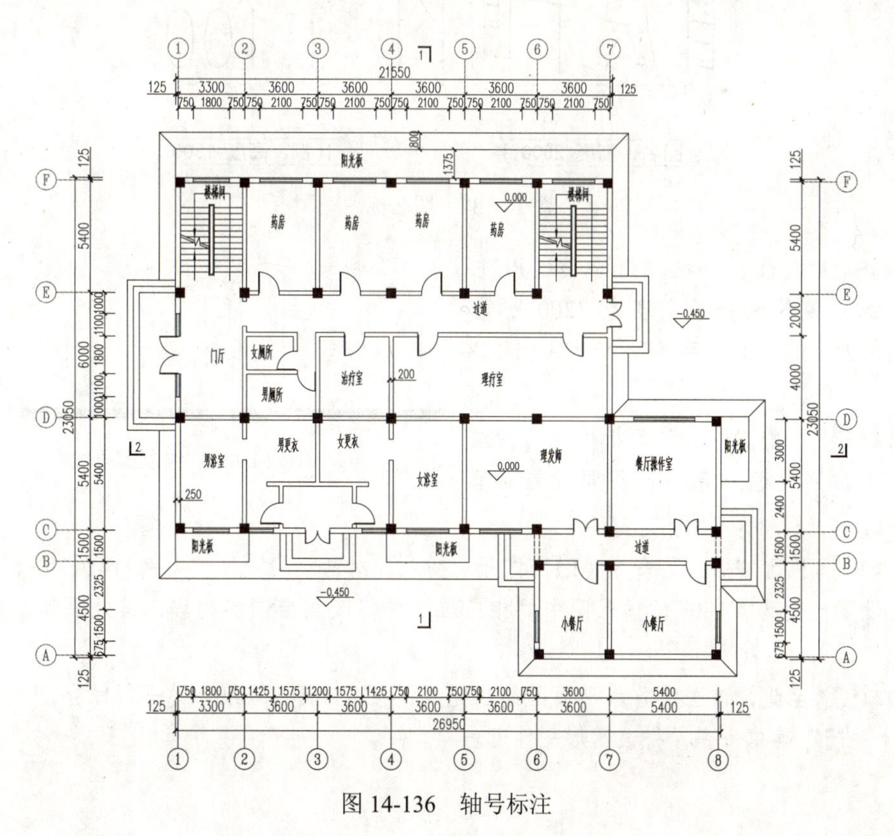

图 14-136　轴号标注

14.3.14 平面图的其他标注

视频：14.3.14——平面图的其他标注 .avi

案例：首层平面图 .dwg

至止，该医院首层平面图已经基本完成了，但还需要对其进行图名及绘图比例的注释标注。

STEP 01 单击“图层”面板中的“图层控制”下拉列表框，将“文字标注”图层设置为当前图层。

STEP 02 单击“注释”选项卡“文字”面板中的“文字样式”下拉按钮，在其下拉列表框中选择“图名”文字样式。

STEP 03 执行“单行文字”命令（DT），在相应的位置输入“首层平面图”和比例“1 ：100”，然后分别选择相应的文字对象，按“Ctrl+1”组合键打开“特性”面板，修改文字大小为“2500”和“1300”，如图 14-137 所示。

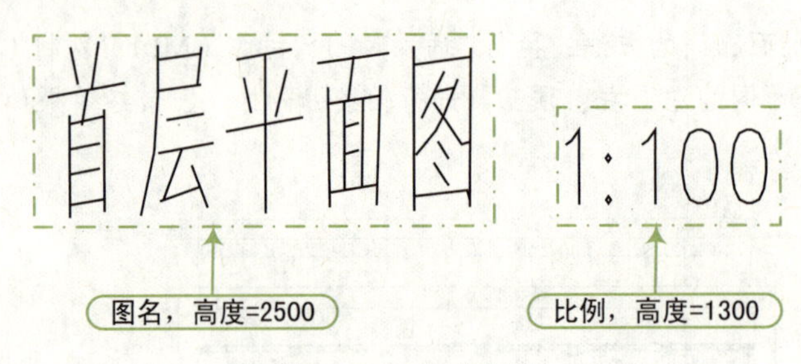

图 14-137　图名标注

STEP 04 执行“多段线”命令（PL），在图名的下侧绘制一条宽度为“200”，与文字标注大约等长的水平线段，如图 14-138 所示。

图 14-138　绘制多段线

STEP 05 单击“图层”面板中的“图层控制”下拉列表框，将“0”图层设置为当前图层。

STEP 06 执行“插入”命令（I），打开“插入”对话框，选择“案例 \14\A3 图框 .dwg”图块，设置比例为“180”，插入图中的相应位置并修改相应图签内容，其效果如图 14-139 所示。

STEP 07 至此，该医院首层平面图绘制完成，按“Ctrl+S”组合键进行保存，然后选择“文件｜关闭”菜单命令，将该图形文件退出。

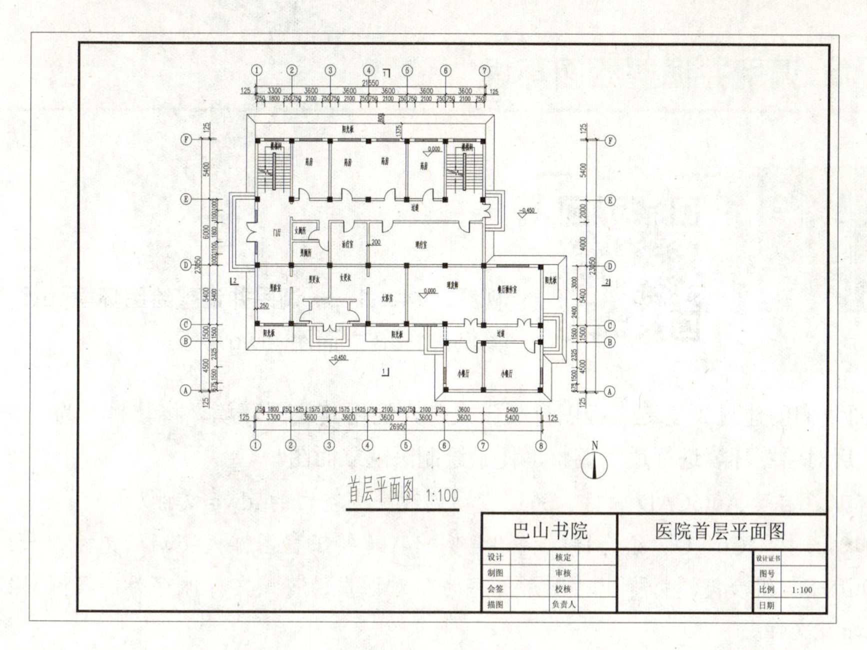

图 14-139　插入图块

14.4　医院 1—8 立面图的绘制

绘制立面图，要根据其各楼层建筑平面图来配合绘制，这样才是绘制立面图的方法。

在绘制医院建筑 1—8 立面图时，首先根据要求调用并修改绘图环境，再根据要求绘制立面图的外轮廓对象其次绘制首层立面轮廓；然后绘制中间层立面轮廓；再次绘制屋顶立面轮廓；最后进行尺寸、标高、轴线编号、文字、图名标注，从而完成立面图的绘制，最终效果如图 14-140 所示。

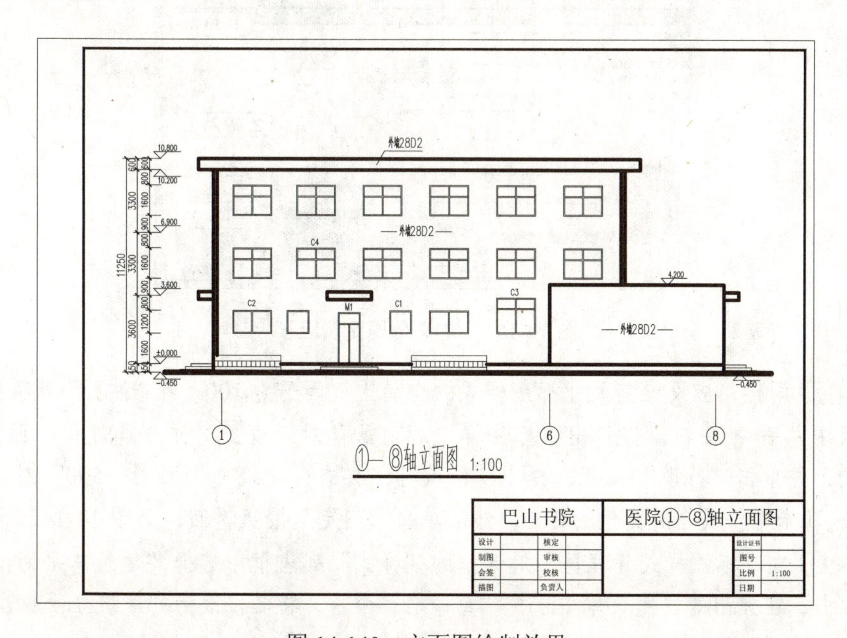

图 14-140　立面图绘制效果

14.4.1 调用并调整绘图环境

视频：14.4.1——调用并调整绘图环境 .avi
案例：1—8 立面图 .dwg

前面我们创建过“建筑工程图样板”文件，调用其绘图环境，将其另存为“1—8 立面图”，然后对绘图环境进行适当调整，便于绘制医院立面图。

STEP 01 启动 AutoCAD 软件，系统自动创建一个空白的 .dwg 文件。

STEP 02 按“Ctrl+O”组合键，将“案例 \14\ 建筑工程图样板 .dwt”文件打开，然后按“Ctrl+Shift+S”组合键，将弹出“图形另存为”对话框，将该文件保存为“案例 \14\1—8 立面图 .dwg”文件。

STEP 03 执行“图形界限”命令（LIM），依照提示，修改图形界限的左下角为 (0,0)，右上角为 (42000,29700)。

STEP 04 执行“缩放”命令（Z），依照提示，选择“全部（A）”选项，使设置的图形界限区域全部显示在图形窗口内。

STEP 05 执行“线型”命令（LT），打开“线型管理器”对话框，单击“显示细节”按钮，修改“全局比例因子”为“100”，然后单击“确定”按钮，如图 14-141 所示。

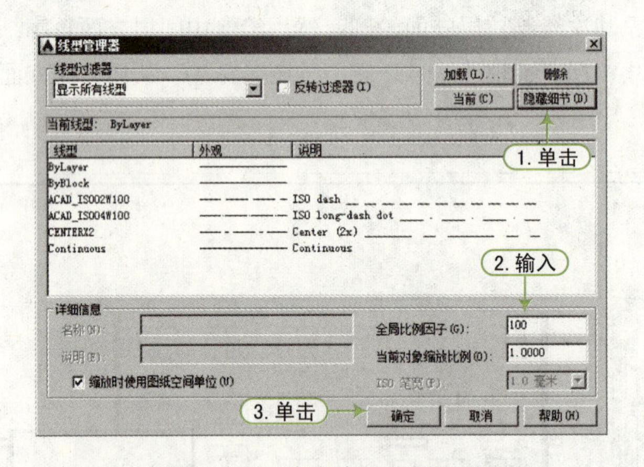

图 14-141　定义全局比例因子

STEP 06 同样，应设置其尺寸标注样式的全局比例因子为 100。在“注释”选项板的“标注”面板中单击 ↘ 按钮，将弹出“标注样式管理器”对话框，选择“建筑总平面图 –500”标注样式，并单击“修改”按钮，弹出“修改标注样式：建筑总平面图—500”对话框，在“调整”选项卡中修改全局比例为 100，然后单击“确定”按钮返回，如图 14-142 所示。

STEP 07 在“标注样式管理器”对话框的“样式”列表框中选择“建筑总平面图 – 500”样式并右击，在弹出的快捷菜单中选择“重命名”命令，将其修改为“建筑立面标注 -100”，然后单击“关闭”按钮如图 14-143 所示。

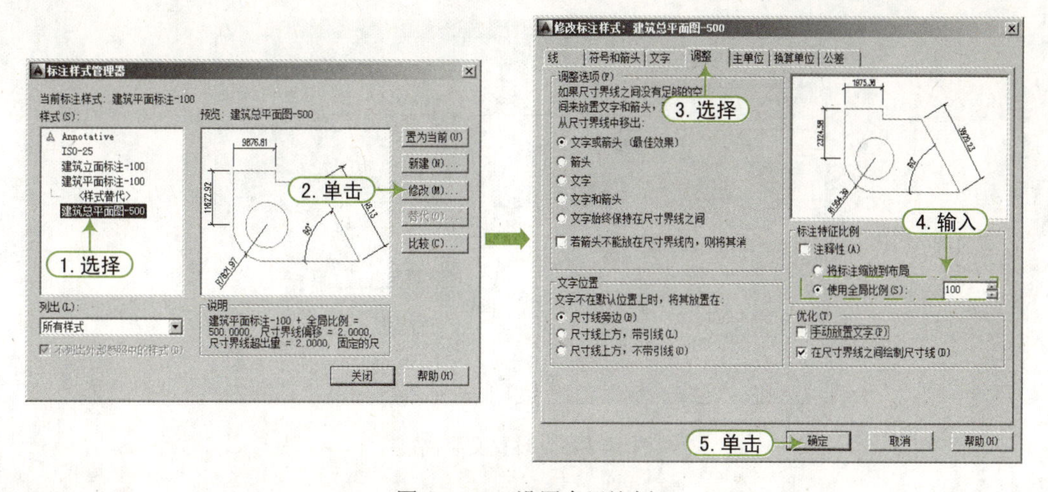

图 14-142　设置全局比例

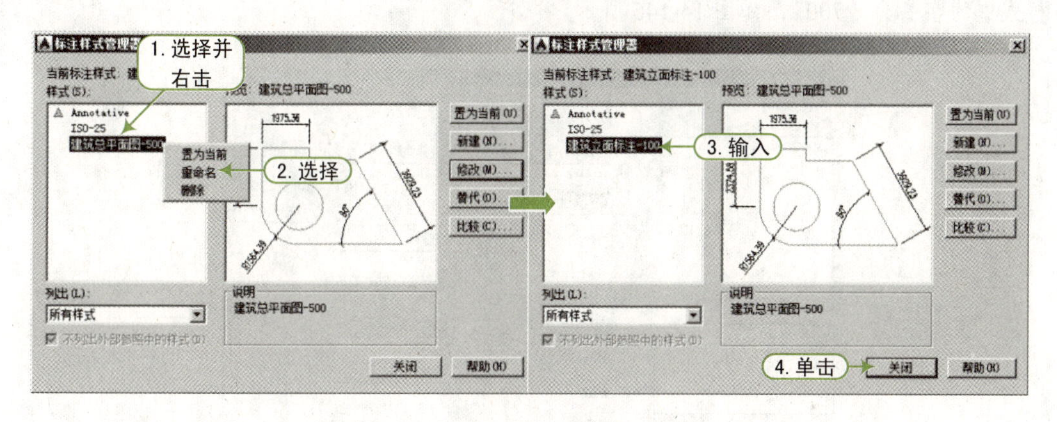

图 14-143　重命名

STEP 08 执行“文字样式”命令（ST），打开“文字样式”对话框，单击“新建”按钮，打开“新建文字样式”对话框，新建如图 14-144 所示的“轴号文字”文字样式。

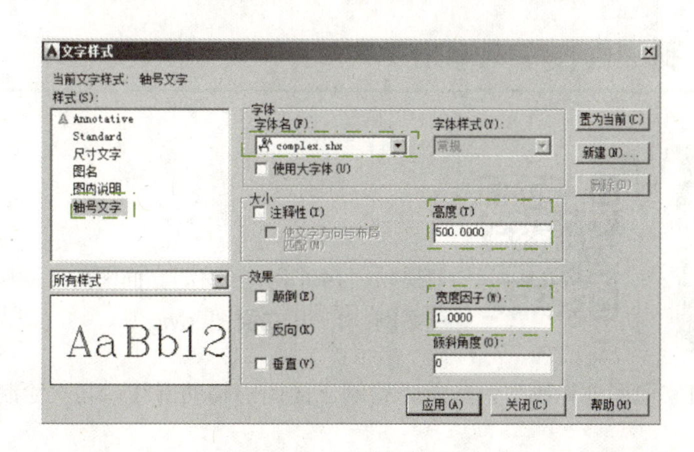

图 14-144　设置文字样式

STEP 09 执行“文字样式”命令（ST），打开“文字样式”对话框，修改“图内说明”文字样式中的字高为“350”，如图 14-145 所示。

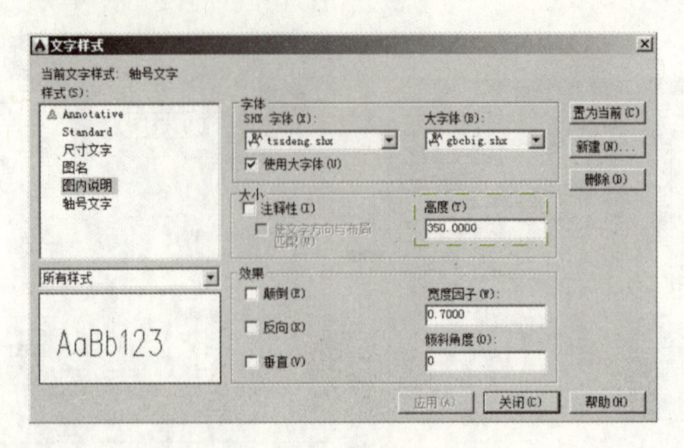

图 14-145　设置文字高度

STEP 10 执行“文字样式”命令（ST），打开“文字样式”对话框，修改“图名”文字样式中的字高为“700”，如图 14-146 所示。

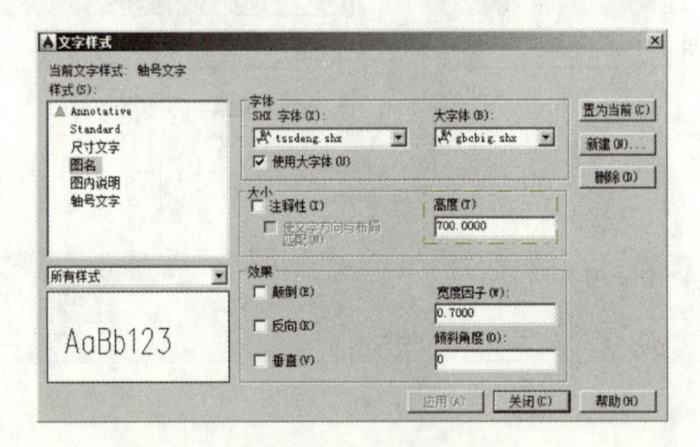

图 14-146　设置文字高度

14.4.2 绘制立面图的外轮廓

视频：14.4.2——绘制立面图的外轮廓 .avi
案例：1—8 立面图 .dwg

在绘制建筑立面图外轮廓时，应首先绘制立面图的辅助网线，其次绘制地平线，最后绘制外轮廓线。

1. 绘制辅助网线

绘制建筑立面图时，为了便于建筑外轮廓线的定位，首先绘制相应的辅助线。

STEP 01 在命令行中输入“图层特性管理器”命令（LA），在打开的“图层特性管理器”面板中新建“定位线”图层，并将该图层设置为当前图层，如图 14-147 所示。

定位线　红　ACAD_ISO04W100　—— 默认　0　Color_1

图 14-147　新建图层

STEP 02 执行“直线”命令（L），在绘图区中绘制高 15000mm 和长 30000mm 且互相垂直的线段，如图 14-148 所示。

STEP 03 执行“偏移”命令（O），将垂直线段向右依次偏移 3300mm、3600mm、3600mm、3600mm、3600mm、3600mm 和 5400mm，如图 14-149 所示。

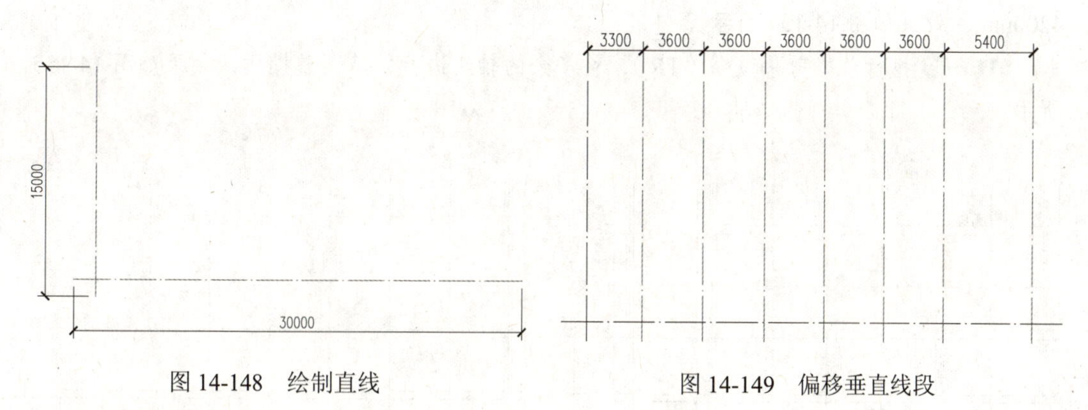

图 14-148　绘制直线　　图 14-149　偏移垂直线段

STEP 04 继续执行“偏移”命令（O），将水平线段向上依次偏移 450mm、3600mm、3300mm、3300mm、600mm，如图 14-150 所示。

STEP 05 执行“偏移”命令（O），将最左侧的垂直线段向左分别偏移 250mm、200mm 和 800mm，效果如图 14-151 所示。

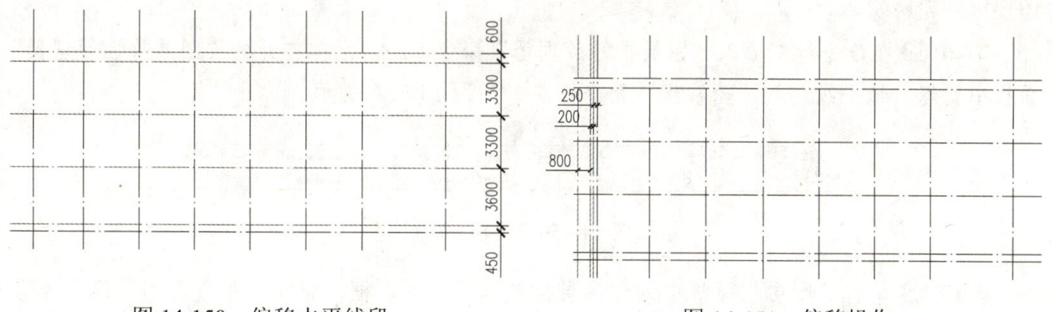

图 14-150　偏移水平线段　　图 14-151　偏移操作

STEP 06 继续执行“偏移”命令（O），将从右往左的第二条垂直线段向右分别偏移 250mm、200mm 和 800mm，效果如图 14-152 所示。

STEP 07 再次执行“偏移”命令（O），将最右侧的垂直线段向右分别偏移 250mm、200mm 和 800mm，效果如图 14-153 所示。

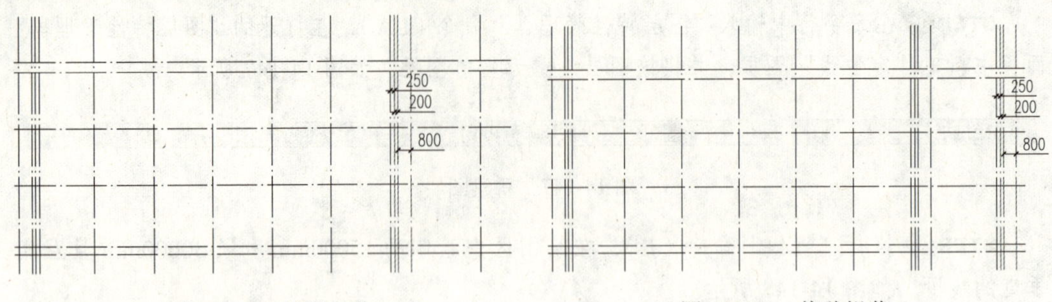

图 14-152　偏移操作　　　　图 14-153　偏移操作

STEP 08 继续执行“偏移”命令（O），将从下往上数的第二条水平轴线向上偏移4200mm，效果如图 14-154 所示。

STEP 09 执行“修剪”命令（TR），将多余的轴线进行修剪调整操作，效果如图 14-155 所示。

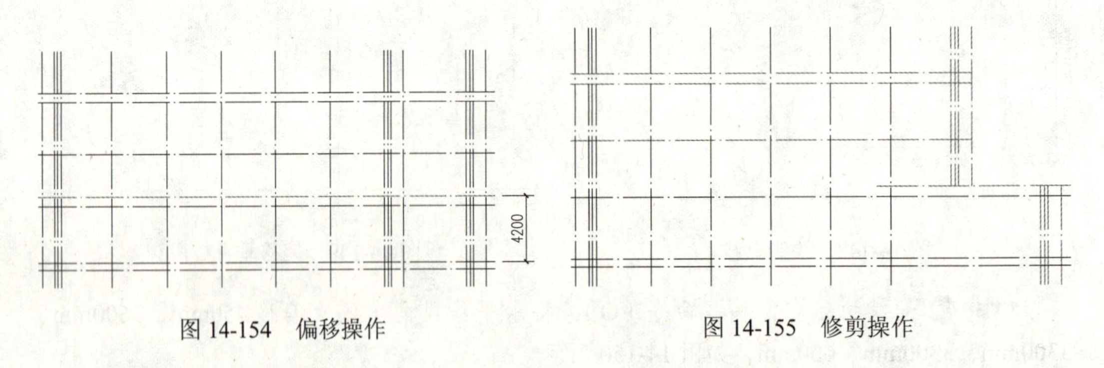

图 14-154　偏移操作　　　　图 14-155　修剪操作

2. 绘制立面图外轮廓

在绘制建筑立面图时，根据其要求需要绘制一定宽度的外轮廓线，且其地平线的宽度还要比外轮廓宽。

STEP 01 在命令行中输入“图层特性管理器”命令（LA），在打开的“图层特性管理器”面板中新建“地平线”和“轮廓线”两个图层，如图 14-156 所示。

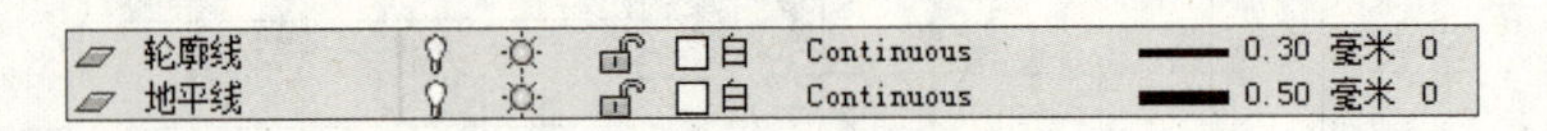

图 14-156　新建图层

STEP 02 单击“图层”面板中的“图层控制”下拉列表框，将“地平线”图层设置为当前图层。

STEP 03 执行“直线”命令（L），捕捉最下侧轴线的起点和终点绘制一条水平线段，从而完成地平线的绘制，如图 14-157 所示。

STEP 04 将“轮廓线”图层设置为当前图层，执行“多段线”命令（PL），分别捕捉相应的交点绘制外轮廓线，从而完成外轮廓线的绘制，如图 14-158 所示。

STEP 05 执行“直线”(L)和“矩形”(REC)命令，绘制避雨平台对象，如图 14-159 所示。

STEP 06 将“0”图层设置为当前图层，执行“直线”(L)、“偏移”(O)和“修剪”(TR)命令，在图中的相应位置绘制阳光板对象，如图 14-160 所示。

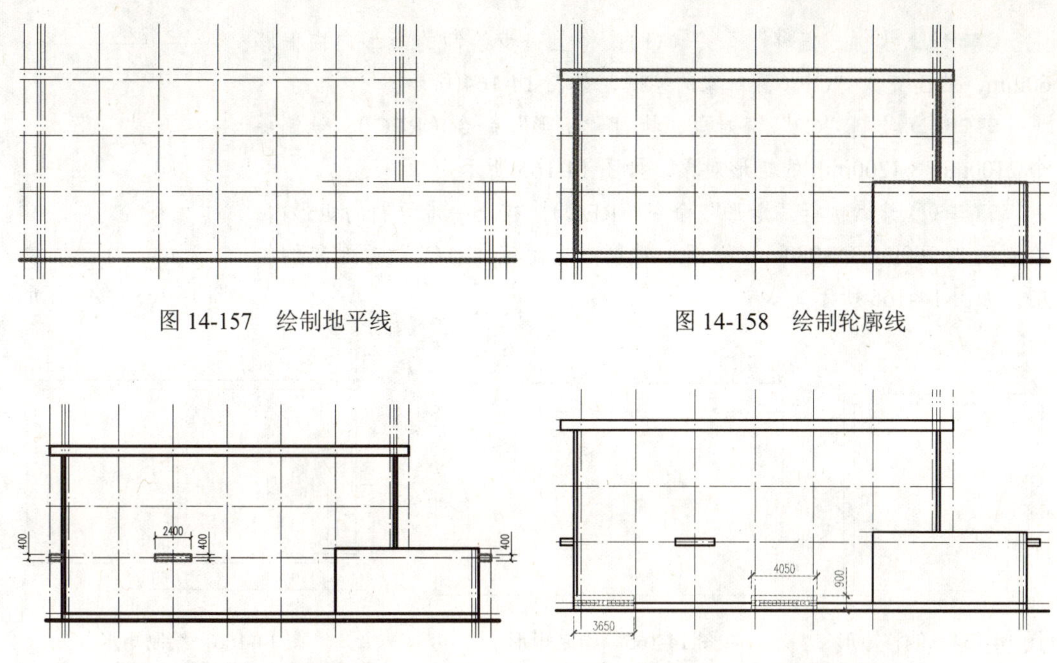

图 14-157　绘制地平线　　　图 14-158　绘制轮廓线

图 14-159　绘制避雨平台　　　图 14-160　绘制阳光板

STEP 07 执行“直线”（L）、“偏移”（O）和“修剪”（TR）命令，在图中的相应位置绘制台阶对象，如图 14-161 所示。

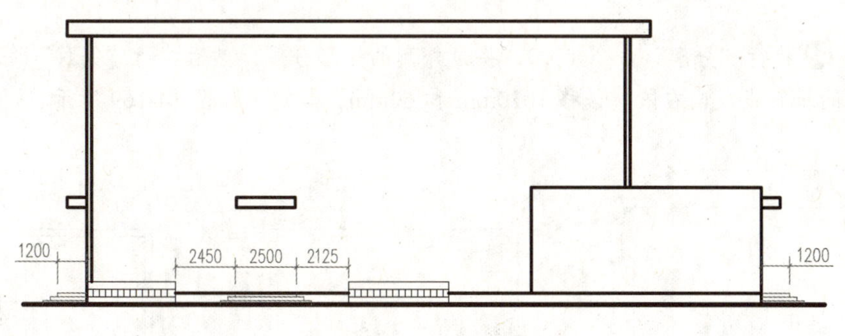

图 14-161　绘制台阶

3. 绘制并安装立面门窗

当立面图轮廓对象完成后，应绘制相应的门窗对象，并保存为图块对象，然后将其安装在相应位置。

STEP 01 在命令行中输入“图层特性管理器”命令（LA），在打开的“图层特性管理器”面板中新建“门窗”图层，并将该图层设置为当前图层，如图 14-162 所示。

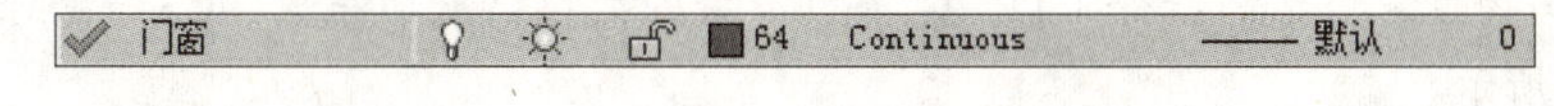

图 14-162　新建图层

STEP 02 绘制“C1”窗对象，执行“矩形”命令（REC），绘制一个 1200mm×1200mm 的矩形对象，如图 14-163 所示。

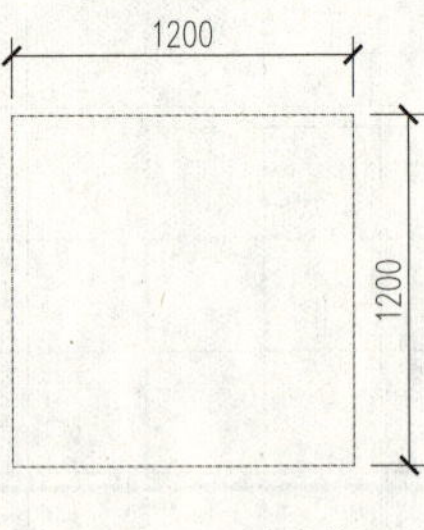

图 14-163　绘制矩形

STEP 03 执行“偏移”命令（O），将上一步绘制的矩形向内偏移60mm，从而完成“C1”窗对象的绘制，如图 14-164 所示。

STEP 04 绘制“C2”窗对象，执行“矩形”命令（REC），绘制一个 2100mm×1200mm 的矩形对象，如图 14-165 所示。

STEP 05 继续执行“矩形”命令（REC），在上一步绘制的矩形内，绘制两个 960mm×1080mm 的矩形对象，从而完成“C2”窗对象的绘制，如图 14-166 所示。

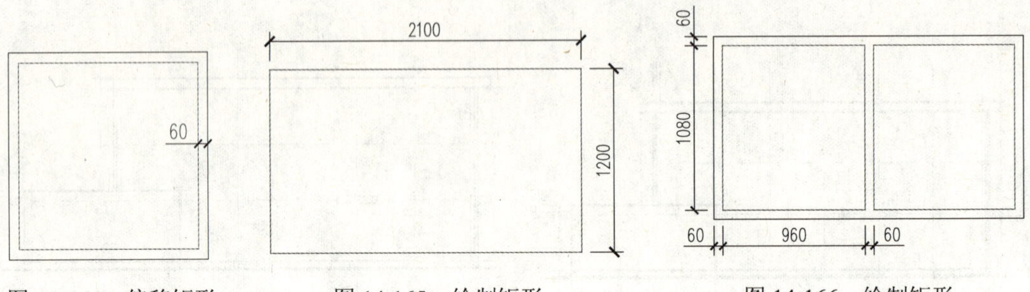

图 14-164　偏移矩形　　图 14-165　绘制矩形　　图 14-166　绘制矩形

STEP 06 绘制“C3”窗对象，执行“矩形”命令（REC），绘制一个 2100mm×1900mm 的矩形对象，如图 14-167 所示。

STEP 07 执行“偏移”命令（O），将上一步绘制的矩形向内侧偏移 60mm，如图 14-168 所示。

STEP 08 执行“分解”命令（X），将最外侧的矩形分解，然后执行“偏移”命令（O），将最左侧的垂直线段向右依次偏移 1020mm 和 60mm，其效果如图 14-169 所示。

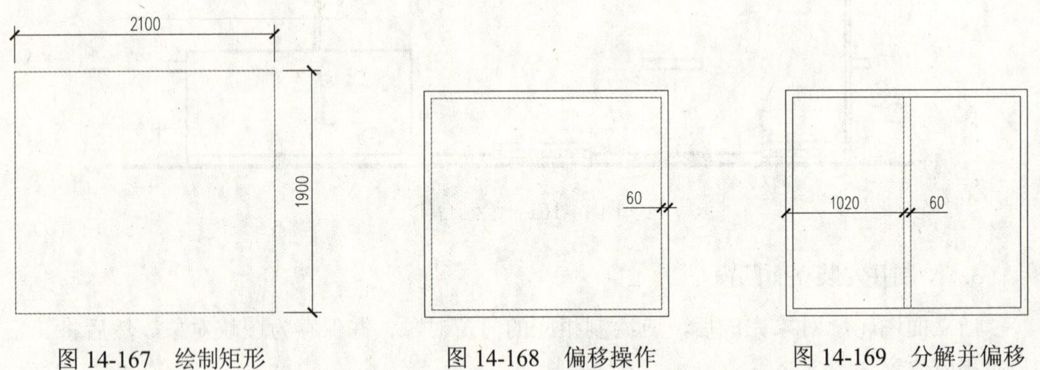

图 14-167　绘制矩形　　图 14-168　偏移操作　　图 14-169　分解并偏移

STEP 09 继续执行“偏移”命令（O），将最下侧的垂直线段向上依次偏移 1270mm 和 60mm，其效果如图 14-170 所示。

STEP 10 执行“修剪”命令（TR），修剪多余的线段，从而完成“C3”窗对象的绘制，如图 14-171 所示。

STEP 11 绘制“C4”窗对象，执行“矩形”命令（REC），绘制一个 2100mm×1600mm 的矩形对象，然后执行“偏移”命令（O），将上一步绘制的矩形向内偏移 60mm，效果如图 14-172 所示。

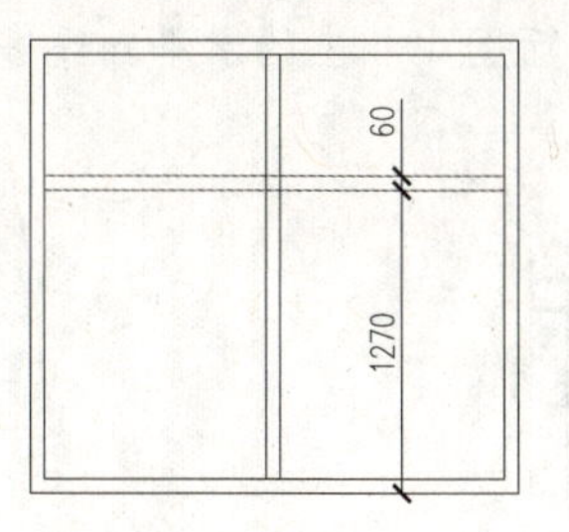

图 14-170　偏移操作

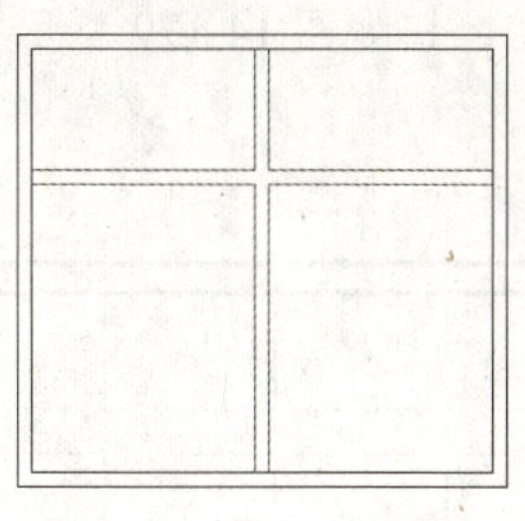

图 14-171　修剪操作

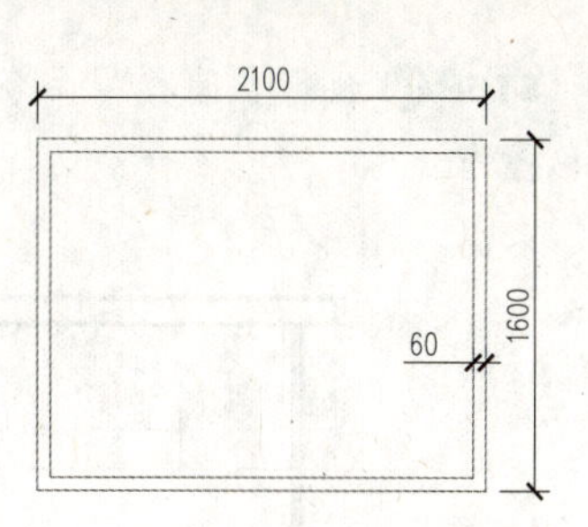

图 14-172　绘制矩形并偏移

STEP 12 执行“分解”命令（X），将最外侧的矩形分解，然后执行“偏移”命令（O），将最左侧的垂直线段向右依次偏移 1020mm 和 60mm，将最下侧的垂直线段向上依次偏移 970mm 和 60mm，其效果如图 14-173 所示。

STEP 13 执行“修剪”命令（TR），修剪多余的线段，从而完成“C4”窗对象的绘制，如图 14-174 所示。

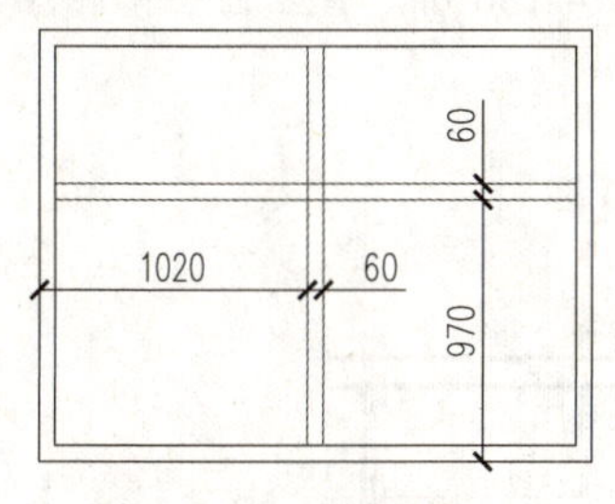

图 14-173　偏移操作

图 14-174　修剪操作

STEP 14 绘制“M1”门对象，执行“矩形”命令（REC），绘制一个 1200mm×2700mm 的矩形对象，然后执行“偏移”命令（O），将上一步绘制的矩形向内偏移 60mm，效果如图 14-175 所示。

STEP 15 执行“分解”命令（X），将最外侧的矩形分解，然后执行“偏移”命令（O），将最左侧的垂直线段向右依次偏移 570mm 和 60mm，如图 14-176 所示。

STEP 16 执行“偏移”命令（O），将最下侧的垂直线段向上依次偏移 2070mm 和 60mm，如图 14-177 所示。

STEP 17 执行“修剪”命令（TR），修剪多余的线段，从而完成“M1”门对象的绘制，如图 14-178 所示。

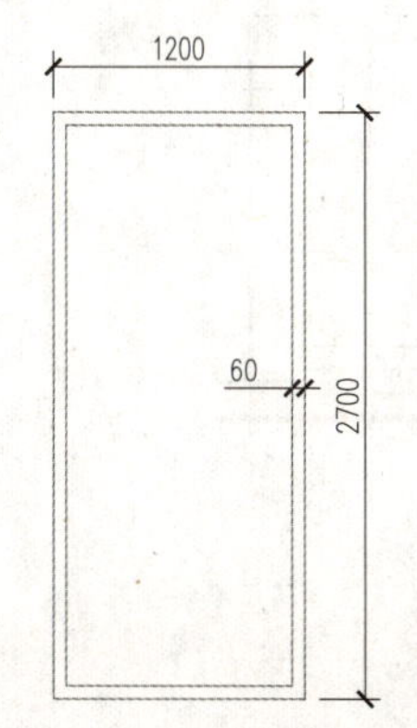

图 14-175　绘制矩形

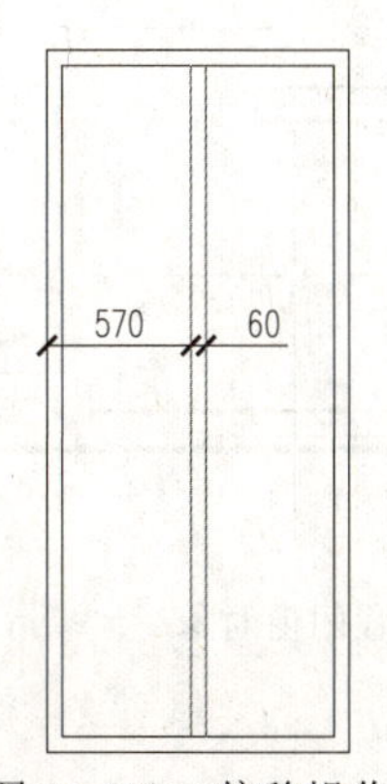

图 14-176　偏移操作

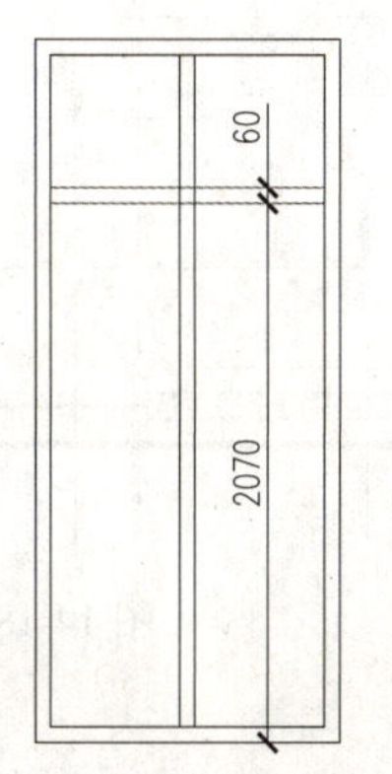

图 14-177　偏移操作

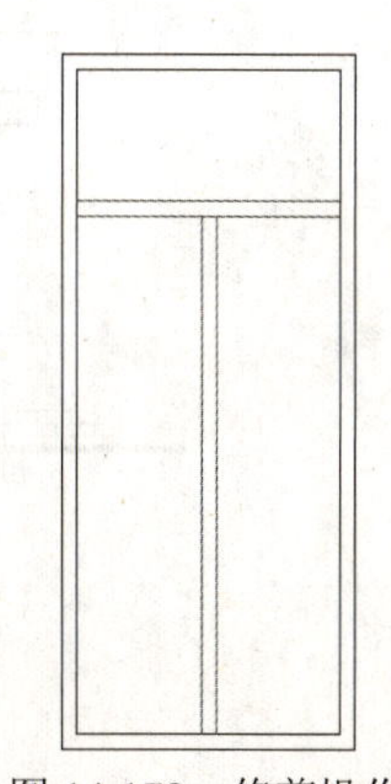

图 14-178　修剪操作

STEP 18 执行“偏移”命令（O），按如图 14-179 所示将立面图中相应的水平轴线进行偏移操作。

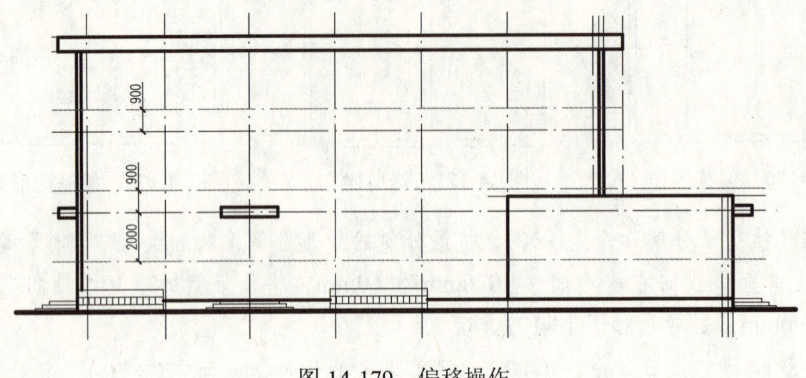

图 14-179　偏移操作

STEP 19 继续执行“偏移”命令（O），按如图 14-180 所示将立面图中相应的垂直轴线进行偏移操作。

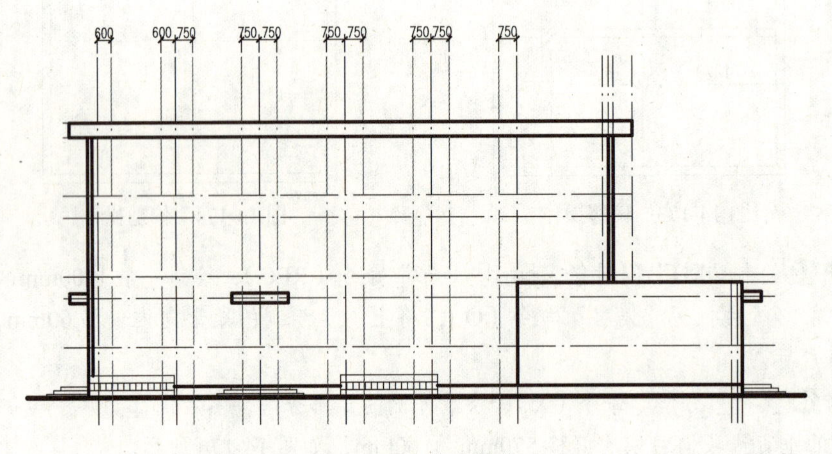

图 14-180　偏移操作

STEP 20 执行“移动”（M）和“复制”（CO）命令，将前面绘制的“C1”和“C2”窗对象布置到图形的相应位置处，如图 14-181 所示。

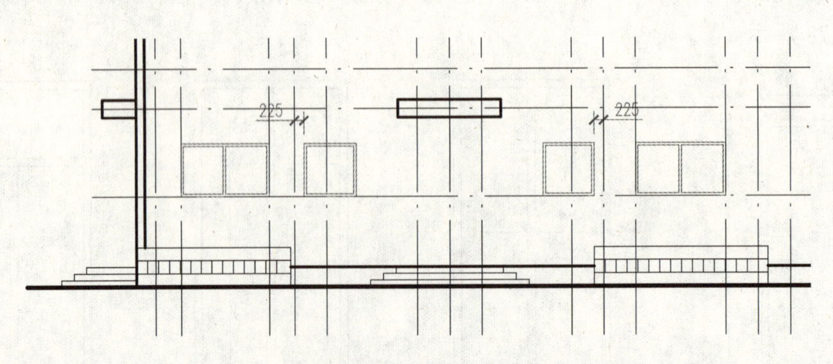

图 14-181　布置门窗对象

QA 问题

学生问： 老师，复制和阵列有什么区别？

老师答： 阵列可以快速按照一定的距离或角度复制对象；而复制可以以任意距离或角度复制对象。

STEP 21 再次执行“移动”（M）和“复制”（CO）命令，将前面绘制的“C3”窗对象和“M1”门对象布置到图形的相应位置处，如图 14-182 所示。

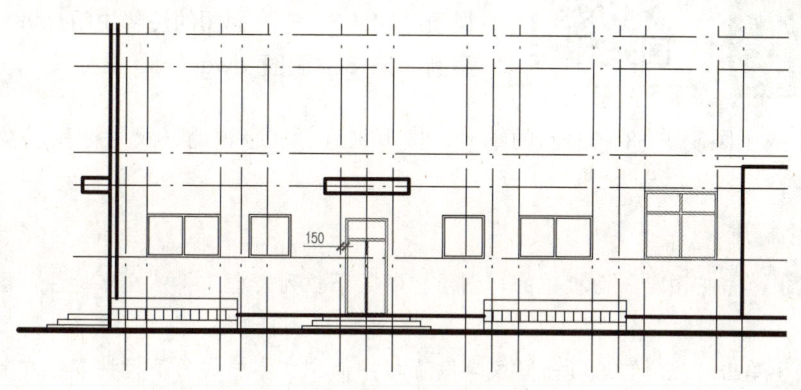

图 14-182　布置门窗对象

STEP 22 继续执行“移动”（M）和“复制”（CO）命令，将前面绘制的“C4”窗对象布置到图形的相应位置处，如图 14-183 所示。

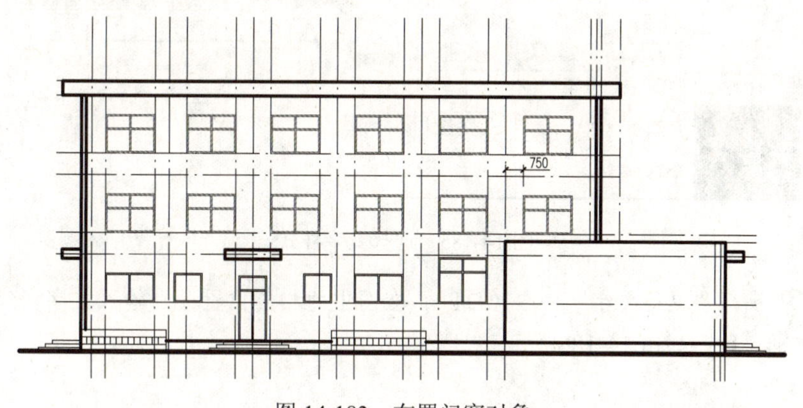

图 14-183　布置门窗对象

STEP 23 执行“删除”命令（E），将多余的定位线删除，然后关闭影藏“定位线”图层，如图 14-184 所示。

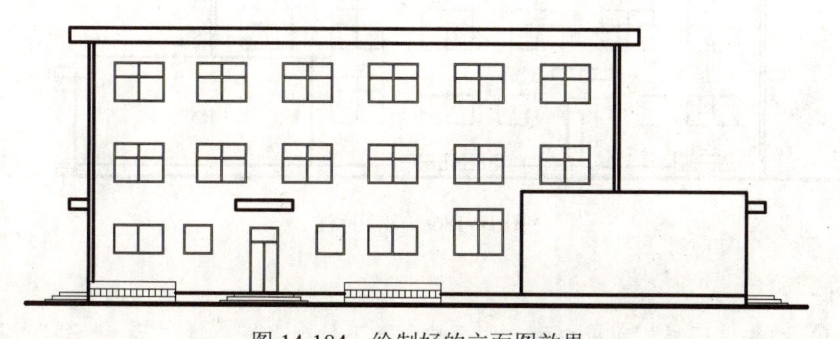

图 14-184　绘制好的立面图效果

14.4.3 立面图的注释说明

视频：14.4.3——立面图的注释说明 .avi

案例：1—8 立面图 .dwg

前面完成了医院 1—8 立面图的绘制，接下来进行文字说明、尺寸标注以及图名的标注等。

1. 文字标注

STEP 01 单击“图层”面板中的“图层控制”下拉列表框，将“文字标注”图层设置为当前图层。

STEP 02 单击“注释”选项卡“文字”面板中的“文字样式”下拉按钮，在其下拉列表框中选择“图内说明”文字样式，如图 14-185 所示。

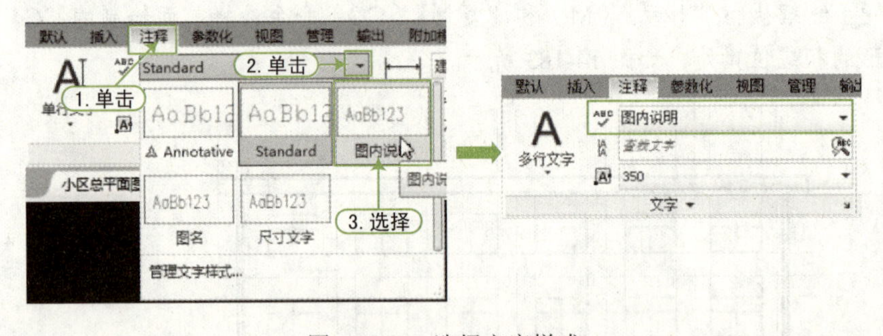

图 14-185 选择文字样式

STEP 03 执行“单行文字”命令（DT），在图中的相应位置分别输入文字内容，完成图形的文字注释说明，如图 14-186 所示。

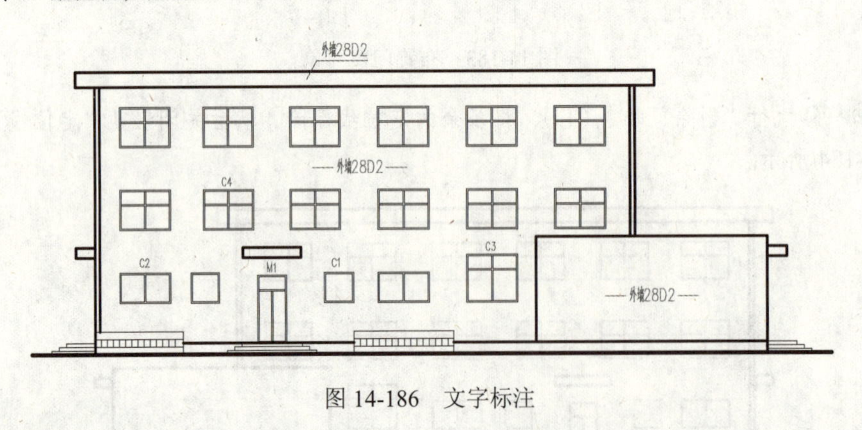

图 14-186 文字标注

2. 尺寸标注

STEP 01 单击“图层”面板中的“图层控制”下拉列表框，将“尺寸标注”图层设置为当前图层。

STEP 02 执行“线性标注”（DLI）和“连续标注”（DCO）命令，对立面图进行相应的尺寸标注，如图 14-187 所示。

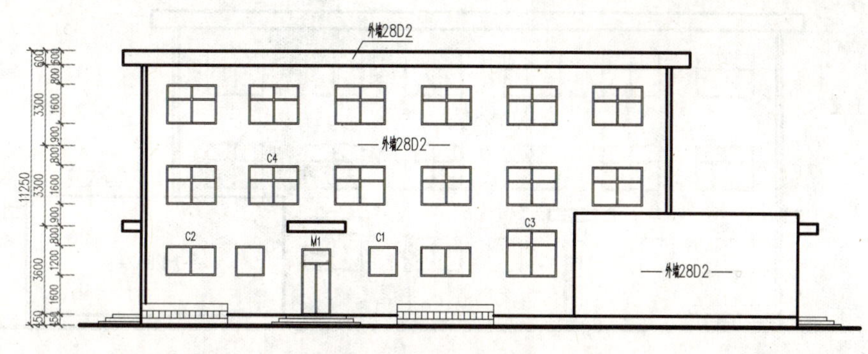

图 14-187　尺寸标注

3. 标高符号标注

STEP 01 在命令行中输入“图层特性管理器”命令（LA），在打开的“图层特性管理器”面板中新建“标高”图层，并将该图层设置为当前图层，如图 14-188 所示。

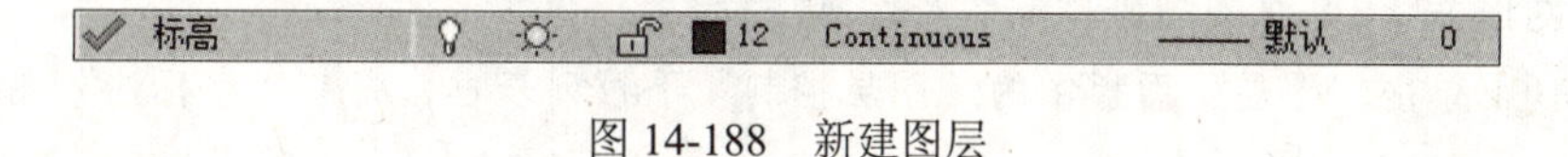

图 14-188　新建图层

STEP 02 执行“插入”命令（I），打开“插入”对话框，然后单击“浏览”按钮 浏览(B)...，选择“案例\14\标高.dwg”图块，插入立面图中的相应位置，并分别修改标高值，如图 14-189 所示。

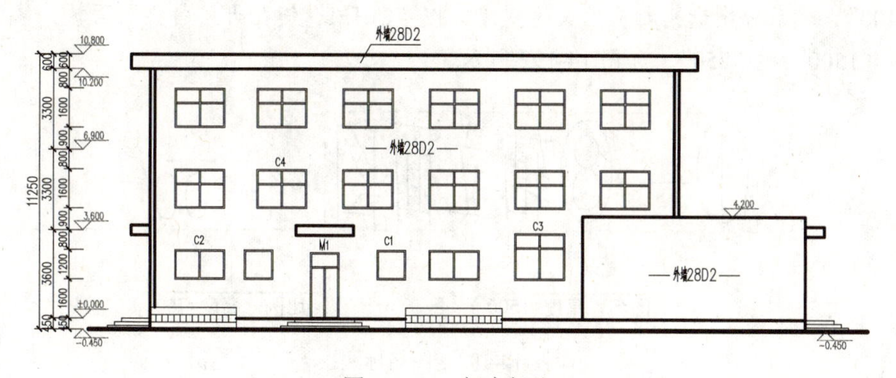

图 14-189　标高标注

4. 轴线编号标注

进行轴线编号标注。

STEP 01 在命令行中输入“图层特性管理器”命令（LA），在打开的“图层特性管理器”面板中新建“轴线编号”图层，并将该图层设置为当前图层，如图 14-190 所示。

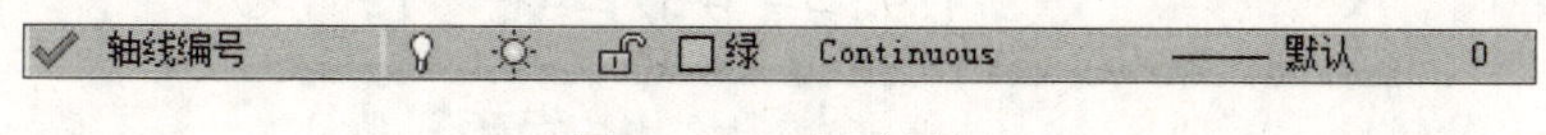

图 14-190　新建图层

STEP 02 执行“插入”（I）和“直线”（L）命令，将“案例\14\轴线编号.dwg”插入图形底侧位置，并分别修改属性值，如图 14-191 所示。

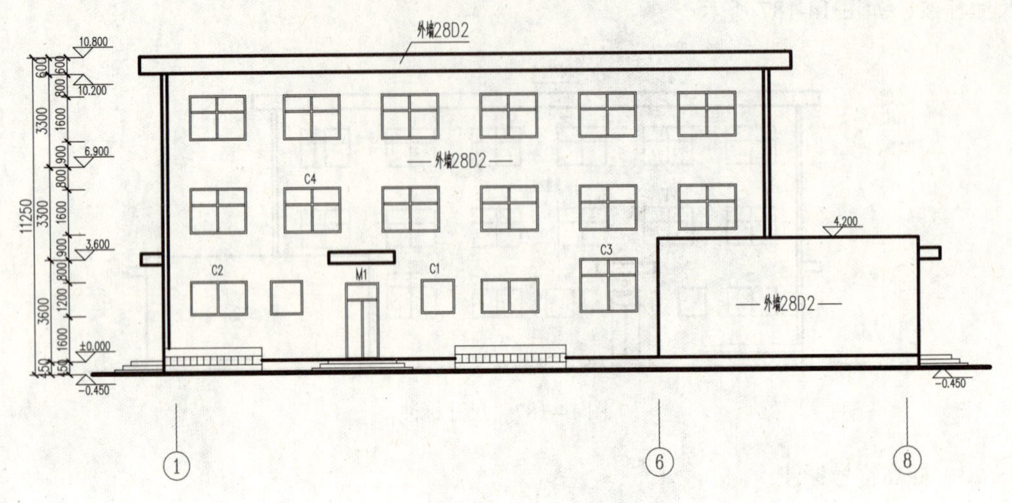

图 14-191　轴号标注

5. 图名及比例的注释

最后对医院 1—8 立面图进行图名及比例注释。

STEP 01 单击“图层”面板中的“图层控制”下拉列表框，将“文字标注”图层设置为当前图层。

STEP 02 单击“注释”选项卡“文字”面板中的“文字样式”下拉按钮，在其下拉列表框中选择“图名”文字样式。

STEP 03 执行“单行文字”命令（DT），在相应的位置输入“①—⑧轴立面图”和比例“1：100”，然后分别选择相应的文字对象，按“Ctrl+1”键打开“特性”面板，修改文字大小为“1500”和“750”，如图 14-192 所示。

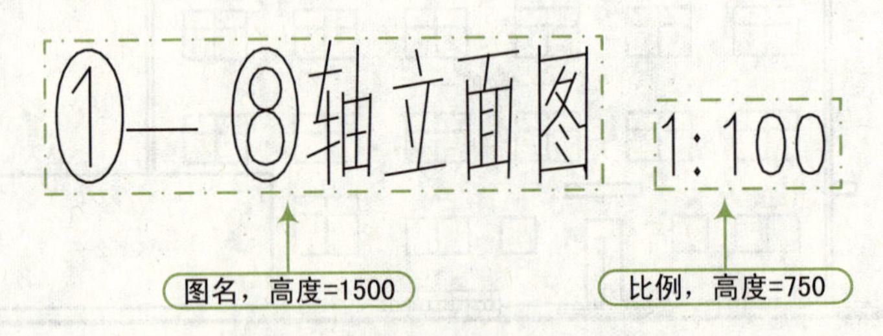

图 14-192　图名标注

STEP 04 执行“多段线”命令（PL），在图名的下侧绘制一条宽度为“120”，与文字标注大约等长的水平线段，如图 14-193 所示。

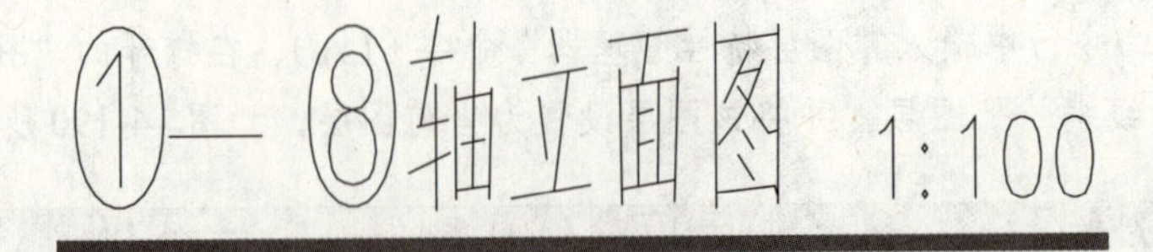

图 14-193　绘制多段线

STEP 05 单击“图层”面板中的“图层控制”下拉列表框，将“0”图层设置为当前图层。

STEP 06 执行“插入”命令（I），打开“插入”对话框，选择“案例\14\A3 图框.dwg”图块，设置比例为“100”，插入图中的相应位置，其效果如图 14-194 所示。

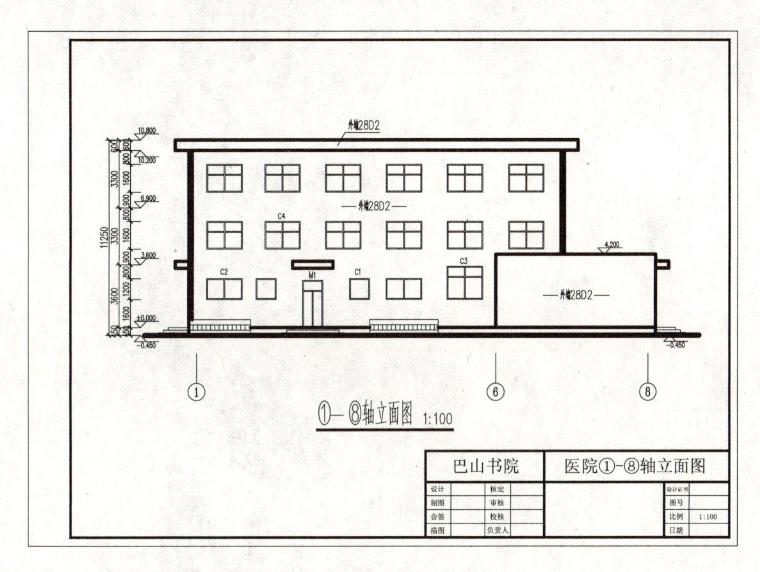

图 14-194　插入图层

STEP 07 至此，该医院 1—8 立面图绘制完成，按“Ctrl+S”组合键进行保存，然后选择“文件｜关闭”菜单命令，将该图形文件退出。

第15章 装修施工图绘制案例

老师，绘制装修施工图时需要注意什么？装修施工图与建筑施工图一样吗？

绘制什么图都是从点线开始的，熟练掌握了这些基本工具的使用后，再结合不同图纸的类型来进行绘制。

在绘制装修施工图时，设计师们最主要考虑的内容是：人体尺寸、人体作业域、家具设备常见尺寸、建筑尺度规范及视觉心理和空间。装修施工图与建筑施工图大致相同，也有平面图、立面图、剖面图、断面图等，但装修施工图还可以按照施工图的类型来分，包括地材布置图、天花布置图、强电布置图、弱电布置图、给排水布置图等。

效果预览

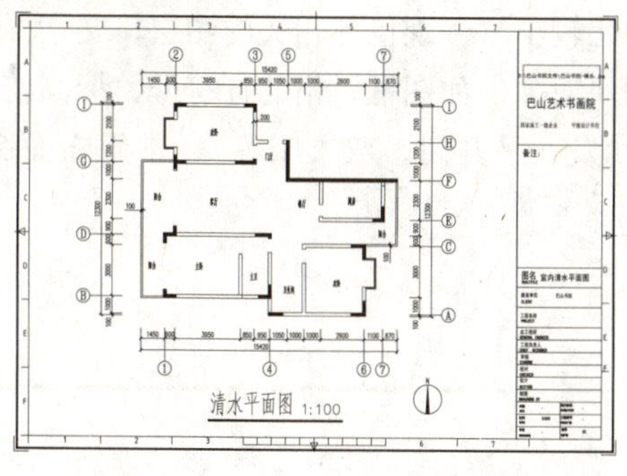

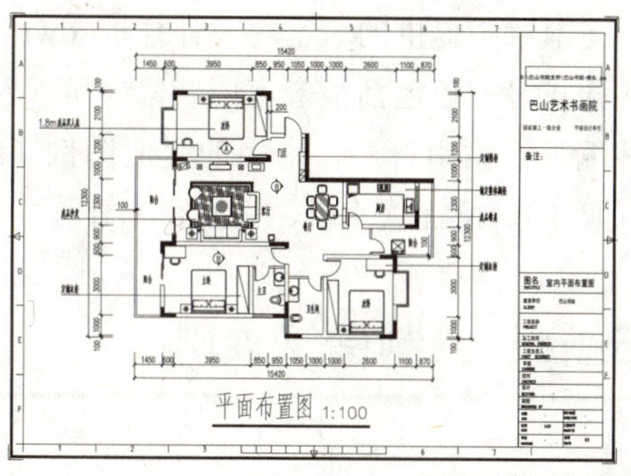

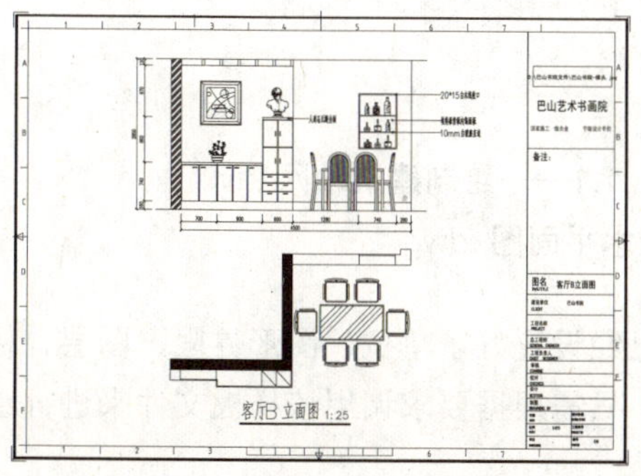

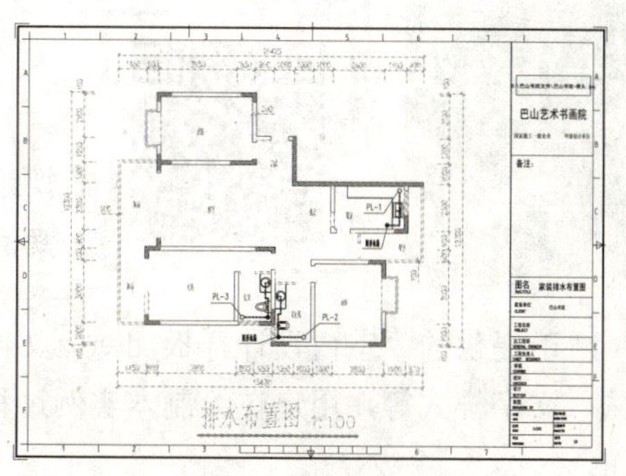

15.1 家装室内清水平面图的绘制

在前面的章节中，我们已经制作了机械和建筑方面的样板文件，本章中我们就不必如此操作，可以直接调用一个已经事先制作好的样板文件来进行绘制，这样可以提高工作效率，最终绘制效果如图 15-1 所示。

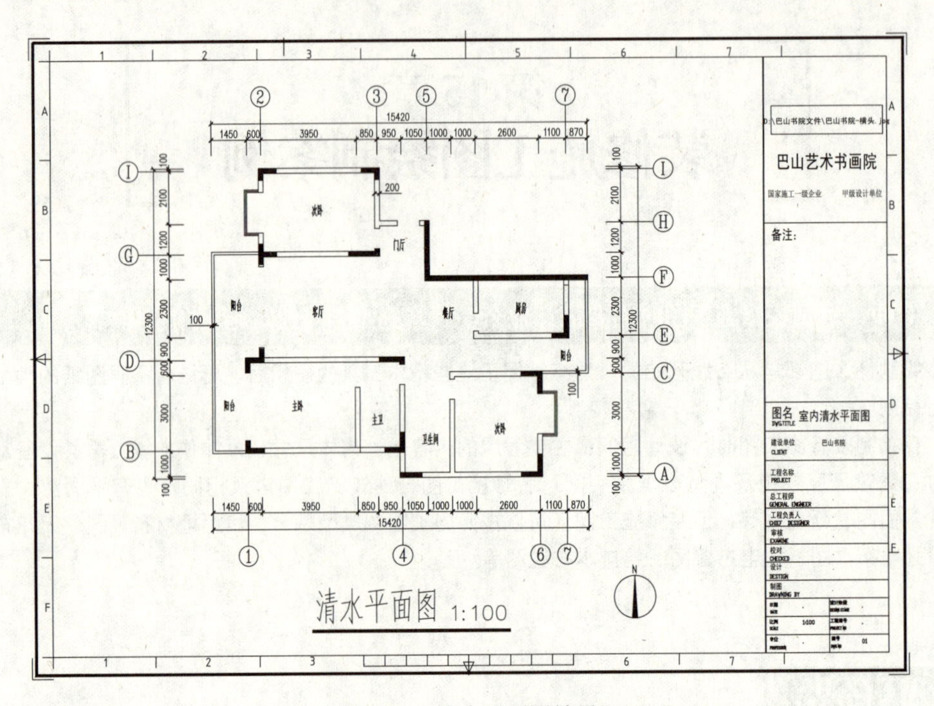

图 15-1　清水平面图效果

在本章中提供的“室内设计样板 .dwt”文件比较丰富，既包括相关的图层、文字样式、标注样式等，还包括很多室内装修中所涉及的图块对象，如图框、指北针符号、标高符号、轴线编号、索引符号、常用的平面图例（组合沙发、平开门、双人床等）、常用立面图例（立面冰箱、立面饮水机、立面床）等。

15.1.1 绘制建筑轴网

视频：15.1.1——绘制建筑轴网 .avi
案例：清水平面图 .dwg

由于提供的“室内设计样板 .dwt”文件中已经设置好了单位、图形界限、图层、标注样式、文字样式等，用户在绘制本实例过程中，只需根据要求调用该样板文件来进行绘制即可。

STEP 01 启动 AutoCAD 软件，系统自动创建一个空白的 .dwg 文件。

STEP 02 按“Ctrl+O”组合键，将“案例\15\室内设计样板 .dwt”文件打开，然后按“Ctrl+Shift+S”组合键，弹出“图形另存为”对话框，将该文件保存为“案例\15\清水平面图 .dwg”文件。

STEP 03 单击“图层”面板中的“图层控制”下拉列表框，将“ZX- 轴线”图层设置为当前图层。

STEP 04 执行“直线”命令（L），在绘图区中绘制高 16420mm 和长 13300mm 且互相垂直的线段。

STEP 05 执行“偏移”命令（O），偏移前面绘制水平和垂直线段，绘制如图 15-2 所示的轴网对象。

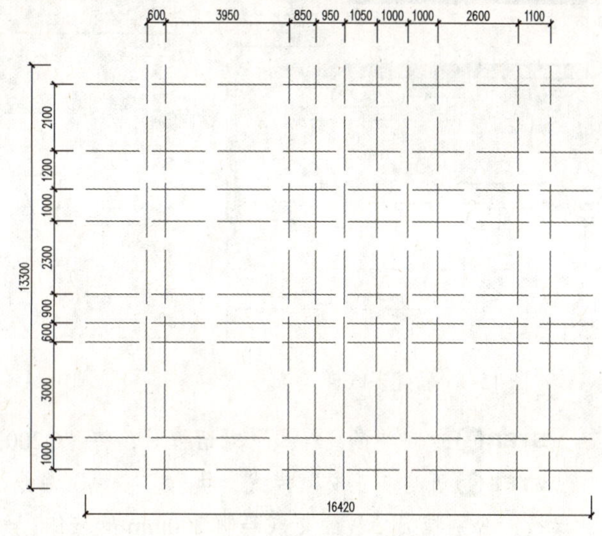

图 15-2　绘制轴网

QA 问题	
学生问：	老师，轴线比例太大怎么办？
老师答：	由于轴线对象是使用的点画线对象，当图形比较大时，所绘制的轴线对象看不出点画线的效果，这时可选择“格式 | 线型”菜单命令，在弹出的“线型”对话框中设置其线型的全局比例因子为“70”即可。

15.1.2 绘制墙体

视频：15.1.2——绘制墙体 .avi
案例：清水平面图 .dwg

首先设置多线样式，使用“多线”命令（ML）绘制墙体，然后编辑多段线对象。

STEP 01 单击“图层”面板中的“图层控制”下拉列表框，将“QT- 墙体”图层设置为当前图层。

STEP 02 执行“多线样式”命令（MLSTYLE），打开“多线样式”对话框，单击“新建”按钮，在打开的对话框中新建名为“Q200”的多线样式，然后单击“继续”按钮，如图 15-3 所示。

STEP 03 打开“新建多线样式：Q200”对话框，设置“图元”的偏移量分别为“100”和“-100”，然后单击“确定”按钮，如图 15-4 所示。

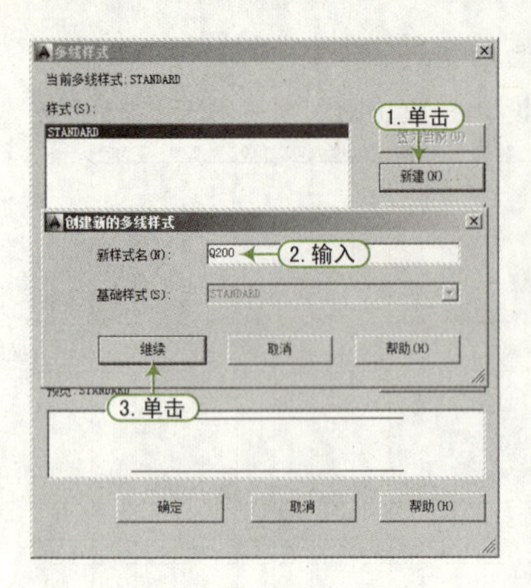

图 15-3　新建多线样式

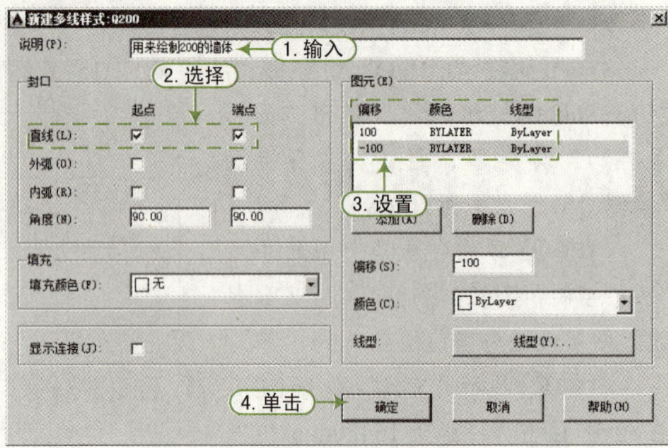

图 15-4　设置多线样式

STEP 04 返回“多线样式”对话框时，将“Q200”样式设置为当前。

STEP 05 开启“正交”模式，执行“多线”命令（ML），根据如下命令行提示设置多线的参数，分别捕捉轴线的交点绘制 200mm 的墙体，如图 15-5 所示。

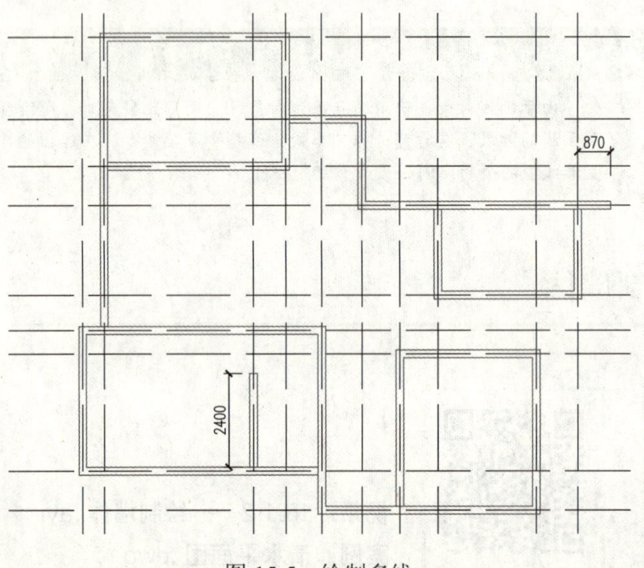

图 15-5　绘制多线

```
命令：_MLINE                                          \\ 执行“多线”命令
当前设置：对正 = 上，比例 = 20.00，样式 = Q200
指定起点或 [ 对正 (J)/ 比例 (S)/ 样式 (ST)]: S          \\ 输入 S，按 Enter 键
输入多线比例 <20.00>: 1                                \\ 输入 1，按 Enter 键
当前设置：对正 = 上，比例 = 1.00，样式 = Q200
指定起点或 [ 对正 (J)/ 比例 (S)/ 样式 (ST)]: J          \\ 输入 J，按 Enter 键
输入对正类型 [ 上 (T)/ 无 (Z)/ 下 (B)] < 上 >: Z        \\ 输入 Z，按 Enter 键
当前设置：对正 = 无，比例 = 1.00，样式 = Q200
指定起点或 [ 对正 (J)/ 比例 (S)/ 样式 (ST)]:            \\ 捕捉轴线交点开始绘制墙体
```

QA 问题

学生问： 老师，多线的比例如何设置？

老师答： 默认状态下，多线的比例为“20”，在此需要更改设置为“1”，这样绘制出来的多线才能符合要求。

STEP 06 执行“多线编辑”命令（MLEDIT），打开如图 15-6 所示的“多线编辑工具”对话框，对多线进行编辑。

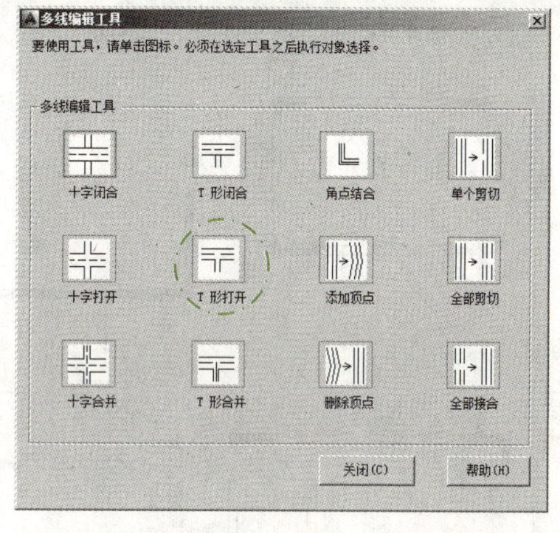

图 15-6　“多线编辑工具”对话框

STEP 07 在“多线编辑工具”对话框中单击“T 形打开”按钮，分别对其指定的交点进行编辑操作，编辑后的墙体如图 15-7 所示。

STEP 08 将“TC- 填充”图层设置为当前图层，执行“直线”（L）和“图案填充”（H）命令，对图形的相应位置进行“SOLID”图案填充，作为剪力墙对象，效果如图 15-8 所示。

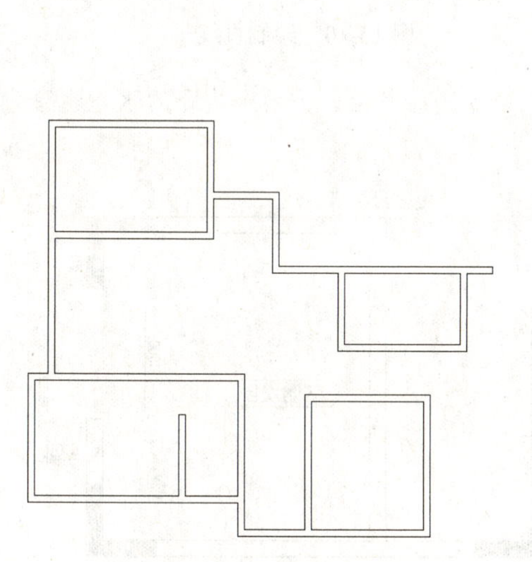

图 15-7　编辑多线

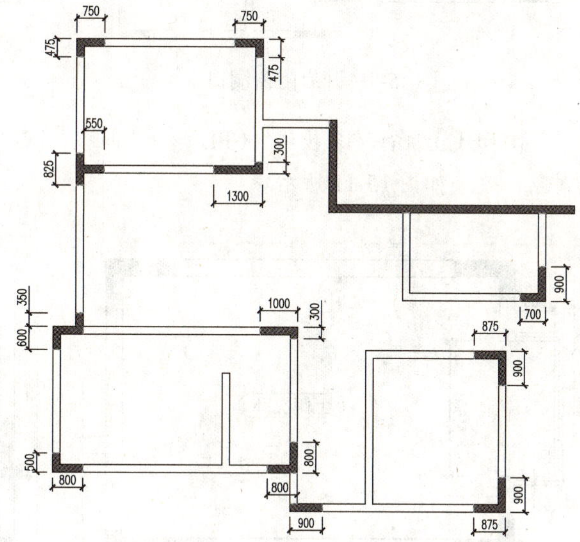

图 15-8　绘制剪力墙

15.1.3 绘制门窗洞口

视频：15.1.3——绘制门窗洞口 .avi

案例：清水平面图 .dwg

STEP 01 单击“图层”面板中的“图层控制”下拉列表框，将“0”图层设置为当前图层。

STEP 02 执行“直线”(L)、“偏移”(O)和“修剪”(TR)命令，按照如图 15-9 所示的尺寸，偏移和修剪线段，从而开启门窗洞口。

STEP 03 将“C-窗”图层设置为当前图层，执行“直线”命令（L），绘制直线，将平面窗口对象封闭起来，如图 15-10 所示。

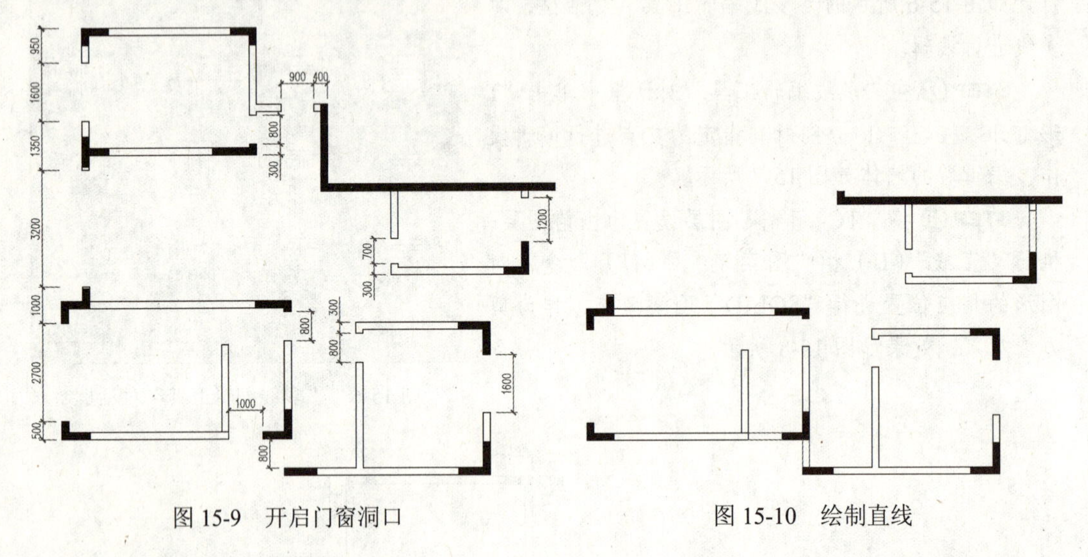

图 15-9　开启门窗洞口　　　　图 15-10　绘制直线

STEP 04 执行“多段线”（PL）和“偏移”（O）命令，绘制上、下两个次卧的落地飘窗对象，效果如图 15-11 所示。

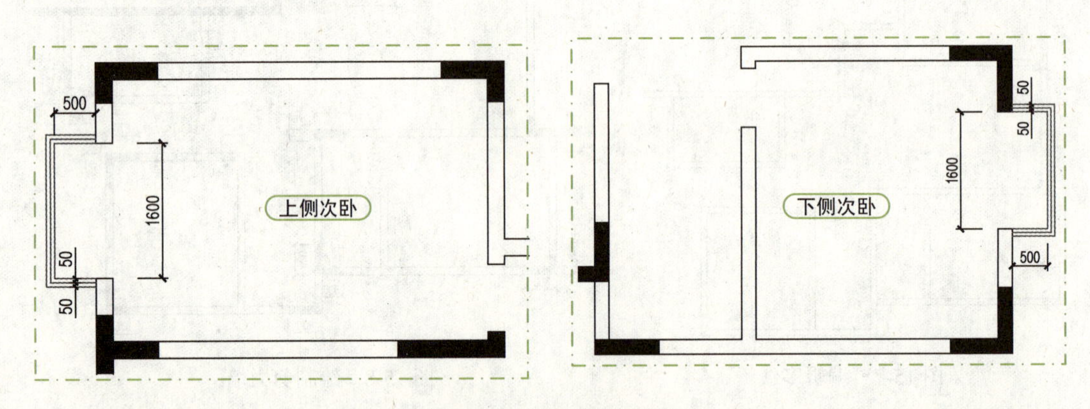

图 15-11　绘制落地飘窗

QA 问题

学生问： 老师，这里为何只有图形当前绘制的细节部分？

老师答： 由于图形过大，无法直接而清晰地反映出绘制图形的细节部分，所以这里所截的图形只有图形当前绘制部分，这样更能反映绘制图形的效果。

15.1.4 绘制阳台

视频：15.1.4——绘制阳台 .avi
案例：清水平面图 .dwg

下面绘制阳台对象。

STEP 01 单击“图层”面板中的“图层控制”下拉列表框，将“0”图层设置为当前图层。

STEP 02 执行“多段线”命令（PL），在平面图中绘制如图 15-12 所示的多段线。

STEP 03 执行“偏移”命令（O），将前面绘制的多段线分别向其内侧偏移 100mm，从而完成阳台对象的绘制，如图 15-13 所示。

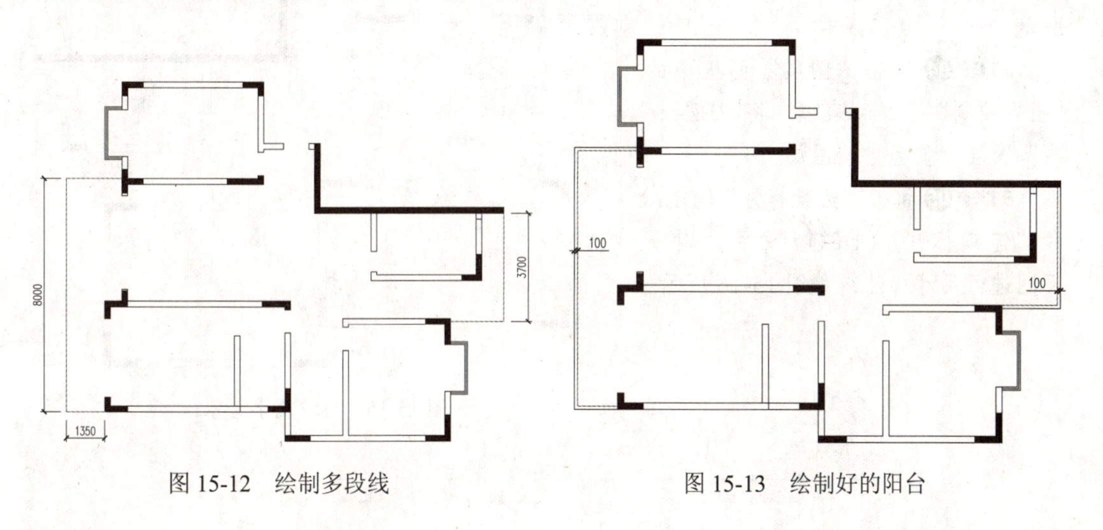

图 15-12 绘制多段线 图 15-13 绘制好的阳台

15.1.5 建筑平面图的标注

视频：15.1.5——建筑平面图的标注 .avi
案例：清水平面图 .dwg

下面对绘制的清水平面图进行相应的注释说明。

STEP 01 单击“图层”面板中的“图层控制”下拉列表框，将“ZS- 注释”图层设置为当前图层。

STEP 02 单击“注释”选项卡“文字”面板中的“文字样式”下拉按钮，在其下拉列表框中选择“图内说明”文字样式，如图 15-14 所示。

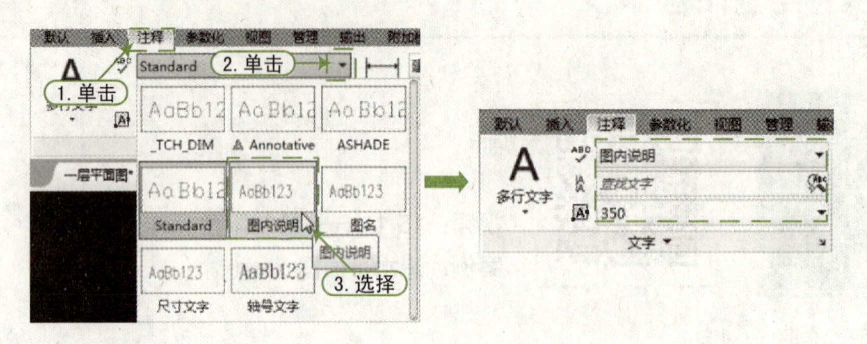

图 15-14　选择文字样式

STEP 03 执行“单行文字”命令（DT），设置文字高度为 450，在每个空间位置进行名称注释，如图 15-15 所示。

STEP 04 单击“图层”面板中的“图层控制”下拉列表框，将“BZ-标注”图层设置为当前图层。

STEP 05 执行“线性标注”（DLI）和“连续标注”（DCO）命令，对平面图进行尺寸标注，如图 15-16 所示。

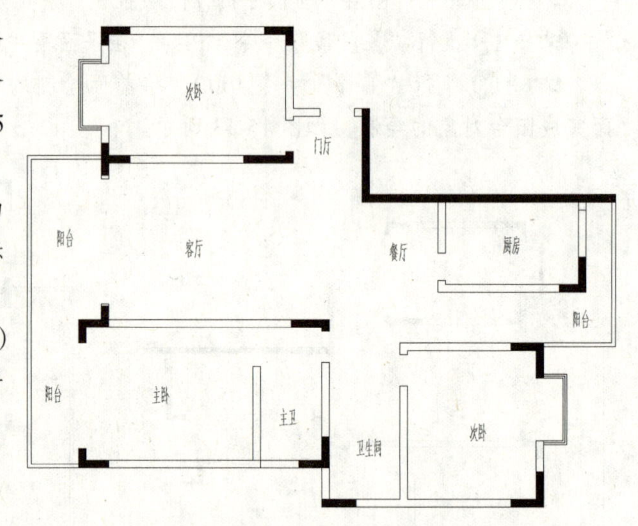

图 15-15　标注文字对象

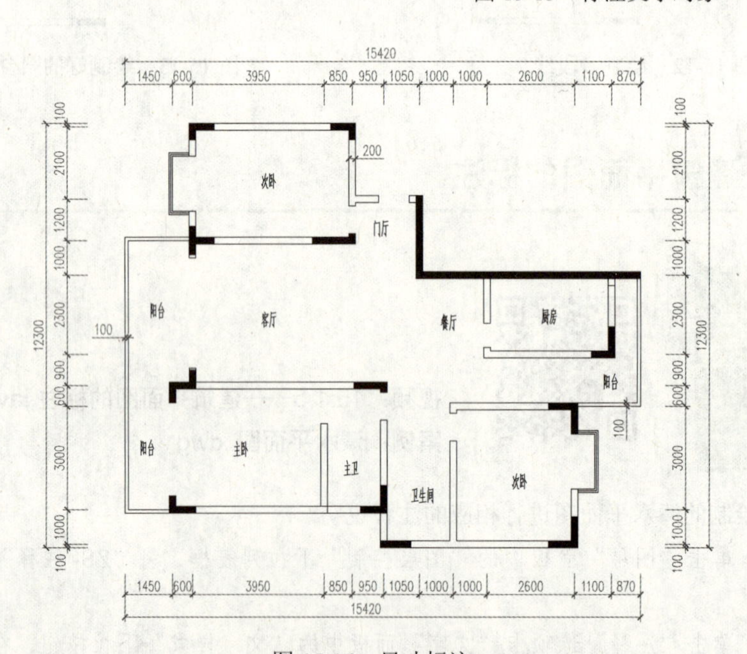

图 15-16　尺寸标注

QA 问题

学生问： 老师，如何进行尺寸标注？

老师答： 在进行尺寸标注时，首先指定左侧或右侧的位置进行第一个线性标注（DLI），然后进行连续标注（DCO），从而可以快速地完成尺寸标注。

STEP 06 将“FH- 符号”图层设置为当前图层，执行“插入”命令（I），打开“插入”对话框，然后单击“名称”选项右侧的倒三角按钮▾，选择“轴线标号”内部图块，插入图中相应主要轴线位置，并修改属性值，然后结合“直线”命令（L），对平面图进行轴号标注，如图 15-17 所示。

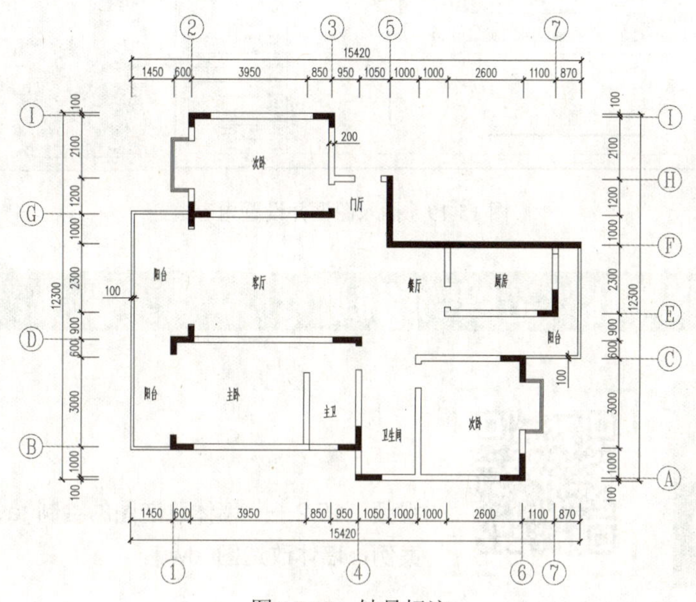

图 15-17　轴号标注

STEP 07 执行“插入”命令（I），打开“插入”对话框，然后单击“名称”选项右侧的倒三角按钮▾，选择“指北针符号”内部图块，设置插入比例为“70”，将其插入图形右下侧位置，完成指北针符号标注。

STEP 08 将“ZS- 注释”图层设置为当前图层，然后单击“注释”选项卡“文字”面板中的“文字样式”下拉按钮，在其下拉列表框中选择“图名”文字样式。

STEP 09 执行“单行文字”命令（DT），在相应的位置输入“清水平面图”和比例“1 ：100”，然后分别选择相应的文字对象，按“Ctrl+1”键打开“特性”面板，修改文字大小为“1400”和“700”，然后执行“多段线”命令（PL），在图名的下侧绘制一条宽度为“100”、与文字标注大约等长的水平线段，如图 15-18 所示。

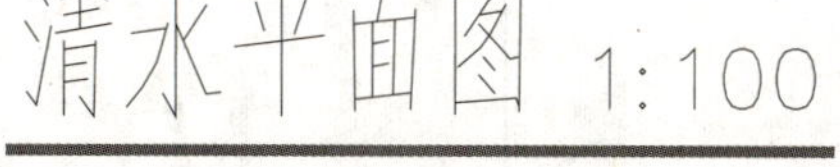

清水平面图 1:100

图 15-18　图名标注

STEP 10 将“TQ- 签”图层设置为当前图层，执行“插入”命令（I），打开“插入”对话框，然后单击“名称”选项右侧的倒三角按钮▾，选择“A4 图框 -2”内部图块，设置插入比例为“120”，插入图中的相应位置并修改相应图签内容，其效果如图 15-19 所示。

STEP 11 至此，该室内清水平面图绘制完成，按“Ctrl+S”组合键进行保存，然后选择“文件 | 关闭”菜单命令，将该图形文件退出。

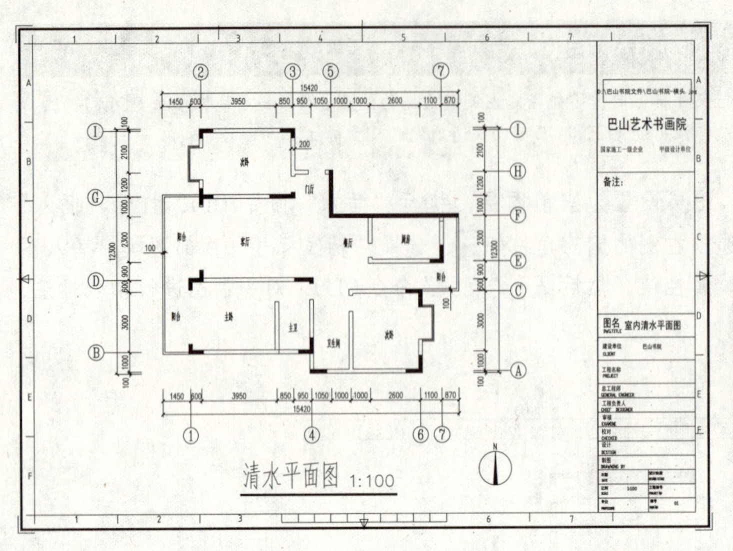
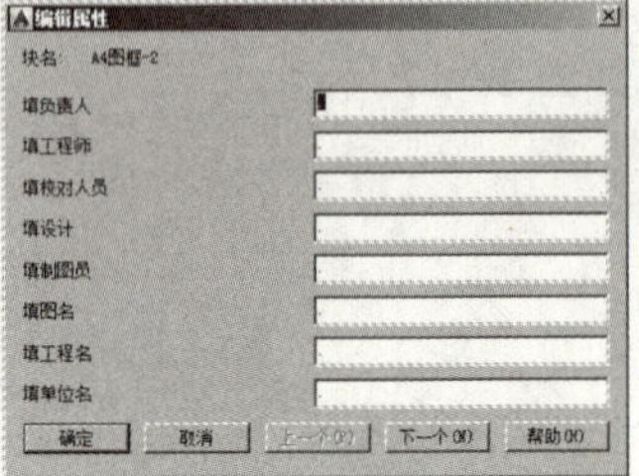

图 15-19　插入图框并设置内容

15.2　家装墙体改造图的绘制

视频：15.2——墙体改造图的绘制 .avi

案例：墙体改造图 .dwg

打开前面绘制好的清水平面图文件，并另存为新的文件；然后将多余的图层隐藏，并修改图名；最后对图中的相应墙体进行改造，以及对图形中的细节部分进行详细的尺寸标注，最终绘制效果如图 15-20 所示。

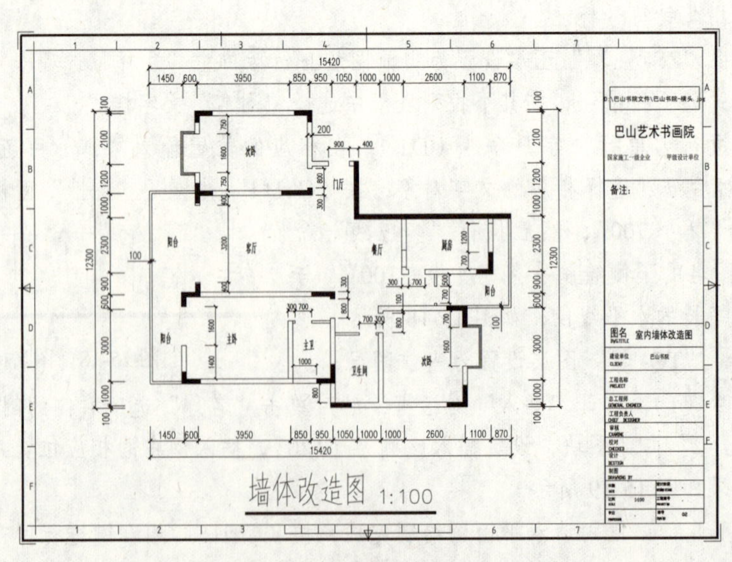

图 15-20　墙体改造图效果

STEP 01 启动 AutoCAD 软件，系统自动创建一个空白的 .dwg 文件。

STEP 02 按“Ctrl+O”组合键，将“案例\15\清水平面图 .dwg”文件打开，然后按“Ctrl+Shift+S”组合键，将弹出“图形另存为”对话框，将该文件保存为“案例\15\墙体改造图 .dwg”文件。

STEP 03 删除轴号标注及其他多余的图形对象，将下侧的图名注释部分进行适当的修改，调整后的图形效果如图 15-21 所示。

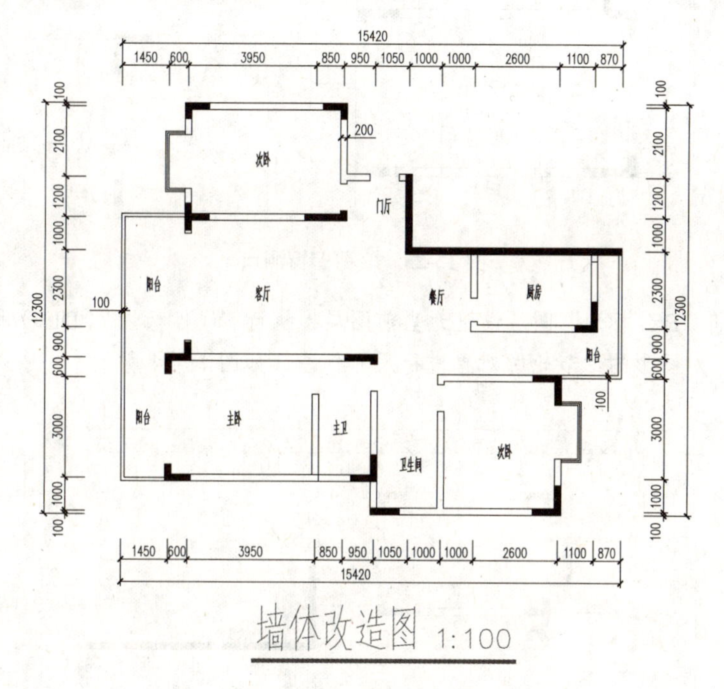

图 15-21　调整后的效果

STEP 04 单击“图层”面板中的“图层控制”下拉列表框，将“QT- 墙体”图层设置为当前图层。

STEP 05 执行“直线”（L）和“偏移”（O）命令，在图形相应位置分别绘制 100mm 和 200mm 墙体对象，效果如图 15-22 所示。

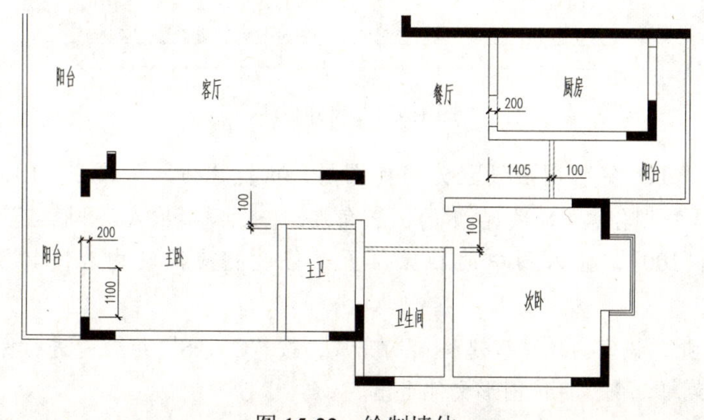

图 15-22　绘制墙体

STEP 06 执行“直线”（L）、“偏移”（O）和“修剪”（TR）命令，按照如图 15-23 所示的尺寸，绘制、偏移和修剪线段，从而开启改造后的门窗洞口。

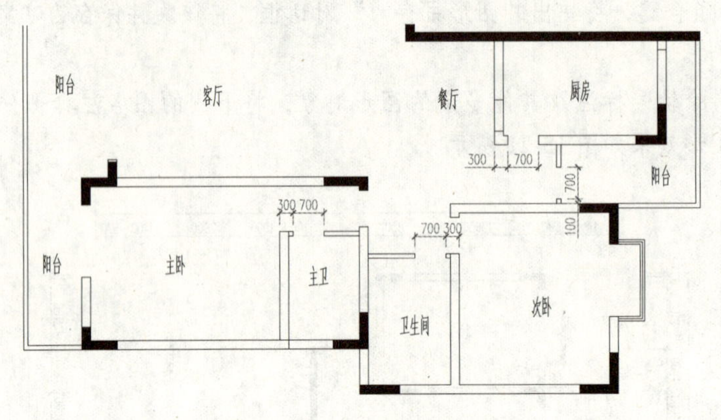

图 15-23　修剪门窗洞口

STEP 07 将“BZ- 标注”图层设置为当前图层，执行“线性标注”（DLI）和“连续标注”（DCO）命令，对图形的细节轮廓对象进行尺寸标注，如图 15-24 所示。

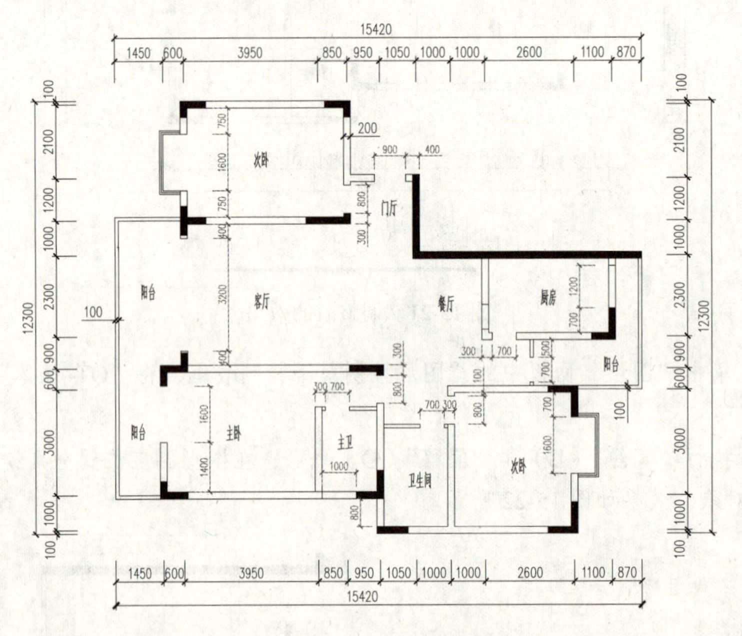

图 15-24　尺寸标注

STEP 08 将“TQ- 签”图层设置为当前图层，执行“插入”命令（I），打开“插入”对话框，然后单击“名称（N）”右侧的倒三角按钮▼，选择“A4 图框 -2”内部图块，设置插入比例为“100”，插入图中的相应位置并修改相应图签内容，其效果如图 15-25 所示。

STEP 09 至此，该室内墙体改造图绘制完成，按“Ctrl+S”组合键进行保存，然后选择“文件｜关闭”菜单命令，将该图形文件退出。

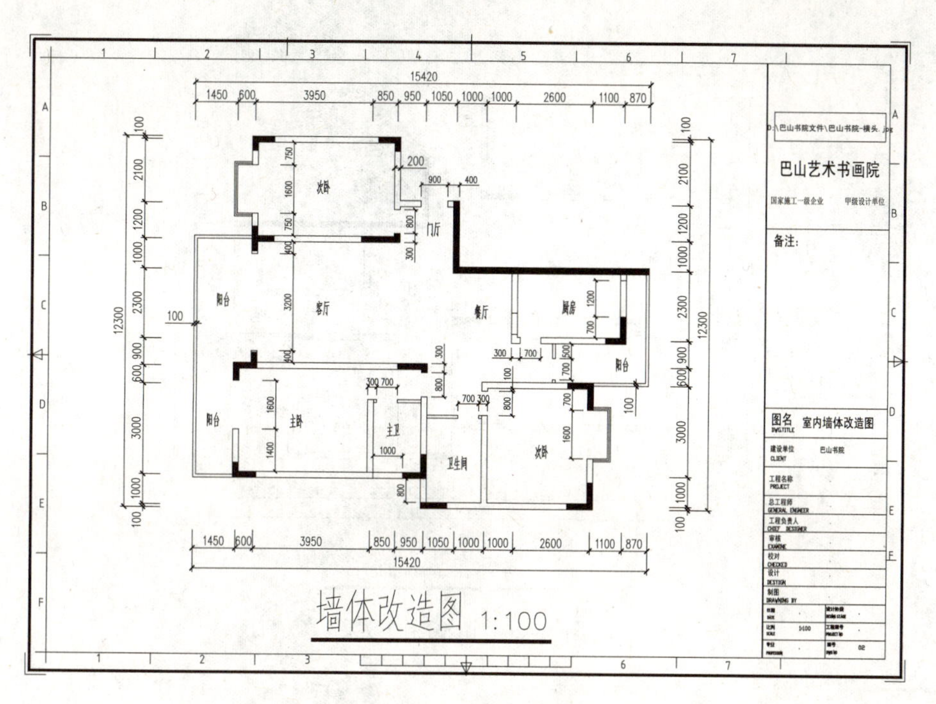

图 15-25　插入图框

15.3　家装平面布置图的绘制

打开前面绘制好的墙体改造图文件，并另存为新的文件。首先将多余的图层隐藏，并修改图名；然后在每个空间位置绘制相应的装修轮廓，并插入事先准备好的图块对象，再对指定的细节位置注释说明。

15.3.1　调用绘图环境

视频：15.3.1——调用绘图环境 .avi
案例：平面布置图 .dwg

STEP 01 启动 AutoCAD 软件，系统自动创建一个空白的 .dwg 文件。

STEP 02 按“Ctrl+O”组合键，将“案例 \15\ 墙体改造图 .dwg”文件打开，然后按“Ctrl+Shift+S”组合键，将弹出“图形另存为”对话框，将该文件保存为“案例 \15\ 平面布置图 .dwg”文件。

STEP 03 删除图形中多余的图形对象，将下侧的图名注释部分进行适当的修改，调整后的图形效果如图 15-26 所示。

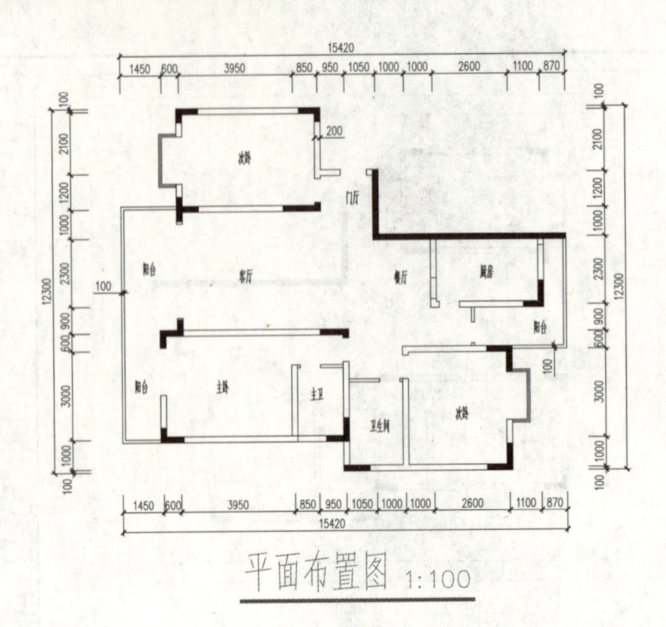

图 15-26　调整后的效果

15.3.2 安装门窗对象

视频：15.3.2——安装门窗对象 .avi
案例：平面布置图 .dwg

首先对各个门窗洞口进行相应的门窗对象安装。

STEP 01 单击“图层”面板中的“图层控制”下拉列表框，将“M-门”图层设置为当前图层。

STEP 02 执行“插入”命令（I），打开“插入”对话框，然后单击“名称”选项右侧的倒三角按钮▾，选择“单开门符号”内部图块，输入比例为“0.9”，然后单击“确定”按钮，将其插入图中大门位置处，如图 15-27 所示。

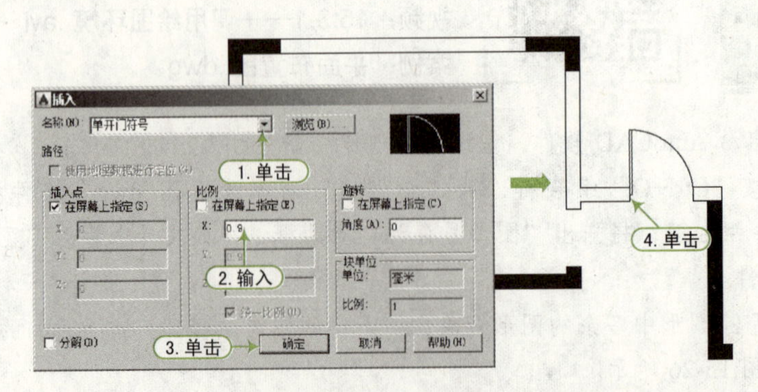

图 15-27　插入图块

STEP 03 执行“插入”命令（I），打开“插入”对话框，然后单击“名称”选项右侧的倒三角按钮▾，选择“单开门符号”内部图块，设置比例为“0.8”，插入相应的位置，再使用“旋转”（RO）和“镜像”（MI）命令，对插入的图块进行编辑，如图 15-28 所示。

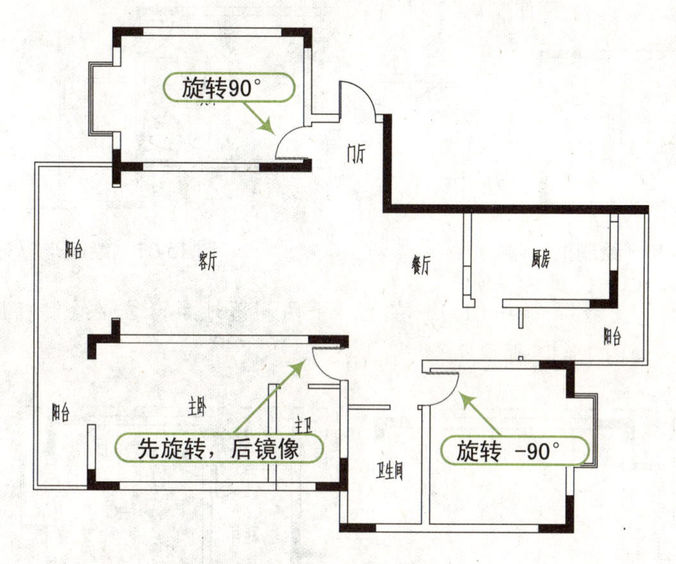

图 15-28　插入其他图块

STEP 04 再次执行“插入”命令（I），打开“插入”对话框，然后单击“名称”选项右侧的倒三角按钮▾，选择“单开门符号”内部图块，设置比例为“0.7”，插入相应的位置，再使用“旋转”（RO）、“移动”（M）和“镜像”（MI）命令，对插入的图块进行编辑，如图 15-29 所示。

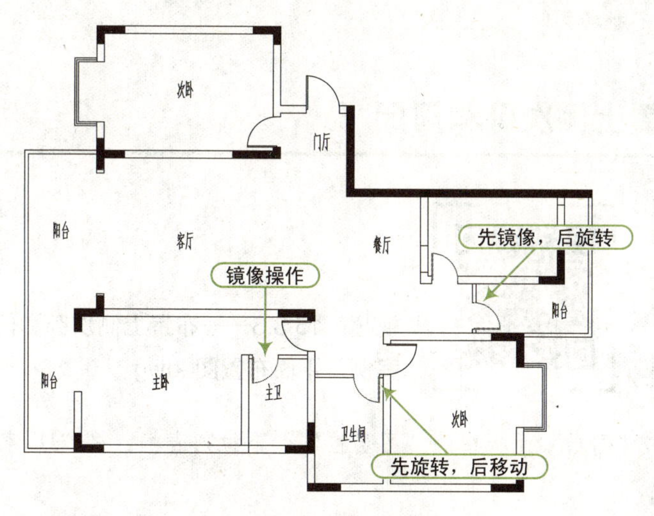

图 15-29　插入图块

STEP 05 执行“矩形”命令（REC），绘制 6 个 50mm×800mm 的矩形，作为客厅和主卧的推拉门对象，效果如图 15-30 所示。

STEP 06 将“C- 窗”图层设置为当前图层。执行“直线”（L）和“偏移”（O）命令，在图形的相应窗洞口绘制平窗对象，效果如图 15-31 所示。

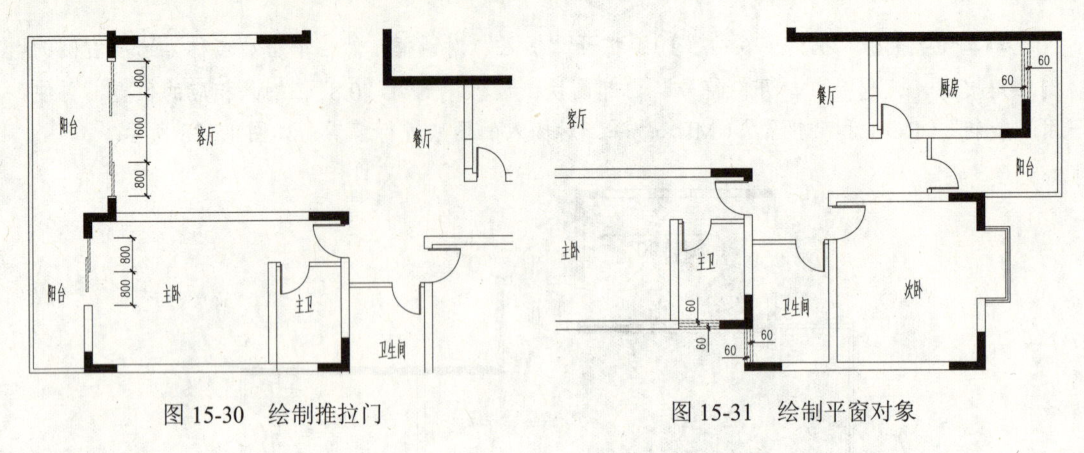

图 15-30　绘制推拉门　　　　图 15-31　绘制平窗对象

STEP 07 执行“直线”命令（L），在上、下两侧落地飘窗位置绘制相应的直线，表示将飘窗台阶抬高，如图 15-32 所示。

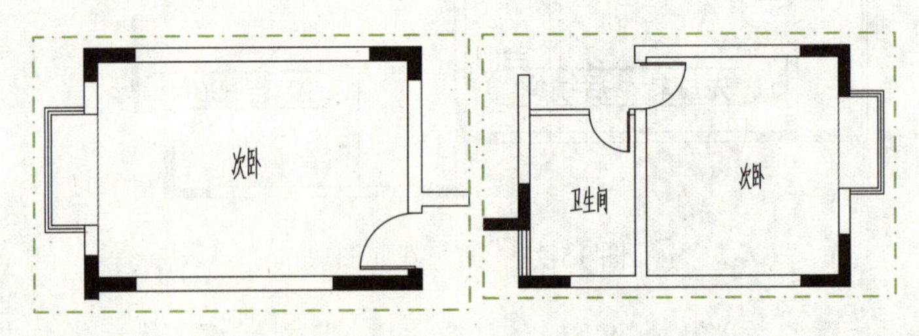

图 15-32　绘制直线

QA 问题

学生问： 老师，这里为什么要将飘窗抬高？

老师答： 如果住户家有小孩，为了居家安全，在室内装修时，应将卧室的飘窗台阶进行抬高处理。

15.3.3 布置上侧次卧和门厅

视频：15.3.3——布置上侧次卧和门厅 .avi
案例：平面布置图 .dwg

STEP 01 单击“图层”面板中的“图层控制”下拉列表框，将“JJ- 家具”图层设置为当前图层。

STEP 02 执行“矩形”（REC）、“直线”（L）和“偏移”（O）命令，在门厅和上侧次卧位置处绘制鞋柜和衣柜对象，如图 15-33 所示。

STEP 03 执行“插入”命令（I），打开“插入”对话框，然后单击“名称”选项右侧的倒三角按钮▾，选择“双人床”、“电脑桌”相应内部图块，将其插入上侧次卧相应位置，然后调整电脑桌为合适大小，效果如图 15-34 所示。

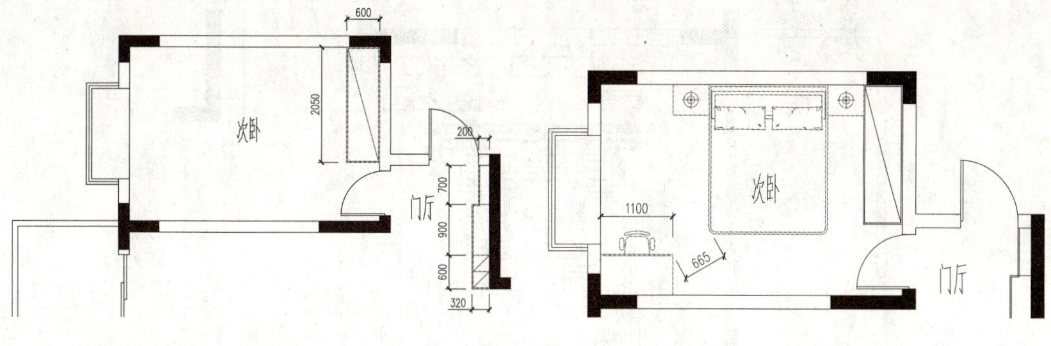

图 15-33　绘制鞋柜和衣柜对象　　　　图 15-34　插入图块

15.3.4 布置客厅

视频：15.3.4——布置客厅 .avi
案例：平面布置图 .dwg

STEP 01 单击“图层”面板中的“图层控制”下拉列表框，将“JJ- 家具”图层设置为当前图层。

STEP 02 执行“插入”命令（I），打开“插入”对话框，然后单击“名称”选项右侧的倒三角按钮▾，选择“组合沙发”、“平面电视机”相应内部图块，将其插入客厅相应位置，效果如图 15-35 所示。

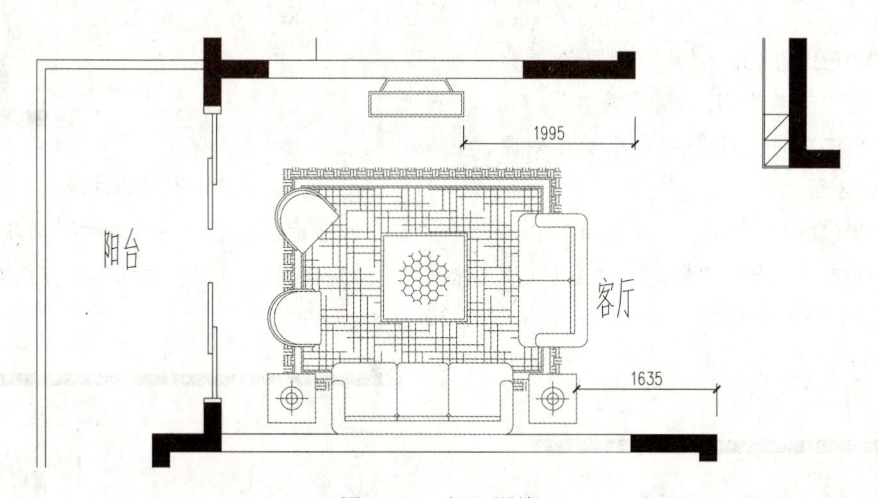

图 15-35　插入图块

STEP 03 执行“矩形”（REC）、“直线”（L）和“圆”（C）命令，在客厅的相应位置分别绘制空调、音箱、平面 DVD、饮水机对象，效果如图 15-36 所示。

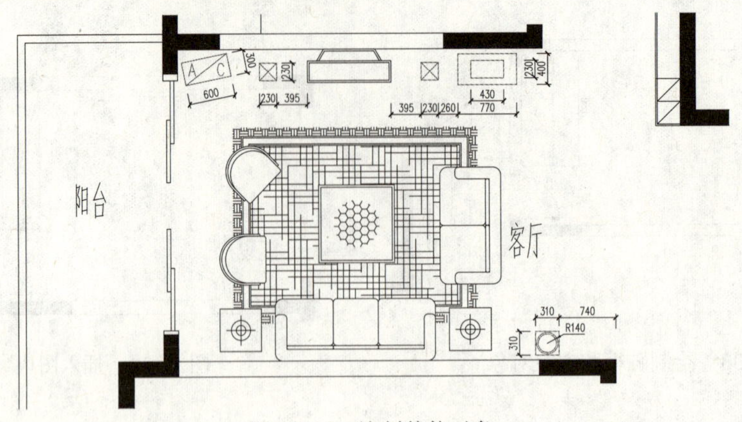

图 15-36　绘制其他对象

15.3.5 布置餐厅和厨房

视频：15.3.5——布置餐厅和厨房 .avi
案例：平面布置图 .dwg

首先对各个门窗洞口进行相应的门窗对象安装。

STEP 01 单击“图层”面板中的“图层控制”下拉列表框，将“0”图层设置为当前图层。

STEP 02 执行“直线”（L）和“偏移”（O）命令，在厨房绘制灶台轮廓，效果如图 15-37 所示。

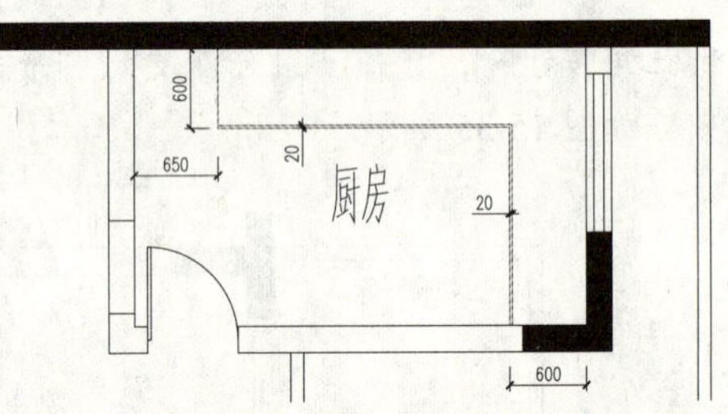

图 15-37　绘制轮廓

STEP 03 将“JJ- 家具”图层设置为当前图层，执行“直线”（L）和“偏移”（O）命令，在餐厅的相应位置绘制一个小酒柜对象，效果如图 15-38 所示。

STEP 04 执行“插入”命令（I），打开“插入”对话框，然后单击“名称”选项右侧的倒三角按钮▾，选择“餐桌”、“冰箱”、“天然气灶”、“洗菜盆”和“洗衣机”相应内部图块，将其插入餐厅和厨房相应位置，效果如图 15-39 所示。

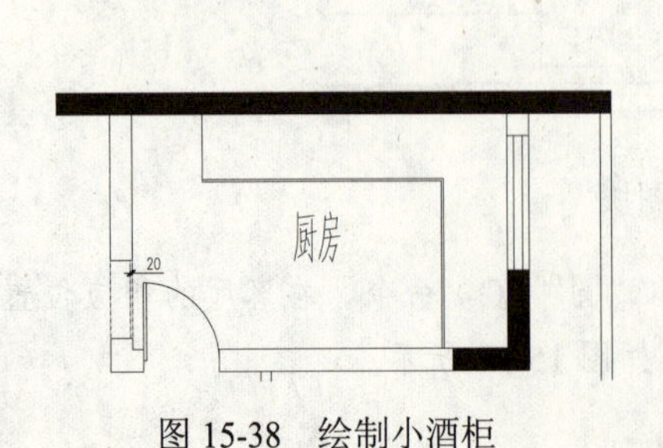

图 15-38　绘制小酒柜

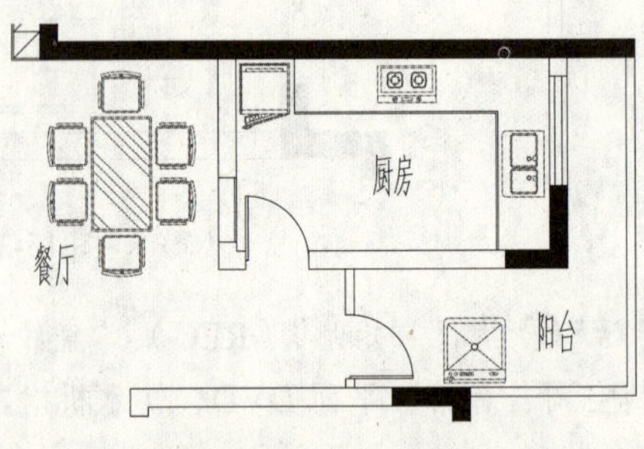

图 15-39　插入图块

15.3.6 布置主卧和主卫

视频：15.3.6——布置主卧和主卫 .avi
案例：平面布置图 .dwg

STEP 01 单击“图层”面板中的“图层控制”下拉列表框，将“0”图层设置为当前图层。

STEP 02 执行“直线”(L)、“圆角”(F) 和“偏移”(O) 命令，在主卫绘制洗漱台对象，效果如图 15-40 所示。

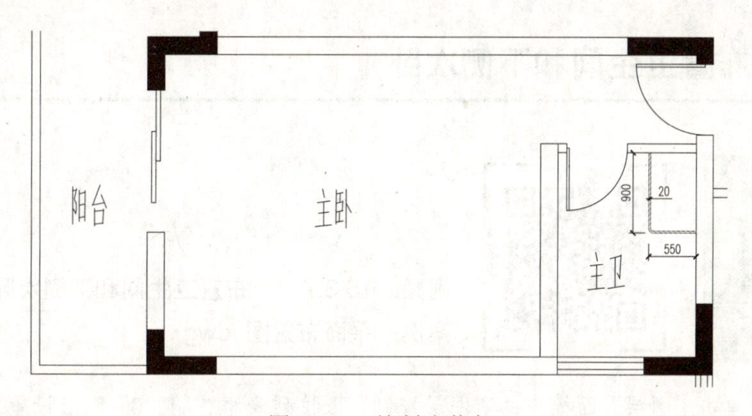

图 15-40　绘制洗漱台

STEP 03 将“JJ- 家具”图层设置为当前图层，执行“矩形”(REC)、“直线”(L) 和“偏移”(O) 命令，在主卧绘制衣柜对象，效果如图 15-41 所示。

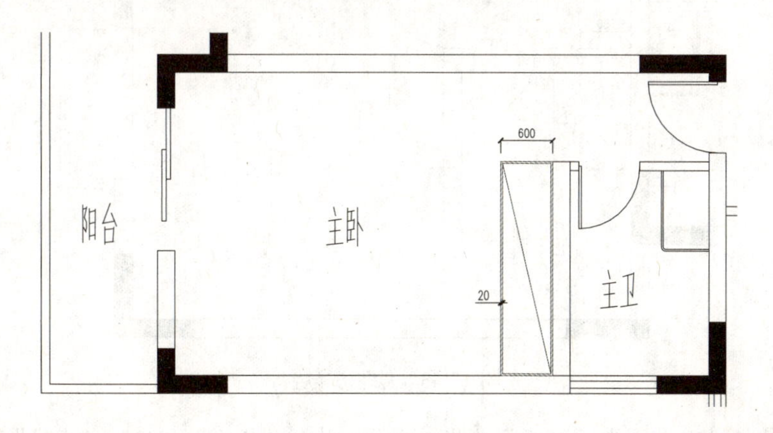

图 15-41　绘制衣柜

STEP 04 执行“插入”命令 (I)，打开“插入”对话框，然后单击“名称”选项右侧的倒三角按钮▾，选择“双人床”、“电脑桌”、“马桶”和“洗脸盆”相应内部图块，将其插入主卧和主卫相应位置，然后调整电脑桌为合适大小，效果如图 15-42 所示。

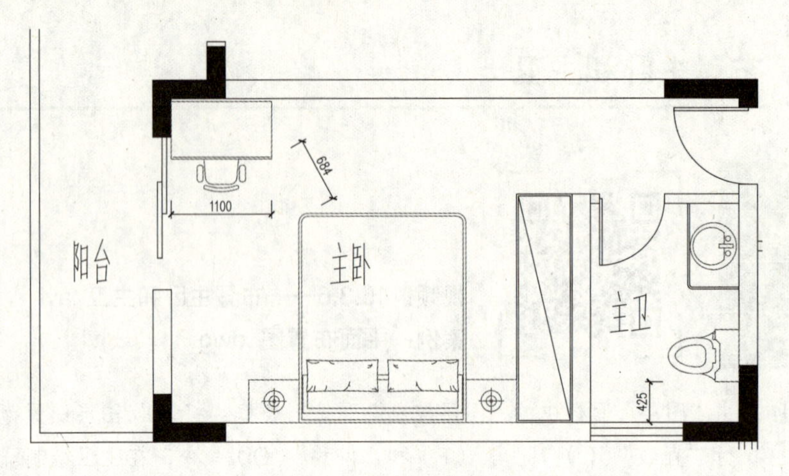

图 15-42　插入图块

15.3.7　布置卫生间和下侧次卧

视频：15.3.7——布置卫生间和下侧次卧 .avi
案例：平面布置图 .dwg

STEP 01 单击“图层”面板中的“图层控制”下拉列表框，将“0”图层设置为当前图层。

STEP 02 执行“直线”（L）、“圆角”（F）和“偏移”（O）命令，在卫生间绘制洗漱台对象，效果如图 15-43 所示。

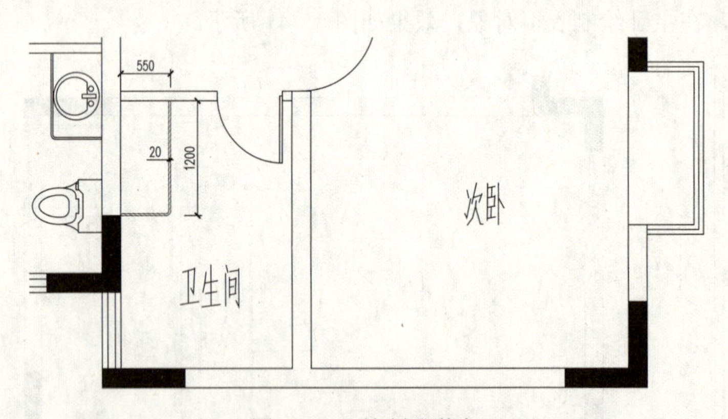

图 15-43　绘制洗漱台

STEP 03 将“JJ- 家具”图层设置为当前图层，执行“矩形”（REC）、“直线”（L）和“偏移”（O）命令，在次卧绘制衣柜对象，效果如图 15-44 所示。

STEP 04 执行“插入”命令（I），打开“插入”对话框，然后单击“名称”选项右侧的倒三角按钮▾，选择“双人床”、“电脑桌”、“蹲便器”和“洗脸盆”相应内部图块，将其插入次卧和卫生间相应位置，然后删除右侧的床头柜，效果如图 15-45 所示。

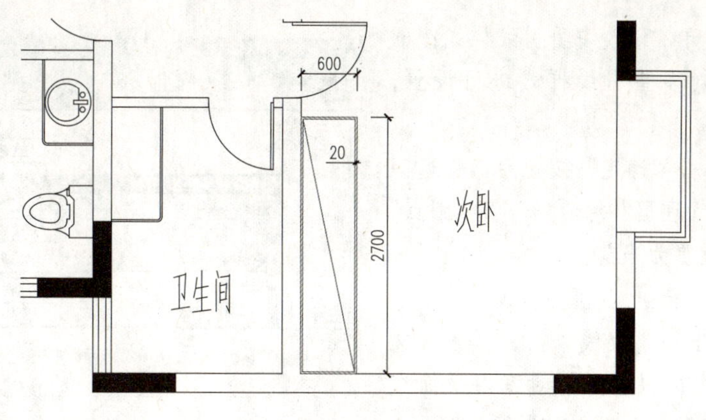

图 15-44　绘制衣柜

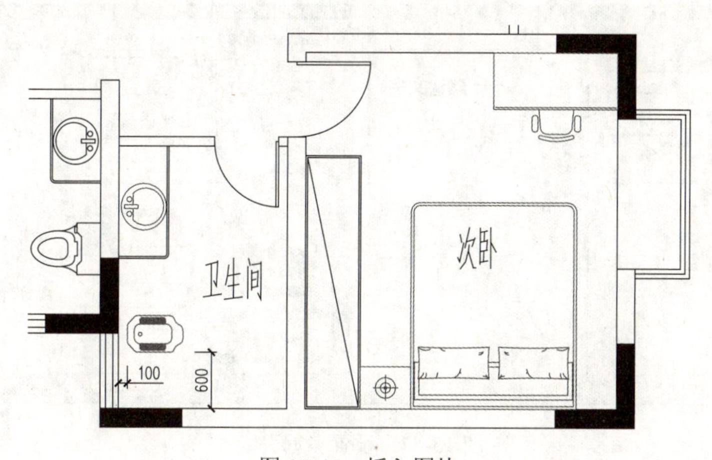

图 15-45　插入图块

STEP 05 选择平面图中的所有电器设备，然后单击“图层”面板中的“图层控制”下拉列表框，将其转换为“DQ- 电气”图层。

15.3.8　平面布置图的标注

视频：15.3.8——平面布置图的标注 .avi

案例：平面布置图 .dwg

STEP 01 单击“图层”面板中的“图层控制”下拉列表框，将“ZS- 注释”图层设置为当前图层。

STEP 02 执行“多重引线管理器”命令（MLS），打开“多重引线样式管理器”对话框，单击“新建”按钮，在打开的对话框新建名为“圆点”的多重引线样式，然后单击“继续”按钮，如图 15-46 所示。

STEP 03 打开“修改多重引线样式：圆点”对话框，对多重引线样式进行设置，如图 15-47 所示。

STEP 04 单击“确定”按钮后，将返回“多重引线样式管理器”对话框，将“圆点”多重引线样式设置为当前。

STEP 05 执行“多重引线”命令（MLD），在拉出一条直线以后，弹出“文字格式”对话框，根据要求对室内平面布置图进行文字注释，如图 15-48 所示。

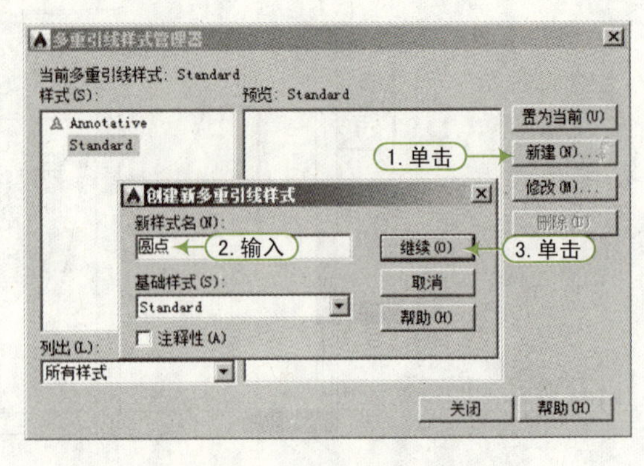

图 15-46　创建多重引线

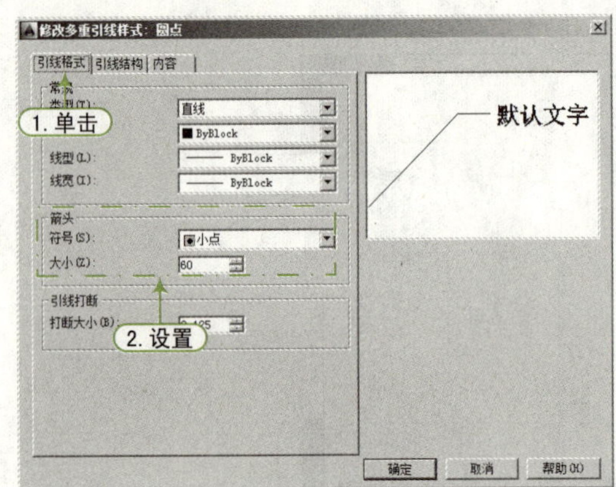

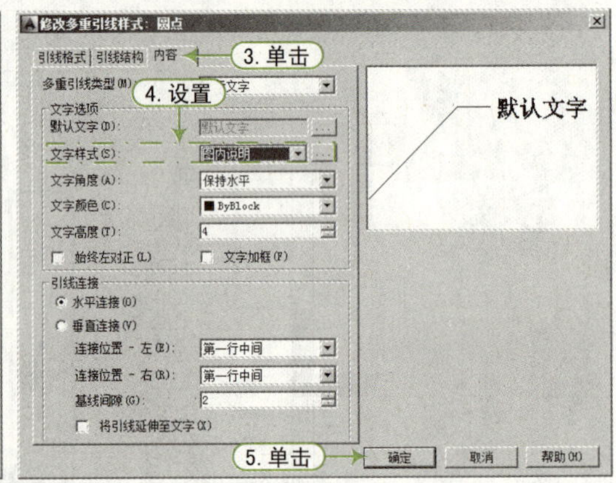

图 15-47　设置多重引线

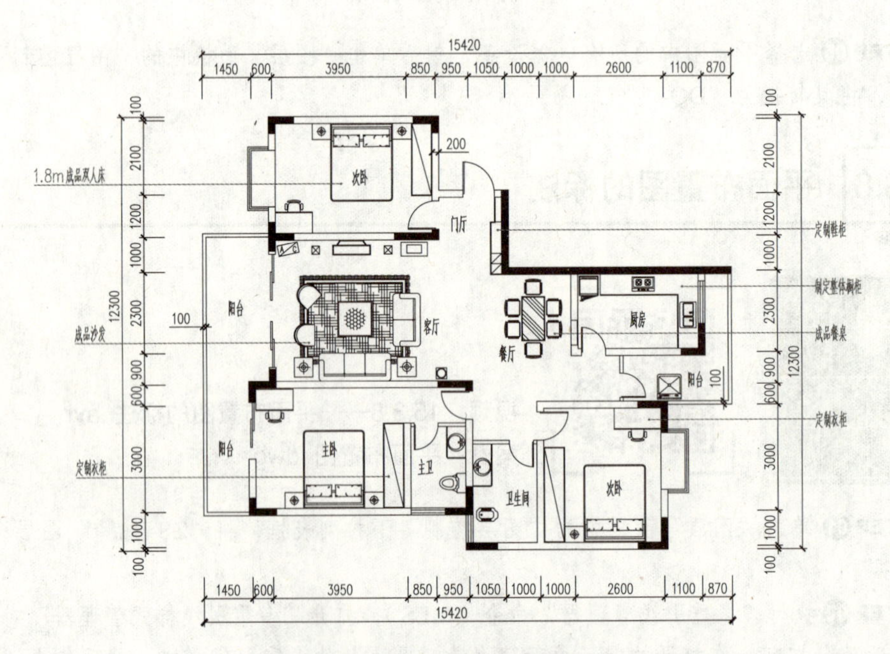

图 15-48　绘制多重引线

STEP 06 将“FH-符号”图层设置为当前图层，执行“插入”命令（I），打开“插入”对话框，然后单击“名称”选项右侧的倒三角按钮▾，选择“单向内视符号”内部图块，设置比例为“50”，分别插入相应的位置，再使用“旋转”（RO）和“移动”（MI）命令，对插入的图块进行编辑，最后效果如图 15-49 所示。

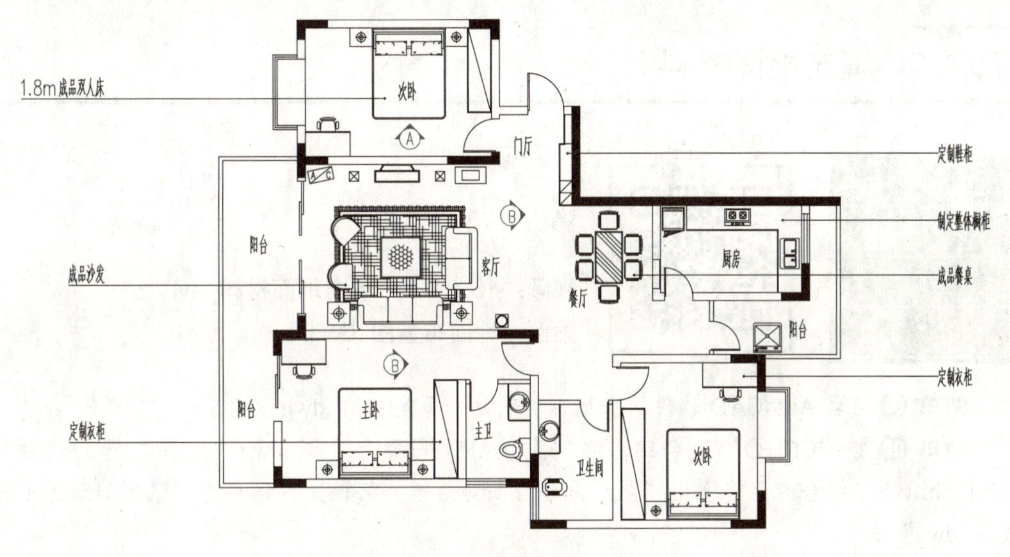

图 15-49 插入图块

STEP 07 将“TQ-签”图层设置为当前图层，执行“插入”命令（I），打开“插入”对话框，然后单击“名称”选项右侧的倒三角按钮▾，选择“A4 图框-2”内部图块，设置插入比例为“105”，插入图中相应位置并修改相应图签内容，其效果如图 15-50 所示。

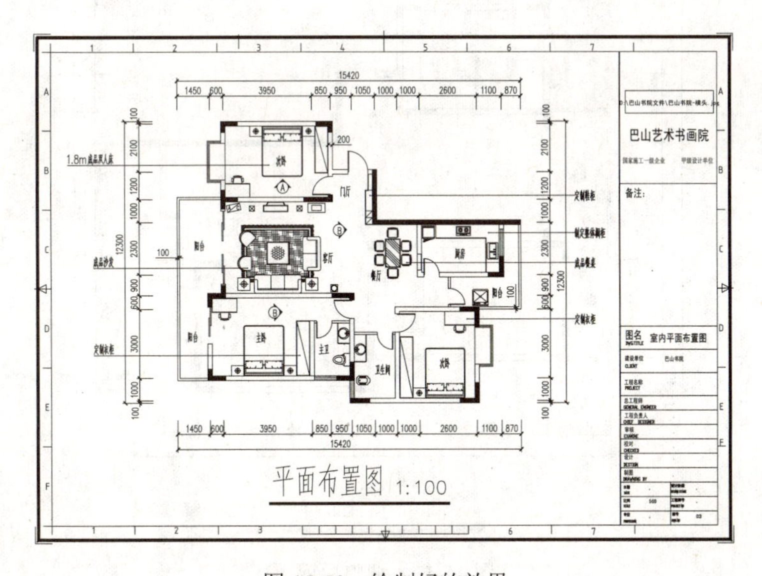

图 15-50 绘制好的效果

STEP 08 至此，该室内平面布置图绘制完成，按“Ctrl+S”组合键进行保存，然后选择“文件｜关闭”菜单命令，将该图形文件退出。

15.4　家装地面布置图的绘制

本案例调用“平面布置图”文件，将多余的图形对象进行删除，并另存为地面布置图文件，根据绘制地面布置图要求来绘制地面轮廓，再进行图案填充和文字注释。

15.4.1　填充地面材料

视频：15.4.1——填充地面材料 .avi

案例：地面布置图 .dwg

STEP 01 启动 AutoCAD 软件，系统自动创建一个空白的 .dwg 文件。

STEP 02 按“Ctrl+O”组合键，将“案例 \15\ 平面布置图 .dwg”文件打开，然后按“Ctrl+Shift+S”组合键，将弹出“图形另存为”对话框，将该文件保存为“案例 \15\ 地面布置图 .dwg”文件。

STEP 03 根据作图需要，执行“删除”命令（E），将图形中的门、家具、内视符号和部分文字注释进行删除，并修改图名为“地面布置图”，调整后的图形效果如图 15-51 所示。

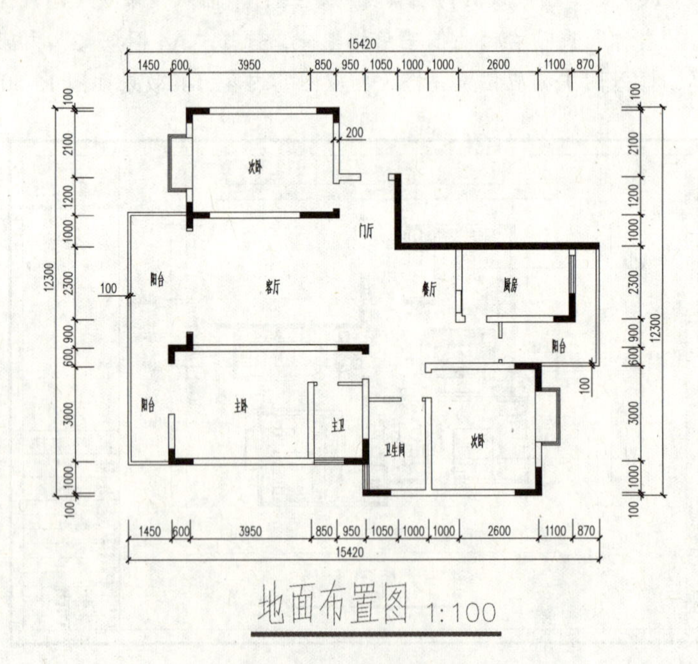

图 15-51　调整后效果

STEP 04 单击“图层”面板中的“图层控制”下拉列表框，将“DM- 地面”图层置为当前图层。

STEP 05 执行“直线”命令（L），将门洞封闭起来，其效果如图 15-52 所示。

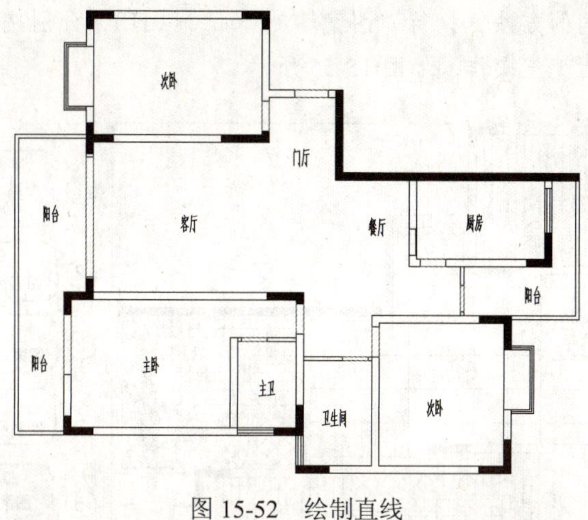

图 15-52　绘制直线

STEP 06 执行“矩形”（REC）和“偏移”（O）命令，在图形的相应位置处绘制如图 15-53 所示的轮廓。

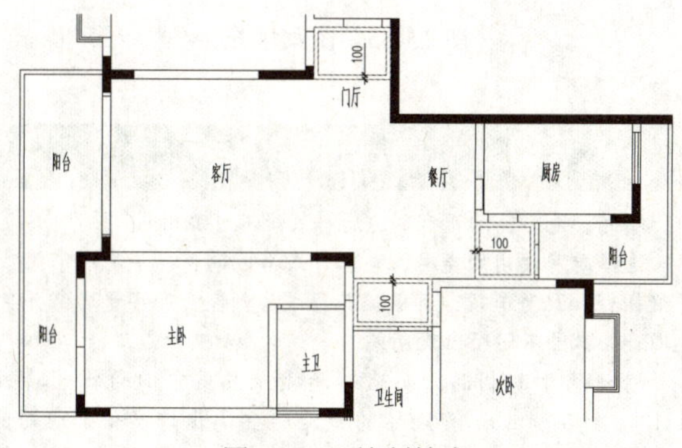

图 15-53　绘制轮廓

STEP 07 将“TC-填充”图层设置为当前图层，执行“图案填充”命令（H），选择图案“AR-CONC”，比例为 1，对波导线进行填充，然后删除不需要的线段，效果如图 15-54 所示。

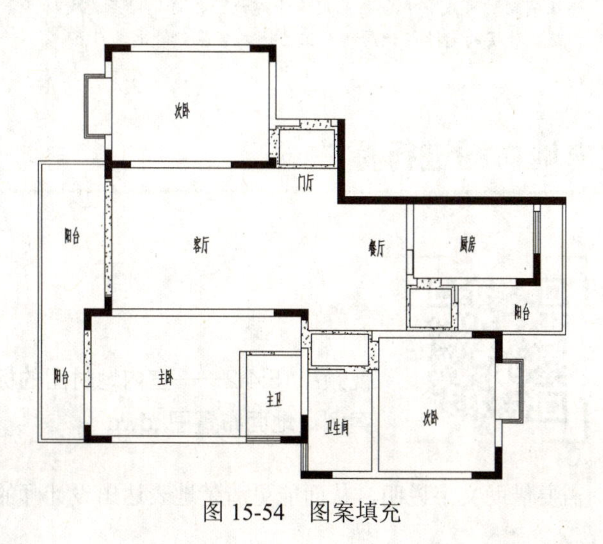

图 15-54　图案填充

STEP 08 使用相同的方法，执行“图案填充”命令（H），分别按要求设计填充图案和比例，对其他空间进行填充操作，如图 15-55 所示。

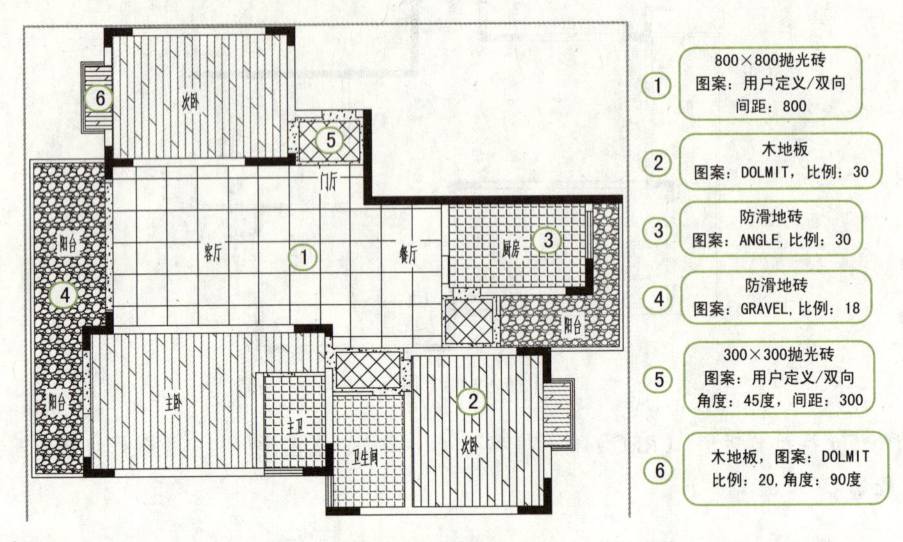

图 15-55　图案填充

QA 问题

学生问： 老师，在装修地面时，需要注意什么？

老师答：

墙砖、地砖、陶瓷有别，厨房装修不可混用。

选择厨房使用的瓷砖，与客厅或浴室的瓷砖应有所不同。选择厨房砖之前，应先选好橱柜和配套吊顶，再根据其样式与颜色来购买瓷砖，并且应尽量一次买足，以避免因产品批号不同而出现色差。

墙砖属于陶制品，而地砖属瓷制品，它们的物理特性不同。陶质砖吸水率在 10% 左右，比只有 0.5% 的瓷质砖要高出许多倍，地砖的吸水率低，适合地面铺设。

墙砖是釉面陶制的，含水率较高，它的背面较粗糙，这样利于黏合剂把它贴上墙。地砖不宜在墙上贴牢固，墙砖用在地面会吸水太多不易清洁。厨房和卫生间都属于水汽较大的地方，因此在厨卫空间不宜混用墙地砖。

此外还要注意厨卫瓷砖的选择。一般厨卫空间比较小，应当选择规格小的砖，这样在铺贴时可减少浪费。业内人士建议，最好铺贴亚光瓷砖，不但容易清洗，而且其细腻、朴实的光泽能使厨房和卫生间的装修效果更加自然。

15.4.2 对室内地材图进行标注

视频：15.4.2——室内地材图的标注 .avi
案例：地面布置图 .dwg

根据设计需要，需要借助文字说明，从而能更清楚地表达出设计师的设计意图。

STEP 01 单击“图层”面板中的“图层控制”下拉列表框，将“ZS- 注释”图层设置为当前图层。

STEP 02 执行“多重引线”命令（MLD），在拉出一条直线以后，弹出“文字格式”对话框，根据要求对室内地材布置图进行文字注释，如图 15-56 所示。

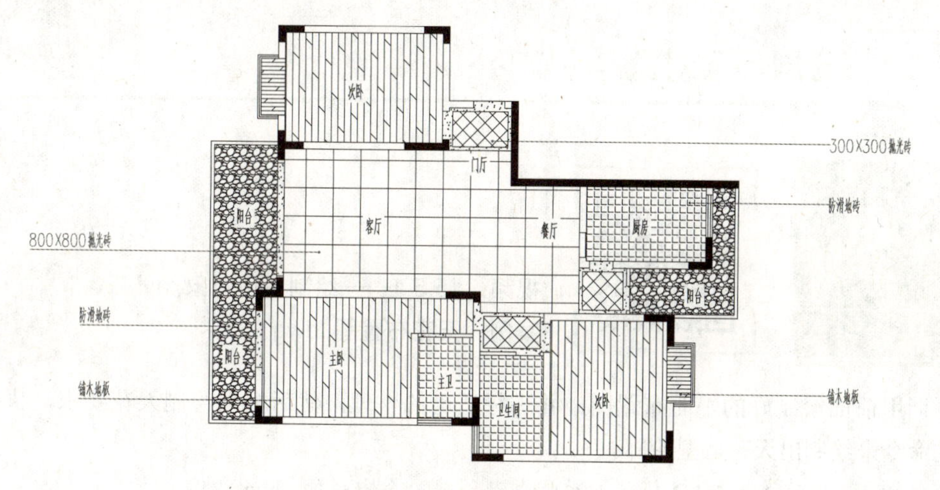

图 15-56　文字注释

STEP 03 将“TQ- 签”图层设置为当前图层，执行“插入”命令（I），打开“插入”对话框，然后单击“名称”选项右侧的倒三角按钮，选择“A4 图框 -2”内部图块，设置插入比例为“110”，插入图中的相应位置并修改相应图签内容，其效果如图 15-57 所示。

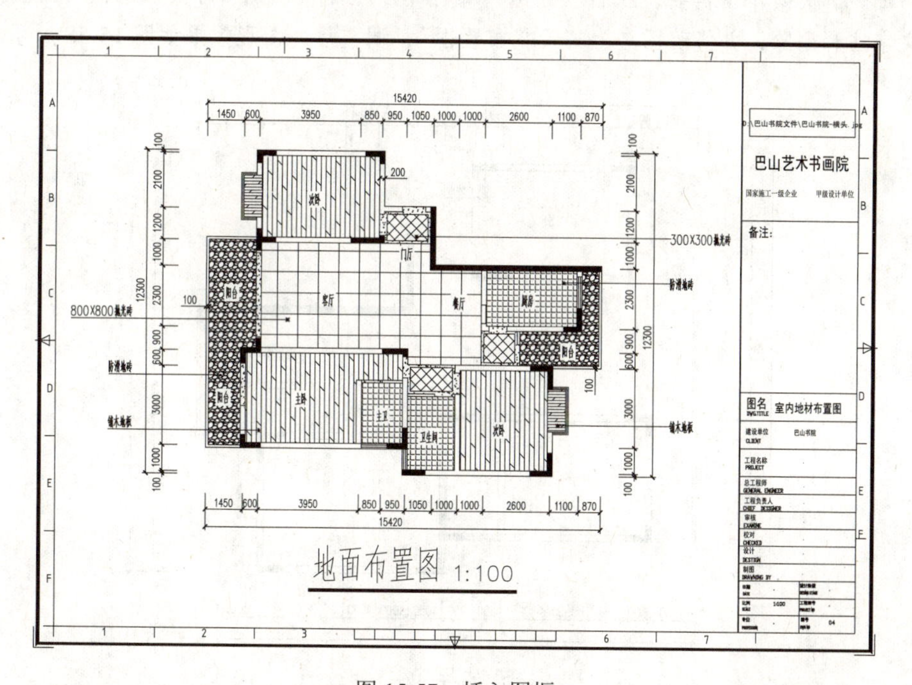

图 15-57　插入图框

STEP 04 至此，该室内地材布置图绘制完成，按“Ctrl+S”组合键进行保存，然后选择“文件｜关闭”菜单命令，将该图形文件退出。

15.5　家装天花布置图的绘制

本案例主要对天花布置图进行绘制，首先将平面布置图打开，通过整理，保留需要的轮廓，然后绘制天花造型，并插入灯具，最后进行文字注释和标注。

15.5.1　绘制吊顶对象

视频：15.5.1——绘制吊顶对象 .avi

案例：天花布置图 .dwg

调用前面绘制好的平面布置图，并进行适当的整理，然后根据绘制天花要求，执行相应的命令来绘制出天花造型轮廓。

STEP 01 启动 AutoCAD 软件，系统自动创建一个空白的 .dwg 文件。

STEP 02 按“Ctrl+O”组合键，将“案例 \15\ 平面布置图 .dwg”文件打开，然后按“Ctrl+Shift+S”组合键，将弹出“图形另存为”对话框，将该文件保存为“案例 \15\ 天花布置图 .dwg”。

STEP 03 根据作图需要，执行“删除”命令（E），将图形中的门、家具、内视符号和部分文字注释删除，并修改图名为“天花布置图”，调整后的图形效果如图 15-58 所示。

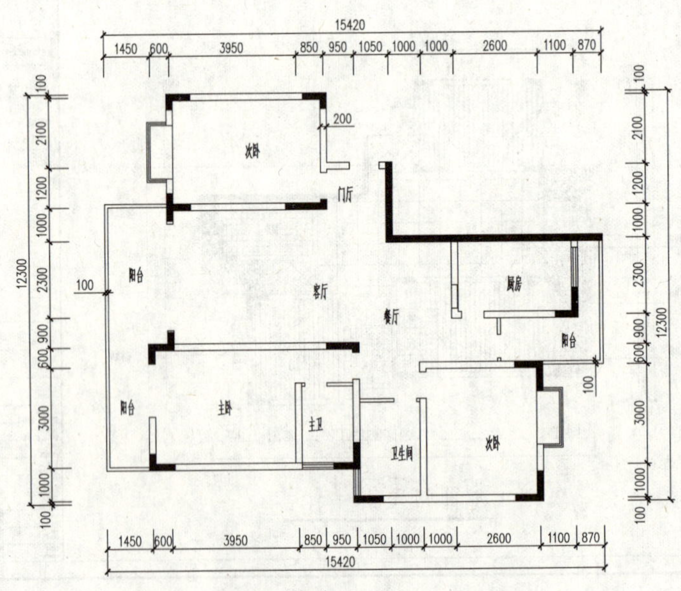

图 15-58　调整后效果

STEP 04 单击“图层”面板中的“图层控制”下拉列表框，将“M- 门”图层设置为当前图层。

STEP 05 执行“直线”命令（L），将门洞封闭起来，其效果如图 15-59 所示。

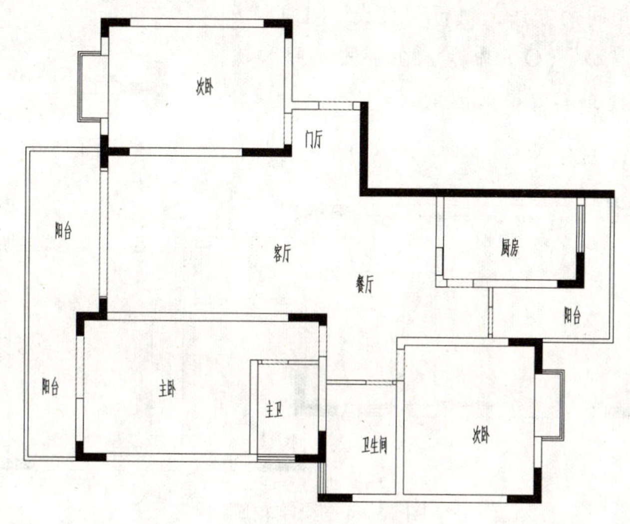

图 15-59　绘制直线

STEP 06 将“QT- 墙体”图层设置为当前图层，执行“直线”（L）和“偏移”（O）命令，绘制出平面图中的横梁对象，且将其转换为“ACAD-IS003W100”线型，如图 15-60 所示。

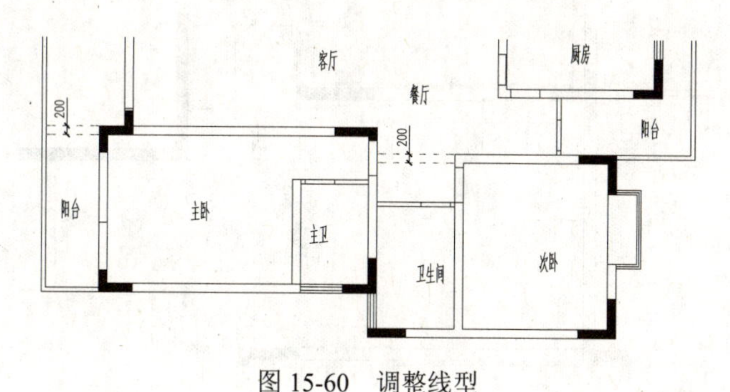

图 15-60　调整线型

STEP 07 将“DD- 吊顶”图层设置为当前图层，执行“直线”命令（L），在上侧次卧绘制如图 15-61 所示的轮廓线。

STEP 08 执行“多段线”命令（PL），沿上一步绘制的轮廓线绘制如图 15-62 所示的多段线对象。

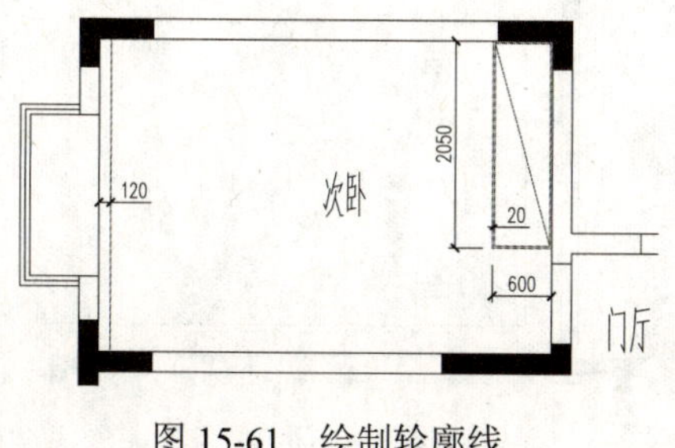

图 15-61　绘制轮廓线

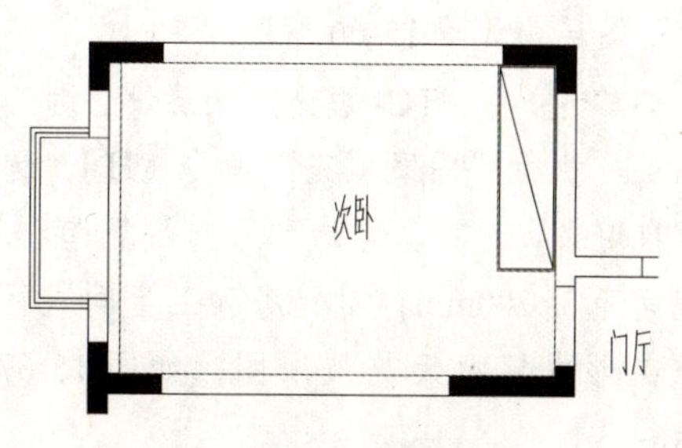

图 15-62　绘制多段线

STEP 09 执行“偏移”命令（O），将上一步绘制的多段线向内侧分别偏移 50mm 和 30mm，然后将原多段线删除，效果如图 15-63 所示。

STEP 10 使用相同的方法，执行“直线”（L）、“多段线”（PL）和“偏移”（O）命令，在下侧主卧和次卧绘制相应的轮廓线，其效果如图 15-64 所示。

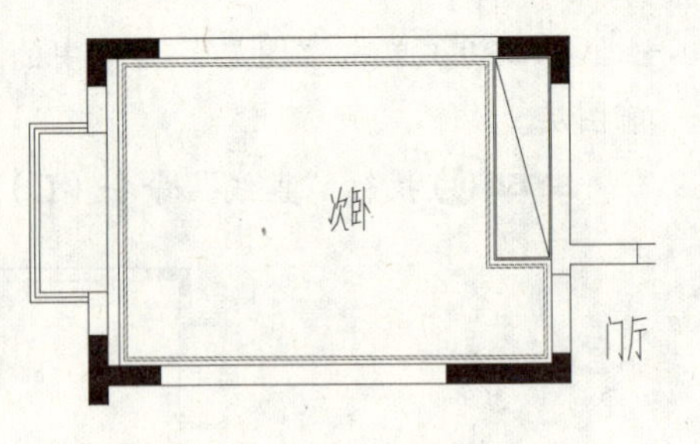

图 15-63　偏移操作

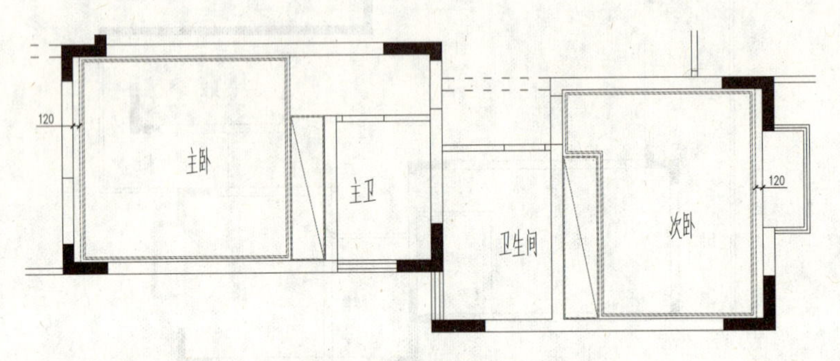

图 15-64　绘制轮廓线

STEP 11 执行“直线”（L）、“偏移”（O）和“修剪”（TR）命令，在门厅和客厅的相应位置分别绘制如图 15-65 所示的吊顶轮廓线。

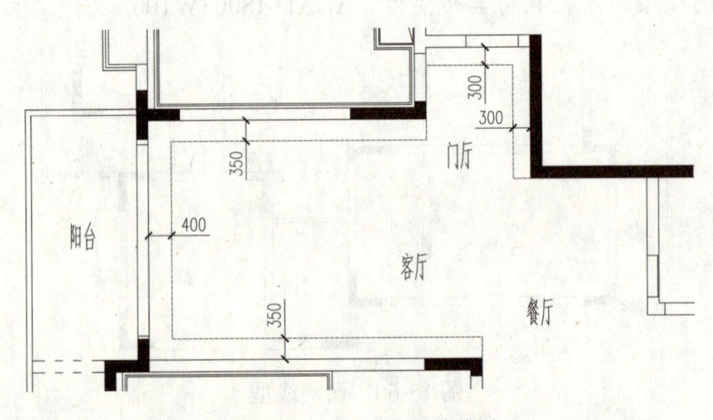

图 15-65　绘制吊顶轮廓线

STEP 12 执行“偏移”命令（O），将上一步在客厅绘制的相应线段向墙内侧偏移 80mm，然后将偏移的线段转换为“ACAD-IS003W100”线型，最后再将其转换到“DD-灯带”图层，如图 15-66 所示。

STEP 13 将“TC- 填充”图层设置为当前图层。执行“图案填充”命令（H），选择“自定义”选项，勾选“双向”复选框，设置间距为 200mm，对厨房和卫生间进行填充，形成铝扣天花吊顶图，如图 15-67 所示。

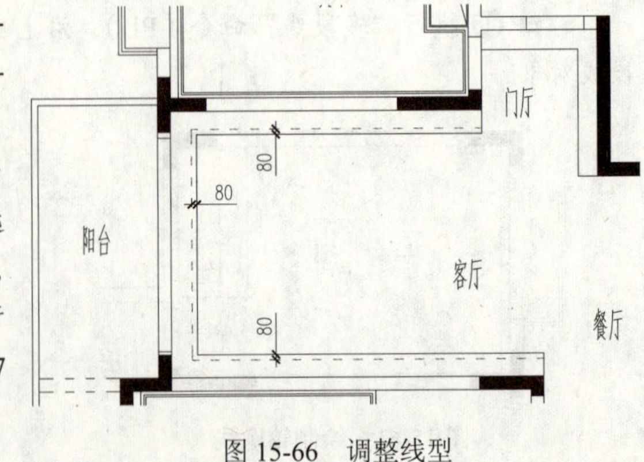

图 15-66　调整线型

图 15-67　图案填充

学生问： 老师，厨房吊顶材料有哪些选择？

QA 问题

老师答：

厨卫吊顶材料主要有 PVC 塑料扣板、铝扣板和铝塑板三种，其中铝扣板最为昂贵。

PVC 塑料扣板：其耐水、耐擦洗性能很强，相对成本较低，重量轻、安装简便、防水、防蛀虫、表面的花色图案变化也非常多，并且耐污染、易清洗，有隔声隔热的良好性能，特别是其中加入阻燃材料，使其能够离火即灭。不足之处是，与金属材质的吊顶材料相比，使用寿命相对较短。

铝扣板：铝合金扣板和传统的吊顶材料相比，质感和装饰感方面更优，铝合金扣板分为吸音板和装饰板两种。吸间板孔形有圆孔、方孔、长圆孔、长方孔、三角孔、大小组合孔等，其特点是具有良好的防腐、防震、防水、防火、吸音性能，表面光滑，地板大都是白色或铝灰色。按形状分有条形、方形、格栅形等，但格栅形不能用于厨房、卫生间吊顶，长方形板的最大规格有 600mm×300mm，大居室选用长条形整体感更强，对小房间的装饰一般选用 300mm×300mm。由于金属板的绝热性能较差，为了获得一定的吸音、绝热功能，在选择金属板进行吊顶时，可以利用内加玻璃棉、岩棉等保温吸音材质的办法达到绝热吸音的效果。

铝塑板：由铝材与塑料合制而成，具有防水、防火、防腐蚀等特点，长 2.44m、宽 1.22m 的整块板材，可以整块吊顶，也可以根据自己的需要随意裁切它的大小，在吊一些异形顶时比较灵活。

15.5.2 布置天花灯饰对象

视频：15.5.2——布置天花灯饰对象 .avi

案例：天花布置图 .dwg

在天花造型轮廓布置好以后，进行灯具的插入与布置。

STEP 01 单击“图层”面板中的“图层控制”下拉列表框，将“辅助线”图层设置为当前图层。

STEP 02 执行“直线”命令（L），在需要安装灯具的地方，通过绘制辅助线的方式来确定灯具的中心位置，如图 15-68 所示。

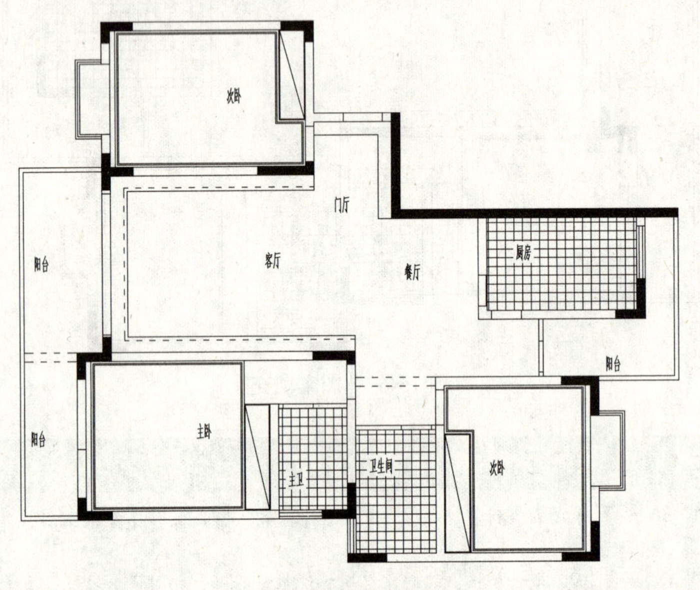

图 15-68　绘制直线

STEP 03 将“DJ- 灯具”图层设置为当前图层。执行“插入”命令（I），打开“插入块”对话框，然后单击“名称”选项右侧的倒三角按钮▾，选择“客厅艺术灯”“艺术吊灯”、“吸顶灯”、“筒灯”和“防雾灯”内部图块，将其插入图形中，并结合“移动”（M）、“复制”（CO）和旋转（RO）命令，完成如图 15-69 所示的图形，并将“辅助线”图层关闭。

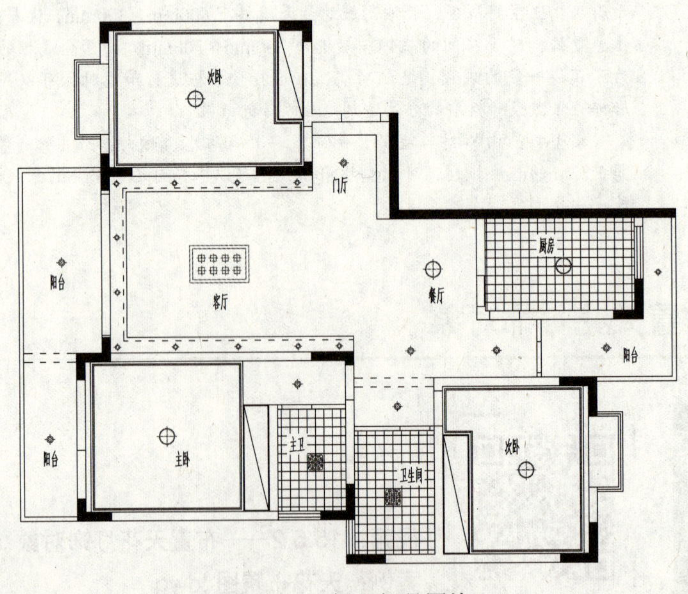

图 15-69　插入灯具图块

15.5.3 进行文字标注和标高说明

视频：15.5.3——天花布置图的标注 .avi

案例：天花布置图 .dwg

在灯具布置好以后，即可对天花布置图形进行文字注释、尺寸和标高说明。

STEP 01 单击“图层”面板中的“图层控制”下拉列表框，将“ZS- 注释”图层设置为当前图层。

STEP 02 执行“多重引线”命令（MLD），在拉出一条直线以后，弹出“文字格式”对话框，根据要求对室内天花布置图进行文字注释，如图 15-70 所示。

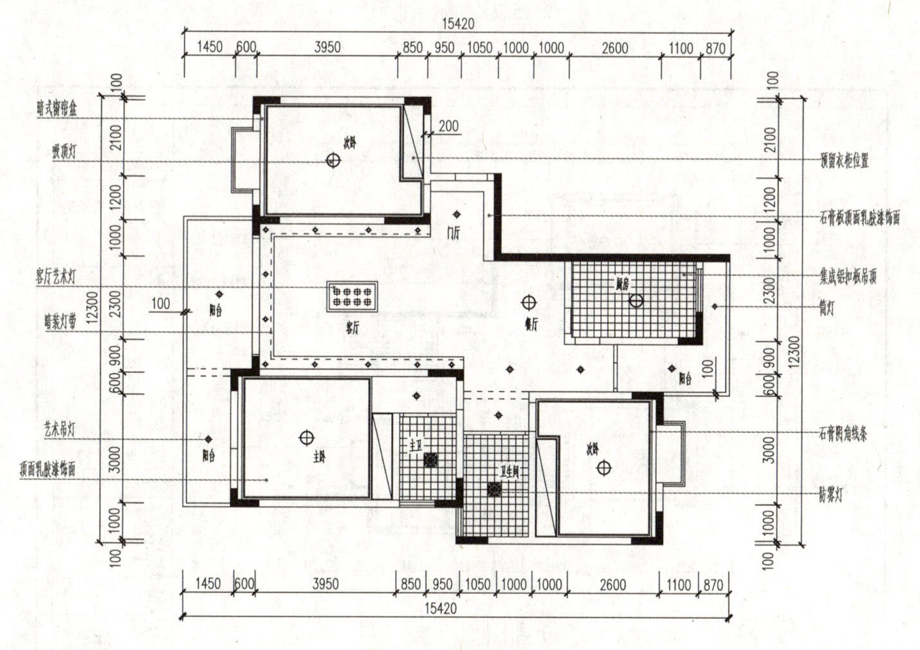

图 15-70　文字注释

STEP 03 将“FH- 符号”图层设置为当前图层。执行“插入”命令（I），打开“插入”对话框，然后单击“名称”选项右侧的倒三角按钮▾，选择“标高符号”内部图块，设置比例为“70”，将其插入图形相应位置，并修改标高值，如图 15-71 所示。

STEP 04 将“TQ- 签”图层设置为当前图层，执行“插入”命令（I），打开“插入”对话框，然后单击“名称”选项右侧的倒三角按钮▾，选择“A4 图框 -2”内部图块，设置插入比例为“110”，插入图中的相应位置并修改相应图签内容，其效果如图 15-72 所示。

STEP 05 至此，该室内天花布置图绘制完成，按“Ctrl+S”组合键进行保存，然后选择“文件｜关闭”菜单命令，将该图形文件退出。

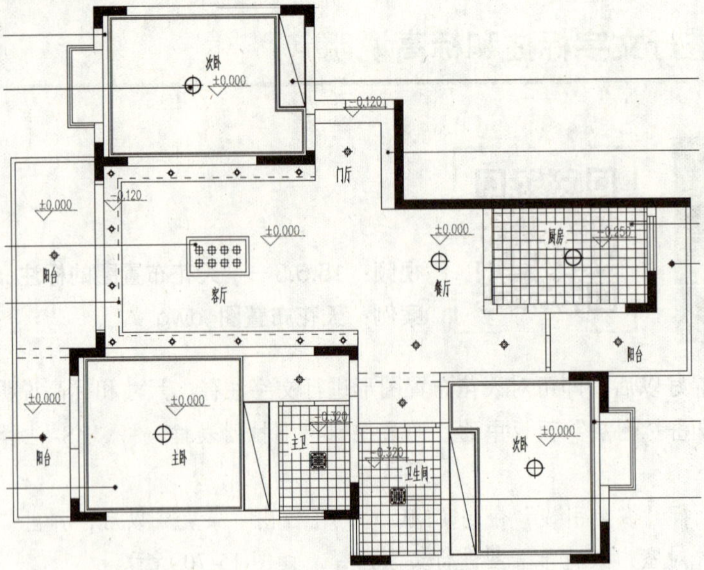

图 15-71　标高标注

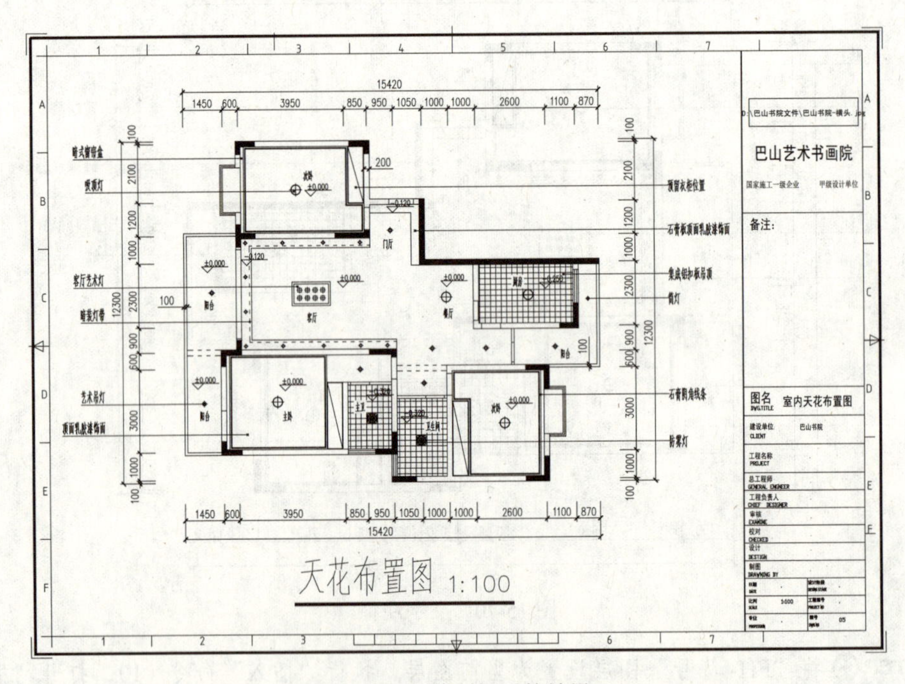

图 15-72　绘制好后的效果

15.6　家装立面图的绘制

室内装修施工图中，其立面图是不可缺少的，它能够反映家装中各物件的高度尺寸、立面轮廓大小等。

15.6.1 绘制电视墙立面图

视频：15.6.1——绘制电视墙立面图 .avi

案例：电视墙立面图 .dwg

打开前面绘制好的平面布置图文件，并另存为新的文件；然后将除了电视墙轮廓外的对象进行修剪及删除，以及绘制折断线；最后捕捉相应的墙角点来绘制投影线，并根据层高来确定该立面图轮廓的高度。

STEP 01 启动 AutoCAD 软件，按“Ctrl+O”组合键，打开“案例 \15\ 平面布置图 .dwg”文件，然后按“Ctrl+Shift+S”组合键，将弹出“图形另存为”对话框，将该文件保存为“案例 \15\ 电视墙立面图 .dwg”文件。

STEP 02 执行“复制”命令（CO），将平面布置图的客厅单独提取出来；再使用“修剪”命令（TR），将多余的对象进行修剪并删除；再使用“多段线”命令（PL），在图形的上、下侧各绘制一折断符号，如图 15-73 所示。

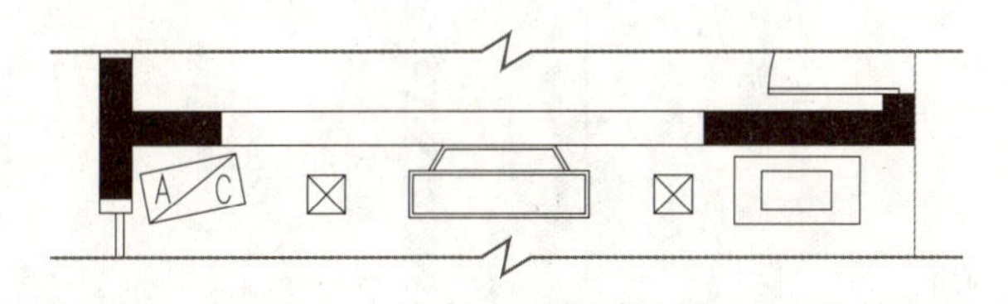

图 15-73　绘制多段线

STEP 03 继续执行“复制”命令（CO），将平面布置图中下侧的图名标注对象复制到上一步已经处理后的图形下侧。

STEP 04 执行“缩放”命令（SC），将整个图名对象缩放 0.25，再分别修改图名、比例及图号，如图 15-74 所示。

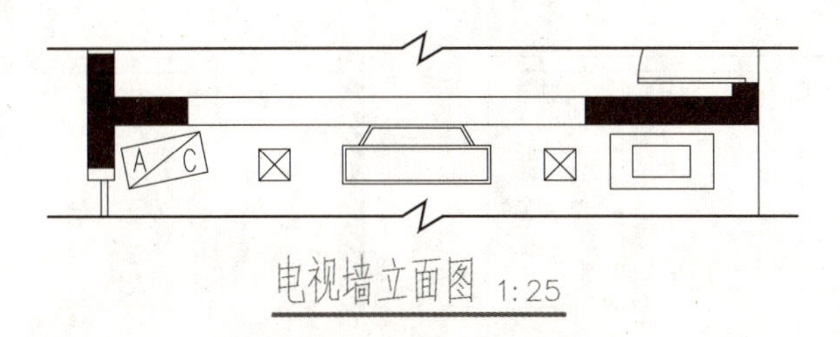

图 15-74　图名标注

STEP 05 将“QT- 墙体”图层设置为当前图层，执行“构造线”命令（XL），分别捕捉客厅上侧的相应轮廓线角点来绘制多条垂直构造线，如图 15-75 所示。

STEP 06 同样，使用“构造线”命令（XL），在图形的上侧绘制一条水平构造线；再使用“偏移”命令（O），按照整个客厅的高度来偏移 2850mm，如图 15-76 所示。

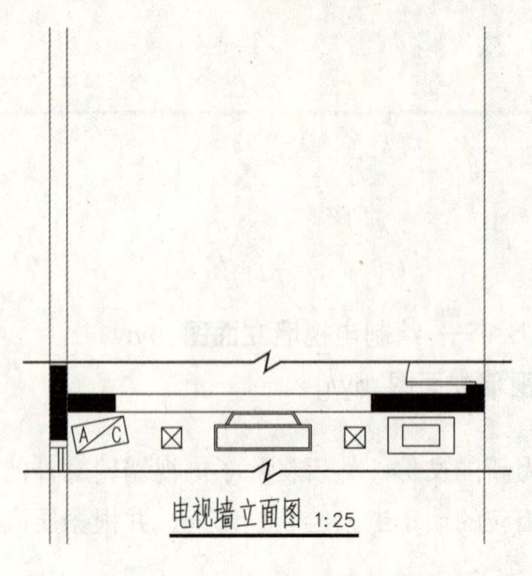

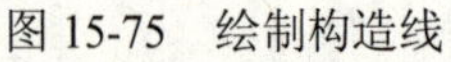
图 15-75 绘制构造线

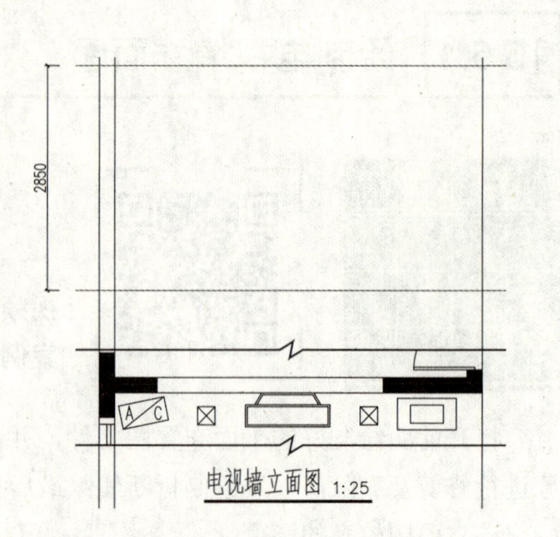

图 15-76 绘制水平线

STEP 07 执行“修剪”命令（TR），将多余的构造线进行修剪，如图 15-77 所示。

STEP 08 执行“图案填充”命令（H），将图形左侧的对象填充“ANSI34”图案，其填充比例为“5”，使之成为墙体对象，如图 15-78 所示。

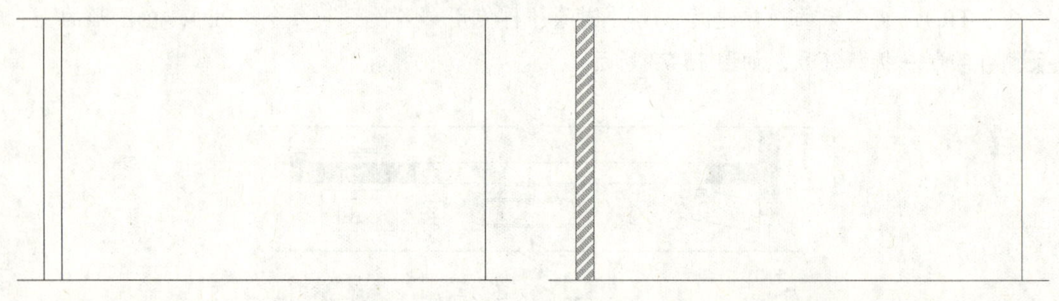

图 15-77 修剪操作　　图 15-78 图案填充

STEP 09 执行“偏移”命令（O），将上侧水平线段向下偏移 120mm，然后执行“修剪”命令（TR），修剪多余的线段，如图 15-79 所示。

STEP 10 将“吊顶”图层设置为当前图层，执行“直线”（L）、“修剪”（TR）和“偏移”（O）命令，在上一步偏移的直线内侧绘制吊顶轮廓，如图 15-80 所示。

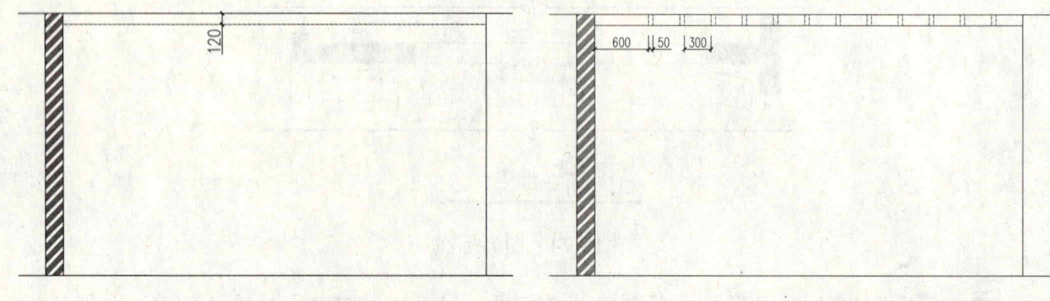

图 15-79 绘制直线　　图 15-80 绘制吊顶轮廓

STEP 11 将“0”图层置为当前图层，执行“直线”（L）、“修剪”（TR）和“偏移”（O）命令，绘制如图 15-81 所示的图形轮廓。

STEP 12 执行“直线”（L）、“修剪”（TR）和“偏移”（O）命令，绘制如图 15-82 所示的垂直线段。

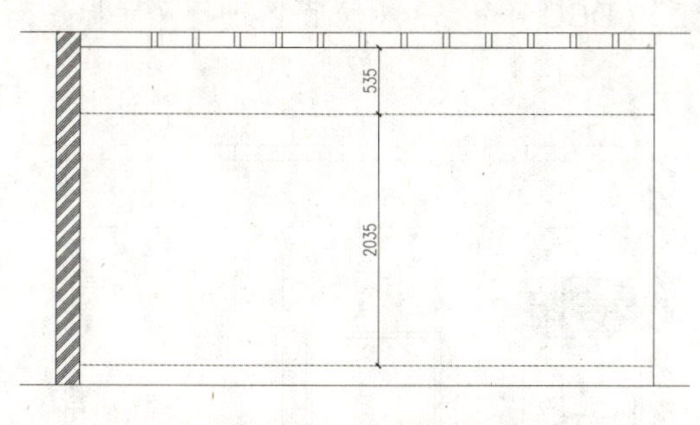

图 15-81　绘制轮廓

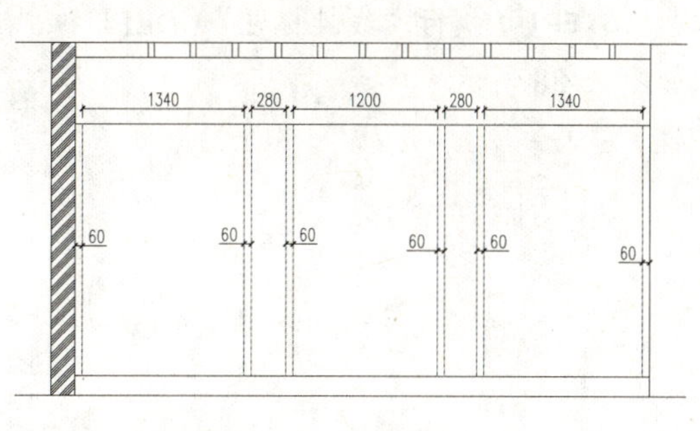

图 15-82　绘制线段

STEP 13 执行“修剪”命令（TR），修剪多余的线段，如图 15-83 所示。

STEP 14 将“TQ- 填充”图层设置为当前图层，执行“图案填充”命令（H），选择填充图案为“SWAMP”图案，设置填充比例为“2”，填充图形中指定位置，如图 15-84 所示。

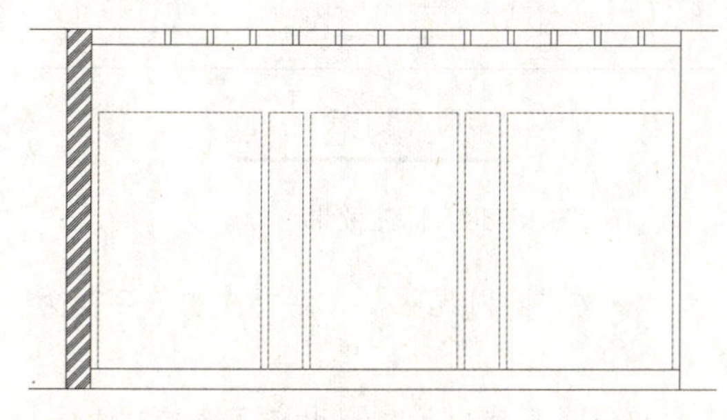

图 15-83　修剪操作

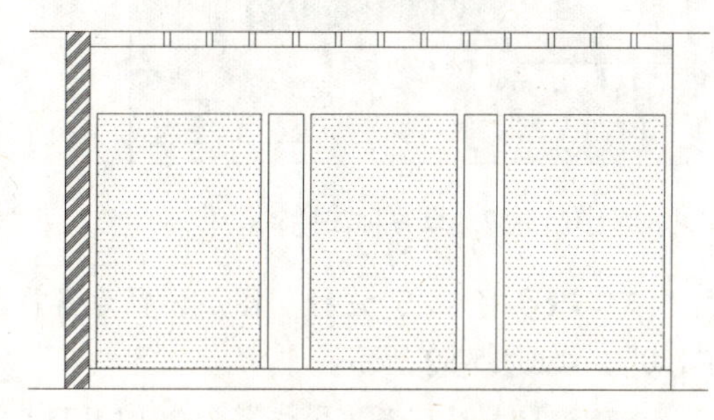

图 15-84　图案填充

STEP 15 继续执行“图案填充”命令（H），选择填充图案为“GRASS”图案，设置填充比例为“3”，在填充图形中指定位置，如图 15-85 所示。

STEP 16 将“DQ- 电气”图层设置为当前图层，执行“插入”命令（I），打开“插入”对话框，然后单击“名称”选项右侧的倒三角按钮▾，选择“立面空调”“立面液晶电视”、“DVD”相应内部图块，将其插入立面图相应位置，然后执行“修剪”命令（TR），修剪多余的图形，效果如图 15-86 所示。

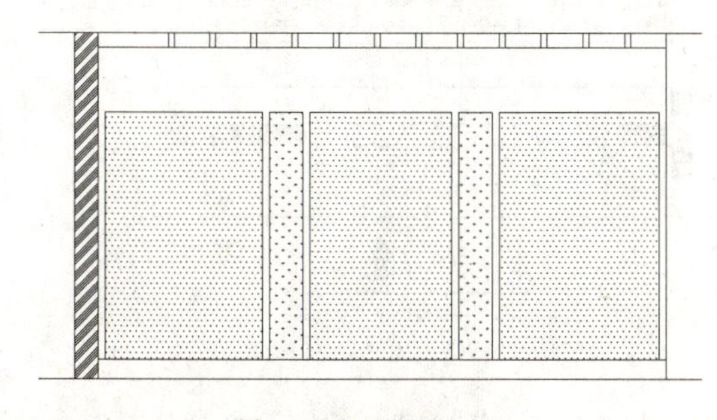

图 15-85　设置比例

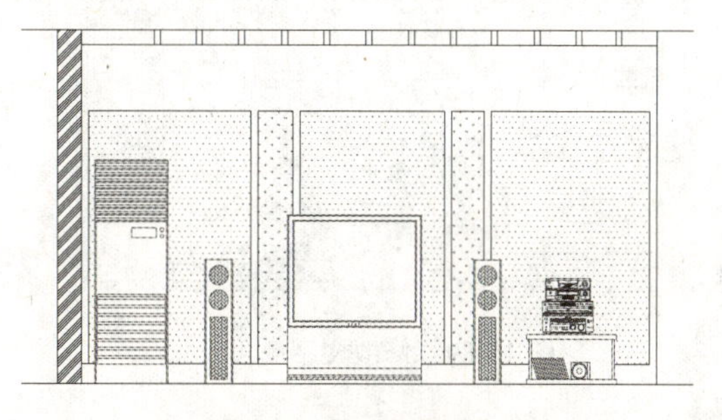

图 15-86　插入图块

STEP 17 单击“图层”面板中的“图层控制”下拉列表框，将“BZ- 标注”图层设置为当前图层。

STEP 18 在“注释”选项板的“标注”面板中单击↘按钮，将弹出“标注样式管理器”对话框，选择“室内-25”标注样式，将其设置为当前图层，如图 15-87 所示。

STEP 19 执行“线性标注”（DLI）和“连续”（DCO）命令，对立面图进行尺寸标注，如图 15-88 所示。

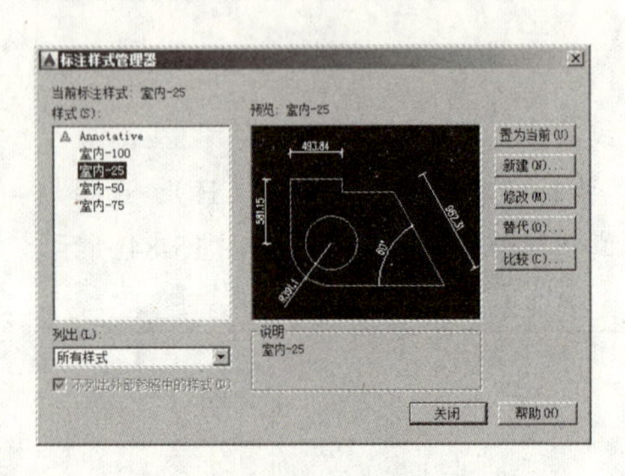

图 15-87　设置标注样式

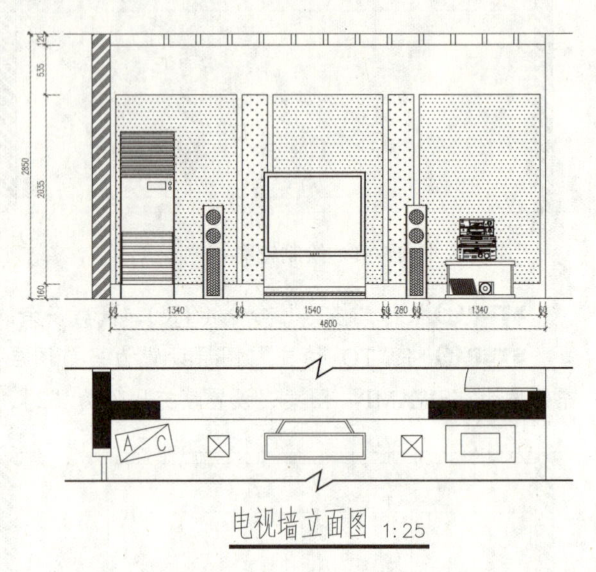

图 15-88　标注效果

STEP 20 将“ZS-注释”图层设置为当前图层，修改“图内说明”文字样式中的字高为“150”，如图 15-89 所示。

STEP 21 执行“多重引线”命令（MLD），在拉出一条直线以后，弹出文字格式对话框，根据要求对电视墙立面图进行文字注释，如图 15-90 所示。

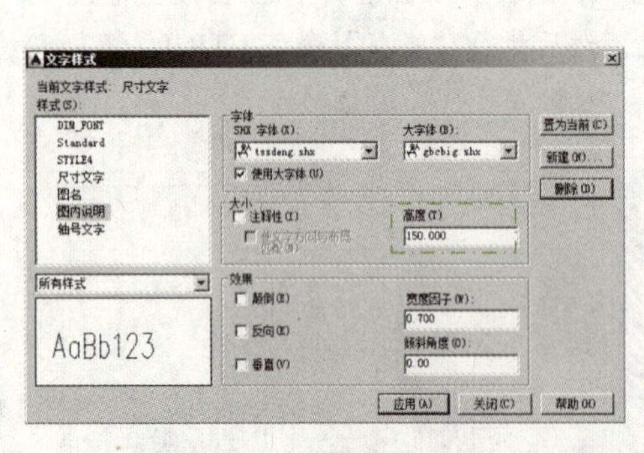

图 15-89　修改文字高度

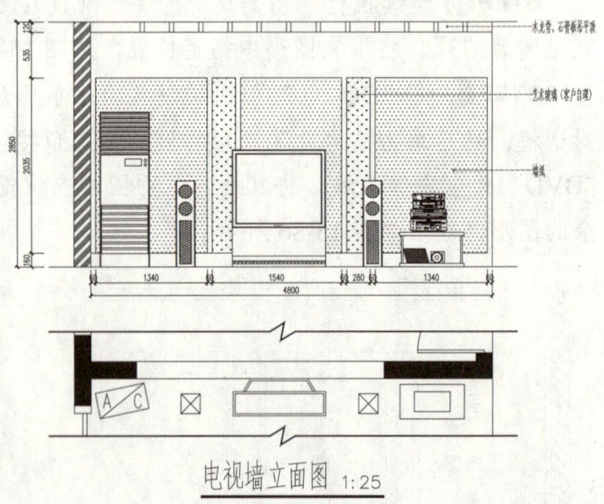

图 15-90　文字注释

STEP 22 将“TQ-签”图层设置为当前图层，执行“插入”命令（I），打开“插入”对话框，然后单击“名称”选项右侧的倒三角按钮▾，选择“A4 图框 -2”内部图块，设置插入比例为“30”，插入图中的相应位置并修改相应图签内容，其效果如图 15-91 所示。

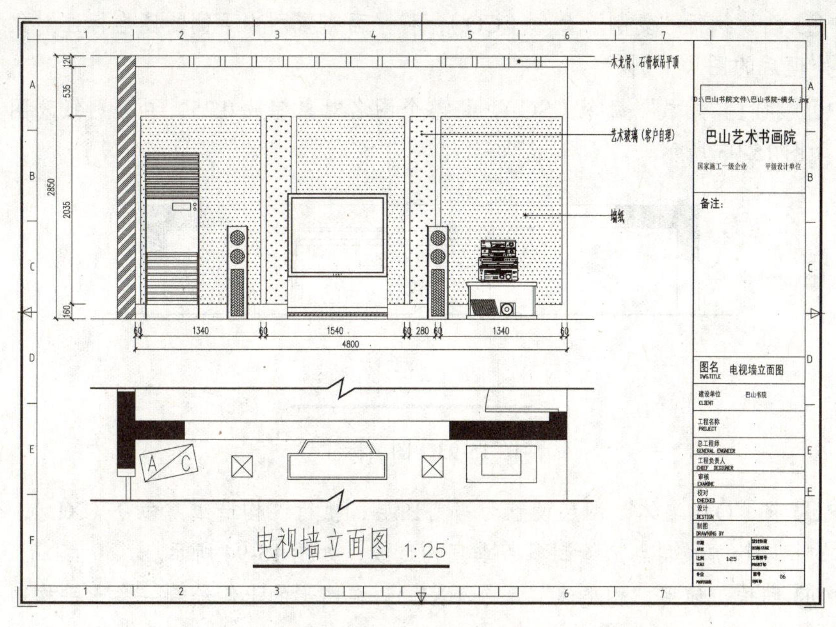

图 15-91　绘制好后的效果

STEP 23 至此，该客厅电视墙立面图绘制完成，按“Ctrl+S”组合键进行保存，然后选择“文件｜关闭”菜单命令，将该图形文件退出。

15.6.2 绘制次卧 A 立面图

视频：15.6.2——绘制次卧 A 立面图 .avi
案例：次卧 A 立面图 .dwg

打开前面绘制好的平面布置图文件，并另存为新的文件；参照电视墙立面图的绘制方法，完成次卧 A 立面图的绘制。

STEP 01 启动 AutoCAD 2016 软件，按“Ctrl+O”组合键，将“案例\15\平面布置图 .dwg”文件打开，然后按“Ctrl+Shift+S”组合键，将弹出“图形另存为”对话框，将该文件保存为“案例\15\次卧 A 立面图 .dwg”文件。

STEP 02 执行“复制”命令（CO），将平面布置图的上侧次卧 A 单独提取出来；然后使用“修剪”命令（TR），将多余的对象进行修剪并删除；使用“多段线”命令（PL），在图形的下侧绘制一折断符号，如图 15-92 所示。

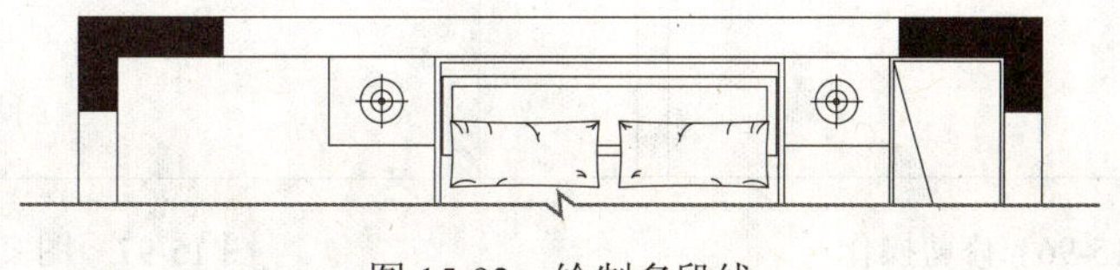

图 15-92　绘制多段线

STEP 03 继续执行“复制”命令（CO），将平面布置图中下侧的图名标注对象复制到上一步已经处理后的图形下侧。

STEP 04 执行“缩放”命令（SC），将整个图名对象缩放 0.25，再分别修改图名、比例及图号，如图 15-93 所示。

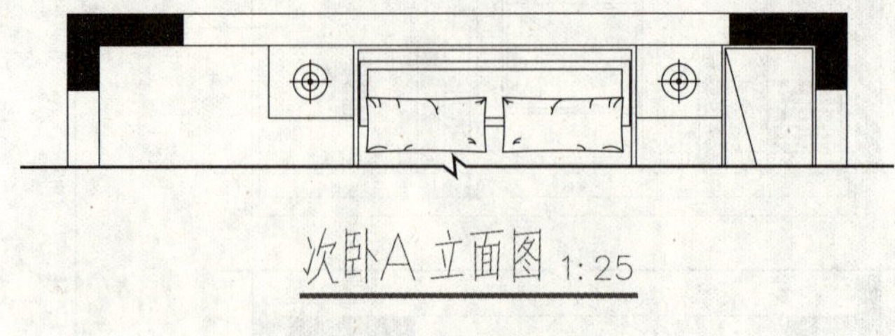

图 15-93　图名标注

STEP 05 将“QT- 墙体”图层设置为当前图层，执行“构造线”命令（XL），分别捕捉客厅上侧的相应轮廓线角点来绘制多条垂直构造线，如图 15-94 所示。

STEP 06 同样，使用“构造线”命令（XL），在图形的上侧绘制一条水平构造线；再使用“偏移”命令（O），按照整个客厅的高度来偏移 2850mm，如图 15-95 所示。

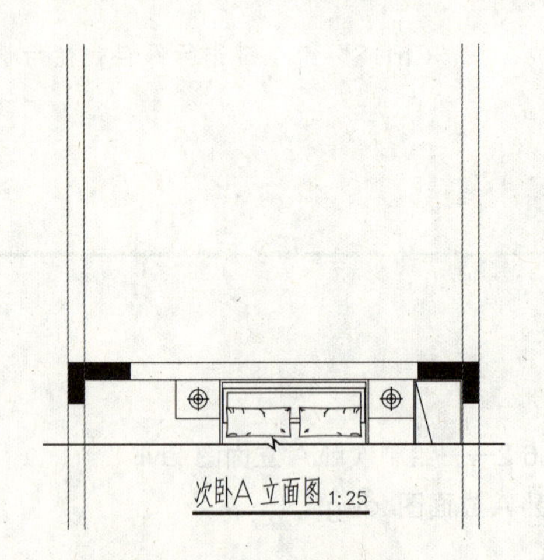

图 15-94　绘制垂直构造线

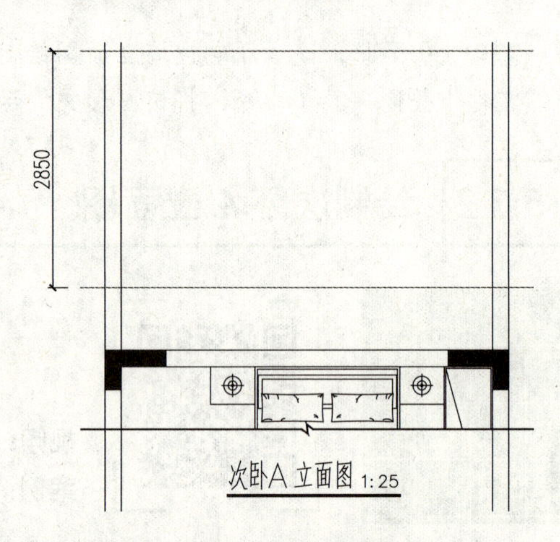

图 15-95　绘制并偏移操作

STEP 07 执行“修剪”命令（TR），将多余的构造线进行修剪，如图 15-96 所示。

STEP 08 执行“图案填充”命令（H），将图形两侧的对象填充“ANSI34”图案，其填充比例为“5”，使之成为墙体对象，如图 15-97 所示。

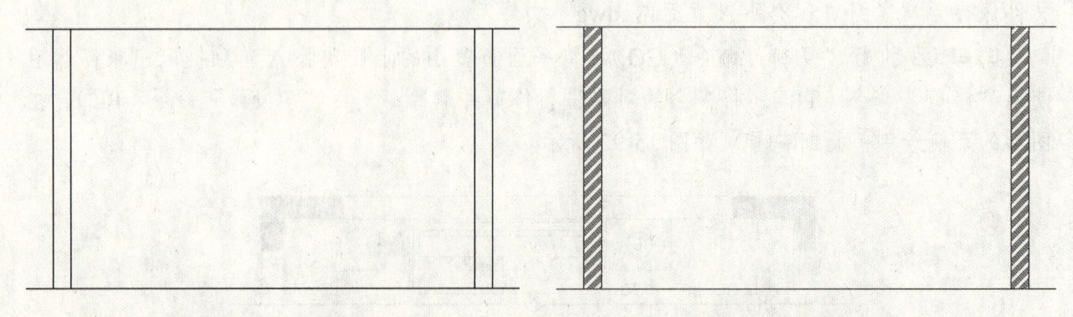

图 15-96　修剪操作　　　　图 15-97　图案填充

STEP 09 将“JJ- 家具”图层设置为当前图层，执行“直线”命令（L），绘制如图 15-98 所示的两条垂直线段。

STEP 10 执行“偏移”命令（O），将上侧水平线段向下依次偏移 50mm、30mm 和 170mm，然后执行“修剪”命令（TR），修剪多余的线段，最后将修剪后的相应线段转换为“DD- 吊顶”图层，如图 15-99 所示。

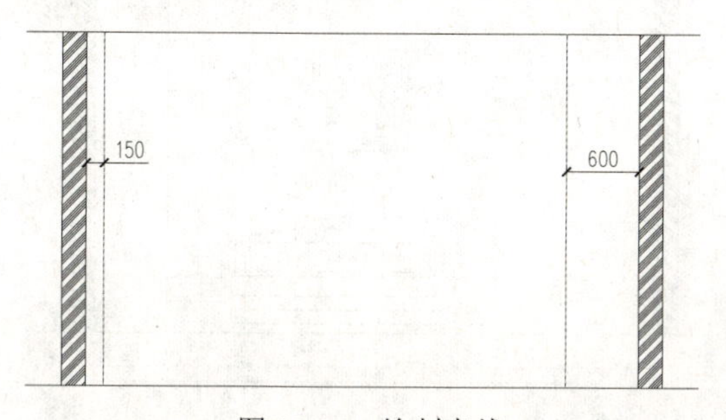

图 15-98　绘制直线

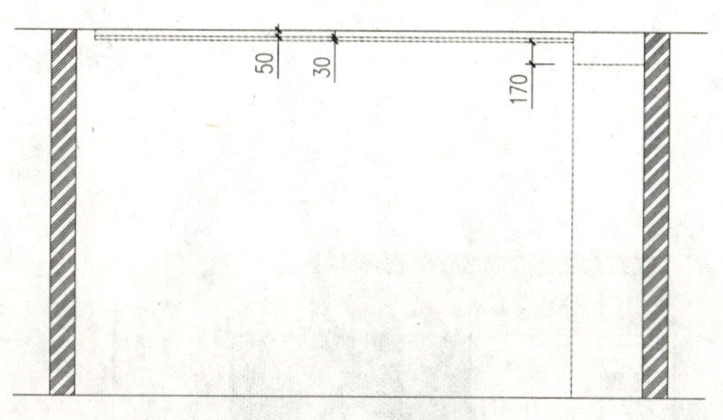

图 15-99　绘制的吊顶

STEP 11 执行“直线”命令（L），绘制如图 15-100 所示的两条相交斜线段。

STEP 12 将“DD- 吊顶”图层设置为当前图层，执行“直线”命令（L），在图形上侧绘制成品石膏阴角线轮廓，如图 15-101 所示。

STEP 13 将“JJ- 家具”图层设置为当前图层，执行“插入”命令（I），打开“插入”对话框，然后单击“名称”选项右侧的倒三角按钮▾，选择“立面床”内部图块，将其插入图形相应位置，如图 15-102 所示。

图 15-100　绘制相交斜线段

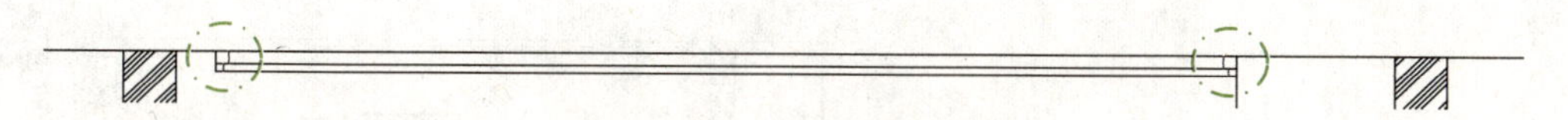

图 15-101　绘制阴角线轮廓

STEP 14 继续执行“插入”命令（I），打开“插入”对话框，然后单击“名称”选项右侧的倒三角按钮▾，选择“装饰画”内部图块，将其插入图形相应位置，如图 15-103 所示。

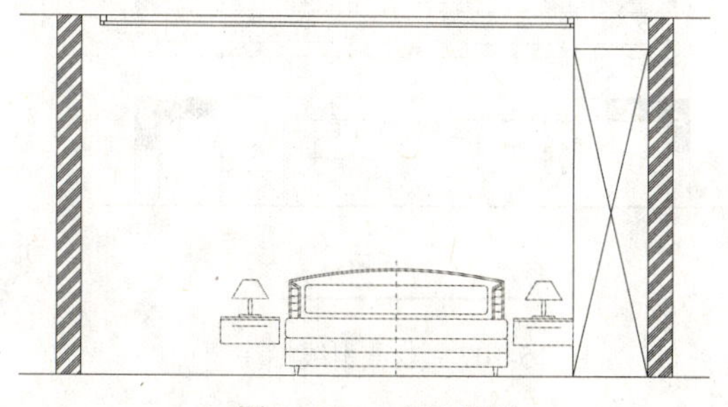

图 15-102　插入图块

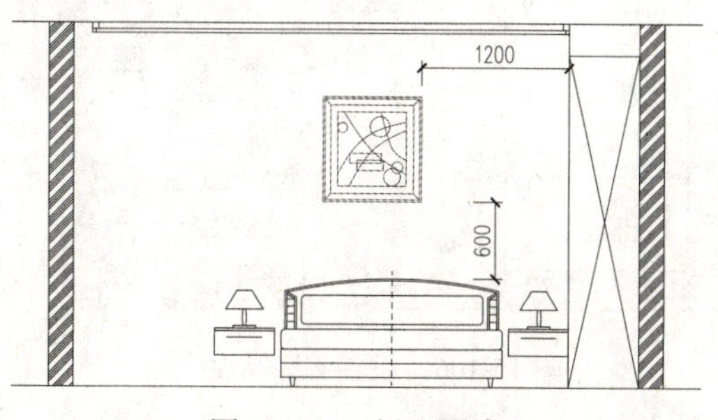

图 15-103　插入图块

STEP 15 单击“图层”面板中的“图层控制”下拉列表框，将“BZ- 标注”图层设置为当前图层。

STEP 16 在“注释”选项板的“标注”面板中单击 ↘ 按钮，将弹出“标注样式管理器”对话框，选择“室内-25”标注样式，将其设置为当前图层，如图 15-104 所示。

STEP 17 执行“线性标注”(DLI) 和“连续标注”(DCO) 命令，对立面图进行尺寸标注，如图 15-105 所示。

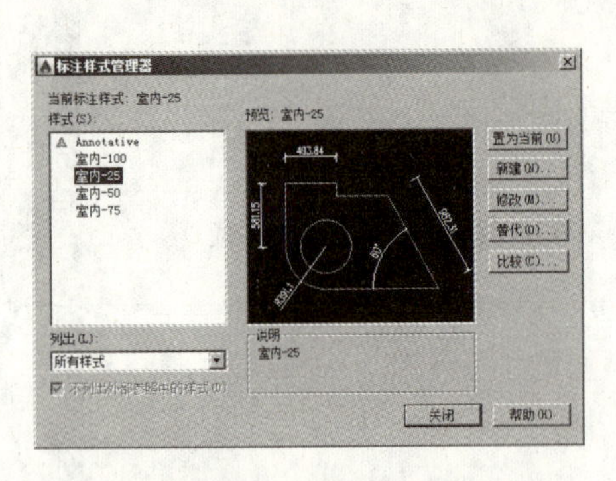

图 15-104　设置标注样式

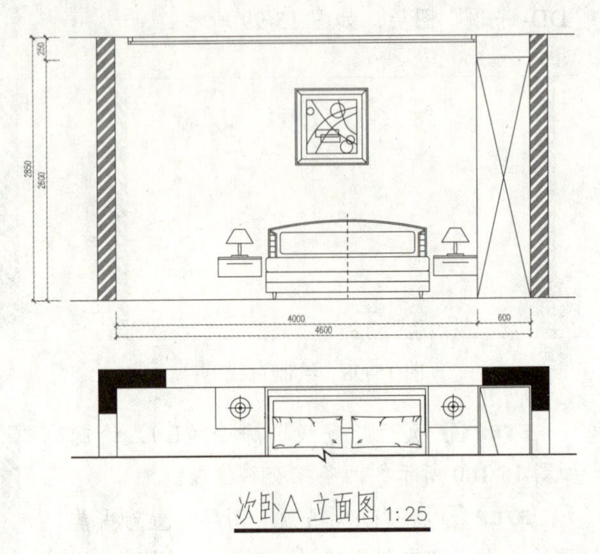

图 15-105　尺寸标注效果

STEP 18 将“ZS-注释”图层设置为当前图层，修改“图内说明”文字样式中的字高为“150”，如图 15-106 所示。

STEP 19 执行“多重引线”命令（MLD），在拉出一条直线以后，弹出“文字格式”对话框，根据要求对立面图进行文字注释，如图 15-107 所示。

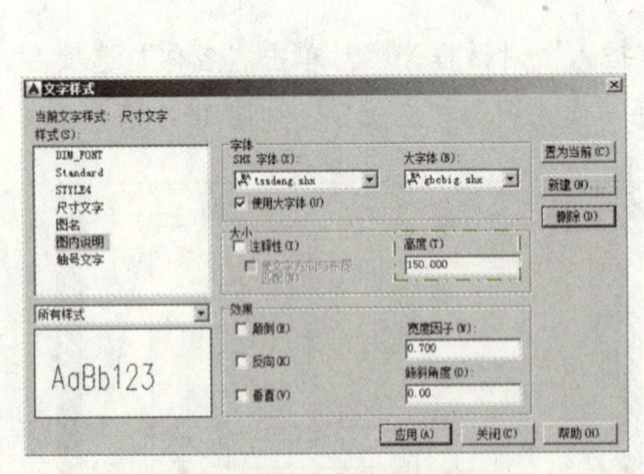

图 15-106　设置文字高度

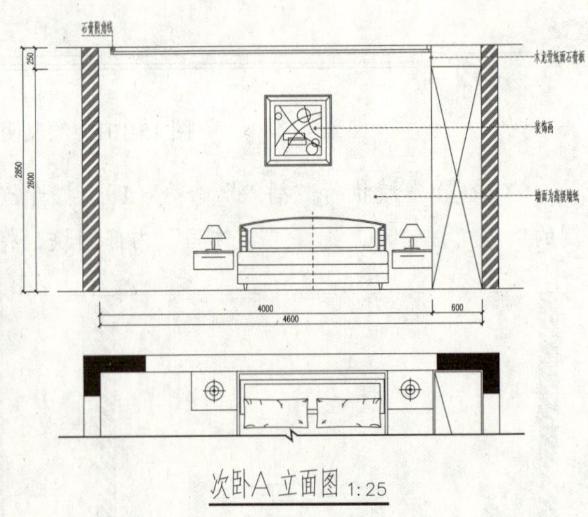

图 15-107　多重引线标注

STEP 20 将“TQ-签”图层设置为当前图层，执行“插入”命令（I），打开“插入”对话框，然后单击“名称”选项右侧的倒三角按钮▾，选择“A4 图框 -2”内部图块，设置插入比例为“30”，插入图中的相应位置并修改相应图签内容，其效果如图 15-108 所示。

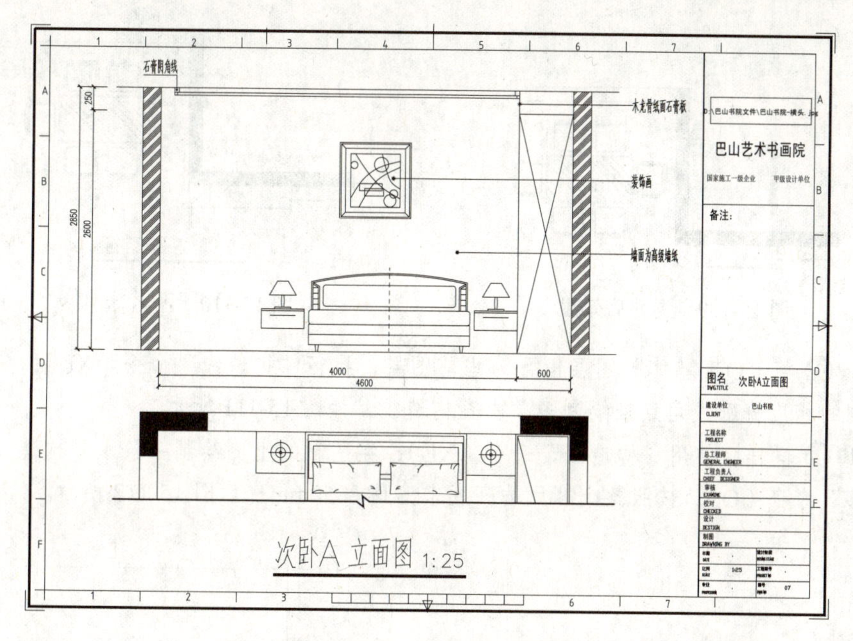

图 15-108　绘制好后的效果

STEP 21 至此，该次卧 A 立面图绘制完成，按“Ctrl+S”组合键进行保存，然后选择“文件 | 关闭”菜单命令，将该图形文件退出。

15.6.3　绘制客厅 B 立面图

视频：15.6.3——绘制客厅 B 立面图 .avi
案例：客厅 B 立面图 .dwg

打开前面绘制好的平面布置图文件，并另存为新的文件；参照电视墙立面图的绘制方法，完成客厅 B 立面图的绘制。

STEP 01 启动 AutoCAD 2016 软件，按“Ctrl+O”组合键，将“案例\15\平面布置图.dwg”文件打开，然后按“Ctrl+Shift+S”组合键，将弹出“图形另存为”对话框，将该文件保存为“案例\15\客厅 B 立面图 .dwg”文件。

STEP 02 执行“复制”命令（CO），将平面布置图的客厅左侧单独提取出来；然后使用“修剪”命令（TR），将多余的对象进行修剪并删除；使用“旋转”命令（RO），将图形调整到适当角度，如图 15-109 所示。

STEP 03 继续执行“复制”命令（CO），将平面布置图中下侧的图名标注对象复制到上一步已经处理后的图形下侧。

STEP 04 执行“缩放”命令（SC），将整个图名对象缩放 0.25，再分别修改图名、比例及图号，如图 15-110 所示。

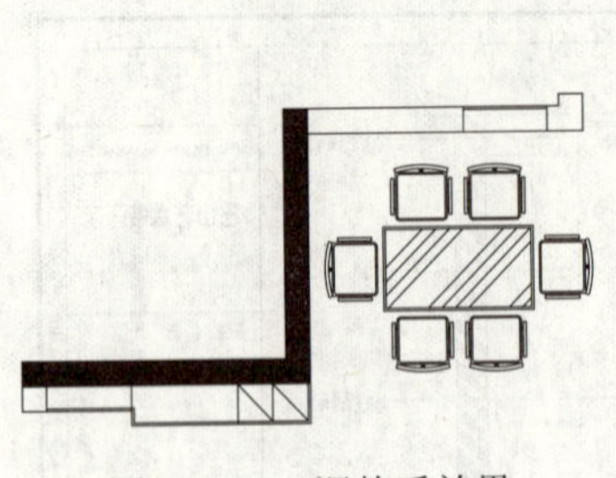

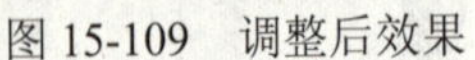
图 15-109 调整后效果

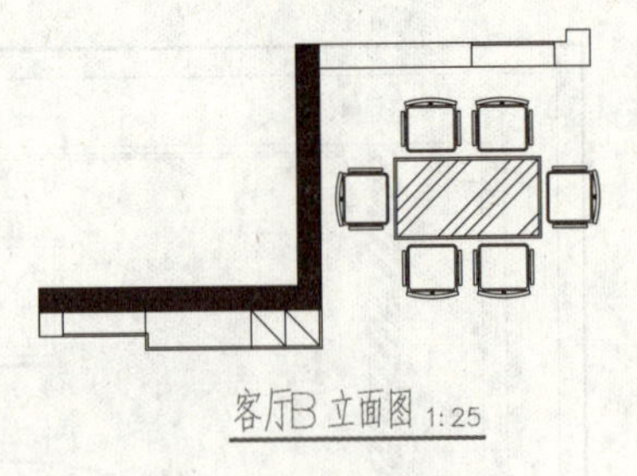

图 15-110 图名标注

STEP 05 将“QT-墙体”图层设置为当前图层，执行“构造线”命令（XL），分别捕捉图形上侧的相应轮廓线角点来绘制多条垂直构造线，如图 15-111 所示。

STEP 06 同样，使用“构造线”命令（XL），在图形的上侧绘制一条水平构造线；再使用“偏移”命令（O），按照整个客厅的高度来偏移 2850mm，如图 15-112 所示。

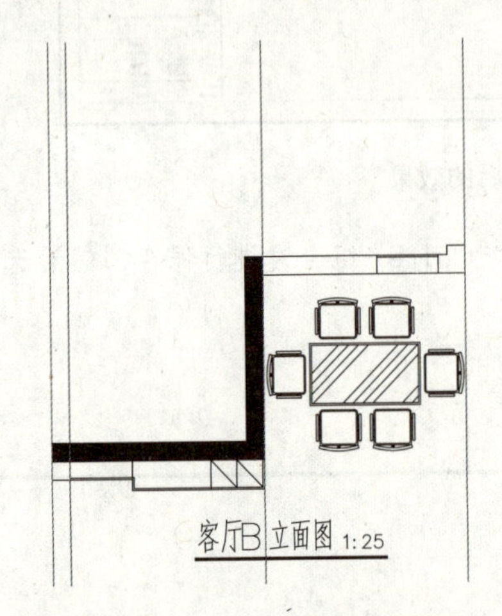

图 15-111 垂直构造线

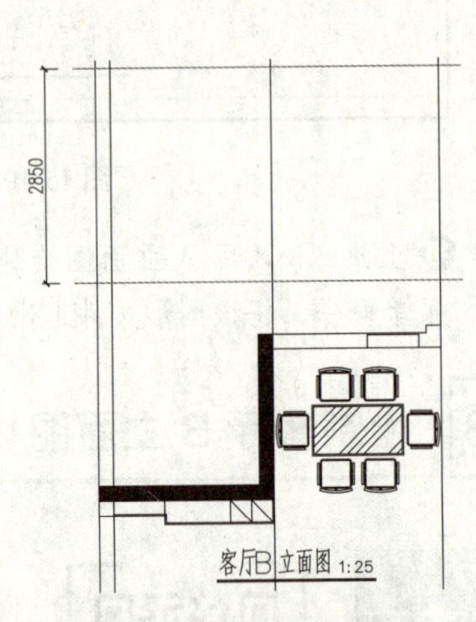

图 15-112 绘制并偏移操作

STEP 07 执行“修剪”命令（TR），将多余的构造线进行修剪，如图 15-113 所示。

STEP 08 执行“图案填充”命令（H），将图形左侧的对象填充“ANSI34”图案，其填充比例为“5”，使之成为墙体对象，如图 15-114 所示。

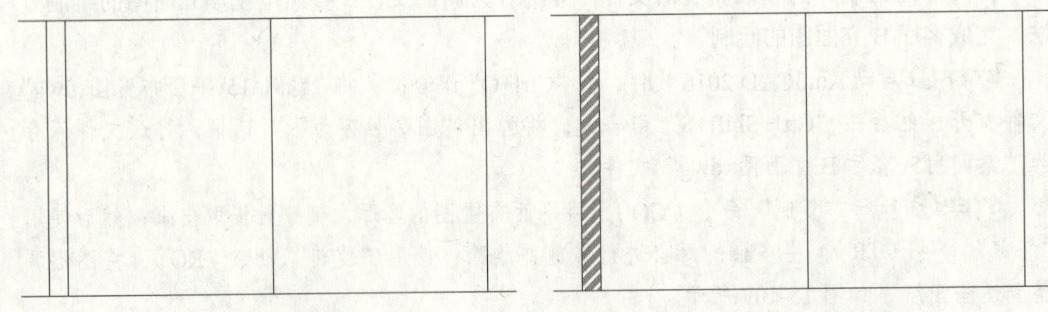

图 15-113 修剪操作

图 15-114 图案填充

STEP 09 将“DD-吊顶”图层设置为当前图层，执行“直线”命令（L），绘制如图 15-115 所示的水平直线段。

STEP 10 执行“直线”（L）和“偏移”（O）命令，绘制如图 15-116 所示的吊顶轮廓。

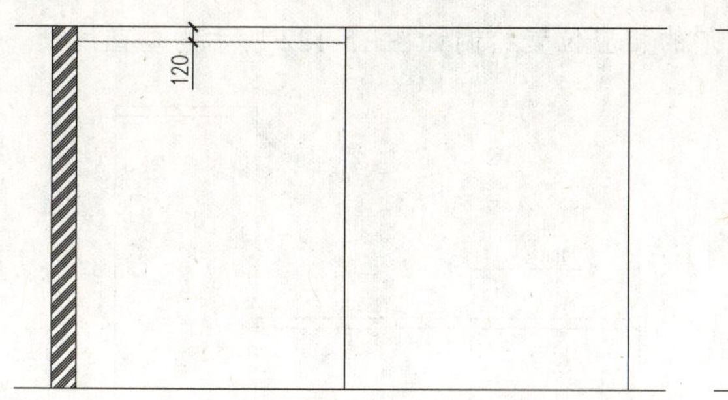

图 15-115　绘制水平直线

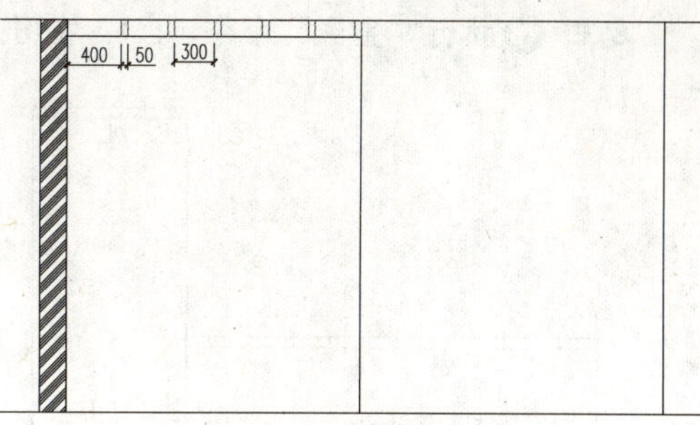

图 15-116　绘制吊顶轮廓

STEP 11 将“0”图层设置为当前图层，执行“直线”命令（L），绘制如图 15-117 所示的水平直线。

STEP 12 将“JJ- 家具”图层设置为当前图层，执行“矩形”（REC）和“偏移”（O）命令，在图形右侧绘制一个 740mm×1040mm 的矩形对象，然后将其向内偏移 20mm，如图 15-118 所示。

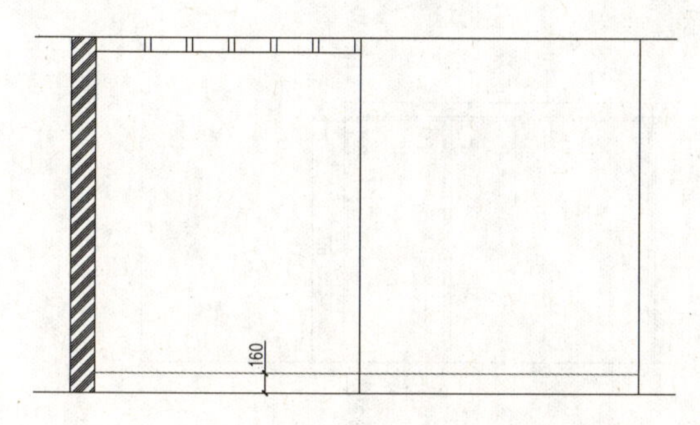

图 15-117　绘制水平直线

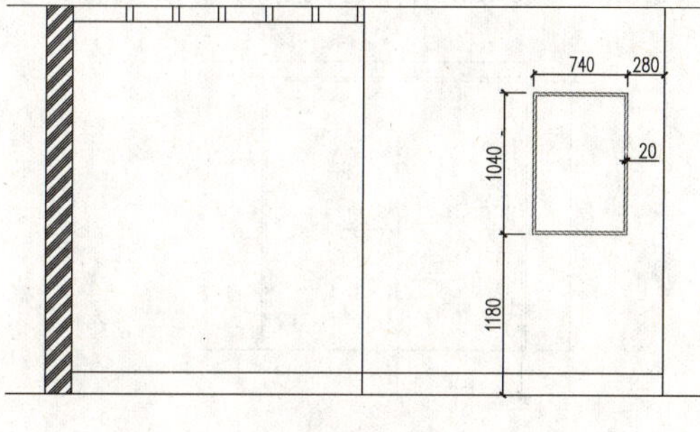

图 15-118　绘制矩形

STEP 13 执行“直线”（L）、“偏移”（O）和“修剪”（TR）命令，在上一步绘制的矩形内绘制如图 15-119 所示的水平线段。

STEP 14 绘制“鞋柜”对象，执行“矩形”命令（REC），在绘图区任意位置绘制如图 15-120 所示的两个矩形。

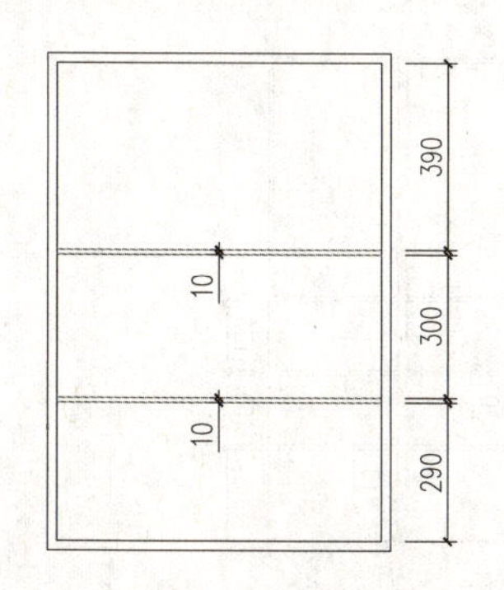

图 15-119　绘制水平线段

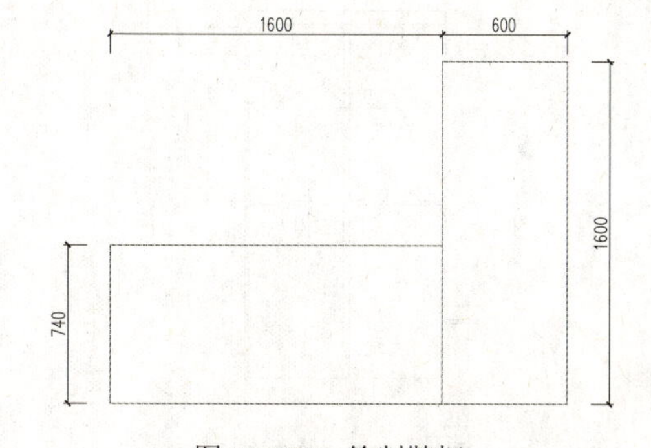

图 15-120　绘制鞋柜

STEP 15 执行“分解”（X）和“偏移”（O）命令，将上一步绘制的矩形分解，然后将两个矩形上侧的水平边分别向下偏移 40mm，结果如图 15-121 所示。

STEP 16 执行“直线”命令（L），在图形的相应位置绘制如图 15-122 所示的垂直线段。

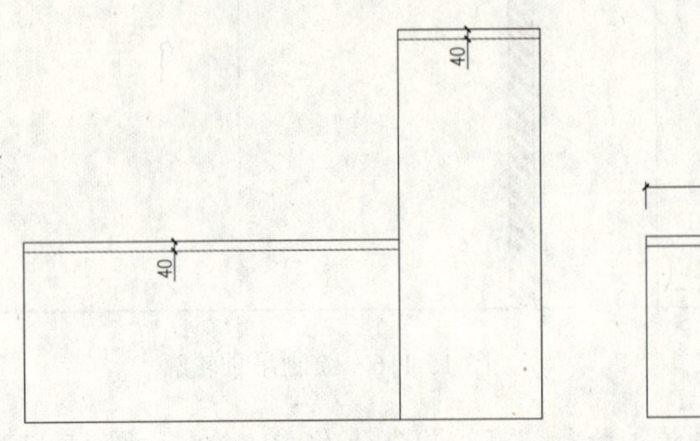

图 15-121　分解和偏移操作

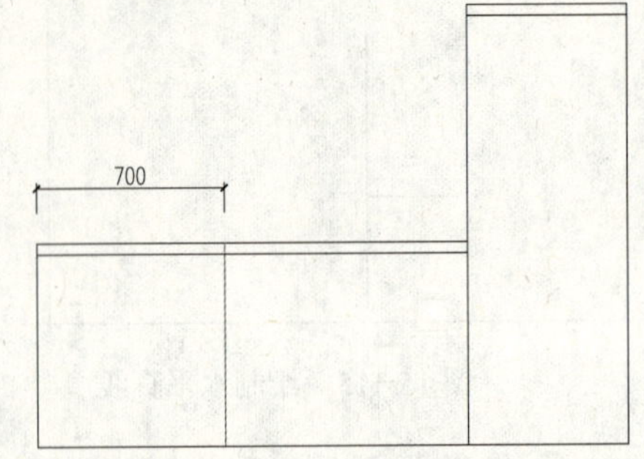

图 15-122　绘制垂直线段

STEP 17 执行“矩形”命令（REC），在图形左侧绘制两个 330mm×690mm 的矩形对象，如图 15-123 所示。

STEP 18 使用相同的方法，执行“矩形”命令（REC），在图形中间绘制 3 个 283mm×690mm 的矩形对象，如图 15-124 所示。

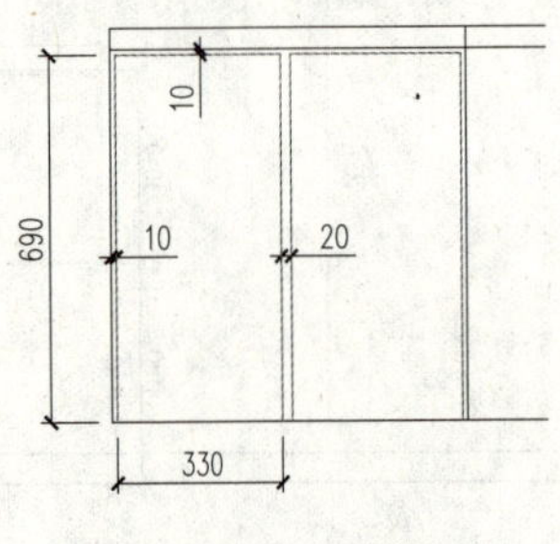

图 15-123　绘制矩形

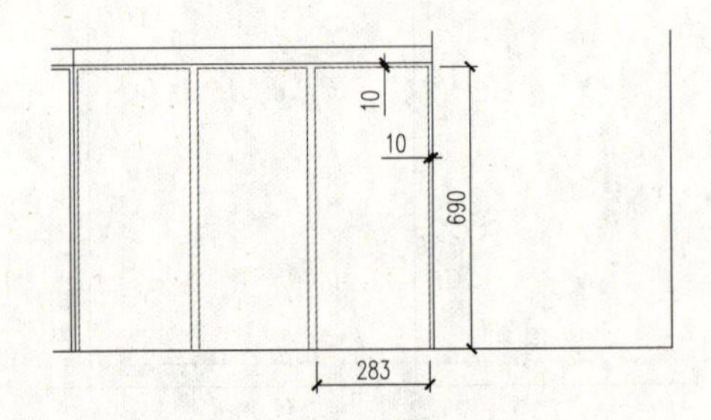

图 15-124　绘制矩形

STEP 19 继续执行“矩形”命令（REC），在图形右上侧绘制 4 个 280mm×506mm 的矩形对象，如图 15-125 所示。

STEP 20 使用相同的方法，完成图形右下侧轮廓线的绘制，其效果如图 15-126 所示。

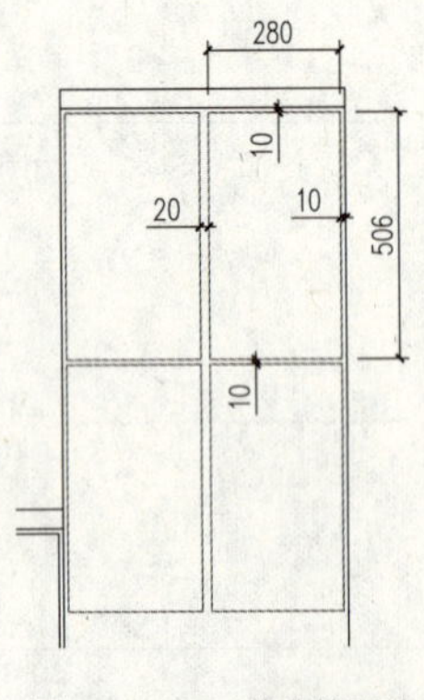

图 15-125　绘制矩形

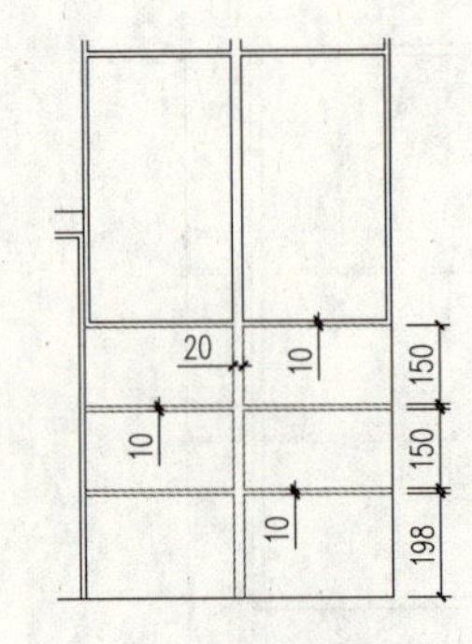

图 15-126　绘制矩形

STEP 21 执行“矩形”（REC）和“旋转”（RO）命令，绘制数个 90mm×10mm 的矩形对象作为鞋柜把手，如图 15-127 所示。

STEP 22 将“TC- 填充”图层设置为当前图层，执行“图案填充”命令（H），对鞋柜表面进行“AR-SAND”图案填充，其填充比例为“3”，效果如图 15-128 所示。

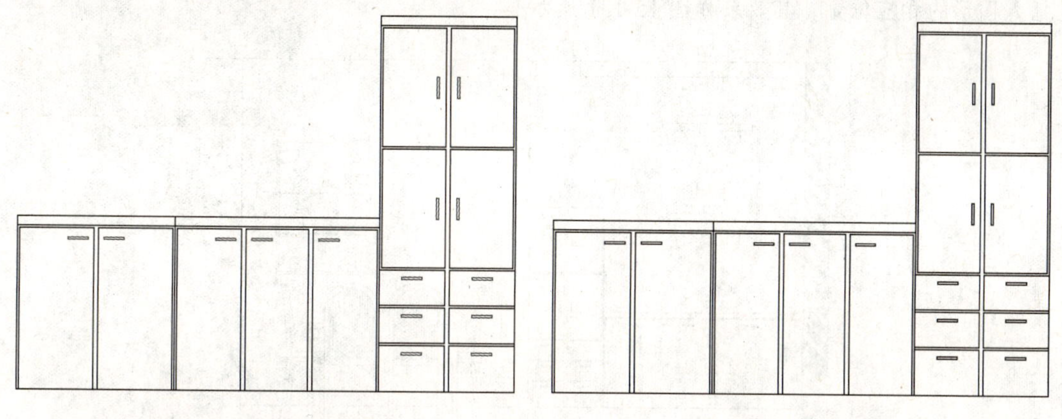

图 15-127　绘制把手　　　　图 15-128　图案填充

STEP 23 执行“移动”命令（M），将绘制的鞋柜对象移动到立面图中的相应位置，如图 15-129 所示。

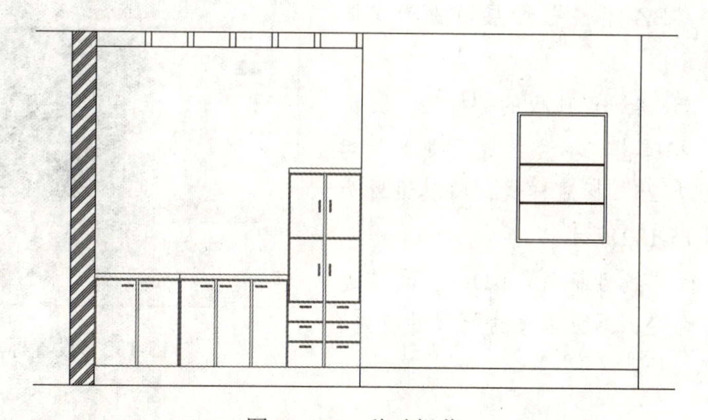

图 15-129　移动操作

STEP 24 将“JJ- 家具”图层设置为当前图层，执行“插入”命令（I），打开“插入”对话框，然后单击“名称”选项右侧的倒三角按钮▾，选择“立面餐桌”内部图块，将其插入图形的相应位置，然后执行“修剪”命令（TR），修剪多余的线段，效果如图 15-130 所示。

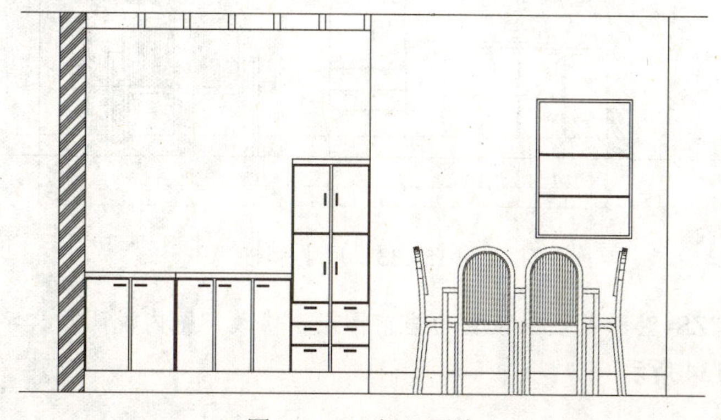

图 15-130　插入图块

STEP 25 将“0”图层设置为当前图层，继续执行“插入”命令（I），打开“插入”对话框，然后单击“名称”选项右侧的倒三角按钮，选择“装饰品”和“装饰画”内部图块，将其插入图形的相应位置，其效果如图 15-131 所示。

图 15-131　插入图块

STEP 26 单击“图层”面板中的“图层控制”下拉列表框，将“BZ-标注”图层设置为当前图层。

STEP 27 在“注释”选项板的“标注”面板中单击按钮，将弹出“标注样式管理器”对话框，选择“室内-25”标注样式，将其设置为当前图层，如图 15-132 所示。

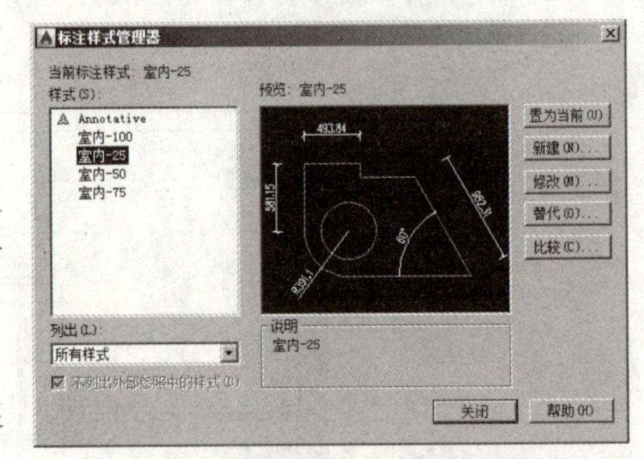

图 15-132　设置标注样式

STEP 28 执行“线性标注”（DLI）和“连续标注”（DCO）命令，对立面图进行尺寸标注，如图 15-133 所示。

图 15-133　尺寸标注

STEP 29 将“ZS-注释”图层设置为当前图层，修改“图内说明”文字样式中的字高为“150”，如图 15-134 所示。

STEP 30 执行“多重引线”命令（MLD），在拉出一条直线以后，弹出“文字格式”对话框，根据要求对立面图进行文字注释，如图 15-135 所示。

STEP 31 将“TQ-签”图层设置为当前图层，执行“插入”命令（I），打开“插入”对话框，然后单击“名称”选项右侧的倒三角按钮▾，选择“A4 图框 -2”内部图块，设置插入比例为“30”，插入图中的相应位置并修改相应图签内容，其效果如图 15-136 所示。

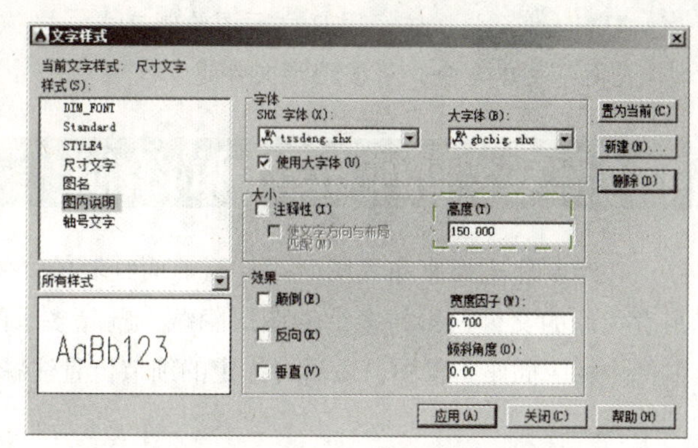

图 15-134　设置文字高度

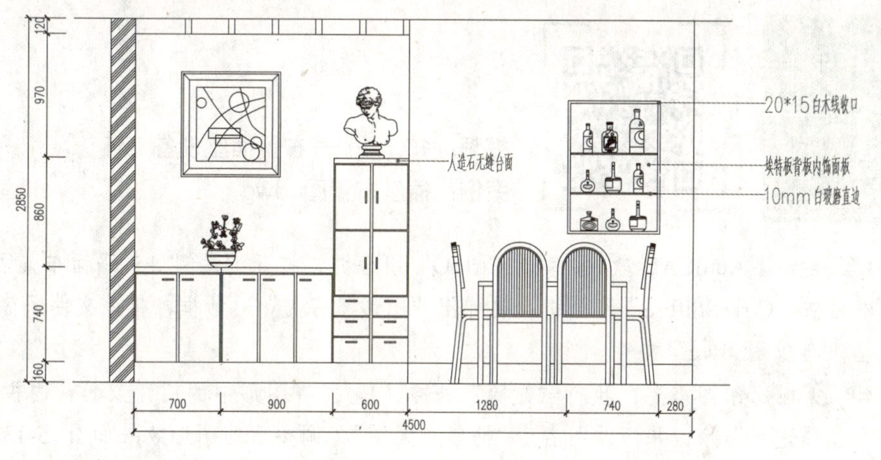

图 15-135　多重引线标注

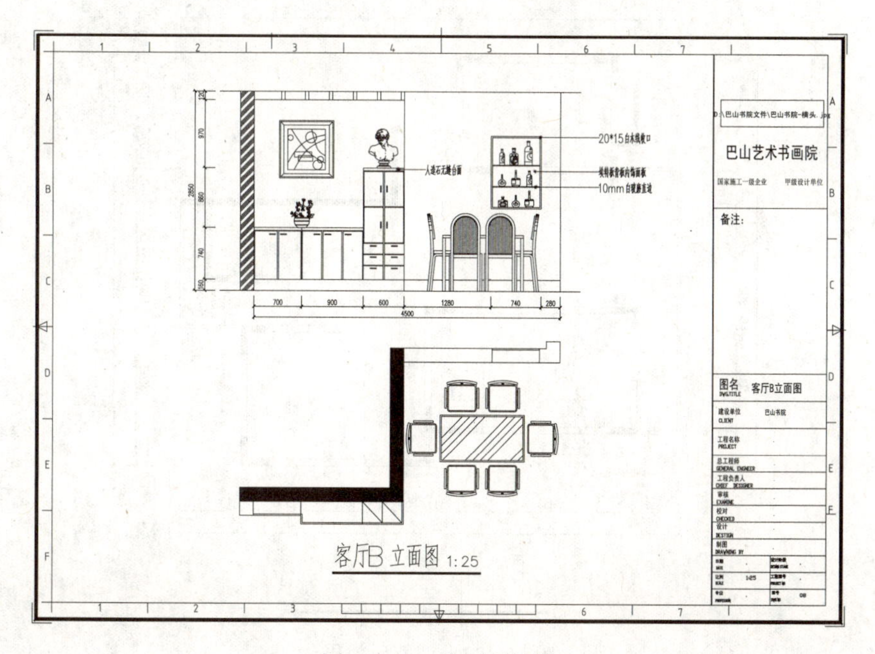

图 15-136　绘制好效果

STEP 32 至此，该客厅 B 立面图绘制完成，按“Ctrl+S”组合键进行保存，然后选择“文件 | 关闭”菜单命令，将该图形文件退出。

15.7 家装插座布置图的绘制

在绘制住宅插座布置图时，打开前面绘制的“案例 \15\ 平面布置图 .dwg”文件，将其另存为新的文件，再将多余的图层隐藏，删除多余的文字注释对象，并修改图名，然后绘制图中相应插座布置图，最后对指定的细节位置注释说明。

15.7.1 布置插座设备

视频：15.7.1——布置插座设备 .avi

案例：插座布置图 .dwg

STEP 01 启动 AutoCAD 软件，按“Ctrl+O”组合键，打开“案例 \15\ 平面布置图 .dwg”文件，然后按“Ctrl+Shift+S”组合键，将弹出“图形另存为”对话框，将该文件保存为“案例 \15\ 插座布置图 .dwg”文件。

STEP 02 根据作图需要，执行“删除”命令（E），将图形中的门、家具、内视符号和部分文字注释进行删除，并修改图名为“插座布置图”，调整后的图形效果如图 15-137 所示。

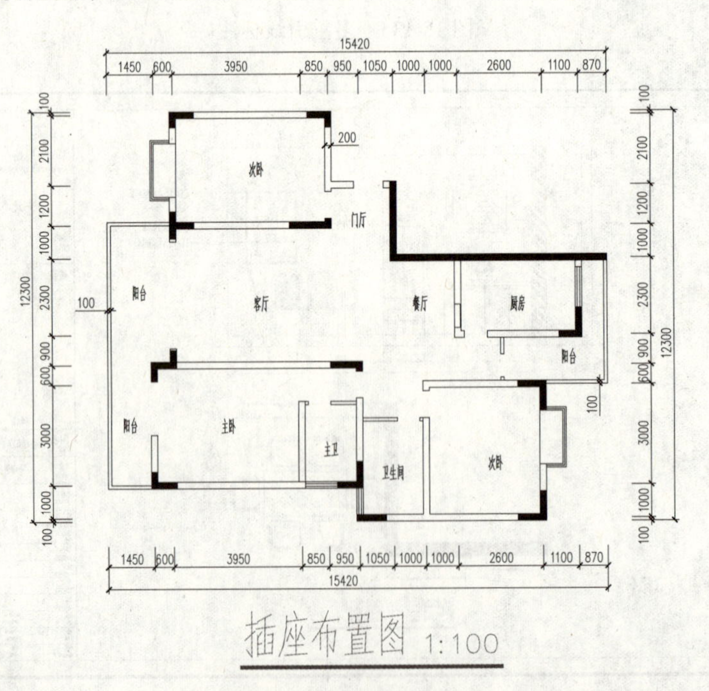

图 15-137 调整后效果

STEP 03 将图形全部选中，然后在“特性”面板的“颜色”下拉列表中，选择“颜色 8”，将图形以暗色显示，如图 15-138 所示。

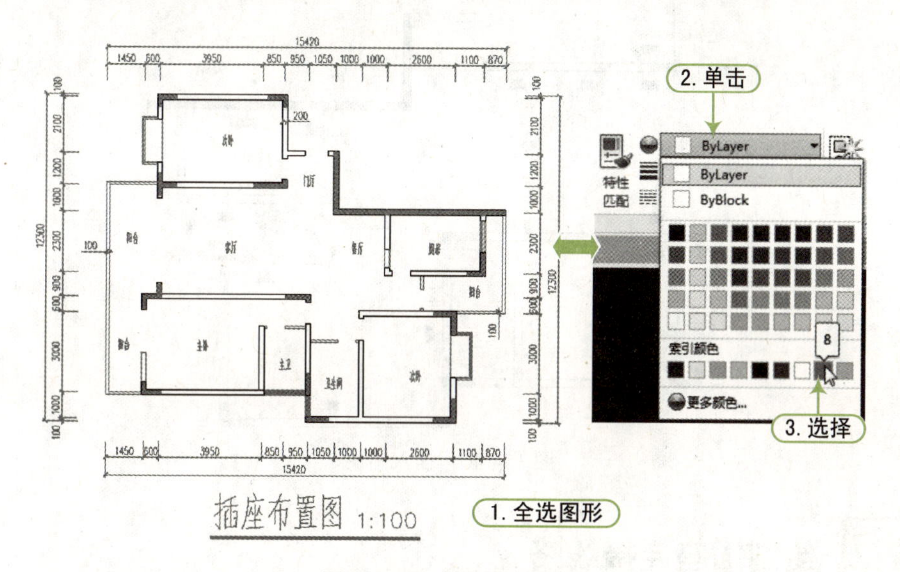

图 15-138　设置填充颜色

STEP 04 单击“图层”面板中的“图层控制”下拉列表框，将“DQ- 电气”图层设置为当前图层。

STEP 05 执行“插入”命令（I），打开“插入”对话框，然后单击“名称”选项右侧的倒三角按钮▾，选择“插座”内部图块，将其插入图中相应位置，再使用“旋转”（RO）和“移动”（M）命令，对插入的图块进行编辑，如图 15-139 所示。

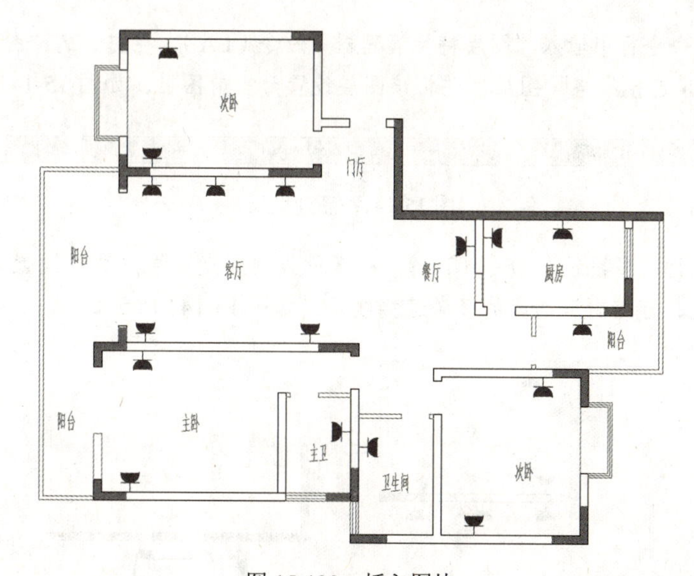

图 15-139　插入图块

STEP 06 执行“插入”命令（I），打开“插入”对话框，然后单击“名称”选项右侧的倒三角按钮▾，选择“配电箱”内部图块，将其插入图中相应位置，如图 15-140 所示。

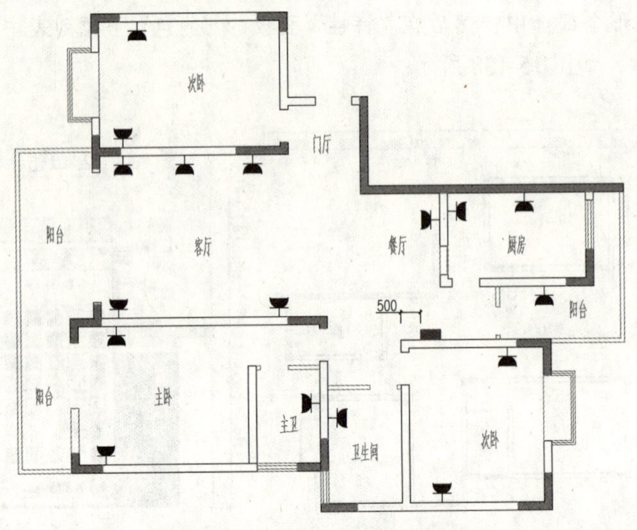

图 15-140　插入图块

15.7.2 绘制插座连接线路

视频：15.7.2——绘制插座连接线路 .avi
案例：插座布置图 .dwg

STEP 01 在命令行中输入“图层特性管理器”命令（LA），在打开的“图层特性管理器”面板中新建“LJ- 连接线路”图层，并将该图层设置为当前图层，如图 15-141 所示。

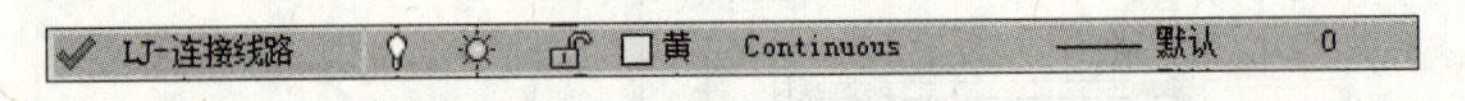

图 15-141　新建图层

STEP 02 执行“多段线”命令（PL），将多段线的起点及端点宽度设置为 30mm，绘制从配电箱引出的，连接厨房插座的多条连接线路，如图 15-142 所示。

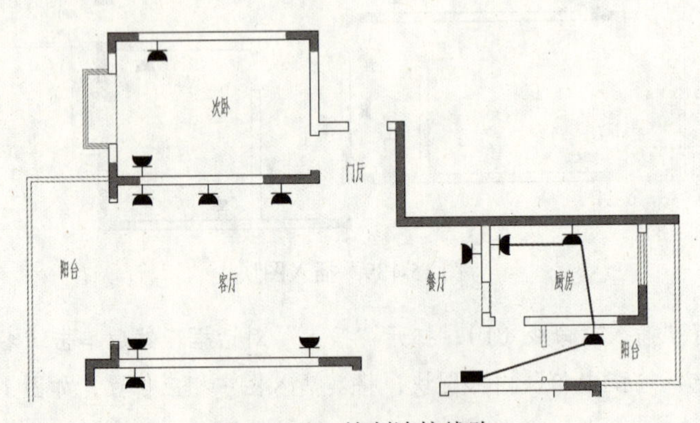

图 15-142　绘制连接线路

QA 问题

学生问： 老师，如何绘制连接线路？

老师答： 连接线路可以使用“直线”（L）或“多段线”命令（PL）来进行绘制。为了便于观察及快速识读，采用了具有一定宽度的多段线来进行绘制，如采用“直线”命令（L）绘制时可设置当前图层的线型宽度（线宽）来表达相同的效果。

STEP 03 继续执行“多段线”命令（PL），使用前面相同的方法，绘制从配电箱引出的，分别连接室内各个房间相应插座的多条连接线路，如图 15-143 所示。

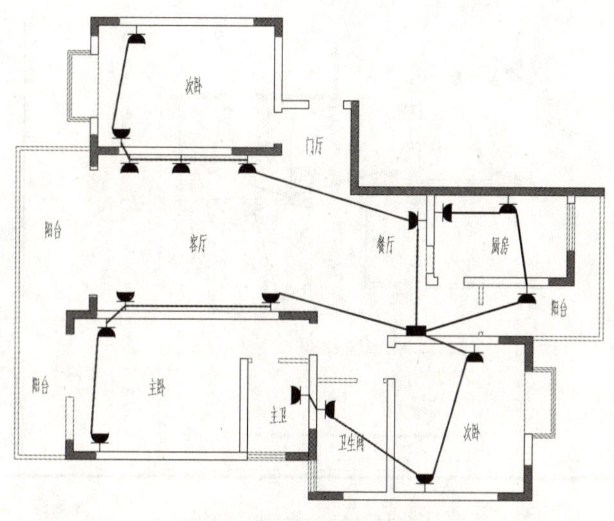

图 15-143　绘制连接线路

STEP 04 单击“图层”面板中的“图层控制”下拉列表框，将“ZS-注释”图层设置为当前图层。

STEP 05 单击“注释”选项卡“文字”面板中的“文字样式”下拉按钮，在其下拉列表框中选择“图内说明”文字样式。

STEP 06 执行“单行文字”命令（DT），在图中的相应位置分别输入文字内容，对图形进行注释说明，效果如图 15-144 所示。

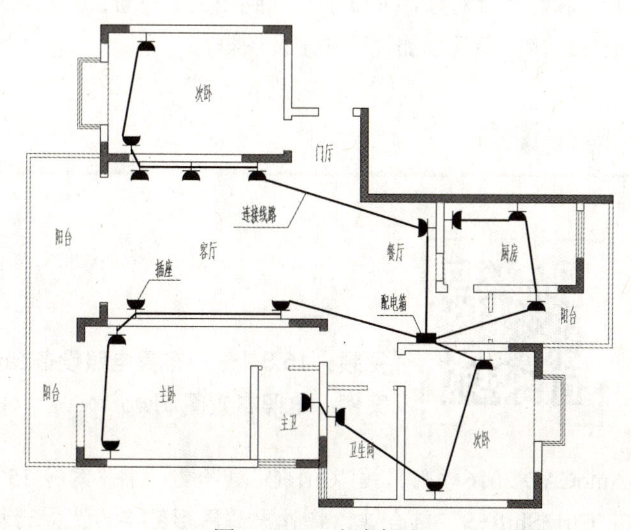

图 15-144　文字标注

STEP 07 将“TQ- 签”图层设置为当前图层，执行“插入”命令（I），打开“插入”对话框，然后单击“名称”选项右侧的倒三角按钮▾，选择“A4 图框 -2”内部图块，设置插入比例为“110”，插入图中的相应位置并修改相应图签内容，其效果如图 15-145 所示。

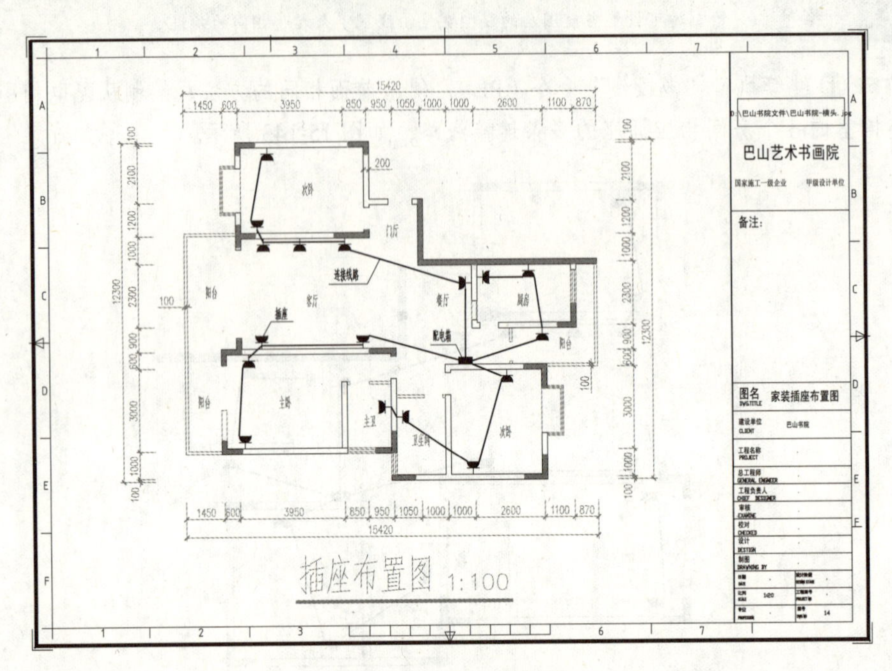

图 15-145　绘制好效果

STEP 08 至此，该家装插座布置图绘制完成，按“Ctrl+S”组合键进行保存，然后选择“文件 | 关闭”菜单命令，将该图形文件退出。

15.8　家装电照布置图的绘制

首先打开“案例 \15\ 地面布置图 .dwg”文件，并另存为新的文件；其次将多余的对象删除或者隐藏插入开关和灯具等对象，并分别布置到相关的位置；再次使用“多段线”命令将开关和灯具对象进行连接；最后添加说明文字及图框。

15.8.1　布置电照设备

视频：15.8.1——布置电照设备 .avi

案例：电照布置图 .dwg

STEP 01 启动 AutoCAD 2016 软件，按“Ctrl+O”组合键，将“案例 \15\ 地面布置图 .dwg”文件打开，然后按“Ctrl+Shift+S”组合键，将弹出“图形另存为”对话框，将该文件保存为“案例 \15\ 电照布置图 .dwg”文件。

STEP 02 执行“删除”命令（E），将原有的填充地材对象删除，并删除文字注释等其他多余对象，然后将下侧的图名注释部分进行适当的修改，调整后的图形效果如图 15-146 所示。

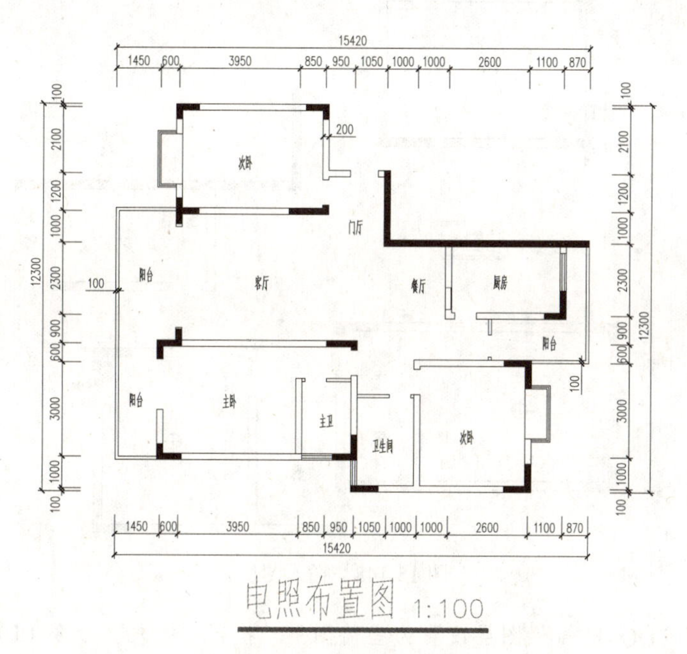

图 15-146　调整后效果

STEP 03 将图形全部选中，然后在“特性”面板的“颜色”下拉列表中，选择“颜色 8”，将图形以暗色显示，如图 15-147 所示。

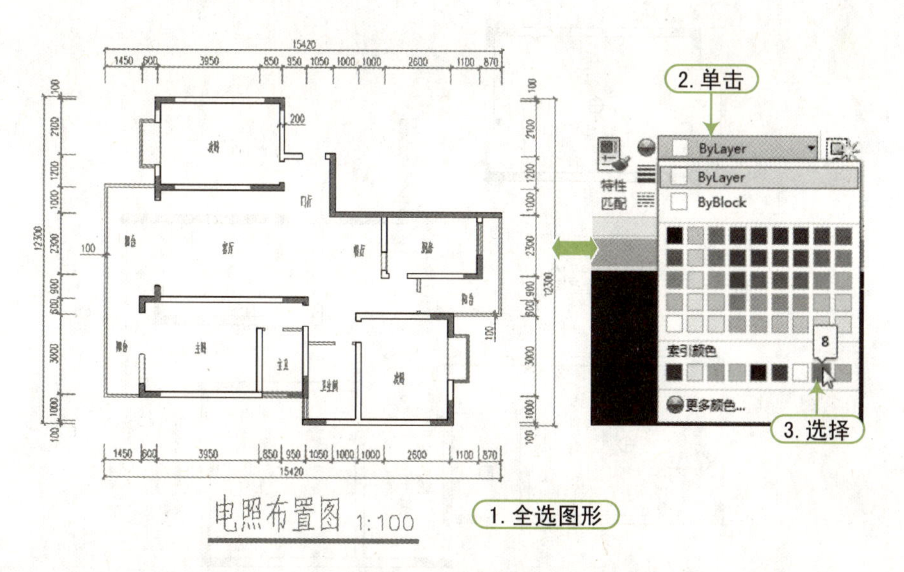

图 15-147　填充颜色

STEP 04 单击“图层”面板中的“图层控制”下拉列表框，将“DJ- 灯具”图层设置为当前图层。

STEP 05 执行“插入”命令（I），打开“插入”对话框，然后单击“名称”选项右侧的倒三角按钮▾，选择“客厅艺术灯”“艺术吊灯”“吸顶灯”和“防雾灯”内部图块，将其插入图形中相应位置，如图 15-148 所示。

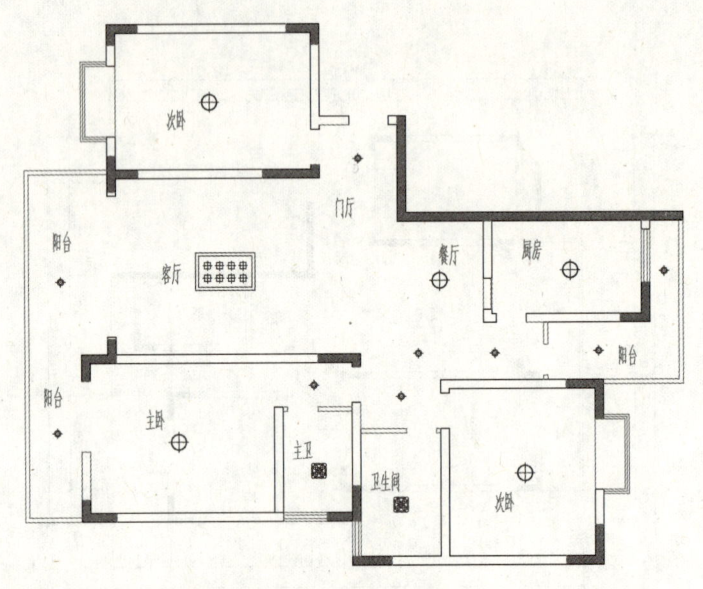

图 15-148　插入图块

STEP 06 将“DQ-电气”图层设置为当前图层。执行“插入”命令（I），打开“插入”对话框，然后单击“名称”选项右侧的倒三角按钮▾，选择“单向开关”“双向开关”和“三向开关”内部图块，将其插入图形中的相应位置，并使用“旋转”（RO）和“移动”（M）命令进行编辑，最终效果如图 15-149 所示。

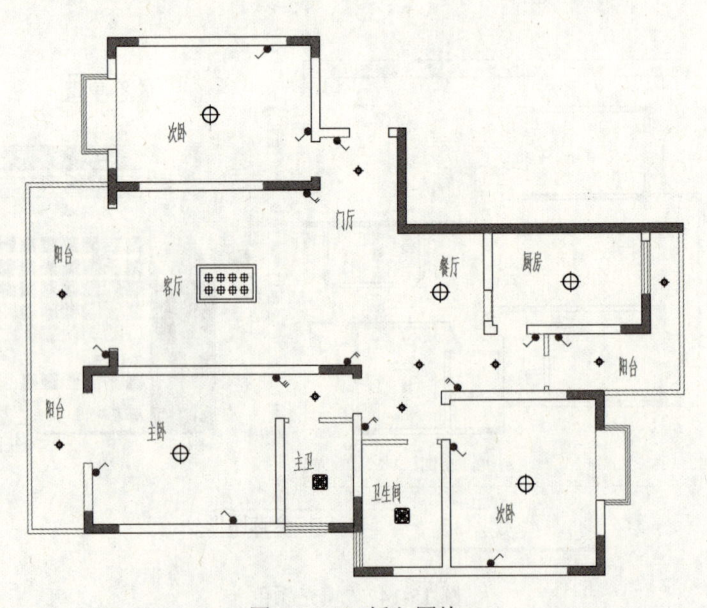

图 15-149　插入图块

15.8.2 绘制电照连接线路

视频：15.8.2——绘制电照连接线路 .avi

案例：电照布置图 .dwg

STEP 01 在命令行中输入“图层特性管理器”命令（LA），在打开的“图层特性管理器”面板中新建“LJ- 连接线路”图层，并将该图层设置为当前图层，如图 15-150 所示。

LJ-连接线路　□黄　Continuous　——— 默认　0

图 15-150　新建图层

STEP 02 执行“直线”命令（L），将次卧和门厅的开关路线进行直线连接，如图 15-151 所示。

STEP 03 使用相同的方法，执行“直线”命令（L），将所有开关路线进行直线连接，如图 15-152 所示。

STEP 04 单击“图层”面板中的“图层控制”下拉列表框，将“ZS- 注释”图层设置为当前图层。

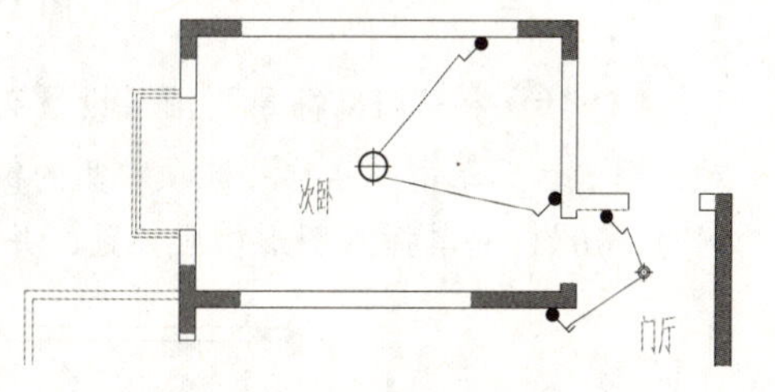

图 15-151　连接线路

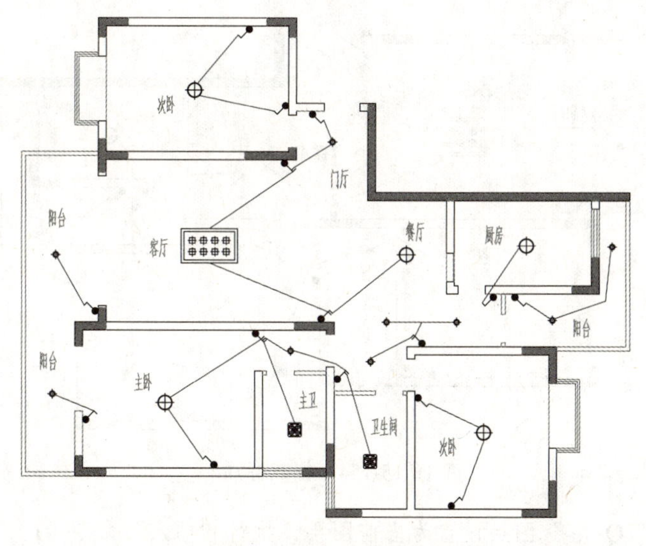

图 15-152　连接线路

STEP 05 单击“注释”选项卡“文字”面板中的“文字样式”下拉按钮，在其下拉列表框中选择“图内说明”文字样式。

STEP 06 执行“单行文字”命令（DT），在图中的相应位置分别输入文字内容，对图形进行注释说明，效果如图 15-153 所示。

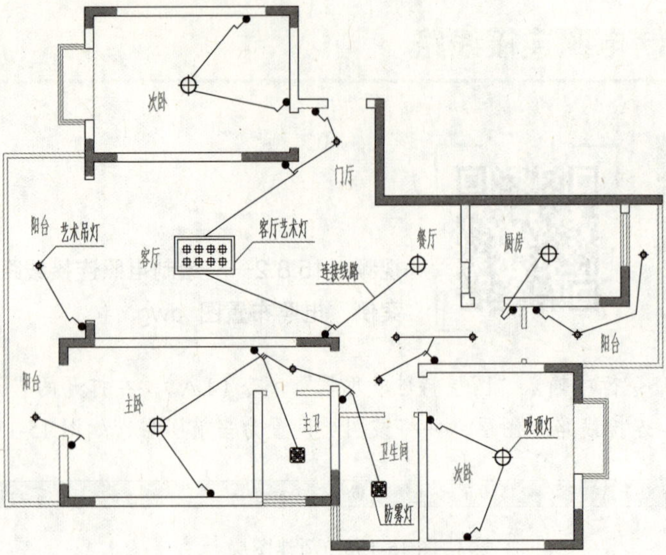

图 15-153　文字注释

STEP 07 将“FH- 符号”图层设置为当前图层。执行“插入”命令（I），打开“插入”对话框，然后单击“名称”选项右侧的倒三角按钮▾，选择“标高符号”内部图块，设置比例为“70”，将其插入图形相应位置，并修改标高值，如图 15-154 所示。

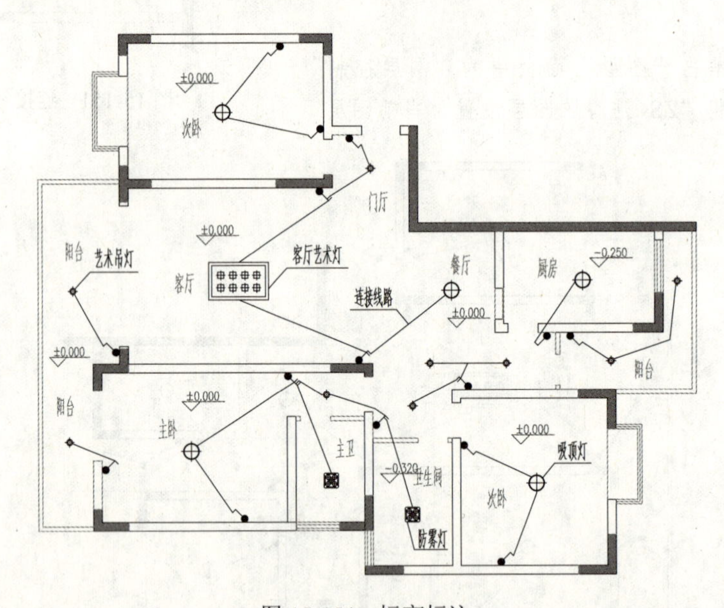

图 15-154　标高标注

STEP 08 将“TQ- 签”图层设置为当前图层，执行“插入”命令（I），打开“插入”对话框，然后单击“名称”选项右侧的倒三角按钮▾，选择“A4 图框 -2”内部图块，设置插入比例为“100”，插入图中的相应位置并修改相应图签内容，其效果如图 15-155 所示。

STEP 09 至此，该家装电照布置图绘制完成，按“Ctrl+S”组合键进行保存，然后选择“文件 | 关闭”菜单命令，将该图形文件退出。

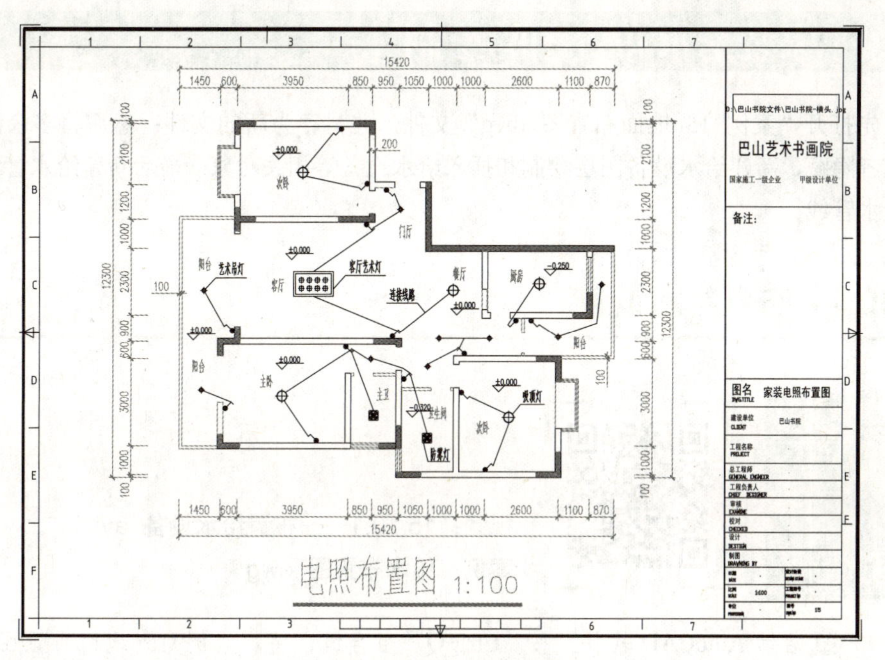

图 15-155　绘制好效果

15.9　家装弱电布置图的绘制

首先打开“案例 \15\ 地面布置图 .dwg”文件，并另存为新的文件；其次将多余的对象删除或者隐藏，然后插入电视、网络等弱电接口图块对象，并分别布置到相应位置；再次使用直线命令，将室内的各个对应的弱电接口进行连接；最后将标注图层显示出来，其效果如图 15-156 所示。

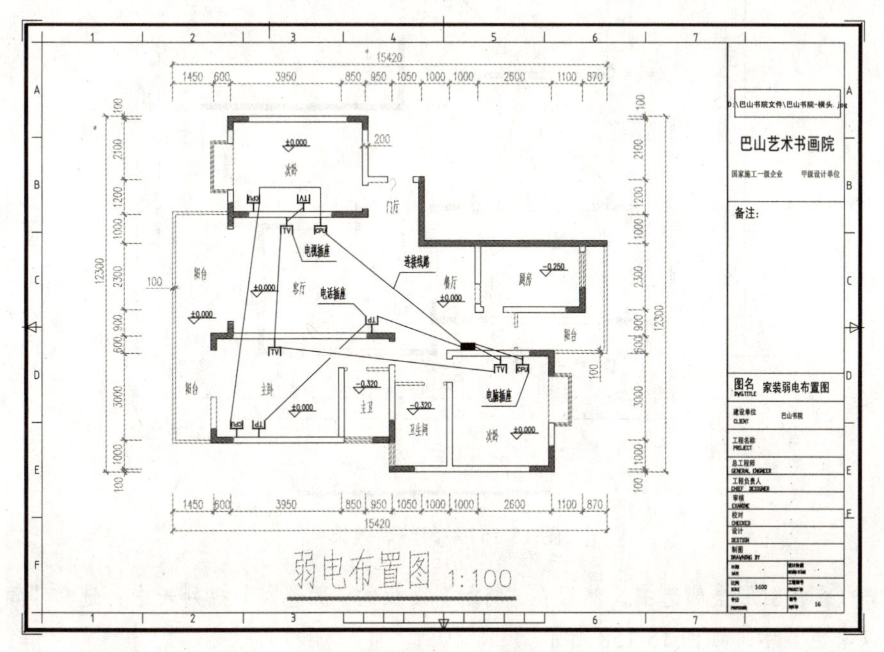

图 15-156　弱电布置图效果

15.10 家装给水布置图的绘制

首先打开“案例 \15\ 地面布置图 .dwg”文件，并另存为新的文件；然后将多余的对象删除或者隐藏，新建给水设备图层绘制和插入给水设备等相关对象；最后新建给水管线图层绘制给水管线。

15.10.1 布置给水设备

视频：15.10.1——布置给水设备 .avi
案例：给水布置图 .dwg

STEP 01 启动 AutoCAD 软件，按“Ctrl+O”组合键，将“案例 \15\ 地面布置图 .dwg”文件打开，然后按“Ctrl+Shift+S”组合键，将弹出“图形另存为”对话框，将该文件保存为“案例 \15\ 给水布置图 .dwg”文件。

STEP 02 执行“删除”命令（E），将原有的填充地材对象删除，并删除文字注释等其他多余对象，然后将下侧的图名注释部分进行适当的修改，调整后的图形效果如图 15-157 所示。

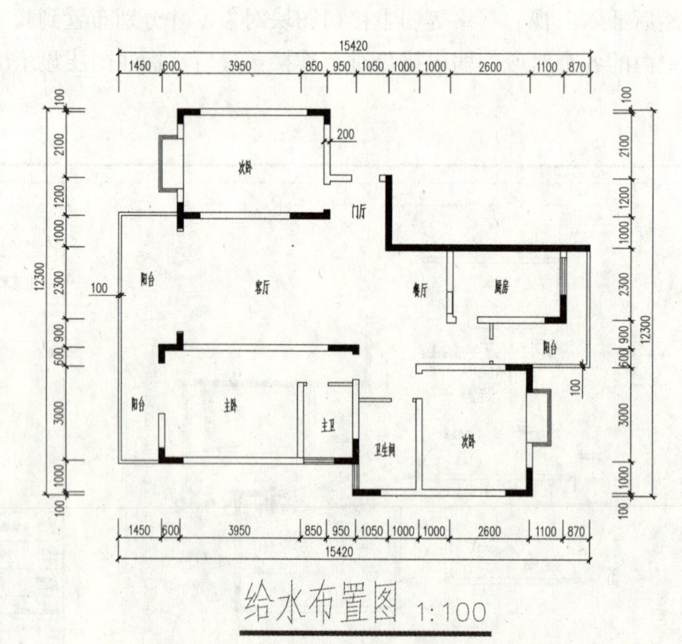

图 15-157 调整后效果

STEP 03 将图形全部选中，然后在“特性”面板的“颜色”下拉列表中，选择“颜色 8”，将图形以暗色显示，如图 15-158 所示。

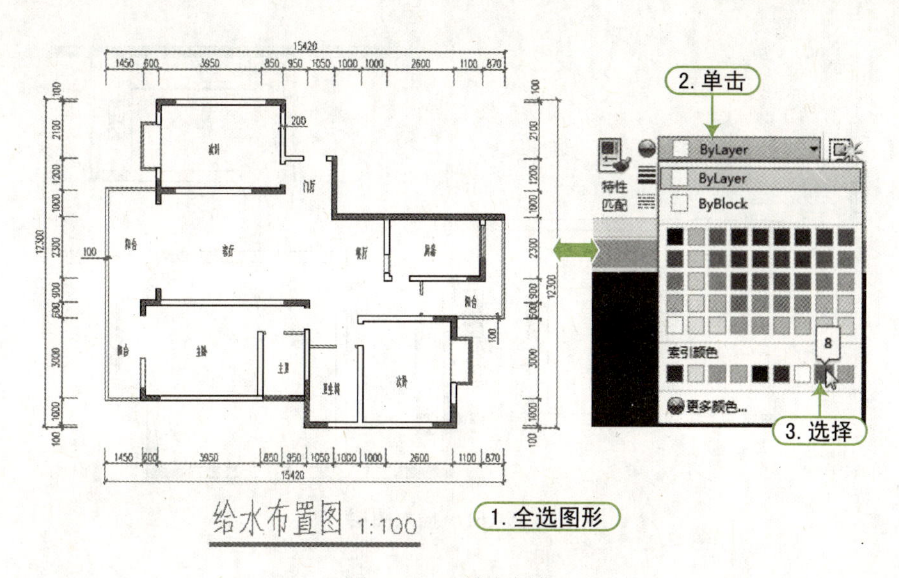

图 15-158　填充颜色

STEP 04 单击“图层”面板中的“图层控制”下拉列表框，将“0”图层设置为当前图层。

STEP 05 执行“直线”命令（L），根据图形需要在厕所和厨房位置绘制如图 15-159 所示的图形。

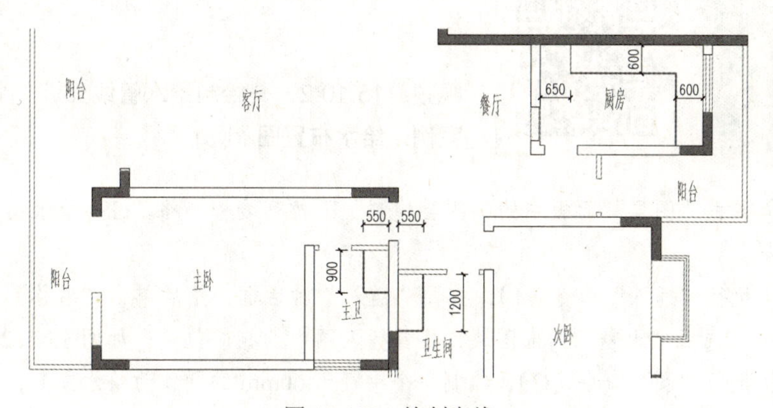

图 15-159　绘制直线

STEP 06 在命令行中输入“图层特性管理器”命令（LA），在打开的“图层特性管理器”面板中新建“GS- 给水设备”图层，并将该图层置为当前图层，如图 15-160 所示。

GS-给水设备				红	Continuous	—— 默认	0

图 15-160　新建图层

STEP 07 执行“插入”命令（I），打开“插入”对话框，然后单击“名称”选项右侧的倒三角按钮▾，选择“洗脸盆”、“洗菜盆”、“马桶”和“蹲便器”内部图块，将其插入图中相应位置，再使用“旋转”（RO）和“移动”（MI）命令，对插入的图块进行编辑，如图 15-161 所示。

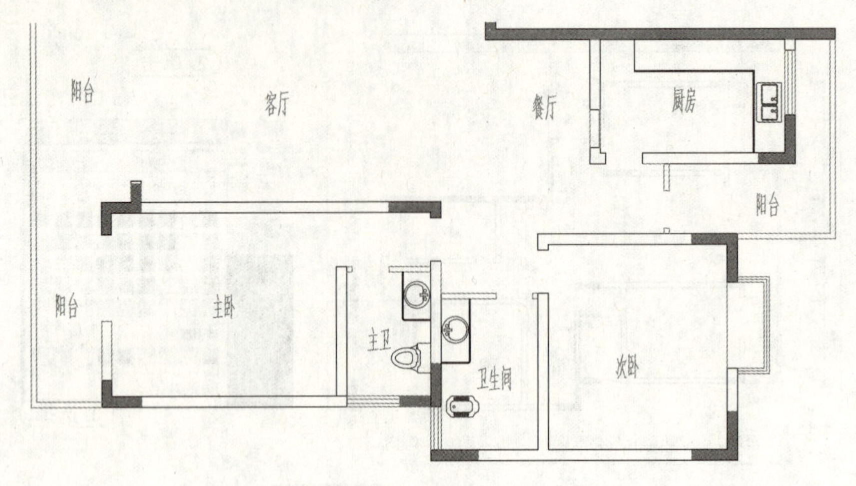

图 15-161　插入图层

15.10.2 绘制给水管线

视频：15.10.2——绘制给水管线 .avi
案例：给水布置图 .dwg

STEP 01 单击“图层”面板中的“图层控制”下拉列表框，将“GS- 给水设备”图层设置为当前图层。

STEP 02 执行“插入”命令（I），打开“插入”对话框，然后单击“名称”选项右侧的倒三角按钮▾，选择“水表”内部图块，将其插入图中的相应位置，如图 15-162 所示。

STEP 03 执行“圆”命令（C），绘制一个半径为 60mm 的圆作为给水立管，如图 15-163 所示。

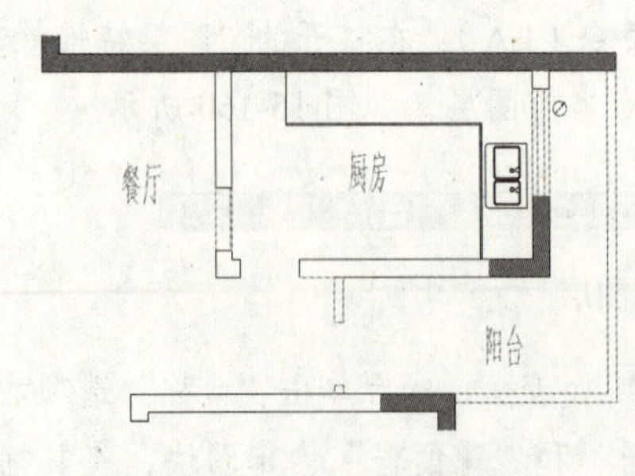

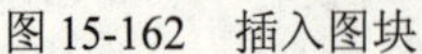

图 15-162　插入图块

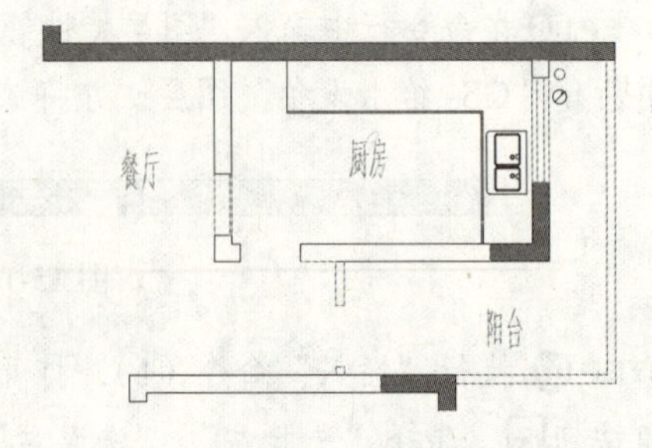

图 15-163　绘制圆

STEP 04 执行“点样式”命令（PT），打开“点样式”对话框，选择一种点样式，然后设置点大小为“50”单位，并选中“按绝对单位设置大小”单选按钮，然后单击“确定”按钮，完成点样式的设置，如图 15-164 所示。

STEP 05 由于给水龙头一般在用水设备中点处，所以可以启用捕捉的方法复制绘图，设置捕捉可以右击状态栏中的“对象捕捉”按钮，在打开的快捷菜单中选择“对象捕捉设置”命令。

STEP 06 在打开的“草图设置”对话框中，勾选“启动对象捕捉”复选框，并单击右侧的“全部选择”按钮，最后单击“确定”按钮，如图 15-165 所示。

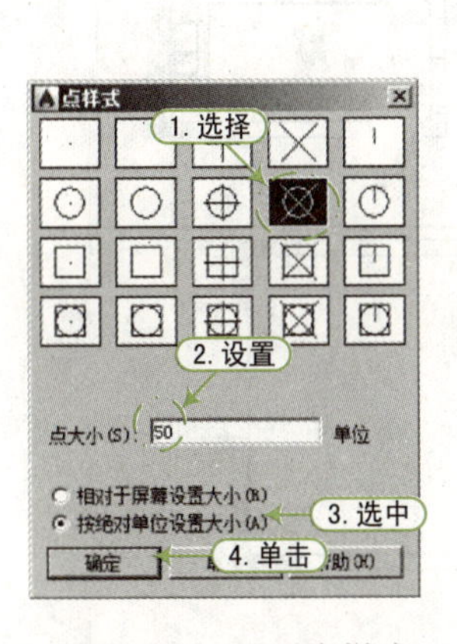

图 15-164　设置点样式

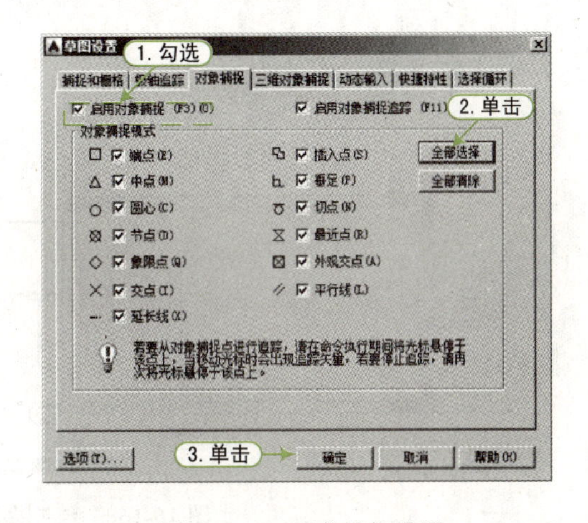

图 15-165　对象捕捉设置

STEP 07 执行“点”命令（PO），分别在各用水处绘制给水点，如图 15-166 所示。

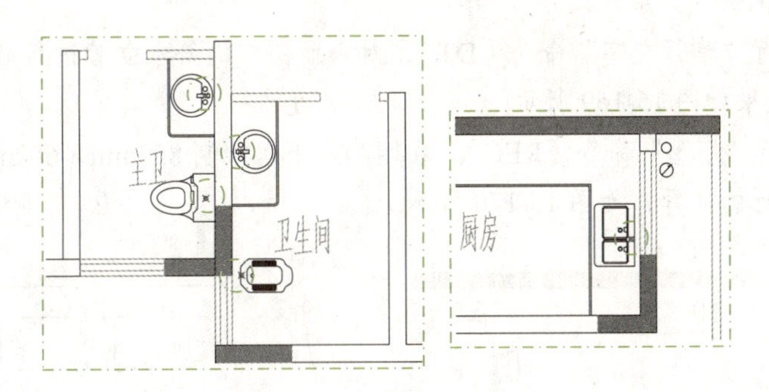

图 15-166　绘制点对象

STEP 08 在命令行中输入“图层特性管理器”命令（LA），在打开的“图层特性管理器”面板中新建“GS- 给水管线”图层，并将该图层设置为当前图层，如图 15-167 所示。

图 15-167　新建图层

STEP 09 执行“多段线”命令（PL），根据命令行提示，设置多段线的起点及终点宽度为 30mm，然后按照设计要求绘制出水表井的给水立管引出的，分别连接至平面图相应位置的用水线路，如图 15-168 所示。

STEP 10 单击“图层”面板中的“图层控制”下拉列表框，将“ZS- 注释”图层设置为当前图层。

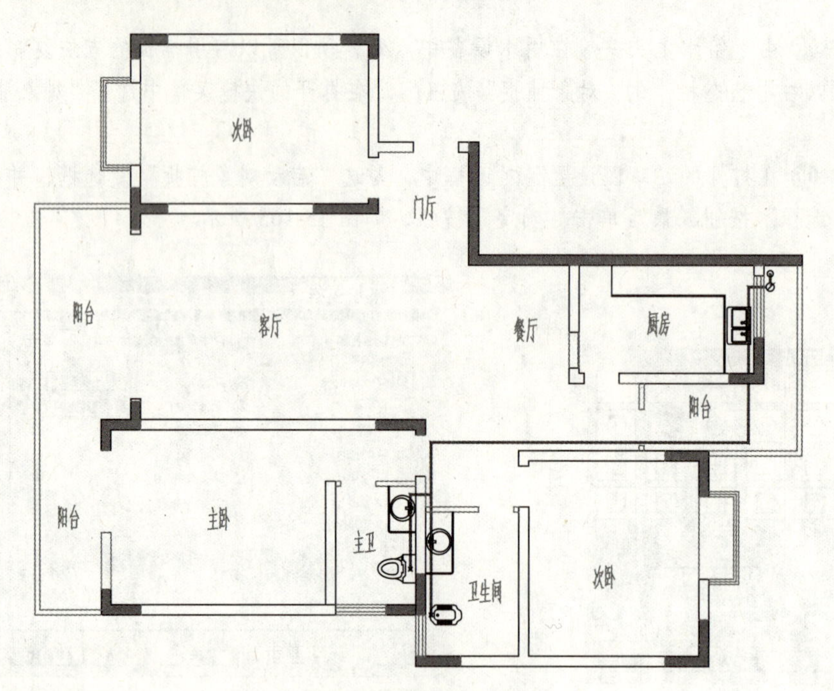

图 15-168　绘制多段线

STEP 11 单击“注释”选项卡“文字”面板中的“文字样式”下拉按钮，在其下拉列表框中选择“图内说明”文字样式。

STEP 12 执行“单行文字”命令（DT），对平面图中的给水立管进行名称标注，标注名称为“JL-1”，效果如图 15-169 所示。

STEP 13 执行“矩形”命令（REC），在图形左下角绘制 855mm×650mm 的矩形，并在矩形里输入对图标的注释，如图 15-170 所示。

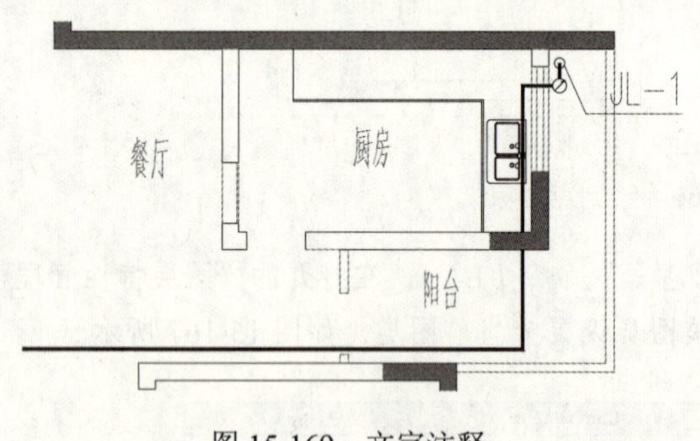

图 15-169　文字注释

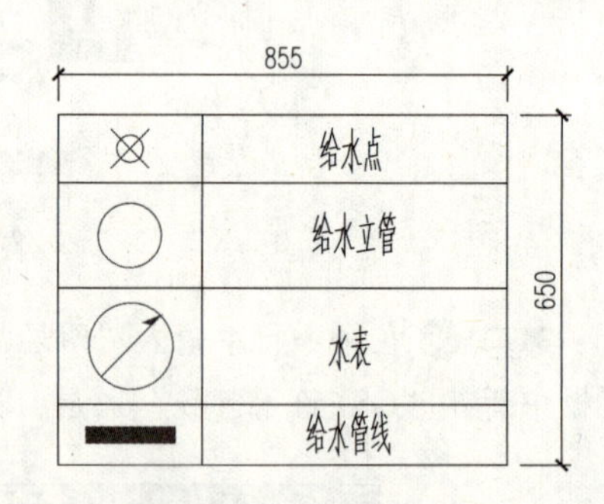

图 15-170　图例标注

STEP 14 将“TQ-签”图层设置为当前图层，执行“插入”命令（I），打开“插入”对话框，然后单击“名称”选项右侧的倒三角按钮，选择“A4 图框 -2”内部图块，设置插入比例为“100”，插入图中的相应位置并修改相应图签内容，其效果如图 15-171 所示。

STEP 15 至此，该家装给水布置图绘制完成，按“Ctrl+S”组合键进行保存，然后选择“文件｜关闭”菜单命令，将该图形文件退出。

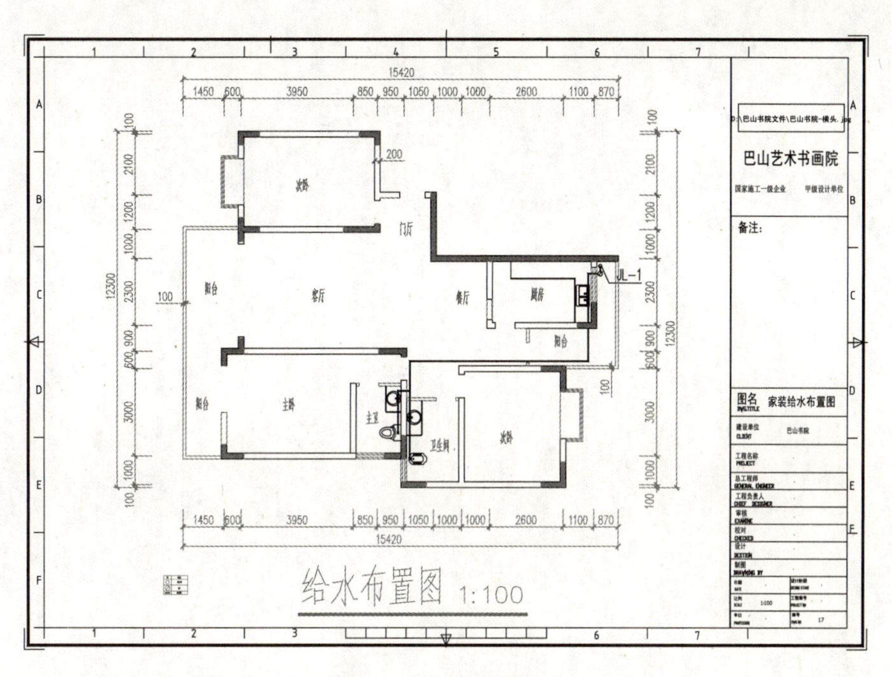

图 15-171　绘制好效果

15.11　家装排水布置图的绘制

首先打开“案例 \15\ 地面布置图 .dwg”文件，并另存为新的文件；然后将多余的对象删除或者隐藏，新建排水设备图层绘制和插入排水设备等相关对象；最后新建排水管线图层绘制排水管线，其效果如图 15-172 所示。

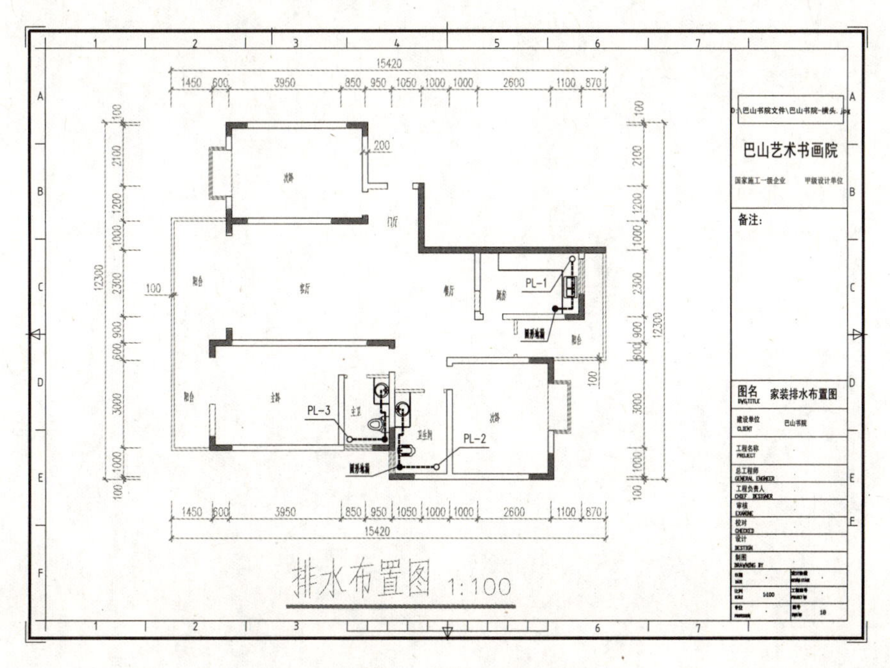

图 15-172　排水布置图效果